MATHEMATIK
NEUE WEGE

ARBEITSBUCH
FÜR GYMNASIEN

Qualifikationsphase

Grundkurs

Herausgegeben von
Henning Körner
Arno Lergenmüller
Günter Schmidt
Martin Zacharias

Schroedel

MATHEMATIK NEUE WEGE
ARBEITSBUCH FÜR GYMNASIEN
Qualifikationsphase Grundkurs

Herausgegeben von:

Henning Körner, Arno Lergenmüller,
Prof. Günter Schmidt, Martin Zacharias

erarbeitet von:

Prof. Dr. Rolf Biehler, Kassel
Michael Bostelmann, Neuhäusel
Dieter Eichhorn, St. Ingbert
Florian Engelberger, Traisen
Andreas Jacob, Kaiserslautern
Henning Körner, Oldenburg
Prof. Dr. Katja Krüger, Frankfurt/Main
Dr. Eberhard Lehmann, Berlin
Arno Lergenmüller, Roxheim
Annelies Paulitsch, Hamburg
Kerstin Peuser, Roetgen
Dr. Karl Reichmann, Neuenburg
Michael Rüsing, Essen
Olga Scheid, Oldenburg
Prof. Günter Schmidt, Stromberg
Martin Traupe, Hamburg
Reimund Vehling, Hannover
Thomas Vogt, Hargesheim
Dr. Hubert Weller, Lahnau
Martin Zacharias, Molfsee

Druck A[1] / Jahr 2015
Alle Drucke der Serie A sind im Unterricht parallel verwendbar.

Redaktion: Björn Deling, Sven Hofmann
Umschlagentwurf: Klaxgestaltung, Braunschweig
Illustrationen: M. Pawle, München
technische Zeichnungen: technisch-grafische Abteilung Westermann, Braunschweig;
Hans-Joachim Piplak-Römer, Goslar; Mario Valentinelli, Rostock; Michael Wojczak, Butjadingen
Satz: CMS – Cross Media Solutions GmbH, Würzburg
Druck und Bindung: westermann druck GmbH, Braunschweig

ISBN 978-3-507-**85813**-8

Inhalt

Zum Aufbau dieses Buches

Jedes Kapitel beginnt mit einer **Einführungsseite**, die den Kapitelaufbau mit den einzelnen Lernabschnitten übersichtlich darstellt.

Jeder dieser Lernabschnitte ist in **drei Ebenen – grün – weiß – grün** – unterteilt.

Die erste grüne Ebene

Was Sie erwartet

In wenigen Sätzen, Bildern und Fragen erfahren Sie, worum es in diesem Abschnitt geht.

Einführende Aufgaben

In vertrauten Alltagssituationen ist bereits viel Mathematik versteckt. Mit diesen Aufgaben können Sie wesentliche Zusammenhänge des Themas selbst entdecken und verstehen.

Dies gelingt besonders gut in der Zusammenarbeit mit einem oder mehreren Partnern.

In dem vielfältigen Angebot können Sie nach Ihren Erfahrungen und Interessen auswählen.

4 Integralrechnung

4.3 Anwendungen der Integralrechnung

Was Sie erwartet

Die Integralrechnung findet in unterschiedlichen Gebieten ihre Anwendung.

A Mithilfe der Integralfunktion können wir von der Änderungsrate auf den „Bestand" schließen, auch wenn die Änderungsrate nicht konstant ist.

Aus der Zuflussrate bei einem Stausee wird auf die vorhandene Wassermenge geschlossen.

Von den Bohrkosten pro Meter kann man auf die Gesamtkosten einer Tiefenbohrung schließen.

B Mit Integralen kann man Flächen berechnen, wo keine elementaren Formeln zur Verfügung stehen.

C Die Integralrechnung findet auch Anwendung in den Sozial- und Wirtschaftswissenschaften. So lässt sich z. B. ein Koeffizient definieren, der ein Maß für das Ungleichgewicht in der Einkommensverteilung in einer Bevölkerung ist.

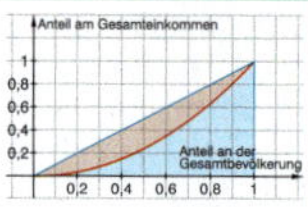

Einen Teil dieser Anwendungen haben Sie bereits im ersten Lernabschnitt kennengelernt. In diesem Abschnitt werden diese erweitert. Dabei wird der Hauptsatz der Integral- und Differenzialrechnung von Nutzen sein. Bei den Berechnungen greifen wir häufig auf numerische Näherungen mithilfe der Rechner und der vorhandenen Software zurück.

Berechnung von Beständen aus Änderungsraten

Aufgaben

1 *Befüllen eines Beckens*
Das Befüllen eines Wasserbeckens wird durch Messungen der Zuflussgeschwindigkeit beschrieben. Passend zu den Daten wird der fünfstündige Füllvorgang mit $v(t) = 5t - t^2$ modelliert.
Dabei wird v in m^3/h angegeben und t in Stunden.
a) Beschreiben Sie, wie sich die Zuflussgeschwin-

Die weiße Ebene

Basiswissen

Im roten Kasten finden Sie das Wissen und die grundlegenden Strategien kurz und bündig zusammengefasst.

Beispiele

Die durchgerechneten Musteraufgaben helfen beim eigenständigen Lösen der Übungen.

Basiswissen

Erwartungswert einer Zufallsgröße

Hilfreiche „Vokabeln"

Zufallsgröße

Manchmal kann man sich besser verständigen, wenn man die richtigen Begriffe verwendet.
Spielen Sie z. B. *Monopoly*, dann kommt es auf die Augensumme an, bei anderen Spielen auf den Unterschied der beiden Augenzahlen. Wir nennen die Größe, auf die es uns ankommt, **Zufallsgröße**.
Die beiden folgenden Tabellen stellen die **Wahrscheinlichkeitsverteilung** verschiedener Zufallsgrößen beim zweimaligen Würfeln dar.

Zufallsgröße: Augensumme X	2	3	4	5	6	7	8	9	10	11	12	Summe
p	$\frac{1}{36}$	$\frac{2}{36}$	$\frac{3}{36}$	$\frac{4}{36}$	$\frac{5}{36}$	$\frac{6}{36}$	$\frac{5}{36}$	$\frac{4}{36}$	$\frac{3}{36}$	$\frac{2}{36}$	$\frac{1}{36}$	1

Zufallsgröße: Unterschied X der beiden Augenzahlen	0	1	2	3	4	5	Summe
p	$\frac{6}{36}$	$\frac{10}{36}$	$\frac{8}{36}$	$\frac{6}{36}$	$\frac{4}{36}$	$\frac{2}{36}$	1

Beispiele

A *Aus einem Lexikon für Glücksspiele*
„Wenn die Gewinnwahrscheinlichkeit, einen 20-$-„Pot" zu gewinnen, bei 25 % liegt, wird man im Mittel 5 $ gewinnen." Wie ist das zu verstehen?

Lösung:
20 $ · 0,25 + 0 $ · 0,75 = 5 $
Der Gewinn pro Spiel beträgt im Mittel 5 $.

Gewinn X	p	x · p
20 $	0,25	5 $
0 $	0,75	0 $
Summe	1	5 $

Übungen

Die Übungen bieten reichlich Gelegenheit zu eigenen Aktivitäten, zum Verstehen und Anwenden. Zusätzliche „Trainingsangebote" führen zur Sicherheit.

Bei vielen Übungen finden Sie hilfreiche Tipps oder Möglichkeiten zur Selbstkontrolle.

Tipp:
$$\frac{1}{x+h} - \frac{1}{x} = \frac{x-(x+h)}{(x+h)x}$$

6 | 0,995 1,009
3,5 0,925
1,07 0,95

Werkzeugkästen erläutern den Umgang mit dem **GTR** oder das Vorgehen bei mathematischen Verfahren.

Differenzenquotienten mit dem GTR

Differenzenquotienten können gut mit dem GTR ausgewertet werden.
Für die weitere Arbeit ist es sinnvoll, den Eintrag in Y_2 beizubehalten.

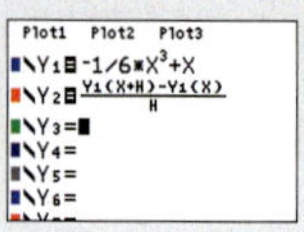

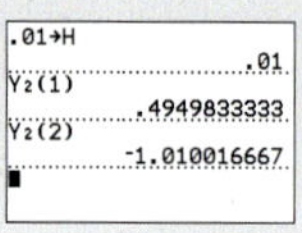

Auf gelben Karten sind wichtige Sätze oder Sachverhalte zusammengefasst, die das Basiswissen ergänzen.

Eine solche Darstellung bezeichnet man als **Vektor**.

Die zweite grüne Ebene

Aufgaben

Hier finden Sie Anregungen zum Entdecken überraschender Zusammenhänge der Mathematik mit vielen Bereichen Ihrer Lebenswelt und anderer Fächer.

Die Aufgaben hier sind meist etwas umfangreicher, deshalb ist oft Teamarbeit sinnvoll.

In Projekten gibt es Anregungen zu mathematischen Exkursionen oder zum Erstellen eigener Produkte. Dies führt auch zu Präsentationen der Ergebnisse in größerem Rahmen.

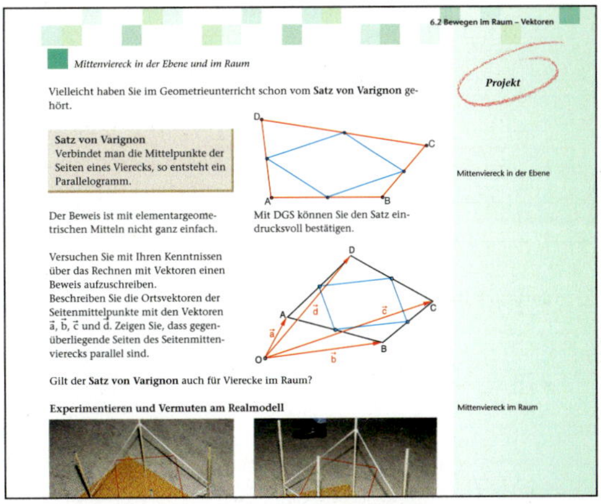

Exkurse

Auch im Mathematikbuch gibt es einiges zu erzählen, über Menschen, Probleme und Anwendungen oder auch Seltsames.

DÜRER

Spätestens seit der Renaissance sind verschiedene Techniken zur Herstellung von realistischen Bildern räumlicher Objekte verwendet worden.
ALBRECHT DÜRER hat in einer Zeichnung eine Handlungsanweisung für die Erzeugung perspektivischer Darstellungen festgehalten.

Check Up und Vermischte Aufgaben

Am Ende jedes Kapitels wird im **Check Up** nochmals das Wichtigste übersichtlich zusammengefasst.
Zusätzlich finden Sie passende Aufgaben, mit denen Sie Ihr Wissen festigen und sich für Prüfungen vorbereiten können.
Die Lösungen hierzu finden Sie am Ende des Buches.

Die abschließenden **Vermischten Aufgaben** bieten weitere Übungen zur Festigung des Gelernten. Die **Abituraufgaben** stellen eine optimale Prüfungsvorbereitung für das Abitur dar. Die Lösungen zu beiden finden Sie unter www.schroedel.de/nw-85813.

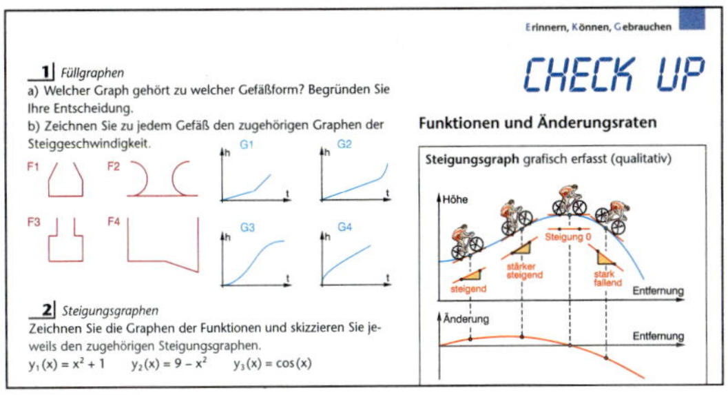

Kopfübungen und Zum Erinnern und Wiederholen

„Vergessen ist menschlich."
Deshalb können Sie in den **Kopfübungen** am Ende jeder weißen Ebene früher erworbene Kenntnisse wiederholen und auffrischen.

Im **Kompendium** wird Grundlegendes aus den vorhergehenden Bänden knapp und übersichtlich zusammengestellt (siehe www.schroedel.de/nw-85813 im Reiter *Downloads*).

KOPFÜBUNGEN

1 Bestimmen Sie die fehlende Zahl. a) $■ \cdot \left(-\frac{3}{5}\right) = \frac{21}{40}$ b) $\frac{2}{3} \cdot ■ = -2$

2 Die Tabelle stellt eine proportionale Zuordnung dar. Ergänzen Sie die Tabelle und nennen Sie den Funktionsterm.

x	4	■	6
y	1	$\frac{5}{2}$	■

3 Ein Zylinder wird in n gleich große Stücke geschnitten. Geben Sie die Formel für das Volumen eines Stückes an.

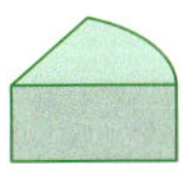

4 Ein Zehnkämpfer hat in der laufenden Saison an sechs verschiedenen Wettkämpfen teilgenommen. Dabei erzielte er jeweils als beste Weite im Weitsprung: 8,00 m; 7,10 m; 7,06 m; 6,94 m; 7,00 m; 7,10 m.
Berechnen Sie das arithmetische Mittel seiner Bestleistungen und deren Median. Welcher der Mittelwerte beschreibt seine Leistungen besser? Begründen Sie.

Digitale Werkzeuge

Zum **GTR-Einsatz** gibt es **handbuchartige Anleitungen** zu den gängigen Geräten für Schülerinnen und Schüler sowie für Lehrkräfte. Hierin gibt es Verweise auf passende Aufgaben und Werkzeuge, die sich zur Einführung einzelner Bedienelemente anbieten.
Außerdem bieten wir Ihnen **Interaktive Werkzeuge** zur Visualisierung von Objekten. Aufgaben, bei denen ein Werkzeugeinsatz hilfreich ist, sind mit dem **Maus-Symbol** (Analysis, Geometrie, Stochastik) gekennzeichnet. Darüber hinaus gibt es **Digitales Zusatzmaterial** (Excel-, Geogebra-, Fathomdateien), das zur Unterstützung der Anschauung und zur Darstellung von Lösungsstrategien angeboten wird. Die zur Aufgabe passenden Dateien sind neben dem **Maus-Symbol** genannt.
Alle digitalen Werkzeuge finden Sie unter www.schroedel.de/nw-85813 im Reiter *Downloads*.

Analysis
1

9110.ftm
9110.xlsx
9110.ggb

1 Einführung in die Analysis (Wiederholung)

Im Mittelpunkt dieser Einführung steht das „Änderungsverhalten" von Funktionen, das über die anschauliche Erfahrung aus dem Alltag in aufeinander aufbauenden Stufen bis zur Ableitungsfunktion mathematisiert wird.

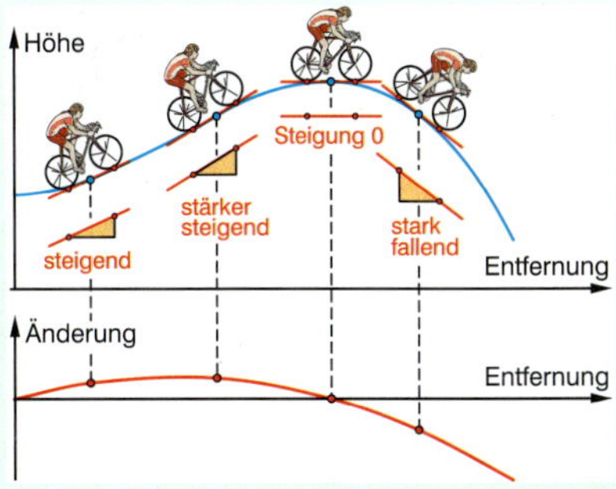

1.1 Änderungsraten – grafisch erfasst

Die Änderungsrate an einer Stelle hängt mit der Steigung des Graphen an dieser Stelle zusammen. Mithilfe einer an dem Graphen entlang gleitenden Sekante lässt sich die Steigung in jedem Kurvenpunkt schätzen. Damit kann der Steigungsgraph qualitativ skizziert werden.

1.2 Durchschnittliche und momentane Änderungsrate – Sekantensteigungs- und Ableitungsfunktion

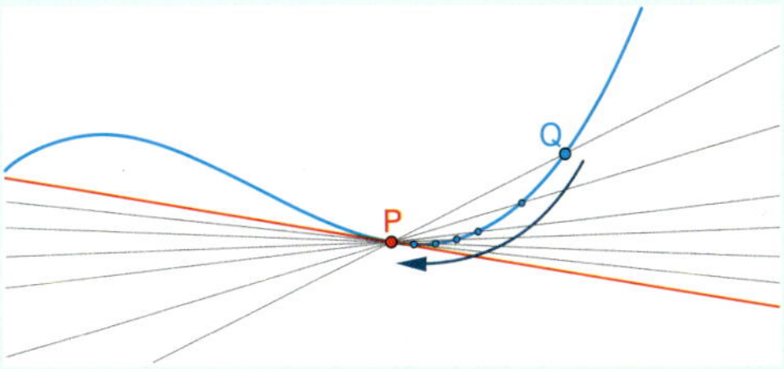

Die durchschnittliche Steigung eines Funktionsgraphen über einem Intervall lässt sich mit dem Differenzenquotienten berechnen. Der Grenzwert dieses Differenzenquotienten liefert einen Wert für die momentane Änderungsrate an der Stelle a. Geometrisch wird dieser Prozess durch die Annäherung von Sekanten an eine Tangente interpretiert.
Mit der Sekantensteigungsfunktion wird die Änderungsrate einer Funktion nicht nur an einer Stelle, sondern im ganzen Definitionsbereich näherungsweise berechnet. Diese lässt sich mit dem Rechner tabellarisch und grafisch darstellen. Mit den beschriebenen Grenzwertprozessen gelangt man schließlich zur Ableitungsfunktion.

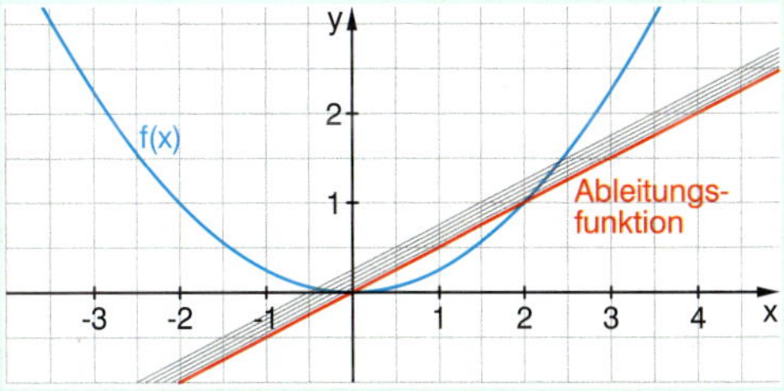

1.3 Ableitungsregeln

Mit wenigen einfachen Ableitungsregeln (Faktorregel, Summenregel, Potenzregel) können die Ableitungen von ganzrationalen Funktionen berechnet werden, ohne dass man auf Grenzwertprozesse zurückgreifen muss.

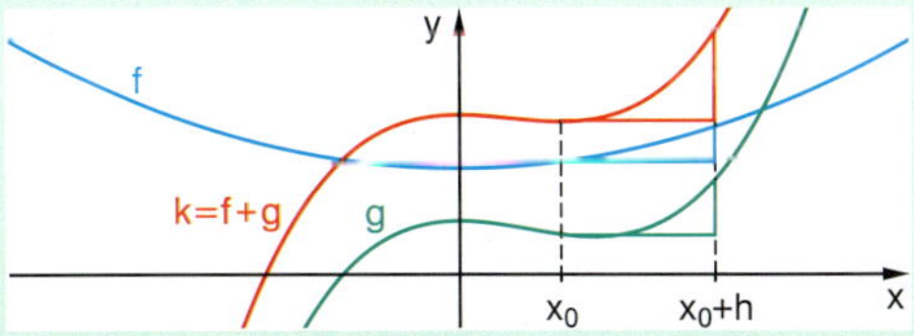

1.4 Zusammenhänge zwischen Funktion und Ableitung – Ganzrationale Funktionen

Eigenschaften eines Funktionsgraphen wie „fallend/steigend" oder „lokale Extrempunkte" spiegeln sich in der 1. Ableitung wider. Die Zusammenhänge lassen sich exakt formulieren und auf die Untersuchung von ganzrationalen Funktionen anwenden.

1 Einführung in die Analysis (Wiederholung)

1.1 Änderungsraten – grafisch erfasst

Was Sie erwartet

Mit Graphen und Funktionen lassen sich viele Situationen und Vorgänge beschreiben. Bei der Interpretation der Graphen und Funktionen spielt oft deren „Änderungsverhalten" eine Rolle. Einiges wird Ihnen bereits bekannt sein. Benutzen Sie diesen und die folgenden Lernabschnitte zur Wiederholung und Ergänzung.

Eine Tür öffnet sich automatisch beim Durchschreiten einer Lichtschranke. Während des Öffnungs- und Schließvorganges hängt der Öffnungswinkel φ der Tür von der Zeit t ab.

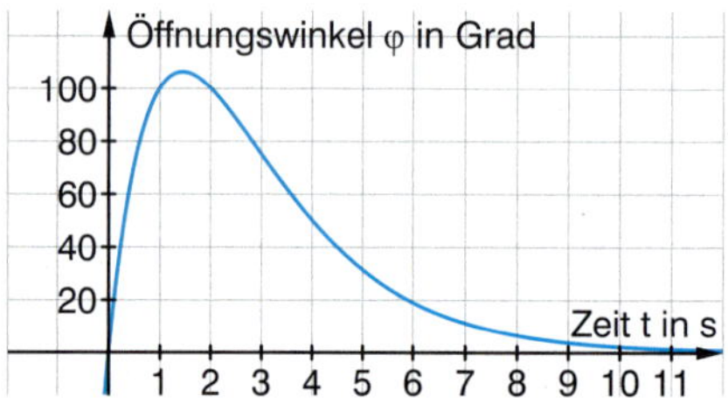

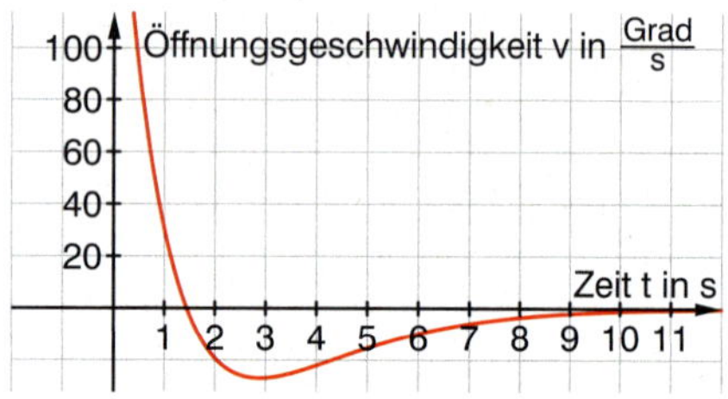

Beschreibung des Öffnungs- und Schließvorgangs: Die Tür öffnet sich zunächst schnell. Dann verlangsamt sich das Öffnen, bis die Tür ihre maximale Öffnung erreicht. Anschließend schließt sich die Tür allmählich, bis sie ins Schloss fällt.

Beschreibung desselben Vorgangs: Die „Öffnungsgeschwindigkeit" ist zunächst groß, wird dann kleiner und erreicht den Wert Null, wenn der Öffnungswinkel am größten ist. Dann schließt sich die Tür wieder („negative" Öffnungsgeschwindigkeit).

Aufgaben

Mit den Aufgaben 1 bis 4 können Sie Ihr Wissen über Änderungsraten von Funktionen überprüfen. Sollten Sie beim Lösen der Aufgaben unsicher sein oder Schwierigkeiten haben, dann lesen Sie zunächst das Basiswissen auf Seite 10.

1 *Infusion*

Ein Patient erhält ein Medikament durch eine Dauerinfusion. Im ersten Diagramm ist die Konzentration des Medikamentes im Blut in Abhängigkeit von der Zeit dargestellt, im zweiten Diagramm die Änderungsgeschwindigkeit der Konzentration.

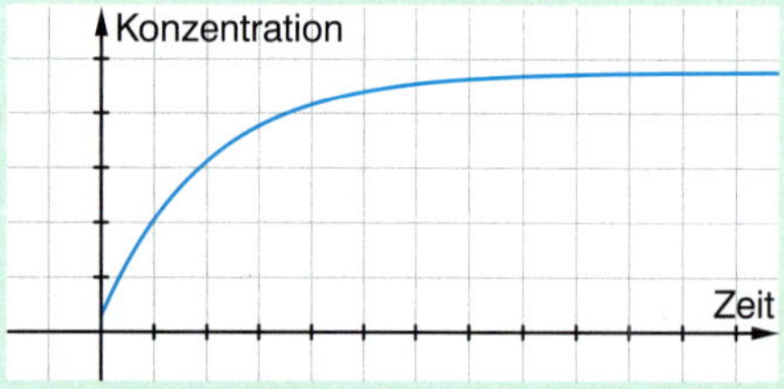

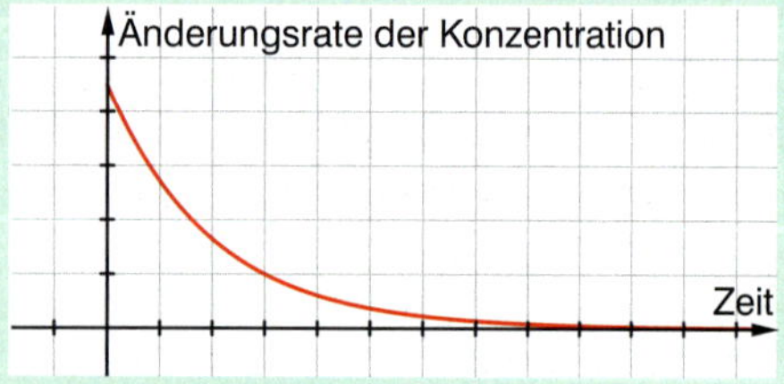

a) Beschreiben Sie beide Diagramme mit Worten.

b) Die Konzentration sinkt nach Beendigung der Infusion zunächst rasch und nähert sich dann allmählich null. Setzen Sie die beiden Graphen entsprechend fort.

Aufgaben

2 *Füllvorgänge und Graphen*

In die abgebildeten Gefäße fließt mit gleichmäßigem Zufluss eine Flüssigkeit. Mit der Zeit steigt der Flüssigkeitsspiegel.

I II III IV V VI

a) Der Flüssigkeitsspiegel für jedes Gefäß wird im Sekundenabstand festgehalten und aufgezeichnet. So entstehen wie bei einer „Stroboskopaufnahme“ die sechs Bilder in den Spalten A bis F. Ordnen Sie den Gefäßen im obigen Bild jeweils die passende „Stroboskopaufnahme“ zu.

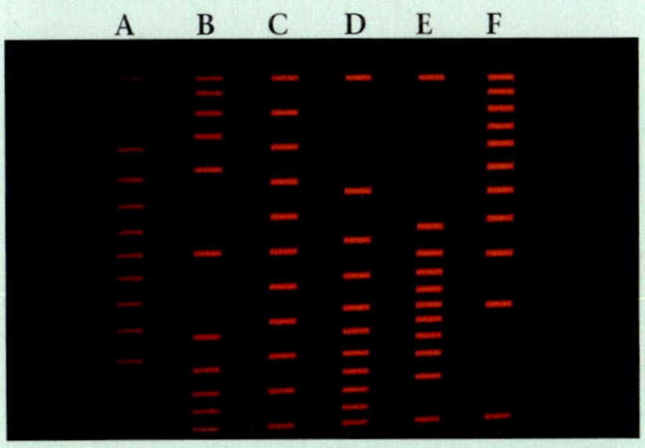

b) Skizzieren Sie zu jedem Gefäß den passenden Füllgraphen, so wie er in der Abbildung für das Gefäß III dargestellt ist.

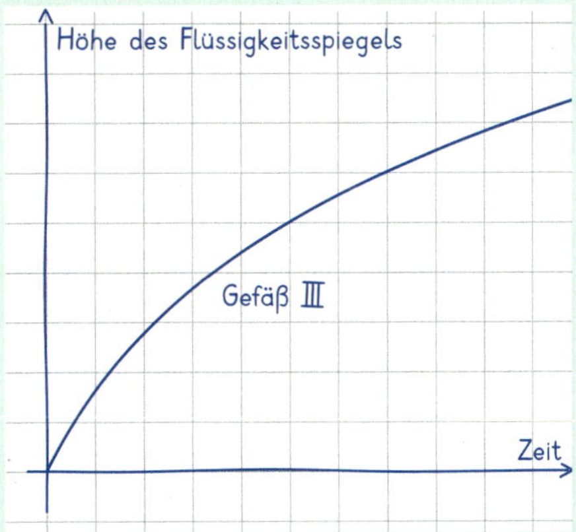

3 *800-m-Lauf*

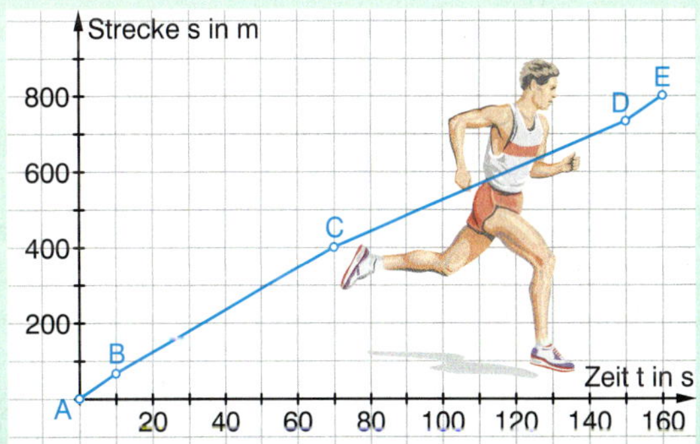

In dem Bild ist das Weg-Zeit-Diagramm eines Athleten bei einem 800 m-Lauf dargestellt (vereinfachtes Modell).

a) Beschreiben Sie den Rennverlauf.

b) Begründen Sie, dass die Durchschnittsgeschwindigkeit 5 m/s beträgt. Wie würde das Weg-Zeit-Diagramm aussehen, wenn der Läufer konstant mit 5 m/s laufen würde?

c) Ermitteln Sie die größte Geschwindigkeit des Sportlers.

d) Inwieweit halten Sie den Graphen für angemessen?

4 *Der Flug eines Fußballs*

Der Graph zeigt die Flughöhe eines Fußballs in Abhängigkeit von der Zeit.

a) Wie kann man mit dem angelegten Lineal einen Näherungswert für die Änderungsrate der Höhe zum Zeitpunkt t = 4 s ermitteln? Um welche physikalische Größe handelt es sich?

b) Ermitteln Sie mit der „Linealmethode“ die Änderungsrate zu den Zeitpunkten t = 2 s und t = 5 s.

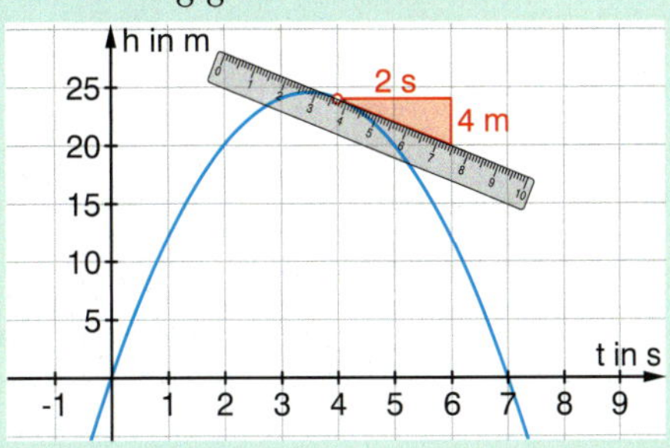

Basiswissen

Änderungsraten

Viele Situationen und Vorgänge werden durch Funktionsgraphen, Tabellen oder Funktionsgleichungen beschrieben. Zu bestimmten x-Werten lässt sich der zugehörige y-Wert ermitteln. Oft ist es von besonderem Interesse, wie sich die Funktionswerte ändern. Dies wird durch die Änderungsrate erfasst.

Änderungsrate und Graph

Die **Änderungsrate** an einer bestimmten Stelle hängt eng mit der „Steilheit" des Graphen an dieser Stelle zusammen.

Je steiler der Graph ansteigt oder abfällt, desto stärker ändert sich der Funktionswert an dieser Stelle.

Anders als bei einer Geraden, die überall gleichmäßig ansteigt oder abfällt, ändert sich die Steigung einer Kurve offenbar von Punkt zu Punkt.

Die Steilheit eines Graphen lässt sich auch mit einem Lineal schätzen (siehe Abbildung zu Aufgabe 4).

Das Bild verrät, wie man die Steigung an einem bestimmten Kurvenpunkt schätzen kann: Der Radfahrer fährt auf der Kurve entlang. Wenn sich die Pedale über einem bestimmten Kurvenpunkt befinden, berühren die beiden Räder links und rechts davon die Kurve. Diese Berührpunkte verbinden wir in Gedanken mit einer Geraden. Die Steigung dieser Geraden gibt einen guten Näherungswert für die Steigung der Kurve in dem Punkt. Damit kann der *Steigungsgraph* qualitativ skizziert werden. Er gibt Auskunft über die Änderungsrate an jeder Stelle.

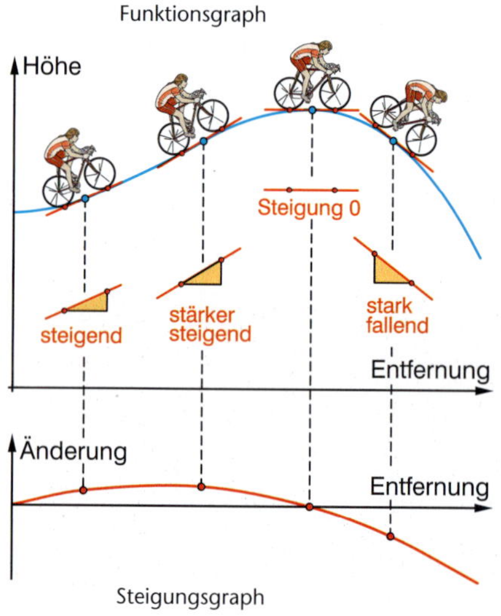

Beispiele

A *Rentierbestand*

Der Graph zeigt die Entwicklung einer Rentierpopulation auf einer einsamen Insel in Abhängigkeit von der Zeit. Beschreiben Sie die Entwicklung des Rentierbestandes mit Worten. Zeichnen Sie den zugehörigen Änderungsgraphen.

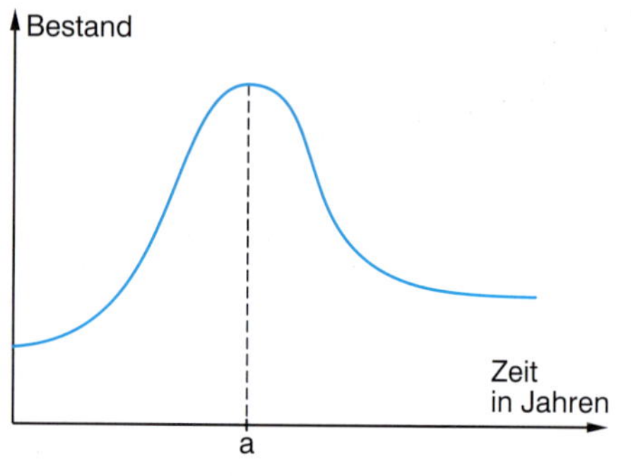

Lösung:

Am Anfang wächst der Rentierbestand immer schneller. Ab einem Zeitpunkt verlangsamt sich die Zunahme, bis der Bestand zum Zeitpunkt a sein Maximum erreicht hat. Dort ist die Änderungsrate null. Von da an verringert sich der Bestand, zunächst immer schneller und dann wieder langsamer.
Schließlich ändert sich der Bestand nicht mehr, er bleibt konstant.

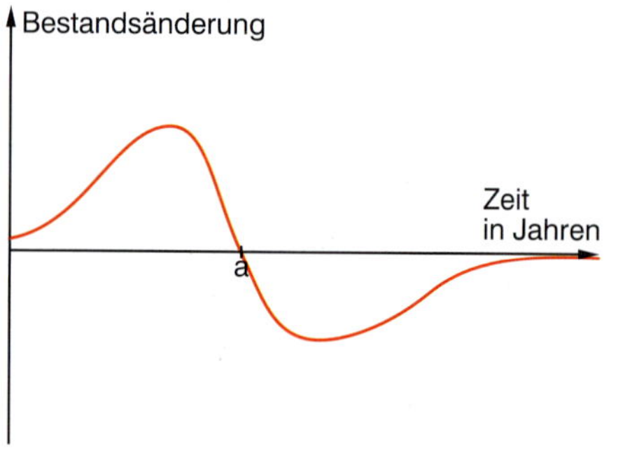

Übungen

5 *Füllgraphen*

Skizzieren Sie die Füllgraphen und die zugehörigen Graphen, die die Höhenänderung in Abhängigkeit von der Zeit beschreiben (Höhenänderungsgraphen).

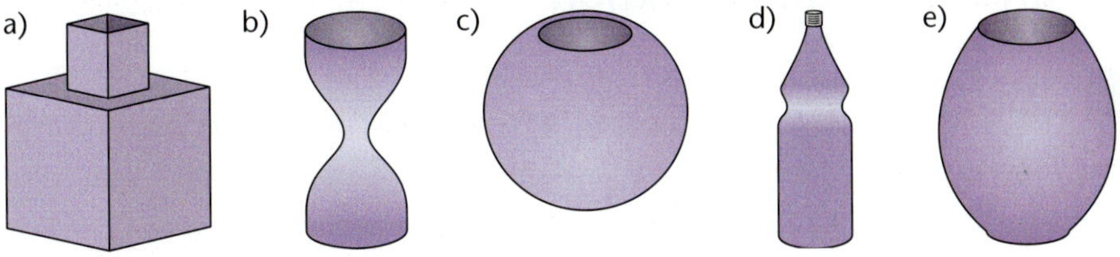

6 *Steigung am Funktionsgraph*

Die Abbildungen 1 bis 4 stellen die Graphen von verschiedenen Funktionen dar. Stellen Sie bei jedem Graphen an den markierten Stellen fest, ob der Graph dort steigt, fällt oder weder fällt noch steigt. Ändert sich die Funktion an den markierten Stellen a und b schnell oder eher langsam?

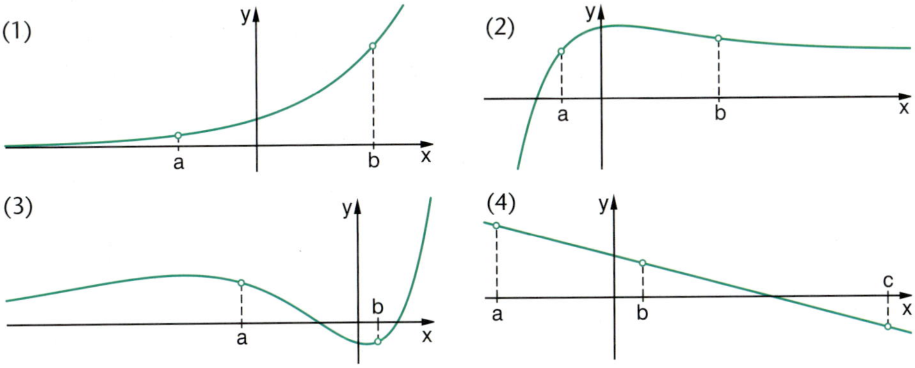

7 *Kochendes Wasser*

In der Abbildung ist die Temperatur T in Grad Celsius des Wassers in einem Wasserkessel auf einer Herdplatte in Abhängigkeit von der Zeit t in Minuten dargestellt.

a) Beschreiben Sie den Temperaturverlauf mit Worten. Wie kommt der Abschnitt zwischen 9 und 11 Minuten zustande?

b) Übertragen Sie das Diagramm auf kariertes Papier. Ermitteln Sie die Änderungsrate der Temperatur zu den Zeitpunkten 4, 10, 14 Minuten.

c) Zeichnen Sie den zugehörigen Graphen, der die Temperaturänderung in Abhängigkeit von der Zeit darstellt.

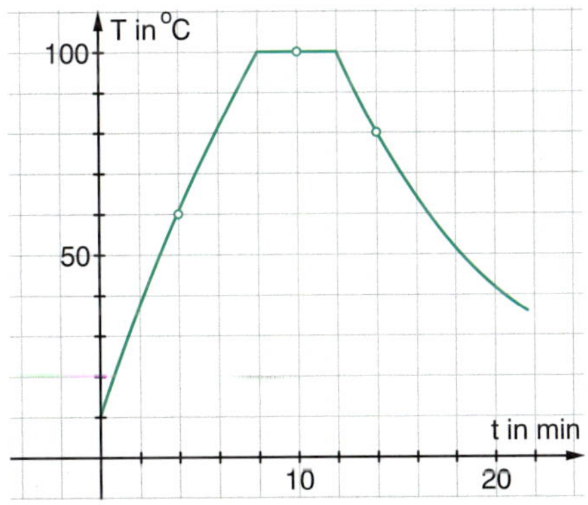

8 *Geschwindigkeit auf der Achterbahn*

Der Graph zeigt das Geschwindigkeits-Zeit-Diagramm eines Wagens einer Achterbahn, nachdem er vom höchsten Punkt der Bahn zum ersten Mal „in die Tiefe" stürzt.

a) Beschreiben Sie die Fahrt mit Worten.

b) Das Beschleunigungs-Zeit-Diagramm stellt die Geschwindigkeitsänderung (Beschleunigung) in Abhängigkeit von der Zeit dar. Zeichnen Sie den zugehörigen Graphen.

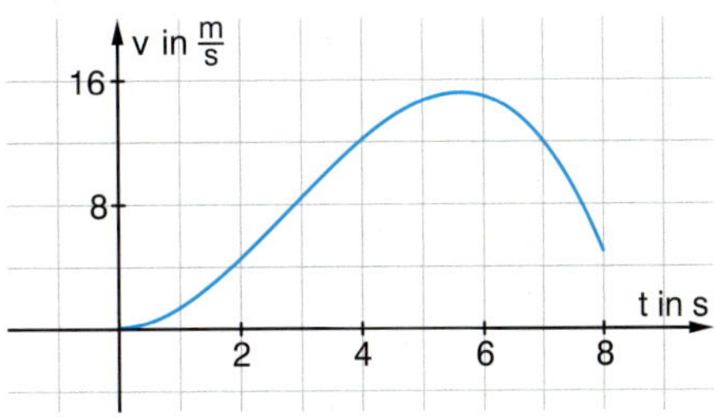

1.2 Durchschnittliche und momentane Änderungsrate – Sekantensteigungsfunktion und Ableitungsfunktion

Was Sie erwartet

Wenn ein Stein von einem hohen Turm fällt oder ein Bungee-Springer von einer Brücke springt, dann ist die Fallgeschwindigkeit zunächst klein und wird dann immer größer. Die Fallstrecke und die Fallgeschwindigkeit sind von der Zeit abhängig. Eine interessante Frage ist: „Welche Geschwindigkeit hat der fallende Körper zu einem bestimmten Zeitpunkt?“
Diese Frage ist nicht leicht zu beantworten, da die Geschwindigkeit beim freien Fall zu jedem Zeitpunkt eine andere ist. Im Laufe dieses Lernabschnitts werden wir lernen, wie man diese Frage mit grafischen und numerischen Hilfsmitteln beantworten kann. Dabei werden wir das Konzept der momentanen Änderungsrate entwickeln und diese mithilfe der Ableitungsfunktion schnell berechnen können.

Aufgaben

1 *Freier Fall beim Bungee-Sprung*
Die Bloukrans-Brücke im Tsitsikamma-Nationalpark in Südafrika ist mit 216 m Höhe eine der höchsten Brücken der Welt. Daher ist sie bei allen professionellen Bungee-Springern bekannt. Der Sprung in die Tiefe ist zunächst ein freier Fall. Durch die Dehnung des Seiles nach der Freifallphase (nach etwa 4 Sekunden) wird der Springer so abgebremst, dass er rechtzeitig vor dem Boden gestoppt wird. Der gesamte Fall dauert bei der Bloukrans-Brücke über 6 Sekunden.
Es soll die Geschwindigkeit zu einem gegebenen Zeitpunkt t nach dem Absprung von der Brücke in der Freifallphase berechnet werden.
Der Absprung befindet sich 216 m über dem Fluss. Die Höhe h (t) über dem Fluss in Abhängigkeit von der Zeit t nach dem Absprung lässt sich in der Freifallphase modellieren mit der Gleichung

$$h(t) = 216 - 5t^2 \quad \text{für} \quad 0 \le t \le 4.$$

a) Berechnen Sie die **Durchschnittsgeschwindigkeit** des Springers auf den ersten 4 Sekunden des Sprunges mit der Formel $v = \frac{h(4) - h(0)}{4}$.

b) Im Folgenden soll die genaue Geschwindigkeit zum Zeitpuntkt t = 4 s, die sogenannte Momentangeschwindigkeit, ermittelt werden. Dazu ein paar Überlegungen:

- Warum lässt sich die Geschwindigkeit v zum Zeitpunkt t = 4 s nicht mit der aus der Physik bekannten Formel Geschwindigkeit = $\frac{\text{Weg}}{\text{Zeit}}$ berechnen?
- Schätzen Sie die **Momentangeschwindigkeit** zum Zeitpunkt t = 4 s, indem Sie die Durchschnittsgeschwindigkeiten für immer kleinere Zeitintervalle [t; 4] berechnen.

> Berechnung der Höhe für Werte von t nahe 4 Sekunden, z. B. t = 3,9 s.
>
> $h(3{,}9) = 216 - 5 \cdot 3{,}9^2 = 139{,}95 \qquad v = \frac{h(4) - h(3{,}9)}{4 - 3{,}9} = \frac{136 - 139{,}95}{0{,}1} = -39{,}5$
>
> Die Durchschnittsgeschwindigkeit auf dem Intervall [3,9; 4] beträgt −39,5 m/s.

Führen Sie die Berechnungen für t = 3,99 s, t = 3,999 s und t = 3,9999 s durch.

- Beobachten Sie, wie sich bei Ihren Berechnungen die Durchschnittsgeschwindigkeit verändert, wenn t sich immer mehr dem Wert 4 nähert.

Basiswissen

Änderungsverhalten einer Funktion

Man kann das **Änderungsverhalten** einer Funktion f **auf einem Intervall [a; b]** beschreiben mit dem

Differenzenquotienten

$$\frac{\Delta y}{\Delta x} = \frac{f(b) - f(a)}{b - a}.$$

Dies ist die **durchschnittliche Änderungsrate** der Funktion im Intervall [a; b].

Geometrisch interpretiert gibt der Differenzenquotient die Steigung der Geraden (*Sekante*) durch die Punkte P(a | f(a)) und Q(b | f(b)) an. Die Steigung der Sekante ist die mittlere Steigung des Graphen auf dem Intervall [a; b].

Geometrische Bedeutung

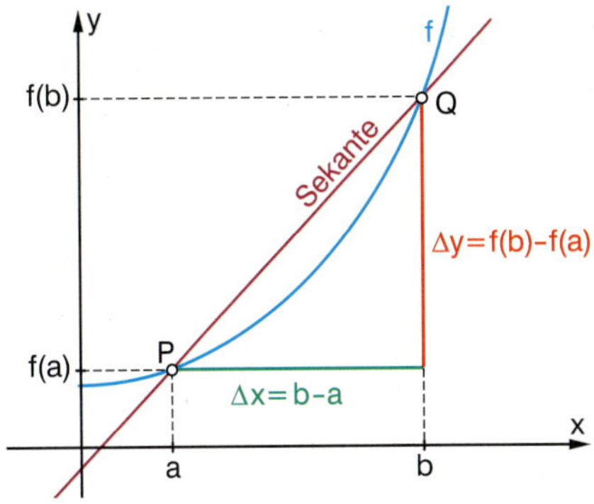

Statt „durchschnittliche" Änderungsrate sagt man oft auch „mittlere" Änderungsrate.

Das **Änderungsverhalten** einer Funktion f **an der Stelle a** kann man näherungsweise bestimmen.

Man berechnet die durchschnittliche Änderungsrate auf dem Intervall [a; a + h] für einen sehr kleinen Wert für den Betrag von h mit

$$\frac{\Delta y}{\Delta x} = \frac{f(a+h) - f(a)}{h}.$$

Setzt man z. B. für h die Zahl 0,001 ein, so erhält man die durchschnittliche Änderungsrate auf dem Intervall [a; a + 0,001].

Dies liefert einen guten Näherungswert für die Änderungsrate der Funktion f an der Stelle a.

Geometrische Bedeutung

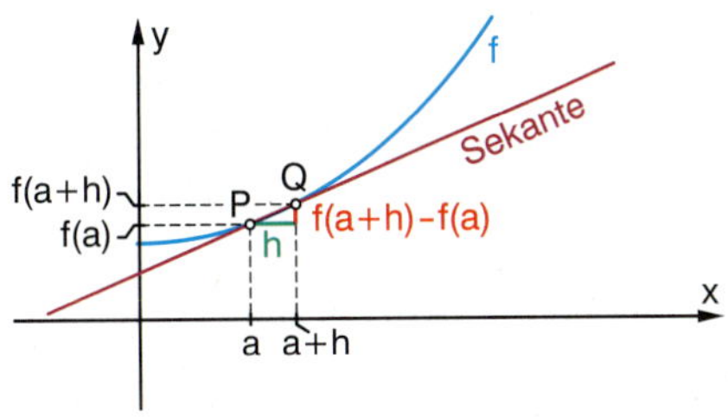

Die Änderungsrate an der Stelle a gibt die Steigung des Graphen an dieser Stelle an.

Man spricht auch von der **momentanen** Änderungsrate der Funktion f an der Stelle a.

Beispiele

A *Änderungsrate berechnen*

Bestimmen Sie die Änderungsrate der Funktion $f(x) = 212 - 5x^2$ an der Stelle a = 3 mit dem Differenzenquotienten für ein „kleines" h.

Lösung:

a = 3; h = 0,01 $\quad \frac{\Delta y}{\Delta x} = \frac{f(3 + 0{,}01) - f(3)}{0{,}01} = \frac{166{,}6995 - 167}{0{,}01} = -30{,}05$

Der Graph der Funktion f ist an der Stelle a = 3 stark fallend.

B *Steigung bestimmen*

Zeichnen Sie an den Graphen der Funktion $f(x) = -x^2 + 8x$ im Punkt P(2 | 12) mit dem Lineal eine Tangente und lesen Sie die Steigung ab.
Berechnen Sie die Steigung mit dem Differenzenquotienten für ein „kleines" h.

Lösung:

a = 2; h = 0,001

$\frac{\Delta y}{\Delta x} = \frac{f(2 + 0{,}001) - f(2)}{0{,}001} = \frac{12{,}003999 - 12}{0{,}001} = 3{,}999$

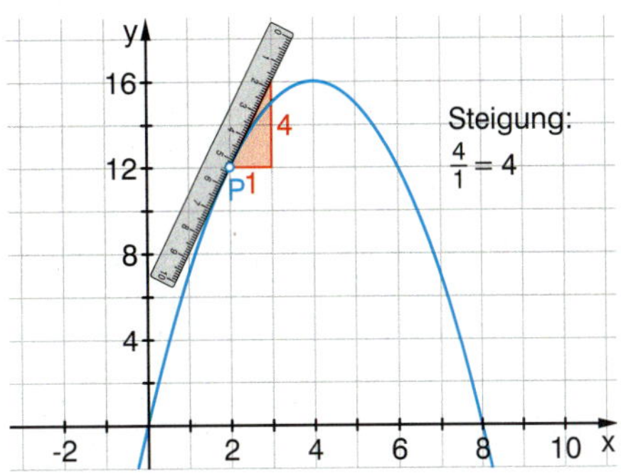

Die Rechnung passt in etwa zu der zeichnerischen Lösung.

Übungen

2 *Durchschnittliche Änderungsraten auf beliebigen Intervallen*

a) Finden Sie allein mit Berechnungen heraus, ob der Graph von $f(x) = x^3 - 2x^2 - 11x + 12$ in den Intervallen $[-3; 0]$, $[0; 3]$ und $[3; 6]$ eine positive oder negative durchschnittliche Steigung hat. Vergleichen Sie mit einer Skizze auf dem GTR.

b) Beschreiben Sie, welche „Schwächen" durchschnittliche Änderungsraten auf größeren Intervallen haben können.

c) Geben Sie drei Intervalle an, bei denen die durchschnittliche Änderungsrate Ihrer Meinung nach aussagekräftig ist.

3 *Näherungswerte für momentane Änderungsraten*

Bestimmen Sie die Änderungsrate der Funktion f an der Stelle a, indem Sie für h „kleine" Werte wählen.

a) $f(x) = \frac{4}{x}$, $a = 3$ b) $f(x) = x^3 - 9x$, $a = 4$ c) $f(x) = 2x$, $a = 50$

4 *Senkrechter Wurf*

Ein Ball wird senkrecht in die Höhe geworfen. Die Abbildung stellt die Höhe h(t) in Abhängigkeit von der Zeit t dar.

a) Ermitteln Sie grafisch mit einem Lineal die Änderungsrate des Graphen zum Zeitpunkt t = 1 s.

b) Der senkrechte Wurf, so wie er in der Abbildung dargestellt ist, wurde mit der Funktion $h(t) = 20t - 5t^2$ modelliert. Berechnen Sie die Änderungsrate der Funktion zum Zeitpunkt t = 1 s mithilfe des Differenzenquotienten und vergleichen Sie Ihr Ergebnis mit dem der grafischen Methode.

5 *Achterbahn*

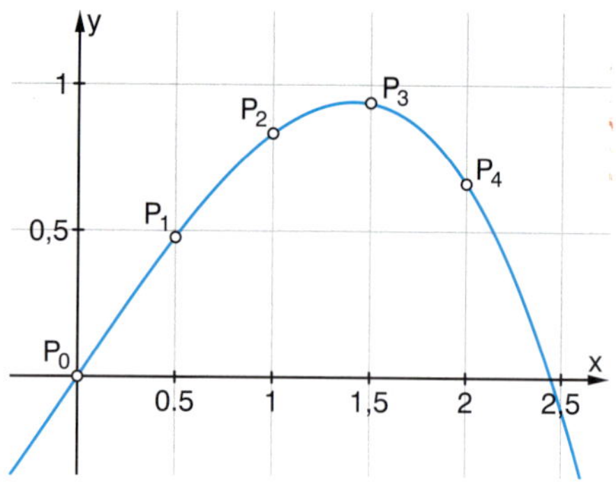

Das Bild zeigt einen kleinen Ausschnitt einer Achterbahn. Ein Teilstück einer solchen Achterbahn kann durch die Funktion $y = -\frac{1}{6}x^3 + x$ im Intervall $[0; 2{,}5]$ beschrieben werden (x und y jeweils in 10-m-Einheiten).

a) Wie steil ist es in den angegebenen Punkten?

b) An welcher Stelle liegt der höchste Punkt? Benutzen Sie zum Finden dieses Punktes auch die Steigung.

c) An welchen Stellen vermuten Sie das größte Gefälle und die größte Steigung? Berechnen Sie je einen Näherungswert für diese Steigungen.

Analysis 3

Differenzenquotienten mit dem GTR

WERKZEUG

Differenzenquotienten können gut mit dem GTR ausgewertet werden.
Für die weitere Arbeit ist es sinnvoll, den Eintrag in Y_2 beizubehalten.

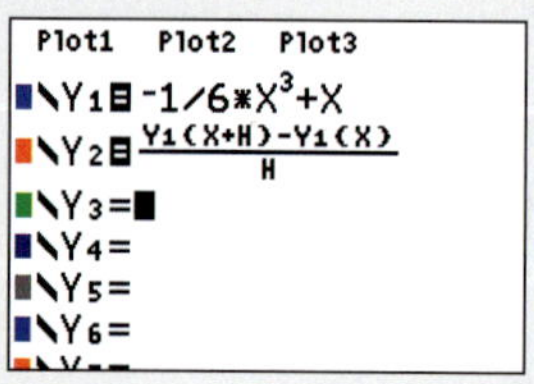

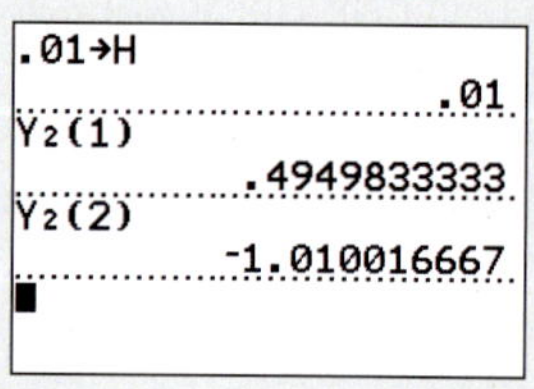

Basiswissen

Der Grenzwert des Differenzenquotienten

Was geschieht mit dem Differenzenquotienten, wenn h gegen 0 strebt?

Beispiel: $f(x) = x^3$ Differenzenquotient an der Stelle x = 1:

$$\frac{\Delta y}{\Delta x} = \frac{f(1+h) - f(1)}{h} = \frac{(1+h)^3 - 1^3}{h}$$

h	Wert des Differenzen-quotienten
0,01	3,0301
0,001	3,003 001
0,000 001	3,000 003
0,000 000 001	3,000 000 000

h	Wert des Differenzen-quotienten
−0,01	2,9701
−0,001	2,997 001
−0,000 001	2,999 997
−0,000 000 001	3,000 000 000

Offensichtlich nähert sich der Wert des Differenzenquotienten der Zahl 3. Dies ist der beste Wert für die Änderungsrate der Funktion f an der Stelle a = 3.
Diesen Wert nennen wir auch Grenzwert des Differenzenquotienten für h gegen 0 und schreiben: $\lim\limits_{h \to 0} \frac{(1+h)^3 - 1^3}{h} = 3$.
Wir sagen: Die momentane Änderungsrate an der Stelle 1 ist 3.

Geometrische Bedeutung

Der **Differenzenquotient** gibt die **Steigung der Sekante** durch die Punkte P(1 | 1) und Q(1 + h | (1 + h)³) an. Die Steigung der Sekante ist die **durchschnittliche Steigung** des Graphen auf dem Intervall [1; 1 + h].

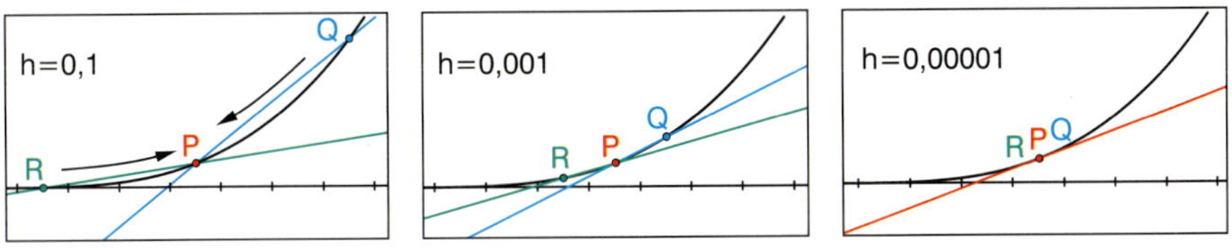

Für **h gegen 0** nähert sich die Sekante einer gedachten Geraden, die wir als **Tangente** an den Graphen der Funktion f im Punkt (1 | 1) bezeichnen. Die Sekantensteigungen nähern sich dem Wert 3, dem Wert der **Tangentensteigung** im Punkt (1 | 1).

Wir sagen: *Die Steigung des Graphen im Punkt P(1 | 1) ist 3.*

Beispiele

C *Momentane Änderungsrate als Grenzwert bestimmen*

Bestimmen Sie die Steigung der Funktion $f(x) = 9 - x^2$ an der Stelle a = 2 durch systematisches Annähern von h an 0 auf vier Stellen nach dem Komma genau.

Lösung: $\frac{\Delta y}{\Delta x} = \frac{f(2+h) - f(2)}{h} = \frac{9 - (2+h)^2 - 5}{h} = -h - 4$

h	Näherungswert der Steigung
0,1	−4,1
0,01	−4,01
0,001	−4,001
0,0001	−4,0001

h	Näherungswert der Steigung
−0,1	−3,9
−0,01	−3,99
−0,001	−3,999
−0,0001	−3,9999

Der Grenzwert der Sekantensteigungen für h gegen 0 ist offensichtlich −4.
Wir sagen: Die Steigung des Graphen der Funktion f(x) an der Stelle 2 beträgt −4.

Übungen

6 *Steigung des Funktionsgraphen an einer Stelle*

Bestimmen Sie die Steigung des Funktionsgraphen an der Stelle a durch systematisches Annähern von h an null auf fünf Stellen nach dem Komma genau.
Zeichnen Sie zunächst mit dem GTR den Graphen der jeweiligen Funktion, damit Sie einen Überblick über seinen Verlauf erhalten.
Rechnen Sie dann und listen Sie jeweils die einzelnen Näherungswerte auf.

Bei einigen Aufgaben können Sie den Grenzwert angeben.

a) $f(x) = x^2 - 4x + 4;\ a = 2$ b) $f(x) = x^3 - 2;\ a = 1{,}5$ c) $f(x) = 2^x;\ a = 1$
d) $f(x) = x^3 - x^2;\ a = 1$ e) $f(x) = \sin(x);\ a = 0{,}5$

7 *Durchschnittliche und momentane Änderungsrate*

a) Berechnen Sie die durchschnittliche Änderungsrate von f in den angegebenen Intervallen. Veranschaulichen Sie diese am Graphen durch die zugehörigen Sekanten.
(A) $f(x) = 2x^2;\ [-2; 1]$ (B) $f(x) = -x^2 + 5;\ [-3; 2]$
(C) $f(x) = x^3 - 2;\ [-1; 3]$ (D) $f(x) = x^4 - 3;\ [-5; 5]$
b) Vergleichen Sie die errechneten Werte jeweils mit guten Näherungswerten für die momentanen Änderungsraten an den Intervallgrenzen.

8 *Steigung einer Funktion an einer Stelle schnell ermittelt*

Die „h-Methode"
Häufig kann man die Formel für den Differenzenquotienten mithilfe der Algebra vereinfachen. Mit diesem vereinfachten Term kann man die Steigung der betreffenden Funktion an einer bestimmten Stelle oft auf einen Blick ablesen.

Aufgabe:
Ermitteln Sie die Steigung von $f(x) = 4 - x^2$ an der Stelle a = 2.

So wird's gemacht:
- Berechnen Sie zunächst einen möglichst einfachen Term für die Sekantensteigung auf dem Intervall [2; 2 + h].
- Bestimmen Sie mithilfe des gefundenen Terms den Grenzwert $\lim\limits_{h \to 0} \frac{(4-(2+h)^2)-0}{h}$.

Lösung:
Differenzenquotient

$$\frac{\Delta y}{\Delta x} = \frac{f(2+h)-f(2)}{h} = \frac{(4-(2+h)^2)-0}{h}$$
$$= \frac{(4-(4+4h+h^2))}{h} = \frac{-4h-h^2}{h}$$
$$= \frac{h(-4-h)}{h} = -4 - h$$

(vereinfachter Differenzenquotient)

Lohn der Mühe: Man sieht sofort, was passiert, wenn sich h null nähert.
Der gesuchte Grenzwert ist −4.

Ermitteln Sie die Steigung von f(x) an der Stelle a mithilfe der „h-Methode".
a) $f(x) = x^2;\ a = 3$ b) $f(x) = x^2 + 4x;\ a = 2$ c) $f(x) = x^2;\ a = \sqrt{3}$
d) $f(x) = 3x^2;\ a = 1$ e) $f(x) = x^2 - 2x + 1;\ a = 1$ f) $f(x) = x^3;\ a = 1$
Vergleichen Sie die gefundenen Grenzwerte jeweils mit dem Wert des Differenzenquotienten für ein kleines h (z. B. h = 0,000001).

Analysis 2

9 *Wenn die h-Methode versagt*

Finden Sie bei den folgenden beiden Funktionen mit dem Differenzenquotienten für ein kleines h (h = 0,000001) einen guten Näherungswert für die Steigung an der Stelle a.
a) $f(x) = 3^x;\ a = 1$ b) $f(x) = \sin(x),\ a = \frac{\pi}{4}$
Versuchen Sie auch hier den Grenzwert an der Stelle a mithilfe der h-Methode zu finden.
Warum funktioniert das hier nicht so wie in den Beispielen von Aufgabe 9?

Achten Sie bei b) darauf, dass der Rechner auf Bogenmaß eingestellt ist.

10 *Funktionen und Steigungsgraph*

a) Zeichnen Sie die Graphen der Funktion im Intervall [−4; 4].
(1) $f(x) = x^2 - 2$ (2) $f(x) = \frac{1}{3}x^3 - 4x$ (3) $f(x) = \sin(x)$
b) Skizzieren Sie den Verlauf des Steigungsgraphen. Erstellen Sie dazu zunächst eine Tabelle für die Steigungen an Punkten, die Ihnen für den Verlauf der Steigung aussagekräftig erscheinen. Mit einem GTR können Sie Ihre Vermutung überprüfen.

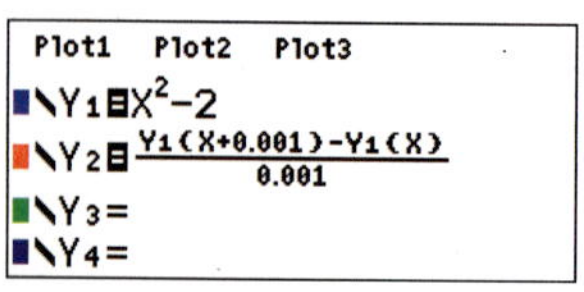

Von der Sekantensteigungsfunktion zur Ableitungsfunktion f′(x)

Basiswissen

msek
Steigung Sekante

Die Sekantensteigungsfunktion

Die Funktion **msek(x)** = $\frac{\mathbf{f(x+h)-f(x)}}{\mathbf{h}}$ nennt man **Sekantensteigungsfunktion.** Sie ordnet jedem x-Wert die Steigung der Sekante durch die Punkte P(x | f(x)) und Q(x + h | f(x + h)) zu.
Wählt man für h einen kleinen Wert (z. B. h = 0,001), dann stellt der Graph der Sekantensteigungsfunktion eine gute Näherung für den „Steigungsgraphen" der Funktion f(x) dar.

Graph der Funktion f

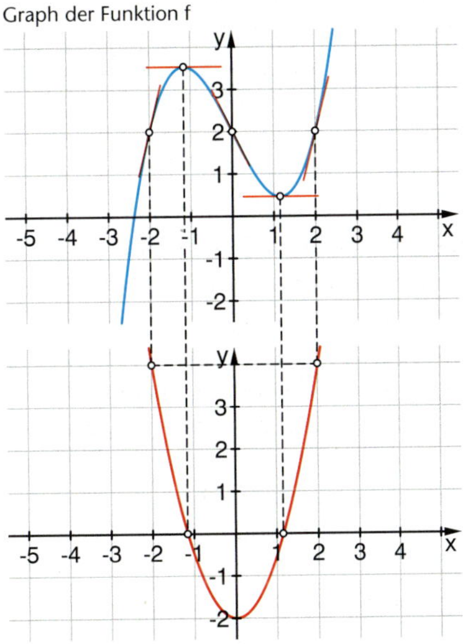

Graph der Ableitungsfunktion f′

Die Ableitungsfunktion – die beste Beschreibung des Steigungsverhaltens der Funktion f(x)

Falls an jeder Stelle x der Grenzwert $\lim\limits_{h \to 0} \frac{f(x+h)-f(x)}{h}$ existiert, so liefert uns dieser jeweils den besten Wert für die Steigung der Funktion f(x) an der Stelle x.
Die Funktion $f'(x) = \lim\limits_{h \to 0} \frac{f(x+h)-f(x)}{h}$ nennen wir **Ableitungsfunktion zur Funktion f.**

Analysis 2, 3

Veranschaulichung für $f(x) = x^2$ mit $msek(x) = \frac{(x+h)^2 - x^2}{h}$:

x	msek(x) mit h = 0,01	msek(x) mit h = 0,001	$f'(x) = \lim\limits_{h \to 0} msek(x)$
−3	−5,99	−5,999	−6
−2	−3,99	−3,999	−4
−1	−1,99	−1,999	−2
0	0,01	0,001	0
1	2,01	2,001	2
2	4,01	4,001	4

Änderungsrate an der Stelle x

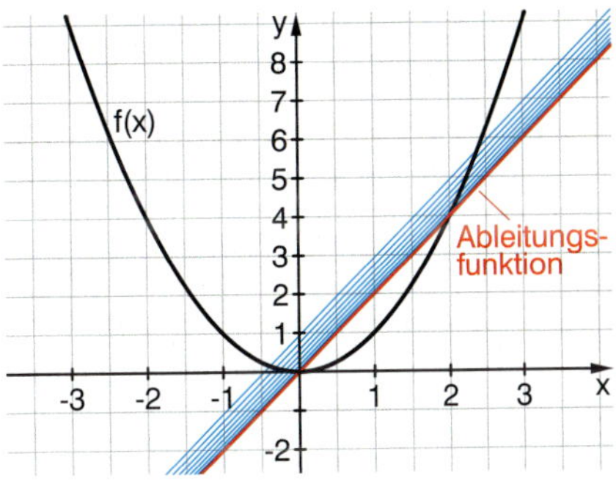

Der Steigungsgraph der Funktion $f(x) = x^2$ wird am besten durch die Ableitungsfunktion $f'(x) = 2x$ beschrieben.

Die Sekantensteigungsfunktionen nähern sich für kleiner werdendes h der Ableitungsfunktion $f'(x) = 2x$.

Beispiele

D *Ableitungsfunktion bestimmen*

Ermitteln Sie die Ableitungsfunktion f′(x) zur Funktion $f(x) = x^3$.

Lösung: $msek(x) = \frac{(x+h)^3 - x^3}{h}$

x	msek(x) mit h = 0,01	msek(x) mit h = 0,001	$f'(x) = \lim\limits_{h \to 0} msek(x)$
−2	11,94	11,994	12
−1	2,9701	2,997	3
0	0,0001	0,000001	0
1	3,0301	3,003	3
2	12,06	12,006	12

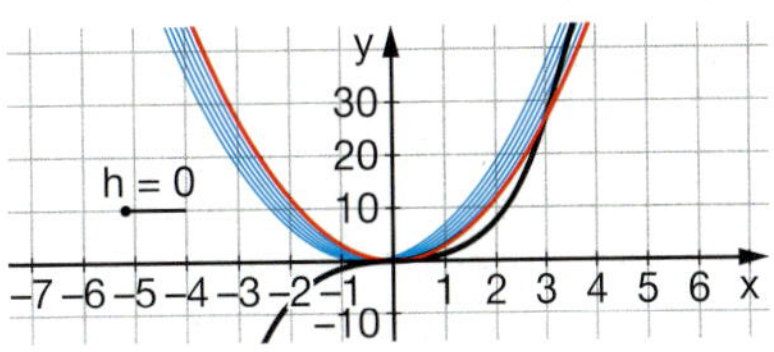

Der Steigungsgraph der Funktion $f(x) = x^3$ wird am besten durch die Ableitungsfunktion $f'(x) = 3x^2$ beschrieben.

msek(x) nähert sich für kleiner werdendes h der Ableitungsfunktion $f'(x) = 3x^2$.

Übungen

11 *Funktionen und ihre Ableitungsfunktion*

Ermitteln Sie mithilfe geeigneter Tabellen und der Darstellung entsprechender Sekantensteigungsfunktionen jeweils die Ableitungsfunktion f′(x).

a) $f(x) = 1{,}5x^2$ b) $f(x) = 1{,}5x^2 + 2$ c) $f(x) = x^2 + 6x + 9$
d) $f(x) = \frac{1}{3}x^3$ e) $f(x) = \frac{1}{3}x^3 - 2x$ f) $f(x) = 2x - 1$

12 *Ein algebraisches Verfahren zur Berechnung der Ableitungsfunktion*

Wir haben im vorangegangenen Lernabschnitt erfahren, dass man in einigen Fällen den Differenzenquotienten mithilfe der Algebra vereinfachen kann. Dies lässt sich auch auf Sekantensteigungsfunktionen anwenden. Die Vereinfachung der Sekantensteigungsfunktion eignet sich oft zur Ermittlung der Ableitungsfunktion.

a) Informieren Sie sich über die „h-Methode" in Übung 9.

b) Ermitteln Sie die Ableitungsfunktion mithilfe der h-Methode.

$f_1(x) = 2x^2$ $f_2(x) = 2^x$
$f_3(x) = x^2 - 4x$ $f_4(x) = 2x^2 + 3x - 5$
$f_5(x) = x^2 + 5$ $f_6(x) = x^3 + 2x^2$

Die „h-Methode"

Funktion: $f(x) = 4 - x^2$

Sekantensteigungsfunktion:

$$msek(x) = \frac{f(x+h) - f(x)}{h} = \frac{4 - (x+h)^2 - (4 - x^2)}{h}$$
$$= \frac{-x^2 - 2xh - h^2 + x^2}{h} = \frac{-2xh - h^2}{h}$$
$$= \frac{h(-2x - h)}{h}$$
$$= -2x - h$$

vereinfachter Funktionsterm

$$f'(x) = \lim_{h \to 0} (-2x - h) = -2x$$

Ableitungsfunktion

Schreiben Sie jeweils ausführlich alle Lösungsschritte auf. Bestätigen Sie Ihre Ergebnisse mithilfe geeigneter Sekantensteigungsfunktionen. Bei einer Funktion funktioniert die h-Methode nicht. Beschreiben Sie die Schwierigkeiten.

13 *Alles klar? – Verständnis auf dem Prüfstand*

a) Wie findet man einen guten Näherungswert für die Steigung eines Funktionsgraphen an der Stelle a?

b) Welcher Zusammenhang besteht zwischen dem Differenzenquotienten $\frac{f(b) - f(a)}{b - a}$ und der Sekante durch die Punkte $P(a|f(a))$ und $Q(b|f(b))$?

c) Welche der Begriffe passen zueinander: Differenzenquotient, Tangentensteigung, Sekantensteigung, Grenzwert des Differenzenquotienten?

d) Worin unterscheidet sich die Sekantensteigungsfunktion von der Ableitungsfunktion?

e) Warum stimmt bei einer linearen Funktion die Ableitungsfunktion mit der Sekantensteigungsfunktion überein?

f) An welchen Stellen existiert bei der Funktion $f(x) = |x^2 - 1|$ kein Grenzwert des Differenzenquotienten?

14 *Wahr oder falsch?*

Gegeben ist die Funktion $f(x) = x^2$.
Welche der Aussagen sind wahr? Begründen Sie Ihre Entscheidung.

a) Die mittlere Steigung im Intervall [1; 2] ist größer als die mittlere Steigung im Intervall [2; 3].

b) Die Durchschnittssteigung im Intervall [0; 2] ist in etwa so groß wie die Steigung im Punkt (1 | 1).

c) Die mittlere Steigung im Intervall [−2; 2] ist 0.

d) Die Steigung im Punkt $(x|f(x))$ lässt sich mit dem Differenzenquotienten $\frac{f(x+h) - f(x)}{h}$ berechnen, indem man für h null einsetzt.

15 *Begriffe am Beispiel erläutern*

a) Erläutern Sie am Beispiel der Funktion $f(x) = 1{,}5x^2$ die Begriffe Sekante, Sekantensteigung, Differenzenquotient, Tangente und Grenzwert des Differenzenquotienten.

b) Berechnen Sie msek(3) für h = 0,001 und f′(3).

1.3 Ableitungsregeln

Was Sie erwartet

Im vorangegangenen Lernabschnitt wurde mit der Ableitungsfunktion das Änderungsverhalten einer Funktion beschrieben. Die jeweilige Ableitungsfunktion war das Ergebnis eines Grenzprozesses. Grafisch und rechnerisch war dies nicht immer ganz einfach. Um Ableitungen beim Problemlösen möglichst effektiv einsetzen zu können, benötigen wir Verfahren, mit denen man die Ableitungsfunktionen einfach bestimmen kann. Dazu werden wir Ableitungsregeln kennen lernen, die uns die zukünftige Arbeit erleichtern.

Die Ableitungsregeln, mit denen wir uns beschäftigen werden, haben griffige Namen:
- *Potenzregel,*
- *Regel für konstante Summanden,*
- *Regel für konstante Faktoren,*
- *Summenregel*

Aufgaben

1 *Ableitungsfunktionen ermitteln*
Es gibt verschiedene Methoden, die Ableitungsfunktion einer Funktion zu ermitteln.
a) Informieren Sie sich im vorangegangenen Kapitel über die „h-Methode" und das Verfahren, das sich der Sekantensteigungsfunktion für kleines h bedient, um die Ableitungsfunktion zu bestimmen.
b) Skizzieren Sie Sekantensteigungsfunktionen der Funktionen $f_1(x)$ bis $f_6(x)$ und versuchen Sie damit einen Funktionsterm für die Ableitungsfunktion zu finden. Versuchen Sie auch eine Bestimmung mit der h-Methode.
$f_1(x) = x^2$; $f_2(x) = x^3$; $f_3(x) = \frac{1}{x}$; $f_4(x) = \sqrt{x}$; $f_5(x) = \sin(x)$; $f_6(x) = 1{,}5^x$

2 *Ableitungsfunktionen von Potenzfunktionen – Mustererkennung*
In den Abbildungen sind Potenzfunktionen und ihre jeweilige Ableitungsfunktion dargestellt.

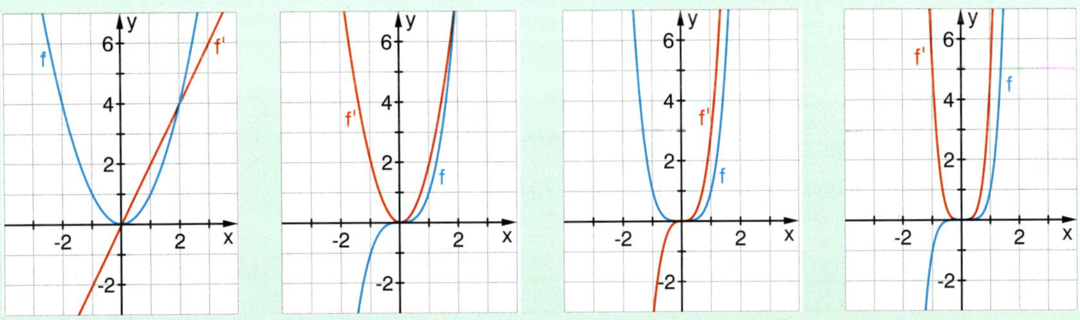

$f(x) = x^2$ $f'(x) = 2x$ | $f(x) = x^3$ $f'(x) = 3x^2$ | $f(x) = x^4$ $f'(x) = 4x^3$ | $f(x) = x^5$ $f'(x) = 5x^4$

a) Beschreiben Sie das Steigungsverhalten der jeweiligen Funktion. Wie verändert es sich bei wachsendem natürlichen Exponenten und wie drücken sich diese Veränderungen in den Graphen der Funktion und der zugehörigen Ableitungsfunktion aus?
b) Wie könnte die Ableitungsfunktion von $f(x) = x^6$ lauten? Welche Ableitungsregel können Sie für die Ableitungsfunktion von $f(x) = x^n$ vermuten?

Aufgaben

3 *Was passiert mit $f'(x)$, wenn $f(x)$ verändert wird?*

a) Beschreiben Sie, wie sich der Graph der neuen Funktion $g(x)$ aus der Funktion $f(x)$ bzw. aus den Funktionen $f_1(x)$ und $f_2(x)$ ergibt.

A $f(x) = x^2 \quad g(x) = x^2 + 3$

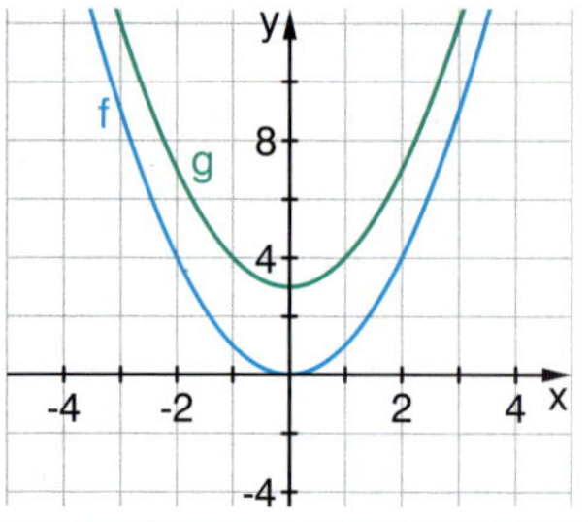

B $f(x) = x^2 \quad g(x) = 2x^2$

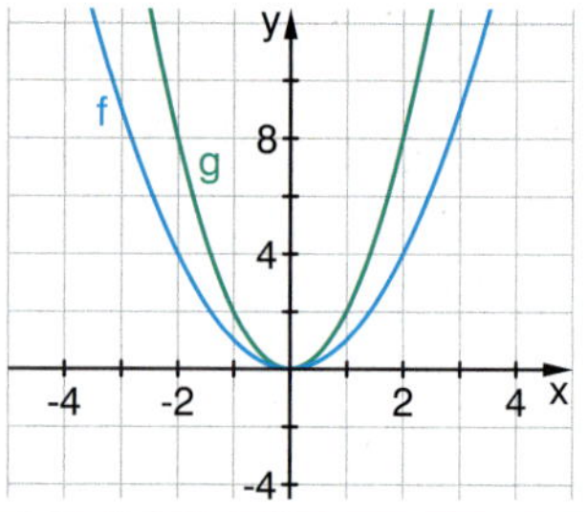

C $f_1(x) = x^2 \quad f_2(x) = x \quad g(x) = x^2 + x$

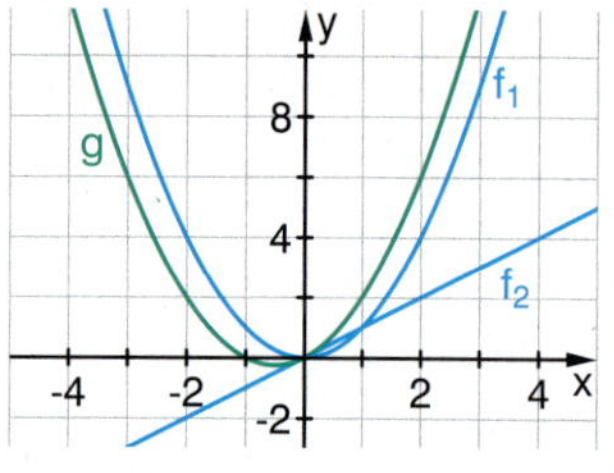

Analysis 7, 8, 9

b) In welchem Zusammenhang stehen jeweils die Steigung der neuen Funktion $g(x)$ und die Steigung(en) der Ausgangsfunktion(en)?
Probieren Sie an verschiedenen Stellen und formulieren Sie Ihre Beobachtung als Regel. In einem der Beispiele können Sie die gefundene Regel sicher allgemein begründen.

Basiswissen

Grundbausteine für das Arbeiten mit Ableitungsfunktionen

Wichtige Funktionen und deren Ableitungsfunktionen

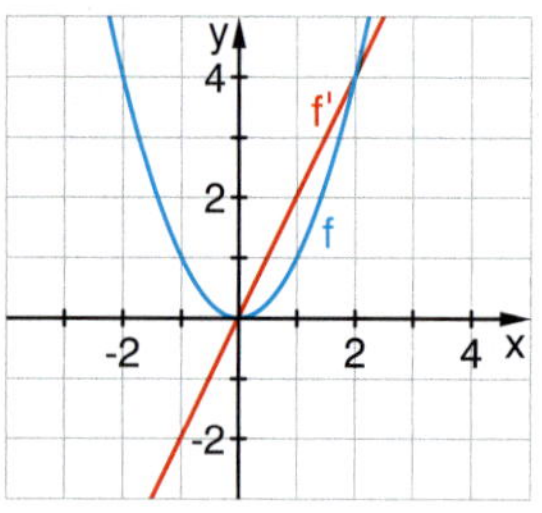

$f(x) = x^2 \quad f'(x) = 2x$

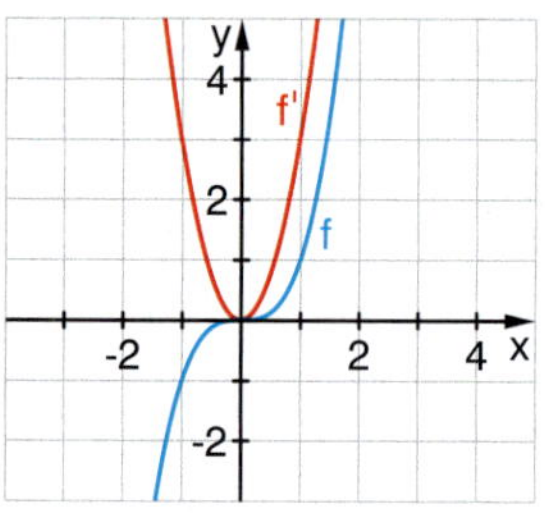

$f(x) = x^3 \quad f'(x) = 3x^2$

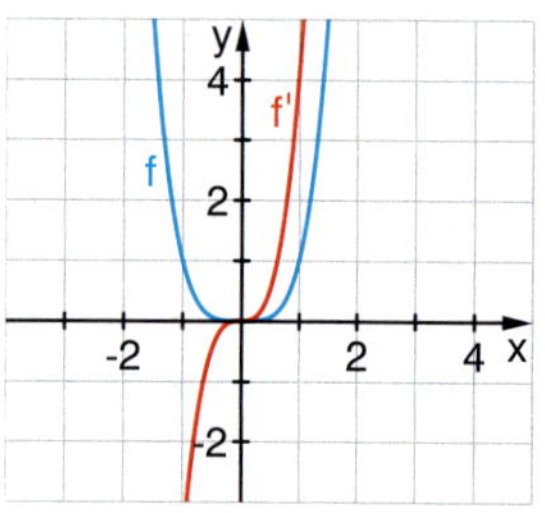

$f(x) = x^4 \quad f'(x) = 4x^3$

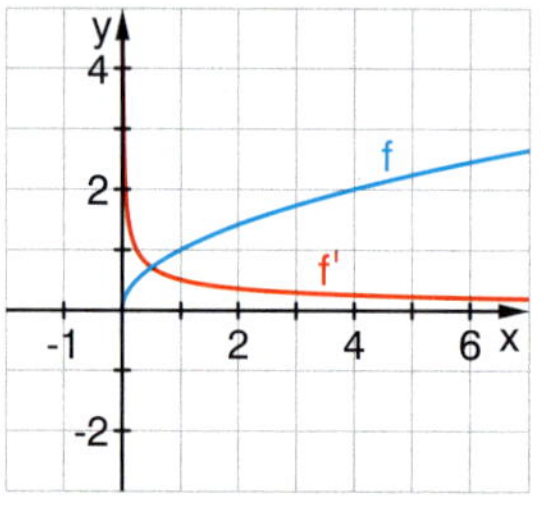

$f(x) = \sqrt{x} \quad f'(x) = \frac{1}{2\sqrt{x}}$

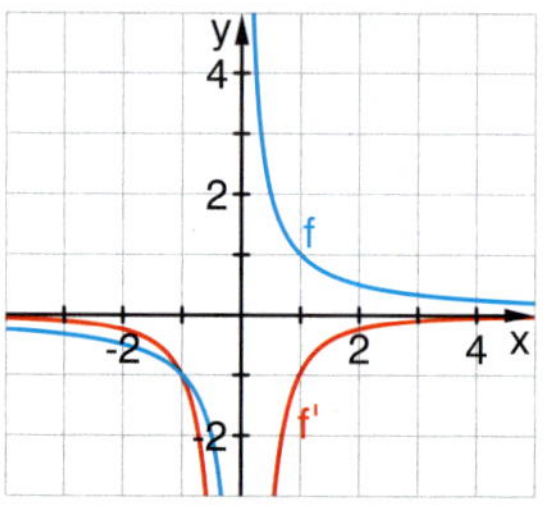

$f(x) = \frac{1}{x} \quad f'(x) = -\frac{1}{x^2}$

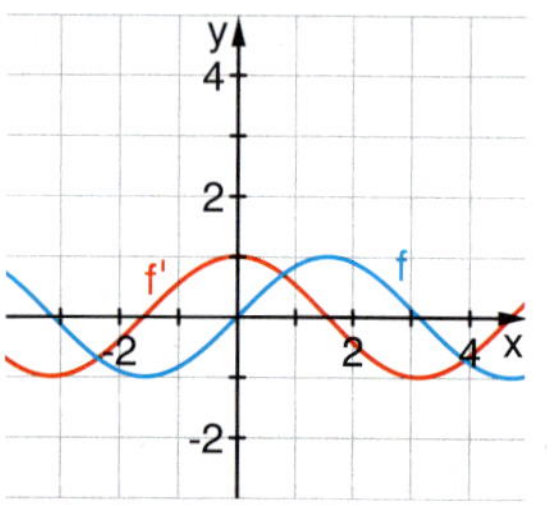

$f(x) = \sin(x) \quad f'(x) = \cos(x)$

Beispiele

A *Zwei spezielle Ableitungsfunktionen*

Ergänzen Sie die „Grundbausteine" um die Funktionen $f(x) = x$ und $f(x) = 1$.

Lösung:

$f(x)$ ist eine lineare Funktion mit der Steigung 1. Die Ableitungsfunktion ist somit $f'(x) = 1$.

$f(x)$ ist eine lineare Funktion mit der Steigung 0. Die Ableitungsfunktion ist somit $f'(x) = 0$.

Beispiele

B *Begründen*

Begründen Sie die Ableitungsformel für $f(x) = x^3$ mit der h-Methode.

Lösung: $f'(x) = \lim\limits_{h \to 0} \frac{f(x+h) - f(x)}{h}$

Für $f(x) = x^3$ gilt:

$$f'(x) = \lim_{h \to 0} \frac{(x+h)^3 - x^3}{h}$$

$$= \lim_{h \to 0} \frac{(x^3 + 3x^2h + 3xh^2 + h^3) - x^3}{h} = \lim_{h \to 0} \frac{3x^2h + 3xh^2 + h^3}{h}$$

$$= \lim_{h \to 0} \frac{h(3x^2 + 3xh + h^2)}{h} = \lim_{h \to 0} (3x^2 + 3xh + h^2)$$

$$= 3x^2$$

Somit gilt: $f'(x) = 3x^2$

Erinnerung:

			1			
		1		1		
	1		2		1	
1		3		3		1

Koeffizienten mithilfe des Pascalschen Dreiecks

Übungen

5 *Interessante Beobachtungen*

Berechnen Sie die Ableitung der Funktionen $f(x) = x^3$ und $g(x) = x^4$ an den Stellen $a = 2$ und $b = -2$.
Vergleichen Sie die Ergebnisse. Können Sie Ihre Beobachtung erklären?

6 *Wie genau ist die Zeichnung?*

Zeichnen Sie den Graphen von $f(x) = x^2$ für $0 \le x \le 3$. Zeichnen Sie an der Stelle $x = 0$ (0,5; 1 und 1,5) die Tangente an den Graphen der Funktion möglichst genau. Berechnen Sie anschließend die Steigung der Funktion an den entsprechenden Stellen und vergleichen Sie jeweils Ihren rechnerischen Wert mit der Steigung der von Ihnen eingezeichneten Tangente. Lagen Sie gut?

7 *Stelle mit der Steigung m gesucht*

An welcher Stelle hat die Funktion f die Steigung m?

a) $f(x) = x^3$ $m = 12$
b) $f(x) = x^4$ $m = -1$
c) $f(x) = \sin(x)$ $m = 1$
d) $f(x) = \sqrt{x}$ $m = 1$

8 *Nur negative Steigungen*

Begründen Sie mit der Ableitungsfunktion, dass die Steigung der Funktion $f(x) = \frac{1}{x}$ für jede Stelle x der Definitionsmenge negativ ist.

9 *Überraschendes von der Sinus-Funktion*

Begründen Sie, dass die Steigung der Sinusfunktion nicht größer als 1 und nicht kleiner als −1 sein kann.

Benutzen Sie bei den Aufgaben 8, 9 und 10 die im Basiswissen angegebenen Ableitungsfunktionen.

10 *Welche Steigung hat die Funktion $f(x) = \sqrt{x}$ an der Stelle $x = 0$?*

a) Warum lässt sich die Steigung der Funktion $f(x) = \sqrt{x}$ an der Stelle $x = 0$ mithilfe der Ableitungsfunktion nicht angeben?
b) Was ist in der Abbildung dargestellt? Untersuchen Sie die Veränderung der Sekantensteigung durch die Punkte $P = (0|0)$ und $Q = (h|\sqrt{h})$, wenn sich h dem Wert 0 nähert.
Welchen Schluss können Sie aus Ihrer Beobachtung für die Ableitung an der Stelle $x = 0$ ziehen?

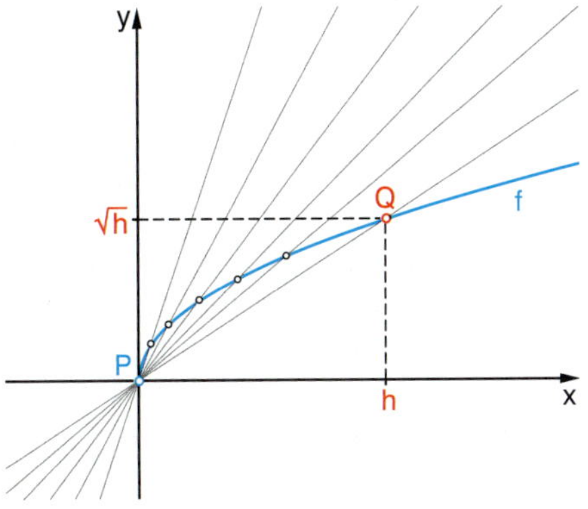

Problem mit der Ableitung: Bei manchen Funktionen kann man die Steigung an bestimmten Stellen nicht angeben.

Basiswissen

Wichtige Ableitungsregeln

Potenzregel

Ist $f(x) = x^n$ eine **Potenzfunktion** mit natürlichem Exponenten n, dann ist $f'(x) = n \cdot x^{n-1}$. *Beispiel:* $f(x) = x^6 \Rightarrow f'(x) = 6x^5$

Regel für konstante Summanden

Ist $f(x) = g(x) + c$, dann ist $f'(x) = g'(x)$.
In Worten: Ein **konstanter Summand** fällt beim Ableiten weg.
Beispiel: $f(x) = x^6 + 100 \Rightarrow f'(x) = 6x^5$

Faktorregel

Ist $f(x) = a \cdot g(x)$, dann ist $f'(x) = a \cdot g'(x)$.
In Worten: Ein konstanter Faktor bleibt beim Ableiten erhalten.
Beispiel: $f(x) = 2{,}5x^2 \Rightarrow f'(x) = 2{,}5 \cdot 2x = 5x$

Summenregel

Ist $f(x) = g(x) + h(x)$, dann ist $f'(x) = g'(x) + h'(x)$.
In Worten: Die Ableitung der Summe zweier Funktionen ist die Summe der Ableitungen der beiden Summanden.
Beispiel: $f(x) = x^2 + x^6 \Rightarrow f'(x) = 2x + 6x^5$

Beispiele

C *Ableiten nach Regeln*

Leiten Sie die Funktionen ab und geben Sie die benutzten Regeln an.

a) $f(x) = 2x^4 + 4$ b) $f(x) = 3x^3 - 4x^2$ c) $f(x) = (2x - 7)^2$

Lösung:

a) $f'(x) = 8x^3$ konstanter Summand fällt weg, Faktorregel, Potenzregel
b) $f'(x) = 9x^2 - 8x$ Summenregel, Faktorregel, Potenzregel
c) Der Funktionsterm muss zunächst ausmultipliziert werden.
$f(x) = (2x - 7)^2 = 4x^2 - 28x + 49$, also $f'(x) = 8x - 28$
Alle vier Regeln werden angewendet.

Übungen

11 *Welche Ableitungsregeln?*

Bestimmen Sie die Ableitungsfunktion von $f(x) = x^4 - 13x^3 + 5x + 10$.
Welche Ableitungsregeln haben Sie dabei angewendet?

12 *Training Ableitungsregeln I*

Bestimmen Sie die Ableitungsfunktion.

a) $f(x) = 5x^4$ b) $f(x) = 3x - 2$ c) $f(x) = 3x^2 - 4$
d) $f(x) = 0{,}2x^3 - 4x + 2$ e) $f(x) = 4{,}5x^2$ f) $f(x) = 5$
g) $f(x) = 3\sqrt{x} + 2x + 5$ h) $f(x) = 5\sin(x) - x^2$ i) $f(x) = \frac{2}{x} + 2$

13 *Training Ableitungsregeln II*

Bestimmen Sie die Ableitungsfunktion. In manchen Fällen muss man die Funktion zunächst umformen, um sie ableiten zu können.

a) $f(x) = \frac{1}{x} + x$ b) $f(x) = x^2(1 - x)$ c) $f(x) = (x^2 + 1)(x^2 - 1)$
d) $f(x) = 5x^k + 10$ e) $f(x) = x(x^n - 1)$ f) $f(x) = 1 + x^2 + x^3 + x^4$

14 *Von der Ableitung zur Funkion*

Finden Sie zu den angegebenen Ableitungsfunktionen die zugehörigen Funktionen.
Überprüfen Sie Ihre Lösung jeweils durch Ableiten.

a) $f'(x) = 3x^2 - 4x$ b) $f'(x) = 5$ c) $f'(x) = \cos(x) + 1$ d) $f'(x) = \frac{3}{2\sqrt{x}}$
e) $f'(x) = 4x - 6$ f) $f'(x) = -\frac{3}{x^2} + x^2$ g) $f'(x) = 2x^4 - x^3 - 2$

Übungen

15 *Steigung an einer Stelle*

Bestimmen Sie die Steigung der Funktion f an der angegebenen Stelle a.

a) $f(x) = x^4 - 2x^2 + 4,\ a = 3$ b) $f(x) = 2x - 4,\ a = 0$ c) $f(x) = \sin(x) + 5,\ a = 0$
d) $f(x) = 10\sqrt{x} + x^2,\ a = 0$ e) $f(x) = \frac{4}{x} + 2\sqrt{x},\ a = 1$ f) $f(x) = 2,\ a = 10$

Ganzrationale Funktion n-ten Grades

Mathematische Definitionen und Sätze sind in der Fachsprache der Mathematiker formuliert und sollen möglichst knapp, präzise und eindeutig sein.
Dies führt häufig zu Formulierungen, die nicht immer leicht zu lesen sind.
Allgemeine Definition einer ganzrationalen Funktion n-ten Grades:

Eine Funktion

$$f(x) = a_n x^n + a_{n-1} x^{n-1} + \ldots + a_2 x^2 + a_1 x + a_0 \text{ mit } n \in \mathbb{N}, a_i \in \mathbb{R} \text{ und } a_n \neq 0$$

nennt man eine **ganzrationale Funktion n-ten Grades.**
Die reellen Zahlen a_i werden **Koeffizienten** genannt.

Die Funktion oder der Funktionsterm werden auch als **Polynom von Grad n** bezeichnet.

16 *Ganzrationale Funktionen*

a) Warum kann man die quadratische Funktion $f(x) = 3x^2 - 2x + 5$ als ganzrationale Funktion zweiten Grades bezeichnen?
Wie notiert man die allgemeine Form einer solchen Funktion?
b) Geben Sie je ein Beispiel und die allgemeine Form einer ganzrationalen Funktion vierten und fünften Grades an.
c) Wie lautet die allgemeine Gleichung einer ganzrationalen Funktion ersten und nullten Grades? Wie sehen die zugehörigen Funktionsgraphen aus?
d) Fertigen Sie zu a), b) und c) jeweils eine Skizze an.
Überprüfen Sie mit dem GTR.

17 *Ableitung von ganzrationalen Funktionen*

a) Begründen Sie: Die Ableitungsfunktion einer ganzrationalen Funktion dritten Grades ist eine ganzrationale Funktion zweiten Grades.
Tipp: Verwenden Sie die allgemeine Darstellung einer ganzrationalen Funktion dritten Grades.
b) Welchen Grad hat die Ableitungsfunktion einer ganzrationalen Funktion n-ten Grades?

18 *Von der Funktion zur Ableitung*

Bestimmen Sie die Ableitungsfunktion zu den folgenden Funktionen.

a) $f(x) = 3x^5 - 2x^3 - 10$ b) $g(x) = -4x^3 - x + 12$ c) $h(x) = 4x^5 - 2x^2 - x - 1$

19 *Von der Ableitung zur Funktion*

a) Von welcher ganzrationalen Funktion stammt die Ableitung $f'(x) = 4x^3 - 4x + 3$?
Welcher der vier vorgegebenen Kandidaten „passt"?
$f_1(x) = x^4 - x^2 + 3$; $f_2(x) = x^4 - 2x^2 + 3x$; $f_3(x) = x^4 - 2x^2 + 3x - 4$; $f_4(x) = x^4 - 4x + 3$
Finden Sie noch andere passende Kandidaten?
b) Bestimmen Sie passende Funktionen $g(x)$ zur gegebenen Ableitungsfunktion $g'(x)$.
$g_1'(x) = 3x^2 + 5$; $g_2'(x) = 4x^3 + 2x$; $g_3'(x) = x^2 + x + 1$

20 *Tangentengleichung*

a) Begründen Sie: Die Gerade mit der Gleichung $y = 1{,}5x - 1{,}5$ ist Tangente an den Graphen der Funktion $f(x) = 0{,}5x^2 + 0{,}5x - 1$ im Punkt $P(1\,|\,0)$.
b) Bestimmen Sie die Gleichung der Tangente an den Graphen der Funktion im Punkt $P(2\,|\,f(2))$.

Beispiele

D *Tangente an Hyperbel*

Bestimmen Sie die Gleichung der Tangente an den Graphen der Funktion $f(x) = \frac{1}{x}$ an der Stelle $a = 2$. Stellen Sie Funktion und Tangente grafisch dar.

Lösung: Berechnung des Berührpunktes:
$f(2) = 0{,}5$, also $P(2\,|\,0{,}5)$

Steigung im Punkt P: $f'(x) = -\frac{1}{x^2}$, also $m = f'(2) = -\frac{1}{4}$

Tangentengleichung: $y = -\frac{1}{4}(x-2) + 0{,}5 = -\frac{1}{4}x + 1$

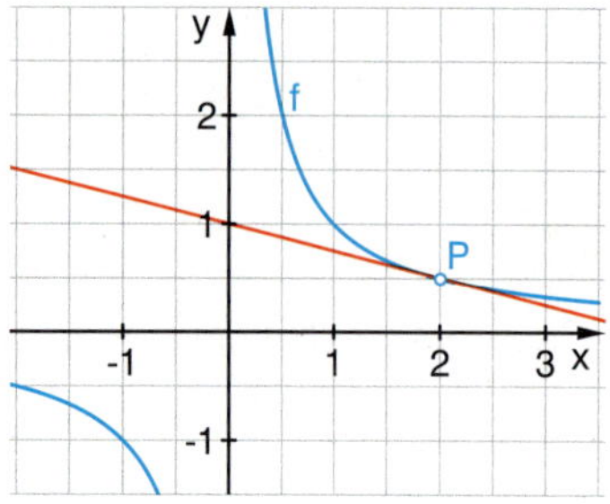

Übungen

21 *Training II*

Bestimmen Sie jeweils die Gleichung der Tangente im Punkt $P(a\,|\,f(a))$. Zeichnen Sie den Graphen und die Tangente mit dem GTR.

a) $f(x) = 3x^2$, $a = 1$
b) $f(x) = x^3$, $a = 2$
c) $f(x) = \frac{1}{x}$, $a = 3$
d) $f(x) = \sin(x)$, $a = \pi$
e) $f(x) = x^2 + 5x$, $a = 2$
f) $f(x) = -3x^2 + 7x$, $a = 0$

Basiswissen

Die Tangente an den Graphen einer Funktion f im Punkt $P(a\,|\,f(a))$ ist die Gerade, die durch P verläuft und als Steigung den Wert der Ableitung an dieser Stelle a hat.

Tangentengleichung

Beispiel: $f(x) = \frac{1}{4}x^2 - 1$; $P(4\,|\,3)$

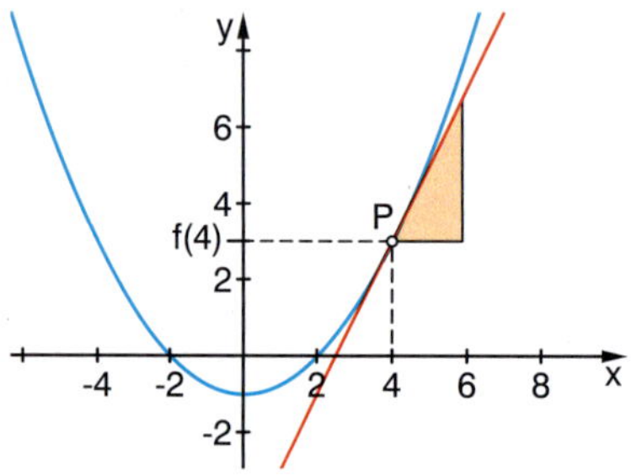

Allgemein: $f(x)$; $P(a\,|\,f(a))$

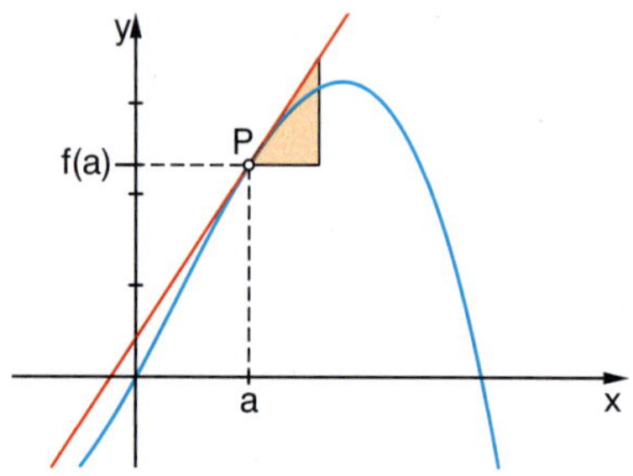

Ansatz: $y = m \cdot x + b$

Beispiel		Allgemein
$m = f'(4) = 2$	Steigung	$m = f'(a)$
$3 = 2 \cdot 4 + b$ $b = -5$	y-Achsenabschnitt	$f(a) = f'(a) \cdot a + b$ $b = f(a) - f'(a) \cdot a$
$y = 2x - 5$	Tangentengleichung	$y = f'(a) \cdot x + f(a) - f'(a) \cdot a$ $y = f'(a)(x-a) + f(a)$

Übungen

22 *Tangentengleichung in beliebigem Punkt*

a) Zeigen Sie, dass $y = 2ax - a^2$ die Gleichung der Tangente von $f(x) = x^2$ im Punkt $(a\,|\,a^2)$ ist.

b) Bestimmen Sie die Gleichung der Tangente von $f(x) = x^3$ im Punkt $(a\,|\,a^3)$.

WERKZEUG

Funktionen mit Parameter mit dem GTR

Mit dem GTR können Funktionen mit einem Parameter gut skizziert werden. Dazu werden Parameterwerte in einer Liste eingegeben.

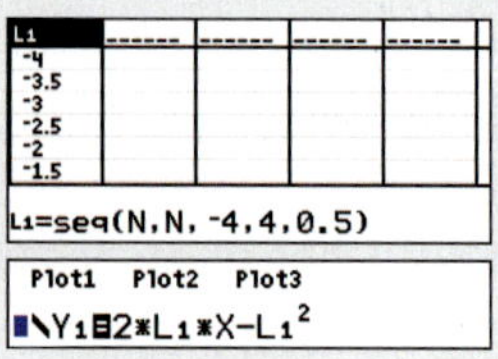

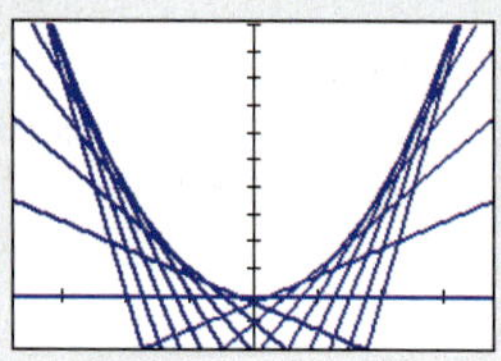

1.4 Zusammenhänge zwischen Funktion und Ableitung – Ganzrationale Funktionen

Was Sie erwartet

Funktionen beschreiben Abhängigkeiten zwischen zwei Größen, sowohl bei rein innermathematischen Zusammenhängen als auch in verschiedenen Anwendungsbereichen. Wertvolle Informationen über diese Zusammenhänge gewinnt man über die Darstellung in einer Tabelle oder im Funktionsgraphen. Vor allem am Verlauf des Graphen kann man schnell charakteristische Eigenschaften erkennen, z. B. wo dieser steigt bzw. fällt oder an welchen Stellen Hoch- bzw. Tiefpunkte erreicht werden. Interessanterweise spiegeln sich diese und weitere Eigenschaften sehr deutlich in den Ableitungen der Funktionen wider.

Aufgaben

1 *Hochwasser, Radtour und Verkaufszahlen*

In dem skizzierten Funktionsgraphen zu einer Funktion f sind besondere Punkte markiert.

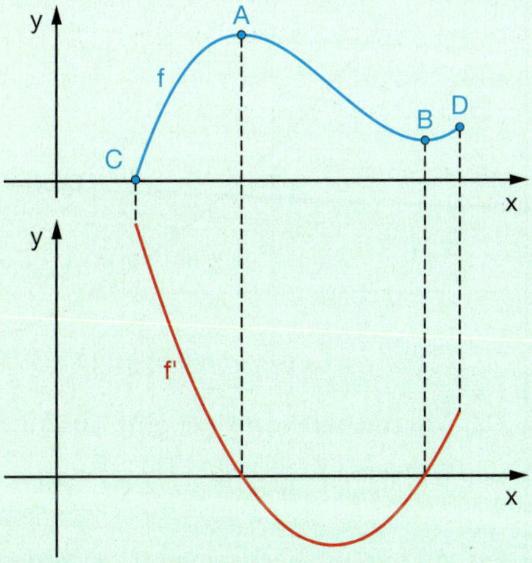

a) Beschreiben Sie die Bedeutung dieser Punkte, wenn die Funktion

(1) den Pegelstand eines Flusses innerhalb einer Woche beschreibt,

(2) das Höhenprofil einer Radtour darstellt,

(3) die Verkaufszahlen eines Produkts innerhalb eines Jahres beschreibt.

b) Begründen Sie, dass der untere Funktionsgraph die Ableitung von f darstellt. Beschreiben Sie Zusammenhänge zwischen dem Kurvenverlauf von f und der Ableitungsfunktion (insbesondere an den besonderen Punkten). Beschreiben Sie die Besonderheit der Punkte C und D.

2 *Zusammenhänge zwischen Funktion und Ableitung*

Zeichnen Sie zum abgebildeten Graphen der Funktion $f(x) = \frac{1}{8}x^3 - \frac{3}{2}x - 2$ den Graphen der 1. Ableitung $f'(x)$.

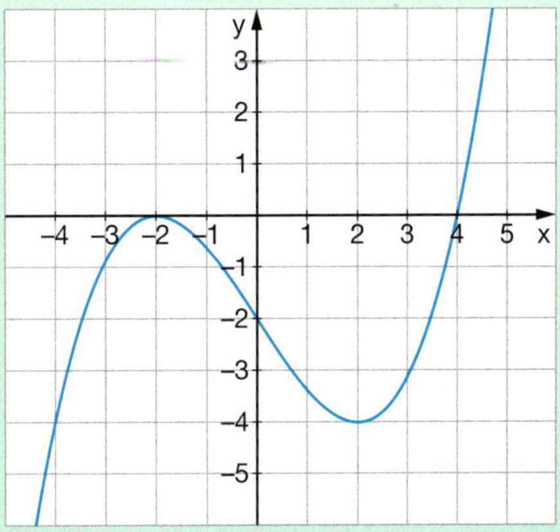

a) Welcher Zusammenhang besteht zwischen den Nullstellen der 1. Ableitung und den Extremstellen der Funktion?

b) Welche weiteren Eigenschaften der Funktion kann man aus dem Graphen der Ableitung ablesen?

c) An welcher Stelle hat der Funktionsgraph die kleinste Steigung?

Basiswissen

Die Eigenschaft Monotonie und die besonderen Punkte (Hoch- und Tiefpunkte) einer Funktion spiegeln sich in ihrer Ableitung wider. Damit ist es möglich, diese Eigenschaft und die besonderen Punkte des Graphen der Funktion f aus den Ableitung f′ abzulesen.

Alle hier aufgeführten Zusammenhänge und Aussagen setzen voraus, dass die Funktionen an jeder Stelle des betrachteten Definitionsbereiches differenzierbar sind.

Zusammenhang zwischen einer Funktion und ihrer Ableitung

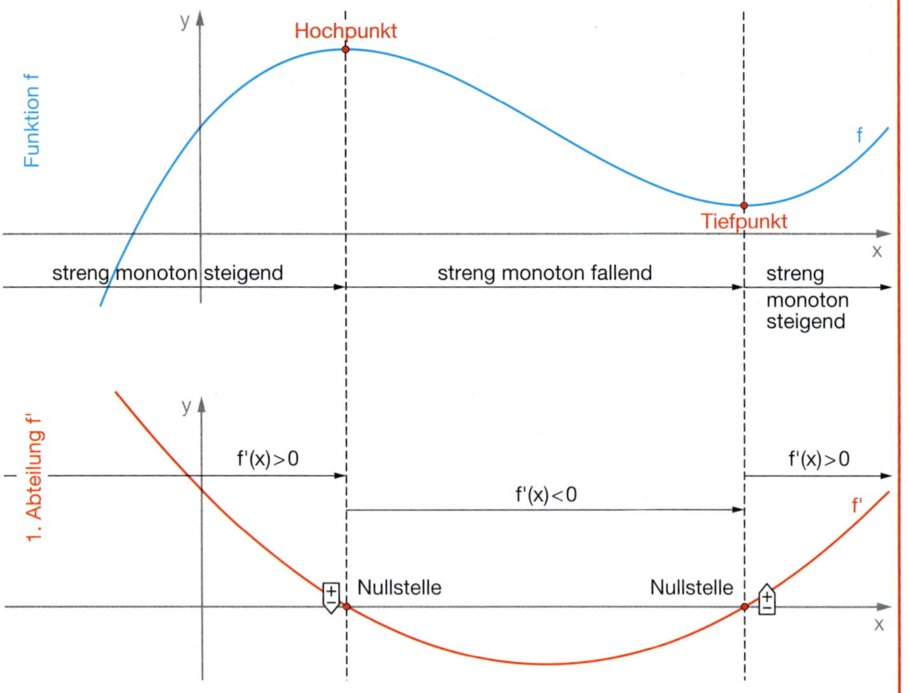

Monotonie

Das Vorzeichen von f′(x) gibt Auskunft über Steigen oder Fallen von f.

In Intervallen, in denen $f'(x) > 0$, ist f streng monoton steigend.
In Intervallen, in denen $f'(x) < 0$, ist f streng monoton fallend.

lokale Extrempunkte

Ein Vorzeichenwechsel von f′(x) kennzeichnet lokale Extrempunkte von f.

An der Stelle,
an der f′(x) das Vorzeichen von + nach – wechselt, liegt ein Hochpunkt von f vor.
an der f′(x) das Vorzeichen von – nach + wechselt, liegt ein Tiefpunkt von f vor.

An der Stelle, an der f einen lokalen Extrempunkt hat, ist $f'(x) = 0$.

Beispiele

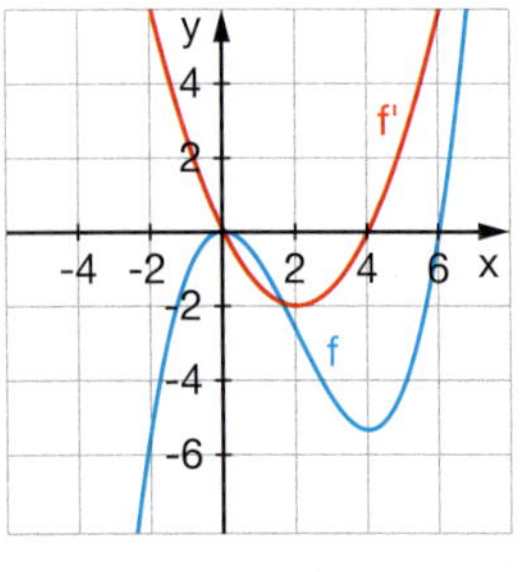

A *Steigung oder Gefälle?*

In welchen Intervallen ist der Graph der Funktion $f(x) = \frac{1}{6}x^3 - x^2$ monoton wachsend, in welchen monoton fallend? Wo liegen lokale Extrempunkte? Argumentieren Sie mit der Ableitungsfunktion.

Lösung:

$f'(x) = \frac{1}{2}x^2 - 2x$

In der grafischen Darstellung von f′ erkennt man, dass die erste Ableitung f′ für $x < 0$ oder für $x > 4$ positiv, für $0 < x < 4$ negativ ist.

Also ist der Graph von f für $x < 0$ oder $x > 4$ monoton wachsend und für $0 < x < 4$ monoton fallend.

Bei $x = 0$ und $x = 4$ liegen lokale Extrempunkte, da f′ an diesen Stellen jeweils das Vorzeichen wechselt.

Beispiele

B *Produktionskosten*

Eine Möbelfirma stellt exklusive Designerstühle her. Die Produktionskosten K hängen von der an einem Tag produzierten Menge x ab. Sie werden im Produktionsbereich von 0 bis 300 Stück durch die Funktion $K(x) = x^3 - 3x^2 + 6x + 1$ modelliert (x gibt die Stückzahl in Hundert an, K(x) die Produktionskosten in Zehntausend Euro).
Beschreiben Sie die Entwicklung der Produktionskosten mithilfe der Ableitung.

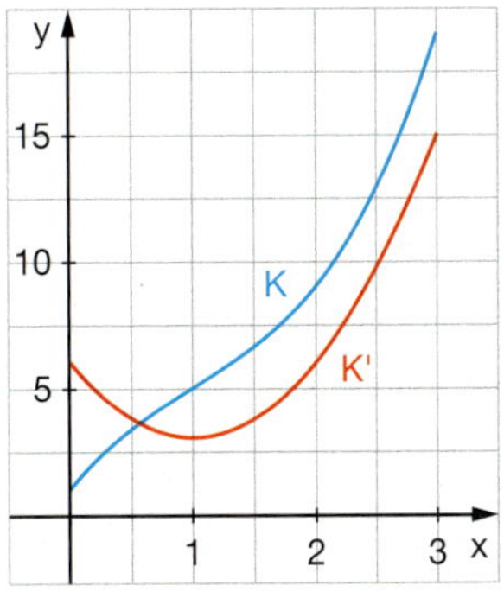

Lösung:
Der Graph von K verrät, dass erwartungsgemäß die Produktionskosten durchweg ansteigen: Je mehr produziert wird, desto höher sind die Kosten.
Der Graph von K′ bestätigt das monotone Wachstum, denn es gilt im gesamten Intervall $K'(x) > 0$. Die Zunahme der Produktionskosten wird aber zunächst kleiner. Ab 100 Stück (x = 1) wächst die Zunahme wieder an. K′ hat dort ein lokales Minimum.

C *Von der Ableitung zur Funktion*

Welche Aussagen liefert der abgebildete Graph der Ableitung f′ über den Graphen der zugehörigen Funktion f?
Skizzieren Sie den Graphen von f.

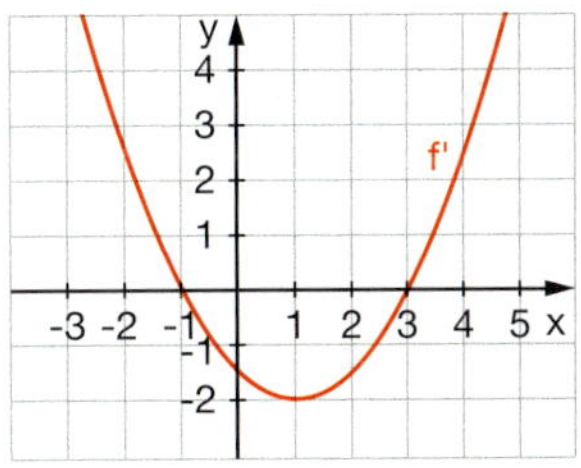

Lösung:
Die erste Ableitung f′ hat zwei Nullstellen: bei $x_1 = -1$ mit Vorzeichenwechsel von + nach – und bei $x_2 = 3$ mit Vorzeichenwechsel von – nach +.
Die Funktion f hat an der Stelle –1 einen Hochpunkt, an der Stelle 3 einen Tiefpunkt.

Für $x < -1$ oder $x > 3$ ist $f'(x) > 0$, f ist dort streng monoton steigend.
Für $-1 < x < 3$ ist $f'(x) < 0$, f ist dort streng monoton fallend.

Über die genaue Lage des Graphen von f gewinnt man keine Information, er kann in Richtung der y-Achse beliebig verschoben werden.

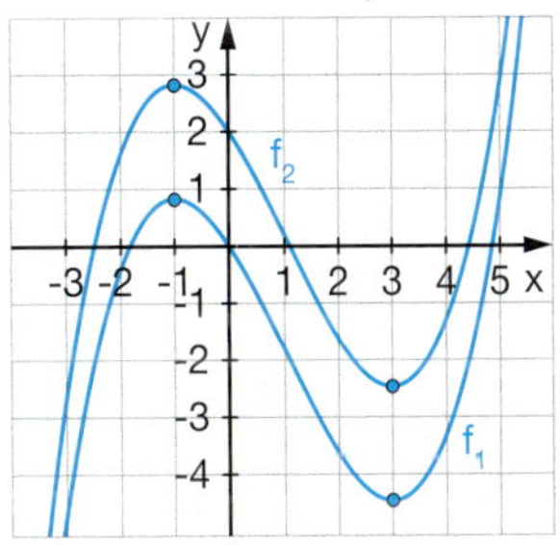

D *Rechnerische Bestimmung von lokalen Extrempunkten*

Der Graph der Funktion $f(x) = x^3 - 2x^2 - 15x$ wurde mit dem GTR gezeichnet. Bestimmen Sie rechnerisch mithilfe der Funktionsgleichung die exakten Koordinaten der lokalen Extrempunkte.

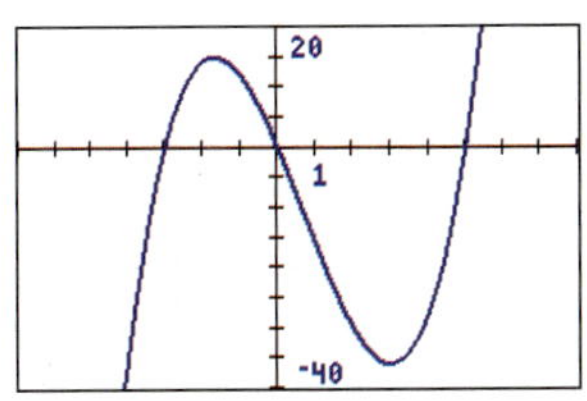

Lösung:
Extrempunkte kann es nur an den Stellen geben, an denen gilt:
$f'(x) = 3x^2 - 4x - 15 = 0$.
Die Gleichung $3x^2 - 4x - 15 = 0$ hat die beiden Lösungen $x_1 = -\frac{5}{3}$ und $x_2 = 3$.
f′ ist eine quadratische Funktion. Wenn solche Funktionen zwei Nullstellen haben, dann sind dies immer Funktionen mit Vorzeichenwechsel.
Einsetzen dieser Werte in die Funktionsgleichung liefert die zugehörigen y-Werte:
$f\left(-\frac{5}{3}\right) = \frac{400}{27} \approx 14{,}815$ und $f(3) = -36$.
Der Hochpunkt hat die Koordinaten $\left(-\frac{5}{3} \middle| \frac{400}{27}\right)$, der Tiefpunkt $(3|-36)$.

Übungen

3 *Ableitungspuzzle*

Ordnen Sie den Ableitungen ((A) bis (D)) die passenden Funktionen ((1) bis (4)) zu.

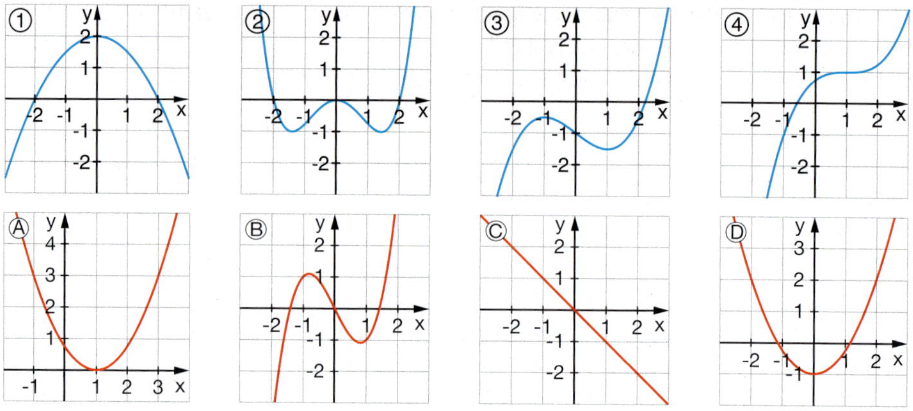

4 *Eigenschaften Graphen zuordnen*

Welcher Graph kann jeweils zu einer Funktion f mit folgenden Eigenschaften gehören?

I $f'(a) = 0$

II $f'(x) < 0$ für alle x

III $f'(x) > 0$ für $x < a$

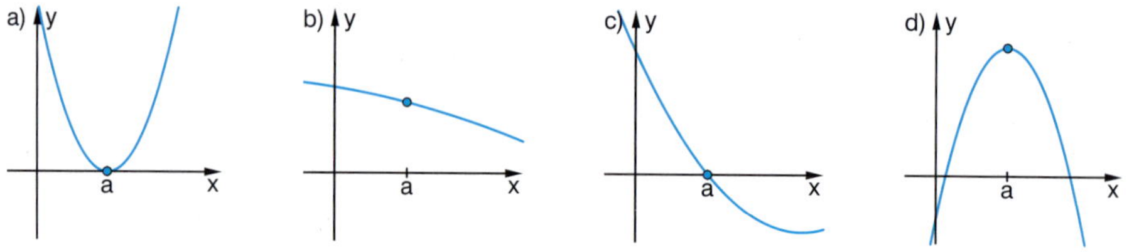

5 *Lokale und globale Extrema*

Lesen Sie die lokalen Extrempunkte der Graphen ab. Im Intervall [0; 5] kann es noch „höhere“ oder „tiefere“ Punkte geben. Lesen Sie diese ab.

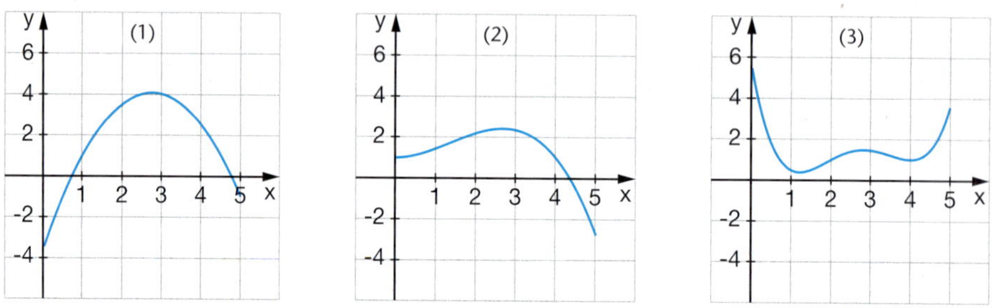

Lokale und globale Extrema

Lokales Extremum:
Maximum oder Minimum in einer gewissen Umgebung der Extremstelle x_E

Globales Extremum:
Maximum oder Minimum im gesamten Definitionsbereich

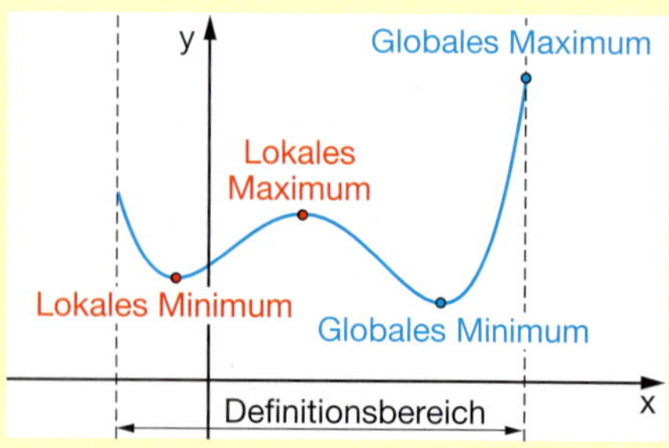

Übungen

6 *Lokale und globale Extrema*

a) Bestimmen Sie lokale und globale Extrema von $f(x) = -x^3 + 6x$ im Intervall $[-3; 2]$.

b) Begründen Sie, dass ganzrationale Funktionen vom Grad 3 im gesamten Definitionsbereich $\mathbb{R}$ keine globalen Extrempunkte besitzen.

c) Untersuchen Sie $f(x) = \sqrt{x}$ und $g(x) = \frac{1}{x}$ auf lokale und globale Extrema.

d) Begründen Sie anschaulich:

> Ganzrationale Funktionen, die auf einem abgeschlossenen Intervall definiert sind, haben dort immer ein globales Maximum und Minimum.

Abgeschlossenes Intervall:
Die Grenzen gehören zum Intervall dazu.

7 *Typen von Graphen ganzrationaler Funktionen dritten Grades*

Wie sehen Graphen von ganzrationalen Funktionen dritten Grades aus?
Man kann verschiedene Typen unterscheiden.

a) Hilfe bei der Typisierung kann die erste Ableitung leisten.
Der Graph der Ableitung einer ganzrationalen Funktion dritten Grades $f(x) = ax^3 + bx^2 + cx + d \; (a > 0)$ ist immer vom gleichen Typ, nämlich eine nach oben geöffnete Parabel.
Bezüglich der Lage im Koordinatensystem kann man grundsätzlich drei Fälle unterscheiden:

Fall I:

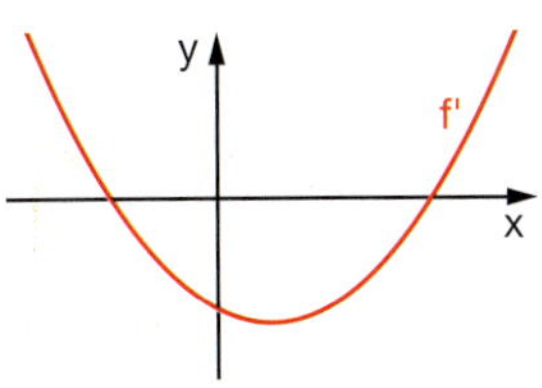

Fall II:

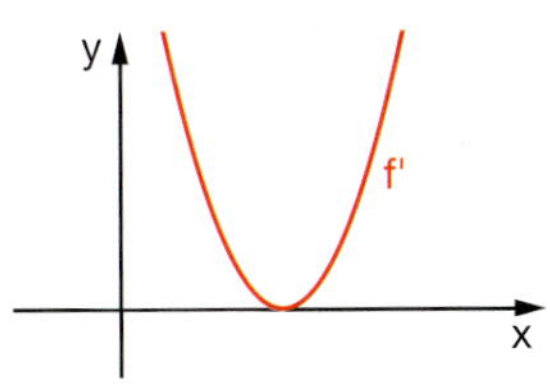

Fall III:

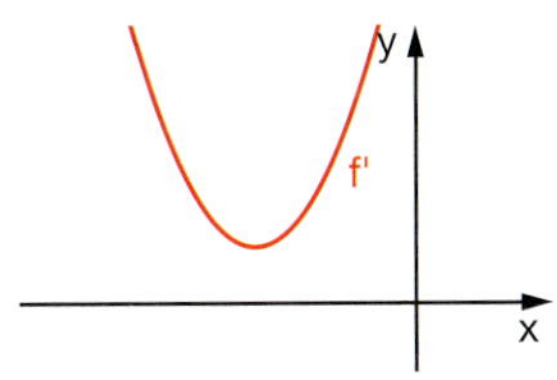

Worin liegen die Unterschiede? Skizzieren Sie zu jedem Ableitungsgraphen einen zugehörigen Graphen der Funktion f. Wie unterscheiden sich die drei Typen?

b) Was ändert sich an den drei Typen der Graphen von f, wenn in dem Funktionsterm $ax^3 + bx^2 + cx + d$ der Koeffizient $a < 0$ ist?

8 *Forschungsaufgabe: Nullstellen von ganzrationalen Funktionen dritten Grades*

Von quadratischen Funktionen wissen wir, dass sie höchstens zwei Nullstellen haben können und dass es Graphen mit keiner, mit einer und mit zwei Nullstellen gibt.

- Wie sieht dies bei ganzrationalen Funktionen dritten Grades aus?
- Wie viele Nullstellen können höchstens auftreten?
- Gibt es auch hier Beispiele mit keiner, einer, zwei oder mehr Nullstellen?
- Stellen Sie einen Untersuchungsbericht zusammen. Belegen Sie Ihre Ergebnisse mit Beispielen und versuchen Sie zu begründen.

Tipps:
Verschieben eines Graphen
in y-Richtung liefert verschiedene Fälle.

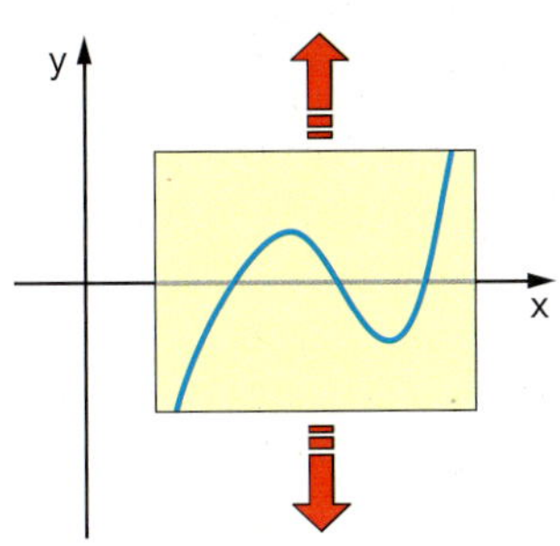

Bei manchen Funktionsgleichungen kann man sofort die Anzahl der Nullstellen erkennen.

$f(x) = (x-1)(x+2)(x+5)$
$g(x) = (x-1)^2(x+1)$
$h(x) = (x+2)^3$

Basiswissen

Die Graphen ganzrationaler Funktionen dritten Grades lassen sich in charakteristische Typen klassifizieren.

Typisierung von Graphen ganzrationaler Funktionen dritten Grades

$f(x) = a x^3 + b x^2 + c x + d \ (a > 0)$

	Typ I	Typ II	Typ III
Funktion f			

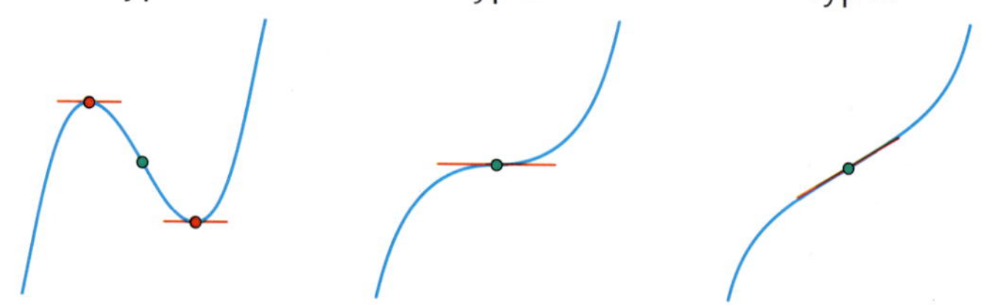

Typ I	Typ II	Typ III
1 Hochpunkt, 1 Tiefpunkt	Kein lokaler Extrempunkt	Kein lokaler Extrempunkt
2 Punkte mit waagerechter Tangente	1 Punkt mit waagerechter Tangente (Sattelpunkt)	Kein Punkt mit waagerechter Tangente

Alle Graphen sind punktsymmetrisch.

1. Ableitung f′

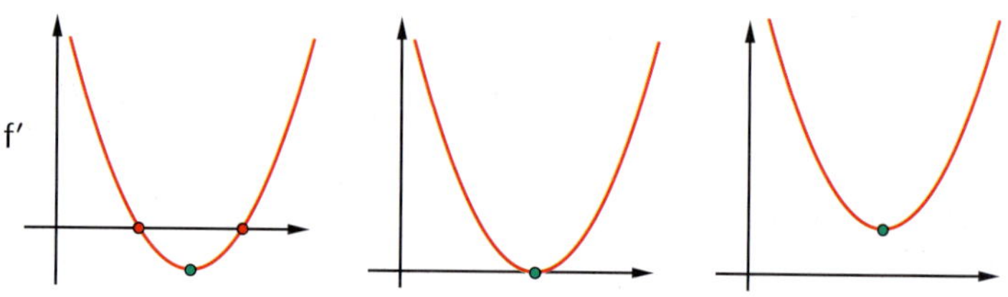

Basiswissen

Der Graph einer ganzrationalen Funktion dritten Grades hat mindestens eine Nullstelle und höchstens drei Nullstellen. In der Linearfaktorzerlegung des Funktionsterms lässt sich dies unmittelbar erkennen.

Anzahl von Nullstellen bei ganzrationalen Funktionen dritten Grades

3 Nullstellen

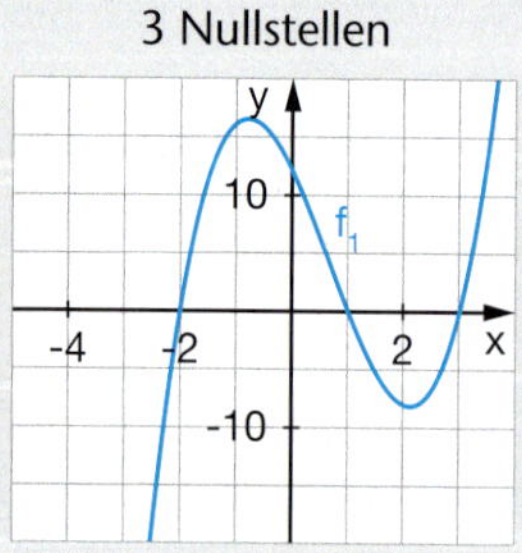

$f_1(x) = 2(x+2)(x-1)(x-3)$

2 Nullstellen

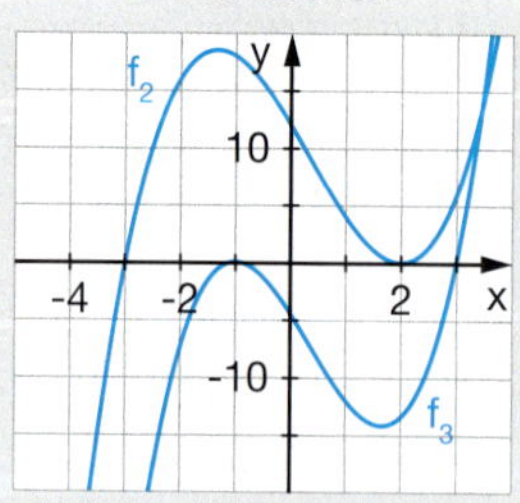

$f_2(x) = (x+3)(x-2)^2$

$f_3(x) = 1{,}5(x+1)^2(x-3)$

1 Nullstelle

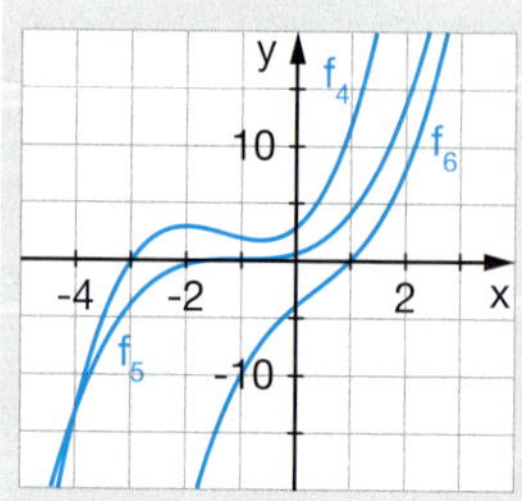

$f_4(x) = (x+3)(x^2+x+1)$

$f_5(x) = 0{,}5(x+1)^3$

$f_6(x) = (x-1)(x^2+4)$

Übungen

9 *Von den Nullstellen zum Funktionsterm*

Geben Sie ganzrationale Funktionen dritten Grades mit folgenden Nullstellen an:

a) $x_1 = 4;\ x_2 = -2;\ x_3 = 7$ b) $x_1 = 3;\ x_2 = 8$ c) $x_1 = -3$

Skizzieren Sie jeweils mindestens zwei mögliche Kurvenverläufe.

Können Sie aus der Anzahl der Nullstellen der Funktion f auf die Anzahl der lokalen Extrempunkte des Graphen von f schließen?

10 *Ein Produkt ist 0, wenn ein Faktor 0 ist.*

a) Zeigen Sie, dass alle Funktionen ganzrational vom Grad 3 sind.

$f_1(x) = 2(x-6)^3$
$f_2(x) = \frac{1}{2}x(x-5)(x+3)$
$f_3(x) = (x^2+1)(x-2)$
$f_4(x) = -(x^2-1)(x-2)$
$f_5(x) = -x^2(x+10)$
$f_6(x) = -(x-3)(x^2+2x+1)$

b) Geben Sie jeweils alle Nullstellen der Funktion an. In welchen Fällen können Sie diese direkt aus dem Funktionsterm ablesen, in welchen Fällen müssen Sie noch weitere Überlegungen anstellen?

Linearfaktorzerlegung

Wenn x_1 eine Nullstelle einer ganzrationalen Funktion dritten Grades ist, dann lässt sich der Funktionsterm
$f(x) = ax^3 + bx^2 + cx + d$
als Produkt darstellen:
$f(x) = a(x - x_1) \cdot g(x)$.

Dabei ist g(x) der Term einer quadratischen Funktion.
Der Faktor $(x - x_1)$ heißt Linearfaktor.
Wenn sich g(x) wieder in ein Produkt zweier Linearfaktoren zerlegen lässt, so kann man daraus direkt die weiteren Nullstellen ablesen.

Ein Produkt $a \cdot b$ ist 0, wenn mindestens einer der Faktoren 0 ist.

11 *Verschiedene Typen von Nullstellen*

a) Zeichnen Sie die Graphen der Funktion $f(x) = 0{,}5x^3 - x^2 - 2x + 4$ und ihrer Ableitung f'(x). Wie viele Nullstellen haben jeweils f und f'?

b) Die Funktion f(x) wird auf zwei verschiedene Arten variiert:

$g(x) = f(x) + k$; $(k = 3;\ -1;\ -5)$ $h(x) = s \cdot f(x)$; $(s = 0{,}5;\ 2;\ -0{,}5)$

Beschreiben Sie, wie sich dies jeweils auf die Anzahl und die Lage der Nullstellen der Funktion und ihrer Ableitung auswirkt. Begründen Sie.

Mehrfache Nullstellen

Wenn der gleiche Linearfaktor in einer Linearfaktorzerlegung zweimal auftritt, nennt man die zugehörige Nullstelle eine **doppelte Nullstelle**, wenn er dreimal auftritt, entsprechend eine **dreifache Nullstelle**.

Dabei gilt:

x_N doppelte Nullstelle: $(x_N | 0)$ ist ein Extrempunkt.
x_N dreifache Nullstelle: $(x_N | 0)$ ist ein Sattelpunkt.

Beispiel: $f(x) = (x+1)^3 \cdot (x-2)^2$

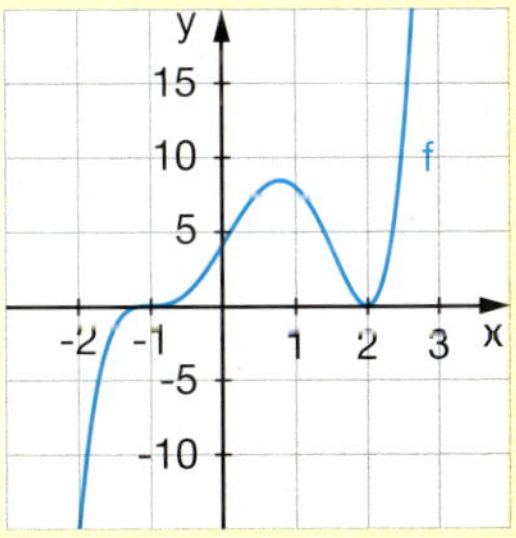

12 *Graphen aus Einzelinformationen erschließen*

Skizzieren Sie die Nullstellen. Geben Sie den Schnittpunkt mit der y-Achse an. Skizzieren Sie mit diesen Informationen den Graphen, soweit wie möglich, und überprüfen Sie Ihre Skizze mit dem GTR.

a) $f(x) = (x-1) \cdot (x+2)^2 \cdot (x-4)$
b) $f(x) = x \cdot (x+1)^3$
c) $f(x) = x^2 \cdot (2x+1)^2$
d) $f(x) = (x^2-2) \cdot (x+1)$
e) $f(x) = (x^2-9) \cdot (x^2+1)$
f) $f(x) = x \cdot (x-1) \cdot (x-2) \cdot (x-3)$

Basiswissen

Bei Fragen zu Funktionen müssen oft Nullstellen bestimmt werden, also Gleichungen der Form f(x) = 0 gelöst werden. Dazu gibt es immer grafisch-numerische Verfahren und manchmal algebraisch-rechnerische Verfahren.

Bestimmung von Nullstellen

A Grafische Bestimmung mit dem GTR

Grafische Lösungen liefern immer gute Näherungen. Man weiß aber nicht ohne weitere Überlegungen, ob man alle Nullstellen gefunden hat. Wir zeichnen den Graphen in einer Fenstereinstellung, in der alle Nullstellen erkennbar sind.

Mithilfe der Trace-Funktion können Näherungswerte für die Nullstellen abgelesen werden. Zoomen in der Nähe einer Nullstelle verbessert den Näherungswert.
Hilfreich kann hierbei auch die Tabelle sein.

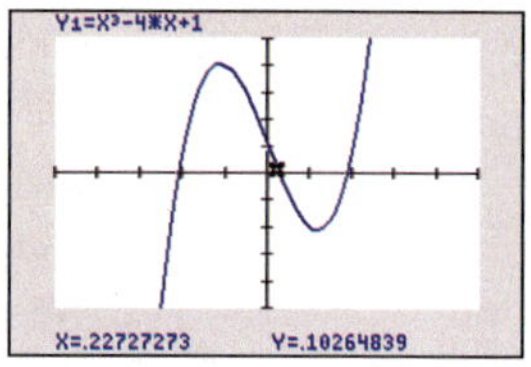

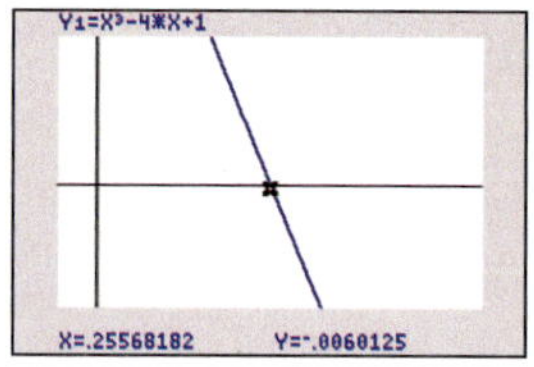

X	Y1
0	1
.1	.601
.2	.208
.3	-.173
.4	-.536
.5	-.875
.6	-1.184
.7	-1.457
.8	-1.688
.9	-1.871
1	-2

X=.2

X	Y1
.248	.02325
.249	.01944
.25	.01563
.251	.01181
.252	.008
.253	.00419
.254	3.9E-4
.255	-.0034
.256	-.0072
.257	-.011
.258	-.0148

X=.254

B Algebraisches Lösen der Gleichung f(x) = 0

Dies gelingt uns bei ganzrationalen Funktionen nur in Spezialfällen. Dafür kennt man dann aber die exakten Ergebnisse und auch die genaue Anzahl der Nullstellen.

(1) Ein linearer oder quadratischer Funktionsterm ist vorgegeben.

$3x - 10 = 0$ — Die lineare Gleichung hat die Lösung $x = \frac{10}{3}$.
$x^2 + 2x - 8 = 0$ — Die quadratische Gleichung hat die Lösungen $x_1 = 2$ und $x_2 = -4$ (pq-Formel).

(2) Der Funktionsterm f(x) ist in der Produktform vorgegeben.
„Ein Produkt ist null, wenn einer der Faktoren null ist."

$f(x) = 3(x+1)(x-2)(x-3)$ — Nullstellen bei $x_1 = -1$, $x_2 = 2$ und $x_3 = 3$
$f(x) = (x-1)^2(x+1)$ — Nullstellen bei $x_1 = 1$ (doppelt) und $x_2 = -1$
$f(x) = (x+3)(x^2+x+1)$ — Nullstelle bei $x_1 = -3$ (Der Faktor $x^2 + x + 1$ kann nicht null werden.)

(3) Am Funktionsterm lässt sich eine Produktform erkennen.

$f(x) = x^2 - 6x = x(x-6)$ — Nullstellen bei $x_1 = 0$ und $x_2 = 6$ (Ausklammern)
$f(x) = x^3 - 3x^2 = x^2(x-3)$ — Nullstellen bei $x_1 = 0$ (doppelt) und $x_2 = 3$ (Ausklammern)
$f(x) = x^4 - 4x^2 + 4 = (x^2-2)^2$ — Nullstellen bei $x_1 = \sqrt{2}$ (doppelt) und $x_2 = -\sqrt{2}$ (doppelt) (Binomische Formel)

(4) Der Funktionsterm lässt sich durch eine Substitution $z = x^2$ auf eine quadratische Gleichung zurückführen.

$f(x) = x^4 - 12x^2 + 32$ — $z = x^2$: $(x^2)^2 - 12x^2 + 32 = 0$, also $z^2 - 12z + 32 = 0$
Lösung mit pq-Formel: $z_1 = 8$; $z_2 = 4$
Mit $x = \pm\sqrt{z}$ erhält man: $x_1 = \sqrt{8}$; $x_2 = -\sqrt{8}$; $x_3 = 2$; $x_4 = -2$

Übungen

13 *Nullstellen*
Bestimmen Sie bei den folgenden Funktionen die Nullstellen. Benutzen Sie, wenn möglich, ein algebraisches Lösungsverfahren.

a) $f(x) = x \cdot (x-5) \cdot \left(x + \frac{3}{2}\right)$
b) $f(x) = 5x^4 + 3x^3$
c) $f(x) = x^3 - 3x^2 - 2x$
d) $f(x) = x^4 - 2x^2 + 1$
e) $f(x) = 2 \cdot (x^2+1) \cdot (x^2-7)$
f) $f(x) = x^4 - 5x^2 + 4$
g) $f(x) = 2x^4 - 24x^2 + 70$
h) $f(x) = 2x^3 + x^2 - 4x + 1$
i) $f(x) = 3x^4 - 6x^2$

CHECK UP

Funktionen und Änderungsraten

1 *Füllgraphen*

a) Welcher Graph gehört zu welcher Gefäßform? Begründen Sie Ihre Entscheidung.

b) Zeichnen Sie zu jedem Gefäß den zugehörigen Graphen der Steiggeschwindigkeit.

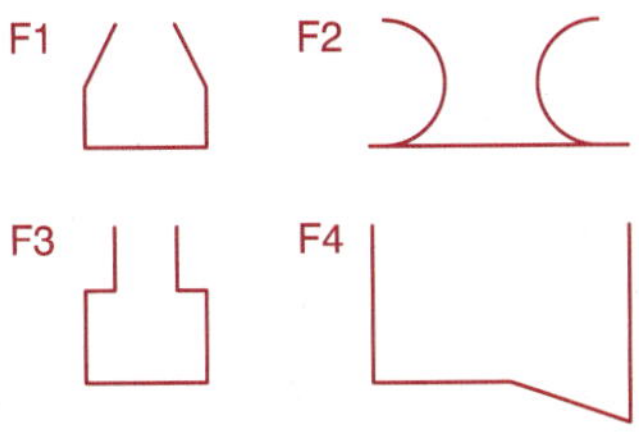

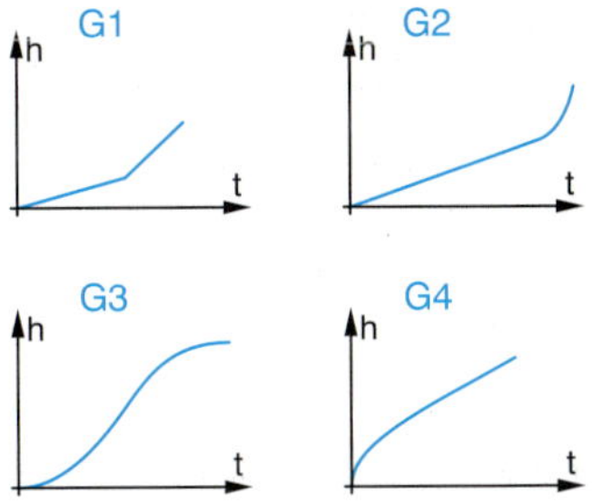

2 *Steigungsgraphen*

Zeichnen Sie die Graphen der Funktionen und skizzieren Sie jeweils den zugehörigen Steigungsgraphen.

$y_1(x) = x^2 + 1$ $\quad y_2(x) = 9 - x^2$ $\quad y_3(x) = \cos(x)$

3 *Steigungsgraph zuordnen*

Welcher der Graphen a, b oder c ist der passende Steigungsgraph zu dem links abgebildeten Funktionsgraphen? Begründen Sie.

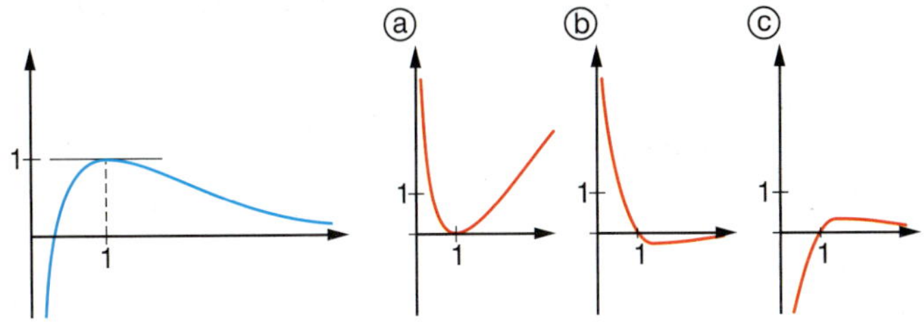

4 *Eine Autofahrt*

Eine Autofahrt ist im Weg-Zeit-Diagramm festgehalten.

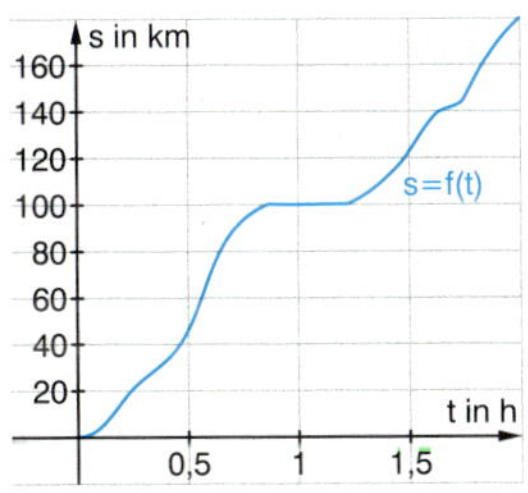

a) Skizzieren Sie den zugehörigen Geschwindigkeitsgraphen.

b) Beantworten Sie die Fragen und begründen Sie mithilfe der Graphen.

(I) Handelt es sich eher um eine Fahrt auf einer Autobahn oder um eine Fahrt auf einer Bundesstraße mit Ortsdurchfahrten?

(II) Hat der Fahrer Pausen eingelegt?

(III) In welchen Zeitabschnitten war die Geschwindigkeit in etwa konstant?

5 *Ein Intervall gleitet*

Das Intervall I gleitet längs der t-Achse nach rechts.

Wo vermuten Sie I in jedem der folgenden Fälle?

- Die mittlere Änderungsrate ist maximal.
- Die mittlere Änderungsrate ist minimal.
- Die mittlere Änderungsrate ist null.

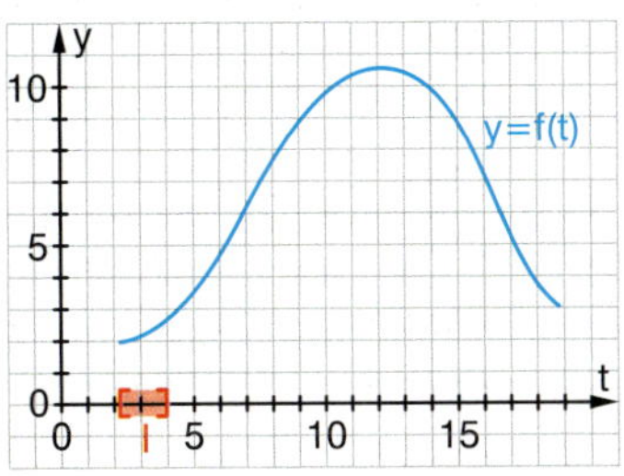

Steigungsgraph grafisch erfasst (qualitativ)

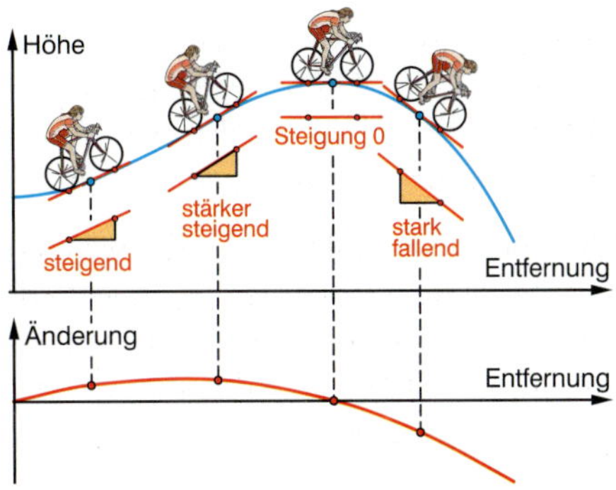

Durchschnittliche Änderungsrate/mittlere Steigung für die Funktion f im Intervall [a; b]

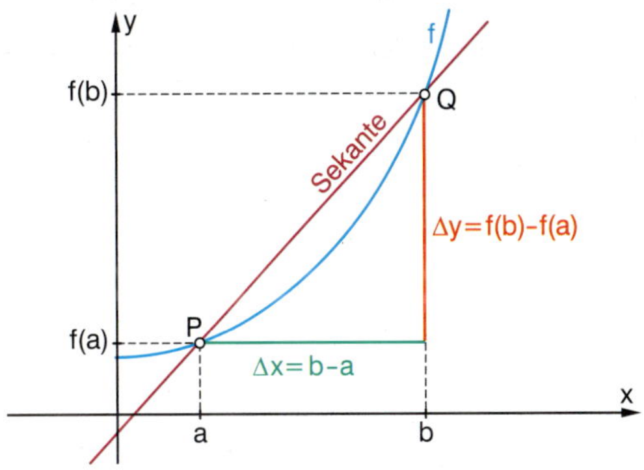

Differenzenquotient

$\frac{\Delta y}{\Delta x} = \frac{f(b) - f(a)}{b - a}$

Steigung der **Sekante PQ**

Näherungswert für die momentane Änderungsrate der Funktion f an der Stelle a

$\frac{\Delta y}{\Delta x} = \frac{f(a + h) - f(a)}{h}$ für kleines h (z. B. 0,001)

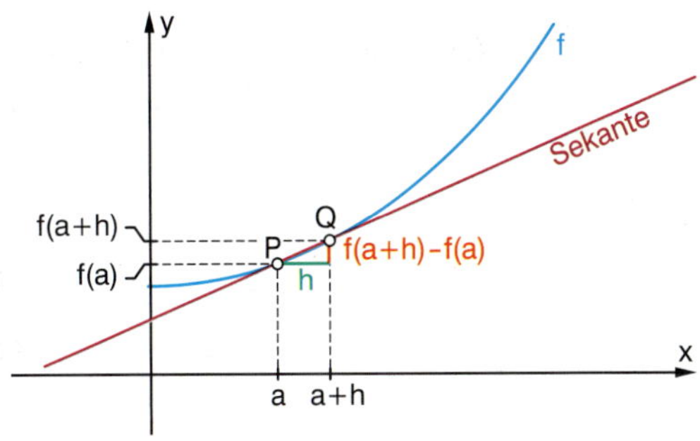

CHECK UP

Funktionen und Änderungsraten

Der Grenzwert des Differenzenquotienten

$$\lim_{h \to 0} \frac{f(a+h) - f(a)}{h}$$

ist der beste Wert für die **momentane Änderungsrate** der Funktion f an der Stelle a.

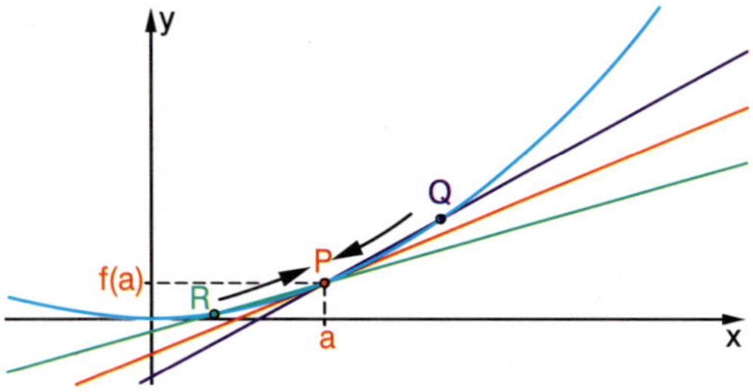

Steigung der Tangente im Punkt $P(a|f(a))$

Die Sekantensteigungsfunktion

$msek(x) = \frac{f(x+h) - f(x)}{h}$ für kleines h

ordnet jedem x-Wert die Steigung der Sekante durch die Punkte $P(x|f(x))$ und $Q(x+h|f(x+h))$ zu (Näherungswert für die Änderungsrate an der Stelle x).

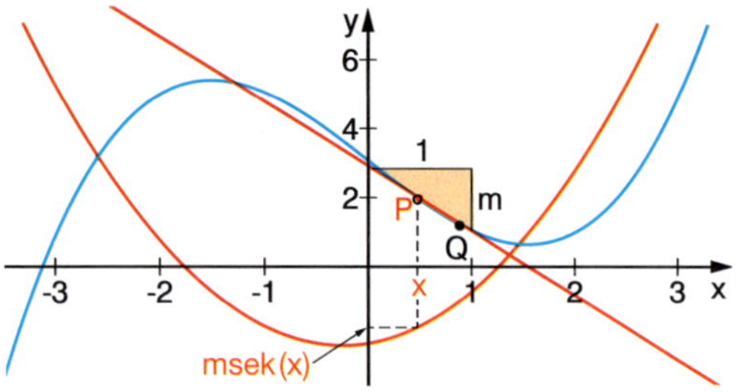

Die Ableitungsfunktion

$f'(x) = \lim_{h \to 0} \frac{f(x+h) - f(x)}{h}$

ordnet jedem x-Wert die Steigung der Tangente im Punkt $P(x|f(x))$ zu (momentane Änderungsrate an der Stelle x).

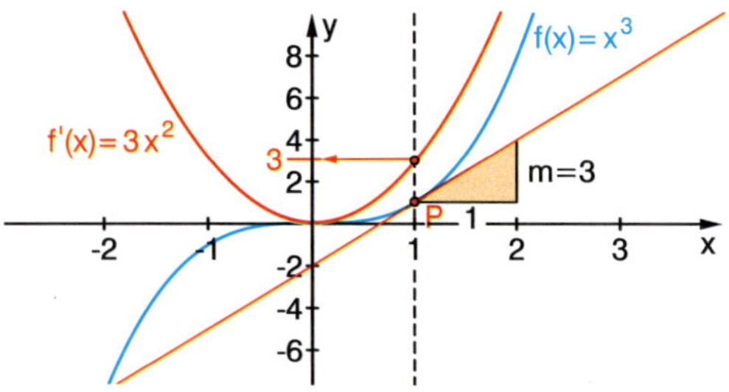

6 *Untersuchung einer Funktion*

Gegeben sei die Funktion $f(x) = x^2 - 1$.

a) Skizzieren Sie den Graphen der Funktion.

b) Berechnen Sie die Durchschnittssteigung im Intervall [1; 2].

c) Geben Sie die Steigung der Sekante durch die Punkte $(2|f(2))$ und $(3|f(3))$ an.

d) Bestimmen Sie einen Näherungswert für die Steigung des Graphen im Punkt $(1|f(1))$.

e) Welcher der Differenzenquotienten ist größer? Begründen Sie.

$d_1 = \frac{f(1+0{,}1) - f(1)}{0{,}1}$ $\quad$ $d_2 = \frac{f(1-0{,}1) - f(1)}{-0{,}1}$

7 *Ein fallender Stein*

Der freie Fall eines Steins aus 80 m Höhe wird durch die Funktionsgleichung $f(t) = 80 - 5t^2$ (t in s, f(t) in m) modelliert.

a) Nach welcher Zeit schlägt der Stein auf der Erde auf?

b) Bestimmen Sie die Durchschnittsgeschwindigkeit im Intervall [0; 4].

c) In welcher Höhe befindet sich der Stein nach 1 s, 2 s und 3 s? Bestimmen Sie jeweils die Momentangeschwindigkeit zu diesen Zeitpunkten.

d) Mit welcher Geschwindigkeit schlägt der Stein auf der Erdoberfläche auf?

8 *Terme erläutern*

a) Erläutern Sie am Beispiel der Funktion $f(x) = 3x^2$ die folgenden Terme (Skizze, Berechnung).

$\frac{f(3+h) - f(3)}{h}$ $\qquad$ $\lim_{h \to 0} \frac{f(3+h) - f(3)}{h}$ $\qquad$ $y_1(x) = \frac{f(x+0{,}01) - f(x)}{0{,}01}$

b) Zu jedem der obigen Terme passt einer der folgenden Begriffe. Ordnen Sie richtig zu.

- Momentansteigung im Punkt $(3|f(3))$
- Sekantensteigungsfunktion
- Durchschnittssteigung

9 *Sekantensteigung, Tangentensteigung*

a) Erläutern Sie anhand des nebenstehenden Bildes den Satz: *Die Tangentensteigung ist der Grenzwert der Sekantensteigungen.*

b) Übertragen Sie die Skizze in Ihr Heft und ergänzen Sie sie um Sekanten in Intervallen [a – h; a].

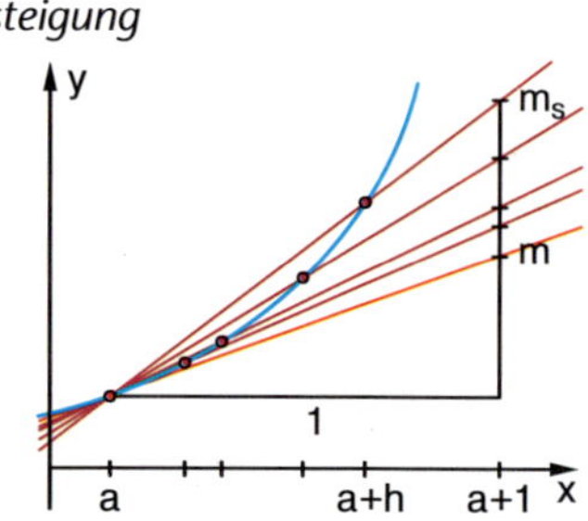

10 *f' auf unterschiedlichen Wegen ermitteln*

Ermitteln Sie die Ableitungsfunktion zu $f(x) = x^2 + 2$ ...

a) ... mithilfe von Sekantensteigungsfunktionen.

b) ... algebraisch mithilfe der „h-Methode“.

Stellen Sie beide Lösungswege übersichtlich dar.

11 *Graphen und Ableitungen*

a) Geben Sie die Funktionsterme zu den skizzierten Graphen an. Bestimmen Sie die Ableitungsfunktionen und skizzieren Sie deren Graphen.

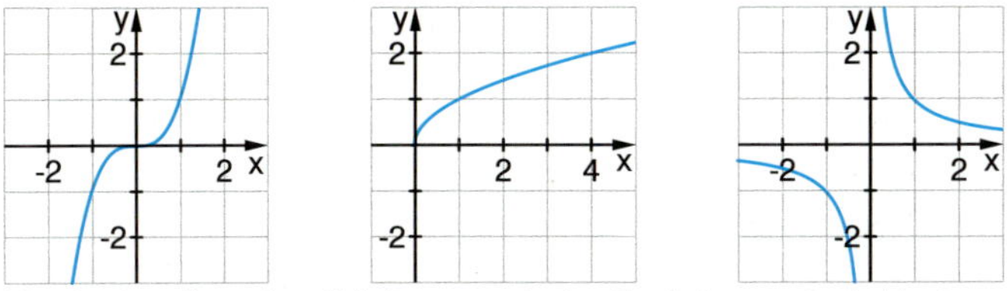

b) Die Graphen der Ableitungen dreier Funktionen sind skizziert. Skizzieren Sie die Graphen der zugehörigen Funktionen.

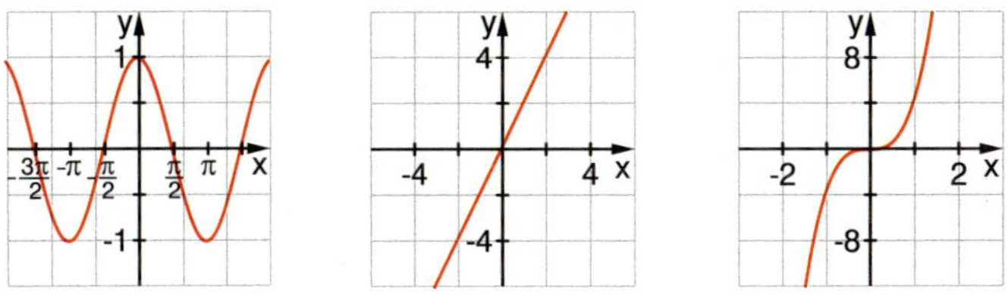

12 *Steigungen*

In welchem Verhältnis stehen die Steigungen von $f_n(x) = x^n$ ($n = 2, 3, 4, 5, 6$) jeweils an den Stellen $x = \frac{1}{2}$, $x = 1$ und $x = 2$?

13 *Ableitungen berechnen*

Bestimmen Sie die Ableitungen zu den Funktionen.

a) $f(x) = x^3 + 5$ b) $f(x) = 3x^3 - x^2 + 1$
c) $f(x) = 2x + \sin(x)$ d) $f(x) = ax^2 - bx + c$
e) $f(x) = \frac{1}{3}x + 2$ f) $f(t) = 10t^2 - t + 1$

14 *Ableitungen einer „allgemeinen" Funktion*

Bestimmen Sie die ersten drei Ableitungen von
$f(x) = ax^4 + bx^3 + cx^2 + dx + e$ ($a, b, c, d, e \in \mathbb{R}$ und $a \neq 0$).

15 *Untersuchung verschiedener Stellen*

Gegeben ist die Funktion $f(x) = x^2 - 6x$.

a) Bestimmen Sie die Steigung der Kurve an den Nullstellen.

b) In welchen Punkten hat der Graph die Steigung 4 bzw. −3 bzw. 5?

c) In welchen Punkten hat der Graph eine waagerechte Tangente?

16 *Tangenten bestimmen*

Bestimmen Sie die Gleichung der Tangente im Punkt $P(a|f(a))$.

a) $f(x) = 0{,}5x^2 + 1$; $a = 1$ b) $f(x) = \frac{2}{x}$; $a = 1$
c) $f(x) = 2\sin(x)$; $a = 0$

17 *Begründungen*

a) Zeigen Sie, dass die Tangente an den Graphen von $f(x) = x^4$ im Punkt $P(a|f(a))$ die Gleichung $y = 4a^3x - 3a^4$ hat.

b) Zeigen Sie, dass die Tangente an den Graphen von $f(x) = x^2$ in $P(2|f(2))$ parallel zur Sekante durch die Punkte $A(1|f(1))$ und $B(3|f(3))$ ist.

c) Gilt die Aussage von Teil b) auch für $f(x) = x^3$?

CHECK UP

Funktionen und Ableitungen

Wichtige Funktionen und ihre Ableitungen

f(x)	f′(x)	f(x)	f′(x)
x^2	$2x$	$\sqrt{x}$	$\frac{1}{2\sqrt{x}}$
x^3	$3x^2$	$\frac{1}{x}$	$-\frac{1}{x^2}$
x^4	$4x^3$	$\sin(x)$	$\cos(x)$

Ableitungsregeln

Potenzfunktion $f(x) = x^n$ mit natürlichem Exponenten n	$f(x) = x^n$ $f'(x) = n \cdot x^{n-1}$
Ein **konstanter Summand** fällt beim Ableiten weg.	$f(x) = g(x) + c$ $f'(x) = g'(x)$
Ein **konstanter Faktor** bleibt beim Ableiten erhalten.	$f(x) = a \cdot g(x)$ $f'(x) = a \cdot g'(x)$
Eine **Summe** von zwei Funktionen hat als Ableitung die **Summe der beiden Ableitungen.**	$f(x) = g(x) + h(x)$ $f'(x) = g'(x) + h'(x)$

Ganzrationale Funktionen

Eine Funktion
$f(x) = a_n x^n + a_{n-1} x^{n-1} + \ldots + a_1 x + a_0$
($a_i \in \mathbb{R}$ und $a_n \neq 0$)
heißt ganzrationale Funktion n-ten Grades.
Ihre Ableitung ist eine ganzrationale Funktion vom Grad n − 1:
$f'(x) = a_n \cdot n x^{n-1} + a_{n-1} \cdot (n-1) x^{n-2} + \ldots + a_2 \cdot 2x + a_1$

Tangentengleichung

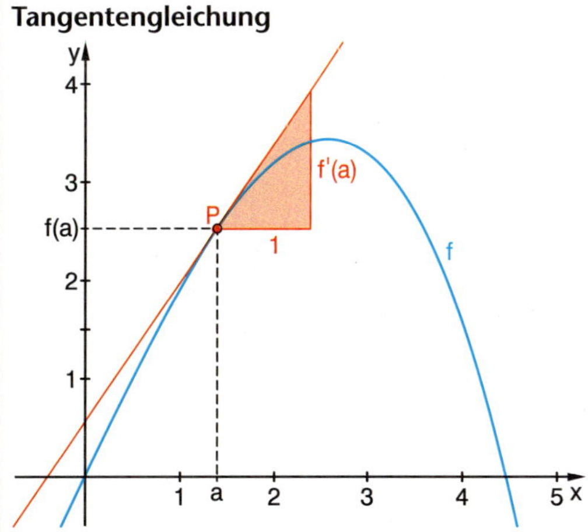

Die Tangente an den Graphen der Funktion f im Punkt $P(a|f(a))$ hat die Gleichung:

$$\mathbf{y = f'(a)(x - a) + f(a).}$$

CHECK UP

Funktionen und Ableitungen

Zusammenhang Funktion und Ableitung

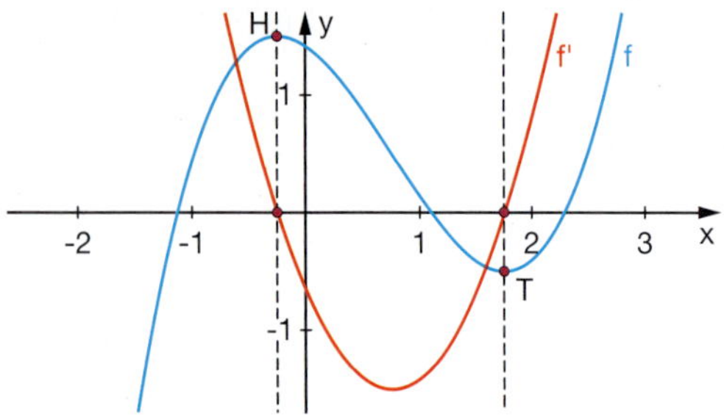

Funktion f	Ableitung f'
wachsend	$f'(x) > 0$
fallend	$f'(x) < 0$
lokales Extremum	$f'(x) = 0$ und $f'(x)$ hat Vorzeichenwechsel

Graphen ganzrationaler Funktionen 3. Grades

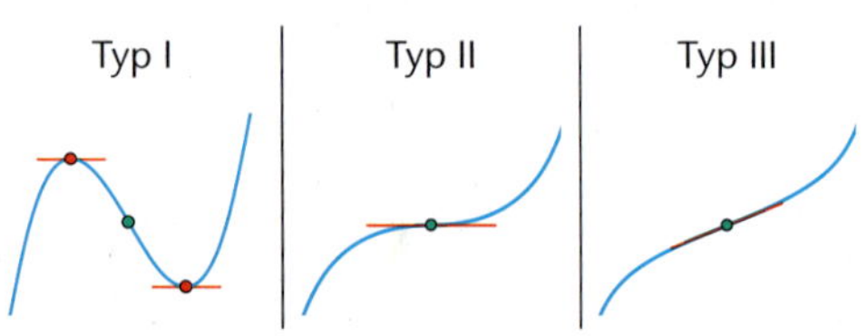

Alle Graphen sind punktsymmetrisch.

Nullstellen

Eine ganzrationale Funktion dritten Grades hat mindestens eine und höchstens drei Nullstellen.

Bestimmen von Nullstellen

1. Grafisch-numerische Bestimmung

$f(x) = x^3 - x + 3$

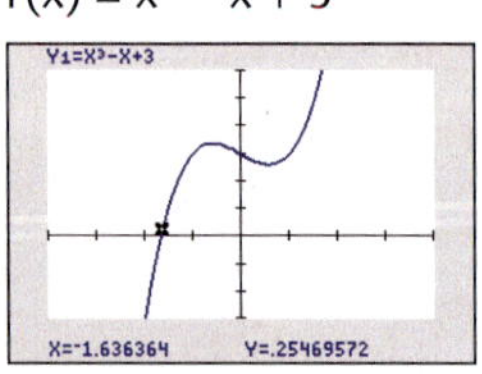

X	Y1
-1.672	-.0022
-1.672	-.0015
-1.672	-7E-4
-1.672	-9E-7
-1.672	7.4E-4
-1.672	.00148
-1.671	.00221
-1.671	.00295
-1.671	.00369
-1.671	.00443
-1.671	.00517

2. Algebraische Bestimmung

a) $f(x) = x^3 - 8x$

$x^3 - 8x = x(x^2 - 8) = x(x + \sqrt{8})(x - \sqrt{8}) = 0$

$x_1 = 0;\quad x_2 = \sqrt{8};\quad x_3 = -\sqrt{8}$

b) $f(x) = x^4 - 10x^2 + 9$

$z = x^2:\quad f(z) = z^2 - 10z + 9;\quad z_{1,2} = 5 \pm \sqrt{16}$

$z_1 = 9:\quad x_1 = 3;\ x_2 = -3$

$z_2 = 1:\quad x_3 = 1;\ x_4 = -1$

18 *Monotonie untersuchen*

Geben Sie jeweils die Intervalle an, in denen f streng monoton wachsend bzw. streng monoton fallend ist.

a) $f(x) = 0{,}5x^3 - 2$ b) $f(x) = x^3 - 3x^2 + 4$
c) $f(x) = 2x^4 + 1$ d) $f(x) = x^2(x^2 - 16)$

19 *Von f' zu f*

Welche Aussagen liefert der abgebildete Graph der Ableitung f' über den Graphen der zugehörigen Funktion f? Skizzieren Sie den Graphen von f.

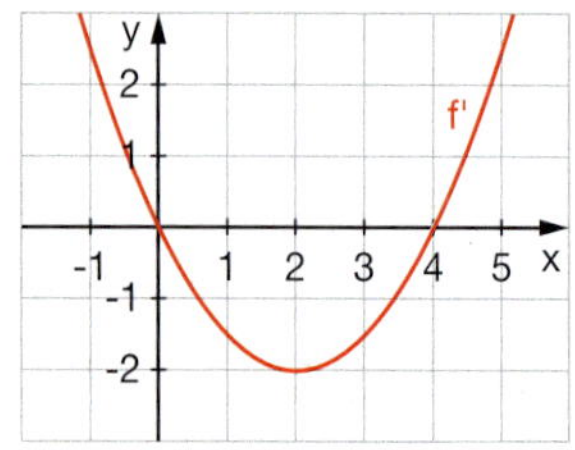

20 *Wahr oder falsch?*

Die Funktion f ist eine ganzrationale Funktion dritten Grades. Welche der folgenden Aussagen sind wahr? Begründen Sie.

(I) f hat mindestens einen Hochpunkt.
(II) f hat höchstens zwei lokale Extrema.
(III) f hat eine oder drei Nullstellen.
(IV) Wenn f an der Stelle x einen Tiefpunkt hat, dann muss $f'(x) = 0$ gelten.

21 *Von der Ableitung zur Funktion*

Welche der Aussagen sind wahr? Begründen Sie mit der Ableitung f'.

a) f hat keine lokalen Extrempunkte.
b) Die Tangente von f an der Stelle 0 hat eine negative Steigung.
c) An der Stelle x = 2 ist die Steigung von f gleich 0.
d) f ist überall streng monoton fallend.

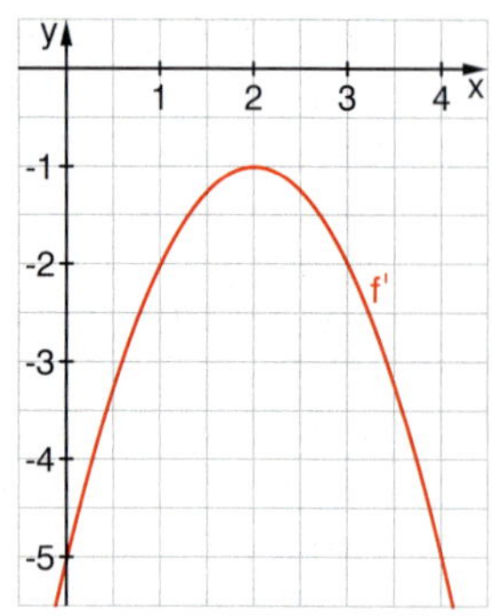

22 *Nullstellen und Extremstellen*

Bestimmen Sie die Nullstellen und lokalen Extrempunkte möglichst algebraisch. Skizzieren Sie die Graphen.

a) $f(x) = 2x^3 - 4x$ b) $f(x) = x^3 + 2x^2$
c) $f(x) = x^4 + 2x^2 + 1$ d) $f(x) = x^4 - x$
e) $f(x) = x^4 - 5x^2 + 6$ f) $f(x) = x^5 - 2x^3 + x$

23 *Von Nullstellen zu Extremstellen*

a) Geben Sie die Nullstellen der Funktionen an.

(1) $f(x) = x(x + 1)(x - 4)$ (2) $f(x) = x^2(x - 3)^2$
(3) $f(x) = x^2(x^2 - 3)$ (4) $f(x) = x^2(x^2 + 3)$

b) Machen Sie anhand der Nullstellen ohne weitere Rechnungen Aussagen über die Anzahl und die Lage der Extrempunkte.

24 *Funktionen bestimmen aus Bedingungen*

Geben Sie jeweils eine Funktionsgleichung an.

a) Die Funktion f hat die Nullstellen −4, 3 und 5.
b) Die Funktion f hat Extremstellen bei x = 1 und x = 5.
c) Die Funktion f ist vom Grad 3 und hat keine Extremstellen.

2 Funktionen und Ableitungen

In diesem Kapitel erfolgt mit der 2. Ableitung eine erste Erweiterung der Differenzialrechnung. Dies wirkt sich auf die Möglichkeiten der Untersuchung von Funktionen und die Zusammenhänge mit den ersten beiden Ableitungen aus.
Mit dem Optimieren wird ein klassisches Anwendungsgebiet der Differenzialrechnung in den Fokus gerückt

2.1 Die 2. Ableitung und Zusammenhänge zwischen der Funktion und ihren Ableitungen

Mit der zweiten Ableitung rückt nun die „Änderung der Änderung" in den Blickpunkt. Die geometrische Bedeutung der Änderung der Tangentensteigung führt zum Begriff der Krümmung eines Funktionsgraphen. Der in Anwendungen bedeutungsvolle Wendepunkt einer Funktion kann mithilfe der Nullstellen der zweiten Ableitung leicht identifiziert und beschrieben werden. Die Untersuchungen zu den Zusammenhängen zwischen Funktion und Ableitung können nun durch Einbezug der zweiten Ableitung erweitert werden.

Im Rahmen solcher Untersuchungen können die Fähigkeiten zum mathematischen Argumentieren und Begründen an vielen Beispielen weiter entwickelt werden.

Poster zu Zusammenhängen zwischen Funktion und Ableitungen

2.2 Optimieren

Optimierung ist ein wichtiges Anwendungsgebiet der Mathematik. Immer dann, wenn sich Vorgänge und Situationen durch Funktionen modellieren lassen, können Optimierungsprobleme auch mit Verfahren der Differenzialrechnung gelöst werden.

Viele dieser Probleme aus den verschiedensten Anwendungsbereichen lassen sich mit der gleichen allgemeinen Strategie lösen. An geeigneten Beispielen aus der Realität kann der Prozess des Modellierens in unterschiedlichen Komplexitätsstufen erfahren werden.

Bienen bauen ihre Waben mit minimalem Materialaufwand und maximaler Stabilität

Milchtüten werden nach bestimmten Optimierungskriterien hergestellt

2.1 Die 2. Ableitung und Zusammenhänge zwischen der Funktion und ihren Ableitungen

Was Sie erwartet

In der Einführungsphase haben Sie sich bereits ausführlich mit den Zusammenhängen zwischen der Funktion und der ersten Ableitung beschäftigt. Jetzt wird zusätzlich die zweite Ableitung mit ihrer geometrischen Bedeutung für den Graphen und ihrer Interpretation in Anwendungen in den Fokus gerückt. Damit können die Untersuchungen der Zusammenhänge zwischen der Funktion und den Ableitungen erweitert und vertieft werden. Die für die mathematische Argumentation wichtigen logischen Regeln werden nochmals in eigenen „Logikexkursen" herausgestellt und in einem Logiktraining angewendet.

Aufgaben

1 *Entwicklungen und Veränderungen – grafisch dargestellt*

a) Welche Kurve passt zu den Aussagen?

> Auszug aus dem Jahresbericht einer Firma:
>
> *„Erfreulicherweise konnten wir den Umsatz über das ganze Jahr hinweg ständig steigern. Bedenklich ist allerdings, dass die Anfangsphase mit wachsender Zunahme dann durch eine Phase mit geringer werdender Zunahme abgelöst wurde."*

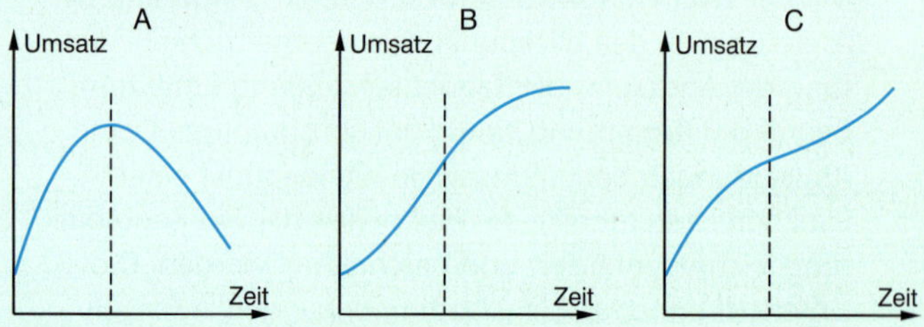

Begründen Sie. Die Änderung der Tangentensteigung kann dabei nützlich sein.

b) Ändern Sie den Jahresbericht so ab, dass er jeweils zu den beiden anderen Kurven passt.

2 *Höhere Ableitungen*

Zu den Funktionen $f_1(x) = \frac{1}{3}x^3 - 3x^2 + 9x$, $f_2(x) = \frac{1}{3}x^3 - 3x^2 + 10x$ und $f_3(x) = \frac{1}{3}x^3 - 3x^2 + 8x$ sind die Graphen der 1. Ableitungen dargestellt.

> Von der Ableitung einer Funktion lässt sich wieder die Ableitung bilden. Man nennt diese dann die **zweite Ableitung der Funktion f** und bezeichnet sie mit **f''(x)**.
> Sprechweise: *f zwei Strich von x.*
> Entsprechend kann man von f''(x) wieder eine Ableitung bilden. Diese heißt dann f'''(x) usw.

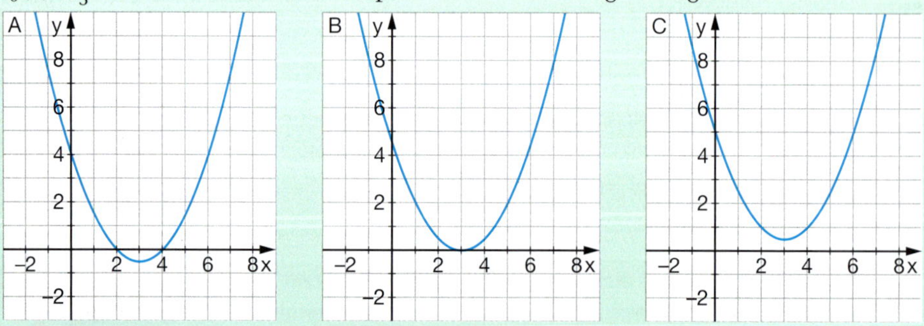

a) Welche Ableitungen gehören zu welcher Funktion? Begründen Sie ihre Entscheidung.

b) Bilden Sie zu den drei Funktionen die zweiten Ableitungen und zeichnen Sie ihre Graphen. Was fällt Ihnen auf?

c) Welche Bedeutung hat die Nullstelle der 2. Ableitung für den Verlauf der Graphen der Ausgangsfunktionen f_1, f_2 und f_3? Wie unterscheiden sich die Graphen von f_i jeweils rechts und links von der Nullstelle der zweiten Ableitung?

Aufgaben

3 *Kurven „erfahren"*

Rechts sehen Sie einen Ausschnitt aus dem Parcours eines Geschicklichkeitsfahrens mit dem Fahrrad von oben. Beschreiben Sie die Fahrt, wenn Sie den Parcours von links nach rechts durchfahren. Was lässt sich über die Lenkerstellung auf verschiedenen Teilstrecken sagen? Wo ist der Parcours besonders schwierig, wo kann man am schnellsten fahren?

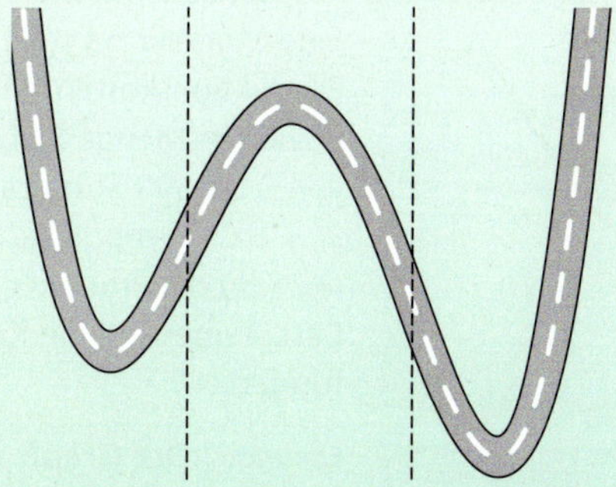

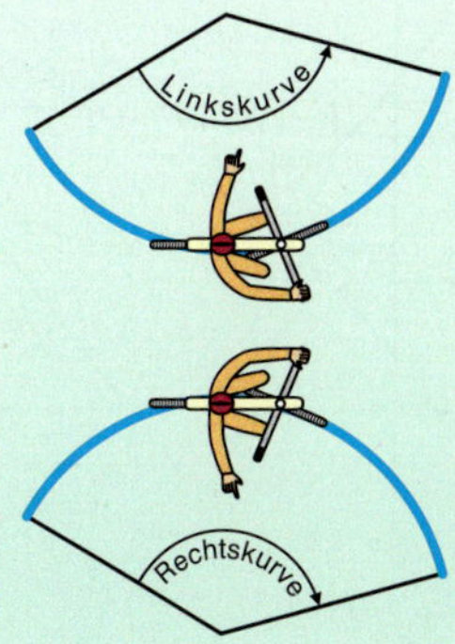

Der Parcoursausschnitt kann im Intervall $[-2; 6{,}6]$ durch die Funktion $f(x) = \frac{1}{8}x^4 - \frac{9}{8}x^3 + \frac{7}{4}x^2 + 3x$ beschrieben werden. Bestimmen Sie die zweite Ableitung und skizzieren Sie mit dem GTR die Graphen von f und f''. Erkennen Sie Zusammenhänge zwischen Lenkerstellung und der zweiten Ableitung in bestimmten Intervallen? Beschreiben Sie.

Intervall	Lenkerstellung	f''(x)
$[-2; 0{,}6[$	■	> 0
■	rechts	■
■	■	■

Basiswissen

Die zweite Ableitung f''(x) ist die Ableitung der ersten Ableitung, sie beschreibt also das Änderungsverhalten der Ableitung. Anschaulich ist dies die Änderung der Tangentensteigung.

Geometrische Bedeutung der zweiten Ableitung

Die Änderungsrate f''(x) der Tangentensteigung f'(x) gibt eine Vorstellung davon, in welcher Weise der Graph von f „gekrümmt" ist.

Wenn $f''(x) > 0$, so nehmen die Tangentensteigungen zu.

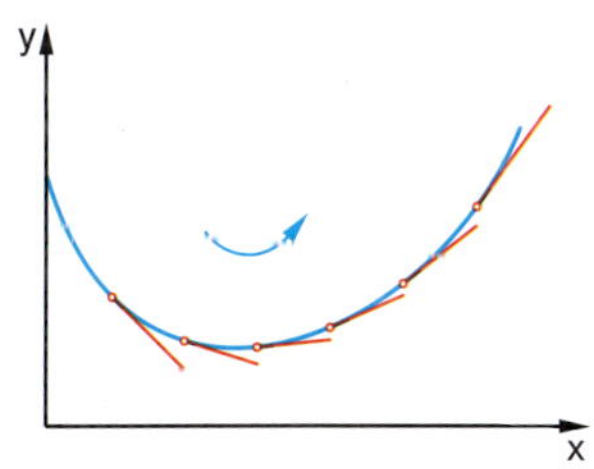

Die Tangenten drehen links herum.
Der Graph ist *linksgekrümmt*.

Wenn $f''(x) < 0$, so nehmen die Tangentensteigungen ab.

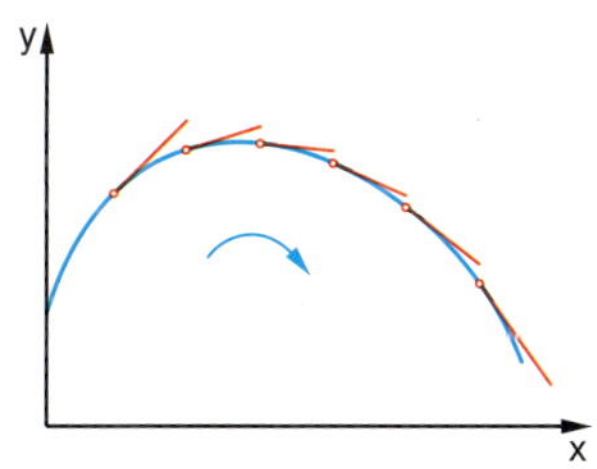

Die Tangenten drehen rechts herum.
Der Graph ist *rechtsgekrümmt*.

Ein **Wendepunkt** ist ein Punkt, in dem die Art der Krümmung wechselt.

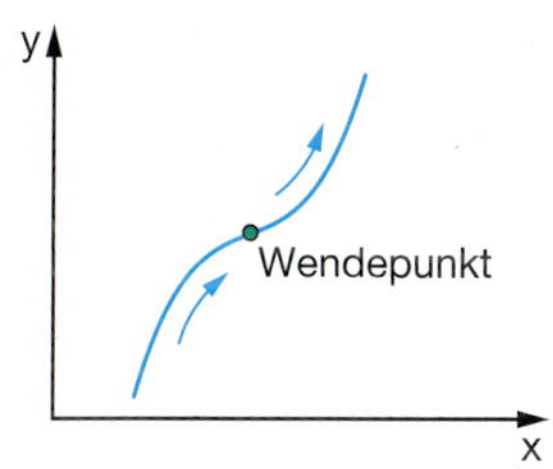

Beispiele

A *Krümmung bei einer ganz-rationalen Funktion 3. Grades*

In welchen Intervallen ist der Graph der Funktion $f(x) = \frac{1}{6}x^3 - x^2$ linksgekrümmt, in welchen rechtsgekrümmt?

Lösung: $f'(x) = \frac{1}{2}x^2 - 2x \qquad f''(x) = x - 2$

In der grafischen Darstellung erkennt man, dass die zweite Ableitung für $x < 2$ negativ und für $x > 2$ positiv ist. Also ist der Graph für $x < 2$ rechtsgekrümmt, für $x > 2$ linksgekrümmt, bei $x = 2$ ist der Wendepunkt, bei dem der Übergang von einer Rechts- zu einer Linkskurve stattfindet.
Algebraisch erkennt man dies direkt an dem Term von f''(x).

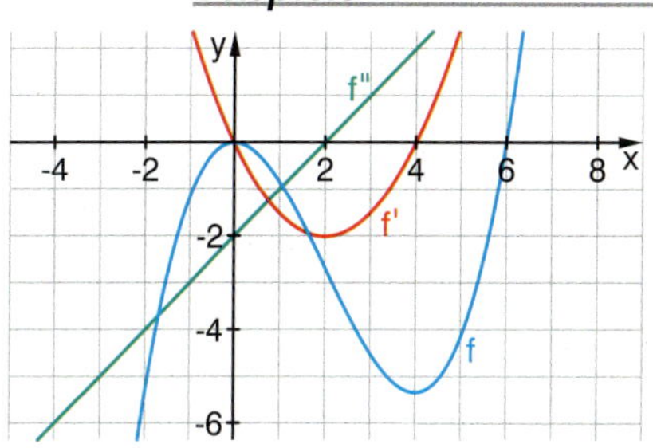

Beispiele

B *Entwicklung von Produktionskosten*

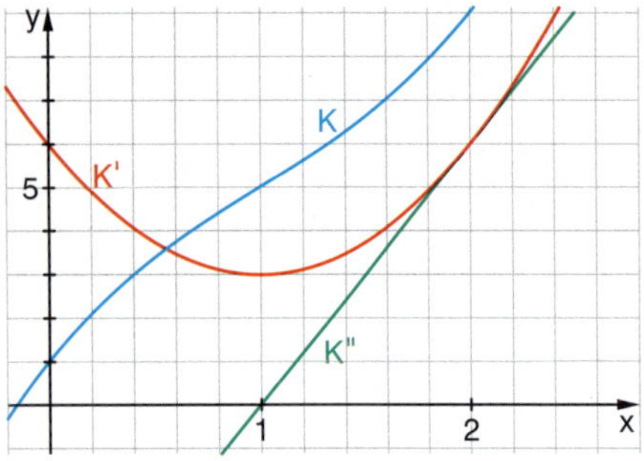

Eine Möbelfirma stellt exklusive Designerstühle her. Die Produktionskosten K hängen von der an einem Tag produzierten Menge x ab. Sie werden im Produktionsbereich von 0 bis 300 Stück durch die Funktion $K(x) = x^3 - 3x^2 + 6x + 1$ modelliert (x gibt die Stückzahl in Hundert an, K(x) die Produktionskosten in Zehntausend Euro). Beschreiben Sie die Kostenentwicklung mithilfe der Ableitungen.

Lösung: Der **Graph von K** verrät, dass erwartungsgemäß die Produktionskosten durchweg ansteigen: Je mehr produziert wird, desto höher sind die Kosten.

Der Graph von K′ bestätigt das monotone Wachstum, denn es gilt im gesamten Intervall $K'(x) > 0$. Die Zunahme der Produktionskosten wird aber zunächst kleiner. Ab 100 Stück (x = 1) wächst sie wieder an. K′ hat dort ein Minimum.

Der Graph von K″ zeigt das Schrumpfen der Zunahme der Produktionskosten, denn anfangs ist $K''(x) < 0$, d.h. negativ. Bei einer Produktion von 100 Stühlen liegt die geringste Zunahme der Produktionskosten ($K''(1) = 0$) vor. Danach wächst die Zunahme der Produktionskosten wieder an ($K''(x) > 0$).

Übungen

4 *Eine Gewinnbilanz*

Die Grafik zeigt die Entwicklung der Gewinne einer Firma seit 1998.

a) Beschreiben Sie die Entwicklung mit Worten.

b) Der Chef möchte für 2009 gerne Subventionen haben und muss dazu möglichst eine „negative" Prognose angeben. Haben Sie eine Idee?

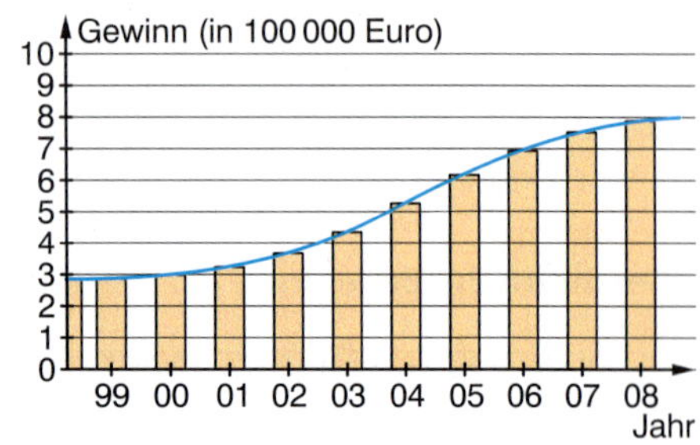

5 *Schlagzeilen zu Tierbeständen*

Der Bestand an Eisbären sinkt ständig weniger.	Das Wachstum des Bestandes an Polarfüchsen wird geringer.	Die Zahl der Berglöwen nimmt immer schneller ab.

Skizzieren Sie zu jeder Aussage eine angemessene Grafik und die dazugehörende erste und zweite Ableitung.

6 *Ableitungspuzzle*

Ordnen Sie die zweiten Ableitungen ((A)-(D)) den Funktionen ((1)-(4)) zu.

Eine Skizze der ersten Ableitung kann helfen.

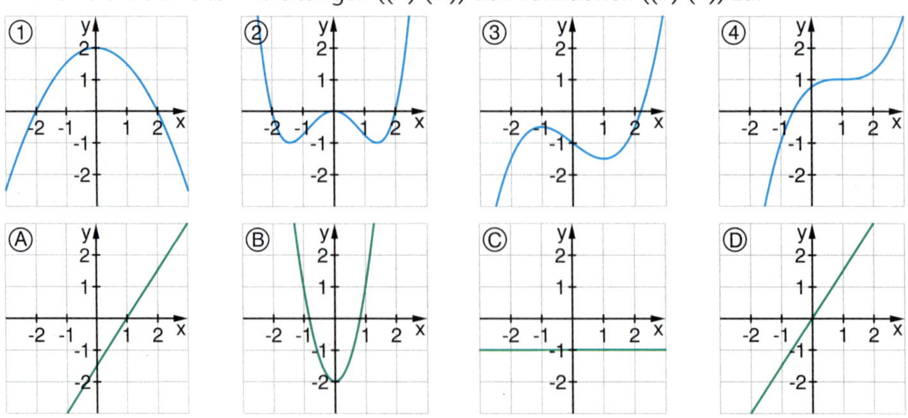

Basiswissen

Die Eigenschaften Monotonie und Extrempunkte eines Funktionsgraphen wurden bereits mithilfe der ersten Ableitung beschrieben. Mit der zweiten Ableitung erhält man nun die Krümmungseigenschaften und Wendepunkte des Graphen. So ergeben sich die Zusammenhänge zwischen einer Funktion und ihren ersten beiden Ableitungen.

Alle hier aufgeführten Zusammenhänge und Aussagen setzen voraus, dass die Funktionen an jeder Stelle des betrachteten Definitionsbereiches differenzierbar sind.

Zusammenhänge zwischen einer Funktion und ihren Ableitungen

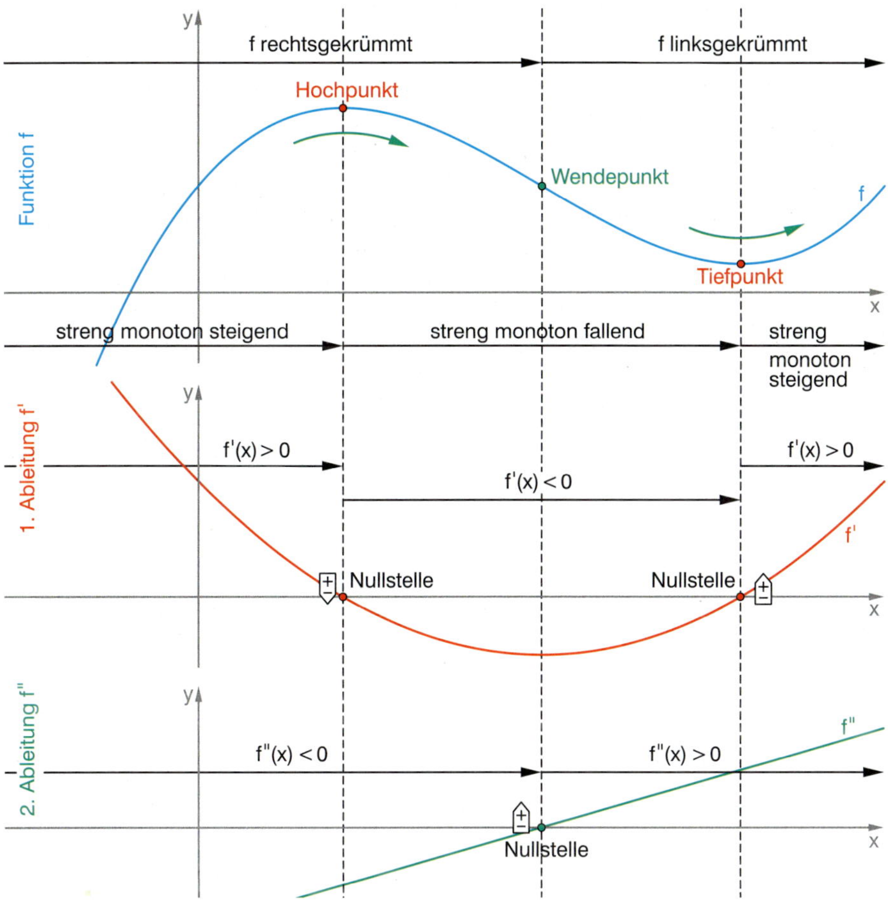

Das Vorzeichen von $f'(x)$ gibt Auskunft über Steigen oder Fallen von f.

In Intervallen, in denen $f'(x) > 0$, ist f streng monoton steigend.
In Intervallen, in denen $f'(x) < 0$, ist f streng monoton fallend.

Monotonie

Ein Vorzeichenwechsel von $f'(x)$ kennzeichnet lokale Extrempunkte von f.

An der Stelle,
an der $f'(x)$ das Vorzeichen von + nach – wechselt, liegt ein Hochpunkt von f vor.
an der $f'(x)$ das Vorzeichen von – nach + wechselt, liegt ein Tiefpunkt von f vor.

An der Stelle, an der f einen lokalen Extrempunkt hat, ist $f'(x) = 0$.

lokale Extrempunkte

Das Vorzeichen von $f''(x)$ gibt Auskunft über das Krümmungsverhalten von f.

In Intervallen, in denen $f''(x) > 0$, ist f linksgekrümmt.
In Intervallen, in denen $f''(x) < 0$, ist f rechtsgekrümmt.

Krümmung

Ein Vorzeichenwechsel von $f''(x)$ kennzeichnet Wendepunkte von f.

An der Stelle, an der $f''(x)$ einen Vorzeichenwechsel hat, hat f einen Wendepunkt.
An der Stelle, an der f einen Wendepunkt hat, ist $f''(x) = 0$.

Wendepunkt

Beispiele

C *Eine Aufgabe aus einem internationalen Mathematiktest*

Welcher der folgenden Graphen hat die nachstehenden Eigenschaften?

$f'(0) > 0$ und $f'(1) < 0$ und $f''(x)$ ist immer negativ.

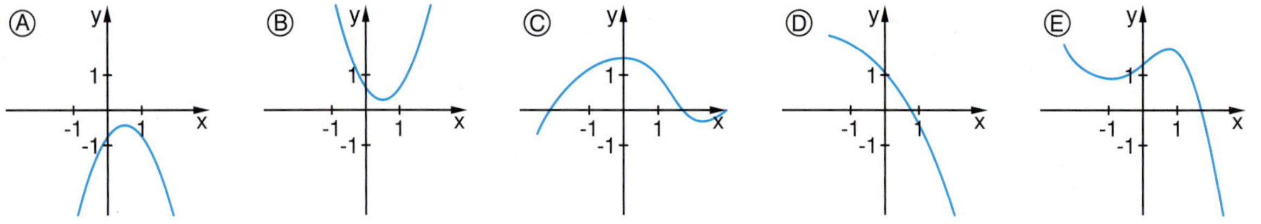

Lösung:

f′(0) > 0 besagt, dass der Graph von f an der Stelle 0 eine Tangente mit positiver Steigung hat. Dies wird nur von den Graphen A und E erfüllt.

f′(1) < 0 besagt, dass der Graph von f an der Stelle 1 eine Tangente mit negativer Steigung hat. Die Graphen von A und E erfüllen beide auch diese Bedingung.

f″(x) ist immer negativ besagt, dass der Graph überall rechtsgekrümmt ist. Der Graph E erfüllt diese Bedingung nicht, er ist zunächst linksgekrümmt und dann rechtsgekrümmt. Der Graph A erfüllt die Bedingung. Da er gleichzeitig die ersten beiden Bedingungen erfüllt, ist er der gesuchte Graph.

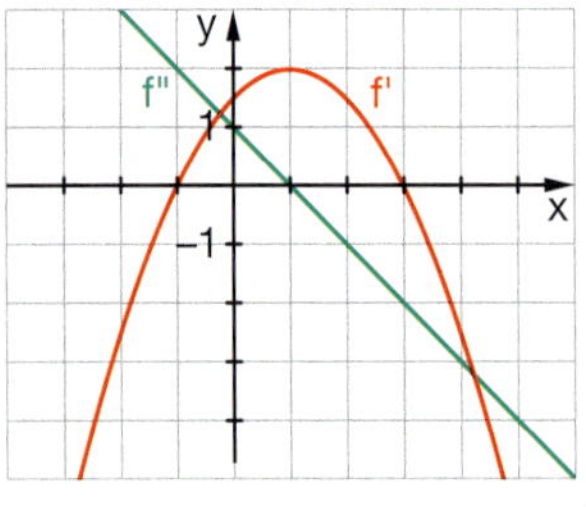

D *Von den Ableitungen zur Funktion*

Welche Aussagen liefern die abgebildeten Graphen der Ableitungen f′und f″ über den Graphen der zugehörigen Funktion f? Skizzieren Sie den Graphen von f.

Lösung:

Die erste Ableitung f′ hat zwei Nullstellen:

bei $x_1 = -1$ mit Vorzeichenwechsel von – nach + und

bei $x_2 = 3$ mit Vorzeichenwechsel von + nach –.

f hat also an der Stelle –1 einen Tiefpunkt, an der Stelle 3 einen Hochpunkt.

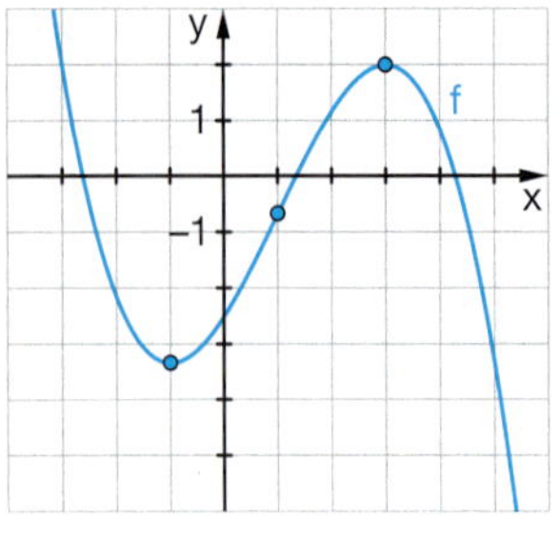

Für $x < -1$ oder $x > 3$ ist $f'(x) < 0$, f ist dort streng monoton fallend.

Für $-1 < x < 3$ ist $f'(x) > 0$, f ist dort streng monoton steigend.

Die zweite Ableitung f″ hat an der Stelle $x_3 = 1$ einen Vorzeichenwechsel, f hat dort einen Wendepunkt.

Für $x < 1$ ist $f''(x) > 0$, der Graph ist hier linksgekrümmt,

für $x > 1$ ist $f''(x) < 0$, der Graph ist hier rechtsgekrümmt.

Über die genaue Lage des Graphen von f gewinnt man keine Information, er kann in Richtung der y-Achse beliebig verschoben werden.

E *Rechnerische Bestimmung von besonderen Punkten*

Der Graph der Funktion $f(x) = x^3 - 2x^2 - 15x$ wurde mit dem GTR gezeichnet. Bestimmen Sie rechnerisch mithilfe der Funktionsgleichung die exakten Koordinaten des Wendepunktes.

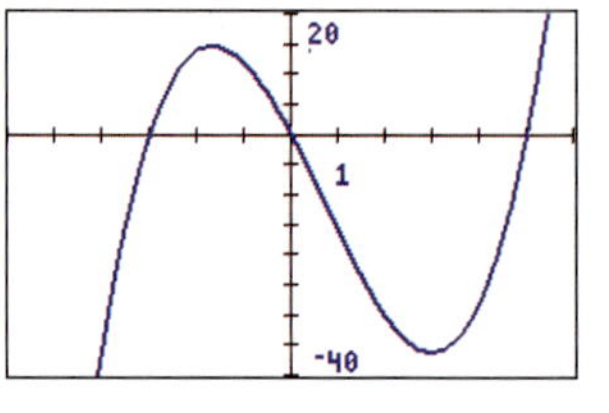

Lösung:

Im Wendepunkt muss $f''(x) = 6x - 4 = 0$ sein. Dies ist bei $x_3 = \frac{2}{3}$ der Fall.

Hier liegt ein Vorzeichenwechsel der 2. Ableitung vor, also liegt tatsächlich ein Wendepunkt vor.

Die Berechnung des Funktionswertes an dieser Stelle liefert $f\left(\frac{2}{3}\right) \approx -10{,}593$.

Der Wendepunkt hat die Koordinaten $\left(\frac{2}{3} \middle| -\frac{286}{27}\right)$.

Übungen

7 *Graphen zu gegebenen Bedingungen*

Eine Funktion f erfüllt gleichzeitig folgende Bedingungen:

A: Die Punkte P(2|3), Q(4|5) und R(6|7) liegen auf dem Graphen.
B: $f'(6) = 0$ und $f'(2) = 0$.
C: $f''(x) > 0$ für $x < 4$, $f''(4) = 0$ und $f''(x) < 0$ für $x > 4$.

Skizzieren Sie einen möglichen Graphen von f.
Vergleichen Sie mit den Skizzen anderer und begründen Sie gegebenenfalls Ihre Wahl.

8 *Passende Graphen gesucht*

Welche der folgenden Graphen können jeweils zu einer Funktion f mit folgenden Eigenschaften gehören?

I $f'(a) = 0$ | **II** $f''(x) < 0$ für alle x | **III** $f'(a) < 0$ und $f''(x) > 0$ für alle x

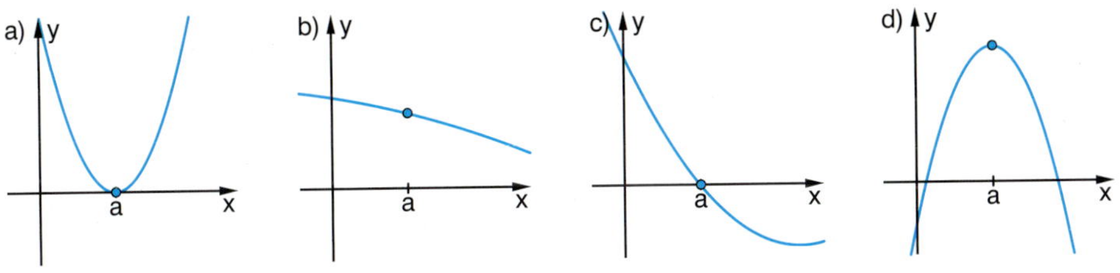

9 *Von Eigenschaften der Ableitung zum Funktionsgraphen*

Skizzieren Sie in einem gemeinsamen Koordinatensystem jeweils einen Funktionsgraphen, sodass die folgenden Bedingungen im gewählten Bildausschnitt (Intervall) erfüllt sind.

a) Die erste und zweite Ableitung sind immer positiv.
b) Die erste Ableitung ist immer positiv, die zweite Ableitung immer negativ.
c) Die erste und zweite Ableitung sind immer negativ.
d) Die erste Ableitung ist immer negativ, und die zweite Ableitung hat an einer Stelle a einen Vorzeichenwechsel von – nach +.
e) Die erste Ableitung ist immer positiv, und die zweite Ableitung hat an einer Stelle a einen Vorzeichenwechsel von + nach –.

Denken Sie sich selbst solche Bedingungen aus und tauschen Sie die Aufgaben mit Ihrem Tischnachbarn aus.

10 *Entscheiden durch Rechnen*

Welche der folgenden Funktionen erfüllt gleichzeitig die Bedingungen A, B und C?

$f(x) = \frac{1}{3}x^3 - 4x$ $\quad g(x) = \frac{1}{3}x^3 - 2x^2 + 4x - \frac{1}{2}$ $\quad h(x) = -\frac{f(x)}{4}$

A: Die Funktion hat ein lokales Minimum an der Stelle $x = 2$.
B: Die Funktion hat einen Wendepunkt an der Stelle $x = 0$.
C: Der Graph ist links vom Wendepunkt rechtsgekrümmt.

Entscheiden Sie zunächst nur durch Rechnen und überprüfen Sie dann mithilfe der Graphen.

11 *Besondere Punkte rechnerisch bestimmen*

Bestimmen Sie rechnerisch mithilfe der Funktionsgleichung die exakten Koordinaten der lokalen Extrempunkte und der Wendepunkte.

a) $f(x) = \frac{1}{3}x^3 - 4x$ $\quad$ b) $f(x) = \frac{1}{4}x^3 - 3x^2 + 9x$

c) $f(x) = 0{,}5x^4 - 3x^2$ $\quad$ d) $f(x) = \frac{1}{4}x^4 - \frac{3}{2}x^3 + 2$

Machen Sie die Probe mit dem Graphen auf dem GTR.

Übungen

In den folgenden Übungen geht es um die Zusammenhänge zwischen einer Funktion und ihren Ableitungen. Dabei wird auch das mathematische **Argumentieren** trainiert. Die beiden **Exkurse** geben eine Orientierungshilfe.

12 *Sattelpunkte*
Welche der folgenden Funktionen weisen einen Sattelpunkt auf? An welcher Stelle liegt dieser jeweils?

$f(x) = (x-2)^3$ $\quad g(x) = x^2(x-1)$

$h(x) = x^3 - x$ $\quad k(x) = \frac{1}{2}x^4 - 3x^2 - 4x$

Ein Wendepunkt mit waagerechter Tangente wird als **„Sattelpunkt"** bezeichnet.

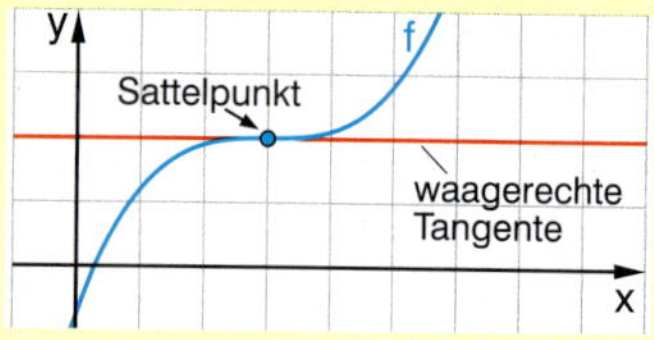

13 *Genauer hingeschaut*
Im Basiswissen auf Seite 47 steht der Satz:
„An der Stelle x_E, an der f einen lokalen Extremwert hat, ist $f'(x_E) = 0$."

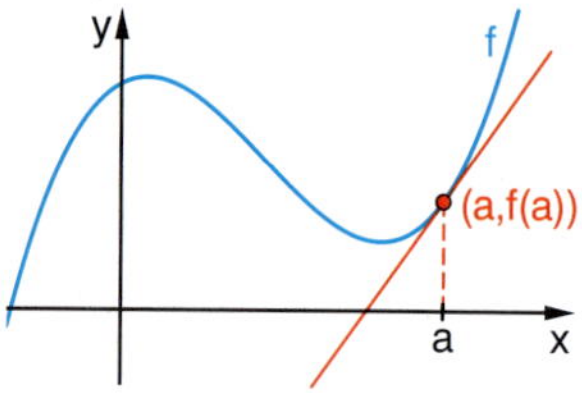

a) Schreiben Sie den Satz in der Wenn-dann-Form: *„Wenn f an der Stelle x_E … hat, dann gilt …."*

b) Begründen Sie mit einem Gegenbeispiel, dass die Umkehrung des Satzes aus a) *„Wenn $f'(x_E) = 0$, dann hat f an der Stelle x_E einen lokalen Extremwert"* nicht wahr ist.

c) Ist der folgende Satz wahr? *„Wenn die erste Ableitung an der Stelle a nicht Null ist ($f'(a) \neq 0$), dann kann f an der Stelle a keinen lokalen Extremwert haben."*

Sie können sowohl mit der geometrischen Bedeutung der ersten Ableitung als auch mit dem anfangs zitierten Satz argumentieren.

Satz und Umkehrung

Logik Exkurs 1

Sätze haben oft die Form:
Wenn A, dann B.

Wenn X ein Deutscher ist, dann ist X ein Europäer.

In A wird die Voraussetzung formuliert, in B die Behauptung.

Wenn die Zahl n ein Vielfaches von 2 ist, dann ist auch n·n ein Vielfaches von 2.

Die ***„Wenn-dann-Aussage"*** wird auch in der Form $A \Rightarrow B$ („Aus A folgt B") geschrieben.

Beide Sätze sind wahr.

Wenn Voraussetzung A und Behauptung B vertauscht werden, dann erhält man die **Umkehrung** des Satzes:
Wenn B, dann A
($A \Leftarrow B$ „Aus B folgt A")

Wenn X ein Europäer ist, dann ist X ein Deutscher.

Wenn die Zahl n·n ein Vielfaches von 2 ist, dann ist n ein Vielfaches von 2.

Wenn ein Satz wahr ist, so muss nicht auch dessen Umkehrung wahr sein.

Die Umkehrung des 1. Satzes ist falsch (auch ein Franzose ist ein Europäer). Die Umkehrung des 2. Satzes ist wahr.

Hinreichende und notwendige Bedingungen

Bei einem wahren Satz $\mathbf{A \Rightarrow B}$ sagt man **A ist *hinreichende Bedingung* für B**, denn aus der Gültigkeit von A folgt die Gültigkeit von B.

Das Vorliegen eines lokalen Extremwertes an der Stelle a ist hinreichend dafür, dass $f'(a) = 0$.

B ist *notwendige Bedingung* für A, denn wenn B nicht gilt, kann auch A nicht wahr sein.

$f'(a)=0$ ist notwendige Bedingung dafür, dass an der Stelle a ein lokaler Extremwert vorliegen kann.

Übungen

14 *Logiktraining – Sätze aus dem Alltag*
Formulieren Sie zu jedem Satz den Umkehrsatz und überprüfen Sie beide auf ihre Gültigkeit. Finden Sie selbst solche Alltagsbeispiele.

a) Wenn es regnet, dann wird die Straße nass.
b) Wenn jemand einen Führerschein hat, darf er Auto fahren.
c) Wenn X der Täter ist, dann war er am Tatort.

15 *Logiktraining – Mathematische Sätze*
Nennen Sie in den folgenden Sätzen jeweils die Voraussetzung und die Behauptung und formulieren Sie die Sätze als „Wenn-dann-Satz". Sind die Sätze wahr? Formulieren Sie auch die Umkehrungen. Sind diese wahr?
a) Ein Viereck mit vier gleichlangen Seiten ist ein Quadrat.
b) Wurzeln aus Primzahlen sind irrational.
c) In gleichseitigen Dreiecken ist jeder Winkel 60° groß.
d) Durch 4 teilbare Zahlen sind gerade.
e) Im rechtwinkligen Dreieck gilt: $a^2 + b^2 = c^2$.

In der Formulierung mathematischer Sätze ist nicht immer die Wenn-dann-Form zu erkennen. Für das Begründen und Beweisen ist es hilfreich, Voraussetzung und Behauptung klar getrennt zu formulieren.

16 *Wenn-dann-Puzzle*
Partnerarbeit

Erstellen Sie folgende Karten und legen Sie einen Satz (▭ ⇒ ▭). Ihr Partner soll entscheiden, ob der Satz gilt oder nicht. Danach tauschen Sie die Rollen.

Ⓐ $f'(a) = 0$	Ⓔ f hat an der Stelle a einen lokalen Extremwert.	Ⓦ f hat an der Stelle a einen Wendepunkt.	Ⓒ $f'(a) = 0$ und $f''(a) = 0$
Ⓑ $f''(a) = 0$	Ⓥ f' hat an der Stelle a einen Vorzeichenwechsel.	Ⓢ f hat an der Stelle a einen Sattelpunkt.	Ⓓ f'' hat an der Stelle a einen Vorzeichenwechsel.

17 *Weitere hinreichende Bedingungen zum Auffinden von lokalen Extrempunkten und Wendepunkten*

Wenn an der Stelle x_1 gilt:
$f'(x_1) = 0$ und $f''(x_1) > 0$, dann hat f bei x_1 einen lokalen Tiefpunkt.
$f'(x_1) = 0$ und $f''(x_1) < 0$, dann hat f bei x_1 einen lokalen Hochpunkt.

An der Stelle, an der f' einen lokalen Extrempunkt hat, hat f einen Wendepunkt.

a) Bestätigen Sie die hier aufgeführten Sätze an den Beispielen
$f_1(x) = \frac{1}{4}(x^3 - 9x^2 + 15x + 25)$ und $f_2(x) = x^3 - 3x^2 + 5$.
b) Begründen Sie mithilfe der Kriterien im Basiswissen auf Seite 47.

18 *Umkehrung von Sätzen*
Formulieren Sie jeweils die Umkehrung der Sätze in Aufgabe 17 und überprüfen Sie, ob sie wahr ist.

19 *Sattelpunkt*
a) Zeigen Sie, dass für die Funktion $f(x) = x^4 - 8x^3 + 24x^2 - 32x + 15$ die erste und die zweite Ableitung an der Stelle $x = 2$ eine Nullstelle haben.
b) Können Sie sicher sein, dass der Graph von f an der Stelle $x = 2$ einen Sattelpunkt hat? Zeichnen Sie den Graphen und argumentieren Sie mit den Sätzen im Basiswissen.

Begründen oder Widerlegen von Aussagen

Logik Exkurs 2

Aussagen können wahr oder falsch sein.

Viele Aussagen sind **Allaussagen.**
Beispiel: *Für alle x aus dem Intervall I gilt: $f'(x) < 0$.*
Allaussagen können nicht durch ein zutreffendes Beispiel bewiesen werden. Die Wahrheit der Behauptung muss durch logische Schlüsse aus den gegebenen Voraussetzungen gefolgert werden. Zum Widerlegen der Allaussage genügt allerdings ein einziges Gegenbeispiel.

Manche Sätze sind **Existenzaussagen.**
Beispiel: *Es gibt eine Stelle x im Intervall I, für die gilt: $f'(x)=0$.*
Zum Beweis einer Existenzaussage genügt die Angabe eines zutreffenden Beispiels. Dafür ist sie schwerer zu widerlegen. Man muss nämlich nachweisen, dass es wirklich kein $x \in I$ mit der geforderten Eigenschaft gibt.

Übungen

Es können auch jeweils mehrere Antworten richtig sein.

20 *Auswählen und begründen*

Wählen Sie jeweils die wahren Aussagen aus. Begründen Sie mithilfe der Ableitungen.

a) $f(x) = x \cdot (x-1)^2$ f hat an der Stelle 1

A ... ein lokales Minimum.
B ... eine Nullstelle.
C ... ein lokales Maximum.
D ...einen Wendepunkt.

b) $f(x) = (x-1)^4$ f hat an der Stelle 1

A ... die Steigung 0.
B ... ein lokales Minimum.
C ... einen Wendepunkt.
D ... ein lokales Maximum.

c) $f(x) = \frac{1}{x}$ f ist im Intervall [1; 2]

A ... linksgekrümmt.
B ... rechtsgekrümmt.
C ... streng monoton fallend.
D ... streng monoton steigend.

d) $f(x) = \sqrt{x}$ f ist für alle $x > 0$

A ... streng monoton steigend.
B ... streng monoton fallend.
C ... linksgekrümmt.
D ... rechtsgekrümmt.

21 *Wahr oder falsch?*

Welche der folgenden Aussagen sind wahr? Begründen Sie Ihre Entscheidung.

(A) Wenn $f'(x) = 3x^2 - 4$, dann hat f genau zwei lokale Extrempunkte.
(B) Wenn $f'(x) = c$ für alle $x \in \mathbb{R}$, dann ist der Graph von f eine Gerade.
(C) Die lokalen Extrempunkte der Funktion $f(x) = \frac{1}{3}x^3 - 4x$ liegen auf einer Ursprungsgeraden.
(D) Die Hochpunkte der ganzrationalen Funktion $f(x) = -0{,}5x^4 + 4x^2 - 5$ liegen auf einer Geraden parallel zur x-Achse.

22 *Eigenschaften der Funktion mithilfe der Ableitungen begründen*

Der Term der ersten Ableitung $f'(x) = 4x^3 - 8x$ ist vorgegeben.

a) Leiten Sie daraus die charakteristischen Eigenschaften des Graphen von f ab.

Der Graph ist
... streng monoton wachsend in ...
... streng monoton fallend in ...
... linksgekrümmt in ...
... rechtsgekrümmt in ....

Der Graph hat
... lokale Maxima an den Stellen ...
... lokale Minima an den Stellen ...
... Wendepunkte an den Stellen ...

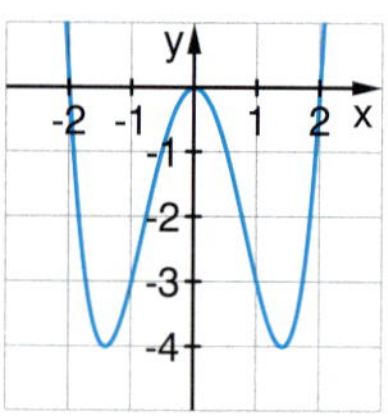

b) Passt der nebenstehende Funktionsgraph zu der gegebenen Ableitungsfunktion? Begründen Sie.

Übungen

23 *Was die Ableitungen alles über die Funktion verraten*

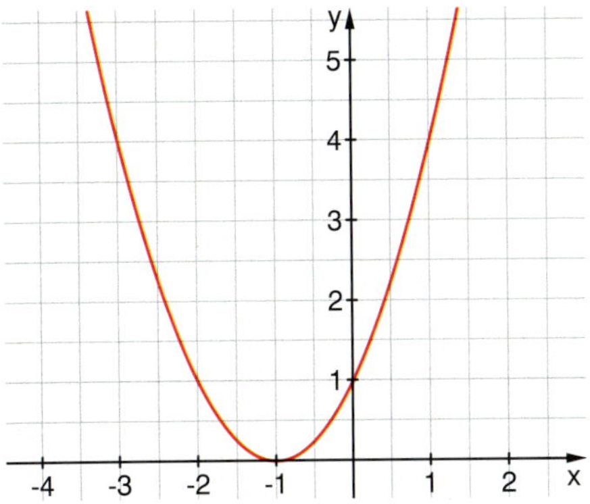

Scheitelpunkt S(–1|0) f′(0) = 1

Der Graph der Ableitungsfunktion f′ der Funktion f ist gegeben.

a) Begründen Sie mithilfe des Graphen von f′:

(1) f hat keinen lokalen Extrempunkt.

(2) f hat genau einen Wendepunkt, dieser ist ein Sattelpunkt.

(3) Die Tangente im Wendepunkt hat keine negative Steigung.

(4) f ist im ganzen Definitionsbereich streng monoton wachsend.

b) Skizzieren Sie den Verlauf des Graphen von f. Es gilt $f(0) = 0$.

24 *Von der zweiten Ableitung zur Funktion*

Die Funktionsgleichung der zweiten Ableitung $f''(x) = 2x + 2$ ist gegeben.

Es gilt zusätzlich $f'(-1) = 0$ und $f(0) = 0$.

a) Begründen Sie mithilfe der vorliegenden Informationen:

(1) f′ hat an der Stelle –1 einen Tiefpunkt.

(2) f hat genau einen Wendepunkt, dieser ist ein Sattelpunkt.

(3) Der Graph von f geht am Wendepunkt von einer Rechts- in eine Linkskrümmung über.

(4) f ist im ganzen Definitionsbereich monoton wachsend.

b) Skizzieren Sie einen möglichen Verlauf des Graphen von f.

Überlegen Sie, wie Sie Funktionsterme zu den gegebenen Ableitungstermen finden können. („Ableiten rückwärts")

25 *Kurvenscharen*

Begründen Sie mithilfe der Ableitungen

(A) Alle Graphen der Funktionen $f(x) = ax^2 + bx + c$ haben keinen Wendepunkt.

(B) Jede ganzrationale Funktion dritten Grades hat genau einen Wendepunkt.

(C) Eine ganzrationale Funktion vierten Grades hat höchstens zwei Wendepunkte.

(D) Der Wendepunkt einer Funktion $f(x) = ax^3 + cx + d$ liegt stets auf der y-Achse.

KOPFÜBUNGEN

1 Welche der folgenden Gleichungen hat keine Lösung, genau eine Lösung, genau zwei Lösungen oder mehr als zwei Lösungen? Verdeutlichen Sie jeweils anhand eines Graphen.

a) $x^2 - 2 = -2$ b) $x^3 - x = 0$ c) $-1 = 2x^2 + 2$ d) $x^2 - 2 = x + 1$

2 Wie breit ist ein Rechteck, wenn es 5,5 cm lang ist und einen Umfang von 25 cm hat?

3 Ein Glücksrad ist in einen blauen, einen weißen und einen roten Sektor unterteilt. Beim Drehen tritt „Blau" mit der Wahrscheinlichkeit p und „Weiß" mit der Wahrscheinlichkeit 3 p ein.

a) Geben Sie alle Werte für p an, die bei diesem Glücksrad möglich sind.

b) Geben Sie ein Beispiel für die Wahrscheinlichkeitsverteilung (Blau, Weiß, Rot) an.

4 Zeigen Sie, dass die Funktion $g(x) = x^4 + 2x^{\frac{3}{2}} - \sqrt{2}$ $(x \geq 0)$ eine Stammfunktion von $f(x) = 4x^3 + 3\sqrt{x}$ ist.

Aufgaben

Interpretation von Funktionen und ihren Ableitungen in Anwendungen

26 *Längenwachstum*

Das Wachstum von Jugendlichen erfolgt nicht gleichmäßig, sondern in Schüben und unterschiedlichen Phasen. In dem folgenden Graphen ist ein typischer Wachstumsverlauf eines Mädchens im Alter von 10 bis 16 Jahren dargestellt. Dabei wurden die Messwerte jeweils am Ende eines Lebensjahres in das Koordinatensystem übertragen und durch eine „glatte" Kurve verbunden. Die beiden Graphen darunter zeichnen jeweils die Geschwindigkeit und die Beschleunigung des Wachstums zu den verschiedenen Zeiten der Wachstumsphase auf.

Wachstumstabelle von Luisa

Alter in Jahren	Körpergröße in cm
10	136
11	139
12	144
13	153
14	159
15	163
16	164

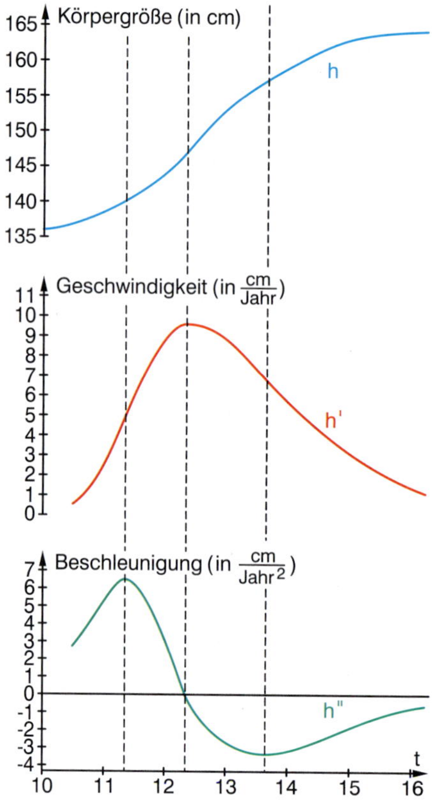

a) Beschreiben Sie den Verlauf der Wachstumskurve h(t) in den verschiedenen Phasen. Benutzen Sie dabei auch die Informationen aus dem Geschwindigkeitsgraphen h′(t) und dem Beschleunigungsgraphen h″(t).

b) Beantworten Sie mithilfe der drei Graphen:
- Zu welchem Zeitpunkt ist die Wachstumsgeschwindigkeit am größten? Wie zeigt sich dies jeweils in den Graphen von h und h″?
- Etwa ab 12,5 Jahren nimmt die Wachstumsgeschwindigkeit wieder ab. Wie äußert sich dies jeweils in den Graphen von h und h″?
- Welche Bedeutung hat die Nullstelle von h″ für die Wachstumskurve h?
- Wie verläuft die Wachstumskurve nach dem 16. Lebensjahr weiter? Was bedeutet dies für die Fortsetzung der Graphen von h′ und h″?
- Welche Bedeutung haben die negativen Werte der Beschleunigung für die Wachstumskurve?

c) Kevin hat mithilfe des GTR herausgefunden, dass sich die Wachstumskurve h(t) in dem betrachteten Bereich in etwa durch eine ganzrationale Funktion $f(x) = -0{,}305\,x^3 + 11{,}66\,x^2 - 141\,x + 685$ beschreiben lässt. Bestätigen Sie dies für die oben angegebenen Tabellenwerte.

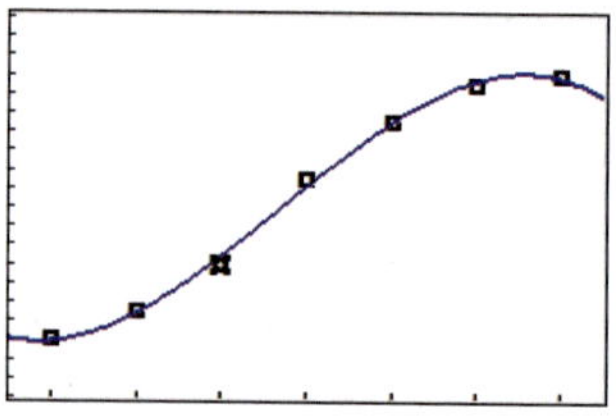

d) Beschreiben die Ableitungen der Funktion f auch die obigen Geschwindigkeits- und Beschleunigungsgraphen zutreffend? Überprüfen Sie mit dem GTR. Überlegen Sie, warum sich die Funktion f nicht zur Beschreibung des Längenwachstums im Zeitraum von 0 bis 20 Jahren eignet. Es gibt mehrere Gründe.

Aufgaben

27 *Auszug aus einem Hochwasserbericht*

Beobachtung des Pegelstandes über 26 Stunden (von 0.00 Uhr Dienstag bis 2.00 Uhr Mittwoch):

Anfangs fiel der Pegel noch leicht bis auf etwa 200 cm. Ab zwei Uhr begann er dann mit zunehmender Geschwindigkeit zu steigen. Die Steiggeschwindigkeit erreichte gegen 8.00 Uhr mit etwa 40 cm/h ihr Maximum. Danach stieg der Pegel zwar immer noch an, nun aber immer langsamer bis zum Höchststand kurz vor 16.00 Uhr. Danach sank der Pegel weiter ab, und zwar zunächst immer schneller, kurz vor 24.00 wurde die Sinkgeschwindigkeit dann wieder kleiner. Am Ende des Beobachtungszeitraumes fiel der Pegel immer noch, aber mit geringer Geschwindigkeit.

a) Skizzieren Sie eine Hochwasserkurve passend zu dem Bericht. Vergleichen Sie Ihre Skizze mit denen anderer.

b) Die in dem Bericht festgehaltene Entwicklung des Pegelstandes eines Flusses bei Hochwasser kann in dem betrachteten Zeitabschnitt von 26 Stunden recht gut durch die ganzrationale Funktion vierten Grades $h(x) = 0{,}01\,x^4 - 0{,}635\,x^3 + 11{,}31\,x^2 - 39{,}27\,x + 226{,}1$ (x in Stunden, h in cm) modelliert werden.

Bestätigen Sie dies für die im Bericht angegebenen Daten. Bestimmen Sie mit der Modellfunktion zu den angegebenen Zeitpunkten jeweils den Pegelstand und die momentane Änderungsrate.

c) Begründen Sie, dass die Funktion h(x) den Pegelstand über das angegebene Zeitintervall hinaus nicht mehr gültig modellieren kann. Argumentieren Sie auch mit der ersten Ableitung.

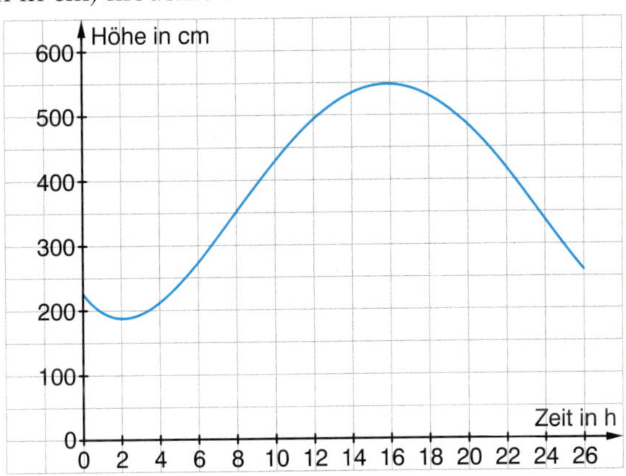

28 *Produktionskosten*

Die Firma Clip hat in einer Betriebsprüfung Produktionskosten zur Herstellung von Büroklammern in Abhängigkeit von der Tagesproduktion erfasst. Dabei wurden bis zu einer Produktion von 8 Millionen Stück folgende Beobachtungen festgehalten:

Wenn nichts produziert wird, fallen trotzdem Produktionskosten in einer bestimmten Höhe K_0 an.	Die Kosten nehmen mit der produzierten Stückzahl zu.	Die Zunahme der Kosten wird bis zu einer bestimmten Stückzahl x_1 ständig kleiner, ab dann nimmt sie wieder immer mehr zu.

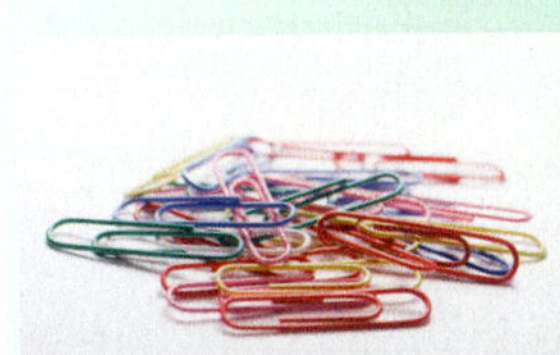

a) Skizzieren Sie den Graphen einer Kostenfunktion K(x), der die Beobachtungen gültig erfasst. Begründen Sie Ihre Wahl auch mit den zugehörigen Graphen der „Kostenänderung“ und der „Änderung der Kostenänderung“.

b) Die Kostenfunktion wurde im Intervall [0; 8] modelliert. Dabei ergab sich folgende Funktionsgleichung: $K(x) = 2x^3 - 18x^2 + 60x + 32$ (Tagesproduktion x in Millionen Stück, Kosten K(x) in Tausend €).

Passt diese Funktion zu den obigen Beobachtungen? Wie groß war demnach jeweils die momentane Änderungsrate bei den Stückzahlen 0 und 8 Millionen? Bei welcher Stückzahl ist die momentane Änderungsrate minimal, wie groß ist sie dort?

Kurvendiskussion „per Hand" ohne GTR

WERKZEUG

Wenn man keinen grafischen Taschenrechner zur Hand hat, kann man mit den im Basiswissen auf Seite 47 aufgeführten Kriterien zumindest für einfache ganzrationale Funktionen schnell die besonderen Punkte errechnen. Mithilfe dieser Punkte und der Kenntnisse über die Typen von Graphen ganzrationaler Funktionen lässt sich eine gute Skizze für den Verlauf des Graphen erstellen.

$f(x) = x^3 - 3x^2 = x^2(x - 3)$

Ableitungen bestimmen

$f'(x) = 3x^2 - 6x = 3x(x - 2)$

$f''(x) = 6x - 6 = 6(x - 1)$

Nullstellen

Aus der faktorisierten Darstellung lassen sich die Nullstellen direkt ablesen:
$N_1(0|0)$ und $N_2(3|0)$

Lokale Extrempunkte

Notwendige Bedingung: $f'(x) = 0$

$3x(x - 2) = 0$ liefert $x = 0$ oder $x = 2$.

Hinreichende Bedingung: $f''(0) = -6 < 0$

$f(0) = 0$, also: Hochpunkt $H(0|0)$

Hinreichende Bedingung: $f''(2) = 6 > 0$

$f(2) = -4$, also: Tiefpunkt $T(2|-4)$

Wendepunkte

Notwendige Bedingung: $f''(x) = 0$

$6(x - 1) = 0$ liefert $x = 1$.

Hinreichende Bedingung:

f'' hat an der Stelle 1 einen Vorzeichenwechsel.

$f(1) = -2$, also: Wendepunkt $W(1|-2)$

Einzeichnen der besonderen Punkte im Koordinatensystem

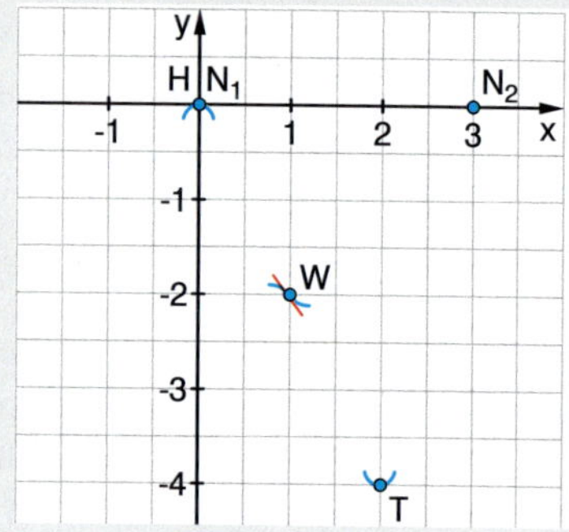

Skizzieren der Kurve

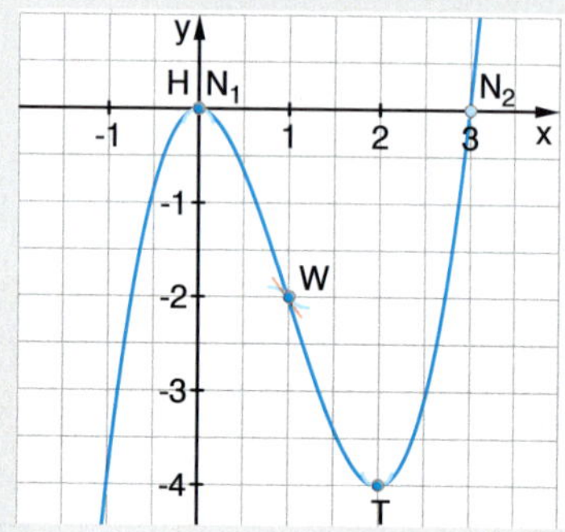

Aufgaben

29 *Training zur Kurvendiskussion ohne GTR*

Führen Sie selbst eine Kurvendiskussion „per Hand" einschließlich der Skizze des Graphen durch. Nutzen Sie gegebenenfalls auch weitere am Funktionsterm erkennbare Eigenschaften des Graphen (z. B. Symmetrien).

a) $f(x) = \frac{1}{4}x^3 - 3x$ b) $f(x) = -x^3 + 6x^2 - 9x$ c) $f(x) = -\frac{1}{4}x^4 + x^3$

d) $f(x) = \frac{1}{3}x^4 - 2x^2$ e) $f(x) = x^3 - 3x^2 + 3x$ f) $f(x) = -\frac{1}{2}x^3 + \frac{3}{2}x^2 - 3x$

30 *Graphen Skizzieren*

Auch das Skizzieren von Graphen will geübt sein. Übertragen Sie die Bilder ins Heft und verbinden Sie die Punkte durch eine entsprechende Skizze.

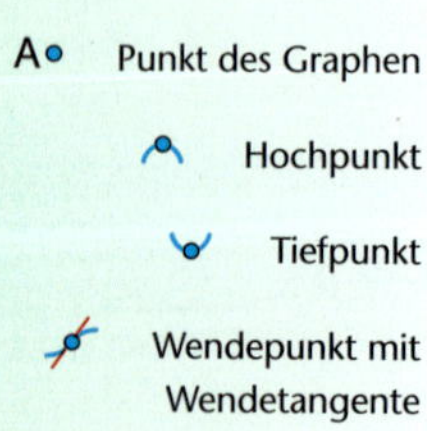

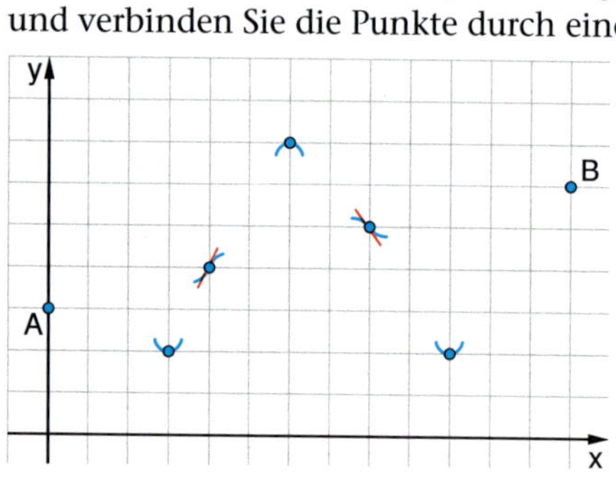

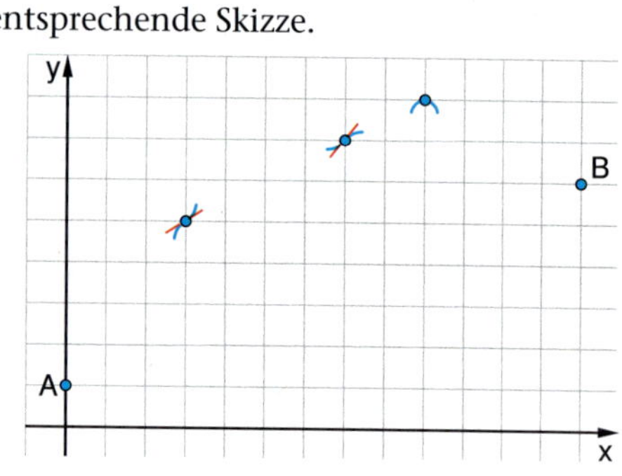

2.2 Optimieren

Wenn Sie einen Gegenstand möglichst günstig erwerben möchten, wenn Sie mit einer Anstrengung so viel wie möglich erreichen wollen, wenn Sie nur ein minimales Risiko auf sich nehmen wollen, immer dann versuchen Sie zu optimieren. Auch in der Natur, in der Wissenschaft oder im Wirtschaftsleben ist Optimieren angesagt. Die Mathematik hat in ihrer langen Geschichte immer wieder zur Lösung von Optimierungsproblemen beigetragen. Dabei spielte zunächst die Geometrie eine entscheidende Rolle.
Immer dann, wenn sich Vorgänge und Situationen durch Funktionen modellieren lassen, können wir Optimierungsprobleme auch mit den Verfahren der Differenzialrechnung bearbeiten. Dabei geraten die besonderen Punkte (lokale und globale Extrempunkte, Wendepunkte als Punkte extremaler Steigung) in den Blickpunkt. Bei Problemen mit konkret vorgegebenen Daten helfen Tabellen und Graphen, bei allgemeinen Fragestellungen kann man auf die Sätze und Kalküle der Differenzialrechnung zurückgreifen.

Was Sie erwartet

Bienen bauen ihre Waben mit minimalem Materialaufwand und maximaler Stabilität.

Aufgaben

1 *Optimale Schachtel*

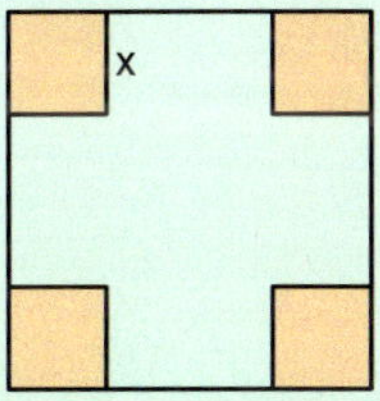

Die Schachteln werden nach einem einfachen Verfahren hergestellt: An allen vier Ecken eines quadratischen Pappbogens (20 cm × 20 cm) werden gleich große Quadrate herausgeschnitten, die verbleibenden Randflächen werden dann hoch gefaltet. Wie hängt das Volumen der Schachtel von der Seitenlänge x der ausgeschnittenen Quadrate ab? Gibt es eine Schachtel mit optimalem Volumen?

a) Einen ersten Überblick können Sie mit selbst gebastelten Schachteln und einer Tabelle erhalten. Die Übertragung der Tabellenwerte in ein Koordinatensystem liefert eine Vermutung über die optimale Schachtel.

Seitenlänge x in cm	1	2	3	■
Volumen in cm^3	■	■	■	■

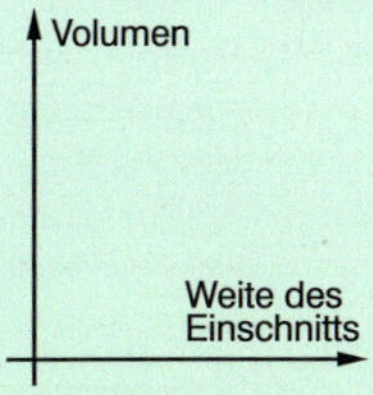

b) Wenn es gelingt, eine Formel für das Volumen **V** zu finden, die von der Einschnittweite x abhängt, kann man das maximale Volumen rechnerisch bestimmen. Bestimmen Sie eine solche Volumenfunktion und damit das maximal mögliche Volumen.
c) Eine Firma soll aus verschieden großen quadratischen Pappbögen oben offene Schachteln mit möglichst großem Fassungsvermögen herstellen. Erarbeiten Sie eine Empfehlung über die Einschnittweite.

Aufgaben

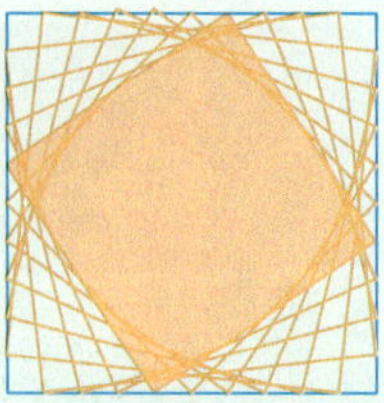

2 *Quadrate im Quadrat*

Auf den Seiten eines gegebenen Quadrates (k = 5 cm) werden immer dieselben Strecken x abgetragen, wenn man das Quadrat gegen den Uhrzeigersinn durchläuft. Auf diese Weise werden einem Quadrat andere Quadrate einbeschrieben.

Welches dieser Quadrate hat den kleinsten Flächeninhalt?

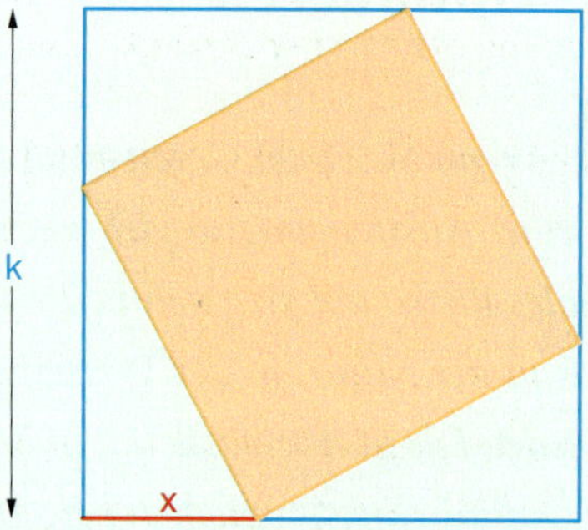

Es gibt unterschiedliche Lösungswege. Vergleichen Sie Ihre Ansätze.

(A) Man ermittelt die Seitenlänge des inneren Quadrates in Abhängigkeit von x …

(B) Wenn das Quadrat minimalen Flächeninhalt hat, müssen die Dreiecke maximalen Flächeninhalt haben …

Wie sieht die Lösung für ein Ausgangsquadrat mit beliebiger Seitenlänge k aus?

3 *Optimale Dose*

Die abgebildeten Konservendosen haben beide ein Füllvolumen von etwa $580\,cm^3$, aber ihre Form ist unterschiedlich.
Die hohe Form der Würstchendose ist durch den Inhalt vorgegeben. Die Lychees erzwingen aber keine bestimmte Form.
Ähnlich ist es bei Suppendosen oder Dosen für Gemüse oder Obst. Der Hersteller ist in solchen Fällen daran interessiert, möglichst wenig Material für die Herstellung zu verbrauchen.

r = 4,2 cm h = 10,7 cm r = 3,6 cm h = 14,3 cm

a) Vergleichen Sie den Materialverbrauch für die beiden Dosen.

b) Wie müssen Höhe und Durchmesser eines Zylinders mit $580\,cm^3$ Volumen gewählt werden, sodass seine Oberfläche minimal ist? Vergleichen Sie diese optimalen Werte mit denen der Dosen.

c) Ändert sich das optimale Verhältnis von Durchmesser und Höhe bei einem Zylinder mit einem kleineren oder größeren Volumen?

d) Wird der minimale Materialverbrauch größer oder kleiner, wenn man statt der zylinderförmigen Dose einen Quader mit quadratischer Grundfläche wählt? Schätzen Sie und rechnen Sie dann nach (siehe Aufgabe 5).

Die Modellierung der Dose durch einen Zylinder ist vereinfacht. In Wirklichkeit muss beim Materialverbrauch noch der Falz berücksichtigt werden, durch den Deckel und Boden mit dem Mantel verbunden sind.

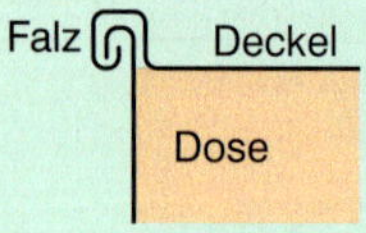

e) Welche anderen Bedingungen neben dem Materialverbrauch könnten bei der Herstellung von Konservendosen eine wichtige Rolle spielen? Zählen Sie solche Kriterien auf und bewerten Sie deren Bedeutung aus Sicht des Produzenten und des Konsumenten.

Basiswissen

Optimierungsprobleme, die mithilfe einer Funktion modelliert werden können, lassen sich oft mit der gleichen Strategie lösen.

Lösungsstrategie bei Optimierungsaufgaben

Bei einem Kegel soll die Mantellinie s 10 cm lang sein. Wie müssen der Grundkreisradius und die Höhe gewählt werden, damit der Kegel maximales Volumen hat?

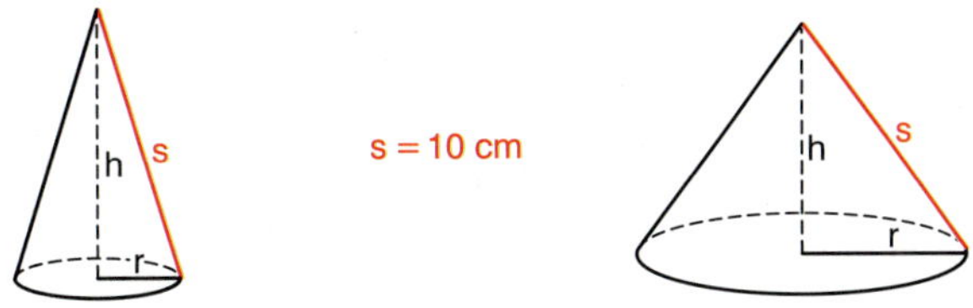

1. Erfassen des Problems

- Welche Größen kommen vor? Fertigen Sie evtl. eine Skizze an und beschriften Sie sie passend.
- Welche Größe soll optimiert werden?

2. Herstellen eines funktionalen Zusammenhangs

- Wie lässt sich die zu optimierende Größe aus den anderen berechnen?
- Stellen Sie eine Funktionsgleichung auf. Zahlenbeispiele/Tabelle helfen dabei.
- Drücken Sie die zu optimierende Größe in Abhängigkeit von nur einer Variablen aus (*Zielfunktion*). Nutzen Sie dazu weitere Informationen des Aufgabentextes bzw. geometrische oder andere Zusammenhänge (*Nebenbedingungen*).
- Legen Sie einen sinnvollen Bereich für die verbleibende Variable fest.

Kegelvolumen: $V(r, h) = \frac{1}{3}\pi \cdot r^2 \cdot h$

Im Funktionsterm kommen zunächst noch ***zwei*** *Variablen vor.*

Nebenbedingung: $h^2 + r^2 = 10^2$ $\quad r^2 = 100 - h^2$

Einsetzen liefert die Zielfunktion:

$V(h) = \frac{1}{3}\pi(100 - h^2) \cdot h = \frac{100}{3}\pi \cdot h - \frac{1}{3}\pi \cdot h^3$

Im Funktionsterm kommt nur noch ***eine*** *Variable vor.*

sinnvoller Bereich: $0 < h < 10$

Damit erhält man als maximales Kegelvolumen 403 cm³.

3. Bestimmen Sie den Extremwert der Zielfunktion mithilfe

- Grafik

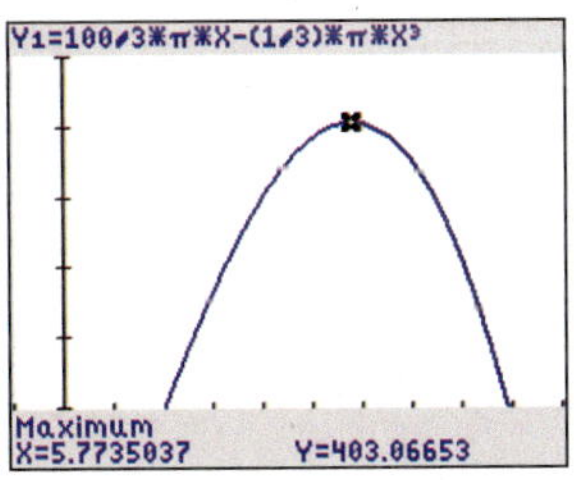

- Wertetabelle

X	Y1			
5.5	401.73			
5.6	402.53			
5.7	402.97			
5.8	403.05			
5.9	402.77			
6	402.12			
6.1	401.1			
6.2	399.69			
6.3	397.89			
6.4	395.69			
6.5	393.09			

X=5.8

- Ableitung

$V(h) = \frac{10^2}{3}\pi \cdot h - \frac{1}{3}\pi \cdot h^3$

$V'(h) = \frac{10^2}{3}\pi \cdot - \pi \cdot h^2 \quad V''(h) = -2\pi h$

$V'(h) = 0$ liefert $h = \frac{1}{\sqrt{3}} \cdot 10 \approx 5{,}77$

und $r = \sqrt{\frac{2}{3}} \cdot 10 \approx 8{,}16 \quad \left(V''\left(\frac{10}{\sqrt{3}}\right) < 0\right)$

Damit erhält man als maximales Kegelvolumen 403 cm³.

Mit der Ableitung kann das Problem oft auch für einen allgemein vorgegebenen Parameter gelöst werden.

Allgemein vorgegebene Mantellinie s:

$V(h) = \frac{s^2}{3}\pi \cdot h - \frac{1}{3}\pi \cdot h^3$

$V'(h) = \frac{s^2}{3}\pi - \pi \cdot h^2 \quad V''(h) = -2\pi h$

$V'(h) = 0$ liefert $h = \frac{1}{\sqrt{3}} \cdot s$ und

$r = \sqrt{\frac{2}{3}} \cdot s \quad \left(V''\left(\frac{s}{\sqrt{3}}\right) < 0\right)$

4. Interpretation des Ergebnisses

Bei jeder vorgegebenen Mantellänge s ist bei maximalem Volumen das Verhältnis $\frac{r}{h} = \sqrt{2}$.

Beispiele

A *Rechtecke unter Funktionsgraphen*

Die Parabel mit der Gleichung $f(x) = -\frac{1}{3}x^2 + 12$ umschließt mit der x-Achse ein Flächenstück. In dieses Stück werden Rechtecke eingebaut. Welches Rechteck hat den maximalen Flächeninhalt?

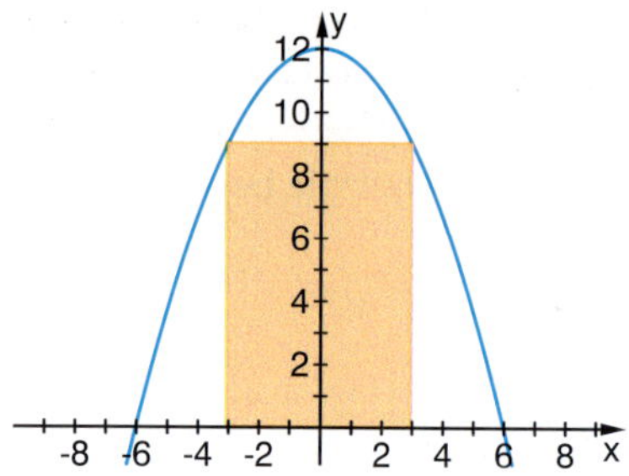

Lösung:

Zunächst legt man die Größe fest, die optimiert werden soll. Wir wählen t als halbe Breite des Rechtecks. Ein sinnvoller Bereich für t ist: $0 < t < 6$

Die Höhe des Rechtecks ist zunächst die zweite variable Größe, die Funktionsgleichung von f liefert hier die Nebenbedingung.

Die Höhe des Rechtecks ist dann die y-Koordinate von f(x) an der Stelle t. Man erhält für den Flächeninhalt des Rechtecks: $A(t) = 2t \cdot \left(-\frac{1}{3}t^2 + 12\right)$, also: $A(t) = -\frac{2}{3}t^3 + 24t$

Eine grafisch-tabellarische Untersuchung von A(t) liefert den Hochpunkt (3,46 | 55,426). Das Rechteck mit maximalem Flächeninhalt ist ca. 6,92 breit und hat einen Flächeninhalt von ca. 55,426.

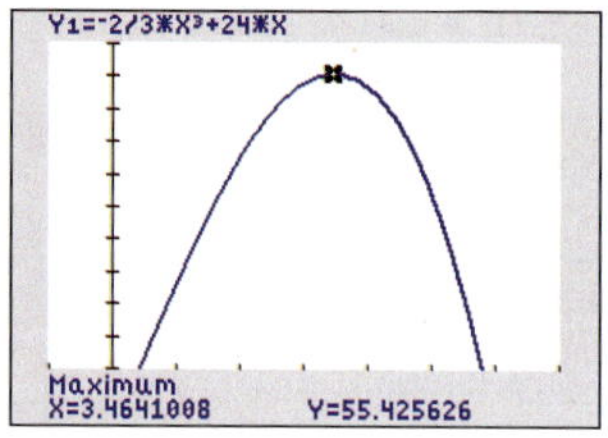

X	Y1
3.43	55.418
3.44	55.422
3.45	55.424
3.46	55.426
3.47	55.425
3.48	55.424
3.49	55.421
3.5	55.417
3.51	55.411
3.52	55.404
3.53	55.395

X=3.46

Mit der Ableitung erhält man $A'(t) = -2t^2 + 24 = 0$.
Daraus folgt: $t = \sqrt{12}$ und $A(\sqrt{12}) \approx 55{,}426$.
$A''(t) = -4t$; $A''(\sqrt{12}) < 0$ bestätigt, dass hier ein Maximum vorliegt.

Die Modellierung passt nur, wenn alle Fischplatten verkauft werden.

B *Kosten, Umsatz und Gewinn*

Eine Firma hat durch Untersuchungen festgestellt, dass die Kosten einer Fischplatte in Abhängigkeit der Anzahl x an zubereiteten Platten durch die Funktion $K(x) = 0{,}2x^2 + 1000$ beschrieben werden können (x: Anzahl; K(x): Kosten in €). Sie verkauft die Platten für 36 €.

Wie viele Fischplatten muss die Firma verkaufen, um Gewinn zu machen? Wie hoch ist der maximale Gewinn?

Für den Umsatz U gilt: $U(x) = 36x$

Der Gewinn G kann dann durch die Differenz aus Umsatz und Kosten berechnet werden:

$G(x) = U(x) - K(x)$

$G(x) = 36x - (0{,}2x^2 + 1000)$

$G(x) = -0{,}2x^2 + 36x - 1000$

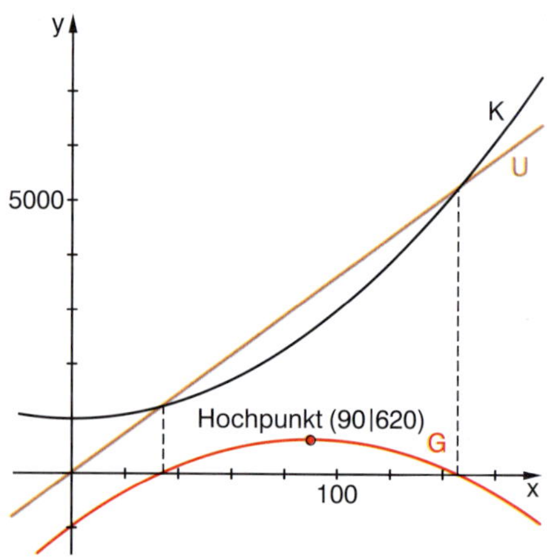

Im Bereich $34{,}3 < x < 145{,}7$ ist $G(x) > 0$. Die Firma muss mindestens 35 und darf höchsten 145 Fischplatten verkaufen, um Gewinn zu machen.

Maximaler Gewinn:

$G'(x) = -0{,}4x + 36 = 0$

$\Rightarrow x = 90;\quad G(90) = 620$

Wenn 90 Fischplatten verkauft werden, macht die Firma einen maximalen Gewinn von 620 €.

Übungen

4 *Schachteln mit maximalem Volumen*

Aus einem rechteckigen Stück Pappe mit den Seitenlängen 16 cm und 8 cm wird
a) eine oben offene Schachtel b) eine Schachtel mit Deckel

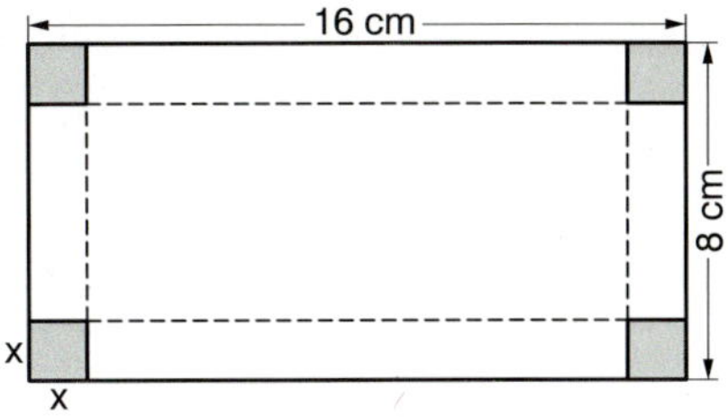

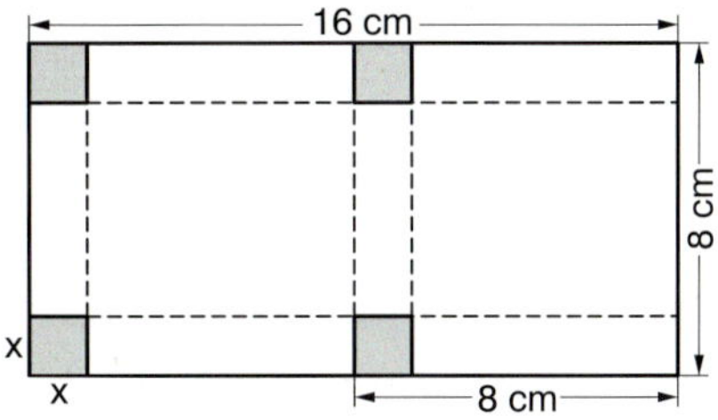

hergestellt, indem man die grauen Quadrate (Seitenlänge x) ausschneidet und dann längs der gestrichelten Linien faltet. Wie muss die Seitenlänge x der auszuschneidenden Quadrate gewählt werden, damit eine Schachtel mit größtem Volumen entsteht?

5 *Minimale Oberfläche*

a) Welcher Quader mit quadratischer Grundfläche und einem Volumen von $1000\,cm^3$ hat eine minimale Oberfläche?
b) Wie sieht das Ergebnis für einen Quader mit quadratischer Grundfläche bei einem anderen Volumen V aus?

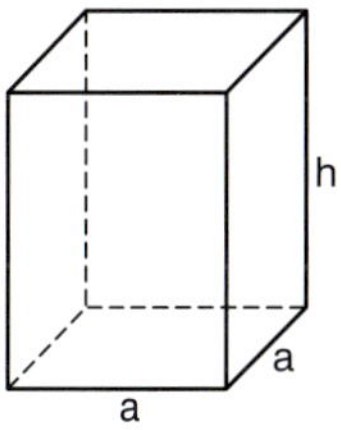

6 *Optimale Fläche einzäunen*

Goldgräber Joe kann sich mit einem 100 m langen Seil ein rechteckiges Stück Land abstecken. Dabei ist er natürlich an einer möglichst großen Fläche interessiert.

a) 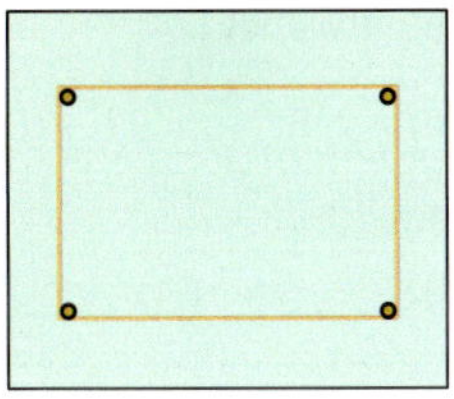

Das Seil muss alle vier Seiten umschließen.

b) 

Eine Seite wird vom Fluss begrenzt.

c) 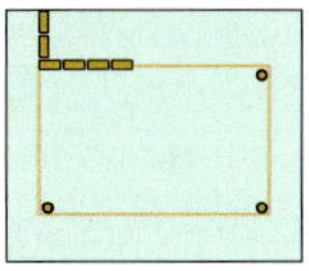

Eine Mauer von 20 m Länge kann zur Abgrenzung mit benutzt werden.

7 *Stadion*

Ein Sportstadion mit einer 400-m-Laufbahn soll so angelegt werden, dass das Fußballfeld möglichst groß ist. Die beiden Kurven sollen Halbkreise sein.

Entsprechen die Maße des Fußballfeldes den offiziellen Vorgaben der FIFA?

8 *Windschutz am Strand*

Ein Windschutz aus Segeltuch hat eine Rückwand, ein Dach und zwei quadratische Seitenwände. Zur Herstellung stehen $8\ m^2$ Segeltuch zur Verfügung. Bei welchen Maßen wird der Innenraum des Unterstandes maximal?

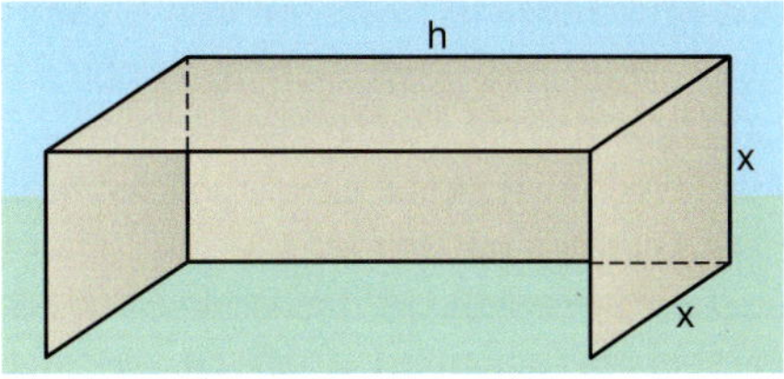

Übungen

9 *Optimale Tüten*

Formen Sie aus einem kreisförmigen Stück Papier mit Radius 10 cm eine kegelförmige Tüte mit maximalem Volumen. Schneiden Sie den Kreis längs eines Radius ein und formen Sie durch Überlappen die Tüte (Kegelmantel). (Das Beispiel im Basiswissen Seite 59 kann Ihnen beim Optimieren helfen)

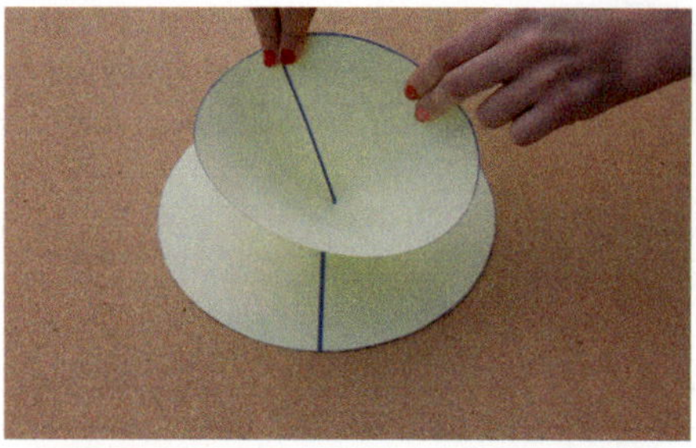

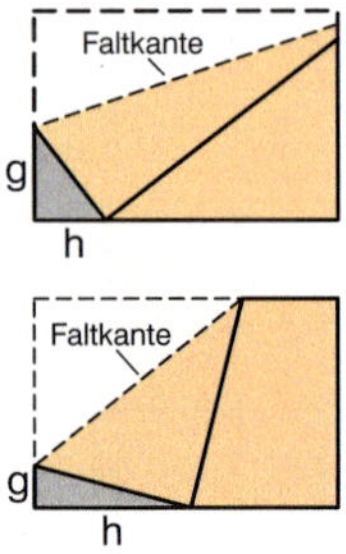

10 *Papierfalten*

Legen Sie ein DIN-A4-Blatt (ca. 21 cm × 30 cm) mit der längeren Kante nach unten vor sich hin. Falten Sie das Blatt nun so, dass die obere linke Ecke genau auf dem unteren Blattrand liegt.
Wie muss man falten, damit das grau gefärbte Dreieck einen möglichst großen Flächeninhalt hat?

Probieren schafft Überblick:
Falten Sie viele Dreiecke, messen Sie, rechnen Sie und erzeugen Sie eine Tabelle.

g	h	Flächeninhalt des Dreiecks $A = \frac{1}{2}gh$
■	■	■

Übertragen Sie die Punkte (g | A) in ein Koordinatensystem.

Funktionaler Zusammenhang:
Der Flächeninhalt A lässt sich als Funktion von g darstellen: $A = A(g)$.

Das Dreieck ist rechtwinklig.

Für die Hypotenuse gilt: $c = 21 - g$

Nebenbedingung:
$g^2 + h^2 = (21 - g)^2$

11 *Rechtecke unter Funktionen*

Es werden Rechtecke untersucht, bei denen zwei Seiten auf den Koordinatenachsen liegen und ein Eckpunkt auf dem Funktionsgraphen im 1. Quadranten.

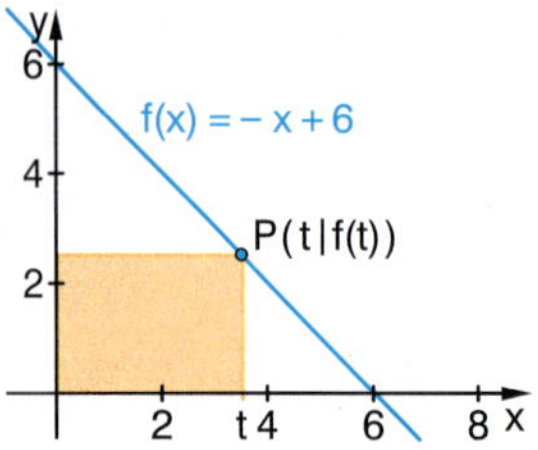

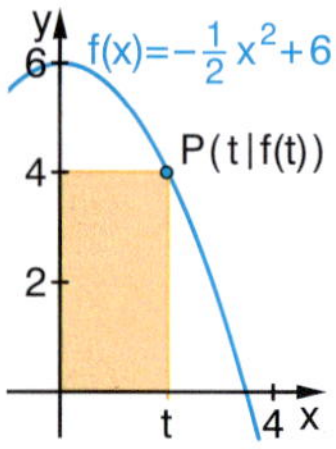

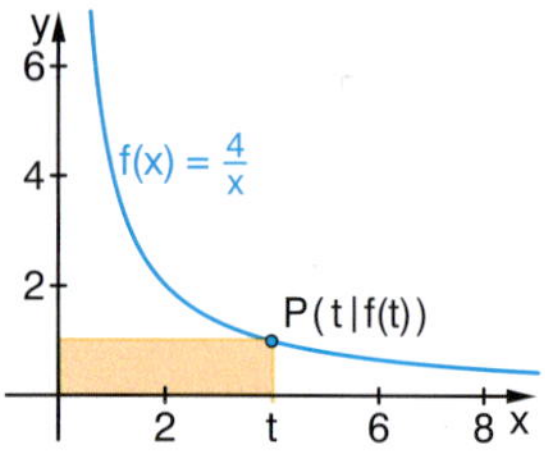

In zwei Fällen werden Sie Überraschendes feststellen.

a) Bestimmen Sie jeweils die Rechtecke mit maximalem Flächeninhalt.
b) Bestimmen Sie jeweils die Rechtecke mit minimalem Umfang.
c) Erstellen Sie selbst eine solche Aufgabe mit einer geeigneten Funktion.

Achtung: Das Maximum kann auch am Rand des Definitionsbereichs liegen.

12 *Mathematischer Bruch einer Glasscheibe*

Aus einer Fensterscheibe mit den Maßen a = 3 dm und b = 6 dm ist ein Stück herausgebrochen, dessen Rand durch eine Parabel g(x) beschrieben werden kann.
Aus dem Reststück soll eine möglichst große rechteckige Platte herausgeschnitten werden.
Suchen Sie jeweils die maximale Fläche der Glasplatte, wenn die Parabel die Gleichung $g_1(x) = 4 - x^2$ bzw. $g_2(x) = 3 - x^2$ hat.

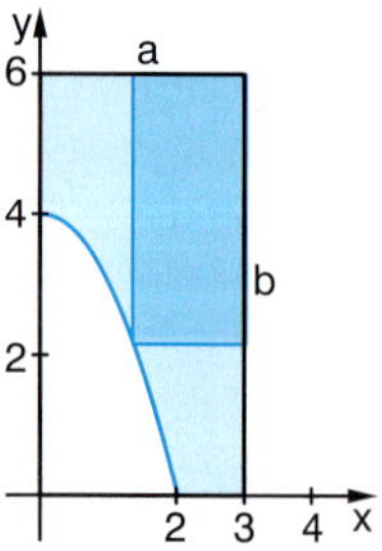

Übungen

Zu Kosten, Umsatz und Gewinn siehe Beispiel B.

13 *Gewinnmaximierung*
Die Firma Stilus-Stifte hat eine neue Sorte von Bleistiften entwickelt. Von der Kalkulationsabteilung wurde eine Kostenfunktion
K: *produzierte Stückzahl (in Tausend)* → *entstehende Kosten (in €)*
aufgestellt, die die laufenden Kosten pro Maschine und Tag (Fest- , Material-, Energie- und Lohnkosten) berücksichtigt: $K(x) = 2x^3 - 18x^2 + 62x + 32$.
a) Beschreiben Sie dem Abteilungsleiter, der wenig von Mathematik versteht, den Graphen hinsichtlich seiner Bedeutung für die Produktionskosten. Erklären Sie insbesondere die Bedeutung des Wendepunktes.
b) Pro 1000 Bleistifte ist am Markt ein Preis von 50 € erzielbar. In welchem Stückzahlbereich wird Gewinn erwirtschaftet? Wo ist dieser am größten?

14 *Parfüm*
Je teurer ein Produkt verkauft wird, desto weniger kann abgesetzt werden. Welchen Preis sollte eine Firma ansetzen?
Für den Absatz eines exklusiven Parfüms modellieren drei Teams die Preis-Absatz-Funktion für Packungspreise bis 200 € auf je unterschiedliche Weise (x: Packungspreis; y: absetzbare Packungsanzahl):

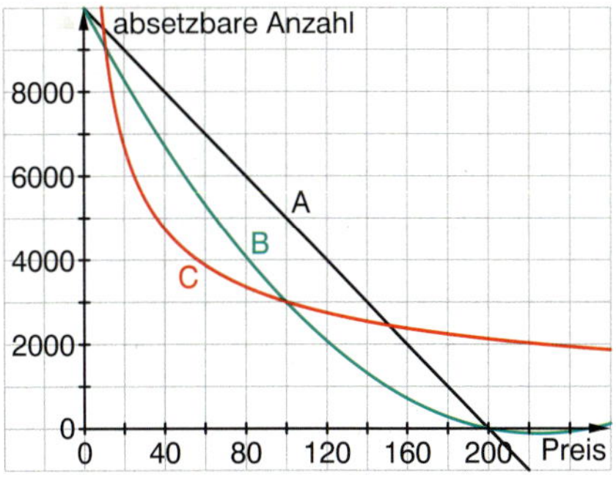

$P_1(x) = -50x + 10000$

$P_2(x) = 0{,}2x^2 - 90x + 10000$

$P_3(x) = \frac{30000}{\sqrt{x}}$

a) Begründen Sie, dass alle drei Modelle sinnvoll sind und ordnen Sie die Graphen den Funktionen zu. Beschreiben Sie das Kaufverhalten nach den drei Modellen. Beachten Sie dabei auch jeweils das Änderungsverhalten.

b)

Händler H_1 erwartet den Absatz von 6000 Packungen.	Händler H_2 möchte mindestens 320 000 € mit dem Parfüm umsetzen.	Händler H_3 will das Parfüm für 200 € anbieten.

Was sagen Sie den Händlern? Benutzen Sie dabei jedes der drei Modelle.
c) Welche Umsätze lassen sich erzielen? Bei welchem Preis macht die Firma maximalen Umsatz? Erstellen Sie zu jedem Modell einen Bericht und vergleichen Sie anschließend die Ergebnisse mit Ihren Mitschülern.

KOPFÜBUNGEN

1 Berechnen Sie den Wert des Terms $k^3 - 2k^2 - k - 1$ für $k = -2$.

2 Skizzieren Sie den Graphen einer ganzrationalen Funktion f, für die gilt: Die Funktion der 1. Ableitung hat genau drei Nullstellen, die Funktion der 2. Ableitung ist an diesen Stellen ungleich Null. Wie viele Krümmungswechsel hat der Graph?

3 Wahrscheinlichkeiten lassen sich mithilfe relativer Häufigkeiten schätzen. Welche Rolle spielt dabei das Gesetz der großen Zahlen?

4 Wahr oder falsch? Die Punktmenge $\vec{x} = \begin{pmatrix} 1 \\ 2 \\ -1 \end{pmatrix} + s\begin{pmatrix} 0 \\ 0 \\ 1 \end{pmatrix}$ beschreibt eine zur x_3-Achse parallele Gerade.

Aufgaben

15 *Die Milchtüte*

Getränke werden in verschiedenen Verpackungen angeboten. Kartons haben den Vorteil, dass sie leicht und wieder verwertbar sind. Überlegen Sie sich, was für den Hersteller, den Verkäufer und den Kunden alles wichtig und interessant bezüglich der Gestalt von Milchtüten ist.

Für die 1-Liter-Frischmilchtüte gibt es zwei verschiedene Formen. Besorgen Sie sich von jeder Sorte eine Tüte. Ermitteln Sie die Maße (Breite und Füllhöhe) einer Milchtüte und deren Volumen bis zur Füllgrenze.

Tüte mit Giebel

Tüte ohne Giebel

Warum fassen die realen Tüten meist weniger als einen Liter? Liefern die realen Maße eine Tüte mit minimalem Materialaufwand? Welche Breite b und welche Höhe h muss die optimale Tüte haben?

Achten Sie auf übereinander geklebte Teile.

a) **Modell 1: Quader mit quadratischer Grundfläche**

Wenn man als Modell einen reinen Quader mit quadratischer Grundfläche nimmt, liefert der Würfel den minimalen Materialbedarf (vgl. Aufgabe 5). Warum sind die Milchtüten nicht würfelförmig?
Schneiden Sie eine Tüte auf und begründen Sie damit, dass dieses Modell nicht angemessen ist (siehe auch Abbildung zu b)).

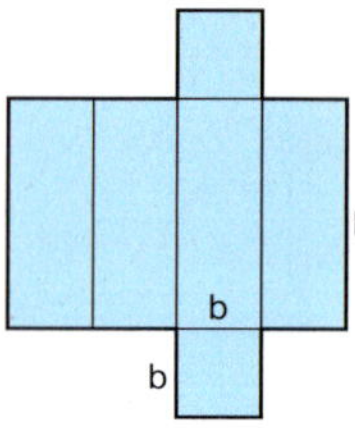

b) **Modell 2: Die Tüte ohne Giebel**

Schneiden Sie eine Tüte auf und überzeugen Sie sich, dass das abgebildete Netz zu einer solchen Tüte passt. Entdecken Sie Unterschiede?
Für den Boden und den Deckel wird mehr Material als notwendig benutzt. Warum ist das sinnvoll? Erklären Sie damit, dass die optimale Milchtüte wesentlich schlanker als der Würfel ist.

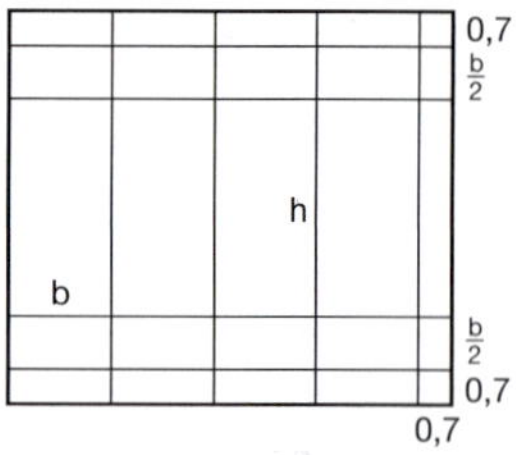

Das Volumen ist vorgegeben.

Erstellen Sie eine Formel für den Materialverbrauch in Abhängigkeit von a und bestimmen Sie den minimalen Materialbedarf. Vergleichen Sie mit den Maßen und dem Materialbedarf der realen Milchtüte.

c) **Modell 3: Die Tüte mit Giebel**

Der Materialverbrauch für den Giebel hängt von der Steilheit des Giebels ab. Veranschaulichen Sie sich dies am Schnittmuster, indem Sie es wieder zur Tüte zusammenfalten.
Ein angemessener Winkel ist $\alpha = 30°$.
Bestimmen Sie damit zunächst x in Abhängigkeit von b und dann eine Formel für den Materialverbrauch. Bestimmen Sie den minimalen Materialbedarf.

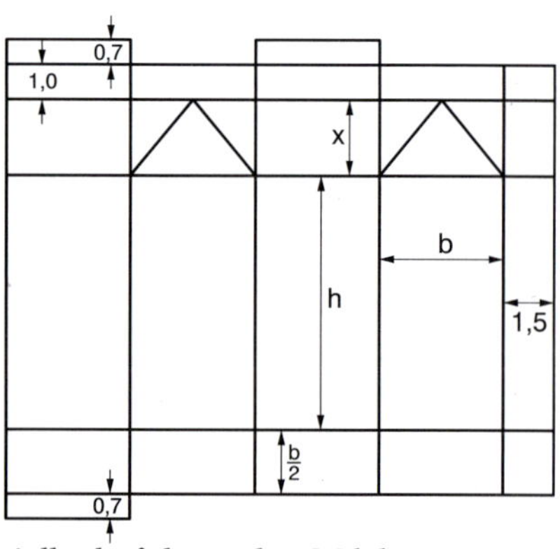

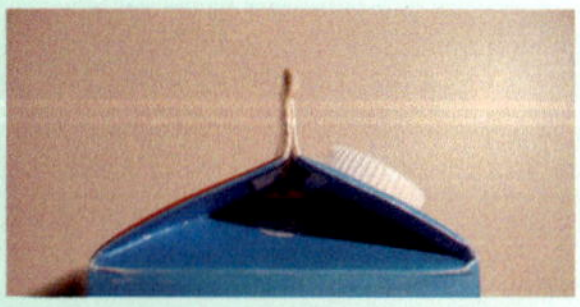

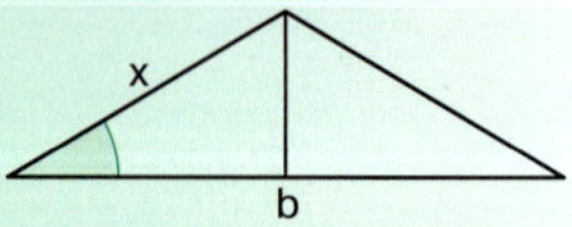

$\cos(\alpha) = \frac{\text{Ankathete}}{\text{Hypotenuse}}$

Vergleichen Sie mit den Maßen und dem Materialbedarf der realen Milchtüte.

d) Welche der beiden Tüten bevorzugen Sie? Sammeln Sie jeweils Argumente für und gegen jede Tüte.

CHECK UP

1 *Eigenschaften in Punkten*

Welche Eigenschaften weist die Funktion f jeweils in den Punkten vor?

(1) f ist linksgekrümmt.
(2) $f'(x) < 0$
(3) Wendepunkt
(4) f' hat ein lokales Maximum.

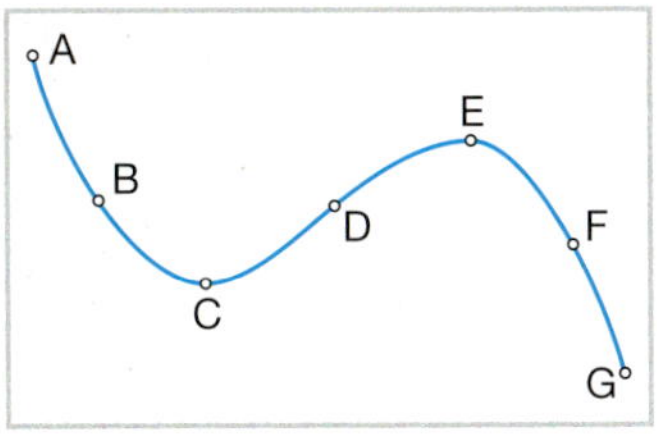

2 *Zweite Ableitung*

Skizzieren Sie die Graphen der ersten und zweiten Ableitung zu der in Aufgabe 1 skizzierten Funktion.

3 *Besondere Punkte rechnerisch*

a) Bestimmen Sie rechnerisch die Koordinaten der lokalen Extrempunkte und des Wendepunktes der Funktion $f(x) = x^3 - 3x^2 + 4$. Skizzieren Sie den Graphen.
b) Geben Sie jeweils die Intervalle an, in denen f streng monoton wachsend bzw. streng monoton fallend ist.
c) Begründen Sie: Der Graph geht im Wendepunkt von einer Rechtskrümmung in eine Linkskrümmung über.

4 *Von den Ableitungen zur Funktion*

Welche Aussagen liefern die abgebildeten Graphen der Ableitungen f' und f'' über den Graphen der zugehörigen Funktion f?
Skizzieren Sie den Graphen von f.

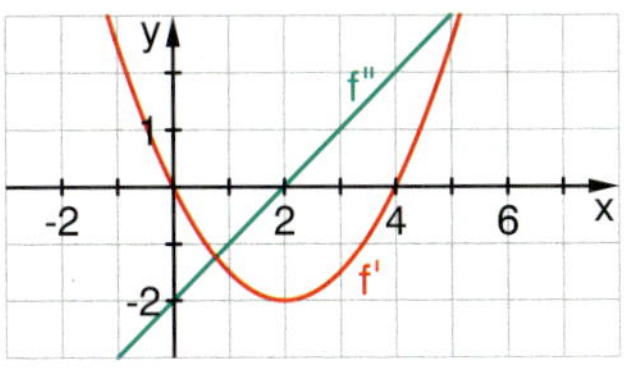

5 *Wahr oder falsch?*

Die Funktion f ist eine ganzrationale Funktion dritten Grades. Welche der folgenden Aussagen sind wahr? Begründen Sie.

(I) f hat mindestens einen Hochpunkt.
(II) f hat höchstens zwei lokale Extrema.
(III) f hat genau einen Wendepunkt.
(IV) Wenn f an der Stelle x einen Tiefpunkt hat, dann ist $f'(x) = 0$.
(V) Der Graph von f ist im ganzen Definitionsbereich linksgekrümmt.

6 *Eigenschaften begründen*

Begründen Sie mithilfe des Graphen von f':

(a) f hat genau einen Wendepunkt.
(b) Die Tangente im Wendepunkt von f hat eine negative Steigung.
(c) Der Graph von f hat weder ein lokales Minimum noch und ein lokales Maximum.
(d) f ist überall streng monoton fallend.

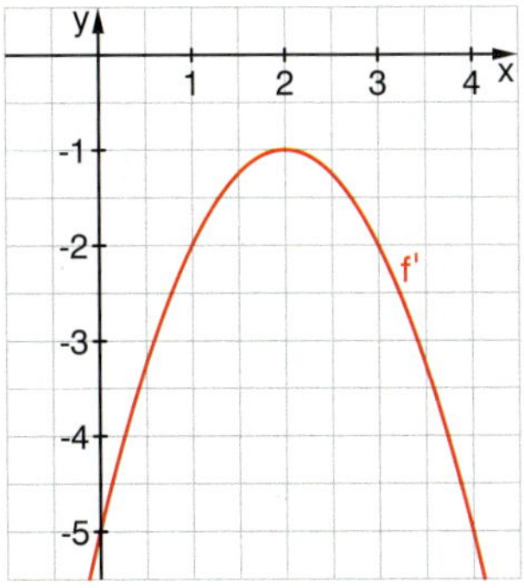

Geometrische Bedeutung der 2. Ableitung

Die Änderungsrate $f''(x)$ der Tangentensteigung $f'(x)$ gibt eine Vorstellung davon, in welcher Weise der Graph von f „gekrümmt" ist.

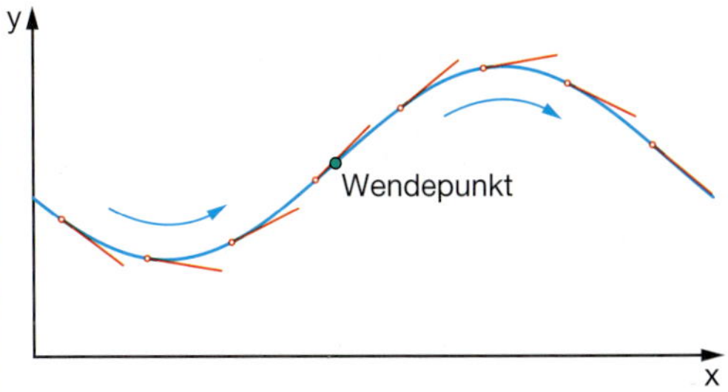

Wenn $f''(x) > 0$, so nehmen die Tangentensteigungen zu. Der Graph ist *linksgekrümmt*.

Wenn $f''(x) < 0$, so nehmen die Tangentensteigungen ab. Der Graph ist *rechtsgekrümmt*.

Ein **Wendepunkt** ist ein Punkt, in dem die Art der Krümmung wechselt.

Ein Wendepunkt mit waagerechter Tangente heißt **Sattelpunkt**.

Zusammenhänge zwischen Funktion und den ersten beiden Ableitungen

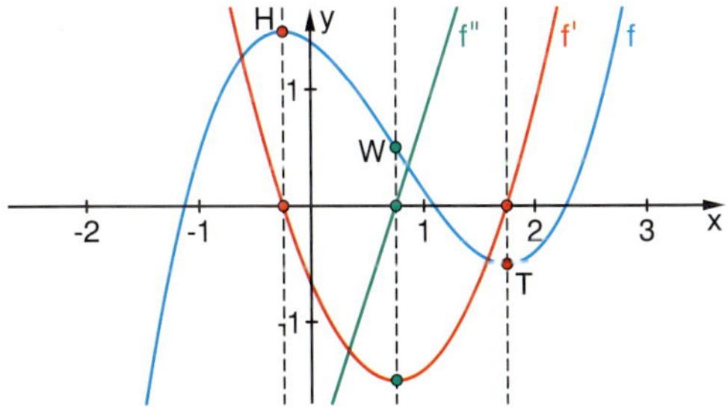

Funktion f	Ableitungen
wachsend	$f'(x) > 0$
fallend	$f'(x) < 0$
lokales Extremum	$f'(x)$ hat Vorzeichenwechsel oder $f'(x) = 0$ **und** $f''(x) \neq 0$
linksgekrümmt	$f''(x) > 0$
rechtsgekrümmt	$f''(x) < 0$
Wendepunkt	$f''(x)$ hat Vorzeichenwechsel oder $f'(x)$ hat lokales Extremum

CHECK UP

Strategie bei Optimierungsaufgaben

1. Fertigen Sie eine Skizze mit Bezeichnungen der Variablen an.
2. Geben Sie die zu optimierende Größe als Funktion der Variablen an (Zielfunktion).
3. Nutzen Sie die Beziehung zwischen den Variablen (Nebenbedingung), um die Zielfunktion als Funktion einer Variablen darzustellen.
4. Bestimmen Sie den Extremwert der Zielfunktion mithilfe
   der Tabelle oder
   dem Graphen oder
   der Ableitung.
5. Überprüfen und interpretieren Sie das Ergebnis im Sachzusammenhang.

Anwendungsbereiche zum Optimieren

Geometrie/Verpackungen
Maximaler Flächeninhalt/Volumen bei vorgegebenem Umfang/Oberflächeninhalt
Minimaler Umfang/Oberflächeninhalt bei vorgegebenem Flächeninhalt/Volumen

Wirtschaft
Maximierung des Gewinns bei gegebener Kostenfunktion und Umsatzfunktion

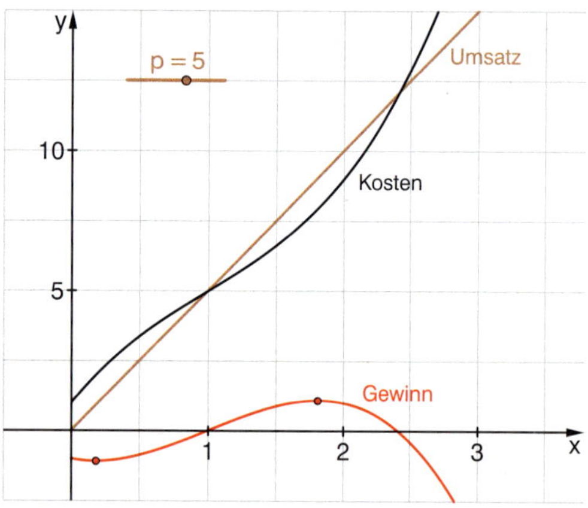

Kostenfunktion $K(x)$
Umsatzfunktion $U(x) = p \cdot x$
Gewinnfunktion $G(x) = U(x) - K(x)$
x Stückzahl, p Preis/Stück

7 *Volumen und Oberfläche*

a) Bestimmen Sie die Maße eines Quaders mit quadratischer Grundfläche und der Oberfläche $24\,m^2$, wenn das Volumen maximal sein soll.
b) Bleibt die Form des Quaders die gleiche, wenn man von einem anderen Wert der Oberfläche ausgeht?

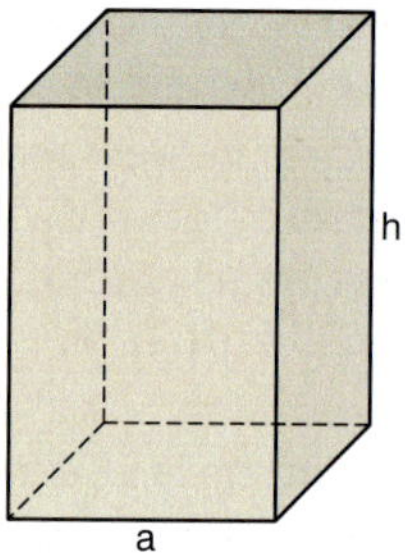

8 *Ein Gewölbegang*

Ein Gewölbegang hat einen Querschnitt von der Form eines Rechtecks mit aufgesetztem Halbkreis. Der Umfang des Querschnitts ist mit U = 10 m fest vorgegeben. Wie muss das Gewölbe gestaltet werden, damit die Querschnittsfläche möglichst groß wird?

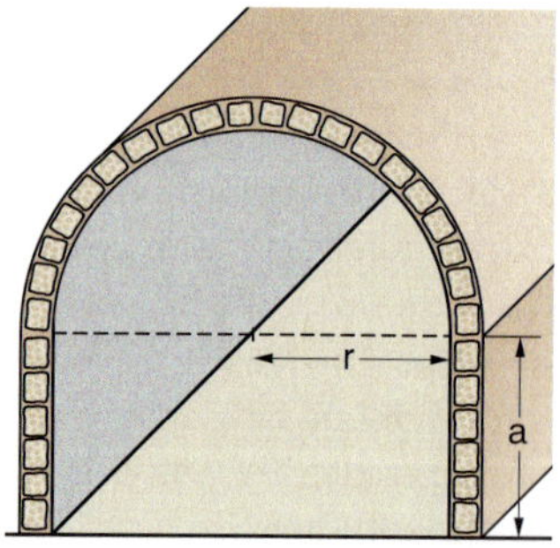

9 *Sparsamer Materialverbrauch*

Es soll eine oben offene Holzkiste mit quadratischer Grundfläche mit einem Rauminhalt von $216\,dm^3$ hergestellt werden.

Wie sind die Maße des Quaders zu wählen, wenn man mit möglichst wenig Holz auskommen möchte. (Die Stärke des Holzes kann dabei vernachlässigt werden.)

10 *Radiergummiproduktion*

Die Firma Flamingo produziert Radiergummis.
Dabei entstehen Kosten, die durch die Kostenfunktion $K(x) = 2{,}5\,x^3 - 16\,x^2 + 60\,x + 10$ (Stückzahl x in 100, Kosten K in €) beschrieben werden.
Marktanalysen zeigen, dass je 100 Stück zu einem Preis von 40 € abgesetzt werden können.
In welchem Bereich kann Gewinn erwirtschaftet werden?
Bei welcher Stückzahl ist dieser maximal?
Wie groß ist der maximale Gewinn?

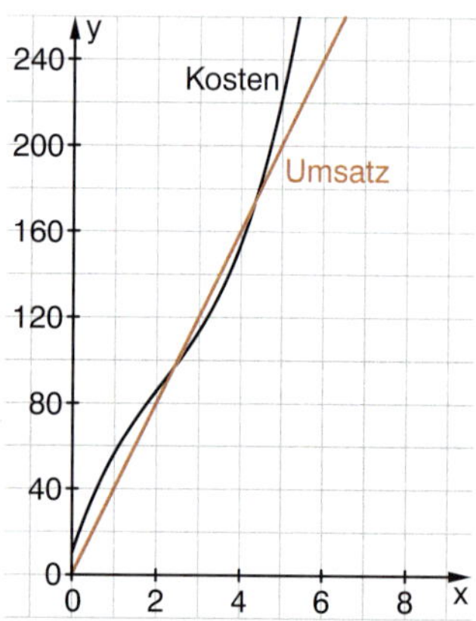

Sichern und Vernetzen – Vermischte Aufgaben

Training

1 *Ableitungsfunktionen berechnen*

Berechnen Sie die ersten beiden Ableitungen.

a) $f(x) = 0{,}2x^3 + 4x^2 - 5$ b) $f(x) = -3x^4 + 6x^2 - 2x$ c) $f(x) = \frac{4}{x}$ d) $f(x) = 0{,}2 \cdot \sqrt{x}$

e) $f(x) = ax^4 + bx^2 + c$ f) $f(x) = mx + b$ g) $f(u) = 3u^3 - 2u^2$ h) $A(r) = \pi r^2$

2 *Krümmung in Extremwerten*

Jeder Graph der Funktionen hat einen Hochpunkt und einen Tiefpunkt.

$f_1(x) = x^3 + 6x^2 + 9x$ $f_2(x) = \frac{1}{9}x^3 - x^2$ $f_3(x) = 2x^3 - 15x^2 + 36x - 24$ $f_4(x) = x^3 - 12x$

Bestimmen Sie rechnerisch die Koordinaten dieser Punkte. Geben Sie das Krümmungsverhalten in diesen Punkten an und skizzieren Sie mit diesen Informationen den Graphen.

3 *Motorradrennen*

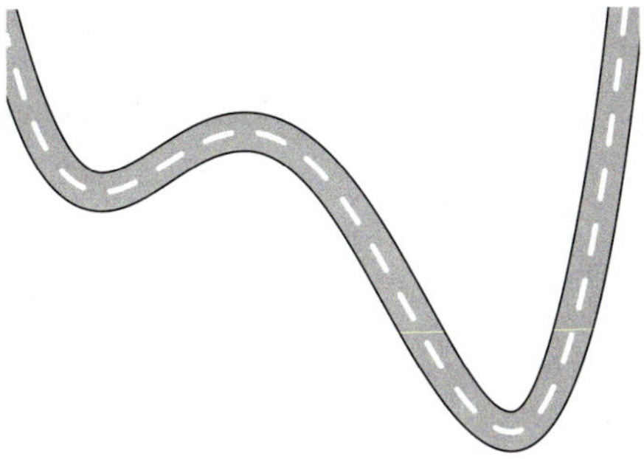

Schikane: Mehrere Kurven in kurzem Abstand

a) Der nebenstehende Funktionsgraph ist die Luftaufnahme einer Schikane eines Motorradrennkurses. Sie kann im Intervall $[-3; 5]$ durch die Funktion

$f(x) = 0{,}125x^4 - 0{,}25x^3 - 1{,}5x^2$

modelliert werden.

Beschreiben Sie das Fahrverhalten (Körperlage) der Fahrer, wenn die Strecke von links nach rechts durchfahren wird.

b) Geschickte Rennfahrer zeichnen sich dadurch aus, dass sie die richtige Stelle zum Wechsel der Kurvenlage finden. An diesen Stellen sitzen die Fahrer aufrecht. Wo liegen diese Stellen? Berechnen Sie sie mithilfe der oben angegebenen Funktion.

4 *Funktionsuntersuchung per Hand*

$f_1(x) = x^3 - 6x^2 + 9x$ $f_2(x) = \frac{1}{3}x^3 - 3x + 2$

a) Bestimmen Sie die Nullstellen, die Hoch-, Tief- und Wendepunkte der ganzrationalen Funktionen „per Hand" ohne GTR. Skizzieren Sie die Graphen.

b) Geben Sie die Intervalle an, in denen die Funktionen

(1) streng monoton steigend, (2) streng monoton fallend,

(3) linksgekrümmt, (4) rechtsgekrümmt sind.

5 *Vom Funktionsterm zu Eigenschaften des Graphen*

a) An welcher Stelle $f(x) = x(x^2 - 4)$ eine positive Steigung und ist linksgekrümmt?

b) Für welche Werte von k hat $g(x) = x^3 - kx^2 + kx + k$ einen Wendepunkt an der Stelle $x = 5$?

6 *Zusammenhang zwischen Funktion und Ableitung – Fill in-Test*

Füllen Sie im folgenden die Lücken aus:

a) Falls f an der Stelle a rechtsgekrümmt ist, dann ist $f''(a)$ ...

b) Falls f überall rechtsgekrümmt ist, dann ist $-f(x)$ ...

c) Falls $f''(x) = 0$, für alle x, dann ist der Graph von f ...

7 *Mitteltangente*

Die Funktion $f(x) = x^3 - 3x^2 + 10x + 24$ hat drei Nullstellen bei $x_1 = 4$, $x_2 = 2$ und x_3.

a) Berechnen Sie die Nullstelle x_3.

b) Bestimmen Sie die Tangente in dem Punkt, dessen x-Wert in der Mitte zwischen den beiden Nullstellen x_1 und x_2 liegt und berechnen Sie auch deren Schnittpunkt mit der x-Achse.

Verstehen von Begriffen und Verfahren

8 *Entscheiden und Begründen*

Die Funktion f sei eine ganzrationale Funktion dritten Grades.
Welche der Aussagen sind wahr? Begründen Sie.

(I) f hat mindestens einen Hochpunkt.

(II) f hat höchstens zwei lokale Extremwerte.

(III) f hat genau einen Wendepunkt.

(IV) Wenn f an der Stelle x einen Tiefpunkt hat, dann ist $f'(x) = 0$.

(V) Wenn $f'(x) = 0$, dann hat f an der Stelle x einen relativen Extremwert.

(VI) Der Graph von f ist im ganzen Definitionsbereich linksgekrümmt.

9 *Notwendig oder hinreichend oder beides?*

a) Begründen Sie: Die Bedingung $f'(a) = 0$ ist zwar notwendig, aber nicht hinreichend für ein lokales Extremum an der Stelle a. Geben Sie eine hinreichende Bedingung an.
b) Geben Sie eine notwendige und hinreichende Bedingung dafür an, dass der Graph einer Funktion f eine Gerade ist. Finden Sie mehrere Möglichkeiten?

10 *Wahr oder falsch?*

Wahr oder falsch? Begründen Sie Ihre Entscheidung.
a) Die Extremstellen der ersten Ableitung sind immer Nullstellen der zweiten Ableitung.
b) Ein Graph ohne Extrempunkte ist eine Gerade.
c) Zwischen einem Hochpunkt und einem Tiefpunkt einer ganzrationalen Funktion dritten Grades liegt immer ein Wendepunkt.
d) Liegt an der Stelle b ein lokaler Extrempunkt, so ist $f''(b) \neq 0$.
e) Jeder Sattelpunkt ist auch ein Wendepunkt.

11 *Funktion mit Parameter*

$f(x) = x^3 + 6x^2 - 3ax + 1$
Bestimmen Sie jeweils einen Wert von a, sodass der Graph von f
a) einen Sattelpunkt   b) zwei lokale Extrema
c) einen Wendepunkt mit positiver Steigung der Wendetangente hat.

12 *Was die Nullstellen verraten*

a) Eine ganzrationale Funktion dritten Grades hat die Nullstellen −1, −2 und 4.
An welchen Stellen liegen die lokalen Extrema und der Wendepunkt?
b) Können Sie aus den gegebenen Informationen auch die Funktionswerte an diesen Stellen bestimmen? Begründen Sie.

13 *Funktionsgleichungen finden*

Finden Sie zum Graphen die Funktionsgleichung.

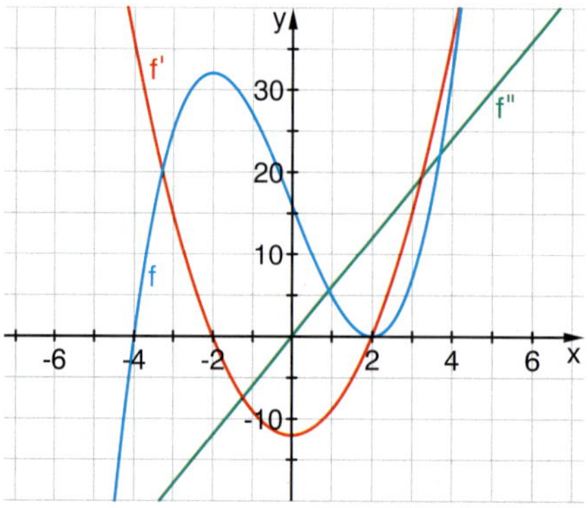

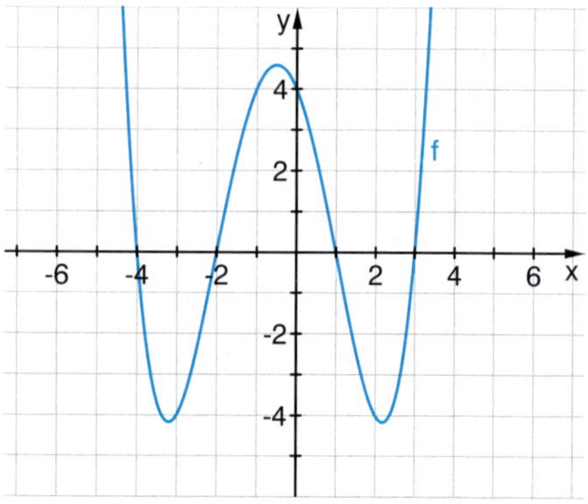

Anwenden und Modellieren

14 *Funktionsgraphen zu Bedingungen zeichnen*

Zeichnen Sie für jeden der Fälle A bis D einen passenden Funktionsgraphen mit dem Punkt $(a|f(a))$.

	$f'(a) > 0$	$f'(a) < 0$
$f''(a) > 0$	A	B
$f''(a) < 0$	C	D

15 *Die zweite Ableitung im Alltag*

Was bedeuten folgende Aussagen für die zweite Ableitung der Ausgangsfunktion?

	Ausgangsfunktion	Aussage
a	Wasserstand	Der Pegel wächst langsamer.
b	Temperatur	Die Temperaturzunahme beschleunigt sich.
c	Schulden	Der Abbau der Schulden verlangsamt sich.
d	Schülerzahl	Die Zunahme der Schülerzahl bleibt konstant.

16 *Produktionskosten*

Eine Unternehmensberatung untersucht die Produktionskosten einer Firma, die Autoscheinwerfer herstellt. Während der Untersuchung wurden bis zu einer Produktionsmenge von 8000 Stück folgende Beobachtungen gemacht.

Selbst wenn nichts produziert wird, fallen Kosten in Höhe von K_0 Euro an.	Die Kosten nehmen mit produzierter Stückzahl zu.	Die Zunahme der Kosten wird bis zu einer Stückzahl x_0 ständig geringer, aber dann nimmt sie immer mehr zu.

a) Skizzieren Sie einen Verlauf der Kostenfunktion, der die Beobachtungen gültig erfasst. Begründen Sie den von Ihnen gewählten Verlauf der Kostenfunktion auch mit dem Graphen der „Kostenänderungsfunktion".

b) Die Kostenfunktion wurde in dem Intervall [0; 8] mit der Funktion $K(x) = 2x^3 - 18x^2 + 60x + 32$ modelliert (Tagesproduktion x in Tausend Stück, Kosten K(x) in Tausend Euro).

Passt die Funktion zu den obigen Beobachtungen? Wie groß ist die momentane Änderungsrate bei den Stückzahlen 0, 3000, 6000, 8000? Für welche Stückzahl ist die momentane Änderungsrate minimal? Wie groß ist sie?

17 *Fallende Steine im astronomischen Vergleich*

Die Gleichungen für den freien Fall auf den Planeten Erde, Mars und Jupiter unterscheiden sich:

$s(t)_{Erde} = 4{,}9\,t^2$ $\quad s(t)_{Mars} = 1{,}86\,t^2$ $\quad s(t)_{Jupiter} = 11{,}44\,t^2$ $\quad$ (s in Metern, t in Sekunden)

Wie lange dauert es auf den verschiedenen Planeten, bis ein Stein im freien Fall eine Geschwindigkeit von 16,6 m/s (ca. 100 km/h) erreicht?

Aus welcher Höhe muss er mindestens fallen? Schätzen Sie zuerst.

18 *Flächen optimieren*

Ein Farmer hat 1500 $ zur Verfügung, um zwei gleiche rechteckige Landstücke an einem Fluss „E-förmig" einzugrenzen. Das Material für die Begrenzungen parallel zum Fluss kostet 6 $ pro Meter, das Material für die drei zum Fluss senkrechten Teile kostet 5 $ pro Meter.

Finden Sie die Abmessungen, für die die gesamte Fläche möglichst groß wird.

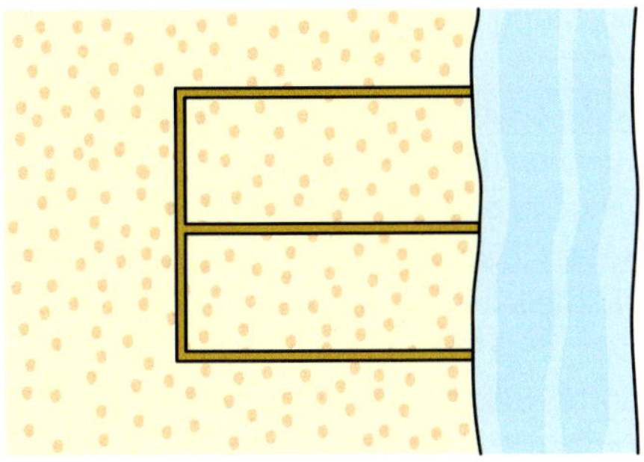

Kommunizieren und Präsentieren

19 *Skizzieren, Erläutern und Begründen*

a) Erläutern Sie mit einer Skizze, dass eine Funktion, die in einem Punkt eine waagerechte Tangente hat und dort linksgekrümmt ist, in diesem Punkt ein Minimum hat.
b) Geben Sie ein Beispiel für eine Funktion an, deren Graph in einem Punkt eine waagerechte Tangente aber kein lokales Extremum hat.
c) Begründen Sie, dass eine ganzrationale Funktion dritten Grades mindestens eine und höchstens drei Nullstellen hat. Skizzieren Sie einen Graphen mit genau zwei Nullstellen.
d) Die Ableitung einer ganzrationalen Funktion hat in einem Intervall ausschließlich positive Werte, aber die Ableitung ist in diesem Intervall streng monoton fallend. Skizzieren Sie mögliche Graphen einer solchen Funktion und ihrer Ableitung und kennzeichnen Sie das Intervall.

20 *Eigenschaften von Funktionsgraphen*

a) Stellen Sie die beiden Bedingungen „waagerechte Tangente" und „linksgekrümmt" jeweils durch eine Gleichung/Ungleichung dar.
b) Nennen Sie zwei unterschiedliche Charakterisierungen von Wendepunkten.
c) Können bei einer ganzrationalen Funktion genau zwei Wendepunkte zwischen einem Hoch- und einem Tiefpunkt liegen?
d) Welche Fragestellungen können zu der Gleichung $f'(x) = 0$ gehören?
e) Gibt es Funktionen vierten Grades, die keine Wendepunkte haben?
f) Von den Kreisen ist bekannt, dass eine Tangente den Kreis berührt, aber ihn nicht schneidet. Erläutern Sie an einem Beispiel, dass man diese Aussage nicht auf beliebige Funktionsgraphen übertragen kann. Geben Sie auch ein Beispiel für einen Funktionsgraphen an, bei dem die Aussage zutrifft.

21 *Wissen erläutern*

a) Stellen Sie die bekannten Ableitungsregeln zusammen und erläutern Sie jede durch ein Beispiel.

b) Zeigen Sie an einem Beispiel, dass man die Ableitungsregel für Potenzfunktionen nicht auf Exponentialfunktionen übertragen kann.

c) Stellen Sie durch ein Beispiel dar, dass man die Ableitung eines Produktes zweier Funktionen nicht allgemein als Produkt der Ableitungen berechnen kann.

Forschungsaufgaben

Schreiben Sie Ihren eigenen **Forschungsbericht.** Er kann auch Ihre Wege zur Lösung und Begründungen enthalten.

22 Wenn eine ganzrationale Funktion dritten Grades zwei lokale Extrema hat, dann liegt zwischen den Extremstellen eine Wendestelle. Lässt sich Genaueres über die Lage der Wendestelle aussagen? Probieren Sie an Beispielen und stellen Sie eine Vermutung auf. Gilt die Vermutung allgemein? Sie können algebraisch oder geometrisch mit der Ableitung argumentieren.

23 Zeichnen Sie an den Graphen der Funktion $f(x) = (x + 3)(x - 2)(x - 4)$ die Tangenten in den beiden Punkten, deren x-Wert jeweils in der Mitte zwischen zwei Nullstellen liegt. Sie können beobachten, dass diese Tangenten jeweils durch die dritte Nullstelle verlaufen. Trifft diese Beobachtung auch bei anderen ganzrationalen Funktionen dritten Grades mit drei Nullstellen zu?

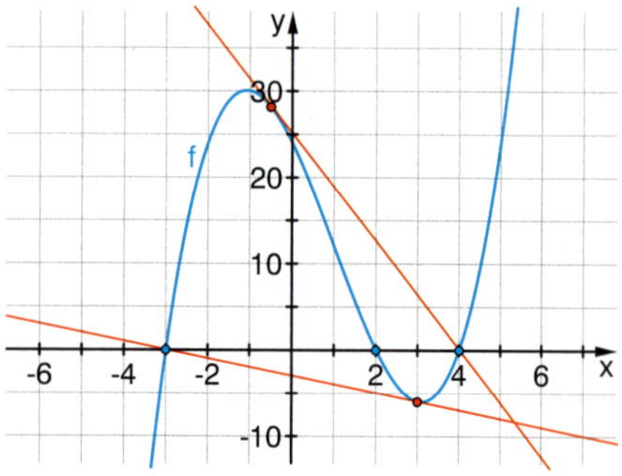

3 Modellieren mit Funktionen – Kurvenanpassung

Mit Funktionen können sowohl mathematische Probleme als auch reale Situationen beschrieben und wirkungsvoll bearbeitet werden. Dabei leisten die bisher erarbeiteten Begriffe und Sätze der Differenzialrechnung wertvolle Hilfe. Während wir bisher von der gegebenen Funktion ausgegangen sind und über die Zusammenhänge mit ihren Ableitungen die Eigenschaften und besonderen Merkmale erkundet haben, gehen wir jetzt den umgekehrten Weg. Zu Bedingungen und Eigenschaften, die sich aus dem vorliegenden Problem ergeben, wird eine passende Funktion gesucht.

3.1 Funktionen beschreiben Wirklichkeit

Der Ausschnitt der Reichstagskuppel kann im Umriss durch eine Parabel modelliert werden. Ist die Kuppelform aber wirklich eine Parabel oder passt eine Parabel nur ganz gut?

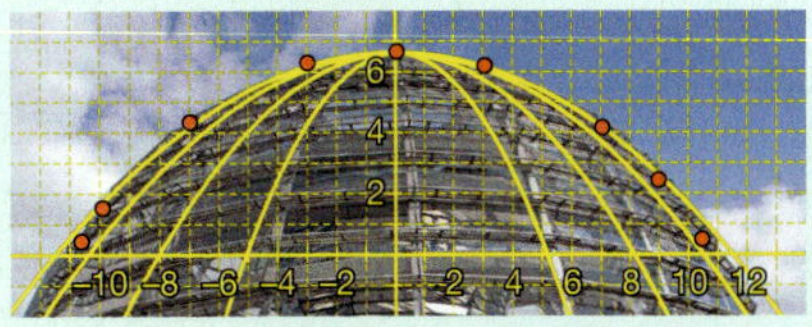

Die Daten zum atmosphärischen Kohlendioxid können durch verschiedene Funktionen beschrieben werden. Diese liefern dann Möglichkeiten, Prognosen zu berechnen. Welche Funktion ist aber sinnvoll?

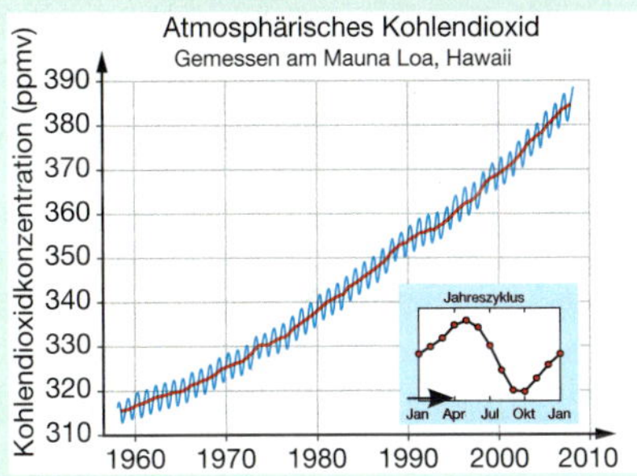

3.2 Gauß-Algorithmus zum Lösen linearer Gleichungssysteme

Bei der Suche nach passenden Funktionen treten häufig lineare Gleichungssysteme, also mehrere Gleichungen mit mehreren Variablen auf. Solche Gleichungssysteme werden übersichtlich in einer Matrix notiert. Diese Matrix wird dann in eine Diagonalform überführt, aus der man die Lösungen direkt ablesen kann. Dabei ist der GTR sehr hilfreich.

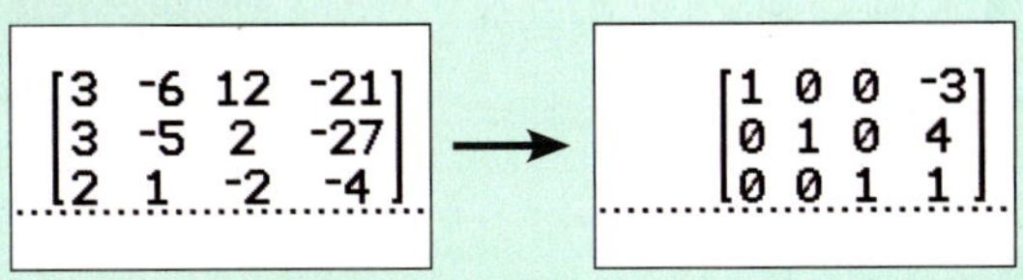

3.3 Bestimmung ganzrationaler Funktionen zu vorgegebenen Daten und Eigenschaften

Der Metallbecher lässt sich als Rotationskörper einer ganzrationalen Funktion 3. Grades beschreiben. Solche Beschreibungen durch mathematische Funktionen werden benötigt, wenn Gegenstände computergestützt entworfen und produziert werden.

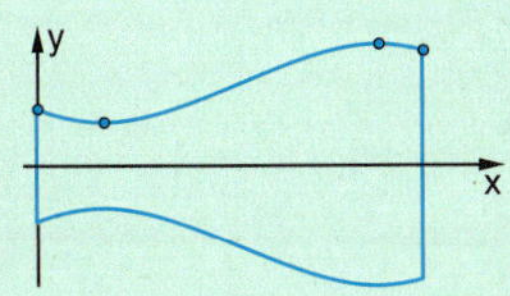

3.1 Funktionen beschreiben Wirklichkeit

Was Sie erwartet

Viele Sachverhalte lassen sich durch Funktionsgleichungen beschreiben. Häufig lassen sich diese aus zugrunde liegenden Gesetzmäßigkeiten herleiten. Hierfür benötigt man Expertenwissen im jeweiligen Sachbereich. Eine weitere Möglichkeit, eine passende Funktionsgleichung zu finden, ist die Kurvenanpassung. Man geht von gegebenen oder gemessenen Daten aus und stellt diese zunächst durch Punkte $P(x|y)$ im Koordinatensystem dar. Wenn man aus der Grafik zu den Messwerten eine Vermutung über einen einfachen funktionalen Zusammenhang gewinnt, bestimmt man mit geeigneten Verfahren eine passende Funktionsgleichung. Mithilfe eines Funktionenplotters kann man sich direkt von der „Güte" der Anpassung des Graphen an die vorgegebenen Punkte überzeugen. Allerdings kann man von der guten Passung des Funktionsgraphen in der Regel nicht darauf schließen, dass die Funktionsgleichung eine zugrunde liegende Gesetzmäßigkeit beschreibt.

Aufgaben

Rund 23 Meter hoch und 40 Meter breit ist die Kuppel des Reichstagsgebäudes in Berlin. Sie wurde 1999 nach einem Entwurf des Architekten Sir Norman Foster gebaut.

1 *Die Reichstagskuppel in Berlin – eine Parabel?*

Ein Koordinatengitter wird über das Bild der Kuppel gelegt. Damit werden einige Punkte auf der Peripherie der Kuppel im Koordinatensystem bestimmt:

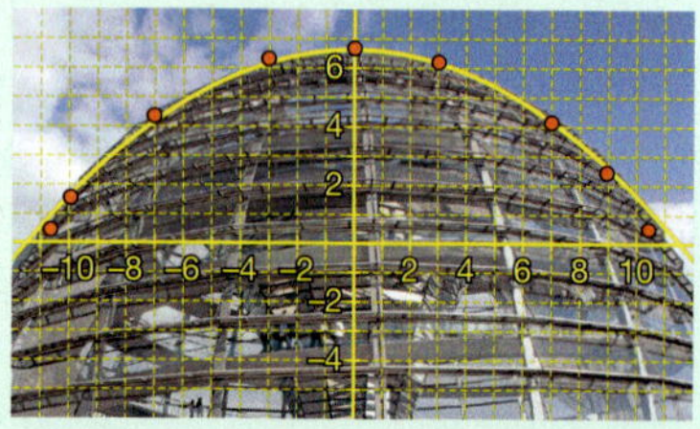

$P_1(0|6{,}66)$ $P_2(-3{,}02|6{,}29)$ $P_3(-7{,}02|4{,}33)$
$P_4(-9{,}94|1{,}53)$ $P_5(-10{,}65|0{,}44)$ $P_6(3{,}02|6{,}19)$
$P_7(6{,}99|4{,}14)$ $P_8(8{,}93|2{,}43)$ $P_9(10{,}42|0{,}49)$

Passen Sie eine Parabel nach einer der folgenden Strategien an die Punkte an. Vergleichen Sie Ihre Ergebnisse.

Strategie A $f(x) = a\,x^2 + c$

Grafische Anpassung durch Variation der Parameter a und c

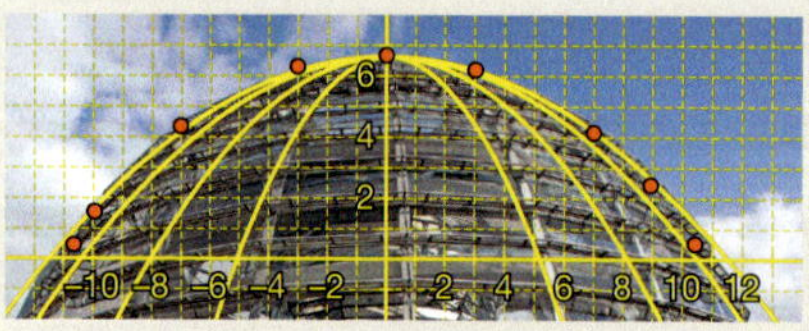

Mit dem DGS kann die Kuppel als Hintergrundbild in das Koordinatensystem gelegt werden. Die Variation der Parameter kann dynamisch über Schieberegler erfolgen.

Strategie B $f(x) = a\,x^2 + c$

Rechnerische Bestimmung der Parameter über ein Gleichungssystem

(1) $a \cdot 0 \quad + c = 6{,}66$
(2) $a \cdot 6{,}99^2 + c = 4{,}14$

Einsetzen von zwei verschiedenen Punkten in die Funktionsgleichung. Es entsteht ein Gleichungssystem, aus dem die Parameter a und c bestimmt werden können.

Strategie C

Regressionskurve

$f(x) = a\,x^2 + b\,x + c$

mit dem GTR

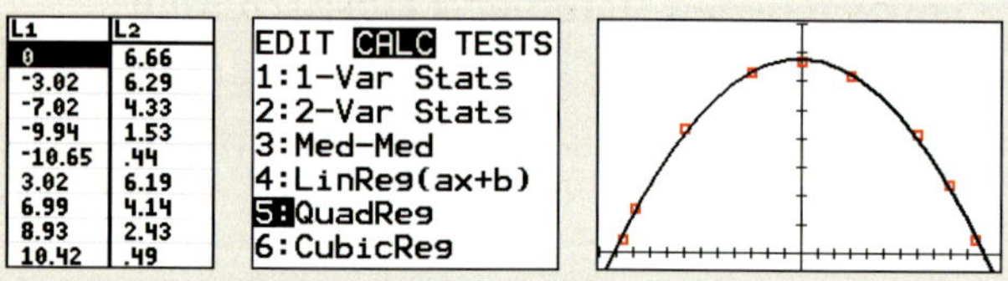

Hinweise, wie Sie Wertepaare und Regressionskurven auf Ihrem GTR darstellen können, finden Sie in der Handreichung. Mehr Informationen zu Regressionskurven finden Sie auf Seite 76.

2 *CO_2-Gehalt der Luft*

In der Tabelle ist die Entwicklung des CO_2-Gehalts in der Atmosphäre von 1960 bis 1982 in Zweijahresschritten festgehalten.

Aufgaben

ppm: parts per million
(Teilchen pro Million)

Jahr	1960	1962	1964	1966	1968	1970	1972	1974	1976	1978	1980	1982
x	0	1	2	3	4	5	6	7	8	9	10	11
CO_2-Gehalt in ppm	316	318	319	320	322	325	327	330	331	334	337	340

a) *Grafik zu den Messwerten*
Stellen Sie die Daten auf Ihrem GTR grafisch dar.
Wer die Dramatik des Anstiegs von CO_2 herausstellen will, wird auf das linke Diagramm schauen, wer alles ganz harmlos findet, nach rechts.

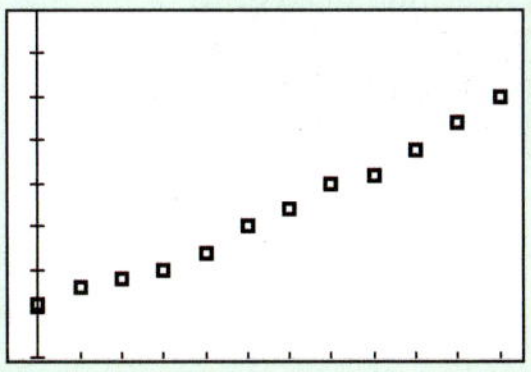

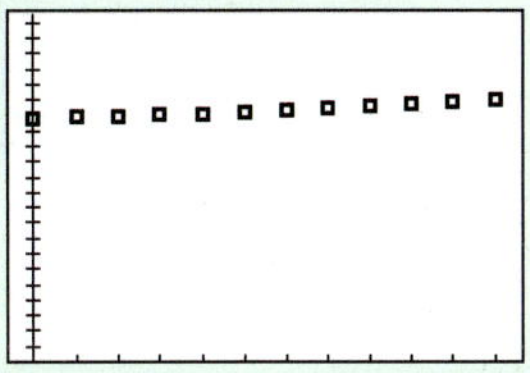

b) *Funktionsanpassung durch Regression*
Wie wachsen aber die Werte in dem tabellierten Zeitraum? Lässt sich eine Funktion an die Daten anpassen?
Bestimmen Sie mit Ihrem GTR die Regressionskurven nach einem linearen, einem quadratischen und einem exponentiellen Modell.

Hinweise, wie Sie Wertepaare und Regressionskurven auf Ihrem GTR darstellen können, finden Sie in der Handreichung. Mehr Informationen zu Regressionskurven finden Sie auf Seite 76.

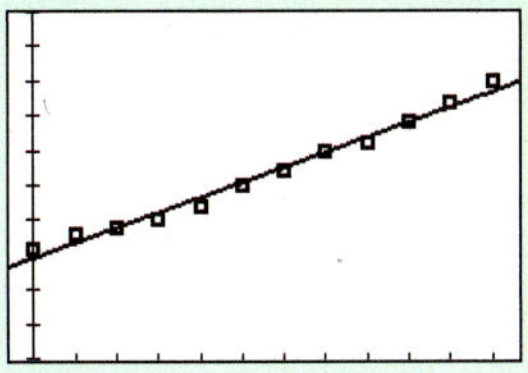

$y_1 = ax + b$

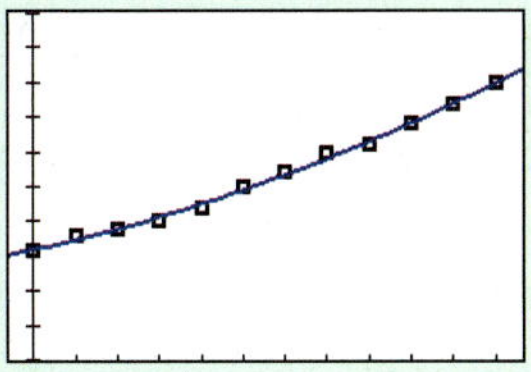

$y_2 = ax^2 + bx + c$

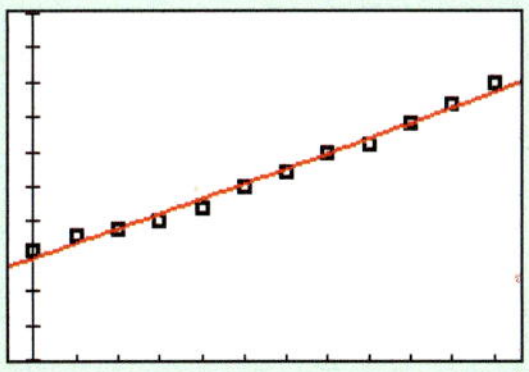

$y_3 = a \cdot b^x$

c) *Bewertung der Modelle*
Wann hat sich der CO_2-Gehalt – bzgl. 1980 – verdoppelt?
Was sagen unsere drei Modelle dazu?
Da die Messreihe 1982 aufhört, können wir nach aktuellen Daten schauen. Im Internet finden wir für das Jahr 2013 einen CO_2-Anteil von 398 ppm. Welches Modell passt am besten zu dieser Zahl?

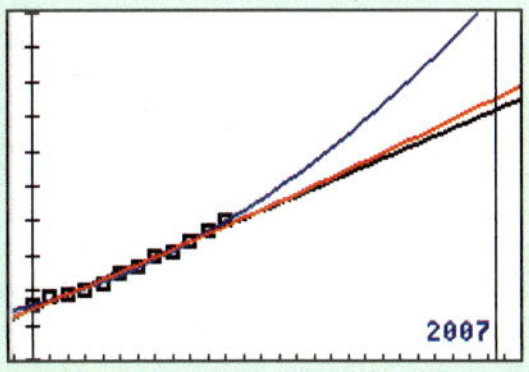

Unsere Prognosen stehen auf sehr schwachen Füßen, da wir bei der Modellierung ausschließlich auf eine funktionale Anpassung eines kleinen Datenauszugs geachtet haben.

Kohlendioxid in der Atmosphäre

Der Kohlendioxidgehalt in der Atmosphäre steigt – und zwar schneller als bislang befürchtet. Er gilt als der wichtigste Indikator des Klimawandels. Zu Beginn der industriellen Revolution lag er bei 280 Teilchen pro Million (ppm), 2014 wurden 402 ppm erreicht. Mit einer stetigen Zunahme der CO_2-Konzentration haben sich viele Menschen längst abgefunden – zumindest für die Gegenwart. Die Forschung arbeitet mit Nachdruck an der Entwicklung passender Modelle zur Beschreibung des Klimawandels. Dabei muss eine Fülle komplexer Zusammenhänge berücksichtigt werden.

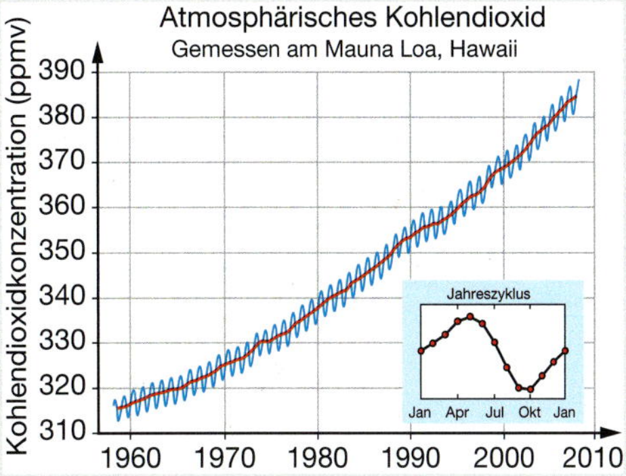

Basiswissen

Strategien zum Modellieren mit Funktionen

Ausgangslage

Der Zusammenhang zwischen zwei Größen wird durch eine Kurve oder Tabelle vorgegeben. Kann er mithilfe einer bekannten Funktion beschrieben werden?

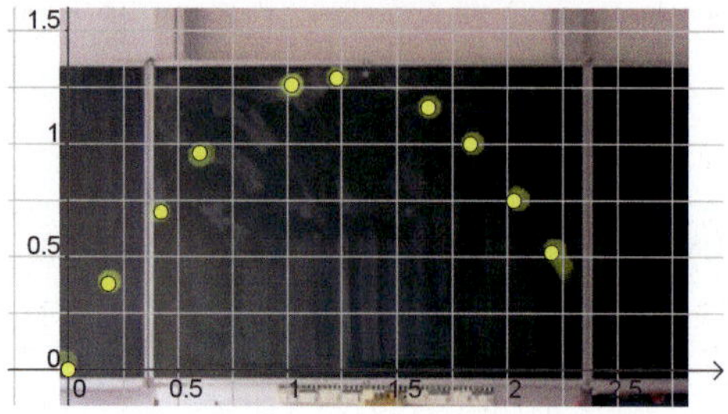

	x	y
1	0	0
2	0,18	0,38
3	0,42	0,70
4	0,60	0,96
5	1,02	1,26
6	1,23	1,29
7	1,64	1,16
8	1,83	1,00
9	2,03	0,75
10	2,20	0,52

Mit Videoanalyse wird die Flugbahn eines Tennisballs aufgezeichnet. Einzelne Punkte der Kurve werden im geeigneten Koordinatensystem identifiziert.

Funktionskandidat

Aus dem Graphen wird ein Kandidat für eine passende Funktion vermutet.

☐ 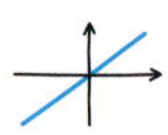 linear ☐  Hyperbel ☐  exponentiell

☒ 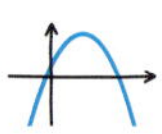 quadratisch ☐ 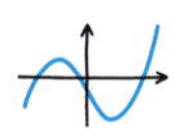 Polynom 3. Grades ☐ 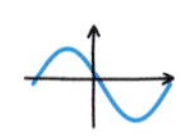 trigonometrisch

Funktionsgleichung mit Parametern. Diese werden auch **Koeffizienten** genannt.

Die Funktionsgleichung wird mit Koeffizienten formuliert: $y = ax^2 + bx + c$
Wegen $P_1(0|0)$ ist $c = 0$, also gilt $y = ax^2 + bx$.

Mithilfe einer geeigneten Strategie wird die Funktionsgleichung bestimmt.

Strategien zur Berechnung der Koeffizienten

Strategie A: Grafische Anpassung

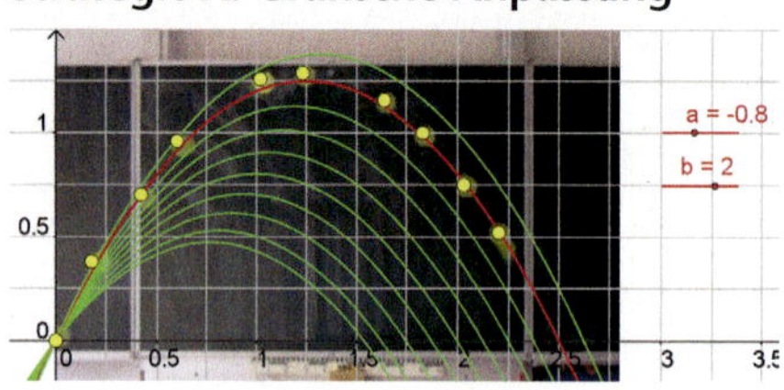

Strategie B: Koeffizienten berechnen

Einsetzen von zwei weiteren Punkten liefert ein Gleichungssystem für die Koeffizienten a und b.

P_5: $1{,}02^2 a + 1{,}02 b = 1{,}26$

P_8: $1{,}83^2 a + 1{,}83 b = 1{,}00$

Lösung des Gleichungssystems:

$a = -0{,}85$; $b = 2{,}1 \Rightarrow y = -0{,}85x^2 + 2{,}1x$

Weitere Informationen über Regressionskurven auf Seite 76

Strategie C: Bestimmung einer Regressionsfunktion mit dem GTR

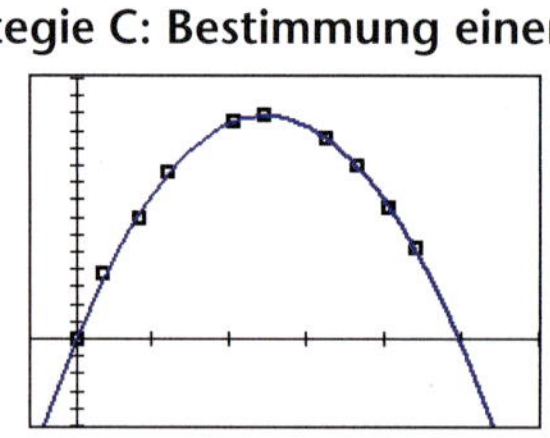

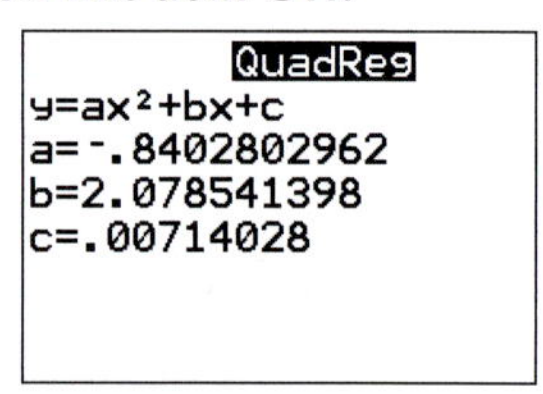

Güte der Anpassung

Der eingezeichnete Funktionsgraph vermittelt eine Einschätzung über die Güte der Anpassung.

Interpretation der Modellierung

Der so gefundene funktionale Zusammenhang beschreibt in der Regel keinen gesetzmäßigen Zusammenhang zwischen den beiden Größen.
In manchen Fällen kann man ihn mit Expertenwissen begründen (z. B. Parabelform bei Brückenbögen aus Vorgaben der Statik oder Parabelkurve beim schiefen Wurf), in anderen Fällen ist der Zusammenhang nur rein statistisch.

3 *Bögen und Funktionsgraphen*

Bestimmen Sie passende Funktionsgraphen zur Beschreibung der Bögen. Führt der Ansatz mit einer Parabel in jedem Fall zu einem befriedigenden Ergebnis? Versuchen Sie es gegebenenfalls mit einer anderen Funktion.

Zum Ausmessen von Punkten scannen Sie die Bilder und fügen Sie in ein Grafikprogramm ein. Es geht auch „händisch", indem Sie eine Gitterfolie über das (vergrößerte) Bild legen.

a) Der Berliner Bogen in Hamburg

$P_1(6|0)$; $P_2(5|2)$; $P_3(4|3{,}6)$; $P_4(3|4{,}6)$; $P_5(2|5{,}4)$; $P_6(1|5{,}8)$; $P_7(0|6)$

Finden Sie auch geeignete Funktionsgraphen für den inneren Bogen und den Glasbogen.

b) Der Pont du Gard

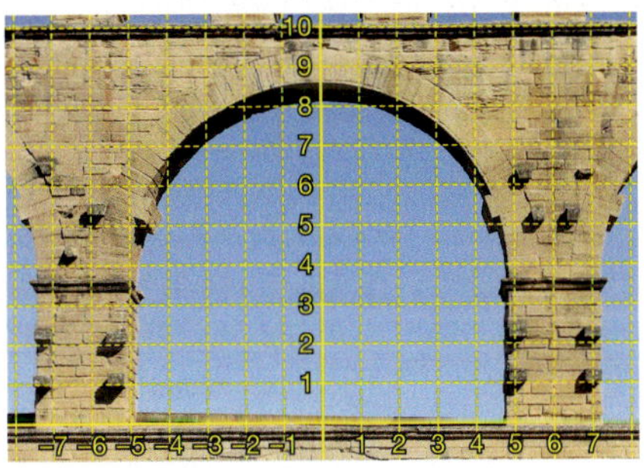

c) Die Europapassage in Hamburg

d) Eine Brücke über den Harbour Bridge in Sydney

Übungen

Tipp:
Benutzen Sie
$f(x) = a x^2 + b$ oder
$f(x) = a(x - m)^2 + n$
und lesen Sie den Scheitelpunkt aus.

Äuadukt Pont du Gard in Südfrankreich (1. Jahrhundert n. Chr.)

In Tabellenkalkulations- und statistischen Anwenderprogrammen oder auf dem GTR/CAS-Rechner sind diese Verfahren verfügbar.

Regressionskurven

Ausgangspunkt sind die Tabelle und die grafische Darstellung (Streudiagramm) von gemessenen Wertepaaren zweier Größen. Man vermutet einen funktionalen Zusammenhang (wenn die Punkte z. B. in etwa auf einer Geraden oder einer Parabel liegen). Selbst wenn ein eindeutiger funktionaler Zusammenhang zwischen den Messgrößen zugrunde liegt, liegen die Punkte in der Regel nicht exakt auf dem zugehörigen Graphen. Man versucht nun, eine Funktion zu finden, die möglichst gut zu den gegebenen Punkten passt. Dies gelingt oft schon recht gut durch Einzeichnen einer solchen Kurve „per Augenmaß“. In der Regressionsrechnung wird die Kurve nach bestimmten Methoden berechnet, häufig nach der Methode der kleinsten Fehlerquadrate. Dabei werden die Koeffizienten der vermuteten Funktionsvorschrift so bestimmt, dass die Summe der Quadrate der lotrechten Abweichungen der Punkte von der Ausgleichskurve minimiert wird.

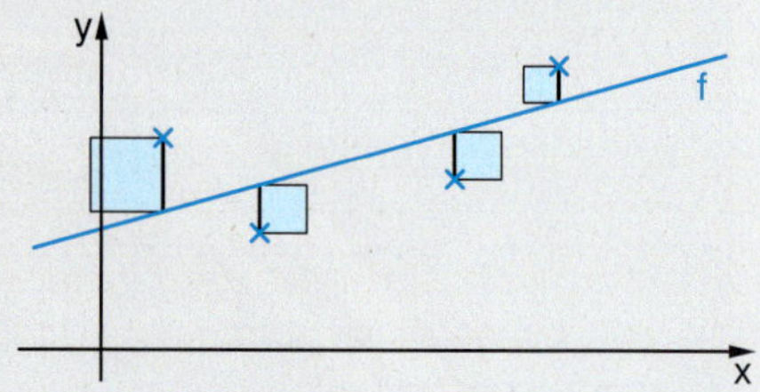

Funktionsanpassung mit dem GTR

Vermutung: Zusammenhang ist quadratisch

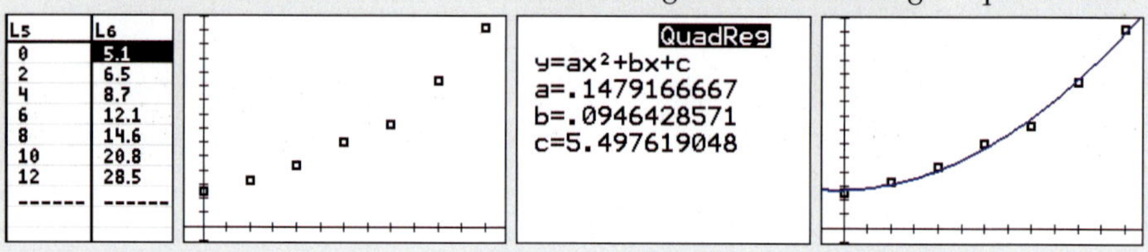

Die Messdaten werden in Listen festgehalten und als Streudiagramm dargestellt. Die vom Rechner bestimmte Parabel passt sich gut an die Daten an.

Modellfindung mithilfe von Regression und ausgewählten Messwerten

Benutzen Sie in den folgenden Aufgaben:
(1) die Regressionsfunktionen des GTR oder einer zur Verfügung stehenden Software.
(2) ausgewählte Funktionstypen der Kandidatenliste. Bestimmen Sie fehlende Koeffizienten durch die Benutzung geeigneter Messpunkte.

Kandidatenliste:
$f(x) = mx + b$
$f(x) = ax^2 + b$
$f(x) = a(x - m)^2 + n$
$f(x) = a \cdot x^n$
$f(x) = a \cdot b^x$

Übungen

4 *Auch schwere Vögel können fliegen*

Die Tabelle zeigt die Masse und die Flügelfläche bei verschiedenen Vogelarten.
a) Zeichnen Sie ein Streudiagramm (x-Achse: Masse, y-Achse: Flügelfläche).
Gesucht sind Funktionen, die gut zu den Messwerten passen. Vergleichen Sie verschiedene passende Funktionen. Formulieren Sie eine Beziehung zwischen Masse und Flügelfläche.
b) Wie groß müsste die Masse eines Vogels mit 500 cm² Flügelfläche sein? Wie groß müsste die Flügelfläche eines Vogels sein, der 300 g wiegt?
Ein Blaureiher wiegt 2100 g und hat eine Flügelfläche von 4450 cm². Passen diese Werte noch in etwa zu Ihren Funktionen?

Vogel	Masse	Flügelfläche
Spatz	25 g	87 cm²
Schwalbe	47 g	186 cm²
Amsel	78 g	245 cm²
Star	93 g	190 cm²
Taube	143 g	357 cm²
Krähe	440 g	1 344 cm²
Möwe	607 g	2 006 cm²

Blaureiher

Übungen

5 *Mobilfunkanschlüsse*

Die Tabelle und die Grafik geben die Anzahl der Mobilfunkanschlüsse in Deutschland von 1997 bis 2008 an.

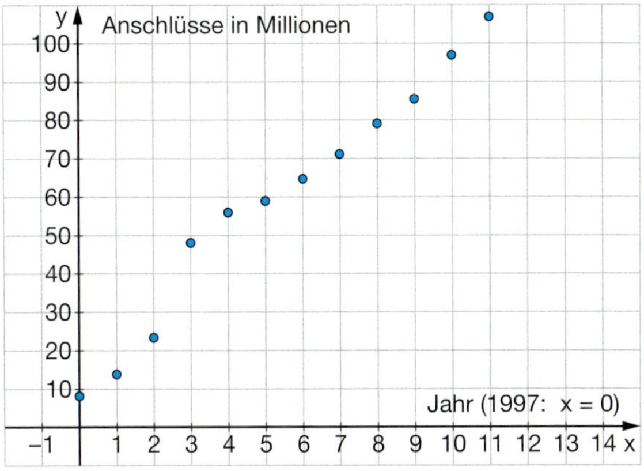

Jahr	Anzahl in Millionen
1997	8,29
1998	13,91
1999	23,47
2000	48,25
2001	56,13
2002	59,13
2003	64,84
2004	71,32
2005	79,27
2006	85,65
2007	97,15
2008	107,25

a) Stellen Sie die Daten grafisch dar (1997: x = 0). Welche Funktionstypen können zu den Daten passen? Finden Sie zwei verschiedene, gut passende Funktionen. Benutzen Sie dazu die Regressionsfunktionen des GTR oder die Kandidatenliste und geeignete Messwerte. Ein gut geeigneter Messwert ist meistens $(0|m)$. Machen Sie mit Ihren Funktionen Prognosen für die Jahre 2009 bis 2014.

b) Die Werte für die nächsten fünf Jahre sind bekannt. Passen Ihre Funktionen noch zu den Daten? Wenn nicht, finden Sie eine besser passende Funktion.

c) Was vermuten Sie über die langfristige Entwicklung der Mobilfunkanschlüsse in Deutschland?

Jahr	Anzahl in Millionen
2009	108,26
2010	108,85
2011	114,13
2012	113,16
2013	115,23

6 *Wassererwärmung in der Mikrowelle*

Getränke können gut in der Mikrowelle aufgewärmt werden. Häufig gibt man dazu eine Zeitdauer vor. Wie warm ist dann aber das Getränk? Wie lange muss man es in die Mikrowelle stellen, damit es heiß ist (ca. 65 °C)?

Olga möchte es genau wissen und hat verschiedene Mengen von 15 °C-warmem Wasser jeweils 30 Sekunden lang in der Mikrowelle erwärmt und den Temperaturzuwachs notiert. Hier ihre Messergebnisse:

Volumen in ml	60	100	125	210	250	320	400	500
Zuwachs in °C	21,2	15,7	12,9	11,0	10,4	8,6	6,9	5,9

Stellen Sie die Daten grafisch dar und finden Sie eine geeignete Funktion, die den Zusammenhang passend beschreibt. Was vermuten Sie über den langfristigen Kurvenverlauf? Was bedeutet das für die Sachsituation?

Erzeugen Sie einen eigenen Datensatz, indem Sie verschiedene Mengen Wasser eine vorgegebene Zeitdauer erwärmen.

7 *How hot is Death Valley?*

a) Welchen funktionalen Zusammenhang zwischen Zeit (in Monaten) und Temperatur (in °C) vermuten Sie in diesem Sachzusammenhang?

b) Erstellen Sie jeweils ein Streudiagramm von beiden Datensätzen (average maximum, record maximum) und ermitteln Sie eine geeignete Regressionskurve. Vergleichen Sie die beiden Kurven.

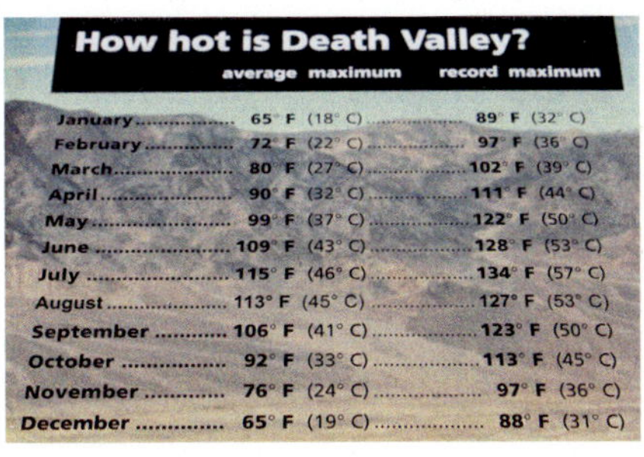

How hot is Death Valley?

	average maximum	record maximum
January	65° F (18° C)	89° F (32° C)
February	72° F (22° C)	97° F (36° C)
March	80° F (27° C)	102° F (39° C)
April	90° F (32° C)	111° F (44° C)
May	99° F (37° C)	122° F (50° C)
June	109° F (43° C)	128° F (53° C)
July	115° F (46° C)	134° F (57° C)
August	113° F (45° C)	127° F (53° C)
September	106° F (41° C)	123° F (50° C)
October	92° F (33° C)	113° F (45° C)
November	76° F (24° C)	97° F (36° C)
December	65° F (19° C)	88° F (31° C)

Bei Regressionen mit Winkelfunktionen sollte die Periodenlänge mit eingegeben werden.

Übungen

8 *Ernteertrag und Stickstoffeintrag*

Die Tabelle und die Grafik geben den Ernteertrag in Abhängigkeit des Stickstoffeintrages in Schweden zwischen 1865 und 1985, gemessen in 10-Jahresschritten, an.

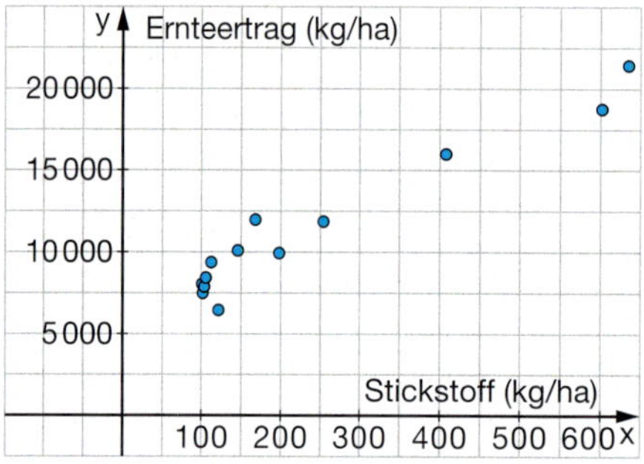

Jahr	Stickstoff (kg/ha)	Ernte (kg/ha)
1865	122,3	6449
1875	102,4	7483
1885	104,1	7874
1895	101,0	8034
1905	106,0	8419
1915	113,7	9362
1925	146,0	10080
1935	168,9	11959
1945	198,3	9928
1955	254,1	11850
1965	408,4	16001
1975	602,1	18753
1985	635,3	21412

Beschreiben Sie den Zusammenhang durch eine geeignete Funktion und interpretieren Sie ihn im Sachzusammenhang. Erlaubt das Modell langfristige Prognosen? Stichwort: Überdüngung.

9 *Regressionskurven mit wenig Punkten*

Gegeben sind die vier Punkte A(–1 | 6), B(2 | 3), C(3 | 6) und D(5 | 8).

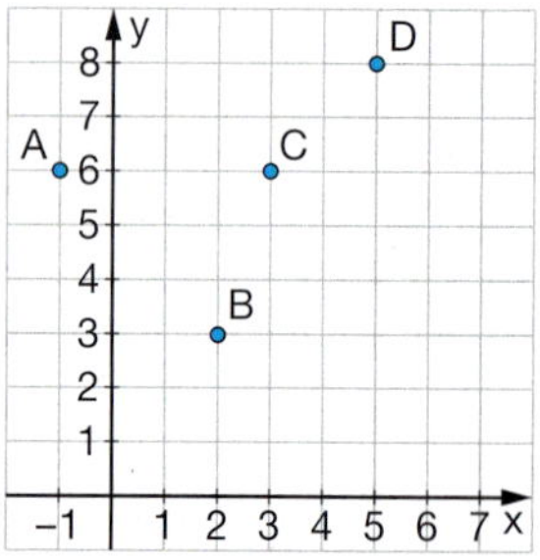

a) • Ermitteln Sie die Regressionsgerade durch:
(1) A und B (2) A, B und C
• Ermitteln Sie die Regressionsparabel durch:
(3) A, B und C (4) A, B, C und D
Skizzieren Sie die Kurven.

b) Vergleichen Sie die Kurven und die Stützpunkte. Was fällt Ihnen auf? Erklären Sie die Besonderheit. Bestätigen Sie Ihre Vermutung mit den Punkten E(1 | 2), F(3 | 5) und G(5 | 4).

KOPFÜBUNGEN

1 Welche Terme sind äquivalent: $(-x)^6$, $-x^6$, $(x^7)^{-1}$, $(x^2)^3$, $-x \cdot x^5$

2 Der Punkt P liegt auf der Geraden $f(x) = \frac{3}{4}x$. Skizzieren Sie dazu zwei nicht kongruente Steigungsdreiecke mit P als Eckpunkt.
a) Was haben die beiden Steigungsdreiecke gemeinsam? Wie ist jeweils das Längenverhältnis der Katheten der Steigungsdreiecke?
b) Bestimmen Sie den Abstand des Punktes P(8 | f(8)) bzw. P(a | f(a)) vom Ursprung.

3 Leon muss morgens zwei Ampelkreuzungen passieren. Die erste Ampel zeigt 15 s Grün und 45 s Rot. Die zweite Ampel zeigt 20 s Grün und 40 s Rot. Erstellen Sie ein Baumdiagramm und geben Sie die Wahrscheinlichkeiten an.

4 Skizzieren Sie die Graphen der Funktionenpaare und beschreiben Sie jeweils die Unterschiede.
a) $f_1(x) = x - 2$ und $f_2(x) = |x - 2|$
b) $g_1(x) = -x^2 + 4$ und $g_2(x) = |-x^2 + 4|$

Projekt

Eine Flasche mit Leck

In eine PET-Flasche mit einem möglichst großen zylindrischen Bereich wird am unteren Rand mit einem heißen Nagel ein Loch in die Wand gebrannt und seitlich ein Papierstreifen aufgeklebt. Die Flasche wird mit Wasser gefüllt und während sie ausläuft, wird in bestimmten Zeitabständen der Wasserstand auf dem Papierstreifen markiert.

Welchen funktionalen Zusammenhang erwarten Sie zwischen Zeit t und Höhe h des Wasserstandes?

Experiment

Führen Sie das Experiment selbst durch und protokollieren Sie die Messwerte übersichtich in einer Tabelle. Den Nullpunkt der Skala bildet der Wasserstand, wenn kein Wasser mehr ausläuft. Die Zeitintervalle zwischen den einzelnen Messungen sollten so gewählt werden, dass man mindestens 12 Messwertpaare aufnehmen kann. Wenn Sie das Experiment nicht durchführen können, so benutzen Sie das folgende Versuchsprotokoll eines entsprechenden Experiments.

Nr.	1	2	3	4	5	6	7	8	9	10	11	12
Zeit (s)	0	5	10	15	20	25	30	35	40	45	50	55
Höhe (cm)	11,4	10,1	8,6	7,3	6,3	5,2	4,0	3,2	2,5	1,8	0,9	0,6

Auswertung

Stellen Sie die ersten acht Messwerte in einem Diagramm auf dem GTR dar. Die übrigen Messwerte dienen später zur Kontrolle des Modells.

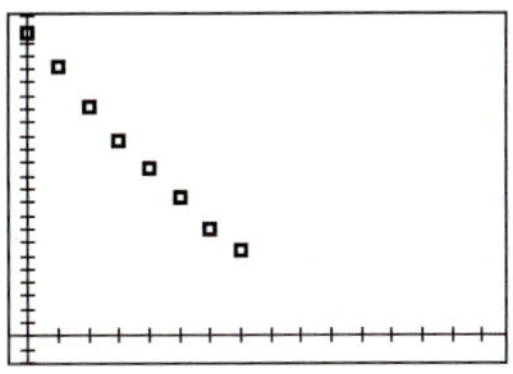

Versuchen Sie eine Funktionsanpassung mit verschiedenen Modellen. Vergleichen Sie diese miteinander.

Lineares Modell: $y = mx + b$

Quadratisches Modell: $y = ax^2 + bx + c$

Exponentielles Modell: $y = a \cdot b^x$

Welches Modell scheint Ihnen am besten geeignet? Welche Gründe sprechen für Ihre Entscheidung? Sie können Ihre Entscheidung auch daran ausrichten, wie gut mit dem Modell jeweils die letzten vier Werte der Tabelle erfasst werden.

Ab welchem Zeitpunkt läuft kein Wasser mehr aus?

Ziele des Modellierens

Sie haben in diesem Lernabschnitt erfahren, wie man mit Funktionen verschiedenen Sachsituationen beschreiben kann. Dies geschieht immer näherungsweise, viele Aspekte der Wirklichkeit müssen unberücksichtigt bleiben. Bei der Beschreibung gibt es zwei grundsätzlich unterschiedliche Ziele:

(1) Ziel ist eine möglichst gute Passung mit einem Gegenstand (Reichstagskuppel, Berliner Bogen, ...).

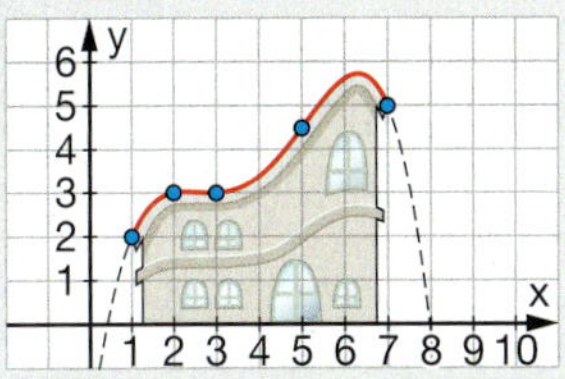

(2) Ziel sind Prognosen durch Auswertung von Datensätzen mit Funktionen (CO_2, Mobilfunkanschlüsse, ...).

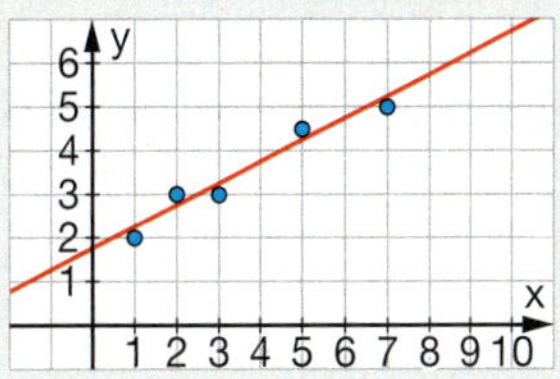

Während in (1) der Verlauf des Graphen außerhalb des interessierenden Intervalls nebensächlich ist, ist dieser bei (2) von zentralem Interesse (Voraussagen), eine ganz genaue Passung mit den Daten ist hier nicht entscheidend.

3.2 Gauß-Algorithmus zum Lösen linearer Gleichungssysteme

Was Sie erwartet

Carl Friedrich Gauss
1777–1855

Die Bestimmung einer Polynomfunktion zu gegebenen Eigenschaften erfordert oft das Lösen eines linearen Gleichungssystems (LGS). Zur Berechnung der Koeffizienten eines Polynoms zweiten Grades $y = a x^2 + b x + c$ benötigt man drei Gleichungen. Bei einem Polynom dritten Grades muss man bereits vier Parameter mit vier Gleichungen bestimmen. Der Umfang des Gleichungssystems wächst mit dem Grad des Polynoms. Dementsprechend wird auch das Lösungsverfahren sehr aufwändig und fehleranfällig.

Nach dem Mathematiker Gauß ist ein Verfahren benannt, das wegen seiner schematischen Organisation auf den Computer übertragen werden kann. Heute kann dieses Verfahren auch auf einem grafikfähigen Taschenrechner genutzt werden.

Aufgaben

1 *Gauß-Algorithmus am Beispiel*

Es soll das Polynom zweiten Grades $y = a x^2 + b x + c$ bestimmt werden, dessen Graph durch die Punkte $A(-1|6)$, $B(2|3)$ und $C(3|6)$ verläuft.

1. Schritt: Einsetzen der Koordinaten der Punkte in die allgemeine Gleichung der Parabel liefert drei Gleichungen mit den drei Variablen a, b und c.

(3 × 3)-System

Einsetzen $A(-1\|6)$	(1) $a - b + c = 6$
Einsetzen $B(2\|3)$	(2) $4a + 2b + c = 3$
Einsetzen $C(3\|6)$	(3) $9a + 3b + c = 6$

Ein gestaffeltes Gleichungssystem ist ein System in Dreiecksform.

Äquivalenzumformungen verändern die Lösungsmenge nicht.

2. Schritt: Umformen des Gleichungssystems in ein gestaffeltes Gleichungssystem mithilfe der Äquivalenzumformungen.

Multiplikation einer Gleichung auf beiden Seiten **mit einer reellen Zahl** ungleich Null.

Addition zweier Gleichungen und anschließendes Ersetzen einer Gleichung durch das Ergebnis.

(1) $a - b + c = 6$
(2) $4a + 2b + c = 3$ — $4 \cdot (1) + (-1) \cdot (2) \rightarrow$ Gleichung (2*)
(3) $9a + 3b + c = 6$ — $9 \cdot (1) + (-1) \cdot (3) \rightarrow$ Gleichung (3*)

(1) $a - b + c = 6$
(2*) $-6b + 3c = 21$
(3*) $-12b + 8c = 48$ — $(-2) \cdot (2^*) + (3^*) \rightarrow$ Gleichung (3**)

(1) $a - b + c = 6$
(2*) $-6b + 3c = 21$
(3**) $2c = 6$

3. Schritt: Die Lösung des Gleichungssystems kann nun schrittweise von unten nach oben ermittelt werden:

$2c = 6$, also $c = 3$
$-6b + 3 \cdot 3 = 21$, also $b = -2$
$a - (-2) + 3 = 6$, also $a = 1$

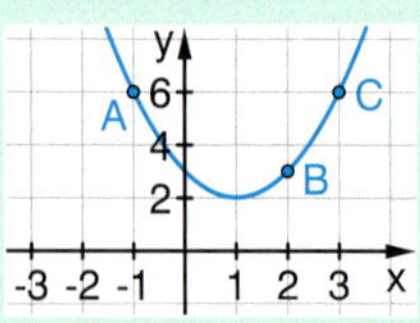

a) *Rechenprobe*: Setzen Sie die errechneten Werte für a, b und c in die drei Gleichungen ein.
Problemprobe: Wie lautet die Gleichung der gesuchten Funktion?
Liegen die drei Punkte A, B und C auf dem Graphen der ermittelten Funktion?
b) Bestimmen Sie nach dem obigen Verfahren das Polynom zweiten Grades, dessen Graph durch die Punkte $P(1|4)$, $Q(2|9)$ und $R(3|18)$ verläuft.

Basiswissen

Lineare Gleichungssysteme (LGS) lassen sich systematisch mit dem Gauß-Algorithmus lösen.

Der Gauß-Algorithmus in Kurzfassung

Das Gleichungssystem wird in eine Matrix übertragen. Dazu werden alle Informationen, die selbstverständlich sind, weggelassen. Nur die Koeffizienten der drei Variablen a, b und c werden notiert. Wichtig ist, dass die Koeffizienten, die zur gleichen Variablen gehören, in die gleiche Spalte geschrieben werden.

LGS ⟶ Tabelle ⟶ Matrix

(1) $a + b + 2c = 12$
(2) $3a - 2b - 5c = 7$
(3) $a + 2b - c = -3$

	a	b	c	
(1)	1	1	2	12
(2)	3	−2	−5	7
(3)	1	2	−1	−3

$$\left(\begin{array}{ccc|c} 1 & 1 & 2 & 12 \\ 3 & -2 & -5 & 7 \\ 1 & 2 & -1 & -3 \end{array}\right)$$

Durch Äquivalenzumformungen wird die Matrix in die Dreiecksform überführt:

$$\left(\begin{array}{ccc|c} 1 & 1 & 2 & 12 \\ 3 & -2 & -5 & 7 \\ 1 & 2 & -1 & -3 \end{array}\right) \begin{array}{l} \cdot(-3)\ \cdot(-1) \\ \cdot 1\ \ (+) \\ \cdot 1\ \ (+) \end{array} \quad \left(\begin{array}{ccc|c} 1 & 1 & 2 & 12 \\ 0 & -5 & 11 & -29 \\ 0 & 1 & -3 & -15 \end{array}\right) \begin{array}{l} \\ \cdot 1 \\ \cdot 5\ \ (+) \end{array} \quad \left(\begin{array}{ccc|c} 1 & 1 & 2 & 12 \\ 0 & -5 & -11 & -29 \\ 0 & 0 & -26 & -104 \end{array}\right)$$

Dreiecksform: unterhalb der Diagonalen stehen nur Nullen.

Durch Rückwärtseinsetzen werden die Variablen a, b und c bestimmt:

$-26c = -104$, also $c = 4$
$-5b - 11 \cdot 4 = -29$, also $b = -3$
$a - 3 + 2 \cdot 4 = 12$, also $a = 7$

Die **Lösung des LGS** ist das Zahlentripel (a; b; c) = (7; −3; 4).

Das Verfahren lässt sich auf größere Gleichungssysteme übertragen. Auch hier wird die Matrix mit passenden Äquivalenzumformungen in eine Dreiecksform überführt. Der Rechenaufwand wird dann entsprechend höher.

Beispiele

A *Lösen eines Gleichungssystems mit dem Gauß-Algorithmus*

$x_2 + x_3 = -1$
$2x_1 + 3x_2 - 2x_3 = 0$
$-x_1 + 2x_2 + 3x_2 = -5$

Lösung:

Matrix des Gleichungssystems

$$\left(\begin{array}{ccc|c} 0 & 1 & 1 & -1 \\ 2 & 3 & -2 & 0 \\ -1 & 2 & 3 & -5 \end{array}\right)$$

Vertauschen der 1. und 2. Zeile. 0 steht an passender Stelle.

$$\left(\begin{array}{ccc|c} 2 & 3 & -2 & 0 \\ 0 & 1 & 1 & -1 \\ -1 & 2 & 3 & -5 \end{array}\right) \begin{array}{l} \cdot 1 \\ \\ \cdot 2\ \ (+) \end{array}$$

Multiplikation der 3. Zeile mit 2 und anschließend Addition der 1. Zeile.

$$\left(\begin{array}{ccc|c} 2 & 3 & -2 & 0 \\ 0 & 1 & 1 & -1 \\ 0 & 7 & 4 & -10 \end{array}\right) \begin{array}{l} \\ \cdot(-7) \\ \cdot 1\ \ (+) \end{array}$$

Multiplikation der 2. Zeile mit (−7) und anschließend Addition zur 3. Zeile.

$$\left(\begin{array}{ccc|c} 2 & 3 & -2 & 0 \\ 0 & 1 & 1 & -1 \\ 0 & 0 & -3 & -3 \end{array}\right)$$

Rückwärts einsetzen

$-3c = -3$, also $c = 1$
$b + 1 = -1$, also $b = -2$
$2a + 3 \cdot (-2) - 2 = 0$, also $a = 4$

Das System hat die Lösung (4; −2; 1).

Übungen

Die Lösungen in ungeordneter Reihenfolge:

Lösungen:
(−1; 3; 4)
(1; 2; −1)
(2; 2; −1)

2 *Training per Hand*

Wenden Sie den Gauß-Algorithmus an, um die Gleichungssysteme zu lösen.

a) $\begin{aligned} x+y+z&=2\\ x-y+2z&=-3\\ 2x+y+z&=3 \end{aligned}$ b) $\begin{aligned} x+y-z&=-2\\ 2x+y+z&=5\\ -x+2y-z&=3 \end{aligned}$ c) $\begin{aligned} 2x-y+z&=1\\ x+2y+4z&=2\\ x-y+3z&=-3 \end{aligned}$

Lösungen:
(1; 1; 1)
(1; −1; 2)
(−3; 3; −2)

3 *Training per Hand*

Übersetzen Sie zunächst die Matrix in ein Gleichungssystem und lösen Sie dann mithilfe des Gauß-Algorithmus.

a) $\left(\begin{array}{ccc|c} 1 & 2 & 1 & 1\\ 2 & 1 & -1 & -1\\ -1 & 2 & 2 & 1 \end{array}\right)$ b) $\left(\begin{array}{ccc|c} 1 & 2 & 1 & 1\\ 1 & 1 & -1 & 2\\ 0 & 2 & 1 & 4 \end{array}\right)$ c) $\left(\begin{array}{ccc|c} 3 & -2 & 4 & 5\\ 4 & 6 & -1 & 9\\ 5 & -4 & 3 & 4 \end{array}\right)$

4 *Von der Dreiecksform zur Diagonalform*

Die nebenstehende Form einer Matrix nennt man **Diagonalform**.

$\left(\begin{array}{ccc|c} 1 & 0 & 0 & -3\\ 0 & 1 & 0 & 4\\ 0 & 0 & 1 & 1 \end{array}\right)$

a) Lesen Sie aus dieser Form die Lösung des Gleichungssystems direkt ab.

b) Aus der Dreiecksform kann durch Äquivalenzumformungen die Diagonalform hergestellt werden.

$\left(\begin{array}{ccc|c} 1 & -2 & 4 & -7\\ 0 & 1 & -2 & 2\\ 0 & 0 & 1 & 1 \end{array}\right)$ → Das Doppelte der zweiten Zeile zur ersten addieren $\left(\begin{array}{ccc|c} 1 & 0 & 0 & -3\\ 0 & 1 & -2 & 2\\ 0 & 0 & 1 & 1 \end{array}\right)$ → Das Doppelte der dritten Zeile zur zweiten addieren $\left(\begin{array}{ccc|c} 1 & 0 & 0 & -3\\ 0 & 1 & 0 & 4\\ 0 & 0 & 1 & 1 \end{array}\right)$

c) Erzeugen Sie zu den Dreicksformen aus Aufgabe 2 die Diagonalformen.

Ausführliche Hinweise zur Eingabe von Matrizen und zum Arbeiten mit ihnen finden Sie in der Handreichung.

LGS mit dem grafikfähigen Taschenrechner lösen

WERKZEUG

Mit dem GTR oder einem Computer-Algebra-System lässt sich die Lösungsmenge eines LGS schnell bestimmen. Dazu gibt man die „erweiterte Koeffizientenmatrix" mithilfe des Matrix-Editors ein.

```
MATRIX[A] 3 ×4
[ 3   -6   12   -21 ]
[ 3   -5   2    -27 ]
[ 2   1    -2   -4  ]
```

$$\begin{aligned} 3a-6b+12c&=-21\\ 3a-5b+2c&=-27\\ 2a+b-2c&=-4 \end{aligned}$$

Koeffizientenmatrix

```
[A]
 [3  -6  12  -21]
 [3  -5  2   -27]
 [2  1   -2  -4 ]
```

Erweiterte Koeffizientenmatrix

Mit dem Befehl ***ref*** erzeugt man eine **Dreiecksform**, aus der man die Lösungen durch Rückwärtseinsetzen bestimmen kann.

$$\begin{aligned} a-2b+4c&=-7\\ b-2c&=2\\ c&=1 \end{aligned}$$

```
ref([A])
 [1  -2  4   -7]
 [0  1   -2  2 ]
 [0  0   1   1 ]
```

Der GTR besitzt einen weiteren Befehl ***rref***, mit dem man aus der Koeffizientenmatrix eine **Diagonalform** erzeugt, aus der man das Ergebnis direkt ablesen kann.

$$\begin{aligned} a&=-3\\ b&=4\\ c&=1 \end{aligned}$$

```
rref([A])
 [1 0 0 -3]
 [0 1 0  4]
 [0 0 1  1]
```

Übungen

5 *Training mit dem GTR*
Bestimmen Sie die Lösungen der Gleichungssysteme aus den Übungen 2 und 3 mit dem GTR. Vergleichen Sie gegebenenfalls mit Ihren händisch ermittelten Lösungen.

6 *Training – Geraden und Parabeln durch Punkte*
a) Bestimmen Sie die Gleichung der Geraden $y = ax + b$ durch die gegebenen Punkte.
(1) $A(2|-5)$; $B(-2|3)$ (2) $A(1|4)$; $B(7|8)$ (3) $A(-2|-4)$; $B(5|6)$

b) Bestimmen Sie die Gleichung der Parabel $y = ax^2 + bx + c$ durch die gegebenen Punkte.
(1) $A(-1|7)$; $B(0|4)$; $C(2|10)$ (2) $A(-1|-6)$; $B(1|0)$; $C(3|-2)$
(3) $A(-4|6)$; $B(2|0)$; $C(4|6)$ (4) $A(-2|0)$; $B(1|1)$; $C(5|-2)$

7 *Ganzrationale Funktionen – die Anzahl der Punkte wächst*
a) Bestimmen Sie die ganzrationale Funktion vom Grad 3 ($f(x) = ax^3 + bx^2 + cx + d$), deren Graph durch die angegebenen Punkte verläuft. Skizzieren Sie die Punkte mit dem zugehörigen Graphen.
(1) $A(-1|-10)$; $B(0|3)$; $C(1|0)$; $D(2|5)$
(2) $A(-2|12)$; $B(2|4)$; $C(4|12)$; $D(6|-4)$

b) Bestimmen Sie die ganzrationale Funktion vom Grad 4 ($f(x) = ax^4 + bx^3 + cx^2 + dx + e$), deren Graph durch die angegebenen Punkte verläuft.
(1) $A(-4|-5)$; $B(-3|11{,}75)$; $C(0|-1)$; $D(1|3{,}75)$; $E(4|3)$
(2) $A(-3|0)$; $B(-2|0)$; $C(0|0)$; $D(1|0)$; $E(4|0)$

Bei einer Aufgabe gelingt die Angabe einer Funktion ohne Aufstellen eines LGS.

8 *Fragen zum Verstehen des Gauß-Algorithmus*
a) In Beispiel A wurde zu Beginn des Verfahrens ein Zeilentausch (Vertauschen der Gleichungen (1) und (2)) vorgenommen. Warum war hier ein Zeilentausch sinnvoll? Begründen Sie, dass ein Zeilentausch die Lösungsmenge des linearen Gleichungssystems nicht verändert.

b) Man kann die Matrix auch in die nebenstehende Diagonalform umformen. Was sind nun die Lösungen?

$$\left(\begin{array}{ccc|c} 0 & 0 & 1 & 3 \\ 0 & 1 & -1 & 2 \\ 1 & -2 & 4 & 1 \end{array}\right)$$

c) Ändert ein Spaltentausch die Lösungsmenge des Gleichungssystems?

KOPFÜBUNGEN

1 Wie verändert sich das Volumen eines Würfels, wenn dessen Kantenlänge verdoppelt wird?

2 Beschreiben Sie die Seiten des Quadrates ABCD als Vektoren. Durch welche Vektoren können Sie die Diagonalen beschreiben?

3 Eine verbeulte Münze (Zahl, Wappen) wird zweimal geworfen. Die Wahrscheinlichkeit dafür, dass sie „mindestens einmal Wappen" zeigt, beträgt 0,64.
a) Wie lautet das dazugehörige Gegenereignis? Geben Sie die Wahrscheinlichkeit dafür an.
b) Bestimmen Sie die Wahrscheinlichkeit für „genau einmal Zahl" bei doppeltem Münzwurf.

4 Ermitteln Sie jeweils den Wert des Parameters a und erstellen Sie dazu eine Skizze des Funktionsgraphen:
$f(x) = x \cdot (x + a)$ und $f'(1{,}5) = -1$

Ist Gauss der Erfinder des Gauß-Algorithmus?

Gauss hat das nach ihm benannte Lösungsverfahren nicht als Erster entwickelt. Bereits vor über 2000 Jahren verwendeten chinesische Mathematiker Zahlenschemata zur Lösung linearer Gleichungssysteme. In einem für die Ausbildung von Beamten geschriebenen Buch („Chiu Chang Suan Shu" – Mathematik in neun Büchern) traten Beispiele für (3×3)-Systeme auf, die in einer der Matrix ähnlichen Kurzform notiert und durch Überführung in eine Dreiecksform gelöst wurden. In der neuzeitlichen europäischen Mathematik wurden zunächst andere effektive Verfahren (Determinanten) zur Lösung linearer Gleichungssysteme entwickelt, bevor Gauß dann in seinen umfangreichen Arbeiten zur angewandten Mathematik der Verwendung von Dreiecksmatrizen großes Gewicht verlieh.

Aufgaben

9 *Alte Aufgabe in neuem Gewand*

Ein Beispiel aus dem chinesischen Buch:

Übersetzen Sie es in ein Gleichungssystem und bestimmen Sie die Lösung.

3 Garben guter Ernte, 2 Garben mittlerer und 1 Garbe schlechter Ernte geben 39 dou;
2 Garben guter, 3 Garben mittlerer und 1 Garbe schlechter Ernte 34 dou;
1 Garbe guter, 2 Garben mittlerer und 3 Garben schlechter Ernte 26 dou.

10 *Rechendreiecke*

Für jede Seite eines Dreiecks sind Zahlen vorgegeben (*Seitenzahlen*). An den Ecken sollen Zahlen (*Eckenzahlen*) so gefunden, dass die Summe zweier Eckenzahlen die zugehörige Seitenzahl ergibt. Rechts ist ein Beispiel angegeben.

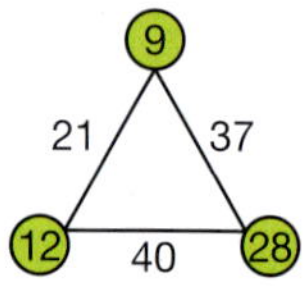

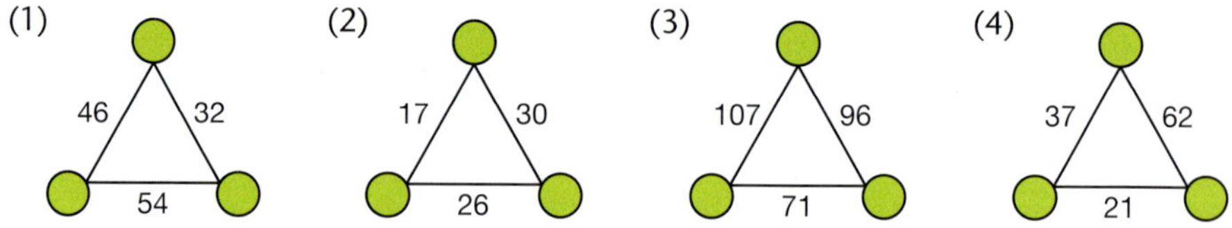

a) Suchen Sie Eckenzahlen zu (1), (2), (3) und (4).

b) Man kann das Problem auf unterschiedliche Weise systematisch, ohne zu Probieren, lösen.

(1) Setzen Sie in einer Ecke „x" ein und füllen Sie damit die anderen Ecken aus.

(2) Setzen Sie in den Ecken „x", „y" und „z" ein.

11 *Die Tennisballpyramide – Mit Polynom und LGS zur Formel*

Tennisbälle werden in der Form eines gleichseitigen Dreiecks angeordnet, sodass sich darauf eine Pyramide aufbauen lässt. Erste Experimente verdeutlichen den stufenweisen Aufbau der Pyramiden und die schnell wachsende Anzahl von benötigten Tennisbällen.

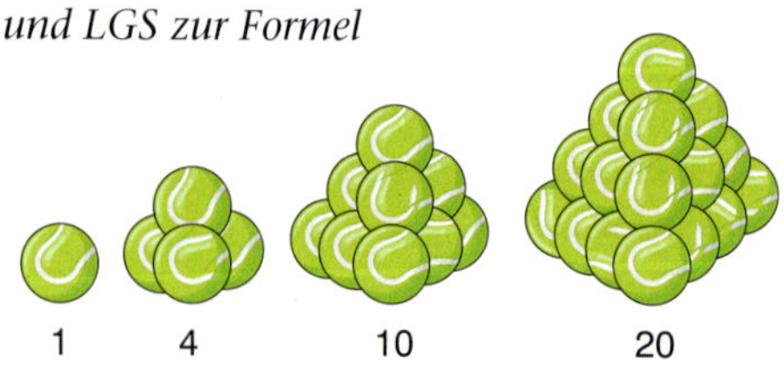

Stufen	Bälle
1	1
2	4
3	10
4	20
5	35
6	56
7	84

In der Tabelle ist die notwendige Anzahl von Tennisbällen für die ersten zehn Aufbau- stufen festgehalten. Wie viele Bälle benötigt man für eine Pyramide der 50. Stufe? Passen die Bälle einer Pyramide der 100. Stufe auf einen Kleintransporter? Versuchen Sie ein Polynom mit möglichst niedrigem Grad zu finden, das zu der Tabelle passt und beantworten Sie damit die Fragen.

3.3 Bestimmung ganzrationaler Funktionen zu vorgegebenen Daten und Eigenschaften

Was Sie erwartet

Sie haben sich bereits mit den Zusammenhängen zwischen Funktion und Ableitung beschäftigt. Viele charakteristische Eigenschaften wie Monotonie oder Krümmungsverhalten oder auch besondere Punkte wie lokale Extrempunkte oder Wendepunkte lassen sich über diese Zusammenhänge aufspüren und begründen. Im Folgenden werden wir den umgekehrten Weg gehen. Aus vorgegebenen charakteristischen Eigenschaften einer Funktion werden die Funktionsgleichung und der vollständige Graph der Funktion ermittelt. Dabei konzentrieren wir uns in diesem Lernabschnitt auf ganzrationale Funktionen. Mit der Vielfalt ihrer Funktionsgraphen lassen sich eine Fülle innermathematischer Problemstellungen und außermathematischer Anwendungssituationen beschreiben. Die Übersetzung der Eigenschaften in Funktionsgleichungen führt zu einem linearen Gleichungssystem, das wir mit dem Verfahren des Gauß-Algorithmus auch in komplexeren Fällen mithilfe des GTR sicher lösen können.

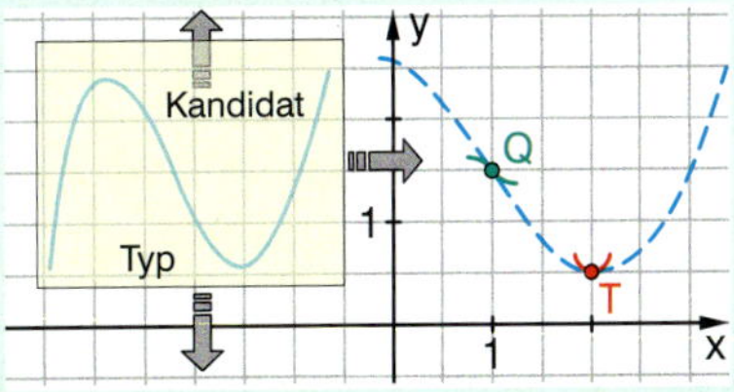

Aufgaben

1 *Bedingungen für den Funktionsgraphen*

„Steckbrief" der Funktion

a) Welche der angegebenen Eigenschaften werden jeweils von den Funktionsgraphen erfüllt? Gibt es Graphen, die alle vier Eigenschaften erfüllen?

(I)	(II)	(III)	(IV)
Der Punkt P(0 | 1) liegt auf dem Graphen.	An der Stelle 0 hat der Graph die Steigung 2.	An der Stelle 2 hat der Graph die Steigung 0.	An der Stelle 0 hat der Graph einen Wendepunkt.

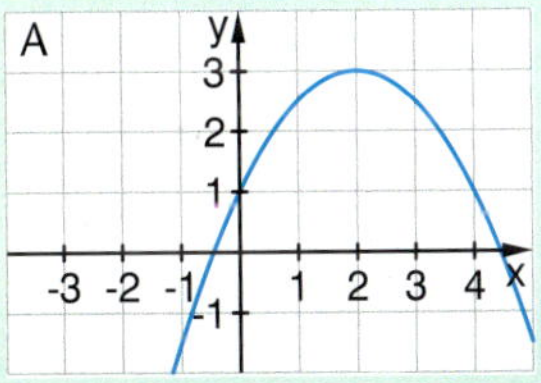

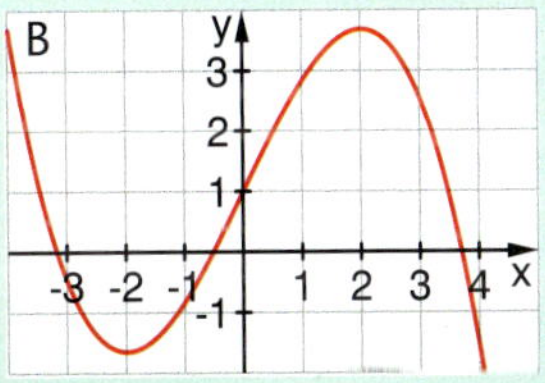

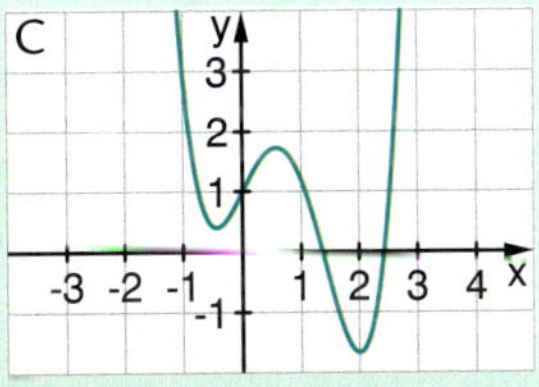

b) Man kann auch versuchen, eine ganzrationale Funktion dritten Grades $f(x) = ax^3 + bx^2 + cx + d$ zu bestimmen, deren Graph die obigen Eigenschaften erfüllt. Dazu werden die geometrischen Eigenschaften in algebraische Bedingungen (Gleichungen) übersetzt. Es entsteht ein Gleichungssystem mit vier Gleichungen für die vier unbekannten Koeffizienten a, b, c und d.

	Bedingung	Gleichung
I	$f(0) = 1$	$a \cdot 0^3 + b \cdot 0^2 + c \cdot 0 + d = 1$
II	■	■
III	■	$3a \cdot 2^2 + 2b \cdot 2 + c = 0$
IV	$f''(0) = 0$	■

Die angegebenen vier Bedingungen führen zu vier Gleichungen. Dies legt den Ansatz mit einer ganzrationalen Funktion dritten Grades nahe.

Schreiben Sie die fehlenden Bedingungen und Gleichungen auf und lösen Sie das Gleichungssystem. Zeichnen Sie den Graphen der ganzrationalen Funktion dritten Grades und vergleichen Sie mit dem Graphen in Bild B.

c) Begründen Sie, warum es keine ganzrationale Funktion zweiten Grades geben kann, deren Graph die obigen vier Eigenschaften erfüllt.

Aufgaben

2 *Übergänge – mit und ohne Ruck*

Zwei geradlinige, zueinander parallel verlaufende Gleisstücke sollen durch ein Teilstück miteinander verbunden werden. Wie sollte diese Verbindung gestaltet sein, damit die Übergänge möglichst glatt und störungsfrei verlaufen?

a) Bei der Modellbahn stehen gerade und kreisförmig gebogene Gleise zur Verfügung. Es ist klar, dass eine geradlinige Verbindung nicht in Frage kommt.

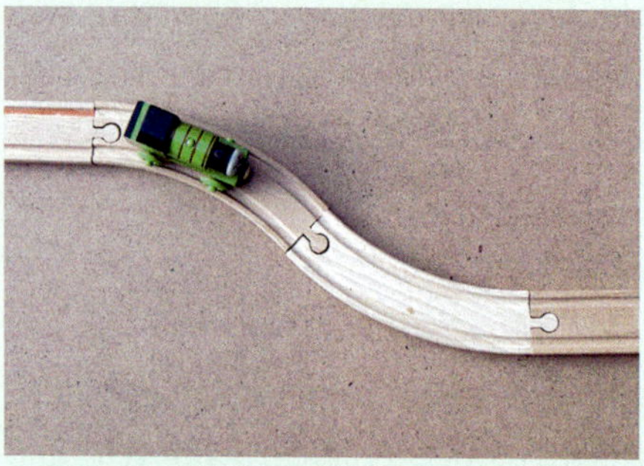

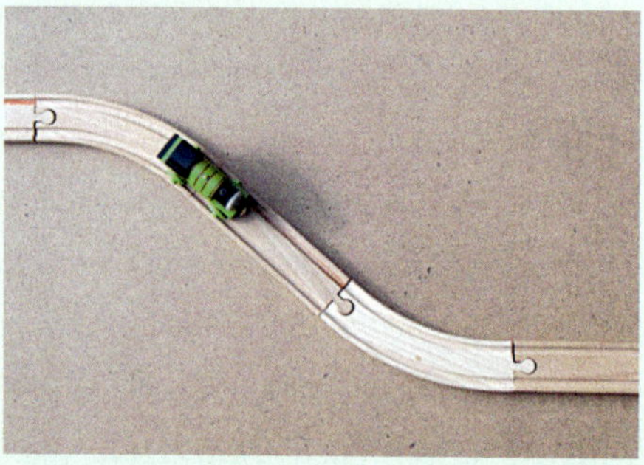

Welche der beiden hier konstruierten Übergänge würden Sie bevorzugen? Warum?

b) Obwohl bei beiden Varianten die Übergänge jeweils knickfrei verlaufen – beim Übergang Gerade-Bogen und Bogen-Bogen sind die Tangenten jeweils gleich –, spürt man beim Führen des Wagens an diesen Stellen einen Ruck. Wie ist dies zu erklären?

c) Beide oben abgebildeten Varianten mit den kreisförmigen Gleisstücken ähneln dem Teilstück eines Graphen einer ganzrationalen Funktion 3. Grades um den Wendepunkt. Bestimmen Sie die Gleichung einer solchen Funktion so, dass an den beiden Übergängen zu den Geraden keine Knicke auftreten.

Ansatz:
$y = a x^3 + b x$
(wegen Punktsymmetrie des Graphen zum Ursprung)

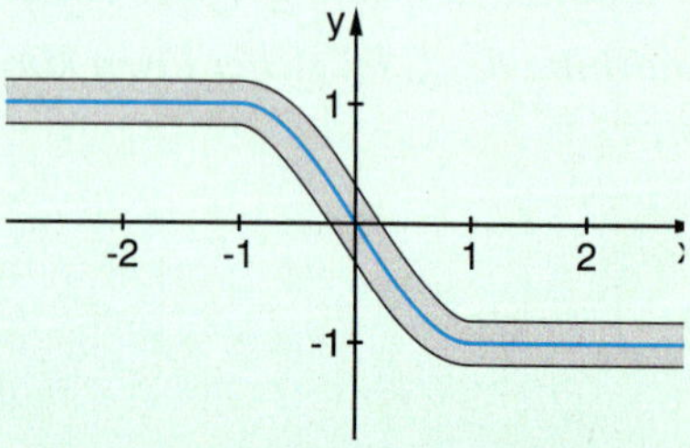

Wenn Sie die Verbindung in der Form eines Polynoms dritten Grades gestalten, so verspüren Sie im Wendepunkt keinen Ruck mehr, wohl aber noch an den beiden Übergängen von den Geraden zu der Kurve. Sie können dies durch Experimente mit Modellautos am Kurvenlineal oder durch Abfahren der Polynombahn mit dem Roller auf dem Schulhof selbst ausprobieren.

d) Der Ruck hat etwas mit der Krümmung an dem jeweiligen Übergang zu tun. Er wird deshalb auch als „Krümmungsruck" bezeichnet. Vergleichen Sie an den Übergangsstellen jeweils die Werte der zweiten Ableitung für die Gerade und das Polynom. Wenn Sie die Verbindung in der Form eines Polynoms fünften Grades $f(x) = a x^5 + b x^3 + c x$ gestalten, so können Sie die Bedingung $f''(-1) = f''(1) = 0$ berücksichtigen. Bestimmen Sie die Gleichung eines solchen Polynoms und zeichnen Sie den Graphen der Verbindung. Der Ruck findet nun nicht mehr statt. Vielleicht können Sie dies mit einer der oben vorgeschlagenen Varianten selbst erfahren.

Strategie zur Lösung von Steckbriefaufgaben

Gesucht ist eine ganzrationale Funktion mit den Eigenschaften:
Der Funktionsgraph geht durch die Punkte P(2|1) und Q(1|3).
In P hat der Graph ein lokales Minimum, in Q wechselt er das Krümmungsverhalten.

Die Eigenschaften werden im Koordinatensystem dargestellt und in Funktionsschreibweise notiert.

(1) $f(2) = 1$ (2) $f(1) = 3$
(3) $f'(2) = 0$ (4) $f''(1) = 0$

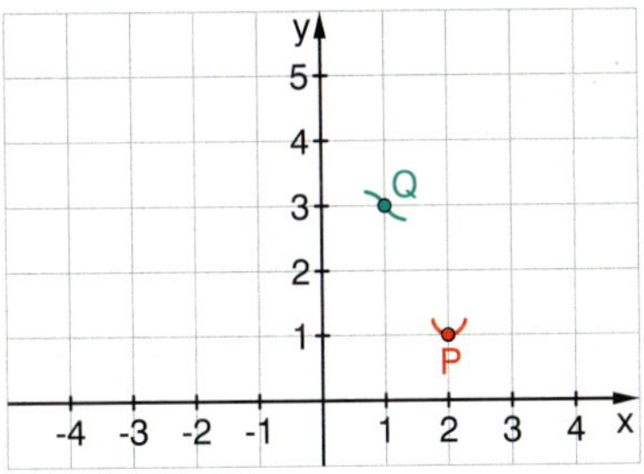

Ein passender Kandidat wird benannt.
Ein Polynom dritten Grades könnte die Eigenschaften erfüllen.

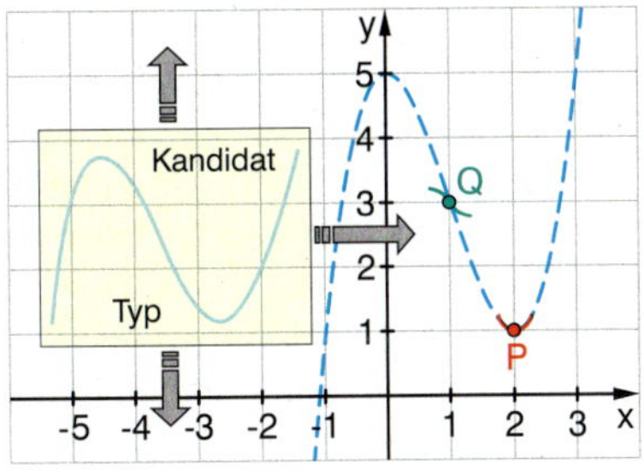

$f(x) = ax^3 + bx^2 + cx + d$
$f'(x) = 3ax^2 + 2bx + c$
$f''(x) = 6ax + 2b$

Die gegebenen Eigenschaften werden in Gleichungen für die Koeffizienten des Polynoms übersetzt.

(1) $8a + 4b + 2c + d = 1$
(2) $a + b + c + d = 3$
(3) $12a + 4b + c = 0$
(4) $6a + 2b = 0$

Das Gleichungssystem wird mit dem Gauß-Algorithmus in die Diagonalform gebracht und gelöst.

$$\begin{pmatrix} 8 & 4 & 2 & 1 & 1 \\ 1 & 1 & 1 & 1 & 3 \\ 12 & 4 & 1 & 0 & 0 \\ 6 & 2 & 0 & 0 & 0 \end{pmatrix} \longrightarrow \begin{pmatrix} 1 & 0 & 0 & 0 & 1 \\ 0 & 1 & 0 & 0 & -3 \\ 0 & 0 & 1 & 0 & 0 \\ 0 & 0 & 0 & 1 & 5 \end{pmatrix} \quad \begin{aligned} a &= 1 \\ b &= -3 \\ c &= 0 \\ d &= 5 \end{aligned}$$

Die Funktionsgleichung wird erstellt: $f(x) = x^3 - 3x^2 + 5$

Der Graph der Funktion wird gezeichnet und es wird überprüft, ob alle Eigenschaften erfüllt sind.

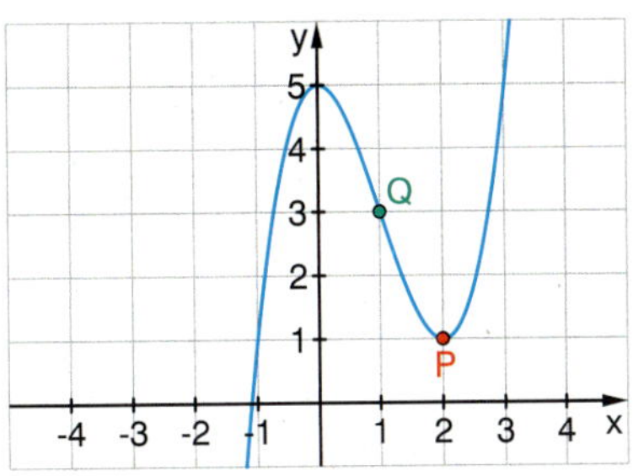

Basiswissen

In Anwendungssituationen muss man die Ausgangslage erst in ein **Modell** übersetzen. Dabei entsteht so ein Steckbrief.

Ein erster Ansatz geht von der Anzahl der Bedingungen aus:
n Bedingungen
→ Polynom vom Grad n – 1

Wenn der Steckbrief das Ergebnis einer Modellierung ist, so muss auch überprüft werden, ob der Graph eine Lösung des Ausgangsproblems darstellt. → **Problemprobe**

Beispiele

A *Innermathematischer Steckbrief*

Gesucht ist eine ganzrationale Funktion, die im Punkt $P(0|0)$ einen Sattelpunkt hat, an der Stelle $x = 3$ eine Nullstelle und durch den Punkt $Q(2|-2)$ verläuft.

Lösung:

Informationen grafisch und algebraisch festhalten und Kandidaten bestimmen

Dies legt als Kandidaten eine Funktion 4. Grades nahe, denn es kommen fünf Parameter vor.

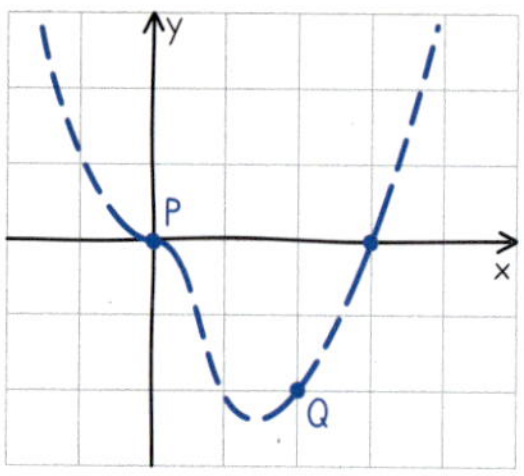

Der Steckbrief liefert fünf Bedingungen:

(1) $f(0) = 0$
(2) $f'(0) = 0$
(3) $f''(0) = 0$
(4) $f(3) = 0$
(5) $f(2) = -2$

Ein Polynom 4. Grades könnte die Bedingungen erfüllen.
Die Bedingungen liefern fünf Gleichungen für die fünf Koeffizienten a, b, c, d und e.

$f(x) = ax^4 + bx^3 + cx^2 + dx + e$
$f'(x) = 4ax^3 + 3bx^2 + 2cx + d$
$f''(x) = 12ax^2 + 6bx + 2c$

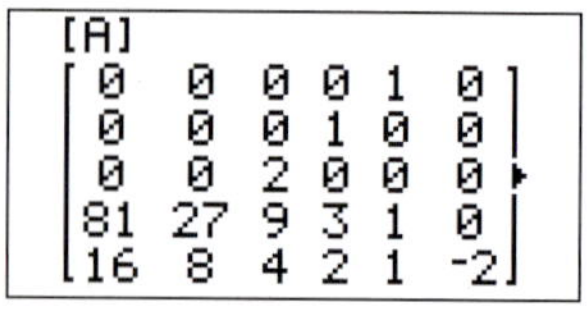

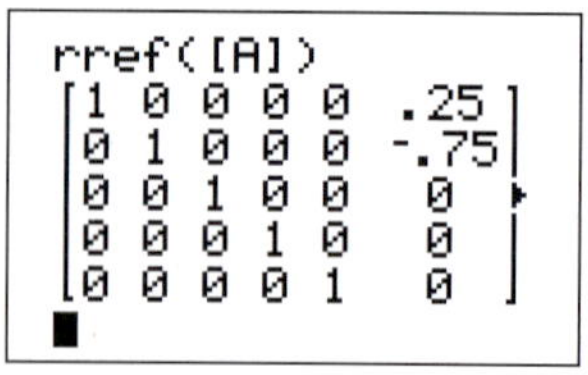

Gleichungssystem aufstellen und lösen, Funktionsgleichung erstellen und zugehörigen Graphen zeichnen

Aus den ersten drei Bedingungen folgt: $e = 0$, $d = 0$, $c = 0$
Es bleiben dann noch zwei Gleichungen für die Koeffizienten a und b.

$81a + 27b = 0$, also $b = -3a$
$16a + 8b = -2$, also $16a - 24a = -2$

Damit erhält man $a = \frac{1}{4}$ und $b = -\frac{3}{4}$.

Funktionsgleichung: $f(x) = \frac{1}{4}x^4 - \frac{3}{4}x^3$
Der Graph erfüllt die geforderten Eigenschaften.

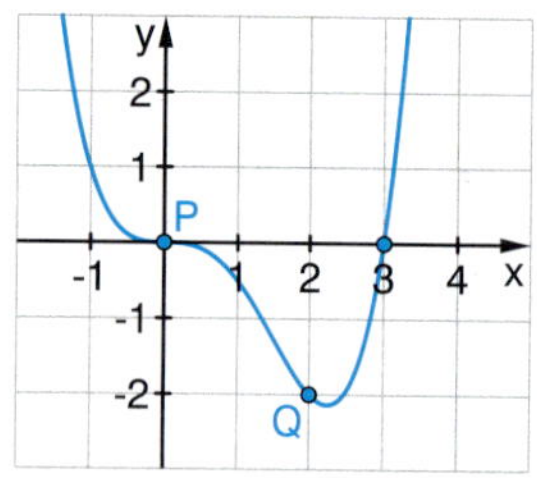

B *Steckbrief aus einer Situation – Modellierung*

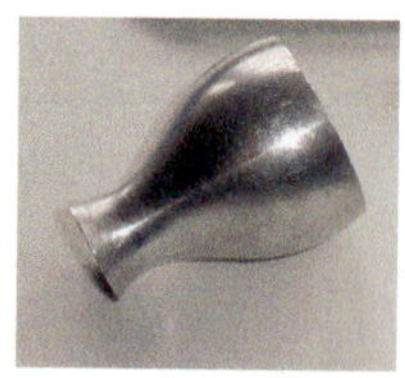

Lässt sich der Metallbecher als Rotationskörper einer ganzrationalen Funktion beschreiben?

Lösung:

Von der Form her kommt als Kandidat ein Polynom 3. Grades in Frage ($f(x) = ax^3 + bx^2 + cx + d$).
Der Becher wird daher an vier charakteristischen Stellen vermessen, die Messwerte (in mm) werden notiert.

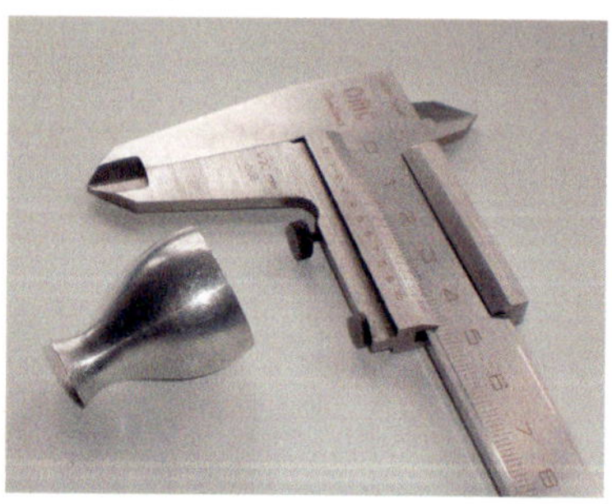

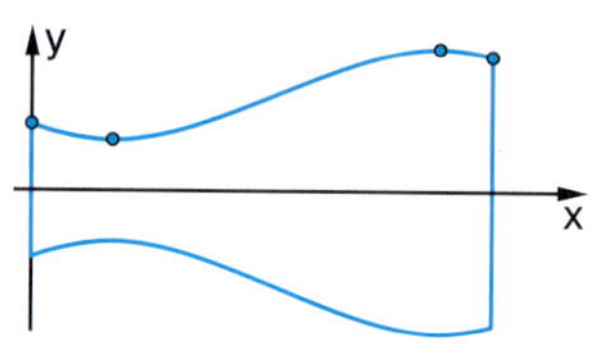

0	5	24	30
6,3	5	11,9	11,6

Es liegen vier Bedingungen vor:

(1) $f(0) = 6,3$
(2) $f(5) = 5$
(3) $f(24) = 11,9$
(4) $f(30) = 11,6$

Für die Koeffizienten ergibt sich durch Einsetzen der Punkte ein (4 × 4)-Gleichungssystem.

Das Gleichungssystem wurde mit dem GTR gelöst, die Werte für a, b und c sind gerundet.

$$\begin{pmatrix} 0 & 0 & 0 & 1 & 6,3 \\ 5^3 & 5^2 & 5 & 1 & 5 \\ 24^3 & 24^2 & 24 & 1 & 11,9 \\ 30^3 & 30^2 & 30 & 1 & 11,6 \end{pmatrix} \longrightarrow \begin{pmatrix} 1 & 0 & 0 & 0 & 0,0014 \\ 0 & 1 & 0 & 0 & 0,0670 \\ 0 & 0 & 1 & 0 & -0,5597 \\ 0 & 0 & 0 & 1 & 6,3 \end{pmatrix}, \text{ also } \begin{array}{l} a \approx -0,0014 \\ b \approx 0,067 \\ c \approx -0,56 \\ d = 6,3 \end{array}$$

Damit erhält man $f(x) = -0,0014x^3 + 0,067x^2 - 0,56x + 6,3$.
Der untere Ast lässt sich durch $g(x) = -f(x)$ (Spiegelung an x-Achse) beschreiben.
Der aus dem Graphen von f entstehende Rotationskörper modelliert die Form des Bechers sehr gut.

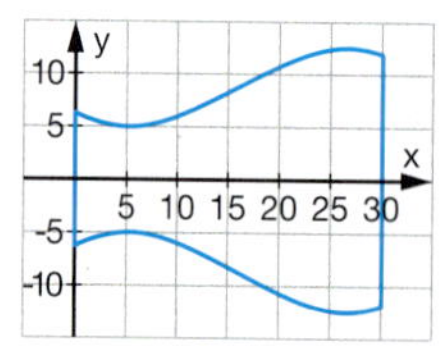

Die Aufgaben 3 und 4 vermitteln Erfahrungen zum Ausfüllen der Tabelle in Aufgabe 5.

Übungen

3 *Steckbriefe mit Vorgabe des Kandidaten*

a) Der Graph einer ganzrationalen Funktion 3. Grades verläuft durch den Ursprung und hat die Nullstellen $x_1 = -2$ und $x_2 = 4$. Die Tangente an der Stelle $x = 2$ hat die Steigung $m = -2$.

b) Der Graph einer ganzrationalen Funktion 3. Grades geht durch den Punkt $A(0|-12)$, hat an der Stelle $x = 4$ einen lokalen Extremwert und in $P(3|6)$ einen Wendepunkt.

c) Eine ganzrationale Funktion 4. Grades hat im Ursprung einen Wendepunkt mit der x-Achse als Tangente und in $W(1|-1)$ einen weiteren Wendepunkt.

4 *Steckbriefe ohne Vorgabe des Kandidaten*

Gesucht ist jeweils eine ganzrationale Funktion mit den folgenden Eigenschaften.
Tipp: a) und b) könnnen auch händisch bearbeitet werden, für c) und d) benötigt man möglichst einen GTR oder Software.

a) $P(0|1)$ liegt auf dem Graphen, $Q(1|4)$ ist ein Hochpunkt des Graphen. Der Graph hat an der Stelle $x = 4$ eine horizontale Tangente.

b) Der Graph hat einen Extrempunkt in $(0|3)$ und einen Wendepunkt an der Stelle $x = 3$. Er verläuft durch den Punkt $(1|1)$.

c) Der Graph hat in $H(-2|3)$ einen Hochpunkt, in $T(1|1)$ einen Tiefpunkt und einen weiteren Hochpunkt mit der x-Koordinate 2.

d) Der Graph hat einen Sattelpunkt $S(1|5)$, einen Tiefpunkt $T(2|2)$ und einen Hochpunkt bei $x = 4$.

5 *Übersetzungstabelle*

In jeder Spalte wird eine Eigenschaft des Graphen einer ganzrationalen Funktion in Wort, Bild und Gleichung festgehalten.

a) Füllen Sie die Tabelle vollständig aus.

Punkt $P(a\|b)$ liegt auf dem Graphen.	■	■	Der Graph hat an der Stelle a einen Wendepunkt.	■	■
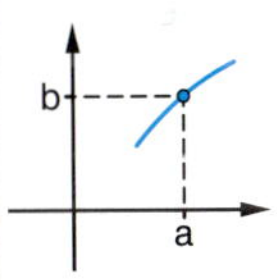	■	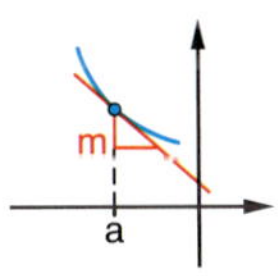	■	■	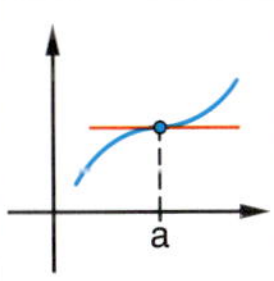
$f(a) = b$	$f(a) = 0$	■	■	$f'(a) = 0$ und $f''(a) \neq 0$	■

Die Tabelle kann bei den Übungen in diesem Kapitel hilfreich sein.

b) Ergänzen Sie die Tabelle durch das Symmetrieverhalten. Wie können Sie an den Potenzen von x das Symmetrieverhalten erkennen?

6 *Dichte Steckbriefe*

a) Welches zur y-Achse symmetrische Polynom 4. Grades geht durch $A(0|2)$ und hat in $B(1|0)$ ein Minimum?

b) Welches zu $(0|0)$ symmetrische Polynom 5. Grades geht durch $\left(0\middle|\frac{2}{15}\right)$ und hat in $(2|-2)$ einen Extrempunkt?

c) Stimmt das?

- Zur y-Achse symmetrische Polynome haben einen Extrempunkt auf der y-Achse.
- Zum Ursprung symmetrische Polynome haben im Ursprung einen Wendepunkt.

Übungen

7 *Grafische Steckbriefe*

Durch die Abbildung ist jeweils der Graph einer ganzrationalen Funktion gegeben. Bestimmen Sie eine passende Funktionsgleichung.

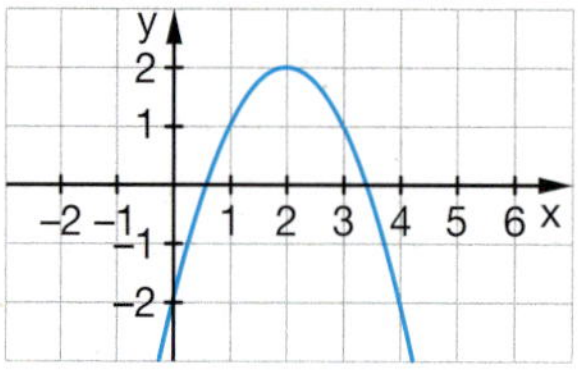

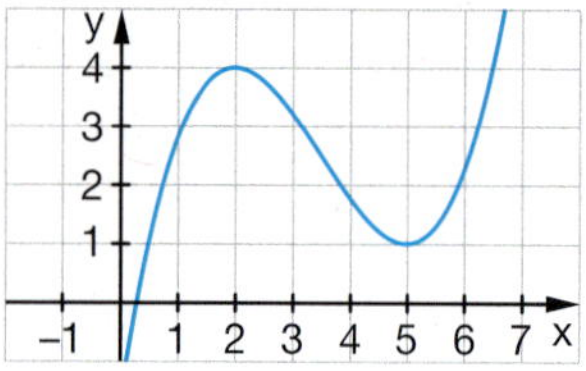

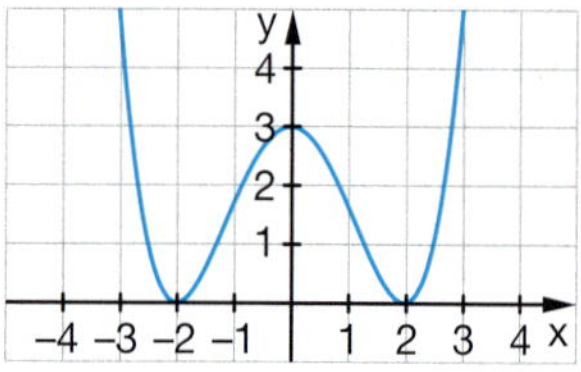

8 *Reichhaltige Steckbriefe*

a) Skizzieren Sie jeweils einen Funktionsgraphen mit den gegebenen Eigenschaften.

(I)
$f(-2) = 8$
$f(0) = 4$
$f(2) = 0$
$f'(x) > 0$ für $|x| > 2$
$f'(2) = f'(-2) = 0$
$f'(x) < 0$ für $|x| < 2$
$f''(x) < 0$ für $x < 0$
$f''(x) > 0$ für $x > 0$

(II)

x	y	Graph
$x < 2$		fallend, linksgekrümmt
2	1	horizontale Tangente
$2 < x < 4$		steigend, linksgekrümmt
4	4	Wendepunkt
$4 < x < 6$		steigend, rechtsgekrümmt
6	7	horizontale Tangente
$x > 6$		fallend, rechtsgekrümmt

b) Bestimmen Sie jeweils eine ganzrationale Funktion möglichst niedrigen Grades mit den obigen Eigenschaften. Vergleichen Sie deren Graphen mit Ihrer Skizze.

9 *Ganzrationale Garageneinfahrt*

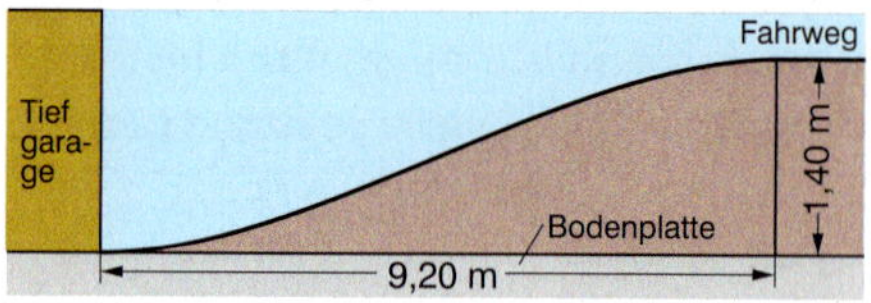

Die Tiefgarage des Hauses ist nur über eine abschüssige Zufahrt zu erreichen. Der Übergang soll möglichst „glatt" verlaufen und die maximale Steigung soll nicht zu groß sein, sodass sie von einem normalen Pkw zu bewältigen ist. Entwerfen Sie eine Planung mithilfe eines geeigneten Funktionsgraphen. Vergleichen Sie Ihre Lösung mit denen anderer.

10 *„Ganzrationale Renovierung" der Wasserrutsche*

Die Wasserrutsche am Kinderbecken ist etwas in die Jahre gekommen. Sie soll durch eine Rutsche mit dem grafischen Design eines Polynoms 3. Grades ersetzt werden. Zwei Varianten werden vorgeschlagen:

I: Die Rutsche schließt in C und B knickfrei an die waagerechten Stücke an.

II: Das Polynomdesign reicht von C bis D und weist im Anfangs- und Endpunkt jeweils die Steigung 0 auf.

Da die Rutsche für Kinder genutzt wird, darf die maximale Steigung 120 % nicht überschreiten.

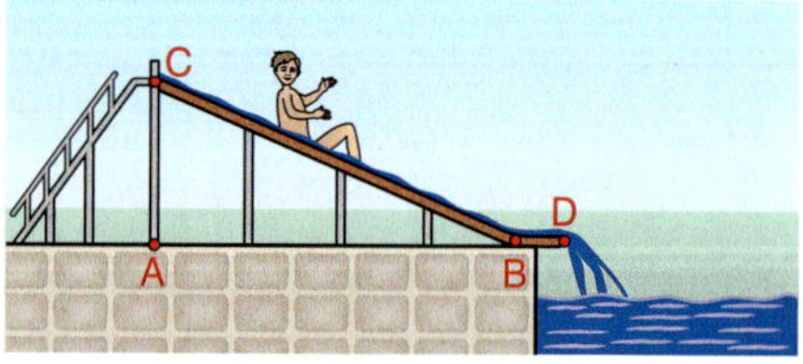

AB = 4 m; AC = 2 m; BD = 0,5 m

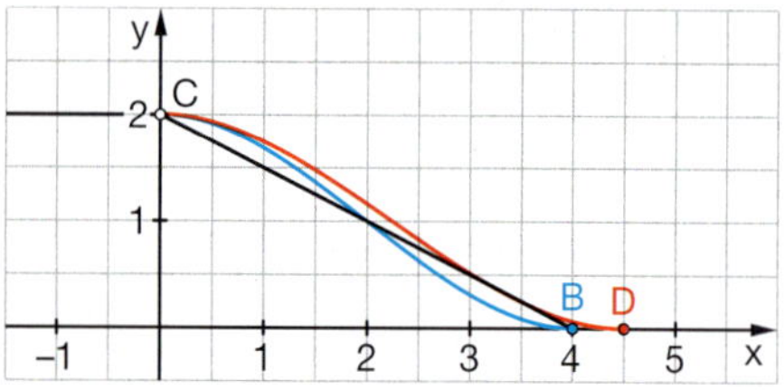

Übungen

Anwendungen

11 *Minigolf mit Mathe*

Bei einer Minigolfbahn soll eine Bande zwischen B und C so gebaut werden, dass man vom Abschlagpunkt A möglichst einfach direkt in L einlochen kann.

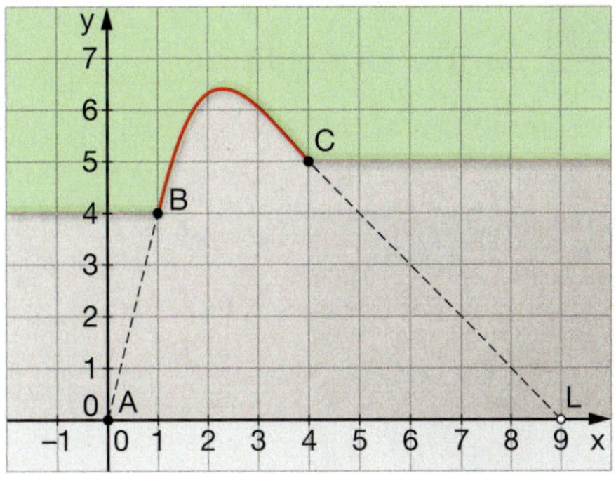

12 *Firmenlogo*

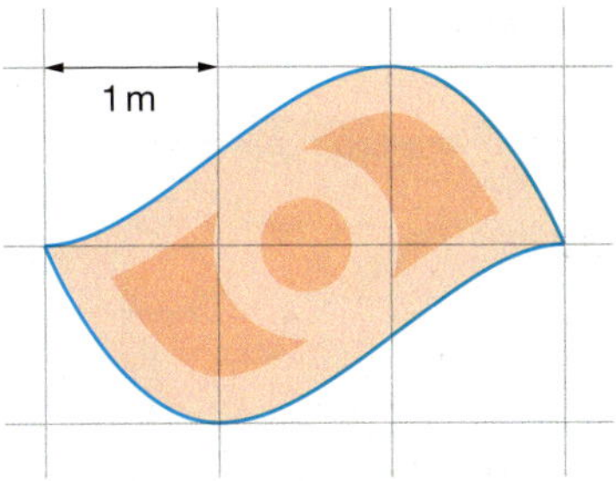

Das Designbüro *GanRat3* hat für einen Kunden ein neues Logo entwickelt.
Das Logo ist punktsymmetrisch und soll in den angegebenen Maßen produziert werden.
Die Designer haben ganzrationale Funktionen vom Grad 3 benutzt.
Ermitteln Sie passende Randfunktionen.

13 *Dach*

Ein Dach für eine Halle mit den angegebenen Maßen soll in der nebenstehenden Form konstruiert werden. Der höchste Punkt liegt in einer Höhe von 8 m, die seitlichen Stützmauern sind 6 m hoch, der Dachauslauf an den Seiten soll knickfrei und waagerecht seitlich der Stützmauern sein.

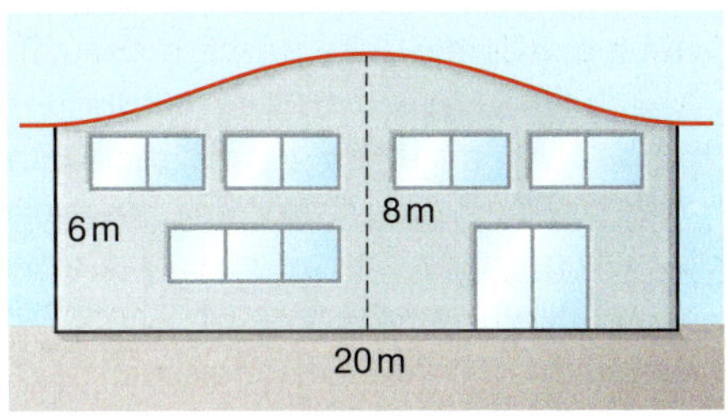

a) Ermitteln Sie eine geeignete Funktion.
b) An welcher Stelle ist das Dach am steilsten?

14 *Skaterbahn*

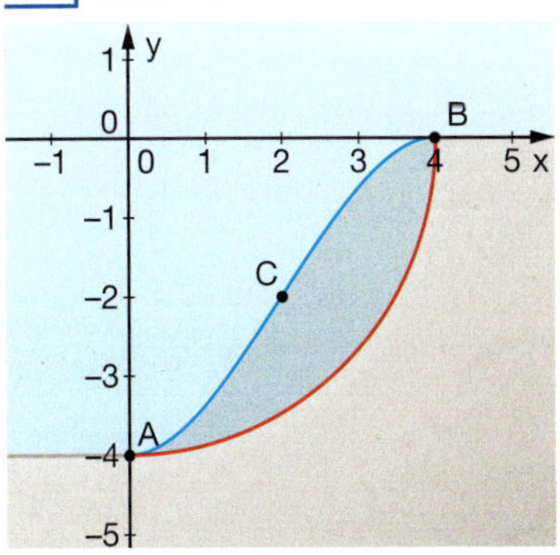

Für eine Skaterbahn müssen noch die gebogenen Teile gebaut werden. Die Abbildung (blau) zeigt eine knickfreie Verbindung mithilfe einer ganzrationalen Funktion vom Grad 3.

a) Ermitteln Sie die Funktionsgleichung und zeigen Sie, dass die Verbindung durch den Punkt C verläuft.

b) Als Alternative wird eine Verbindung durch zwei Parabelstücke erwogen. Bestimmen Sie eine geeignete Parabel durch A und C und danach eine passende durch C und B.

c) Bei einer Halfpipe werden meist kreisförmige Stücke gebaut. Zeigen Sie, dass $K(x) = -\sqrt{16 - x^2}$ für $0 \le x \le 4$ das Kreisbogenstück beschreibt.

d) Beschreiben Sie die unterschiedlichen „Fahrerlebnisse" bei den Verbindungen aus den Teilaufgaben a) bis c).

Sanfte Übergänge

Beim Straßen- und Schienenbau besteht ein Problem in dem Übergang von einer geraden Strecke zu einer Kurve. Bei der Modelleisenbahn wird einfach an die geraden Gleisstücke ein Kreisbogen angeschlossen. Wenn man genau hinsieht, stellt man fest, dass die Modellbahn beim Überfahren dieser Anschlussstelle einen ziemlichen Ruck erfährt. Dieser Ruck ist leicht erklärbar. Stellen Sie sich vor, Sie fahren mit einem Fahrrad auf einer ganz schmalen Kreisbahn (Kreidelinie). Dazu muss der Lenker in einer konstanten Position eingeschlagen sein. Auf der geraden Strecke steht der Lenker gerade. Bei dem Übergang muss nun der Lenker ruckartig aus der Kurvenstellung in die gerade Stellung gebracht werden.

Beim Straßen- und Schienenbau ist unter anderem also darauf zu achten, dass die Krümmung der Streckenführung sich nicht ruckartig ändert. Dabei müssen auch die Straßenbreite oder das Fahrverhalten bei hohen Geschwindigkeiten, bei plötzlichem Beschleunigen oder Abbremsen berücksichtigt werden.

Klothoide

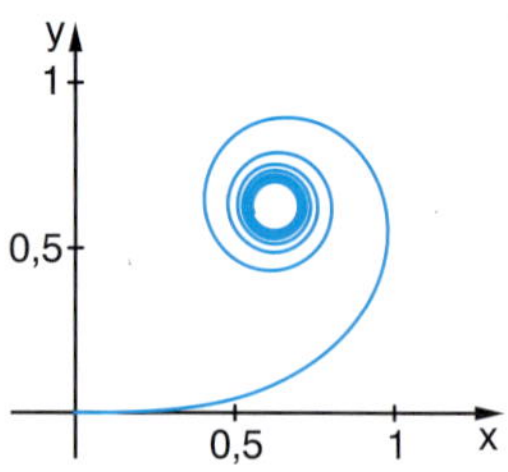

Die Klothoide lässt sich nicht als Funktionsgraph beschreiben.

In der Realität wird das Problem auf verschiedene Weise gelöst. Dabei helfen auch mathematische Kurven, wie z. B. die Klothoide. Sie wird als Übergangsbogen bei Kurven im Straßen- und Eisenbahnbau eingesetzt. Ihr Krümmungsverlauf nimmt linear zu und dient einer ruckfreien Fahrdynamik.
Wenn wir in einer wenig realistischen Betrachtung die Streckenverläufe als Linien (ohne Breite) ansehen, so lassen sich diese durch Funktionsgraphen modellieren. In einfachen Fällen kann man die Ruckfreiheit dann dadurch erreichen, dass die Funktionen an den Übergängen in ihrer ersten und zweiten Ableitung übereinstimmen.

Übungen

15 *Vereinfachte Modellierung von Übergängen mit ganzrationalen Funktionen*
In den folgenden Situationen sollen gute Übergangsbögen zwischen A und B gefunden werden. In d) soll dieser Bogen durch den Punkt C verlaufen.

a)
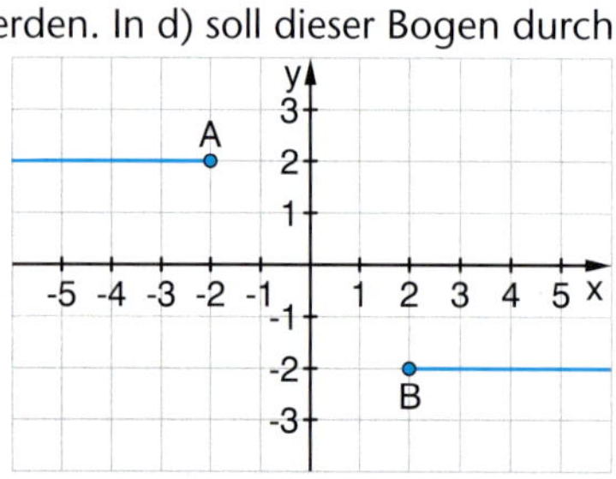

b)
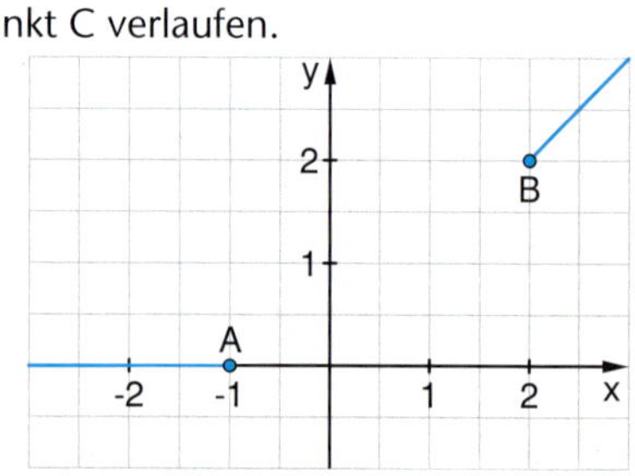

c)
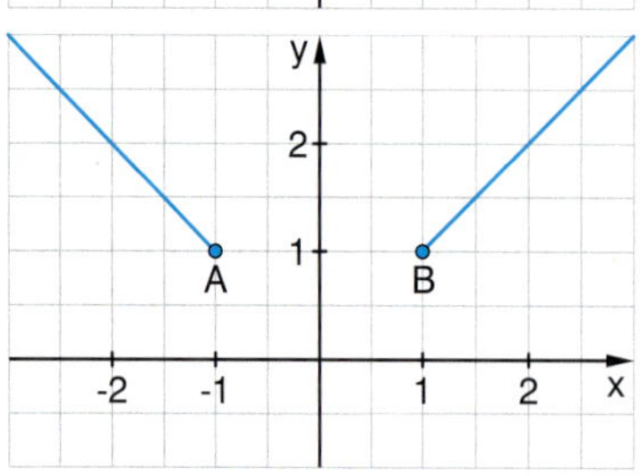

d)
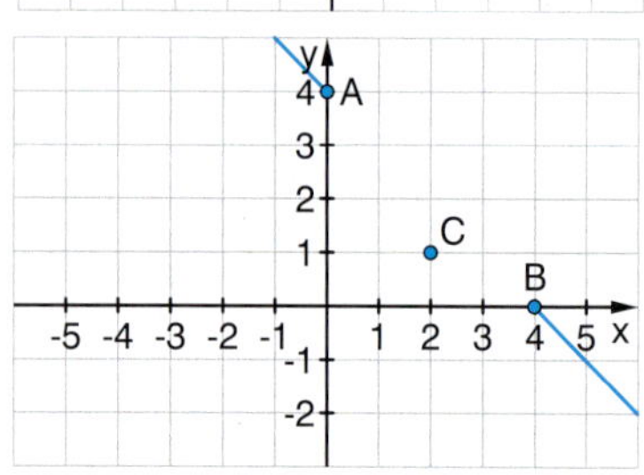

Übungen

16 *Biegelinien*

Durch Gewichte belastete Gegenstande, z. B. ein Balken, biegen sich durch. Die dabei entstehende Biegelinie kann durch Graphen ganzrationaler Funktionen beschrieben werden.

Auf dem Foto ist ein Metallstreifen (eine Blattfeder) am linken Ende waagerecht eingespannt, während das rechte Ende durch ein Gewichtsstück belastet wird und frei herunterhängt. Durch die Projektion der Blattfeder auf Koordinatenpapier wurde die Kurve aufgezeichnet. Die Koordinaten von drei Punkten konnten dabei gut abgelesen werden:
A(0|19); B(7|16); C(17|0)

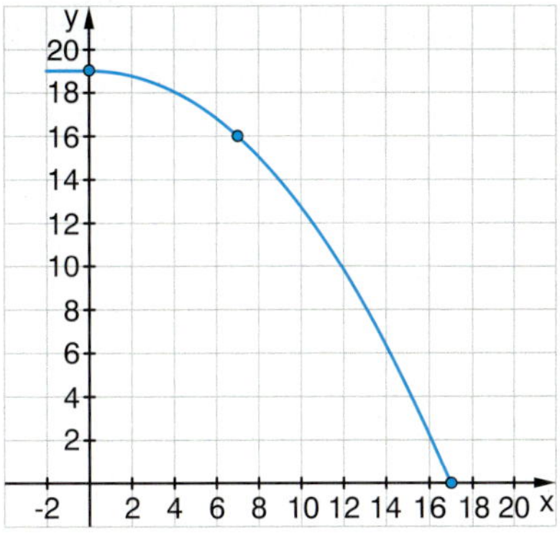

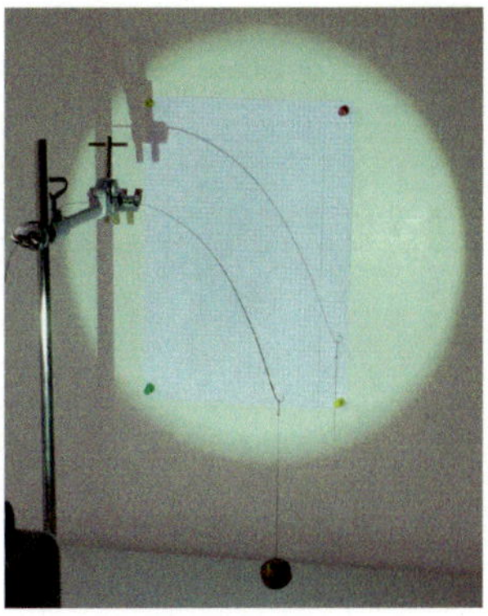

Nach der physikalischen Theorie müsste die Biegelinie wie der Graph einer ganzrationalen Funktion dritten Grades verlaufen.
Bestimmen Sie diese mit den vorgegebenen Punkten und der Einspannbedingung eine solche Funktion und vergleichen Sie diese mit dem Projektionsbild. Welche Fehlerquellen könnten fur eventuelle leichte Abweichungen verantwortlich sein?

17 *Eine Vase*

Gruppenarbeit

Ein Designer konstruiert in freier Skizze eine Vasenform. Für die computergestützte, industrielle Fertigung soll die Form durch eine geeignete Kurve beschrieben werden. Zunächst wird das Profil in einem Koordinatensystem abgetragen (der Sockel wird dabei zunächst weggelassen). Die Skalierung muss nicht in cm erfolgen.
Die folgenden Punkte sind ausgelesen:

	A	B	C	D	E
x-Koord.	0	3	5	7	9,5
y-Koord.	1,6	2,9	2,75	1,4	2,4

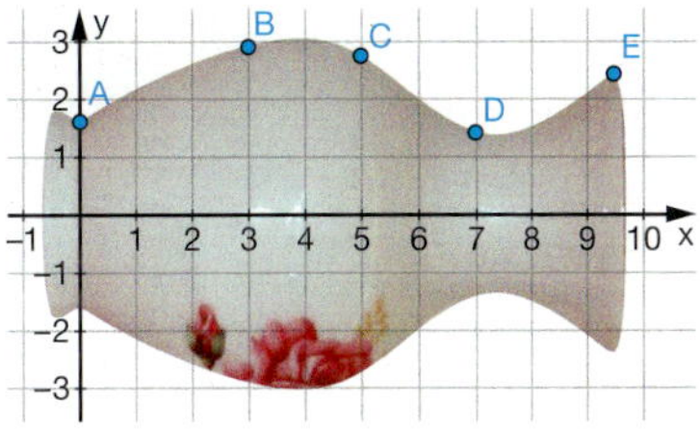

Sie haben verschiedene Verfahren kennengelernt, wie man Messpunkte mit geeigneten Funktionen anpassen kann:

(A) Regressionsfunktionen

(B) Bestimmung eines Polynoms mithilfe von ausgewählten Punkten

(C) Benutzung von besonderen Punkten (Extrem- und Wendepunkte)

Benutzen Sie verschiede Verfahren, um eine passende Funktion zu finden. Vergleichen Sie die Lösungen. Ist die Vasenform damit gut erfasst?

Im Exkurs auf Seite 95 können Sie mehr über die Modellierung der Vasenform erfahren.

KOPFÜBUNGEN

1 Bestimmen Sie jeweils die Definitionsmenge:
a) $f(x) = \frac{x+1}{2}$ b) $g(x) = \frac{2}{x+1}$ c) $h(x) = \sqrt{x+1}$

2 Ein Klettergerüst ist von der Spitze aus mit 10 m langen Seilen im 30°-Winkel am Boden befestigt. Bestimmen Sie die Höhe des Klettergerüstes.

3 Was bedeutet in der Stochastik $P(A|B)$? Formulieren Sie diesen Sachverhalt in Worten.

4 Lösen Sie das Gleichungssystem: $\begin{aligned} y - 2x &= -3 \\ y + 3x &= 2 \end{aligned}$

Projekt

Tipps:
- Symmetrie nutzen
- Funktionen abschnittsweise definieren und passend aneinandersetzen

Klassische Bögen und moderne Architektur

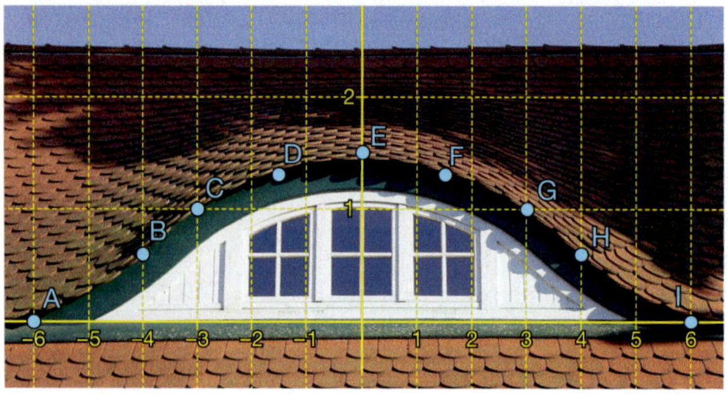

A(−6 | 0); B(−4 | 0,6); C(−3 | 1); D(−1,5 | 1,3); E(0 | 1,5); F(1,5 | 1,3); G(3 | 1); H(4 | 0,6); I(6 | 0)

GTR: Stückweise definierte Funktion im „DOT-Modus" zeichnen

(1) Eine ganzrationale Funktion vom Grad 4

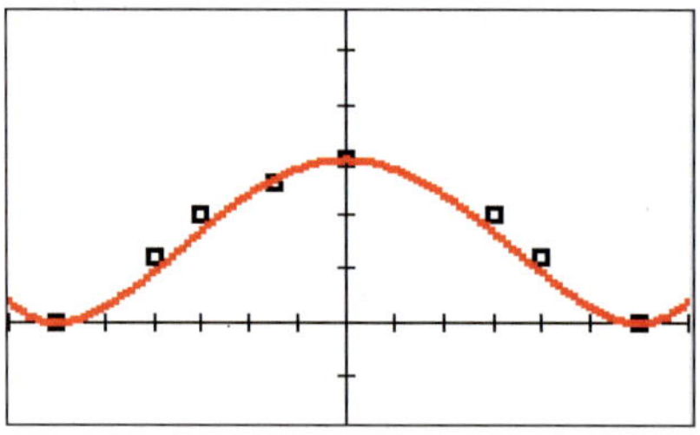

(2) Stückweise mit Parabeln

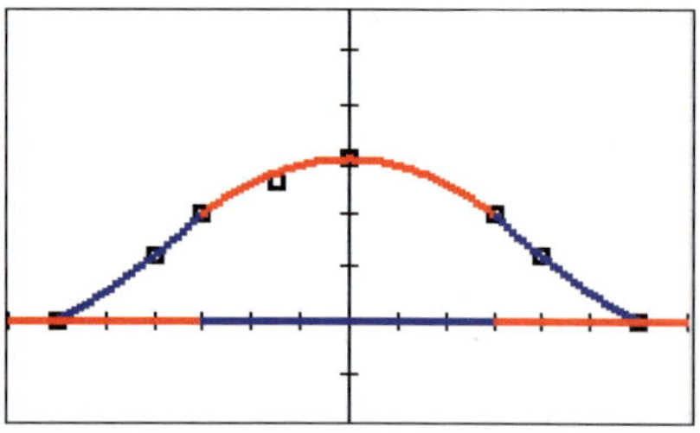

Tipp:
Kontur aus mehreren Funktionen abschnittsweise definieren und passend zusammensetzen.

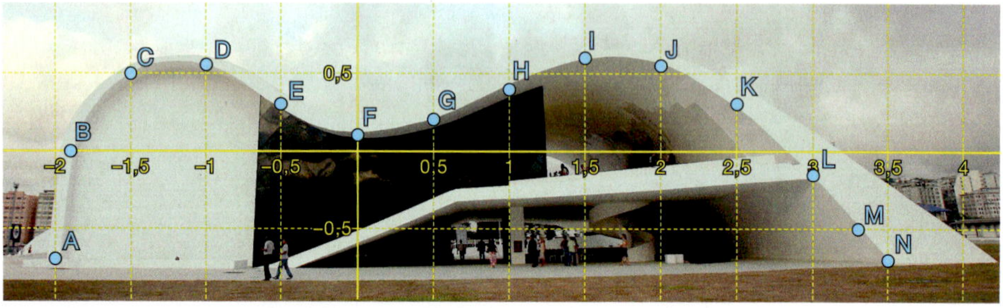

A(−2 | −0,7); B(−1,9|0); C(−1,5 | 0,5); D(−1 | 0,55); E(−0,5 | 0,3);
F(0 | 0,1); G(0,5 | 0,2); H(1 | 0,4); I(1,5 | 0,6); J(2 | 0,55);
K(2,5 | 0,3); L(3 | −0,15); M(3,3 | −0,5); N(3,5 | −0,7)

Das Volkstheater in Niteroi in Brasilien wurde von Oscar Niemeyer entworfen und 2007 eröffnet.

Eine Umriss-Skizze entsteht mithilfe der Graphen von abschnittsweise definierten Funktionen auf dem Bildschirm.

Das Auditorium von Teneriffa ist eine Konzert- und Kongresshalle in Santa Cruz de Tenerife. Sie wurde vom spanischen Architekten Santiago Calatrava entworfen.

Suchen Sie Fotos von Bögen aus Ihrer Umgebung.

Formen mit CAD konstruieren

Wenn Formen mit dem Computer konstruiert werden sollen (Computer aided Design, CAD), muss zunächst die Form mathematisch konstruiert werden. Die notwendigen Informationen dazu ergeben sich aus der realen Form. In diesem Lernabschnitt haben Sie vielfältig versucht, geeignete Funktionen zu finden. Leider passen die gefundenen Modelle aber nicht immer hinreichend gut. So haben Sie vermutlich bei der Vase in Aufgabe 17 noch kein überzeugendes Modell gefunden und wenn, dann ergab es sich mehr oder weniger zufällig durch die Auswahl gewisser Punkte und Eigenschaften. Beim CAD möchte man aber, dass nach einem Verfahren mit festen Regeln (algorithmisch) die Lösungsfunktion gefunden wird. Ziel ist also eine möglichst universelle Methode, die auf die unterschiedlichsten Formen angewendet werden kann. Mathematiker haben verschiedene Verfahren dazu gefunden. Ein häufig benutztes ist die Interpolation mit Splines.

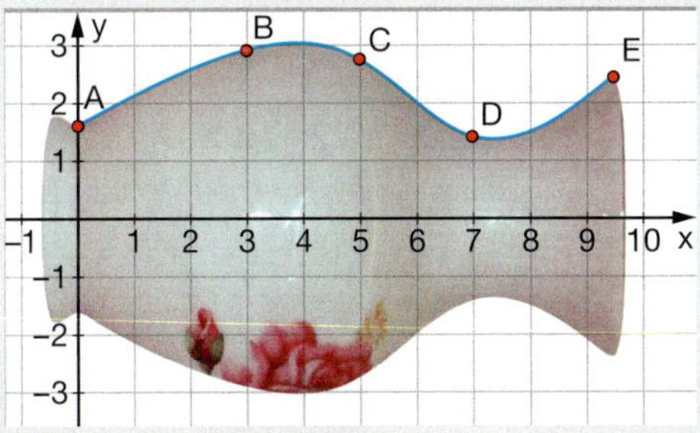

Der grundlegende Ansatz ist dabei, nicht eine Funktion durch alle Punkte zu finden, sondern je zwei Punkte durch eine Funktion zu verbinden, sodass sich die Lösungsfunktion aus mehreren Teilfunktionen zusammensetzt. Damit dies knick- und ruckfrei passiert, werden häufig ganzrationale Funktionen vom Grad 3 benutzt (kubische Splines). Für die Vase mit den Stützpunkten aus Aufgabe 17 erhält man:

$$f(x) = \begin{cases} -0{,}0100x^3 + 0{,}5240x + 1{,}6 & \text{für } 0 \le t < 3 \\ -0{,}0364x^3 + 0{,}2369x^2 - 0{,}1867x + 2{,}3107 & \text{für } 3 \le t < 5 \\ 0{,}1227x^3 - 2{,}1493x^2 + 11{,}7445x - 17{,}5747 & \text{für } 5 \le t < 7 \\ -0{,}0569x^3 + 1{,}6227x^2 - 14{,}6595x + 44{,}0348 & \text{für } 7 \le t < 9{,}5 \end{cases}$$

Ein wichtiges Anwendungsgebiet für Splines ist die Automobilindustrie, wo viele Teile nicht mehr nur auf Papier geplant und dann als Modell gefertigt werden, sondern auch mithilfe des Computers digitalisiert und am Bildschirm 3-dimensional dargestellt werden. Das Arbeiten mit Computermodellen hat den Vorteil, dass eine Konstruktionsänderung in kurzer Zeit am Computer durchgeführt werden kann, das Anfertigen eines neuen Modells aus Holz, Plastik oder Metall benötigt viel mehr Zeit, Arbeit und auch Geld.

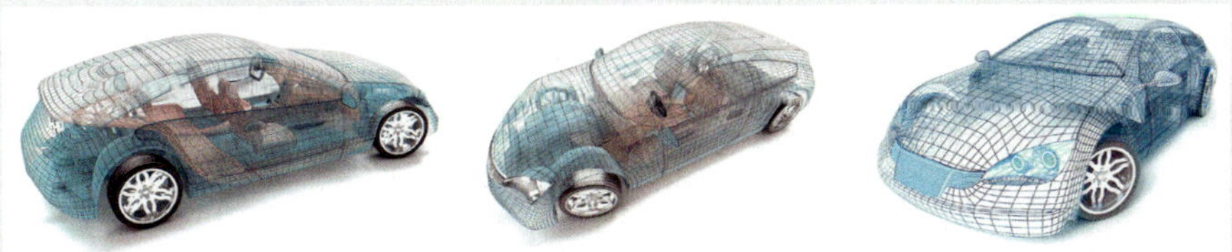

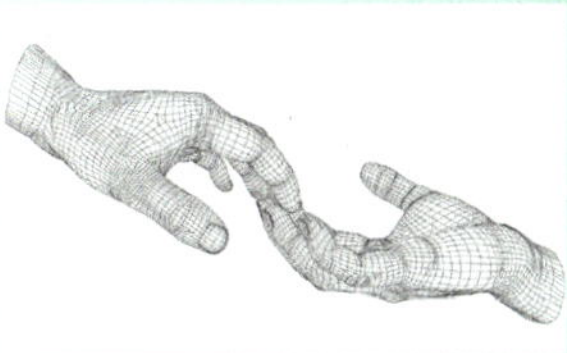

Splines im Schiffbau

Die Form eines Schiffsrumpfes hat erhebliche Auswirkungen auf die Geschwindigkeit und den Energieverbrauch von Schiffen. Gegenüber einer massiven Bauweise haben Konstruktionen mit Quer- und Längslattungen einen erheblichen Gewichtsvorteil. Beim Bau von Schiffen wurden früher *Straaklatten* (engl.: *spline* = dünne Latte) benutzt,um eine optimale Form für den Schiffsrumpf zu finden. Dabei wurden leicht biegbare Latten um Befestigungspunkte gelegt, die durch das Konstruktionsprinzip des Schiffes vorgegeben waren. Die Latten nehmen aufgrund ihrer Elastizität von selbst eine Form an, die am wenigsten Biegeenergie erfordert und damit insgesamt die geringste Krümmung aufweist.

CHECK UP

Modellieren mit Funktionen – Kurvenanpassung

Strategie beim Modellieren mit Funktionen

1. Vorgegebene Daten im Koordinatensystem erfassen
2. Aus den Punkten einen Kandidaten für einen passenden Funktionstyp vermuten
3. Allgemeine Funktionsgleichung (mit Parametern) angeben
4. Parameter bestimmen
   - durch grafische Anpassung
   - mithilfe eines Gleichungssystems
   - durch eine Regressionsfunktion
5. Graphen zeichnen und überprüfen, ob er zu den vorgegebenen Daten passt

Kandidaten für den Funktionstyp

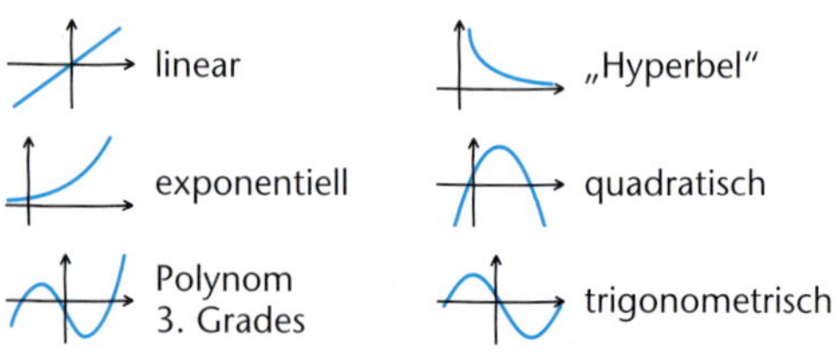

Gauß-Algorithmus

Durch Äquivalenzumformungen wird eine Matrix in die Dreiecksform überführt.

$$\left(\begin{array}{ccc|c} 0 & 1 & 1 & -1 \\ 2 & 3 & -2 & 0 \\ -1 & 2 & 3 & -5 \end{array}\right)$$

Vertauschen von Zeile 1 und Zeile 2

$$\left(\begin{array}{ccc|c} 2 & 3 & -2 & 0 \\ 0 & 1 & 1 & -1 \\ -1 & 2 & 3 & -5 \end{array}\right) \begin{array}{l} \cdot 1 \\ \\ \cdot 2 \end{array} +$$

Multiplikation der Zeile 3 mit 2 und Addition mit Zeile 1

$$\left(\begin{array}{ccc|c} 2 & 3 & -2 & 0 \\ 0 & 1 & 1 & -1 \\ 0 & 7 & 4 & -10 \end{array}\right) \begin{array}{l} \\ \cdot(-7) \\ \cdot 1 \end{array} +$$

Multiplikation von Zeile 2 mit –7 und Addition zu Zeile 3

$$\left(\begin{array}{ccc|c} 2 & 3 & -2 & 0 \\ 0 & 1 & 1 & -1 \\ 0 & 0 & -3 & -3 \end{array}\right)$$

Ganzrationale Funktionen vom Grad n

$f(x) = a_n x^n + a_{n-1} x^{n-1} + a_{n-2} x^{n-2} + \ldots + a_1 x + a_0$

$a_i \in \mathbb{R},\ n \in \mathbb{N}$

1 *Ein Brückenbogen*

Die Tyne Bridge in Newcastle wird von zwei Stahlbögen gestützt.

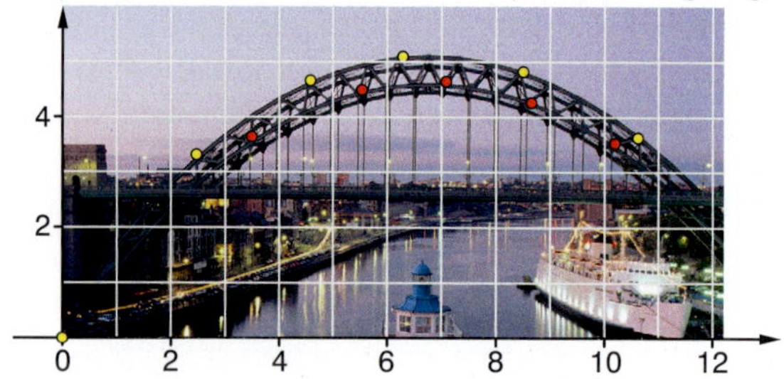

Es wurden einige Punkte für beide Bögen vermessen.

oberer Bogen: A(0|0); B(2,47|3,31); C(4,58|4,66); D(6,29|5,09); E(8,5|4,82); F(10,62|3,62)

unterer Bogen: G(3,49|3,64); H(5,53|4,49); I(7,08|4,64); J(8,65|4,26); K(10,19|3,52)

Beschreiben Sie die Bögen durch passende Funktionen.

2 *Ein Fischbestand*

In einem Teich wurden vor fünf Jahren Fische ausgesetzt. Dann wurde jährlich der Bestand gemessen.

Jahr	0	1	2	3	4	5
Anzahl	20	32	50	82	130	201

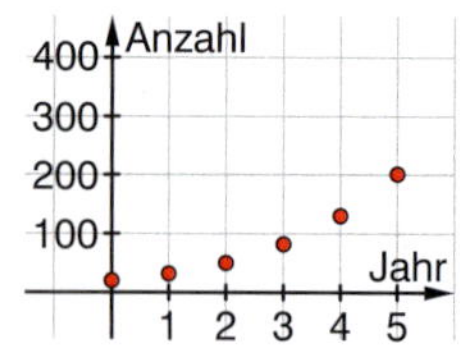

Ermitteln Sie verschiedene Funktionen, die die Entwicklung des Fischbestandes gut beschreiben. Wie entwickelt sich der Bestand nach den Modellen in den nächsten Jahren? Geben Sie die Werte für das zehnte Jahr an. Was halten Sie von Ihren Modellen, wenn Sie die langfristige Entwicklung betrachten?

3 *Gleichungssysteme händisch lösen*

Lösen Sie die Gleichungssysteme mithilfe des Gauß-Verfahrens per Hand und überprüfen Sie die Lösung mit dem GTR.

a) $x - y + 2z = 1$
$2x + y - z = 3$
$x + y - z = 2$

b) $2x + y - z = 2$
$x + 2y + z = 1$
$2x - y + 3z = -10$

4 *Steckbriefe mit Punkten*

Bestimmen Sie die Gleichung einer ganzrationalen Funktion, deren Graph durch die gegebenen Punkte verläuft.

a) A(1|3); B(2|5,5); C(4|13,5)
b) A(–1|3); B(1|–1); C(2|–6)
c) A(–2|–4); B(0|–4); C(2|0); D(4|–4)

5 *Zwei Steckbriefe mit Graphen*

Bestimmen Sie jeweils eine passende Funktionsgleichung.

a)
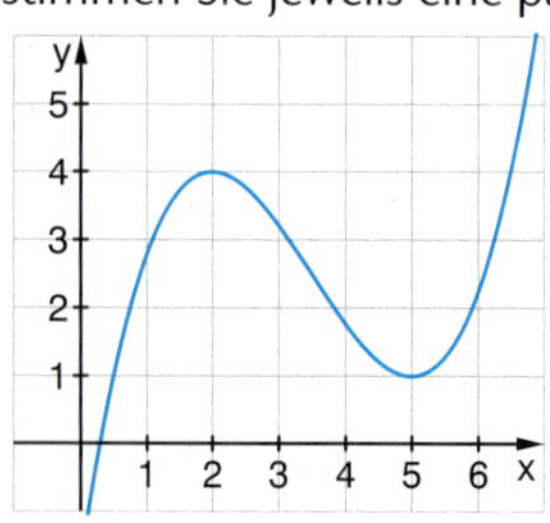

b)
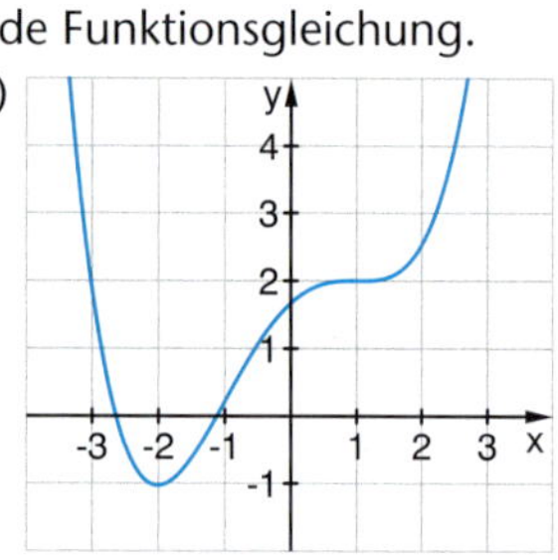

6 *Zwei Steckbriefe mit besonderen Punkten*
a) Der Graph einer Funktion hat einen Sattelpunkt (1 | 5), einen Tiefpunkt (2 | 2) und einen Hochpunkt bei x = 4. Bestimmen Sie die Funktionsgleichung.
b) Der Graph einer Funktion hat einen Hochpunkt (−2 | 3), einen Tiefpunkt (1 | 1) und einen weiteren Hochpunkt mit der x-Koordinate 2. Bestimmen Sie eine Funktionsgleichung. Wie lautet die y-Koordinate des zweiten Hochpunktes?

7 *Ein Steckbrief mit Matrizen*
Mit der abgebildeten Matrix wurden die Koeffizienten einer ganzrationalen Funktion berechnet, deren Graph durch die Punkte P, Q und R gehen soll. Zeichnen Sie die Punkte und den Graphen im Koordinatensystem.

[A]
$$\begin{bmatrix} 1 & 1 & 1 & 5 \\ 9 & 3 & 1 & 1 \\ 16 & 4 & 1 & 3 \end{bmatrix}$$

rref([A])
$$\begin{bmatrix} 1 & 0 & 0 & \frac{4}{3} \\ 0 & 1 & 0 & -\frac{22}{3} \\ 0 & 0 & 1 & 11 \end{bmatrix}$$

8 *Ganzrationaler Giebel*
Der geschwungene Giebel eines alten Hauses lässt sich durch eine ganzrationale Funktion 4. Grades modellieren. Die oberen Ecken des eingebauten Fensters befinden sich in den Wendepunkten der Funktion. Wie groß ist die Fläche des Fensters (Maße in m)? Schätzen und rechnen Sie.

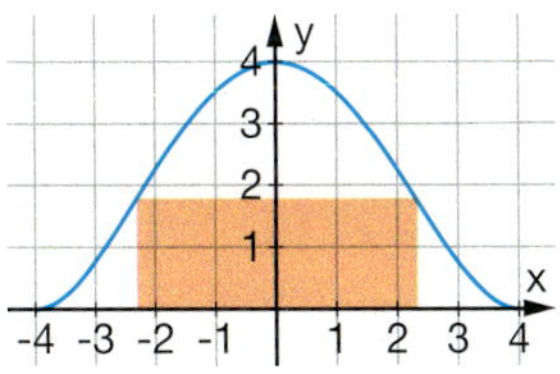

9 *Knick- und ruckfrei?*
Zwischen den Graphen der Funktion $f(x) = x^2$ im Intervall [0; 2] und $g(x) = 2x - 7$ im Intervall [4; 6] soll ein Übergang modelliert werden.

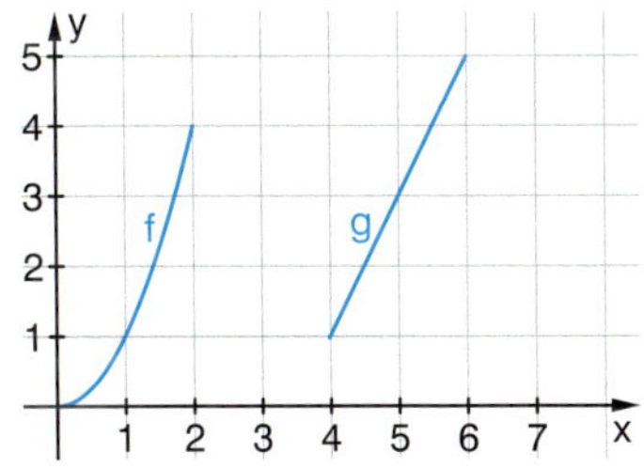

a) Modellieren Sie den Übergang knickfrei durch eine ganzrationale Funktion von möglichst kleinem Grad.
b) Überprüfen Sie, ob Ihre Modellierung auch ruckfrei ist.

10 *Ganzrationale Autobahnstücke*
Zwei gradlinige Autobahnstücke lassen sich durch die Geraden y = x und y = −x beschreiben.
Die beiden Autobahnen sollen zwischen den Punkten P(−1 | 1) und Q(1 | 1) verbunden werden.

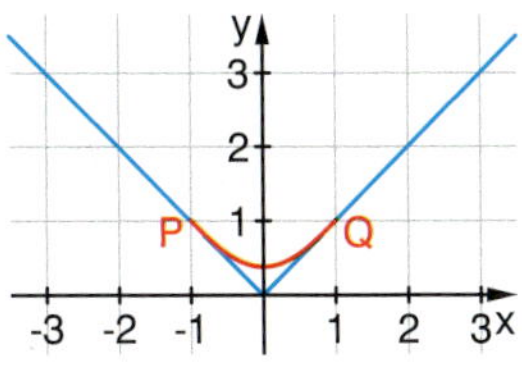

Nennen Sie die Kriterien, die für problemlose Übergänge zu beachten sind und berechnen Sie eine Funktion, die das Verbindungsstück beschreibt.

CHECK UP

Modellieren mit Funktionen – Kurvenanpassung

Strategie zur Lösung von Steckbriefaufgaben zu ganzrationalen Funktionen

(1) Eigenschaften im Koordinatensystem darstellen

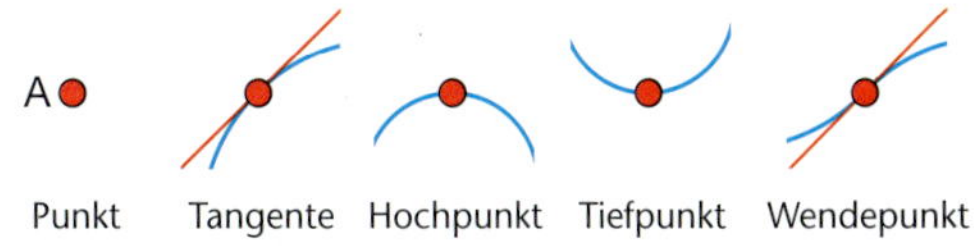

(2) Passenden Kandidaten suchen
Erste Orientierung:
Anzahl der Bedingungen n → Grad (n − 1)
(3) Eigenschaften in Gleichungen für die Koeffizienten des Polynoms übersetzen
(4) Gleichungssystem lösen
(5) Funktionsgleichung angeben
(6) Graphen zeichnen
(7) Probe:
Erfüllt der Graph alle Bedingungen?

Übersetzungstabelle

geometrische Eigenschaft	algebraische Übersetzung
P(a | b) liegt auf dem Graphen.	f(a) = b
An der Stelle a ist ein lokaler Extrempunkt.	f′(a) = 0
An der Stelle a hat der Graph die Steigung m.	f′(a) = m
An der Stelle a ist ein Wendepunkt.	f″(a) = 0
An der Stelle a ist ein Sattelpunkt.	f′(a) = 0 f″(a) = 0

Anwendungen
Mithilfe ganzrationaler Funktionen lassen sich funktionale Zusammenhänge aus Natur und Wirtschaft gut modellieren.

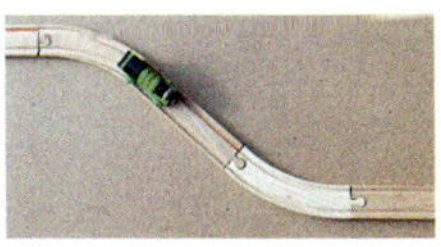

Insbesondere lassen sich damit Forderungen an glatte Kurvenverläufe (ohne Knicke) und ruckfreie Übergänge (ohne Krümmungsänderung) berücksichtigen.

f und g knickfrei in A(t | f(t)):
$$f'(t) = g'(t)$$
f und g ohne Krümmungsänderung in A(t | f(t)):
$$f''(t) = g''(t)$$

Sichern und Vernetzen – Vermischte Aufgaben

Training

1 *Übersetzungen*

Ordnen Sie den Beschreibungen die passenden Gleichungen zu.

(1) Der Graph von f ist symmetrisch zur y-Achse.	(2) f hat an der Stelle a eine Wendestelle.	(3) f hat an der Stelle a einen lokalen Extremwert.
(4) Die Tangente im Punkt $(a \mid f(a))$ hat die Steigung 2.	(5) f hat an der Stelle a einen Sattelpunkt.	(6) f ist punktsymmetrisch zum Ursprung.
(7) Der Graph von f schneidet die x-Achse an der Stelle a.	(8) Der Graph von f berührt an der Stelle a die x-Achse.	(9) Die Wendetangente von f an der Stelle a hat die Gleichung $y = 2x - 1$.

(A) $f(a) = 0$	(B) $f(x) = f(-x)$	(C) $f(a) = 0$ und $f'(a) = 0$
(D) $f(x) = -f(-x)$	(E) $f''(a) = 0$	(F) $f'(a) = 0$
(G) $f'(a) = 2$ und $f''(a) = 0$	(H) $f'(a) = 2$	(I) $f'(a) = 0$ und $f''(a) = 0$

2 *Steckbriefe für ganzrationale Funktionen mit Angabe des Grades*

a) Eine Parabel verläuft durch die Punkte $A(-1 \mid -6)$, $B(1 \mid 0)$ und $C(3 \mid -2)$.

b) Die Funktion mit der Gleichung $f(x) = ax^3 + bx^2 + c$ hat im Wendepunkt $(-1 \mid 1)$ die Steigung -3.

c) Eine Funktion 3. Grades hat im Ursprung die Tangente mit der Gleichung $y = 2x$ und den Wendepunkt $(3 \mid -2)$.

d) Der Graph einer ganzrationalen Funktion 4. Grades hat im Punkt $P(1 \mid 1)$ die Steigung 2 und im Punkt $Q(0 \mid 0)$ einen Sattelpunkt.

3 *Steckbriefe ohne Angabe des Grades*

a) Der Graph von f hat den Hochpunkt $(1 \mid 3)$ und den y-Achsenabschnitt -1 sowie die Wendestelle 2.

b) Finden Sie eine ganzrationale Funktion, die in $(-1 \mid 3)$ einen Sattelpunkt und in $(1 \mid -5)$ einen Tiefpunkt hat.

4 *Passende Funktionsgleichung gesucht*

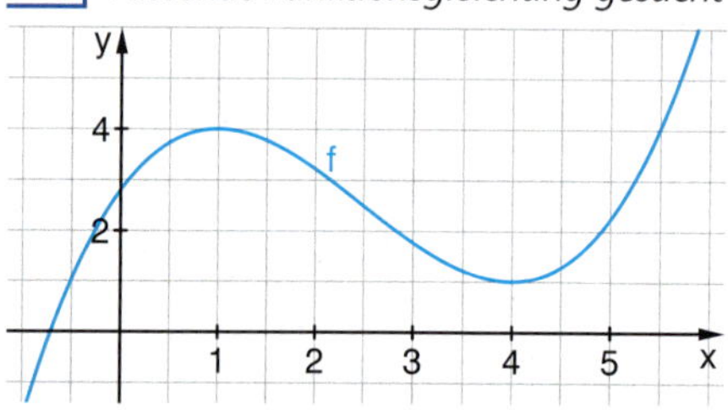

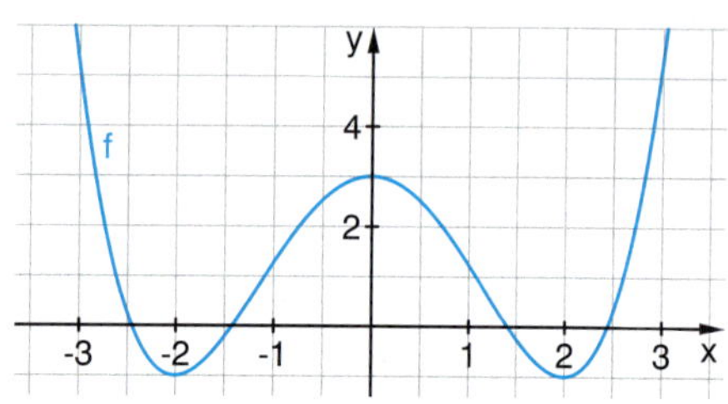

5 *Viele Gleichungen finden*

a) Finden Sie möglichst viele Gleichungen, die bei diesem Funktionsgraphen erfüllt sind.

b) Stellen Sie ein Gleichungssystem für die Koeffizienten einer ganzrationalen Funktion geeigneten Grades auf. Liefert die Lösung des Gleichungssystems den obigen Funktionsgraphen?

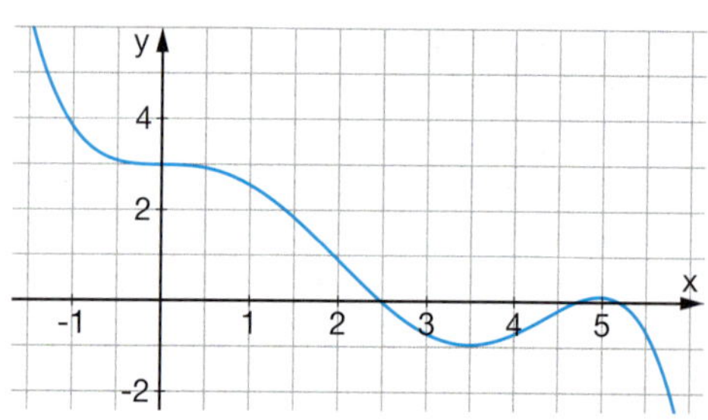

Verstehen von Begriffen und Verfahren

6 *Wahr oder falsch?*
Entscheiden und begründen Sie jeweils.

(A) Zur Bestimmung der Gleichung einer Funktion 4. Grades benötigt man mindestens fünf Bedingungen.

(B) Eine Funktion mit einem Sattelpunkt und einem Tiefpunkt hat mindestens den Grad 4.

(C) Die Beschreibung „S(2|3) ist Sattelpunkt der Funktion“ führt auf zwei algebraische Gleichungen.

(D) „Bei x = 3 liegt ein Hochpunkt vor“ lässt sich zu $f'(3) = 0$ und $f''(3) < 0$ übersetzen.

(E) Durch drei Punkte lässt sich immer eine Parabel legen.

(F) Es kann sein, dass man zu fünf Bedingungen eine passende Funktion 3. Grades finden kann.

7 *Eine Bedingung – viele Ursachen*
Welche geometrische Aussage über den Graphen kann zu der Gleichung $f'(2) = 0$ gehören? Finden Sie möglichst viele Aussagen.

8 *Kandidaten für einen Graphen*
Begründen Sie, dass der Graph nicht durch eine Gleichung 3. Grades beschrieben werden kann. Geben Sie verschiedene Argumente an. Bestimmen Sie den Grad, den die Funktionsgleichung mindestens haben muss. Finden Sie eine passende Funktionsgleichung.

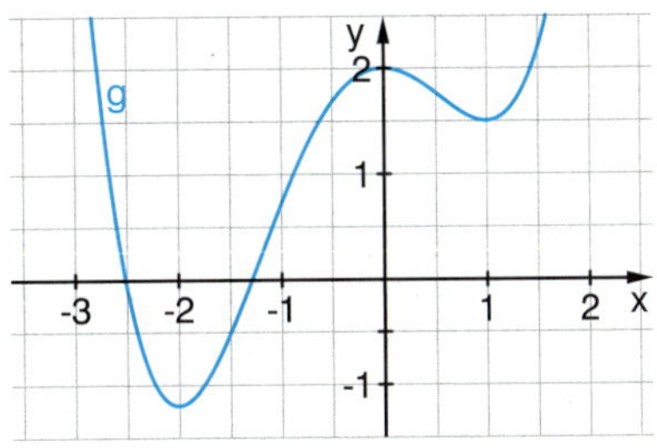

9 *Funktionenschar*
Bestimmen Sie alle Polynomfunktionen 3. Grades $f(x) = a x^3 + b x^2 + c x + d$, deren Graphen zum Koordinatenursprung punktsymmetrisch sind und an der Stelle 0 die Steigung 1 haben. Zeigen Sie, dass die Funktionen mit $a > 0$ keine Extrempunkte besitzen.

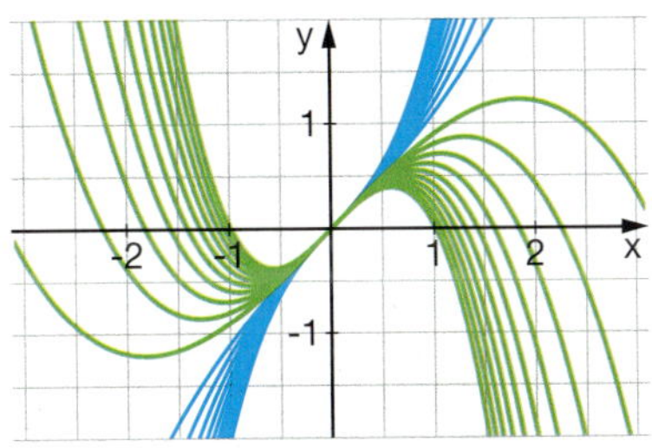

Anwenden und Modellieren

10 *Kugelstoßen*
Die Bahn der Kugel beim Kugelstoßen ist wie die Flugbahn beim Volleyballaufschlag parabelförmig. Eine Kugel wird aus einer Höhe von 1,80 m unter einem Winkel von 42° gegen die Horizontale abgestoßen. Die Stoßweite beträgt 8,40 m. Bestimmen Sie mit diesen Angaben die Gleichung der Modellfunktion. Wie groß ist die maximale Höhe der Flugbahn? In welchem Winkel trifft die Kugel auf dem Boden auf?

Steigung m einer Geraden (Tangente): $m = \tan(\alpha)$

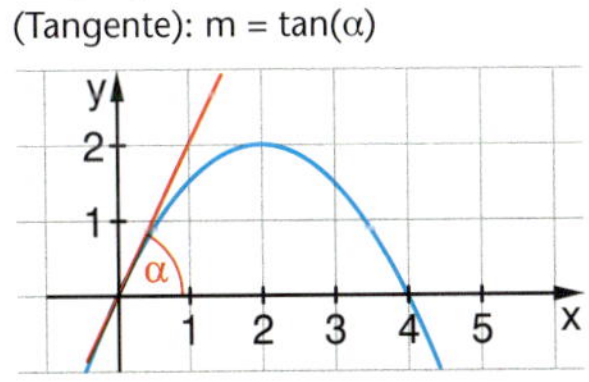

11 *Umsatzentwicklung*
Durch den Graphen wird näherungsweise die Umsatzentwicklung eines Unternehmens im Laufe von fünf Jahren dargestellt. Die Umsätze sind in Millionen Euro angegeben.
Bestimmen Sie eine Funktionsgleichung. Interpretieren Sie die Bedeutung des Wendepunktes und die relativ geringe Steigung der Wendetangente im Sachzusammenhang.

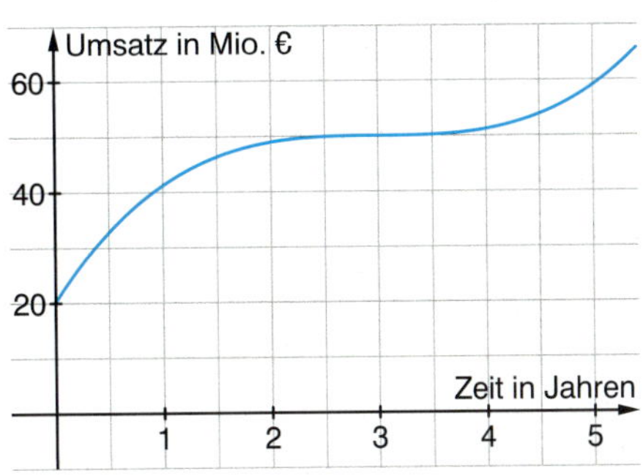

12 *Ein Regalbrett*
Ein 2 m langes Regalbrett, das auf der ganzen Länge gleichmäßig belastet wird, liegt an beiden Enden frei auf. In der Mitte ist das Brett um 8 cm durchgebogen. Ermitteln Sie eine Gleichung der Biegelinie. Wie groß ist die Neigung des Regalbrettes an den Enden?
Hinweis: An einem freien Ende liegt ein Wendepunkt vor. Ein gleichmäßig belastetes Brett wird durch eine Funktion 4. Grades beschrieben.

13 *Eine Straße*
Eine gerade Straße durch den Punkt A(−4|4) endet im Punkt B(−2|2). Die Fortsetzung der Straße ist der Teil der x-Achse, der rechts vom Punkt C(2|0) liegt.

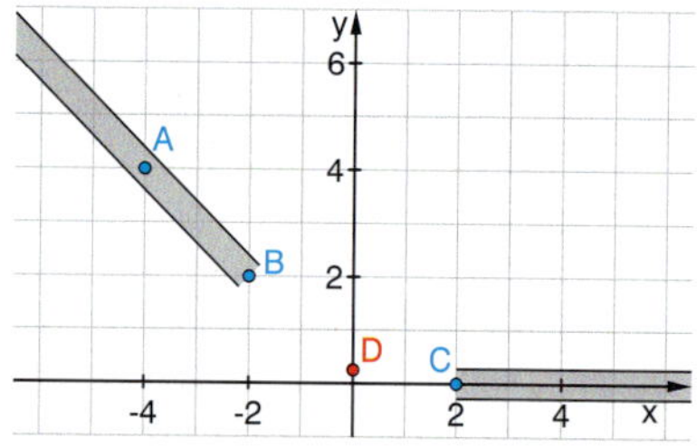

a) Bestimmen Sie die Verbindungskurve von B und C, die durch den Punkt D(0|0,25) verläuft und in welche die beiden geraden Straßenteile tangential einmünden.
b) Bestimmen Sie die Wendepunkte der von Ihnen ermittelten Funktion. Welche Schlüsse lassen sich aus der Lage der Wendepunkte für das Durchfahren der Verbindungskurve in den Anschlussstellen ziehen?

14 *Ein Holztisch*
Für eine industrielle Fertigung muss die Kontur eines Holztisches mit CAD erfasst werden. Erstellen Sie ein mathematisches Modell für die Kontur des Tisches.

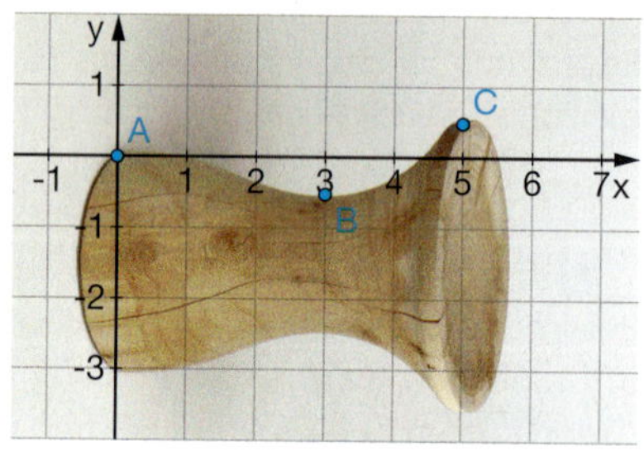

Kommunizieren und Präsentieren

15 *Vergleich von Kurvenanpassungen*
Vergleichen Sie die Kurvenanpassung durch Regression mit der Anpassung durch eine ganzrationale Funktion über das Lösen des Gleichungssystems.
Wo liegen die Unterschiede, wo die Vor- und Nachteile der beiden Verfahren?

Ein Datensatz:

L1	L2
0	0
2.47	3.31
4.58	4.66
6.29	5.09
8.5	4.82
10.62	3.62
	------

16 *Bögen nachbilden*
Das Tor im Bild hat im oberen Bereich eine gebogene Querverbindung, die mathematisch modelliert werden soll. Beschreiben Sie anhand der Abbildungen unten die verwendeten Modellansätze. Diskutieren Sie die Qualität der Ergebnisse und nennen Sie Verbesserungsmöglichkeiten.

Die Stützpunkte sind:
A(−1|0,85),
B(−0,5|1),
C(0|1,23),
D(0,5|1),
E(1|0,85)

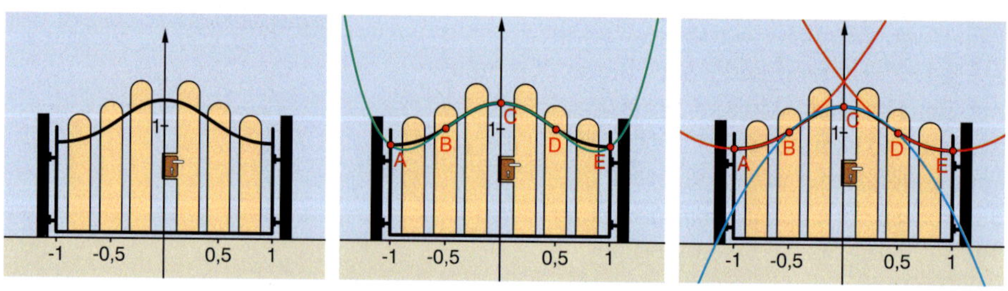

Moddellieren Sie den Torbogen nach einer Methode Ihrer Wahl. Stellen Sie Ihr Ergebnis vor und vergleichen Sie mit den Modellierungen anderer Gruppen.

4 Integralrechnung

Mit Integralen lässt sich aus dem Geschwindigkeitsdiagramm eines Autos der zurückgelegte Weg konstruieren oder aus Zuflussraten die Wassermenge in einem Tank. Man kann damit auch die Fläche zwischen zwei Kurvenstücken berechnen. Was ist das Integral und welche inner- und außermathematischen Probleme werden mit der Integralrechnung bearbeitet? Zu diesen Fragestellungen werden Sie in diesem Kapitel Antworten finden und die dazu notwendigen Begriffe und Verfahren entwickeln und verstehen.

4.1 Von der Änderungsrate zur Bestandsfunktion

In der Differenzialrechnung lässt sich zu einer Funktion f(x) an jeder Stelle die momentane Änderungsrate f′(x) bestimmen. Kennt man umgekehrt die momentane Änderungsrate f′(x) an jeder Stelle, so lässt sich daraus die zugehörige Funktion f(x) rekonstruieren. In Sachzusammenhängen beschreiben die Funktionswerte zu jedem Zeitpunkt den „Bestand" der Größe, der von den Änderungsraten bis zu diesem Zeitpunkt „bewirkt" wurde.

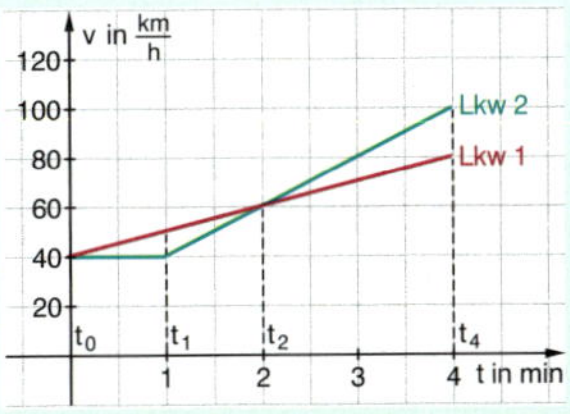

Aus den Geschwindigkeitsdiagrammen zweier Lkw lässt sich ein Überholvorgang rekonstruieren.

4.2 Der Hauptsatz der Differenzial- und Integralrechnung

Die allgemeinen Begriffe und Sätze begründen die zuvor in verschiedenen Sachzusammenhängen erfahrenen Zusammenhänge der Integralrechnung mit der Differenzialrechnung und führen zum Kalkül der Integralrechnung.

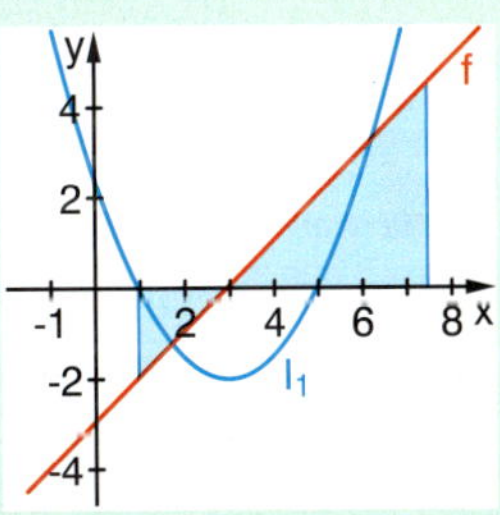

Hauptsatz

1. Teil:

$I'_a(x) = f(x)$

2. Teil:

$\int_a^b f = F(b) - F(a)$

4.3 Anwendungen der Integralrechnung

Mithilfe von Integralen kann man zum Beispiel:

- Flächen auch dort berechnen, wo keine elementaren Formeln zur Verfügung stehen
- von der Änderungsrate auf den „Bestand" schließen, auch wenn die Änderungsrate nicht konstant ist.

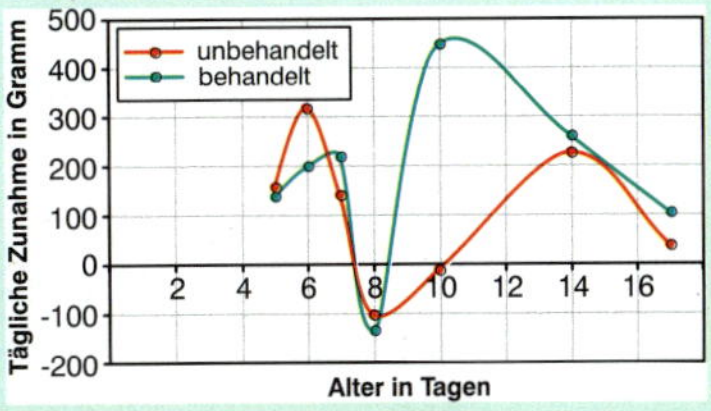

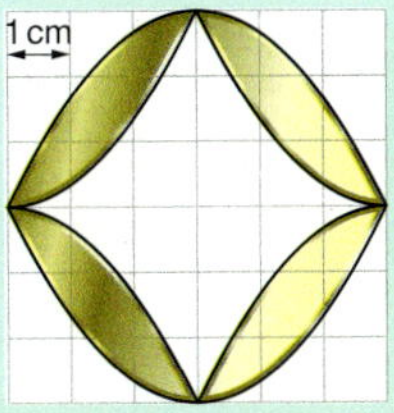

4.1 Von der Änderungsrate zur Bestandsfunktion

Was Sie erwartet

Mithilfe der Ableitungsfunktion kann man das Änderungsverhalten einer Funktion beschreiben. Damit können viele interessante und wichtige Probleme bearbeitet und gelöst werden. Häufig ist jedoch nicht die Funktion bekannt, sondern nur deren Änderungsverhalten. Aus der Kenntnis des Änderungsverhaltens soll dann auf die ursprüngliche Funktion geschlossen werden.

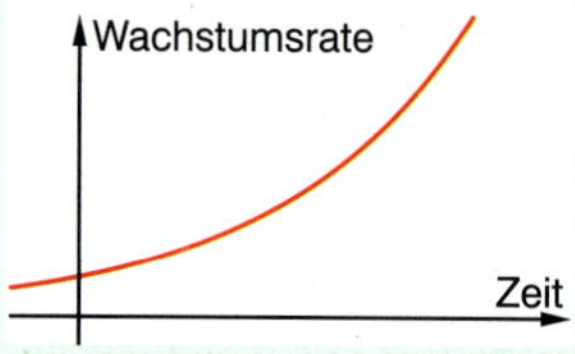

Ein Biologe kennt die Wachstumsraten einer Population über einen bestimmten Zeitraum. Er möchte die Funktion finden, die die Anzahl der Individuen in dieser Population in Abhängigkeit von der Zeit beschreibt.

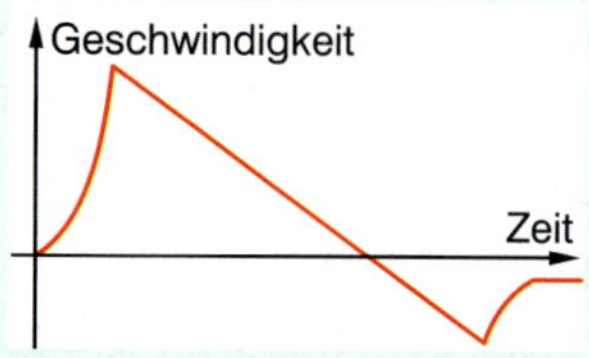

Eine Physikerin kennt den Geschwindigkeitsverlauf einer senkrecht nach oben geschossenen Rakete und möchte die Funktion ermitteln, die die Höhe der Rakete in Abhängigkeit von der Zeit beschreibt.

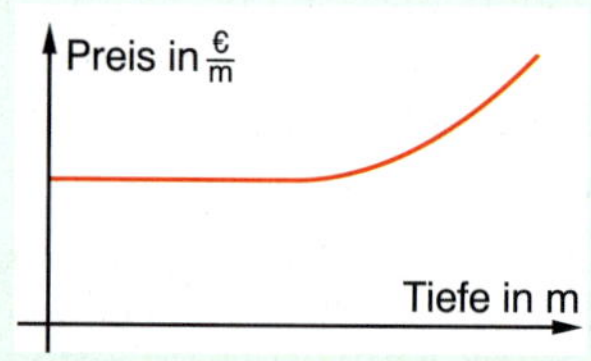

Bei der Nutzung von Erdwärme werden häufig bis zu 3 km tiefe Bohrungen durchgeführt. Experten können die Kosten für eine Bohrung pro Meter in Abhängigkeit von der erreichten Tiefe abschätzen. Damit wollen sie die Funktion ermitteln, die der Tiefe der Bohrung die Gesamtkosten der Bohrung zuordnet.

In den dargestellten Fällen wird eine Funktion f gesucht, deren Änderungsratenfunktion f′ uns bekannt ist. Wie dies gelingt und wie man diesen Prozess der Rekonstruktion der Funktion f aus der Änderungsratenfunktion f′ geometrisch interpretieren kann, ist Inhalt des folgenden Lernabschnitts.

Aufgaben

1 *Der Zufluss liefert die Füllmengen – ein vereinfachtes Beispiel*

a) In der nebenstehenden Abbildung ist der Zufluss und Abfluss von Wasser in einer Badewanne dargestellt. Interpretieren Sie den Graphen im Sachzusammenhang und mit entsprechenden mathematischen Fachbegriffen.

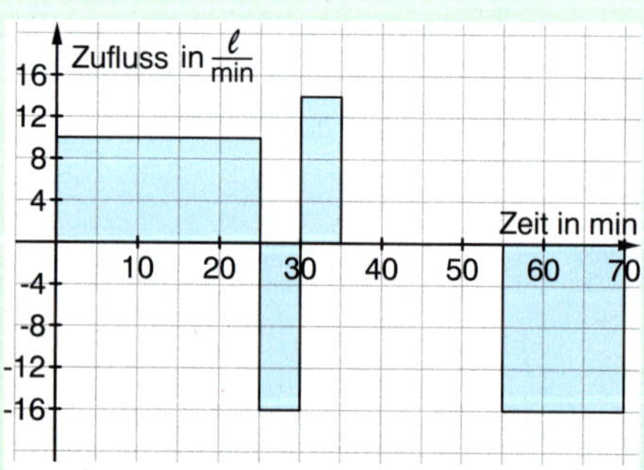

b) Erstellen Sie eine Tabelle mit der Füllmenge (dem „Bestand“) der Badewanne nach 5 (10, …, 70) Minuten. Stellen Sie die Füllmenge der Badewanne in Abhängigkeit von der Zeit dar. Vergleichen Sie diesen Graphen mit dem Graphen in der Abbildung. Was fällt Ihnen auf?

c) *Geometrische Interpretation:* Zur Berechnung der Füllmenge nach 5 Minuten muss das Produkt $5 \cdot 10$ berechnet werden. Das Produkt kann als Flächeninhalt des entsprechenden Rechtecks in der Grafik interpretiert werden. Interpretieren Sie geometrisch entsprechend die Füllmenge nach 20 (25, 30, 70) Minuten.

Aufgaben

2 *Fahren mit einem Elektroauto*

Sie sind von einem Pkw-Hersteller beauftragt worden, die Fahrt eines neuen Pkw mit Elektroantrieb zu analysieren. Sie verfügen über das mit Telemetrie aufgezeichnete Geschwindigkeit-Zeit-Diagramm des beschleunigten Fahrzeugs.

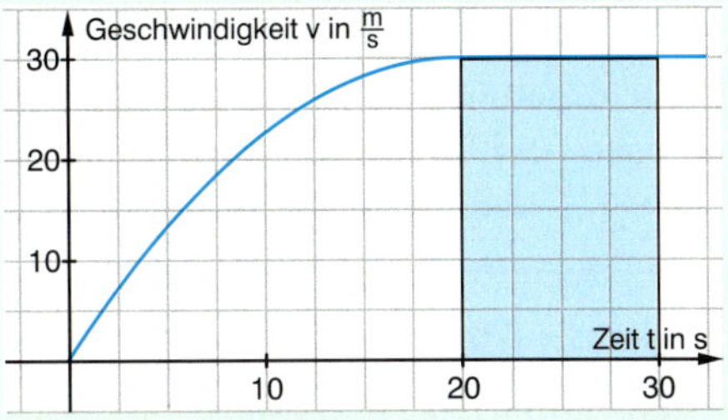

a) Beschreiben Sie den Verlauf der Fahrt.

b) Welche Strecke legt das Fahrzeug von der 20. bis zur 30. Sekunde zurück? Interpretieren Sie Ihr Ergebnis geometrisch mithilfe des gefärbten Rechtecks.

c) Sie wollen herausfinden, welche Strecke das Fahrzeug in den ersten 20 Sekunden zurücklegt.
Auf welches Problem stoßen Sie?
Schätzen Sie den in den ersten 20 Sekunden zurückgelegten Weg.
Vergleichen Sie die Ergebnisse und die Verfahren in Ihrem Kurs.

d) In einem Physikbuch finden Sie:

> Der zurückgelegte Weg in dem Zeitintervall $[t_1; t_2]$ ist die Fläche unter der Kurve im Geschwindigkeit-Zeit-Diagramm.

$1\frac{m}{s} = 3{,}6\frac{km}{h}$

Passt diese Aussage für das Zeitintervall [0; 20]? Begründen Sie mithilfe der folgenden Bilder, dass die Behauptung aus dem Physikbuch auch für nicht konstante Geschwindigkeiten gilt. Wie erreichen Sie ein besseres Ergebnis?

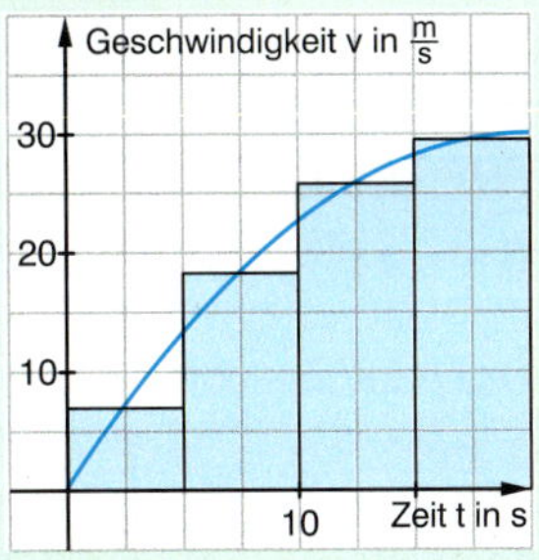

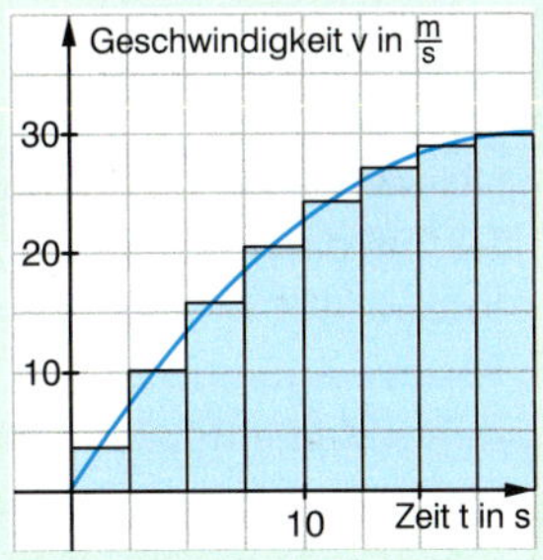

e) Zum Geschwindigkeit-Zeit-Diagramm kann man das Weg-Zeit-Diagramm skizzieren, indem man zu verschiedenen Zeiten t den bis dahin zurückgelegten Weg ermittelt. Dieser entspricht der jeweiligen Fläche unter der Kurve im Geschwindigkeit-Zeit-Diagramm. Skizzieren Sie für das Elektroauto das Weg-Zeit-Diagramm.

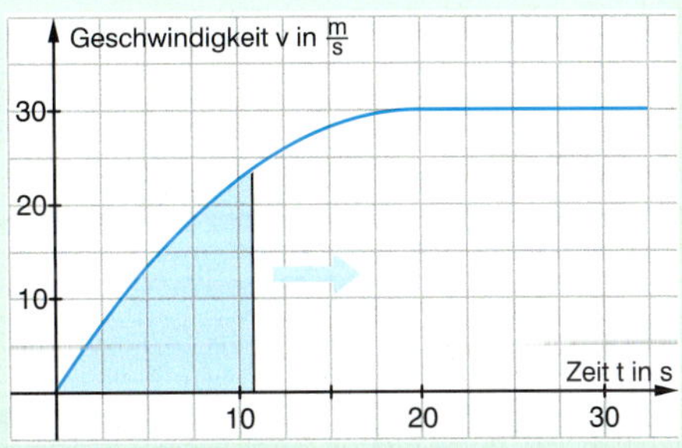

Die Geschwindigkeit in [0; 20] kann durch die Änderungsratenfunktion $v(t) = -0{,}075\,x^2 + 3\,x$ beschrieben werden.
Hilft Ihnen dies bei der Suche nach der „Wegfunktion"?

Analysis
12

3 *Gewinn – Verlust*

Im Geschäftsbericht einer Firma wird der Gewinnzufluss in den vergangenen 18 Monaten in einem Diagramm dargestellt.

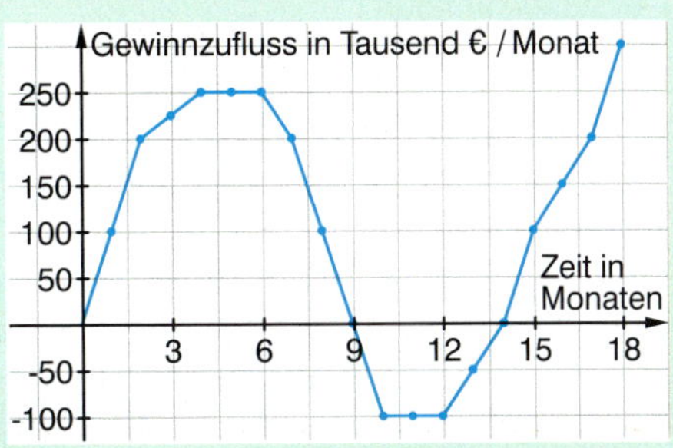

a) Interpretieren Sie das Diagramm.

b) Schätzen Sie mithilfe des Diagramms den gesamten Gewinn der Firma in den dargestellten 18 Monaten.

Basiswissen

integrare (lateinisch): erneuern, wiederherstellen

In der Differenzialrechnung lässt sich zu einer gegebenen Funktion f(x) an jeder Stelle die momentane Änderungsrate f′(x) bestimmen.

Ableiten: $f(x) \longrightarrow f'(x)$

Kennt man umgekehrt die momentane Änderungsrate f′(x) an jeder Stelle, so lässt sich daraus die zugehörige Funktion f(x) rekonstruieren.

Integrieren: $f(x) \longleftarrow f'(x)$

In Sachzusammenhängen beschreiben die Funktionswerte von f zu jedem Zeitpunkt den „Bestand" der Größe, der von den Änderungsraten bis zu diesem Zeitpunkt „bewirkt" wurde.

Rekonstruktion der Bestandsfunktion aus der Änderungsratenfunktion

Berechnung des Bestandes

für konstante Änderungsraten

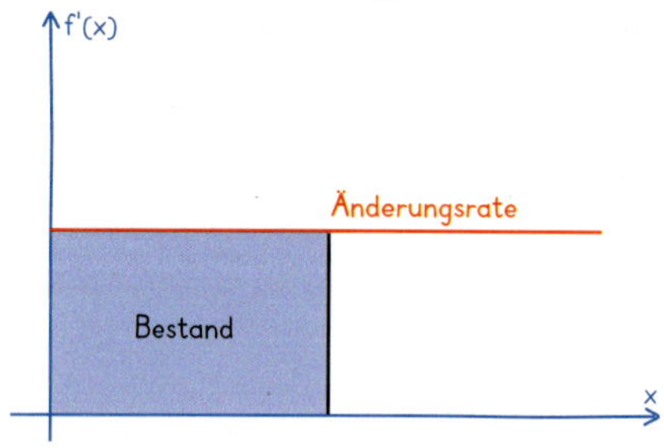

für variable Änderungsraten

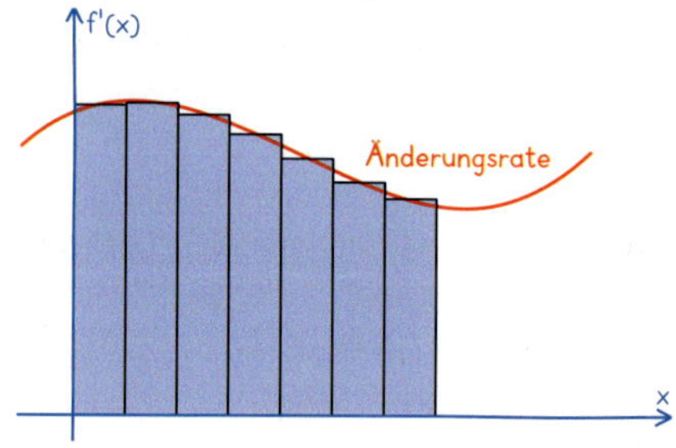

Man erhält den Funktionswert f(x) der Bestandsfunktion f mithilfe des Inhalts der Fläche, die durch den Graphen der Änderungsratenfunktion f′ und die x-Achse im Intervall [0; x] begrenzt wird.

Positive Änderungsraten bewirken eine Zunahme des Bestandes, negative Änderungsraten eine Abnahme.

Liegen also Flächen unterhalb der x-Achse, dann zählt der Flächeninhalt negativ, sonst positiv. Man spricht hier von **orientierten Flächeninhalten**.

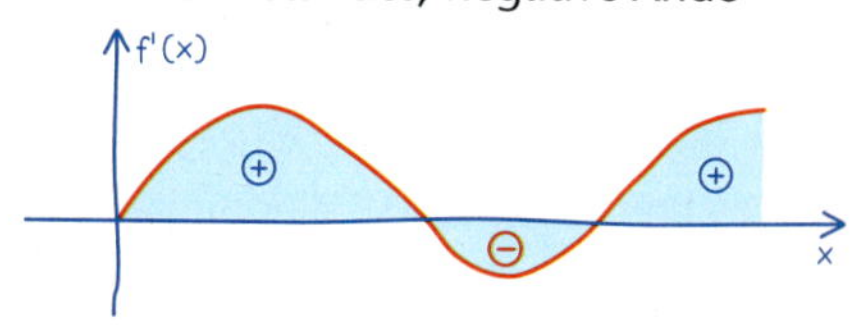

Ermitteln der Bestandsfunktion am Beispiel des Zuflusses eines Wasserbeckens (Änderungsrate des Wasserbestandes)

Änderungsratenfunktion f′

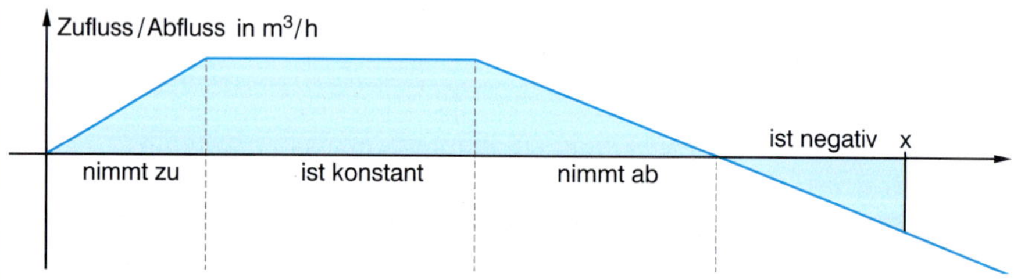

Bestandsfunktion f

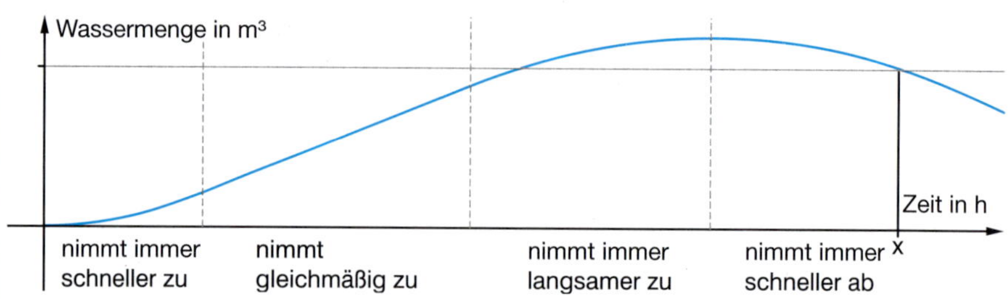

Der Bestand f(x) entspricht dem orientierten Inhalt der oben blau gekennzeichneten Fläche.

A *Eine Wasserrakete*

Eine Wasserrakete wird senkrecht nach oben abgeschossen. Der rechte Graph zeigt das Geschwindigkeit-Zeit-Diagramm des Raketenfluges für die vertikale Geschwindigkeit.

a) Interpretieren Sie das Geschwindigkeit-Zeit-Diagramm. Beschreiben Sie dazu den Flug der Rakete möglichst präzise. Markante Zeitpunkte sind t = 0 s, 2 s, 5 s und 9 s.

b) Skizzieren Sie den Verlauf des Höhe-Zeit-Diagramms. Schätzen Sie dazu die maximale Höhe, die die Rakete erreicht.

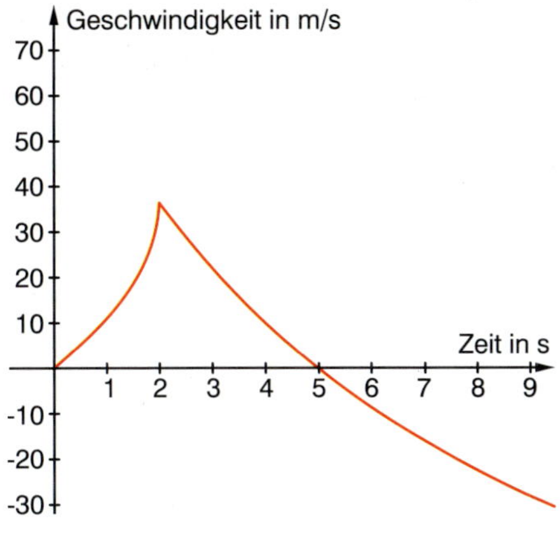

Geschwindigkeit-Zeit-Diagramm

Lösung: a) Die Rakete wird während der ersten zwei Sekunden des Fluges beschleunigt. In dieser Phase nimmt die Geschwindigkeit zu. In den nächsten drei Sekunden nimmt die Geschwindigkeit ab, bis sie zum Zeitpunkt t = 5 s den Betrag 0 hat. Zu diesem Zeitpunkt hat die Rakete die maximale Höhe erreicht. Ab dann ist die Geschwindigkeit negativ und wird zunehmend kleiner. Die Rakete fällt also immer schneller. Nach 9 s schlägt die Rakete auf dem Boden auf.

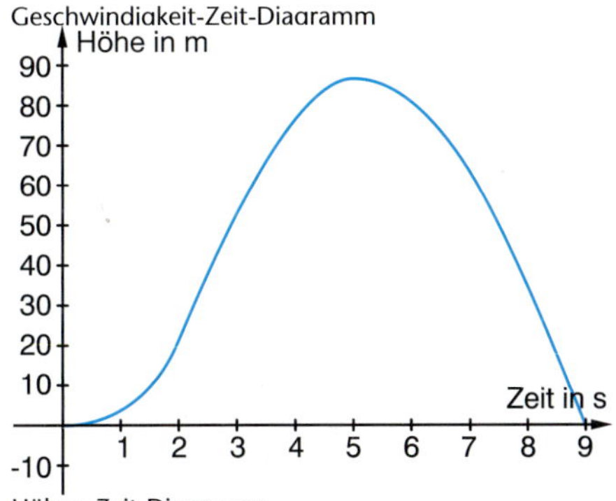

Höhen-Zeit-Diagramm

b) **Höhe der Rakete zum Zeitpunkt t:** Orientierter Inhalt der Fläche im Geschwindigkeit-Zeit-Diagramm von 0 bis t

Maximale Höhe: Inhalt der Fläche zwischen dem Geschwindigkeitsgraphen und der Zeit-Achse im Intervall von 0 bis 5: ca. 85 m

Beispiele

Informieren Sie sich über **Kaltwasserraketen** im Internet.

Eine einfache Kaltwasserrakete

B *Von der Geschwindigkeit zum Weg*

Früher war die Geschwindigkeit eines Schiffes einfacher zu messen als der zurückgelegte Weg. Die Geschwindigkeit eines Schiffes wird alle 15 Minuten gemessen und in einer Tabelle registriert. Schätzen Sie, welche Strecke der Tanker von 10.00 bis 12.00 Uhr zurückgelegt hat.

Uhrzeit	10.00	10.15	10.30	10.45	11.00	11.15	11.30	11.45	12.00
Geschw. (sm/h)	25	22	17	10	5	5	10	19	24

sm: Seemeile
1 sm = 1852 m

Lösung: Die gegebenen Werte sind in das Diagramm eingetragen. Da es keine zusätzlichen Informationen über die Geschwindigkeit des Schiffes zwischen den Messungen gibt, verbinden wir die Messpunkte durch Streckenzüge. Der zurückgelegte Weg kann mithilfe der Fläche unter dem Graphen geschätzt werden.

Die Gesamtfläche wird als Summe der Flächeninhalte von Trapezen berechnet. Jedes der Trapeze ist 0,25 LE breit.

Berechnung:

$$A = 0{,}25 \cdot \Big(\tfrac{1}{2}(25+22) + \tfrac{1}{2}(22+17) + \tfrac{1}{2}(17+10) + \tfrac{1}{2}(10+5) + \tfrac{1}{2}(5+5) + \tfrac{1}{2}(5+10) + \tfrac{1}{2}(10+19) + \tfrac{1}{2}(19+24)\Big) = 28{,}125$$

Interpretation:

Das Schiff legte von 10.00 bis 12.00 Uhr etwa 28 sm zurück.

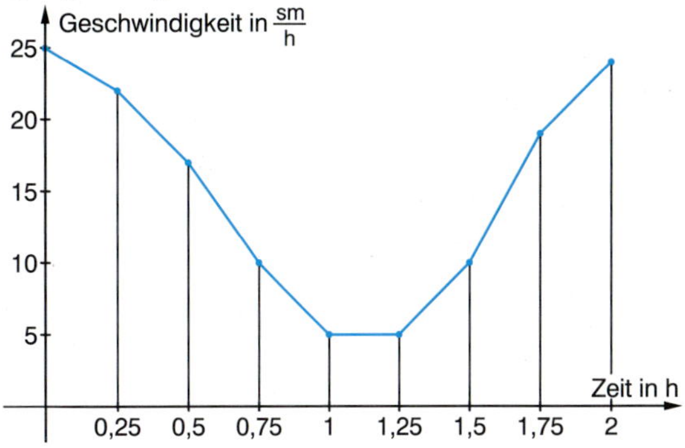

Übungen

4 *Zufluss bekannt, Bestand gesucht*

Rekonstruieren Sie aus dem Graphen der Zuflussrate von Wasser in ein Becken den Graphen der Bestandsfunktion (Wassermenge im Becken in Abhängigkeit von der Zeit). Gehen Sie dabei davon aus, dass das Becken zu Beginn leer ist.

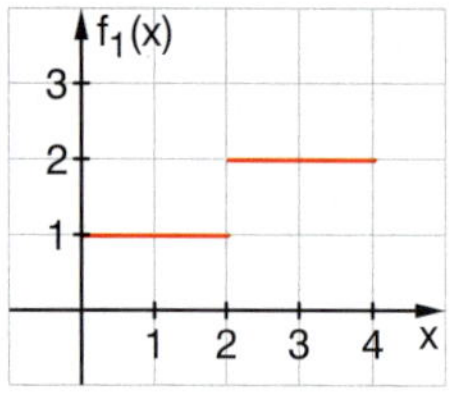

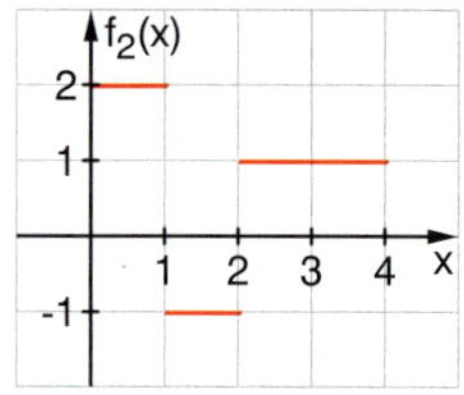

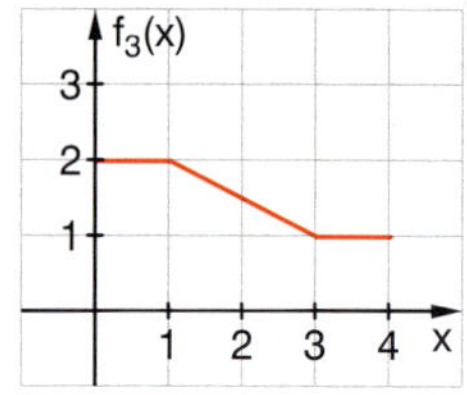

Analysis 12

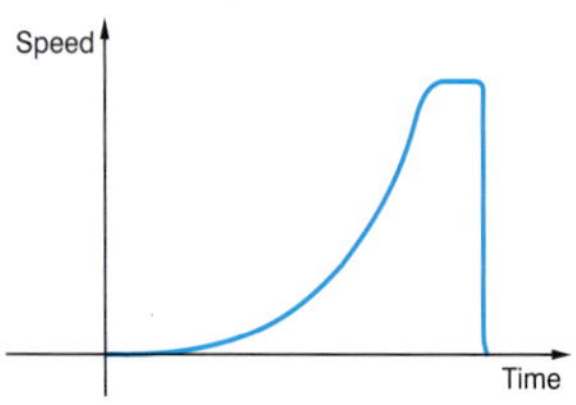

5 *A ball on a hill – Ein Ball am Abhang*

a) Betrachten Sie den Graphen und beschreiben Sie den dargestellten Sachverhalt.

b) Welche Bedeutung hat der Inhalt der Fläche unterhalb des Graphen?

c) Skizzieren Sie den Graphen der zugehörigen Bestandsfunktion und interpretieren Sie ihn für die Situation.

6 *Pumpenspeicherwerk*

In einem Pumpspeicherkraftwerk wird in Zeiten von „Stromüberschuss" Wasser in einen Speichersee gepumpt. Im Bedarfsfall fließt Wasser aus dem Speichersee durch die stromerzeugenden Turbinen ab, um Spitzen des Stromverbrauches aufzufangen. In der Abbildung ist der Zufluss über 24 Stunden dargestellt.

oberer Speichersee des Koepchenwerkes bei Herdecke, NRW

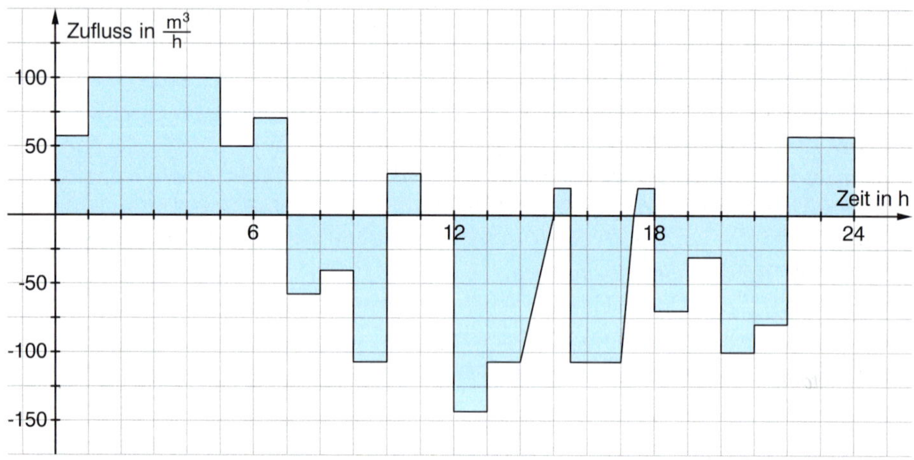

a) Interpretieren Sie das Diagramm.

b) Schätzen Sie mit dem Diagramm die Wassermenge, um die sich die Gesamtwassermenge in den dargestellten 24 Stunden verändert hat.

c) Skizzieren Sie einen Graphen, der zu jedem Zeitpunkt die zugeflossene Wassermenge seit Beginn der Messung darstellt.

7 *Geschwindigkeit-Zeit-Diagramm eines Rennwagens*

von 0 auf 100 km/h: 3,4 s;
von 100 auf 160 km/h: 3,4 s;
von 160 auf 200 km/h: 2,9 s;
von 200 auf 300 km/h: 13,6 s

Zeichnen Sie ein mögliches Geschwindigkeit-Zeit-Diagramm für den beschleunigenden Rennwagen. Welche Strecke legt er zurück, bis er 300 km/h schnell ist?

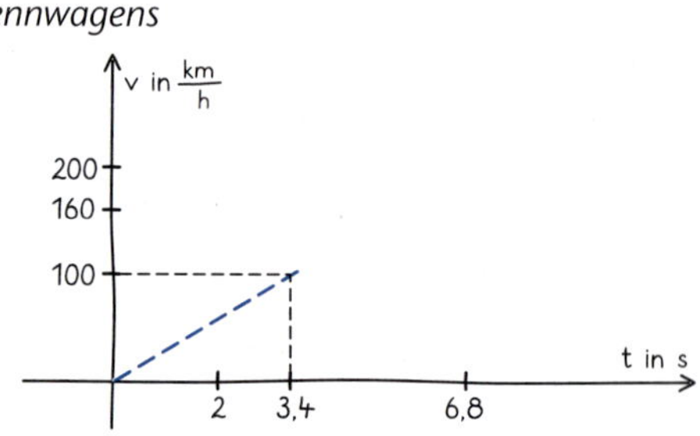

Übungen

8 *Fahrtenschreiber*

Überholvorgänge von Lkw können sehr lange dauern. Ein Lkw 1 überholt zum Zeitpunkt t_0 den neben ihm fahrenden Lkw 2. Der folgende Graph zeigt das Geschwindigkeit-Zeit-Diagramm und gibt Aufschluss über die weitere Fahrt.

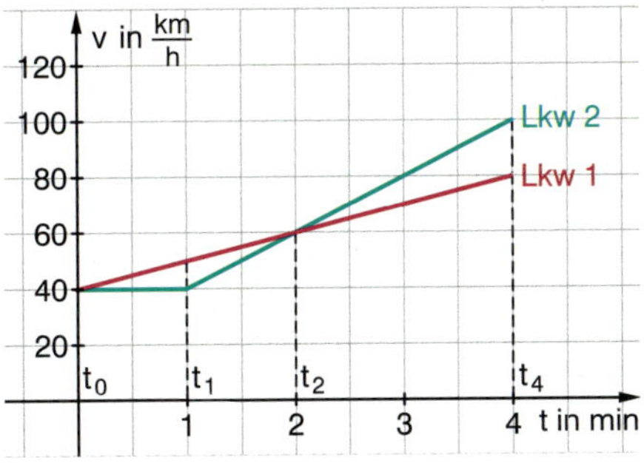

a) Beschreiben Sie die Fahrt der beiden Lkw anhand des Diagramms.
Skizzieren Sie für beide Lkw den Graphen der Bestandsfunktion.

b) Begründen Sie, dass Lkw 1 zum Zeitpunkt t_1 die größere Strecke zurückgelegt hat.

c) Überholt Lkw 2 den Lkw 1 innerhalb des gegebenen Zeitintervalls $[t_0; t_4]$?

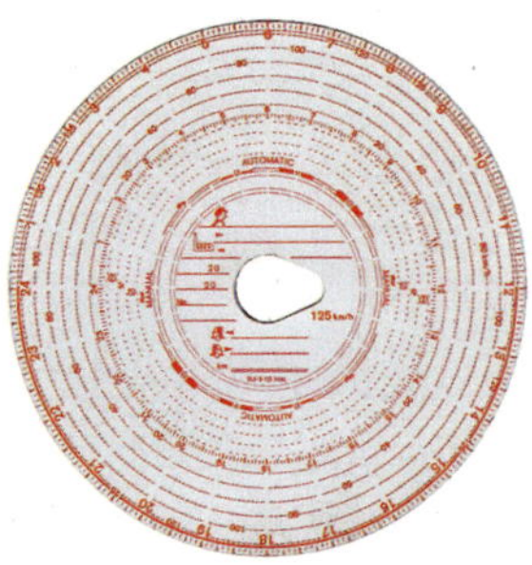

Elefantenrennen

Das Oberlandesgericht Hamm urteilte am 29.10.2008: „Das Überholen durch einen Lkw (sog. „Elefantenrennen") ist nur ahndungswürdig, wenn ein solcher Vorgang wegen zu geringer Differenzgeschwindigkeit eine unangemessene Zeitspanne in Anspruch nimmt. ...
Als Faustregel für einen noch regelkonformen Überholvorgang ist von einer Dauer von maximal 45 Sekunden auszugehen.
Unter Berücksichtigung der Länge eines zu überholenden Fahrzeugs von knapp 25 m und den vor und nach dem Überholen vorgeschriebenen Sicherheitsabständen von jeweils 50 m entspricht dies einer Geschwindigkeit von 80 km/h für das überholende und einer solchen von 70 km/h für das zu überholende Fahrzeug."

9 *Elefantenrennen*

Überprüfen Sie, ob die Aussagen aus dem Text zutreffen. Die passenden Geschwindigkeit-Zeit-Diagramme und die Flächen unter den Graphen helfen dabei.

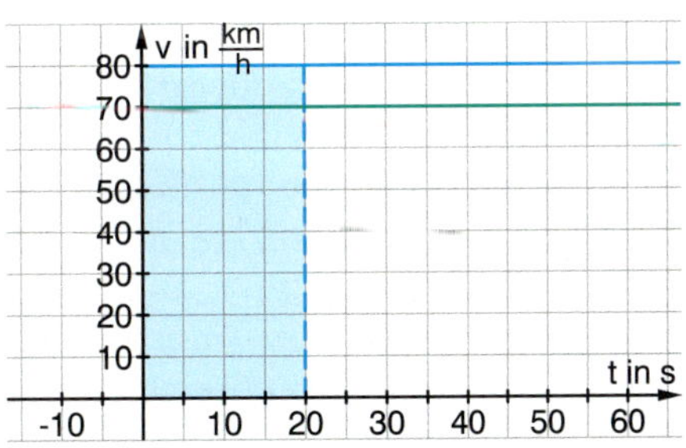

10 *Zwei Lastkähne*

Das Diagramm zeigt jeweils die „Zeit-Geschwindigkeit-Kurve" der Lastkähne „Luise" und „Kurt", die von derselben Stelle aus auf dem Küstenkanal in die gleiche Richtung fahren.

a) Beschreiben Sie die Fahrten von Luise und Kurt in dem gegebenen Zeitintervall.

b) Wer ist nach neun Stunden weiter gefahren?

c) Wann gibt es Überholvorgänge? Wer überholt wen?

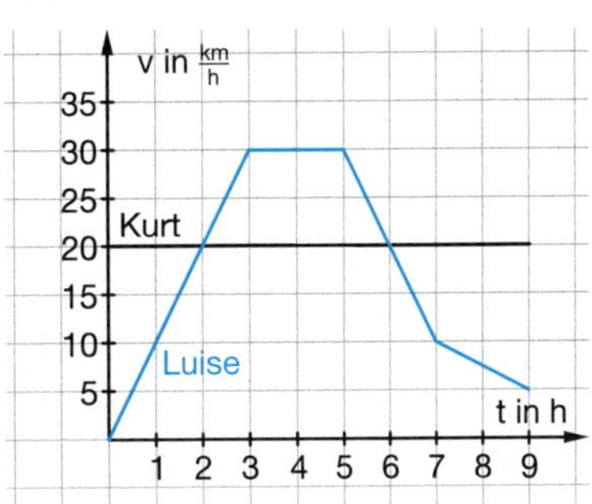

Ein Ausflug in die Wirtschaftswissenschaften

Häufig ist bekannt, wie sich z. B. der Gewinnzufluss in einem Geschäftsbereich mit der Zeit entwickelt. Man kann mit dieser Information den Gesamtgewinn über eine bestimmte Zeitspanne berechnen.

Beispiel 1: Angenommen, der Gewinn wächst mit einer konstanten „Zuflussrate" von 10 000 € pro Jahr. Der Gesamtgewinn (Bestand) nach 3 Jahren beträgt 3 · 10 000 € = 30 000 €. Diese Berechnung kann man grafisch mit dem Inhalt der Rechteckfläche veranschaulichen.

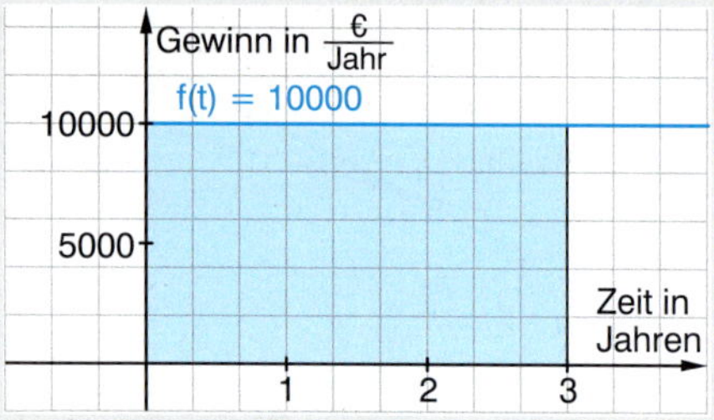

Beispiel 2: Eine typische Kurve einer Gewinnentwicklung in Abhängigkeit von der Zeit ist in der unteren Grafik dargestellt. Den Gesamtgewinn in diesem Fall kann man als Inhalt der Fläche unter der Kurve des Gewinnzuflusses interpretieren und berechnen.

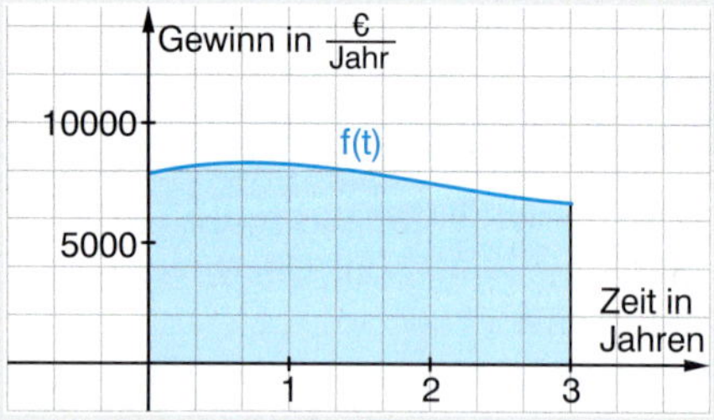

Übungen

11 *Nicht konstanter Gewinnzufluss*

Erläutern Sie anhand des nebenstehenden Bildes, weshalb der Gesamtgewinn dem Inhalt der Fläche unter dem Graphen in dem Gewinnzufluss-Zeit-Diagramm entspricht.

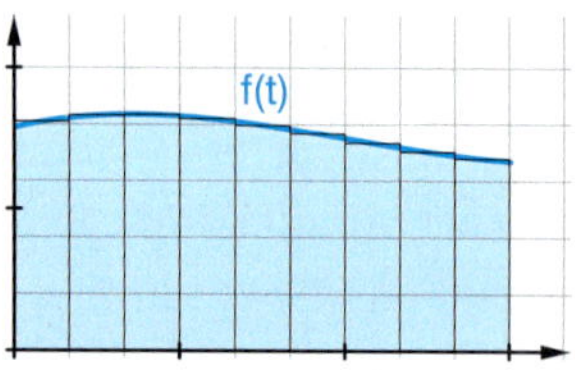

12 *Wie entwickelt sich der Gesamtgewinn?*

Der Gewinn einer Firma in Abhängigkeit von der Zeit wird für die ersten drei Jahre prognostiziert.

a) Wie entwickelt sich der Gewinnzufluss? Stellen Sie markante Punkte heraus.

b) Erstellen Sie eine Tabelle für die Entwicklung des Gesamtgewinns und zeichnen Sie damit die zugehörige Funktion.

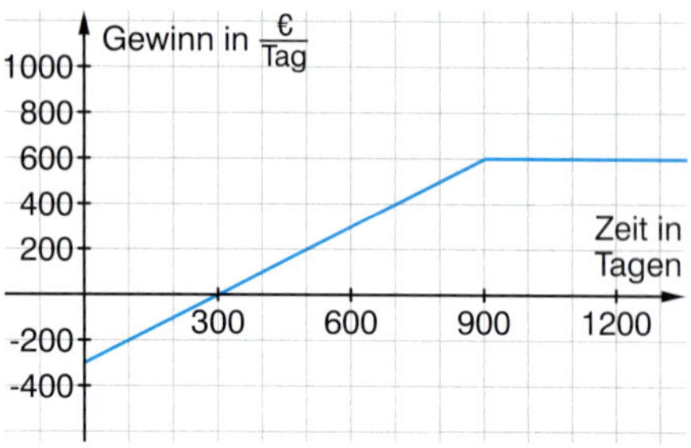

13 *Von der Zuflussrate zur Wassermenge*

Die Zuflussrate f′ in einem Wasserbecken steigt im Zeitraum von 0 bis 6 Minuten gemäß der Funktionsgleichung $f'(t) = 12t + 20$ (Zeit t in Minuten und Zuflussrate $f'(t)$ in l/min).

a) Bestimmen Sie die Wassermenge nach 1, 5 und 10 Minuten.

b) Zeigen Sie, dass $f(t) = 6t^2 + 20t$ eine zu den berechneten Werten aus a) passende Bestandsfunktion für die zugeflossene Wassermenge ist. Erkennen Sie einen Zusammenhang zwischen der Bestandsfunktion und der Funktion für die Zuflussrate?

c) Welche Wassermenge ist nach 4 Minuten zugeflossen? Nach welcher Zeit sind 250 Liter zugeflossen?

d) Was ändert sich an der Bestandsfunktion, wenn zum Zeitpunkt $t = 0$ schon 5 Liter Wasser in dem Becken enthalten sind?

Basiswissen

Bestandsfunktionen können aus Änderungsratenfunktionen auch ohne Flächenberechnungen ermittelt werden.

Funktionsterme für die Bestandsfunktion finden

Ist für die Änderungsfunktion $y = f'(x)$ der Funktionsterm gegeben, so gelingt in vielen Fällen die Rekonstruktion der Bestandsfunktion durch Umkehren des Ableitens. Man sucht einen Term $f(x)$, dessen Ableitung $f'(x)$ ergibt.

Änderungsfunktion
$f'(x) = -0{,}5x + 2$
↓
$f(x) = -0{,}25x^2 + 2x$
Bestandsfunktion

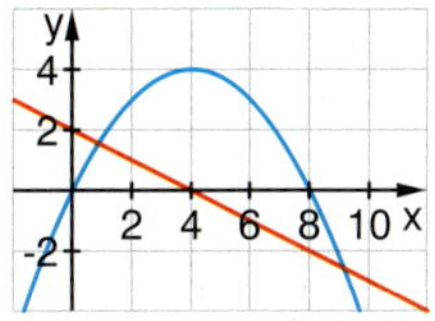

Es gilt: $f(0) = 0$ („Der Bestand zur Zeit $t = 0$ ist 0.")

Übungen

14 *Funktionsgleichungen für Bestandsfunktionen finden*

a) Zu den drei Änderungsfunktionen f_1', f_2' und f_3' wurden die zugehörigen Bestandsfunktionen aufgezeichnet. Bestimmen Sie die Funktionsgleichungen der Bestandsfunktionen.

$f_1'(x) = 1 + 0{,}5x$

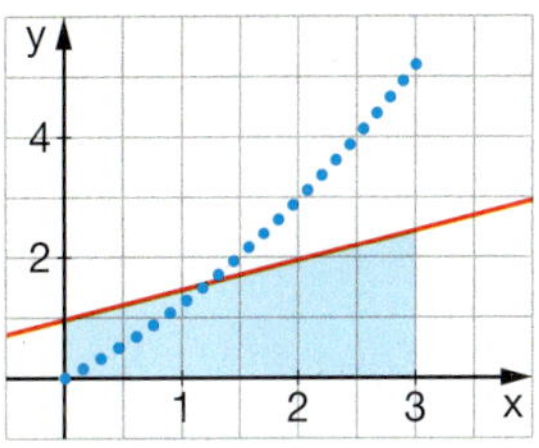

$f_2'(x) = -0{,}5x^2 + 3$

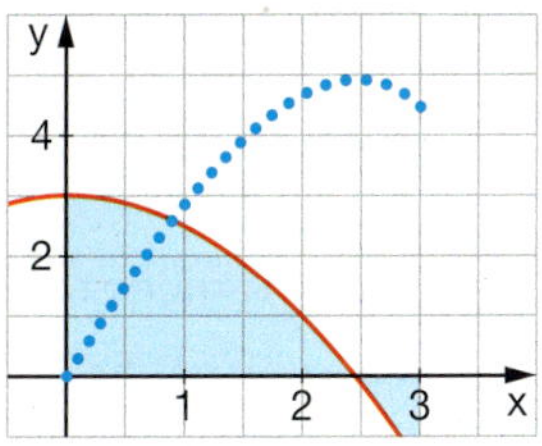

$f_3'(x) = 0{,}1x^3 + 0{,}5x$

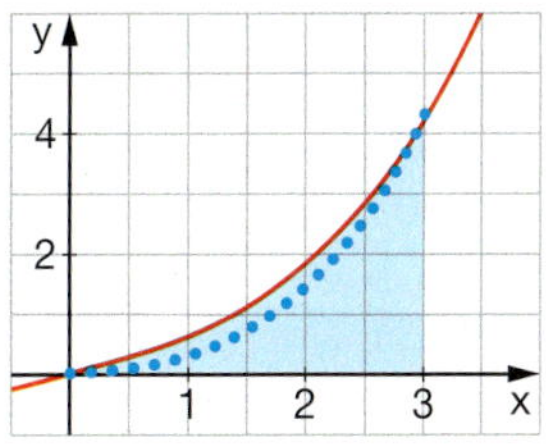

b) Lösen Sie eigene solche Aufgaben durch Experimentieren mit der Software.

15 *Änderungsratenfunktionen und Bestandsfunktionen*

In der oberen Reihe finden Sie die Graphen der Änderungsratenfunktionen f′ und darunter die der dazugehörigen Bestandsfunktionen f.

a) Finden Sie die passenden Paare.

(1)

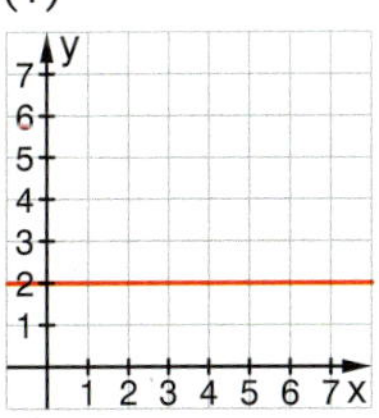

(2)

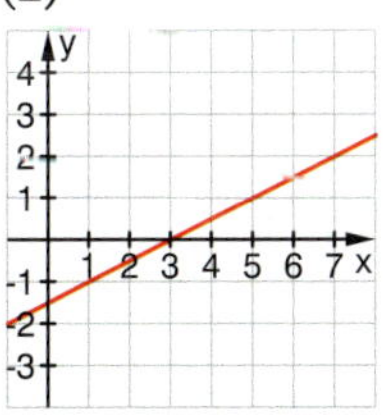

(3)

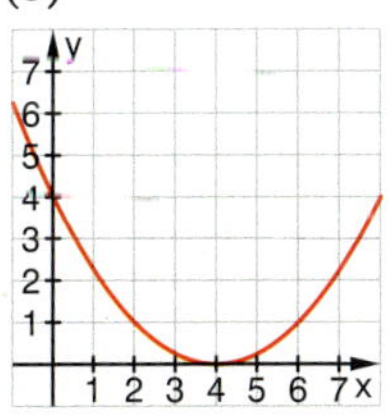

(4)

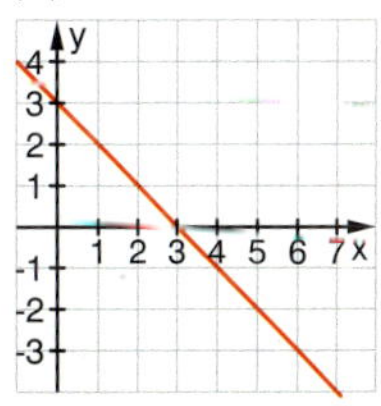

(A)

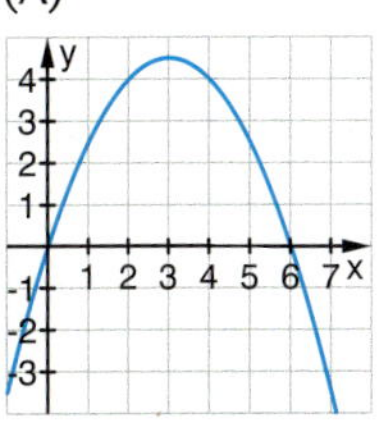

(B)

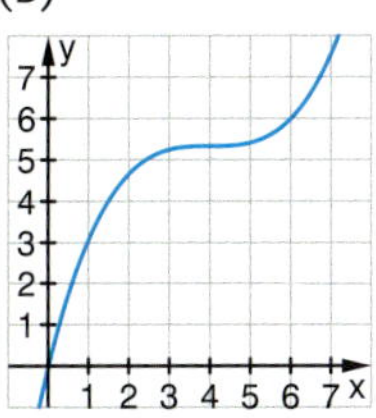

(C)

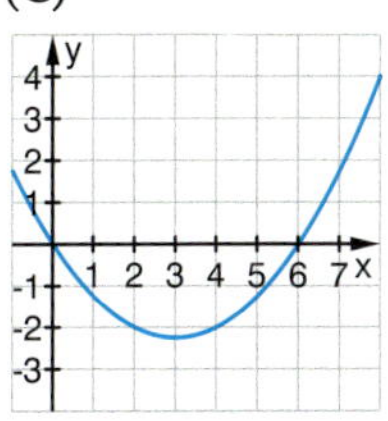

(D)

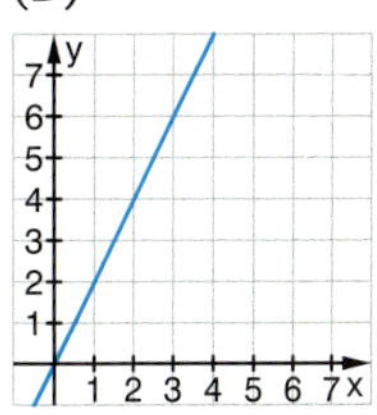

b) Geben Sie zu den Graphen der Änderungsraten jeweils den passenden Funktionsterm $f'(x)$ an. Bestimmen Sie dann auch die Funktionsterme $f(x)$ der jeweils zugehörenden Bestandsfunktion. Begründen Sie Ihre Ergebnisse.

Basiswissen

Der Begriff „Aufleiten" bezeichnet anschaulich die Umkehrung des Ableitens von Funktionstermen. Er gehört nicht zur mathematischen Fachsprache.

Bei der Berechnung von orientierten Flächeninhalten und Bestandsrekonstruktionen rückt das ‚Umgekehrte des Ableitens' („Aufleiten") in den Mittelpunkt.

Stammfunktionen

Eine Funktion F(x) heißt **Stammfunktion** zu f(x), wenn $F'(x) = f(x)$ gilt.

Wichtige Eigenschaften:
Wenn F(x) Stammfunktion zu f(x) ist, dann erhält man mit F(x) + c (c Konstante) alle Stammfunktionen zu f(x).

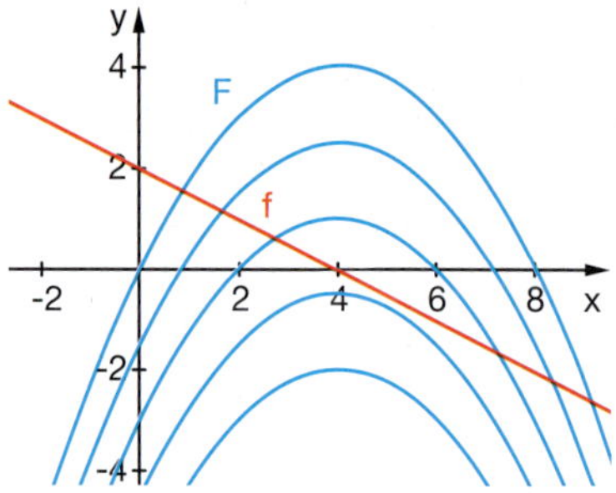

Beispiele

C *Stammfunktionen finden*

Ermitteln Sie alle Stammfunktionen zu $f(x) = 2x^2 - 4$ und überprüfen Sie.

Lösung:

$F(x) = \frac{2}{3}x^3 - 4x + c$ Probe: $F'(x) = 3 \cdot \frac{2}{3}x^2 - 4x = 2x^2 - 4 = f(x)$

Übungen

16 *Regeln für Stammfunktionen suchen*

Bestandsfunktionen sind Funktionen, deren Ableitung die Änderungsfunktion ist. Man sucht also Stammfunktionen. Bei der Suche helfen die Ableitungsregeln. Ermitteln Sie eine Stammfunktion. Geben Sie alle Stammfunktionen an.

Ableitungsregeln

(1) Potenzregel:
$f(x) = x^n \Rightarrow f'(x) = n \cdot x^{n-1}$

(2) Faktorregel:
$f(x) = a \cdot g(x) \Rightarrow f'(x) = a \cdot g'(x)$

(3) Summenregel:
$f(x) = g(x) + h(x) \Rightarrow f'(x) = g'(x) + h'(x)$

(1) $f(x) = \frac{1}{2}x + 3$ (2) $f(x) = x^2 - 4x$ (3) $f(x) = -\frac{1}{2}x^4 + 3x^2 - 1$

Formeln und Regeln zum Bestimmen von Stammfunktionen

Zum Bestimmen von Stammfunktionen muss man **„aufleiten"**, d. h. das Ableiten (Differenzieren) umkehren.
F(x), G(x), H(x) ist jeweils Stammfunktion zu f(x), g(x), h(x).

Wichtige Funktionen

Funktion f(x)	Stammfunktion F(x)
$2x$	x^2
$3x^2$	x^3
$\frac{1}{x^2}$	$\frac{-1}{x}$
$\frac{1}{2\sqrt{x}}$	$\sqrt{x}$
$\sin(x)$	$-\cos(x)$

Regeln

	Funktion	Stammfunktion
Potenzregel	x^n	$\frac{1}{n+1}x^{n+1}$
konstanter Faktor	$g(x) = a \cdot f(x)$	$G(x) = a \cdot F(x)$
Summenregel	$h(x) = f(x) + g(x)$	$H(x) = F(x) + G(x)$

Regeln in Stichworten:
konstanter Faktor – konstante Faktoren bleiben beim „Aufleiten" erhalten.
Summenregel – Summen von Funktionen werden summandenweise „aufgeleitet".

17 *Training: Stammfunktionen gesucht*

Einmal muss der Funktionsterm zunächst umgeformt werden.

a) $f(x) = 3x^2 - 4x + 1$ b) $f(x) = -2x^3 + 6x$ c) $f(x) = \frac{1}{4}x^4 - 2x^2 + 8$
d) $f(x) = \frac{2}{x^2} + x^3$ e) $f(x) = (x + 2) \cdot (x - 3)$ f) $f(x) = 4 \cdot \sin(x)$

18 *Eine Quelle*

Wegen mangelnder Regengüsse versiegt eine Quelle. Die Geschwindigkeiten, mit denen das Wasser an verschiedenen Tagen aus der Quelle sprudelt, lassen sich der Tabelle und Grafik entnehmen. Wie viel Wasser liefert die Quelle in acht Tagen, wie viel noch bis zum Versiegen?

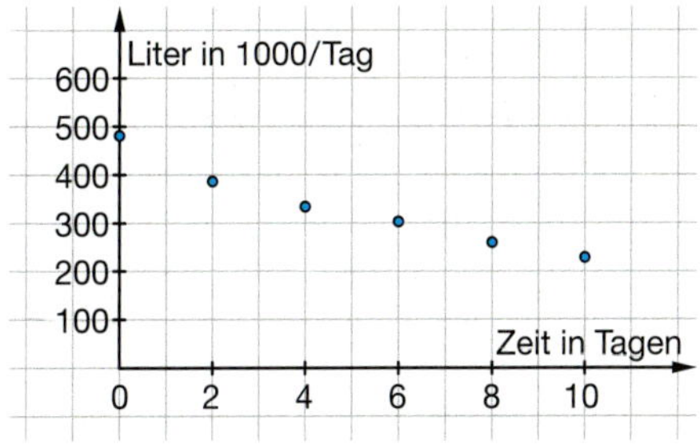

Übungen

Tage	l in 1000/Tag
0	480
2	385
4	335
6	305
8	260
10	230

Tipps:

Passende Funktion zu den Daten finden.

Punkte geradlinig verbinden und Flächen bestimmen.

WERKZEUG

Bestandsberechnungen für Daten und Funktionen mit der Trapezformel

Änderungsraten können tabellarisch gegeben, mit einer Funktion beschrieben oder grafisch dargestellt sein. Der zugehörige Bestand entspricht der Fläche unter dem Graphen der Änderungsratenfunktion.

Ist die Änderungsrate als Tabelle gegeben, so liegt es nahe, die Funktion als Streckenzug darzustellen (siehe Beispiel B). Die Fläche unter dem Graphen setzt sich dann aus den Flächeninhalten von Trapezen zusammen.

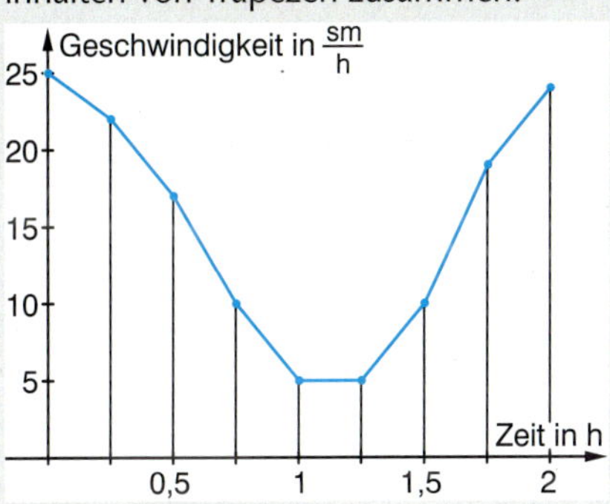

Ist die Änderungsrate als Funktion gegeben, von der man keine Stammfunktion kennt, kann man den gewünschten Bereich (z. B. von 0 bis 10) in **gleich breite** vertikale Streifen einteilen. Die Fläche unter dem Graphen kann man dann näherungsweise als Summe der Flächeninhalte der Trapeze berechnen.

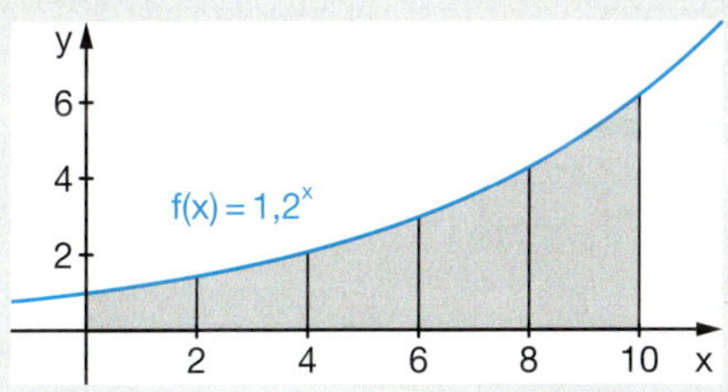

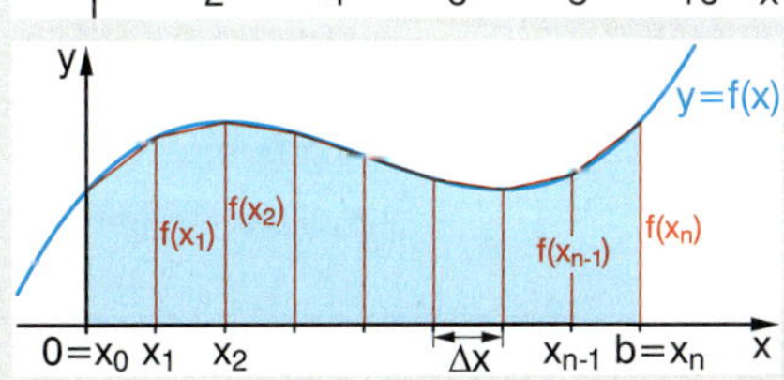

Trapezformel

Anzahl der Trapeze: n

gleiche „Höhe" für jedes Trapez: Δx

Die Summe der Flächeninhalte aller Trapeze:

$$\Delta x\left(\tfrac{1}{2}f(x_0) + f(x_1) + f(x_2) + \ldots + f(x_{n-1}) + \tfrac{1}{2}f(x_n)\right)$$

Sie liefert einen Näherungswert für den Inhalt der Fläche, die der Funktionsgraph mit der x-Achse im Intervall $[0; b]$ einschließt. Je größer die Anzahl der Trapeze, desto besser die Näherung.

19 *Anwenden der Trapezregel*

a) In der Grafik oben rechts wird die Trapezformel am Beispiel der Funktion $f(x) = 1{,}2^x$ dargestellt. Berechnen Sie einen Näherungswert für die Fläche unter dem Graphen der Funktion von 0 bis 10. Verwenden Sie zur Berechnung zunächst 5 und dann 10 Trapeze.

b) Begründen Sie, warum in der Trapezformel der Faktor $\frac{1}{2}$ bei $f(x_0)$ und $f(x_n)$ auftritt.

Trapezsummen mit CAS

WERKZEUG

In einem CAS kann die Formel für die Berechnung der Trapezsummen als „Makro" (Funktion) eingegeben werden, sodass es nach Angabe der notwendigen Parameter a,b und n den Flächeninhalt angibt.

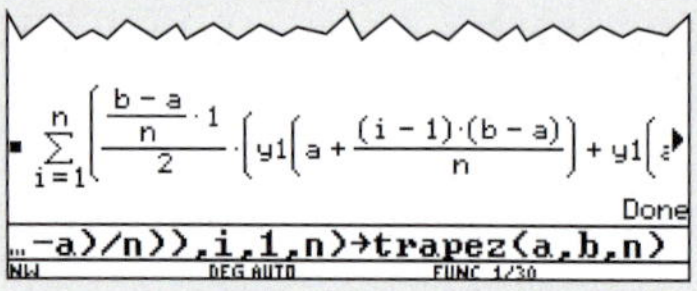

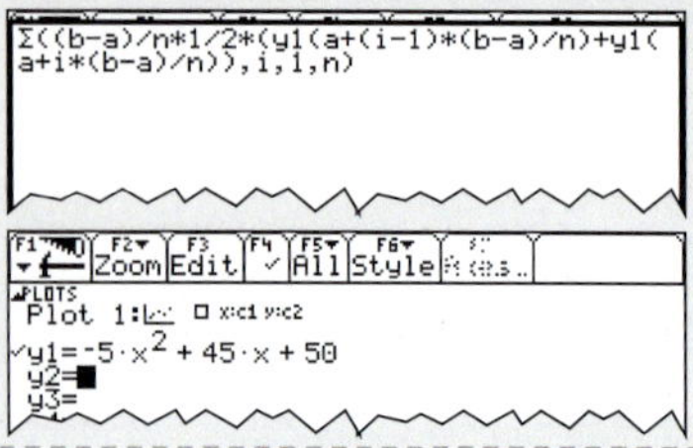

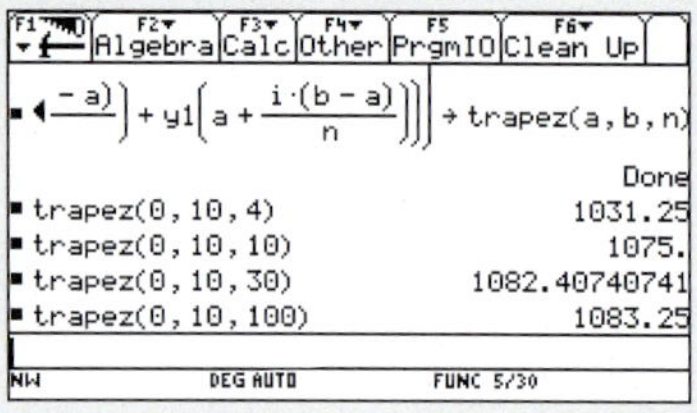

Übungen

20 *„Vorausschauende" Ersatzteilproduktion*

Ein Hersteller von Fernsehgeräten will die Produktion einer Modellreihe einstellen. Damit er die im Lager vorhandenen Geräte dieses Modells noch verkaufen kann und um Kunden, die bereits die entsprechenden Fernseher besitzen, nicht zu verärgern, sollen in diesem Jahr alle Ersatzteile produziert werden, die in den nächsten 10 Jahren voraussichtlich benötigt werden.

Bekannt ist, dass sich die Nachfragerate nach Netzteilen für die Geräte (in Stückzahl pro Jahr) durch die Funktion $f'(t) = 200 \cdot 0{,}85^t$ gut modellieren lässt.

Entwickeln Sie ein Verfahren, mit dem Sie abschätzen können, wie viele dieser Netzteile produziert und eingelagert werden müssen, damit die Nachfrage für die nächsten 10 Jahre befriedigt werden kann.

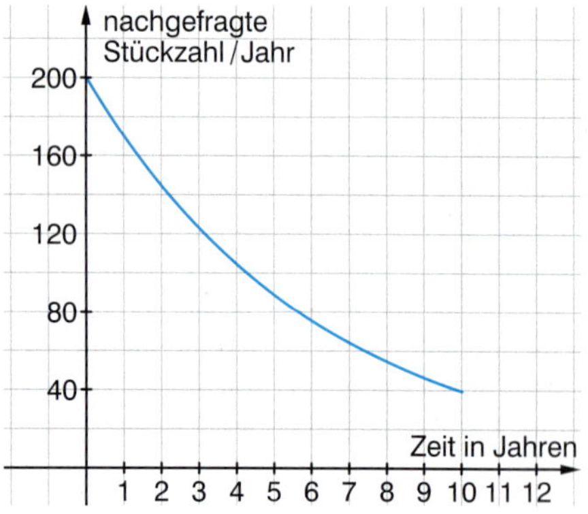

21 *Geförderte Gasmenge*

Die Förderrate (Änderungsrate der Fördermenge) einer Gasquelle nimmt zunächst stark zu und dann mit der Zeit wegen des nachlassenden Gasdruckes wieder ab. Die Förderrate wird mit der Funktion $g(t) = \frac{4t}{t^2 + 1}$ modelliert. Ermitteln Sie näherungsweise mit der Trapezformel die Gasmenge, die die Quelle in 12 Jahren liefert.

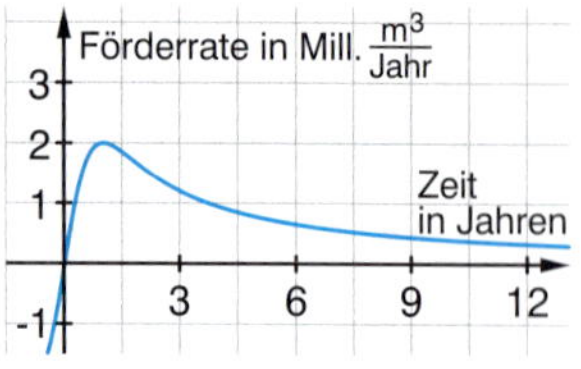

KOPFÜBUNGEN

1 Bestimmen Sie alle Lösungen: $(8 - x)^2 - 9 = 0$

2 Vergleichen Sie die Länge der Vektoren $\vec{a} = \begin{pmatrix} 1 \\ -2 \\ 3 \end{pmatrix}$ und $\vec{b} = \begin{pmatrix} -1 \\ -1 \\ 4 \end{pmatrix}$.

3 Aus einer Urne mit zwei roten und vier weißen Kugeln werden nacheinander zwei Kugeln ohne Zurücklegen gezogen. Geben Sie die Wahrscheinlichkeitsverteilung an.

4 Beantworten Sie jeweils mithilfe eines geeigneten Beispiels:
a) Was ist die grafische Bedeutung der Ableitung einer Funktion an einer Stelle?
b) Was ist die physikalische Bedeutung der Ableitung einer Funktion an einer Stelle?

Vom Nutzen der Bestandsfunktion in der Physik

Das Weg-Zeit-Gesetz beim freien Fall $s(t) = 5t^2$ diente als Beispiel bei der Entwicklung des Begriffs der zugehörigen Momentangeschwindigkeit $s'(t) = v(t) = 10t$. Die dabei zugrundeliegende Beschleunigung ist die Änderungsrate der Geschwindigkeit. Man erhält sie als Ableitung der Geschwindigkeit: $s''(t) = a(t) = 10$. Die Beschleunigung beim freien Fall ist also konstant etwa $10\,m/s^2$.

Weg → Geschwindigkeit → Beschleunigung

Durch Integrieren können wir nun allein aus der Kenntnis der konstanten Beschleunigung die Weg-Zeit-Funktion für eine gleichmäßig beschleunigte Bewegung rekonstruieren: Die Geschwindigkeit ergibt sich als Bestand der Beschleunigung, der zurückgelegte Weg wiederum als Bestand der Geschwindigkeit.

Beschleunigung → Geschwindigkeit → Weg

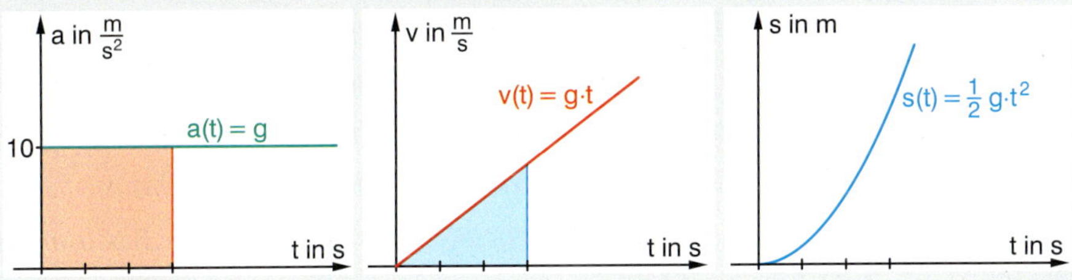

Aufgaben

Der genauere Wert für die Fallbeschleunigung auf der Erde ist $g = 9{,}81\,m/s^2$.

22 *Freier Fall auf dem Mond*

Eine Schraube fällt auf dem Mond aus einer Höhe von 1,4 Meter. Wann und mit welcher Geschwindigkeit erreicht die Schraube die Oberfläche des Mondes? Vergleichen Sie mit dem gleichen Vorgang auf der Erde.

Die Fallbeschleunigung auf dem Mond beträgt $1{,}67\,m/s^2$.

23 *Wachsende Beschleunigung*

Ein Testfahrzeug startet zum Zeitpunkt $t = 0$ mit einer linear ansteigenden Beschleunigung $a(t) = 1{,}2 \cdot t$ $\left(t \text{ in s, } a \text{ in } \frac{m}{s^2}\right)$. Welchen Weg hat es nach 5 s zurückgelegt?

Eine interessante Anwendung – Der digitale Wurfspeer

Das Fraunhofer-Institut Magdeburg hat einen „digitalen Wurfspeer" entwickelt, mit dessen Hilfe man durch Sensoren den Beschleunigungsverlauf des Speeres während der Anlauf- und Abwurfphase erfassen kann. Die Geschwindigkeit des Speeres ergibt sich als Fläche in dem Beschleunigung-Zeit-Diagramm und kann z. B. mithilfe der Trapezformel berechnet werden.

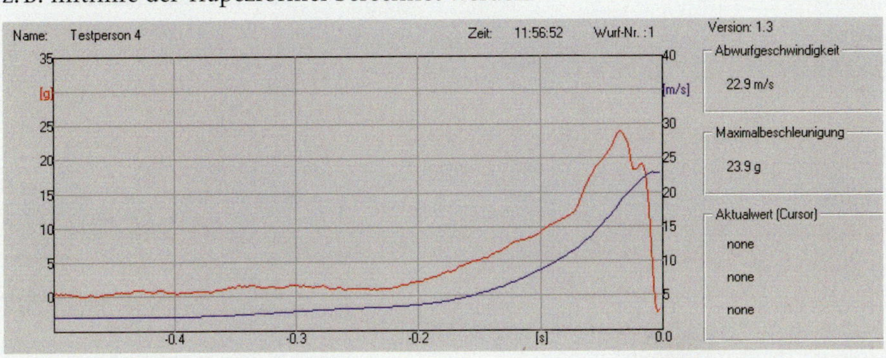

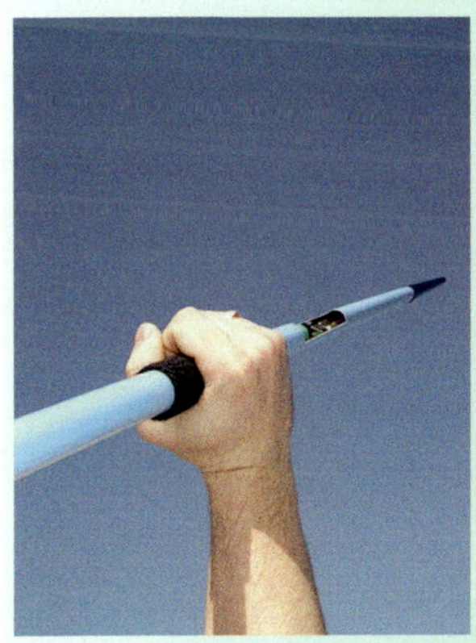

4.2 Der Hauptsatz der Differenzial- und Integralrechnung

Was Sie erwartet

Im vorherigen Lernabschnitt haben Sie in Sachzusammenhängen zu vorgegebener Änderungsfunktion die zugehörige Bestandsfunktion rekonstruiert. Die rekonstruierten Funktionswerte wurden dabei als orientierte Flächeninhalte interpretiert und berechnet oder einfach durch „Aufleiten" des Ableitungsterms gewonnen.

In diesem Lernabschnitt wird dies vertieft. Sie beschreiben zunächst den orientierten Flächeninhalt unter dem Graphen einer Funktion f von einer beliebigen festen linken Grenze a bis zu einer beliebigen variablen rechten Grenze x. Dann lösen wir uns von den Sachzusammenhängen, aus der Änderungsratenfunktion wird einfach eine Funktion, aus der Bestandsfunktion die Integralfunktion. Den wichtigen Zusammenhang von beiden Funktionen haben Sie schon im ersten Lernabschnitt erfahren, er wird nun als Hauptsatz der Differenzial- und Integralrechnung formuliert. Der Satz liefert dann auch eine Möglichkeit zur rechnerischen Bestimmung von orientierten Inhalten.

Aufgaben

1 *Variationen der Bestandsfunktion*

a) An drei Zapfsäulen einer Tankstelle werden – zeitversetzt um eine Minute – mit konstanter Fließgeschwindigkeit von 30 l/min drei Pkw betankt.
Füllen Sie die Tabelle aus und geben Sie für jeden Tank die passende Bestandsfunktion an. Skizzieren Sie diese und die Zuflussfunktion. Überprüfen Sie mit den Tabelleneinträgen. Was fällt Ihnen auf? Veranschaulichen Sie die Tabelleneinträge durch Flächen.

	Füllmenge (in l)		
x (in min)	Pkw 1	Pkw 2	Pkw 3
−1	0	–	–
0	30	0	–
1	■	■	0
2	■	■	■
3	■	■	■
4	■	■	■
5	■	■	■

b) Die Zuflussrate wird jetzt durch $f'(x) = 3x^2$ beschrieben (x in min; f′(x) in l/min). Begründen Sie, dass $f_0(x) = x^3$ die Füllmenge zu Pkw 2 beschreibt, wenn die Betankung also zum Zeitpunkt $x = 0$ beginnt. Füllen Sie damit die Tabelle wie in a) aus und geben Sie die passenden Bestandsfunktionen zu $x = -1$ und $x = 1$ an.
Bestätigt sich Ihre Vermutung aus a)?
Hinweis: Nutzen Sie für Pkw 1 die Symmetrie von f′ aus.

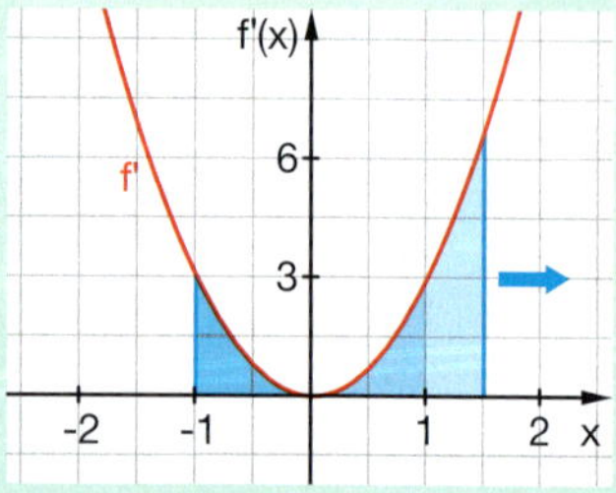

c) Begründen Sie mithilfe der Bilder allgemein:
Für a < b gilt: $f_a(x) = f_b(x) + c$
Dabei ist $f_a(x)$ die Bestandsfunktion zum Beginn bei $x = a$ und c eine Konstante.
Welche geometrische Bedeutung hat die Konstante c?

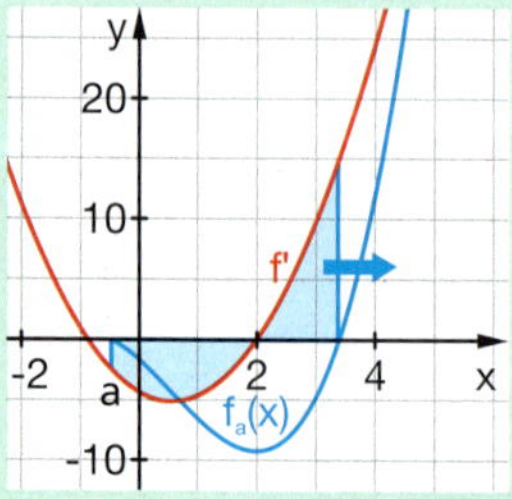

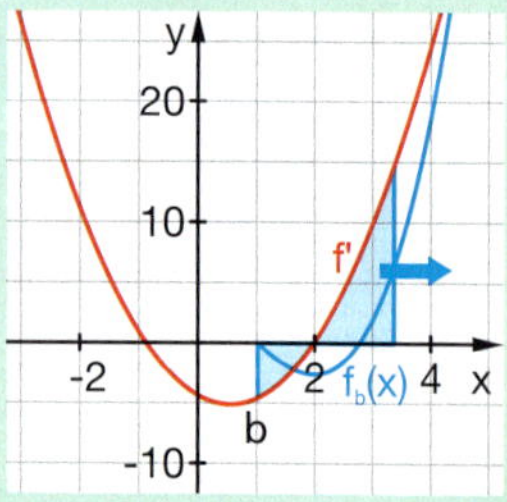

Integralfunktion

Die Integralfunktion $I_a(x)$ ist eine Verallgemeinerung der Bestandsfunktion. Sie ordnet jedem $x > a$ den orientierten Inhalt der Fläche zu, die von dem Graphen zu f und der x-Achse im Intervall [a; x] eingeschlossen wird. Bei den Bestandsfunktionen ist die linke Intervallgrenze meist Null und die Funktion f eine Änderungsratenfunktion.

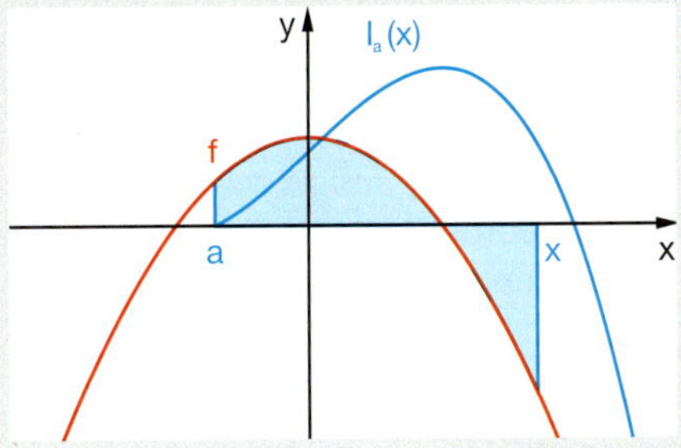

Aufgaben

2 *Erkunden von Integralfunktionen*

Mit einem dynamischen Funktionsplotter können Sie die Entstehung der Integralfunktion bei vorgegebener linker Grenze a punktweise beobachten.
Beispiel: Funktion: $f(x) = x \cdot (x-3) \cdot (x-5)$; Integralfunktion: $I_{-0,5}(x)$

Der Schieberegler für x darf nicht x heißen.

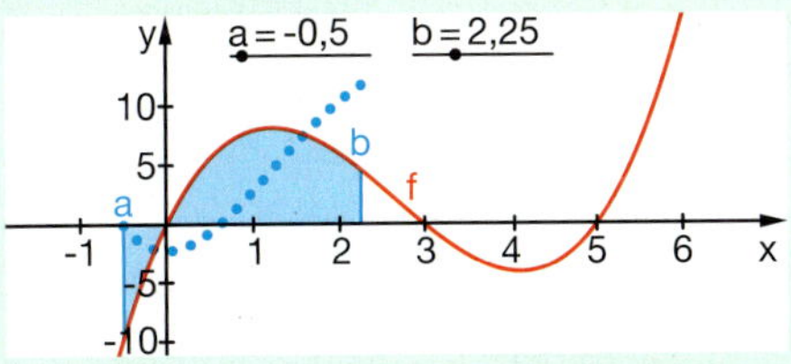

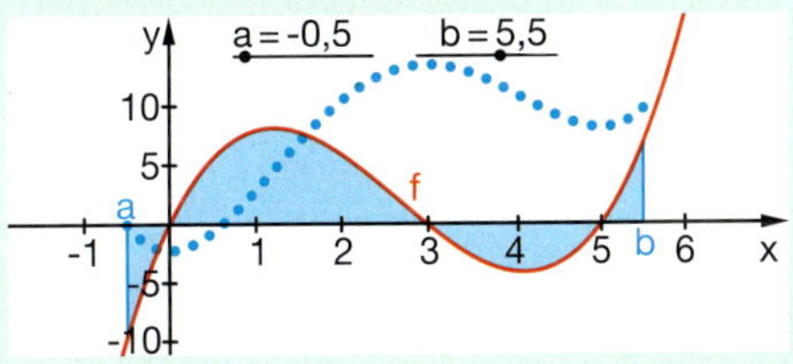

a) Experimentieren Sie mit der Software und ermitteln Sie Integralfunktionen $I_a(x)$ zu den gegebenen Funktionen f. Beginnen Sie mit a = 0 und variieren Sie dann die linke Intervallgrenze.

(1) $f(x) = -0{,}5x + 2$ (2) $f(x) = x^2 - 2x$
(3) $f(x) = \sin(x)$ (4) $f(x) = x^3 - 4x^2$

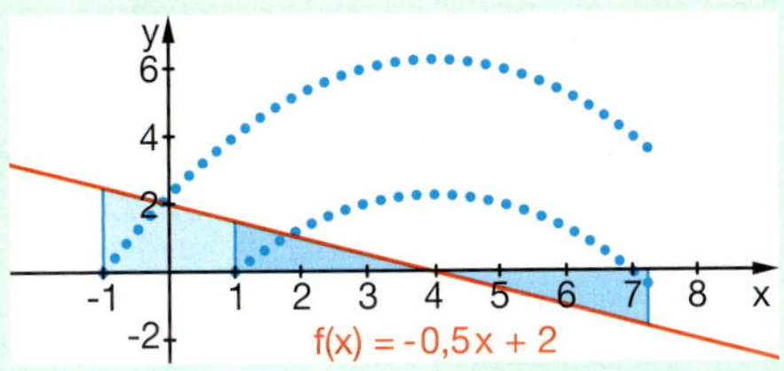

b) Begründen Sie anschaulich folgende Eigenschaften:
(1) $I_a(a) = 0$ (2) Für a < b gilt: $I_a(x) = I_b(x) + c$.
Welche inhaltliche Bedeutung hat die Konstante c?

c) Finden Sie einen Zusammenhang zwischen den $I_a(x)$ und $f(x)$? Bestimmen Sie die Funktionsgleichungen der Integralfunktionen $I_a(x)$.

3 *Integralfunktionen und orientierte Flächeninhalte*

a) Begründen Sie, dass den Bestandsfunktionen aus dem vorherigen Lernabschnitt die Integralfunktionen $I_0(x)$ entsprechen. Begründen Sie damit, dass $I_0'(x) = f(x)$ gilt.

b) Erläutern Sie mithilfe der Bildfolge, wie man den orientierten Flächeninhalt unter f zwischen a und b (a<b) berechnen kann. Begründen Sie, dass $I_a(b) = I_0(b) - I_0(a)$ gilt.

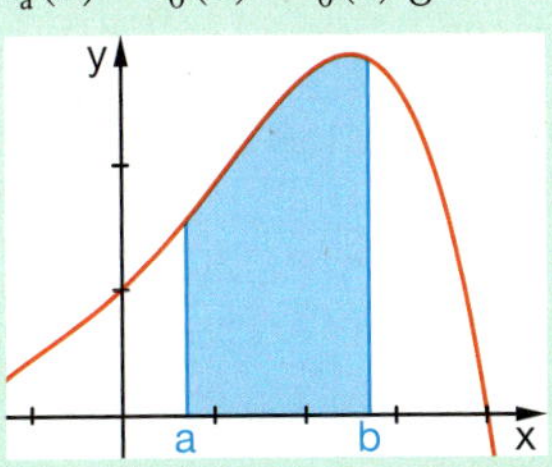

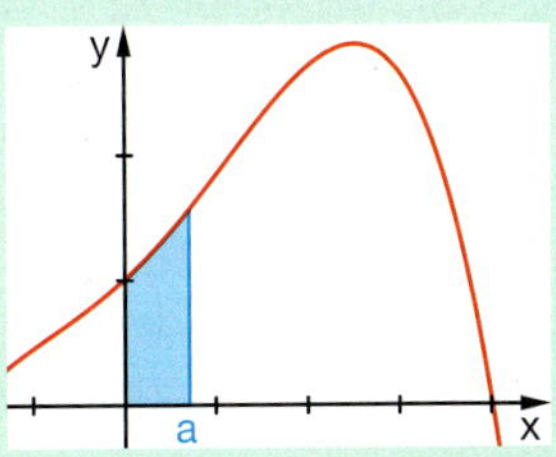

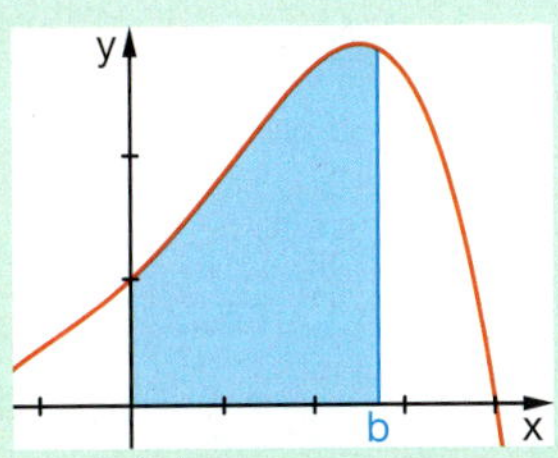

c) Bestimmen Sie den orientierten Flächeninhalt in den angegebenen Intervallen.
(1) $f(x) = 2x$; a = 0,5; b = 3 (2) $f(x) = 3x^2$; a = 1; b = 2

Basiswissen

Mit der Definition der Integralfunktion können wir einen zentralen Satz der Differenzial- und Integralrechnung formulieren.

Integralfunktion

Eine Funktion f(x) ist gegeben. Die Funktion, die jedem x den orientierten Inhalt der Fläche zuordnet, die f(x) mit der x-Achse zwischen a und x einschließt, nennt man Integralfunktion $I_a(x)$ zu f(x).

Sprechweise:
„Integral von f von a bis x"
f: Integrand
a: untere Grenze
x: obere Grenze

Da in der Bezeichnung $I_a(x)$ der Bezug zur gegebenen Funktion nicht ersichtlich ist, führt man folgende Bezeichnung ein: $I_a(x) = \int_a^x f$.

Die Funktionswerte $I_a(b) = \int_a^b f$ heißen **Integral**.

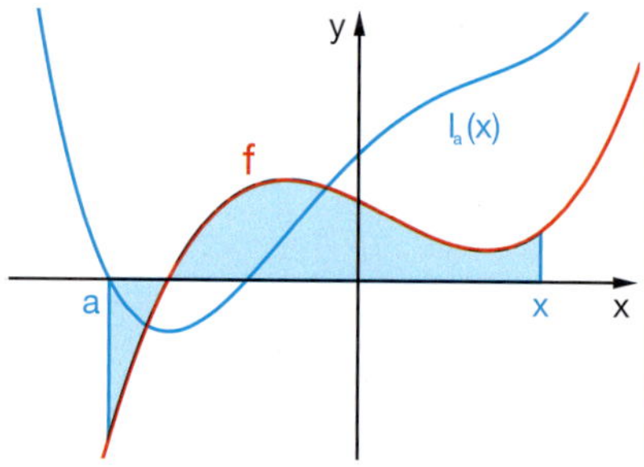

Wichtige Eigenschaften

(1) Es gilt die Anfangsbedingung $I_a(a) = \int_a^a f = 0$.

(2) Die Integralfunktionen $I_a(x)$ und $I_b(x)$ zur selben Funktion f(x) unterscheiden sich um eine Konstante c: $I_a(x) = I_b(x) + c$, also $\int_a^x f = \int_b^x f + c$

Da man den orientierten Flächeninhalt durch „Aufleiten" der Funktion f erhält, gilt der wichtige Zusammenhang zwischen Integralfunktion $I_a(x)$ und Funktion f(x):

Hauptsatz der Differenzial- und Integralrechnung (Teil 1)
Für den Zusammenhang von Funktion f und Integralfunktion I_a gilt: $I_a'(x) = f(x)$.
Integralfunktionen sind also Stammfunktionen.

Beispiele

A *Geometrische Interpretation einer Integralfunktion*

Könnte der blaue Graph k der Graph der Integralfunktion $I_{-3}(x) = \int_{-3}^{x} x^2 - 4$ sein?
Argumentieren Sie geometrisch anhand des Verlaufs der beiden Graphen.

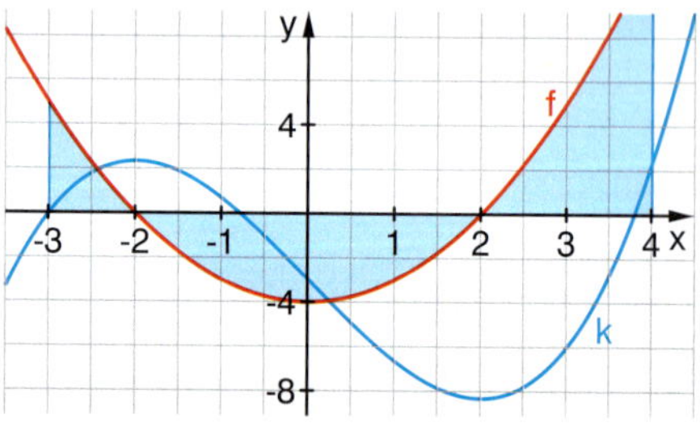

Lösung:

a) *Geometrische Argumentation*

Der blaue Graph könnte vom Verlauf her zum orientierten Flächeninhalt unter dem Graphen von f(x) passen:

1. $I_{-3}(-3) = 0$. Diese Eigenschaft erfüllt der Graph k.
2. f(x) ist auf $[-3;-2[$ positiv, fallend. Der orientierte Flächeninhalt ist also zunächst positiv und wächst. Allerdings wird die Zunahme geringer (Rechtskurve des blauen Graphen). Bei $x = -2$ hat $I_{-3}(x)$ ein lokales Maximum, Graph k ebenfalls.
3. f(x) ist auf $]-2;2[$ negativ. Der orientierte Flächeninhalt wird also kleiner, die blaue Kurve fällt. An der Stelle (etwa bei $x = -0{,}8$), an der die Fläche unter der Achse gleich groß der Fläche über der Achse ist, ist der orientierte Flächeninhalt 0. Die blaue Kurve schneidet die x-Achse.
4. An der Stelle $x = 2$ hat $I_{-3}(x)$ ein lokales Minimum, ab dann ist $f(x) > 0$. Die blaue Kurve steigt wieder.

Beispiele

B *Integralfunktionen gesucht*

Ermitteln Sie die Gleichungen der Integralfunktionen $I_0(x)$ und $I_1(x)$ zu der Berandungsfunktion $f(x) = x - 3$.

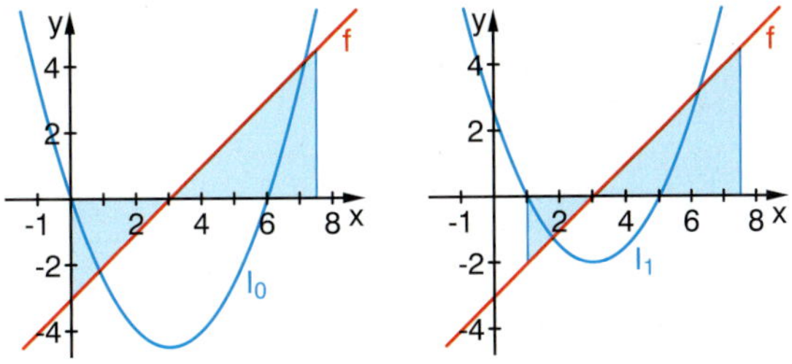

Lösung:

Die Integralfunktionen sind Stammfunktionen von f(x), also gilt: $I_0'(x) = I_1'(x) = x - 3$

$I_0(x) = \int_0^x x - 3 = \frac{1}{2}x^2 - 3x + c$; Berechnung der Konstanten c aus der Anfangsbedingung $I_0(0) = 0$: $I_0(0) = \frac{1}{2}0^2 - 3 \cdot 0 + c = 0$, also $c = 0$. $I_0(0) = \frac{1}{2}x^2 - 3x$

$I_1(x) = \int_1^x x - 3 = \frac{1}{2}x^2 - 3x + c$; $I_1(1) = 0$, also $c = 2{,}5$; $I_1(x) = \frac{1}{2}x^2 - 3x + 2{,}5$

Übungen

4 *Vom Bild zur Integralfunktion*

In dem Diagramm sind die Graphen einer Berandungsfunktion rot und einer zugehörigen Integralfunktion blau gezeichnet.

a) Bestimmen Sie die Gleichungen der beiden Funktionen.

b) Vergleichen Sie den Graphen der gezeichneten Integralfunktion mit dem Graphen von $I_0(x) = \int_0^x f$.

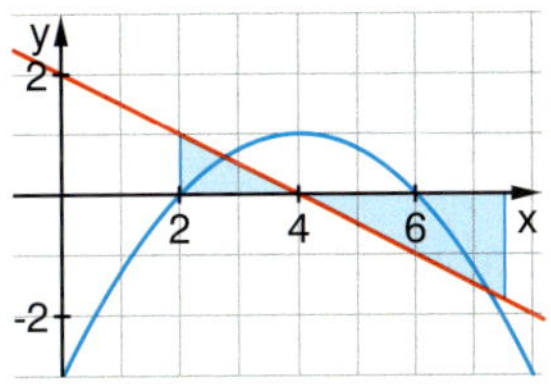

5 *Integralfunktion finden*

vgl. Beispiel A

Gegeben ist $f(x) = x(x-2)(x-5)$. Welche der eingezeichneten Funktionsgraphen g, h und k könnten der Graph der Integralfunktion $\int_1^x f$ sein? Begründen Sie Ihre Entscheidung.

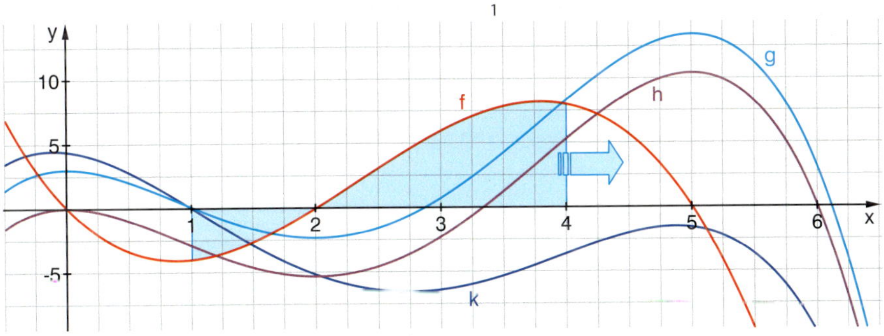

6 *Integralfunktionen berechnen*

vgl. Beispiel B

Berechnen Sie die Integralfunktion zu der Funktion f(x). Skizzieren Sie f(x) und die Integralfunktionen sowie die zugehörigen orientierten Flächeninhalte.

a) $f(x) = 3x - 1$; $I_0(x)$; $I_3(x)$

b) $f(x) = \sin(x)$; $I_0(x)$; $I_\pi(x)$

c) $f(x) = 4x^3 + x - 2$; $I_0(x)$; $I_2(x)$

d) $f(x) = -\frac{1}{x^2}$; $I_2(x)$

7 *Übersetzen und Begründen*

a) Übersetzen Sie die nebenstehenden Aussagen in die Schreibweise mit dem Integralzeichen.

b) Begründen Sie die aufgeführten Eigenschaften.

Eigenschaften der Integralfunktion

(1) $I_a(a) = 0$

(2) Für $a < b < x$ gilt: $I_a(x) = I_b(x) + k$

(3) Für $a < b < c$ gilt: $I_a(c) = I_a(b) + I_b(c)$

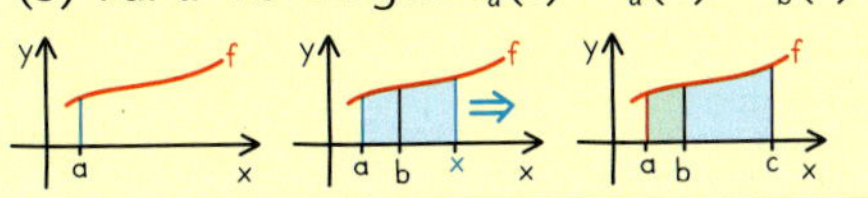

Übungen

8 *Aussagen überpüfen*

Welche der Aussagen über die Integralfunktionen zu der Funktion $f(x)$ sind richtig? Begründen Sie.

a) $I_0(0) = 0$ b) $I_a(a) = 0$

c) $I_a(x)$ ist stets positiv.

d) $I_a(x)$ ist stets ungleich 0.

e) $I_0(x) = I_1(x) + d$ (d konstant)

f) $I_a(b) = S_2 + S_1$ (S_1, S_2 Flächeninhalte)

g) $I_a(b) = S_2 - S_1$

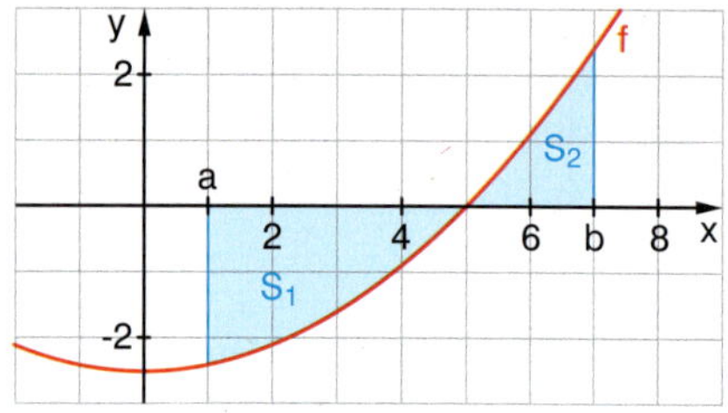

9 *Orientierten Inhalt berechnen*

Gegeben ist $f(x) = \frac{3}{2}x^2 + 1$.

a) Begründen Sie mithilfe des Bildes, dass der markierte orientierte Flächeninhalt mit (1) $\int_0^2 f - \int_0^1 f$ oder (2) $\int_1^2 f$ berechnet werden kann.

b) Bestimmen Sie zunächst die Integralfunktionen $\int_0^x f$ und $\int_1^x f$ und damit die Integrale und den orientierten Flächeninhalt.

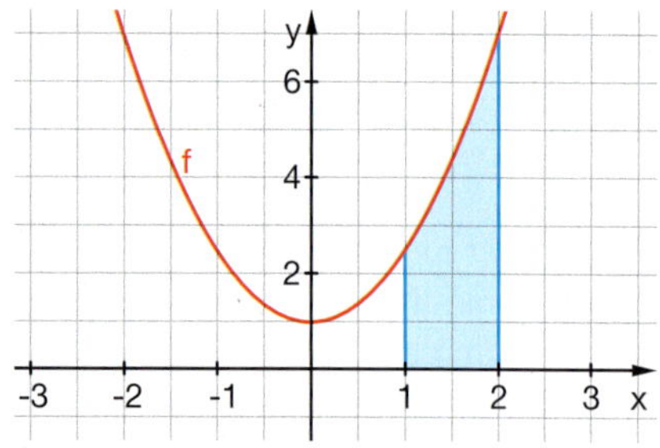

Basiswissen

Für $I_a(x) = \int_a^x f$ kommen nur Stammfunktionen in Frage: $\int_a^x f = F(x) + c$

Mit der bekannten Bedingung $I_a(a) = \int_a^a f = 0$ wird die Konstante c festgelegt:

$0 = I_a(a) = F(a) + c \Rightarrow c = -F(a)$

Dieser Zusammenhang liefert eine Methode zur Berechnung von Integralen.

Sprechweise für $\int_a^b f$: „Integral von f von a bis b“ Es wird auch als **bestimmtes Integral** bezeichnet. Die Funktion f heißt **Integrand**.

Hauptsatz der Differenzial- und Integralrechnung (Teil 2)

Für den **orientierten Flächeninhalt** unter $f(x)$ in den Grenzen a und b gilt:

$$I_a(b) = \int_a^b f = F(b) - F(a)$$

$F(x)$ ist eine beliebige Stammfunktion.

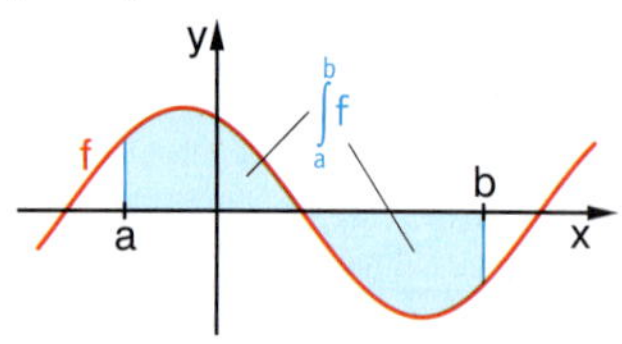

Beispiele

C *Einen orientierten Inhalt bestimmen*

Bestimmen Sie den orientierten Inhalt der Fläche zwischen dem Graphen zu $f(x) = x^2 - 5x + 4$ und der x-Achse in den Grenzen 3 und 6.

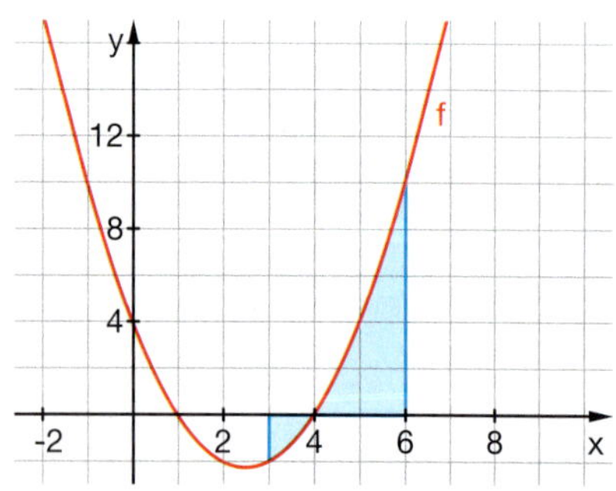

Lösung:

Anwendung des Hauptsatzes:

Eine Stammfunktion zu $f(x)$ ist

$F(x) = \frac{1}{3}x^3 - \frac{5}{2}x^2 + 4x$.

Zu berechnen ist $F(6) - F(3)$.

Man schreibt:

$$\int_3^6 f = [F(x)]_3^6 = \left[\frac{1}{3}x^3 - \frac{5}{2}x^2 + 4x\right]_3^6 = \left(\frac{1}{3} \cdot 6^3 - \frac{5}{2} \cdot 6^2 + 4 \cdot 6\right) - \left(\frac{1}{3} \cdot 3^3 - \frac{5}{2} \cdot 3^2 + 4 \cdot 3\right)$$

$$= 6 - (-1{,}5) = 7{,}5$$

Der gesuchte orientierte Flächeninhalt beträgt 7,5 FE.

Die Schreibweise $[F(x)]_3^6 = \left[\frac{1}{3}x^3 - \frac{5}{2}x^2 + 4x\right]_3^6$ dient der übersichtlichen Darstellung der notwendigen Rechenschritte.

Übungen

Training

Stammfunktionen der Grundfunktionen finden Sie in 4.1 Seite 110.

10 *Berechnung von Integralen*

Wenden Sie den Hauptsatz der Differenzial- und Integralrechnung an. Skizzieren Sie die zugehörigen Flächen.

a) $\int_1^2 4x^3$ b) $\int_{-3}^5 2x - 4$ c) $\int_{-1}^1 9x^2 - 1$ d) $\int_0^{\frac{\pi}{2}} \sin(x)$

e) $\int_1^3 \frac{1}{x^2}$ f) $\int_0^4 x(x-1)$ g) $\int_{-1}^1 x^3 - x$ h) $\int_{-2}^0 5x^4 - 2$

Integrale mit dem GTR — WERKZEUG

Mit dem GTR können Integrale numerisch und grafisch bestimmt werden:

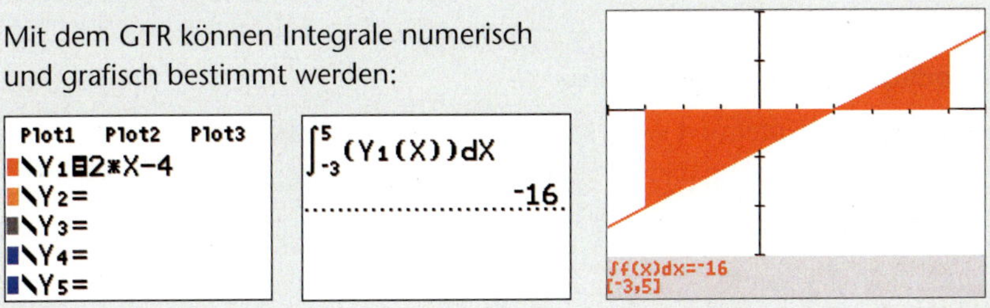

Ergebnisse sind meistens Näherungswerte.

Überprüfen Sie Ihre Ergebnisse mit dem GTR.

Regeln und Begründungen

11 *Integrationsregeln*

a) Begründen Sie die beiden Regeln mithilfe der entsprechenden Regeln der Differenzialrechnung.

Faktorregel:
$g(x) = a \cdot f(x) \Rightarrow G(x) = a \cdot F(x)$

Summenregel:
$h(x) = f(x) + g(x) \Rightarrow H(x) = F(x) + G(x)$

b) Verdeutlichen Sie die beiden Regeln geometrisch mithilfe der Bilder.

(1) $\int_a^x k \cdot f = k \cdot \int_a^x f$ (2) $\int_a^x (f+g) = \int_a^x f + \int_a^x g$

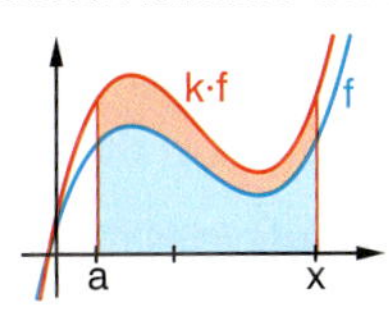

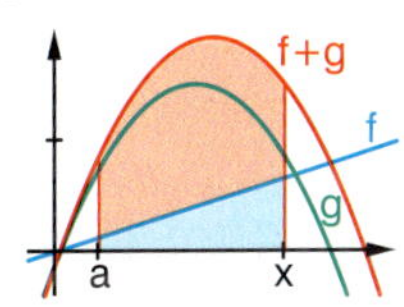

12 *Eine weitere Integrationsregel*

Formulieren Sie die folgende Gleichung in Worten und begründen Sie die Korrektheit mithilfe des Bildes.

$\int_a^b (-f) = -\int_a^b f$

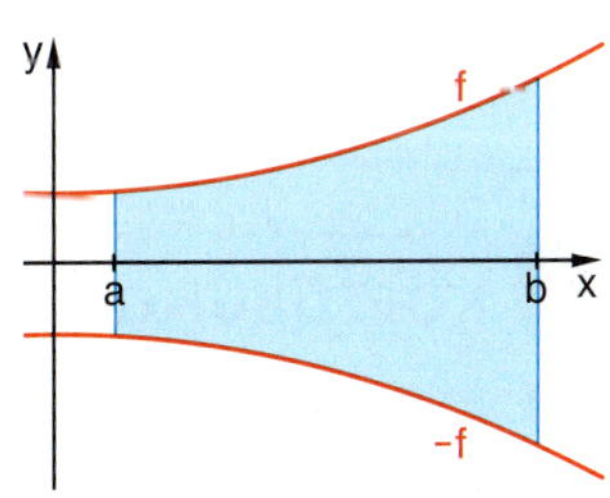

13 *Eine bekannte Formel*

Welche bekannte Formel verbirgt sich hinter $\int_0^a b$ mit $b > 0$?

Veranschaulichen Sie Ihre Antwort auch mithilfe einer Skizze.

Begriffsverständnis

14 *Stammfunktionen und Integralfunktionen*

a) Begründen Sie: *Jede Integralfunktion hat mindestens eine Nullstelle.*

b) Jede Integralfunktion ist eine Stammfunktion. Ist aber auch jede Stammfunktion eine Integralfunktion? Zeigen Sie, dass $F(x) = x^2 + 1$ Stammfunktion von $f(x) = 2x$ ist, aber keine Integralfunktion sein kann.

Übungen

15 *Terme veranschaulichen*

Es gilt $F'(x) = f(x)$. Veranschaulichen Sie jeden der angegebenen Werte möglichst in beiden Diagrammen. Vergleichen Sie Ihre Ergebnisse mit denen anderer.

(1) $f(a)$ (2) $\int_a^b f(x)$ (3) $F'(a)$ (4) $F(b) - F(a)$ (5) $\frac{F(b) - F(a)}{b - a}$

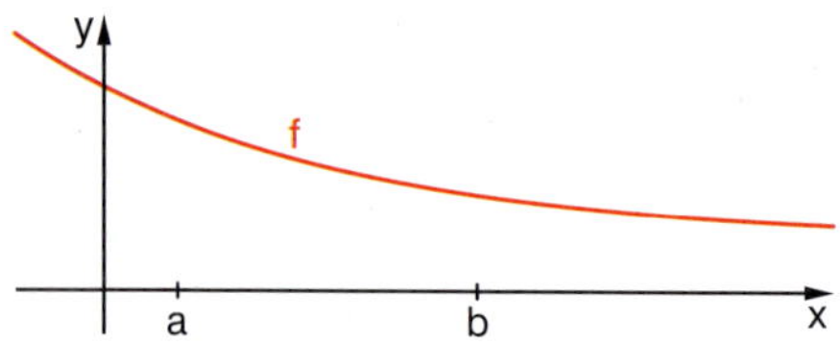

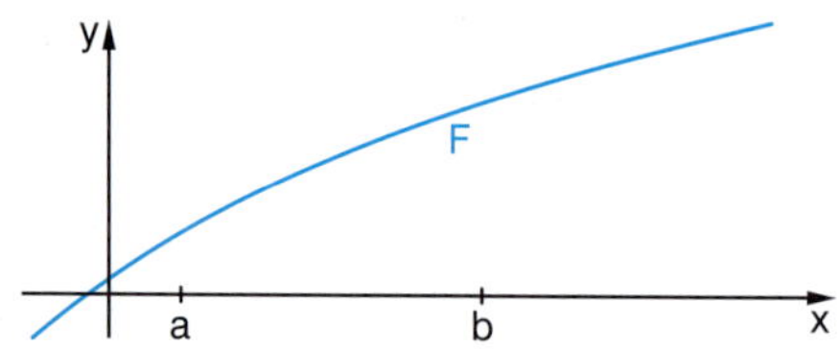

Unterschiedliche Integrationsvariablen

Die Variable, nach der integriert wird, kann unterschiedlich heißen. Man kennzeichnet daher diese Variable durch ein angehängtes „dx", „dt" oder „du" im Integralausdruck.

Wir schreiben im weiteren dann $\int_1^4 (x^2 - 2)\,dx$ oder $\int_{-1}^1 (t^3 + t)\,dt$

Es gibt noch eine andere Bedeutung von „dx". Diese wird in „Eine analytische Definition des bestimmten Integrals" (Seite 121) erschlossen.

Bei einer Integralfunktion $\int_a^x f(x)\,dx$ kommt die Variable x aber nun in zweierlei Bedeutung vor. Sie ist das eine Mal Variable (Argument) der Funktion f, das andere Mal untere oder obere Grenze der Integralfunktion (in der Grafik an den unterschiedlichen Farben erkennbar).

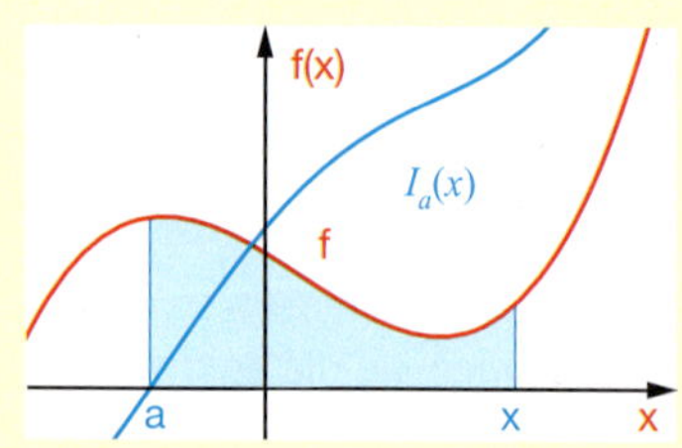

Um hier Verwechslungen zu vermeiden, wird das Argument von f dann t genannt, wenn x als untere oder obere Grenze auftritt.

Man schreibt: $\int_a^x f(t)\,dt$

16 *Unterschiedliche Integrationsvariablen*

Bestimmen Sie die folgenden Integrale.

(1) $\int_0^1 (t \cdot x^2)\,dx$ (2) $\int_0^1 (t \cdot x^2)\,dt$ (3) $\int_{-1}^1 (t \cdot x + x)\,dx$ (4) $\int_{-1}^1 (t \cdot x + x)\,dt$

KOPFÜBUNGEN

1 Bestimmen Sie alle Lösungen: $3x^2 - 27 = 0$

2 Lösen Sie die Gleichung $V = \frac{1}{3}\pi r^2 h$ einmal nach r und einmal nach h auf. Welche geometrische Bedeutung hat die Gleichung?

3 Bei Neugeborenen gilt das Geschlechterverhältnis von „100 zu 105" (weniger Mädchen als Jungen) als normal. Welche Wahrscheinlichkeit für die Geburt eines Mädchens folgt daraus?

4 Wahr oder falsch?

a) Ganzrationale Funktionen vom Grad 3 haben immer einen Wendepunkt.

b) Ganzrationale Funktionen vom Grad 4 haben immer zwei Wendepunkte.

Gelingt es Ihnen, die Aussage zu begründen oder zu widerlegen?

Das Integral als Grenzwert von Produktsummen

Der Hauptsatz der Differenzial- und Integralrechnung stellt einen ganz engen Zusammenhang zwischen dem Integrieren und dem Finden von Stammfunktionen her, sodass man denken könnte, dass „Integrieren" und „Stammfunktion finden" dasselbe ist. Das Finden von Stammfunktionen ist aber häufig sehr schwierig, zu manchen Funktionen gibt es gar keine, obwohl orientierte Flächen existieren. Lässt sich das Integral ohne Bezug zu Stammfunktionen durch eine Definition aus einfachen Bausteinen präzisieren? Es ist nicht überraschend, dass hier auch wieder Grenzprozesse eine wichtige Rolle spielen.

Die Ableitung als Grenzwert von Quotienten

Bei der Einführung der Änderungsrate einer Funktion wurde diese als Steigung einer Sekante bzw. einer Tangente veranschaulicht. Der geometrisch anschauliche Prozess des Übergangs von der Sekanten- zur Tangentensteigung konnte mithilfe des algebraischen Terms des Differenzenquotienten präzisiert werden: Die Ableitung wurde als Grenzwert einer Folge von Differenzenquotienten definiert:

$$f'(a) = \lim_{h \to 0} \frac{f(a+h) - f(a)}{h}$$

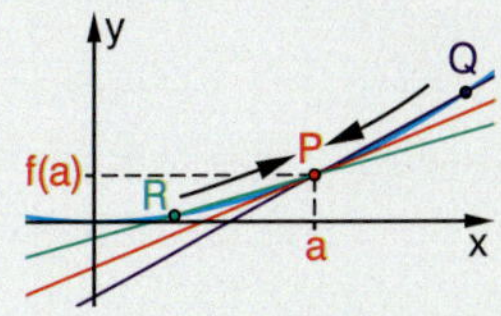

Aufgaben

17 *Unter- und Obersummen*

Prinzip: Der Inhalt A der Fläche zwischen dem Graphen einer Funktion f und der x-Achse in einem Intervall wird durch Rechtecksummen angenähert. Dabei bildet man einmal Rechtecke unterhalb des Graphen (Untersummen) und einmal oberhalb des Graphen (Obersummen).

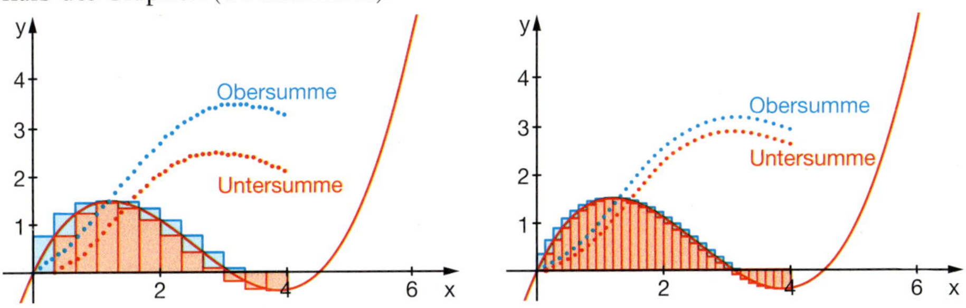

Erläutern Sie die Bildfolge. Was passiert mit den Unter- und Obersummen, wenn man die Intervalle verfeinert? Welcher Zusammenhang ergibt sich mit der Integralfunktion?

Analysis 11

Eine analytische Definition des bestimmten Integrals

Wir betrachten eine stetige Funktion f auf dem Intervall [a; b]. Das Intervall teilen wir in n Teilintervalle auf. Der Einfachheit halber sollen alle die gleiche Breite $\Delta x = \frac{b-a}{n}$ haben.

In jedem dieser Teilintervalle wählen wir eine Stelle x_i. Nun bilden wir die Produktsumme:

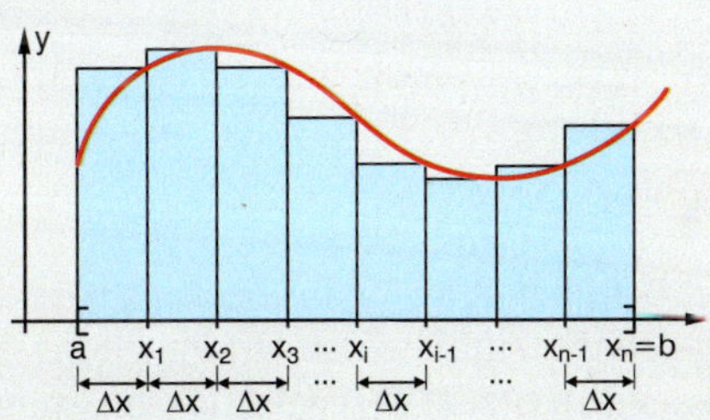

$$s_n = f(x_1) \cdot \Delta x + f(x_2) \cdot \Delta x + \ldots + f(x_n) \cdot \Delta x = \sum_{k=1}^{n} f(x_k) \cdot \Delta x$$

Der Grenzwert dieser Produktsumme liefert eine Definition des bestimmten Integrals:

$$\lim_{n \to \infty} \sum_{k=1}^{n} f(x_k) \cdot \Delta x = \int_a^b f(x)\,dx$$

Damit lässt sich auch eine plausible Erklärung für die Schreibweise $\int f(x)\,dx$ geben: Das Integralzeichen kann man als langgezogenes S deuten, das sich aus dem Summenzeichen entwickelt hat. Das Zeichen dx steht für das beliebig kleine Δx. Die Produktsumme kann als Summe der (orientierten) Flächeninhalte $f(x) \cdot dx$ kleiner Rechteckstreifen interpretiert werden. In den Anwendungen spielt diese Interpretation eine große Rolle.

Diese Definition des Integrals bildete sich in der Entwicklung der Analysis erst recht spät heraus. Sie ist – allerdings in einer noch allgemeineren Fassung – mit dem Mathematiker BERNHARD RIEMANN (1826–1866) verbunden.

BERNHARD RIEMANN (1826–1866)

4.3 Anwendungen der Integralrechnung

Was Sie erwartet

Die Integralrechnung findet in unterschiedlichen Gebieten ihre Anwendung.

A Mithilfe der Integralfunktion können wir von der Änderungsrate auf den „Bestand" schließen, auch wenn die Änderungsrate nicht konstant ist.

Aus der Zuflussrate bei einem Stausee wird auf die vorhandene Wassermenge geschlossen.

Von den Bohrkosten pro Meter kann man auf die Gesamtkosten einer Tiefenbohrung schließen.

B Mit Integralen kann man Flächen berechnen, wo keine elementaren Formeln zur Verfügung stehen.

C Die Integralrechnung findet auch Anwendung in den Sozial- und Wirtschaftswissenschaften. So lässt sich z. B. ein Koeffizient definieren, der ein Maß für das Ungleichgewicht in der Einkommensverteilung in einer Bevölkerung ist.

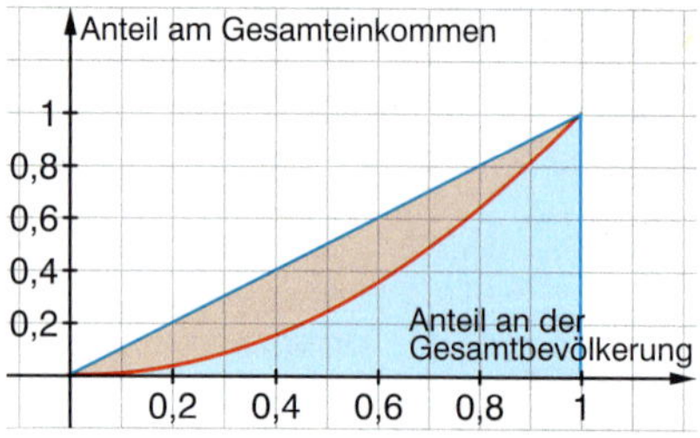

Einen Teil dieser Anwendungen haben Sie bereits im ersten Lernabschnitt kennengelernt. In diesem Abschnitt werden diese erweitert. Dabei wird der Hauptsatz der Integral- und Differenzialrechnung von Nutzen sein. Bei den Berechnungen greifen wir häufig auf numerische Näherungen mithilfe der Rechner und der vorhandenen Software zurück.

Berechnung von Beständen aus Änderungsraten

Aufgaben

1 *Befüllen eines Beckens*

Das Befüllen eines Wasserbeckens wird durch Messungen der Zuflussgeschwindigkeit beschrieben. Passend zu den Daten wird der fünfstündige Füllvorgang mit $v(t) = 5t - t^2$ modelliert.

Dabei wird v in m^3/h angegeben und t in Stunden.

a) Beschreiben Sie, wie sich die Zuflussgeschwindigkeit mit der Zeit ändert. Wann fließt das Wasser am schnellsten?

b) Berechnen Sie, welche Wassermenge insgesamt zugeflossen ist. Wie viel Wasser ist zwischen der zweiten und vierten Stunde dazugeflossen?

c) Die gesamte Wassermenge soll mit konstanter Abflussrate von $3\,m^3/h$ abgelassen werden. Wann ist das Becken wieder leer?

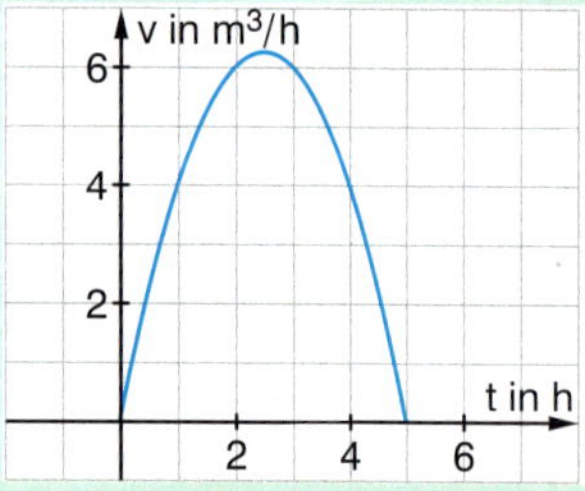

d) Skizzieren Sie die Wasserstandsfunktion für das Befüllen und Entleeren.

Berechnung von Flächeninhalten

Aufgaben

2 *Fläche zwischen Graphen und x-Achse auf verschiedenen Intervallen*
Berechnen Sie jeweils den Flächeninhalt der gefärbten Fläche.

(1)
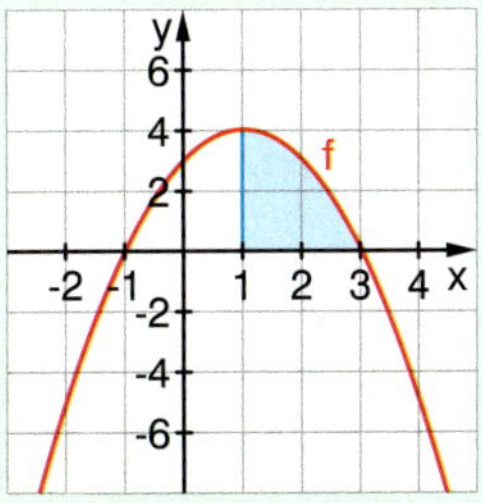

(2)
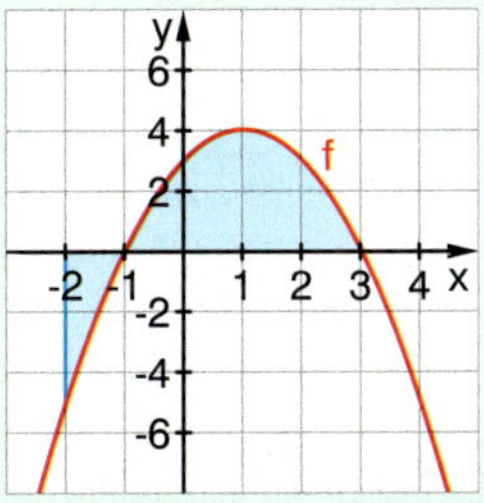

(3)
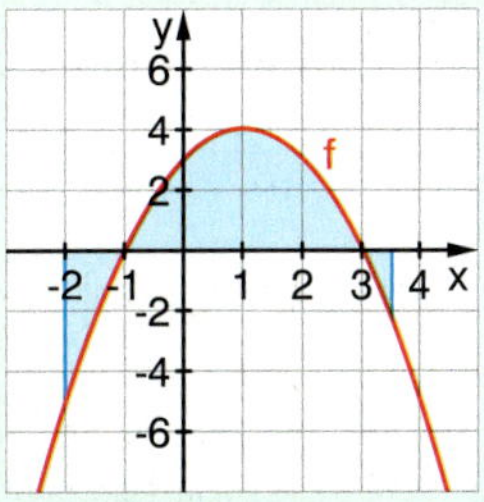

Dokumentieren Sie Ihre Lösungswege. Welche Probleme sind aufgetreten? Versuchen Sie das Verfahren zur Berechnung des Inhalts der Fläche, die ein Graph auf dem Intervall [a; b] mit der x-Achse einschließt, als Folge von einzelnen Berechnungsschritten darzustellen.

$\int_a^b f(x)\,dx$ liefert den orientierten Flächeninhalt. Wie unterscheidet sich dieser jeweils von dem gesuchten Flächeninhalt?

3 *Fläche zwischen zwei Graphen*
Anhand der folgenden Aufgabensequenz können Sie durch schrittweises Vorgehen eine Strategie zur Berechnung der Fläche zwischen den Graphen zweier Funktionen im Intervall [a; b] entwickeln.

(I) *Einfacher Spezialfall*

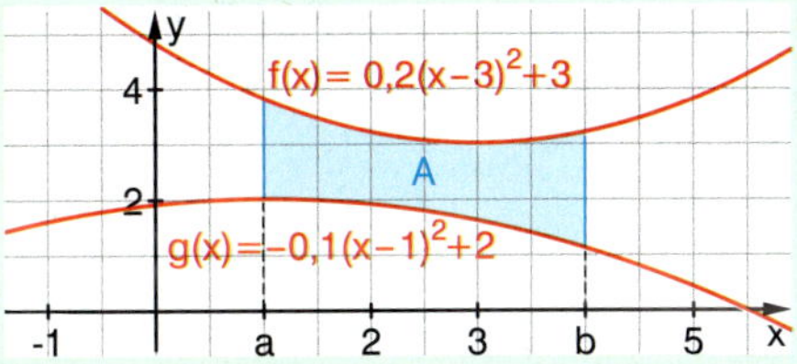

Es gilt $f(x) \geq g(x) \geq 0$ in [a; b]. Begründen Sie, dass für den Inhalt A der gefärbten Fläche gilt:

$$A = \int_a^b (f(x) - g(x))\,dx$$

(II) *1. Verallgemeinerung*

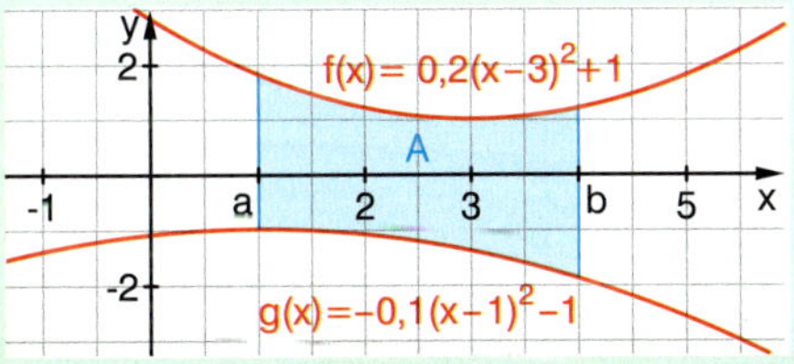

(III) *2. Verallgemeinerung*

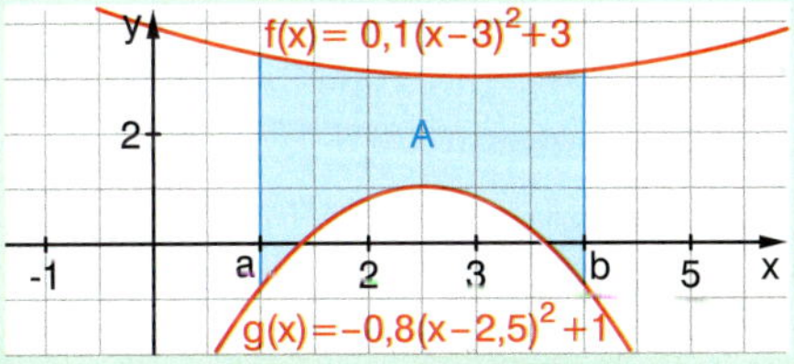

Die angegebenen Funktionsgleichungen sind zur Entwicklung der Strategie nicht notwendig, können aber für die Probe nützlich sein.

a) Was hat sich von (I) zu (II) und von (II) zu (III) jeweils verändert? Inwiefern kann man von Verallgemeinerungen sprechen? Begründen Sie, dass auch in (II) und (III) für den Inhalt der gefärbten Fläche $A = \int_a^b (f(x) - g(x))\,dx$ gilt.

(IV) *3. Verallgemeinerung*

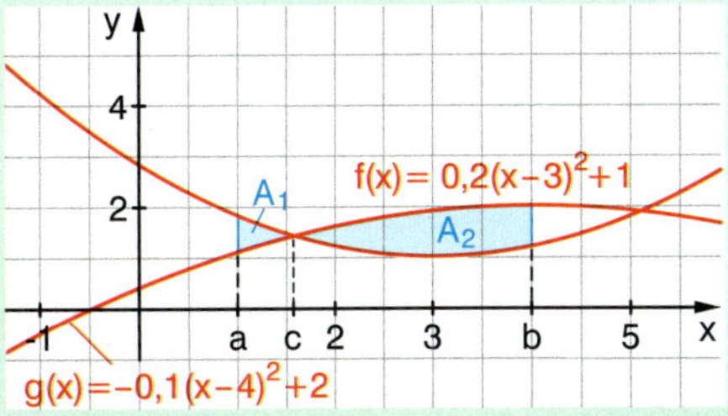

b) Was hat sich in (IV) im Vergleich zu (III) verändert? Wieso kann man den Flächeninhalt A der schraffierten Fläche nicht mit $\int_a^b (f(x) - g(x))\,dx$ berechnen?

Beschreiben Sie eine Strategie, mit der man den gesuchten Flächeninhalt A richtig berechnen kann.

Basiswissen

Das Integral $\int_a^b f(x)\,dx$ gibt den orientierten Inhalt der Fläche zwischen dem Graphen der Funktion f und der x-Achse auf dem Intervall [a; b] an. Damit lassen sich die Inhalte der von Graphen begrenzten Flächen berechnen.

Von Nullstelle zu Nullstelle integrieren, Beträge addieren

Faustregel:

Von Schnittstelle zu Schnittstelle integrieren, Beträge addieren

Flächenberechnung mit dem Integral

Inhalt A der Fläche zwischen dem Graphen einer Funktion und der x-Achse

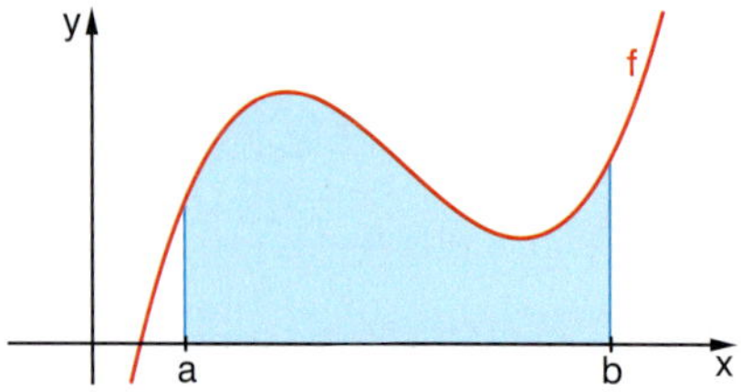

Der Graph der Funktion f liegt auf dem gesamten Intervall [a; b] oberhalb der x-Achse ($f(x) \geq 0$) oder unterhalb der x-Achse ($f(x) \leq 0$). Dann gilt:

$$A = \left|\int_a^b f(x)\,dx\right|$$

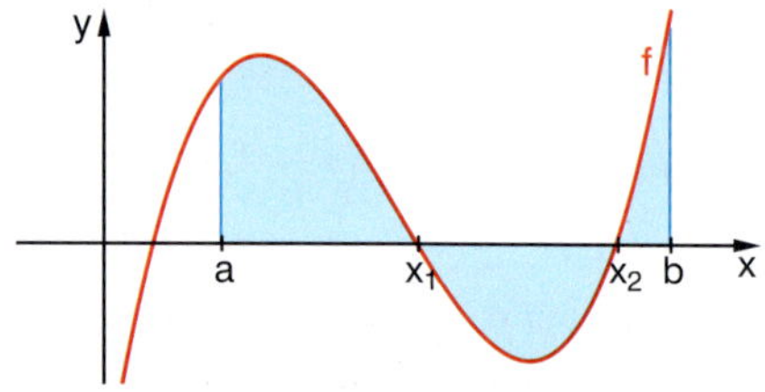

Der Graph der Funktion f hat auf dem Intervall [a; b] Nullstellen (z. B. x_1 und x_2), er liegt teilweise oberhalb und teilweise unterhalb der x-Achse. Dann gilt:

$$A = \left|\int_a^{x_1} f(x)\,dx\right| + \left|\int_{x_1}^{x_2} f(x)\,dx\right| + \left|\int_{x_2}^{b} f(x)\,dx\right|$$

Inhalt A der Fläche zwischen den Graphen zweier Funktionen f (x) und g (x)

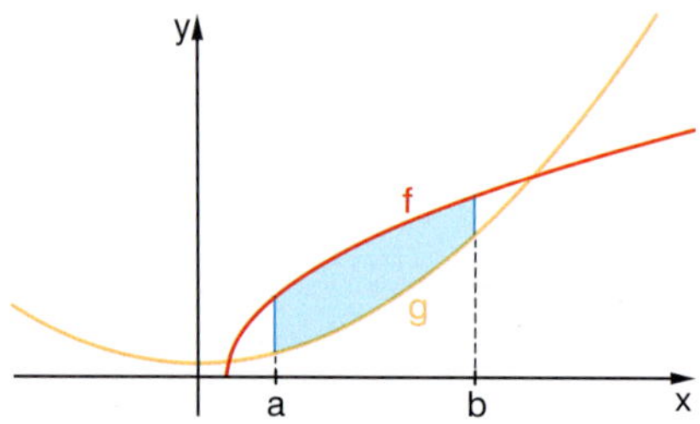

Liegt auf dem gesamten Intervall [a; b] der Graph von f oberhalb des Graphen von g ($f(x) \geq g(x)$) oder unterhalb des Graphen von g ($f(x) \leq g(x)$), dann gilt:

$$A = \left|\int_a^b (f(x) - g(x))\,dx\right|$$

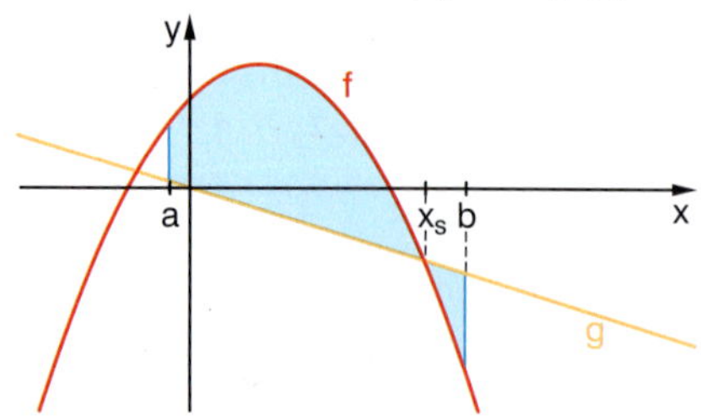

Schneiden sich die Graphen der beiden Funktionen f und g im Intervall [a; b] (z. B. an der Stelle x_s), dann gilt:

$$A = \left|\int_a^{x_s} (f(x) - g(x))\,dx\right| + \left|\int_{x_s}^{b} (f(x) - g(x))\,dx\right|$$

Beispiele

A *Fläche zwischen Graphen und x-Achse*

Berechnen Sie die Fläche zwischen dem Graphen von $f(x) = x^3 - 7x^2 + 6x + 25$ und der x-Achse auf dem Intervall [1; 5].

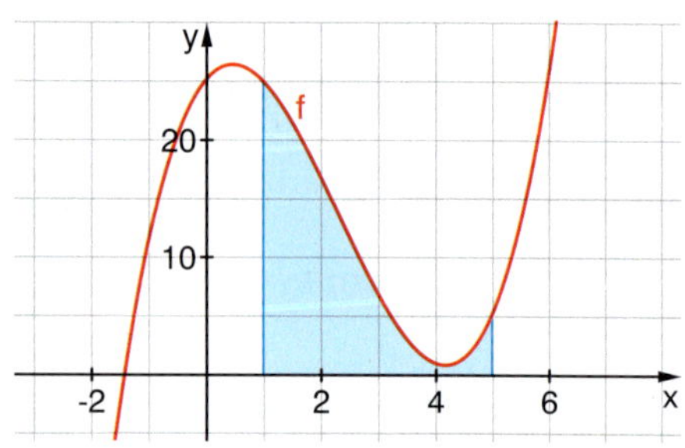

Lösung:

Der Graph der Funktion liegt in dem Intervall [1; 5] oberhalb der x-Achse.

$$A = \int_1^5 (x^3 - 7x^2 + 6x + 25)\,dx$$

Hauptsatz der Differenzial- und Integralrechnung, 2. Teil

Stammfunktion: $F(x) = \frac{1}{4}x^4 - \frac{7}{3}x^3 + 3x^2 + 25x$ $\quad F(1) = 25\frac{11}{12}$ $\quad F(5) = 64\frac{7}{12}$

Dann gilt: $A = |F(5) - F(1)| = \left|64\frac{7}{12} - 25\frac{11}{12}\right| = 38\frac{8}{12}$

Der gesuchte Flächeninhalt A beträgt $38\frac{2}{3}$ Flächeneinheiten.

Beispiele

B *Fläche zwischen zwei Graphen 1*

Welchen Inhalt hat die Fläche, die von den Graphen der Funktionen $f(x) = x^2 - 1$ und $g(x) = x + 1$ eingeschlossen wird?

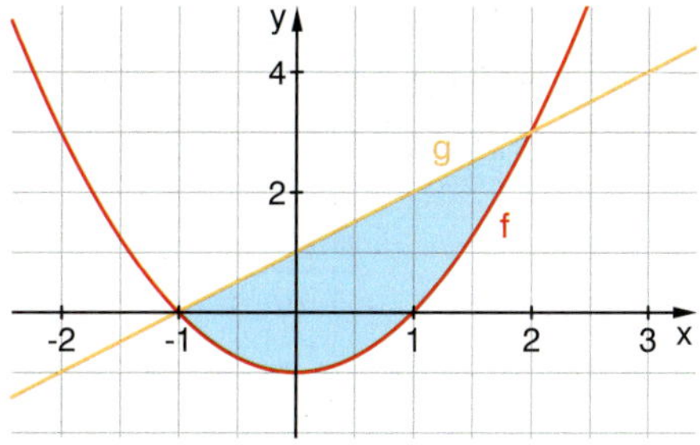

Lösung:

Schnittstellenbestimmung:

1. Ablesen aus Grafik und Überprüfung durch Einsetzen: $f(-1) = g(-1) = 0$ und $f(2) = g(2) = 3$ oder:

2. Gleichsetzen der Funktionsterme: $x^2 - 1 = x + 1$

$x^2 - x - 2 = 0 \quad \Rightarrow \quad x_{1,2} = \frac{1}{2} \pm \sqrt{\frac{1}{4} + 2} \quad \Rightarrow \quad x_1 = -1$ und $x_2 = 2$

Der Graph von f liegt im Intervall $[-1; 2]$ unterhalb des Graphen von g, also muss $f(x) \leq g(x)$ gelten. Berechnung des gesuchten Flächeninhalts:

$$A = \left|\int_{-1}^{2} (f(x) - g(x))\,dx\right| = \int_{-1}^{2} (g(x) - f(x))\,dx = \int_{-1}^{2} ((x + 1) - (x^2 - 1))\,dx = \int_{-1}^{2} (-x^2 + x + 2)\,dx$$

Stammfunktion: $F(x) = -\frac{1}{3}x^3 + \frac{1}{2}x^2 + 2x$

Flächeninhalt: $A = F(2) - F(-1) = \frac{10}{3} - \left(-\frac{7}{6}\right) = \frac{9}{2}$

Der gesuchte Flächeninhalt beträgt A = 4,5 Flächeneinheiten.

C *Fläche zwischen zwei Graphen 2*

Welchen Inhalt hat die Fläche, die von den Graphen der Funktionen $f(x) = x^3 - 2x^2 - 7x + 6$ und $g(x) = x + 6$ eingeschlossen wird?

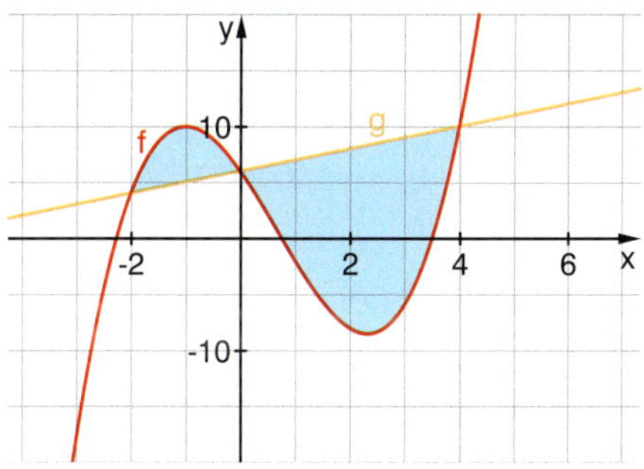

Lösung:

Ermitteln der Schnittstellen aus der Grafik oder aus der Gleichung $f(x) = g(x)$:

$x^3 - 2x^2 - 7x + 6 = x + 6$

$\Leftrightarrow x(x^2 - 2x - 8) = 0$

$\Rightarrow x_1 = 0;\ x_2 = 4;\ x_3 = -2$

Es müssen zwei Integrale ausgewertet und deren Beträge addiert werden:

$$I_1 = \int_{-2}^{0} (x^3 - 2x^2 - 8x)\,dx = \left[\frac{1}{4}x^4 - \frac{2}{3}x^3 - 4x^2\right]_{-2}^{0} = \frac{20}{3}$$

$$I_2 = \int_{0}^{4} (x^3 - 2x^2 - 8x)\,dx = \left[\frac{1}{4}x^4 - \frac{2}{3}x^3 - 4x^2\right]_{0}^{4} = -\frac{128}{3}$$

$$A = |I_1| + |I_2| = \frac{148}{3} = 49{,}\overline{3}$$

Lösung mit dem GTR:

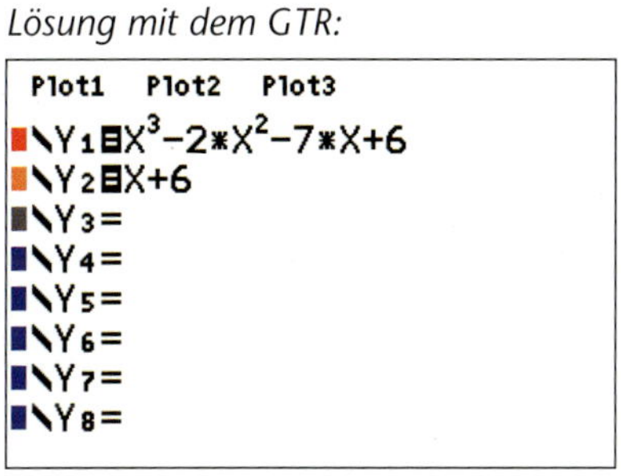

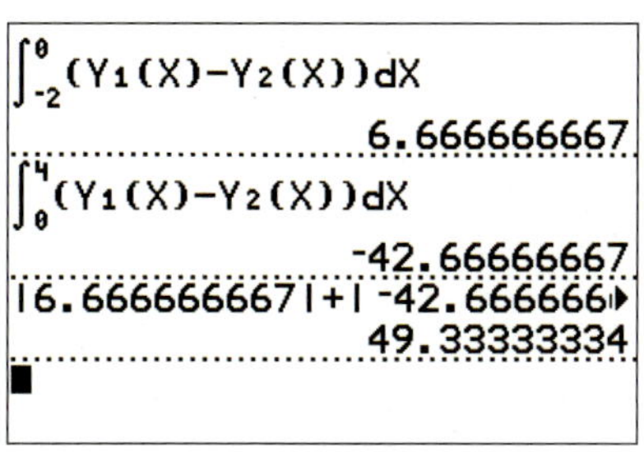

Übungen

Fläche zwischen Graphen und x-Achse

4 *Schätzen und rechnen*

Schätzen Sie jeweils den Inhalt der gefärbten Fläche und rechnen Sie nach.

Überprüfen Sie mit dem GTR.

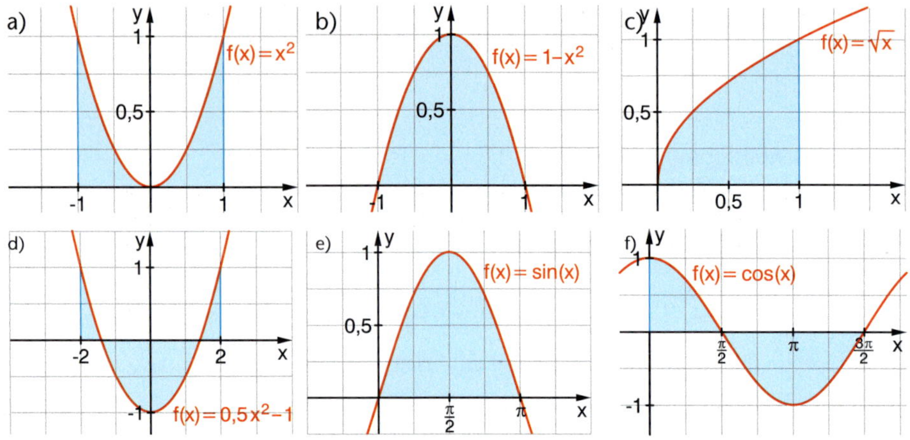

5 *Skizzieren, schätzen, rechnen und überprüfen*

Schätzen, berechnen und überprüfen Sie jeweils den Inhalt der Fläche, die von dem Graphen von f und der x-Achse im Intervall [a; b] eingeschlossen wird.

a) $f(x) = x^2 + x - 2$; $a = -1$, $b = 3$

b) $f(x) = 4 - x^2$; $a = -4$, $b = 4$

c) $f(x) = \cos(x)$; $a = 0$, $b = 2\pi$

d) $f(x) = \frac{1}{x^2}$; $a = 1$, $b = 4$

e) $f(x) = -x^3 - x$; $a = -2$, $b = 2$

f) $f(x) = \sin(x)$; $a = -\pi$, $b = \pi$

6 *Integral und Flächeninhalt 1*

In den Bildern gibt $I_0(k) = \int_0^k (-3x^2 + 4)\,dx$ den Inhalt der blau gefärbten Fläche für verschiedene Werte von $k \neq 0$ an.

a) Vergleichen Sie die entsprechenden Werte des Integrals jeweils mit dem Inhalt der gefärbten Flächen.

b) Finden Sie ein $k \neq 0$, für das $I_0(k) = 0$ gilt. Zeichnen Sie dazu das entsprechende Bild und interpretieren Sie dieses bezüglich des Flächeninhalts.

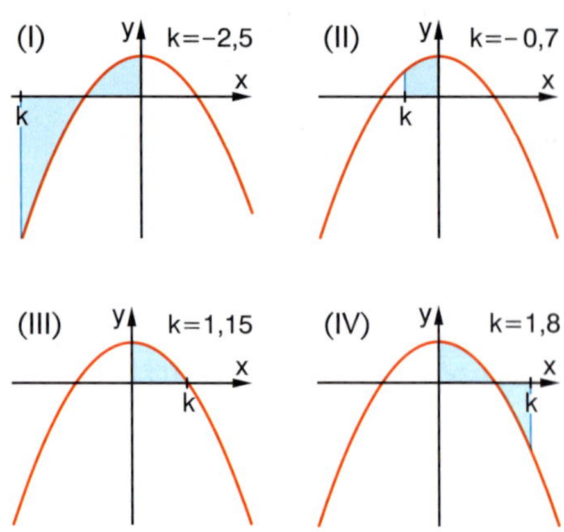

7 *Integral und Flächeninhalt 2*

Vergleichen Sie den Wert des Integrals $\int_a^b f(x)\,dx$ jeweils mit dem Flächeninhalt unter dem Graphen von f auf dem Intervall [a; b].

In einigen Fällen gelingt der Vergleich ohne Rechnen.

a) $f(x) = x^2 - 1$; $a = -2$, $b = 2$

b) $f(x) = x^3$; $a = -1$, $b = 2$

c) $f(x) = 0{,}2x^4 - x^2$; $a = -3$, $b = 0$

d) $f(x) = x^3 - x$; $a = -1$, $b = 1$

e) $f(x) = x^2 - 2x + 1$; $a = -2$, $b = 2$

8 *Integral und Flächeninhalt 3*

Die Funktion $f(x) = \frac{1}{2}x^3 - \frac{1}{2}x^2 - 3x$ hat drei Nullstellen a, b und c mit $a < b < c$. Bestimmen Sie die Integrale. Interpretieren Sie die Ergebnisse geometrisch.

(1) $\int_a^c f(x)\,dx$

(2) $\int_a^b f(x)\,dx + \int_b^c f(x)\,dx$

(3) $\int_a^b f(x)\,dx - \int_b^c f(x)\,dx$

Übungen

9 *Parameterwerte bestimmen*

Bestimmen Sie den Wert des Parameters a. Skizzieren Sie auch die zugehörigen Flächen.

a) $\int_0^a x^2\,dx = 4$ b) $\int_1^a (2x - 4)\,dx = 3$ c) $\int_1^2 (3x^2 + a)\,dx = 3$

10 *Flächenschrumpfung*

Die fünf Potenzfunktionen $f_0(x) = x^0$, $f_1(x) = x^1$, $f_2(x) = x^2$, $f_3(x) = x^3$ und $f_4(x) = x^4$ schließen im Intervall [0; 1] jeweils mit der x-Achse eine Fläche ein, die mit wachsender Potenz immer kleiner wird. Im Folgenden sind diese Flächen und darunter jeweils das flächeninhaltsgleiche Rechteck gezeichnet.

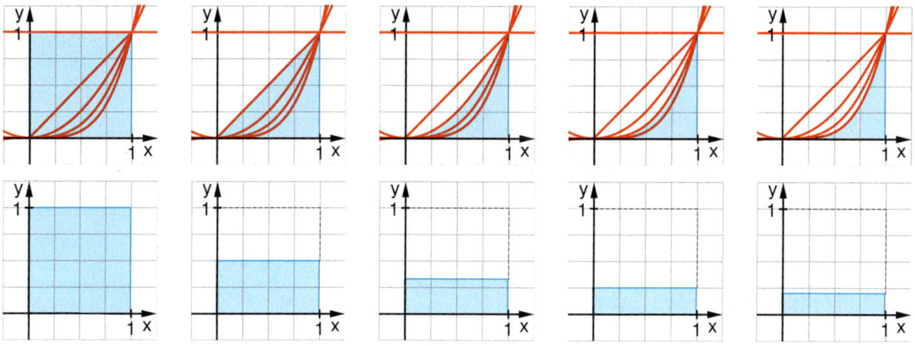

a) Geben Sie für die unteren Rechtecke jeweils die Höhe an.

b) Beschreiben Sie die Folge der Höhen h_n. Für welche Potenz x^n ist $h_n < \frac{1}{1000}$?

11 *Parabelschar*

a) Ermitteln Sie für die Funktionenschar $f_k(x) = x^2 - k$ die Funktion, deren Graph im Intervall [0; 1] mit der x-Achse eine Fläche mit dem orientierten Inhalt -2 umschließt.

b) Bestimmen Sie $k > 0$ so, dass der orientierte Inhalt der Fläche unter f_k in [−2; 2] den Wert 0 hat.

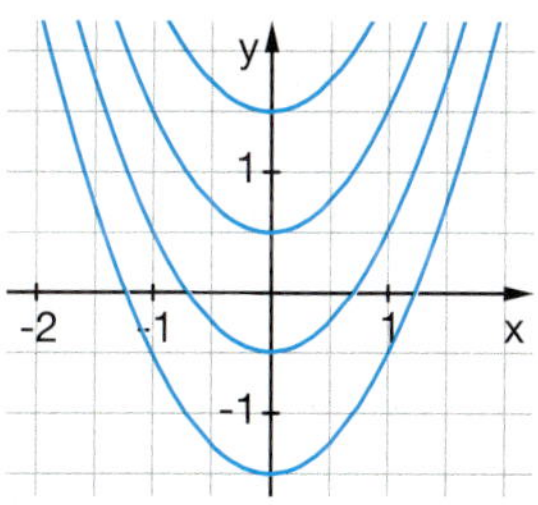

12 *Flächen zwischen Graphen*

Fläche zwischen zwei Graphen

Berechnen Sie die von den Graphen eingeschlossenen gefärbten Flächen.

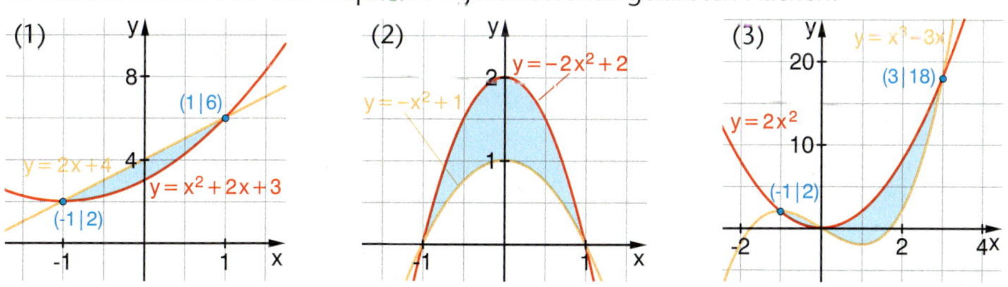

13 *Skizzieren und berechnen*

Die Graphen der Funktionen f und g schließen Flächen ein. Zeichnen Sie die Graphen und berechnen Sie die von ihnen eingeschlossenen Flächen.

a) $f(x) = 6 - 0{,}5x^2$; $g(x) = 2$

b) $f(x) = 0{,}75x^2 - 6$; $g(x) = 1{,}5x$

c) $f(x) = 0{,}5x^2 + x + 2$; $g(x) = 2x + 6$

d) $f(x) = x^3$; $g(x) = 2x - x^2$

e) $f(x) = x^2 - 1$; $g(x) = x + 1$

f) $f(x) = x^2(x - 3)$; $g(x) = x - 3$

g) $f(x) = 0{,}25x^4 - 2x^2 + 4$; $g(x) = k$ (k ist der y-Wert des Hochpunktes des Graphen von f)

Übungen

14 *Flächenvergleiche*

a) Bestimmen Sie die Flächeninhalte. Jeweils zwei der Grafiken bilden ein Paar mit gleichem Flächeninhalt. Beschreiben Sie den Zusammenhang.

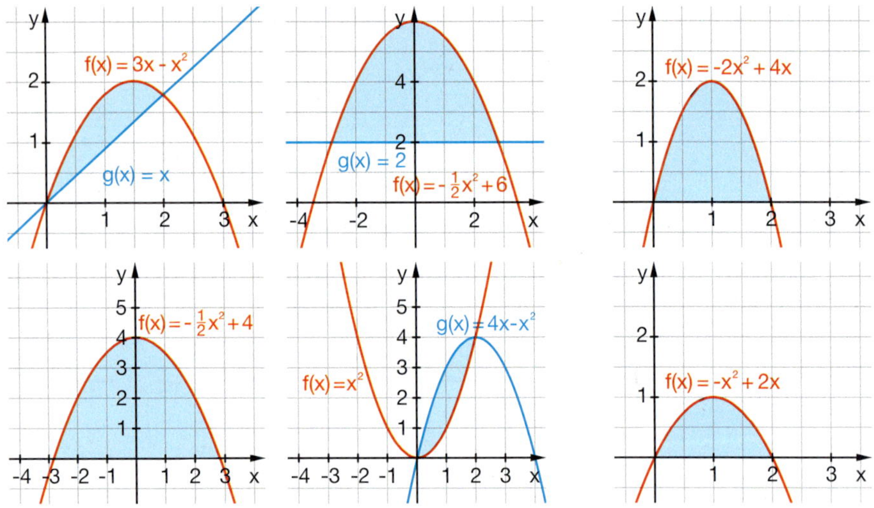

b) Erörtern Sie folgenden Satz:

Ein Flächenvergleich

Die Bestimmung des Inhalts der Fläche zwischen zwei Funktionen kann immer auch als Bestimmung der Fläche zwischen einer Funktion und der x-Achse interpretiert werden.

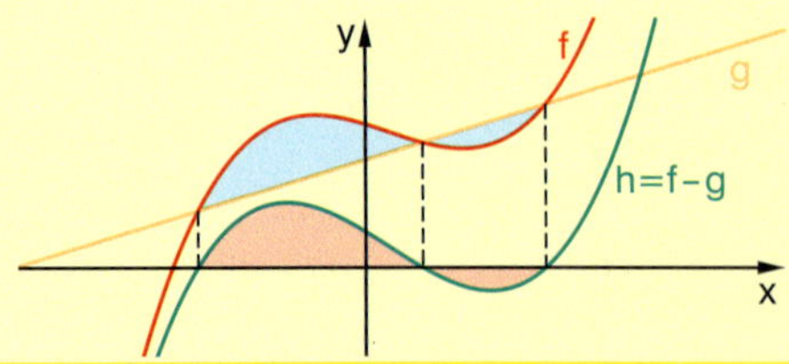

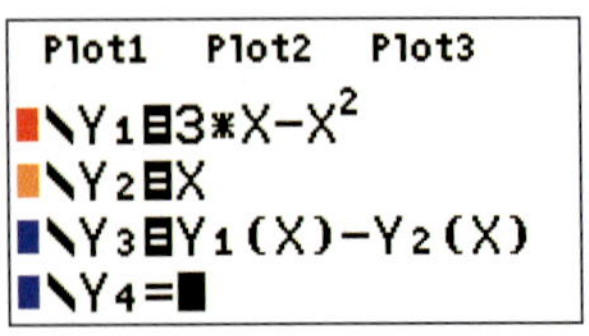

15 *Kurvendiskussion und Flächeninhalte*

Gegeben sei die Funktion $f(x) = \frac{1}{3}x^3 - 2x^2 + 3x$.

a) Ermitteln Sie den Inhalt der von der Kurve und der positiven x-Achse eingeschlossenen Fläche.

b) Bestimmen Sie den Inhalt der von der y-Achse, der Kurve und der Tangente im Kurvenpunkt $P(1\,|\,f(1))$ eingeschlossenen Fläche.

c) Zeigen Sie, dass die Kurve und die Gerade g durch den Ursprung und den Wendepunkt $W(x_w\,|\,f(x_w))$ im Bild eine Fläche mit dem Inhalt $\frac{4}{3}$ Flächeneinheiten einschließen.

Wo taucht eine Fläche gleichen Inhalts beim Schnitt der Geraden g mit f noch einmal auf? Skizzieren und begründen Sie.

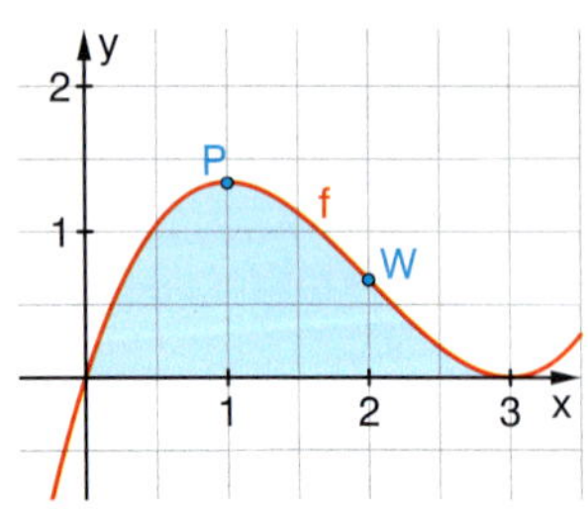

16 *Kurven in enger Nachbarschaft*

Gegeben sind die Funktionen $f(x) = -4x^2 + 8x$ und $g(x) = -0{,}25x^4 + 2x$.

a) Zeigen Sie, dass $(0\,|\,0)$ und $(2\,|\,0)$ Schnittpunkte von f und g sind und berechnen Sie den Inhalt der gefärbten Fläche.

b) Gehen Sie mit dem GTR auf weitere Schnittpunktsuche und bestimmen Sie den Inhalt der von f und g eingeschlossenen Fläche.

Gelingt Ihnen eine Begründung, dass es noch zwei weitere Schnittpunkte geben muss?

Tipp: Benutzen Sie auch $h(x) = f(x) - g(x)$.

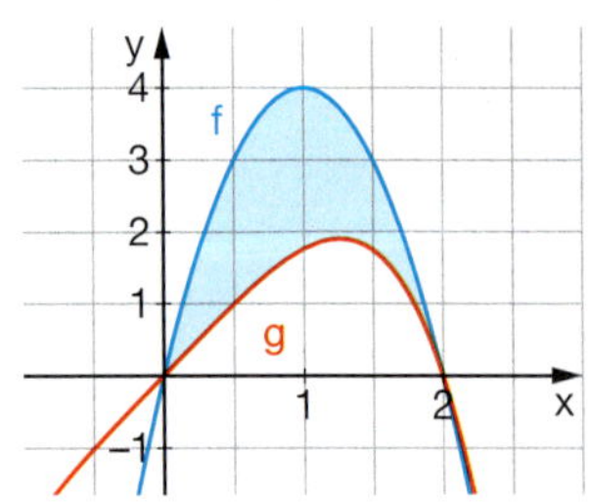

Übungen

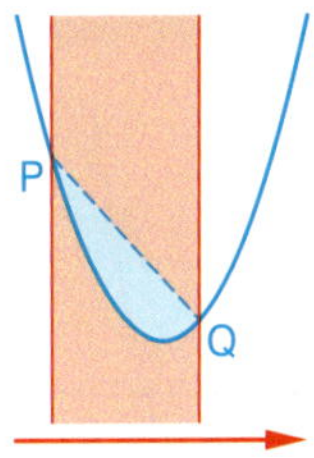

17 *Parabelsegmente*

a) Verschiebt man einen Streifen mit festgelegter Breite parallel zur Symmetrieachse einer Parabel, schneidet dieser Streifen die Parabel in zwei Punkten P und Q. Diese beiden Punkte legen ein Parabelsegment fest (Bild links). Beschreiben Sie die Form des Segments, wenn der Streifen von links nach rechts wandert. In welcher Position des Streifens vermuten Sie den maximalen Flächeninhalt?

b) Im Bild rechts sind zu $f(x) = x^2$ drei Segmente skizziert. Die zugehörigen Geraden haben die Gleichungen $g_1(x) = 4$; $g_2(x) = 2x + 3$; $g_3(x) = 4x$. Zeigen Sie, dass die Segmente zu den Streifen gleicher Breite gehören und ermitteln Sie jeweils den zugehörigen Flächeninhalt. Was fällt auf? Vergleichen Sie mit Ihrer ursprünglichen Vermutung. Konstruieren Sie zwei weitere Segmente gleicher Breite nach eigener Wahl und prüfen Sie Ihre (neue) Vermutung.

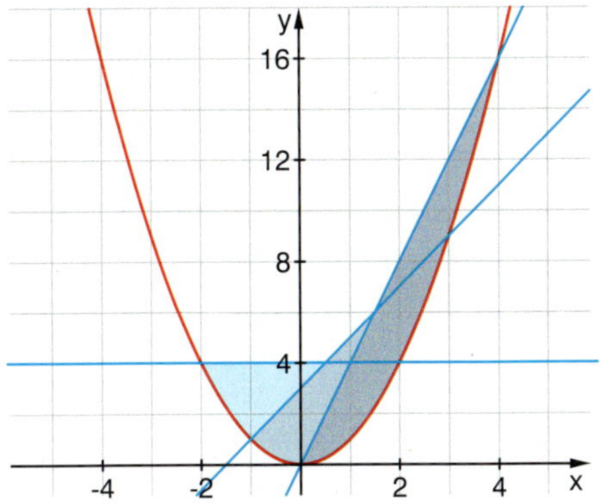

c) Gilt die in b) gefundene Eigenschaft für beliebige Parabeln $f_k(x) = kx^2$ und jede Breite des Segments? Wer gerne weiter forschen möchte, sollte ein CAS (oder entsprechende Software) zu Hilfe nehmen.

18 *Die Flächenformel von* ARCHIMEDES *für ein Parabelsegment*

ARCHIMEDES fand eine Formel für ein Parabelsegment:
Die Fläche unter dem Parabelbogen ist zwei Drittel der Fläche des Rechtecks aus der Höhe h und der Breite b der Basis der Parabel.

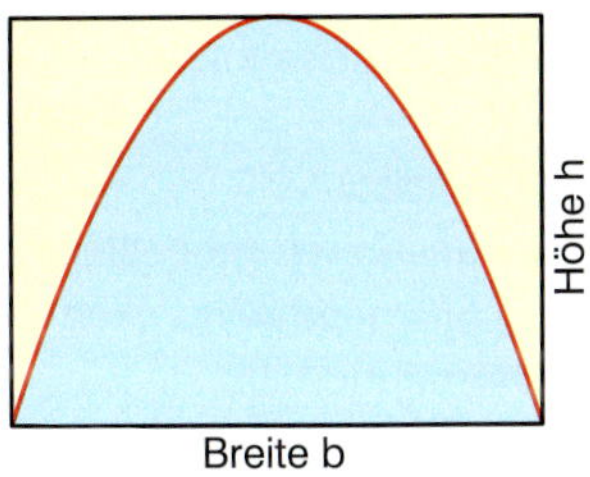

a) Berechnen Sie mit dem Integral jeweils die Fläche, die die Parabel mit der x-Achse einschließt für $f(x) = 8 - 2x^2$ bzw. $g(x) = 6 - x - x^2$. Bestätigt dies die Formel?

b) Begründen Sie die Formel mithilfe der Integralrechnung allgemein für eine Parabel der Form $f(x) = h - ax^2$.

19 *Schmuckstücke im Parabeldesign*

Die folgenden Abbildungen zeigen Schmuckstücke, die mit einer dünnen Schicht Weißgold belegt werden sollen. Die Flächen werden von Parabeln begrenzt. Bei welchem Schmuckstück fallen die höchsten Materialkosten an? Begründen Sie.

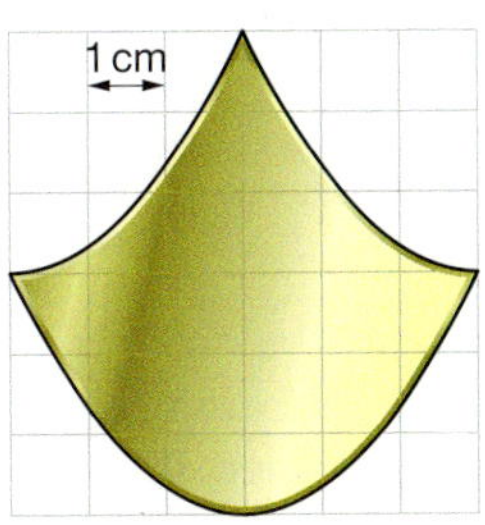

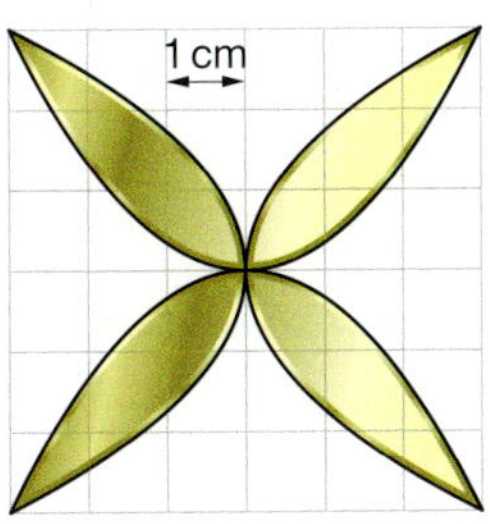

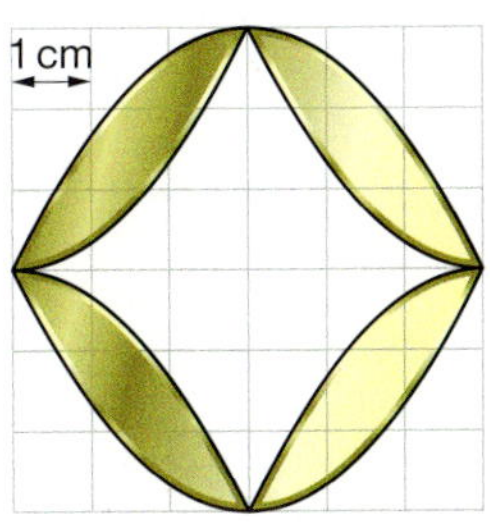

Hinweis:
Wenn Sie den Abschnitt $-1 < x < 1$ und $-1 < y < 1$ benutzen, können Sie mit $y = x^2$ und $y = \sqrt{x}$ und ihren Verwandten modellieren.

Übungen

Rekonstruktion aus Änderungen

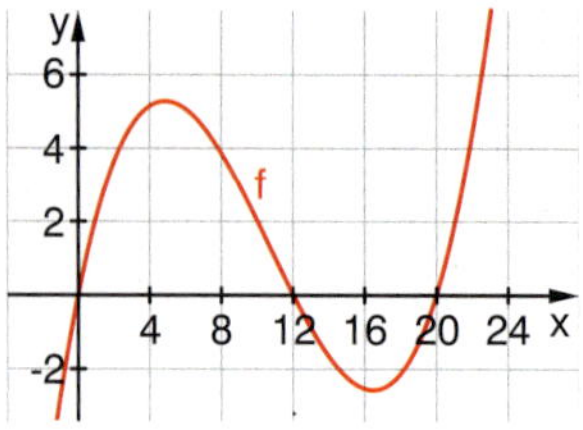

20 *Pflanzenbestand*

Die Zuwachsrate eines Pflanzenbestandes wird durch folgende Funktion in einem Zeitraum von 20 Jahren modelliert:
$f(x) = 0{,}01 \cdot x \cdot (x - 12) \cdot (x - 20)$

a) Bestimmen und begründen Sie anhand des Graphen, in welchen Zeiträumen der Bestand zunimmt bzw. abnimmt.

b) Wann ist der Bestand maximal?

c) Zur Zeit $t = 0$ sind 100 Pflanzen vorhanden. Bestimmen Sie den Minimal- und den Maximalbestand in den nächsten 20 Jahren.

21 *Gewinnentwicklung*

Die Gewinnentwicklung in € pro Woche beim Verkauf eines neuen Produktes wird in den ersten 12 Monaten mit der Funktion $f(x) = -20x^3 + 240x^2 - 1200$ beschrieben (siehe Diagramm).

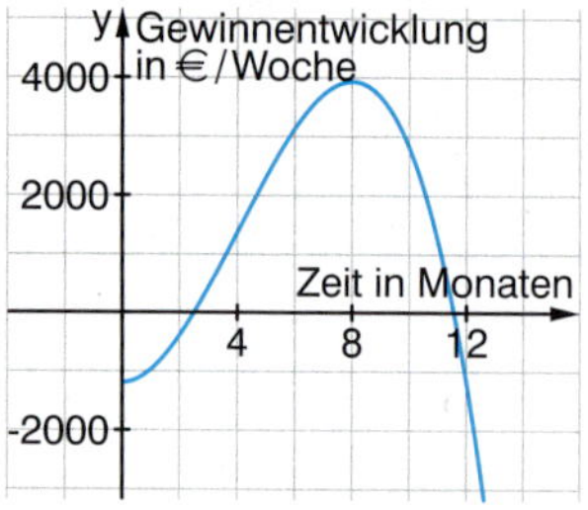

Die Zahlen auf der Zeitachse geben jeweils das Ende des entsprechenden Monats an.

a) Beschreiben Sie den Verlauf der Gewinnentwicklung.

b) Ermitteln Sie den Gesamtgewinn in den ersten vier Monaten und vom Beginn des zweiten Monats bis zum Ende des zehnten Monats.

c) Was meinen Sie: Kann f die Gewinnentwicklung in den nächsten 12 Monaten angemessen beschreiben?

22 *Helikopter*

Die Funktionen modellieren die Steig- bzw. Sinkgeschwindigkeit von drei Helikoptern innerhalb eines einminütigen Fluges (t: Zeit in s, f(t): Steiggeschwindigkeit in m/s).

$f_1(t) = 0{,}0007 \cdot t \cdot (t - 30) \cdot (t - 60)$
$f_2(t) = 0{,}0005 \cdot t \cdot (t - 20) \cdot (t - 60)$
$f_3(t) = 0{,}00025 \cdot t \cdot (t - 50) \cdot (t - 60)$

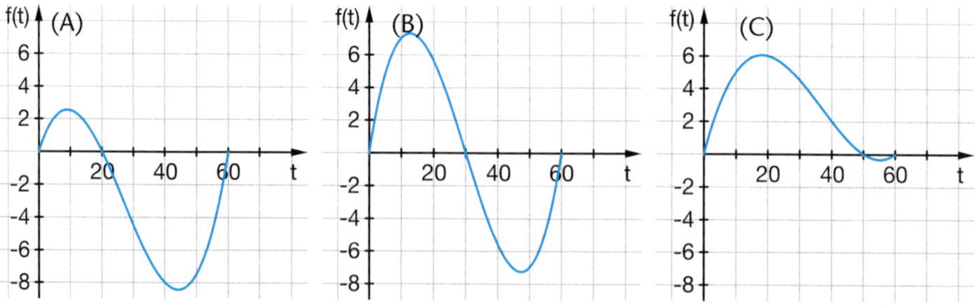

a) Ordnen Sie den Graphen die passende Funktionsgleichung zu und beschreiben Sie den jeweiligen Flug. Welche Bedeutung haben die Nullstellen und die Extrempunkte? Nennen Sie Gemeinsamkeiten und Unterschiede zwischen den Funktionen.

b) – Welche Höhe haben die Helikopter eine Minute nach dem Start erreicht?
– Welcher Hubschrauber fliegt am höchsten?
– Welcher Hubschrauber hat die größte Steig- bzw. Sinkgeschwindigkeit?
– Welcher Hubschrauber landet auf der Ausgangshöhe?

Flächen in Wirtschaftswissenschaft und Sozialwissenschaft

Lorenzkurve und Gini-Koeffizient

Wie ist das Einkommen oder das Vermögen in der Bevölkerung eines Landes verteilt? Wie kann man z. B. entscheiden, ob das Vermögen in einem Land gerechter verteilt ist als in einem anderen? Solche Fragen sind für Wirtschaftsfachleute und Politiker bedeutsam. Die beiden Statistiker MAX OTTO LORENZ und CORRADO GINI haben dazu ein Modell entwickelt, das in den Sozialwissenschaften häufig benutzt wird. Dazu wird eine Funktion **L (x)** konstruiert **(Lorenzkurve)**, die den Zusammenhang zwischen dem Bevölkerungsanteil (x-Achse) und dem Anteil am Einkommen (y-Achse) beschreibt. Der Punkt P gehört zu der Information: 60 % der Bevölkerung besitzen 35 % des verfügbaren Einkommens. Das blaue Geradenstück ist auch eine Lorenzkurve. Sie stellt die gleichmäßige Verteilung des Einkommens in der Bevölkerung dar. Ein Maß für die Stärke der Abweichung der konkreten Einkommensverteilung von der gleichmäßigen Verteilung ist der Gini-Koeffizient G: Er wird definiert als Verhältnis des Inhalts der Fläche zwischen der blauen und der roten Kurve zu dem Flächeninhalt des Dreiecks unter der blauen Kurve.

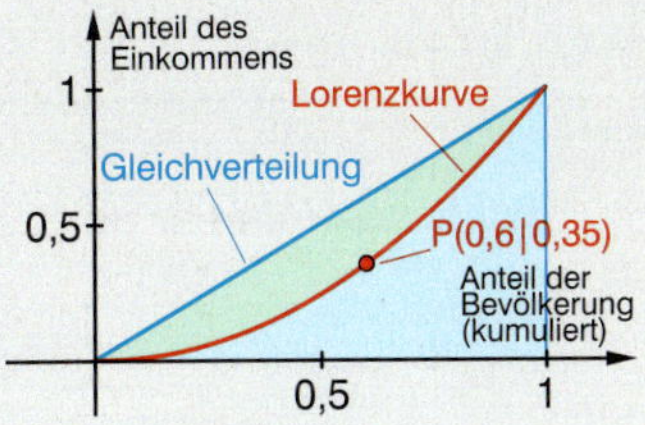

23 *Gerechte und ungerechte Verteilungen*

a) Begründen Sie, dass die Gerade y = x als Lorenzkurve die „vollkommen gerechte Verteilung" angibt. Welcher Gini-Koeffizient gehört dazu?
b) Welcher Gini-Koeffizient gehört zu der größtmöglichen „Ungerechtigkeitsverteilung"? Wie sieht die zugehörige Lorenzkurve aus?

Übungen

Extreme Positionen: Allen gehört alles, einem gehört alles.

24 *Gini-Koeffizient als Streckenzug*

In den Sozialwissenschaften wird meist das „Polygonzugmodell" verwendet, also die geradlinige Verbindung der Messpunkte durch einen Streckenzug.

a) Ein Markt wird von 4 Anbietern beherrscht. Bestimmen Sie den Gini-Koeffizienten G.

Firma	A	B	C	D
Anteile	10 %	20 %	30 %	40 %

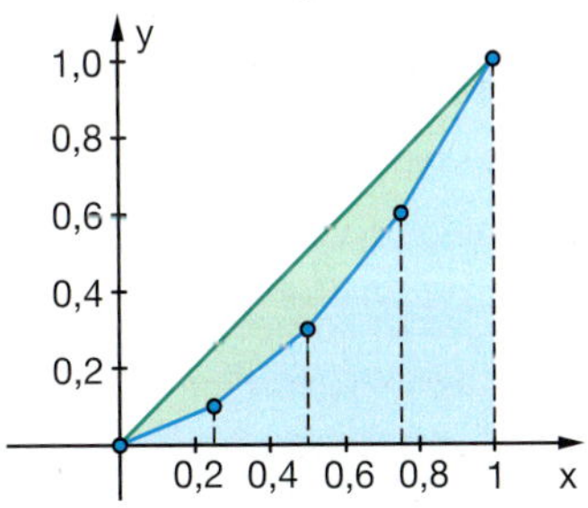

Hinweise:
(1) Die y-Werte müssen aufaddiert („kumuliert") werden. Ein Messpunkt ist also (0,75 | 0,6).

(2) $G = \frac{F_{\text{Dreieck}} - F_{\text{Trapeze}}}{F_{\text{Dreieck unter } y=x}} = \frac{F_{\text{Dreieck}} - F_{\text{Trapeze}}}{0{,}5} = 2 \cdot (F_{\text{Dreieck}} - F_{\text{Trapeze}})$

b) Leiten Sie die Formel zur Berechnung des Gini-Koeffizienten nach der Polygonzugmethode her.

$$G = F_{\text{Dreieck}} - F_{\text{Trapeze}}$$
$$= 2 \cdot \left(\frac{1}{2} - \frac{1}{2} \cdot \sum_{i=0}^{n} (x_{i+1} - x_i) \cdot (y_{i+1} + y_i)\right)$$
$$= 1 - \sum_{i=0}^{n} (x_{i+1} - x_i) \cdot (y_{i+1} + y_i)$$

$(x_0 | y_0) = (0 | 0)$; $(x_{n+1} | y_{n+1}) = (1 | 1)$

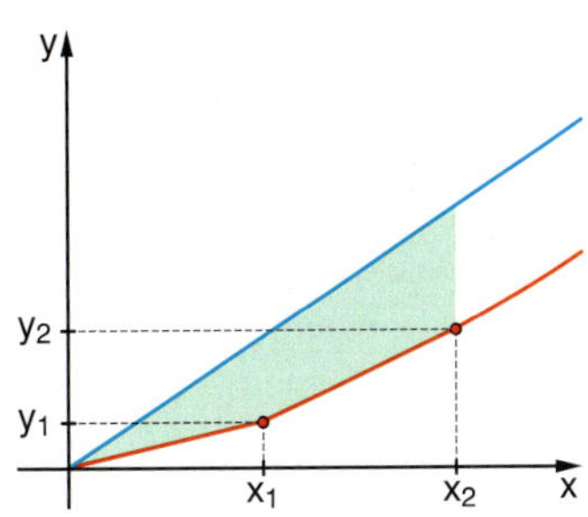

$(x_0 | y_0) = (0 | 0)$
$(x_{n+1} | y_{n+1}) = (1 | 1)$
Vergleichen Sie mit Trapezsummen in 4.1, Seite 111.

Übungen

25 *Gini-Koeffizient als Integral*

a) Zeigen Sie, dass die Integralformel die Berechnung des Gini-Koeffizienten liefert. Die Lorenzkurve wird mit L (x) bezeichnet.

$$G = \left(\int_0^1 (x - L(x))\,dx\right) : \tfrac{1}{2} = 2\int_0^1 (x - L(x))\,dx$$

Für das Ermitteln einer Lorenzkurve müssen die y-Werte aufaddiert (kumuliert) werden. Ein Messpunkt bei den Vollzeitbeschäftigten ist z. B. (0,3 | 13,4).

b) Ermitteln Sie zu den in der Tabelle angegebenen Verteilungen jeweils eine passende Lorenzkurve und den dazugehörigen Gini-Koeffizienten.
Als Lorenzkurve können Polynomfunktionen benutzt werden. Finden Sie eine geeignete Funktion. Benutzen Sie Funktionen mit unterschiedlichem Grad.
Einkommensverteilungen 2005:

Durch Dezile (lat. „Zehntelwerte") wird die Verteilung in zehn gleich große Teile zerlegt.

Dezil	1.	2.	3.	4.	5.	6.	7.	8.	9.	10.
vollzeitbeschäftigte Arbeitnehmer (in %)	2,5	4,7	6,2	7,4	8,4	9,0	10,5	12,6	14,9	23,1
Arbeitnehmer insgesamt (in %)	0,5	1,6	2,9	5,3	7,4	9,8	11,8	14,4	17,8	23,4

Quelle: SOEP: Bundesministerium für Arbeit und Soziales (BMAS): Lebenslagen in Deutschland

Werkzeuge (vgl. Kap. 3)

Regressionsfunktionen

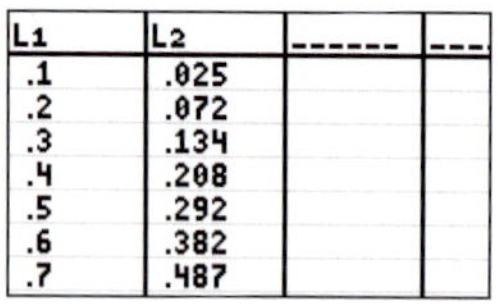

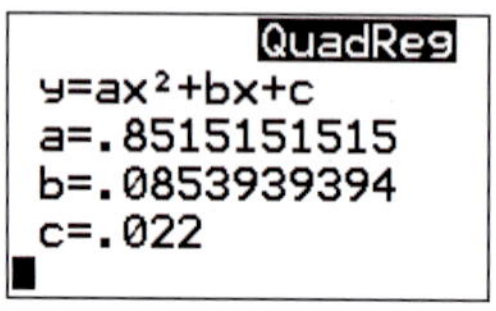

Auswahl geeigneter Messwerte, Aufstellen und Lösen des LGS

$L(x) = a x^2 + b x + c$

A (0,1 | 0,025); B (0,5 | 0,29); C (0,9 | 0,77)

$$\Rightarrow \begin{pmatrix} 0{,}01 & 0{,}1 & 1 & 0{,}025 \\ 0{,}25 & 0{,}5 & 1 & 0{,}29 \\ 0{,}81 & 0{,}9 & 1 & 0{,}77 \end{pmatrix}$$

$$\underset{rref}{\Rightarrow} \begin{pmatrix} 1 & 0 & 0 & 0{,}671875 \\ 0 & 1 & 0 & 0{,}259375 \\ 0 & 0 & 1 & -0{,}00765 \end{pmatrix}$$

Funktionenplotter

$L(x) = a x^2 + b x + c$

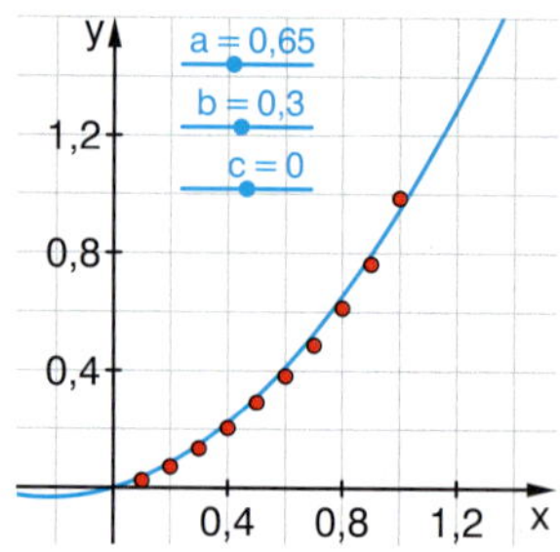

c) Ermitteln Sie einen Ginikoeffizienten zu der Marktsituation aus Aufgabe 24 a).

d) Ermitteln Sie jeweils einen Gini-Koeffizienten. Vergleichen Sie die Ergebnisse und interpretieren Sie den Gini-Koeffizienten im Sachzusammenhang.

Benutzen Sie Integrale oder Streckenzüge.

(A) Umsatz von Einzelhandelsunternehmen:

Umsatz in 10 000 €	0–10	10–50	50–100	100–300
Anzahl	200	300	250	250

(B) Das Einkommen von 500 Angestellten eines Betriebes:

Bruttolohn in €	bis 500	500–1000	1000–1500	1500–2000	2000–2500
Anzahl	75	100	100	200	25

KOPFÜBUNGEN

1 Wie lang ist die Diagonale eines Quadrats mit der Seitenlänge a?

2 Wo liegen alle Punkte, die
a) von zwei Punkten A und B gleich weit entfernt sind,
b) von einem Punkt C gleich weit entfernt ist?
Beantworten Sie die Fragen für den 2D- und für den 3D-Fall.

3 Unter einer 30-köpfigen Reisegruppe sind 12 Männer. Wie viel Prozent der Gruppe sind das?

Aufgaben

Anspruchsvolle Aufgaben zu Flächenbestimmungen

26 *Parabelhalbierung mithilfe passender Geraden*

Halbieren Sie die Fläche, die der Graph von f(x) mit der x-Achse einschließt. Versuchen Sie es mithilfe einer Skizze per Augenmaß und rechnen Sie nach.

a) $f(x) = 9 - x^2$
Halbieren durch eine Parallele zur x-Achse:

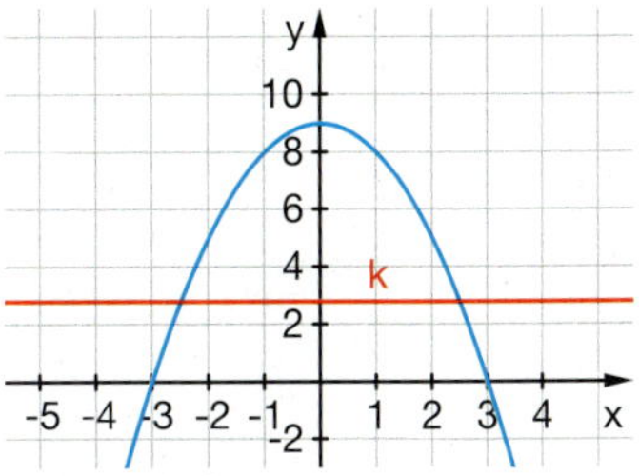

b) $f(x) = -0{,}5\,x^2 + 3\,x$
Halbieren durch eine Ursprungsgerade:

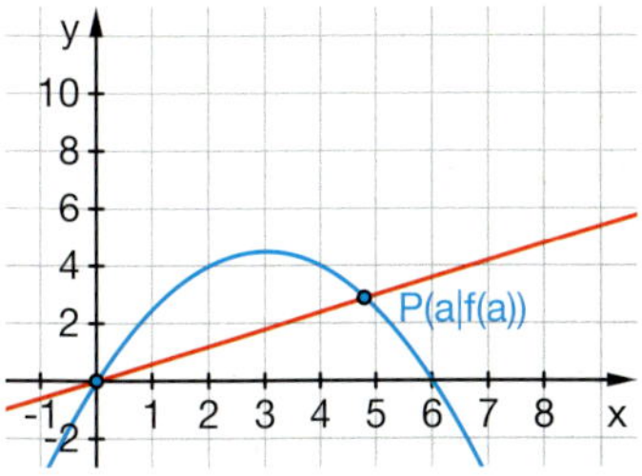

27 *Wandernder Streifen*

Der Funktionsgraph zu $f(x) = -\frac{1}{6}x^3 + x^2$ und die x-Achse begrenzen im ersten Quadranten des Koordinatensystems ein Flächenstück. Ein zur y-Achse paralleler Streifen der Breite b = 3 soll so gelegt werden, dass er aus diesem Flächenstück einen möglichst großen Teil ausschneidet. Wie ist der Streifen zu legen?

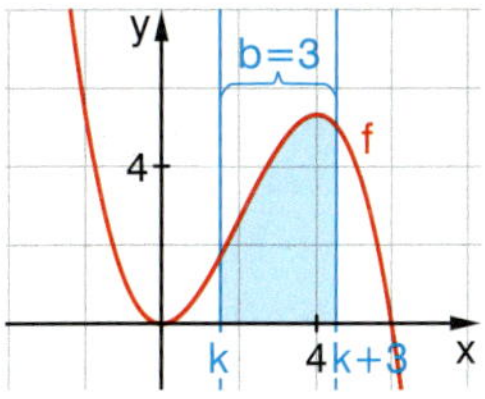

28 *Flächenstücke*

Es sei die Funktion f mit $f(x) = x^3$ gegeben. Eine Parallele zur x-Achse soll jeweils konstruiert werden, sodass gilt:

a) $A_1 = A_2$
b) $A_1 + A_2$ ist minimal.

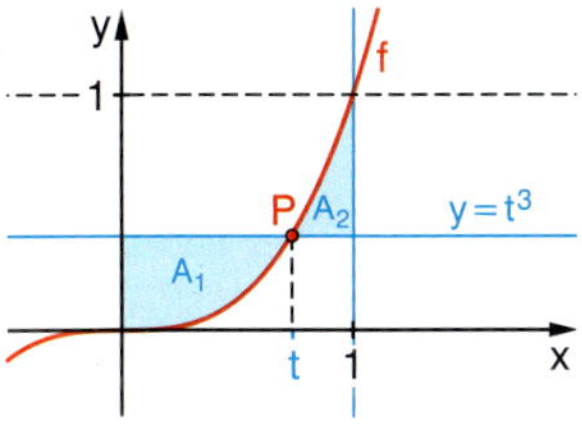

29 *Ein maximales Rechteck*

Die Graphen der Funktionen $f(x) = x^2$ und $g(x) = -x^2 + 6$ schließen eine Fläche ein. In diese Fläche wird ein Rechteck so gelegt, dass die Rechteckseiten parallel zu den Achsen verlaufen. Welche Koordinaten müssen die Eckpunkte des Rechtecks haben, damit der Flächeninhalt des Rechtecks maximal wird? Vergleichen Sie den Inhalt des Rechtecks mit dem Inhalt der von den Graphen umschlossenen Fläche.

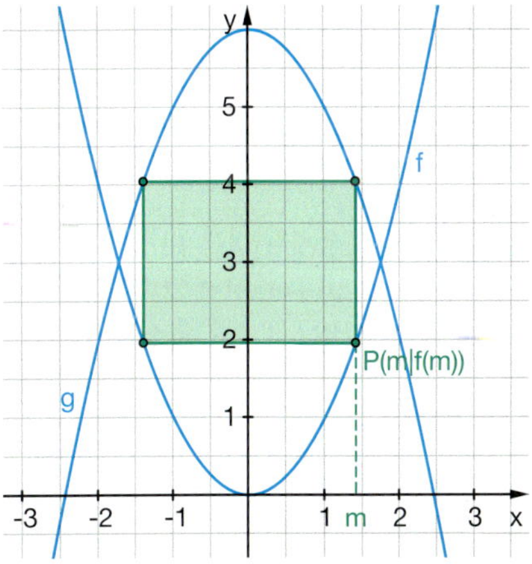

30 *Puzzeln*

Entwickeln und formulieren Sie eine Strategie zur Bestimmung des Inhalts der gefärbten Fläche. Finden Sie unterschiedliche Strategien?
Bestimmen Sie den Flächeninhalt. Machen Sie zunächst einen Überschlag.

$f(x) = \frac{1}{4}x^2$; $g(x) = 3 - x$; $h(x) = \frac{2}{3}x + \frac{4}{3}$

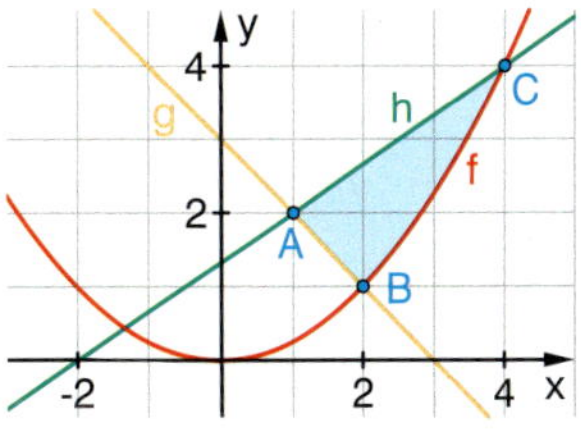

Aufgaben

Modellieren

31 *Wasser im Keller*

Familie Backhaus macht sich Sorgen: Nach einem starken Regen steht Wasser im Keller. Um den Schaden zu beheben, wird die Wasserpumpe eingesetzt.

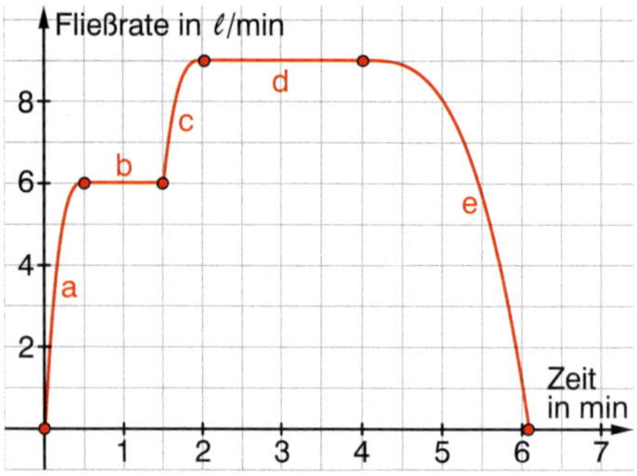

a) Erläutern Sie das Diagramm im Sachzusammenhang. Beschreiben Sie insbesondere die verschiedenen Phasen des Wasserpumpens und geben Sie die entsprechenden Zeitintervalle an.

b) Erklären Sie, wie man anhand des Diagramms die Menge des abgepumpten Wassers zu verschiedenen Zeitpunkten bestimmen kann.

Analysis 13

c) Zeigen Sie, dass die nebenstehenden Funktionen passende mathematische Modelle für die einzelnen Phasen darstellen. Bestimmen Sie damit rechnerisch die Menge des Wassers, das insgesamt abgepumpt wurde.

$a(x) = 48x^3 - 72x^2 + 36x$
$b(x) = 6$
$c(x) = 24x^3 - 144x^2 + 288x - 183$
$d(x) = 9$
$e(x) = -x^3 + 12x^2 - 48x + 73$

32 *Schweinezucht – mit und ohne Medikament*

In Ländern mit intensiver Schweinehaltung tritt bei neugeborenen Ferkeln häufig eine Erkrankung (Kokzidiose) auf, die durch Parasiten verursacht wird. Auch nach dem Abklingen der akuten Erkrankung bleiben viele Tiere im Wachstum hinter gesunden Tieren zurück. Neben den hygienischen Maßnahmen kann vorbeugend ein Medikament eingesetzt werden. Es wird den Ferkeln einmal im Alter von drei bis fünf Tagen verabreicht.

Ferkel A und Ferkel B aus einem Wurf wiegen bei ihrer Geburt jeweils 1,2 kg. Ferkel B wird an seinem 3. Lebenstag das Medikament verabreicht, Ferkel A bleibt unbehandelt. Am fünften Lebenstag wiegen Ferkel A 2000 g und Ferkel B 1900 g.
Welche Unterschiede ergeben sich laut Diagramm für die beiden Ferkel?

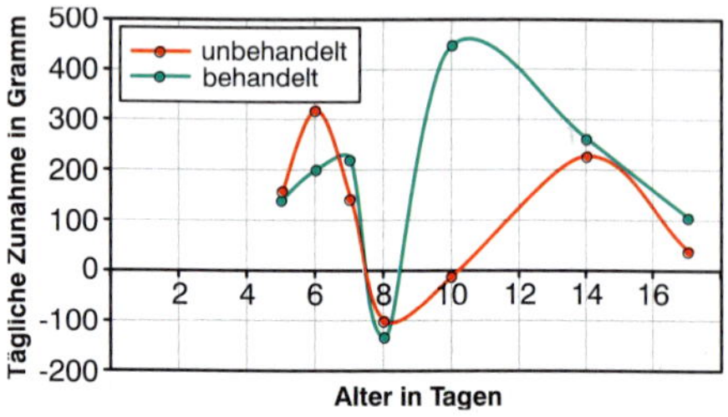

a) Schraffieren Sie jeweils die Fläche, die zwischen dem Graphen und der Zeitachse im Zeitintervall [5; 17] eingeschlossen wird. Interpretieren Sie diese Flächen im Sachkontext. Welche Bedeutung haben die Inhalte der Flächen, die unterhalb der Zeitachse liegen?

b) Skizzieren Sie, wie sich das Gewicht der Ferkel in den ersten 17 Tagen entwickelt.

c) Die Funktionen f_A und f_B beschreiben die tägliche Gewichtszunahme der beiden Ferkel A und B. Erläutern Sie die Bedeutung der Integralfunktionen $\int_5^x f_A(t)\,dt$ und $\int_5^x f_B(t)\,dt$ in Bezug auf die Sachsituation. Welche wirtschaftliche Bedeutung hat die Differenz der beiden Integralfunktionen $\int_5^x f_A(t)\,dt - \int_5^x f_B(t)\,dt$?

Aufgaben

Das Integral als Mittelwert einer Funktion in einem Intervall

33 *Mittlere Tagestemperatur*

Wie groß ist die durchschnittliche Temperatur an einem Tag? Ein Temperaturschreiber hat an einem heißen Sommertag die Temperaturkurve aufgezeichnet. Sie lässt sich in guter Näherung durch eine ganzrationale Funktion 4. Grades modellieren:

$f(x) = 0{,}0008\,x^4 - 0{,}04\,x^3 + 0{,}525\,x^2 - 0{,}51\,x + 10$

(x: Zeit in Stunden, f(x): Temperatur in °C)

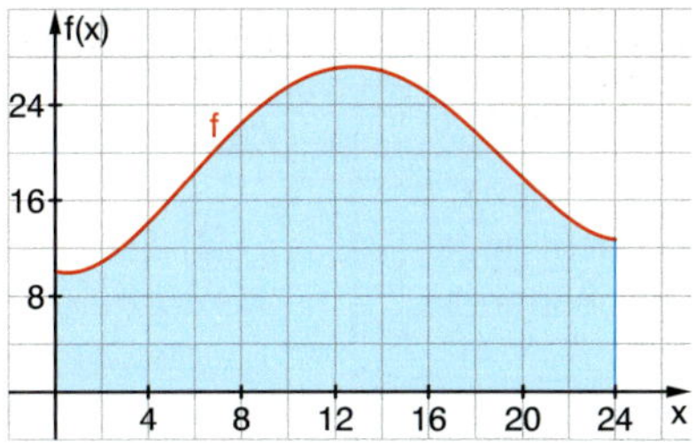

Berechnen Sie auf zwei verschiedenen Wegen:

(A) Bestimmen Sie aus der Kurve die Temperaturwerte in der Mitte jedes Stundenintervalls und berechnen Sie aus diesen 24 Werten das arithmetische Mittel.

(B) Berechnen Sie das Integral

$\frac{1}{24} \cdot \int_0^{24} f(x)\,dx.$

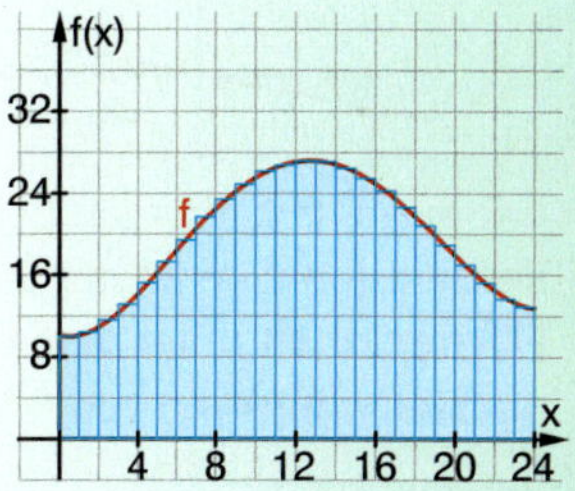

Vergleichen Sie die beiden Werte. Welcher ist Ihrer Meinung nach der bessere Wert für die mittlere Temperatur an diesem Tag? Begründen Sie mit dem Bild auf dem Rand den Zusammenhang zwischen beiden Mittelungsverfahren.

Mittelwert einer Funktion auf einem Intervall

Mithilfe des Integrals kann die vertraute Definition des arithmetischen Mittelwertes von Daten auf den Fall übertragen werden, dass die Daten kontinuierlich durch eine Funktion gegeben sind.

Der Mittelwert einer stetigen Funktion $y = f(x)$ im Intervall $[a; b]$ ist gleich dem Wert des Integrals von f, dividiert durch die Länge des Intervalls.

$$y_m = \frac{1}{b-a}\int_a^b f(x)\,dx$$

Geometrische Interpretation

Der Flächeninhalt unter dem Graphen wurde in ein flächeninhaltsgleiches Rechteck mit der Höhe y_m und der Breite $b - a$ verwandelt.

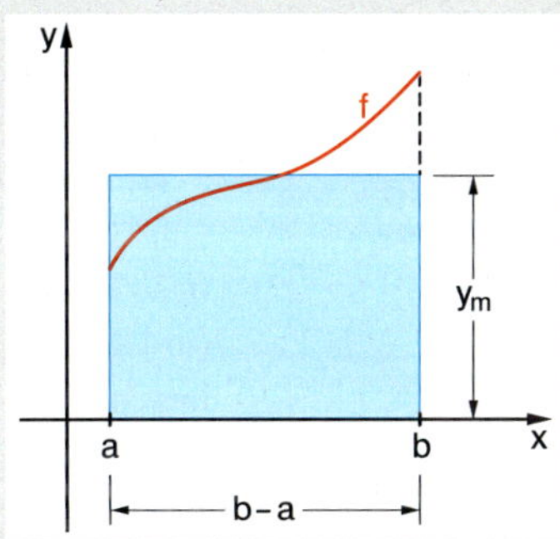

34 *Lagerhaltungskosten*

Durchschnittliche Lagerhaltungskosten

Der Funktionsmittelwert wird in der Wirtschaft zum Beispiel bei der Berechnung von Lagerhaltungskosten verwendet. Falls L(x) die Anzahl der Einheiten eines bestimmten Produkts ist, das eine Firma am Tag x auf Lager hält, dann gibt der Mittelwert L_M von L(x) über eine bestimmte Zeitperiode $a < x < b$ die mittlere Anzahl der pro Tag gelagerten Produkteinheiten an. Falls K_L die Lagerhaltungskosten für eine Einheit pro Tag (in €) angibt, berechnen sich die durchschnittlichen täglichen Lagerhaltungskosten in dem Zeitintervall $[a; b]$ durch $L_M \cdot K_L$.

Ein Großhändler erhält alle 30 Tage eine Sendung von 1200 Kisten Pralinenschachteln. Diese verkauft er an die Einzelhändler. x Tage nach Erhalt der Sendung beträgt die Anzahl der Kisten, die noch im Lager sind, $L(x) = \frac{4}{3}(x - 30)^2 = \frac{4}{3}x^2 - 80x + 1200$. Wie groß sind die durchschnittlichen täglichen Lagerkosten, wenn die täglichen Lagerkosten für eine Kiste 35 Cent betragen?

CHECK UP

Integralrechnung

Bestandsfunktion: Rekonstruktion aus dem Änderungsverhalten
Die Bestandsfunktion f(x) wird aus dem gegebenen Änderungsverhalten f'(x) des Bestandes „rekonstruiert".

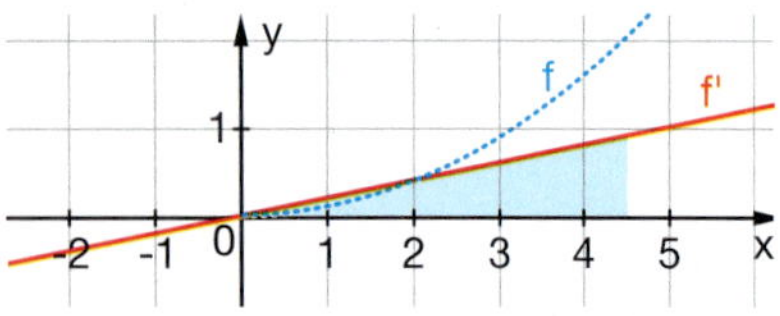

Geometrisch kann man den Funktionswert der Bestandsfunktion an der Stelle x als **orientierten Flächeninhalt** unter dem Graphen der Änderungsratenfunktion von 0 bis x interpretieren.

Änderungsrate	Bestandsgröße
Geschwindigkeit in $\frac{m}{s}$	zurückgelegter Weg in m
Zuflussrate	Wassermenge
Gewinnzufluss	Gesamtgewinn

Rechnerisch erhält man die Bestandsfunktion durch das Umgekehrte des Ableitens („Aufleiten"). Es gilt: f(0) = 0

Änderungsfunktion
$f'(x) = -0{,}5\,x + 2$
↓ „Aufleiten"
$f(x) = -0{,}25\,x^2 + 2\,x$
Bestandsfunktion

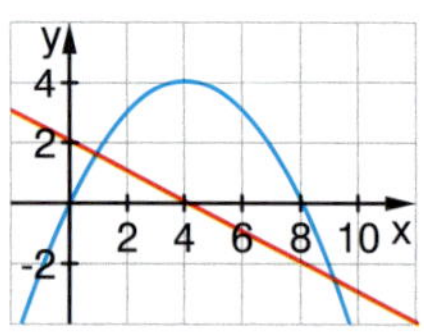

Stammfunktion
Eine Funktion F(x) heißt Stammfunktion zu f(x), wenn F'(x) = f(x) erfüllt ist.

Wichtige Stammfunktionen

f(x)	c	x^n	$\frac{1}{x^2}$	$\frac{1}{2\sqrt{x}}$	sin(x)
F(x)	$c \cdot x$	$\frac{1}{n+1}x^{n+1}$	$-\frac{1}{x}$	$\sqrt{x}$	−cos(x)

Integralfunktion
Eine Berandungsfunktion f(x) ist auf dem Intervall [a ; b] definiert. Die Funktion, die jedem x ∈ [a ; b] den orientierten Inhalt der Fläche zuordnet, die f(x) mit der x-Achse zwischen a und x einschließt, nennt man **Integralfunktion $I_a(x)$ zu f(x).**

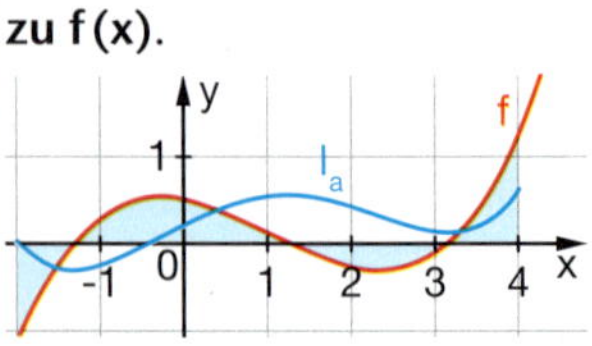

$$I_a(x) = \int_a^x f$$

1 *Zufluss im Wasserbecken*
Die Grafik zeigt Zu- und Abfluss in einem Wasserbecken. Skizzieren Sie die zugehörige Bestandsfunktion. Was beschreibt diese Funktion?

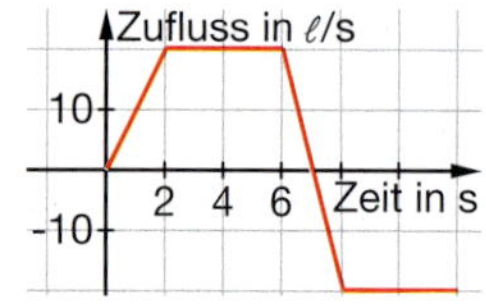

2 *Rekonstruktion*
Rekonstruieren Sie grafisch aus der gegebenen Änderungsratenfunktion die Funktion der Gesamtänderung (Bestandsfunktion).

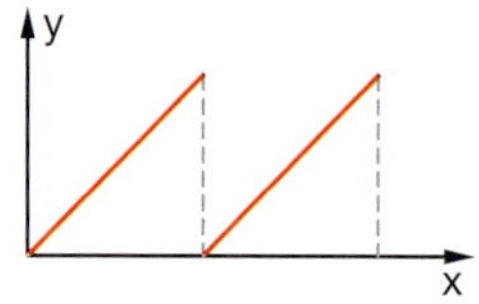

Erfinden Sie eine Situation, die dazu passt. Machen Sie deutlich, was in dieser Situation jeweils die Rolle der Änderungsratenfunktion und der Bestandsfunktion spielt.

3 *Von der Geschwindigkeit zum Weg*
In der Tabelle ist der Geschwindigkeitsverlauf eines Autos während einer Stunde aufgezeichnet (t in min; v in $\frac{km}{h}$).

t	0	5	10	15	20	25	30	35	40	45	50	55	60
v	20	65	90	35	95	80	50	60	35	80	90	75	25

a) Schätzen Sie, wie weit das Auto in dieser Stunde ungefähr gefahren ist.
b) Berechnen Sie einen Näherungswert mithilfe der Trapezmethode und vergleichen Sie mit Ihrem Schätzwert.
c) Skizzieren Sie eine „Kurve", die in etwa die Messwerte der Tabelle erfasst. Skizzieren Sie dazu den Graphen der zugehörigen Bestandsfunktion.

4 *Gärungsprozess*
Der Graph zeigt die Gärungsgeschwindigkeit für Traubenmost (in Liter CO_2 pro Tag). Er kann beschrieben werden durch die Funktion:
$f'(x) = -0{,}04\,x^3 + 0{,}34\,x^2 + 0{,}64\,x$

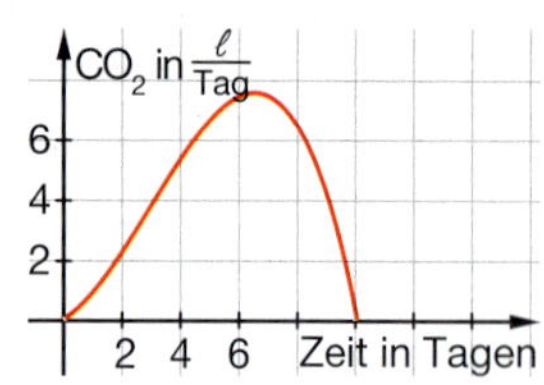

a) Beschreiben Sie den Gärungsprozess anhand des Graphen.
b) Geben Sie den Funktionsterm und den Graphen der zugehörigen Bestandsfunktion an. Welche Größe wird damit beschrieben?
c) Welche Menge an CO_2 wurde in den zehn Tagen produziert?

5 *Bestands- und Integralfunktion*
Begründen Sie: Die Bestandsfunktion ist eine spezielle Integralfunktion. Was ist das Spezielle daran?

6 *Integralfunktionen*
a) In dem Bild sind die Graphen einer Berandungsfunktion f(x) und einer zugehörigen Integralfunktion $I_1(x)$ dargestellt. Bestimmen Sie die Gleichungen der beiden Funktionen.
b) Vergleichen Sie die Graphen von $I_0(x)$ und $I_2(x)$ mit dem der gezeichneten Integralfunktion.

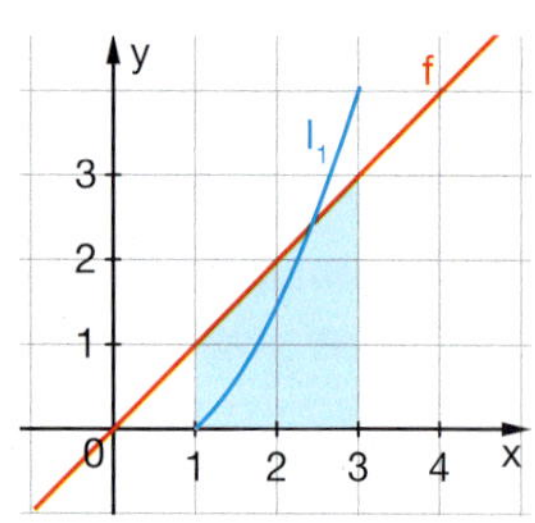

7 *„Aufleiten" und Ableiten*

Finden Sie Stammfunktionen zu f(x).

$f_1(x) = 3$ $\quad f_2(x) = 3x - 2$ $\quad f_3(x) = x^4 - 4x^2 + 6$

$f_4(x) = x(x-1)^2$ $\quad f_5(x) = \cos(x)$ $\quad f_6(x) = (x+5)(x-5)$

8 *Viele Stammfunktionen zu einer Funktion*

Begründen Sie: Wenn F(x) eine Stammfunktion zu f(x) ist, dann ist auch $F(x) + c$, $c \in \mathbb{R}$ eine Stammfunktion zu f(x).

9 *Orientierte Flächeninhalte*

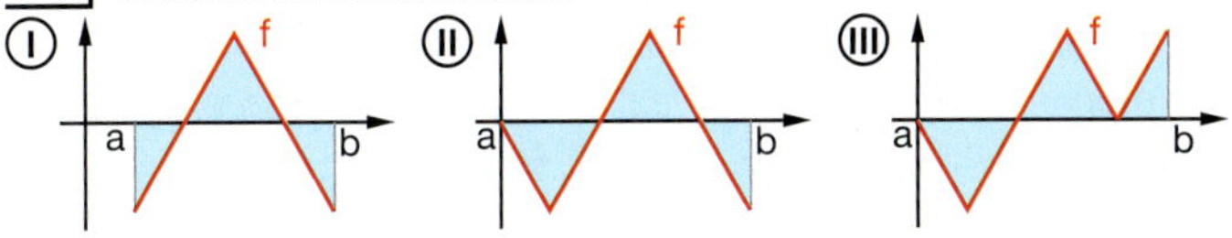

a) Prüfen Sie jeweils, ob $\int_a^b f(x)\,dx$ kleiner, größer oder gleich 0 ist.

b) Berechnen Sie den orientierten Flächeninhalt zwischen dem Graphen von f(x) und der x-Achse im Intervall [a ; b].

(1) $f(x) = 3x + 1$, [2 ; 3] (2) $f(x) = 2 - x^2$, [−2 ; 2]

10 *Vokabellernen*

Beim Auswendiglernen von Vokabeln wird die Lernrate (Anzahl der neu gelernten Wörter pro Minute) durch die Funktionsgleichung $L(t) = -0{,}009t^2 + 0{,}2t$ beschrieben.

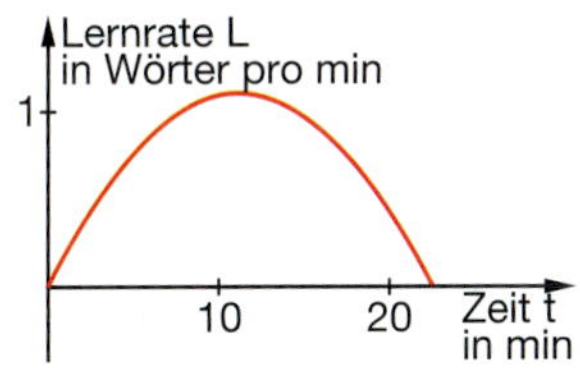

a) Beschreiben Sie den Lernvorgang anhand des Graphen.

b) Wie viele Wörter wurden in den ersten zehn Minuten gelernt, wie viele Wörter bis zum Zeitpunkt, an dem die Lernrate auf null gesunken ist?

Flächenberechnungen

11 Bestimmen Sie den Inhalt der Fläche, die der Graph von f(x) im Intervall [a ; b] mit der x-Achse einschließt.

a) $f(x) = x^3 - x$, [−1 ; 2] b) $f(x) = 0{,}5x^3 - x^2 - 4x$, [−2 ; 4]

12 Vergleichen Sie das Integral von f in den Grenzen zwischen a und b mit dem Flächeninhalt unter dem Graphen von f im Intervall [a ; b].

a) $f(x) = x^3$, [−2 ; 2] b) $f(x) = 0{,}25x^4 - x^2$, [−2 ; 0]

c) $f(x) = 1 - \sqrt{x}$, [0 ; 4]

13 Welchen Inhalt schließen die Graphen der Funktionen f und g zwischen ihren Schnittstellen ein?

a) $f(x) = 6 - x$; $g(x) = x^2 - 6x + 10$

b) $f(x) = 5 - 0{,}5x^2$; $g(x) = x^2 + 3x + 0{,}5$

14 Durch den Wendepunkt des Graphen von $f(x) = x^3 - 3x^2$ wird eine Parallele zur y-Achse gezogen. Diese Parallele zerlegt die Fläche, die der Graph von f mit der x-Achse einschließt, in zwei Teilflächen. In welchem Verhältnis stehen die Inhalte der beiden Teilflächen zueinander?

CHECK UP

Integralrechnung

Eigenschaften der Integralfunktion

(1) $\int_a^a f = 0$

(2) Für a < b < x gilt: $\int_a^x f = \int_b^x f + k$; k konstant

(3) Für a < b < x gilt: $\int_a^c f = \int_a^b f + \int_b^c f$

Integrationsregeln

Konstanter Faktor: $\int_a^x k \cdot f = k \cdot \int_a^x f$

Summenregel: $\int_a^x (f + g) = \int_a^x f + \int_a^x g$

Hauptsatz der Differenzial- und Integralrechnung

1.Teil: $I_a'(x) = f(x)$.

2.Teil: $I_a(x) = \int_a^x f = F(x) - F(a)$

Für den **orientierten Flächeninhalt** unter f(x) in den Grenzen a und b gilt:

$\int_a^b f = F(b) - F(a)$

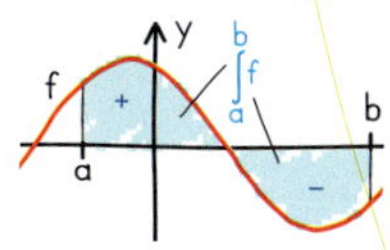

Rekonstruktion aus Änderungen

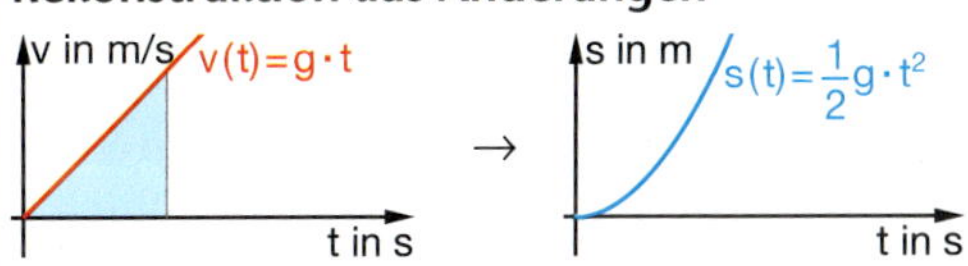

Flächenberechnung mit dem Integral

Fläche zwischen Kurve und x-Achse:

„Von Nullstelle zu Nullstelle integrieren und jeweils den Betrag nehmen"

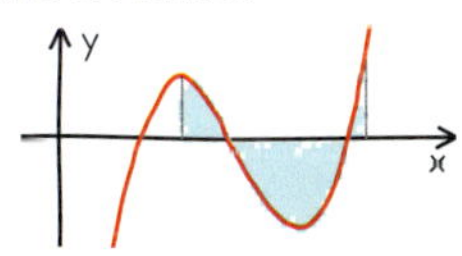

$$A = \left|\int_a^{x_1} f(x)\,dx\right| + \left|\int_{x_1}^{x_2} f(x)\,dx\right| + \left|\int_{x_2}^{b} f(x)\,dx\right|$$

Fläche zwischen zwei Kurven:

„Differenzfunktion von Schnittstelle zu Schnittstelle integrieren und jeweils den Betrag nehmen"

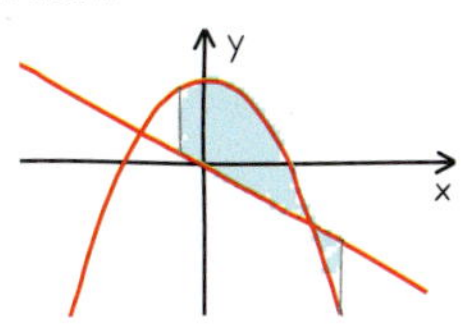

$$A = \left|\int_a^{x_s} (f(x) - g(x))\,dx\right| + \left|\int_{x_s}^{b} (f(x) - g(x))\,dx\right|$$

Sichern und Vernetzen – Vermischte Aufgaben

Training

1 *Wasserabfluss*

Die Wassermenge, die durch eine Abflussrinne geflossen ist, kann man mithilfe der Durchflussrate abschätzen, die man zu verschiedenen Zeitpunkten gemessen hat.

Zeit	6:00	9:00	12:00	15:00	18:00	21:00	24:00	3:00	6:00
m^3/min	5	8	12,5	14	13	10,5	6	8	7

2 *Zuflussraten*

Die Funktionsterme für die Zuflussrate $f'(x)$ sind abschnittsweise notiert:

$f'_1(x) = 10$ im Intervall $[0;4]$
$f'_2(x) = -5x + 30$ im Intervall $[4;7]$
$f'_3(x) = -5$ im Intervall $[7;10]$

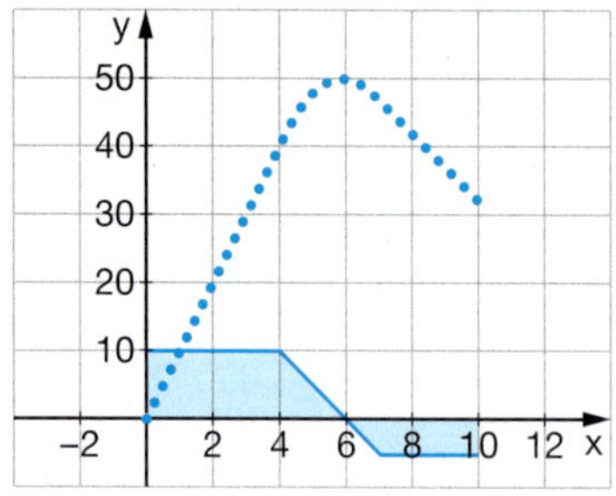

Wie sehen die Terme der zugehörigen Bestandsfunktionen $f_1(x)$, $f_2(x)$ und $f_3(x)$ in den einzelnen Abschnitten aus?
Zeigen Sie, dass diese an den Übergangsstellen der Intervalle jeweils die gleiche Steigung haben.

3 *Funktionen und Stammfunktionen*

a) Bestimmen Sie jeweils den fehlenden Eintrag.

Funktion $f(x)$	$x + 1$	■	$x(x^2 - 1)$	$\sqrt{x}$	■	$\cos(x)$	■
Stammfunktion $F(x)$	■	$0{,}5x^2 - 4$	■	■	$\sqrt{x}$	■	$\cos(x)$

b) Finden Sie jeweils eine Stammfunktion.

(1) $f(x) = 2x + t$ (2) $f(t) = 2t + x$ (3) $f(x) = a(x - b)^2$ (4) $f(x) = x^2(x - b)$

4 *Integrale bestimmen*

Es sei $\int_a^b f(x)\,dx = c$ gegeben.

Bestimmen Sie jeweils den fehlenden Eintrag und fertigen Sie zu jeder Teilaufgabe eine aussagekräftige Skizze an.

a)	a	b	c	f(x)
(1)	1	3	■	$3x^2 - 1$
(2)	−2	■	7	$2x - 2$
(3)	■	1	−15	$4x^3$

b)	a	b	c	f(x)
(1)	−3	1	■	$x^3 - 4x$
(2)	−2	■	0	$5x^4 - 3x^2$
(3)	■	2	$\frac{5}{3}$	$x^2 - \frac{1}{2}x$

5 *Flächeninhalte bestimmen 1*

Ermitteln Sie jeweils den Inhalt der blauen Fläche.

(1)
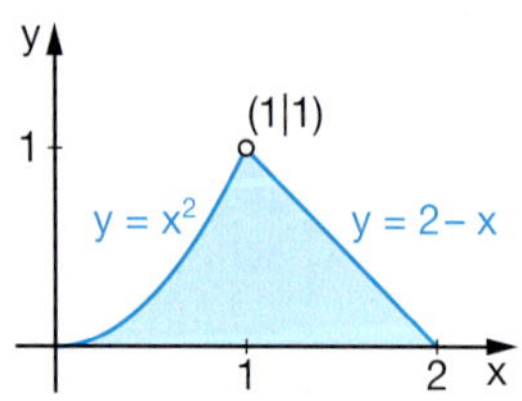

(2)
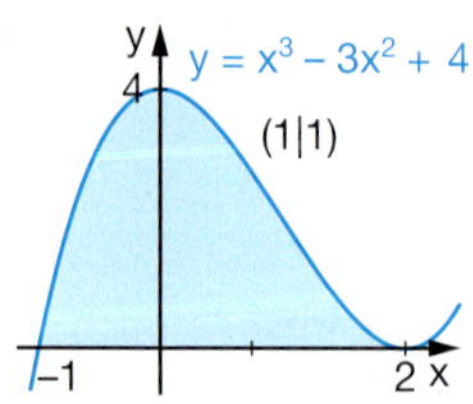

(3)
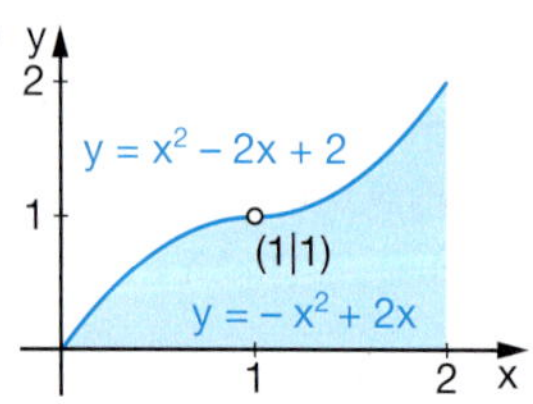

6 *Flächeninhalte bestimmen 2*

Ermitteln Sie den Inhalt der Fläche, die f mit der x-Achse einschließt.

a) $f(x) = 9 - x^2$ b) $f(x) = x^3 - x$ c) $f(x) = x^3 + \frac{3}{2}x^2 - 10x$
d) $f(x) = x(x-1)(x+3)$ e) $f(x) = 2x + x^2$ f) $f(x) = (x^2 - 9)(x^2 + 1)$

7 *Flächeninhalte bestimmen 3*

Ermitteln Sie den Inhalt der Fläche, die f und g einschließen.

a) $f(x) = -\frac{1}{2}x^2 + 4$, $g(x) = x^2 + 1$ b) $f(x) = x^2 - 1$, $g(x) = x + 1$ c) $f(x) = x^3 + x^2 - 6x$, $g(x) = -4x$ d) $f(x) = x^2(x-3)$, $g(x) = x - 3$

8 *Flächeninhalte bestimmen 4*

Bestimmen Sie den Inhalt des abgebildeten Flächenstücks, das von den Graphen der folgenden drei Funktionen begrenzt wird:

$f_1(x) = -0{,}5(x-1)^2 + 2$ $f_2(x) = -0{,}5(x+1)^2 + 2$

$f_3(x) = \frac{1}{3}(x-3)(x+3)$

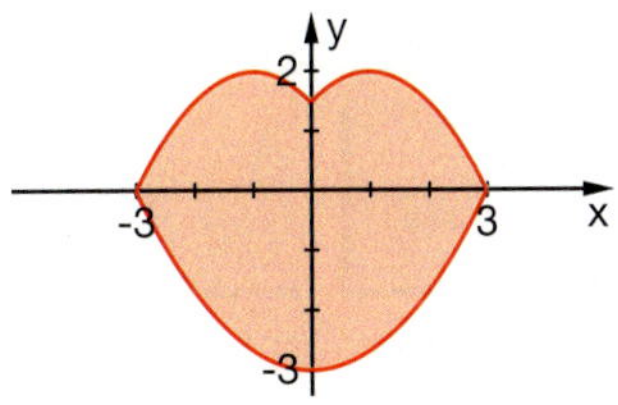

9 *Wege und Geschwindigkeiten*

Welches Objekt hat in den zehn Sekunden den größten Weg zurückgelegt?

Verstehen von Begriffen und Verfahren

(A)

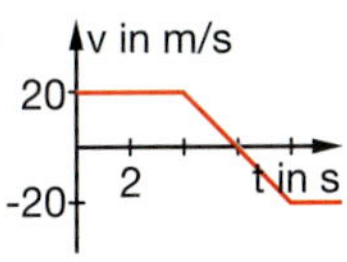

(B)

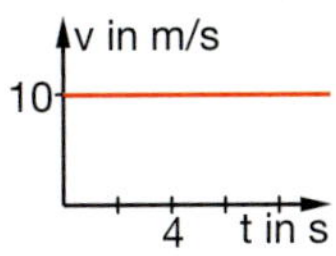

(C)

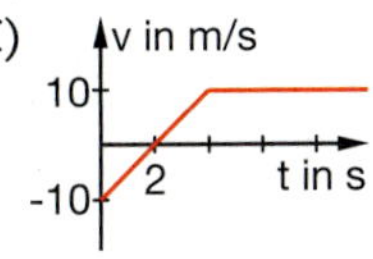

(D)

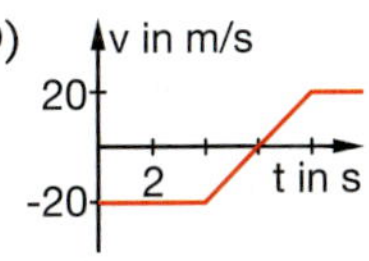

10 *Ein Heißluftballon*

Ein Heißluftballon startet zur Zeit t = 0 vom Boden. Die Geschwindigkeit des Ballons in vertikaler Richtung wird durch das Diagramm beschrieben (Zeit: t in min, Geschwindigkeit v in m/s).

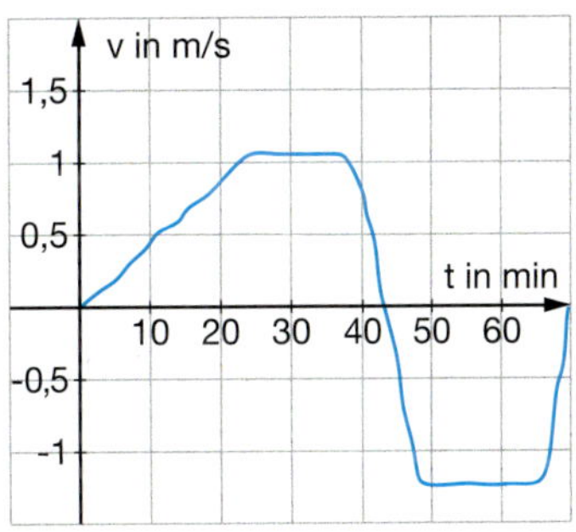

a) Beschreiben Sie den Bewegungsablauf qualitativ. Schätzen Sie die nach 30 Minuten erreichte Höhe. Was war die maximale Steighöhe, wann wurde sie erreicht?

b) Begründen Sie, dass die Ballonfahrt auf einem Hügel endet. Wie viel höher als der Startplatz liegt der Hügel?

c) Skizzieren Sie ein mögliches Diagramm für einen Ballon mit qualitativ gleichem Steigverhalten, der aber auf einem Hügel startet und im Tal landet.

11 *Veranschaulichen und Begründen*

a) Geben Sie jeweils Intervalle [a ; b] mit a < 0 und b > 0 so an, dass für $f(x) = x^3 - 4x$ gilt:

(1) $\int_a^b f(x)\,dx > 0$ (2) $\int_a^b f(x)\,dx = 0$ (3) $\int_a^b f(x)\,dx < 0$

Veranschaulichen und begründen Sie durch Skizzen.

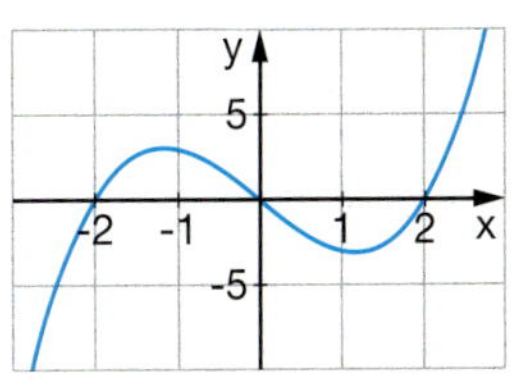

b) Für welche c > 0 gilt $\int_{-c}^{0} f(x)\,dx = -\int_0^c f(x)\,dx$?

12 *Begriffe*

Ordnen Sie der Größe nach.

① $I_a(a)$ ② $\int_a^c f(t)\,dt$ ③ $\int_a^d f(t)\,dt$

④ $I_a(c)$ ⑤ 0 ⑥ $\int_c^d f(t)\,dt$ ⑦ $I_c(c)$

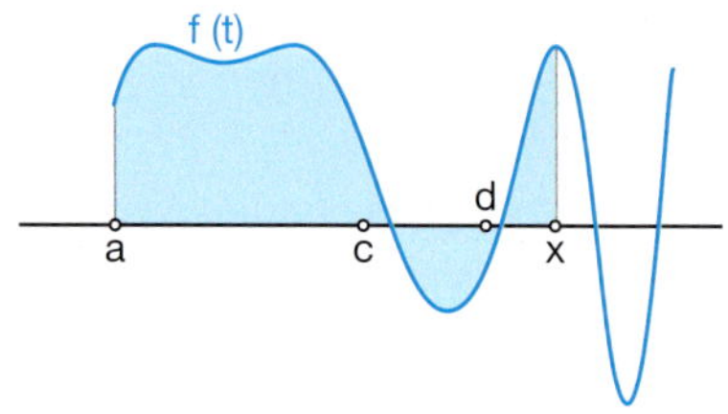

13 *Terme veranschaulichen*

Die Funktion F(x) ist eine Stammfunktion von f(x). Veranschaulichen Sie die Terme am Graphen von f.

a) $f(b) - f(a)$ b) $\frac{f(b) - f(a)}{b - a}$ c) $F(b) - F(a)$ d) $\frac{F(b) - F(a)}{b - a}$

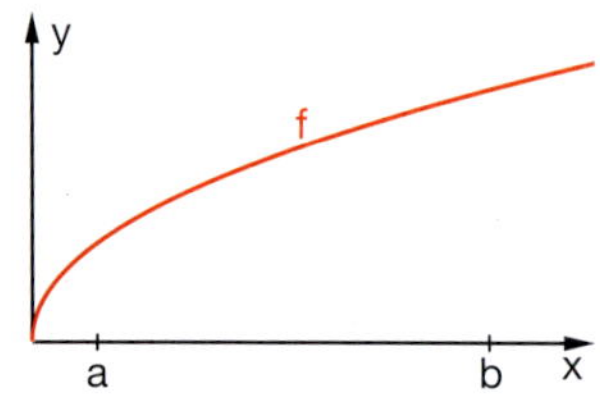

14 *Aus einem amerikanischen Lehrbuch*

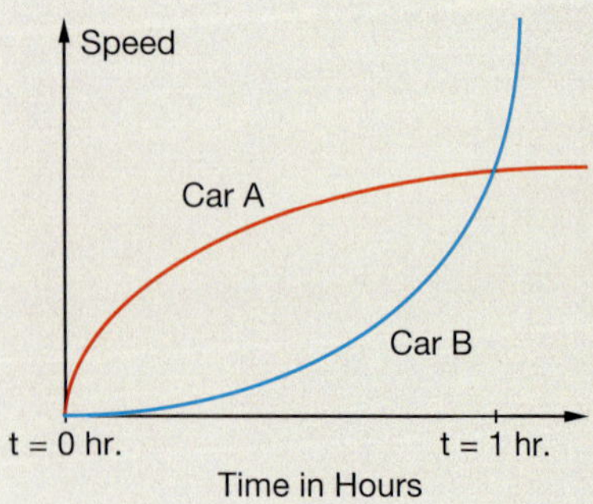

The given graph represents velocity vs. time for two cars. Assume that the cars start from the same position and are traveling in the same direction.

a) State the relationship between the position of car A and that of car B at t = 1 hr. Explain.

b) State the relationship between the velocity of car A and that of car B at t = 1 hr. Explain.

c) State the relationship between the acceleration of car A and that of car B at t = 1 hr. Explain.

d) How are the positions of the two cars related during the time interval between t = 0.75 hr and t = 1hr? (That is, is one car pulling away from the other?) Explain.

15 *Wahr oder falsch? – Begründungen gesucht*

(A) Es gilt stets $\int_a^b f(x)\,dx = \int_b^a f(x)\,dx$.

(B) Jede Integralfunktion $\int_a^x f(t)\,dt$ ist eine Stammfunktion.

(C) Jede Stammfunktion ist eine Integralfunktion.

(D) Für $a < b < c$ gilt: $\int_a^b f(x)\,dx + \int_b^c f(x)\,dx = \left|\int_a^b f(x)\,dx\right| + \left|\int_b^c f(x)\,dx\right|$

16 *Wie alles zusammen passt*

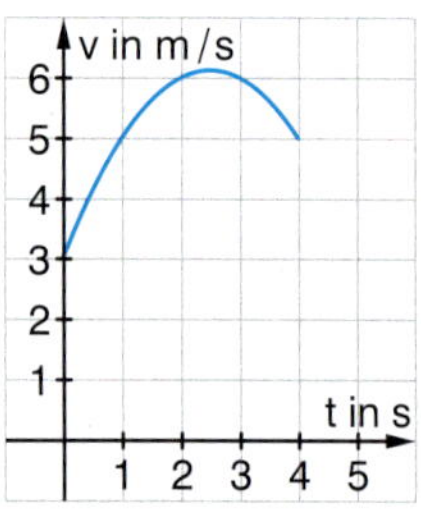

Die Geschwindigkeit eines Körpers kann durch die Funktionsgleichung $v(t) = -\frac{1}{2}t^2 + \frac{5}{2}t + 3$ im Intervall [0; 4] beschrieben werden.

a) Rekonstruieren Sie aus der Geschwindigkeit-Zeit-Funktion die zugehörige Weg-Zeit-Funktion s(t) im Intervall [0; 4]. Welche Wegstrecke legt der Körper im angegebenen Zeitintervall zurück?

b) Berechnen Sie die durchschnittliche Geschwindigkeit mithilfe des Differenzenquotienten $\frac{s(4) - s(0)}{4 - 0}$. Veranschaulichen Sie den Wert im Weg-Zeit-Diagramm.

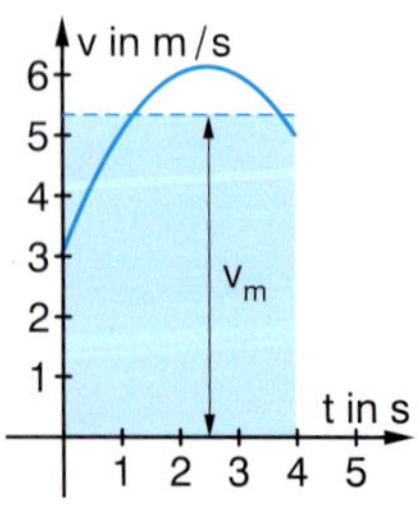

c) Bestimmen Sie $v_m = \frac{1}{4 - 0} \cdot \int_0^4 v(t)\,dt$. Erläutern Sie den Zusammenhang mit b).

Anwenden und Modellieren

17 *Von der Emissionsrate zum Gesamtausstoß*

Nach einem Unfall in einer Fabrik tritt ein giftiges Gas aus. Von der Werksfeuerwehr wird die abnehmende Emissionsrate des Gases in mg/min gemessen.

Zeit in min	60	120	180	240
Gasemission in $\frac{mg}{min}$	9,0	2,4	0,8	0,1

Man will nun abschätzen, welche Gasmenge innerhalb der ersten vier Stunden in etwa freigesetzt wurde. Erläutern Sie Ihr Vorgehen. Was können Sie zur Genauigkeit Ihres Schätzwertes sagen?

18 *Eine Quelle versiegt*

Wegen mangelnder Regengüsse versiegt eine Quelle. Die Geschwindigkeiten, mit denen das Wasser an verschiedenen Tagen aus der Quelle sprudelt, lassen sich folgender Tabelle entnehmen:

Zeit in Tagen	0	2	4	6	8	10
Wasser sprudelt in l/min	400	385	335	305	260	240

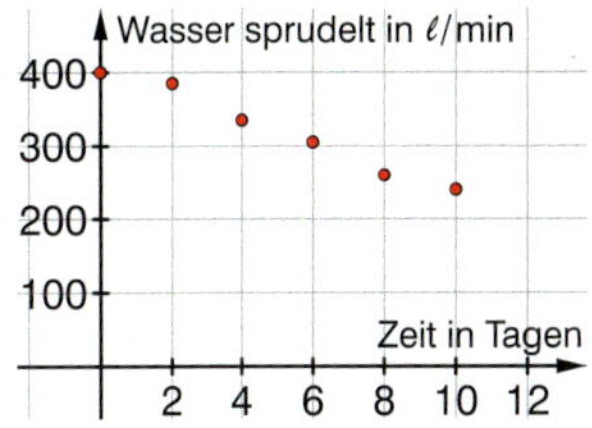

a) Schätzen Sie die Wassermenge, die die Quelle am ersten Tag der Messung liefert. Ermitteln Sie eine Funktionsgleichung, die den obigen Sachverhalt möglichst gut abbildet und bestimmen Sie damit die Wassermenge, die die Quelle am 15. Tag liefert.
b) Berechnen Sie die gesamte Wassermenge, die von der Quelle in zehn Tagen geliefert wird. Wie viel Wasser wird die Quelle bis zum Versiegen noch liefern?

19 *Datenübertragung*

Wenn mit einem Computer Daten aus dem Internet geladen werden, kann man auf dem Bildschirm ständig die Übertragungsrate ablesen. Der Wert der Übertragungsrate ist in der Regel nicht konstant. Die Übertragungsrate wird in kbit/s gemessen.

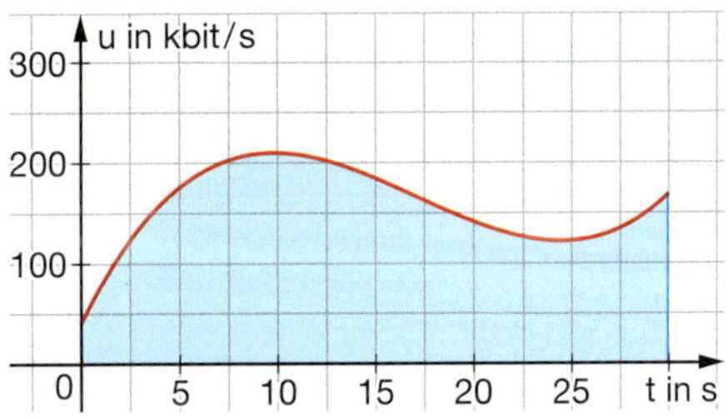

kbit ist die Einheit zur Messung der Datenmenge.

Bei einem Ladevorgang ergab sich eine Übertragungsratenfunktion mit der Gleichung $u(t) = 20 \cdot \left(\frac{t^3}{360} - \frac{t^2}{7} + 2t + 2\right)$. Der Übertragungsvorgang dauerte 30 Sekunden.
Wie groß waren die minimale und die maximale Übertragungsrate während des Vorgangs? Wie groß war die durchschnittliche Übertragungsrate?
Wie groß war die gesamte übertragene Datenmenge? Zu welchem Zeitpunkt war die Hälfte der Datenmenge übertragen?

20 *Von der Beschleunigung zum Weg*

Ein Sportwagen beschleunigt aus dem Stand ($t = 0$) bis zum Erreichen der Höchstgeschwindigkeit ($t = t_1$) mit der abnehmenden Beschleunigung
$a(t) = 5 - 0{,}25t + 0{,}003125t^2$.
Dann ist $a(t_1) = 0$.
Wie lange beschleunigt das Auto?
Wie groß ist die Höchstgeschwindigkeit?
Welche Strecke hat das Auto bis zum Erreichen der Höchstgeschwindigkeit zurückgelegt?
Wie groß ist die Durchschnittsgeschwindigkeit im Beschleunigungsintervall?

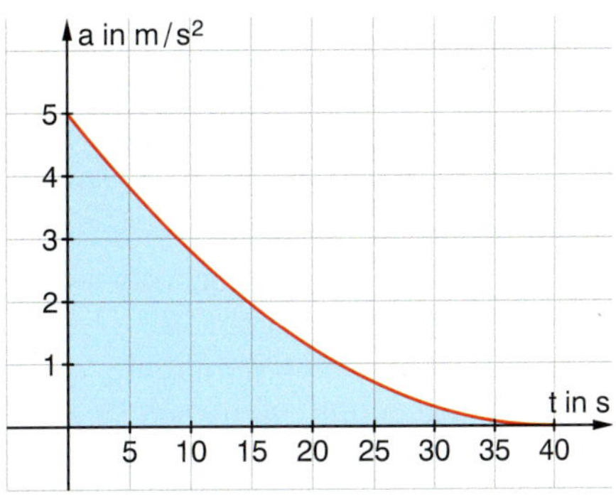

Zeit t in Sekunden
Geschwindigkeit v(t) in m/s
Weg s(t) in Meter
$s(0) = 0$, $v(0) = 0$
1 m/s = 3,6 km/h

21 *Stickstofftank*

Ein Stickstofftank soll betankt werden. Die Funktion $f(t) = -\frac{1}{3}t^3 + 4t + 2$ gibt die Füllrate in 10 Liter pro Minute an.
Zu Beginn des Vorgangs enthält der Tank noch 20 Liter. Aus Sicherheitsgründen wird dieser nur zu 92 % befüllt, welche erreicht sind, wenn die Füllrate auf null abgesunken ist.
Wie lange dauert die Betankung und wie groß ist das gesamte Fassungsvermögen des Tanks?

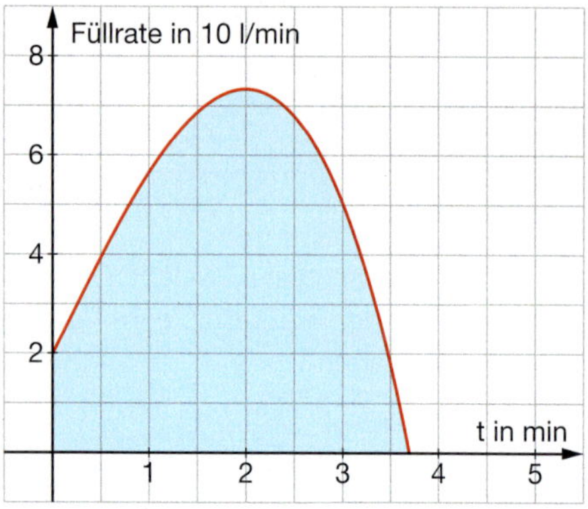

Kommunizieren und Präsentieren

22 *Begriffe und Formeln*

In den Feldern finden Sie viele Begriffe und Formeln, die bei der Einführung und Anwendung des Integrals aufgetaucht sind. Ergänzen Sie diese und ordnen Sie sie in einer Mind-Map. Erläutern Sie anschließend wichtige Teile dieser Mind-Map an charakteristischen Beispielen.

Integralfunktion	Bestandsfunktion	$I_a'(x) = f(x)$	Trapezformel
$\int_a^b f = F(b) - F(a)$	Hauptsatz der Differenzial- und Integralrechnung	$\int_a^x f = F(x) - F(a)$	Flächeninhalte
Rekonstruktion aus dem Änderungsverhalten	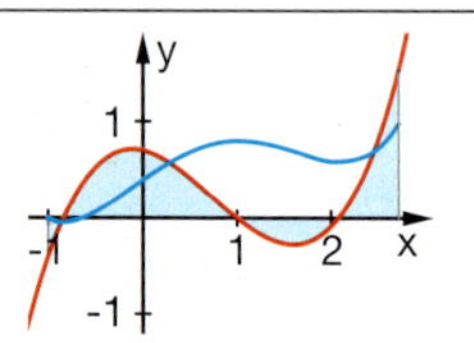	Summenregel $\int_a^x (f + g) = \int_a^x f + \int_a^x g$	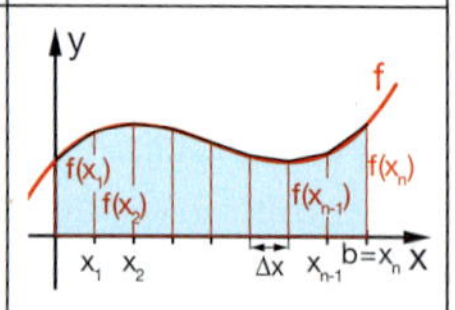
$\int_a^b f = F(b) - F(a)$	Grenzwert von Produktsummen	$I_a(x) = \int_a^x f$	orientierter Inhalt

23 *Forschungsaufgabe*

a) Zeichnen Sie den Graphen von $f(x) = x^3 - 3x^2$. Ermitteln Sie die Koordinaten des Hochpunktes $H(a\,|\,f(a))$, des Tiefpunktes $T(b\,|\,f(b))$ und des Wendepunktes $W(c\,|\,f(c))$.
Zeichnen Sie die Gerade g durch die Punkte H und T und bestimmen Sie deren Gleichung $y = g(x)$. Hat die Gerade g einen weiteren Schnittpunkt mit dem Graphen von f? Bestimmen Sie gegebenenfalls dessen Koordinaten.
Berechnen Sie dann das Integral $\int_a^b (f(x) - g(x))\,dx$.
Überrascht Sie das Ergebnis?

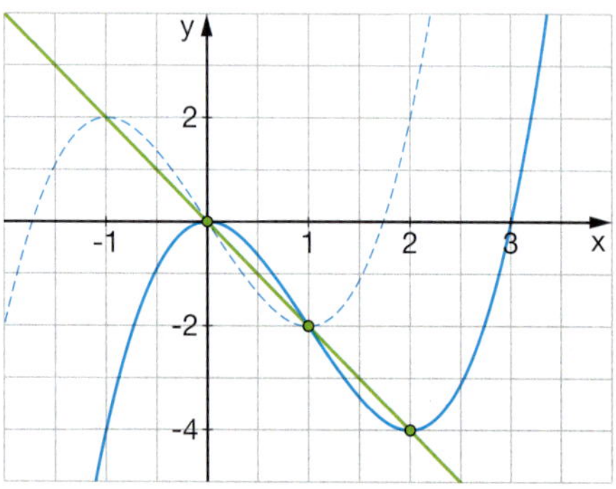

b) Führen Sie die gleichen Schritte mit der Funktion $f_1(x) = x^3 + 9x^2 + 16x - 7$ durch. Welche Ergebnisse erwarten Sie?

c) Formulieren Sie eine Vermutung, die auf alle Funktionen dritten Grades mit Hoch- und Tiefpunkt zutrifft. Versuchen Sie einen Beweis Ihrer Vermutung. Informieren Sie sich dazu nochmals über Transformationen der Graphen und Symmetrieeigenschaften im Koordinatensystem.

5 Exponentialfunktionen und ihre Anwendungen

In der Differenzial- und Integralrechnung wurden bisher überwiegend ganzrationale Funktionen betrachtet. In diesem Kapitel werden nun die Exponentialfunktionen und ihre Ableitungen genauer untersucht. Im Mittelpunkt steht dabei die natürliche Exponentialfunktion und die besondere Eigenschaft ihrer Ableitung. Diese Funktion tritt bei vielen Anwendungen auf, bei denen Wachstums- und Änderungsprozesse modelliert werden. Damit vielfältige Modellierungen möglich sind, müssen aber zunächst noch weitere Ableitungsregeln zur Verfügung gestellt werden. Dies geschieht im ersten Lernabschnitt.

5.1 Neue Ableitungsregeln – Produkt- und Kettenregel

Mithilfe der Produkt- und Kettenregel lassen sich die Ableitungen zusammengesetzter Funktionen aus den Ableitungen der Grundfunktionen berechnen.

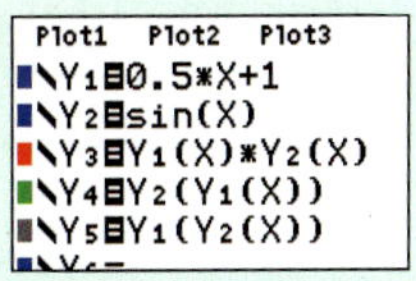

Kettenregel:

$k(x) = f(g(x))$
$k'(x) = f'(g(x)) \cdot g'(x)$

$x \rightarrow g(x) \rightarrow f(g(x))$

5.2 Änderungsverhalten bei Exponentialfunktionen

Für die Ableitung einer Exponentialfunktion $f(x) = b^x$ kann die Ableitung nicht mit bisher erarbeiteten Verfahren ermittelt werden. Über die Sekantensteigungsfunktion ergibt sich ein Zugang zur Eulerschen Zahl e und zur natürlichen Exponentialfunktion e^x. Mithilfe des Logarithmierens gelingt dann auch die Ableitung beliebiger Exponentialfunktionen.

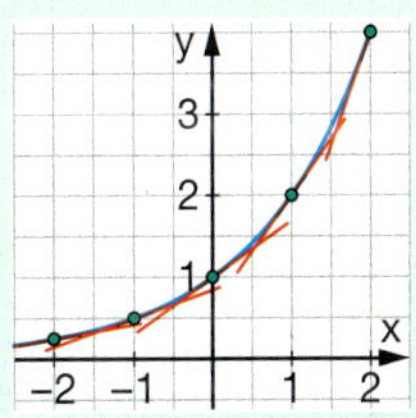

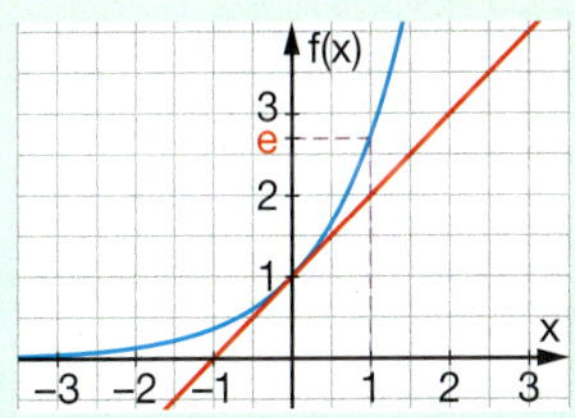

5.3 Wachstum

Die Entwicklung der Anzahl der Internetanschlüsse lässt sich mit demselben Wachstumsmodell beschreiben wie der Abbau von Medikamenten im Körper. Die Änderungsrate ist hier immer proportional zum aktuellen Bestand. Es gilt aber: „Die Bäume wachsen nicht in den Himmel." Es gibt Grenzen. Auf diese bekannte Tatsache kann man mit entsprechenden Wachstumsmodellen reagieren.

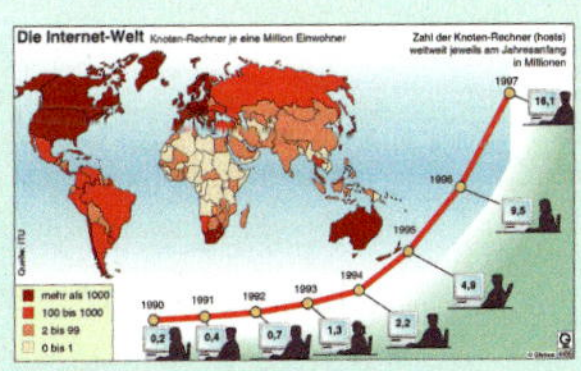

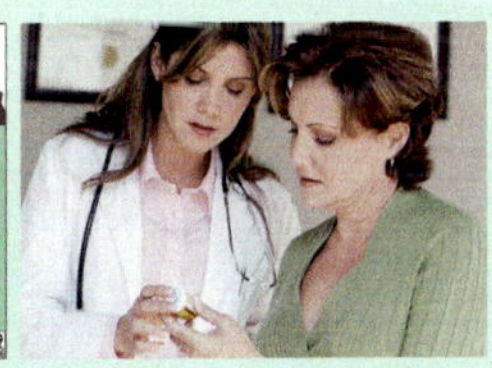

5.4 Modelle mit e-Funktionen

Wie ändert sich die Konzentration eines Wirkstoffs im Körper? Wie entwickeln sich die Verkaufszahlen von Produkten? Wie wachsen Tierpopulationen?
Wenn es um Änderungsprozesse geht, sind häufig zusammengesetzte Exponentialfunktionen geeignete Modelle zur Beschreibung.

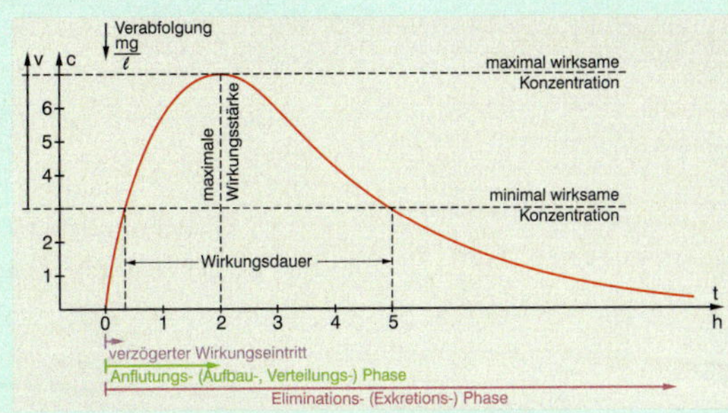

5.1 Neue Ableitungsregeln – Produkt- und Kettenregel

Was Sie erwartet

Ableitungsregeln erlauben eine schnelle Berechnung der Ableitung, ohne erneut auf die Definition der Ableitung über den Grenzwert des Differenzenquotienten zurückgreifen zu müssen. Mit den Ihnen bisher bekannten Regeln lässt sich die Ableitung jeder ganzrationalen Funktion bestimmen, da diese durch Multiplikation mit konstanten Faktoren und Addition aus Potenzfunktionen entstehen. Andere Funktionen entstehen durch Multiplikation oder die Verkettung von einfachen Grundfunktionen. Für diese Verknüpfungen von Funktionen lassen sich ebenfalls entsprechende Ableitungsregeln herleiten.

Aufgaben

1 *Bekannte Ableitungsregeln*

a) Formulieren Sie die folgenden Ableitungsregeln in Worten und geben Sie jeweils ein Beispiel an.

Konstanter Summand	Konstanter Faktor	Summe
$f(x) = g(x) + c$	$f(x) = a \cdot g(x)$	$f(x) = g(x) + h(x)$
$f'(x) = g'(x)$	$f'(x) = a \cdot g'(x)$	$f'(x) = g'(x) + h'(x)$

Bestimmen Sie die Ableitung von $f(x) = 3x^5 - 2x^3 + 1$ und geben Sie an, welche Ableitungsregeln Sie dabei im Einzelnen benutzt haben.

b) Begründen Sie am Beispiel von $f(x) = x \cdot (x^2 + 1)$, dass für Produkte $f(x) = g(x) \cdot h(x)$ nicht eine gleichartige Ableitungsregel wie bei Summen gilt, dass also $f'(x) \neq g'(x) \cdot h'(x)$ ist.

2 *Zusammenbauen – Verknüpfen von Funktionen*

Die beiden Funktionen $g(x) = \sin(x)$ und $h(x) = 0{,}5x + 1$ werden auf verschiedene Weisen miteinander verknüpft.
Dadurch entstehen neue Funktionen:
$s(x) = g(x) + h(x)$ (Summe)
$p(x) = g(x) \cdot h(x)$ (Produkt)
Rechts finden Sie die Graphen der beiden Funktionen jeweils mit den Graphen der Ausgangsfunktionen.

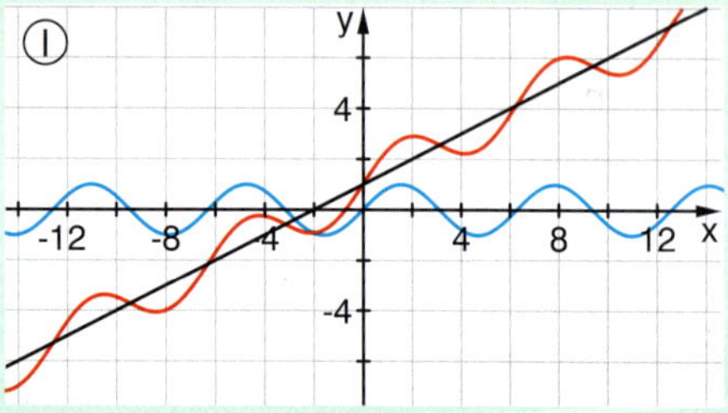

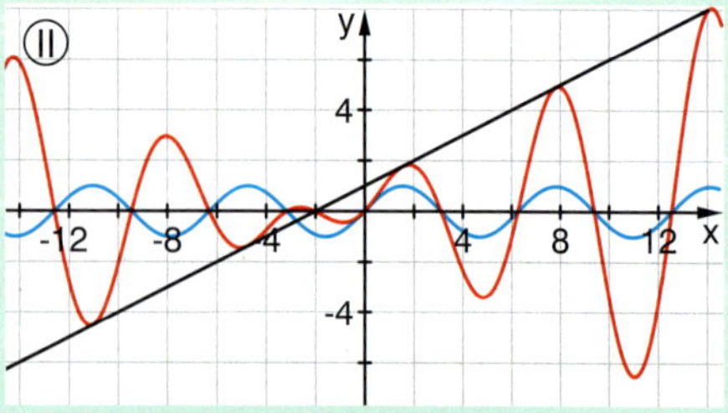

a) Entscheiden Sie ohne Nutzung des GTR, welcher Graph zu welcher Funktion gehört. Können Sie den Kurvenverlauf erklären?

$$\text{msek}(x) = \frac{f(x + 0{,}001) - f(x)}{0{,}001}$$

b) Geben Sie die jeweiligen Funktionsterme von $s(x)$ und $p(x)$ an. Bestimmen Sie, soweit es gelingt, die Ableitungen „per Hand“ und überprüfen Sie mit der Sekantensteigungsfunktion. Warum gelingt die algebraische Bestimmung der Ableitung nicht immer?

Aufgaben

3 *Ableiten von Produkten – Ein Blick in die Formelsammlung*

Die „Produktregel" ist in Kurzform als Merkregel aufgeführt.

a) Formulieren Sie die Regel in ausführlicher Notation, also mit $p(x) = f(x) \cdot g(x)$.

b) Wenden Sie die Regeln auf folgende Funktionen an:

Produktregel:
$y = uv$
$y' = u'v + uv'$

(1) $f(x) = x^2 \cdot x^3$ (2) $f(x) = (x^2 - 2x) \cdot (5x - 4)$ (3) $f(x) = x \cdot \sin(x)$

Überprüfen Sie Ihre Ergebnisse auf dem Rechner mithilfe einer Sekantensteigungsfunktion. In zwei Fällen können Sie auch durch eine vorangehende Termumformung der Ausgangsfunktion die Ableitung mit bekannten Regeln finden und damit die Überprüfung vornehmen.

$msek(x) = \frac{f(x + 0{,}001) - f(x)}{0{,}001}$

4 *Verketten*

Die Verkettung ist eine ganz besondere „Verknüpfung" zweier Funktionen f und g. Hierbei werden die Funktionen hintereinander ausgeführt, d. h. zuerst wird mit g der Funktionswert g (x) ermittelt und auf diesen Funktionswert wird dann die Funktion f angewendet.

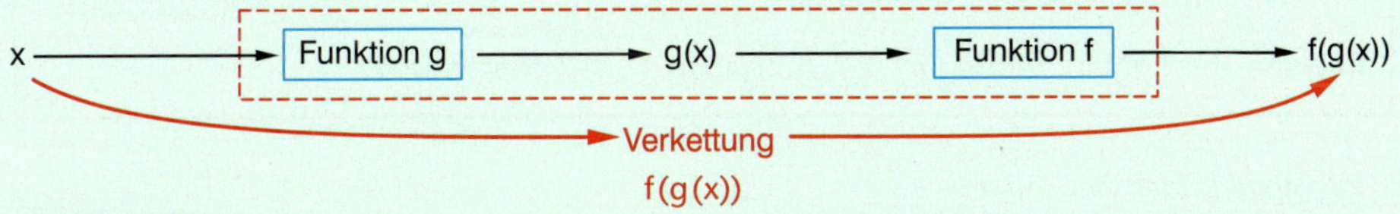

Beispiel: $f(x) = x^2$; $g(x) = x + 1$

Es gibt zwei Möglichkeiten, f mit g zu verketten. Man kann zunächst g ausführen und dann auf das Ergebnis f anwenden oder umgekehrt.

x	f(x)	g(f(x))
−3	9	10
−1	■	2
0	■	■
2	■	■
4	■	■
a	■	■

x	g(x)	f(g(x))
−3	■	■
−1	■	■
0	■	■
2	3	9
4	■	■
a	■	■

a) Füllen Sie die Tabelle aus. Ergänzen Sie die Tabelle ggf. mit weiteren x-Werten und skizzieren Sie damit die Graphen von g (f (x)) und f (g (x)).

Wie lauten die Funktionsgleichungen von g (f (x)) bzw. f (g (x))?

b) Man kann die Hintereinanderausführung auch mit dem GTR durchführen. Überprüfen Sie damit a).

Untersuchen Sie die Verkettungen von $f_1(x) = 2x + 1$; $f_2(x) = \sin(x)$; $f_3(x) = x^2$. Wählen Sie jeweils zwei Funktionen aus, erzeugen Sie die Graphen der Hintereinanderausführungen und bestimmen Sie die Funktionsterme (insgesamt also sechs Funktionen). Überprüfen Sie die Ergebnisse mit dem GTR.

x → f(x) → g(f(x))

x → g(x) → f(g(x))

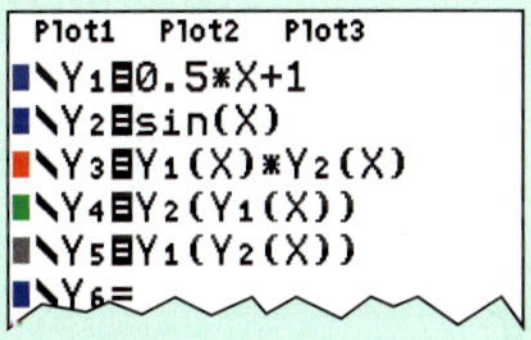

5 *Kettenregel mit CAS entdecken*

Mit dem CAS wurden einige Ableitungen von verketteten Funktionen berechnet.

a) Erkennen Sie ein Muster? Formulieren Sie eine Ableitungsregel für verkettete Funktionen.

$f(g(x))' = \ldots$

b) Überprüfen Sie Ihre gefundene Regel an folgenden Funktionen:

(1) $f(x) = (x^3 - 2x)^4$ (2) $f(x) = \cos(x^2)$

(3) $f(x) = \sqrt{4x^2}$

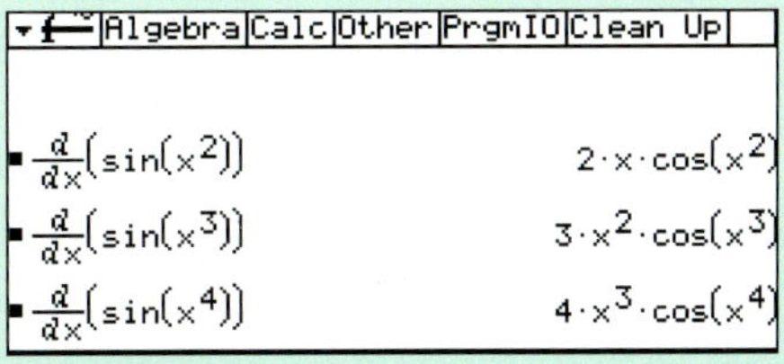

Überprüfungsmöglichkeiten:
- Sekantensteigungsfunktion
- CAS
- Termumformungen

$\frac{d}{dx}$ bedeutet: Leite den Term in der Klammer nach x ab.

$f(x) = \sqrt{x} \Rightarrow f'(x) = \frac{1}{2\sqrt{x}}$

Basiswissen

Durch Multiplikation und Verkettung (Hintereinanderausführung) von Funktionen entstehen neue Funktionen. Für diese gibt es Ableitungsregeln.

Produktregel

$y = uv$
$y' = u'v + uv'$

Kettenregel

Innere mal äußere Ableitung

Verknüpfungen von Funktionen und ihren Ableitungen

Produkt von Funktionen: $\mathbf{p(x) = f(x) \cdot g(x)}$
Produktregel für die Ableitung: $\mathbf{p'(x) = f'(x) \cdot g(x) + f(x) \cdot g'(x)}$

Beispiel:

$p(x) = (x^2 - 1{,}5) \cdot (0{,}5x - x^2)$ $\quad f(x) = x^2 - 1{,}5;\quad g(x) = 0{,}5x - x^2$
$\quad f'(x) = 2x;\quad g'(x) = 0{,}5 - 2x$

$p'(x) = 2x \cdot (0{,}5x - x^2) + (x^2 - 1{,}5) \cdot (0{,}5 - 2x)$

Verkettung von Funktionen: $\mathbf{k(x) = f(g(x))}$ g: innere Funktion
Kettenregel für die Ableitung: $\mathbf{k'(x) = g'(x) \cdot f'(g(x))}$ f: äußere Funktion

Beispiel:

$k(x) = \sin(0{,}2x^2)$ $\quad f(x) = \sin(x);\quad g(x) = 0{,}2x^2$
$\quad f'(x) = \cos(x);\quad g'(x) = 0{,}4x$

$k'(x) = 0{,}4x \cdot \cos(0{,}2x^2)$

Beweise der Regeln werden in den Aufgaben 15–17 thematisiert.

Beispiele

A *Ableitungen bestimmen*

(1) $p(x) = (x^3 + 2) \cdot (x^2 - 4x)$

Lösung:
p(x) ist das Produkt der Funktionen $u(x) = x^3 + 2$ und $v(x) = x^2 - 4x$.
Anwenden der Produktregel:

$u' \cdot v + u \cdot v'$

$f'(x) = 3x^2 \cdot (x^2 - 4x) + (x^3 + 2) \cdot (2x - 4)$
$= 3x^4 - 12x^3 + 2x^4 + 4x - 4x^3 - 8$
$= 5x^4 - 16x^3 + 4x - 8$

(2) $k(x) = (3x\ 2 - x\ 4)^2$

Lösung:
k(x) ist die Verkettung f(g(x)) der Funktionen $g(x) = 3x^2 - x^4$ und $f(x) = x^2$.
Anwenden der Kettenregel:

$g'(x) \cdot f'(g(x))$

$k'(x) = (6x - 4x^3) \cdot 2 \cdot (3x^2 - x^4)$
$= 2 \cdot (18x^3 - 6x^5 - 12x^5 + 4x^7)$
$= 8x^7 - 36x^5 + 36x^3$

Übungen

6 *Training – Ableiten nach Regeln*

Bestimmen Sie die Ableitungsterme zu den folgenden Funktionen. Geben Sie jeweils die benutzten Ableitungsregeln an. Überprüfen Sie mit dem GTR, indem Sie die gefundene Ableitung und eine Sekantensteigungsfunktion zeichnen.

a) $f(x) = (x^3 - x) \cdot (4x - x^2)$
b) $f(x) = (6 - 3x)^4$
c) $f(x) = x^3 \cdot (x^2 - 1)$
d) $f(x) = (x^2 - 2x)^3$
e) $f(x) = x^2 \cdot \sqrt{x}$
f) $f(x) = \sqrt{1 + x^2}$
g) $f(x) = \sin(2x)$
h) $f(x) = 2x \cdot \sin(x)$
i) $f(x) = \sin(2x^2 + 1)$

In einigen Fällen gibt es verschiedene Möglichkeiten zur Bestimmung des Ableitungsterms (z. B. bei a): Produktregel oder Ausmultiplizieren und Summenregel).

Überprüfung mit msek

Wenn man in d) als Ableitung $f'(x) = 3(x^2 - 2x)^2$ gefunden hat, kann man an der Skizze von f, f′ und der Sekantensteigungsfunktion (oder *nderiv* (GTR)) gut erkennen, dass f′ falsch bestimmt ist.

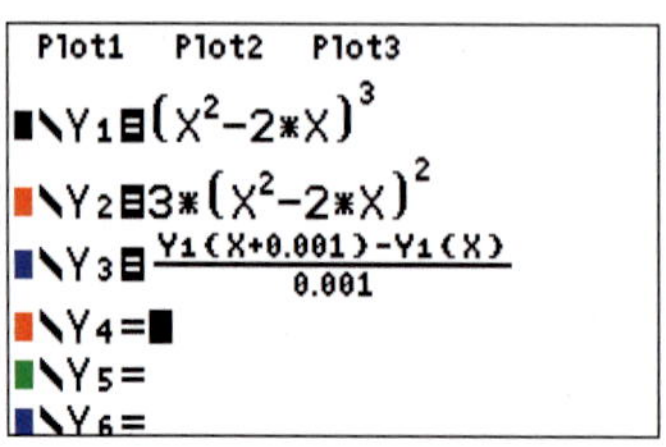

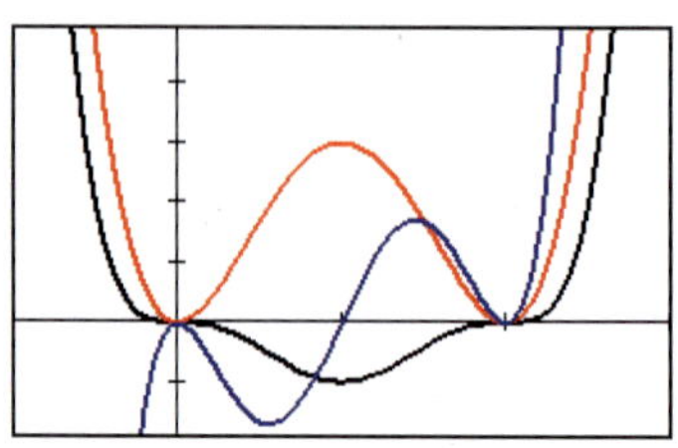

Übungen

7 *Die Ableitungsregeln in Worten*

a) Welche der Ableitungsregeln aus dem Basiswissen ist hier formuliert?

b) Formulieren Sie auch die andere Ableitungsregel in Worten.

Bilde die Ableitung der äußeren Funktion f an der Stelle g(x) und multipliziere mit der Ableitung der inneren Funktion g an der Stelle x.

8 *Bekanntes in neuem Kleid*

Zeigen Sie, dass sich die Faktorregel als Spezialfall der Produktregel ergibt mit $u(x) = a$ und $v(x) = g(x)$.

Faktorregel

$f(x) = a \cdot g(x) \Rightarrow f'(x) = a \cdot g'(x)$

„Ein konstanter Faktor bleibt beim Ableiten erhalten.“

WERKZEUG

Funktionsvorschrift als Handlungsanweisung

Bei der Verkettung von Funktionen $f(g(x))$ passieren häufig Fehler. Oft wird nicht beachtet, dass die innere Funktion g auf das Argument x angewendet wird, die äußere Funktion f aber auf das Argument $g(x)$.

$$x \xrightarrow{g} g(x) \xrightarrow{f} f(g(x))$$

Daraus resultierende Fehler können vermieden werden, wenn man die Funktionsvorschrift als Handlungsanweisung formuliert, also z. B.:
Statt $g(x) = 2x + 1$: *„Verdopple und addiere dann 1“* und statt $f(x) = x^2$: *„Quadriere“*

$f(g(x))$ $\quad x \xrightarrow[\text{Verdopple und addiere 1}]{g} 2x + 1 \xrightarrow[\text{Quadriere}]{f} (2x+1)^2$

$g(f(x))$ $\quad x \xrightarrow[\text{Quadriere}]{f} x^2 \xrightarrow[\text{Verdopple und addiere 1}]{g} 2x^2 + 1$

Zusätzlich hilft die Fragestellung „Was muss ich zuerst ausführen“ mit der leicht zu merkenden Antwort: „Von innen nach außen“, d. h. zuerst die innere Funktion anwenden und dann die äußere Funktion.

Beispiele: $f(g(3))$ $\quad 3 \xrightarrow{g} 2 \cdot 3 + 1 = 7 \xrightarrow{f} (7)^2 = 49$

$g(f(3))$ $\quad 3 \xrightarrow{f} 3^2 = 9 \xrightarrow{g} 2 \cdot 9 + 1 = 19$

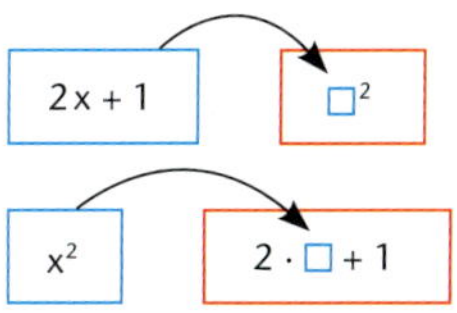

9 *Verketten von Handlungsanweisungen*

Formulieren Sie im Folgenden die Funktionen f und g als Handlungsanweisungen und bilden Sie damit jeweils die Verkettungen $f(g(x))$ und $g(f(x))$. Bestimmen Sie dann auch die Ableitungen der Verkettungen.

f(x)	$\sqrt{x}$	$x - 5$	$\sin(x)$	$ax + b$	$(x+2)^2$
g(x)	$x^2 + 4$	x^2	$3x$	x^4	$\sqrt{x}$

10 *Wo steckt der Fehler?*

Bei vier der sechs Aufgaben haben sich Fehler eingeschlichen. Finden und benennen Sie diese und korrigieren Sie.

a) $y = 3x \cdot \sqrt{x} \Rightarrow y' = 3x \cdot \sqrt{x} + 3 \cdot \frac{1}{2\sqrt{x}}$

b) $y = (x-2) \cdot x^6 \Rightarrow y' = x^6 + 6 \cdot (x-2)^5$

c) $y = \sqrt{x^2 + 2} \Rightarrow y' = \frac{1}{2\sqrt{x}} \cdot 2x$

d) $y = x^2 \cdot \sin(x) \Rightarrow y' = 2x \cdot \sin(x) + x^2 \cdot \cos(x)$

e) $y = (x^2 + 3)^5 \Rightarrow y' = 5x^2 \cdot 2x$

f) $y = 2 \cdot (4x + 7)^4 \Rightarrow y' = 32 \cdot (4x + 7)^3$

11 *Ableitungsregeln mehrmals*

Manchmal muss man beide Ableitungsregeln anwenden.

a) $f(x) = x^2 \cdot (4x + 1)^2$ b) $f(x) = x^2 \cdot \sin(4x)$ c) $f(x) = (x \cdot \sin(x))^2$

Übungen

$f(x) = x^n$

$f'(x) = n \cdot x^{n-1}$

12 *Ableitungen weiterer Potenzfunktionen*

Die Ableitung von $f(x) = \frac{1}{x}$ ist $f'(x) = \frac{-1}{x^2}$. Diese Ableitung erhält man auch durch Anwenden der Potenzregel: $f(x) = \frac{1}{x} = x^{-1}$; $f'(x) = (-1) \cdot x^{-1-1} = (-1) \cdot x^{-2} = \frac{-1}{x^2}$

Gilt die Potenzregel auch für beliebige negative ganzzahlige Exponenten?

Wenden Sie die Potenzregel auf die Funktionen $g(x) = x^{-2}$ und $h(x) = x^{-3}$ an und überprüfen Sie mithilfe einer Skizze der Funktionen und ihrer Ableitungen, ob die Regel passen kann.

Basiswissen

Die Potenzregel gilt auch für ganzzahlige Exponenten.

Potenzregel für ganzzahlige Exponenten

$f(x) = x^{-n} = \frac{1}{x^n}$

$f'(x) = -n \cdot x^{-n-1} = \frac{-n}{x^{n+1}}$

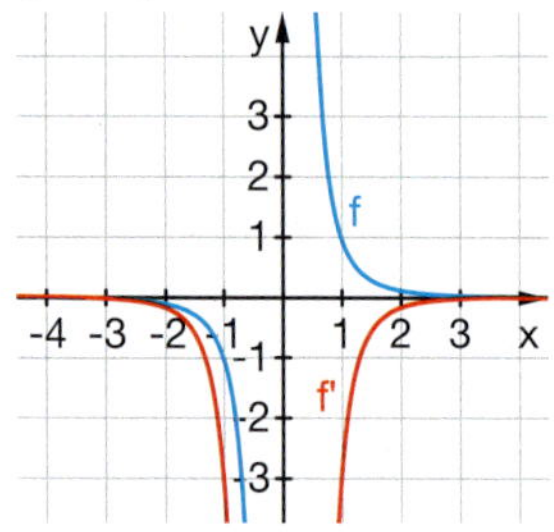

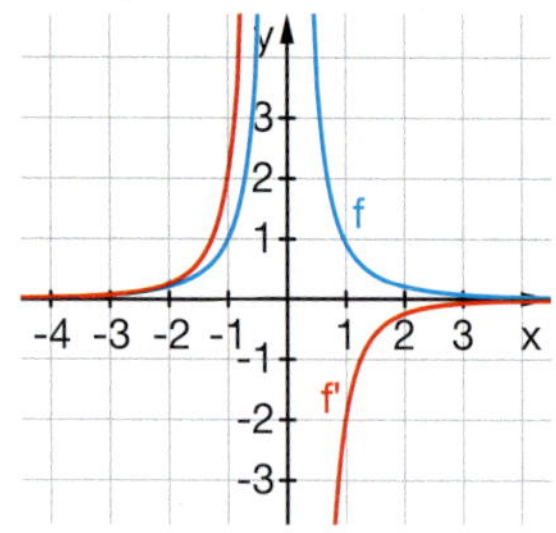

Beweise der Regeln werden in den Aufgaben 15-17 thematisiert.

Übungen

13 *Ableitungen im Kontext*

(1) Berechnen Sie die Steigung der Funktion $f(x) = (3x + 2)^4$ an den Stellen $x = 0$ und $x = -1$.

(2) Bestimmen Sie die Steigung von $f(x) = (x^2 - 1) \cdot (2x - 8)$ in den Schnittpunkten mit der x-Achse.

(3) An welchen Stellen hat $f(x) = \frac{1}{2} \cdot (x^2 - 4)^2$ eine waagerechte Tangente?

(4) Bestimmen Sie die Gleichung der Tangente an den Graphen der Funktion $f(x) = (x^3 - 2) \cdot (4 - x)$ im Schnittpunkt mit der y-Achse.

14 *Wahr oder falsch?*

Für welche der folgenden Beispiele trifft die nebenstehende Aussage zu?

a) $f(x) = (g(x))^2$

b) $f(x) = \sqrt{g(x)}$

c) $f(x) = (x^2 + 1) \cdot g(x)$

Begründen Sie jeweils Ihre Entscheidung.

> Falls der Graph von g an der Stelle a eine waagerechte Tangente hat, dann hat auch der Graph der Funktion f an dieser Stelle eine waagerechte Tangente.

KOPFÜBUNGEN

1 Vereinfachen Sie den Term und bestimmen Sie die 1. Ableitung:
$f(x) = (2x - 1) \cdot (x + 3)$

2 In welchen Vierecken stehen die Diagonalen stets senkrecht aufeinander?

3 Ein Test besteht aus drei Fragen, wobei es zu jeder Frage drei Antwortmöglichkeiten gibt, von denen jeweils nur eine richtig ist. Um den Test zu bestehen, muss man mindestens zwei Fragen richtig beantworten. Wie groß ist die Wahrscheinlichkeit, den Test ganz ohne Vorkenntnisse zu bestehen?

4 Bestimmen Sie die Ableitung von $f(x) = 2x^2 - 4x - 6$ und geben Sie an, welche Ableitungsregeln Sie dabei im Einzelnen benutzt haben.

Beweisen

Beweis der Produktregel mit dem Differenzenquotienten

Das Finden von Ableitungsregeln und das Beweisen derselben sind zwei verschiedene Dinge. Das Beweisen wird meist erst dann in Angriff genommen, wenn man die Regel schon kennt und von ihrer Richtigkeit überzeugt ist. Zum Beweis ist eine exakte Formulierung der Aussage – vor allem die genaue Formulierung der Voraussetzungen – von entscheidender Bedeutung.

Produktregel in der Wenn-Dann-Formulierung:
Wenn $p(x) = f(x) \cdot g(x)$ im Intervall I und $f(x)$ und $g(x)$ im Intervall I differenzierbar sind, dann ist auch $p(x)$ im Intervall I differenzierbar, und es gilt $p'(x) = f'(x) \cdot g(x) + f(x) \cdot g'(x)$.

Beweis mithilfe des Differenzenquotienten:
Es ist zu zeigen:

$$\lim_{h \to 0} \frac{p(x+h) - p(x)}{h} = \lim_{h \to 0} \frac{f(x+h) - f(x)}{h} \cdot g(x) + f(x) \cdot \lim_{h \to 0} \frac{g(x+h) - g(x)}{h}$$

Dies gelingt, wenn wir den Zähler des Differenzenquotienten trickreich umformen:

$$\frac{p(x+h) - p(x)}{h} = \frac{f(x+h)g(x+h) - f(x)g(x)}{h} = \frac{f(x+h)g(x+h) - f(x+h)g(x) + f(x+h)g(x) - f(x)g(x)}{h}$$

$$= f(x+h)\frac{g(x+h) - g(x)}{h} + g(x)\frac{f(x+h) - f(x)}{h}$$

In dem letzten Ausdruck lässt sich der Grenzübergang $h \to 0$ nun durchführen und führt dann direkt zu der behaupteten Formel.

Aufgaben

15 *Zum Verstehen des Beweises zur Produktregel*
- Erläutern Sie, dass in der ersten Zeile des Beweises „Es ist zu zeigen …“ die Formel der Produktregel versteckt ist.
- Warum wird die trickreiche Umformung des Zählers vorgenommen?
- An welcher Stelle wird in dem Beweis die Voraussetzung der Differenzierbarkeit von f und g benötigt?

16 *Beweis der Kettenregel*
Für einen Beweis der Kettenregel mithilfe des Differenzenquotienten muss dieser wieder geschickt umgeformt werden. Ähnlich wie bei der Produktregel oder bei der quadratischen Ergänzung beim Lösen einer quadratischen Gleichung wird ein Term geschickt ergänzt.

$$\frac{f(g(x+h)) - f(g(x))}{h} = \frac{f(g(x+h)) - f(g(x))}{h} \cdot \frac{g(x+h) - g(x)}{g(x+h) - g(x)} = \frac{f(g(x+h)) - f(g(x))}{g(x+h) - g(x)} \cdot \frac{g(x+h) - g(x)}{h}$$

Leiten Sie daraus die Regel ab.

17 *Beweis der Potenzregel für ganzzahlige Exponenten*
a) Beweisen Sie die Regel zur Ableitung der Kehrfunktion mithilfe der Kettenregel.
b) Beweisen Sie damit, dass die Potenzregel für Potenzfunktionen auch für ganzzahlige Exponenten gilt.

Ableitung der Kehrfunktion
$$f(x) = \frac{1}{g(x)} = (g(x))^{-1} \Rightarrow f'(x) = \frac{-g'(x)}{(g(x))^2}$$

$f(x) = x^{-n} = \frac{1}{x^n}$

Geschichte

PHILOSOPHIÆ
NATURALIS
PRINCIPIA
MATHEMATICA.

Autore J S. NEWTON, Trin. Coll. Cantab. Soc. Matheseos Professore Lucasiano, & Societatis Regalis Sodali.

IMPRIMATUR.
S. PEPYS, Reg. Soc. PRÆSES.
Julii 5. 1686.

LONDINI,
Jussu Societatis Regiæ ac Typis Josephi Streater. Prostant Venales apud Sam. Smith ad insignia Principis Walliæ in Cœmiterio D. Pauli, aliosq; nonnullos Bibliopolas. Anno MDCLXXXVII.

Ein Streit unter berühmten Naturwissenschaftlern

Eine der berühmtesten Auseinandersetzungen zwischen zwei Naturwissenschaftlern ist der Streit zwischen LEIBNIZ und NEWTON über die Erstentdeckung der Infinitesimalrechnung, der sog. „Prioritätsstreit".

GOTTFRIED WILHELM LEIBNIZ

* 1.7.1646
† 14.11.1716

SIR ISAAC NEWTON

* 4.1.1643
† 31.3.1727

LEIBNIZ fand seinen Differenzialkalkül auf der Suche nach Tangenten, Maxima und Minima bei elementaren (d. h. ableitbaren) Funktionen. Dies sind genau die Fragestellungen, die auch heute im Analysisunterricht im Zentrum stehen.
Er entwarf dazu ein Kalkül (Calculus), d. h. Regeln, die unseren heutigen Ableitungsregeln entsprechen und die er so notierte:

$dx^a = a \cdot x^{a-1}$

$d\sqrt[b]{x^a} = \frac{a}{b} \cdot \sqrt[b]{x^{a-b}}$

LEIBNIZ notierte dazu: *„Kennt man, wenn ich so sagen soll, den obigen Algorithmus dieses Kalküls, den ich Differentialrechnung nenne, so lassen sich alle anderen Differentialgleichungen durch ein gemeinsames Rechnungsverfahren finden, es lassen sich die Maxima und Minima sowie die Tangenten erhalten, ohne dass es dabei nötig ist, Brüche oder Irrationalitäten oder andere Verwicklungen zu beseitigen, was nach den bisher bekannt gegebenen Methoden doch geschehen musste."*

NEWTON kam von der Physik. Er betrachtete die Bewegung eines Punktes (auf einer Kurve) mit einer bestimmten Geschwindigkeit während eines gleichmäßig fließenden Zeitparameters t. Somit „fließen" die Koordinaten x, y (Fluenten) der Kurvenpunkte. Ihre Geschwindigkei-ten $\dot{x}$ und $\dot{y}$ sind dann die Fluxionen. Er konnte alle Infinitesimalrechnungen mithilfe unendlicher Reihen und deren Grenzwerten ausführen.
Bis heute ist folgende Einstellung in der Analysis maßgeblich:

„Wenn daher irgendwann im Folgenden um der leichteren Verständlichkeit willen die Ausdrücke „unendlich klein" oder „verschwinden" oder „letzte" gebraucht werden, bezogen auf Größen, so muss man sich hüten, darunter dem Ausmaß nach bestimmte Größen zu verstehen, und sie in allen Fällen auffassen als Größen, die unbegrenzt abnehmen."

Historische Forschungen belegen: NEWTON entdeckte seinen Infinitesimalkalkül bereits um 1665, also etwa zehn Jahre vor LEIBNIZ. Allerdings beschritten beide Forscher unabhängig voneinander ganz unterschiedliche Wege, die dann zum gleichen Ergebnis führten. Warum wurde dennoch gestritten?
LEIBNIZ hatte seine Ergebnisse als erster veröffentlicht. Zuvor hatte aber NEWTON in einem Brief an LEIBNIZ eine Idee zur Infinitesimalrechung formuliert – allerdings nur in verschlüsselter Form. Später wurde LEIBNIZ beschuldigt, er habe in Kenntnis der Newtonschen Schriften und nur mit deren Hilfe „seine eigene" Infinitesimalrechnung entwickelt. LEIBNIZ wollte dies nicht auf sich sitzen lassen.

Dieser Streit beeinflusste die naturwissenschaftlichen Arbeiten auf dem europäischen Festland und der britischen Insel nachhaltig, ohne dass sich die Kontrahenten jemals persönlich gegenüber standen.

LEIBNIZ Veröffentlichung enthält in der Einleitung den Satz: *In welcher klar gezeiget wird, dass nicht Herr Neuton, sondern der Herr von Leibnitz Erfinder des Calculi differentialis sey.*

5.2 Änderungsverhalten bei Exponentialfunktionen

Was Sie erwartet

Wachstumsprozesse werden oft mit Exponentialfunktionen beschrieben. Da Wachstum viel mit Änderung zu tun hat, ist hier das Änderungsverhalten besonders interessant. Die Ableitungen von Exponentialfunktionen kennen Sie allerdings noch nicht. Ihnen widmet sich dieser Lernabschnitt. Dabei werden Sie zunächst eine besondere Exponentialfunktion kennenlernen und untersuchen, die Funktion $f(x) = e^x$. Danach erfahren Sie, dass diese Exponentialfunktion sogar der Schlüssel zu allen Exponentialfunktionen und ihren Ableitungen ist.

Aufgaben

1 *Wachstumsprozesse – linear und exponentiell*

a) Ordnen Sie den beschriebenen Wachstumsvorgängen (A–D) jeweils die passende Funktionsgleichung (1–4) und die zugehörige Grafik (a–d) zu.

(1) $y = -8x + 100$
(2) $y = 30 \cdot 0{,}82^x$
(3) $y = 100 \cdot 1{,}24^x$
(4) $y = 5 \cdot 1{,}03^x$

Ⓐ Eine Stadt mit 5 Millionen Einwohnern wächst jährlich um 3 %.

Ⓑ Bei einem jährlichen Zuwachs von p % stieg die Anzahl der Kaninchen in 5 Jahren von 100 auf fast 300.

Ⓒ Herr M. hat 100 g Alkohol zu sich genommen. Stündlich werden 8 g Alkohol abgebaut.

Ⓓ Nach Aufnahme von 30 mg eines Vitamins werden stündlich 18 % abgebaut.

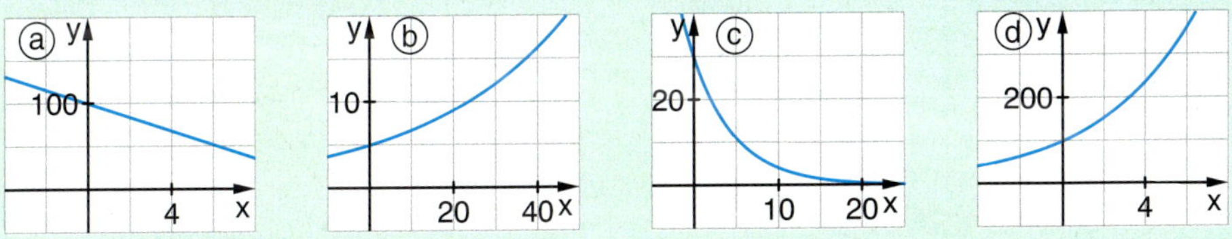

b) Beschreiben Sie in jedem der Fälle das Änderungsverhalten.

2 *Graphen einfacher Exponentialfunktionen – eine nützliche Wiederholung*

a) Die Graphen verschiedener Exponentialfunktionen sind unten dargestellt. Am linken Rand finden sie die zugehörigen Funktionsgleichungen. Welcher Graph gehört zu welcher Funktionsgleichung?

$y_1 = 2^x$
$y_2 = 3^{-x}$
$y_3 = \left(\frac{1}{2}\right)^x$
$y_4 = -3^x$
$y_5 = -\left(\frac{1}{4}\right)^x$
$y_6 = 4 \cdot 2^x$
$y_7 = -2^x + 2$
$y_8 = 2^{x-3}$

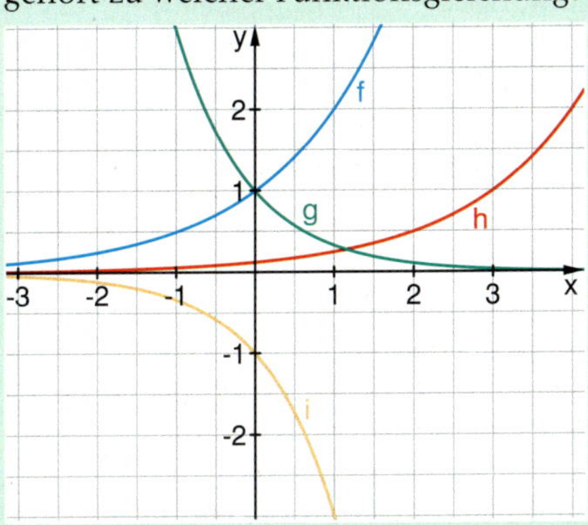

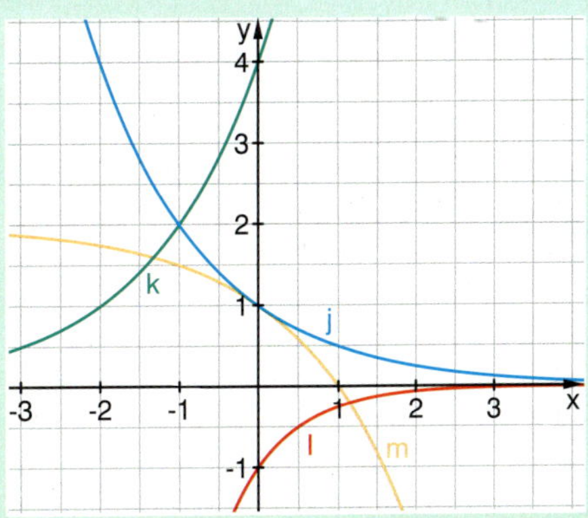

b) Beschreiben Sie die einzelnen Graphen. Gehen Sie dabei auch auf das Steigungsverhalten ein. Vergleichen Sie die Graphen zu ganzzahligen Basen mit denen zu gebrochenen Basen.

Aufgaben

3 *Eine besondere Exponentialfunktion*

Wie sieht die Ableitung von Exponentialfunktionen aus?

Skizzieren Sie $f(x) = 2^x$.

Ein erster Blick auf den Graphen verdeutlicht bereits: Die Tangentensteigungen werden mit wachsendem x immer größer.

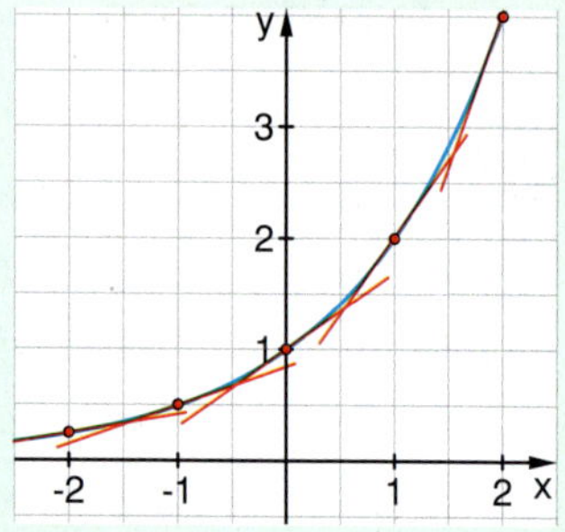

a) Skizzieren Sie nach Anschauung die Ableitung.

Die Sekantensteigungsfunktion $msek(x) = \dfrac{2^{x+0{,}001} - 2^x}{0{,}001}$ oder *nderiv* (GTR) liefern eine gute Näherung für die Ableitung. Vergleichen Sie mit Ihrer anschaulich erzeugten Ableitung.

b) Der Graph der Ableitung sieht wieder aus wie eine Exponentialfunktion. Bestätigt sich diese Vermutung bei anderen Exponentialfunktionen? Überprüfen Sie für $f(x) = 3^x$ und $f(x) = 7^x$. Gilt die Vermutung auch für $f(x) = 0{,}5^x$?

c) Wenn die Ableitungen von Exponentialfunktionen wieder Exponentialfunktionen sind, dann könnte es auch eine Exponentialfunktion $f(x) = b^x$ geben, für die die Ableitung mit der Ausgangsfunktion übereinstimmt, für die also $f'(x) = f(x)$ gilt.

Im Folgenden können Sie auf zwei verschiedenen experimentellen Wegen auf die Suche nach einem Näherungswert für eine solch spezielle Basis b gehen.

(A) Stützen Sie mithilfe der Grafiken die Vermutung, dass die Basis zwischen 2 und 4 liegen muss. Variieren Sie die Basis so, dass nach Augenmaß f und die Sekantensteigungsfunktion übereinstimmen.

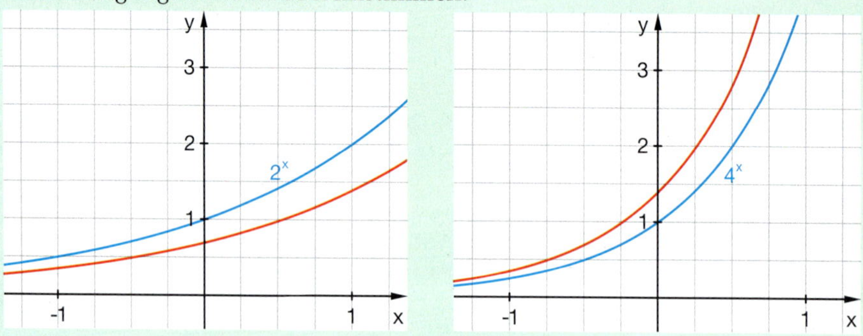

$b^0 = 1$

(B) Wenn die Ableitung mit der Ausgangsfunktion übereinstimmt, dann gilt insbesondere $f'(0) = f(0) = 2^0 = 1$. Zeigen Sie damit, dass $y = x + 1$ die Gleichung der Tangente in $(0|1)$ ist.

Begründen Sie mithilfe der Grafiken, dass die Basis zwischen 2 und 4 liegen muss. Betrachten Sie dazu die Schnittpunkte von f und der Tangente. Variieren Sie nun die Basis so, dass die Berühreigenschaft annähernd erfüllt ist.

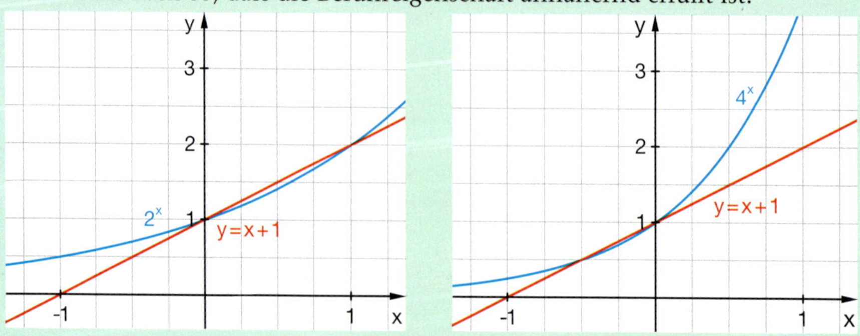

Basiswissen

Unter den Exponentialfunktionen $f(x) = b^x$ gibt es eine mit einer besonderen Basis und besonderen Eigenschaften.

Die natürliche Exponentialfunktion
Die Exponentialfunktion $f(x) = e^x$ mit der Basis $e \approx 2{,}718281\ldots$ heißt *natürliche Exponentialfunktion.*
Sie wird auch als e-Funktion bezeichnet.

Eine besondere Eigenschaft der e-Funktion besteht darin, dass sie mit ihrer Ableitung übereinstimmt.

$f(x) = e^x \Rightarrow f'(x) = e^x$

Die Tangente der e-Funktion im Punkt $P(0|1)$ hat die Gleichung $y = x + 1$.

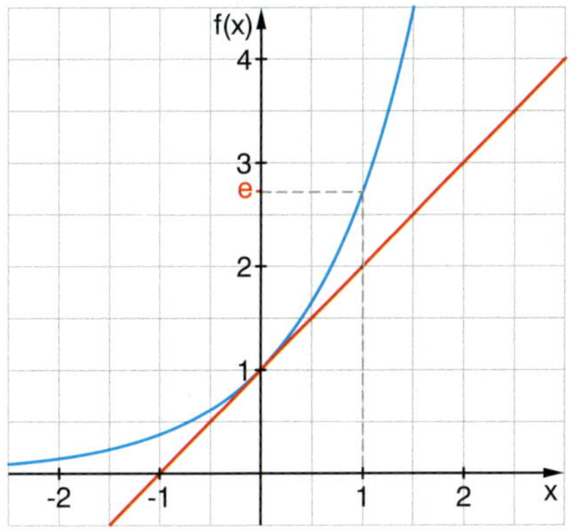

Mehr zum Zusammenhang zwischen b^x und e^x finden Sie auf Seite 158 ff.

Beispiele

A *Tangenten an e-Funktionen*
a) Vergleichen Sie die Graphen der Funktionen $f(x) = e^x$, $g(x) = e^{-x}$ und $h(x) = -e^x$.
b) Bestimmen Sie jeweils die Gleichungen der Tangenten an der Stelle 1.

Lösung:
a) Der Graph von g entsteht durch Spiegeln des Graphen von f an der y-Achse.
Der Graph von h entsteht durch Spiegeln des Graphen von f an der x-Achse.
b) Gleichung der Tangente in $P(a|f(a))$: $\quad t: y = f'(a) \cdot (x - a) + f(a)$

f(x)	f′(x)	f(1)	f′(1)	Tangene an der Stelle 1
$f(x) = e^x$	$f'(x) = e^x$	$f(1) = e$	$f'(1) = e$	$y = e \cdot (x-1) + e = e \cdot x$
$g(x) = e^{-x}$	$g'(x) = -e^{-x}$ Kettenregel	$g(1) = e^{-1} = \frac{1}{e}$	$g'(1) = -e^{-1} = -\frac{1}{e}$	$y = -\frac{1}{e}(x-1) + \frac{1}{e} = -\frac{1}{e}x + \frac{2}{e}$
$h(x) = -e^x$	$h'(x) = -e^x$ Faktorregel	$h(1) = -e$	$h'(1) = -e$	$y = -e(x-1) + (-e) = -e \cdot x$

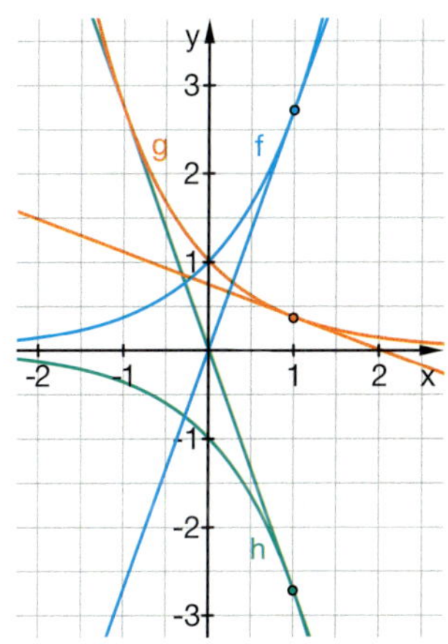

Die Eulersche Zahl e

Neben der Zahl π gehört die Zahl e zu den besonderen, merkwürdigen Zahlen der Mathematik. Während die Kreiszahl π in unmittelbarem Zusammenhang mit dem Kreis steht, taucht die Zahl e vor allem bei Wachstumsvorgängen auf, bei denen die momentane Änderungsrate proportional zum aktuellen Bestand ist.
Der in Basel geborene Mathematiker LEONHARD EULER hat Wesentliches zur Analyse dieser Zahl beigetragen. Die Zahl e wird heute auch *Eulersche Zahl* genannt.
So wie π ist auch e eine irrationale Zahl. Sie lässt sich nur näherungsweise bestimmen.

e ≈ 2,71828 18284 59045 23536
02874 71352 66249 77572 47093
69995 95749 66967 62772 40766
30353 54759 45713 82178 52516
64274 27466 39193 20030 59921
81741 35966 29043 57290 03342
95260 59563 07381 32328 62794
34907 ....

Übungen

4 *Eigenschaften der e-Funktion*
a) Begründen Sie mithilfe der Ableitungen, dass $f(x) = e^x$ keine Extrem- und Wendepunkte besitzt.
b) Untersuchen Sie mithilfe der Ableitungen das Monotonie- und das Krümmungsverhalten von $f(x) = e^x$.

Übungen

5 *Ableitungen von komplexeren e-Funktionen*

a) Ordnen Sie die Funktionsgraphen den Funktionsgleichungen zu.

$f_1(x) = 2e^x$ $f_2(x) = e^{2x}$
$f_3(x) = e^{x-2}$ $f_4(x) = 0{,}5e^x - 3$

Durch welche geometrischen Abbildungen gehen diese jeweils aus dem Graphen von $f(x) = e^x$ hervor?
b) Bestimmen Sie die Ableitungen und zeichnen Sie deren Graphen.
c) Wie unterscheiden sich die Ableitungsgraphen von dem Graphen der Ableitung von $f(x) = e^x$?

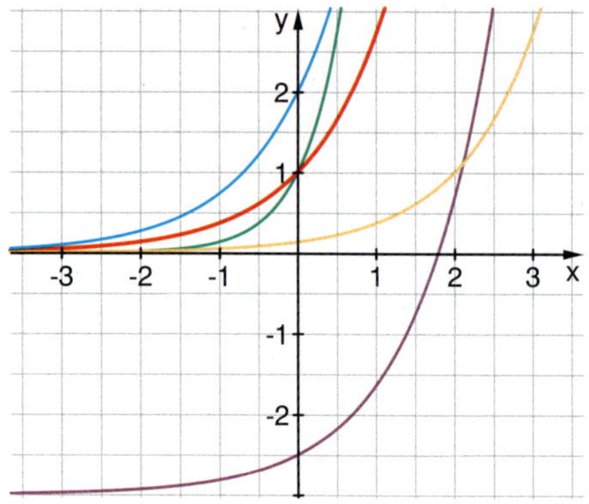

6 *e-Funktionen bewegen und ableiten*

Erläutern Sie, wie man den Graphen von $f(x) = e^x$ bewegen muss, um die Graphen der angegebenen Funktionen zu erzeugen. Geben Sie zudem die zugehörige Ableitung an.

a) $f(x) = -e^x + 5$ b) $f(x) = 0{,}1 \cdot e^{x+6}$ c) $f(x) = \left(\frac{1}{e}\right)^x - e$ d) $f(x) = -e^{-x}$

Was bedeutet die Bewegung jeweils für die Ableitung?
Beispiel: Verschiebung in y-Richtung → Ableitung bleibt gleich.

7 *Besondere Eigenschaft der e-Funktion*

Die e-Funktion $f(x) = e^x$ stimmt mit ihrer Ableitung überein. Zeigen Sie, dass alle Funktionen $g(x) = c \cdot e^x$ diese Eigenschaft haben. Untersuchen Sie auch die Funktionen $h(x) = e^{cx}$ und $d(x) = e^{x+c}$ bezüglich dieser Eigenschaft.

8 *Produkte mit e-Funktionen 1*

a) Beschreiben Sie die Veränderung des Graphen von $f(x) = e^x$, wenn man e^x mit einer Konstanten a multipliziert.
b) Was passiert, wenn man e^x mit „x" multipliziert?
- Überlegen Sie zunächst ohne GTR. Gibt es Nullstellen und Extremstellen? Versuchen Sie eine Skizze des Graphen.
- Überprüfen Sie Ihre Vermutung mit dem GTR. Hat die Ableitung von $g(x) = x \cdot e^x$ wieder die gleiche Form wie die Ausgangsfunktion?

9 *Produkte mit e-Funktionen 2*

$f(x) = e^x$ hat keine Nullstellen, Extrempunkte und Wendepunkte. Gilt dies auch für zusammengesetzte Funktionen $f(x) = g(x) \cdot e^x$?
a) Welche Funktion gehört zu welchem Graphen? Gelingt Ihnen eine Zuordnung ohne Benutzung des GTR?

$f_1(x) = x \cdot e^x$ $f_2(x) = x \cdot e^{-x}$
$f_3(x) = x^2 \cdot e^x$ $f_4(x) = (x-1) \cdot e^x$

b) Ermitteln Sie die Gleichungen der Tangenten an den Stellen $x = -1$ und $x = 0$.
c) Untersuchen Sie die Funktionen auf Nullstellen, Extrempunkte und Wendepunkte.

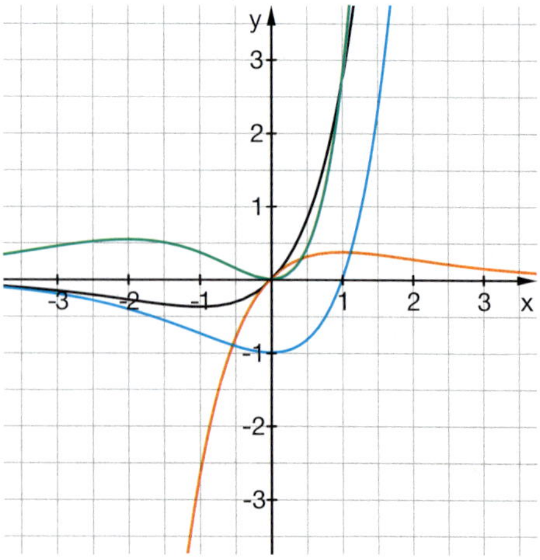

Übungen

10 *Mustererkennung bei zusammengesetzten e-Funktionen*

a) Ordnen Sie den Funktionen (blau) die passende Grafik zu. Begründen Sie Ihre Zuordnung.

b) Bestimmen Sie die Ableitungen mithilfe der Ableitungsregeln und überprüfen Sie Ihr Ergebnis mit den eingezeichneten Ableitungen (rot).

c) Vergleichen Sie die Graphen der Funktionen und ihrer Ableitungen. Was fällt Ihnen Besonderes auf? Gelingt Ihnen eine Skizze von $f_4(x) = (x - 4) \cdot e^x$ ohne GTR?

$f_1(x) = (x - 1) \cdot e^x$ | $f_2(x) = (x - 2) \cdot e^x$ | $f_3(x) = (x - 3) \cdot e^x$

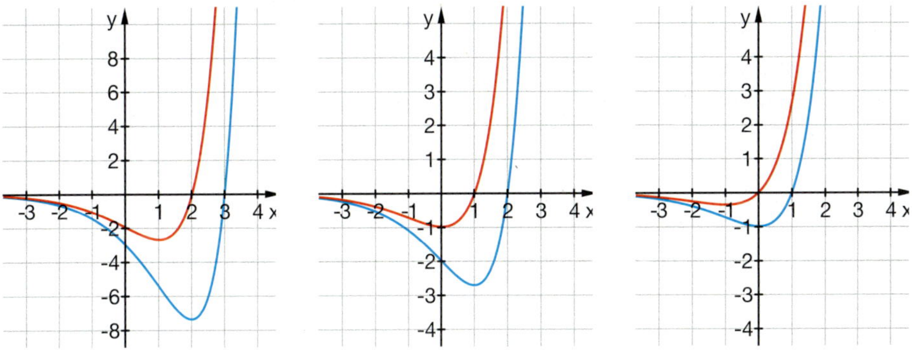

11 *Viele Ableitungen*

Bestimmen Sie die ersten drei Ableitungen der Funktionen. Wie lautet die n-te Ableitung der Funktion? Zeichnen Sie jeweils die Schar der ersten fünf Ableitungen.

a) $f(x) = 0{,}9 \cdot e^{0{,}5x}$

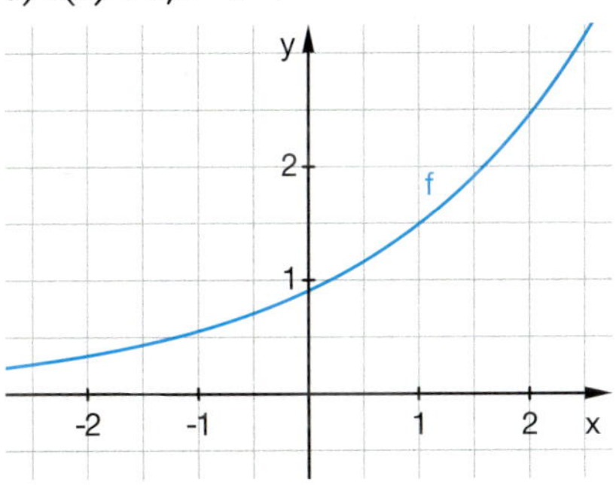

b) $f(x) = x \cdot e^x$

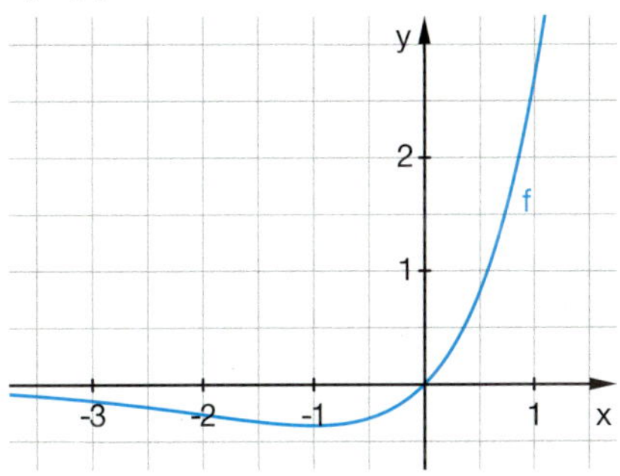

12 *Stammfunktionen*

a) Geben Sie jeweils eine Stammfunktion F an. Überprüfen Sie Ihr Ergebnis, indem Sie zeigen, dass $F'(x) = f(x)$ gilt.

(1) $f(x) = e^x$ (2) $f(x) = 3e^x$ (3) $f(x) = e^{2x}$ (4) $f(x) = 3e^{2x}$

b) Ermitteln Sie zu $f(x) = a \cdot e^{kx}$ eine Stammfunktion F. Wie unterscheiden sich die Graphen von F und f?

13 *Flächeninhalte – Schätzen und Rechnen*

Schätzen Sie jeweils ab, wie groß der Inhalt der Fläche ist, die der Graph von f im Intervall [0; 1] mit der x-Achse einschließt. Bestimmen Sie dann den Wert mithilfe des Integrals und vergleichen Sie.

a) $f(x) = e^x$ b) $g(x) = 2e^x$ c) $h(x) = e^{2x}$

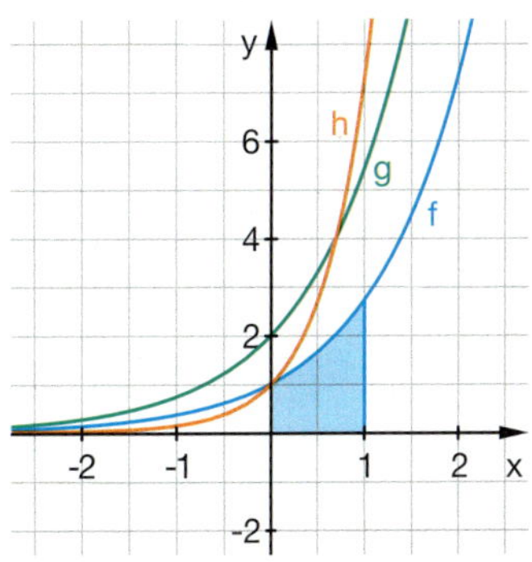

Übungen

14 *Eine Fläche*

a) Geben Sie die Funktionsterme aller Randfunktionen an.

b) Ermitteln Sie den Inhalt der farbigen Fläche.

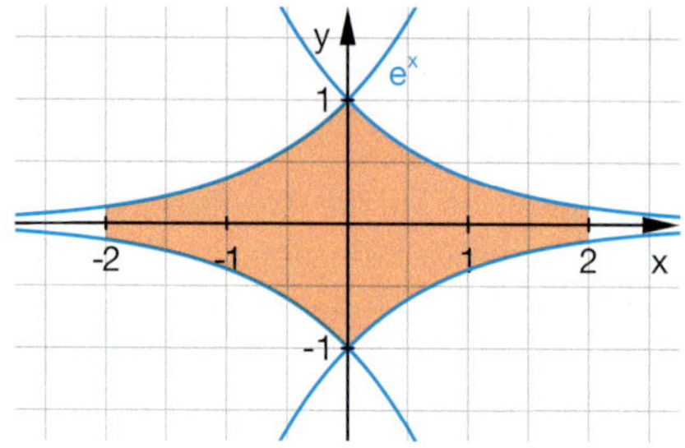

In 5.4 Aufgabe 6 lernen Sie etwas über die Bedeutung dieser Funktionen.

15 *Eine besondere Funktion*

a) Bilden Sie jeweils die ersten beiden Ableitungen der folgenden Funktionen:

$s_1(x) = \frac{1}{2} \cdot (e^x + e^{-x})$

$s_2(x) = \frac{1}{2} \cdot (e^x - e^{-x})$

Was stellen Sie fest?

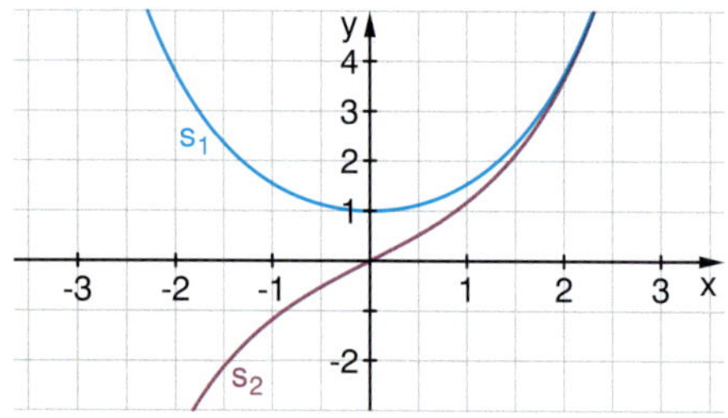

b) Bestimmen Sie für

$s_1(x) = \frac{1}{2} \cdot (e^x + e^{-x})$

- die Steigung an der Stelle a,
- den Flächeninhalt unter der Kurve in $[0; a]$.

Vergleichen und interpretieren Sie die Ergebnisse.

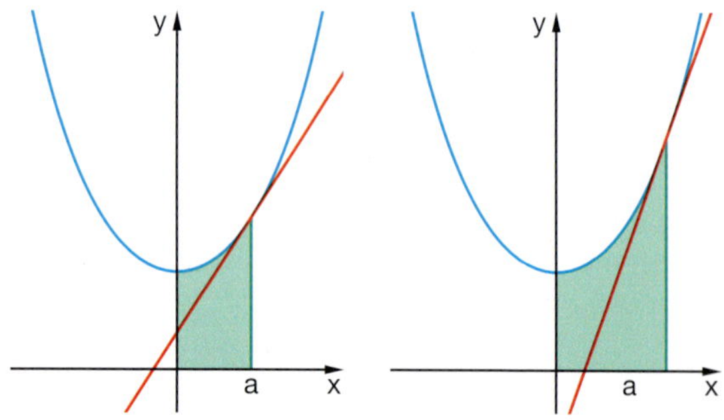

16 *Ein mathematisches Stück Edelmetall*

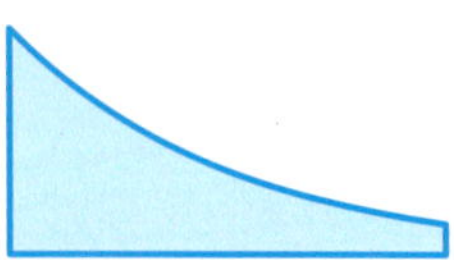

Bei einer Produktion sind Edelmetallstücke der links abgebildeten Form entstanden. Aus dieser Form soll ein möglichst großes rechteckiges Stück geschnitten werden. Der gebogene Rand kann durch $f(x) = e^{-x}$ beschrieben werden (1 LE ≙ 10 cm).

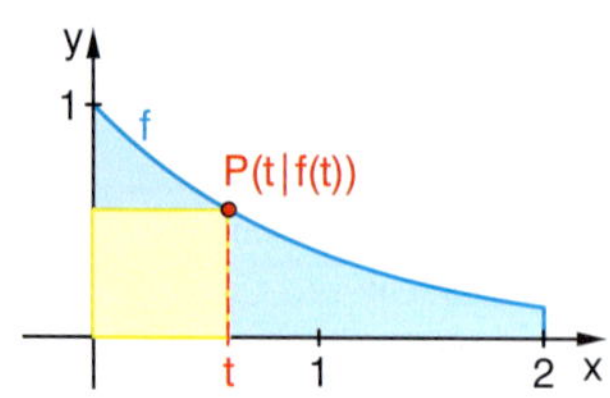

17 *x aus gegebenem y bestimmen*

- An welcher Stelle hat $f(x) = e^x$ den Funktionswert 2?
- Wo schneidet der Graph von $f(x) = e^x$ die Gerade $y = 2$?
- An welcher Stelle hat der Graph von $f(x) = e^x$ die Steigung 2?
- Alle diese Fragen führen zu dem Problem, die Gleichung $e^x = 2$ zu lösen.

Lösen Sie die Gleichungen:

(1) $e^x = 2$ (2) $e^x = 5$

(3) $e^x = 50$ (4) $e^x = 0{,}2$

a) durch Abschätzen/Probieren.

b) grafisch mit dem GTR oder Funktionenplotter.

Kann man diese Gleichungen auch rechnerisch lösen?

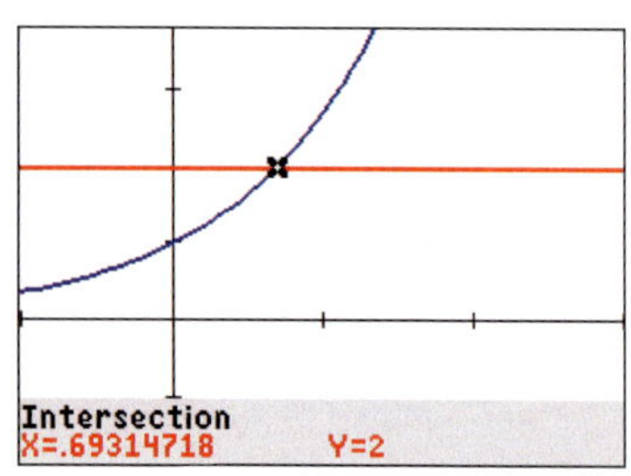

Basiswissen

Wie das Subtrahieren die Umkehrung des Addierens, das Dividieren die Umkehrung des Multiplizierens ist, so ist das Logarithmieren die Umkehrung des „Exponierens".

Natürlicher Logarithmus

Die Gleichung $e^x = a$ $(a > 0)$ wird durch die Umkehroperation, das Logarithmieren, gelöst.

$$e^x = a \;\Rightarrow\; x = \ln(a)$$

Der Logarithmus zur Basis e heißt **natürlicher Logarithmus**, er wird mit **ln** bezeichnet.

Es gilt: $e^{\ln(a)} = \ln(e^a) = a$

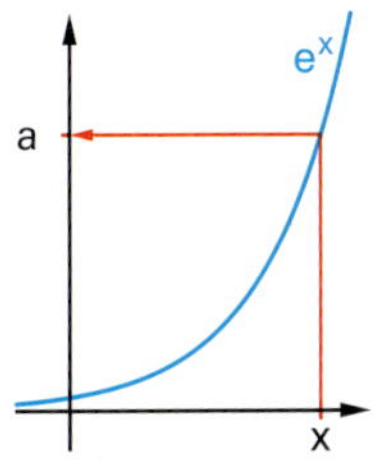

Zum x-Wert den zugehörigen Funktionswert f(x) = a finden: $a = e^x$

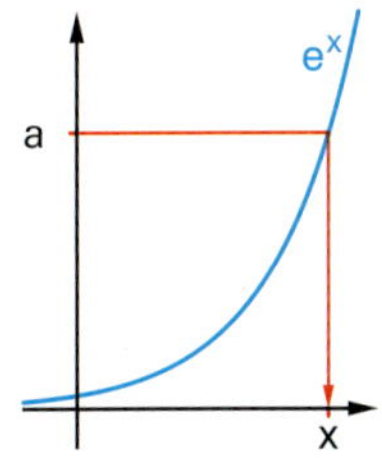

Zum Funktionswert $a = f(x)$ den zugehörigen x-Wert finden: $x = \ln(a)$

Beispiele

B *Einfache Gleichungen durch Logarithmieren lösen*

Lösen Sie die Gleichungen rechnerisch. Überprüfen Sie grafisch.

(1) $e^x = 15$

Lösung:

$x = \ln(15) \approx 2{,}71$

(2) $e^{2x} = 35$

Lösung:

$2x = \ln(35)$

$x = \frac{1}{2} \cdot \ln(35) \approx 1{,}78$

(3) $e^{-0{,}2x} = 0{,}5$

Lösung:

$-0{,}2x = \ln(0{,}5)$

$x = -5 \cdot \ln(0{,}5) \approx 3{,}47$

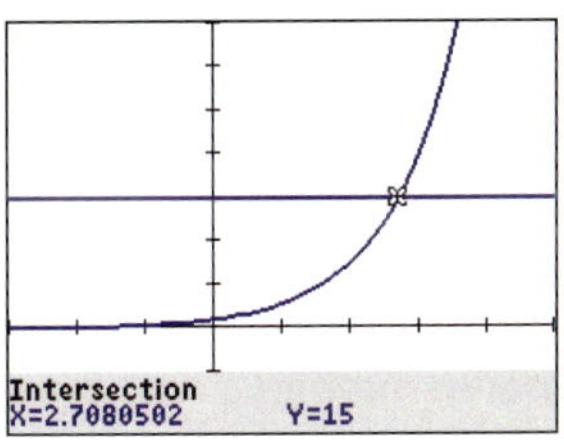

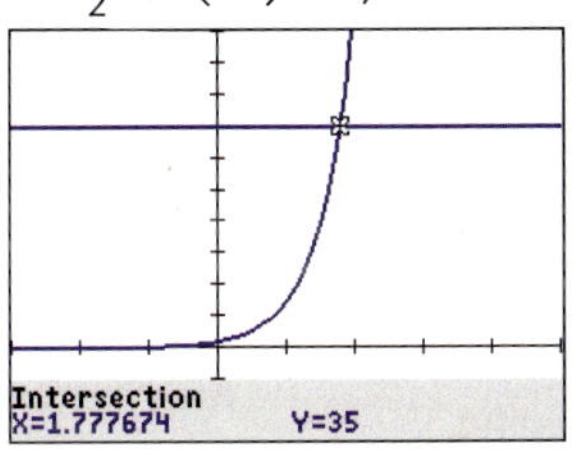

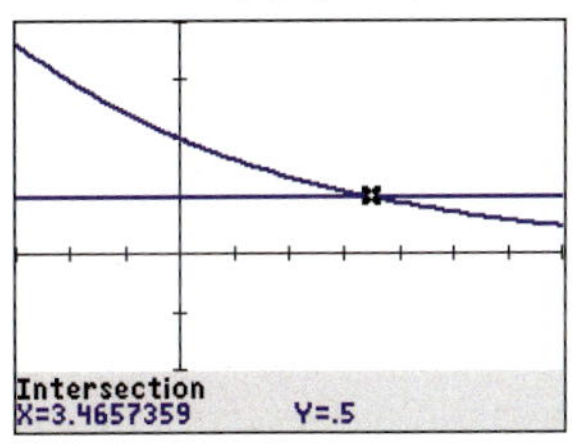

Übungen

18 *Exponentialgleichungen*

a) Lösen Sie die Gleichungen aus Aufgabe 17 mit dem Logarithmus.

b) Lösen Sie die folgenden Gleichungen:

(1) $e^x = 10\,000$ (2) $e^{x-3} = 200$ (3) $2 \cdot e^{0{,}15x} - 8$

19 *Abschätzen*

Wie lautet die kleinste bzw. größte ganze Zahl x, für die Folgendes gilt?

a) $e^x > 1\,000\,000$ b) $e^x < 0{,}00001$ c) $e^x > 10^{-7}$ d) $e^x < 10^5$

zwei Lösungen:
$x \geq -16$
$x \geq 14$

20 *Steigungen und Integrale*

a) Wie groß ist die Steigung der Funktion $f(x) = 2e^x$ an der Stelle $x = 3$? An welcher Stelle hat die Funktion die Steigung 10?

b) Wie groß ist die Steigung von $f(x) = e^{-x} - 5$ in den Schnittpunkten mit den Koordinatenachsen? Wo hat f die Steigung −10?

c) Bestimmen Sie t: $\int_2^t e^x\,dx = 20$

Veranschaulichen Sie das Integral.

d) Bestimmen Sie t: $\int_t^0 e^x\,dx = 1$

Interpretieren Sie das Ergebnis grafisch.

Auf der Suche nach der Ableitung von Exponentialfunktionen haben Sie die natürliche Exponentialfunktion $f(x) = e^x$ kennengelernt, deren Besonderheit darin liegt, dass ihre Ableitung mit der Ausgangsfunktion übereinstimmt. Wie bekommt man nun aber die Abeitungen beliebiger Exponentialfunktionen wie $f(x) = 2^x$ oder $f(x) = 0{,}9^x$?

Übungen

21 *Experimentieren und Nachdenken*

Zeichnen Sie die Graphen der Funktionen $f_1(x) = e^{0{,}69x}$ und $f_2(x) = e^{1{,}1x}$ und ihrer Ableitungen. Vergleichen Sie mit den Graphen von $g_1(x) = 2^x$ und $g_2(x) = 3^x$ und ihren Ableitungen. Was fällt Ihnen auf? Finden Sie eine Erklärung für Ihre Beobachtung?

Vergleichen Sie auch $f_3(x) = e^{-0{,}69x}$ und $g_3(x) = 0{,}5^x$.

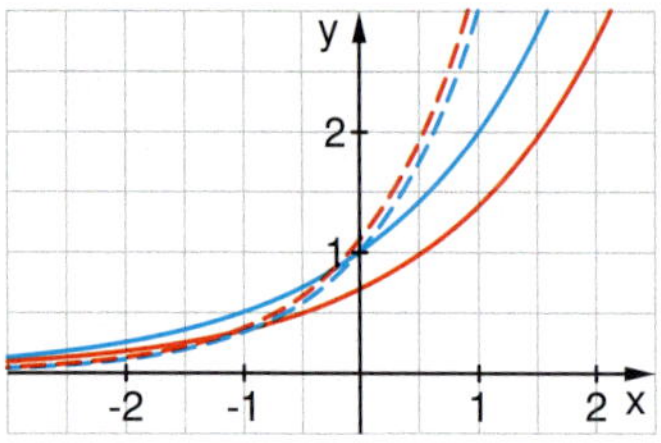

Basiswissen

Für die Vielfalt der Exponentialfunktionen braucht man nur eine Basis.

$(a^m)^n = a^{m \cdot n}$

Darstellung von Exponentialfunktionen als e-Funktion

Jede Exponentialfunktion b^x lässt sich als Funktion zur Basis e darstellen:

$f(x) = b^x = (e^{\ln(b)})^x = e^{\ln(b) \cdot x}$

Beispiele

C *Von der Basis b zur Basis e und zurück*

(1) Schreiben Sie $f(x) = 2^x$ und $g(x) = \left(\frac{1}{2}\right)^x$ mit der Basis e.

Lösung: $f(x) = 2^x = e^{\ln(2) \cdot x} \approx e^{0{,}6931x}$ $\quad g(x) = \left(\frac{1}{2}\right)^x = e^{\ln\left(\frac{1}{2}\right) \cdot x} \approx e^{-0{,}6931x}$

(2) Schreiben Sie $f(x) = e^{0{,}2x}$ und $g(x) = e^{-0{,}1x}$ ohne Basis e.

Lösung: $f(x) = e^{0{,}2x} \Rightarrow b = e^{0{,}2} \approx 1{,}2214$ $\quad g(x) = e^{-0{,}1x} \Rightarrow b = e^{-0{,}1} \approx 0{,}9048$

Übungen

22 *Ableitung der allgemeinen Exponentialfunktion*

Mit $b = e^{\ln(b)}$ können nun beliebige Exponentialfunktionen $f(x) = b^x$ abgeleitet werden.

Begründen Sie die Ableitungsformel.

Hinweis: Kettenregel

Ableitung der allgemeinen Exponentialfunktion

Für die Ableitung von $f(x) = b^x$ gilt:
$f'(x) = \ln(b) \cdot b^x$

Bestimmen Sie die Ableitungen. Bestätigen Sie mithilfe einer Sekantensteigungsfunktion.

(1) $f(x) = 2^x$ (2) $f(x) = 0{,}5^x$ (3) $f(x) = 4 \cdot 3^x$ (4) $f(x) = 4^{x-1}$

KOPFÜBUNGEN

1 Widerlegen Sie anhand eines Zahlenbeispiels, dass die Gleichung $\sqrt{a^2 + b^2} = a + b$ allgemein gilt. Gibt es ein Zahlenpaar a und b, das die Gleichung dennoch erfüllt?

2 Ergänzen Sie die fehlenden Koordinaten so, dass die Vektoren $\vec{a} = \begin{pmatrix} 6 \\ 8 \\ -3 \end{pmatrix}$ und $\vec{b} = \begin{pmatrix} 3 \\ b_2 \\ b_3 \end{pmatrix}$ parallel sind. Vergleichen Sie dann deren Länge und Richtung.

3 Begründen Sie, dass sich die Wahrscheinlichkeitsverteilung einer Zufallsgröße mithilfe eines Kreisdiagramms darstellen lässt. Wie sieht dieses für die Zufallsgröße „Augenzahl eines Spielwürfels“ aus?

4 Bestimmen Sie die Nullstellen der Funktion: $f(x) = e^x \cdot (3x - x^2)$

23 *Stetige Verzinsung*

Zinsen

Auf einer Tontafel aus Mesopotamien aus dem 17. Jahrhundert v. Chr. steht: *In welcher Zeit verdoppelt sich ein Geldbetrag, der zu jährlich 20 % Zinsen angelegt wird?* In Buch II Mose, Kapitel 22, Vers 24, steht demgegenüber: *Wenn du meinem Volke Geld leihst, … so handle an ihm nicht wie ein Wucherer; ihr sollt ihm keinen Zins auflegen.* Schon immer stehen finanzielle Dinge im Mittelpunkt des menschlichen Interesses. Die mathematische Diskussion um Zinsen wurde von JAKOB BERNOULLI 1689 durch folgendes Problem angeregt:

JAKOB BERNOULLI (1654–1705)

Eine Summe Geldes sei auf Zinsen angelegt, dass in den einzelnen Augenblicken ein proportionaler Teil der Jahreszinsen zum Kapital geschlagen wird.

Aufgaben

Ein frisch gebackener Millionär hat 1 Million Euro und möchte durch geschickte Geldanlage innerhalb eines Jahres noch mehr Geld daraus machen. Das Kapital soll sich durch Zinsen vermehren.
Vier Banken in seiner Umgebung bieten verschiedene Anlagemodelle an:

Ganzjahresbank	Verzinsung pro Jahr mit 6 %
Halbjahresbank	Verzinsung pro Halbjahr mit $\frac{6}{2}$% = 3 %
Monatsbank	Verzinsung pro Monat mit $\frac{6}{12}$% = 0,5 %
Tagesbank	Verzinsung pro Tag mit $\frac{6}{360}$% = $\frac{1}{60}$%

Zinseszinsformel:
$K(t) = K_0 \cdot 1 + \left(\frac{p}{100}\right)^t$
K_0: Anfangskapital
p: jährlicher Zinssatz
t: Zeit

a) Untersuchen Sie, wie sich die 1 Million Euro bei den verschiedenen Banken nach einem Jahr vermehrt haben. Begründen Sie, dass mit der Formel $K(n) = 1 \cdot \left(1 + \frac{6}{100} \cdot \frac{1}{n}\right)^n$ das Kapital bei der „1/n-Jahresbank" berechnet werden kann.

$\frac{6}{360}\% = \frac{6\%}{360} = \frac{6}{100} \cdot \frac{1}{360}$

b) Die „1/n-Momentanbank" bietet eine stetige Verzinsung bei einem utopischen Jahreszinssatz von 100 % an. Es werden also unmittelbar in jedem Augenblick auch die Zinseszinsen gutgeschrieben. Wächst das Vermögen ins Unendliche, wenn die Million dort angelegt wird?
- Begründen Sie, dass $K(n) = \left(1 + \frac{1}{n}\right)^n$ das Kapital nach einem Jahr angibt.
- Füllen Sie die Tabelle aus:

Verzinsung pro…	Monat	Tag	Stunde	Minute	Sekunde
n	12	365	8760	■	■
$\left(1 + \frac{1}{n}\right)^n$	■	■	■	■	■

Eine Verzinsung in jedem Moment heißt hier dann, dass n unendlich wird. Was vermuten Sie über den Ausdruck $\left(1 + \frac{1}{n}\right)^n$, wenn n über alle Grenzen wächst, also gegen unendlich strebt?

c) Begründen Sie die nebenstehende Zinseszinsformel für die stetige Verzinsung.

Zinseszinsformel bei stetiger Verzinsung:
$K(t) = K_0 \cdot e^{\frac{pt}{100}}$
K_0: Anfangskapital
t: Zeit in Jahren
p: jährlicher Zinssatz

Die Zahl e – allgegenwärtig und seltsam

Auf der Suche nach einer Funktion, deren Ableitung wieder die Ausgangsfunktion ist, haben Sie auf experimentellem Weg die Zahl e entdeckt. Charakteristisch für diese Zahl ist damit, dass sie Zusammenhänge zwischen Beständen (Funktionswerten) und Änderungen (Ableitungen) beschreibt. Sie hat deswegen auch ihren großen Auftritt bei der Modellierung von Wachstumsprozessen. Diese werden im nächsten Lernabschnitt ausführlich behandelt. Das Faszinierende an der Zahl e ist aber, dass sie in ganz unterschiedlichen Bereichen auftritt, die auf den ersten Blick gar nichts miteinander zu tun haben. Ein und derselbe mathematische Gegenstand taucht also in verschiedenen Zusammenhängen auf; ein Phänomen, das typisch für die Mathematik ist.

e und der Zufall

In der Stochastik hat e eine große Bedeutung bei der Beschreibung von Verteilungen. Das Diagramm zeigt die Verteilung der Körpergröße von 455 Männern. Die Gaußsche Glockenkurve (Abb. rechts) beschreibt solche Verteilungen.

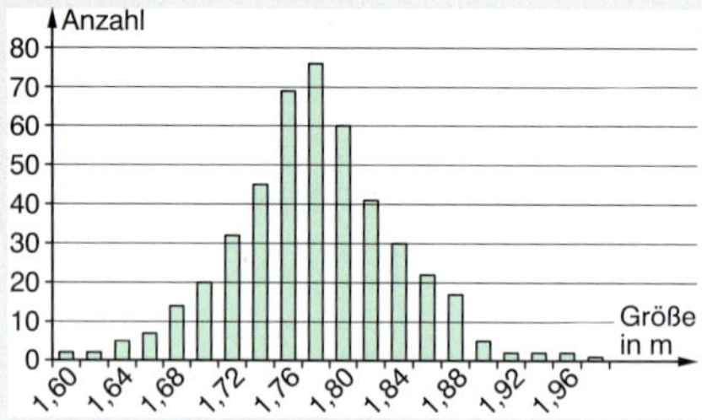

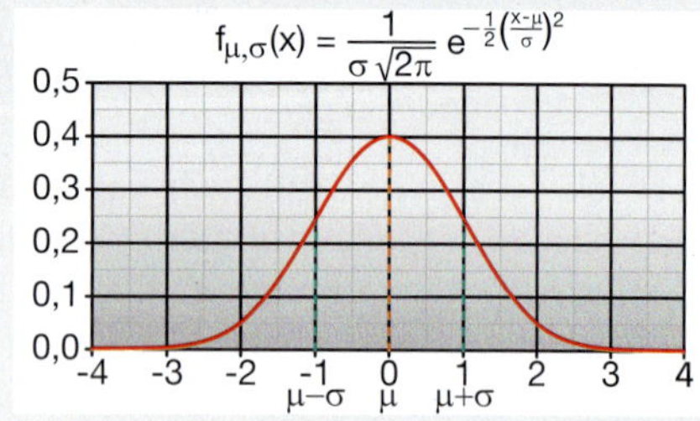

e und natürliche Formen

Spiralförmige Schnecken werden gut durch logarithmische Spiralen beschrieben. Diese haben in einem Polarkoordinatensystem die Gleichung $r = e^{k \cdot \varphi}$.
Dabei ist r der Abstand eines Punktes vom Ursprung und φ der Winkel gegen den Uhrzeigersinn bezüglich der x-Achse.

Nautilus-Schnecke

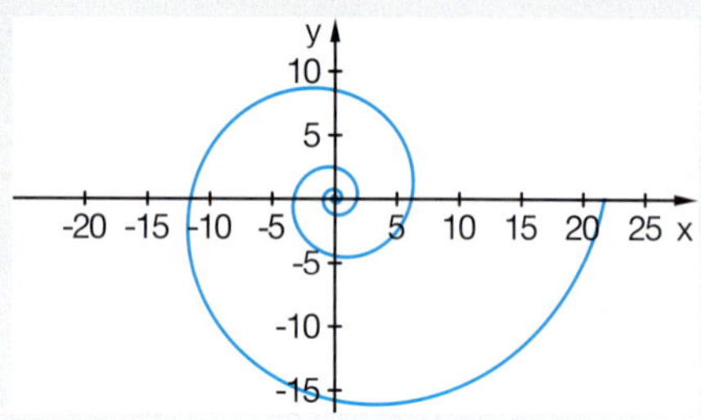

Was ist e für eine Zahl?

e ist eine irrationale Zahl, sie lässt sich also nicht als Bruch darstellen, man kann immer nur Näherungen finden. Dies hat e mit $\sqrt{2}$ gemeinsam. Mathematiker haben unterschiedliche systematische Verfahren entwickelt, um Näherungswerte zu bestimmen.

e als Grenzwert einer Folge

$$e = \lim_{n \to \infty} \left(1 + \frac{1}{n}\right)^n$$

e als unendliche Summe

$$e = 1 + \frac{1}{1 \cdot 2} + \frac{1}{1 \cdot 2 \cdot 3} + \ldots$$

e als Kettenbruch

$$e = \frac{2}{2 + \frac{3}{3 + \frac{4}{4+}}} \ldots$$

e ist aber noch seltsamer als $\sqrt{2}$. $\sqrt{2}$ ist Lösung der Gleichung $x^2 - 2 = 0$.
Zahlen, die Lösung einer Polynomgleichung $a_n x^n + a_{n-1} x^{n-1} + \ldots + a_1 x + a_0 = 0$ mit rationalen Koeffizienten sind, heißen *algebraische* Zahlen.
Es gibt nun keine solche Gleichung, deren Lösung e ist. e ist also keine algebraische Zahl. Solche Zahlen heißen *transzendent*.

Aufgaben

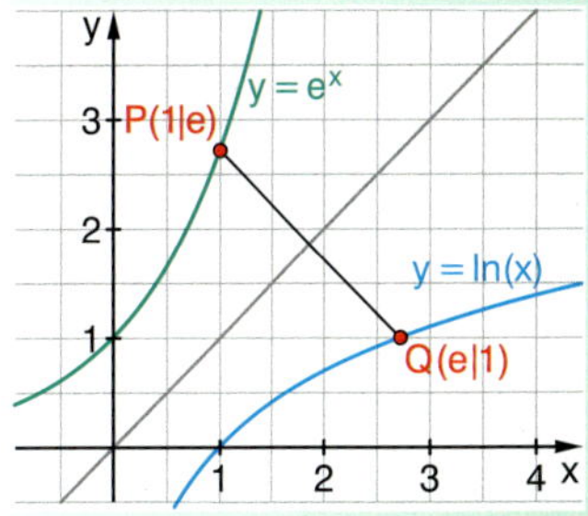

24 *Die natürliche Logarithmusfunktion*

Die Logarithmusfunktion $L(x) = \ln(x)$ ist die Umkehrung der natürlichen Exponentialfunktion $E(x) = e^x$.

x	−2	−1	0	1	2	5	10
$y = e^x$	■	$\frac{1}{e}$	1	e	■	■	■

a) Füllen Sie die Tabelle aus und erstellen Sie durch Vertauschen von x- und y-Wert in der Tabelle für $E(x)$ eine Tabelle für $L(x)$. Skizzieren Sie damit den Graphen von $L(x)$.

b) Überzeugen Sie sich, dass Sie den Graphen von $\ln(x)$ auch durch Spiegeln des Graphen von e^x an der ersten Winkelhalbierenden erhalten.

ln(x): „unendlich" langsames Wachsen ins Unendlich

Für die Potenzen von e lassen sich die Funktionswerte von $\ln(x)$ bestimmen.

x	$e \approx 2{,}71...$	$e^2 \approx 7{,}38...$	$e^3 \approx 20{,}08...$	$e^4 \approx 54{,}59...$	$e^5 \approx 148{,}41...$
ln(x)	1	2	3	4	5

Man erkennt, dass die Funktion sehr langsam steigt. Wächst sie über alle Grenzen?

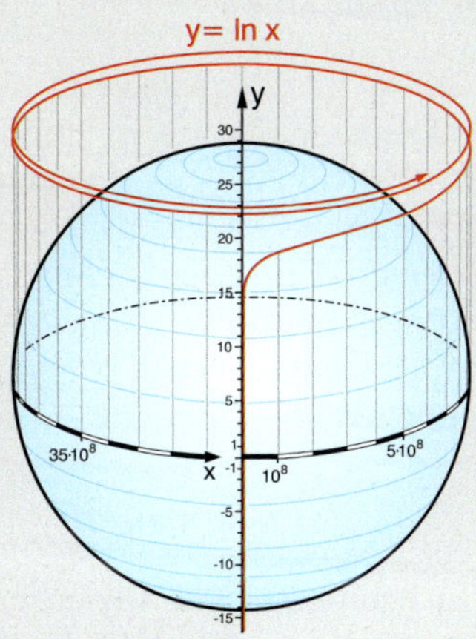

Ja, der Graph ist das Spiegelbild von e^x an der Geraden $y = x$. Wenn $\ln(x)$ nicht über alle Grenzen wachsen würde, müsste e^x sich asymptotisch einer Parallelen zur y-Achse annähern. Dies ist aber nicht der Fall. Das Wachstum von $\ln(x)$ ist grenzenlos, aber sehr, sehr langsam.

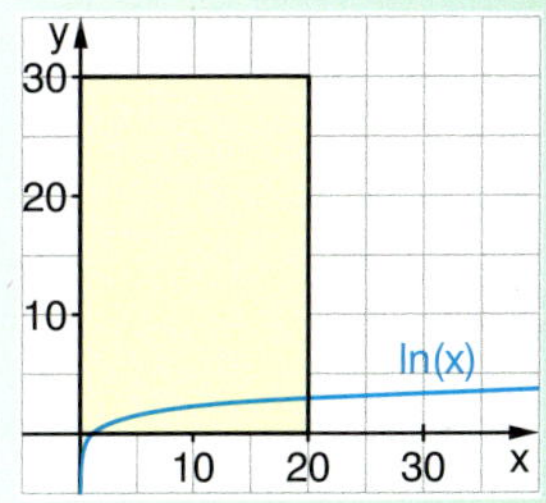

Um eine gute Vorstellung über die Langsamkeit des Wachstums zu bekommen, hilft folgendes Gedankenexperiment:
Wenn man beide Achsen mit 1 LE ≙ 1 cm skaliert, gehört zu $y = 30$ (Oberkante eines DIN-A4-Blattes) der x-Wert $e^{30} \approx 1{,}068 \cdot 10^{13}$, das Blatt Papier müsste dann 106 800 000 km breit sein; man könnte es ca. 2670-mal um den Äquator wickeln!

Die Ableitung von ln (x)

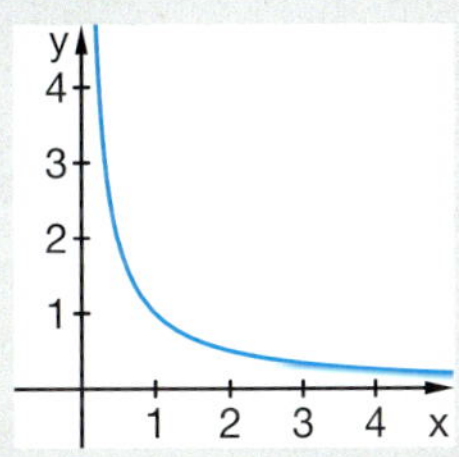

$\ln(x)$ wächst monoton, also ist die Ableitung überall positiv. Sie hat in der Nähe von $x = 0$ eine sehr große Steigung und für größer werdende x-Werte nähert sich die Steigung null an. Kandidat für eine solche Funktion ist $y = \frac{1}{x}$. Dies ist auch die Ableitung von $\ln(x)$.

Eine neue Stammfunktion – eine Lücke wird gefüllt

Weil $\frac{1}{x}$ die Ableitung von $\ln(x)$ ist, ist $F(x) = \ln(x)$ eine Stammfunktion von $f(x) = \frac{1}{x}$. Damit haben wir eine früher aufgetretene Lücke geschlossen.

f(x)	...	x^4	x^3	x^2	x	1	x^{-1}	x^{-2}	x^{-3}	x^{-4}	...
F(x)	...	$\frac{1}{5}x^5$	$\frac{1}{4}x^4$	$\frac{1}{3}x^3$	$\frac{1}{2}x^2$	x	?	$-x^{-1}$	$-\frac{1}{2}x^{-2}$	$-\frac{1}{3}x^{-3}$	...

Das Bilden von Stammfunktionen bei Polynomen folgt in Anlehnung an die entsprechende Ableitungsregel nach einer einfachen Formel:

$$f(x) = x^n \Rightarrow F(x) = \frac{1}{n+1} \cdot x^{n+1}$$

Für $n = -1$ ist diese Formel aber nicht definiert, sodass es damit unmöglich war, zu $y = x^{-1} = \frac{1}{x}$ eine Stammfunktion zu finden. Jetzt haben wir diese gefunden. Überraschend bleibt, dass hier die Ableitung einen ganz anderen Funktionstyp liefert.

5.3 Wachstum

Was Sie erwartet

Viele Wachstumsprozesse in der Natur, der Wirtschaft und der Politik lassen sich durch Exponentialfunktionen der Form $f(x) = a \cdot b^x$ gut modellieren. In der Einführungsphase haben Sie hierfür bereits typische Situationen wie z. B. Bevölkerungswachstum, Staatsverschuldung oder den Medikamentenabbau im Körper kennengelernt. In diesem Lernabschnitt werden wir diese und weitere Modellierungen nochmals aufgreifen und vor allem auch mithilfe des Änderungsverhaltens (der Ableitungen) genauer untersuchen. Dabei hilft uns die Darstellung des Modells als e-Funktion. Sie werden auch wieder mit konkreten Daten arbeiten und erkennen, dass es beim Modellieren zunächst darauf ankommt, ein geeignetes Modell zu finden. Zusätzlich erfahren Sie, dass häufig verschiedene Modelle gut zu Daten passen.

Aufgaben

1 *Abbauprozesse*

A *Abbau eines Narkotikums*
Bei kleineren operativen Eingriffen wird ein Anästhetikum in einer Dosis von 400 mg gespritzt. Dieses Medikament wird im Körper des Patienten dann hauptsächlich über die Niere wieder abgebaut. Bei normaler Nierenfunktion werden stündlich etwa 20 % des im Blut vorhandenen Medikamentes entfernt.

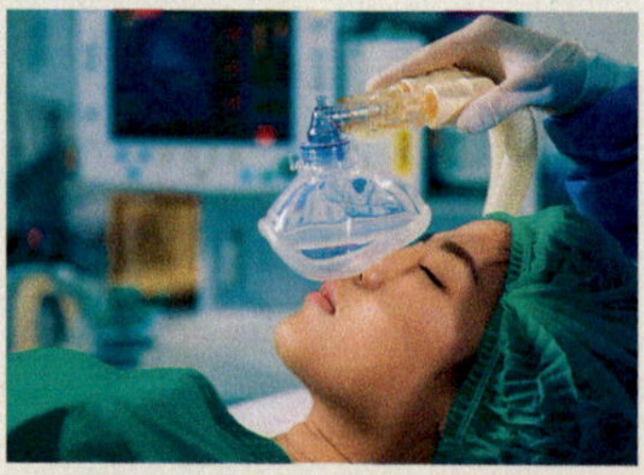

B *Alkoholabbau*
Gleichgültig, wie viel Alkohol aufgenommen wird, der Körper baut mit gleichbleibender Geschwindigkeit den vorhandenen Alkohol ab. Der Genuss von 2 Liter Bier entspricht einer Aufnahme von ca. 80 g Alkohol. Bei einer 70 kg schweren Person werden ca. 7 g pro Stunde abgebaut.

$b^x = e^{\ln(b) \cdot x}$

Zeit (h)	Narkotikum (mg)	Alkohol (g)
0	400	80
1	320	73
2	■	■
3	■	■
...	■	■

Exponentielles Wachstum/
Exponentieller Zerfall
$f(x) = A \cdot b^x$
Die Funktion wächst/fällt mit dem Faktor b, es gibt zum Zeitpunkt $x = 0$ den Bestand A.

a) Füllen Sie die Tabelle aus, welche die stündliche Restmenge des Medikaments bzw. des Alkohols in den nächsten zehn Stunden angibt.
b) Zeigen Sie, dass $N(t) = 400 \cdot e^{-0{,}223t}$ den Abbau des Narkotikums angemessen beschreibt. Bestimmen Sie eine Funktion, die den Alkoholabbau beschreibt. Skizzieren Sie die Funktionen und beschreiben Sie die langfristige Entwicklung des Bestandes an Narkotikum bzw. Alkohol. Vergleichen Sie die beiden Abbauprozesse. Beziehen Sie auch die Ableitungen in den Vergleich mit ein.
c) Was ändert sich an den Abbauprozessen und Funktionen, wenn zu Beginn 600 mg Narkotikum und 100 g Alkohol vorhanden sind?

Aufgaben

2 *Von Heuschrecken und Nashörnern*

(1) Eine Heuschreckenpopulation aus anfänglich 1000 Tieren wächst wöchentlich um 30 %.

(2) Eine Nashornpopulation von 200 Tieren nimmt jährlich um 10 % ab.

a) Geben Sie zu den Heuschrecken und den Nashörnern den passenden Wachstumsfaktor und die zugehörige Wachstumsfunktion $f(x) = A \cdot b^x$ an.

b) Beim mathematischen Modellieren wird meist die e-Funktion benutzt, also $f(x) = A \cdot b^x = A \cdot (e^k)^x$. Dazu muss der Wachstumsfaktor b in die passende e-Potenz e^k umgerechnet werden, also $b = e^k$.
Zeigen Sie, dass man für die Heuschreckenpopulation $h(x) = 1000 \cdot e^{0{,}2624x}$ erhält.
Welche Funktionsgleichung erhält man für die Nashornpopulation?

$(e^k)^x = e^{k \cdot x}$

c) • Die größten Heuschreckenschwärme sind 1784 in Südafrika dokumentiert worden. Es sollen damals 300 Milliarden Insekten das Land bedeckt haben. Nach wie vielen Wochen wäre die Population nach dem Modell in a) so groß?
• Nach wie vielen Jahren hat sich die Nashornpopulation halbiert?

3 *Bisonbestände*

Die Tabelle und die Grafik geben in Ausschnitten die Entwicklung der Bisonbestände im Yellowstonepark von 1902 bis 1931 an.

Jahr	Anzahl
1902	44
1905	74
1908	95
1910	149
1913	215
1917	394
1920	501
1923	748
1927	1008
1931	1192

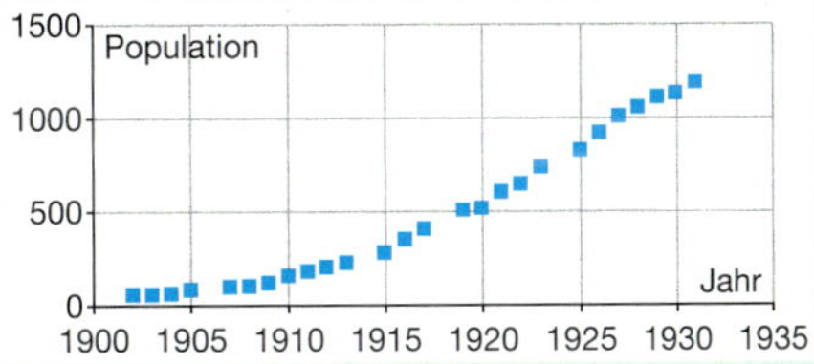

a) Modellieren Sie die Daten mit einer Exponentialfunktion $f(x) = A \cdot e^{kx}$ (1902: x = 0).

(1) *Rechnerisch*
Wachstumskonstante k mit zwei Messwerten. Beispiel: (1902, 1910)
$f(0) = A \cdot e^{k \cdot 0} = A = 44;$
$f(8) = 44 \cdot e^{8k} = 149$
$\Rightarrow\ k = \frac{1}{8}\ln\left(\frac{149}{44}\right) \approx 0{,}1525$

(2) *Grafisch mit Schiebereglern*

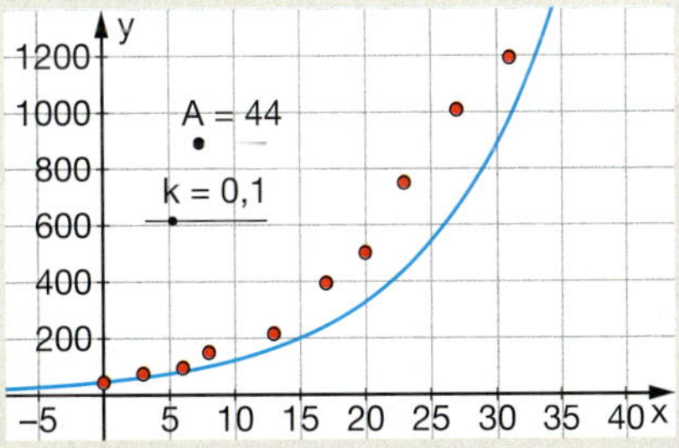

(3) *Exponentielle Regression*
Mit GTR (*ExpReg*) oder Software.

Strategien

Hinweise:
$b^x = e^{\ln(b) \cdot x} = e^{k \cdot x}$
$x^3 = a \Rightarrow x = \sqrt[3]{a}$

b) Modellieren Sie den Datensatz mit ganzrationalen Funktionen des Typs $f(x) = c \cdot x^n + d$. Bestimmen Sie geeignete Parameter durch Benutzung zweier Messwerte. Vergleichen Sie die Modelle aus a) und b).

Ein Beispiel: $f(x) = c x^3 + d$
(0|44): $d = 44$
(18|501): $501 = c \cdot 18^3 + 44$
$c \approx 0{,}0784$

c) Der aktuelle Bestand beträgt 3500. Vergleichen Sie diesen mit Ihren Modellen.

Basiswissen

Bei exponentiellen Wachstumsprozessen werden oft prozentuale Änderungen angegeben. Die mathematische Modellierung erfolgt meistens mithilfe einer e-Funktion.

Exponentielles Wachstum: Wachstumsfaktor und Wachstumskonstante

In einer Schonung sind 100 Borkenkäfer. Jedes Jahr kommen 20 % dazu.
Modellierung mit exponentiellem Wachstum

	Allgemein	Borkenkäfer	
Wachstumsfunktion:	$f(x) = A \cdot b^x$ $= A \cdot e^{\ln(b) \cdot x}$ $= A \cdot e^{k \cdot x}$	$f(x) = 100 \cdot 1{,}2^x$ $= 100 \cdot e^{\ln(1{,}2) \cdot x}$ $= 100 \cdot e^{0{,}1823\,x}$	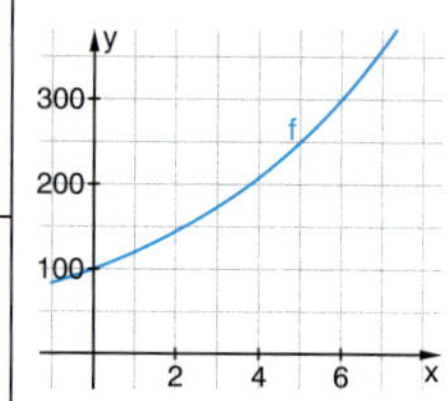
Anfangsbestand: Wachstumsfaktor: Wachstumskonstante:	A b $k = \ln(b)$	100 1,2 0,1823	

Es gilt:

(1) Prozentuale Zunahme um p % = 20 % führt zum Wachstumsfaktor
$b = 1 + p\,\% = 1 + \frac{20}{100} = 1{,}2$

(2) Die prozentuale Änderung bezieht sich auf einen Zeitraum, ist also eine mittlere Änderungsrate. Die Wachstumskonstante beschreibt die momentane Änderungsrate.

Beispiele

A *Wachstum einer Stadt*

Eine Stadt mit 25 600 Einwohnern wächst jährlich um 1,5 %.

a) Geben Sie die Wachstumsfunktion mit der Basis e an. Nennen Sie den Wachstumsfaktor und die Wachstumskonstante.

b) Wie viele Einwohner hat die Stadt nach 5 Jahren?

c) Wann sind es mehr als 35 000 Einwohner?

Lösung:

a) $f(x) = 25\,600 \cdot 1{,}015^x$
$= 25\,600 \cdot e^{\ln(1{,}015)x}$
$\approx 25\,600 \cdot e^{0{,}0149x}$

Wachstumsfaktor: 1,015
Wachstumskonstante: 0,0149

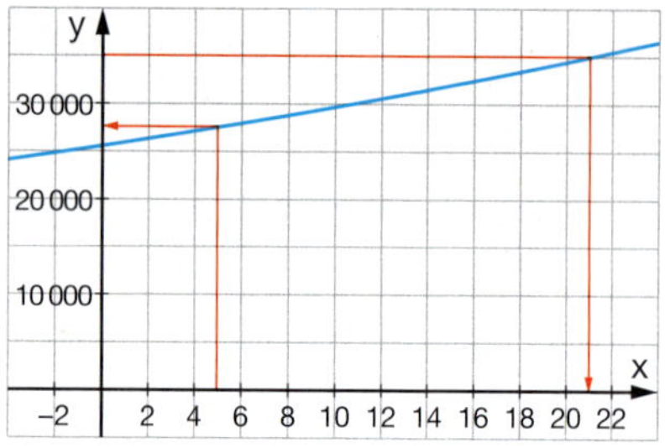

b) $f(5) = 25\,600 \cdot e^{0{,}0149 \cdot 5} \approx 27\,580$
Nach 5 Jahren sind es ca. 27 600 Einwohner.

c) $25\,600 \cdot e^{0{,}0149x} = 35\,000$
$e^{0{,}0149x} = 1{,}3672$
$\ln(e^{0{,}0149x}) = \ln(1{,}3672)$
$0{,}0149x = \ln(1{,}3672)$
$x = \frac{\ln(1{,}3672)}{0{,}0149} \approx 20{,}99$

Mehr als 35 000 sind es nach ca. 21 Jahren.

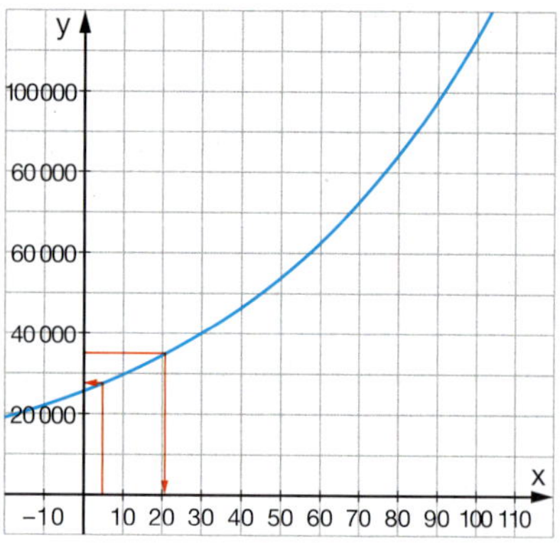

Anmerkung: In der Abbildung oben sieht die Wachstumsfunktion fast linear aus. In kleinen Zeitabschnitten ist tatsächlich der exponentielle Verlauf annähernd linear. Das qualitativ andersartige Verhalten sieht man erst, wenn man anders skaliert.

B *Radiokativer Zerfall*

Strontium-90 zerfällt mit einer Zerfallskonstanten $k = -0{,}02476$

a) Ermitteln Sie die Zerfallsfunktion und den prozentualen Zerfall.

b) Wann hat sich ein Anfangsbestand von 100 000 Teilchen halbiert?

Lösung:

a) Da kein Anfangsbestand angegeben ist, wird dieser als Parameter angegeben:

$$f(x) = A \cdot e^{-0{,}02476x}$$
$$-0{,}02476 = \ln(b) \quad \Rightarrow \quad b = e^{-0{,}02476} \approx 0{,}9755$$

Es zerfallen ca. 2,45 % in jeder Zeiteinheit.

b)
$$f(x) = 100000 \cdot e^{-0{,}02476x}$$
$$100000 \cdot e^{-0{,}02476x} = 50000$$
$$e^{-0{,}02476x} = 0{,}5$$
$$-0{,}02476x = \ln(0{,}5)$$
$$x = \frac{\ln(0{,}5)}{-0{,}02476} \approx 28{,}06$$

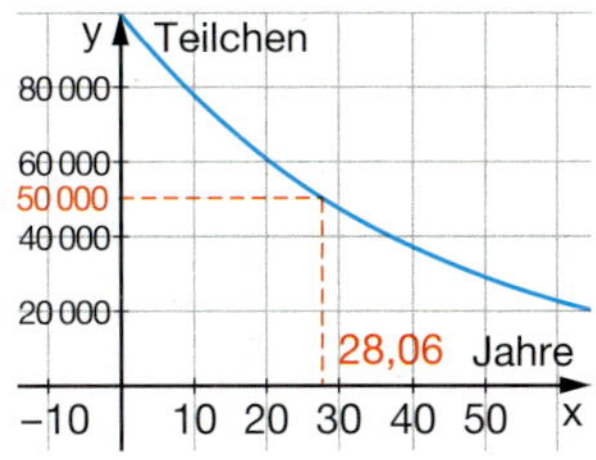

Nach ca. 28 Jahren hat sich der Bestand halbiert.

Beispiele

Auch Zerfall wird als Wachstum mit negativer Wachstumskonstante angesehen.

Übungen

Wachstumskonstante, Wachstumsfaktor, Prozentsatz

4 *Von der prozentualen Zunahme/Abnahme zur Wachstumskonstanten*

Geben Sie jeweils den Wachstumsfaktor und die Exponentialfunktion mit der Basis e an, die die folgenden Wachstums- und Zerfallsprozesse beschreiben.

(1) 4 % Zinsen/Jahr (mit Zinseszins)

(2) 12 % jährlicher Wertverlust

(3) Verdreifachung pro Jahr

(4) Halbierung pro Woche

5 *Von der Wachstumskonstanten zum Wachstumsfaktor und Prozentsatz*

Geben Sie die Wachstumskonstante an. Bestimmen Sie den Anfangsbestand, den Wachstumsfaktor und die prozentuale Änderung pro Zeiteinheit.

(1) $f(x) = 100 \cdot e^{0{,}3x}$ (2) $f(x) = 5 \cdot e^{-0{,}002x}$ (3) $f(x) = e^{4x}$ (4) $f(x) = 25 \cdot e^{0{,}0158x}$

Etwa 25,9 % des jeweils im Speicher vorhandenen Wassers fließen pro Zeiteinheit ab.

6 *Zusammenhang zwischen Wachstumskonstante und Prozentsatz*

Zeigen Sie, dass der Zusammenhang zwischen der Wachstumskonstanten k und dem Prozentsatz p durch folgende Formel beschrieben werden kann: $k = \ln\left(1 + \frac{p}{100}\right)$.
Erläutern Sie anhand der nebenstehenden Grafik, dass kleine Prozentsätze gute Näherungen für die Wachstumskonstante sind, große Prozentsätze dagegen nicht.

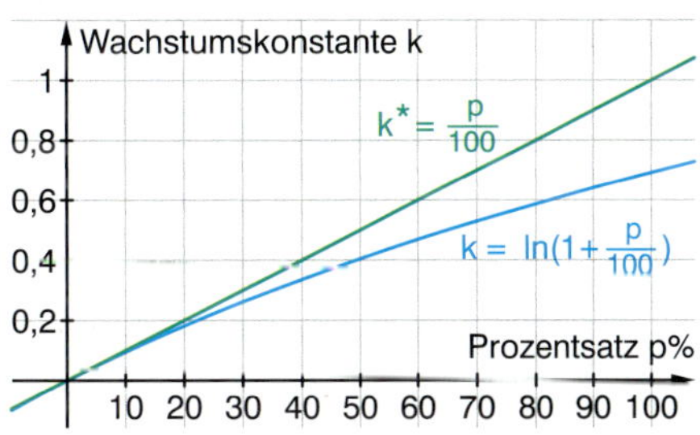

7 *Bakterien*

Eine Bakterienkultur aus anfänglich 10 000 Bakterien wächst mit einer Wachstumskonstanten von 0,15 (Zeit in Tagen).

a) Geben Sie ein passendes Wachstumsmodell an. Wie hoch ist die prozentuale Zunahme pro Tag?

b) Bestimmen Sie die Anzahl der Bakterien nach einer Woche und einem Monat.

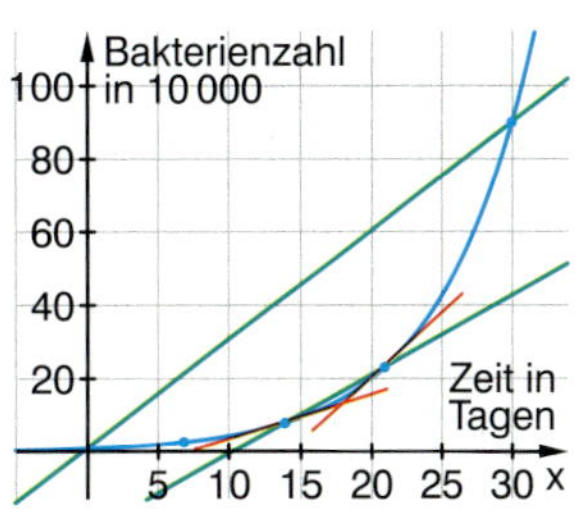

c) Ermitteln Sie die mittlere Änderungsrate in der ersten Woche, in der zweiten und dritten Woche sowie im ersten Monat. Vergleichen Sie jeweils mit der momentanen Änderungsrate an den Stellen $x = 7$, $x = 14$, $x = 21$ und $x = 30$.

Übungen

Halbwertszeit und Verdopplungszeit

Nuklid	Halbwertszeit
^{235}U	704 Mio. Jahre
^{14}C	5730 Jahre
^{226}Ra	1602 Jahre
^{222}Rn	3,8 Tage
^{223}Th	0,6 Sekunden

8 *Halbwertszeit*

a) Leiten Sie die Formel zur Bestimmung der Halbwertszeit mithilfe der Funktionsgleichung $f(t) = A \cdot e^{-kt}$ her.

b) Begründen Sie, dass diese Zeit umgekehrt proportional zur Zerfallskonstante k ist.

Halbwertszeit bei radioaktivem Zerfall

Der radioaktive Zerfall eines chemischen Elementes wird durch die Funktion $f(t) = A \cdot e^{-kt}$ $(k > 0)$ beschrieben. Der Faktor k heißt in diesem Fall *Zerfallskonstante*. Charakteristisch für den Zerfallsprozess ist auch die Halbwertszeit t_H. Die Halbwertszeit t_H gibt an, in welcher Zeit sich die Menge der vorhandenen Substanz gerade halbiert. $t_H = \frac{\ln(2)}{k}$

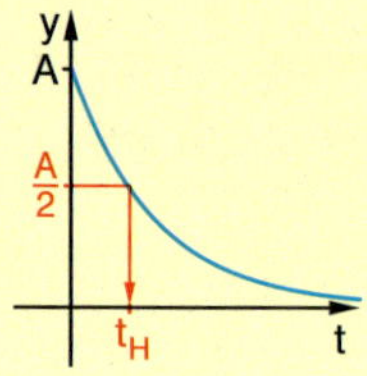

Beim Reaktorunfall in Tschernobyl trat sehr viel Cäsium mit einer Halbwertszeit von 30 Jahren aus.

9 *Plutonium*

Plutonium 239 ist ein verbreitetes Reaktorprodukt mit einer sehr kleinen Zerfallskonstante von $k = 285 \cdot 10^{-7}$/Jahr.

a) Geben Sie die Zerfallsfunktion M(t) in Abhängigkeit der Zeit t an, wenn die Ausgangsmenge $A = M(0) = 20\,g$ beträgt. Skizzieren Sie den Graphen.

b) Wie viel ist nach 1000 Jahren noch vorhanden? Wann ist nur noch 1 g übrig?

c) Wie groß ist die Halbwertszeit von Plutonium?

C 14-Methode

Altersbestimmung mit der Radiokarbonmethode

Zur Bestimmung des Alters von organischen Objekten (Holz, Knochen, Pflanzen usw.) verwenden Archäologen oft die C 14-Methode. C 14 (Kohlenstoff 14) ist eine radioaktive Form des Kohlenstoffes. C 14 zerfällt mit einer Halbwertszeit von 5700 Jahren. Ein „totes" Stück Holz nimmt kein C 14 mehr auf. Das im Holz vorhandene C 14 wird durch den radioaktiven Zerfall abgebaut. Enthält das Holz nur noch halb so viel C 14 wie ein „lebendes" Stück Holz, so kann man daraus schließen, dass das gefundene Holzstück ca. 5700 Jahre alt ist.

10 *Eine Mumie und ein Grabtuch*

a) Ermitteln Sie die zur C 14-Methode gehörende Wachstumsfunktion.

b) 1991 wurde im Eis der Ötztaler Alpen die Mumie eines jungsteinzeitlichen Mannes gefunden („Ötzi"). Mit der C 14-Methode wurde sein Alter auf 5200 Jahre geschätzt. Wie hoch war der C 14-Anteil gegenüber dem ursprünglichen Wert?

c) Das Turiner Grabtuch ist ein Leinentuch (4,36 m lang und 1,1 m breit), das ein Ganzkörper-Bildnis der Vorder- und Rückseite eines Menschen zeigt. Es wird von vielen Gläubigen als das Tuch verehrt, in dem Jesus nach der Kreuzigung begraben wurde.
Am 21. April 1988 wurde unter Aufsicht der Öffentlichkeit ein schmales Stück entnommen und in drei verschiedenen Labors mit der C14-Methode untersucht. Alle Messungen ergaben, dass noch 92 % der ursprünglichen Menge an C14 enthalten ist.

11 *Verdopplungszeit*

Bei einem exponentiellen Wachstumsprozess $f(t) = A \cdot e^{kt}$ $(k > 0)$ gibt die Verdopplungszeit t_D an, in welcher Zeit sich die Menge der vorhandenen Substanz gerade verdoppelt.

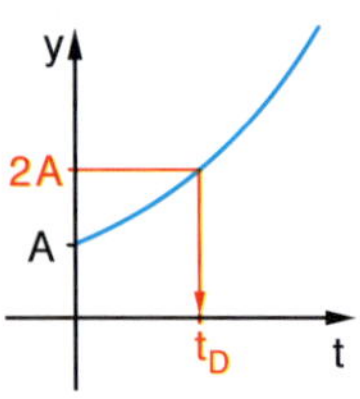

a) Leiten Sie eine Formel zur Bestimmung der Verdopplungszeit t_D mithilfe der Funktionsgleichung $f(t) = A \cdot e^{kt}$ her. Vergleichen Sie mit der Formel für die Halbwertszeit bei einem Zerfallsprozess.

b) • Eine Bevölkerung wächst gegenwärtig mit 1,7 % pro Jahr. Wie groß ist die Verdopplungszeit bei gleichbleibendem Wachstum?
• Vergleichen Sie jeweils mit der Verdopplungszeit bei 1 % bzw. 2 % Wachstum pro Jahr.
• Verdoppelt sich auch die Wachstumsgeschwindigkeit jeweils in der Zeit t_D?

Übungen

Exponentiell und linear

12 *Exponentielles und lineares Wachstum*

Stellen Sie zu den Wachstumsprozessen jeweils die passende Wachstumsfunktion auf. Skizzieren Sie die Graphen der Wachstumsfunktionen und ordnen Sie nach Typen des Wachstums. Vergleichen Sie die Typen.

Achten Sie auf die Achsenbezeichnungen.

a) Eine Insektenpopulation von 80 Tieren wächst monatlich um 15 %.

b) Eine 24 cm lange Kerze brennt stündlich um 0,5 cm ab.

c) Röntgenstrahlen werden durch Bleiplatten abgeschwächt. Die Strahlungsintensität nimmt dabei um 5 % ab, wenn die Platten 1 mm dicker werden.

d) In einem Liter Vollmilch sind 13 mg Vitamin C. Licht zersetzt stündlich 5 % der Vitamin-C-Menge, wenn die Milch in einer farblosen Flasche aufbewahrt wird.

Einmal fehlt eine Angabe, es gibt dann verschiedene Funktionen (Funktionenschar).

e) In eine 15 m³ große Zisterne fließen täglich durchschnittlich 50 Liter Regenwasser.

f) Frau Meier hat 5000 € zu 2,5 % Zinsen pro Jahr angelegt.

Lineares und exponentielles Wachstum im Vergleich

Lineares und exponentielles Wachstum sind zwei grundlegende Wachstumsmodelle, die aber zu sehr unterschiedlichen Einschätzungen zukünftiger Entwicklungen führen können. Der Mensch neigt dazu, alle Prozesse eher als lineare zu denken, in der Natur verlaufen aber viele Prozesse häufig zunächst eher exponentiell. HOIMAR VON DITHFURTH drückte das in den 80er Jahren des 20. Jahrhundert so aus: *Menschen zählen zeitlebens wie ABC-Schützen: eins, zwei … viele. Die Natur zählt, etwa bei Zellteilungen, anders: 400, 800, 1600, 3200 … unendlich. Wenn der Mensch nicht bald lernt, naturgemäß zu zählen, sprich: mit der Natur zu rechnen, wird er ausgezählt.* HOIMAR VON DITFURTH: „Unfähig zu zählen" (Natur 2/1985)

HOIMAR VON DITFURTH (1921–1989)

13 *Seerosen*

Auf einem 8 ha großen See befindet sich ein 100 m² großes Feld von Seerosen. Jährlich verdoppelt sich diese Fläche. Wenn ein See vollständig mit Seerosen bedeckt ist, stirbt er. Wann ist der See vollständig bedeckt? Wann ist er halbvoll bedeckt?
Als er halbvoll bedeckt ist, bemerkt eine Spaziergängerin: *„Oh, wie schön, diese Seerosen!"*
Was würden Sie ihr erzählen? Nehmen Sie Bezug zum Zitat von HOIMAR VON DITHFURTH.

14 *Bevölkerung und Nahrungsmittel*

Der britische Nationalökonom THOMAS ROBERT MALTHUS beschäftigte sich mit der Bevölkerungsentwicklung. Seine Kernaussagen lauten:

1. Die Bevölkerung wächst exponentiell.
2. Die Nahrungsproduktion wächst linear, da das Ackerland begrenzt ist und das pflanzliche Wachstum nicht beliebig gesteigert werden kann.

Im Original formuliert MALTHUS:

I said that population, when unchecked, increased in a geometrical ratio, and subsistence for man in an arithmetical ratio. Let us examine whether this position be just.
An essay on the principle of population, 1798, S. 6

THOMAS ROBERT MALTHUS (1766–1834)

- Nennen Sie Gründe, die den Annahmen von MALTHUS bzgl. des Bevölkerungswachstums und der Nahrungsmittelproduktion zugrunde liegen können.
- Als Konsequenz seiner Kernaussagen sagte MALTHUS Hungerepidemien voraus und sprach von einem „Krisenpunkt". Warum? Erläutern Sie dies und erstellen Sie zu den Kernaussagen eine aussagekräftige Skizze.
- Warum sind die Hungerepidemien ausgeblieben? Was konnte MALTHUS nicht wissen?

„Die Bäume wachsen nicht in den Himmel."

Es gibt Grenzen. So haben in einem Gebiet immer nur eine bestimmte Anzahl von Tieren eine Lebenschance. Abkühlender Kaffee kann nicht kälter werden als die Raumtemperatur und Autos können nur bis zu einer gewissen Menge verkauft werden. Sowohl bei linearem Wachstum als auch bei exponentiellem Wachstum wachsen die Bestände aber über alle Grenzen. Es müssen also neue Modelle gefunden oder die bestehenden verändert werden. Grundlegend ist dabei die Beobachtung, dass das Wachstum schwächer wird, wenn man in die Nähe der Grenze kommt. Der Weg dahin kann aber unterschiedlich verlaufen. Es gibt zwei wesentliche Verlaufsformen.

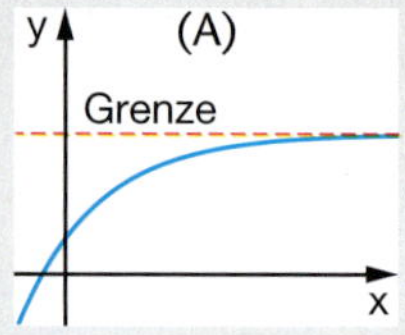

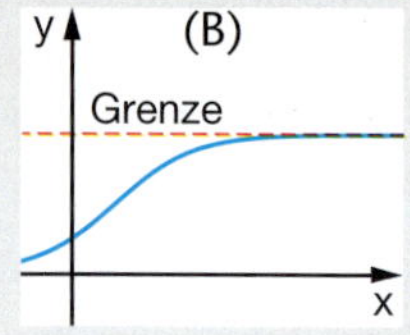

Übungen

15 *Smartphones, Sonnenblumen, ein Gerücht und Säugetiere*

a) Beschreiben Sie die Bestandsentwicklungen zu den beiden Modellen (A) und (B) aus dem Exkurs. Beziehen Sie dabei auch Skizzen der Ableitungsfunktionen mit ein.

b) Welches Modell erscheint Ihnen in den Situationen (1) – (4) angemessen. Geben Sie jeweils eine Begründung an.

Das Modell (A) wird im Anschluss behandelt, ein Experiment dazu in Aufgabe 23; Modell (B) in Aufgabe 24.

(1) Entwicklung der Verkaufszahlen eines Smartphones.

(2) Entwicklung des Längenwachstums von Sonnenblumen.

(3) Zwei Schüler setzen ein Gerücht in Umlauf. Wie verbreitet sich das Gerücht an der Schule?

(4) Wie entwickelt sich die Anzahl von Säugetieren, die ein Mensch in Minutenschritten nennen kann?

16 *Absatz eines TV-Geräts*

Ein TV-Gerät wird bei seiner Markteinführung 2000-mal verkauft. Umfragen haben ergeben, dass es maximal 20 000-mal verkauft werden kann und dass die Verkaufsrate zu Beginn am größten ist.

a) Zeichnen Sie den Graphen von $f(x) = -18 \cdot e^{-0{,}15x} + 20$ (x: Zeit in Monaten; f(x): Anzahl der verkauften Geräte in 1000 Stück). Begründen Sie, dass f ein passendes Modell in diesem Sachzusammenhang sein kann.

b) Wie viele Geräte sind nach zehn Monaten verkauft? Wann ist die Hälfte der maximalen Anzahl verkauft? Vergleichen Sie die Verkaufsraten zu diesen Zeitpunkten.

Begrenztes Wachstum

Wenn die Wachstumsgeschwindigkeit zu Beginn am stärksten ist und dann abnimmt, wenn der Bestand sich der Grenze nähert, ist häufig **Begrenztes Wachstum** ein passendes Modell. Es wird durch $f(x) = (A - G) \cdot e^{-kx} + G$ beschrieben. Dabei ist A der Anfangsbestand, G die Sättigungsgrenze und $k > 0$ die Wachstumskonstante.

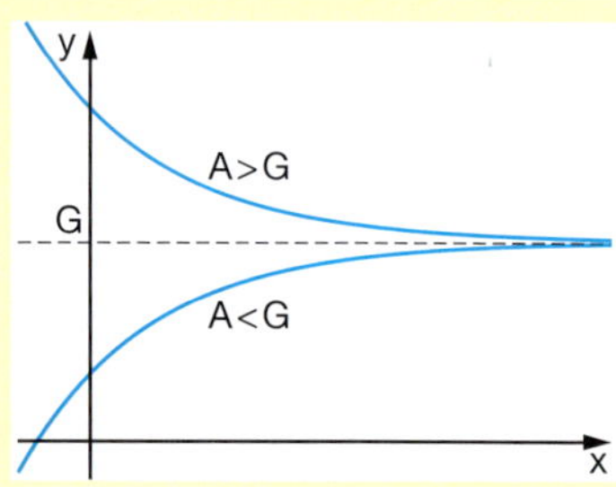

17 *Abkühlung und Erwärmung*

Nach Newton lassen sich Abkühlungs- und Erwärmungsvorgänge durch Funktionen des Typs $f(x) = a \cdot e^{-kx} + b$ beschreiben.

(1) $f(x) = 70 \cdot e^{-0{,}15x} + 20$ (2) $g(x) = -18 \cdot e^{-0{,}1x} + 25$

a) Zeichnen Sie beide Funktionen und ihre Ableitungen. Welche der beiden Gleichungen stellt einen Abkühlvorgang, welche eine Erwärmung dar?

b) Wie hoch ist jeweils die Anfangstemperatur und wie hoch die Raumtemperatur? Wählen Sie jeweils andere Werte für k und vergleichen Sie die Temperaturentwicklung. Welche Bedeutung hat k hier im Sachzusammenhang?

Übungen

Modellieren mit Daten

Knotenrechner: Rechner, die einzelne Netze miteinander verbinden.

18 *Ein Zeitungsartikel aus dem Jahr 1997*

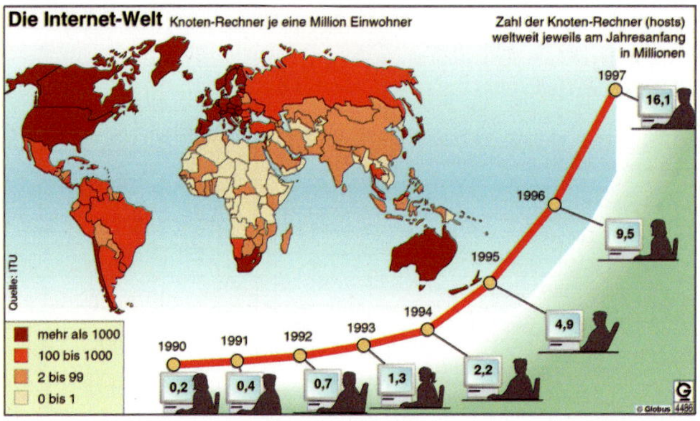

a) Ermitteln Sie zu den Daten eine geeignete Exponentialfunktion mit der Basis e. Wählen Sie hier x = 0 für das Jahr 1990.

b) Machen Sie mit Ihrem Modell eine Prognose für 2010. Versuchen Sie, aktuelle Daten zu bekommen.

Basiswissen

Modellfunktionen aus Daten

Häufig stehen zunächst nur Messwerte zur Verfügung.

Eine Tierpopulation entwickelt sich in folgender Weise:

Zeit in Jahren	0	1	2	3	4	5
Anzahl	10	18	35	69	123	234

Um weitergehende Aussagen über den Wachstumsprozess machen zu können, benötigt man eine passende Funktion. Eine sinnvolle Vorgehensweise dazu ist:

(1) **Festlegung eines Funktionstyps durch Analyse der Messwerte**

Bilden der Quotienten von Messwerten:

$\frac{18}{10} = 1{,}8$; $\frac{35}{18} \approx 1{,}94$; $\frac{69}{35} \approx 1{,}97$; $\frac{123}{69} \approx 1{,}78$; $\frac{234}{123} \approx 1{,}90$

Es gilt damit annähernd $f(x+1) \approx 1{,}9 \cdot f(x)$. Dies legt ein exponentielles Modell nahe.

(2) **Bestimmung der notwendigen Parameter für eine konkrete Funktion**

Hierzu gibt es verschiedene Strategien:

(A) Anfangswert $f(0) = 10$ und passenden Quotienten als Wachstumsfaktor wählen:
$f(x) = 10 \cdot e^{\ln(1{,}9) \cdot x} = 10 \cdot e^{0{,}6419x}$

(B) Regressionsfunktion:
$f(x) = 9{,}79 \cdot 1{,}8947^x = 9{,}79 \cdot e^{0{,}6391x}$

(C) Anfangswert $f(0) = 10$ und einen geeigneten Messpunkt wählen:
$P(4|123)$:
$10 \cdot e^{4k} = 123 \Rightarrow k = \frac{1}{4} \cdot \ln(12{,}3) \approx 0{,}6274$
$f(x) = 10 \cdot e^{0{,}6274x}$

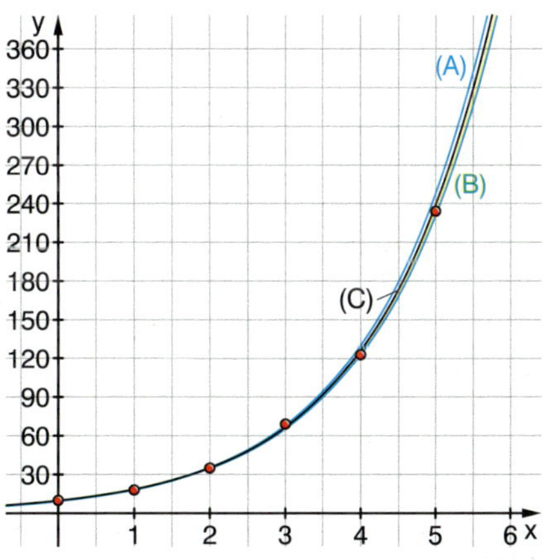

Übungen

19 *Hundewelpen*

Seit Geburt wurde ein Hundewelpe gewogen.

Woche	0	1	2	3	4	5	6	7	8
Gewicht in kg	0,50	0,61	0,72	0,87	1,05	1,26	1,50	1,82	2,18

Bestimmen Sie anhand dieser Datei ein passendes exponentielles Modell für diese Wachstumsphase.

Übungen

Jahr	Kumulierte Leistung in MW
1990	55
1992	173
1994	618
1996	1 546
1998	2 871
2000	6 104
2002	11 994

Setzen Sie 1990 als 0. Jahr, 1992 als 1. Jahr usw.

20 *Windkraftanlagen*

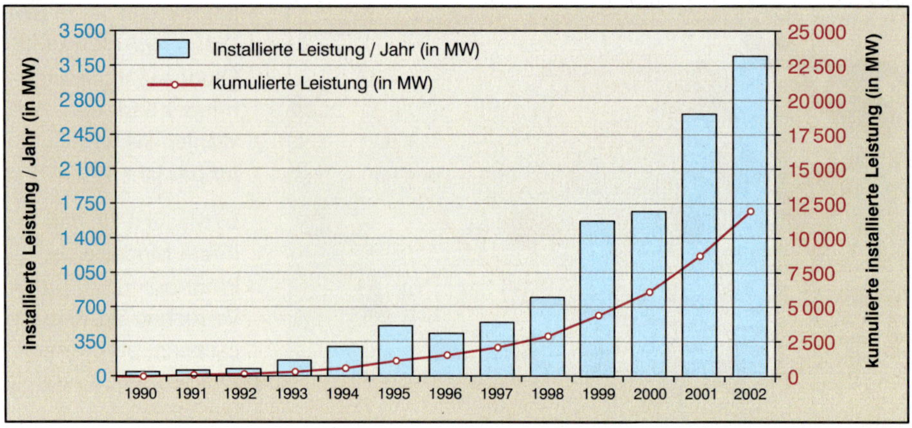

a) In dem Diagramm sind links die Leistung der in dem Jahr installierten Windkraftanlagen (Balkendiagramm) und rechts die Gesamtleistung aller Anlagen (rote Kurve) dargestellt. Die kumulierte Leistung erhält man, indem man die entsprechenden Jahresleistungen addiert. Die Werte der roten Kurve im Jahr x geben damit die Flächeninhalte unter der „Balkendiagrammkurve" von 1990 bis zum Jahr x an. Warum wird damit ein exponentielles Wachstumsmodell nahegelegt? Ermitteln Sie zu beiden Darstellungen eine passende Wachstumsfunktion.

b) Machen Sie mit Ihrem Modell Prognosen für die nächsten 10 Jahre. Beurteilen Sie Ihre Modelle. Suchen Sie aktuelle Daten im Netz und überprüfen Sie damit Ihre Modelle.

21 *Ein Fischbestand – drei Modelle*

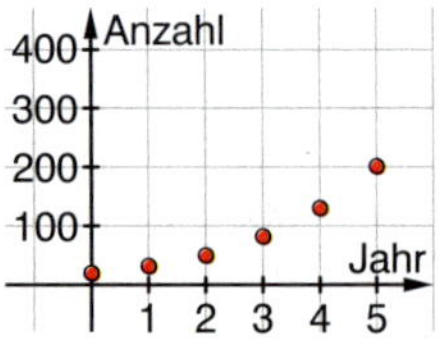

In einem Teich wurden vor 5 Jahren Fische ausgesetzt. Dann wurde jährlich der Bestand gemessen.

Jahr	0	1	2	3	4	5
Anzahl	20	32	50	82	130	201

Um zu wissen, wie der Fischbestand sich mittelfristig entwickelt, werden drei Institute beauftragt, Prognosen zu erstellen. Sie benutzen dabei unterschiedliche Modelle.

Institut A:	Institut B:	Institut C:
$A(x) = 20e^{0{,}45x}$	$B(x) = 7x^2 + 20$	$C(x) = (x+1)^3 + 20$

a) Zeigen Sie, dass alle drei Modelle gut zu den Daten passen.
b) Wie viele Fische wird es nach den Modellen in 3 bzw. in 5 Jahren geben? Wann wird es nach den Modellen 800 Fische in dem See geben? Welchem Modell stimmen Sie am ehesten zu? Begründen Sie.
c) Nehmen Sie auf Grundlage der Ergebnisse aus a) und b) Stellung zu der nebenstehenden Aussage.

> Auch sehr unterschiedliche Prognosen können gleichzeitig gut begründet sein.

KOPFÜBUNGEN

1 Schreiben Sie auf einen Bruchstrich: $\frac{a}{b} + \frac{b}{a}$

2 Beschreiben Sie die Punktmengen geometrisch:
a) alle Tripel $(0|1|z)$ mit $z \in \mathbb{R}$ b) alle Tripel $(2|y|z)$ mit $y, z \in \mathbb{R}$

3 Bestimmen Sie jeweils alle Nullstellen:
a) $f(x) = \left(x + \frac{1}{3}\right)^2$ b) $g(x) = \sqrt{x + 0{,}1}$ c) $h(x) = 3 \cdot e^{2x} + x^2$

Aufgaben

22 *Ein sozialwissenschaftlich – psychologisches Experiment*

Wie viele Säugetierarten kennt eine Person? Wie schnell erfolgen die Nennungen? Gibt es einen Zusammenhang zwischen der Anzahl der Arten, die eine Person kennt, und der Geschwindigkeit, diese zu nennen?

Tierarten
Eine Art ist die kleinste Gruppe von Tieren, die sich untereinander, jedoch nicht mit Angehörigen anderer Arten, fortpflanzen können. Es gibt ca. 4000 Säugetierarten.

Interessante Einblicke in den Vorgang der kontinuierlichen Produktion kontrollierter Assoziationen vermitteln die Untersuchungen von BOUSFIELD und seinen Schülern (1944, 1950). Die Versuchspersonen hatten die Aufgabe, innerhalb eines festgelegten Rahmens (z. B. Säugetiere, Städtenamen) möglichst viele Assoziationen zu produzieren. Die Anzahl der in aufeinanderfolgenden Intervallen von je 2 Minuten niedergeschriebenen Einfälle lässt einen sehr typischen Verlauf erkennen. Es handelt sich um eine negativ beschleunigte Funktion, die einem maximalen Grenzwert C entgegenstrebt. Ihre Form wird durch die Gleichung $N(t) = C \cdot (1 - e^{-m \cdot t})$ beschrieben, in der e die Basis des natürlichen Logarithmus, m die Zuwachsrate, t die verstrichene Zeit und N die Anzahl der bis zum Zeitpunkt t produzierten Assoziationen ist.

Quelle: www.sgipt.org/wisms/av/hofst1.htm

a) Führen Sie den Test partnerweise durch.
Einer nennt die Tierarten, der Partner zählt und notiert. Übertragen Sie dazu die Tabelle in Ihr Heft. Wechseln Sie nach jeweils 2 Minuten in die nächste Zeile und summieren Sie in der Spalte „Summe“.
Erstellen Sie ein Diagramm
Zeit → Anzahl genannter Tierarten.

Zeit (in min)	Anzahl genannter Tierarten	
	Strichliste	Summe
2	■	■
4	■	■
6	■	■
...	■	■
18	■	■
20	■	■

Ein Beispiel für ein Testergebnis:

Zeit	Anzahl
2	22
4	33
6	40
8	45
10	50
12	54
14	57
16	59
18	61
20	63

b) Benutzen Sie zum Modellieren den im Text genannten Funktionstyp $N(t) = C \cdot (1 - e^{-m \cdot t})$.
Legen Sie basierend auf Ihrer Messreihe eine angemessene Grenze für das Reservoir C an Säugetieren bei der Testperson fest.
Bestimmen Sie damit einen passenden Wert von m, indem Sie einen Messwert benutzen und geben Sie eine zu Ihren Messwerten passende Funktion an.
Vergleichen Sie die gefundenen Funktionen im Kurs und einigen Sie sich auf einen „Durchschnittssäugetierartennenner“.

Eine Anmerkung:
Natürlich gibt es keine halben Säugetiere und Messwerte gibt es auch nur zu bestimmten Zeitpunkten. Trotzdem kann hier sinnvoll mit einer kontinuierlichen Funktion modelliert werden, solange die Daten passen.

Aufgaben

23 *Ein Gerücht*

Vier Schüler fangen an, um 8.00 Uhr in einer Schule mit 900 Schülerinnen und Schülern ein Gerücht zu verbreiten. Um 9.00 Uhr kennen schon 24 Schüler das Gerücht.

Wie verbreitet sich das Gerücht?

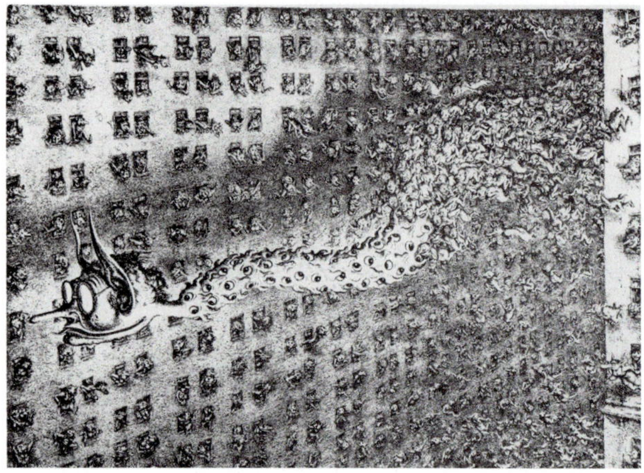

P. Weber: Das Gerücht

a) Beschreiben Sie, wie sich Ihrer Meinung nach das Gerücht ausbreitet und skizzieren Sie ein dazu passendes Diagramm (x: Zeit in Stunden; y: Anzahl der Schüler, die Gerücht kennen). Achten Sie auch auf die Ausbreitungsgeschwindigkeit.

b) Zeigen Sie, dass $f(x) = \frac{900}{1 + 224 \cdot e^{-1{,}8x}}$ gut zu den Daten passt. Skizzieren Sie f. Vergleichen Sie mit Ihrem Graphen aus a).

c) • Wie viele Schüler kennen nach dem Modell in b) das Gerücht nach 2 Stunden, wie viele nach 4 Stunden?
• Wann kennen 450 Schüler das Gerücht? Wann alle 900?

Logistisches Wachstum

Wenn die Wachstumsgeschwindigkeit zunächst zunimmt und ab einem gewissen Zeitpunkt immer mehr abnimmt, wenn der Bestand sich der Grenze nähert, ist häufig **logistisches Wachstum** ein passendes Modell. Es wird durch $f(x) = \frac{G}{1 + b \cdot e^{-k \cdot x}}$ beschrieben. Dabei ist G der Grenzbestand, k die Wachstumskonstante und A mit $A = f(0) = \frac{G}{1 + b}$ der Anfangsbestand.

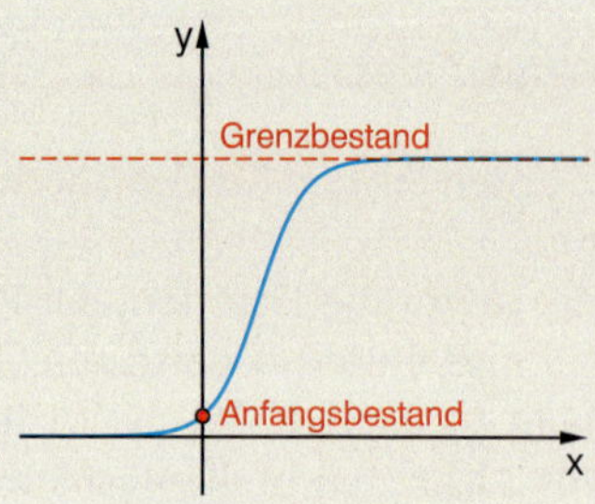

24 *Sonnenblumen*

1919 untersuchten H. S. Reed und R. H. Holland das Wachstum von Sonnenblumen. Die Tabelle gibt ihre Messdaten an.

Zeigen Sie, dass $f(x) = \frac{260}{1 + 25\,e^{-0{,}1x}}$ gut zu den Daten passt.

Wie hoch wächst nach diesem Modell die Sonnenblume? Skizzieren Sie die Wachstumsgeschwindigkeit mithilfe einer Sekantensteigungsfunktion. An welchem Tag ist die Wachstumsgeschwindigkeit am größten?

Zeit (Tage)	Höhe (cm)
0	8,0
7	17,9
14	36,4
21	67,8
28	98,1
35	131,0
42	169,5
49	205,5
56	228,3
63	247,1
70	250,5
77	253,8
84	254,5

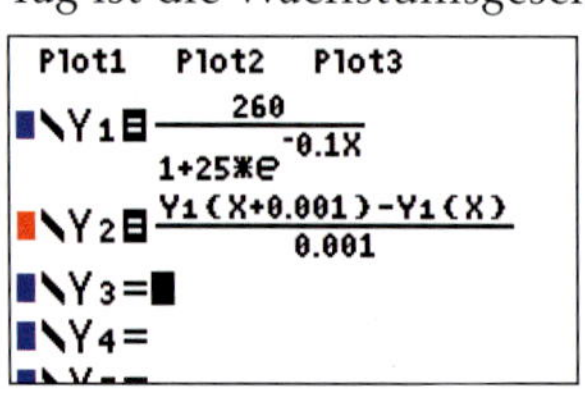

5.4 Modelle mit e-Funktionen

Was Sie erwartet

Mit e-Funktionen lassen sich vielfältige mathematische Probleme bearbeiten und reale Situationen beschreiben. Nach den Wachstumsmodellen werden hier nun weitere, vor allem auch komplexere Anwendungsprobleme aufgegriffen. Dabei werden die bereits erworbenen Kenntnisse und Methoden der Analysis trainiert und erweitert. Um eine erfolgreiche Mathematisierung zu erreichen, muss zunächst der Sachzusammenhang angemessen erfasst werden, ehe die Übersetzung in ein mathematisches Modell erfolgt. Von gleicher Wichtigkeit ist aber auch das Überprüfen der errechneten Werte am Sachzusammenhang.

Aufgaben

1 *Konzentration eines Medikaments*

Die Wirkung eines Medikaments hängt entscheidend von seiner Dosierung ab. Zu kleine Dosen entfalten oft keine Wirkung, zu hohe sind oft schädlich oder führen sogar zu Vergiftungen.
Die Abbildung zeigt den zeitlichen Verlauf der Konzentration eines Medikaments im Blut. Pharmakologen verwenden zum Modellieren der Konzentration häufig Exponentialfunktionen.

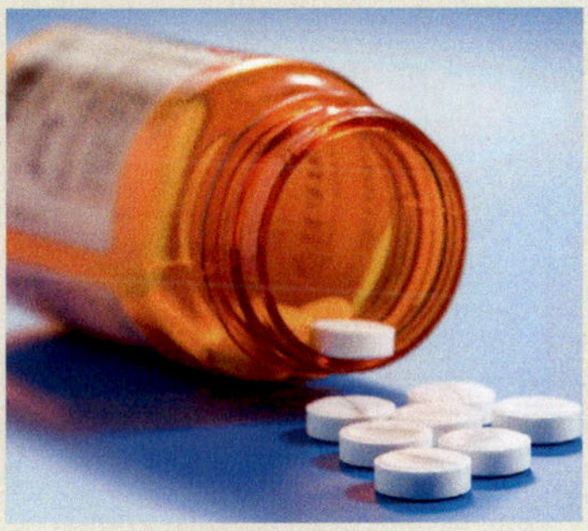

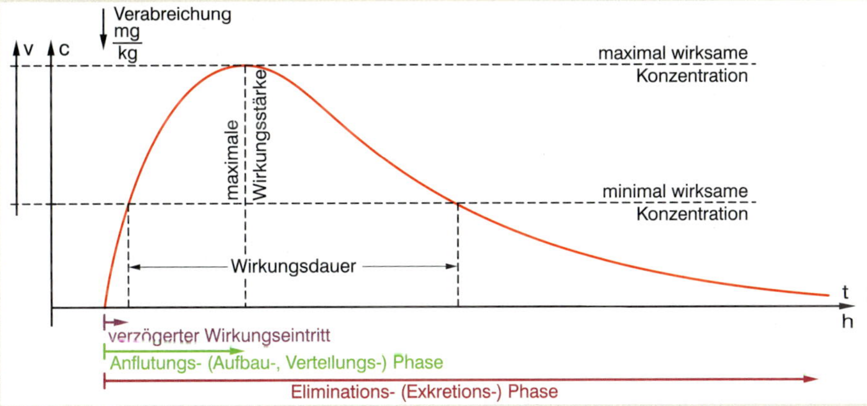

a) Die Funktion $K(t) = t \cdot e^{-0,1t}$ (t in h; K(t) in mg/kg) ist ein Modell für den zeitlichen Verlauf der Wirksamkeit eines Medikaments. Beschreiben Sie die in der Grafik eingetragenen Bereiche (Wirkungsdauer, maximale Wirkungsstärke usw.) zu diesem Medikament und geben Sie die zugehörigen Werte an. Die minimal wirksame Konzentration beträgt 2 mg/kg.

b) Zu welchem Zeitpunkt ist der Aufbau der Konzentration am stärksten, zu welchem ist der Abbau am stärksten?

c) Wann ist das Medikament vollständig abgebaut? Vergleichen Sie Modell und Wirklichkeit.

d) $K_1(t) = t \cdot e^{-0,2t}$ und $K_2(t) = 2 \cdot t \cdot e^{-0,1t}$ sind Modelle für den zeitlichen Verlauf der Konzentration im Blut von zwei anderen Medikamenten. Skizzieren Sie die Modelle und vergleichen Sie mit dem Modell aus a). Beschreiben Sie die Gemeinsamkeiten und Unterschiede im Sachzusammenhang.

Hinweis:
Zur Untersuchung von K(t) können Sie Sekantensteigungsfunktionen $\frac{K(t+0,001)-K(t)}{0,001}$ oder Ableitungen benutzen.

Aufgaben

2 *Aus der Ökonomie*

Bei der Absatzplanung von Firmen ist häufig die Frage bedeutsam:
Welcher Stückpreis kann bei einer angestrebten Absatzmenge erzielt werden?
Meistens gilt: Wenn man viel verkaufen will, müssen die Produkte günstig sein. Wenn sie aber zu günstig sind, bleibt vielleicht kaum ein Gewinn übrig.

Da Unternehmen meist nicht wissen, wie viele Produkte sie zu welchem Preis verkaufen können, sind sie zunächst auf gedankliche Modelle angewiesen. Dazu konstruieren sie Preisabsatzfunktionen, die einer Absatzmenge x einen Stückpreis P(x) zuordnen.

a) Beschreiben Sie, in welcher Weise die drei Graphen den Zusammenhang zwischen Absatzmenge x und Stückpreis P(x) modellieren. Welche der Graphen erscheinen Ihnen sinnvoll zu sein? Wo liegen die Unterschiede in den Modellen?

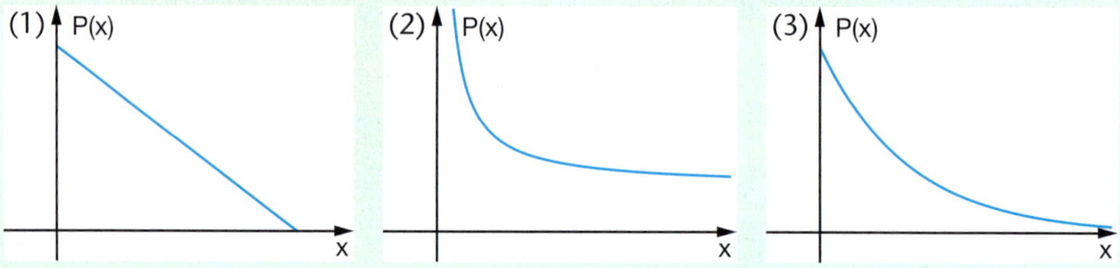

Der Umsatz wird auf diese Art modelliert: Umsatz = Preis · Menge

Warum gilt hier nicht: „Je mehr verkauft wird, desto höher der Umsatz"?
Haben Sie eine Vermutung zur Entwicklung des Umsatzes in Abhängigkeit der Absatzmenge? Skizzieren Sie einen möglichen Graphen einer Umsatzfunktion (x: Absatzmenge; U(x): Umsatz).

b) Eine Firma hat aus früheren Erfahrungen und Umfragen ein Modell erarbeitet, das den Preis P(x) eines Produktes in Abhängigkeit vom angestrebten Absatz von x Einheiten/Tag durch folgende Funktion beschreibt:
$P_1(x) = 300 \cdot e^{-0,02x}$ (x: Absatzmenge in Stück; P(x): Stückpreis in €)
- Skizzieren Sie $P_1(x)$ und beschreiben Sie die Entwicklung des Verkaufspreises in Abhängigkeit der nachgefragten Menge. Vergleichen Sie mit den Graphen aus a).
- Geben Sie die Umsatzfunktion $U_1(x)$ an. Skizzieren Sie $U_1(x)$ und beschreiben Sie die Entwicklung des Umsatzes in Abhängigkeit der nachgefragten Menge. Ermitteln Sie den maximalen Umsatz.

c) $P_2(x) = 500 \cdot e^{-0,02x}$ und $P_3(x) = 300 \cdot e^{-0,01x}$ sind andere Preisabsatzfunktionen von demselben Typ. Beschreiben Sie die Unterschiede zu P_1 im Sachzusammenhang. Wie entwickeln sich hier die Umsätze?

d) P_4 und P_5 sind Preisabsatzfunktionen von einem anderen Typ als P_1. Skizzieren Sie diese Funktionen und geben Sie die zugehörigen Umsatzfunktionen an. Wie entwickeln sich hier die Umsätze?

$P_4(x) = -1,5x + 300$
$P_5(x) = \frac{5000}{x} + 100$

Vergleichen Sie die Modelle P_1, P_4 und P_5 und die zugehörigen Umsatzentwicklungen. Worin liegen die Unterschiede?

Basiswissen

Funktionen treten in vielen Anwendungen auf. Wenn man ein mathematisches Modell zur Verfügung hat, sollte man überprüfen, ob es zur Realsituation passt, ehe man dann mit dem Modell Fragen an die Realität mathematisch beantwortet.

Anwendung mit exponentiellen Modellen

Situation: Die Bekämpfung von sehr schnell wachsenden Schädlingsbeständen mit Pestiziden führt meist nicht zur sofortigen Abnahme und Beseitigung der Schädlinge, weil die Wirkung der eingesetzten Mittel erst mit der Zeit erfolgreich einsetzt.

Modell: $S(t) = e^{0,2t}(50 - e^{0,2t}) = 50e^{0,2t} - e^{0,4t}$ (t: Zeit in Tagen; S(t): Anzahl der Schädlinge in 1000 Stück)

Fragestellung	Antwort
• Beschreibt die Funktion S(t) den zeitlichen Verlauf eines Schädlingbestandes nach Versprühen eines Pestizids (t = 0) angemessen? • Wann sind nach diesem Modell die Schädlinge beseitigt?	**Graphen zeichnen und beschreiben** 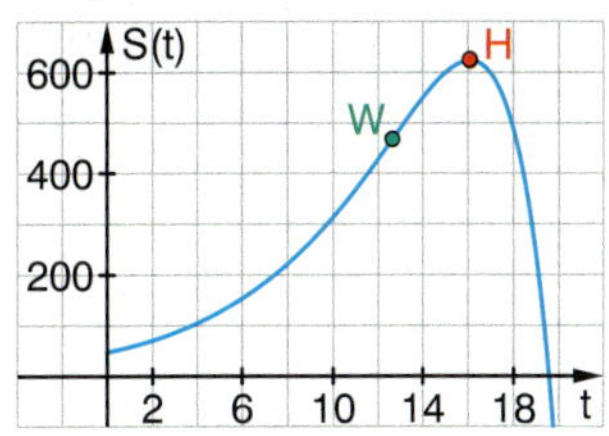 Die Population wächst zunächst, dann ($t \approx 16$) schnelle Abnahme, nach ca. 20 Tagen sind keine Schädlinge mehr vorhanden. Nullstelle: $t \approx 20$
• Wann ist der Höchststand an Schädlingen vorhanden? • Wann ist die Wachstumsgeschwindigkeit am größten?	**Charakteristische Punkte aus Graphen ablesen** Der Höchstand (Hochpunkt) sind ca. 620 000 Schädlinge nach 16 Tagen. Die maximale Wachstumsgeschwindigkeit ist nach 12–13 Tagen (Wendepunkt).
• Jeder Schädling vertilgt pro Tag ca. $4\,cm^2$ Blattfläche. Wie viel Blattfläche wurde von den Schädlingen insgesamt gefressen?	**Integral unter Kurve bestimmen** (Anzahl der verzehrten Tagesportionen) $\int_0^{20} S(t)\,dt \approx 6000$; $4\,cm^2 \cdot 1000 \cdot 6000 = 24\,000\,000\,cm^2$ Es werden ca. $2400\,m^2$ Blattfläche gefressen.

Übungen

3 *Verkauf von Kaffeeautomaten*

Zwei unterschiedliche Typen von Kaffeeautomaten werden gleichzeitig am Markt eingeführt. Auf der Grundlage von Umfragen und bisherigen Erfahrungen wird der Verkauf durch die beiden folgenden Funktionen modelliert:

Typ 1:
$T_1(x) = 3x \cdot e^{-0,25x}$

Typ 2:
$T_2(x) = 0,5x^2 \cdot e^{-0,25x}$

x: Zeit in Monaten
x = 0: Zeitpunkt der Markteinführung
y: Stückzahl in 1000/Monat

a) Skizzieren Sie jeweils die Absatzfunktionen. Beschreiben und vergleichen Sie die jeweiligen Absätze. Wo liegt ein wesentlicher Unterschied in der Modellierung des Absatzes der beiden Gerätetypen?

b) Bestimmen Sie jeweils die maximalen Absätze pro Monat und deren Zeitpunkt. Wann sind die Zunahme bzw. Abnahme der abgesetzten Stückzahlen/Monat jeweils maximal? Erklären Sie damit rechnerisch den qualitativen Unterschied in der Absatzentwicklung.

Stammfunktion zu T_1:
$-12(x + 4) \cdot e^{-0,25x}$

Stammfunktion zu T_2:
$(-2x^2 - 16x - 64) \cdot e^{-0,25x}$

c) Begründen Sie, dass die Absatzfunktionen Änderungsfunktionen sind.
Wie viele Geräte werden nach den Modellen jeweils in den ersten 3 Monaten abgesetzt, wie viele in den ersten 2 Jahren? Interpretieren Sie das Ergebnis. Untersuchen Sie grafisch, wann von beiden Gerätetypen gleich viel abgesetzt wurde.

Übungen

4 Ein Medikament

Die Firma *Phazierma* bietet das Beruhigungsmittel *Riezan* an. Für zwei unterschiedliche Dosen wird die Wirkung f (in Prozent) in Abhängigkeit von der Zeit x (in min) durch die beiden Funktionen

$f_1(x) = x \cdot e^{-0{,}01x}$ und $f_2(x) = 1{,}5x \cdot e^{-\frac{x}{150}}$ beschrieben. x = 0: Zeitpunkt der Einnahme

a) Die Abbildung zeigt den Verlauf der Wirkung für die beiden Dosismengen.
Erläutern Sie für diese beiden Dosen den Verlauf des Graphen und vergleichen Sie die Wirkungen miteinander.
Ermitteln Sie jeweils das Maximum der Wirkung und den Zeitpunkt der maximalen Abnahme. Wie hoch ist zu diesem Zeitpunkt noch die Wirkung?

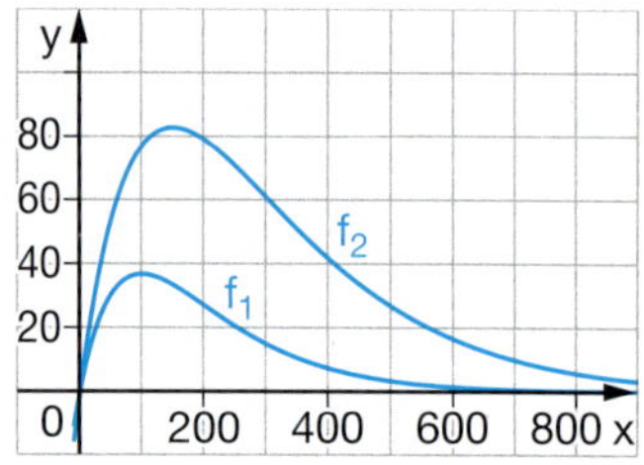

b) Phazierma hat festgestellt, dass die Fläche unter dem Graphen von f ein Maß für die Belastung des Körpers durch das Präparat ist. Weisen Sie nach, dass

$F_1(x) = (-100x - 10000) \cdot e^{-0{,}01x}$ bzw. $F_2(x) = (-225x - 33750) \cdot e^{-\frac{x}{150}}$

jeweils eine passende Stammfunktion ist.
Bestimmen Sie für beide Dosen die Werte für die Belastung im Zeitraum von 12 Stunden nach Einnahme.

5 Aufnahme und Abgabe von Stoffen

Wirkstoffe von Arzneimitteln werden vom Körper aufgenommen, verteilen sich im Körper, unterliegen Stoffwechselprozessen und werden wieder abgegeben. In einem vereinfachenden Modell wird angenommen, dass die Aufnahme und Abgabe jeweils exponentiell zerfallend ist.

Die Funktion $f(x) = 2(e^{-0{,}5x} - e^{-3x})$ (x: Zeit in Stunden; f(x): Konzentration in mg/l) beschreibt einen solchen Prozess.

a) Skizzieren Sie f und f'. Beschreiben Sie mithilfe beider Funktionen den Verlauf der Konzentration des Medikaments im Blut.
Bestimmen Sie den Hoch- und den Wendepunkt. Interpretieren Sie die berechneten Werte im Sachkontext.

b) Das Medikament wirkt, wenn die Konzentration mindestens 0,25 mg/l beträgt. Bestimmen Sie den Wirkzeitraum des Medikaments nach Einnahme.

HARRY BATEMAN
(1882–1946)
britischer Mathematiker

f ist ein Beispiel für eine *Bateman-Funktion*. Diese Funktionen haben die allgemeine Gleichung $f(x) = k \cdot (e^{-ax} - e^{-bx})$; $k, a, b \geq 0$, $a < b$. Diese Funktionen sind ein allgemeines Modell für die Aufnahme und Abgabe eines Stoffes in Abhängigkeit der Zeit. Aufnahme und Abgabe werden jeweils durch eine e-Funktion modelliert.

c) Wie wirken sich einzelne Veränderungen der Parameter k, a und b aus?
Beschreiben Sie diese Auswirkungen mithilfe der Skizzen. Warum muss $a < b$ gelten?

a = 0,5; b = 3; k variabel — a variabel; b = 3; k = 2 — a = 0,5; b variabel; k = 2

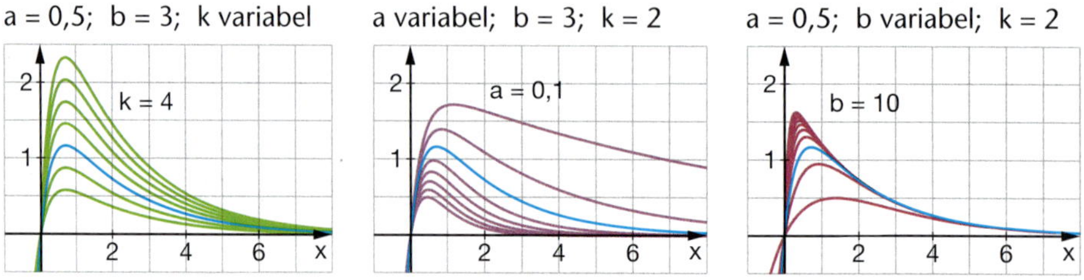

Übungen

6 *Kettenlinie*

Eine frei hängende Kette nimmt unabhängig von der Aufhängung und der Länge eine parabelförmige Form an. Ist es auch eine Parabel?
Die Abbildung zeigt zwei nach Anschauung passende Graphen verschiedener Funktionstypen:
$p(x) = 0{,}75 \cdot x^2 + 1$; $K(x) = 0{,}5 \cdot (e^x + e^{-x})$
Zeichnen Sie beide zugehörigen Graphen und beschreiben Sie den unterschiedlichen Verlauf. Präzisieren Sie die Unterschiede mithilfe der ersten und zweiten Ableitungen.

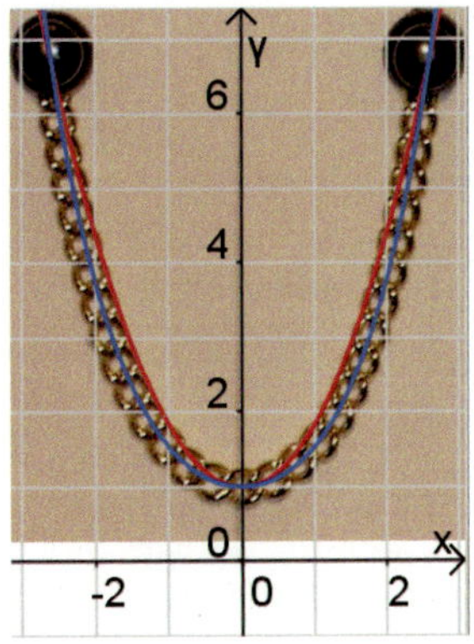

Das Problem der hängenden Kette

Das Problem, die Linie einer frei hängenden Kette durch eine Funktion zu beschreiben, taucht schon bei GALILEI auf. Er glaubte, dass die Kurve eine Parabel ist. HUYGENS wies dann als 17-Jähriger nach, dass es keine Parabel sein kann.

Später (1690) wurde das Problem von LEIBNIZ, HUYGENS und JOHANN BERNOULLI gelöst. Sie konnten mit physikalisch-mathematischen Mitteln zeigen, dass die Kette folgende Bedingung erfüllen muss: $f''(x) = k \cdot \sqrt{1 + f'(x)^2}$.
Diese Bedingung wird aber nur von den Funktionen $K_k(x)$ erfüllt und nicht von Parabeln. Diese Funktionen heißen daher auch **Kettenlinien.**

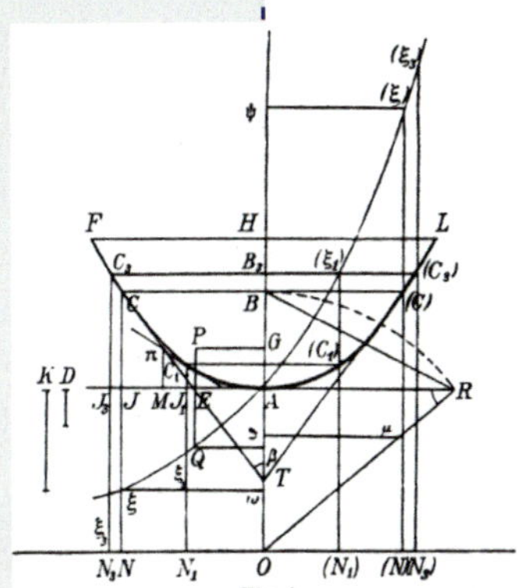

Aus einem Manuskript von LEIBNIZ

Brücken und Kettenlinien

Eventuell haben Sie schon einmal Brückenbögen mithilfe einer Parabel modelliert. Sind das nun eigentlich auch Kettenlinien?
Von der Form her passen sicher beide Kurventypen ganz gut. Mit mathematisch-physikalischen Methoden kann man aber zeigen, dass die Bögen bei Hängebrücken wie der Golden Gate Bridge angemessener mit Parabeln modelliert werden, frei hängende Hängebrücken, wie die Salbitbrücke, besser mit einer Kettenlinie. Wo liegt der Unterschied?
Bei den Straßenbrücken hängt an den Bögen eine sehr große Last, nämlich die Fahrbahn. Dies ist bei den frei hängenden Brücken nicht der Fall.

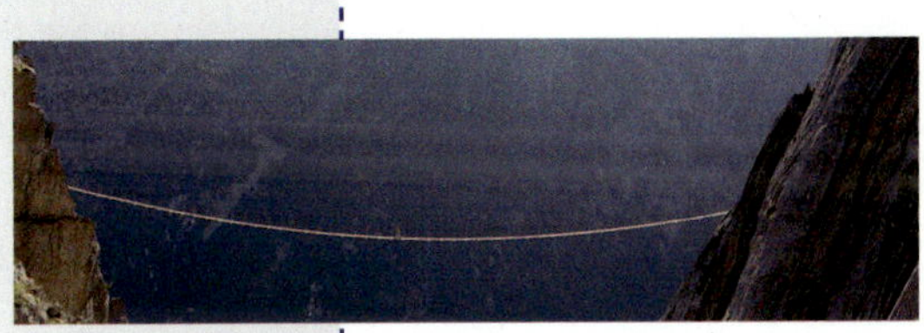

Salbitbrücke (Schweiz)

Golden Gate Bridge (USA)

KOPFÜBUNGEN

1 Lösen Sie die Gleichung: $x^2 + 6x + 5 = 0$

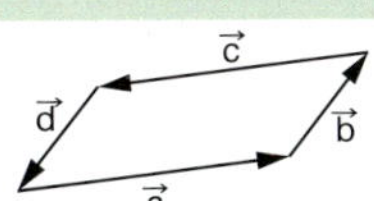

2 Die Vektoren $\vec{a}$, $\vec{b}$, $\vec{c}$ und $\vec{d}$ bilden ein Parallelogramm.

a) Bestimmen Sie: $\vec{a} + \vec{c} = ■$ $\vec{a} - \vec{c} = ■$ $\vec{a} + \vec{b} + \vec{c} = ■$ $\vec{a} + \vec{b} + \vec{c} + \vec{d} = ■$

b) Geben Sie die beiden Diagonalen nur mithilfe von $\vec{a}$ und $\vec{b}$ an.

3 Welche Funktion wächst auf Dauer am stärksten?
$f(x) = 2x$ $g(x) = 2^x$ $h(x) = x^2$

Aufgaben

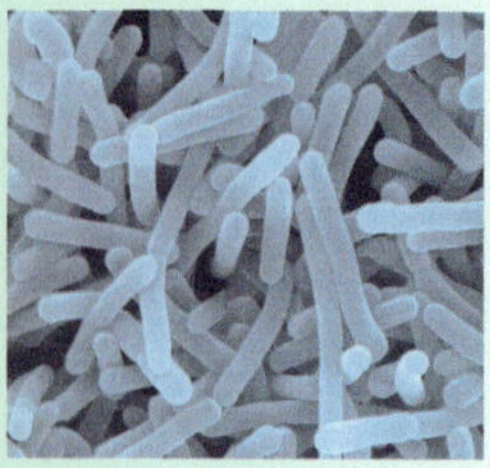

7 *Eine Grippewelle*

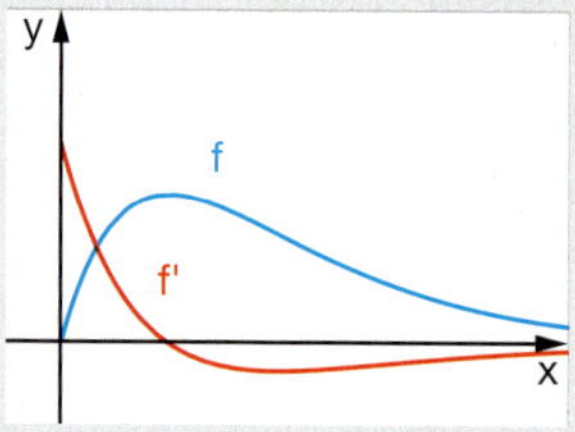

In diesem Lernabschnitt haben Sie häufig Prozesse modelliert, bei denen das Wachstum zunächst zunimmt, dann aber wieder abnimmt. Häufig beschreiben Funktionen des Typs $f(x) = a \cdot x \cdot e^{-kx}$ dieses Verhalten angemessen. Allerdings ist bei diesen Modellen die Wachstumsgeschwindigkeit immer zu Beginn des Prozesses maximal, sie nimmt ab, bis der Maximalbestand erreicht ist. Bei Grippewellen wächst die Anzahl der Infizierten zunächst auch, aber zu Beginn langsam, weil nur wenige infiziert sind. Wenn aber immer mehr Personen auf Infizierte treffen, wird die Geschwindigkeit der Zunahme an Infizierten größer, ehe so viele krank sind, dass man mehr auf Infizierte trifft als auf nicht Infizierte; die Zunahme an Infizierten nimmt wieder ab, bis die Maximalanzahl an Grippekranken erreicht ist. Nach einer gewissen Zeit ebbt die Welle dann ab, bis schließlich alle Menschen wieder grippefrei sind.

a) Skizzieren Sie den Verlauf einer Grippewelle so, dass er zu den Aussagen im obigen Text passt. Skizzieren Sie auch die Wachstumsgeschwindigkeit nach Anschauung. Vergleichen Sie mit der Wachstumsgeschwindigkeit von $g(x) = 10x \cdot e^{-0,5x}$

b) • Skizzieren Sie $f(x) = e^{0,2x - 0,01x^2}$ (x: Zeit in Tagen, f(x): Anzahl der Infizierten in 100 Personen) und begründen Sie damit, dass f den Verlauf einer Grippewelle angemessen beschreibt.

• Zeigen Sie, dass $f'(x) = (-0,02x + 0,2) \cdot e^{0,2x - 0,01x^2}$ gilt (Kettenregel). Skizzieren Sie f' und bestätigen Sie damit Ihre Beschreibung aus a). Passen die Graphen zu Ihren Graphen aus a)?

• Bestimmen Sie die maximale Anzahl an Infizierten und die Zeitpunkte maximaler Zu- bzw. Abnahme der Infizierten. Benutzen Sie eine Sekantensteigungsfunktion.

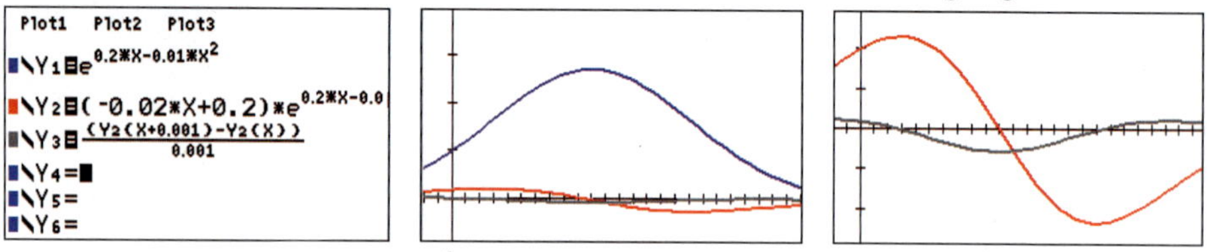

Die Funktionen $f_{a,g}(x) = e^{a \cdot x - g \cdot x^2}$ beschreiben den Verlauf der Grippewelle für unterschiedliche Ansteckungsraten a und Gesundungsraten g.

c) Welche Bedeutung im Sachkontext haben Variationen der Parameter a und g? Beschreiben Sie jeweils die Auswirkungen von unterschiedlichen Ansteckungs- und Gesundungsraten.

g = 0,01; a variabel

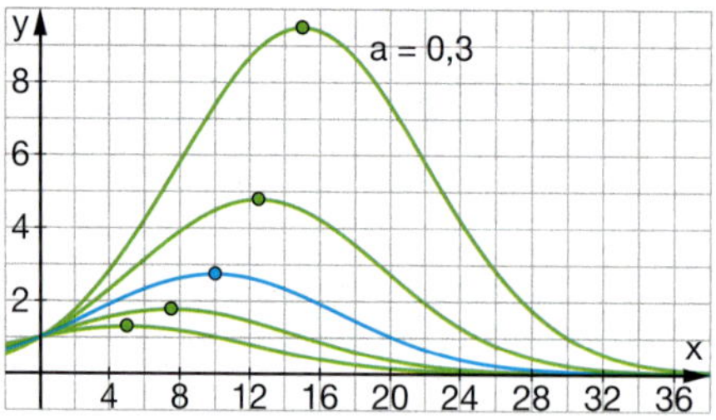

a = 0,2; g variabel

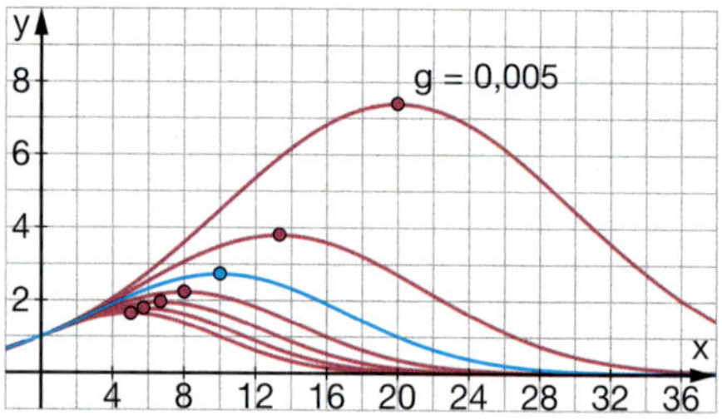

d) Welche Bedeutung haben a und g, wenn es sich um die Entwicklung von Bakterien in einer Petrischale handelt? Beschreiben Sie auch hier die Bedeutung und Auswirkungen von Variationen.

CHECK UP

Exponentialfunktionen und ihre Anwendungen

1 *Ableitungen bestimmen 1*

Bestimmen Sie die Ableitung zur Funktion. Geben Sie die verwendete Regel an.

a) $f(x) = (x^2 + 1)(3x - 1)$ b) $f(x) = (x^2 + 1)^3$ c) $f(x) = x^{-4}$

d) $f(x) = x^2 \cdot \sin(x)$ e) $f(x) = \sin(3x - 1)$ f) $f(x) = \frac{\sin(x)}{x}$

2 *Verkettungen*

$f(x)$ ist eine Funktion mit der Ableitung $f'(x)$. Bestimmen Sie jeweils die Ableitung der Funktion.

a) $g(x) = (f(x))^2$ b) $h(x) = \sqrt{f(x)}$ c) $k(x) = \frac{1}{f(x)}$

3 *Ein Extrempunkt*

Eine Funktion $f(x)$ hat den Extrempunkt $E(1\,|\,0)$. Weisen Sie nach, dass auch die Funktion $g(x) = x \cdot f(x)$ diesen Extrempunkt besitzt.

4 *Eine „Warum"-Frage und eine Begründung*

Warum ist die Ableitung von $f(x) = e^{-x}$ nicht $f'(x) = e^{-x}$?

a) Geben Sie eine Erklärung mithilfe der Ableitungsregeln.

b) Begründen Sie grafisch-geometrisch, dass $f'(x) = -e^{-x}$ gilt.

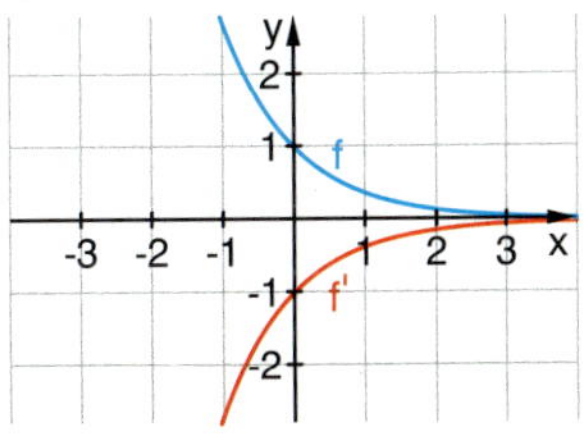

5 *Funktionsterme finden*

Geben Sie zu jedem Bild einen geeigneten Funktionsterm an. Benutzen Sie zur Überprüfung auch f'.

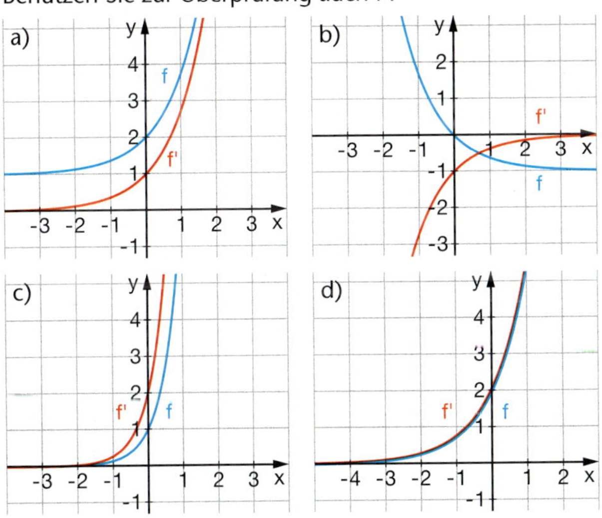

6 *e-Funktionen bewegen*

a) Geben Sie den Funktionsterm an, wenn man $f(x) = e^x$

(1) an der y-Achse spiegelt.

(2) an der x-Achse spiegelt.

(3) um 3 Einheiten in die negative x-Richtung verschiebt.

(4) um 2 Einheiten in die positive y-Richtung verschiebt.

b) Durch welche geometrischen Abbildungen lassen sich die Funktionen f, g und h aus $f(x) = e^x$ erzeugen?

$f(x) = e^{x-2} - 1$ $g(x) = 3 \cdot e^{-x}$ $h(x) = -2 \cdot e^{-x} + 1$

Ableitungsregeln

Produktregel

$p(x) = f(x) \cdot g(x)$

$p'(x) = f'(x) \cdot g(x) + f(x) \cdot g'(x)$

Kurzform: $(uv)' = u'v + uv'$

Kettenregel

$k(x) = f(g(x))$

$k'(x) = g'(x) \cdot f'(g(x))$

Merkregel

Ableitung der inneren Funktion mal Ableitung der äußeren Funktion

Potzenregel für ganzzahlige Exponenten

$f(x) = x^{-n} = \frac{1}{x^n}$

$f'(x) = -n \cdot x^{-n-1} = \frac{-n}{x^{n+1}}$

Natürliche Exponentialfunktion (e-Funktion)

Die besondere Eigenschaft der e-Funktion besteht darin, dass sie mit ihrer Ableitung übereinstimmt.

$f(x) = e^x$

$\Rightarrow f'(x) = e^x$

mit $e = 2{,}718281\ldots$

Die Tangente der e-Funktion im Punkt $P(0\,|\,1)$ hat die Gleichung $y = x + 1$.

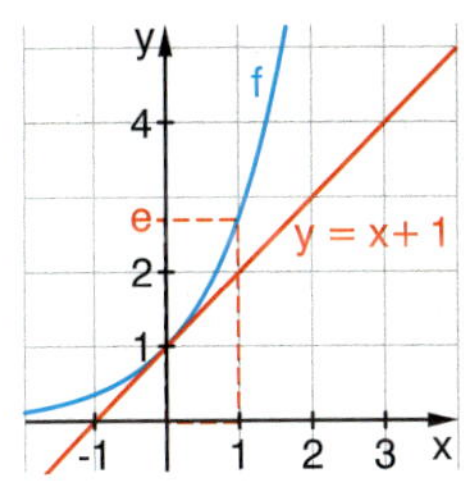

Natürlicher Logarithmus

Die Gleichung $e^x = a$ $(a > 0)$ wird durch die Umkehroperation, das **Logarithmieren** gelöst.

$e^x = a \Rightarrow x = \ln(a)$

Der Logarithmus zur Basis e heißt **natürlicher Logarithmus**. Er wird mit **ln** bezeichnet.

Es gilt: $e^{\ln(a)} = \ln(e^a) = a$

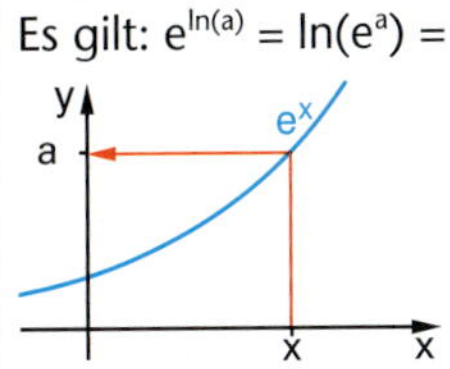

Zu x den Wert $a = f(x)$ finden: $a = e^x$

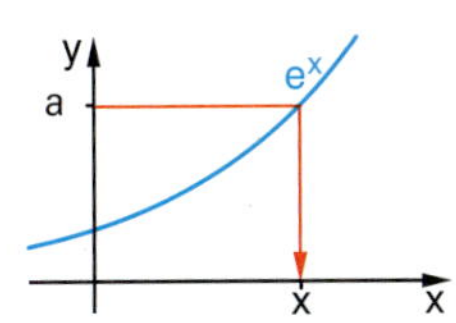

Zu $a = f(x)$ die Stelle x finden: $x = \ln(a)$

CHECK UP

Exponentialfunktionen und ihre Anwendungen

Zusammenhänge zwischen e und ln

(1) $e^{\ln(a)} = a \quad (a > 0)$ (2) $\ln(e^a) = a$

Jede **Exponentialfunktion** $f(x) = b^x$ lässt sich als Funktion zur Basis e darstellen.

$$f(x) = b^x = (e^{\ln(b)})^x = e^{\ln(b)\cdot x}$$
$$b^x = e^{\ln(b)\cdot x}$$

Für die Ableitung von $f(x) = b^x$ gilt:

$$f'(x) = \ln(b) \cdot e^{\ln(b)x} = \ln(b)\cdot b^x$$

Lineares Wachstum

$f(x) = c\cdot x + A$

$c > 0$: Zunahme
$c < 0$: Abnahme

Die Änderung ist konstant.

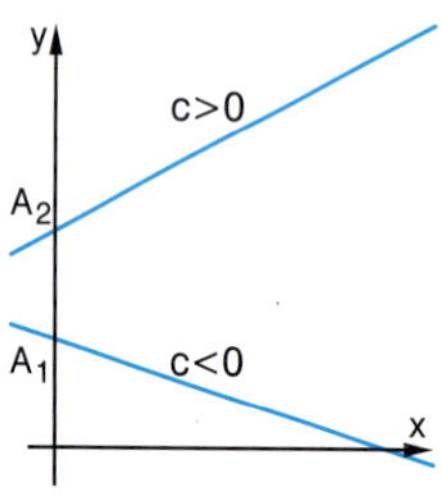

$A = f(0)$: Anfangsbestand

Exponentielles Wachstum

$f(x) = A\cdot e^{kx}$

$k > 0$: Wachstum
$k < 0$: Zerfall

Die Änderung ist proportional zum Bestand.

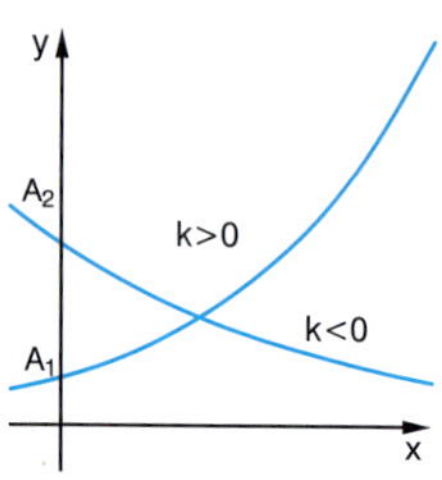

$A = f(0)$: Anfangsbestand
k: Wachstumskonstante

Zusammenhang zwischen prozentualer Zunahme p%, Wachstumsfaktor b und Wachstumskonstante k:

$$\left(1 + \frac{p}{100}\right)^x = b^x = e^{\ln(b)x} = e^{kx}$$

Halbwertszeit: $x = \frac{-\ln(2)}{k}$

7 *Ableitungen bestimmen 2*

Ermitteln Sie jeweils die ersten beiden Ableitungen.

a) $f(x) = 3e^{0,5x}$ b) $f(x) = e^{2x} - x^2$ c) $f(x) = (2x + 1)e^x$
d) $f(x) = (x^2 - 1)e^x$ e) $f(x) = 4x\cdot e^{-x}$ f) $f(x) = x^2\cdot e^x$

8 *Integrale bestimmen*

Bestimmen Sie die Integrale und veranschaulichen Sie diese.

a) $\int_{-1}^{2} e^{-x}dx$ b) $\int_{-3}^{0} e^{-x}dx$ c) $\int_{0}^{2} e^x - e^{-x}dx$ d) $\int_{-1}^{3} e^{0,5x}dx$

9 *Gleichungen lösen*

Lösen Sie die Gleichungen.

a) $e^{2x} = 2000$ b) $3e^{-x} = 0,5$
c) $e^x = x + 4$ d) $3e^{0,5x} - 6 = 27$

10 *Tangenten*

Bestimmen Sie die Gleichung der Tangente von $f(x) = e^{2x}$ in:

a) $(0|f(0))$ b) $(1|f(1))$ c) $(-0,5|f(-0,5))$

11 *Besondere Stellen*

Gegeben ist die Funktion $f(x) = e^{0,5x}$.

a) Welche Steigung hat f an der Stelle 2?
b) An welcher Stelle hat f den Wert 8?
c) An welcher Stelle hat f die Steigung 15?
d) Ermitteln Sie den markierten Flächeninhalt.

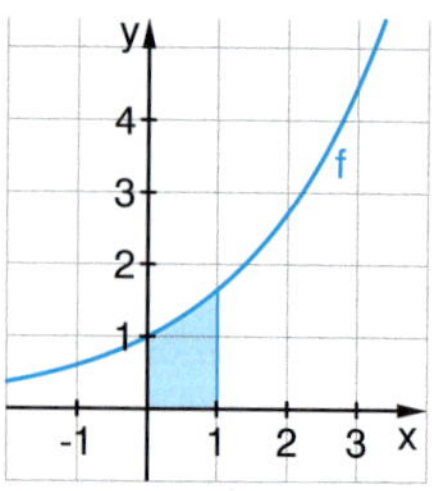

12 *Besondere Punkte*

Ermitteln Sie die Schnittpunkte mit den Koordinatenachsen, lokalen Extrempunkte und Wendepunkte.

a) $f(x) = (2x - 1)e^x$ b) $f(x) = (x^2 + 1)e^{-x}$

13 *Wachstumsfunktionen*

Stellen Sie die passende Wachstumsfunktion (bei exponentiellem Wachstum mit der Basis e) auf.

a) Aus einer $20\,m^3$ fassenden Öltank werden wöchentlich 70 Liter entnommen.

b) Aus einem See mit anfänglich $52\,000\,m^3$ Wasser fließen monatlich 20% der vorhandenen Wassermenge ab.

14 *Eine Schimmelpilzkultur*

Eine Schimmelpilzkultur von anfänglich $20\,cm^2$ wächst täglich um 50%.

a) Stellen Sie eine passende Wachstumsfunktion auf.
b) Bestimmen Sie die momentanen Änderungsraten zu Beginn, nach einem, zwei und drei Tagen. Vergleichen Sie diese mit den durchschnittlichen Änderungsraten am ersten, zweiten und dritten Tag. Fertigen Sie eine zugehörige Skizze an.
c) Nach wie vielen Tagen ist die vom Schimmelpilz bedeckte Fläche $100\,m^2$ groß?
d) Nach wie vielen Tagen wäre die gesamte Landfläche der Erde (149 Mio. km^2) bedeckt? Schätzen Sie zunächst.

CHECK UP

15 *Radon*

Radon ist ein radioaktives Gas, das vor allem im Erdboden entsteht und von dort in die Atmosphäre gelangt. Ein Ansammeln dieses Gases in schlecht gelüfteten Räumen erhöht die Strahlenbelastung.

Die Halbwertszeit des Radon-222 beträgt etwa vier Tage.
a) Füllen Sie die Tabelle aus.

Zeit (in Tagen)	0	4	8	■	256	■
vorhandene Menge (in g)	100	■	■	6,25	■	1,5625

b) Welche Funktionsgleichungen passen zu der Tabelle?

(1) $f(x) = 100 \cdot e^{-\frac{x}{4}}$ (2) $f(x) = 100 \cdot e^{\ln\left(\frac{1}{2}\right) \cdot \frac{1}{4}x}$

(3) $f(x) = 100 \cdot e^{\ln\left(\frac{1}{4}\right) \cdot x}$ (4) $f(x) = 100 \cdot e^{-0{,}17328x}$

c) Wann ist die vorhandene Menge 2?

16 *Solarenergie in den USA*

Die Tabelle gibt die jährlich installierten Solarenergiemodule in den USA an
(x: Jahr; y: Kapazität in Megawatt).
Ermitteln Sie zwei verschiedene passende Modelle und stellen Sie Prognosen für 2005 und 2010 auf.

Jahr	Kapazität
1986	6,6
1988	10,0
1990	13,8
1992	15,6
1994	26,1
1996	35,5
1998	50,6

17 *Eine Tasse Kaffee*

Das Abkühlen einer frisch gekochten Tasse Kaffee kann durch $f(x) = 65 \cdot e^{-0{,}2x} + 20$ modelliert werden.
Skizzieren Sie f und beantworten Sie die Fragen grafisch und rechnerisch.

a) Wie heiß war der Kaffee zu Beginn der Messung?
b) Wie hoch ist die Raumtemperatur?
c) Wie warm ist der Kaffee nach 15 Minuten?
d) Wann ist der Kaffee 40 °C warm?

18 *Algenwachstum*

Das Wachstum von Algen hängt von der Wasserzusammensetzung, den Wetterbedingungen und von anderen Aspekten ab.
Die Funktionen beschreiben unterschiedliche zeitliche Verläufe von Algenbeständen.

(1) $A_1(t) = t \cdot e^{-0{,}1t}$ (2) $A_2(t) = 2t \cdot e^{-0{,}2t}$

(t: Zeit in Tagen; A(t): Fläche in $1000\,m^2$)

a) Skizzieren Sie die unterschiedlichen Funktionen. Beschreiben und vergleichen Sie die Entwicklung der Algen.
b) • Wie groß ist die Fläche jeweils nach 5 Stunden?
• Wann ist die Fläche $2000\,m^2$ groß?
• Wie groß ist die maximale von Algen bedeckte Fläche?
• Wann ist die Zu- bzw. Abnahme der Algenmenge maximal?

Exponentialfunktionen und ihre Anwendungen

Modellfindung aus Daten

Zeit x	0	1	2	3	4
Bestand f(x)	12	14	18	25	35

1. Festlegen des Modelltyps
$f(x) = A \cdot e^{kx}$

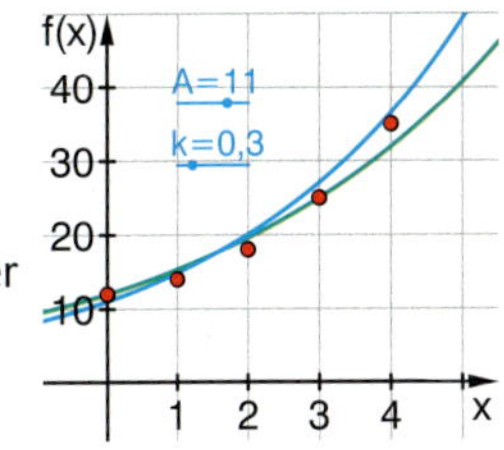

2. Bestimmen passender Parameterwerte
(A) Mit dynamischem Funktionenplotter
(B) Mit sinnvollen Messwerten Gleichungen aufstellen

(0|12): $A = 12$; (3|25): $25 = 12e^{3k}$
$\Rightarrow k = \frac{1}{3}\ln\left(\frac{25}{12}\right) \approx 0{,}2446$

Anwendungsprobleme beim Wachstum

Die momentane Wachstumsrate einer Bakterienkultur wird durch $f(x) = x \cdot e^{-0{,}2x}$ beschrieben (x: Zeit in Stunden).

Wann hat die Wachstumsrate den Wert 1?
Aus Grafik: Nach ca. 1,3 und 12,7 Stunden.

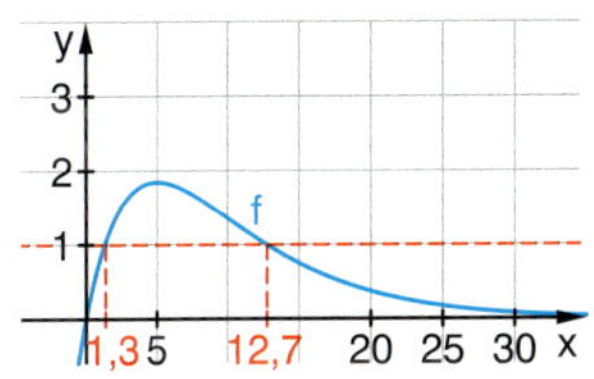

Wann ist die maximale Wachstumsrate erreicht? Welchen Wert hat sie?
$f'(x) = (1 - 0{,}2x)e^{-0{,}2x} = 0 \Rightarrow x = 5$
$f(5) = \frac{5}{e} \approx 1{,}84$
Nach 5 Stunden hat die Wachstumsrate den maximalen Wert 1,84 erreicht.

Wann erfolgt die größte Abnahme der Wachstumsrate?
$f''(x) = (0{,}04x - 0{,}4)e^{-0{,}2x} = 0 \Rightarrow x = 10$
Nach 10 Stunden nimmt die Rate am stärksten ab.

Welcher Bestand entsteht am ersten Tag?
$F(x) = (-5x - 25)e^{-0{,}2x}$
$$\int_0^{24} f(x)\,dx = -145e^{-4{,}8} - (-25) \approx 23{,}8$$
Am ersten Tag entsteht ein Bestand von ca. 24.

Sichern und Vernetzen – Vermischte Aufgaben

Training

1 *Ableitungen bestimmen*

Bestimmen Sie die Ableitungen. Geben Sie jeweils an, welche Ableitungsregeln Sie benutzt haben. Manchmal gibt es mehrere Möglichkeiten, benutzen Sie diese.

a) $f(x) = x^2 \cdot x^3$ b) $f(x) = \sin(x) \cdot \cos(x)$ c) $f(x) = 3 \cdot e^{0,1x}$
d) $f(x) = (x^2 - 1) \cdot (x^2 + 1)$ e) $f(x) = e^x + e^{2x}$ f) $f(x) = e^x \cdot e^{2x}$
g) $f(x) = x \cdot e^{-x}$ h) $f(x) = 2(x^2)^3$ i) $f(x) = (x^2 - 2) \cdot e^x$

2 *Bewegte Graphen*

a) Ermitteln Sie zu den Graphen jeweils eine Funktionsgleichung. Es handelt sich jeweils um eine verschobene oder gespiegelte Funktion von $f(x) = e^x$.
Beschreiben Sie, durch welche geometrischen Abbildungen die Graphen aus dem Graphen von $f(x) = e^x$ entstehen.
b) Geben Sie die Asymptoten an.

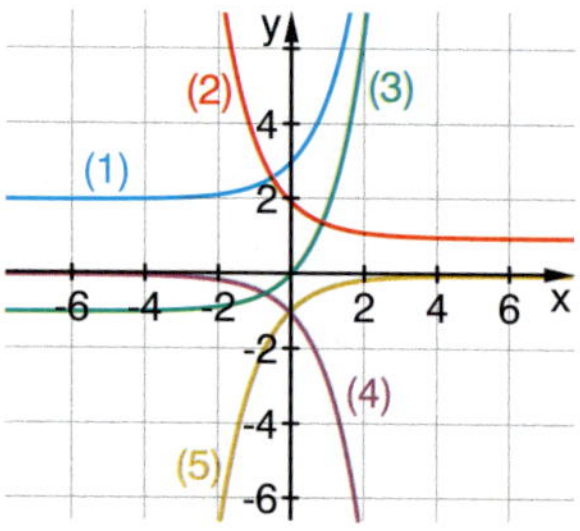

3 *Lokale Extrempunkte und Tangenten*

Skizzieren Sie die Funktionen. Bestimmen Sie jeweils die lokalen Extrempunkte und die Gleichungen der Tangenten in den Schnittpunkten mit den Koordinatenachsen, sofern diese existieren.

a) $f(x) = (x - 2) \cdot e^x$ b) $f(x) = e^x + e^{-x}$ c) $f(x) = 2x \cdot e^{0,5x}$

4 *Flächeninhalte*

Bestimmen Sie jeweils die Flächeninhalte der farbigen Flächen.
In den Abbildungen ist jeweils $f_1(x) = e^x$ gewählt.

Hinweis zu b): $f_3(x) = e^x + e^{-x} - 2$

a) b)

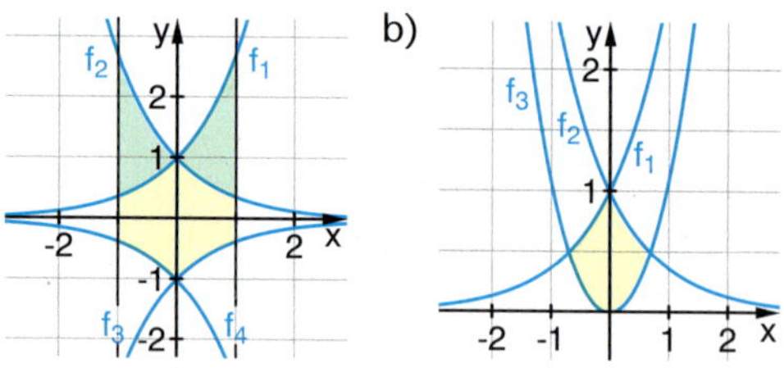

5 *Parameterwerte bestimmen*

Bestimmen Sie den Wert des Parameters jeweils so, dass der Punkt P auf dem Graphen von f liegt. Skizzieren Sie f und überprüfen Sie Ihr Ergebnis grafisch.

a) $f(x) = 6 \cdot e^{kx}$
P(3|50)

b) $f(x) = A \cdot e^{-0,005x} + 200$
P(10|4)

c) $f(x) = A \cdot e^{-0,00015x}$
P(200|15)

6 *Wachstumsfunktionen mit e*

Geben Sie eine Wachstumsfunktion mit der Basis e an.

a) Eine Käferpopulation von 70 Käfern wächst jährlich um 18 %.

b) Der Wert eines Autos mit Neupreis 32000 € sinkt jährlich um 25 %.

c) 2000 € werden mit 1,5 % Zinsen jährlich angelegt.

7 *Momentane Änderungsraten*

Es dürfen auch grafische Verfahren benutzt werden.

Mit f(x) werden Wachstumsmodelle beschrieben. Wie groß ist die momentane Änderungsrate an der Stelle x = 5? An welcher Stelle hat die momentane Änderungsrate den Wert 1? Wann haben sich die Bestände verdoppelt bzw. halbiert?

(1) $f(x) = 2 \cdot e^{0,25x}$ (2) $f(x) = 1000 \cdot e^{-0,1x}$ (3) $f(x) = 50 \cdot e^{-0,05x} + 20$

Verstehen von Begriffen und Verfahren

8 *Einzelinformationen*

Gegeben sind folgende Werte der Funktionen g(x), g′(x), h(x) und h′(x):

x	g(x)	g′(x)	h(x)	h′(x)
–1	3	4	2	5
0	4	–3	1	3
2	0	2	0	–1

Berechnen Sie daraus f(x) und f′(x) an den Stellen –1, 0 und 2 für:

$f_1(x) = g(x) + h(x)$ $f_2(x) = g(x) \cdot h(x)$ $f_3(x) = g(h(x))$ $f_4(x) = h(g(x))$

Die Berechnung ist nicht immer möglich. Warum?

9 *Der Größe nach ordnen*

Ordnen Sie die Zahlen der Größe nach ohne Benutzung eines Hilfsmittels. Beginnen Sie mit der kleinsten.

-1; 1; e; π; $\ln(1)$; 0; $-e$; 4; e^0; $\ln(e)$; 2; $\sqrt{2}$; e^{-1}; $\ln(e^2)$; $\sqrt{3}$; $\ln\left(\frac{1}{e}\right)$; $e^{\ln(2)}$

10 *Wahr oder falsch?*

Welche der Aussagen sind wahr? Geben Sie eine Begründung.

(1) $e^a \cdot e^b = e^{a+b}$

(2) Für $f(x) = -e^{-x}$ gilt: $f'(x) = -f(-x)$

(3) Eine Verschiebung von $y = e^x$ in x-Richtung ist gleichzeitig eine Strecke in y-Richtung

(4) Für $f(x) = e^{-x}$ gilt: $f'(x) = f(-x)$

(5) Wenn die Halbwertszeit eines radioaktiven Stoffes 12 Jahre beträgt, dann sind nach 24 Jahren noch 25 % vorhanden.

(6) Beim exponentiellen Wachstum kann keine Funktion durch (0|0) verlaufen.

11 *Funktionsgraphen zeichnen*

Zeichnen Sie für jeden der Fälle A bis D einen passenden Funktionsgraphen des Typs $f(x) = a \cdot e^{kx}$ und geben Sie mögliche zugehörige Werte für a und k an.

	$f'(x) > 0$	$f'(x) < 0$
$f''(x) > 0$	A	B
$f''(x) < 0$	C	D

12 *Warum-Fragen*

a) Warum ist die natürliche Logarithmusfunktion $f(x) = \ln(x)$ nur für positive Werte von x definiert?

b) Warum gilt für $f(x) = x \cdot e^x$ nicht $f'(x) = 1 \cdot e^x$?

13 *Graphen werden Termen zugeordnet*

Ordnen Sie begründet – ohne Verwendung eines Hilfsmittels – den Funktionsgleichungen den passenden Graphen (A) – (C) und den Graphen die passende Ableitung (D) – (F) zu. Überprüfen Sie Ihre Zuordnungen mithilfe des GTR.

$f_1(x) = (x-2) \cdot e^{0,5x}$ $f_2(x) = (e^x - 1)^2$ $f_3(x) = x \cdot e^{-0,5x}$

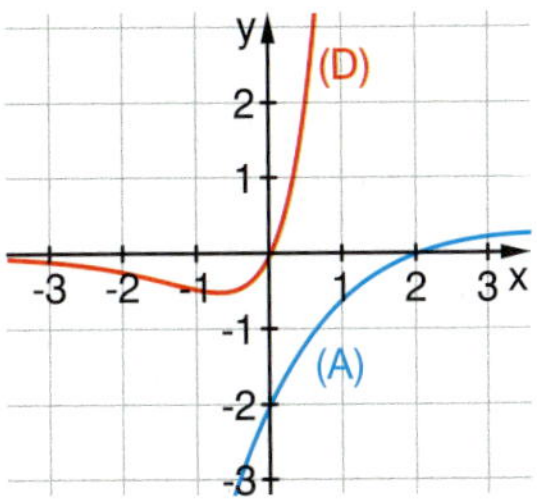

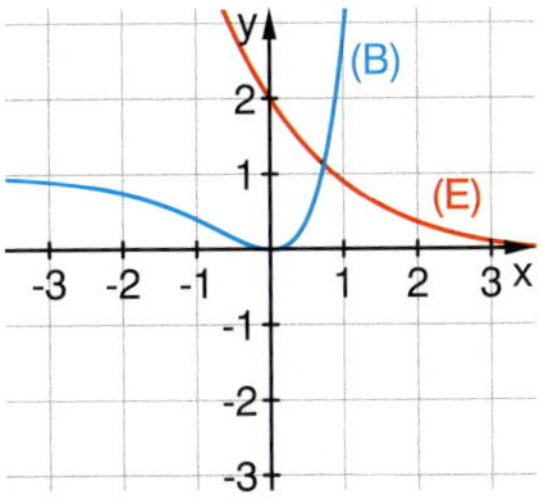

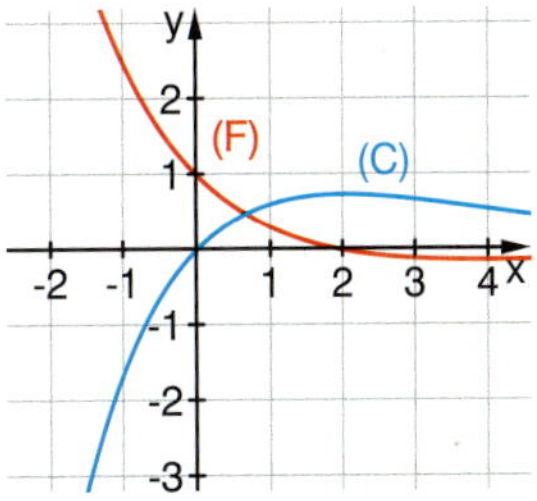

Anwenden und Modellieren

14 *Waschbären*

Man schätzt, dass sich die Anzahl der Waschbären einer Kolonie alle drei Jahre verdoppelt. Zum Zeitpunkt $t = 0$ (t in Jahren) werden 20 000 Waschbären gezählt.

a) Stellen Sie ein passendes exponentielles Modell $f(x) = A \cdot e^{kx}$ für die Bestandsentwicklung auf.

b) Wie viele Waschbären sind nach einem Jahr, nach vier Jahren, nach sechs Jahren zu erwarten? Welche dieser Fragen kann man ohne Rechnung beantworten?

c) Wie lange wird es laut Modell dauern, bis die Population mehr als eine Million Waschbären zählt? Für wie angemessen halten Sie das Modell?

15 *Milchsäurebakterien*

Maschinengemolkene Milch enthält ca. 20 000 Keime pro ml. Die Vermehrung der Keime hängt u. a. von der Temperatur ab. Die *Van't Hoff-Regel* formuliert dazu eine Faustregel:

> **Van't Hoff-Regel**
> Bei einer Temperaturerhöhung um 10 °C verdoppelt sich die Geschwindigkeit der Keimvermehrung.

In 25 °C warmer Milch verdoppeln sich die Keime ungefähr alle 2 Stunden. Bei etwa 1 000 000 Keimen pro ml wird Milch sauer.

Durch Pasteurisierung und Homogenisierung wird Milch wesentlich länger haltbar.

a) Ermitteln Sie eine passende Wachstumsfunktion für die Keimentwicklung in 25 °C warmer Milch. Wann wird sie sauer?

b) Wann würde die Milch sauer werden, wenn Sie unmittelbar nach dem Melken auf 5 °C abgekühlt wird? Benutzen Sie die Van't Hoff-Regel zur Bestimmung der Verdopplungszeit.

c) Weil beim Melken von Hand die Euter vorher gereinigt werden, enthält handgemolkene Milch wesentlich weniger Keime. Wann würde diese Milch bei 25 °C bzw. 5 °C sauer werden, wenn 12 000 Keime pro ml zu Beginn in der Milch enthalten sind?

16 *Zwei Datensätze*

Die Tabelle gibt die Bestandsentwicklung zweier Tierarten in einem Reservat an.

Zeit (in Jahren)	0	1	2	3	4	5
Tier A	200	212	230	250	278	310
Tier B	150	126	112	94	78	65

Finden Sie zu jeder Tierart eine passende Bestandsfunktion des Typs $g(x) = mx + b$ bzw. $f(x) = A \cdot e^{kx}$. Machen Sie jeweils eine Prognose für die nächsten 5 Jahre. Vergleichen Sie die Modelle bezüglich ihrer Güte.

Tipp 1:
Benutzen Sie jeweils zwei geeignete Messwerte.
$(0|200)$: $200 = A \cdot e^{k \cdot 0}$
$(5|310)$: $310 = A \cdot e^{k \cdot 5}$

Tipp 2:
Funktionenplotter

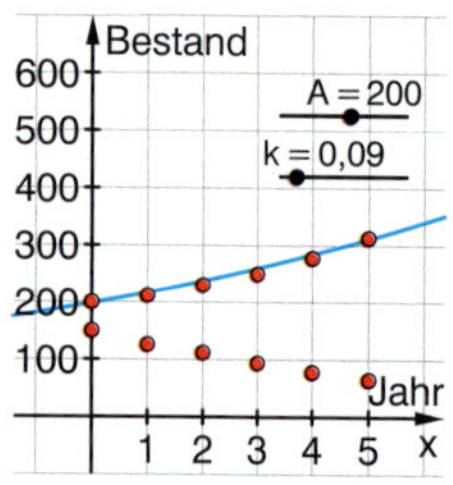

Wirtschaft im Osten holt kräftiger auf
BERLIN/DPA – Die ostdeutsche Wirtschaft hat aus Expertensicht kräftiger aufgeholt, als nach ökonomischen Lehrsätzen zu erwarten war. Die Wirtschaftsleistung je Einwohner sei 20 Jahre nach dem Mauerfall auf gut 70 Prozent des Westniveaus gestiegen, teilte das arbeitgebernahe Institut der deutschen Wirtschaft Köln (IW) in Berlin mit. Damit wäre eigentlich erst 2028 zu rechnen gewesen.
Der Ost-West-Abstand sei jährlich um 4,4 Prozent geschmolzen, üblich sind durchschnittlich zwei Prozent.

17 *Ein Zeitungsartikel aus dem Jahr 2009*
Der Zeitungsartikel gibt Anlass für Fragen:
(1) Wie groß ist der Ost-West-Abstand (in %) zum Zeitpunkt des Mauerfalls 1989?
(2) Was besagt der in dem Zitat erwähnte ökonomische Lehrsatz? Stimmt die Aussage bezüglich des Jahres 2028?
(3) Wie groß hätte der Ost-West-Abstand beim Mauerfall sein müssen, wenn der Abstand jährlich wie üblich abgenommen hätte?

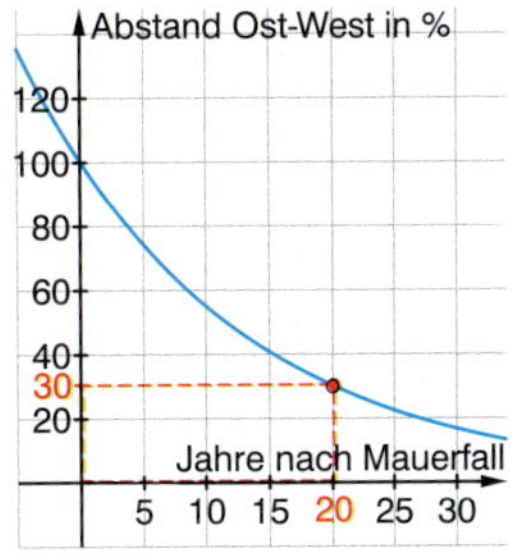

Der Punkt (20|30) gehört zum zweiten Satz des Artikels.

a) Formulieren Sie ein zum Text passendes Modell für die reale Entwicklung und beantworten Sie Frage (1).
(x: Zeit in Jahren nach Mauerfall;
y: Abstand Ost-West in %)
b) Beantworten Sie die Fragen (2) und (3).

18 *Eine zweifelhafte Modellierung*
In einem Zeitungskommentar zum Weltbevölkerungsbericht 1990 der UNO heißt es:

Heute leben 5,3 Milliarden Menschen auf der Erde, im Jahre 2000 werden es weit über 6 Milliarden Menschen sein.

MY HOBBY: EXTRAPOLATING

a) Stellen Sie mit den Daten des Kommentars Prognosen für 2010, 2030 und 2050 mit dem linearen sowie dem exponentiellen Wachstumsmodell auf. Vergleichen Sie mit der tatsächlichen Bevölkerungszahl in 2005 (6,5 Milliarden) und 2010 (6,9 Milliarden).
b) Nehmen Sie Stellung zur Qualität der Modellierungen aufgrund der vorhandenen Datenmenge.

19 *Wie schnell öffnet und schließt eine automatische Tür?*
Eine Tür mit einem automatischen Türöffner öffnet und schließt sich.
Die Abhängigkeit des Öffnungswinkels α von der Zeit t kann durch folgende Funktion beschrieben werden:

$\alpha(t) = 200t \cdot e^{-0,7t}$ (t in s; α in °)

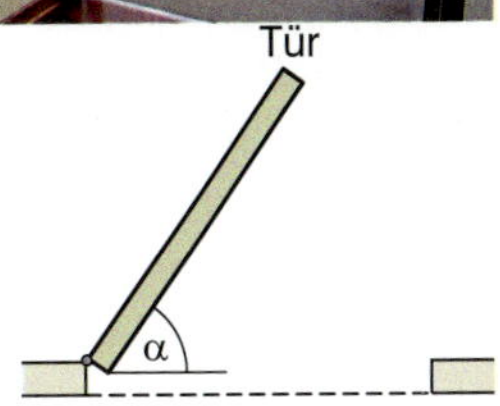

Skizzieren Sie α und beschreiben Sie damit den Vorgang.
- Wann ist die Tür ganz geöffnet?
- Wann ist die Tür geschlossen?
- Wann ist die Schließbewegung am schnellsten?

20 *Konzentration von Medikamenten*

Die Konzentration eines Medikaments im Blut hängt vom Medikament, von der Konstitution des Patienten und von anderen Aspekten ab. Die folgenden Funktionen beschreiben dies in unterschiedlicher Weise.

a) Skizzieren Sie jeweils die Graphen und beschreiben und vergleichen Sie den zeitlichen Ablauf der Konzentration im Sachkontext.

(1) $K_1(x) = x \cdot e^{-0{,}04x}$ (2) $K_2(x) = 2 \cdot x \cdot e^{-0{,}04x}$

(3) $K_3(x) = x \cdot e^{-0{,}08x}$ (4) $K_4(x) = (x - 8) \cdot e^{-0{,}04x}$

(x: Zeit in Stunden; y: Konzentration in mg/kg)

b) Bestimmen Sie jeweils die maximlae Konzentration und den Zeitpunkt der maximalen Abnahme der Konzentration.
Wie lange ist die Wirkdauer, wenn die minimal wirksame Konzentration 3 mg/kg beträgt?

c) Welche Bedeutung haben die Parameter a, k und m im Sachkontext? Ordnen Sie den Funktionsgleichungen die passende Grafik zu und beschreiben Sie den zeitlichen Verlauf der Konzentration in Abhängigkeit des Parameters.

(1) $f_a(x) = a \cdot x \cdot e^{-0{,}04x}$ (2) $f_k(x) = x \cdot e^{-kx}$ (3) $f_m(x) = x - m \cdot e^{-0{,}04x}$

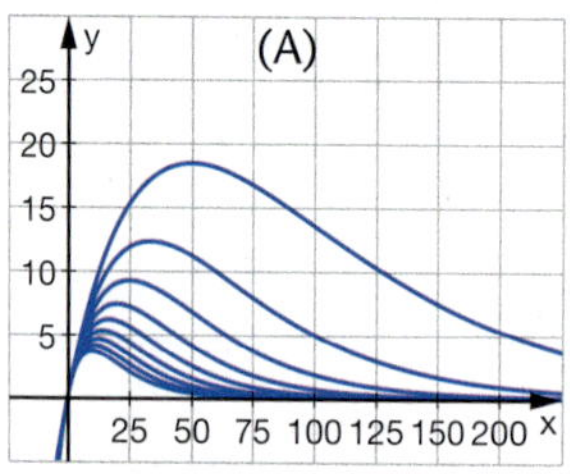

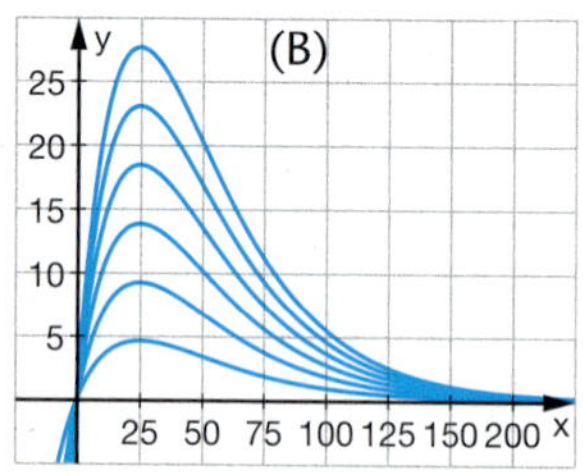

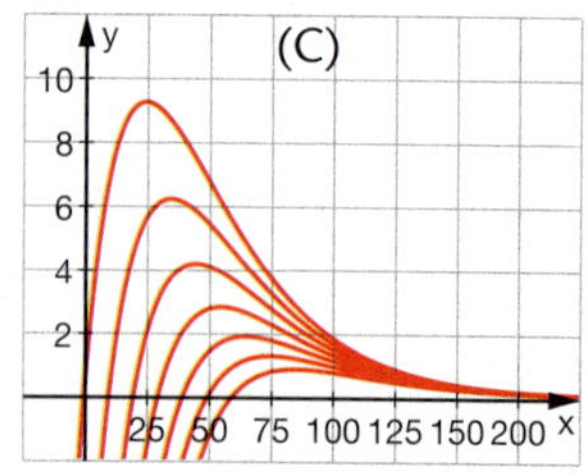

Kommunizieren und Präsentieren

21 *Wachstumsfaktor, Wachstumskonstante und prozentuale Zuhnahme.*

Erläutern Sie an einem selbstgewählten Beispiel die Begriffe *Wachstumsfaktor*, *Wachstumskonstante* und *prozentuales Wachstum*. Wie erkennt man an der Wachstumskonstanten, ob es sich um Wachstum oder Zerfall handelt? Wie erkennt man dies am Wachstumsfaktor?

22 *Wissen erläutern*

a) Beschreiben Sie, wie man einen guten Näherungswert für die Zahl e finden kann.

b) Stellen Sie die grundlegenden Wachstumsmodelle zusammen und erläutern Sie jedes durch zwei Beispiele.

c) Was versteht man unter Halbwertszeit bzw. Verdopplungszeit? Wie kommt man zu den entsprechenden Formeln?

23 *Erläutern, Begründen und Skizzieren*

Man kann folgende Funktionsterme erhalten, wenn man $f(x) = e^x$ quadriert:

$f_1(x) = (e^x)^2$ $f_2(x) = e^{2x}$ $f_3(x) = e^x \cdot e^x$

a) Zeigen Sie die Gleichwertigkeit (Äquivalenz) der Darstellungen.
b) Bestimmen Sie jeweils die Ableitung und nennen Sie die benutzten Ableitungsregeln. Erläutern Sie an diesem Beispiel, dass die Regeln sich vertragen.
c) In welcher Darstellung können Sie unmittelbar eine Stammfunktion bilden? Warum gelingt das in den anderen Darstellungen nicht unmittelbar?
d) Welche Auswirkungen auf den Graphen hat das Quadrieren? Vergleichen Sie mit dem Quadrieren von $g(x) = x$ und $h(x) = \sin(x)$. Fertigen Sie Skizzen an.

6 Orientieren und Bewegen im Raum (Wiederholung)

Die Analytische Geometrie ist geprägt durch das Zusammenspiel von Geometrie und Algebra. In einem Koordinatensystem lassen sich Punkte und geometrische Objekte mithilfe von Zahlen, den Koordinaten, beschreiben. Bewegungen können durch Vektoren beschrieben werden.
Die Veranschaulichung räumlicher Objekte und die Erkundung von geometrischen Eigenschaften und Beziehungen geschieht an den räumlichen Modellen selbst oder über das Zeichnen von Schrägbildern. Der Computer ermöglicht mit geeigneter 3D-Software neue Erkundungswege über bewegte Bilder.
Mit der Interpretation von Zahlentripeln als Punkte im Raum oder als Bewegungen im Raum erhält man wirkungsvolle Werkzeuge zur Lösung geometrischer Probleme.

6.1 Orientieren im Raum – Koordinaten

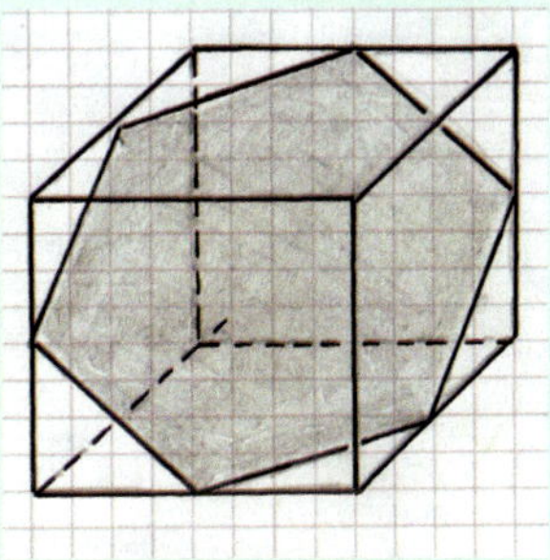

In einem Würfel wird über entsprechende Kantenmitten ein Sechseck konstruiert. Ist dieses Sechseck regelmäßig?
Am Würfelschnitt oder am durchsichtigen halb gefüllten Würfel lässt sich die Vermutung am realen Modell überprüfen.

6.2 Bewegen im Raum – Vektoren

In unterschiedlichen Koordinatensystemen kann man verschiedene Perspektiven darstellen. Die Kantenlänge des Sechsecks lässt sich aus den Koordinaten berechnen.
Mithilfe der Darstellung und dem Rechnen mit Vektoren lässt sich die Vermutung, dass das Sechseck regelmäßig ist, auch rechnerisch beweisen.

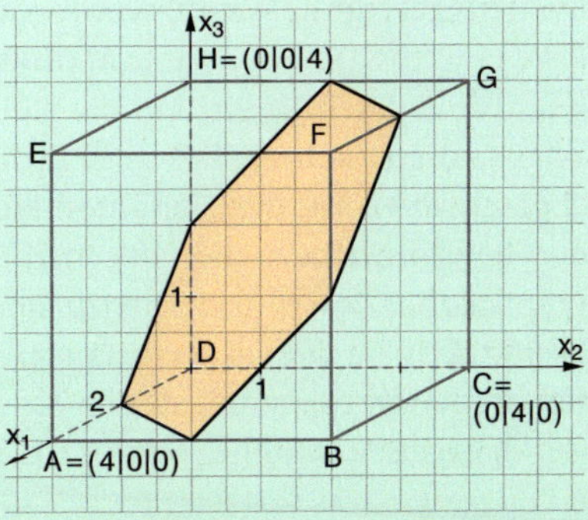

6.1 Orientieren im Raum – Koordinaten

Was Sie erwartet

Der Anschauungsraum und geometrische Beziehungen im Raum werden mithilfe algebraischer Beziehungen beschrieben. So lassen sich Punkte in einem Koordinatensystem und geometrische Objekte mithilfe von Koordinaten beschreiben.

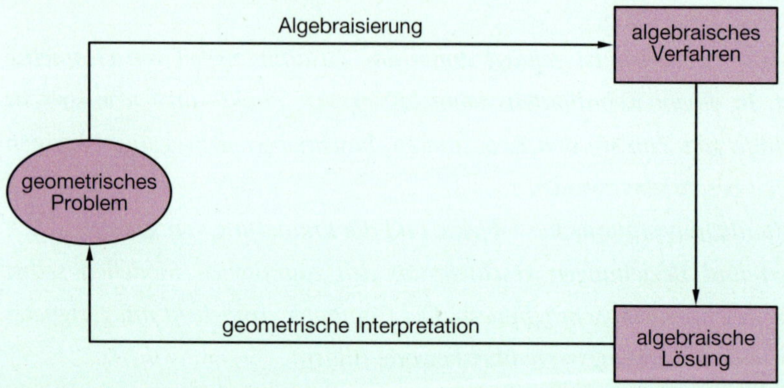

Aufgaben

1 *Körper im dreidimensionalen Raum*

Beschreiben Sie die Körper mithilfe von Koordinaten.

a) *Oktaeder*
Der Würfel hat die Kantenlänge 4, die Eckpunkte des Oktaeders sind Mittelpunkte der Seitenflächen.

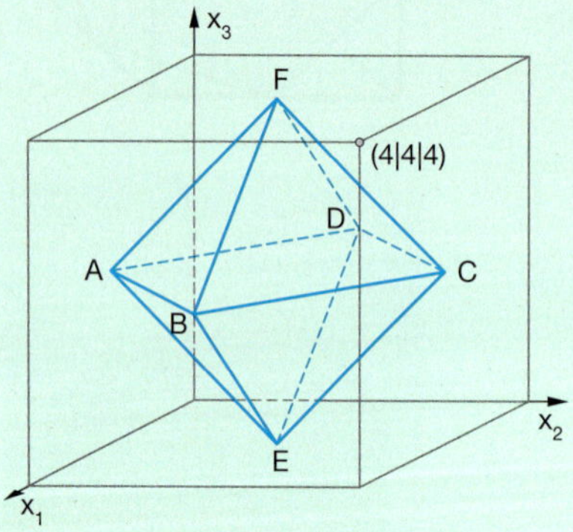

b) *Kuboktaeder*
Der Würfel hat die Kantenlänge 4, die Eckpunkte des Kuboktaeders sind Mittelpunkte der Würfelkanten.

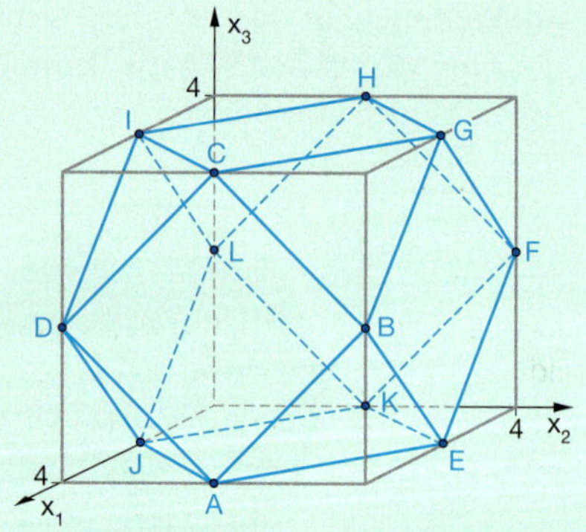

2 *Schrägbild eines Körpers*

Bei dem gezeigten Würfel wurde die Ecke G = (8|8|8) über die Eckpunkte C, F und H abgeschnitten. Auf die gleiche Weise sollen auch die Ecken B, D und E abgeschnitten werden. Beschreiben Sie den Restkörper bezüglich der Anzahl von Ecken, Kanten und Seitenflächen. Bestimmen Sie die Eckpunktkoordinaten des Restkörpers und stellen Sie diesen dann als Schrägbild oder mithilfe einer geeigneten Software dar.

Geometrie

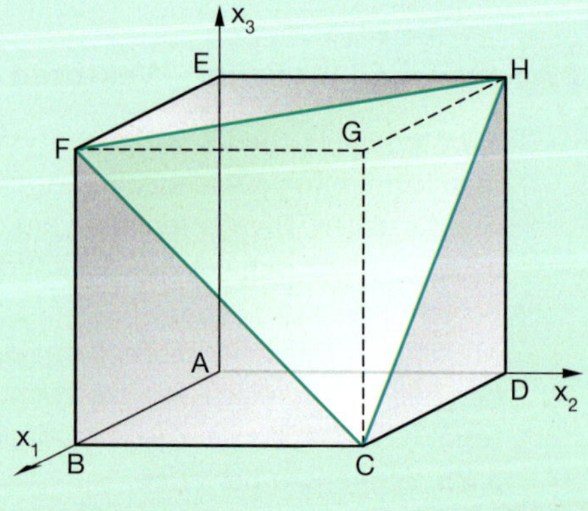

Basiswissen

In einem Koordinatensystem können Punkte und geometrische Objekte mithilfe von Zahlen – den Koordinaten – beschrieben werden.

Koordinatensystem im Raum

Drei zueinander senkrechte Achsen mit Ursprung.

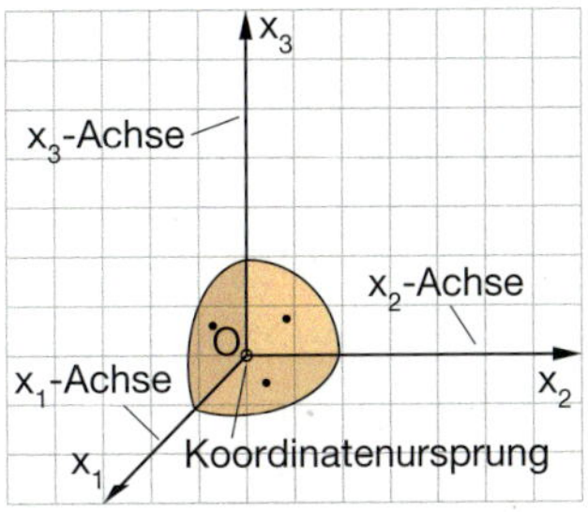

Der Punkt P wird festgelegt durch das Zahlentripel $(x_P | y_P | z_P)$.

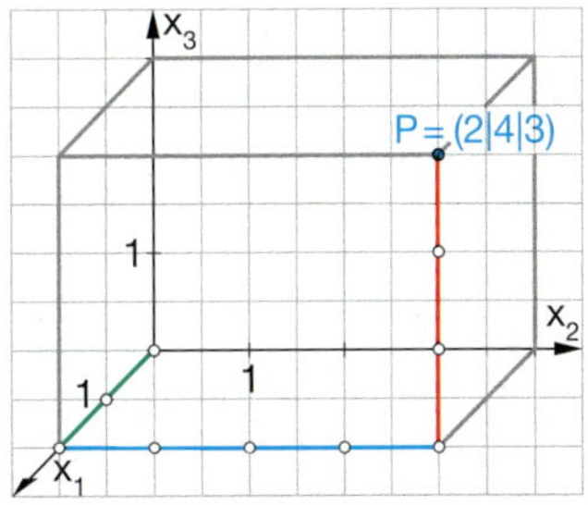

Geometrische Objekte werden durch die Koordinaten von Punkten beschrieben.

Quadratische Pyramide ABCDS mit A = (4|−4|0), B = (4|4|0), C = (−4|4|0), D = (−4|−4|0) und S = (0|0|6)

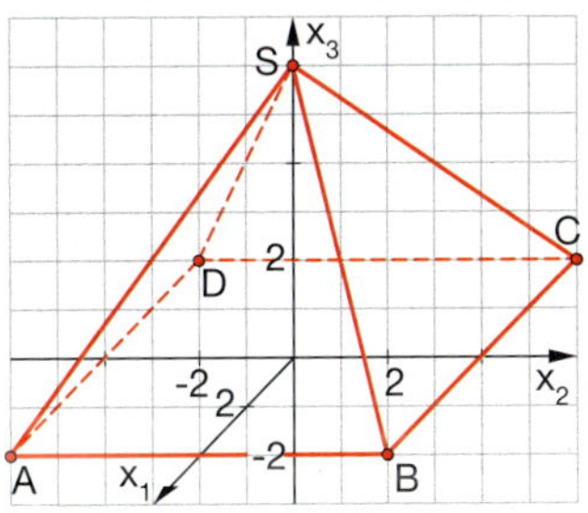

Der **Abstand zweier Punkte** P, Q kann mithilfe der Koordinaten mit dem Satz von Pythagoras bestimmt werden.

$$d = \overline{PQ}$$
$$= \sqrt{(x_Q - x_P)^2 + (y_Q - y_P)^2 + (z_Q - z_P)^2}$$

Für die Kante $\overline{AS}$ der Pyramide gilt:

$$\overline{AS} = \sqrt{(0-4)^2 + (0-(-4))^2 + (6-0)^2}$$
$$= \sqrt{68}$$

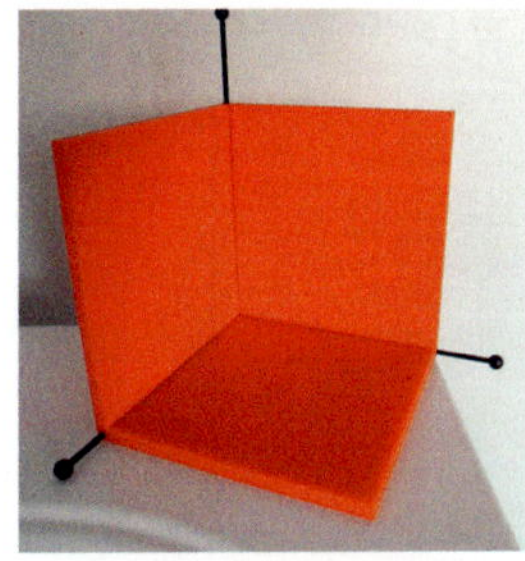

Das reale Modell des räumlichen Koordinatensystems stützt die Vorstellung im Schrägbild.

Zur Bezeichnung von Punkten verwenden wir hier die Form A = (4|−4|0). Andere übliche Bezeichnungen wie A(4|−4|0) sind auch zulässig.

Beispiele

A *Ebener Schnitt am Holzwürfel*

Das Bild zeigt einen Holzwürfel mit einer Kantenlänge von 4 cm, bei dem eine Ecke über die Kantenmitten abgeschnitten wurde.
Beschreiben Sie die Schnittfläche mithilfe von Koordinaten.

Lösung:

1. Schritt: Einen Würfel mit der Kantenlänge 4 cm im Koordinatensystem zeichnen.
2. Schritt: Die Eckpunkte der dreieckigen Schnittfläche als Mitten K, L und M der drei Vorderkanten kennzeichnen.
3. Schritt: Die Koordinaten der Eckpunkte bestimmen: K = (4|2|4); L = (4|4|2); M = (2|4|4)

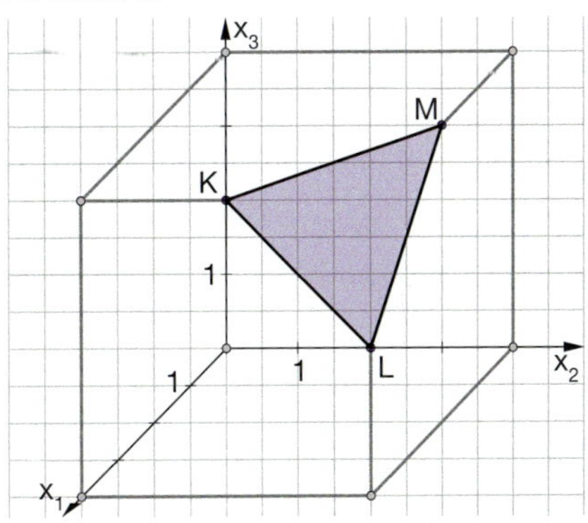

Übungen

3 *Quader im Würfel*

Zeichnen Sie das Schrägbild eines Quaders mit quadratischer Grundfläche in einen Würfel. Wählen Sie ein geeignetes Koordinatensystem mit geeigneter Skalierung der Achsen.

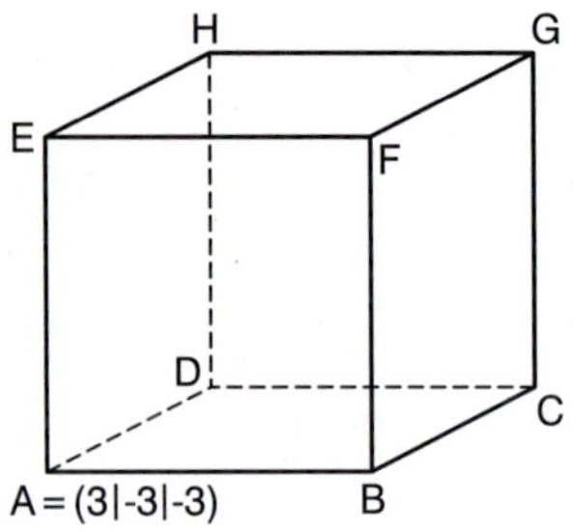

4 *Punkte im Würfel*

a) Zeichnen Sie einen Würfel ABCDEFGH mit der Kantenlänge 6 so in ein Koordinatensystem, dass alle Kanten parallel zu den Koordinatenachsen verlaufen und der Mittelpunkt des Würfels der Punkt $M = (0|0|0)$ ist.

b) Prüfen Sie, welche der folgenden Punkte auf der Würfeloberfläche, welche innerhalb des Würfels und welche außerhalb des Würfels liegen: $P_1 = (4|2|1)$, $P_2 = (2|0|1)$, $P_3 = (3|3|1)$, $P_4 = (0|3|1)$, $P_5 = (4|5|6)$, $P_6 = (-1|2|1)$.

c) Wo liegen die Punkte $Q_1 = (3|3|-3)$, $Q_2 = (3|0|-3)$, $Q_3 = (0|0|3)$ in Bezug auf den Würfel?

Zeichnen auf Papier

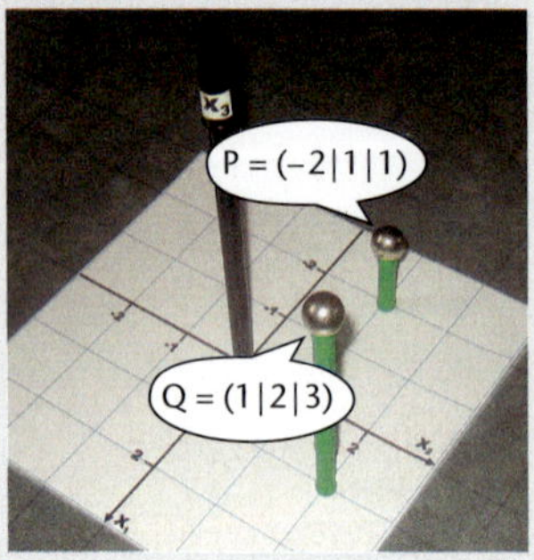

Bei der Darstellung eines räumlichen Objekts auf einem Blatt Papier stehen uns nur zwei Dimensionen zur Verfügung. Ziel ist es, durch geschickte Wahl der drei Achsen ein möglichst anschauliches Bild des Objekts zu erzeugen. Dabei kommt es darauf an, in welcher Richtung die Achsen gezeichnet werden. Je nach Situation können unterschiedliche Koordinatensysteme gezeichnet werden, wobei die Kästchen des Karopapiers gut zur Festlegung der Richtungen der Achsen genutzt werden können.

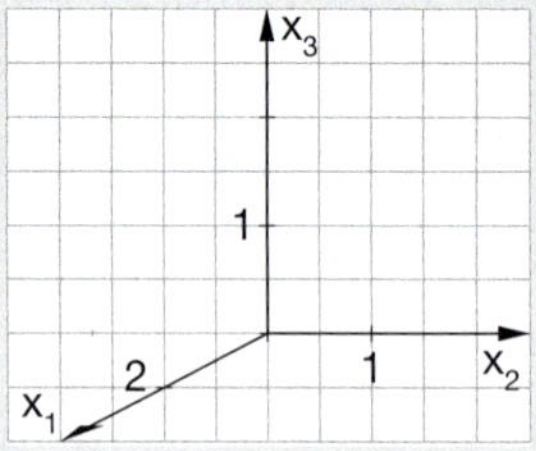

„2-1-Koordinatensystem"

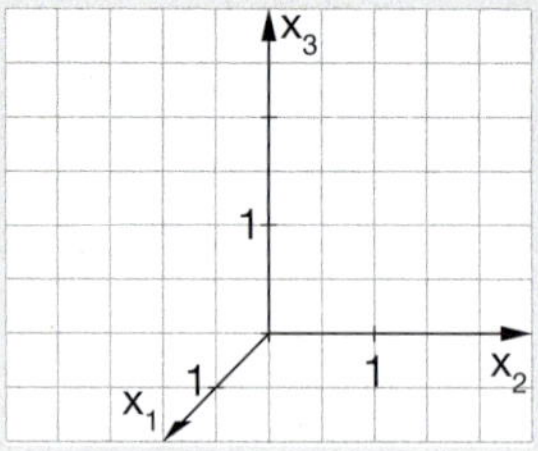

„1-1-Koordinatensystem"

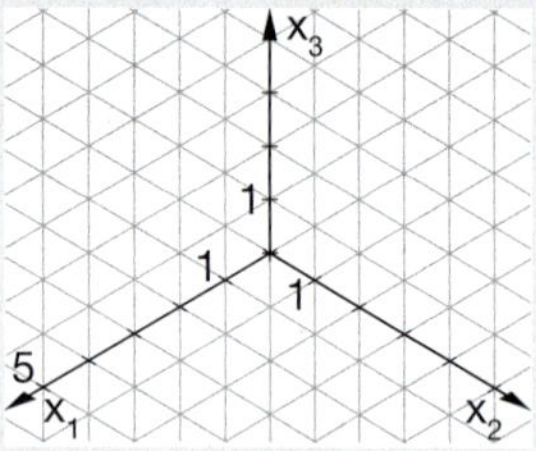

„Isometrisches Koordinatensystem"

Geometrie

Die Bezeichnungen „2-1-Koordinatensystem" und „1-1-Koordinatensystem" orientieren sich am Einzeichnen der x_1-Achse im Karopapier.

Koordinatenweg

Hilfreich beim Einzeichnen eines Punktes P ist der „Koordinatenweg" vom Ursprung des Koordinatensystems bis zum Punkt P:
Für $P = (2|3|1{,}5)$ gehen wir
- zunächst 2 Einheiten in Richtung der x_1-Achse,
- danach 3 Einheiten in Richtung der x_2-Achse,
- und nun 1,5 Einheiten in Richtung der x_3-Achse.

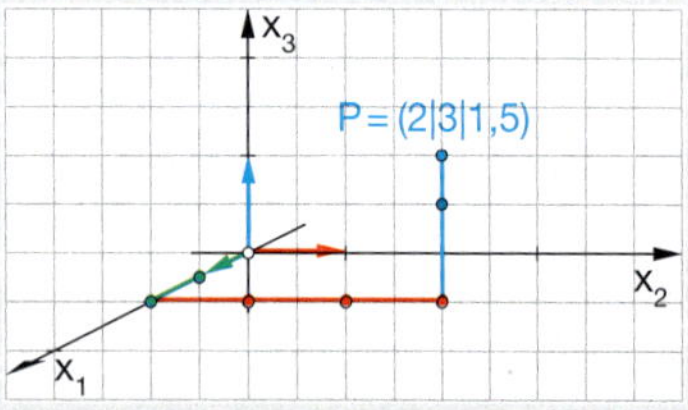

Das Einzeichnen des **Koordinatenquaders** stützt zusätzlich die Anschauung.

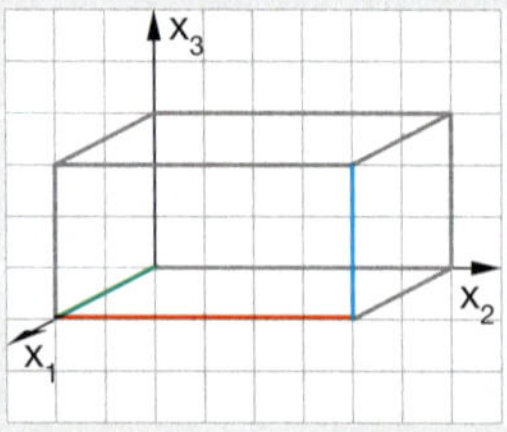

„2-1-Koordinatensystem"

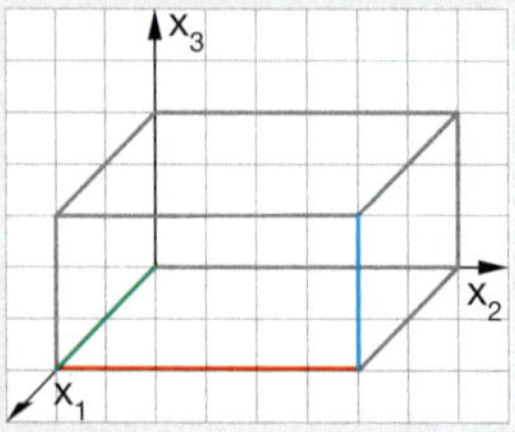

„1-1-Koordinatensystem"

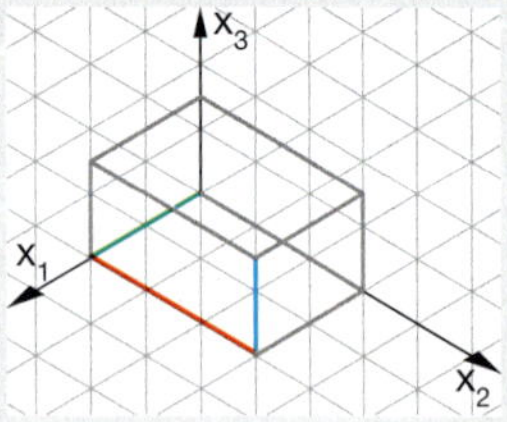

„Isometrisches Koordinatensystem"

Übungen

5 *Dachformen*

Die Dachformen lassen sich durch die Koordinaten von sechs Punkten im räumlichen Koordinatensystem darstellen.

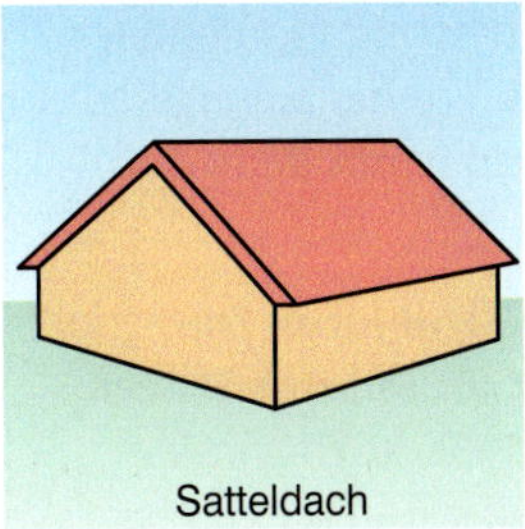
Satteldach

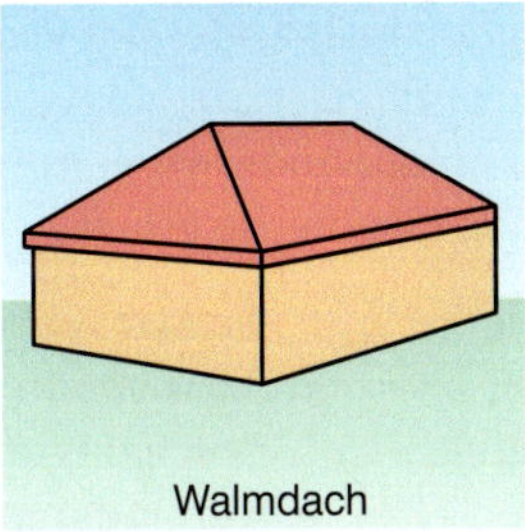
Walmdach

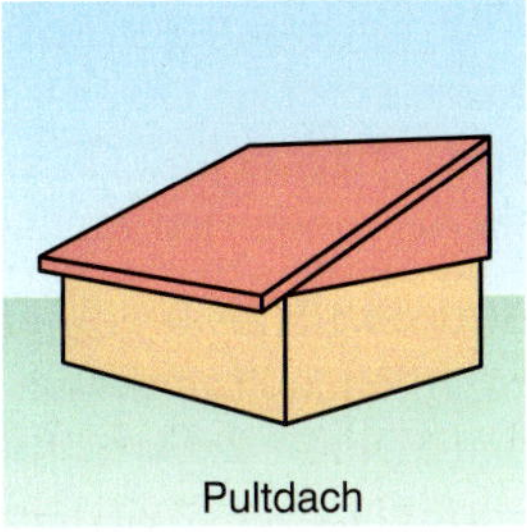
Pultdach

a) Welche Koordinaten gehören zu welcher Dachform? Begründen Sie Ihre Entscheidung.

I	II	III
A = (2|–3|2) B = (2|3|2)	A = (2|–3|2) B = (2|3|2)	A = (2|–3|2) B = (2|3|2)
C = (–2|3|2) D = (–2|–3|2)	C = (–2|3|2) D = (–2|–3|2)	C = (–2|3|2) D = (–2|–3|2)
E = (0|–2|5) F = (0|2|5)	E = (2|3|5) F = (–2|3|5)	E = (0|–3|5) F = (0|3|5)

Geometrie

b) Zeichnen Sie die Dächer mit den gegebenen Koordinaten jeweils in ein geeignetes Koordinatensystem.

6 *Turm in verschiedenen Lagen im Koordinatensystem*

Zeichnen Sie jeweils ein Schrägbild des Turmes mit quadratischer Grundfläche in ein Koordinatensystem und geben Sie die Koordinaten der neun Eckpunkte an.

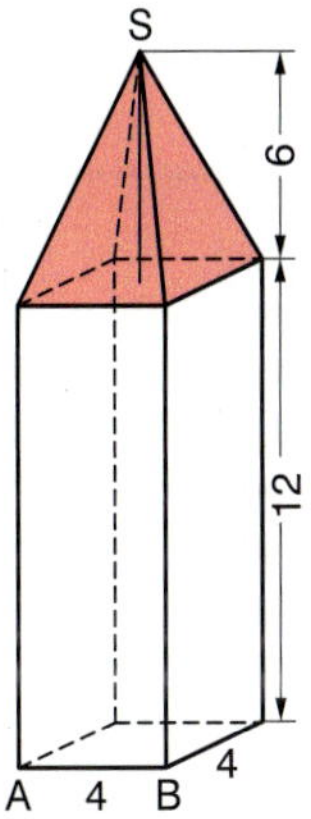

a) A liegt im Ursprung und B auf der x_2-Achse.	b) A, B und S haben die Koordinaten A = (1|–1|2), B = (1|3|2), S = (–1|1|20).	c) Keine der Achsen berührt oder schneidet den Turm.

Vergleichen Sie die Ergebnisse untereinander.

7 *Ablesen von Punkten in einem Schrägbild*

a) Paula, Emil und Lara lesen die Koordinaten des eingezeichneten Punktes S ab. Sie erhalten verschiedene Ergebnisse:

Paula: S = (0|–2|9)
Emil: S = (8|2|11)
Lara: S = (–4|–4|8)

Kann das sein? Zeichnen Sie das Bild in Ihr Heft. Prüfen Sie durch Einzeichnen der jeweiligen Koordinatenwege.

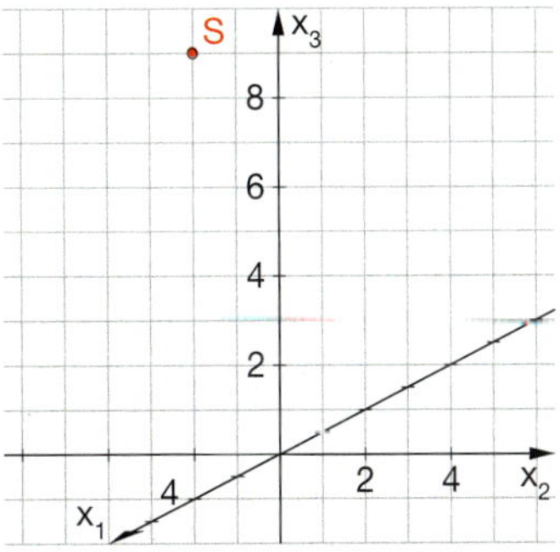

b) Sie erhalten die Zusatzinformation, dass S die Spitze einer quadratischen Pyramide ist. Die Pyramide hat die Höhe 9 sowie die Eckpunkte A = (4|2|0) und B = (–4|2|0). Lassen sich nun die Koordinaten der Spitze S eindeutig bestimmen?

c) Der eingezeichnete Punkt A könnte auch die Koordinaten A = (0|0|–1) haben. Bestätigen Sie dies durch Einzeichnen des Koordinatenweges. Versuchen Sie, dazu passende Punkte B, C, D und S für eine quadratische Pyramide zu bestimmen. Halten Sie Ihre Beobachtungen in einem Bericht fest (zum Beispiel unter dem Thema *„Trauen Sie keinem Schrägbild"*).

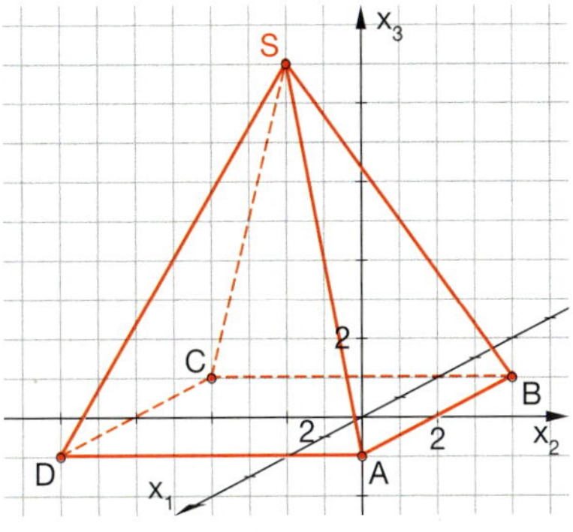

Anfänge der Analytischen Geometrie

Sucht man nach den Wurzeln der Analytischen Geometrie, so stößt man auf zwei Namen: René Descartes und Pierre de Fermat. Beide haben sich am Anfang des 17. Jahrhunderts unabhängig voneinander mit geometrischen Problemen befasst und neue Denkwege eingeschlagen. Dabei haben sie – jeder auf eigene Weise – Algebra und Geometrie miteinander verbunden und damit den Grundstein der modernen Analytischen Geometrie gelegt.

„Cogito ergo sum.“ (Ich denke, also bin ich.)

René Descartes (1596–1650)

Descartes gilt als Begründer der neuzeitlichen Philosophie. Sein Lebensziel war die Errichtung eines philosophischen Weltsystems, welches logisch aufgebaut sein sollte. Hierbei schienen ihm mathematische Methoden hilfreich. Deshalb befasste er sich intensiv mit mathematischen Fragestellungen. Eine seiner großen Leistungen war es, dass er eine Verbindung zwischen geometrischen Linien und Zahlen suchte.

„... um die Linie zu umfassen, wurde ich mir darüber klar, dass ich diese durch bestimmte Zahlzeichen erklären müsste, ...“

Durch die Einführung einer Einheitsstrecke ordnete er jeder Strecke eine Zahl zu. Damit konnte er dann rechnen. Dies war neu in der Geometrie.

„... und ich werde mich nicht scheuen, diese der Arithmetik entnommenen Ausdrücke in die Geometrie einzuführen, um mich dadurch verständlicher zu machen.“

Neben der Einheitsstrecke führte Descartes auch einen *Bezugspunkt 0* (Ursprung) und eine Koordinatenachse ein und ordnete jedem Punkt der Ebene zwei Zahlen zu (Koordinate und Entfernung von der Koordinatenachse). In Anlehnung an Descartes sprechen wir bis heute vom „Kartesischen Koordinatensystem“. Eine zweite Koordinatenachse wurde aber erst von Leibniz (1646–1716) eingeführt.
Durch die Charakterisierung von Punkten durch zwei Zahlen gelang Descartes die Beschreibung *krummer Linien* (Kurven). Galt für jeden Punkt einer Kurve zwischen den beiden Zahlen dieselbe Beziehung, so nannte er diese Beziehung die Gleichung der Kurve.

Pierre de Fermat (1601–1665)

Fermat war von Beruf Jurist. Die Mathematik war für ihn eine Freizeitbeschäftigung. Dabei strebte er die Verbindung antiker und zeitgenössischer Methoden an. Seine geometrischen Untersuchungen begann er mit der Untersuchung von Ortslinien. Darunter versteht man Kurven, die durch bestimmte geometrische Eigenschaften der auf ihnen liegenden Punkte gekennzeichnet sind. Die Ortslinie aller Punkte, die von einem gegebenen Punkt denselben Abstand haben, ist ein Kreis. Die Ortslinie aller Punkte, die zu einer gegebenen Gerade und einem gegebenen Punkt den gleichen Abstand haben, ist eine Parabel.

„Es ist kein Zweifel, dass die Alten sehr viel über Örter geschrieben haben. ... Aber wenn wir uns nicht täuschen, fiel ihnen die Untersuchung der Örter nicht gerade leicht ..... Wir unterwerfen daher diesen Wissenszweig einer besonderen, ihm eigens angepassten Analyse, ...“

Diese Analyse bestand darin, *Örter* (Ortslinien) durch Gleichungen zu beschreiben. Dabei fiel Fermat auf, dass man zu jeder Gleichung mit zwei unbekannten Größen eine Kurve finden kann.

„Sobald in einer Schlussgleichung zwei unbekannte Größen auftreten, hat man einen Ort, ... Die Gleichungen kann man aber bequem versinnlichen, wenn man die beiden unbekannten Größen in einem gegebenen Winkel (den wir meist gleich einem Rechten nehmen) aneinandersetzt.“

Mit dem Aneinandersetzen der beiden Größen ist das Darstellen von Punkten in einem Koordinatensystem gemeint. Auch Fermat bediente sich also eines von ihm erdachten Koordinatensystems.

6.2 Bewegen im Raum – Vektoren

Was Sie erwartet

Mithilfe des Koordinatensystems können geometrische Objekte durch Zahlen beschrieben und in Schrägbildern anschaulich dargestellt werden. Mit Vektoren können viele geometrische Frage- und Problemstellungen mit rechnerischen (algebraischen) Methoden bearbeitet werden.

Die Grundidee ist dabei recht einfach: Die Zahlentripel $(x_1|x_2|x_3)$ werden nun nicht mehr nur als Beschreibung von Punkten im räumlichen Koordinatensystem genutzt, sondern zusätzlich auch als Bewegungen (Verschiebungen) interpretiert. Für die Vektoren lassen sich einfache Rechenoperationen definieren, die dann wiederum eine geometrische Bedeutung haben. Damit können Sie nun viele geometrische Eigenschaften von Objekten erkunden und Zusammenhänge nachweisen.

Aufgaben

1 *Körper im dreidimensionalen Koordinatensystem/Schrägbilder*
Die Punkte A = (2|3|0), B = (6|7|2), D = (4|−1|4) und E = (−2|5|4) bilden eine Ecke eines Würfels im Raum.

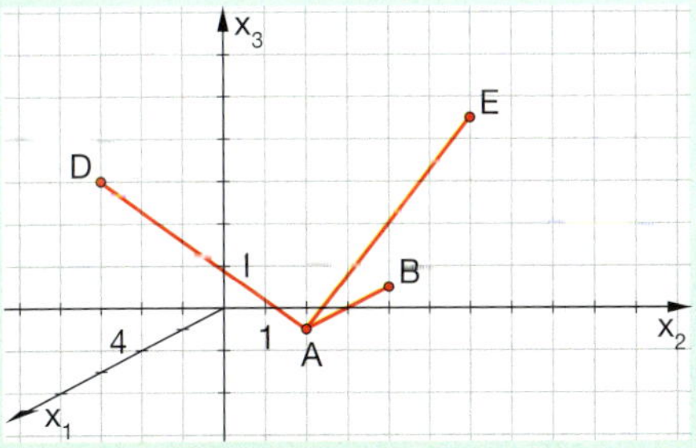

Zeichnen Sie die Punkte und die Kanten $\overline{AB}$, $\overline{AD}$, $\overline{AE}$ im räumlichen Koordinatensystem.
Rekonstruieren Sie aus diesen Angaben den Würfel, d. h. bestimmen Sie die Koordinaten der anderen Eckpunkte. Das ist nicht ganz einfach, weil der Würfel „schräg" im Koordinatensystem liegt.
Beschreiben Sie Ihr Vorgehen. Vergleichen Sie mit den Strategien anderer.
Zeichnen Sie den Würfel so, dass deutlich wird, welche Kanten sichtbar und welche verdeckt sind.

Basiswissen

Mit Vektoren gewinnen wir ein neues Werkzeug, mit dem wir im Koordinatensystem neben der Lage von Punkten nun auch Bewegungen beschreiben können.

Vektoren – algebraisch und geometrisch

Zahlentripel

Algebraisch wird ein Vektor als **Zahlentripel** geschrieben.

$$\vec{x} = \begin{pmatrix} x_1 \\ x_2 \\ x_3 \end{pmatrix} \qquad \vec{v} = \begin{pmatrix} -2 \\ 1 \\ 3 \end{pmatrix}$$

Wir schreiben Vektoren als Spalten und bezeichnen sie mit kleinen Buchstaben und einem zusätzlichen Pfeil. Die reellen Zahlen x_1, x_2, x_3 heißen **Koordinaten des Vektors.**

Verschiebungen
Translationen

Geometrisch können Vektoren als **Verschiebungen (Translationen)** in der Ebene oder im Raum interpretiert werden.

Der Vektor $\vec{v} = \begin{pmatrix} -2 \\ 1 \\ 3 \end{pmatrix}$

verschiebt den Punkt A = (1 | 1 | 3)
- um –2 in Richtung x_1-Achse,
- um 1 in Richtung x_2-Achse,
- um 3 in Richtung x_3-Achse.

Der Bildpunkt ist A′ = (–1 | 2 | 6).

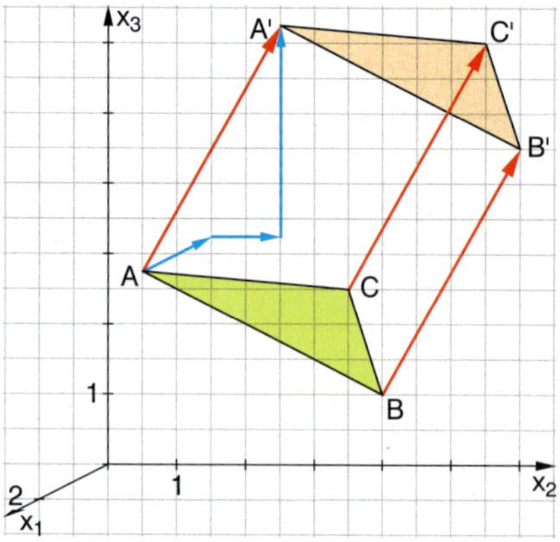

Pfeile

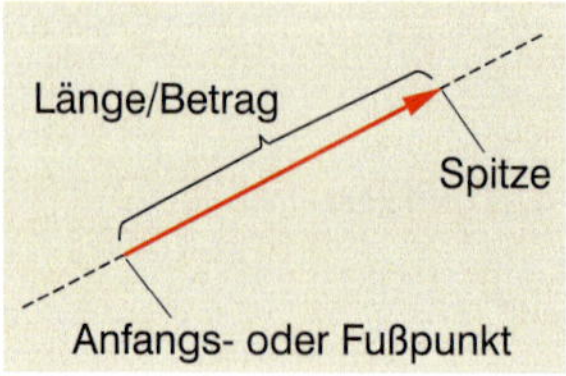

Der Vektor wird durch einen **Pfeil** gekennzeichnet. Pfeile gleicher Länge und gleicher Richtung kennzeichnen den gleichen Vektor.

Die Pfeile $\overrightarrow{AA'}$, $\overrightarrow{BB'}$ und $\overrightarrow{CC'}$ haben jeweils die gleiche Richtung und die gleiche Länge. Jeder dieser Pfeile kennzeichnet den Vektor

$$\vec{v} = \begin{pmatrix} v_1 \\ v_2 \\ v_3 \end{pmatrix} = \begin{pmatrix} -2 \\ 1 \\ 3 \end{pmatrix}.$$

Betrag eines Vektors

Die Länge eines Pfeils $\overrightarrow{AA'}$ ist gleich dem Abstand der Punkte A und A′. Sie wird als **Betrag** $|\vec{v}|$ **des Vektors** $\vec{v}$ bezeichnet.

$$|\vec{v}| = \sqrt{v_1^2 + v_2^2 + v_3^2}$$

$$|\vec{v}| = \sqrt{(-2)^2 + 1^2 + 3^2}$$

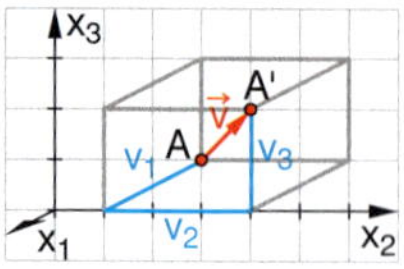

Berechnung des Vektors aus Punkt und Bildpunkt

Aus den Koordinaten eines Punktes A = (1 | 1 | 3) und seines Bildpunktes A′ = (–1 | 2 | 6) können die Koordinaten des Vektors (der Verschiebung) berechnet werden.

$$\overrightarrow{AA'} = \begin{pmatrix} a'_1 - a_1 \\ a'_2 - a_2 \\ a'_3 - a_3 \end{pmatrix} = \begin{pmatrix} -1 - 1 \\ 2 - 1 \\ 6 - 3 \end{pmatrix} = \begin{pmatrix} -2 \\ 1 \\ 3 \end{pmatrix}$$

Punkte
Ortsvektoren

Vektoren können auch als **Punkte im Koordinatensystem** interpretiert werden.
Zeichnet man vom Ursprung O des Koordinatensystems einen Pfeil zum Punkt P = (–2 | 1 | 3),

so repräsentiert dieser den Vektor $\overrightarrow{OP} = \begin{pmatrix} -2 \\ 1 \\ 3 \end{pmatrix}$.

Gleichzeitig kennzeichnet er auch den Punkt P.
$\overrightarrow{OP}$ wird als **Ortsvektor** des Punktes P bezeichnet.

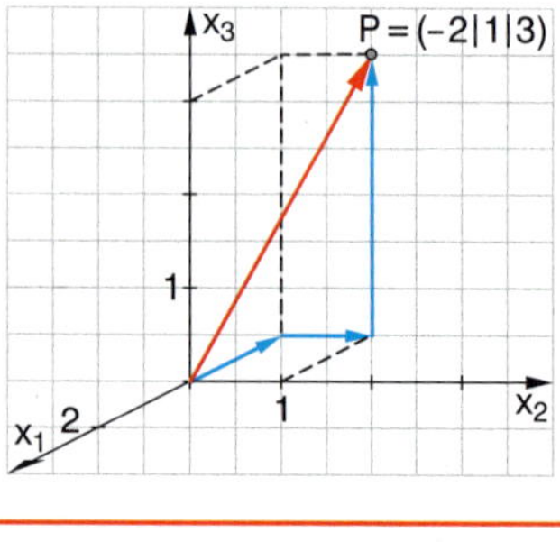

Beispiele

A *Verschieben eines Dreiecks*

Das Dreieck ABC wird in das Dreieck DEF verschoben.
Geben Sie den Verschiebungsvektor $\vec{v}$ und die Koordinaten der Eckpunkte des Bilddreiecks an, wenn A = (2|0|0), B = (−2|4|0), C = (−2|2|4) und D = (2|4|4) ist.

Lösung:
Den Vektor $\vec{v}$ können wir aus den Koordinaten des Punktes A und seines Bildpunktes D berechnen.

$$\vec{v} = \overrightarrow{AD} = \begin{pmatrix} 2-2 \\ 4-0 \\ 4-0 \end{pmatrix} = \begin{pmatrix} 0 \\ 4 \\ 4 \end{pmatrix}$$

Durch Addieren der Koordinaten von $\vec{v}$ zu den jeweiligen Koordinaten der Punkte B und C erhalten wir dann die Bildpunkte:
E = (−2|8|4) und F = (−2|6|8).

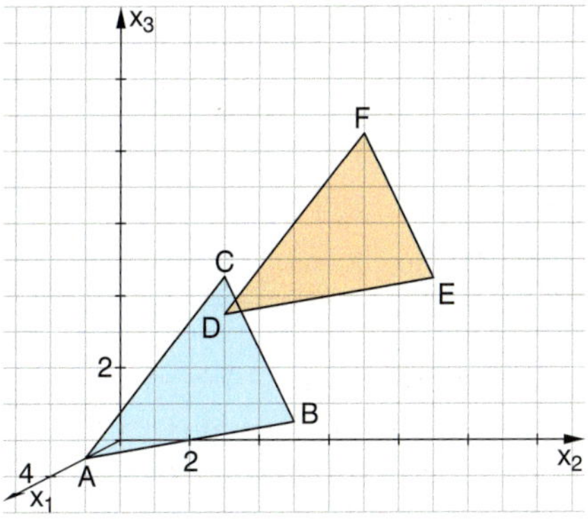

Übungen

2 *Streckenzüge*

Die Streckenzüge ABCD und ADCB können als Bewegungen vom Startpunkt A über Zwischenpunkte zum Endpunkt D bzw. B gedeutet werden („Vektorzüge").
Bestimmen Sie die jeweils passenden Vektoren. Welcher Streckenzug ist der kürzere?

Streckenzüge als „Vektorzüge"

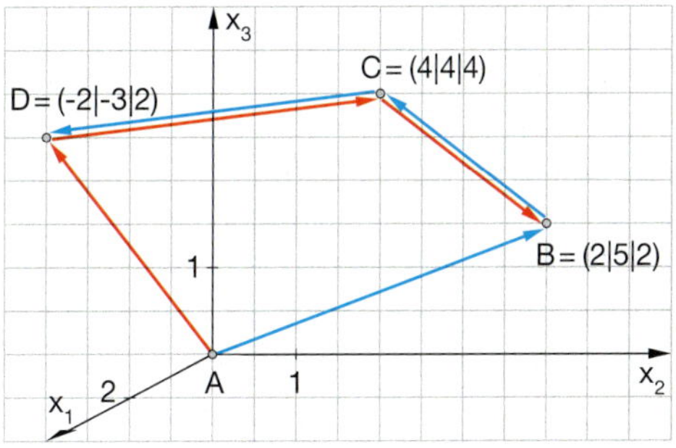

3 *Vektoren im Würfel*

Die Vektoren $\vec{u} = \begin{pmatrix} 2 \\ 2 \\ 1 \end{pmatrix}$, $\vec{v} = \begin{pmatrix} -2 \\ 1 \\ 2 \end{pmatrix}$ und $\vec{w} = \begin{pmatrix} 1 \\ -2 \\ 2 \end{pmatrix}$ beschreiben mit dem Punkt A = (−1|0|3) die Kanten eines Würfels.

a) Bestimmen Sie die restlichen Eckpunkte des Würfels.

b) Wie ändern sich die Eckpunkte, wenn der Würfel um $\begin{pmatrix} 2 \\ -1 \\ 4 \end{pmatrix}$ verschoben wird?

c) Der Würfel wird so verschoben, dass der Punkt A auf den Punkt A' = (2|4|−4) zu liegen kommt. Geben Sie den dazugehörigen Verschiebungsvektor an.

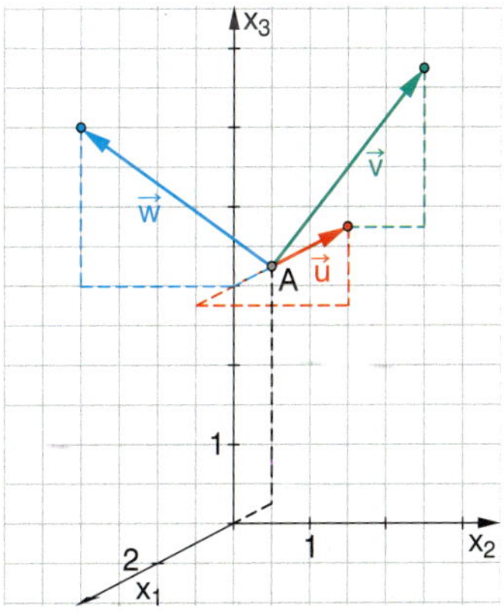

4 *Würfelverschiebungen*

Der rote Würfel mit der Kantenlänge 4 wurde mehrfach verschoben.

Führen Sie ein geeignetes Koordinatensystem ein und beschreiben Sie die Verschiebungen jeweils durch den passenden Vektor.

6204A.ggb
6204B.ggb

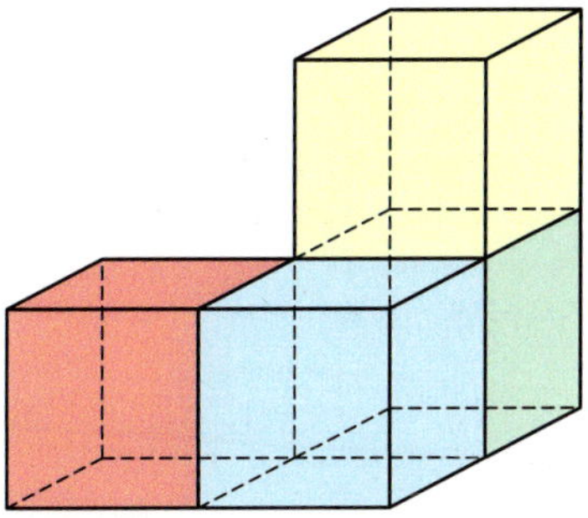

Basiswissen

Mit Vektoren kann man „rechnen". Da sich die Rechenoperationen mithilfe der Pfeile auch geometrisch interpretieren lassen, gewinnt man damit ein wirkungsvolles Werkzeug zum Darstellen und Lösen geometrischer Probleme.

Rechnen mit Vektoren

algebraisch | geometrisch

Addition

$$\vec{a} + \vec{b} = \begin{pmatrix} a_1 \\ a_2 \\ a_3 \end{pmatrix} + \begin{pmatrix} b_1 \\ b_2 \\ b_3 \end{pmatrix} = \begin{pmatrix} a_1 + b_1 \\ a_2 + b_2 \\ a_3 + b_3 \end{pmatrix}$$

Die einzelnen Koordinaten der beiden Vektoren $\vec{a}$ und $\vec{b}$ werden jeweils addiert.

$$\begin{pmatrix} -2 \\ 4 \\ 3 \end{pmatrix} + \begin{pmatrix} 3 \\ 2 \\ -1 \end{pmatrix} = \begin{pmatrix} 1 \\ 6 \\ 2 \end{pmatrix}$$

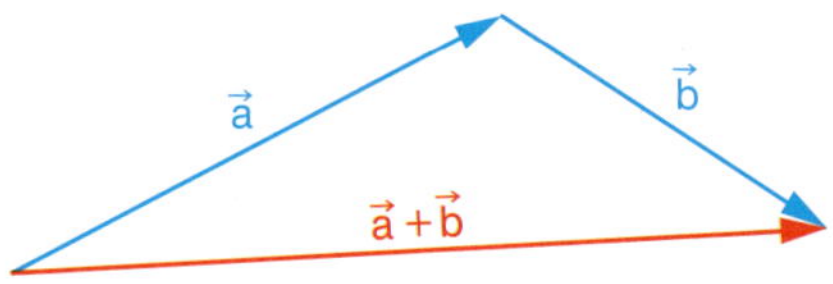

Die Pfeile werden aneinandergehängt. Dies entspricht dem Nacheinanderausführen der durch $\vec{a}$ und $\vec{b}$ gegebenen Verschiebungen. Der resultierende Pfeil kennzeichnet den Summenvektor $\vec{a} + \vec{b}$.

S-Multiplikation

Wir schreiben auch $s\vec{a}$.

$$s \cdot \vec{a} = s \cdot \begin{pmatrix} a_1 \\ a_2 \\ a_3 \end{pmatrix} = \begin{pmatrix} s a_1 \\ s a_2 \\ s a_3 \end{pmatrix};\ s \in \mathbb{R}$$

Jede Koordinate des Vektors $\vec{a}$ wird mit der reellen Zahl s multipliziert.

$$1{,}9 \cdot \begin{pmatrix} -2 \\ 4 \\ 3 \end{pmatrix} = \begin{pmatrix} -3{,}8 \\ 7{,}6 \\ 5{,}7 \end{pmatrix};\ (-1{,}2) \cdot \begin{pmatrix} -2 \\ 4 \\ 3 \end{pmatrix} = \begin{pmatrix} 2{,}4 \\ -4{,}8 \\ -3{,}6 \end{pmatrix}$$

Der Begriff S-Multiplikation kommt aus der Physik. Dort werden reelle Zahlen zur Unterscheidung von Vektoren oft als „Skalare" bezeichnet.

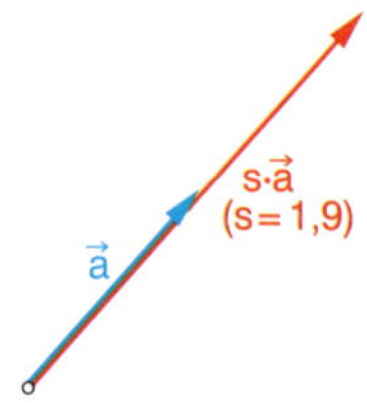

Der Pfeil wird auf die s-fache Länge gestreckt. Die Richtung bleibt erhalten.

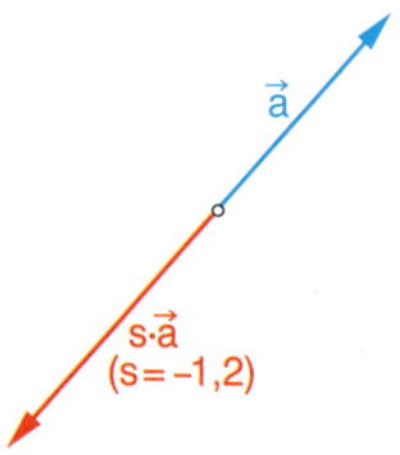

Der Pfeil wird auf die |s|-fache Länge gestreckt. Die Richtung wird umgekehrt.

Linearkombination

Ein Vektor

$$\vec{x} = r \cdot \vec{a} + s \cdot \vec{b} \quad \text{mit } r, s \in \mathbb{R}$$

heißt eine Linearkombination der Vektoren $\vec{a}$ und $\vec{b}$.

$$2 \cdot \begin{pmatrix} -2 \\ 4 \\ 3 \end{pmatrix} + (-0{,}5) \cdot \begin{pmatrix} 3 \\ 2 \\ -1 \end{pmatrix} = \begin{pmatrix} -5{,}5 \\ 7 \\ 6{,}5 \end{pmatrix}$$

Eine Linearkombination kann auch aus mehr als zwei Vektoren gebildet werden. $\vec{x} = r\vec{a} + s\vec{b} + t\vec{c}$

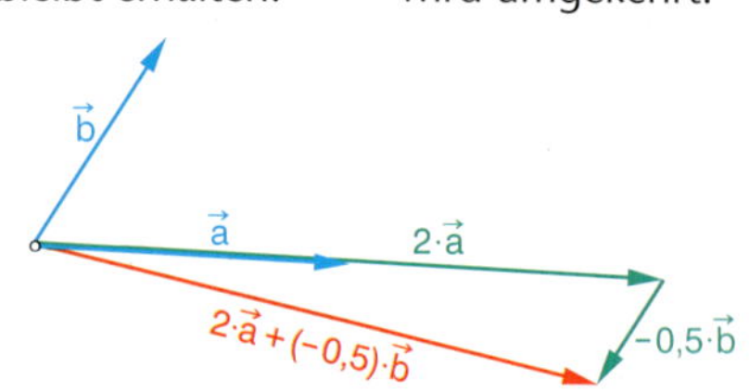

Beispiele

B *Linearkombination*

Stellen Sie im Parallelogramm OABC die Diagonalen $\overrightarrow{OB}$ und $\overrightarrow{CA}$ mithilfe der Vektoren

$\overrightarrow{OA} = \vec{a} = \begin{pmatrix} 2 \\ 3 \\ 1 \end{pmatrix}$ und $\overrightarrow{OC} = \vec{c} = \begin{pmatrix} -4 \\ 1 \\ 2 \end{pmatrix}$ dar.

Lösung:

$$\overrightarrow{OB} = \vec{a} + \vec{c} = \begin{pmatrix} 2 \\ 3 \\ 1 \end{pmatrix} + \begin{pmatrix} -4 \\ 1 \\ 2 \end{pmatrix} = \begin{pmatrix} -2 \\ 4 \\ 3 \end{pmatrix};$$

$$\overrightarrow{CA} = \vec{a} - \vec{c} = \begin{pmatrix} 2 \\ 3 \\ 1 \end{pmatrix} - \begin{pmatrix} -4 \\ 1 \\ 2 \end{pmatrix} = \begin{pmatrix} 6 \\ 2 \\ -1 \end{pmatrix}$$

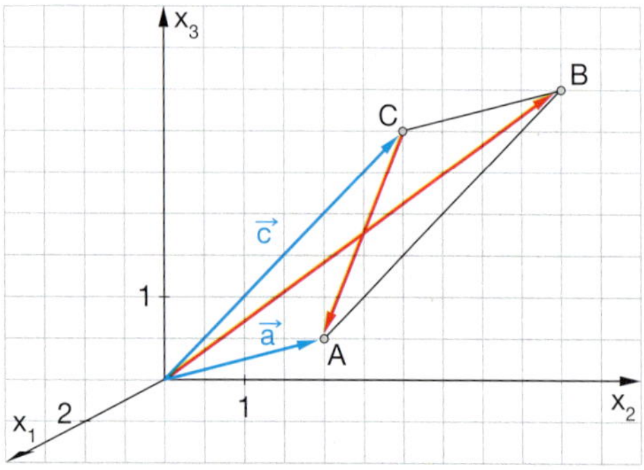

Differenzvektor

Der Vektor $\overrightarrow{AB}$ lässt sich in der Form $\overrightarrow{AB} = \overrightarrow{OB} - \overrightarrow{OA} = \vec{b} - \vec{a}$ darstellen.

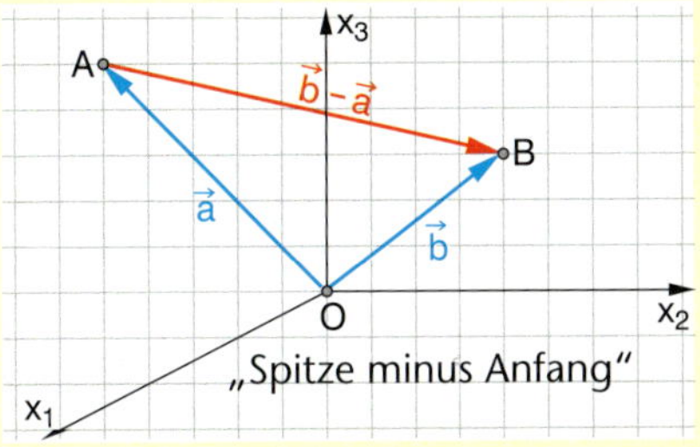

Mittelpunkt einer Strecke

Der Mittelpunkt einer Strecke lässt sich als Linearkombination

$\overrightarrow{OM} = \overrightarrow{OA} + \frac{1}{2}\overrightarrow{AB} = \vec{a} + \frac{1}{2} \cdot (\vec{b} - \vec{a})$

oder als Mittelwert

$\overrightarrow{OM} = \frac{1}{2}(\overrightarrow{OA} + \overrightarrow{OB}) = \frac{1}{2} \cdot (\vec{a} + \vec{b})$

darstellen.

Parallele Vektoren

Die **Parallelität** von zwei Strecken $\overline{AB}$ und $\overline{CD}$ lässt sich mithilfe von Vektoren leicht erkennen.

Zwei Vektoren $\vec{u} = \overrightarrow{AB}$ und $\vec{v} = \overrightarrow{CD}$ sind genau dann parallel, wenn $\vec{u} = \mathbf{c}\,\vec{v}$ $(c \in \mathbb{R})$.

Man bezeichnet die Vektoren $\vec{u}$ und $\vec{v}$ auch als **kollinear.**

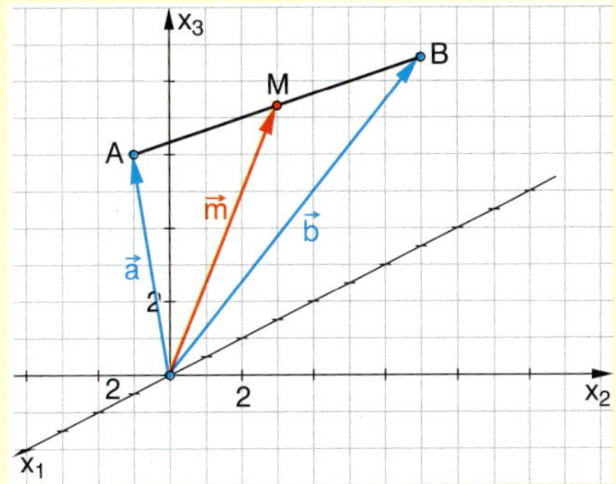

Übungen

5 *Vervierfachung*

In der Abbildung ist die Kantenlänge des großen Würfels viermal so lang wie die Kantenlänge des kleinen Würfels. Weisen Sie rechnerisch nach, dass dann auch die Raumdiagonale des großen Würfels viermal so lang ist wie die des kleinen. Beschreiben Sie Ihr Vorgehen. Finden Sie auch eine geometrische Begründung?

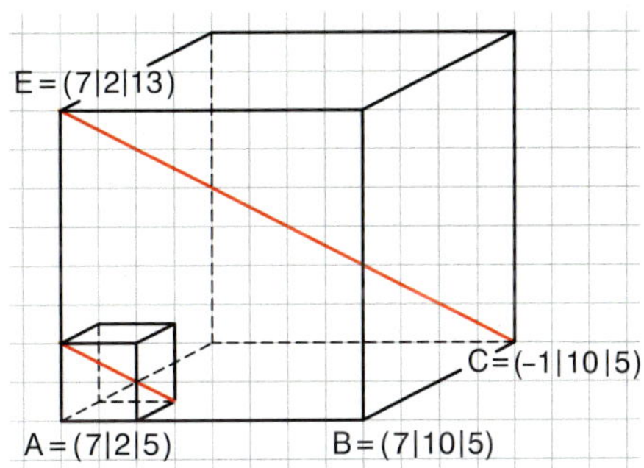

6 *Spat mit aufgesetzter Pyramide*

Im Spat mit aufgesetzter Pyramide ist F der Mittelpunkt der Strecke $\overline{BS}$.

a) Stellen Sie $\overrightarrow{AC}$, $\overrightarrow{BS}$, $\overrightarrow{SD}$, $\overrightarrow{HS}$, $\overrightarrow{EC}$ jeweils als Linearkombination von $\vec{a}$, $\vec{b}$, $\vec{c}$ dar.

b) Geben Sie zwei Punkte an, deren Verbindungsvektor durch den Vektor $\vec{a} - \vec{b} - \vec{c}$ bestimmt wird.

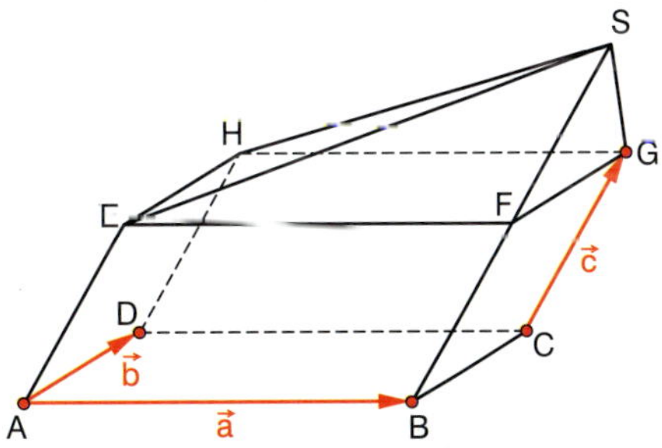

7 *Rechteck im Würfel*

Stellen Sie den Ortsvektor zum Mittelpunkt des Würfels als Linearkombination der Vektoren $\vec{a}$, $\vec{b}$, $\vec{c}$ dar.

Stellen Sie den Mittelpunkt des blauen Rechtecks als Linearkombination der Vektoren $\vec{a}$ und $\overrightarrow{AH} = \vec{b} + \vec{c}$ dar.

Zeigen Sie rechnerisch, dass die beiden Mittelpunkte identisch sind. Finden Sie auch eine geometrische Begründung.

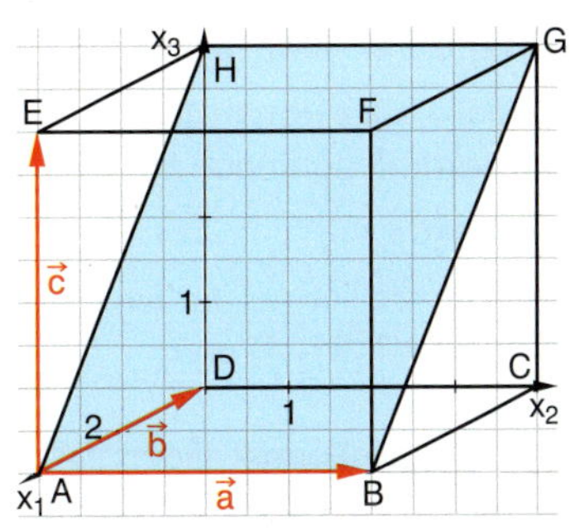

Im Folgenden werden geometrische Aussagen mithilfe der Vektorrechnung begründet.

Übungen

Beweise geometrischer Aussagen mithilfe der Vektorrechnung

8 *Diagonalenschnittpunkt im Parallelogramm*

Der Diagonalenschnittpunkt S im Parallelogramm kann mit der Information, dass der Schnittpunkt die Diagonalen halbiert, also mit $\vec{s} = \vec{a} + \frac{1}{2}(\overrightarrow{AB} + \overrightarrow{BC})$ bestimmt werden.

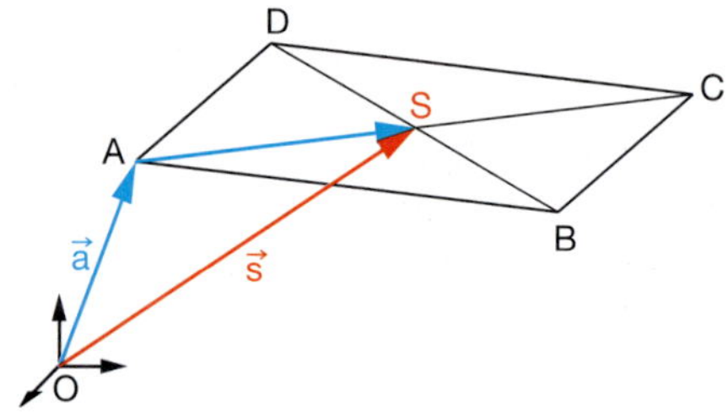

a) Zeichnen Sie das Parallelogramm mit A = (1 | 1), B = (5 | 2), C = (6 | 4) und D = (2 | 3). Bestimmen Sie zeichnerisch die Koordinaten des Diagonalenschnittpunktes und bestätigen Sie die Formel am Beispiel.

b) Begründen Sie die Formel mithilfe eines Vektorzuges.

c) Bestimmen Sie den vierten Punkt des Parallelogramms ABCD mit A = (6 | 6 | 6), B = (2 | 1 | 0) und C = (3 | 4 | 5) sowie die Koordinaten des Diagonalenschnittpunktes.

9 *Mittelparallele im Dreieck*

Gegeben ist ein Dreieck ABC; M_{BC} ist der Mittelpunkt von $\overline{BC}$; M_{AC} ist der Mittelpunkt von $\overline{AC}$.

Begründen Sie mit einem Vektorzug: $\overline{M_{BC} M_{AC}}$ ist parallel zu $\overline{AB}$ und halb so lang wie $\overline{AB}$.

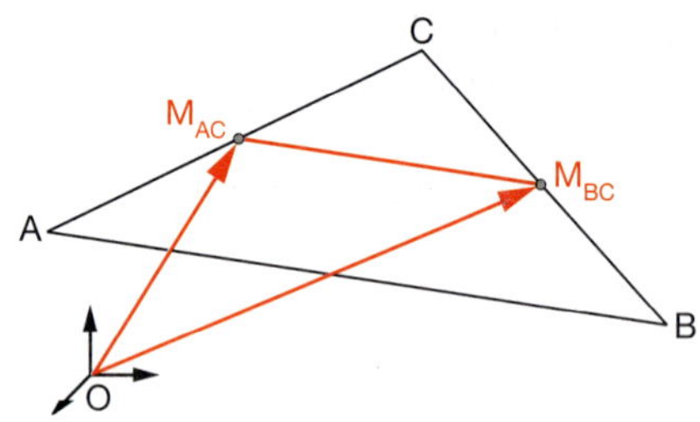

Der Schwerpunkt eines Dreiecks teilt die Seitenhalbierenden im Verhältnis 2 : 1.

Rechnerische Ermittlung des Schwerpunkts S eines Dreiecks ABC:

$\vec{s} = \vec{a} + \frac{2}{3} \cdot \overrightarrow{AM_{BC}}$

10 *Schwerpunkt eines Dreiecks*

Mithilfe der nebenstehenden Information lässt sich der Schwerpunkt S eines Dreiecks ABC rechnerisch mit dem Punkt A und dem Mittelpunkt M_{BC} der Strecke $\overline{BC}$ ermitteln.

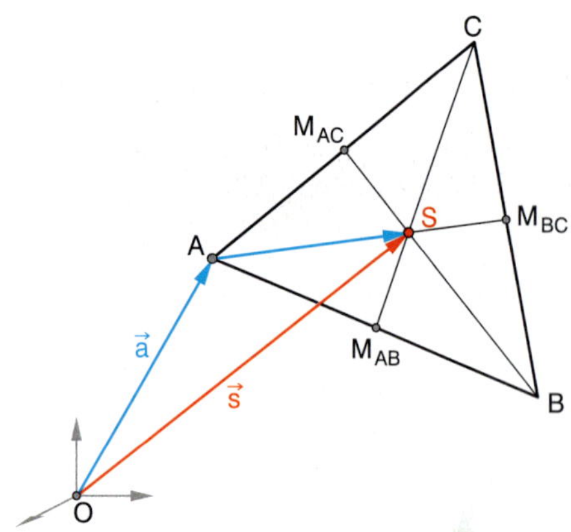

a) Zeichnen Sie das Dreieck ABC mit A = (2 | 3), B = (12 | 3) und C = (4 | 9). Ermitteln Sie zeichnerisch seinen Schwerpunkt. Überprüfen Sie dann den angegebenen Rechenweg.

b) Der Schwerpunkt S lässt sich auch durch zwei weitere Vektorzüge berechnen. Ermitteln Sie diese aus der Zeichnung. Zeigen Sie, dass sich damit der Schwerpunkt S ergibt.

c) Bestimmen Sie rechnerisch den Schwerpunkt des Dreiecks QRT mit Q = (–2 | 3 | 10), R = (2 | –1 | 6) und T = (0 | 7 | 8).

11 *Schwerpunkt eines Dreiecks als Mittelwert*

Der Schwerpunkt S eines Dreiecks ABC wird durch $\vec{s} = \vec{a} + \frac{2}{3} \cdot \overrightarrow{AM_{BC}}$ bestimmt (siehe Marginalie oder Übung 10).

In der Formelsammlung finden Sie für den Schwerpunkt $\vec{s} = \frac{1}{3} \cdot (\vec{a} + \vec{b} + \vec{c})$.

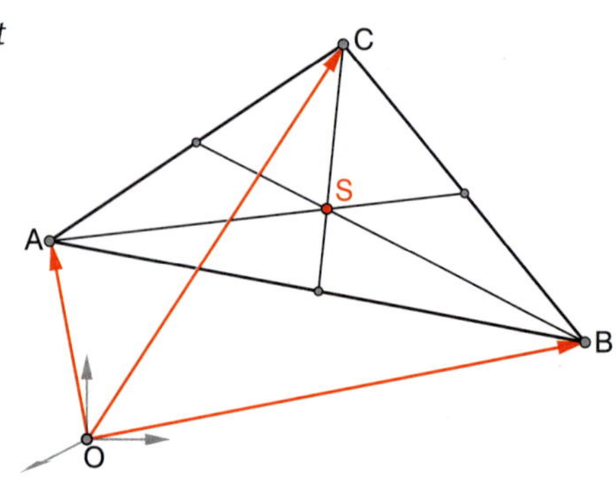

a) Bestätigen Sie die Formel am Beispiel A = (3 | –4 | 7), B = (1 | 5 | –4) und C = (–7 | 2 | 3).

b) Begründen Sie die Formel allgemein zeichnerisch und rechnerisch.

Mittenviereck in der Ebene und im Raum

Projekt

Vielleicht haben Sie im Geometrieunterricht schon vom **Satz von Varignon** gehört.

Mittenviereck in der Ebene

> **Satz von Varignon**
> Verbindet man die Mittelpunkte der Seiten eines Vierecks, so entsteht ein Parallelogramm.

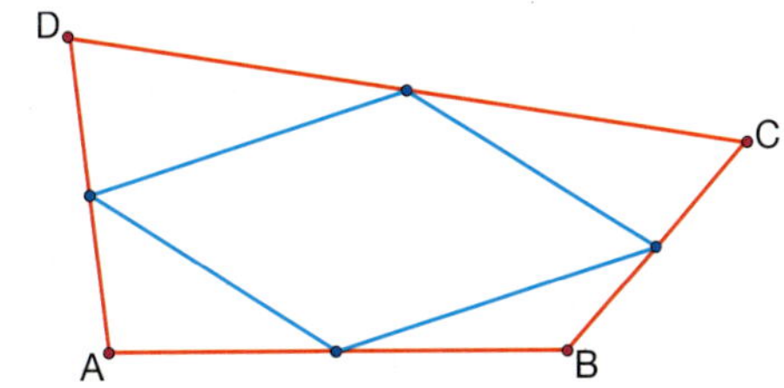

Der Beweis ist mit elementargeometrischen Mitteln nicht ganz einfach.

Mit DGS können Sie den Satz eindrucksvoll bestätigen.

Versuchen Sie mit Ihren Kenntnissen über das Rechnen mit Vektoren einen Beweis aufzuschreiben.
Beschreiben Sie die Ortsvektoren der Seitenmittelpunkte mit den Vektoren $\vec{a}$, $\vec{b}$, $\vec{c}$ und $\vec{d}$. Zeigen Sie, dass gegenüberliegende Seiten des Seitenmittenvierecks parallel sind.

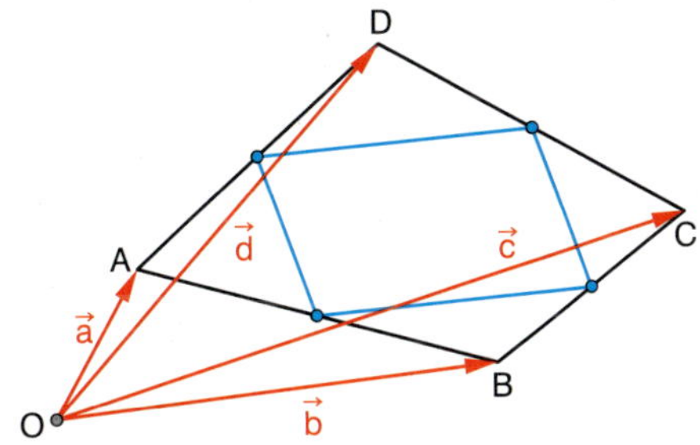

Gilt der **Satz von Varignon** auch für Vierecke im Raum?

Mittenviereck im Raum

Experimentieren und Vermuten am Realmodell

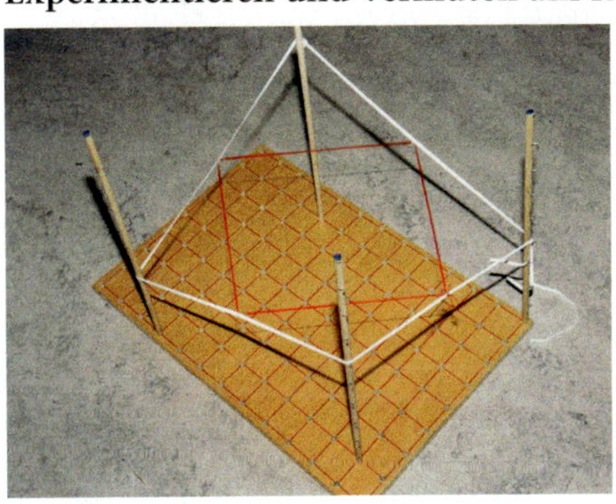

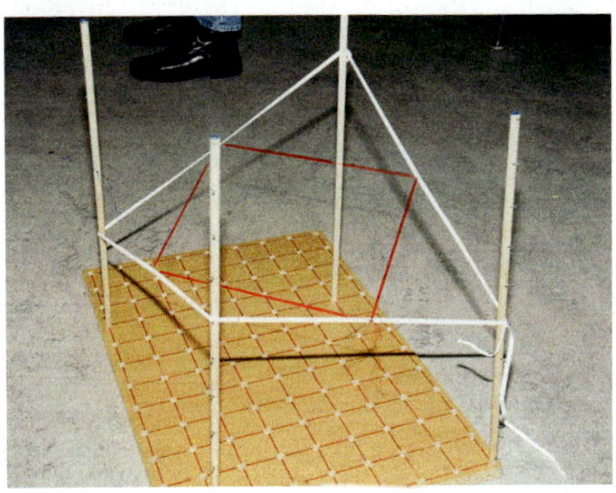

ProjektMV.cg3

Probieren und Bestätigen mit DGS

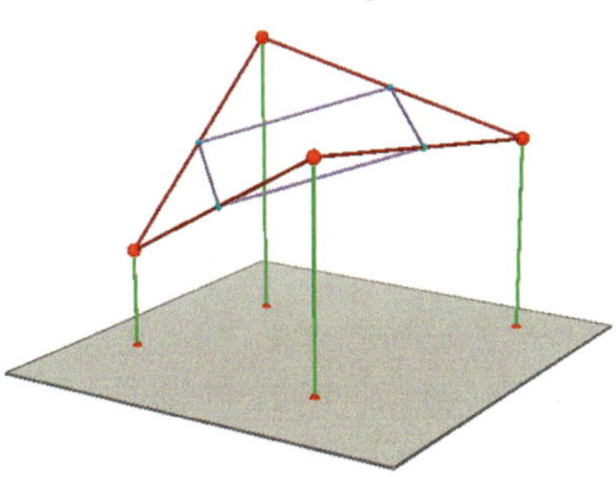

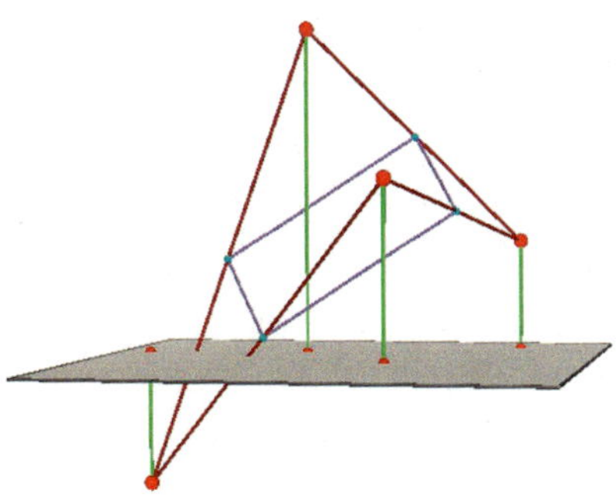

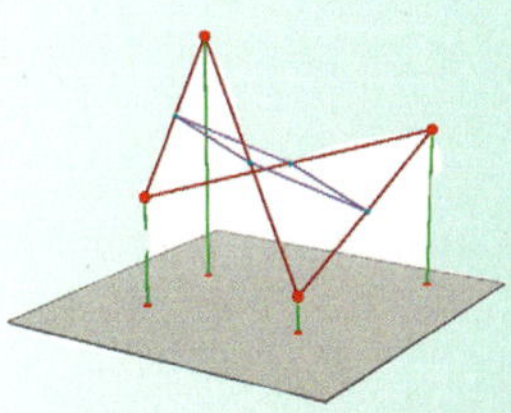

Beweisen mithilfe von Vektoren

Überlegen Sie, was Sie am Beweis für das Mittenviereck in der Ebene ändern müssen.

Die Begründung der modernen Vektorrechnung

Schon 1679 gab GOTTFRIED WILHELM LEIBNIZ (1629–1695) den Anstoß zur Entwicklung eines Vektorbegriffs:

„Die geometrische Analyse müsste in der Lage sein, die Lage und die Bewegung ihrer Figuren der rechnerischen Formel zugänglich zu machen."

LEIBNIZ selbst verfolgte seine Idee nicht weiter.

Viel später, im Jahr 1844, stellte die Gesellschaft der Wissenschaften in Leipzig zum Gedenken an LEIBNIZ (dieser war in Leipzig geboren) folgende Preisaufgabe:

„Es sind noch einige Bruchstücke einer von Leibniz erfundenen geometrischen Charakteristik übrig, in welcher die gegenseitigen Lagen der Orte .... unmittelbar durch einfache Symbole bezeichnet und durch deren Verbindung bestimmt werden und die daher von unserer [herkömmlichen] Geometrie gänzlich verschieden sind. Es fragt sich, ob nicht dieser Kalkül wieder hergestellt oder ein ihm ähnlicher angegeben werden kann, was keineswegs unmöglich zu sein scheint."

Den Preis erhielt 1846 HERMANN GÜNTER GRASSMANN, ein Gymnasiallehrer aus Stettin, der eine entsprechende neue Methode bereits 1839 in seiner Prüfungsarbeit *„Theorie von Ebbe und Flut"* verwendete und sie 1843 in seinem Werk *„Die lineare Ausdehnungslehre, ein neuer Zweig der Mathematik"* weiter ausarbeitete.

HERMANN GÜNTER GRASSMANN (1809–1877)

„Den ersten Anstoß gab mir die Betrachtung des Negativen in der Geometrie. Ich gewöhnte mich, die Strecken AB und BA als entgegengesetzte Größen aufzufassen. ... Strecken wurden nicht als bloße Längen aufgefasst, sondern an ihnen zugleich die Richtung festgehalten. So drängte sich der Unterschied auf zwischen der Summe der Längen und zwischen der Summe solcher Strecken, in denen zugleich die Richtung festgehalten war. .... Am Gesetz, dass AB + BC = AC sei, wurde auch dann noch festgehalten, wenn A, B, C nicht in einer geraden Linie lagen. Hiermit war der erste Schritt zu einer Analyse getan, welche in der Folge zu dem neuen Zweig der Mathematik führte, die hier vorliegt."

Durchgängiger Grundgedanke GRASSMANNS war es, Beziehungen zwischen räumlichen Größen mithilfe algebraischer Beziehungen zu beschreiben. Damit gilt GRASSMANN als Begründer der modernen Vektorrechnung. GRASSMANNS Schriften sind allerdings keine leichte Lektüre. Selbst der Geometer FELIX KLEIN (1849–1925) bezeichnete sie als *„schwer zugänglich, fast unlesbar"*. GRASSMANNS Bemühungen um einen mathematischen Lehrstuhl blieben deshalb auch erfolglos. In einem entsprechenden Gutachten wurde sein Werk als *„guter Inhalt in mangelhafter Form"* bewertet. GRASSMANN wandte sich daraufhin enttäuscht von allen mathematischen Studien ab und widmete sich den Sprachwissenschaften, was ihm wesentlich mehr Erfolg einbrachte.

Die mathematischen Leistungen GRASSMANNS erlangten wissenschaftlich erst spät Anerkennung. Es waren vor allem Physiker, die in den 80er Jahren des 19. Jahrhunderts die Vektorrechnung in ihre Vorlesungen aufnahmen. Die Mathematiker taten es ihnen erst zu Beginn des 20. Jahrhunderts nach.

CHECK UP

Orientieren und Bewegen im Raum

1 *Pyramide*
Zeichnen Sie das Schrägbild einer Pyramide mit quadratischer Grundfläche in einen Würfel. Wählen Sie ein geeignetes Koordinatensystem mit geeigneter Skalierung der Achsen.

2 *Würfelschnitt*
A und G sind Eckpunkte, M und N sind Kantenmittelpunkte eines Würfels mit der Kantenlänge 5. Zeigen Sie, dass AMGN ein ebenes Viereck bildet und bestimmen Sie die Form dieses Vierecks.

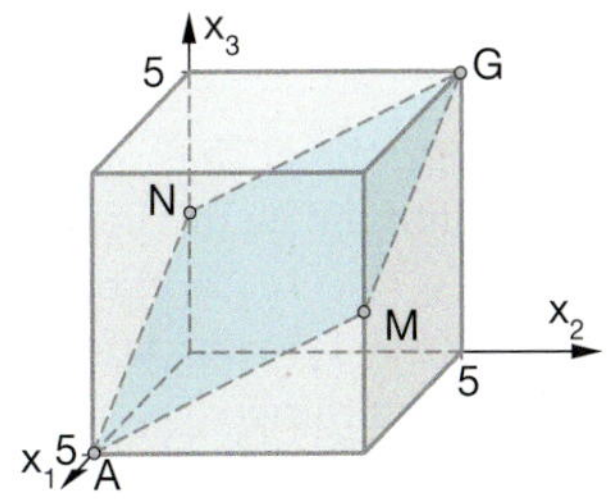

3 *Punktemenge*
Wo liegen alle Punkte $(x_1|x_2|x_3)$ mit $x_1 = x_2 = x_3$?

4 *Punkte in einem Schrägbild*
a) Zeichnen Sie die Punkte A bis H in ein „1-1-Koordinatensystem" (45°).

A = (2|−1|2),	B = (4|4|3),	C = (0|4|3),	D = (0|0|3),
E = (4|0|7),	F = (6|5|8),	G = (4|6|9),	H = (0|0|7)

Verbinden Sie die Punkte so, dass das Schrägbild eines Körpers mit „Bodenfläche" ABCD und „Deckfläche" EFGH entsteht. Um welchen Körper handelt es sich?
b) Zeichnen Sie nun den Körper wie in a) in ein „2-1-Koordinatensystem" (30°).
Vergleichen Sie. Können Sie Ihre Beobachtung begründen?
c) Weisen Sie nach, dass weder die „Bodenfläche" noch die „Deckfläche" ein ebenes Viereck bilden.

5 *Walmdach*
Wie viele verschiedene Vektoren findet man im Walmdachhaus? Finden Sie Vektoren, die nicht gleich sind?

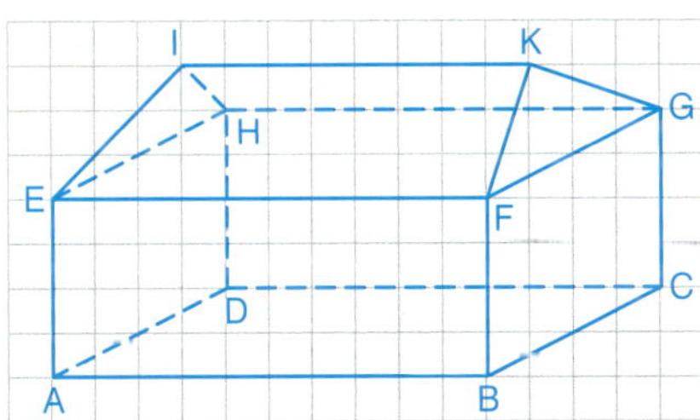

6 *Würfelverschiebungen*
a) Geben Sie für jeden Würfel (Seitenlänge 1) die Ortsvektoren der Eckpunkte an.
b) Geben Sie die Verschiebungsvektoren an, mit denen die Würfel jeweils ineinander verschoben werden können.

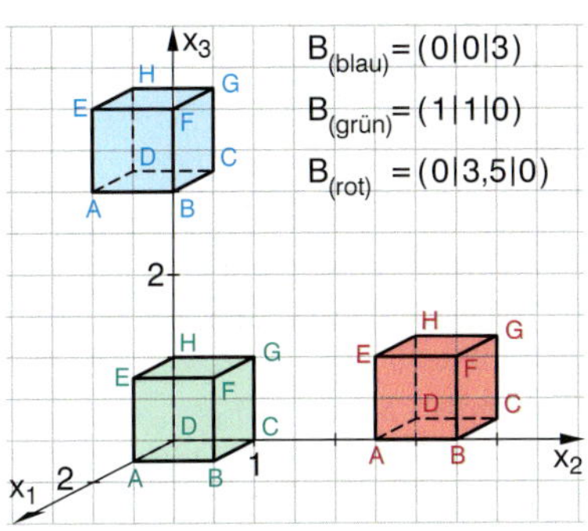

Koordinatensystem im Raum

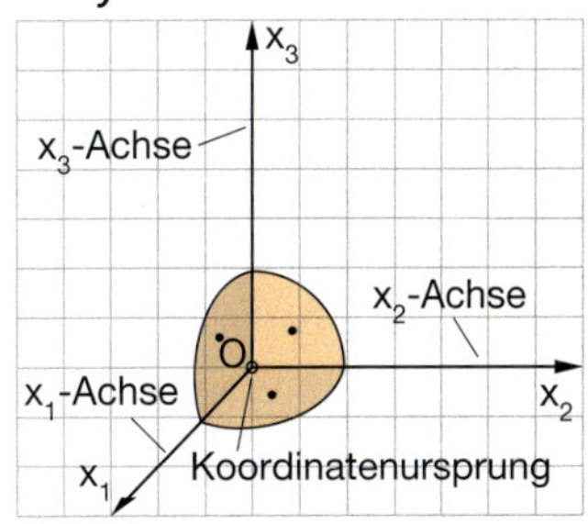

drei zueinander senkrechte Achsen mit Ursprung O

Der **Punkt P** wird festgelegt durch das **Zahlentripel $(x_P|y_P|z_P)$.**

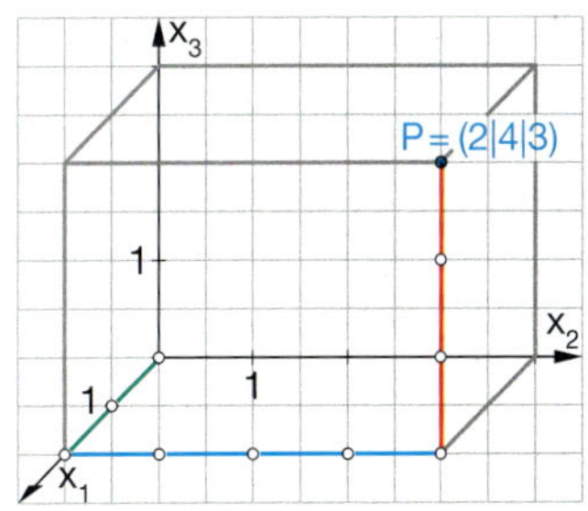

Algebraisch wird ein **Vektor** durch ein **Zahlentripel** beschrieben.

$\vec{x} = \begin{pmatrix} x_1 \\ x_2 \\ x_3 \end{pmatrix} \qquad \vec{v} = \begin{pmatrix} -2 \\ 1 \\ 3 \end{pmatrix}$

Geometrisch können Vektoren als **Verschiebungen (Translationen)** in der Ebene oder im Raum interpretiert werden.

Betrag des Vektors $\vec{v}$ $\quad |\vec{v}| = \sqrt{v_1^2 + v_2^2 + v_3^2}$

Vektoren können auch als **Punkte im Koordinatensystem** interpretiert werden.
Der Punkt P = (−2 | 1 | 3) repräsentiert den

Vektor $\overrightarrow{OP} = \begin{pmatrix} -2 \\ 1 \\ 3 \end{pmatrix}$.

Dieser kennzeichnet gleichzeitig geometrisch den Punkt P.

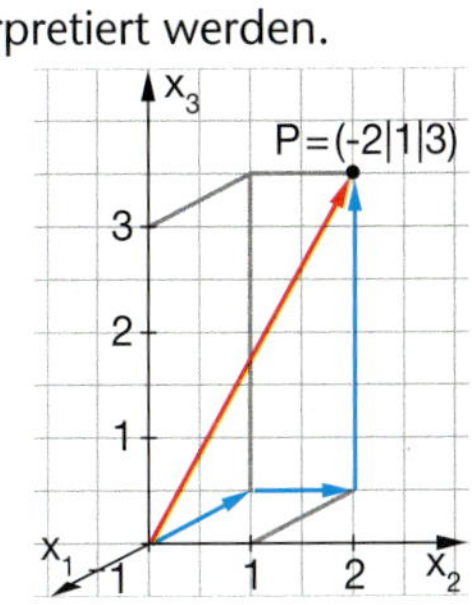

$\overrightarrow{OP}$ wird als **Ortsvektor** des Punktes P bezeichnet.

CHECK UP

Orientieren und Bewegen im Raum

Addition von Vektoren

$$\vec{a} + \vec{b} = \begin{pmatrix} a_1 \\ a_2 \\ a_3 \end{pmatrix} + \begin{pmatrix} b_1 \\ b_2 \\ b_3 \end{pmatrix} = \begin{pmatrix} a_1 + b_1 \\ a_2 + b_2 \\ a_3 + b_3 \end{pmatrix}$$

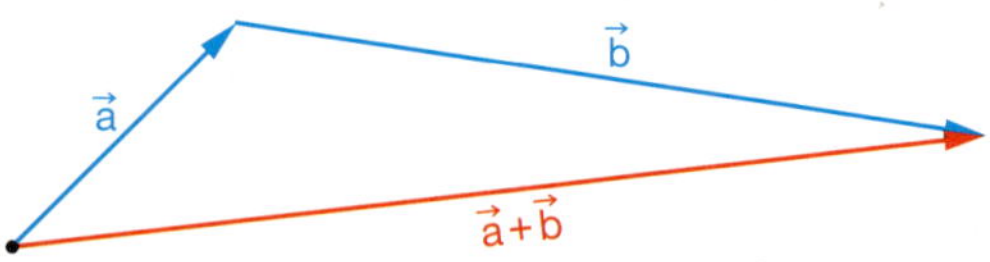

S-Multiplikation von Vektoren

$$s \cdot \vec{a} = s \cdot \begin{pmatrix} a_1 \\ a_2 \\ a_3 \end{pmatrix} = \begin{pmatrix} s \cdot a_1 \\ s \cdot a_2 \\ s \cdot a_3 \end{pmatrix}; \quad s \in \mathbb{R}$$

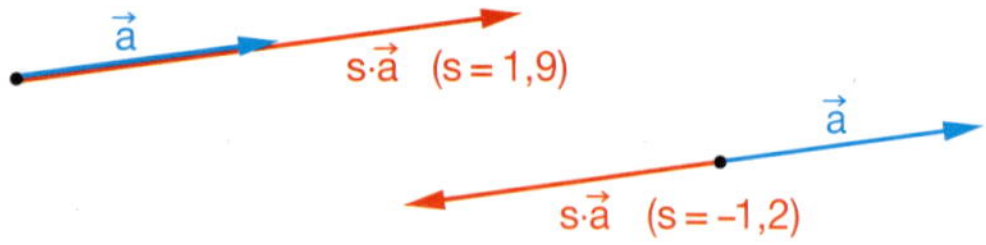

Differenzvektor

Der Vektor $\overrightarrow{AB}$ lässt sich in der Form $\overrightarrow{AB} = \overrightarrow{OB} - \overrightarrow{OA} = \vec{b} - \vec{a}$ darstellen.

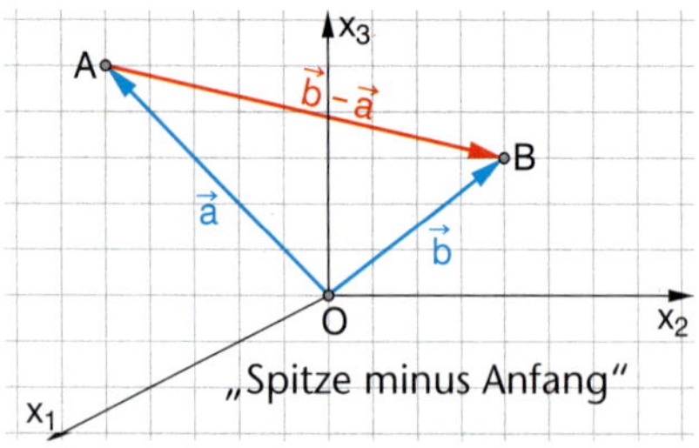

Linearkombination

Ein Vektor $\vec{x} = r \cdot \vec{a} + s \cdot \vec{b}$ mit $r, s \in \mathbb{R}$ heißt eine **Linearkombination der Vektoren** $\vec{a}$ und $\vec{b}$.

$$2 \cdot \begin{pmatrix} -2 \\ 4 \\ 3 \end{pmatrix} + (-0{,}5) \cdot \begin{pmatrix} 3 \\ 2 \\ -1 \end{pmatrix} = \begin{pmatrix} -5{,}5 \\ 7 \\ 6{,}5 \end{pmatrix}$$

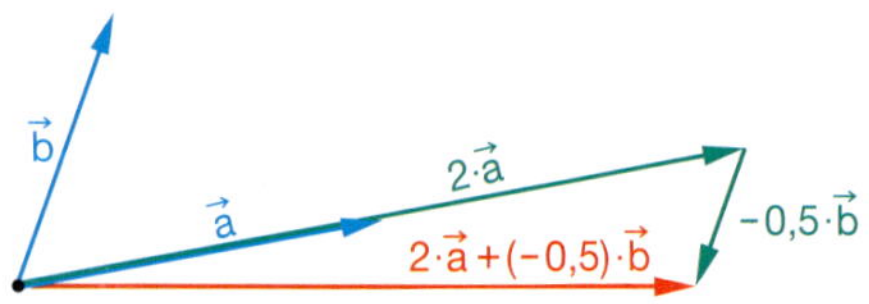

Zwei Vektoren $\vec{u} = \overrightarrow{AB}$ und $\vec{v} = \overrightarrow{CD}$ sind genau dann **parallel**, wenn $\vec{u} = c\vec{v}$, $c \in \mathbb{R}$.
Man bezeichnet die Vektoren $\vec{u}$ und $\vec{v}$ auch als **kollinear**.

7 *Dreiecke*

a) Weisen Sie nach, dass das Dreieck ABC mit A = (4 | 2 | 7), B = (2 | 3 | 8) und C = (3 | 1 | 9) gleichseitig ist.
b) Finden Sie selbst Punkte, die ein gleichseitiges Dreieck bilden.
c) Zeigen Sie, dass das Dreieck ABC mit A = (2 | 1 | 4), B = (6 | 4 | 6) und C = (2 | 2 | 3) gleichschenklig ist.

8 *Mittelpunkt einer Strecke*

a) Bestimmen Sie mit Vektoren den Mittelpunkt der Strecke zwischen A = (1 | −3 | 4) und B = (5 | 3 | 2).
b) M = (2 | −4 | 1) ist Mittelpunkt der Strecke durch C = (−1 | 2 | 3) und D. Bestimmen Sie die Koordinaten des Punktes D.

9 *Was wird beschrieben?*

Martin berechnet mit A = (2 | 3 | −4) und B = (4 | −1 | −2) den Punkt $P = \left(\frac{4-2}{2} \middle| \frac{-1-3}{2} \middle| \frac{-2-(-4)}{2}\right) = (1 \,|\, -2 \,|\, 1)$. Was beschreiben die Koordinaten des Punktes?

10 *Linearkombination I*

Erklären Sie $3 \cdot \begin{pmatrix} 2 \\ 3 \end{pmatrix} + 2 \cdot \begin{pmatrix} 4 \\ 1 \end{pmatrix}$ mithilfe einer Zeichnung.

11 *Linearkombination II*

Stellen Sie die Vektoren $\vec{c}$ und $\vec{d}$ mithilfe der Vektoren $\vec{a}$ und $\vec{b}$ dar.

a)

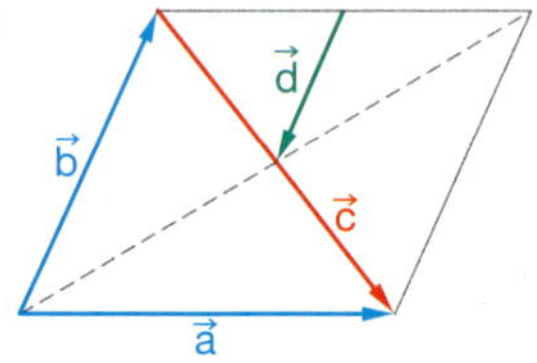

b)

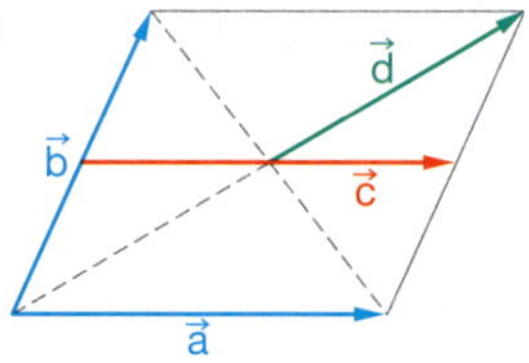

12 *Mittelpunkt einer Raute*

a) Zeigen Sie, dass das Viereck ABCD mit A = (1 | 0 | 4), B = (2 | 2 | 7), C = (3 | 0 | 10) und D = (2 | −2 | 7) eine Raute ist.
b) Bestimmen Sie den Mittelpunkt der Raute ABCD.

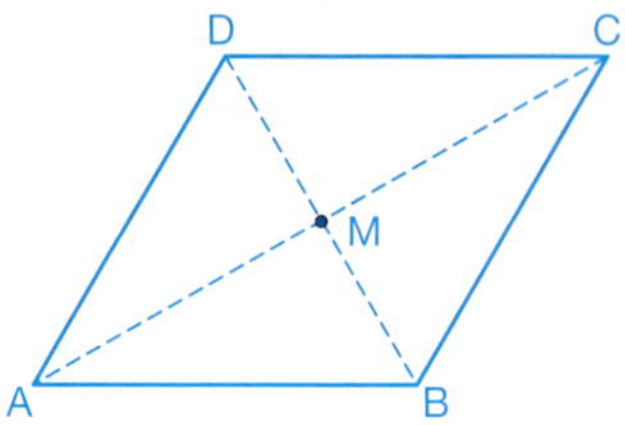

13 *Punktspiegelung*

Die Spitze S = (4 | 3 | 6) der nebenstehenden Pyramide wird am Punkt C = (2 | 5 | 3) gespiegelt.

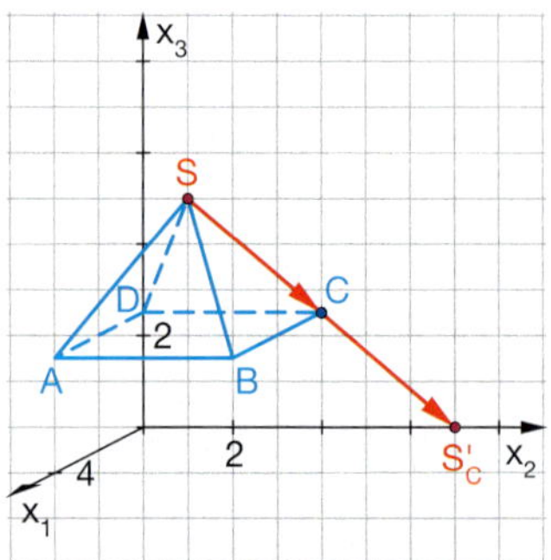

a) Beschreiben Sie die in der Zeichnung dargestellte Vorgehensweise und bestimmen Sie die Koordinaten des Spiegelpunktes S'_c.
b) Spiegeln Sie S auch an A = (6 | 1 | 3), B = (6 | 5 | 3) und D = (2 | 1 | 3) und bestimmen Sie die Koordinaten der Bildpunkte.
c) Welcher Körper entsteht, wenn die Bodenpunkte A, B, C und D an S gespiegelt werden?

Sichern und Vernetzen – Vermischte Aufgaben

Training

1 *Koordinaten und Schrägbild*

Von den Körpern sind einige Punkte gegeben. Geben Sie die Koordinaten der weiteren Punkte an und zeichnen Sie das Schrägbild des Körpers.

Würfel
A = (2 | 2 | 0); C = (−2 | 6 | 0);
D = (−2 | 2 | 0); H = (−2 | 2 | 4)

Quader
A = (4 | 0 | 0); C = (0 | 3 | 0);
D = (0 | 0 | 0); E = (4 | 0 | 2)

Quadratische Pyramide
A = (2 | 3 | 1) und B = (2 | 6 | 1)
Höhe 5

2 *Dreieckspyramide*

Die Punkte A = (−6 | −2 | 1); B = (3 | −2 | 4) und C = (6 | −2 | 2) bilden die Grundfläche einer Dreieckspyramide mit der Spitze S = (2 | −5 | 3). Zeichnen Sie ein Schrägbild der Pyramide. Wie hoch ist die Pyramide?

3 *Vektorzüge*

Welcher Vektorzug ergibt $\vec{0}$?

a) $\begin{pmatrix} 0 \\ 1 \\ -4 \end{pmatrix}; \begin{pmatrix} -2 \\ 3 \\ 4 \end{pmatrix}; \begin{pmatrix} 2 \\ -3 \\ 1 \end{pmatrix}; \begin{pmatrix} 0 \\ -3 \\ 1 \end{pmatrix}$

b) $\begin{pmatrix} 2 \\ 2 \\ 1 \end{pmatrix}; \begin{pmatrix} -3 \\ 4 \\ 3 \end{pmatrix}; \begin{pmatrix} 2 \\ -6 \\ 0 \end{pmatrix}; \begin{pmatrix} -1 \\ 0 \\ -4 \end{pmatrix}$

4 *Betrag von Vektoren*

Welcher Vektor ist der kürzeste, welcher der längste?

$\vec{a} = \begin{pmatrix} 1 \\ 2 \\ 3 \end{pmatrix}$; $\vec{b} = \begin{pmatrix} 0{,}5 \\ 4 \\ -1 \end{pmatrix}$; $\vec{c} = \begin{pmatrix} 1 \\ 0 \\ -4 \end{pmatrix}$; $\vec{d} = \begin{pmatrix} -1 \\ 3 \\ -2 \end{pmatrix}$; $\vec{e} = \begin{pmatrix} 3 \\ -2 \\ -0{,}5 \end{pmatrix}$; $\vec{f} = \begin{pmatrix} -2 \\ -4 \\ 0 \end{pmatrix}$

5 *Parallelogramme*

Verstehen von Begriffen und Verfahren

a) Zeichnen Sie die Punkte A = (−2 | 2), B = (2 | 3) und C = (3 | −1) in ein Koordinatensystem. Ergänzen Sie einen vierten Punkt so, dass sich ein Parallelogramm ergibt. Wie viele solcher Punkte finden Sie?
b) Bestimmen Sie rechnerisch die Punkte aus a).

6 *Punkte in einem Schrägbild*

Zeigen Sie am eingetragenen Punkt P, dass die Koordinaten nicht eindeutig abgelesen werden können.
Gilt das auch für das Eintragen von Punkten?

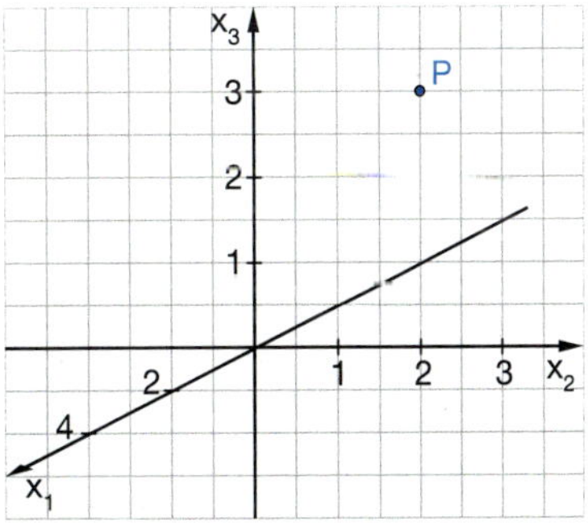

7 *Würfel*

AG mit A = (1 | 2 | 3) und G = (−3 | 6 | 7) ist die Raumdiagonale in einem Würfel. Geben Sie die Koordinaten der weiteren Eckpunkte eines Würfels an.

8 *Entscheidungen*

Welche Aussagen sind wahr? Begründen Sie.

I) $\begin{pmatrix} -1 \\ -5 \\ 6 \end{pmatrix}$ ist als Linearkombination von $\begin{pmatrix} 1 \\ -2 \\ 2 \end{pmatrix}$ und $\begin{pmatrix} 3 \\ 1 \\ -2 \end{pmatrix}$ darstellbar.

II) $\vec{a} + \vec{b}$ und $\vec{a} - \vec{b}$ mit $\vec{a} = \begin{pmatrix} -2 \\ 1 \\ 4 \end{pmatrix}$, $\vec{b} = \begin{pmatrix} 1 \\ -3 \\ 2 \end{pmatrix}$ sind kollinear.

Anwenden und Modellieren

9 *Regelmäßige dreiseitige Pyramide im Würfel*

In den Würfel soll eine regelmäßige dreiseitige Pyramide einbeschrieben werden. Geben Sie die Koordinaten der Eckpunkte an.

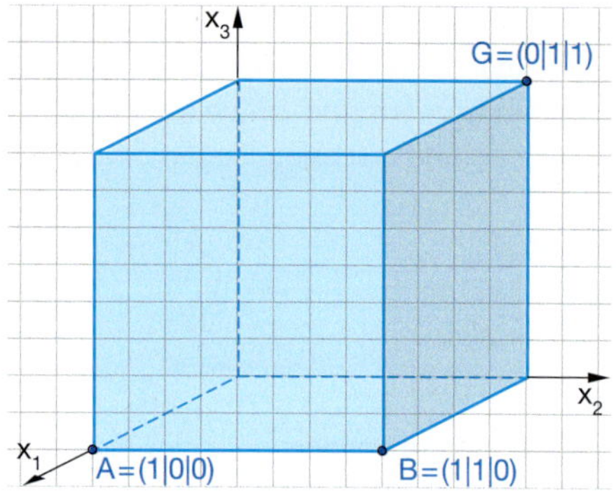

10 *Tetraeder?*

Beschreiben die Punkte D = (0 | 0 | 0); $P = \left(\frac{1}{2}\sqrt{2}\,\middle|\,0\,\middle|\,0\right)$; $Q = \left(0\,\middle|\,\frac{1}{2}\sqrt{2}\,\middle|\,0\right)$ und $R = \left(0\,\middle|\,0\,\middle|\,\frac{1}{2}\sqrt{2}\right)$ ein Tetraeder im Würfel? Zeichnen Sie ein Schrägbild des Körpers im Würfel.

11 *Würfelschnitte*

Ein Schnitt im oben abgebildeten Würfel verläuft durch die Punkte K, L, M und N. Welches Viereck entsteht jeweils aus dem Würfelschnitt? Zeichnen Sie jeweils ein entsprechendes Schrägbild.

(I)	(II)	(III)
K = (1 | 0 | 1), L = (1 | 1 | 0), M = (0 | 1 | 0), N = (0 | 0 | 1)	K = (0 | 0 | 0), L = (1 | 1 | 0), M = (0 | 0 | 1), N = (1 | 1 | 1)	K = (1 | 0 | 0,5), L = (1 | 1 | 0,5), M = (0 | 1 | 0,5), N = (0 | 0 | 0,5)

Kommunizieren und Präsentieren

12 *Konstruktionen*

Zeichnen Sie das nebenstehende Oktaeder in unterschiedlichen Koordinatensystemen.

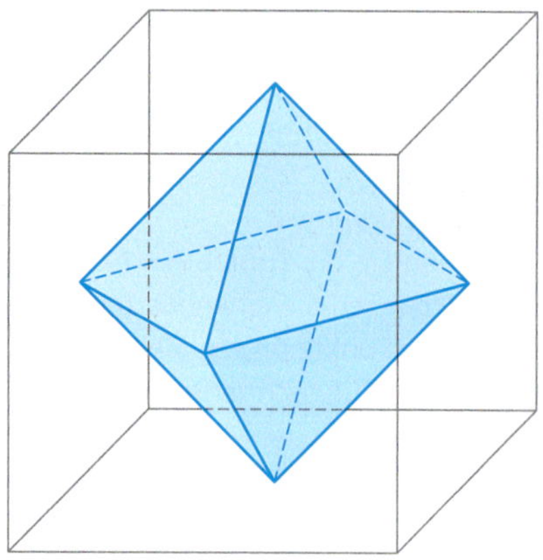

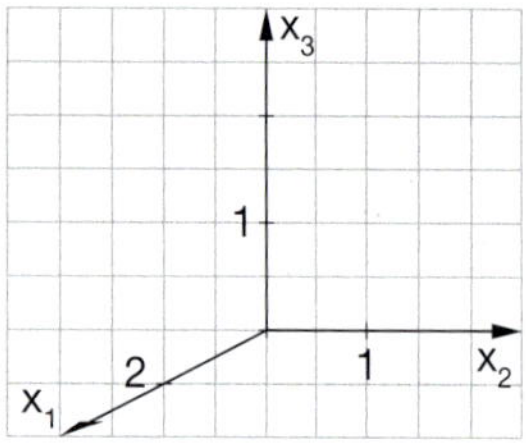

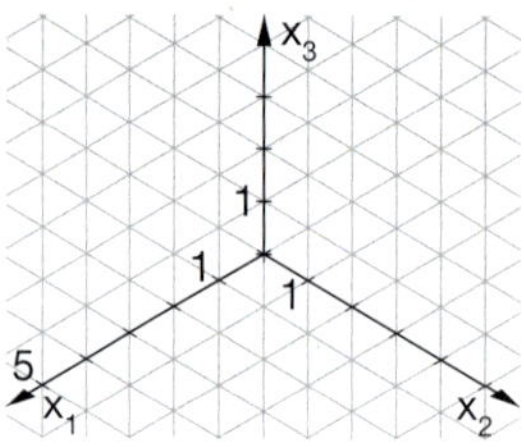

13 *Platonische Körper*

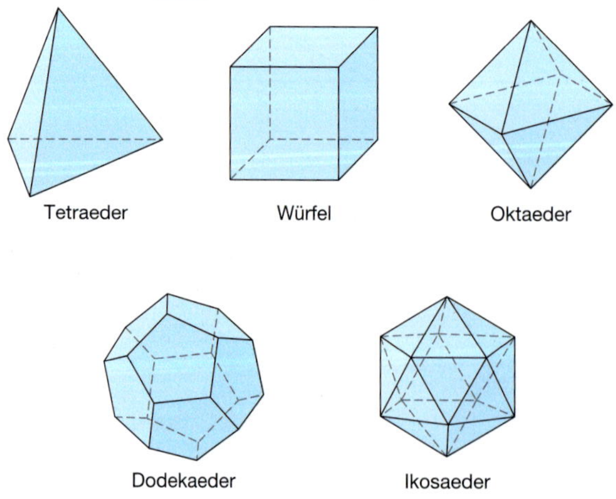

a) Welcher Körper entsteht, wenn man jeweils die Mittelpunkte zweier Seitenflächen bei einem Tetraeder miteinander verbindet?
Erläutern Sie dies an einer Zeichnung oder an einem Modell.

b) Verbindet man die Mittelpunkte benachbarter Seitenflächen eines Würfels, so entsteht ein Oktaeder.
Welcher Körper entsteht, wenn die Mittelpunkte benachbarter Seitenflächen eines Oktaeders verbunden werden? Erläutern Sie dies an einer Zeichnung oder einem Modell.

7 Geraden und Ebenen

Mithilfe von Vektoren und ihren Rechenverknüpfungen können Geraden und Ebenen im Raum nun durch Gleichungen beschrieben werden. Lagebeziehungen von Geraden oder Ebenen können aus den Gleichungen erschlossen werden. Die gegebenenfalls vorhandenen Schnittpunkte können mithilfe von linearen Gleichungssystemen rechnerisch ermittelt werden. Beim Lösen dieser Gleichungssysteme mit dem Gauß-Algorithmus leistet der GTR gute Hilfe. Die geometrische Interpretation der Lösungsmengen muss in den verschiedenen Problemstellungen aber selbst geleistet werden. An speziellen geometrischen Objekten kann man mit Methoden der Analytischen Geometrie interessante Zusammenhänge entdecken und begründen.

7.1 Geraden in der Ebene und im Raum

Mithilfe von Koordinaten und Richtungsvektoren lassen sich Ausschnitte aus Flugrouten als Geraden beschreiben. Die Darstellung dieser Geraden als Gleichungen ermöglicht es, die Frage nach einer möglichen Kollision der Flugzeuge im Modell zu beantworten.
Ebenso lassen sich Schattenbilder berechnen.

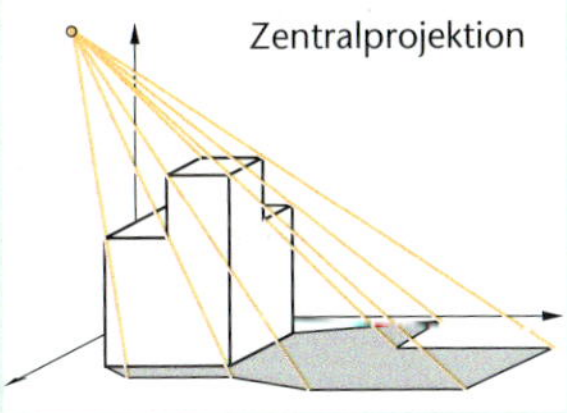

7.2 Ebenen im Raum

Wodurch ist eine Ebene festgelegt?
Experimentieren mit Stiften zeigt z. B., dass zwei einander schneidende Geraden eine Ebene ebenso festlegen wie ein Punkt und eine Gerade. Aus diesen Experimenten und weiteren Überlegungen lassen sich mithilfe von Vektoren Gleichungen für Ebenen aufstellen. Daraus kann man wiederum Erkenntnisse über Lagebeziehungen oder Schnittmengen rechnerisch gewinnen.

7.1 Geraden in der Ebene und im Raum

Was Sie erwartet

Die Kondensstreifen zeichnen die geradlinigen Spuren zweier Flugzeuge am Himmel. Von unten betrachtend hat man den Eindruck, dass sich die beiden Flugrouten kreuzen. In der Wirklichkeit ist dies wegen der unterschiedlichen Flughöhen wohl eher nicht der Fall.

In diesem Lernabschnitt werden Sie sich eingehender mit der mathematischen Beschreibung von Geraden im Raum befassen. Geraden in der Ebene können Sie bereits durch Gleichungen der Form $y = mx + b$ erfassen. Diese Darstellung lässt sich aber nicht ohne weiteres auf Geraden im Raum übertragen. Mit den Vektoren und ihren Rechenverknüpfungen finden wir nun Gleichungen für Geraden in der Ebene und im Raum, die in völlig analoger Weise aufgebaut sind. Mithilfe von Lagebeziehungen und Schnittproblemen von Geraden können wir die Untersuchungen an geometrischen Objekten vertiefen und weitere Anwendungen erschließen.

Aufgaben

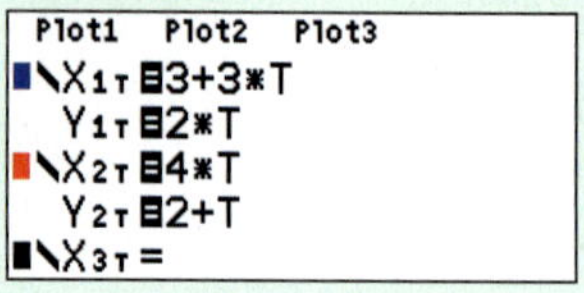

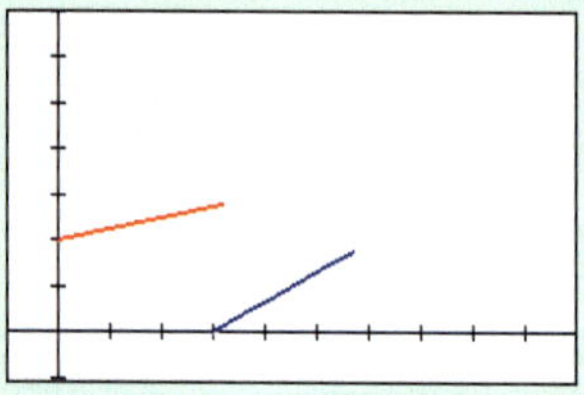

Mit der Parameterdarstellung können Sie das Begegnungsproblem auf dem GTR simulieren.

1 *Begegnungsproblem auf hoher See*

Kapitän Horner ist mit seinem Frachtschiff *Berta* mal wieder auf dem Atlantik unterwegs. Regelmäßig beobachtet er den Radarschirm.

Das Koordinatensystem auf dem Schirm ist so eingerichtet, dass die x_1-Achse von Westen nach Osten verläuft und die x_2-Achse von Süden nach Norden. Der Ursprung L wird durch einen Leuchtturm markiert. Die Längeneinheiten auf beiden Achsen sind in Seemeilen (sm) angegeben. Um 13.00 Uhr befindet sich die *Berta* an der Stelle mit den Koordinaten (3|0). Außerdem erkennt Kapitän Horner noch ein weiteres Schiff, die *Ariane*, an der Stelle (0|2).

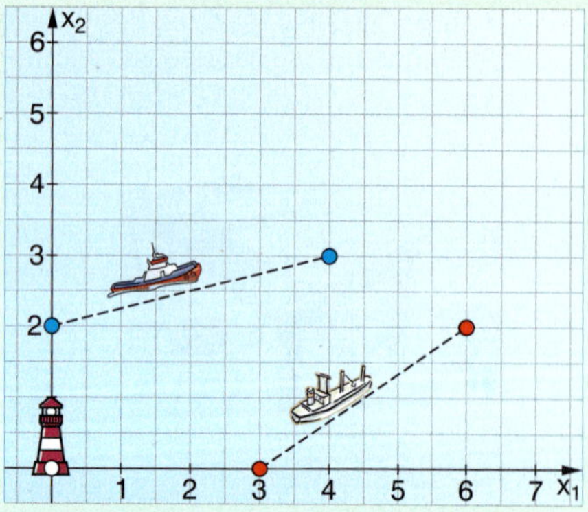

Eine Stunde später, um 14.00 Uhr, befindet sich die *Berta* an der Stelle (6|2) und die *Ariane* an der Stelle (4|3). Der geradlinige Kurs beider Schiffe wird mithilfe von „Richtungsvektoren“ $\vec{u} = \begin{pmatrix}3\\2\end{pmatrix}$ und $\vec{v} = \begin{pmatrix}4\\1\end{pmatrix}$ beschrieben.

a) Mit welcher Geschwindigkeit bewegen sich die beiden Schiffe?
In welcher Position befinden sie sich jeweils um 15.00 Uhr (15.30; 16.00; 17.00)?
Es wird dabei angenommen, dass die Geschwindigkeiten gleich bleiben.

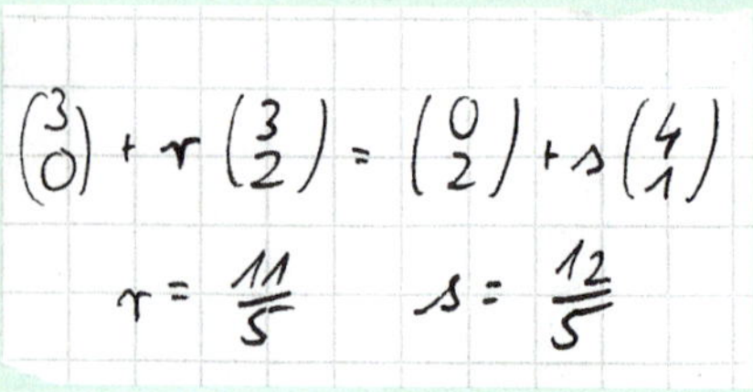

b) Bordingenieur Ingo berechnet schnell, wo sich die beiden fiktiven Kursgeraden schneiden. Er findet mit dem nebenstehenden Ansatz den Schnittpunkt S = (9,6|4,4). Erklären Sie diesen Ansatz und bestätigen Sie die Koordinaten des Schnittpunktes durch eigene Rechnung.

c) Muss der Kapitän nun die Kursrichtung seines Schiffes ändern, um einen Zusammenstoß zu vermeiden? Berechnen Sie dazu den jeweiligen Zeitpunkt, zu dem sich die beiden Schiffe in der Position S befinden.

Aufgaben

2 *Laser*

Im Maschinenbau werden heute CNC-Maschinen zum Bohren, Schneiden und Fräsen eingesetzt. Die Werkzeuge werden sehr präzise durch Computer gesteuert und bewegen sich mit gleich bleibender Geschwindigkeit.

Wir schauen uns den Vorgang mit einer „mathematischen Brille“ an.

a) *Laser in der Ebene*

Ein Laser startet im Punkt A = (3|1), bewegt sich geradlinig mit konstanter Geschwindigkeit und hat nach genau einer Sekunde den Punkt B = (8|4) erreicht. Mit unseren Kenntnissen aus der Vektorrechnung können wir dies mit Vektoren beschreiben: $\vec{b} = \overrightarrow{OA} + 1 \cdot \overrightarrow{AB}$.

① In welchen Punkten befindet sich der Laser nach $t = \frac{1}{2}$ Sekunde, $t = \frac{3}{4}$ Sekunde, t = 0,9 Sekunden?

② In welchen Punkten wird der Laser nach t = 2 Sekunden, t = 3,5 Sekunden sein?

③ Wo ist die Position, die man mit der Zahl t = –5 Sekunden berechnet?

④ Wird der Laser die Punkte R = (27|14) und S = (75|37) erreichen?

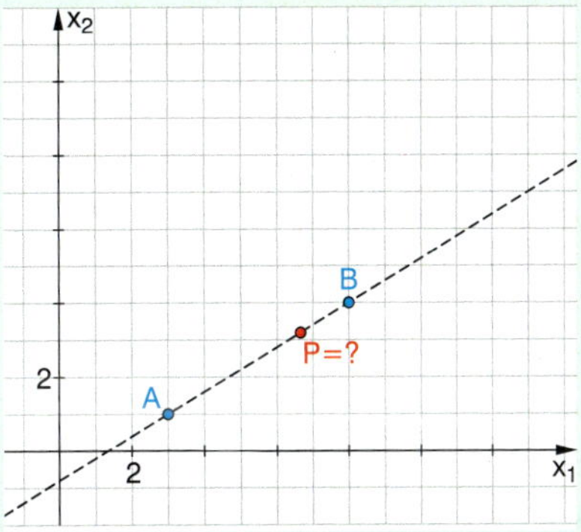

Wo liegen alle Punkte, die durch die Gleichung $\vec{x} = \overrightarrow{OA} + t \cdot \overrightarrow{AB}$ mit $-5 \leq t \leq 15$ bestimmt werden?

b) *Laser im Raum*

Ein Laser startet im Punkt A = (6|2|2), bewegt sich geradlinig mit konstanter Geschwindigkeit und hat schließlich nach genau einer Sekunde den Punkt B = (2|7|5) erreicht.

① In welchen Punkten befindet sich der Laser nach $t = \frac{1}{2}$ Sekunde, $t = \frac{3}{4}$ Sekunde, t = 0,9 Sekunden?

② In welchen Punkten wird der Laser nach t = 2 Sekunden, t = 3,5 Sekunden sein?

③ Wo ist die Position, die man mit der Zahl t = –5 Sekunden berechnet?

④ Wird der Laser die Punkte R = (–14|27|17) und S = (–6|18|11) erreichen?

Geben Sie allgemein die Position $X = (x_1|x_2|x_3)$ an, in der sich der Laser nach t Sekunden befindet.

Basiswissen

Mithilfe von Vektoren lassen sich die Punkte einer Geraden oder Strecke in der Ebene oder im Raum durch eine einfache Gleichung beschreiben.

Punkt-Richtungs-Form einer Geradengleichung

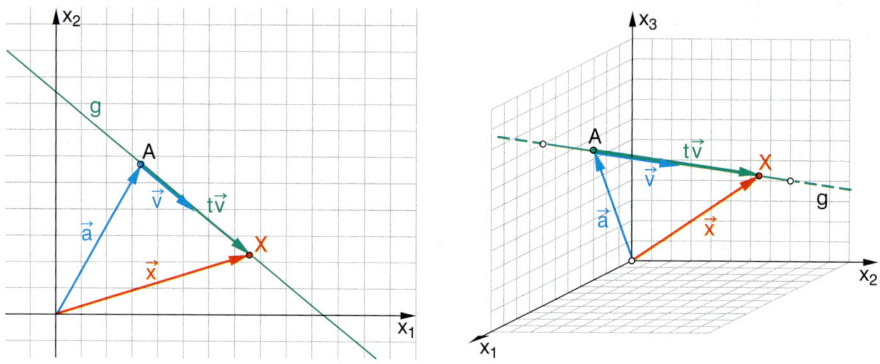

Sprechweise: Die Gerade g mit der Gleichung $\vec{x} = \vec{a} + t\vec{v}$

$$g\colon \vec{x} = \vec{a} + t\vec{v} \text{ mit } t \in \mathbb{R}$$

$\vec{a}$ **Stützvektor,** $\vec{v}$ **Richtungsvektor**

Die Gleichung wird auch kurz Parametergleichung genannt.

Durch einen Punkt und einen Richtungsvektor ist eine Gerade festgelegt. Durchläuft der Parameter t alle reellen Zahlen, so durchläuft X alle Punkte der Geraden.

Richtungsvektor kann der Verbindungsvektor $\vec{v}$ der Punkte sein: $\vec{v} = \vec{b} - \vec{a}$

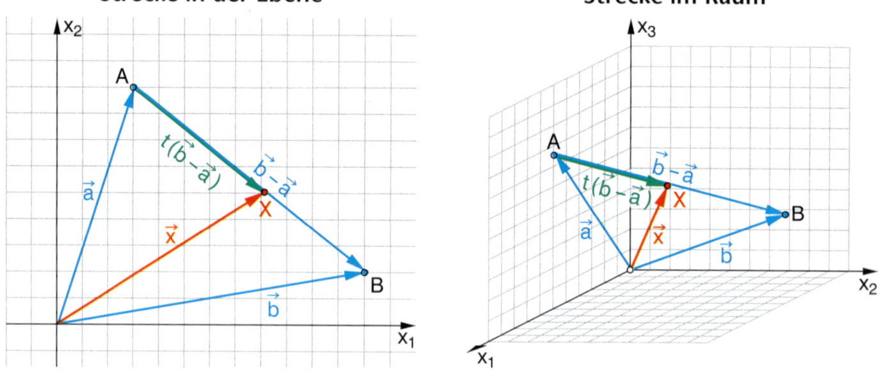

$$\overline{AB}\colon \vec{x} = \vec{a} + t(\vec{b} - \vec{a}) \text{ mit } 0 \le t \le 1$$

Durchläuft der Parameter t alle reellen Zahlen von 0 bis 1, so durchläuft X alle Punkte der Strecke $\overline{AB}$.

Beispiele

A *Gerade durch zwei Punkte*

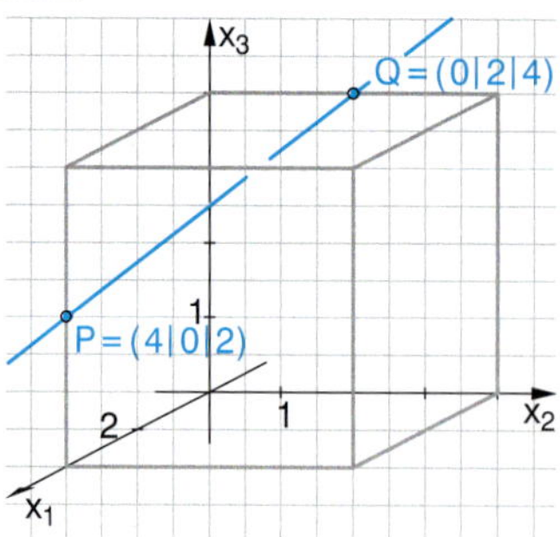

Geben Sie eine Punkt-Richtungs-Form der Geraden g an, die durch die Punkte P und Q geht.

Lösung:

Als Stützvektor wählen wir $\overrightarrow{OP} = \vec{p} = \begin{pmatrix} 4 \\ 0 \\ 2 \end{pmatrix}$,

als Richtungsvektor wählen wir

$\vec{v} = \vec{q} - \vec{p} = \begin{pmatrix} 0 \\ 2 \\ 4 \end{pmatrix} - \begin{pmatrix} 4 \\ 0 \\ 2 \end{pmatrix} = \begin{pmatrix} -4 \\ 2 \\ 2 \end{pmatrix}$.

Punkt-Richtungs-Form $g\colon \vec{x} = \begin{pmatrix} 4 \\ 0 \\ 2 \end{pmatrix} + t\begin{pmatrix} -4 \\ 2 \\ 2 \end{pmatrix},\ t \in \mathbb{R}$

Beispiele

B *Punktprobe: Liegt P auf der Geraden g?*

Liegen die Punkte $P_1 = (8|-4|8)$ und $P_2 = (3|1|2)$ auf g?

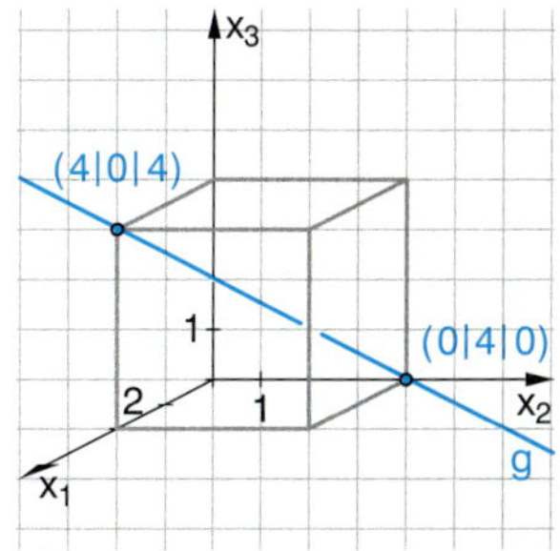

Lösung:

Wenn P auf $g: \vec{x} = \vec{a} + t\vec{v}$ liegt, dann gibt es ein t, sodass $\overrightarrow{OP} = \vec{a} + t\vec{v}$.
Wenn man ein solches t nicht findet, dann liegt P nicht auf g.

Die Gerade g lässt sich in der Form $g: \vec{x} = \begin{pmatrix}4\\0\\4\end{pmatrix} + t\begin{pmatrix}-4\\4\\-4\end{pmatrix}$ darstellen.

$\overrightarrow{OP_1} = \begin{pmatrix}4\\0\\4\end{pmatrix} + t\begin{pmatrix}-4\\4\\-4\end{pmatrix} \quad \rightarrow \quad \begin{pmatrix}8\\-4\\8\end{pmatrix} = \begin{pmatrix}4\\0\\4\end{pmatrix} + t\begin{pmatrix}-4\\4\\-4\end{pmatrix}$ liefert die Gleichungen:

$$\begin{aligned} 8 &= 4 - 4t \quad \text{also } t = -1\\ -4 &= 0 + 4t \quad \text{also } t = -1\\ 8 &= 4 - 4t \quad \text{also } t = -1 \end{aligned}$$

Es gibt ein t, das alle Gleichungen erfüllt. Somit liegt $P_1 = (8|-4|8)$ auf g.

$\overrightarrow{OP_2} = \begin{pmatrix}4\\0\\4\end{pmatrix} + t\begin{pmatrix}-4\\4\\-4\end{pmatrix} \quad \rightarrow \quad \begin{pmatrix}3\\1\\2\end{pmatrix} = \begin{pmatrix}4\\0\\4\end{pmatrix} + t\begin{pmatrix}-4\\4\\-4\end{pmatrix}$ liefert die Gleichungen:

$$\begin{aligned} 3 &= 4 - 4t \quad \text{also } t = \tfrac{1}{4}\\ 1 &= 0 + 4t \quad \text{also } t = \tfrac{1}{4}\\ 2 &= 4 - 4t \quad \text{also } t = \tfrac{1}{2} \end{aligned}$$

Es gibt kein t, das alle Gleichungen erfüllt. Somit liegt $P_2 = (3|1|2)$ nicht auf g.

C *Fläche im Walmdach*

Geometrie

Beschreiben Sie die eingezeichnete Dreiecksfläche des Walmdaches.

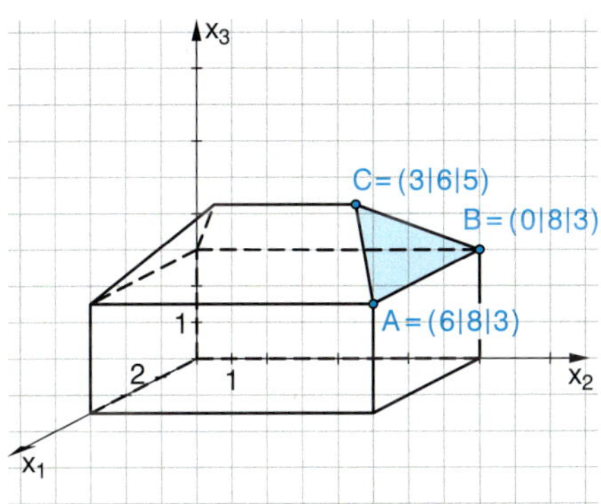

Lösung:

Die Dreiecksfläche kann mithilfe von Strecken durch die Punkte A, B und C beschrieben werden.

$\overline{AB}: \vec{x} = \begin{pmatrix}6\\8\\3\end{pmatrix} + r\begin{pmatrix}-6\\0\\0\end{pmatrix}, \; 0 \le r \le 1$

$\overline{AC}: \vec{x} = \begin{pmatrix}6\\8\\3\end{pmatrix} + s\begin{pmatrix}-3\\-2\\2\end{pmatrix}, \; 0 \le s \le 1$

$\overline{BC}: \vec{x} = \begin{pmatrix}0\\8\\3\end{pmatrix} + t\begin{pmatrix}3\\-2\\2\end{pmatrix}, \; 0 \le t \le 1$

Übungen

3 *Kanten in einer Pyramide*

Vier der angegebenen Gleichungen beschreiben Kanten der Pyramide. Ordnen Sie zu.
Welche Strecken der Pyramide werden durch die beiden anderen Gleichungen beschrieben?

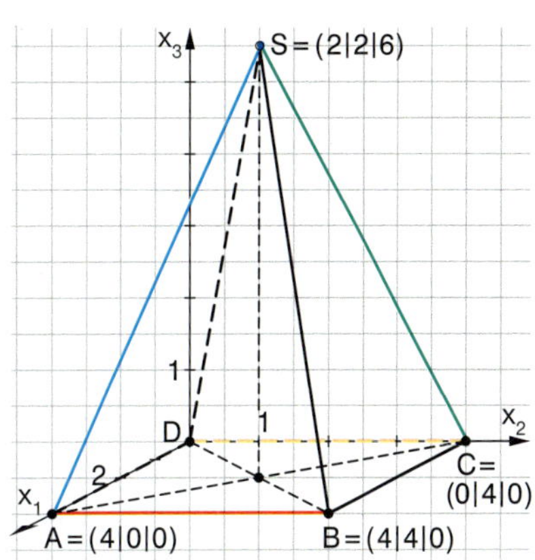

$g: \vec{x} = \begin{pmatrix}2\\2\\6\end{pmatrix} + t\begin{pmatrix}2\\-2\\-6\end{pmatrix}$, $0 \le t \le 1$

$h: \vec{x} = \begin{pmatrix}4\\0\\0\end{pmatrix} + t\begin{pmatrix}-4\\4\\0\end{pmatrix}$, $0 \le t \le 1$

$i: \vec{x} = \begin{pmatrix}2\\2\\6\end{pmatrix} + t\begin{pmatrix}-2\\2\\-6\end{pmatrix}$, $0 \le t \le 1$

$k: \vec{x} = t\begin{pmatrix}0\\4\\0\end{pmatrix}$, $0 \le t \le 1$

$l: \vec{x} = \begin{pmatrix}4\\0\\0\end{pmatrix} + t\begin{pmatrix}0\\4\\0\end{pmatrix}$, $0 \le t \le 1$

$m: \vec{x} = \begin{pmatrix}2\\2\\6\end{pmatrix} + t\begin{pmatrix}0\\0\\-6\end{pmatrix}$, $0 \le t \le 1$

Übungen

AB bezeichnet die Gerade, die durch die Punkte A und B verläuft.

4 *Geraden im Pyramidenstumpf*

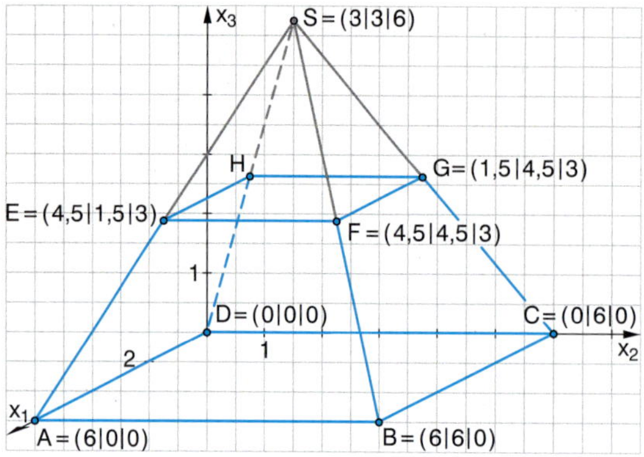

Geben Sie Gleichungen für die Kanten des Pyramidenstumpfes an.
Zeigen Sie, dass S auf den Geraden durch die Seitenkanten liegt.

5 *Geradengleichungen aufstellen*

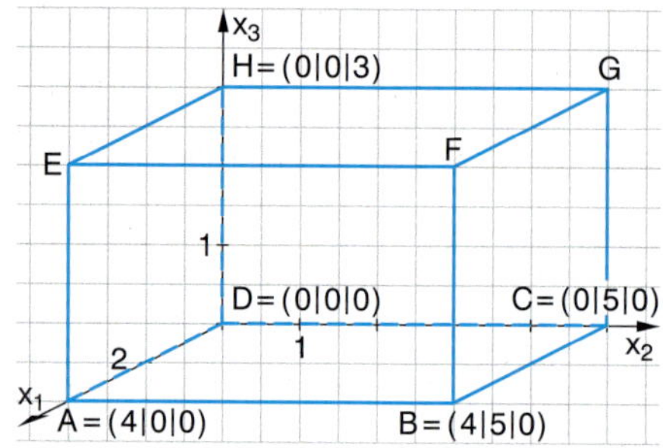

a) Stellen Sie Geradengleichungen auf für AB, AD, GH, EG, FG, DH, HF, BF, BD.
b) Welche der Geraden sind parallel? Wie erkennen Sie an den Geradengleichungen parallele Geraden?

6 *Eine Gerade – „viele Geradengleichungen"*

a)

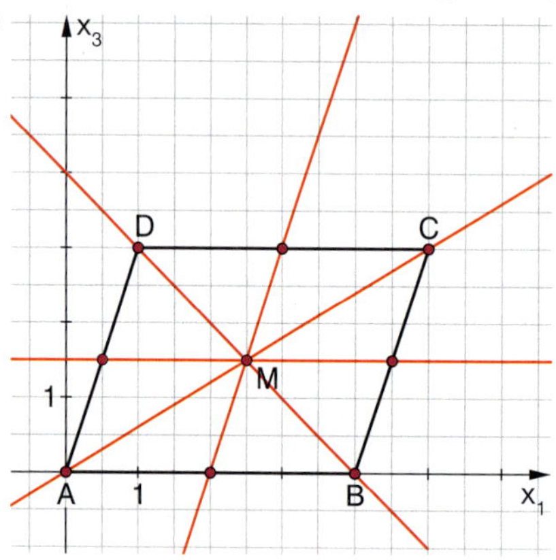

g_1: $\vec{x} = \begin{pmatrix} 2{,}5 \\ 1{,}5 \end{pmatrix} + t\begin{pmatrix} 1{,}5 \\ -1{,}5 \end{pmatrix}$; g_2: $\vec{x} = \begin{pmatrix} 4 \\ 0 \end{pmatrix} + t\begin{pmatrix} -1 \\ 1 \end{pmatrix}$

Beide Gleichungen beschreiben dieselbe Gerade. Kann das sein? Finden Sie die passende Gerade in der Abbildung.
Geben Sie für die anderen Geraden jeweils zwei verschiedene Geradengleichungen an.

b) Welche der Geradengleichungen beschreiben die eingezeichnete Gerade?

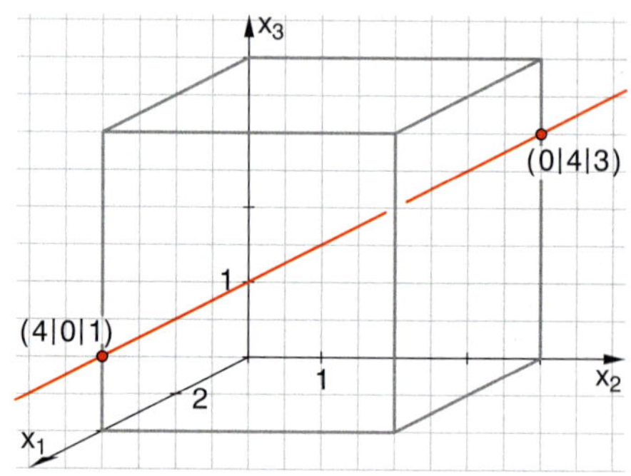

g: $\vec{x} = \begin{pmatrix} 4 \\ 0 \\ 1 \end{pmatrix} + t\begin{pmatrix} -4 \\ 4 \\ 2 \end{pmatrix}$ $\quad$ h: $\vec{x} = \begin{pmatrix} 0 \\ 4 \\ 3 \end{pmatrix} + t\begin{pmatrix} -4 \\ 4 \\ 2 \end{pmatrix}$

i: $\vec{x} = \begin{pmatrix} 4 \\ 0 \\ 1 \end{pmatrix} + t\begin{pmatrix} 0 \\ 4 \\ 3 \end{pmatrix}$ $\quad$ k: $\vec{x} = \begin{pmatrix} 4 \\ 0 \\ 1 \end{pmatrix} + t\begin{pmatrix} 2 \\ -2 \\ -1 \end{pmatrix}$

Erstellen Sie selbst weitere Geradengleichungen für die eingezeichnete Gerade.

7 *Punkte einsetzen*

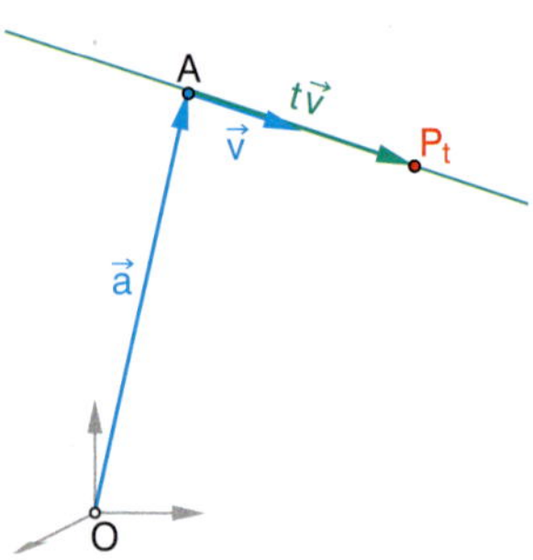

Gegeben ist die Gerade g: $\vec{x} = \begin{pmatrix} 1 \\ -1 \\ 2 \end{pmatrix} + t\begin{pmatrix} 4 \\ 2 \\ -4 \end{pmatrix}$.

Der zu einem Parameterwert t gehörende Punkt von g wird mit P_t bezeichnet.
a) Bestimmen Sie P_2, P_{-3} und $P_{0,5}$ und geben Sie das zu $P = (-5|-4|8)$ gehörende t an.
b) Zeigen Sie:

(I) Die Punkte P_t und P_{-t} sind gleich weit vom Punkt $A = (1|-1|2)$ entfernt.

(II) P_{-t} ist der Spiegelpunkt von P_t an A.

(III) Die Entfernung zwischen P_t und P_{t+1} beträgt für jedes t genau 6 Längeneinheiten.

Übungen

8 *Geraden im Quader*

$g: \vec{x} = \begin{pmatrix} -2 \\ 3 \\ -2 \end{pmatrix} + t\begin{pmatrix} 4 \\ 0 \\ 4 \end{pmatrix}$ $\quad h: \vec{x} = \begin{pmatrix} -2 \\ 3 \\ -2 \end{pmatrix} + t\begin{pmatrix} 4 \\ -6 \\ 4 \end{pmatrix}$

$i: \vec{x} = \begin{pmatrix} 0 \\ 0 \\ 0 \end{pmatrix} + t\begin{pmatrix} -2 \\ 3 \\ -2 \end{pmatrix}$ $\quad k: \vec{x} = \begin{pmatrix} 2 \\ 3 \\ 2 \end{pmatrix} + t\begin{pmatrix} -4 \\ 0 \\ -4 \end{pmatrix}$

Jeweils zwei der Geradengleichungen kennzeichnen eine der eingezeichneten Geraden. Ordnen Sie zu und begründen Sie. Beachten Sie dabei, dass der Koordinatenursprung im Mittelpunkt des Quaders liegt.

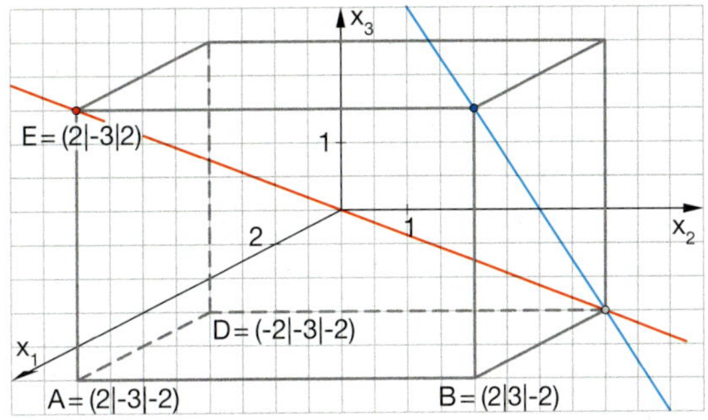

9 *„Haus des Nikolaus" im Raum*

Die vier angegebenen Gleichungen beschreiben vier Kanten im Haus des Nikolaus. Ordnen Sie zu.

$k: \vec{x} = \begin{pmatrix} 0 \\ 0 \\ 3 \end{pmatrix} + t\begin{pmatrix} 0 \\ 6 \\ 0 \end{pmatrix}$ $\quad l: \vec{x} = \begin{pmatrix} 0 \\ 6 \\ 3 \end{pmatrix} + t\begin{pmatrix} 3 \\ -3 \\ 5 \end{pmatrix}$

$0 \le t \le 1 \qquad 0 \le t \le 1$

$m: \vec{x} = \begin{pmatrix} 6 \\ 6 \\ 3 \end{pmatrix} + t\begin{pmatrix} 0 \\ 0 \\ -3 \end{pmatrix}$ $\quad n: \vec{x} = \begin{pmatrix} 6 \\ 6 \\ 3 \end{pmatrix} + t\begin{pmatrix} -6 \\ 0 \\ 0 \end{pmatrix}$

$0 \le t \le 1 \qquad 0 \le t \le 1$

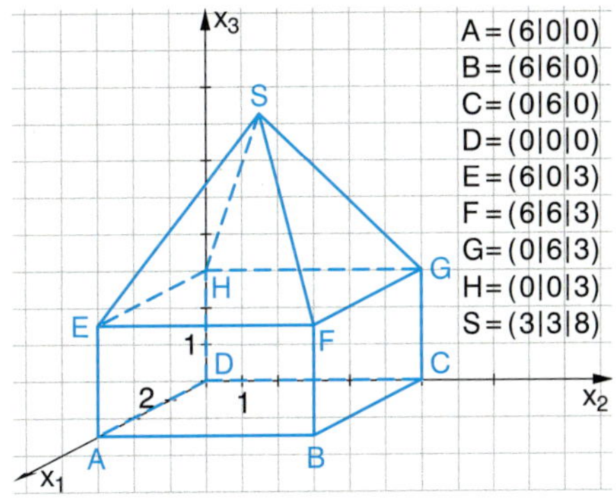

Geben Sie Gleichungen für die restlichen Kanten an.

Für Knobler: Kann das Haus in einem Zug gezeichnet werden?

10 *Würfel mit abgeschnittener Ecke*

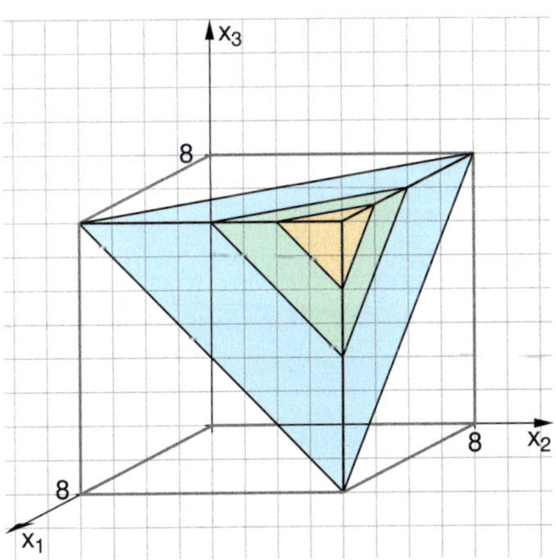

Die Eckpunkte der Schnittdreiecke befinden sich jeweils im gleichen Abstand von der Ecke des Würfels (bei dem gelben 2 cm, bei dem grünen 4 cm, bei dem blauen 8 cm).

Geben Sie für die Dreiecksseiten jeweils die Gleichungen an.

Was fällt Ihnen an den Gleichungen auf? Was bedeutet dies geometrisch?

11 *Abgeschnittener Würfel (Kuboktaeder)*

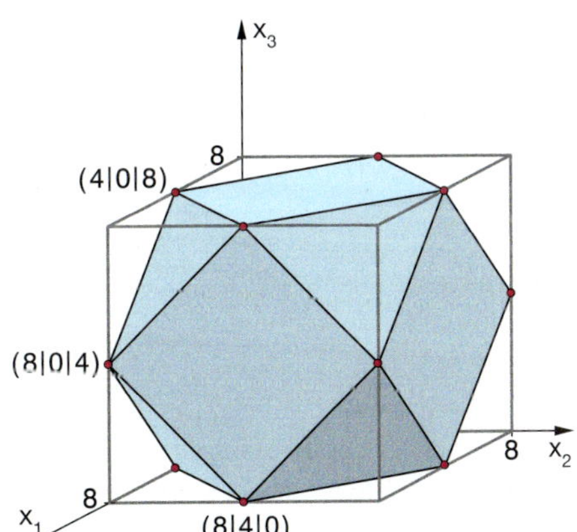

Von einem Würfel (a = 8 cm) werden die Ecken so abgeschnitten, dass die Schnittkanten jeweils durch die Mitten der Würfelkanten verlaufen.

Zwei der Punkte $P_1 = (8|2|6)$, $P_2 = (8|8|6)$, $P_3 = (8|0|8)$, $P_4 = (8|3|7)$ und $P_5 = (4|8|4)$ liegen auf einer Kante des entstandenen Körpers.

Begründen Sie dies rechnerisch mit den Gleichungen der Kanten.

Geometrie

Holiday Inn, Chinatown in San Francisco

Übungen

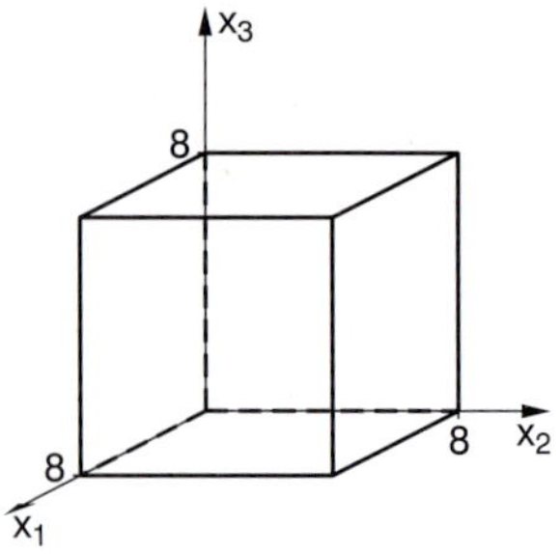

12 *Besondere Geraden im Würfel*

a) Zeichnen Sie die vier Geraden in das Schrägbild eines Würfels mit der Kantenlänge 8 cm ein.

g_1: $\vec{x} = \begin{pmatrix} 8 \\ 0 \\ 0 \end{pmatrix} + t \begin{pmatrix} -8 \\ 8 \\ 8 \end{pmatrix}$ $\quad$ g_2: $\vec{x} = \begin{pmatrix} 0 \\ 8 \\ 0 \end{pmatrix} + t \begin{pmatrix} 8 \\ -8 \\ 8 \end{pmatrix}$

g_3: $\vec{x} = \begin{pmatrix} 8 \\ 8 \\ 0 \end{pmatrix} + t \begin{pmatrix} -8 \\ 0 \\ 8 \end{pmatrix}$ $\quad$ g_4: $\vec{x} = \begin{pmatrix} 8 \\ 0 \\ 8 \end{pmatrix} + t \begin{pmatrix} -8 \\ 8 \\ 0 \end{pmatrix}$

b) Durch die folgenden Gleichungen sind die Seiten eines Dreiecks angegeben, das durch einen ebenen Schnitt am Würfel entstanden ist.
Zeichnen Sie diese Schnittfläche in den Würfel ein.

s_1: $\vec{x} = \begin{pmatrix} 8 \\ 0 \\ 4 \end{pmatrix} + t \begin{pmatrix} 0 \\ 4 \\ 4 \end{pmatrix}$ $\quad$ s_2: $\vec{x} = \begin{pmatrix} 4 \\ 0 \\ 8 \end{pmatrix} + t \begin{pmatrix} 4 \\ 4 \\ 0 \end{pmatrix}$

s_3: $\vec{x} = \begin{pmatrix} 4 \\ 0 \\ 8 \end{pmatrix} + t \begin{pmatrix} 4 \\ 0 \\ -4 \end{pmatrix}$

c) Beschreiben Sie selbst eine Schnittfläche am Würfel.

13 *Würfelschnitte*

Geometrie

Beschreiben Sie die roten Schnittflächen jeweils durch Gleichungen für die vier begrenzenden Seiten.

a)

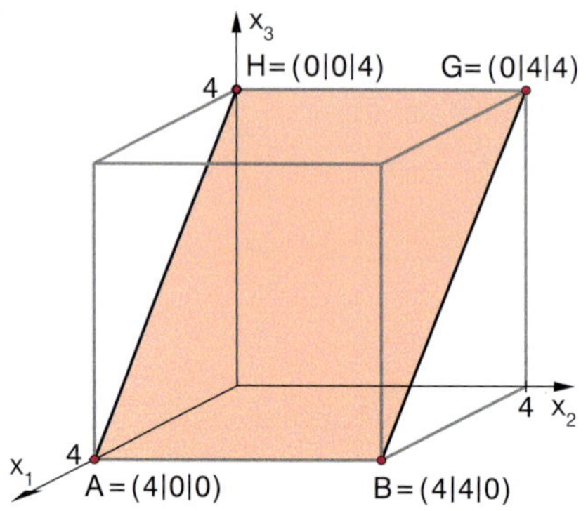

b)

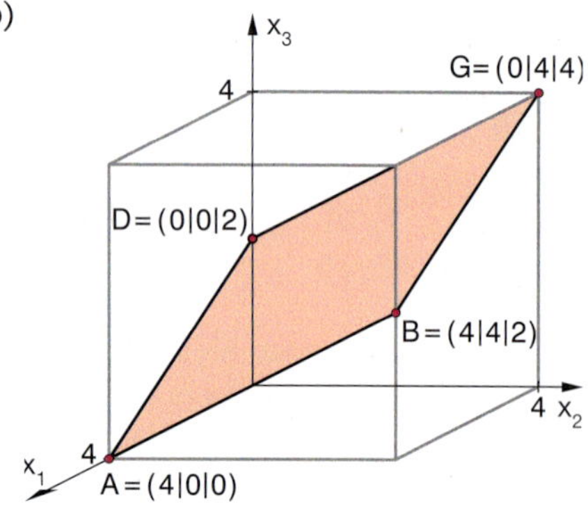

14 *Dreimal dieselbe Gerade*

Gegeben sind drei Darstellungen derselben Geraden g:

g_t: $\vec{x} = \begin{pmatrix} 1 \\ 0 \\ 2 \end{pmatrix} + t \begin{pmatrix} 4 \\ 3 \\ -1 \end{pmatrix}$, g_s: $\vec{x} = \begin{pmatrix} 1 \\ 0 \\ 2 \end{pmatrix} + s \begin{pmatrix} 8 \\ 6 \\ -2 \end{pmatrix}$ und g_r: $\vec{x} = \begin{pmatrix} -11 \\ -9 \\ 5 \end{pmatrix} + r \begin{pmatrix} 4 \\ 3 \\ -1 \end{pmatrix}$.

a) Zum Punkt $P = (9|6|0)$ gehört in der Geradendarstellung g_t der Parameter $t = 2$. Bestimmen Sie die zum Punkt P gehörenden Parameter s und r in den anderen Darstellungen.

b) Welche Parameter gehören zu $Q = (-3|-3|3)$?

c) Zeigen Sie, dass zwischen r und t die Beziehung $r = t + 3$ besteht. Ermitteln Sie auch die Beziehungen zwischen s und t sowie zwischen r und s.

15 *Geradengleichung in der Ebene*

Die Geradengleichung $y = mx + b$ kennen Sie schon. Sie wird als Punkt-Steigungs-Form der Geradengleichung bezeichnet.
Geben Sie die Gerade $y = 3x + 2$ in der Punkt-Richtungs-Form an. Gibt es einen Zusammenhang zwischen Steigung und Richtung?

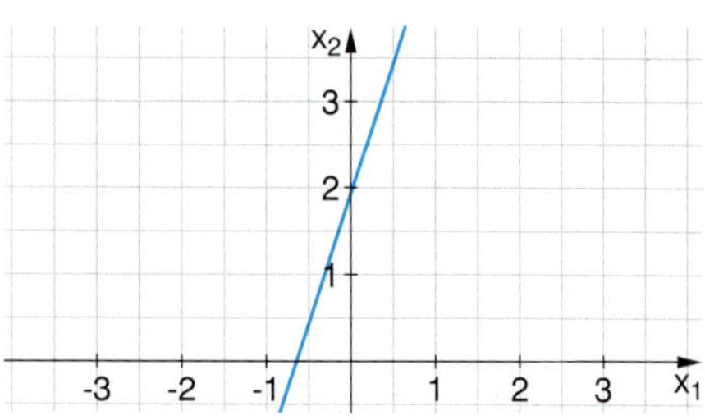

Darstellen von Geraden mit Spurpunkten

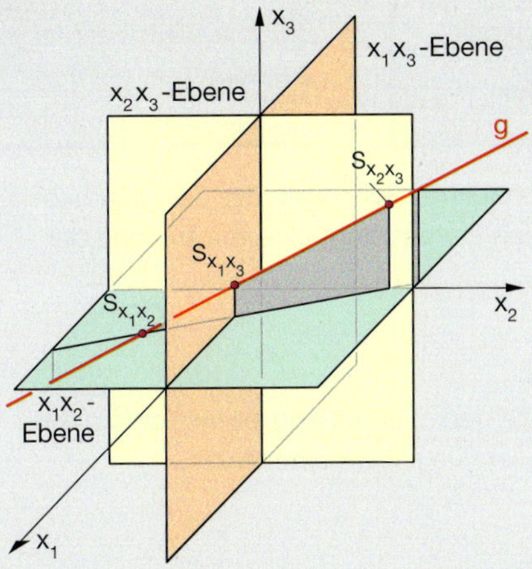

Mithilfe von Spurpunkten können wir Geraden im Raum darstellen. Stellen Sie sich ein dreidimensionales Koordinatensystem vor, in dem die Koordinatenebenen mit einer durchsichtigen Membran bespannt sind. Eine Gerade, die – je nach Lage – drei, zwei oder eine dieser Ebenen durchstößt, würde auf den Membranen ihre Spuren hinterlassen, die **Spurpunkte**.

In vielerlei Software wird diese Darstellung verwendet.

Statt $S_{x_1x_2}$ schreiben wir auch S_{12}.

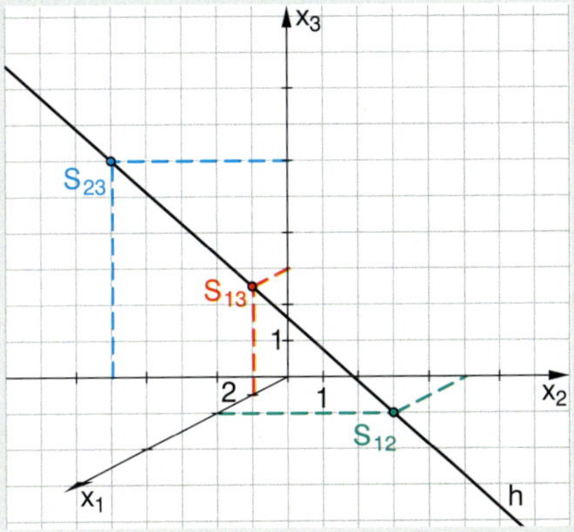

S_{12} bezeichnet den Spurpunkt in der x_1x_2-Ebene.

Sind die Spurpunkte in einer Abbildung als solche gekennzeichnet, so können ihre Koordinaten eindeutig bestimmt werden, da es zu jedem dieser Punkte genau einen Vektorweg gibt. So hat die Gerade h die Spurpunkte $S_{12} = (4|5|0)$, $S_{13} = (2|0|3)$ und $S_{23} = (0|-5|6)$.

Spurpunkte berechnen

Spurpunkte zeichnen sich dadurch aus, dass mindestens eine ihrer Koordinaten 0 ist und sind daher leicht zu berechnen.

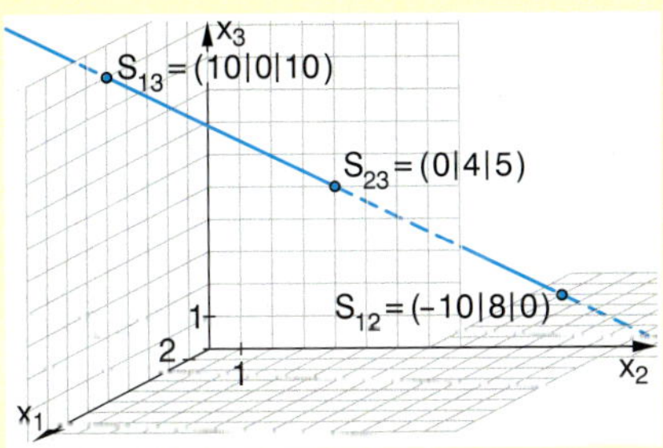

Die Spurpunkte der Geraden

$$g: \vec{x} = \begin{pmatrix} 5 \\ 2 \\ 7{,}5 \end{pmatrix} + t\begin{pmatrix} 10 \\ -4 \\ 5 \end{pmatrix}$$

berechnen wir wie folgt:

Schnitt mit der x_1x_2-Ebene:
$x_3 = 0 \Rightarrow 7{,}5 + 5t = 0 \Rightarrow t = -1{,}5$.
Somit gilt $S_{12} = (-10|8|0)$.

Entsprechend werden S_{13} und S_{23} berechnet.

Übungen

16 *Gerade aus Spurpunkten*
Bestimmen Sie mithilfe der Spurpunkte eine Parametergleichung der Geraden g und bestätigen Sie rechnerisch, dass g die abgelesenen Spurpunkte hat.

17 *Spurpunkte einer Geraden*
Bestimmen Sie die Spurpunkte der Geraden $g: \vec{x} = \begin{pmatrix} 5 \\ -1 \\ 6 \end{pmatrix} + t\begin{pmatrix} -2 \\ 0 \\ 4 \end{pmatrix}$
und zeichnen Sie die Gerade ins Koordinatensystem.

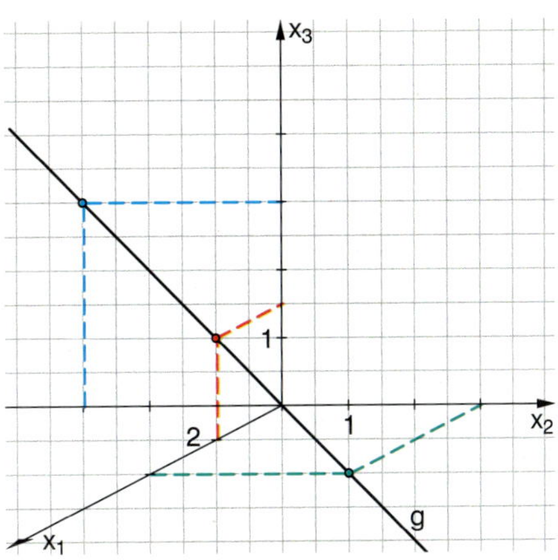

Übungen

18 *Spurpunkte einer Geraden*

Von den Geraden g, h und k sind folgende Eigenschaften bekannt:

(I) g besitzt einen Schnittpunkt mit der x_3-Achse.	(II) h verläuft parallel zur $x_1 x_3$-Ebene.	(III) k verläuft parallel zur x_1-Achse.

Wie viele Durchstoßpunkte mit den Koordinatenebenen kann jede der Geraden haben? Begründen Sie, dass die Anzahl der verschiedenen Durchstoßpunkte nur für eine der Geraden eindeutig zu bestimmen ist.

19 *Anzahl der Spurpunkte – Lage der Geraden*

Wie liegt eine Gerade im Koordinatensystem, die genau einen Spurpunkt (genau zwei Spurpunkte; genau drei Spurpunkte) hat? Erstellen Sie jeweils eine Skizze.

20 *Projektionen*

Die Punkte $A_1 = (2|1|4)$, $A_2 = (5|3|6)$ und $A_3 = (-1|2|5)$ sind die Eckpunkte eines Dreiecks im Raum.

a) **Parallelprojektion**
Das Dreieck wird in Richtung $\vec{v} = \begin{pmatrix} 1 \\ 1 \\ -2 \end{pmatrix}$ auf die x_1x_2-Ebene projiziert. Berechnen Sie die Koordinaten der Bildpunkte in der x_1x_2-Ebene und zeichnen Sie das Dreieck und sein Bild.

b) **Zentralprojektion**
Das Dreieck wird vom Punkt $S = (-1|8|3)$ aus an die „Wand" (x_1x_3-Ebene) projiziert. Berechnen Sie die Bildpunkte in der x_1x_3-Ebene und zeichnen Sie das Dreieck und sein Bild.

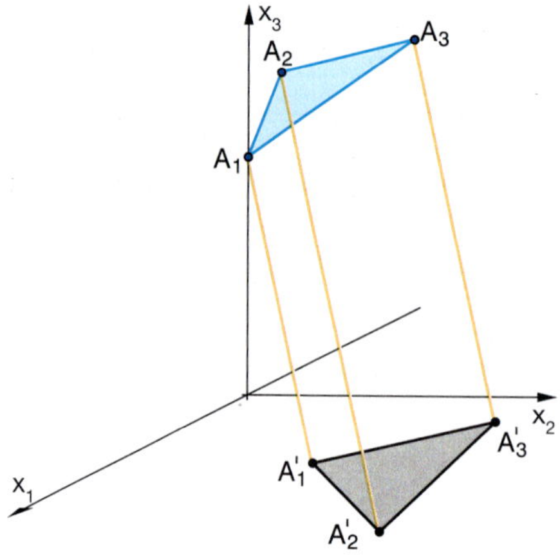

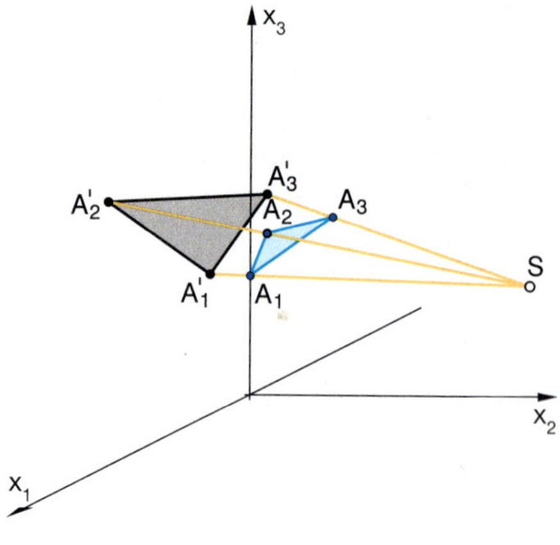

21 *Schattenpunkte*

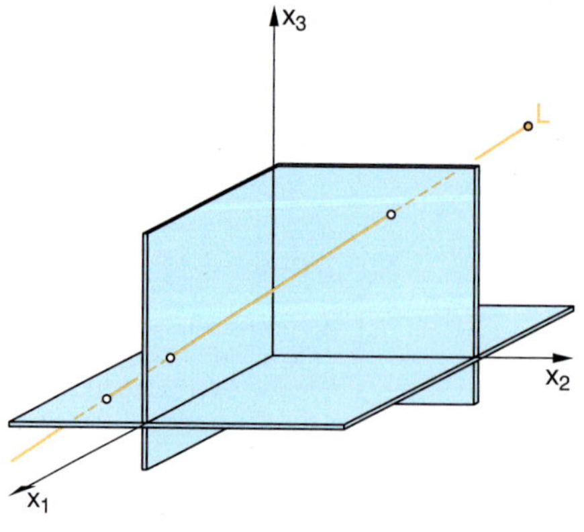

Ein Objekt im Punkt $A = (2|3|3)$ wird durch eine Lichtquelle im Punkt $L = (-2|5|6)$ beleuchtet.
Berechnen Sie die Punkte, in denen der Lichtstrahl die x_2x_3-Ebene, die x_1x_2-Ebene und die x_1x_3-Ebene trifft.
Stellen Sie L, A, die Spurpunkte und den Lichtstrahl im Koordinatensystem dar.

Welche Wand wird wirklich beleuchtet, wenn die Ebenen nicht transparent sind?

Übungen

22 *Baumschatten*

Legt man ein Koordinatensystem (Längeneinheit 1 m) über ein ebenes Gelände, so befindet sich der Fußpunkt eines gerade gewachsenen Baumes im Punkt F = (−1 | 5 | 0). Haben die Sonnenstrahlen die Richtung $\vec{v} = \begin{pmatrix} 1 \\ -1 \\ -3 \end{pmatrix}$, so wirft die Spitze des Baumes ihren Schatten auf den Punkt S′ = (2 | 2 | 0). Bestimmen Sie die Höhe des Baumes.

23 *Tauchboot*

Ein Tauchboot befindet sich in der Position P = (413 | −367 | −215). Es bewegt sich auf einem Kurs entlang des Vektors $\vec{v} = \begin{pmatrix} -84 \\ 100 \\ -2 \end{pmatrix}$. Im Punkt H = (−175 | 333 | −229) wird ein Hindernis geortet. Soll das Schiff seinen Kurs ändern? Begründen Sie anhand einer Rechnung.

Positionen von Tauchbooten lassen sich durch Punkte im Raum beschreiben. Die Wasseroberfläche liegt dabei in der x_1x_2-Ebene.

24 *Schiffswrack*

Ein Tauchboot wird im Punkt S = (−213 | 107 | 0) zu Wasser gelassen, um eine Expedition zu einem Schiffswrack zu unternehmen, das in der Position W = (1013 | 4082 | −350) auf dem Meeresboden liegt. Das Tauchboot bewegt sich geradlinig und mit konstanter Geschwindigkeit. Die Bewegung pro Minute lässt sich durch den Vektor $\vec{b} = \begin{pmatrix} 14 \\ 9 \\ -7 \end{pmatrix}$ beschreiben (Angaben in m).

a) Mit welcher Geschwindigkeit bewegt sich das Tauchboot? Nach welcher Zeit erreicht es die Tiefe des Schiffswracks?

b) Die Suchscheinwerfer des Tauchboots haben eine Reichweite von 90 m. Ist das Schiffswrack von der Stelle aus sichtbar, an der das Tauchboot den Meeresboden erreicht?

25 *Passagierflugzeug*

Ein Passagierflugzeug befindet sich zu einem bestimmten Zeitpunkt in der Position A = (−1010 | 960 | 8600). Fünf Sekunden später befindet es sich in der Position B = (178 | 217 | 8710) (Angaben in m). Ermitteln Sie die Position, in der sich das Flugzeug nach weiteren 20 Sekunden befindet, sofern es mit der gleichen Geschwindigkeit geradlinig weiterfliegt. Mit welcher Geschwindigkeit bewegt es sich fort?

Positionen von Flugzeugen lassen sich durch Punkte im Raum beschreiben. Die Erdoberfläche liegt dabei in der x_1x_2-Ebene.

26 *Lagen von Geraden*

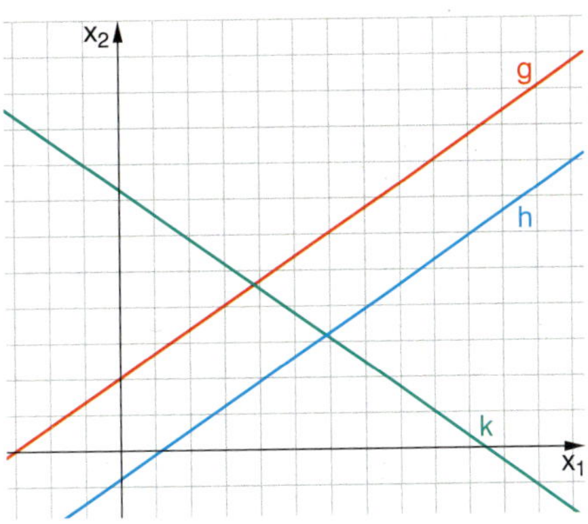

In der Ebene sind Geraden identisch oder parallel oder sie schneiden sich.

a) Welcher der Fälle liegt vor?

$g_1: \vec{x} = \begin{pmatrix} 1 \\ 2 \end{pmatrix} + r\begin{pmatrix} 3 \\ -1 \end{pmatrix}$ $\quad g_2: \vec{x} = \begin{pmatrix} 4 \\ 2 \end{pmatrix} + s\begin{pmatrix} -6 \\ 2 \end{pmatrix}$

$h_1: \vec{x} = \begin{pmatrix} 3 \\ 1 \end{pmatrix} + r\begin{pmatrix} 2 \\ -5 \end{pmatrix}$ $\quad h_2: \vec{x} = \begin{pmatrix} -4 \\ 7 \end{pmatrix} + s\begin{pmatrix} 3 \\ 4 \end{pmatrix}$

$k_1: \vec{x} = \begin{pmatrix} 2 \\ -1 \end{pmatrix} + r\begin{pmatrix} 3 \\ -2 \end{pmatrix}$ $\quad k_2: \vec{x} = \begin{pmatrix} -1 \\ 1 \end{pmatrix} + s\begin{pmatrix} -6 \\ 4 \end{pmatrix}$

b) Gilt die obige Aussage auch für Geraden im Raum?

Basiswissen

Wie in der Ebene können Geraden im Raum **parallel** bzw. **identisch** sein oder **genau einen Schnittpunkt** haben. Durch die dritte Dimension gibt es noch eine weitere Lagebeziehung: Geraden im Raum können **windschief** sein. Die geometrische Lage lässt sich algebraisch an den Gleichungen ablesen.

Lagebeziehungen zwischen Geraden

Lage der Geraden $g: \vec{x} = \vec{p} + s\vec{u}$ und $h: \vec{x} = \vec{q} + t\vec{v}$

$\vec{u}$ und $\vec{v}$ sind **parallel (kollinear)**
$\vec{u} = r\vec{v}$ für ein $r \in \mathbb{R}$

g und h sind **identisch**

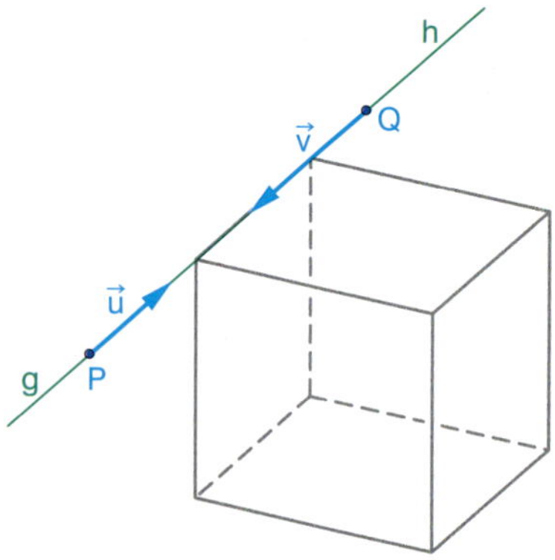

P liegt auf h
$\vec{p} = \vec{q} + t\vec{v}$ für ein $t \in \mathbb{R}$

g und h sind **parallel**

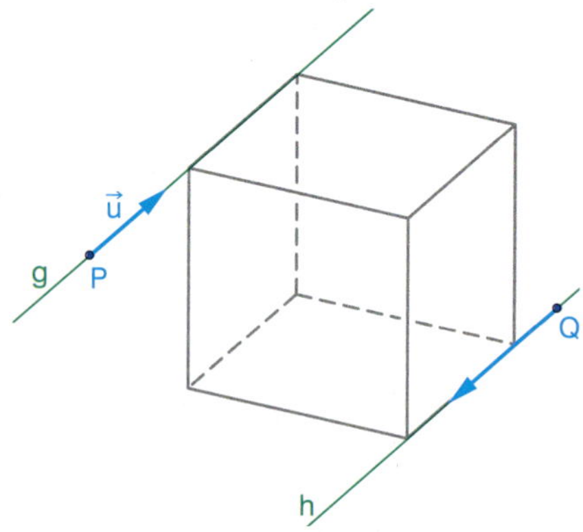

P liegt nicht auf h
$\vec{p} \neq \vec{q} + t\vec{v}$ für alle $t \in \mathbb{R}$

$\vec{u}$ und $\vec{v}$ sind **nicht parallel (nicht kollinear)**
$\vec{u} \neq r\vec{v}$ für alle $r \in \mathbb{R}$

g und h haben **genau einen gemeinsamen Punkt**

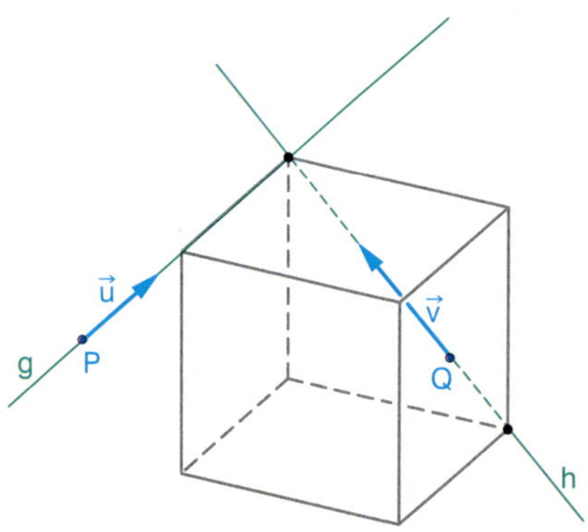

g und h haben **genau einen Schnittpunkt**

$\vec{p} + s\vec{u} = \vec{q} + t\vec{v}$ für je ein $s, t \in \mathbb{R}$

g und h sind **windschief**

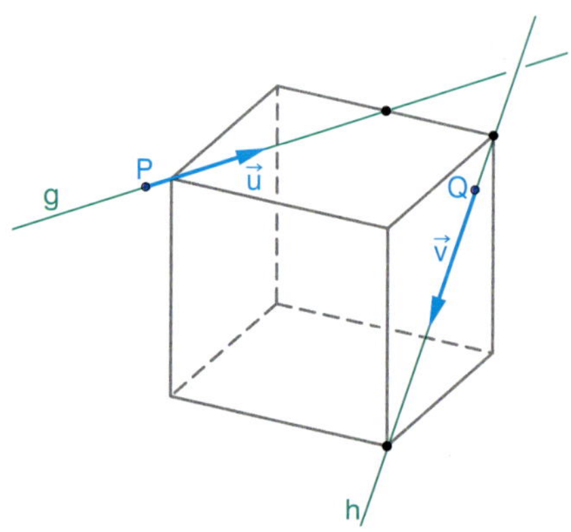

g und h haben **keinen Schnittpunkt**

$\vec{p} + s\vec{u} \neq \vec{q} + t\vec{v}$ für alle $s, t \in \mathbb{R}$

Beispiele

D *Lage von Geraden – kollineare Richtungsvektoren*

Welche Lagebeziehung haben die Geraden $g: \vec{x} = \begin{pmatrix} 2 \\ 0 \\ 1 \end{pmatrix} + r \begin{pmatrix} 3 \\ 4 \\ 1 \end{pmatrix}$ und $h: \vec{x} = \begin{pmatrix} 1 \\ 2 \\ -1 \end{pmatrix} + s \begin{pmatrix} 6 \\ 8 \\ 2 \end{pmatrix}$ zueinander?

Lösung:

1. Richtungsvektoren auf Kollinearität prüfen:
Da die Richtungsvektoren der beiden Geraden kollinear sind, müssen die Geraden g und h entweder identisch oder zueinander parallel sein.

2. Punktprobe:
Wenn der Punkt (2 | 0 | 1) der Geraden g auch auf h liegt, so sind g und h identisch; sonst sind g und h parallel zueinander.

$\begin{pmatrix} 2 \\ 0 \\ 1 \end{pmatrix} = \begin{pmatrix} 1 \\ 2 \\ -1 \end{pmatrix} + s \begin{pmatrix} 6 \\ 8 \\ 2 \end{pmatrix}$ liefert die Gleichungen:

$$\begin{aligned} 2 &= 1 + 6s; && \text{also } s = \tfrac{1}{6} \\ 0 &= 2 + 8s; && \text{also } s = -\tfrac{1}{4} \\ 1 &= -1 + 2s; && \text{also } s = 1 \end{aligned}$$

Es gibt kein s, das alle Gleichungen erfüllt. Somit liegt der Punkt (2 | 0 | 1) nicht auf der Geraden h. Die beiden Geraden sind parallel zueinander.

E *Lage von Geraden – nicht kollineare Richtungsvektoren*

Welche Lagebeziehung haben die Geraden $g: \vec{x} = \begin{pmatrix} 3 \\ 1 \\ 1 \end{pmatrix} + r \begin{pmatrix} 1 \\ 0 \\ 2 \end{pmatrix}$ und $h: \vec{x} = \begin{pmatrix} 6 \\ 2 \\ 5 \end{pmatrix} + s \begin{pmatrix} 2 \\ 1 \\ 2 \end{pmatrix}$ zueinander?

Lösung:

1. Richtungsvektoren auf Kollinearität prüfen:
Da die Richtungsvektoren der beiden Geraden nicht kollinear sind, schneiden sich die Geraden g und h in einem Punkt oder sind windschief.

2. Schnittpunkte:
Mit der Bestimmung des Schnittpunktes können wir entscheiden, welcher Fall vorliegt. Gibt es keinen Schnittpunkt, so sind die beiden Geraden windschief. Gibt es einen Schnittpunkt, so schneiden sich die beiden Geraden in diesem Schnittpunkt.
Den Schnittpunktansatz finden Sie auf der nächsten Seite.

Übungen

27 *Lage von Geraden im Pyramidenstumpf*

a) Welche Lagebeziehung liegt bei den Geradenpaaren jeweils vor?

$g_1: \vec{x} = \begin{pmatrix} 4{,}5 \\ 4{,}5 \\ 3 \end{pmatrix} + t \begin{pmatrix} 3 \\ 0 \\ 0 \end{pmatrix}$ $\quad g_2: \vec{x} = \begin{pmatrix} 6 \\ 6 \\ 0 \end{pmatrix} + t \begin{pmatrix} 1 \\ 0 \\ 0 \end{pmatrix}$

$h_1: \vec{x} = \begin{pmatrix} 1{,}5 \\ 4{,}5 \\ 3 \end{pmatrix} + t \begin{pmatrix} 1{,}5 \\ -1{,}5 \\ 3 \end{pmatrix}$ $\quad h_2: \vec{x} = \begin{pmatrix} 6 \\ 6 \\ 0 \end{pmatrix} + t \begin{pmatrix} -1{,}5 \\ -1{,}5 \\ 3 \end{pmatrix}$

$i_1: \vec{x} = \begin{pmatrix} 4{,}5 \\ 1{,}5 \\ 3 \end{pmatrix} + t \begin{pmatrix} -1{,}5 \\ 1{,}5 \\ 3 \end{pmatrix}$ $\quad i_2: \vec{x} = \begin{pmatrix} 6 \\ 0 \\ 0 \end{pmatrix} + t \begin{pmatrix} -3 \\ 3 \\ 6 \end{pmatrix}$

$k_1: \vec{x} = \begin{pmatrix} 6 \\ 0 \\ 0 \end{pmatrix} + t \begin{pmatrix} 0 \\ 1 \\ 0 \end{pmatrix}$ $\quad k_2: \vec{x} = \begin{pmatrix} 1{,}5 \\ 4{,}5 \\ 3 \end{pmatrix} + t \begin{pmatrix} 1 \\ 0 \\ 0 \end{pmatrix}$

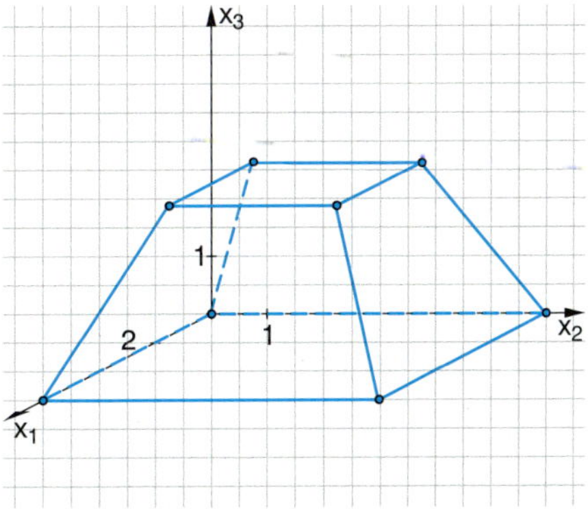

b) Die Geraden in Teil a) gehen durch Kanten im Pyramidenstumpf. Zeichnen Sie die Geraden in die gegebene Abbildung ein. Der Schnittpunkt S von zwei dieser Geraden ist die Spitze der Pyramide. Zeigen Sie rechnerisch, dass weitere „Kantengeraden" sich in S schneiden.

Lagebeziehung zwischen Geraden mithilfe des Schnittpunktansatzes erkennen

Gegeben sind die Parametergleichungen der Geraden g und h mit g: $\vec{x} = \vec{a} + r\vec{v}$ und h: $\vec{x} = \vec{b} + s\vec{w}$.

Einen Schnittpunkt suchen heißt …
- geometrisch: Gibt es einen Punkt, der auf beiden Geraden liegt?
- algebraisch: Finden wir ein r und s so, dass $\vec{a} + r\vec{v} = \vec{b} + s\vec{w}$?

Beispiel 1:

g: $\vec{x} = \begin{pmatrix}4\\1\\2\end{pmatrix} + r\begin{pmatrix}-2\\3\\1\end{pmatrix}$; h: $\vec{x} = \begin{pmatrix}1\\5\\-2\end{pmatrix} + s\begin{pmatrix}-1\\1\\-5\end{pmatrix}$

Schnittpunktansatz:

$$\begin{pmatrix}4\\1\\2\end{pmatrix} + r\begin{pmatrix}-2\\3\\1\end{pmatrix} = \begin{pmatrix}1\\5\\-2\end{pmatrix} + s\begin{pmatrix}-1\\1\\-5\end{pmatrix}$$

Gleichungen – Gleichungssystem:

$$\begin{aligned} 4 - 2r &= 1 - s \Rightarrow s = 2r - 3 \\ 1 + 3r &= 5 + s \Rightarrow s = 3r - 4 \end{aligned} \Rightarrow r = 1;\ s = -1$$

$$2 + r = -2 - 5s \Rightarrow \textit{r; s erfüllen 3. Gleichung}$$

Das Gleichungssystem ist lösbar. Es gibt einen Schnittpunkt S = (2|4|3).

Beispiel 2:

g: $\vec{x} = \begin{pmatrix}0\\2\\1\end{pmatrix} + r\begin{pmatrix}1\\2\\3\end{pmatrix}$; h: $\vec{x} = \begin{pmatrix}3\\12\\-4\end{pmatrix} + s\begin{pmatrix}1\\2\\-3\end{pmatrix}$

Schnittpunktansatz:

$$\begin{pmatrix}0\\2\\1\end{pmatrix} + r\begin{pmatrix}1\\2\\3\end{pmatrix} = \begin{pmatrix}3\\12\\-4\end{pmatrix} + s\begin{pmatrix}1\\2\\-3\end{pmatrix}$$

Gleichungen – Gleichungssystem:

$$\begin{aligned} r &= 3 + s \Rightarrow r = 3 + s \\ 2 + 2r &= 12 + 2s \Rightarrow r = 5 + s \end{aligned} \Rightarrow \textit{Widerspruch}$$

$$1 + 3r = -4 - 3s$$

Das Gleichungssystem ist nicht lösbar. Somit gibt es keinen Schnittpunkt der beiden Geraden. Also sind die Geraden windschief oder parallel zueinander. Da die Richtungsvektoren nicht parallel (nicht kollinear) sind, müssen die Geraden windschief sein.

Übungen

28 *Geraden im Quader*

a) Offensichtlich schneiden sich die vier Raumdiagonalen im Mittelpunkt des Quaders. Weisen Sie dies rechnerisch nach. Wie zeigt sich das am Gleichungssystem?

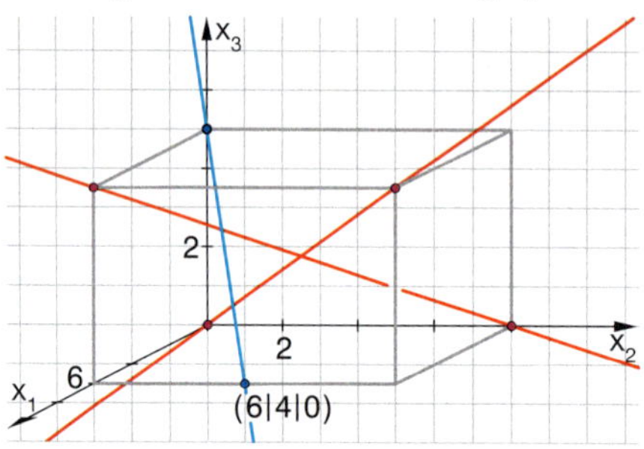

b) Schneiden die beiden eingezeichneten Raumdiagonalen die eingezeichnete blaue Gerade? Wie zeigt sich das am Gleichungssystem?

29 *Geraden im Quader*

Schneiden sich die drei Geraden?

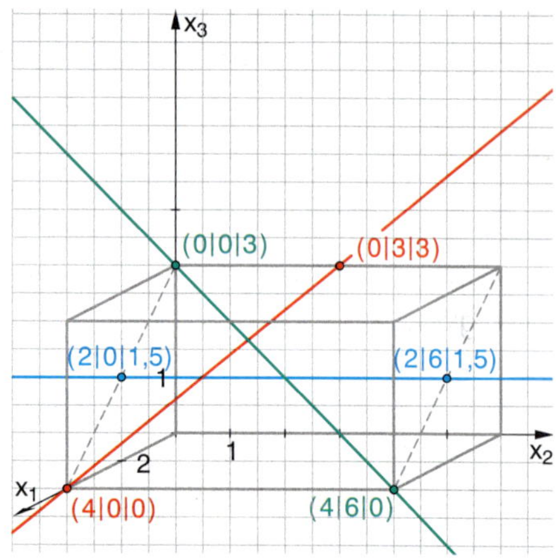

30 *Sich schneidende Geraden?*

In einem Würfel der Kantenlänge 4 gehen die Geraden durch die Mittelpunkte der entsprechenden Kanten. Schneiden sich die beiden Geraden? Begründen Sie auch rechnerisch.

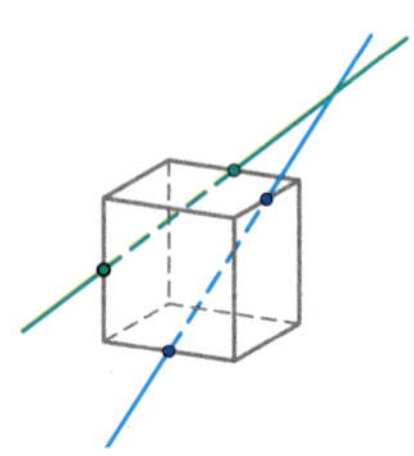

Das Bestimmen des Schnittpunktes von Geraden führt auf das Lösen von Gleichungssystemen mit zwei Variablen. Dabei entstehen nicht immer Gleichungssysteme mit vielen Nullen, die sich durch Einsetzen einfach lösen lassen.

Gauß-Algorithmus, siehe Seite 81

Für die Geraden $g: \vec{x} = \begin{pmatrix}1\\1\\4\end{pmatrix} + r\begin{pmatrix}3\\-3\\2\end{pmatrix}$ und $h: \vec{x} = \begin{pmatrix}4\\2\\0\end{pmatrix} + s\begin{pmatrix}-6\\4\\-1\end{pmatrix}$ erhält man das LGS:

(1) $3r + 6s = 3$ (2) $-3r - 4s = 1$ (3) $2r + s = -4$

Lösen linearer Gleichungssysteme mit dem Gauß-Algorithmus

WERKZEUG

Zum Lösen von linearen Gleichungssystemen ist der Gauß-Algorithmus ein effizientes Werkzeug. Mit dem Verfahren wird ein gegebenes Gleichungssystem systematisch in eine Dreiecksform überführt.

Zur Ausführung des Gauß-Algorithmus benötigt man nur zwei erlaubte **Äquivalenzumformungen**:

(1) $3r + 6s = 3$
(2) $-3r - 4s = 1$
(3) $2r + s = -4$

- *Multiplikation einer Gleichung auf beiden Seiten mit einer reellen Zahl ungleich Null.*

Eliminieren der Variablen r:

(1)	$3r + 6s = 3$	
(1) + (2)	$2s = 4$	(2*)
$2 \cdot$ (1) + $(-3) \cdot$ (3)	$9s = 18$	(3*)

- *Die Addition zweier Gleichungen und anschließendes Ersetzen einer Gleichung durch das Ergebnis.*

Eliminieren der Variablen s:

(1)	$3r + 6s = 3$
(2*)	$2s = 4$
$-9 \cdot$ (2*) + $2 \cdot$ (3*)	$0 = 0$

Die Lösung kann nun schrittweise von unten nach oben ermittelt werden.

Rückwärtseinsetzen:
$2s = 4$, also $s = 2$
$3r + 6 \cdot 2 = 3$, also $r = -3$

oder Normieren und Einsetzen:

(1) : 3	$r + 2s = 1$
(2*) : 2	$s = 2$
(3*)	$0 = 0$

CARL FRIEDRICH GAUSS
1777–1855

Dreiecksform
$3r + 6s = 3$
$0 \quad 2s = 4$
$0 \quad 0 = 0$

Es ergibt sich eine eindeutige Lösung für r und s. Somit schneiden sich die Geraden g und h. Für $r = -3$ in der Geradendarstellung von g oder $s = 2$ in der Geradendarstellung von h erhält man den Schnittpunkt $S = (-8 | 10 | -2)$.

Übungen

31 *Lösen linearer Gleichungssysteme per Hand*

Lösen Sie die linearen Gleichungssysteme mit dem Gauß-Algorithmus. In welchen Fällen gibt es keine Lösung?

Weitere Übungen, siehe Seite 82

a) $\begin{aligned} 3x + y &= 7 \\ x + 5y &= 21 \\ 2x - y &= 13 \end{aligned}$

b) $\begin{aligned} 2x - 3y &= -19 \\ -4x + 2y &- 26 \\ x + 6y &= 13 \end{aligned}$

c) $\begin{aligned} 4x - 5y &= 8 \\ -x + y &= -2 \\ x + 2y &= 2 \end{aligned}$

d) $\begin{aligned} 6x + 4y &= 14 \\ -3x + y &= -10 \\ x - y &= 8 \end{aligned}$

e) $\begin{aligned} 3x - 2y &= 5 \\ 2x - 2y &= 4 \\ x + 2y &= -1 \end{aligned}$

f) $\begin{aligned} x + 2y &= 8 \\ -2x - 3y &= -11 \\ 3x + 6y &= 20 \end{aligned}$

32 *Training per Hand*

Lösen Sie die linearen Gleichungssysteme mit dem Gauß-Algorithmus und führen Sie die Probe mit *rref* aus.

rref, siehe nächste Seite

a) $\begin{aligned} 2x - 3y &= -8 \\ x + 4y &= 7 \\ -x - y &= -1 \end{aligned}$

b) $\begin{aligned} x + 2y &= -8 \\ 2x - 3y &= -2 \\ 3x + y &= 4 \end{aligned}$

c) $\begin{aligned} 2x + 2y &= 10 \\ -3x + 2y &= 0 \\ x + y &= 5 \end{aligned}$

d) $\begin{aligned} x + y + z &= 2 \\ x - y + 2z &= -3 \\ 2x + y + z &= 3 \end{aligned}$

e) $\begin{aligned} x + y - z &= -2 \\ 2x + y + z &= 5 \\ -x + 2y - z &= 3 \end{aligned}$

f) $\begin{aligned} 2x - y + z &= 1 \\ x + 2y + 4z &= 2 \\ x - y + 3z &= -3 \end{aligned}$

Ein Gleichungssystem lässt sich übersichtlich in eine **Tabelle** übertragen. Dazu werden alle Informationen, die selbstverständlich sind, weggelassen. Nur die Koeffizienten werden notiert und um eine Spalte mit den Ergebnissen erweitert. Wichtig ist, dass die Koeffizienten, die zur gleichen Variablen gehören, in die gleiche Spalte geschrieben werden. In der Algebra schreibt man eine solche Tabelle in Form einer **Matrix**.
Da die Matrix neben den Koeffizienten auch die Ergebnisspalte enthält, wird die Matrix **erweiterte Koeffizientenmatrix** genannt.

LGS ⟶ Tabelle ⟶ Matrix

(1) $3a + 6b = 3$
(2) $-3a - 4b = 1$
(3) $2a + b = -4$

	a	b	Erg.
(1)	3	6	3
(2)	−3	−4	1
(3)	2	1	−4

$$\left(\begin{array}{rr|r} 3 & 6 & 3 \\ -3 & -4 & 1 \\ 2 & 1 & -4 \end{array}\right)$$

Siehe auch Seite 82

LGS mit dem grafikfähigen Taschenrechner lösen

WERKZEUG

Mit einem grafikfähigen Taschenrechner oder einem Computer-Algebra-System lässt sich die Lösungsmenge eines LGS schnell bestimmen. Dazu gibt man die „erweiterte Koeffizientenmatrix" mithilfe des Matrix-Editors ein.

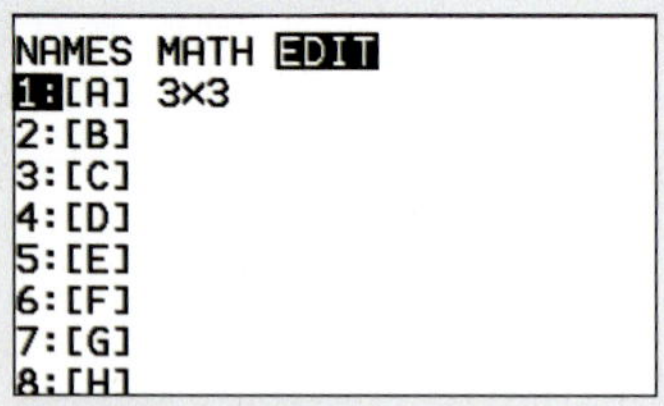

Mit **3 × 3** wird der Typ der Matrix festgelegt: 3 Zeilen, 3 Spalten

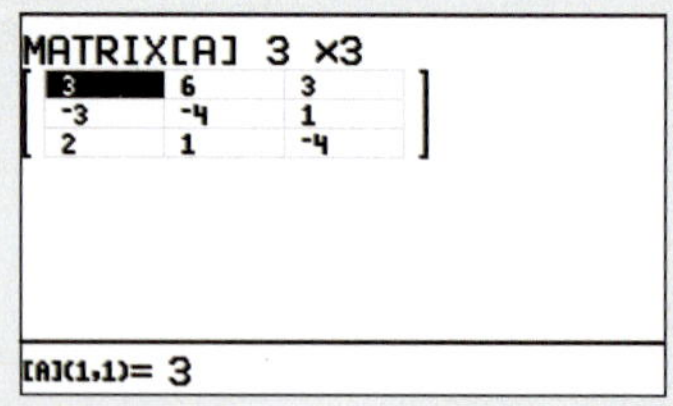

1, 1 kennzeichnet die Position der Zahl in der 1. Zeile und der 1.Spalte

Erweiterte Koeffizientenmatrix: In die letzte Spalte schreibt man die rechte Seite der Gleichungen.

$3a + 6b = 3$
$-3a - 4b = 1$
$2a + b = -4$

Koeffizientenmatrix

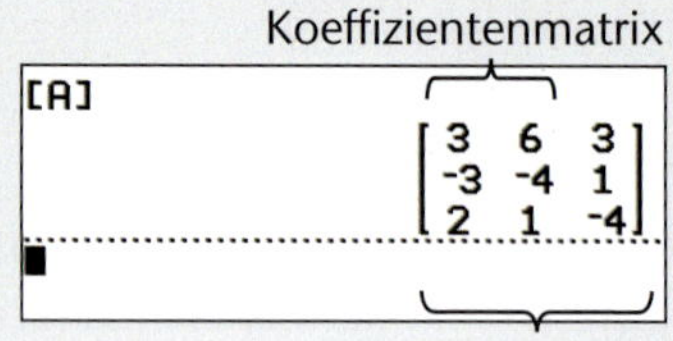

Erweiterte Koeffizientenmatrix

Mit dem Befehl ***ref*** erzeugt man eine **Dreiecksform**, aus der man die Lösungen durch Rückwärtseinsetzen bestimmen kann.

$a + 2b = 1$
$b = 2$
$0 = 0$

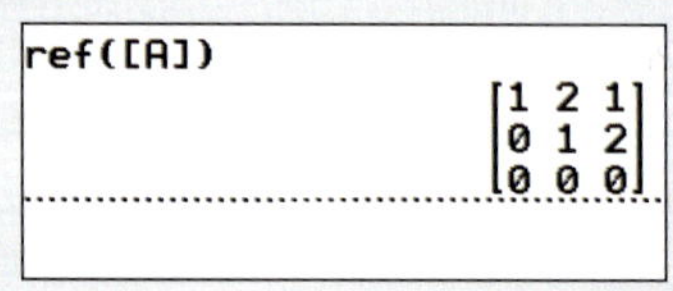

Der GTR besitzt einen weiteren Befehl ***rref***, mit dem man aus der Koeffizientenmatrix eine **Diagonalform** erzeugt, aus der man das Ergebnis direkt ablesen kann.

$a = -3$
$b = 2$
$0 = 0$

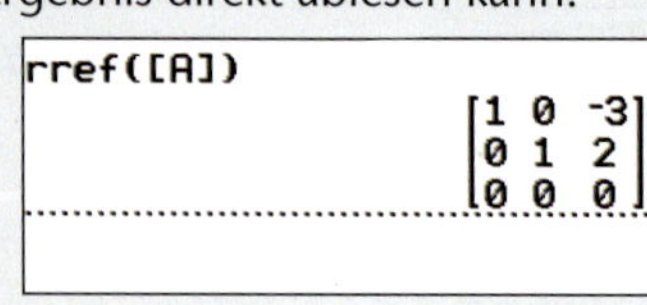

Übungen

33 *Training mit dem GTR*
Bestimmen Sie die Lösungen der linearen Gleichungssysteme aus den Übungen von Seite 219 mit dem GTR. Vergleichen Sie gegebenenfalls mit Ihren händisch ermittelten Lösungen.

Lagebeziehung zwischen Geraden an der Matrix erkennen
Der Schnittpunktansatz führt auf ein lineares Gleichungssystem mit drei Gleichungen und zwei Variablen. Die erweiterte Koeffizientenmatrix ist dann eine (3 × 3)-Matrix.
rref führt jeweils zu einer Matrix in Diagonalform.

Fall 1: sich schneidende Geraden

$$\begin{pmatrix} 2 & -3 & -8 \\ 1 & 4 & 7 \\ -1 & -1 & -1 \end{pmatrix} \xrightarrow{rref} \begin{pmatrix} 1 & 0 & -1 \\ 0 & 1 & 2 \\ 0 & 0 & 0 \end{pmatrix}$$

Fall 2: windschiefe Geraden

$$\begin{pmatrix} 1 & -1 & 0 \\ 1 & 0{,}5 & 1 \\ -1 & -1 & -1 \end{pmatrix} \xrightarrow{rref} \begin{pmatrix} 1 & 0 & 0 \\ 0 & 1 & 0 \\ 0 & 0 & 1 \end{pmatrix}$$

Fall 3: parallele Geraden

$$\begin{pmatrix} 2 & 4 & -1 \\ 1 & 2 & 0 \\ -3 & -6 & 2 \end{pmatrix} \xrightarrow{rref} \begin{pmatrix} 1 & 2 & 0 \\ 0 & 0 & 1 \\ 0 & 0 & 0 \end{pmatrix}$$

Fall 4: identische Geraden

$$\begin{pmatrix} 2 & -1 & -2 \\ 4 & -2 & -4 \\ -6 & 3 & 6 \end{pmatrix} \xrightarrow{rref} \begin{pmatrix} 1 & -0{,}5 & -1 \\ 0 & 0 & 0 \\ 0 & 0 & 0 \end{pmatrix}$$

36 *Parallele Geraden*
Das Schnittpunktverfahren liefert bei windschiefen und parallelen Geraden jeweils einen Widerspruch. Für parallele Geraden gilt für deren Richtungsvektoren $\vec{v}_1$ und $\vec{v}_2$: $\vec{v}_2 = s \cdot \vec{v}_1$.
Begründen Sie, warum in diesem Fall der Widerspruch in der zweiten Zeile ist.

Diagonalform

```
[A]
      [1 2 0]
      [0 0 1]
      [0 0 0]
```

37 *Identische Geraden*
Wie erkennen Sie an der Diagonalform, dass die Geraden identisch sind?

Matrix → *rref* → Diagonalform

```
[A]
      [ 2 -1 -2]
      [ 4 -2 -4]
      [-6  3  6]
```

```
rref([A])
      [1 -.5 -1]
      [0  0   0]
      [0  0   0]
```

34 *Diagonalmatrix sich schneidender Geraden*
Zeigen Sie, dass für die Geraden

$$g: \vec{x} = \begin{pmatrix} 7 \\ -5 \\ 6 \end{pmatrix} + s\begin{pmatrix} 2 \\ 1 \\ -1 \end{pmatrix} \text{ und}$$

$$h: \vec{x} = \begin{pmatrix} -1 \\ 2 \\ 5 \end{pmatrix} + t\begin{pmatrix} 3 \\ -4 \\ 1 \end{pmatrix}$$

rref die Matrix in Diagonalform $\begin{pmatrix} 1 & 0 & -1 \\ 0 & 1 & 2 \\ 0 & 0 & 0 \end{pmatrix}$ liefert.

35 *Windschiefe oder sich schneidende Geraden*

(A) $g: \vec{x} = \begin{pmatrix} 1 \\ 2 \\ 1 \end{pmatrix} + r\begin{pmatrix} 2 \\ 1 \\ 3 \end{pmatrix}$; $h: \vec{x} = \begin{pmatrix} 1 \\ 1 \\ 2 \end{pmatrix} + s\begin{pmatrix} -4 \\ -2 \\ 6 \end{pmatrix}$

(B) $k: \vec{x} = \begin{pmatrix} 1 \\ 2 \\ 1 \end{pmatrix} + r\begin{pmatrix} 2 \\ 1 \\ 3 \end{pmatrix}$; $l: \vec{x} = \begin{pmatrix} -5 \\ -1 \\ 16 \end{pmatrix} + s\begin{pmatrix} -4 \\ -2 \\ 6 \end{pmatrix}$

Beide Fälle sind in Matrix und Diagonalform übersetzt:

(I) Matrix → Diagonalform

$$\begin{pmatrix} 2 & 4 & -6 \\ 1 & 2 & -3 \\ 3 & -6 & 15 \end{pmatrix} \xrightarrow{rref} \begin{pmatrix} 1 & 0 & 1 \\ 0 & 1 & -2 \\ 0 & 0 & 0 \end{pmatrix}$$

(II) Matrix → Diagonalform

$$\begin{pmatrix} 2 & 4 & 0 \\ 1 & 2 & -1 \\ 3 & -6 & 1 \end{pmatrix} \xrightarrow{rref} \begin{pmatrix} 1 & 0 & 0 \\ 0 & 1 & 0 \\ 0 & 0 & 1 \end{pmatrix}$$

Welcher Fall gehört zu welchen Matrizen? Woran erkennt man dies?
Bestimmen Sie im Fall der sich schneidenden Geraden den Schnittpunkt.

38 *Lagebeziehung von Geraden im Würfel*
Die Abbildung zeigt einen Würfel mit der Kantenlänge 4. Die grünen Punkte markieren Kantenmitten.

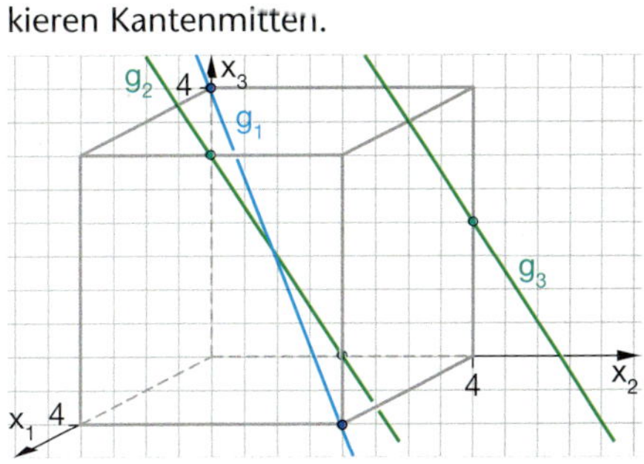

Stellen Sie für die möglichen Schnittprobleme ($g_1 - g_2$, $g_2 - g_3$, $g_1 - g_3$) jeweils die erweiterte Koeffizientenmatrix auf, bestimmen Sie die Lösung und begründen Sie damit die Lagebeziehung.

Übungen

Übungen

39 *Geraden im Würfel*

a) Im abgebildeten Würfel mit Kantenlänge 4 sind die Punkte K, L, M, N Kantenmitten.
Schneidet die Raumdiagonale die eingezeichneten Geraden?
Begründen Sie rechnerisch.

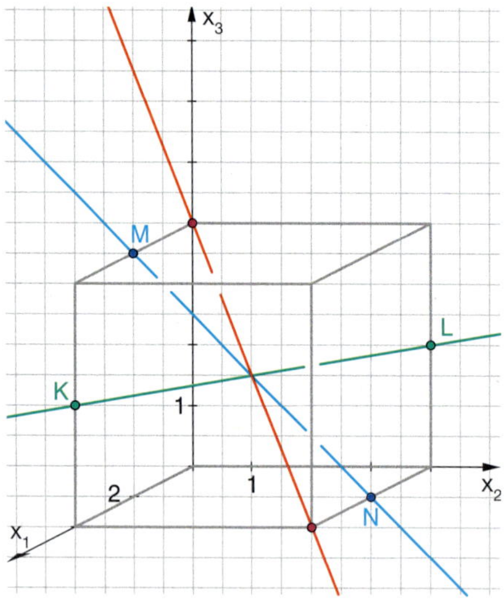

b) Geben Sie zur eingezeichneten Geraden im Würfel an:
- eine parallele Gerade
- eine schneidende Gerade
- eine windschiefe Gerade

Überprüfen Sie jeweils rechnerisch.
Wie erkennen Sie dies am Gleichungssystem?

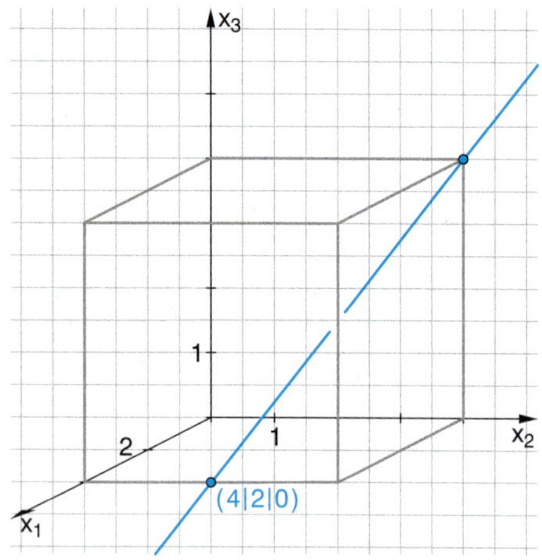

40 *Vier Geraden – Geradenpaare gesucht*

Suchen Sie unter den vier Geraden g_1, g_2, g_3 und g_4 Geradenpaare paralleler Geraden, sich schneidender Geraden sowie windschiefer Geraden:

g_1: $\vec{x} = \begin{pmatrix}0\\1\\1\end{pmatrix} + t\begin{pmatrix}1\\2\\0\end{pmatrix}$, g_2: $\vec{x} = \begin{pmatrix}4\\2\\2\end{pmatrix} + t\begin{pmatrix}1\\2\\0\end{pmatrix}$, g_3: $\vec{x} = t\begin{pmatrix}0\\1\\1\end{pmatrix}$ und g_4: $\vec{x} = \begin{pmatrix}4\\2\\2\end{pmatrix} + t\begin{pmatrix}0\\1\\1\end{pmatrix}$.

41 *Geraden gesucht*

Konstruieren Sie zur Geraden $g: \vec{x} = \begin{pmatrix}2\\3\\-1\end{pmatrix} + t\begin{pmatrix}3\\2\\4\end{pmatrix}$ jeweils verschiedene Geraden, die

… parallel sind zu g, … windschief sind zu g, … mit g einen Schnittpunkt haben.
Überprüfen Sie dies auch rechnerisch.

42 *Lage von Geraden*

a) Welche der folgenden Geraden
… sind zueinander parallel, … schneiden sich, … sind windschief zueinander?

$g: \vec{x} = \begin{pmatrix}1\\2\\3\end{pmatrix} + t\begin{pmatrix}-2\\0\\1\end{pmatrix}$; $h: \vec{x} = \begin{pmatrix}0\\0\\1\end{pmatrix} + t\begin{pmatrix}-2\\0\\1\end{pmatrix}$; $k: \vec{x} = \begin{pmatrix}1\\2\\3\end{pmatrix} + t\begin{pmatrix}1\\0\\-2\end{pmatrix}$

b) Bestimmen Sie x_1 so, dass sich die Gerade $l: \vec{x} = \begin{pmatrix}2\\2\\4\end{pmatrix} + t\begin{pmatrix}x_1\\0\\1\end{pmatrix}$ mit g in $S = (1|2|3)$ schneidet.

c) Welche der Geraden b oder c ist zur Geraden a parallel?

$a: \vec{x} = \begin{pmatrix}1\\2\\3\end{pmatrix} + t\begin{pmatrix}1\\0\\2\end{pmatrix}$; $b: \vec{x} = \begin{pmatrix}2\\4\\6\end{pmatrix} + t\begin{pmatrix}1\\0\\2\end{pmatrix}$; $c: \vec{x} = \begin{pmatrix}1\\2\\3\end{pmatrix} + t\begin{pmatrix}2\\0\\4\end{pmatrix}$

Übungen

43 *Geradenschnittpunkt*

Gegeben sind die Geraden

$g: \vec{x} = \vec{a} + r\vec{v} = \begin{pmatrix} 8 \\ 5 \\ 1 \end{pmatrix} + r\begin{pmatrix} 4 \\ 6 \\ 9 \end{pmatrix}$ und

$h: \vec{x} = \vec{b} + s\vec{w} = \begin{pmatrix} -2 \\ -4 \\ 1{,}5 \end{pmatrix} + s\begin{pmatrix} 2 \\ 10 \\ 2 \end{pmatrix}$.

Im „2-1-Koordinatensystem" sieht es so aus, als ob sich die Geraden im Punkt (0|3|3) schneiden.
Wie kann man dies schnell nachprüfen?
Schneiden sich g und h überhaupt?

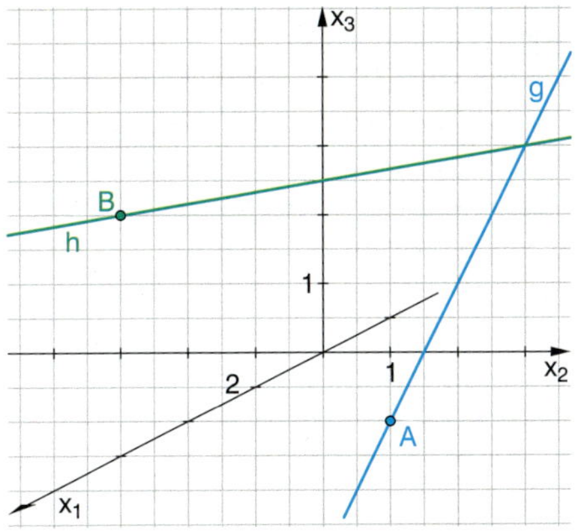

44 *Lage von Geraden in unterschiedlichen Körpern*

Bestimmen Sie die Lage der Geraden zueinander. Wie erkennen Sie am Gleichungssystem die Lage der Geraden? Geben Sie gegebenenfalls den Schnittpunkt an.
Die Punkte P, Q, R, T sind jeweils Kantenmitten.

Training

a)

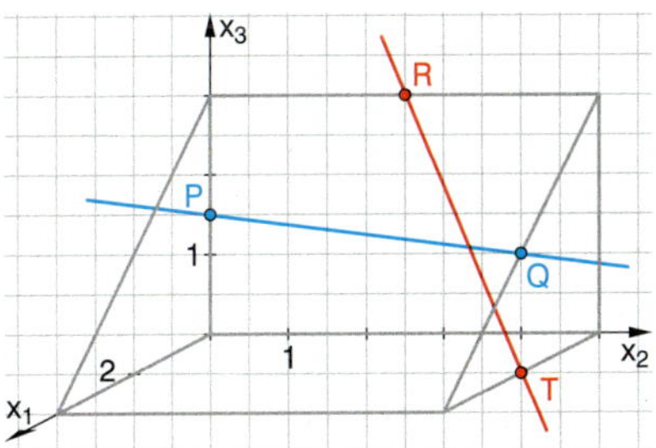

b)

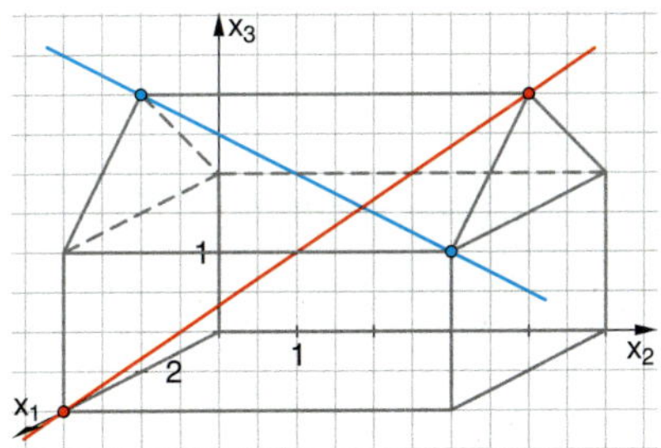

c)

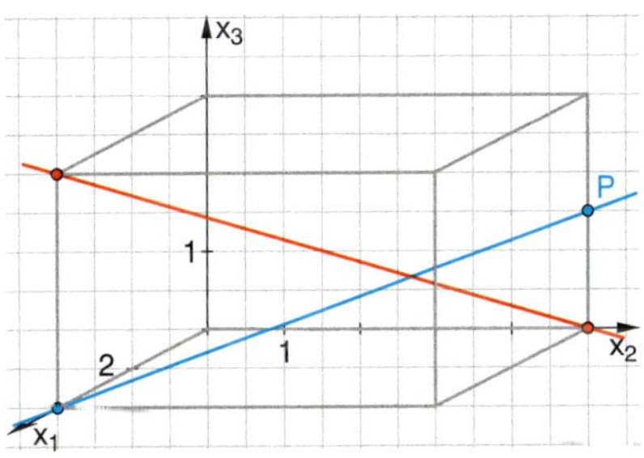

d)

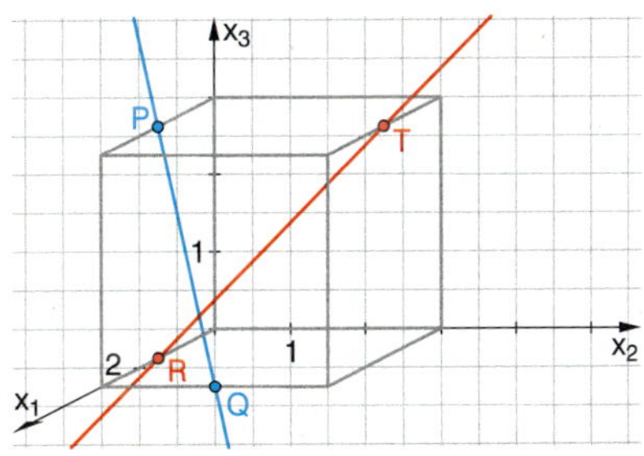

45 *Geradenbüschel*

Die Grafik zeigt einen Würfel der Kantenlänge 4. Die blaue Gerade h geht durch die eingezeichneten Kantenmitten.
Die roten Geraden gehen alle durch den Punkt Q = (0|0|4) und durch einen Punkt P_a auf der rechten unteren Kante des Würfels, die parallel zur x_1-Achse ist.
Begründen Sie, dass die Punkte P_a die Koordinaten $P_a = (a|4|0)$ haben.
Die Gerade durch Q und P_a wird mit g_a bezeichnet.

Bestimmen Sie a so, dass sich h und g_a schneiden.

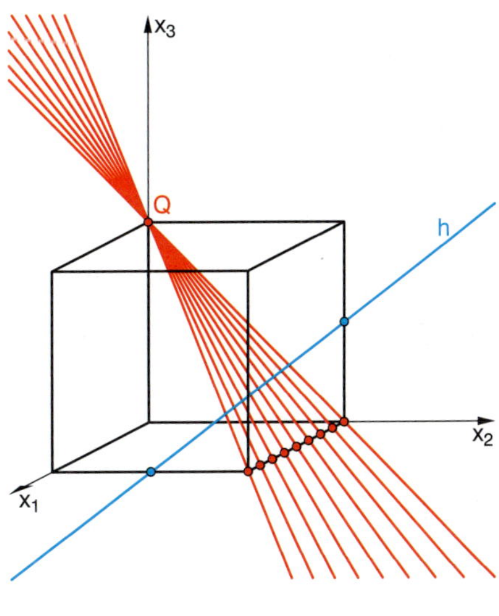

Übungen

46 *Flugzeugkollision?*
Kondensstreifen am Himmel vermitteln oft den Eindruck, dass sich die Flugbahnen von Flugzeugen kreuzen. Zu einem bestimmten Zeitpunkt befindet sich ein Airbus 320 im Punkt A = (8|−4|10,2) und bewegt sich in Richtung $\vec{v} = \begin{pmatrix} 7,5 \\ 8,5 \\ -0,1 \end{pmatrix}$.
Eine Boeing 747 befindet sich zum gleichen Zeitpunkt im Punkt B = (20|16|10) und bewegt sich in Richtung $\vec{w} = \begin{pmatrix} 1 \\ -1 \\ 0 \end{pmatrix}$.
Kreuzen sich die beiden Flugrouten?

47 *Landeanflug*
Landeanflüge von Flugzeugen müssen sehr präzise sein, insbesondere, wenn die Landebahnen sehr kurz sind, z. B. auf Inseln.
Ein Flugzeug soll auf einer Landebahn etwa im Punkt L = (200|100|0) aufsetzen. Aktuell befindet es sich in der Position P = (−2450|6300|1050) und fliegt in Richtung des Vektors $\vec{v} = \begin{pmatrix} 25 \\ -60 \\ -10 \end{pmatrix}$ (Angaben in m).
Wie weit ist das Flugzeug noch vom Landepunkt entfernt? In welchem Punkt setzt es auf der Insel auf, wenn es seinen Kurs nicht ändert? Welche Kursänderung schlagen Sie vor? Begründen Sie.

KOPFÜBUNGEN

1 Bestimmen Sie beide Lösungen: $\sqrt{(1 + x)^2} = 4$

2 Geben Sie die Werte für a und b so an, dass die Vektoren $\vec{u} = \begin{pmatrix} 0,5 \\ -5 \\ -1 \end{pmatrix}$ und $\vec{v} = \begin{pmatrix} a \\ 1 \\ b \end{pmatrix}$ zueinander parallel sind. Finden Sie einen Vektor $\vec{w}$, der zu $\vec{u}$ und $\vec{v}$ parallel ist und nur ganzzahlige Koordinaten (nur positive Koordinaten) enthält?

3 Bei „Mensch, ärgere dich nicht" hat man zu Beginn drei Versuche, eine „Sechs" zu würfeln. Wie groß ist die Wahrscheinlichkeit, die erste „Sechs" genau im dritten Versuch zu erzielen?

4 Begründen Sie jeweils in Worten und mit einer Skizze.
a) Gibt es Funktionen, die zur x-Achse symmetrisch sind?
b) Gibt es Funktionen, die sowohl punktsymmetrisch zum Ursprung als auch achsensymmetrisch zur y-Achse sind?

Licht und Schatten

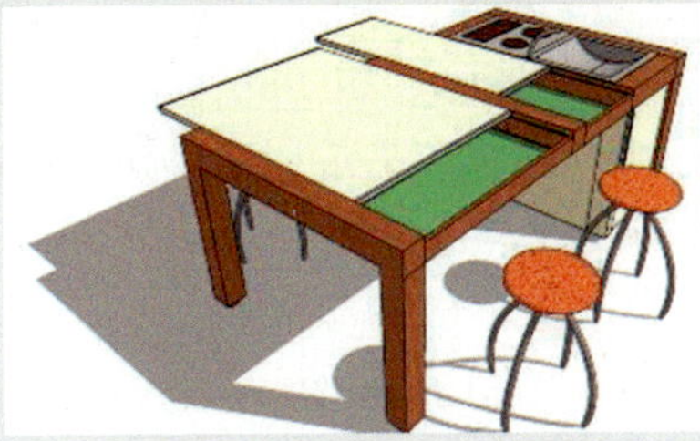

Wo Licht ist, ist auch Schatten! Wenn ein undurchsichtiger Gegenstand beleuchtet wird, entsteht ein Schatten auf dem Boden oder an einer Wand. Diese Lichteffekte werden in der Computergrafik genutzt, um ein möglichst realistisches Bild zu erzeugen.
Aber wie werden solche Schattenbilder in die Sprache der Zahlen übersetzt, um sie zu berechnen und auf dem Bildschirm darzustellen?

Parallelprojektion

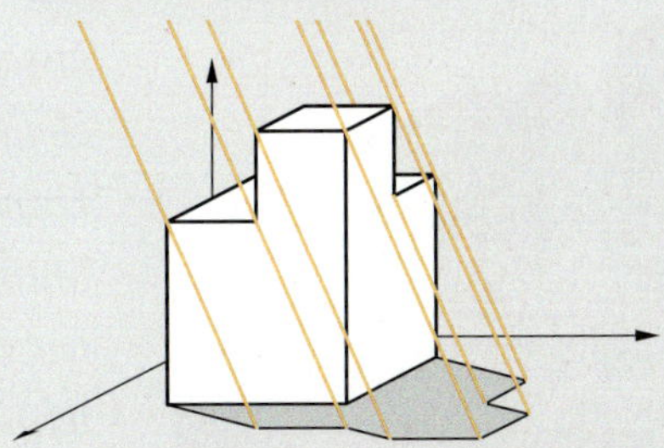

Zentralprojektion

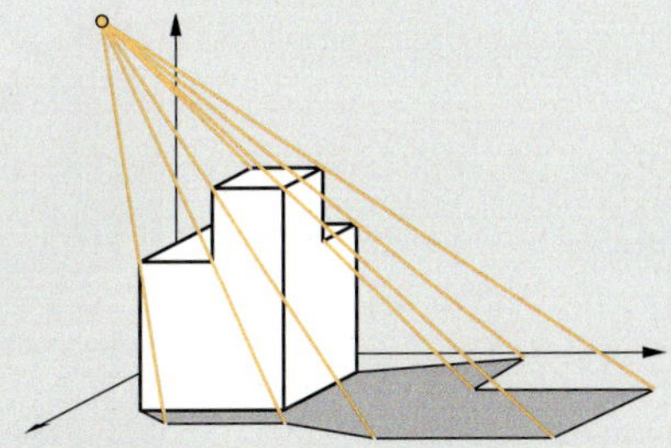

Sie haben in diesem Abschnitt das notwendige „Handwerkzeug" kennengelernt, denn Lichtstrahlen können wir als Geraden auffassen, und Sie können die Schnittpunkte von Geraden mit den Koordinatenebenen berechnen.

Je nachdem, ob die Lichtstrahlen parallel sind (wie z. B. Sonnenlicht) oder von einem Punkt ausgehen (z. B. von einer Lampe), spricht man von **Parallelprojektion** oder **Zentralprojektion**.

Aufgaben

48 *Schatten einer Pyramide*

Eine quadratische Pyramide mit $A = (8|4|0)$, $B = (8|8|0)$ und $S = (6|6|5)$ wird von der Sonne beschienen.

a) Morgens steht die Sonne so, dass die Spitze S auf der x_1x_2-Ebene den Schattenpunkt $S_1 = (14|17|0)$ erzeugt. Stellen Sie die Pyramide und ihren Schatten im „2-1-Koordinatensystem" dar.

b) Am Nachmittag steht die Sonne so, dass die Spitze S auf der x_1x_3-Ebene den Schattenpunkt $S_2 = (10|0|2{,}5)$ erzeugt. Erklären Sie anhand der Zeichnung, wie die Schattenpunkte S_3 und S_4 bestimmt werden können. Stellen Sie die Pyramide und ihren Schatten im „2-1-Koordinatensystem" dar.

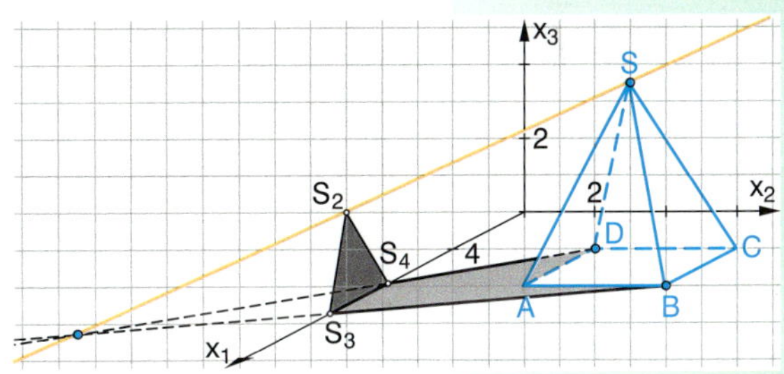

49 *Schatten eines Turmes*

Ein Turm steht vor einer Wand (die x_1x_3-Ebene), die Sonne scheint und erzeugt einen Schatten des Turms an der Wand und auf dem Boden.

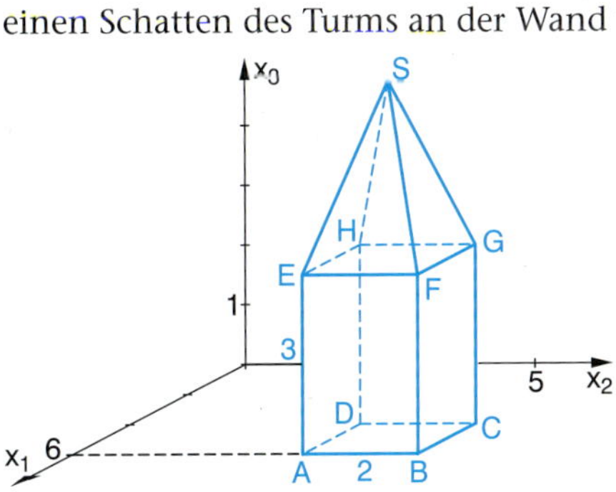

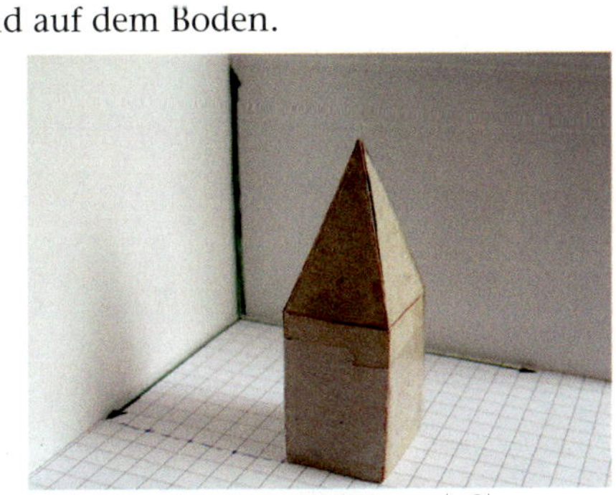

A = (6|4|0)
B = (6|6|0)
D = (4|4|0)
E = (6|4|3)
S = (5|5|6)

a) Die Richtung der Sonnenstrahlen ist gegeben durch den Vektor $\vec{v} = \begin{pmatrix} 2 \\ -3 \\ -1 \end{pmatrix}$. Berechnen Sie die Schattenpunkte und zeichnen Sie den Körper mit dem Schatten im Koordinatensystem.

b) Abends wird der Körper durch eine Lampe, die sich im Punkt $L = (12|2|4)$ befindet, angestrahlt, und es wird ein Schatten auf der hinteren Wand (x_2x_3-Ebene) und dem Boden erzeugt. Berechnen und zeichnen Sie auch hier den Schatten.

7149A.ggb
7149B.ggb

7.2 Ebenen im Raum

Was Sie erwartet

Mit Ebenen haben wir es im täglichen Leben häufig zu tun. Glasplatten, Fensterscheiben, Tischplatten, Wände oder Dachflächen sind Teile von Ebenen. Jede Hälfte eines Satteldachs ist Teil einer Ebene, deren Lage durch die Dachbalken und die Richtung der Dachsparren bestimmt ist.

Mit Vektoren und ihren Rechenoperationen lassen sich analog zu den Geraden im Raum einfache Gleichungen zur Beschreibung von Ebenen finden.

Mithilfe von Lagebeziehungen und Schnitten von Ebene und Gerade werden die Untersuchungen von geometrischen Objekten erweitert und vertieft.

Aufgaben

1 *Experimentieren: Wodurch ist eine Ebene festgelegt?*

Eine Gerade ist durch zwei Punkte eindeutig festgelegt. Wie sieht das bei einer Ebene aus?

eine Gerade

zwei sich schneidende Geraden

eine Gerade und ein Punkt

Material

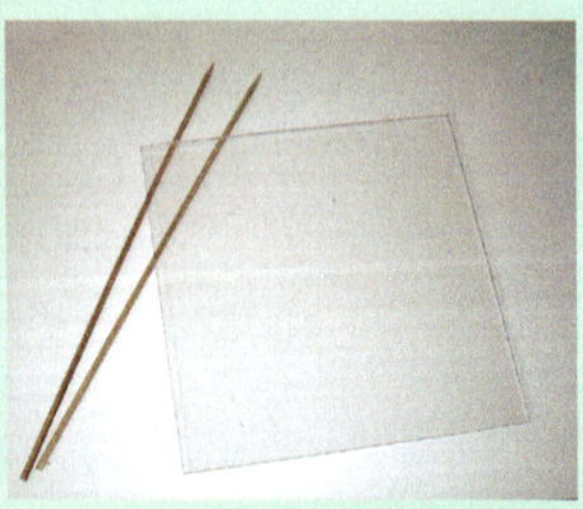

In welchen Fällen ist eine Ebene festgelegt? Wie sind die Bewegungsmöglichkeiten, falls die Ebene nicht festgelegt ist?

Untersuchen Sie weitere Fälle durch Experimentieren mit Stiften (als Punkte oder Geraden) und mit einer Platte.

Stellen Sie Ihre Ergebnisse übersichtlich in einer Tabelle dar.

eine Gerade	zwei sich schneidende Geraden	eine Gerade und ein Punkt

Die Ebene ist nicht eindeutig festgelegt. Sie lässt sich um die Gerade drehen.	■	■

Vergleichen Sie die Ergebnisse untereinander.

Aufgaben

2 *Ebene einer Dachfläche*

Für die Lage einer Dachfläche sind der Dachfirst (AB) und die Richtung der Dachsparren (AD) entscheidend.

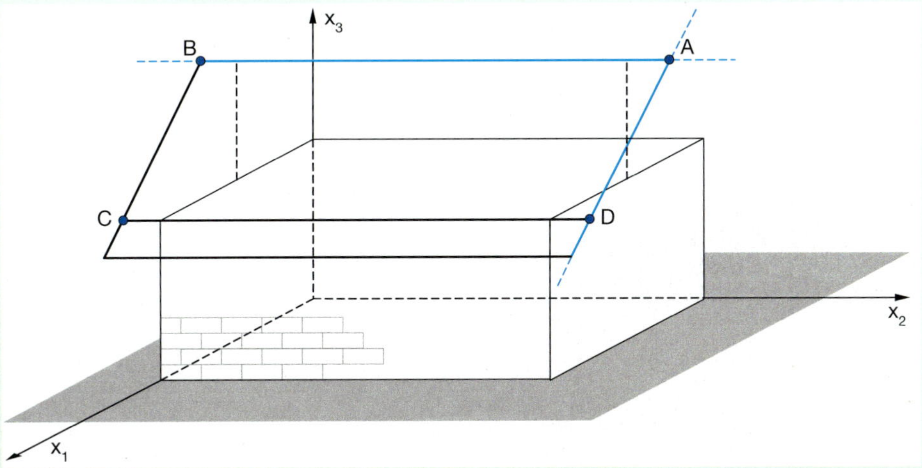

$A = (4|11|7)$
$B = (4|-1|7)$
$D = (8|11|4)$

$\vec{a}, \vec{b}, \vec{d}$ sind die entsprechenden Ortsvektoren.

Welche Punktmengen werden durch die folgenden Gleichungen beschrieben?

(A) $\vec{x} = \vec{a} + r \cdot (\vec{b} - \vec{a})$ mit $0 \le r \le 1$ (B) $\vec{x} = \vec{a} + s \cdot (\vec{d} - \vec{a})$ mit $0 \le s \le 1$

Lässt sich die Dachfläche auch entsprechend beschreiben?

Die Koordinaten des Punktes Q können mit den Punkten A, B und D bestimmt werden.

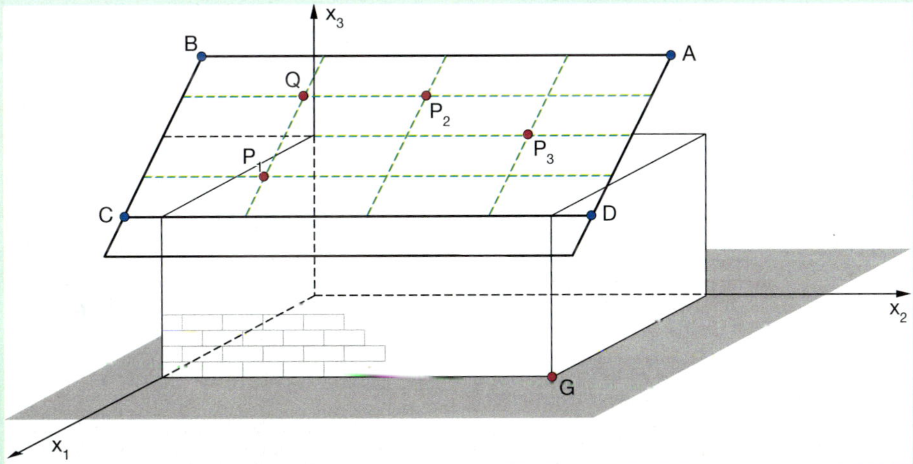

$\vec{q} = \vec{a} + \frac{3}{4} \cdot \overrightarrow{AB} + \frac{1}{4} \cdot \overrightarrow{AD} = \begin{pmatrix} 4 \\ 11 \\ 7 \end{pmatrix} + \frac{3}{4} \cdot \begin{pmatrix} 0 \\ -12 \\ 0 \end{pmatrix} + \frac{1}{4} \cdot \begin{pmatrix} 4 \\ 0 \\ -3 \end{pmatrix} = \begin{pmatrix} 5 \\ 2 \\ 6{,}25 \end{pmatrix}$, also:

$Q = (5|2|6{,}25)$

a) Bestimmen Sie ebenso die Koordinaten der Punkte P_1, P_2 und P_3.
b) Zeigen Sie, dass ein beliebiger Punkt X auf der Dachfläche darstellbar ist durch $\vec{x} = \vec{a} + r \cdot \overrightarrow{AB} + s \cdot \overrightarrow{AD}$. Welche Werte darf man für r und s verwenden?
c) Was passiert, wenn es keine Einschränkungen für r und s gibt? Wo liegt z. B. der Punkt, wenn $r = 1{,}2$ und $s = 2{,}5$ ist?
d) Kann man auf diese Weise auch den Punkt $G = (8|10|0)$ als Linearkombination der Vektoren $\vec{a}$, $\overrightarrow{AB}$ und $\overrightarrow{AD}$ darstellen?

Basiswissen

Eine Ebene ist durch **drei Punkte**, die nicht auf einer Geraden liegen, festgelegt. Mithilfe von Vektoren lassen sich die Punkte einer Ebene durch einfache Gleichungen beschreiben.

Punkt-Richtungs-Form einer Ebenengleichung

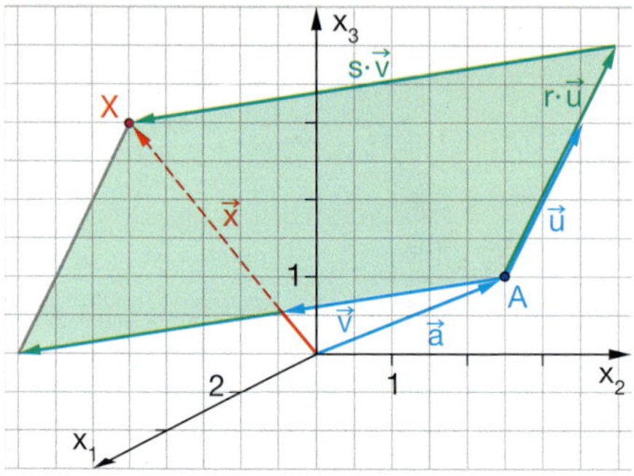

E: $\vec{x} = \vec{a} + r\vec{u} + s\vec{v}$ mit $r, s \in \mathbb{R}$

$\vec{a}$ **Stützvektor**

$\vec{u}$ und $\vec{v}$ **Richtungsvektoren**

E: $\vec{x} = \begin{pmatrix} 4 \\ 4{,}5 \\ 2 \end{pmatrix} + r\begin{pmatrix} 2 \\ 2 \\ 2{,}5 \end{pmatrix} + s\begin{pmatrix} -2 \\ -4 \\ -1 \end{pmatrix}$

Durch einen Punkt und zwei nicht parallele (nicht kollineare) Richtungsvektoren ist eine Ebene festgelegt. Durchlaufen die Parameter r und s alle reellen Zahlen, so erhält man alle Punkte X der Ebene.

Ebene Fläche durch Begrenzung der Parameter

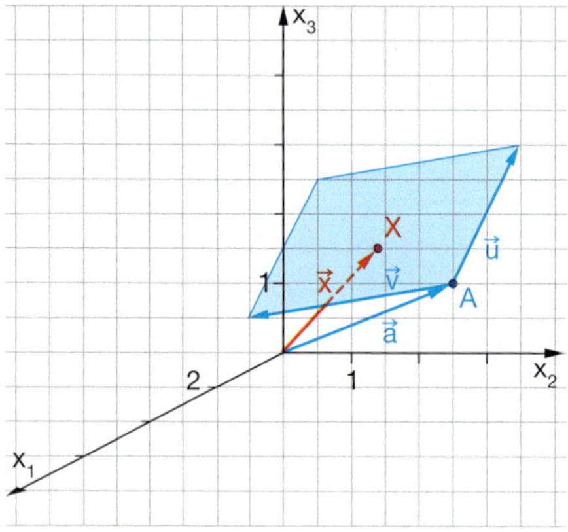

Durch $\vec{x} = \vec{a} + r\vec{u} + s\vec{v}$
mit $0 \le r \le 1,\ 0 \le s \le 1$
wird die von den Vektoren $\vec{u}$ und $\vec{v}$ vom Punkt A aus aufgespannte Parallelogrammfläche beschrieben.

$\vec{x} = \begin{pmatrix} 4 \\ 4{,}5 \\ 2 \end{pmatrix} + r\begin{pmatrix} 2 \\ 2 \\ 2{,}5 \end{pmatrix} + s\begin{pmatrix} -2 \\ -4 \\ -1 \end{pmatrix}$
mit $0 \le r \le 1,\ 0 \le s \le 1$

Beispiele

A *Fläche*

In einem Würfel mit der Kantenlänge 4 bilden die beiden Kantenmitten P und Q mit den Eckpunkten G und H ein Rechteck. Beschreiben Sie dieses Rechteck mithilfe von Vektoren.

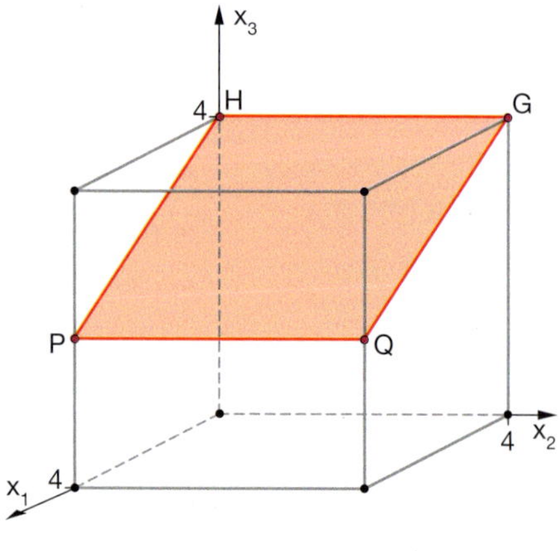

Lösung: Aufstellen einer Ebenengleichung:
Das Rechteck wird vom Punkt P = (4 | 0 | 2) aus durch die Vektoren

$\overrightarrow{PQ} = \begin{pmatrix} 0 \\ 4 \\ 0 \end{pmatrix}$ und $\overrightarrow{PH} = \begin{pmatrix} -4 \\ 0 \\ 2 \end{pmatrix}$ aufgespannt.

Die Gleichung für die Rechteckfläche lautet dann $\vec{x} = \begin{pmatrix} 4 \\ 0 \\ 2 \end{pmatrix} + r\begin{pmatrix} 0 \\ 4 \\ 0 \end{pmatrix} + s\begin{pmatrix} -4 \\ 0 \\ 2 \end{pmatrix}$ mit der Einschränkung $0 \le r \le 1,\ 0 \le s \le 1$.

B *Punktprobe*

Liegt der Mittelpunkt des Würfels mit der Kantenlänge 4 auf der Dreiecksfläche?

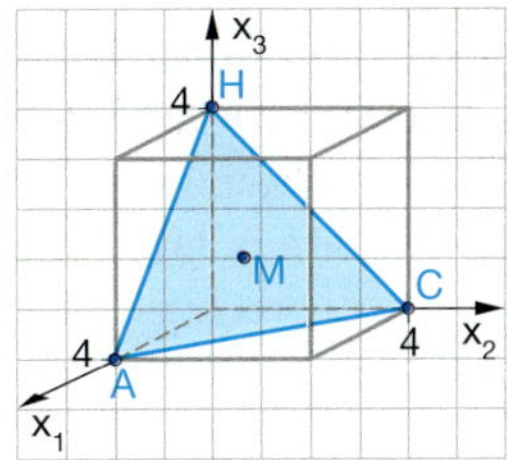

Lösung: Aufstellen einer Ebenengleichung:

Stützvektor $\overrightarrow{OA} = \vec{a} = \begin{pmatrix}4\\0\\0\end{pmatrix}$,

Richtungsvektoren $\vec{u} = (\vec{c} - \vec{a}) = \begin{pmatrix}0\\4\\0\end{pmatrix} - \begin{pmatrix}4\\0\\0\end{pmatrix} = \begin{pmatrix}-4\\4\\0\end{pmatrix}$ und $\vec{v} = (\vec{h} - \vec{a}) = \begin{pmatrix}0\\0\\4\end{pmatrix} - \begin{pmatrix}4\\0\\0\end{pmatrix} = \begin{pmatrix}-4\\0\\4\end{pmatrix}$

Punkt-Richtungs-Form der Ebene E: $\vec{x} = \begin{pmatrix}4\\0\\0\end{pmatrix} + r\begin{pmatrix}-4\\4\\0\end{pmatrix} + s\begin{pmatrix}-4\\0\\4\end{pmatrix}$

Mittelpunkt des Würfels: $M = (2|2|2)$.

Punktprobe: Gibt es ein r und ein s, sodass $\begin{pmatrix}2\\2\\2\end{pmatrix} = \begin{pmatrix}4\\0\\0\end{pmatrix} + r\begin{pmatrix}-4\\4\\0\end{pmatrix} + s\begin{pmatrix}-4\\0\\4\end{pmatrix}$?

Dies führt zu einem linearen Gleichungssystem mit drei Gleichungen und zwei Variablen.

Lösen des LGS per Hand	Lösen des LGS mit dem Rechner		
	LGS	Matrix	Diagonalform
$2 = 4 - 4r - 4s$ $2 = 0 + 4r \quad \Rightarrow r = \frac{1}{2}$ $2 = 0 \quad + 4s \quad \Rightarrow s = \frac{1}{2}$	$-4r - 4s = -2$ $4r \quad = 2$ $4s = 2$	$\begin{bmatrix}-4 & -4 & -2\\ 4 & 0 & 2\\ 0 & 4 & 2\end{bmatrix}$	$\begin{bmatrix}1 & 0 & 0\\ 0 & 1 & 0\\ 0 & 0 & 1\end{bmatrix}$
Mit $r = \frac{1}{2}$ und $s = \frac{1}{2}$ ist die 1. Gleichung nicht erfüllt, denn es gilt: $2 \neq 4 - 2 - 2$. Also gibt es keine Werte für r und s, sodass alle Gleichungen erfüllt sind.	Die Zeile [0 0 1] liefert den Widerspruch $0r + 0s = 1$.		

Das Gleichungssystem ist nicht lösbar, somit liegt M nicht auf der Dreiecksfläche.

Beispiele

Die Interaktiven Werkzeuge liefern eine erste Vermutung.

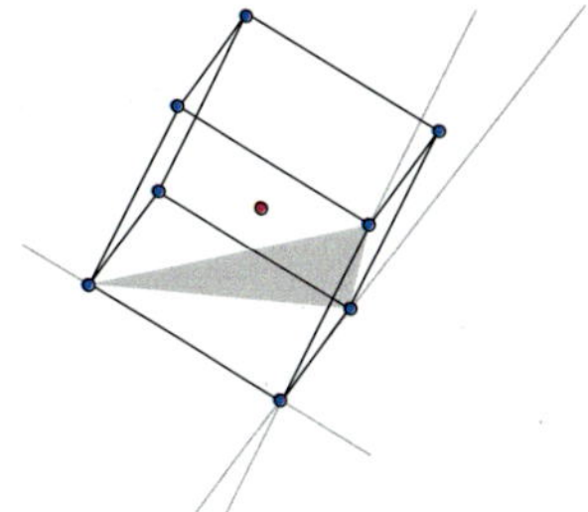

Übungen

3 *Rechteckflächen im Würfel*

Im Würfel mit der Kantenlänge 8 sind durch Eckpunkte bzw. Kantenmittelpunkte drei Rechtecke F_1, F_2 und F_3 festgelegt.
Beschreiben Sie jede Rechteckfläche durch eine passende Gleichung.

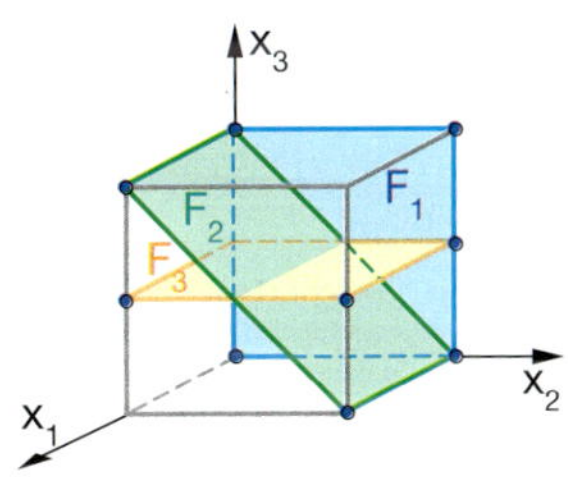

4 *Ebenengleichungen gesucht*

Die abgebildeten Dreiecke bestimmen jeweils eine Ebene. Geben Sie jeweils eine passende Gleichung an.

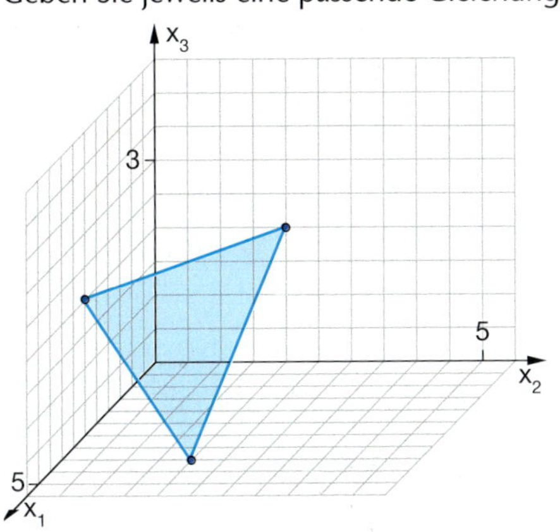

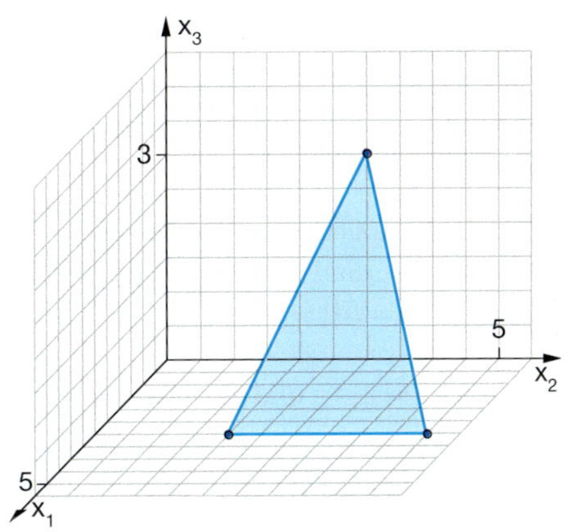

Übungen

5 *Punktprobe im Würfel*

Die Ebene E ist im Würfel mit der Kantenlänge 8 durch die roten Eckpunkte festgelegt.
Die Punkte P_1 bis P_4 sind jeweils Streckenmittelpunkte.
Prüfen Sie rechnerisch nach, ob sie auf E liegen.

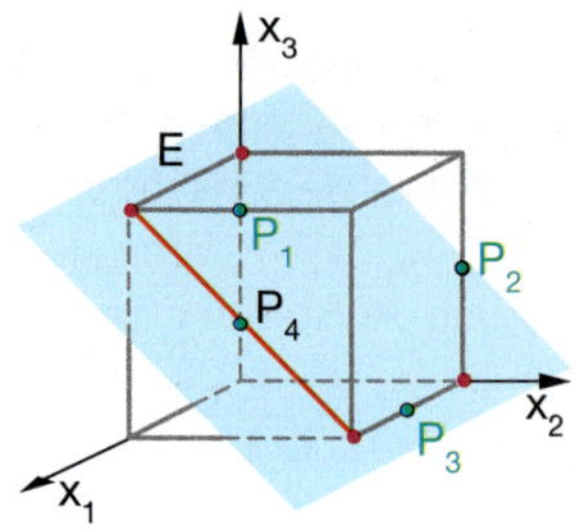

6 *Flächen im Haus mit Satteldach*

Geben Sie Gleichungen der Ebenen an, in denen
a) die Bodenfläche,
b) die vordere Dachfläche,
c) die hintere Dachfläche
liegt.
Wie müssen die Parameter eingeschränkt werden, damit die Flächenstücke beschrieben werden?

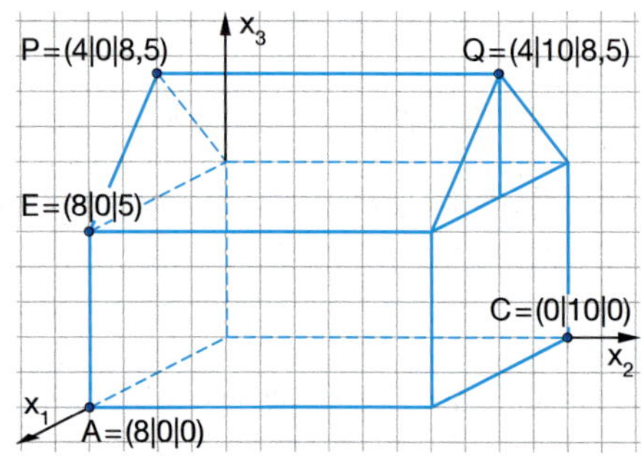

7 *Ebenen in einer Pyramide*

a) Zeigen Sie, dass die Bodenfläche der Pyramide durch die Gleichung

$$\vec{x} = \begin{pmatrix} 4 \\ 4 \\ 0 \end{pmatrix} + r\begin{pmatrix} -1 \\ 0 \\ 0 \end{pmatrix} + s\begin{pmatrix} 0 \\ -1 \\ 0 \end{pmatrix}$$

beschrieben wird.
b) Bestimmen Sie eine Ebenengleichung für die grüne Mittelebene.

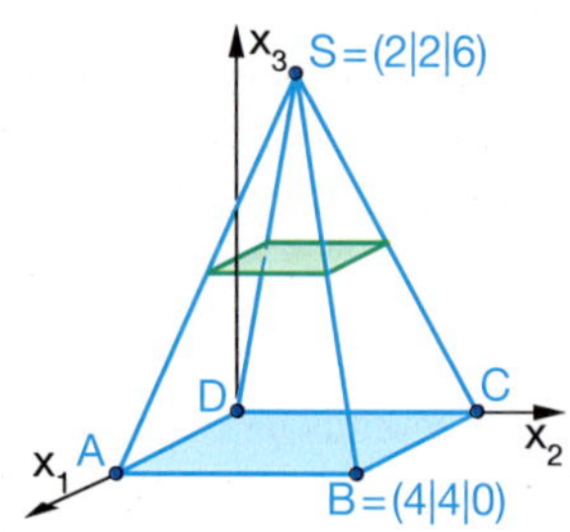

8 *Ebenes Viereck*

Zeigen Sie, dass das Viereck ein ebenes Viereck ist.
Stellen Sie dazu mit drei Punkten eine Ebenengleichung auf und prüfen Sie, ob der vierte Punkt auf der Ebene liegt.

P=(4|1|1) Q=(5|4|1)

R=(1|4|2) S=(0|1|2)

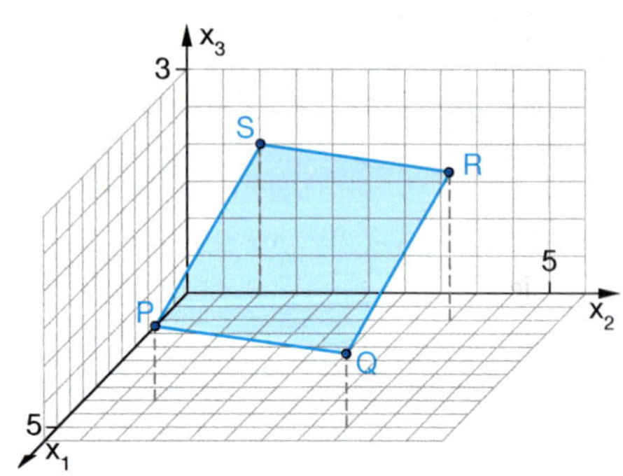

9 *Punktprobe bei verschiedenen Ebenen*

Prüfen Sie jeweils, ob die Punkte P und Q in der Ebene E liegen. Bestimmen Sie hierzu zunächst eine Ebenengleichung von E.

a) E ist parallel zur x_3-Achse und enthält die Punkte A = (3|3|0) und B = (0|6|2).

P = (4|2|4) und Q = (0|7|3)

b) E enthält die Punkte A, B und C.

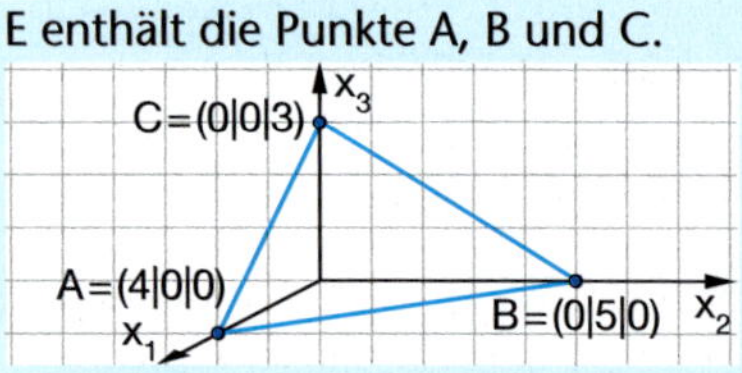

P = (3|1|2) und Q = (2|2,5|0)

Übungen

10 *Punktprobe mit dem GTR*

Zeigen Sie, dass die Punkte $P = (2|1|5)$ und $Q = (-4|5|6)$ auf der Ebene E durch A, B und C liegen.

Gehört der Punkt $R = (5|2|-1)$ zur Ebene E?

Welche Matrix gehört zu welcher Punktprobe?

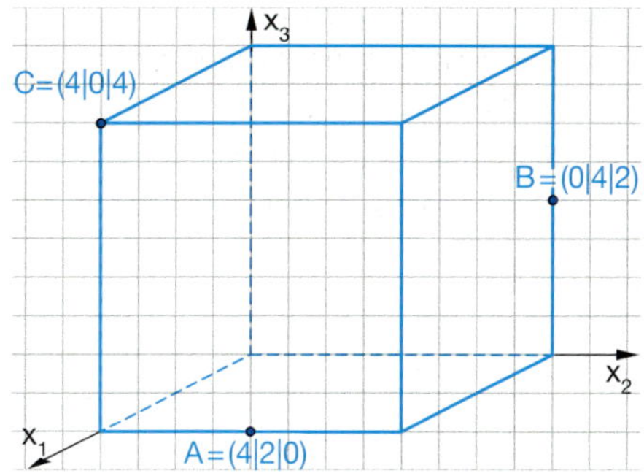

zu Matrizen, siehe Seite 219

A $\begin{bmatrix} 1 & 0 & 0 \\ 0 & 1 & 0 \\ 0 & 0 & 1 \end{bmatrix}$

B $\begin{bmatrix} 1 & 0 & 2 \\ 0 & 1 & .5 \\ 0 & 0 & 0 \end{bmatrix}$

C $\begin{bmatrix} 1 & 0 & .5 \\ 0 & 1 & 1 \\ 0 & 0 & 0 \end{bmatrix}$

11 *Ebene im Quader*

Ein Quader hat die Kantenlängen $\overline{AB} = 6$ cm, $\overline{AD} = 5$ cm und $\overline{AE} = 4$ cm.
M ist der Mittelpunkt der Kante $\overline{DH}$.
Die blaue Ebene enthält die Punkte F, C, M.
Bestimmen Sie eine Gleichung der Ebene in Punkt-Richtungs-Form.
Entscheiden Sie, ob der Mittelpunkt der Kante $\overline{EH}$ auf der Ebene liegt.

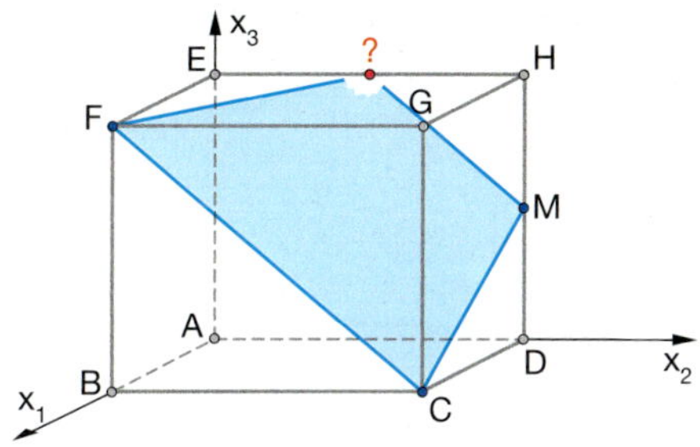

12 *Neuer Blick auf das Sechseck im Würfel*

Die Frage, ob dieses Sechseck eben ist, wurde bereits experimentell beantwortet. Nun können wir dies mithilfe einer Ebenengleichung entscheiden.
Zeigen Sie rechnerisch, dass $P_1, P_2, \ldots, P_6$ ein ebenes Sechseck bilden und dass der Mittelpunkt des Würfels auf dieser Sechseckfläche liegt.
Wem der Nachweis für einen Würfel mit beliebiger Kantenlänge zu schwierig erscheint, kann es zunächst mit einem Würfel mit der Kantenlänge 4 versuchen.

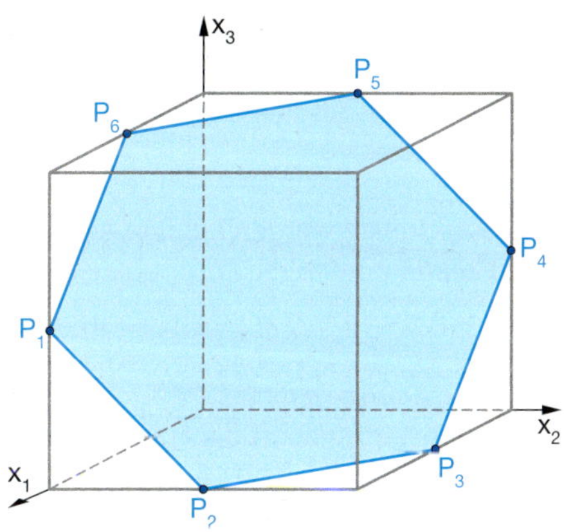

13 *Dreiecke beschreiben – Erkunden mit Beispielen und DGS*

Die Gleichung $\vec{x} = \vec{a} + r\vec{u} + s\vec{v}$ mit $0 \leq r \leq 1,\ 0 \leq s \leq 1$ beschreibt ein Parallelogramm.

Bei der Diskussion um die Frage, wie man ein Dreieck beschreiben kann, wurden folgende Vermutungen geäußert:

(1) r und s müssen kleiner als 0,5 sein.
(2) r oder s muss kleiner als 0,5 sein.
(3) Zusammen dürfen r und s nicht größer als 1 sein.

Überprüfen Sie die Vermutungen an Beispielen. Dabei ist eine dynamische Geometrie-Software mit Schiebereglern hilfreich.

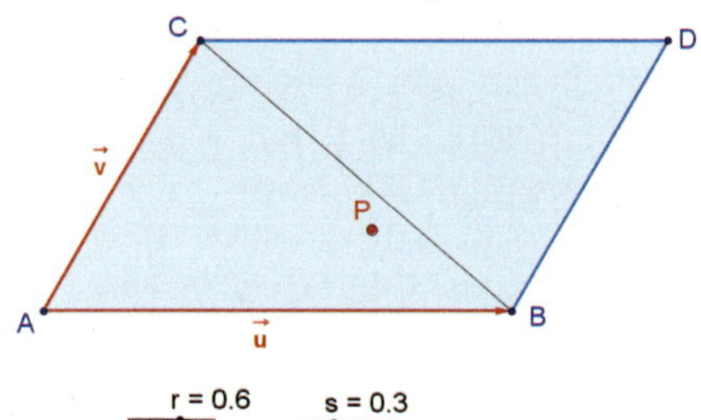

Übungen

14 *Spurpunkte bestimmen*

In welchen Punkten schneidet die Ebene durch $A = (2|0|4)$, $B = (4|4|0)$ und $C = (0|2|4)$ die Achsen?
Schätzen Sie zunächst und berechnen Sie dann.

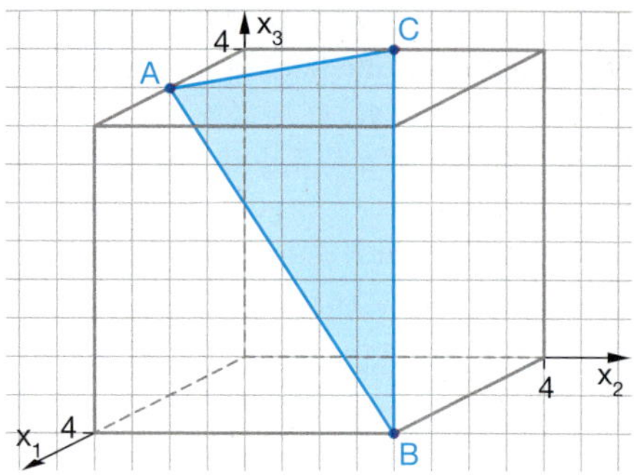

Mit Spurpunkten zur Veranschaulichung von Ebenen

Mithilfe von Spurpunkten lassen sich in der Regel Ebenen so darstellen, dass man ein anschauliches Bild von der Lage der Ebene im Raum erhält.

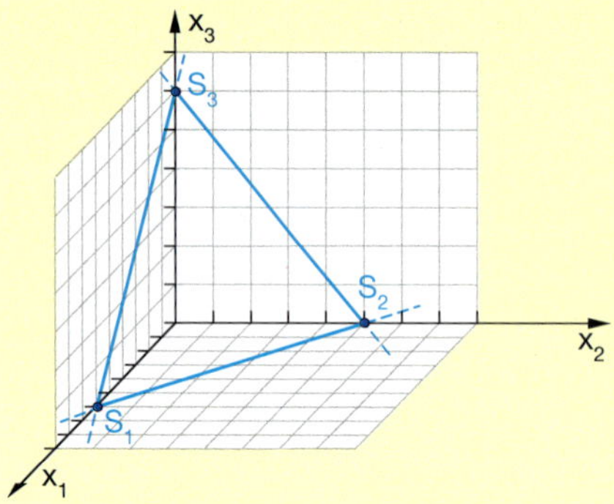

Die Spurpunkte sind die Schnittpunkte der Ebene mit den Koordinatenachsen.
Berechnung der Spurpunkte am Beispiel:

$$E: \vec{x} = \begin{pmatrix} 0 \\ 10 \\ -6 \end{pmatrix} + r\begin{pmatrix} 1 \\ 0 \\ -1 \end{pmatrix} + s\begin{pmatrix} 4 \\ -5 \\ 2 \end{pmatrix}$$

Schnittpunkt mit x_2-Achse hat die Darstellung $S_2 = (0|x_2|0)$:

$$\begin{array}{llcl} \text{I} & 0 & = & 0 + r + 4s \\ \text{II} & x_2 & = & 10 - 5s \\ \text{III} & 0 & = & -6 - r + 2s \end{array}$$

Mit I und III erhält man $s = 1$ und $r = -4$, also: $S_2 = (0|5|0)$
Entsprechend werden S_1 und S_3 berechnet.

Die Spurpunkte werden auf den Achsen eingetragen und miteinander verbunden. Die Geraden durch die Spurpunkte heißen **Spurgeraden**.

15 *Ebenen mit Spurpunkten zeichnen*

Berechnen Sie zunächst die Spurpunkte und zeichnen Sie dann mithilfe dieser Spurpunkte die Ebene.
Geben Sie die Gleichungen der Spurgeraden an.

a) $E: \vec{x} = \begin{pmatrix} 1 \\ 1 \\ -1 \end{pmatrix} + r\begin{pmatrix} 1 \\ 1 \\ 2 \end{pmatrix} + s\begin{pmatrix} 2 \\ 2 \\ -5 \end{pmatrix}$

b) $E: \vec{x} = \begin{pmatrix} -4 \\ -3 \\ 5 \end{pmatrix} + r\begin{pmatrix} -2 \\ 3 \\ 0 \end{pmatrix} + s\begin{pmatrix} 0 \\ 6 \\ -5 \end{pmatrix}$

16 *Grenzen der Veranschaulichung*

Warum heißt es im obigen Kasten „in der Regel"? Zeigen Sie, dass es in den angegebenen Fällen keine drei Spurpunkte gibt.

(1) $E: \vec{x} = \begin{pmatrix} 2 \\ 0 \\ 3 \end{pmatrix} + r\begin{pmatrix} 2 \\ 3 \\ 1 \end{pmatrix} + s\begin{pmatrix} 2 \\ 3 \\ -2 \end{pmatrix}$

(2) $E: \vec{x} = \begin{pmatrix} 1 \\ 2 \\ 3 \end{pmatrix} + r\begin{pmatrix} 2 \\ 1 \\ 0 \end{pmatrix} + s\begin{pmatrix} -1 \\ 2 \\ 0 \end{pmatrix}$

Woran liegt das? Gibt es weitere Fälle? Lassen sich diese Ebenen dennoch anschaulich darstellen?
Beschreiben Sie die Lage von Ebenen in Abhängigkeit von der Anzahl der Spurpunkte.

Übungen

17 *Lage von Geraden und Ebenen*

Über mögliche Lagebezeichnungen zwischen Geraden wissen Sie bereits Bescheid.
Wie sieht es mit den Lagebeziehungen zwischen Geraden und Ebenen aus?
Im rechten Bild sehen Sie einen Würfel mit der Kantenlänge 4.
Entscheiden Sie, ob die Gerade und die Ebene, in der das Dreieck liegt, gemeinsame Punkte haben.

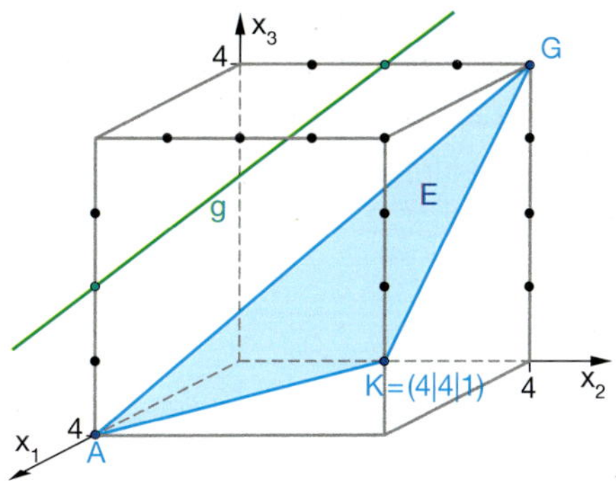

Dazu einige Ansätze:

Ⓘ *Richtungsvektor der Geraden und der Ebene betrachten*

Ⓘⓘ *Verschieben der Geraden nach unten und prüfen, ob die Gerade in der Ebene liegt*

Ⓘⓘⓘ *Schnittpunkte ausrechnen*

Ⓘⓥ *Prüfen, ob AG parallel zur Geraden liegt*

Beschreiben Sie Ihr Vorgehen und vergleichen Sie mit den anderen Lösungsansätzen.

18 *Lagebeziehung zwischen Geraden und Ebenen*

Lagebeziehungen zwischen Geraden und Ebenen lassen sich am Würfel zeigen.
Die Ebene E und die Gerade g schneiden sich in einem Punkt.

Welche weiteren Lagebeziehungen zwischen Geraden und Ebenen sind möglich?
Zeichnen Sie diese in einen Würfel ein.

In welchen Fällen kann man die Lagebeziehung direkt aus den Gleichungen ablesen? Wie kann man in den anderen Fällen die Lagebeziehung bestimmen?

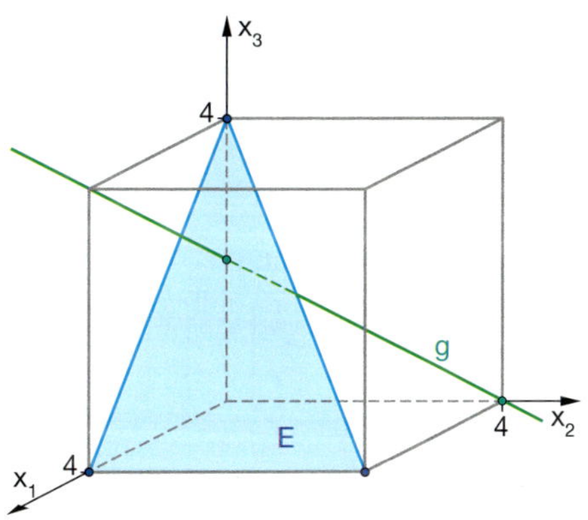

Geometrie

19 *Lagebeziehung mit dem GTR*

Der Schnittpunktansatz einer Geraden mit einer Ebene führt zu einem linearen Gleichungssystem mit drei Gleichungen und drei Variablen.

a) g: $\vec{x} = \begin{pmatrix} 4 \\ 11 \\ 7 \end{pmatrix} + t\begin{pmatrix} 1 \\ -2 \\ -5 \end{pmatrix}$; E: $\vec{x} = \begin{pmatrix} 4 \\ 1 \\ 5 \end{pmatrix} + r\begin{pmatrix} 2 \\ 1 \\ 1 \end{pmatrix} + s\begin{pmatrix} 4 \\ 2 \\ -6 \end{pmatrix}$

Stellen Sie das Gleichungssystem auf. Welche Form hat die erweiterte Koeffizientenmatrix?
Wie erkennen Sie an der Diagonalform dieser Matrix die Lagebeziehung zwischen einer Geraden und einer Ebene?

Zur erweiterten Koeffizientenmatrix, vgl. Seite 220.

b) E: $\vec{x} = \begin{pmatrix} 4 \\ 1 \\ 5 \end{pmatrix} + r\begin{pmatrix} 2 \\ 1 \\ 1 \end{pmatrix} + s\begin{pmatrix} 4 \\ 2 \\ -6 \end{pmatrix}$; h: $\vec{x} = \begin{pmatrix} 3 \\ 4 \\ 2 \end{pmatrix} + t\begin{pmatrix} 2 \\ 1 \\ -7 \end{pmatrix}$

Untersuchen Sie die Lage der Geraden h zur Ebene E.

Basiswissen

Für die Lage von Gerade-Ebene-Paaren im Raum lassen sich verschiedene Fälle unterscheiden.

Lagebeziehung zwischen Gerade und Ebene

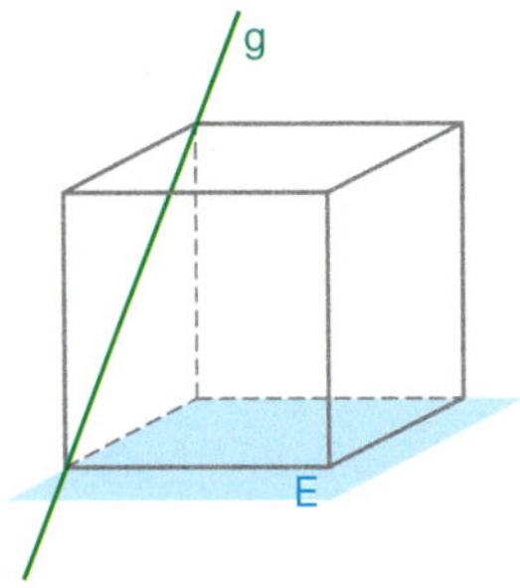

g und E schneiden sich in einem Punkt.

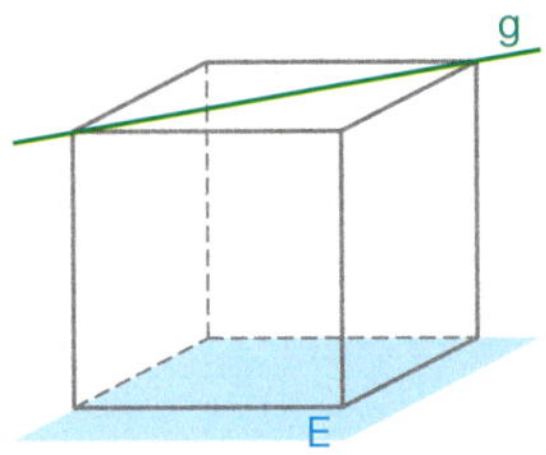

g und E sind parallel.

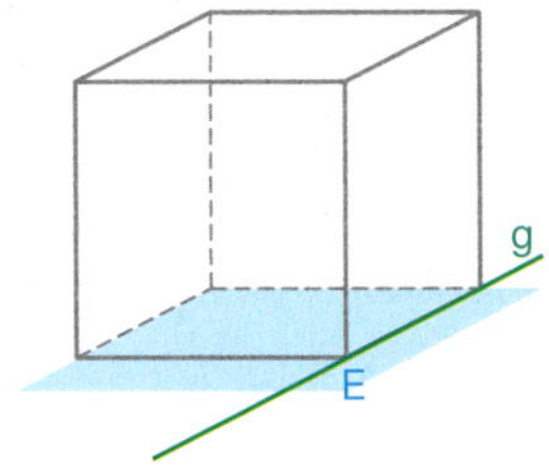

g liegt in E.

Die mögliche Lagebeziehung kann man mithilfe der Gleichungen der Geraden und der Ebene berechnen.

$$g\colon\ \vec{x} = \vec{a} + t\vec{u} \qquad E\colon\ \vec{x} = \vec{b} + r\vec{v} + s\vec{w}$$

Schnittpunktansatz:
Die Geradengleichung wird mit der Ebenengleichung gleichgesetzt.

$$\vec{a} + t\vec{u} = \vec{b} + r\vec{v} + s\vec{w}$$

Dies führt auf ein lineares Gleichungssystem mit drei Gleichungen und drei Variablen. Das Gleichungssystem kann genau eine Lösung, keine Lösung oder unendlich viele Lösungen haben.

Beispiel:

genau eine Lösung	keine Lösung	unendlich viele Lösungen
$\begin{bmatrix}1&0&0&-1\\0&1&0&2\\0&0&1&-1\end{bmatrix}$	$\begin{bmatrix}1&0&-1&0\\0&1&-2&0\\0&0&0&1\end{bmatrix}$	$\begin{bmatrix}1&0&-1&1\\0&1&-2&1\\0&0&0&0\end{bmatrix}$
g und E schneiden sich in einem Punkt	g und E sind parallel	g liegt in E

Beispiele

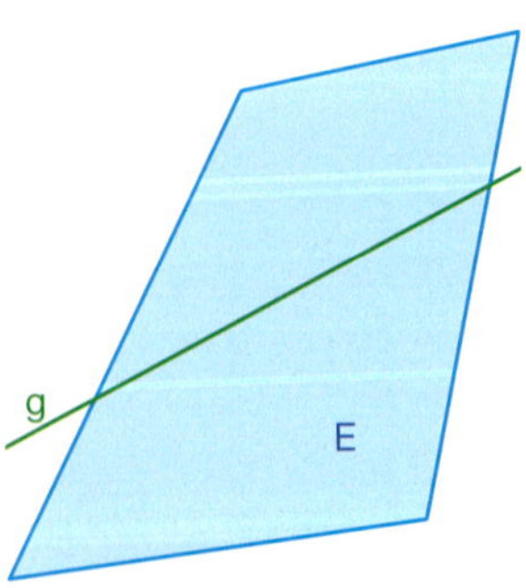

Für das Rechnen mit Matrizen, siehe Werkzeugkasten Seite 220.

C *Lagebeziehung Gerade – Ebene*

Welche Lage haben die Ebene E: $\vec{x} = \begin{pmatrix}2\\2\\2\end{pmatrix} + r\begin{pmatrix}-1\\1\\1\end{pmatrix} + s\begin{pmatrix}-2\\1\\3\end{pmatrix}$ und g: $\vec{x} = \begin{pmatrix}-1\\4\\6\end{pmatrix} + t\begin{pmatrix}-5\\3\\7\end{pmatrix}$ zueinander?

Lösung:
Der Schnittpunktansatz liefert:

LGS	Matrix	Diagonalform	Interpretation
$-r - 2s + 5t = -3$ $r + s - 3t = 2$ $r + 3s - 7t = 4$	$\begin{bmatrix}-1&-2&5&-3\\1&1&-3&2\\1&3&-7&4\end{bmatrix}$	$\begin{bmatrix}1&0&-1&1\\0&1&-2&1\\0&0&0&0\end{bmatrix}$	$r - t = 1$ $s - 2t = 1$ $0 = 0$

Die letzte Gleichung ist allgemeingültig. Der Parameter t kann beliebig gewählt werden. Alle Punkte von g sind also Lösung des Gleichungssystems. Das bedeutet, die Gerade liegt in der Ebene.

Übungen

20 *Training*

Untersuchen Sie jeweils die Lagebeziehung der Ebene und der Gerade.

a) E: $\vec{x} = \begin{pmatrix} -1 \\ 4 \\ 0 \end{pmatrix} + r\begin{pmatrix} 0 \\ 3 \\ -2 \end{pmatrix} + s\begin{pmatrix} 1 \\ -2 \\ 1 \end{pmatrix}$; g: $\vec{x} = \begin{pmatrix} 3 \\ 4 \\ 4 \end{pmatrix} + t\begin{pmatrix} 2 \\ 1 \\ -3 \end{pmatrix}$

b) E: $\vec{x} = \begin{pmatrix} 3 \\ 1 \\ 0 \end{pmatrix} + r\begin{pmatrix} 1 \\ 3 \\ -2 \end{pmatrix} + s\begin{pmatrix} 0 \\ -2 \\ 2 \end{pmatrix}$; g: $\vec{x} = \begin{pmatrix} -4 \\ 0 \\ 1 \end{pmatrix} + t\begin{pmatrix} 3 \\ 5 \\ -2 \end{pmatrix}$

c) E: $\vec{x} = \begin{pmatrix} 1 \\ 4 \\ 2 \end{pmatrix} + r\begin{pmatrix} 1 \\ 1 \\ 1 \end{pmatrix} + s\begin{pmatrix} 1 \\ 2 \\ 0 \end{pmatrix}$; g: $\vec{x} = \begin{pmatrix} 6 \\ 0 \\ -8 \end{pmatrix} + t\begin{pmatrix} 1 \\ 0 \\ 2 \end{pmatrix}$

21 *Schnittpunkt aus Diagonalform*

Bestimmen Sie den Schnittpunkt der Ebene

E: $\vec{x} = \begin{pmatrix} 2 \\ 3 \\ 2 \end{pmatrix} + r\begin{pmatrix} -3 \\ 1 \\ 1 \end{pmatrix} + s\begin{pmatrix} 1 \\ -1 \\ 1 \end{pmatrix}$ mit der Geraden

g: $\vec{x} = \begin{pmatrix} 2 \\ 3 \\ 10 \end{pmatrix} + t\begin{pmatrix} -5 \\ 3 \\ 7 \end{pmatrix}$ aus der rechts angegebenen Diagonalform.

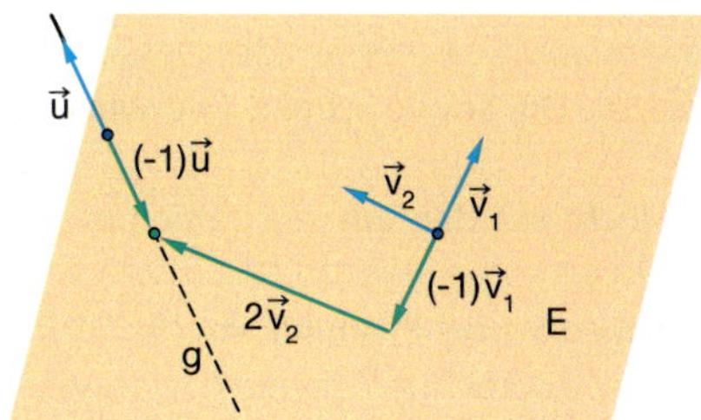

$$\begin{bmatrix} 1 & 0 & 0 & -1 \\ 0 & 1 & 0 & 2 \\ 0 & 0 & 1 & -1 \end{bmatrix}$$

Ordnen Sie $\vec{u}$, $\vec{v_1}$ und $\vec{v_2}$ den Richtungsvektoren zu und interpretieren Sie die Zeichnung.

22 *Sechseckfläche*

Zeigen Sie mit dem GTR, dass die Diagonale $\overline{DF}$ des Würfels die Sechseckfläche im Mittelpunkt des Würfels M = (2|2|2) schneidet. Wie erkennen Sie an der Diagonalmatrix, dass genau ein Schnittpunkt vorliegt?

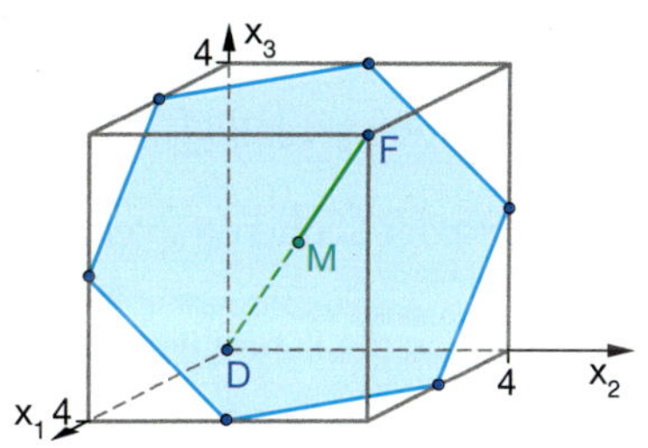

Geometrie

23 *Lagebeziehung Gerade – Ebene mit dem GTR*

Bei der Untersuchung der Lagebeziehung einer Ebene zu einer Geraden erhält man die Matrix M. Welche Lage haben die Ebene und die Gerade zueinander? Begründen Sie Ihre Entscheidung.

$$M = \begin{pmatrix} 1 & 0 & -1 & 0 \\ 0 & 1 & -2 & 0 \\ 0 & 0 & 0 & 1 \end{pmatrix}$$

24 *Rechner defekt – kein Problem*

Bei diesen Aufgaben geht es auch leicht per Hand. Welche Lage haben die Ebene und die Gerade zueinander?

a) E: $\vec{x} = \begin{pmatrix} 1 \\ 1 \\ 5 \end{pmatrix} + r\begin{pmatrix} 0 \\ 1 \\ 1 \end{pmatrix} + s\begin{pmatrix} 4 \\ 0 \\ -1 \end{pmatrix}$; g: $\vec{x} = \begin{pmatrix} 6 \\ 0 \\ -4 \end{pmatrix} + t\begin{pmatrix} 1 \\ 0 \\ 2 \end{pmatrix}$

b) E: $\vec{x} = \begin{pmatrix} 1 \\ 0 \\ 2 \end{pmatrix} + r\begin{pmatrix} 1 \\ 1 \\ 1 \end{pmatrix} + s\begin{pmatrix} 0 \\ 2 \\ -1 \end{pmatrix}$; g: $\vec{x} = \begin{pmatrix} 3 \\ 8 \\ 1 \end{pmatrix} + t\begin{pmatrix} -2 \\ 0 \\ -3 \end{pmatrix}$

c) E: $\vec{x} = \begin{pmatrix} 2 \\ 1 \\ 5 \end{pmatrix} + r\begin{pmatrix} 0 \\ 2 \\ -1 \end{pmatrix} + s\begin{pmatrix} 3 \\ 0 \\ 1 \end{pmatrix}$; g: $\vec{x} = t\begin{pmatrix} 3 \\ 2 \\ 0 \end{pmatrix}$

d) E: $\vec{x} = r\begin{pmatrix} 3 \\ 2 \\ 4 \end{pmatrix} + s\begin{pmatrix} 6 \\ -2 \\ 2 \end{pmatrix}$; g: $\vec{x} = \begin{pmatrix} 14 \\ 1 \\ 15 \end{pmatrix} + t\begin{pmatrix} -2 \\ 2 \\ 0 \end{pmatrix}$

Beispiel zu a):

$$\begin{array}{l} 1 \quad\; + 4s = 6 + t \\ 1 + r \qquad = 0 \\ 5 + r - \; s = -4 + 2t \end{array} \Rightarrow \begin{array}{l} 4s - \; t = 5 \\ r \qquad\quad = -1 \\ r - \; s - 2t = -9 \end{array}$$

$$\Rightarrow \begin{array}{l} t = 4s - 5 \\ r = -1 \\ -1 - s - 8s + 10 = -9 \end{array} \Rightarrow \begin{array}{l} t = 4s - 5 \\ r = -1 \\ -9s = -18 \end{array} \Rightarrow \begin{array}{l} t = 3 \\ r = -1 \\ s = 2 \end{array}$$

E und g schneiden sich im Punkt P = (9|0|2).

Übungen

25 *Pyramide und Quader*

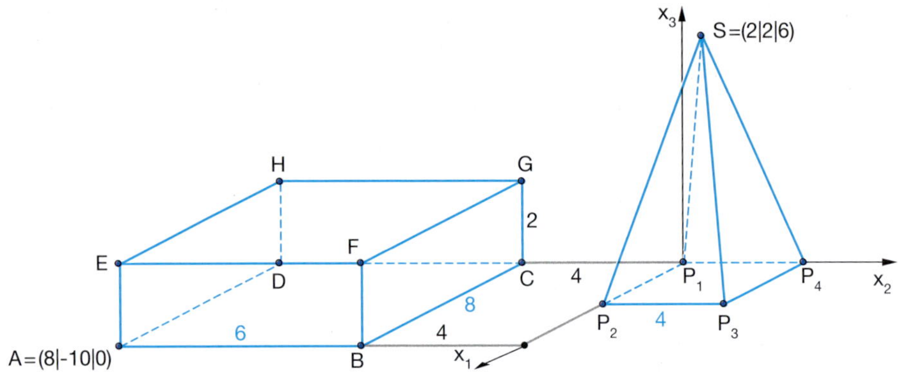

Eine quadratische Pyramide mit Grundkantenlänge 4 und Höhe 6 steht neben einem Quader. Die Sonne scheint und wirft einen Schatten der Pyramide auf die Stufe.

Die Richtung der Sonnenstrahlen ist $\vec{v} = \begin{pmatrix} 0{,}75 \\ -2{,}5 \\ -1 \end{pmatrix}$.

Zeichnen Sie die Pyramide vor der Stufe und den Schatten in ein „2-1-Koordinatensystem". Berechnen Sie die dazu notwendigen Eckpunkte.

In der Nähe von Kairo steht die Cheops- neben der Chephrenpyramide. Die eine wirft einen Schatten auf die andere.

26 *Pyramidenschatten auf Pyramide*

Zwei Pyramiden stehen nebeneinander. Die eine Pyramide wirft einen Schatten auf die andere.
Wir nehmen an, dass die erste Pyramide die folgenden Eckpunkte hat:
$A = (-3|3|0)$, $B = (3|3|0)$, $C = (3|-3|0)$, $D = (-3|-3|0)$ und $E = (0|0|5)$.

Die Richtung der Sonnenstrahlen ist $\vec{v} = \begin{pmatrix} -12 \\ -16 \\ -7 \end{pmatrix}$.

a) Zeichnen Sie die Pyramide und ihren Schatten, der in der Ebene liegt, in ein Koordinatensystem.
b) Die zweite Pyramide hat die folgenden Eckpunkte:
$P = (-5|-10|0)$, $Q = (-5|-6|0)$, $R = (-9|-6|0)$, $S = (-9|-10|0)$ und $T = (-7|-8|3)$.
Zeichnen Sie diese Pyramide in das gleiche Koordinatensystem. Konstruieren Sie den Schatten, den die erste Pyramide auf der zweiten erzeugt. Berechnen Sie alle dazu notwendigen Punkte.

KOPFÜBUNGEN

1 Wie verändern sich der Umfang und der Flächeninhalt eines Rechtecks, wenn dessen Seitenlängen verdoppelt werden?

2 Wahr oder falsch? Die Funktionen $f(x) = x^2$, $g(x) = x^3$ und $h(x) = x^4$ haben an der Stelle $x = 0$ (bzw. $x = 1$)
a) denselben Funktionswert,
b) dieselbe Steigung,
c) dasselbe Krümmungsverhalten.

3 Die Tabelle zeigt die Häufigkeitsverteilung für eine Gewinnausschüttung. Bestimmen Sie den Erwartungswert.

Gewinn in €	1	2	3	4
Häufigkeit	2	6	12	5

4 In welcher Koordinatenebene liegt die Gerade $g: \vec{x} = t\begin{pmatrix} 1 \\ 0 \\ 2 \end{pmatrix}$?

Ergänzen Sie die Koordinaten des Punktes $P = (p_1|p_2|6)$ auf dieser Geraden.

Projekt

Zentralperspektive, Dürer und 3D-Kino

Das Kantenmodell eines Würfels wird vor einer weißen Wand durch eine punktförmige Lichtquelle beleuchtet und erzeugt einen Schatten an der Wand. Das Schattenbild sieht anders aus als alle Darstellungen eines Würfels, die Sie bisher benutzt haben. Sie haben mathematische Werkzeuge kennengelernt, die es Ihnen erlauben, diese Bilder rechnerisch herzustellen. Die Lichtstrahlen durch die Eckpunkte können als Geraden gedeutet werden, deren Schnittpunkte mit der Wand (Ebene) bestimmt werden können.
Experimentieren Sie selber mit einem Kantenmodell und einer Lampe.

Experimentieren

Auf der x_1x_2-Ebene steht ein Würfel mit den Eckpunkten A, B, C, D, E, F, G und H. Dabei sind $A = (0|3|0)$, $B = (4|0|0)$, $D = (3|7|0)$ und $E = (0|3|5)$ gegeben.
Der Würfel wird vom Punkt $L = (12|3|3)$ aus beleuchtet, das Bild wird auf der „Wand" (x_2x_3-Ebene) erzeugt.

- Bestimmen Sie die Koordinaten der anderen Eckpunkte.
- Berechnen Sie die Koordinaten der Bildpunkte A_1, B_1, …, H_1 und zeichnen Sie das Bild des Würfels in der x_2x_3-Ebene.

Perspektivisches Bild des Würfels berechnen

ProjektZP.ggb

Dürer

Spätestens seit der Renaissance sind verschiedene Techniken zur Herstellung von realistischen Bildern räumlicher Objekte verwendet worden.
Albrecht Dürer hat in einer Zeichnung eine Handlungsanweisung für die Erzeugung perspektivischer Darstellungen festgehalten.

Formulieren Sie die im Bild dargestellte Methode mit Ihren eigenen Worten als Anleitung zum Zeichnen.
Was ist der wesentliche Unterschied zwischen der von Ihnen oben benutzten Methode und der in Dürers Bild dargestellten Technik? Wo liegen die Gemeinsamkeiten?

Mathematisieren

Sie haben sicherlich festgestellt, dass in Ihrer Zeichnung die Bilder von parallelen Kanten nicht mehr parallel sind.
Jeder kennt das Phänomen:
Die Eisenbahnschienen scheinen aufeinander zuzulaufen und sich am Horizont zu treffen, obwohl wir alle wissen, dass die Schienen in Wirklichkeit parallel sind und immer den gleichen Abstand zueinander haben.
Im Bild sind die Eisenbahnschienen keine parallelen Geraden – sie schneiden sich.
Ist dieses Phänomen typisch für perspektivische Abbildungen?

Parallele Kanten

CHECK UP

Geraden und Ebenen

Gerade und Strecke im Raum

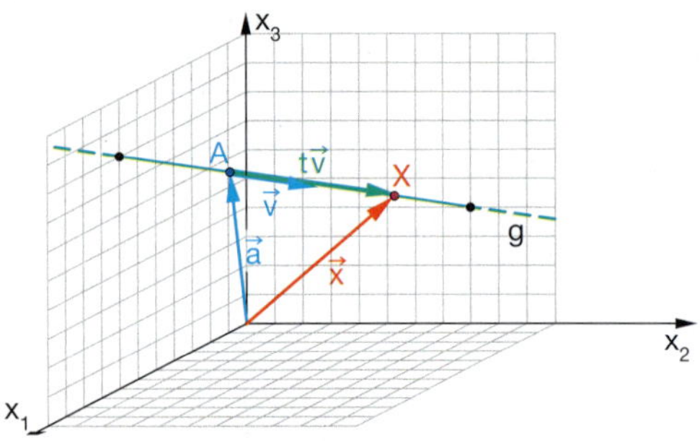

Punkt-Richtungs-Form

g: $\vec{x} = \vec{a} + t\vec{v}$ mit $t \in \mathbb{R}$

$\vec{a}$ Stützvektor, $\vec{v}$ Richtungsvektor

Durch Einschränkung des Parameters t entsteht eine Strecke.

Lagebeziehungen von Geraden im Raum

g: $\vec{x} = \vec{p} + s\vec{u}$ und h: $\vec{x} = \vec{q} + t\vec{v}$

$\vec{u}$ und $\vec{v}$ sind **parallel (kollinear)**

$\vec{u} = r\vec{v}$ für ein $r \in \mathbb{R}$

g und h identisch

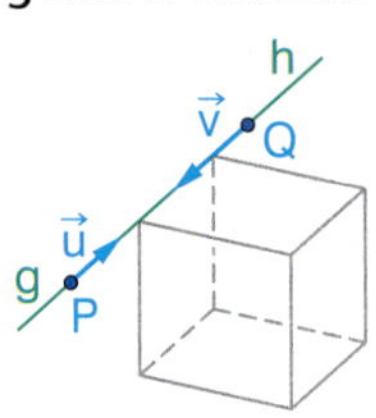

P liegt auf h

$\vec{p} = \vec{q} + t\vec{v}$

für ein $t \in \mathbb{R}$

g und h sind parallel

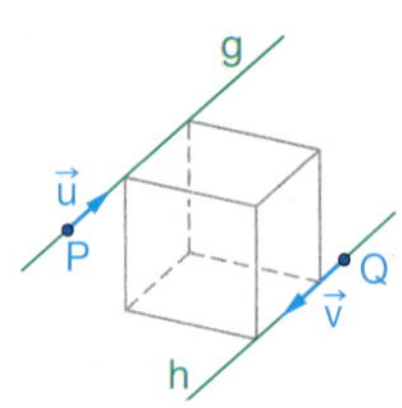

P liegt nicht auf h

$\vec{p} \neq \vec{q} + t\vec{v}$

für alle $t \in \mathbb{R}$

$\vec{u}$ und $\vec{v}$ sind **nicht parallel (nicht kollinear)**

$\vec{u} \neq r\vec{v}$ für alle $r \in \mathbb{R}$

g und h haben genau einen Schnittpunkt

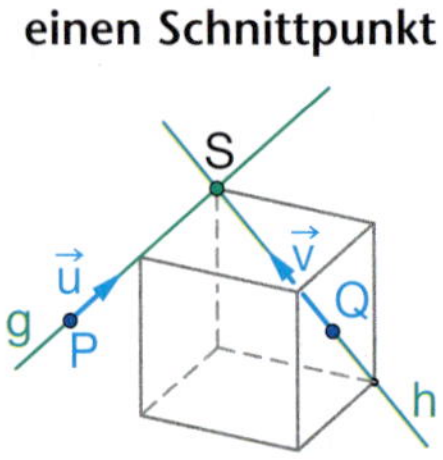

$\vec{p} + s\vec{u} = \vec{q} + t\vec{v}$

für je ein $s, t \in \mathbb{R}$

g und h sind windschief

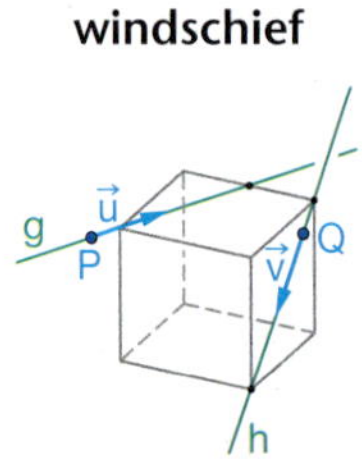

$\vec{p} + s\vec{u} \neq \vec{q} + t\vec{v}$

für alle $s, t \in \mathbb{R}$

1 *Strecken im Würfel*

Zeichnen Sie die Geraden in einen Würfel mit der Kantenlänge 8 (D = (0|0|0)).

$$g: \vec{x} = \begin{pmatrix} 0 \\ 8 \\ 0 \end{pmatrix} + t\begin{pmatrix} 8 \\ -8 \\ 0 \end{pmatrix} \qquad h: \vec{x} = \begin{pmatrix} 0 \\ 8 \\ 0 \end{pmatrix} + t\begin{pmatrix} 0 \\ 0 \\ 8 \end{pmatrix}$$

$$m: \vec{x} = \begin{pmatrix} 0 \\ 8 \\ 8 \end{pmatrix} + t\begin{pmatrix} 8 \\ -8 \\ 0 \end{pmatrix} \qquad n: \vec{x} = \begin{pmatrix} 8 \\ 0 \\ 0 \end{pmatrix} + t\begin{pmatrix} 0 \\ 0 \\ 8 \end{pmatrix}$$

Kennzeichnen Sie jeweils die Strecken für $0 \leq t \leq 1$. Welche Figur entsteht im Würfel?

2 *Geraden gesucht*

a) Konstruieren Sie zur Geraden $g: \vec{x} = \begin{pmatrix} 1 \\ 2 \\ 3 \end{pmatrix} + t\begin{pmatrix} -2 \\ 1 \\ 4 \end{pmatrix}$ jeweils zwei verschiedene Geraden, die parallel sind zu g oder mit g einen Schnittpunkt haben.

b) Welche der folgenden Geraden sind zueinander parallel, welche schneiden sich, welche sind windschief?

$$g: \vec{x} = \begin{pmatrix} 3 \\ -1 \\ 2 \end{pmatrix} + r\begin{pmatrix} 2 \\ 5 \\ -3 \end{pmatrix}; \quad h: \vec{x} = \begin{pmatrix} 3 \\ 2 \\ -1 \end{pmatrix} + s\begin{pmatrix} 2 \\ 1 \\ \frac{1}{2} \end{pmatrix}; \quad k: \vec{x} = \begin{pmatrix} 3 \\ -1 \\ 2 \end{pmatrix} + t\begin{pmatrix} 4 \\ 2 \\ 1 \end{pmatrix}$$

3 *Pyramide*

Geben Sie die Gleichungen für die farbigen Kanten der Pyramide an. Zeigen Sie rechnerisch, dass S Schnittpunkt der Seitenkanten ist.

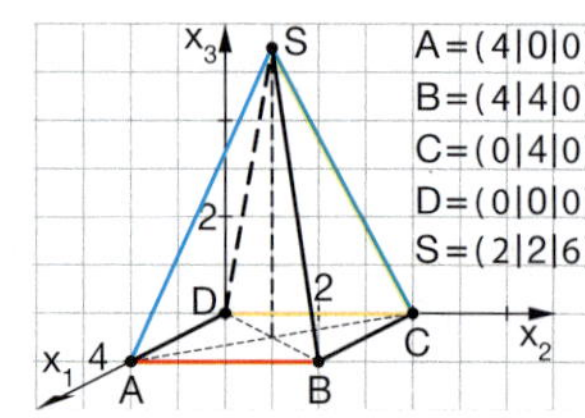

4 *Parallele Strecken im Quader*

Im Quader teilen R, S, T, U, V und W die Kanten jeweils im Verhältnis 1 : 2. Gibt es im Sechseck RSTUVW parallele Kanten?

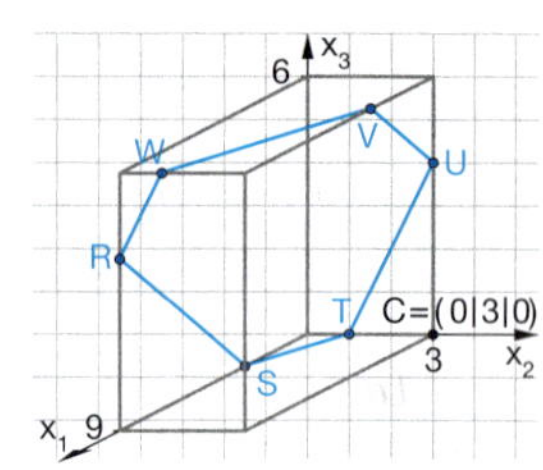

5 *Lage von Geraden*

Bestimmen Sie die Lage der Geraden zueinander. Geben Sie gegebenenfalls den Schnittpunkt an. Die Punkte P, Q, R in b) sind jeweils Kantenmitten.

a)

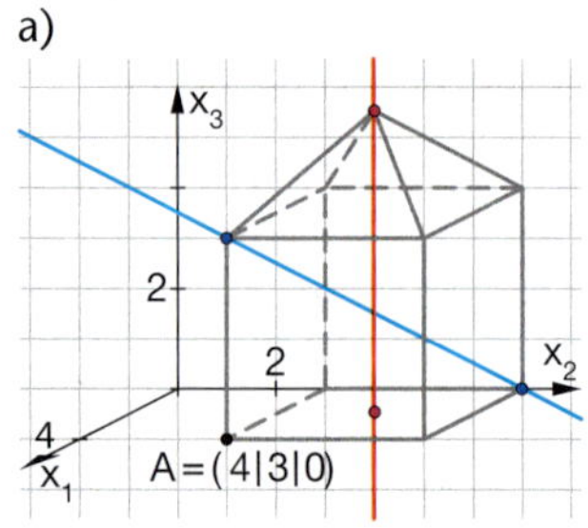

b)

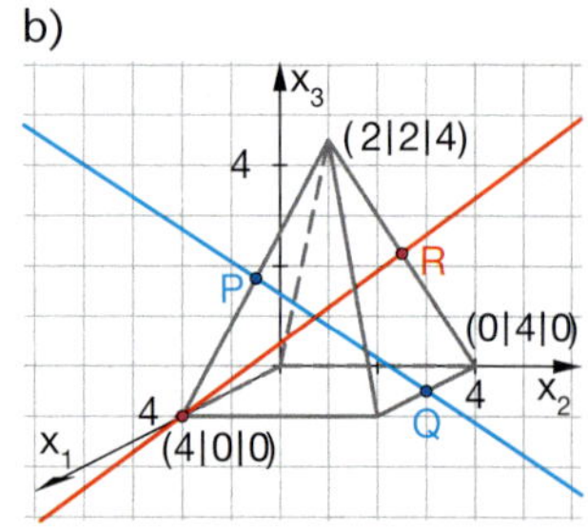

CHECK UP

6 *Walmdach*

a) Geben Sie die Gleichungen der Ebenen an, in denen die vier Dachflächen des Walmdaches liegen.

b) Welche Fläche wird beschrieben durch

$$E: \vec{x} = \begin{pmatrix} 2 \\ 4 \\ 1{,}5 \end{pmatrix} + r\begin{pmatrix} 0 \\ 0 \\ -1 \end{pmatrix} + s\begin{pmatrix} 0 \\ -1 \\ 0 \end{pmatrix}?$$

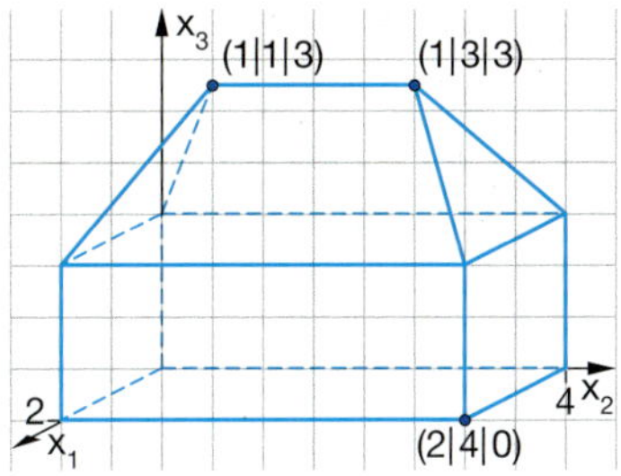

7 *Dreiseitige Pyramide*

Welche Flächen werden beschrieben durch

$$E: \vec{x} = \begin{pmatrix} 4 \\ 2 \\ 0 \end{pmatrix} + r\begin{pmatrix} -4 \\ 2 \\ 0 \end{pmatrix} + s\begin{pmatrix} -4 \\ -2 \\ 0 \end{pmatrix};$$

$$F: \vec{x} = \begin{pmatrix} 0 \\ 4 \\ 0 \end{pmatrix} + r\begin{pmatrix} 4 \\ -2 \\ 0 \end{pmatrix} + s\begin{pmatrix} 0 \\ -2 \\ 2 \end{pmatrix}?$$

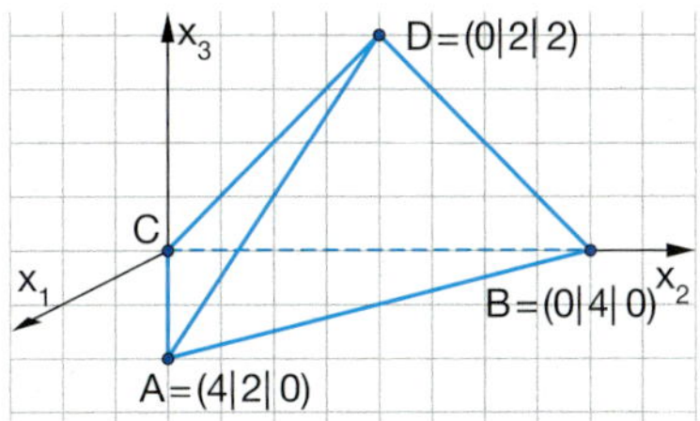

Stellen Sie die Ebenengleichungen für die weiteren Flächen auf.

8 *Mit Spurpunkten Ebene skizzieren*

Bestimmen Sie die Spurpunkte der folgenden Ebene E.

$$E: \vec{x} = \begin{pmatrix} 4 \\ 3 \\ -2 \end{pmatrix} + r\begin{pmatrix} 4 \\ -3 \\ 0 \end{pmatrix} + s\begin{pmatrix} -2 \\ 3 \\ -1 \end{pmatrix}$$

Skizzieren Sie damit die Ebene und beschreiben Sie deren Lage.
Liegt der Punkt $P = (2|2|-1)$ auf E?

9 *Raumdiagonale und Ebenen im Würfel*

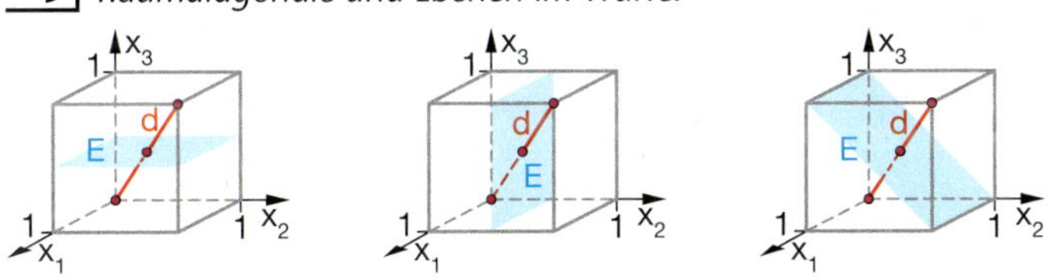

Bestimmen Sie jeweils den Schnittpunkt. Was fällt auf? Gibt es weitere Ebenen im Würfel mit der gleichen Besonderheit?

10 *Lagebeziehung im Würfel*

a) In welchem Punkt schneidet die Gerade g durch A und G das Dreieck AFH?

b) Schneidet die Gerade h durch B und G die Ebene, auf der das Dreieck AFH liegt?

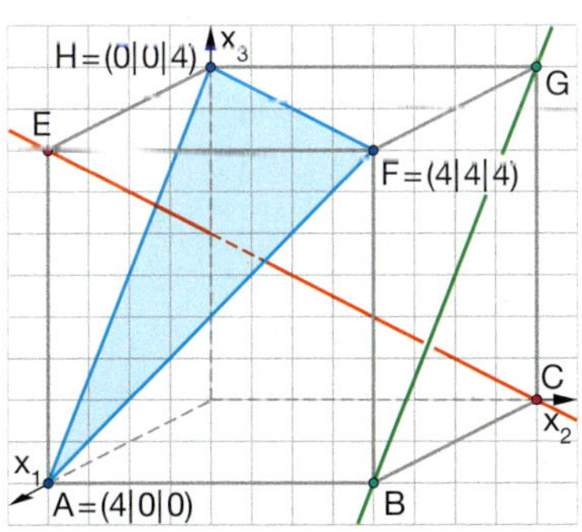

11 *Lagebeziehung von Gerade und Ebene mit dem GTR*

Bei der Untersuchung der Lagebeziehung einer Ebene zu einer Geraden erhält man die Matrix $M = \begin{pmatrix} 1 & 0 & 0 & 1 \\ 0 & 1 & 0 & 1 \\ 0 & 0 & 1 & 1 \end{pmatrix}$.

Welche Lage haben die Ebene und die Gerade zueinander?

Geraden und Ebenen

Ebene im Raum

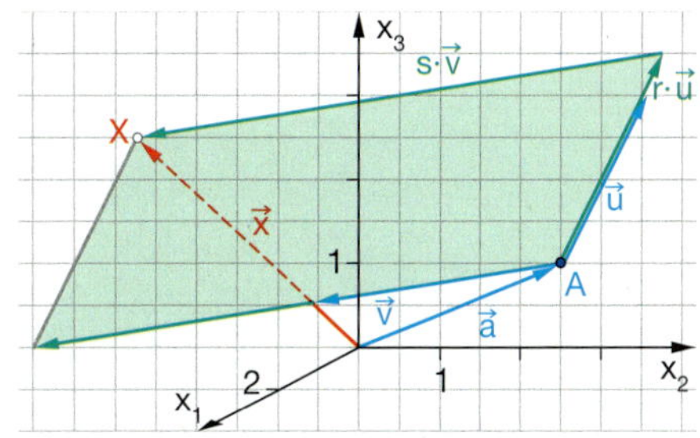

Punkt-Richtungs-Form

$E: \vec{x} = \vec{a} + r\vec{u} + s\vec{v}$ mit $r, s \in \mathbb{R}$

$\vec{a}$ **Stützvektor**, $\vec{u}$ und $\vec{v}$ **Richtungsvektoren**

$$E: \vec{x} = \begin{pmatrix} 4 \\ 4{,}5 \\ 2 \end{pmatrix} + r\begin{pmatrix} 2 \\ 2 \\ 2{,}5 \end{pmatrix} + s\begin{pmatrix} -2 \\ -4 \\ -1 \end{pmatrix}$$

Durch Einschränkung der Parameter r und s mit $0 \le r \le 1$, $0 \le s \le 1$ entsteht eine ebene Fläche.

Lagebeziehung zwischen Gerade und Ebene

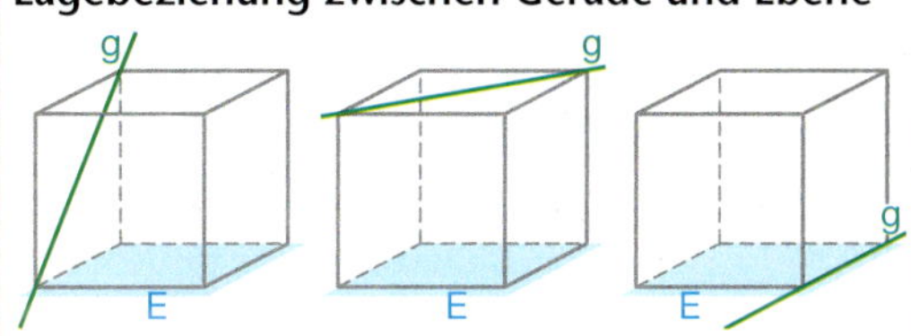

g und E schneiden sich | **g und E sind parallel** | **g liegt in E**

$g: \vec{x} = \vec{a} + t\vec{u}$ $\qquad$ $E: \vec{x} = \vec{b} + r\vec{v} + s\vec{w}$

Der Schnittpunktansatz durch Gleichsetzen führt auf ein lineares Gleichungssystem mit drei Gleichungen und drei Variablen.

Erweiterte Koeffizientenmatrix

Beispiel:

keine Lösung

$$\begin{bmatrix} 1 & 0 & -1 & 0 \\ 0 & 1 & -2 & 0 \\ 0 & 0 & 0 & 1 \end{bmatrix}$$

g und E sind parallel

genau eine Lösung

$$\begin{bmatrix} 1 & 0 & 0 & -1 \\ 0 & 1 & 0 & 2 \\ 0 & 0 & 1 & -1 \end{bmatrix}$$

g und E schneiden sich in einem Punkt

unendlich viele Lösungen

$$\begin{bmatrix} 1 & 0 & -1 & 1 \\ 0 & 1 & -2 & 1 \\ 0 & 0 & 0 & 0 \end{bmatrix}$$

g liegt in E

Sichern und Vernetzen – Vermischte Aufgaben

Training

1 *Punkte im Würfel*

a) Zeigen Sie zeichnerisch und rechnerisch, dass die Punkte $A = (4|0|0)$, $C = (0|4|0)$ und $H = (0|0|4)$ nicht auf einer Geraden liegen.
b) Geben Sie eine Gleichung der Ebene an, die diese Punkte enthält.

2 *Geraden im Würfel*

Geben Sie zur Geraden

$g: \vec{x} = \begin{pmatrix} 4 \\ 0 \\ 4 \end{pmatrix} + t \begin{pmatrix} -4 \\ 4 \\ 0 \end{pmatrix}$

Geraden h, k und l an, sodass gilt:
h und g sind parallel,
k und g sind windschief,
l und g besitzen einen Schnittpunkt.

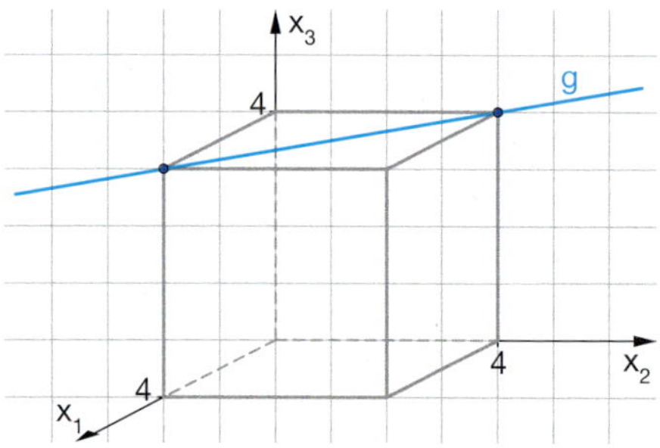

3 *Geraden im Quader*

a) Welche Lage haben die Geraden g und h zueinander? M und N sind Kantenmitten.
b) Geben Sie eine Gleichung der Ebene E an, die B, M und N enthält. Liegt C auf der Ebene E?

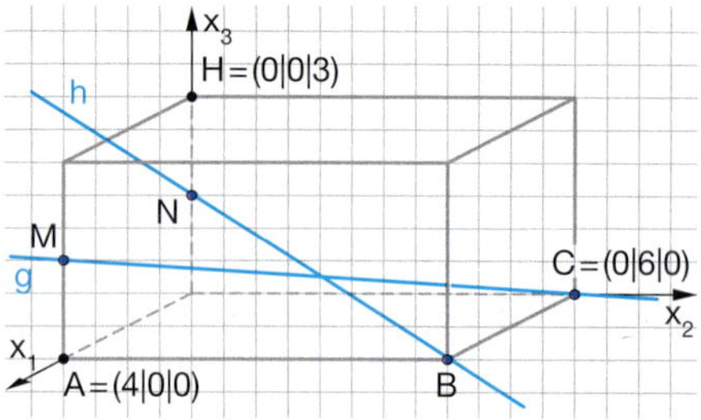

4 *Windschiefe Geraden im Würfel*

Weisen Sie rechnerisch nach, dass die Geraden

$g: \vec{x} = \begin{pmatrix} 4 \\ 0 \\ 4 \end{pmatrix} + s \begin{pmatrix} -4 \\ 4 \\ 0 \end{pmatrix}$ und

$h: \vec{x} = \begin{pmatrix} 0 \\ 0 \\ 4 \end{pmatrix} + t \begin{pmatrix} 4 \\ 4 \\ -4 \end{pmatrix}$ windschief sind.

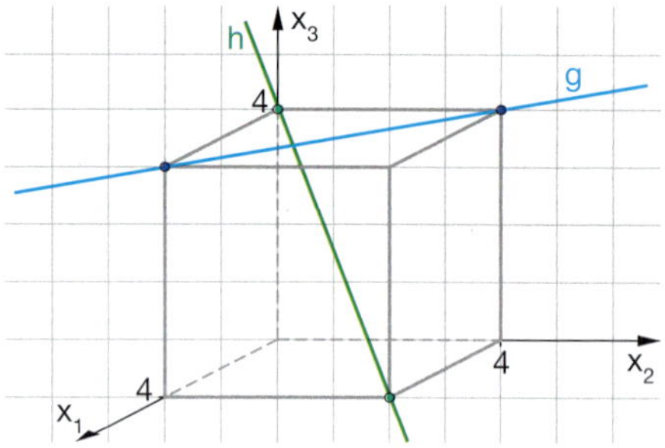

5 *Ebene – Geraden*

Geben Sie zur Ebene $E: \vec{x} = \begin{pmatrix} 4 \\ 2 \\ 3 \end{pmatrix} + r \begin{pmatrix} 3 \\ 3 \\ 3 \end{pmatrix} + s \begin{pmatrix} 0 \\ -4 \\ -3 \end{pmatrix}$ eine Gerade g an, die parallel zu E ist und eine Gerade h, die E im Punkt $P = (7|-3|0)$ schneidet.

6 *Ebenen durch vorgegebene Geraden*

a) Stellen Sie die Gleichungen der Geraden g, h und k auf.
b) Geben Sie eine Gleichung der Ebene an, die h und k enthält.
c) Zeigen Sie, dass es keine Ebene gibt, die g und h enthält und dass es keine Ebene gibt, die g und k enthält.
d) Geben Sie eine Gleichung der Ebene an, die g enthält und parallel ist zu h, sowie eine Gleichung der Ebene, die g enthält und parallel ist zu k.

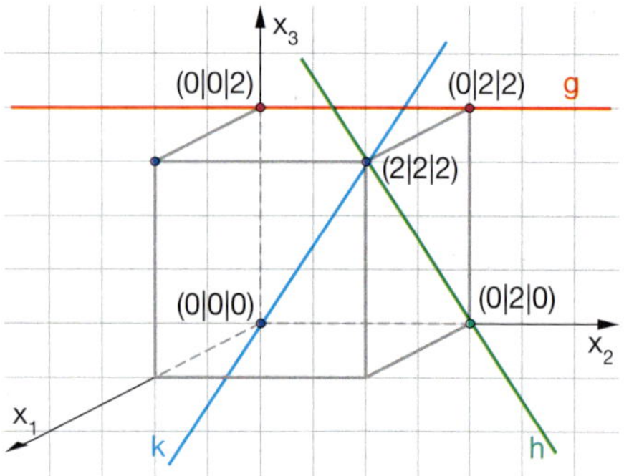

Verstehen von Begriffen und Verfahren

7 *Geradengleichung*
a) Welche Gleichung hat die Parallele h zu

$g: \vec{x} = \begin{pmatrix}1\\3\\7\end{pmatrix} + t\begin{pmatrix}2\\0\\1\end{pmatrix}$, die durch $P = (5|7|2)$

geht?
b) Welche Gleichung hat die Mittelparallele m von g und h?
Begründen Sie Ihr Vorgehen.

8 *Spurgerade*
Veranschaulichen Sie die Ebene

$E_1: \vec{x} = \begin{pmatrix}-4\\6\\4\end{pmatrix} + r\begin{pmatrix}0\\3\\-2\end{pmatrix} + s\begin{pmatrix}-4\\3\\2\end{pmatrix}$

mithilfe der Spurpunkte und die Ebene
E_2: Parallelebene zur x_3-Achse durch $(2|0|0)$ und $(0|3|0)$.

9 *Ursprungsebene*
Geben Sie die Gleichung einer Ebene durch den Ursprung an. Wie können Sie dies an der Ebenengleichung erkennen?

10 *Schnitt von Ebenen*
Geben Sie im Würfel mit der Kantenlänge 4 jeweils zwei Ebenen an, die sich in der angegebenen Geraden schneiden. Begründen Sie zeichnerisch und rechnerisch.

a) x_1-Achse b) $g: \vec{x} = t\begin{pmatrix}4\\4\\4\end{pmatrix}$

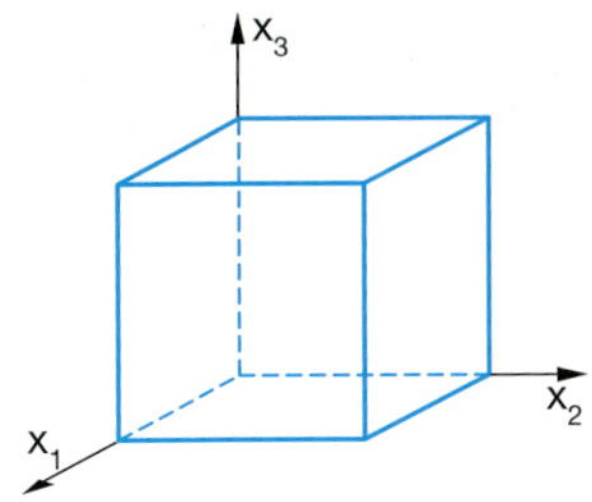

11 *Gerade im Raum*
Welche geometrische Bedeutung haben die Vektoren $\vec{a}$ und $\vec{u}$ in einer Geradengleichung $g: \vec{x} = \vec{a} + t\vec{u}$? Veranschaulichen Sie dies mit einer Skizze.

12 *Drei Geraden*
Zur Geraden $g: \vec{x} = \vec{a} + t\vec{u}$ sollen die Gleichungen von drei Geraden h, k und l angegeben werden, sodass gilt: g und h sind parallel, g und k schneiden sich in einem Punkt, g und l sind windschief.
Welche Bedingungen müssen jeweils der Stützvektor und der Richtungsvektor erfüllen?

Anwenden und Modellieren

13 *Walmdach*
Es sind die folgenden Geraden gegeben:

$g: \vec{x} = \begin{pmatrix}4\\6\\0\end{pmatrix} + t\begin{pmatrix}-4\\0\\3\end{pmatrix}$, $h: \vec{x} = \begin{pmatrix}4\\6\\3\end{pmatrix} + t\begin{pmatrix}-2\\-2\\2\end{pmatrix}$, $l: \vec{x} = \begin{pmatrix}5\\3\\2\end{pmatrix} + t\begin{pmatrix}0\\-1\\-3\end{pmatrix}$, $m: \vec{x} = \begin{pmatrix}0\\0\\3\end{pmatrix} + t\begin{pmatrix}2\\2\\2\end{pmatrix}$

Welche Gerade passt zu welcher Frage?

A) Auf welcher Geraden liegt die Dachkante HI?

B) Auf welcher Geraden liegt die Dachkante JF?

C) Welche Gerade verläuft außerhalb des Hauses?

D) Welche Gerade ist keine Kante, aber in einer der Hauswandebenen enthalten?

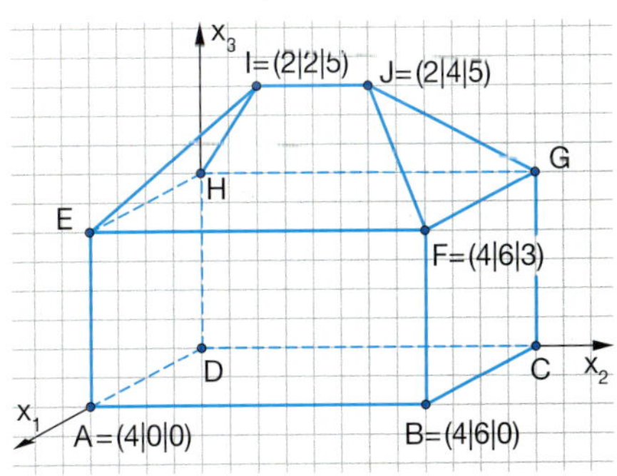

14 *Würfel – Quader – Spat*
Zeigen Sie an selbst gewählten Beispielen, dass sich die vier Diagonalen jeweils in einem Punkt schneiden.

15 *Pyramide aus Bauklötzen*

In einem Holzbauklotzkasten gehören jeweils drei Klötze zusammen, die zu einer Pyramide zusammengefügt werden können. Von einer Pyramide fehlt der mittlere Teil. Welche der beiden Spitzen gehört zu dem Pyramidenstumpf (1 LE entspricht 1 cm)?

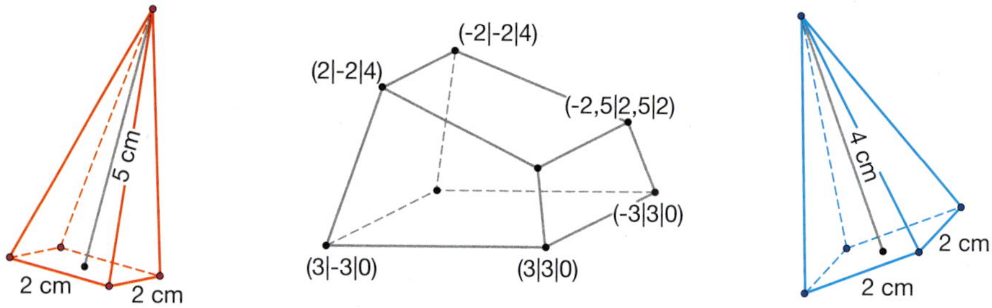

Kommunizieren und Präsentieren

16 *Geraden im Oktaeder*

Beschreiben Sie die Lagemöglichkeiten von Geraden zueinander am Oktaeder. Geben Sie jeweils ein Beispiel an. Erstellen Sie eine Übersicht über alle Lagemöglichkeiten von Geraden.

A = (1 | 0 | 1), B = (2 | 1 | 1), C = (1 | 2 | 1),
D = (0 | 1 | 1), E = (1 | 1 | 0), F = (1 | 1 | 2)

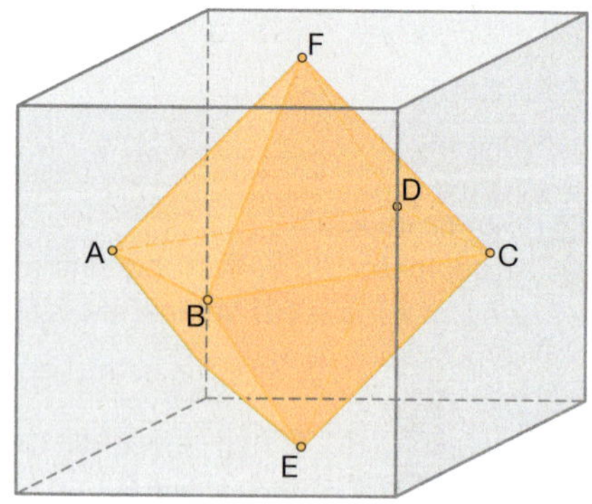

17 *Auf einen Blick*

Erläutern Sie am Bild und an den Vektoren.

a) P = (3 | 1 | 3) liegt auf g: $\vec{x} = \begin{pmatrix} 4 \\ 0 \\ 4 \end{pmatrix} + t\begin{pmatrix} -4 \\ 4 \\ -4 \end{pmatrix}$.

b) Die Gerade g: $\vec{x} = \begin{pmatrix} 4 \\ 0 \\ 4 \end{pmatrix} + t\begin{pmatrix} -4 \\ 4 \\ -4 \end{pmatrix}$ verläuft nicht durch den Ursprung.

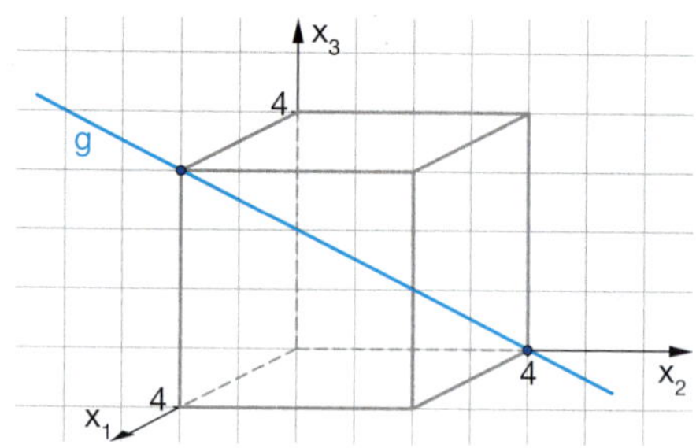

c) Die Ebene durch die Punkte (4 | 4 | 4), (0 | 0 | 4) und (0 | 4 | 4) ist parallel zu einer Koordinatenebene.

d) Die Punktmenge $\vec{x} = \begin{pmatrix} 0 \\ 0 \\ 4 \end{pmatrix} + r\begin{pmatrix} 4 \\ 4 \\ -4 \end{pmatrix} + s\begin{pmatrix} 2 \\ 2 \\ -2 \end{pmatrix}$ stellt keine Ebene, sondern eine Gerade dar.

18 *GTR – Ergebnisse interpretieren*

Bei der Untersuchung der Lagebeziehung von Geraden und Gerade mit Ebene ergaben sich aus den erweiterten Koeffizientenmatrizen mithilfe des *rref*-Befehls folgende Diagonalmatrizen.

Interpretieren Sie die jeweiligen Situationen geometrisch.

a) $\begin{bmatrix} 1 & 3 & 0 \\ 0 & 0 & 1 \\ 0 & 0 & 0 \end{bmatrix}$

b) $\begin{bmatrix} 1 & 0 & 0 & 0 \\ 0 & 1 & 0 & -2 \\ 0 & 0 & 1 & 1 \end{bmatrix}$

c) $\begin{bmatrix} 1 & 0 & -2 \\ 0 & 1 & -1 \\ 0 & 0 & 0 \end{bmatrix}$

d) $\begin{bmatrix} 1 & 3 & 2 \\ 0 & 0 & 0 \\ 0 & 0 & 0 \end{bmatrix}$

e) $\begin{bmatrix} 1 & 0 & 2 & 0 \\ 0 & 1 & -4 & 0 \\ 0 & 0 & 0 & 1 \end{bmatrix}$

f) $\begin{bmatrix} 1 & 0 & 0 & 0 \\ 0 & 1 & 0 & 0 \\ 0 & 0 & 1 & 0 \end{bmatrix}$

8 Skalarprodukt und Messen

Das Skalarprodukt von Vektoren ist eine besondere Multiplikation von zwei Vektoren, die als Ergebnis keinen Vektor hat, sondern eine reelle Zahl, die auch Skalar genannt wird. Mithilfe dieser neuen Operation, dem Skalarprodukt von Vektoren, können metrische Eigenschaften wie Länge, Winkel und Abstände algebraisch beschrieben und berechnet werden.
Damit werden die Objektstudien um viele interessante Aspekte erweitert.

8.1 Skalarprodukt und Winkel

Mit dem Skalarprodukt von Vektoren können Winkel zwischen zwei Vektoren algebraisch berechnet werden. Dadurch kann man auf einfache Weise die Orthogonaltität von Vektoren als Spezialfall beschreiben und rechnerisch nachweisen.
Mit dem Skalarprodukt lassen sich manche Beweise für Sätze aus der Elementargeometrie finden und einfach darstellen. Auch in der Physik findet das Skalarprodukt viele Anwendungen.

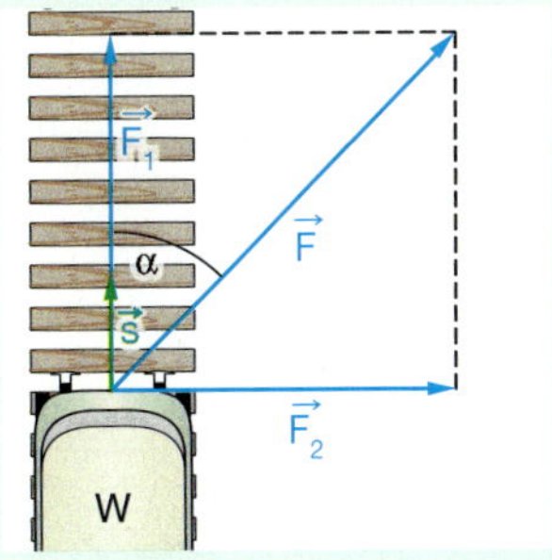

$W = |\vec{F}| \cdot |\vec{s}| \cdot \cos \sphericalangle(\vec{F}, \vec{s})$

8.2 Winkel zwischen Geraden

Wie groß sind die Winkel im aufgespannten Dreieck im Würfel?
Welchen Winkel bildet eine Raumdiagonale des Würfels mit den Seitenflächen?
In welchem Winkel stoßen die Kanten der Begrenzungsflächen in den verschiedenen platonischen Körpern aneinander?
Aus der Formel für die Berechnung des Winkels zwischen zwei Vektoren können Winkel zwischen Geraden bestimmt werden.

8.1 Skalarprodukt und Winkel

Was Sie erwartet

Bisher haben wir uns in der Geometrie im Wesentlichen mit Lagebeziehungen von Punkten, Geraden und Ebenen beschäftigt. Dabei lieferte uns die Darstellung und Beschreibung geometrischer Objekte durch Vektoren eine gute Hilfe. Als Vektoroperationen benötigten wir die Vektor-Addition und die S-Multiplikation.

Zwar haben wir in manchen Objekten auch bereits Längen von Vektoren berechnet, hierfür stand uns aber noch keine geeignete Vektoroperation zur Verfügung.

*Mit dem **Skalarprodukt** wird nun eine solche Operation eingeführt. Mithilfe des Skalarproduktes lassen sich die metrischen Eigenschaften wie Länge, Orthogonalität und auch Winkel zwischen Vektoren algebraisch beschreiben und berechnen.*

Aufgaben

1 *Senkrechte Vektoren im Raum*

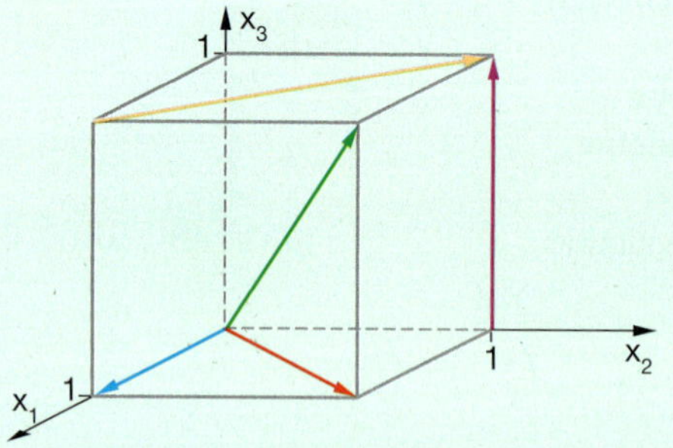

a) Sieht man in dem Bild, welche der farbig eingezeichneten Vektoren senkrecht zueinander stehen? Wie entscheiden Sie?

Mit dem Kriterium aus der unteren Formelsammlung können Sie Ihre Vermutung rechnerisch überprüfen.

b) Wie lässt sich dieses Kriterium begründen?

Hier hilft wieder einmal der Satz des Pythagoras:
$\overline{CA} \perp \overline{CB}$
$\overline{CA}^2 + \overline{CB}^2 = \overline{AB}^2$

Übersetzt in vektorielle Darstellung:

$\vec{a} \perp \vec{b}$
$|\vec{a}|^2 + |\vec{b}|^2 = |\vec{b} - \vec{a}|^2$
$(a_1^2 + a_2^2 + a_3^2) + \ldots = \ldots$

Führen Sie den Beweis zu Ende.

Zur Erinnerung:
Für die Länge eines Vektors $\vec{v}$ gilt:
$|\vec{v}| = \sqrt{v_1^2 + v_2^2 + v_3^2}$
$|\vec{v}|^2 = v_1^2 + v_2^2 + v_3^2$

Aus der Formelsammlung:

Zwei Vektoren $\vec{a}$ und $\vec{b}$ sind genau dann senkrecht zueinander, wenn gilt: $a_1b_1 + a_2b_2 + a_3b_3 = 0$.

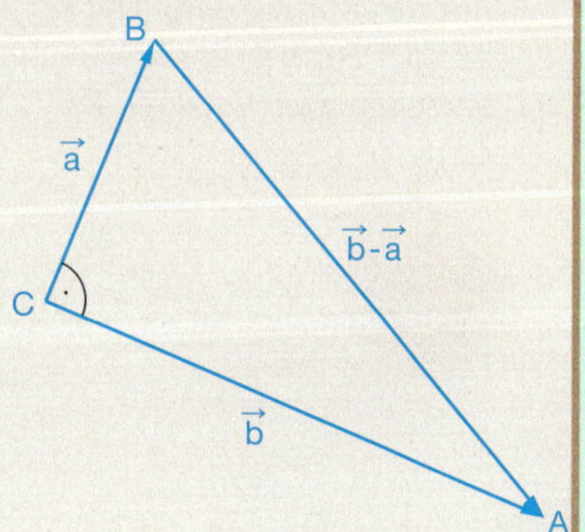

Aufgaben

2 *Schätzen, Messen und Berechnen von Winkeln im Raum*

a) Unter welchem Winkel schneiden sich die Raumdiagonalen im Würfel und im Quader?

Schätzen Sie anhand der Schrägbilder. Wie gut ist Ihre Schätzung?

Entscheiden Sie durch Messen an einem Modell.

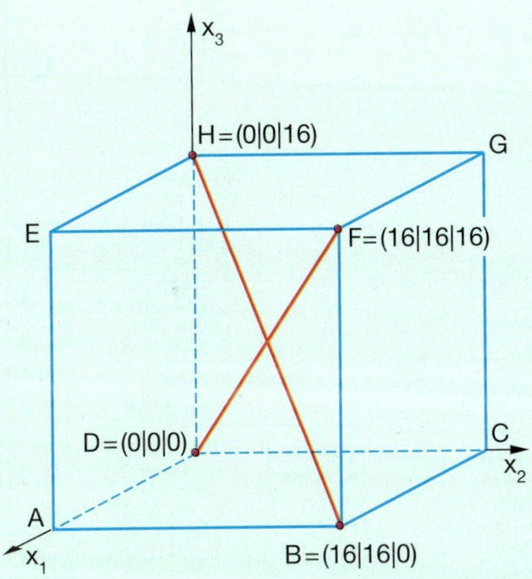

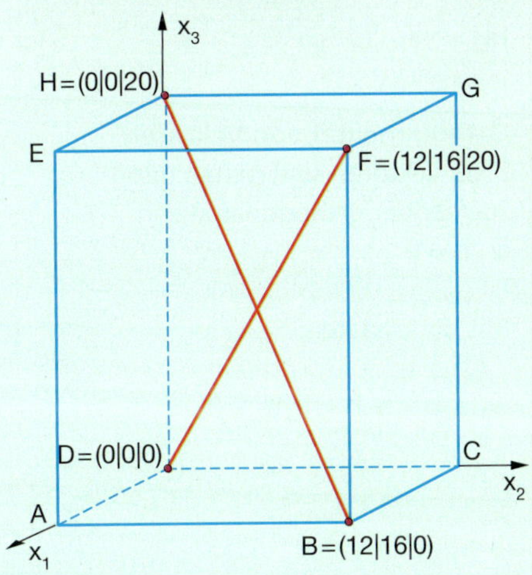

b) Lassen sich die Winkel auch rechnerisch ermitteln? Vielleicht haben Sie in der Mittelstufe den Kosinussatz behandelt. In der Formel kommen die Längen der Dreiecksseiten vor. Diese können wir vektoriell berechnen, z. B. $|\vec{a}| = \left|\begin{pmatrix} a_1 \\ a_2 \\ a_3 \end{pmatrix}\right| = \sqrt{a_1^2 + a_2^2 + a_3^2}$.

In vektorieller Schreibweise sieht der Kosinussatz so aus:

$$\cos(\gamma) = \frac{|\vec{a}|^2 + |\vec{b}|^2 - |(\vec{b} - \vec{a})|^2}{2|\vec{a}||\vec{b}|}.$$

Zeigen Sie, dass Sie durch Ausmultiplizieren und Zusammenfassen

$$\cos(\gamma) = \frac{2(a_1 b_1 + a_2 b_2 + a_3 b_3)}{2\sqrt{a_1^2 + a_2^2 + a_3^2} \cdot \sqrt{b_1^2 + b_2^2 + b_3^2}}$$ erhalten.

Vergleichen Sie Ihre Messergebnisse mit den Ergebnissen, die Sie mit der Formel berechnen.

Kosinussatz

$\cos(\gamma) = \frac{a^2 + b^2 - c^2}{2ab}$

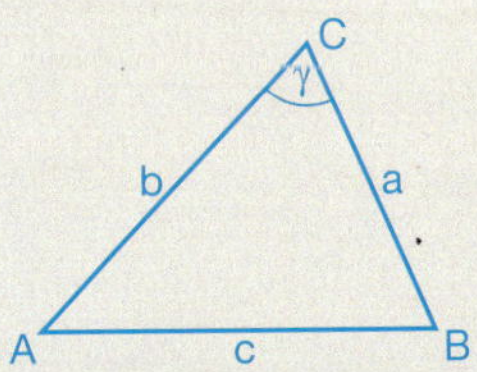

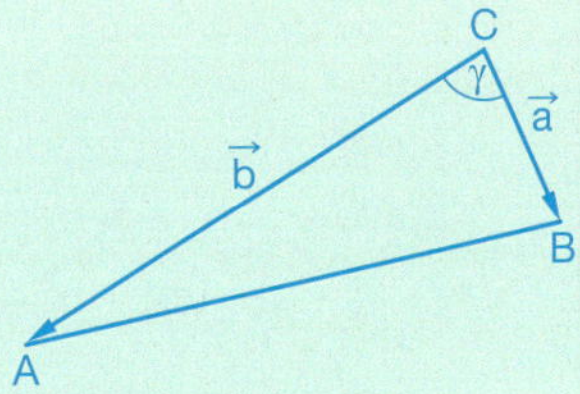

Basiswissen

Mithilfe einer weiteren Verknüpfung von Vektoren können Winkel und Längen berechnet werden.

Die Bezeichnung Skalarprodukt ist darauf zurückzuführen, dass das Ergebnis dieser „Multiplikation" eine Zahl ist. Physiker nennen diese Zahlen „Skalare".

Skalarprodukt von Vektoren

$\vec{a} \cdot \vec{b} = \mathbf{a_1 b_1 + a_2 b_2 + a_3 b_3}$
heißt
Skalarprodukt von $\vec{a}$ und $\vec{b}$.

Schreibweise: $\vec{a} \cdot \vec{b}$

Für $\vec{a} = \begin{pmatrix} 2 \\ -3 \\ 1{,}5 \end{pmatrix}$ und $\vec{b} = \begin{pmatrix} 3 \\ 5 \\ 8 \end{pmatrix}$ gilt:

$$\vec{a} \cdot \vec{b} = \begin{pmatrix} 2 \\ -3 \\ 1{,}5 \end{pmatrix} \cdot \begin{pmatrix} 3 \\ 5 \\ 8 \end{pmatrix} = 2 \cdot 3 + (-3) \cdot 5 + 1{,}5 \cdot 8 = 3$$

Länge eines Vektors

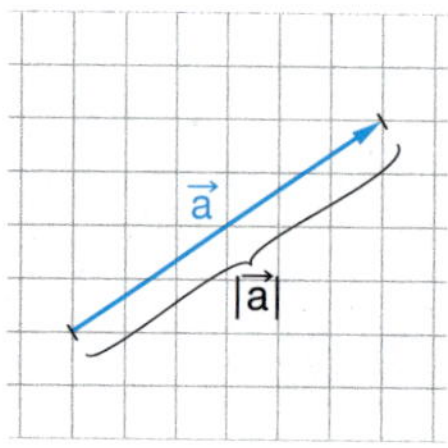

$|\vec{a}| = \sqrt{\vec{a} \cdot \vec{a}} = \sqrt{a_1^2 + a_2^2 + a_3^2}$

in der Ebene

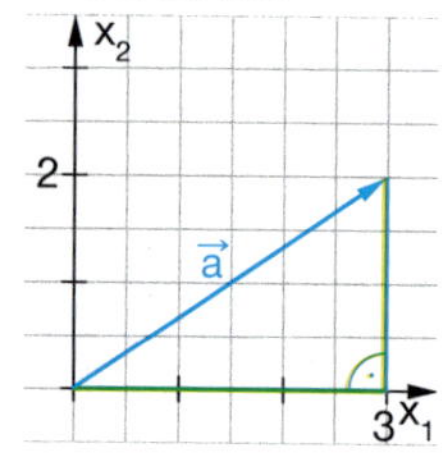

$|\vec{a}| = \sqrt{3^2 + 2^2} = \sqrt{13}$

im Raum

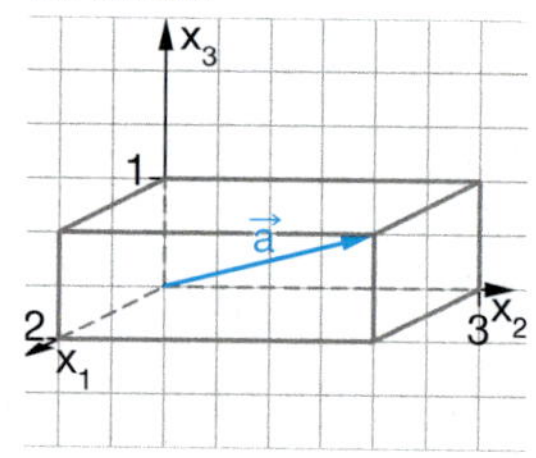

$|\vec{a}| = \sqrt{2^2 + 3^2 + 1^2} = \sqrt{14}$

Das Wort **orthogonal** kommt aus dem Griechischen und bedeutet **rechtwinklig**, also **senkrecht aufeinander** stehend.

Orthogonalität von Vektoren

Zwei Vektoren sind genau dann zueinander orthogonal, wenn $\vec{a} \cdot \vec{b} = 0$.

Mit Koordinaten:
$\vec{a} \perp \vec{b}$
$\Leftrightarrow\ a_1 b_1 + a_2 b_2 + a_3 b_3 = 0$

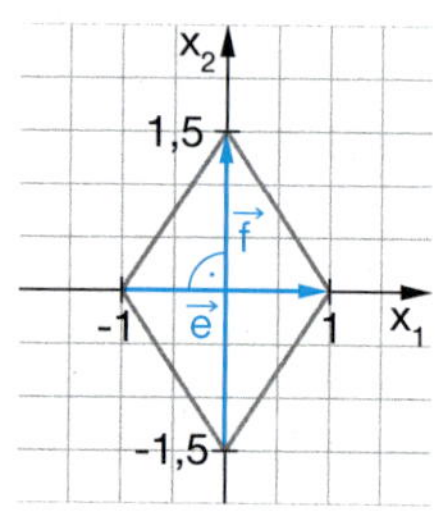

$\vec{e} \cdot \vec{f} = \begin{pmatrix} 2 \\ 0 \end{pmatrix} \cdot \begin{pmatrix} 0 \\ 3 \end{pmatrix}$
$= 2 \cdot 0 + 0 \cdot 3 = 0$

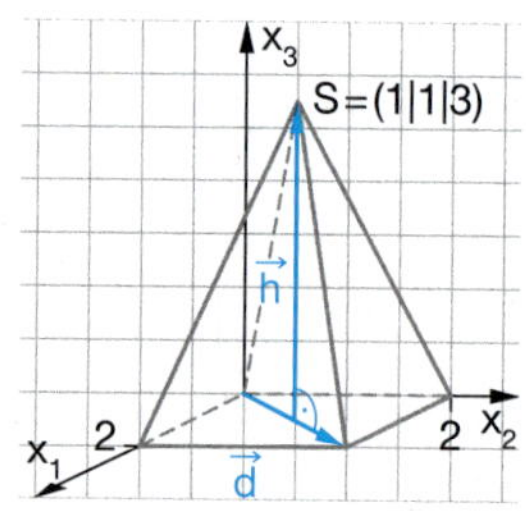

$\vec{d} \cdot \vec{h} = \begin{pmatrix} 2 \\ 2 \\ 0 \end{pmatrix} \cdot \begin{pmatrix} 0 \\ 0 \\ 3 \end{pmatrix}$
$= 2 \cdot 0 + 2 \cdot 0 + 0 \cdot 3 = 0$

Winkel zwischen zwei Vektoren

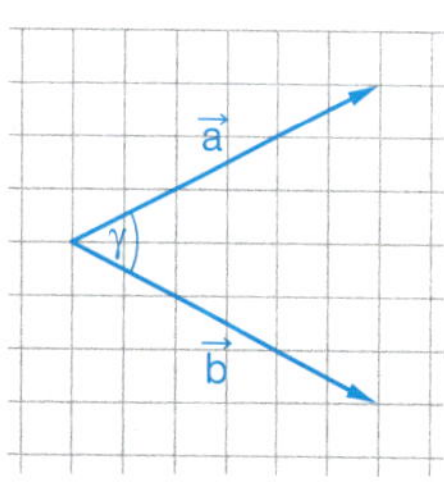

$\cos(\gamma) = \dfrac{\vec{a} \cdot \vec{b}}{|\vec{a}| \cdot |\vec{b}|}$

$= \dfrac{a_1 b_1 + a_2 b_2 + a_3 b_3}{\sqrt{a_1^2 + a_2^2 + a_3^2} \cdot \sqrt{b_1^2 + b_2^2 + b_3^2}}$

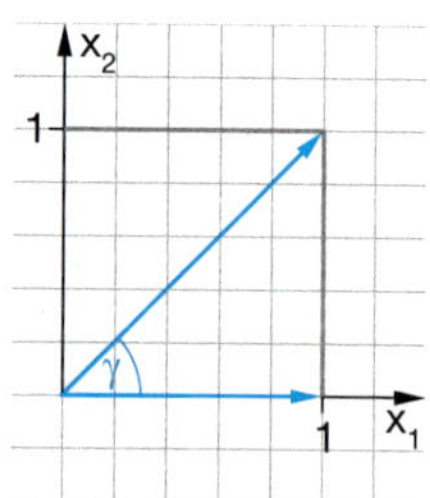

$\cos(\gamma) = \dfrac{\begin{pmatrix} 1 \\ 0 \end{pmatrix} \cdot \begin{pmatrix} 1 \\ 1 \end{pmatrix}}{1 \cdot \sqrt{2}} = \dfrac{1}{\sqrt{2}}$
$\Rightarrow\ \gamma = 45°$

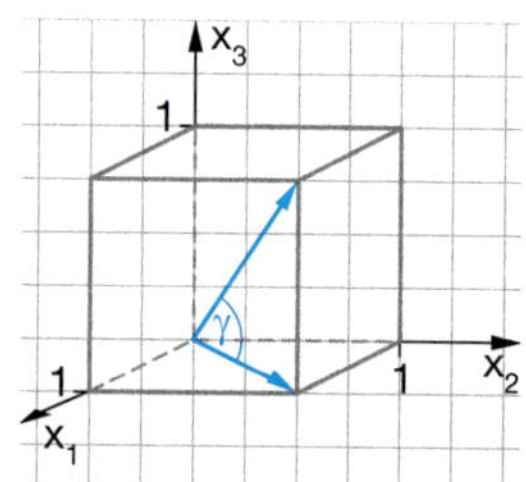

$\cos(\gamma) = \dfrac{\begin{pmatrix} 1 \\ 1 \\ 0 \end{pmatrix} \cdot \begin{pmatrix} 1 \\ 1 \\ 1 \end{pmatrix}}{\sqrt{2} \cdot \sqrt{3}} = \dfrac{2}{\sqrt{6}}$
$\Rightarrow\ \gamma \approx 35{,}3°$

Die Beziehung $\cos(\gamma) = \frac{\vec{a} \cdot \vec{b}}{|\vec{a}| \cdot |\vec{b}|}$ kann auch als Definition für das Skalarprodukt verwendet werden:
$\vec{a} \cdot \vec{b} = |\vec{a}| \cdot |\vec{b}| \cdot \cos(\gamma)$

Beispiele

A *Skalarprodukt*

Nennen Sie Unterschiede und Gemeinsamkeiten zwischen dem Skalarprodukt von Vektoren und der bekannten Multiplikation reeller Zahlen.

Lösung:

Das Ergebnis der Multiplikation zweier reeller Zahlen ist wieder eine reelle Zahl.

Beispiel: $3 \cdot (-2) = -6$

Das Skalarprodukt zweier Vektoren ist nicht wieder ein Vektor, sondern eine reelle Zahl.

Beispiel: $\vec{a} = \begin{pmatrix} 1{,}5 \\ 0 \\ 2 \end{pmatrix}, \vec{b} = \begin{pmatrix} -5 \\ 4 \\ 2 \end{pmatrix} \Rightarrow \vec{a} \cdot \vec{b} = 1{,}5 \cdot (-5) + 0 \cdot 4 + 2 \cdot 2 = -3{,}5$

Das Skalarprodukt kann positiv, negativ oder 0 sein.
Beide Verknüpfungen sind kommutativ.

B *Winkel im Dreieck – Schätzen und Berechnen*

a) Begründen Sie geometrisch und rechnerisch, dass das Dreieck BCH im Einheitswürfel rechtwinklig ist.
b) Wie groß sind die beiden anderen Winkel? Schätzen und berechnen Sie.

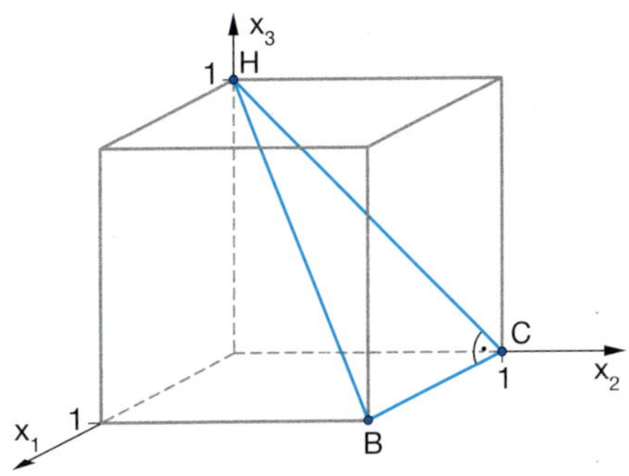

Lösung:

a) Geometrische Begründung:
Die Seite $\overline{CH}$ liegt auf der hinteren Würfelfläche und bildet daher mit der Würfelkante $\overline{BC}$ einen rechten Winkel.
Rechnerische Begründung:
Koordinaten der Eckpunkte: $B = (1|1|0)$, $C = (0|1|0)$ und $H = (0|0|1)$

Vektoren: $\overrightarrow{CB} = \begin{pmatrix} 1 \\ 0 \\ 0 \end{pmatrix}$ und $\overrightarrow{CH} = \begin{pmatrix} 0 \\ -1 \\ 1 \end{pmatrix}$

Skalarprodukt: $\overrightarrow{CB} \cdot \overrightarrow{CH} = 1 \cdot 0 + 0 \cdot (-1) + 0 \cdot 1 = 0$
Somit ist der Winkel bei C ein rechter Winkel.

Geometrie

b) Der Winkel γ bei H ist geschätzt 30° groß, und damit muss der Winkel bei B etwa 60° groß sein.

$\overrightarrow{HB} = \begin{pmatrix} 1 \\ 1 \\ -1 \end{pmatrix}$ und $\overrightarrow{HC} = \begin{pmatrix} 0 \\ 1 \\ -1 \end{pmatrix}$. Somit ist $\cos(\gamma) = \frac{\begin{pmatrix} 1 \\ 1 \\ -1 \end{pmatrix} \cdot \begin{pmatrix} 0 \\ 1 \\ -1 \end{pmatrix}}{\sqrt{3} \cdot \sqrt{2}} = \frac{2}{\sqrt{6}}$.

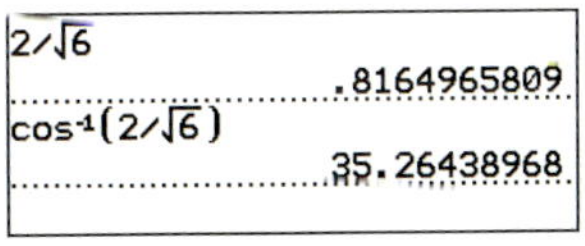

Also $\cos(\gamma) \approx 0{,}82 \Rightarrow \gamma \approx 35{,}3°$.
Der Winkel bei B beträgt dann ca. 54,7°.

Wenn man den Winkel zwischen $\overrightarrow{HB} = \begin{pmatrix} 1 \\ 1 \\ -1 \end{pmatrix}$ und $\overrightarrow{CH} = \begin{pmatrix} 0 \\ -1 \\ 1 \end{pmatrix}$ berechnet, erhält man

$\cos(\gamma) = \frac{\begin{pmatrix} 1 \\ 1 \\ -1 \end{pmatrix} \cdot \begin{pmatrix} 0 \\ -1 \\ 1 \end{pmatrix}}{\sqrt{3} \cdot \sqrt{2}} = \frac{-2}{\sqrt{6}}$. Also $\cos(\gamma) \approx -0{,}82 \Rightarrow \gamma \approx 144{,}7°$.

Je nach Orientierung der beiden Vektoren erhält man den spitzen Winkel oder den Ergänzungswinkel zu 180°.

Übungen

3 *Skalarprodukt berechnen*

Berechnen Sie die Skalarprodukte.

a) $\begin{pmatrix} 2 \\ -6 \\ 1 \end{pmatrix} \cdot \begin{pmatrix} 0{,}5 \\ 2 \\ 8 \end{pmatrix}$ b) $\begin{pmatrix} -3 \\ 0 \\ -2 \end{pmatrix} \cdot \begin{pmatrix} 2 \\ 3 \\ -2 \end{pmatrix}$ c) $\begin{pmatrix} 3 \\ 1 \\ 2 \end{pmatrix} \cdot \begin{pmatrix} 1 \\ -4 \\ 0{,}5 \end{pmatrix}$ d) $\begin{pmatrix} -2 \\ 4 \\ -5 \end{pmatrix} \cdot \begin{pmatrix} 1 \\ 1 \\ 2 \end{pmatrix}$ e) $\begin{pmatrix} -1 \\ 2 \\ 3 \end{pmatrix} \cdot \begin{pmatrix} 3 \\ 2 \\ 1 \end{pmatrix}$

Lösungen
$-8; -3; -2; 0; 4$

Übungen

4 *Hinsehen und Nachrechnen*

Nehmen Sie Stellung zu den Berechnungen.

a) $\begin{pmatrix} 2 \\ 4 \\ -3 \end{pmatrix} \cdot \begin{pmatrix} 1 \\ 0{,}5 \\ -3 \end{pmatrix} = \begin{pmatrix} 2 \\ 2 \\ 9 \end{pmatrix}$ b) $\begin{pmatrix} 1 \\ 1 \\ 1 \end{pmatrix} \cdot \begin{pmatrix} 1 \\ 1 \\ 1 \end{pmatrix} = 1$ c) $\begin{pmatrix} 0 \\ 1 \\ 1 \end{pmatrix} \cdot \begin{pmatrix} 1 \\ 0 \\ 0 \end{pmatrix} = 3$ d) $\begin{pmatrix} 1 \\ 2 \\ 3 \end{pmatrix} \cdot \begin{pmatrix} 2 \\ 3 \\ 1 \end{pmatrix} = 11$

5 *Senkrechte Vektoren suchen*

a) Bestimmen Sie zwei nicht kollineare Vektoren $\vec{x} = \begin{pmatrix} x_1 \\ x_2 \\ x_3 \end{pmatrix}$ und $\vec{y} = \begin{pmatrix} y_1 \\ y_2 \\ y_3 \end{pmatrix}$, die senkrecht zu $\vec{a} = \begin{pmatrix} 1 \\ 0 \\ 1 \end{pmatrix}$ sind.

b) Ermitteln Sie einen Vektor $\vec{x} = \begin{pmatrix} x_1 \\ x_2 \\ x_3 \end{pmatrix}$, der zu $\vec{a} = \begin{pmatrix} 1 \\ 0 \\ 1 \end{pmatrix}$ und $\vec{b} = \begin{pmatrix} 2 \\ 2 \\ 1 \end{pmatrix}$ senkrecht ist.

6 *Geometrische Beziehung und Skalarprodukt*

Drücken Sie die Beziehungen mithilfe des Skalarproduktes aus.

a) Das Viereck ABCD ist ein Rechteck.

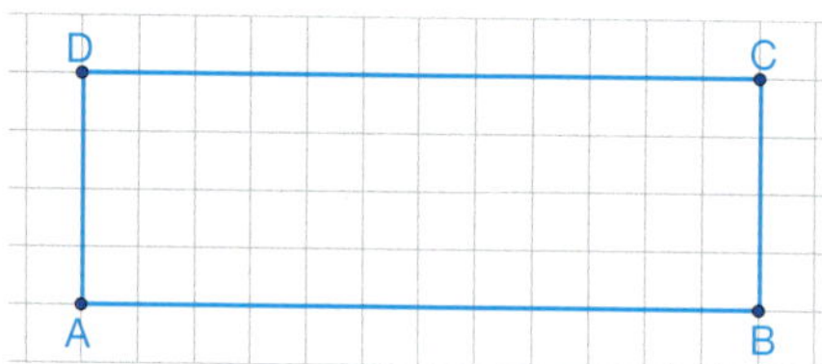

b) Die Vektoren $\vec{a}$ und $\vec{b}$ sind kollinear.

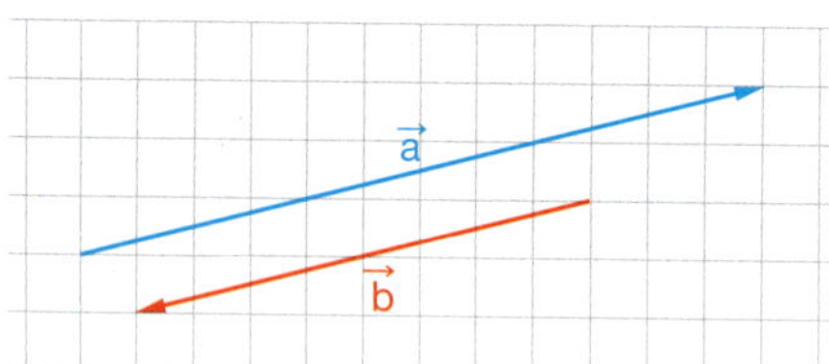

7 *Rechter Winkel*

Eine der Flächendiagonalen $\overline{EB}$ und $\overline{BG}$ steht senkrecht auf der Kante $\overline{BC}$, die andere nicht. Zeigen Sie dies rechnerisch.

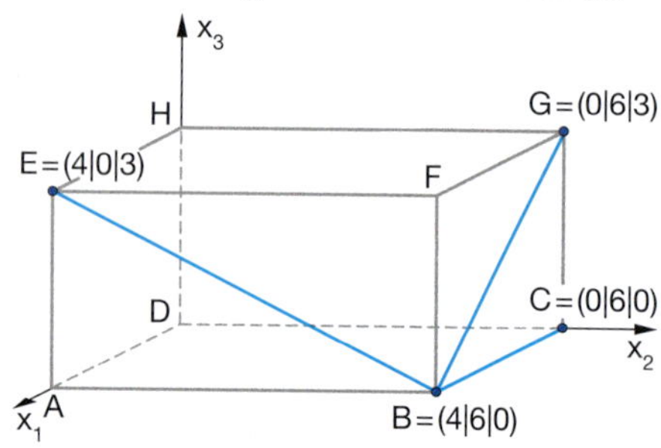

8 *Kollineare Vektoren*

Begründen Sie geometrisch und rechnerisch: Wenn die Vektoren $\vec{a}$ und $\vec{b}$ zueinander senkrecht sind, dann sind es auch die Vektoren $r\vec{a}$ und $s\vec{b}$ mit $r \neq 0$; $s \neq 0$; $r, s \in \mathbb{R}$.

9 *Winkel im Spat*

Die Vektoren $\vec{a} = \begin{pmatrix} 0 \\ 3 \\ 1{,}5 \end{pmatrix}$, $\vec{b} = \begin{pmatrix} 4 \\ 4 \\ 4 \end{pmatrix}$ und $\vec{c} = \begin{pmatrix} 2 \\ 6 \\ 1 \end{pmatrix}$ spannen einen Spat auf.

a) Berechnen Sie die Kantenlängen des Spates und die Winkel in O.

b) Wie ändern sich die Winkelgrößen, wenn die Kantenlängen des Spates verdoppelt werden? Begründen Sie geometrisch und rechnerisch.

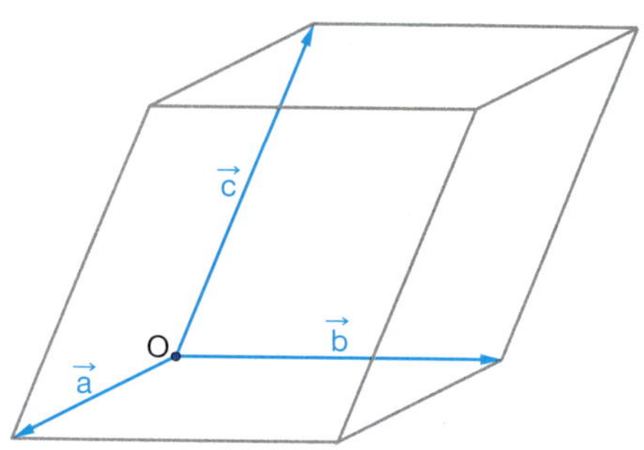

Spat

Aus einem Lexikon:

Als Spat (auch Parallelflach oder Parallelepiped) bezeichnet man in der Geometrie einen Körper, der von sechs paarweise kongruenten Parallelogrammen begrenzt wird. Die Bezeichnung Spat rührt vom Kalkspat (Calcit, chemisch: $CaCO_3$) her, dessen Kristalle die Form eines Parallelflachs aufweisen.

Übungen

10 *Winkel und Ergänzungswinkel*

Martin will den Winkel ε bestimmen.
Er schätzt 60°.
Rechnerisch bestimmt er ε mithilfe des Skalarproduktes der Vektoren

$\overrightarrow{AC} = \begin{pmatrix} 4 \\ 2 \end{pmatrix}$ und $\overrightarrow{CB} = \begin{pmatrix} 0 \\ -2 \end{pmatrix}$ und erhält

$\cos(\varepsilon) = \frac{\begin{pmatrix} 4 \\ 2 \end{pmatrix} \cdot \begin{pmatrix} 0 \\ -2 \end{pmatrix}}{\sqrt{20} \cdot \sqrt{4}} = \frac{-4}{4 \cdot \sqrt{5}}$, also $\varepsilon \approx 116{,}6°$.

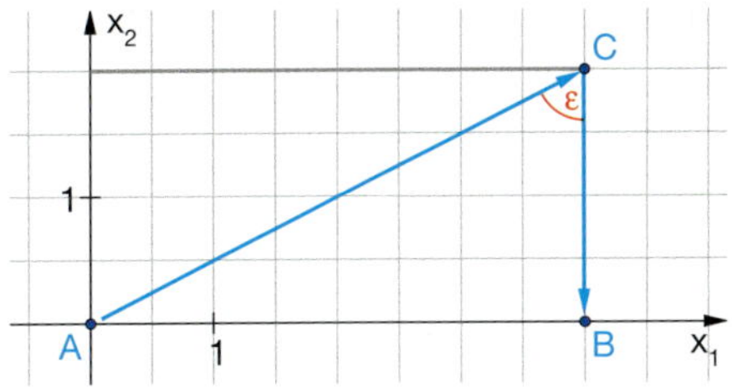

a) Wie kann das passieren? Bestimmen Sie ε mithilfe der Trigonometrie.

b) Bestimmen Sie ε mit $\overrightarrow{CA}$ und $\overrightarrow{CB}$. Bestimmen Sie ε ebenfalls mit $\overrightarrow{AC}$ und $\overrightarrow{BC}$. Was stellen Sie fest?

11 *Gestreckte Pyramide*

Wie verändern sich in der quadratischen Pyramide die Winkel γ und ε, wenn die Höhe der Pyramide verdoppelt wird? Schätzen und berechnen Sie.

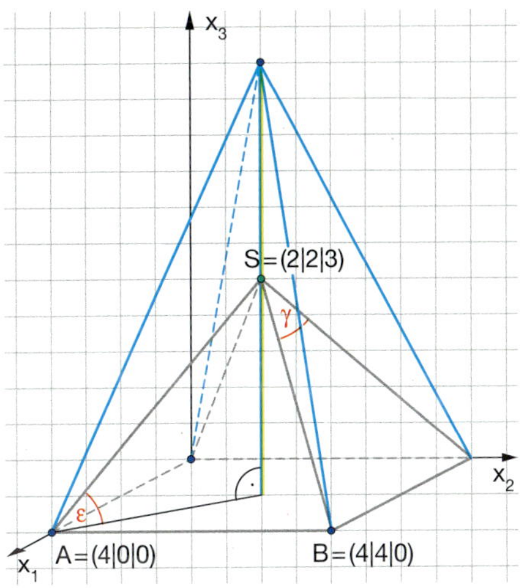

12 *Längen und Winkel*

Geometrie

Bestimmen Sie im Einheitswürfel die Längen der Strecken $\overline{AC}$, $\overline{AG}$ und $\overline{HC}$ sowie die Winkel ∢(AG, AB); ∢(AG, AC); ∢(AG, CG) sowohl elementargeometrisch mit rechtwinkligen Dreiecken als auch mit dem Skalarprodukt von Vektoren.
Vergleichen Sie die beiden Lösungswege.

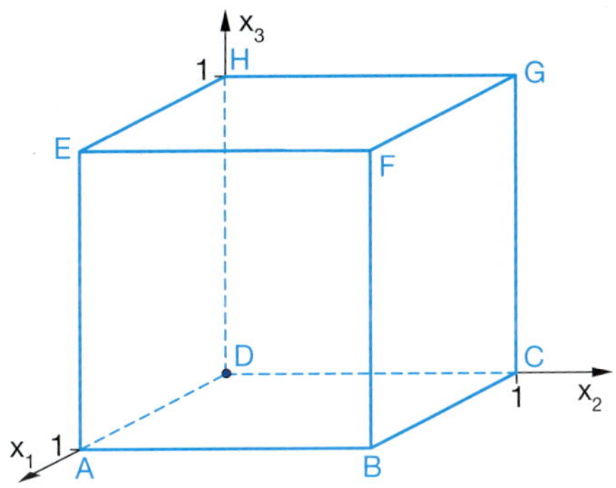

13 *Senkrechte Vektoren im Würfel*

Welche der auf dem Würfel eingezeichneten Vektoren stehen senkrecht zueinander? Schätzen Sie und rechnen Sie nach.

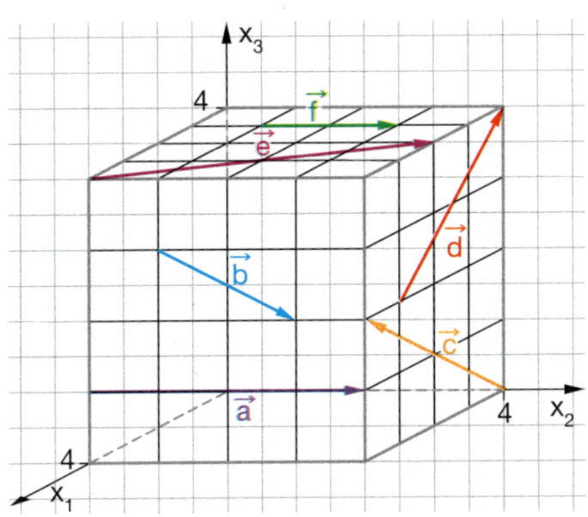

14 *Quadrat*

Bestimmen Sie D rechnerisch so, dass das Viereck ABCD mit A = (0|0|1), B = (0|5|1) und C = (3|5|5) ein Quadrat ist.
Verschiedene Wege sind möglich.

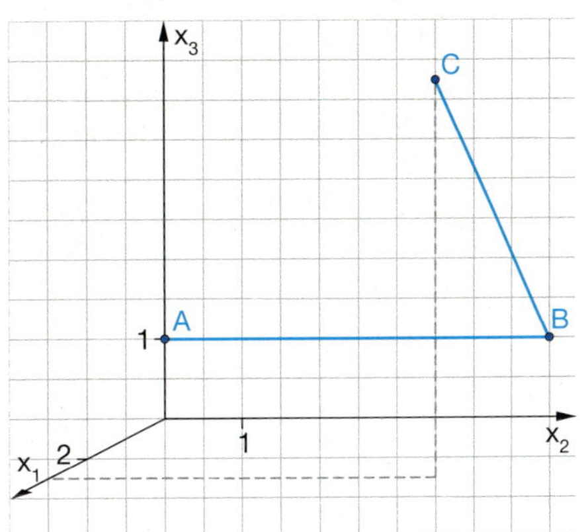

Übungen

zu den Aufgaben 15 bis 20:

Geometrie

15 *Winkel in quadratischer Pyramide*

Schätzen und berechnen Sie jeweils die Größen der eingezeichneten Winkel δ, φ und ε.

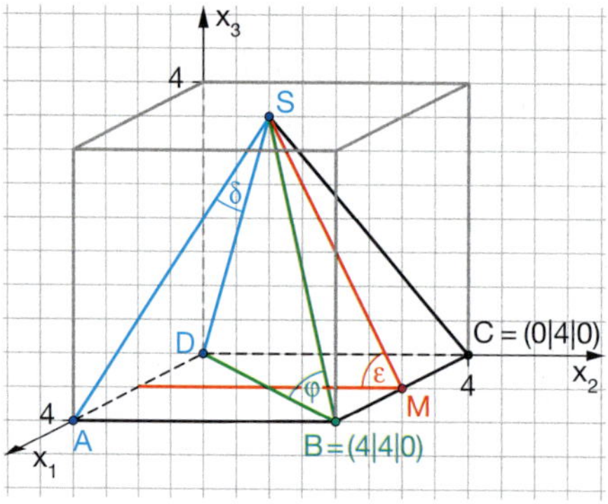

16 *Oktaeder*

Die Kanten eines Oktaeders sind gleich lang. Weisen Sie rechnerisch nach, dass die angegebene Figur ein Oktaeder ist.

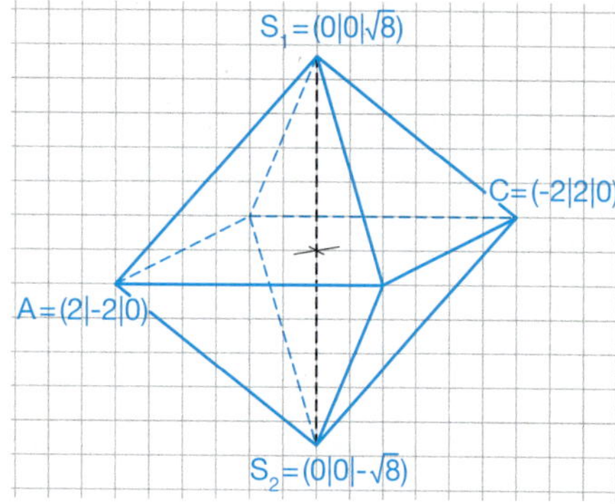

17 und **18**:
Hier helfen Geradengleichung
g: $\vec{x} = \vec{a} + t\vec{v}$
oder Ebenengleichung
E: $\vec{x} = \vec{a} + r\vec{v} + s\vec{w}$.

17 *Raumdiagonalen im Würfel*

a) Berechnen Sie den Schnittwinkel zweier Raumdiagonalen im Einheitswürfel.

b) Ändert sich der Winkel in einem Würfel mit der Kantenlänge a? Begründen Sie geometrisch und rechnerisch.

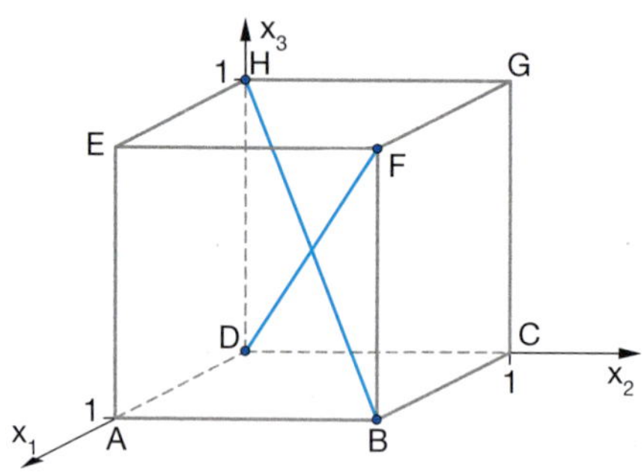

18 *Quadrat oder Raute?*

In einem Würfel mit der Kantenlänge a werden zwei Flächen- und zwei Kantenmittelpunkte zu einem Viereck verbunden. Handelt es sich um ein ebenes Viereck? Welche Form hat es? Stellen Sie Vermutungen auf und überprüfen Sie diese rechnerisch.

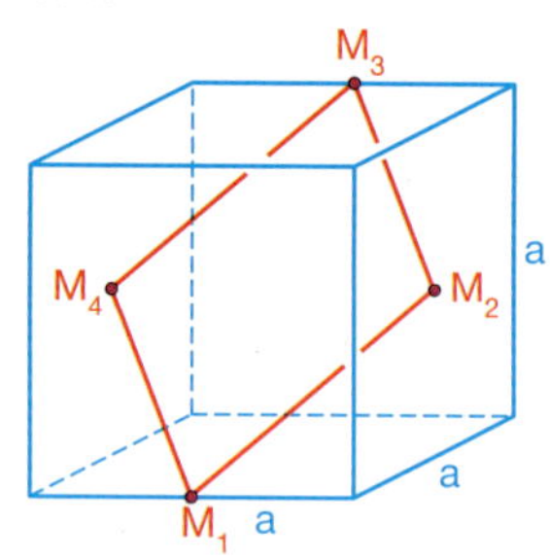

Ein Viereck ist ein ebenes Viereck, wenn sich die Diagonalen schneiden.

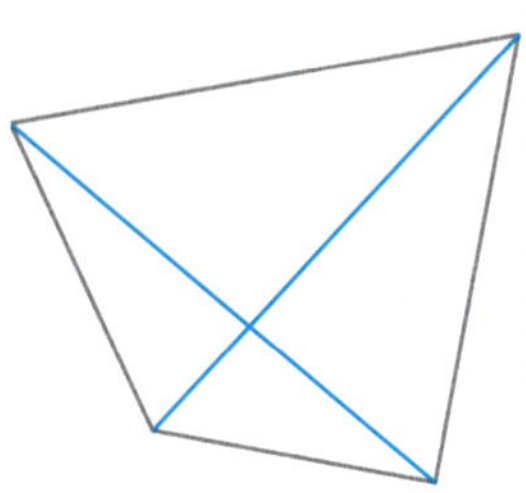

19 *Winkelsumme im Viereck*

a) Bestimmen Sie die Innenwinkel im Viereck ABCD mit A = (4 | 0 | 2), B = (6 | 6 | 0), C = (0 | 8 | 4) und D = (0 | 0 | 0).
Was fällt auf? Woran liegt das?

b) Verändern Sie D so, dass das Viereck eine Winkelsumme von 360° hat.

20 *Viereck in quadratischer Pyramide*

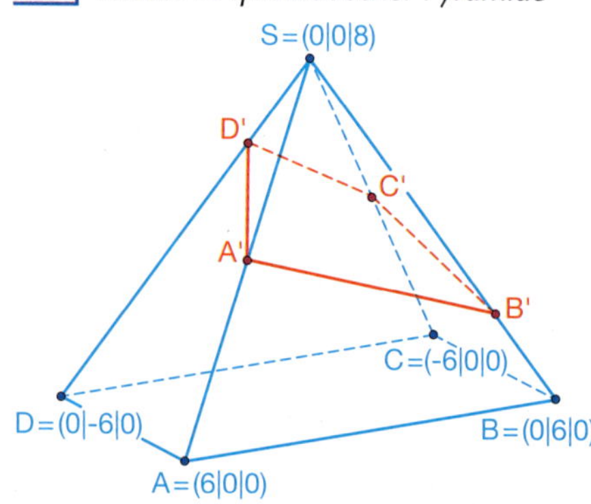

Die Punkte A′, B′, C′ und D′ liegen in unterschiedlichen Höhen zur Pyramidengrundfläche auf den Pyramidenkanten: B′ auf der Höhe 2, A′ und C′ auf der Höhe 4 und D′ auf der Höhe 6.
Ist A′B′C′D′ ein ebenes Viereck?

Übungen

21 *Geometrische Beziehungen und Vektorgleichungen*

Geometrische Beziehungen können mithilfe von Vektorgleichungen beschrieben werden.
Welche Gleichung passt zu welchem Bild?

Ⓐ $(\vec{a}+\vec{b})\cdot(\vec{a}-\vec{b})=0$ Ⓑ $(\vec{b}-\vec{a})\cdot\vec{a}=0$ Ⓒ $|\vec{a}+\vec{b}|=|\vec{a}-\vec{b}|$

Ⓘ rechtwinkliges Dreieck

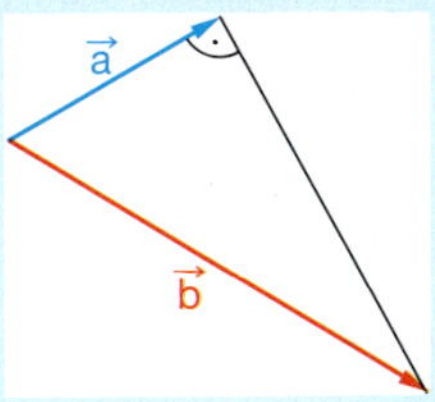

Ⓘⓘ Quadrat

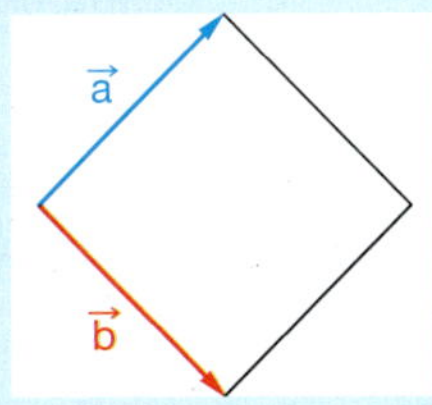

Ⓘⓘⓘ Rechteck

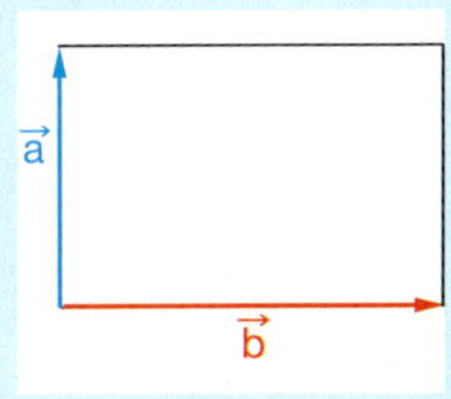

22 *Vierecke*

Ⓘ

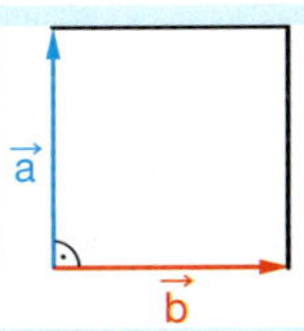

Quadrat

Ⓘⓘ

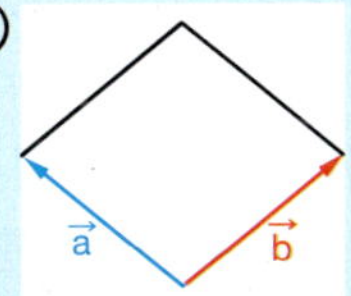

Raute

Ⓘⓘⓘ

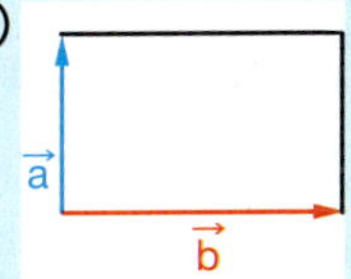

Rechteck

Ⓘⓥ

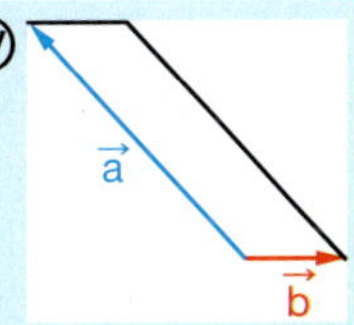

Parallelogramm

Welche Figur wird durch $\vec{x}=r\vec{a}+s\vec{b}$ mit $0\le r,s\le 1$ beschrieben?

Ⓐ $\vec{a}=\begin{pmatrix}1\\2\\3\end{pmatrix},\ \vec{b}=\begin{pmatrix}-2\\1\\0\end{pmatrix}$ Ⓑ $\vec{a}=\begin{pmatrix}-1\\-3\\5\end{pmatrix},\ \vec{b}=\begin{pmatrix}4\\2\\3\end{pmatrix}$ Ⓒ $\vec{a}=\begin{pmatrix}4\\2\\5\end{pmatrix},\ \vec{b}=\begin{pmatrix}-3\\6\\0\end{pmatrix}$ Ⓓ $\vec{a}=\begin{pmatrix}5\\6\\1\end{pmatrix},\ \vec{b}=\begin{pmatrix}2\\7\\3\end{pmatrix}$

KOPFÜBUNGEN

1 Bei einer Lotterie steht auf 10 % der Lose „Gewinn 5 €“, auf 20 % der Lose „Gewinn 2 €“ und auf 50 % der Lose „Gewinn 1 €“. Die anderen Lose sind Nieten. Bestimmen Sie den Preis der Lose, sodass der Veranstalter
a) insgesamt keinen Gewinn macht,
b) im Mittel pro Los mindestens 50 ct verdient.

2 Geben Sie jeweils eine passende lineare Funktionsgleichung an:
a) Der Graph verläuft durch den 1., 2. und 4. Quadranten.
b) Der Graph hat eine positive Steigung und schneidet die x-Achse in $(4|0)$.
c) Die Graph ist parallel zur x-Achse und verläuft durch den Punkt $\left(-\frac{1}{2}\middle|-\frac{3}{5}\right)$.

3 Ein Tauchboot bewegt sich nahezu konstant pro Minute um den Vektor $\vec{v}=\begin{pmatrix}2\\1\\2\end{pmatrix}$. Ändern Sie genau eine Koordinate so, dass es sich um einen Tauchvorgang handelt und sich das Boot dabei
a) mit der gleichen Geschwindigkeit bewegt,
b) mit der doppelten Geschwindigkeit bewegt.

4 Geben Sie alle möglichen Werte für a, b und c so an, dass M eine stochastische Matrix ist: $M=\begin{pmatrix}a & b & c\\0 & b & c\\a & b & 1-2c\end{pmatrix}$

Aufgaben

23 *Eine andere Definition des Skalarprodukts – koordinatenfrei*

Aus der Winkelbeziehung des Skalarprodukts folgt koordinatenfrei unmittelbar $\vec{a} \cdot \vec{b} = |\vec{a}| \cdot |\vec{b}| \cdot \cos(\gamma)$.

Zeigen Sie mit dieser Definition:

a) Wenn $\vec{a} = r\vec{b}$ ist, dann ist $\vec{a} \cdot \vec{b}$ gleich dem Flächeninhalt des Rechtecks mit den Kantenlängen $|\vec{a}|$ und $|\vec{b}|$.

b) Wenn $\vec{a}$ nicht kollinear zu $\vec{b}$ ist, dann ist $\vec{a} \cdot \vec{b}$ gleich dem Flächeninhalt des Rechtecks mit der Kantenlänge $|\vec{a}|$ und der Länge der Projektion von $\vec{b}$ auf $\vec{a}$ (auch $\vec{b}_{\vec{a}}$).

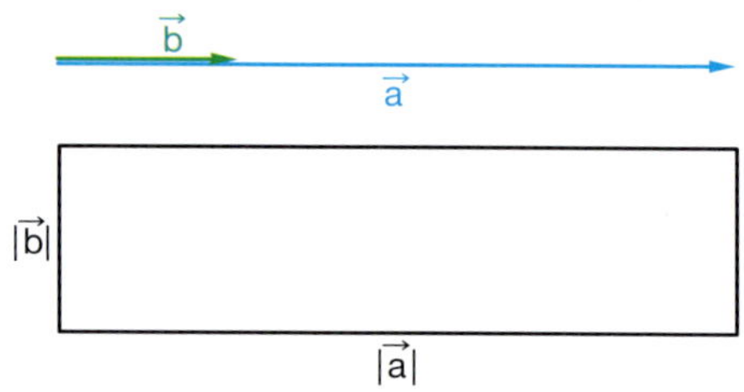

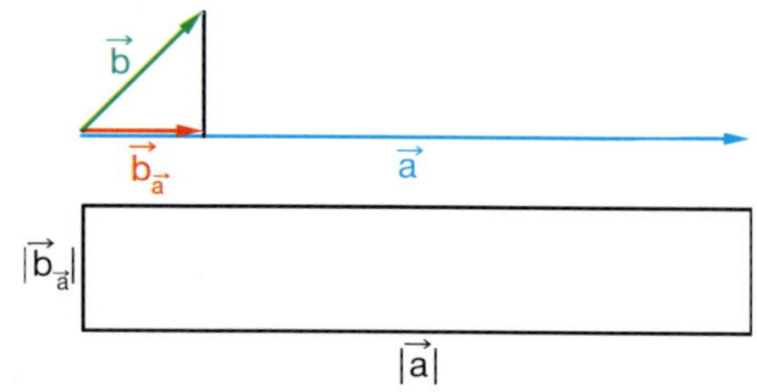

Vektoren in der Physik

In der Physik gibt es Größen, bei denen sowohl der Betrag als auch die Richtung eine Rolle spielen, zum Beispiel Geschwindigkeiten und Kräfte. Wenn man diese Größen als Vektoren beschreibt, so lassen sich manche physikalische Probleme durch das Rechnen mit Vektoren übersichtlich darstellen und lösen.

Vektoraddition bei der Flussüberquerung

Die Fähre möchte den Fluss auf möglichst kurzem Weg überqueren. Hierbei spielen zwei Geschwindigkeiten eine Rolle: Die Strömungsgeschwindigkeit des Flusses v_F und die Eigengeschwindigkeit v_B des Bootes. Es gilt für die tatsächliche Geschwindigkeit v des Bootes: $\vec{v} = \vec{v}_F + \vec{v}_B$

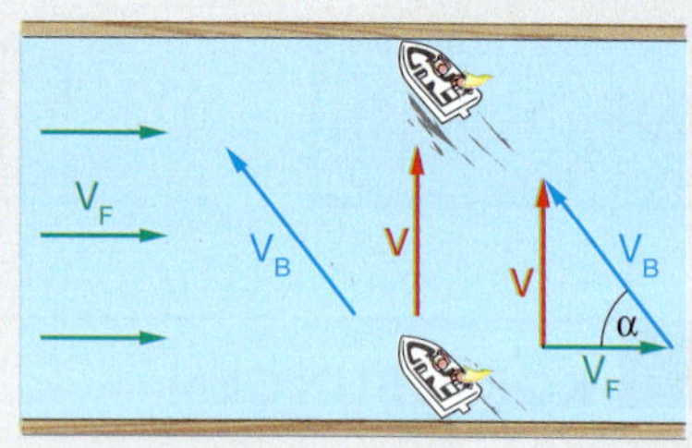

Daraus lassen sich Richtung und Betrag von $\vec{v}$ ablesen.

Skalarprodukt bei der Arbeit

Ein Draisinenfahrzeug wird zum Rangieren mit einem Seil gezogen. Wenn die Kraft $\vec{F}$ und der zurückgelegte Weg $\vec{s}$ in der Richtung übereinstimmen, dann kann man die aufgewendete Arbeit W als Produkt „Kraft mal Weg" $W = |\vec{F}| \cdot |\vec{s}|$ berechnen. Falls die Kraft $\vec{F}$ nicht in Richtung des Weges $\vec{s}$ wirkt, müssen wir den Kraftvektor $\vec{F}$ in zwei Komponenten zerlegen, nämlich in eine Komponente $\vec{F}_1$, die in Richtung von $\vec{s}$ wirkt und eine Komponente $\vec{F}_2$, die senkrecht zu $\vec{s}$ wirkt. Nur die Komponente $\vec{F}_1$ liefert dann einen Beitrag zur Arbeit.

Es gilt: $W = |\vec{F}| \cdot |\vec{s}| \cdot \cos\sphericalangle(\vec{F}, \vec{s})$.

Dies ist nichts anderes als das Skalarprodukt von $\vec{F}$ und $\vec{s}$: $W = \vec{F} \cdot \vec{s}$.

Der erste Fall lässt sich als Spezialfall mit dem Skalarprodukt darstellen, denn es gilt $\sphericalangle(\vec{F}, \vec{s}) = 0°$ und damit $\cos\sphericalangle(\vec{F}, \vec{s}) = 1$.

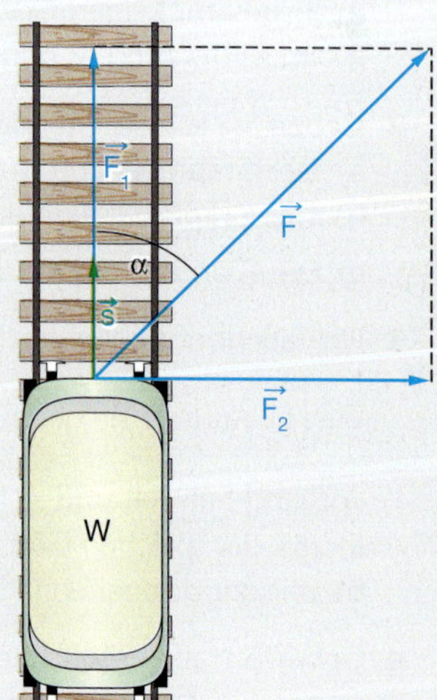

8.2 Winkel zwischen Geraden

Was Sie erwartet

Mit Tetraedern und Oktaedern gleicher Kantenlänge lässt sich der Raum lückenlos füllen. Dies hat etwas mit den Winkeln zwischen den Seitenflächen dieser beiden Platonischen Körper zu tun. Dabei können Kanten in verschiedenen Winkeln aufeinander treffen. Mithilfe der Formel für die Berechnung von Winkeln zwischen zwei Vektoren können nun auch Winkel zwischen Geraden bestimmt werden.

Aufgaben

1 *Orthogonale Vektoren*

a) Welche der Vektoren sind orthogonal zur Geraden?

Gerade in der Ebene

$$g: \vec{x} = \begin{pmatrix} 2 \\ 3 \end{pmatrix} + t\begin{pmatrix} -4 \\ 5 \end{pmatrix}$$

$$\vec{a} = \begin{pmatrix} 5 \\ 4 \end{pmatrix};\ \vec{b} = \begin{pmatrix} 15 \\ 12 \end{pmatrix};\ \vec{c} = \begin{pmatrix} 5 \\ -4 \end{pmatrix}$$

Ein Vektor ist orthogonal zu einer Geraden in der Ebene, wenn er orthogonal zum Richtungsvektor der Geraden ist.

Gerade im Raum

$$h: \vec{x} = \begin{pmatrix} 2 \\ 3 \\ 1 \end{pmatrix} + t\begin{pmatrix} -1 \\ -2 \\ 5 \end{pmatrix}$$

$$\vec{a} = \begin{pmatrix} 0 \\ 5 \\ 2 \end{pmatrix};\ \vec{b} = \begin{pmatrix} 5 \\ 0 \\ 1 \end{pmatrix};\ \vec{c} = \begin{pmatrix} 2 \\ -1 \\ 0 \end{pmatrix}$$

Ein Vektor ist orthogonal zu einer Geraden im Raum, wenn er orthogonal zum Richtungsvektor der Geraden ist.

b) In den Bildern sind jeweils zu einer Geraden orthogonale Vektoren eingezeichnet. Was können Sie jeweils über die blauen, orthogonalen Vektoren in den Bildern aussagen?

Gerade in der Ebene

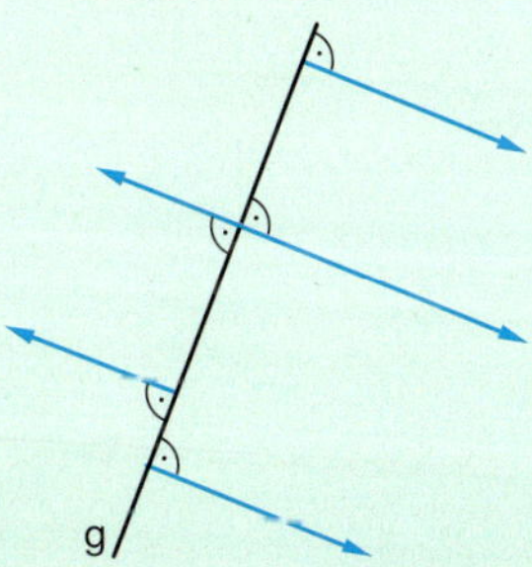

Gerade im Raum

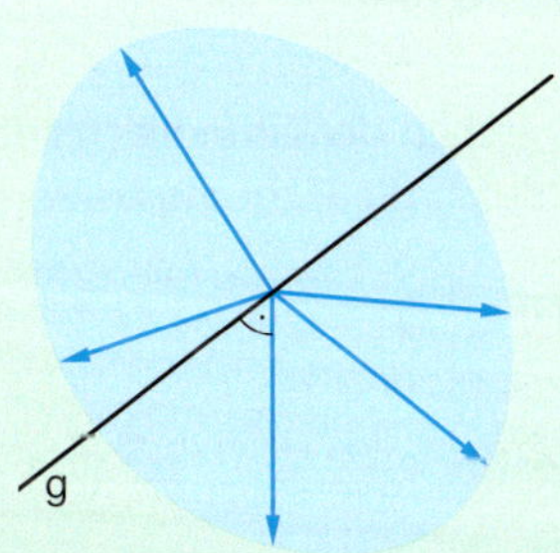

2 *Winkel zwischen Geraden*

Den Winkel zwischen zwei Vektoren können wir bereits mit dem Skalarprodukt bestimmen. Wie kann man den Winkel zwischen Geraden bestimmen? Versuchen Sie es am Beispiel.

Schnittwinkel von Geraden

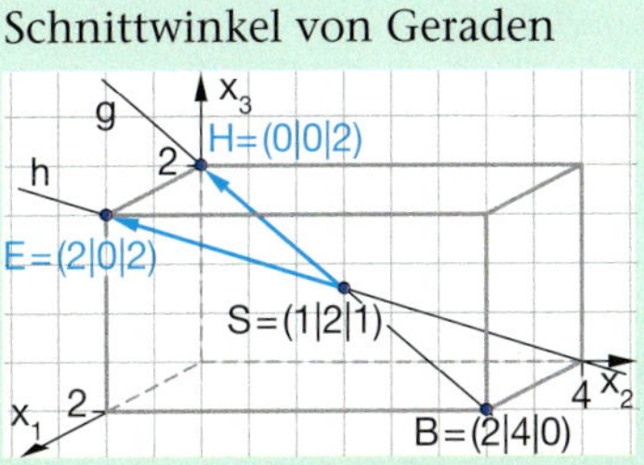

$$g: \vec{x} = \begin{pmatrix} 1 \\ 2 \\ 1 \end{pmatrix} + t\begin{pmatrix} -1 \\ -2 \\ 1 \end{pmatrix}$$

$$h: \vec{x} = \begin{pmatrix} 1 \\ 2 \\ 1 \end{pmatrix} + t\begin{pmatrix} 1 \\ -2 \\ 1 \end{pmatrix}$$

Basiswissen

Mithilfe der Formel für die Berechnung des Winkels zwischen zwei Vektoren können Winkel zwischen Geraden bestimmt werden.

Eigentlich dürfen wir nicht von **dem** Winkel zwischen zwei Geraden sprechen, sondern von zwei Winkeln, die sich zu 180° ergänzen. Welchen dieser Winkel wir suchen, hängt von der jeweiligen Situation ab.

Winkel zwischen Geraden

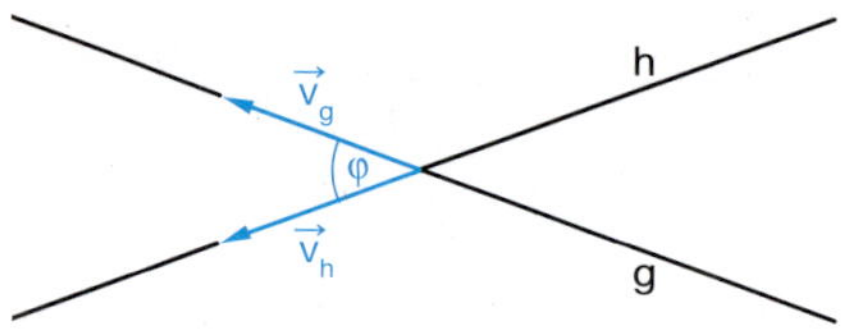

Der Winkel zwischen zwei Geraden, die sich schneiden, ist der Winkel zwischen den Richtungsvektoren.

$$g: \vec{x} = \begin{pmatrix} 3 \\ -1 \\ 4 \end{pmatrix} + t\begin{pmatrix} 2 \\ -2 \\ -1 \end{pmatrix} \qquad h: \vec{x} = \begin{pmatrix} 3 \\ -1 \\ 4 \end{pmatrix} + t\begin{pmatrix} 4 \\ 0 \\ 3 \end{pmatrix}$$

$$\cos(\varphi) = \frac{\begin{pmatrix} 2 \\ -2 \\ -1 \end{pmatrix} \cdot \begin{pmatrix} 4 \\ 0 \\ 3 \end{pmatrix}}{\sqrt{9} \cdot \sqrt{25}} = \frac{5}{15} = \frac{1}{3} \Rightarrow \varphi \approx 70{,}5°$$

Beispiele

A *Winkel in Pyramide*

Beschreiben Sie die Winkel α, β, γ und berechnen Sie deren Größe.

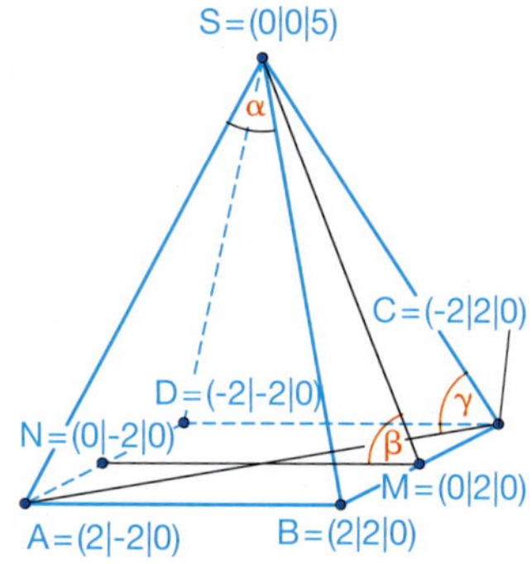

Lösung:

α ist der Winkel zwischen zwei Kanten. Die Kanten haben die Richtungsvektoren $\overrightarrow{SA} = \begin{pmatrix} 2 \\ -2 \\ -5 \end{pmatrix}$ und $\overrightarrow{SB} = \begin{pmatrix} 2 \\ 2 \\ -5 \end{pmatrix}$.

Mit der Formel $\cos(\alpha) = \frac{\overrightarrow{SA} \cdot \overrightarrow{SB}}{|\overrightarrow{SA}| \cdot |\overrightarrow{SB}|}$ erhält man $\cos(\alpha) = \frac{25}{33}$; also $\alpha \approx 40{,}7°$.

β ist der Winkel zwischen der Grundfläche und einer Seitenfläche. Er wird bestimmt durch die Richtungsvektoren

$\overrightarrow{MS} = \begin{pmatrix} 0 \\ -2 \\ 5 \end{pmatrix}$ und $\overrightarrow{MN} = \begin{pmatrix} 0 \\ -4 \\ 0 \end{pmatrix}$.

Mit der Formel $\cos(\beta) = \frac{\overrightarrow{MS} \cdot \overrightarrow{MN}}{|\overrightarrow{MS}| \cdot |\overrightarrow{MN}|}$ erhält man $\beta \approx 68{,}2°$.

γ ist der Winkel zwischen der Kante CS und der Bodendiagonalen CA.

Die Kante CS hat den Richtungsvektor $\overrightarrow{CS} = \begin{pmatrix} 2 \\ -2 \\ 5 \end{pmatrix}$; die Bodendiagonale $\overrightarrow{CA} = \begin{pmatrix} 4 \\ -4 \\ 0 \end{pmatrix}$.

Mit der Formel erhält man $\gamma \approx 60{,}5°$.

Übungen

3 *Winkel der Raumdiagonalen im Quader – Schätzen und Rechnen*

a) Welche Winkel bildet die Raumdiagonale mit den drei Achsen?

b) Weisen Sie nach, dass im Würfel die Winkel der Raumdiagonalen mit den drei Achsen gleich groß sind.

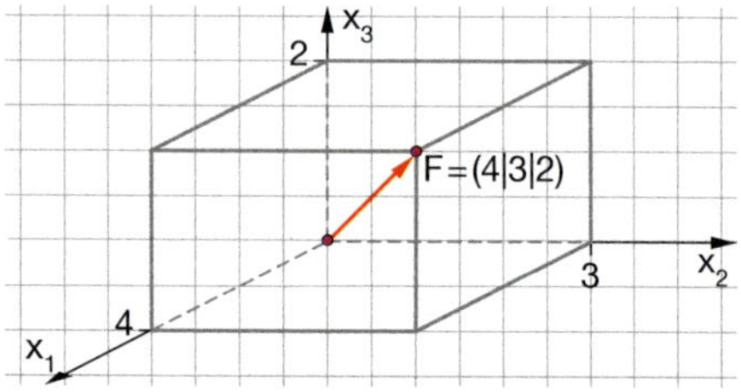

Übungen

4 *Winkel in einer Pyramide*

a) Bestimmen Sie den Winkel α zwischen den rot eingezeichneten Linien.
b) Bestimmen Sie den Winkel β zwischen den grün eingezeichneten Linien.
Vergleichen Sie die beiden Winkel.

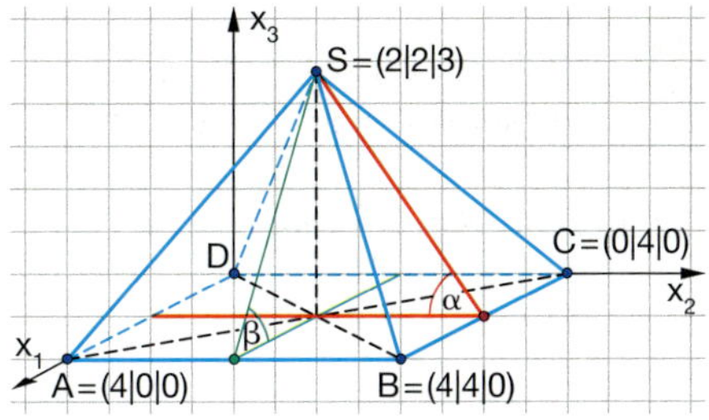

Geht der Vergleich auch ohne Rechnung?

5 *Winkel im Würfel*

Welcher Winkel wird jeweils im Würfel bestimmt?

a) $\cos(\alpha) = \frac{1 \cdot 1 + 1 \cdot 1 + 1 \cdot 0}{\sqrt{3} \cdot \sqrt{2}}$

b) $\cos(\beta) = \frac{1 \cdot 1 + 0 \cdot 0 + 0 \cdot 1}{1 \cdot \sqrt{2}}$

c) $\cos(\gamma) = \frac{1 \cdot 1 + 1 \cdot 1 + 1 \cdot (-1)}{\sqrt{3} \cdot \sqrt{3}}$

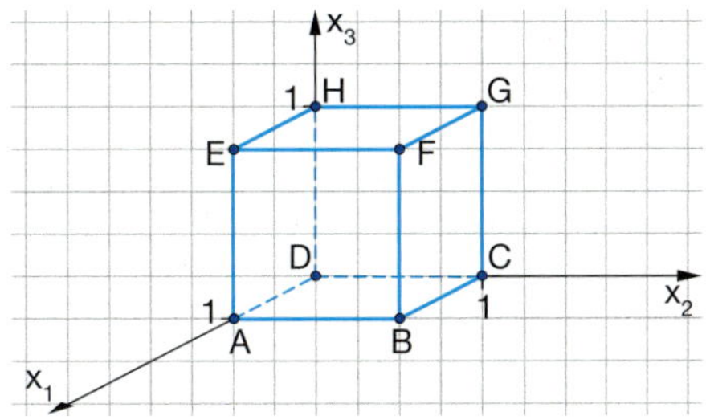

6 *Zum Nachdenken*

Kann man auch den Winkel zwischen windschiefen Geraden berechnen?

7 *Winkel zwischen Geraden*

a) Bestimmen Sie die Winkelgrößen in einer Seitenfläche.
b) Wie groß ist der Winkel zwischen einer Seitenfläche und der Grundfläche?

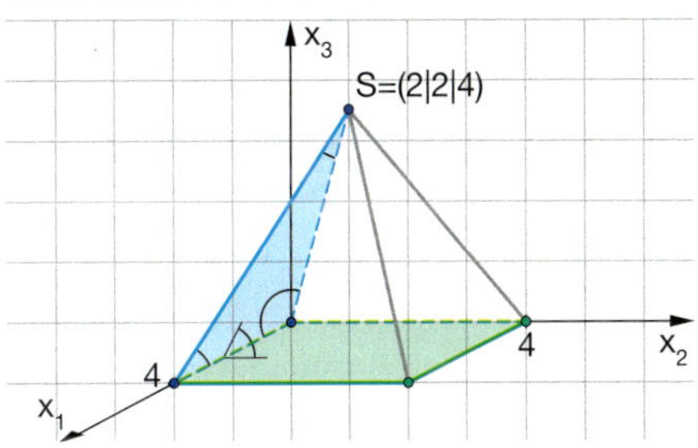

8 *Doppelwürfel*

a) Ist das Dreieck ECL rechtwinklig?
b) Finden Sie noch weitere rechtwinklige Dreiecke mit Ecken auf dem Doppelwürfel, die nicht auf der Oberfläche liegen.

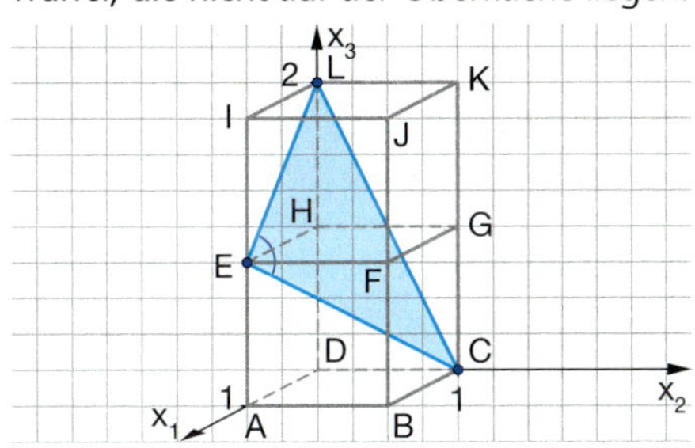

9 *Winkel zwischen Geraden*

Gibt es unter den drei Geraden g, h und k im Würfel zwei, die orthogonal zueinander sind?
Stellen Sie eine Vermutung auf und berechnen Sie dann die Winkel zwischen je zwei der drei Geraden.

$g: \vec{x} = \begin{pmatrix}2\\0\\2\end{pmatrix} + r\begin{pmatrix}0\\1\\0\end{pmatrix}$, $h: \vec{x} = \begin{pmatrix}0\\2\\0\end{pmatrix} + s\begin{pmatrix}1\\0\\1\end{pmatrix}$, $k: \vec{x} = t\begin{pmatrix}1\\1\\1\end{pmatrix}$

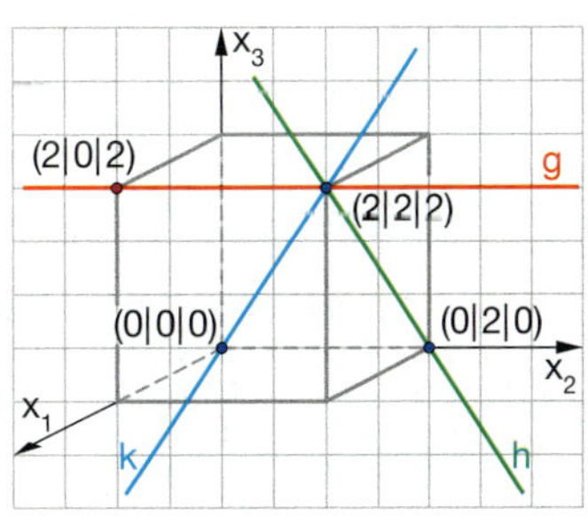

10 *Pyramidenstumpf*

Von einer quadratischen Pyramide wurde die Spitze abgeschnitten.
Welcher Winkel ist größer: Der Winkel zwischen den Kanten BF und FG oder der Winkel zwischen den Kanten AB und BC?
Vermuten Sie erst und überprüfen Sie Ihre Vermutung durch Rechnung an einem selbst gewählten Beispiel.

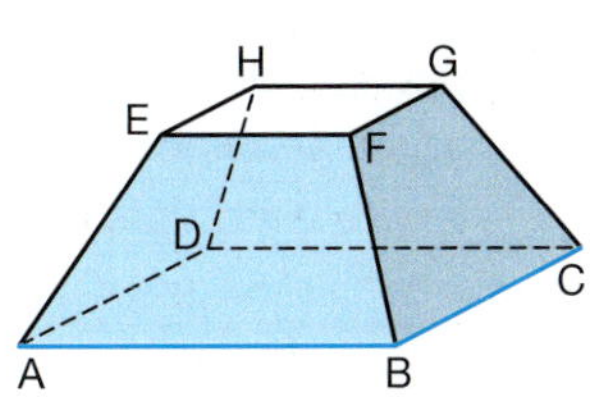

Übungen

11 *Orthogonalität – Schätzen und Rechnen*

Die Ebenen in den folgenden drei Abbildungen werden von den Raumdiagonalen d orthogonal geschnitten.

Begründen Sie dies rechnerisch mithilfe des Punktes N.

Würfel mit Kantenlänge 1

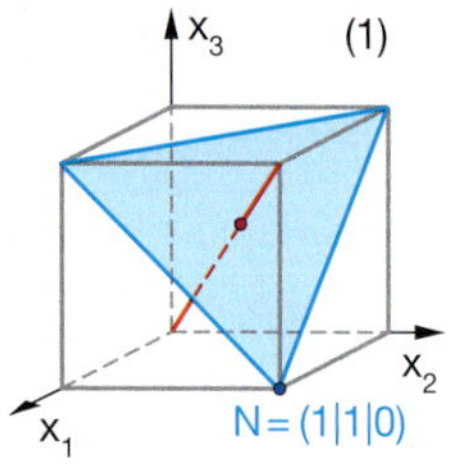

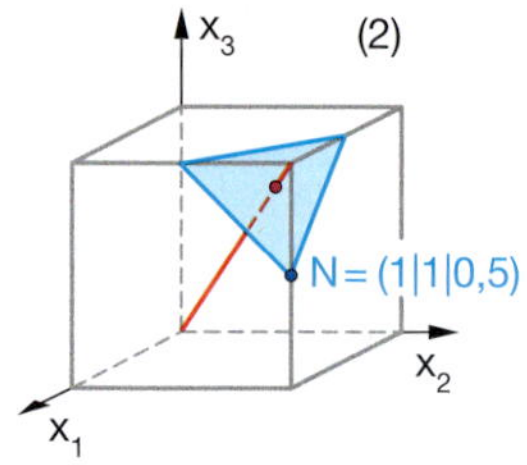

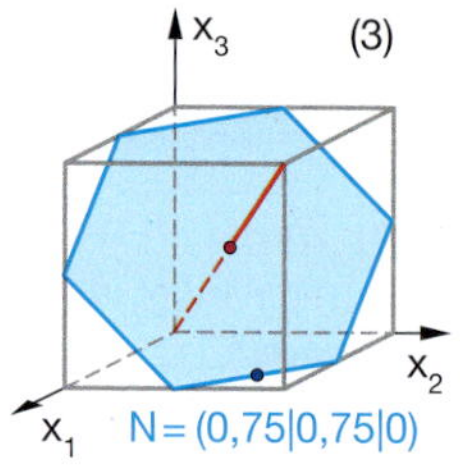

12 *Winkel in Walmdächern*

Zwei Walmdächer unterscheiden sich lediglich in der Länge des Dachfirstes (Strecke $\overline{EF}$).

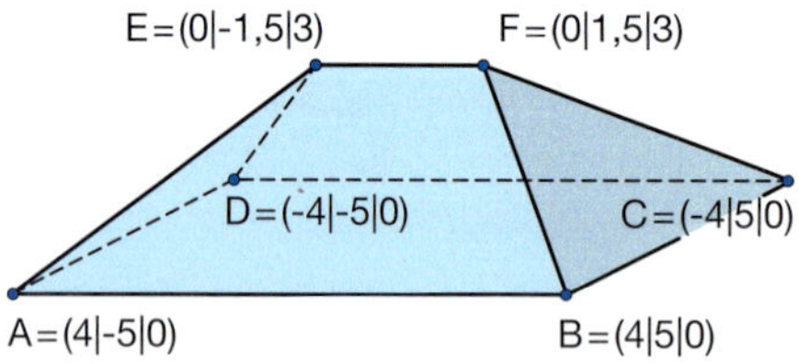

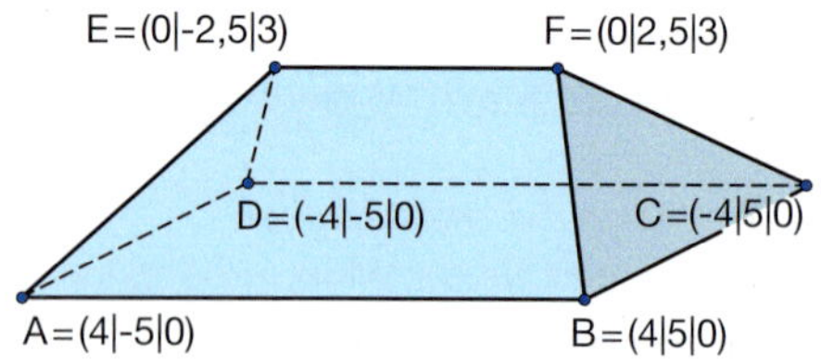

Wie ändern sich die Winkel α und β, wenn der Dachfirst länger wird? Begründen Sie Ihre Entscheidung geometrisch und überprüfen Sie rechnerisch an einem Beispiel.

α: Winkel zwischen den Trapezflächen und dem Boden.

β: Winkel zwischen den Dreiecksflächen und dem Boden.

experimentieren
vermuten
überprüfen

13 *Experimentieraufgabe*

Die Höhe h kann verändert werden. Wann ist der Winkel β am kleinsten bzw. am größten? Wie groß sind diese Winkel? Wie groß ist der Winkel β, wenn B* auf der Mitte der Kante $\overline{CG}$ liegt?

Geometrie

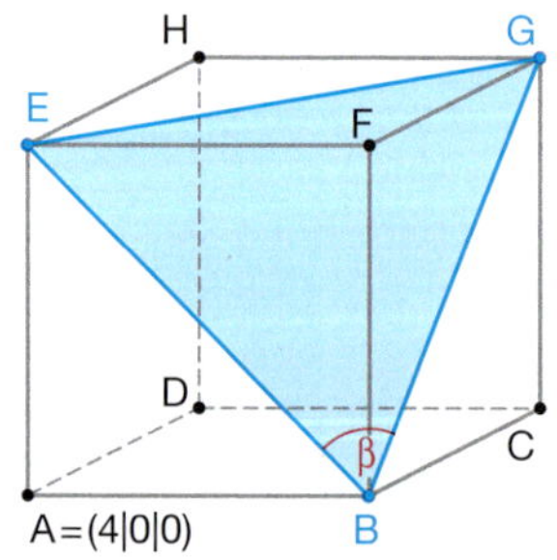

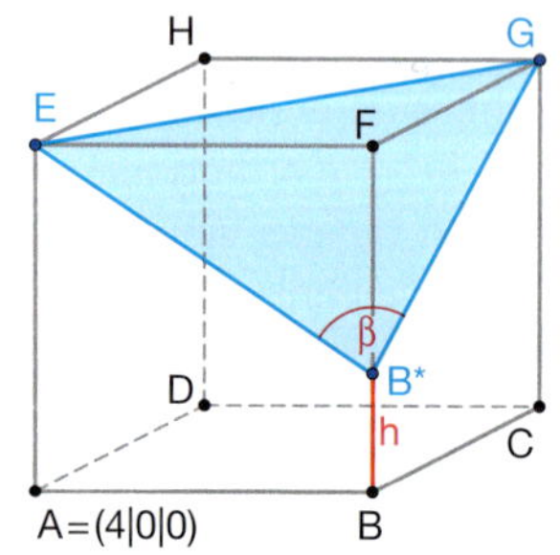

Die folgenden Strategien können helfen:

Was passiert, wenn B nach oben geschoben wird? – ansehen und nachdenken.

„Randsituationen" betrachten.

Den Winkel für einige festgelegte Höhen berechnen.

Für Experten eine Verbindung zur Analysis:

Der Kosinus des Winkels lässt sich als Funktion darstellen: $f(h) = \frac{h^2 - 8h + 16}{h^2 - 8h + 32}$

Am Graphen lassen sich das Maximum und das Minimum ablesen.

Übungen

14 *Lagerhalle*

a) Zeigen Sie, dass die Eckpunkte der Dachfläche in einer Ebene liegen.

b) Aus Sicherheitsgründen sollen zwei vertikale Träger t_1 und t_2 das Dach stabilisieren. t_1 stützt das Dach im Diagonalenschnittpunkt der Dachfläche, t_2 wird über dem Punkt $P = (1\,|\,1{,}5\,|\,0)$ errichtet.

Beschreiben Sie Ihr Vorgehen zur Bestimmung der Länge der Träger und berechnen Sie diese Längen.

c) Zeichnen Sie die Lagerhalle mit ihren Trägern in ein „2-1-Koordinatensystem".

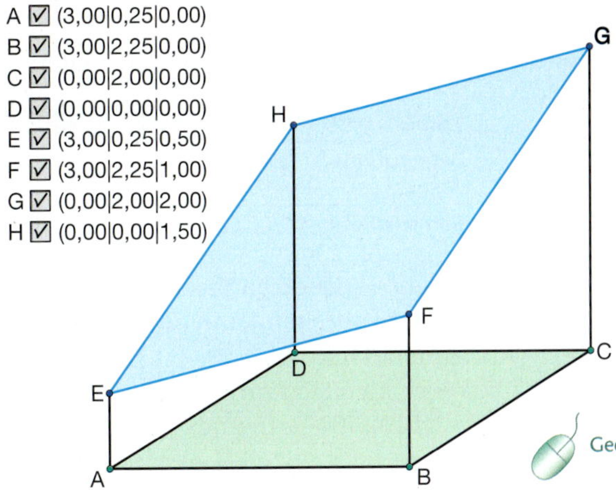

Geometrie

15 *Architektur*

Der Freihandentwurf eines Künstlers zu einem Würfelgebäude enthält folgende handschriftliche Anmerkungen:

> Grundkörper ist ein Würfel mit der Kantenlänge von 8 m.
> Die Front des Gebäudes mit dem Eingangsbereich ist so gestaltet, dass die beiden vorderen Kanten der Dachfläche genau in der Mitte enden und dann gerade und steil zum vorderen Eckpunkt des Würfels führen. In die so entstehende dreieckige Fassadenfrontfläche wird ein Mast eingezogen, der die Fassade genau in der Verlängerung der Raumdiagonalen des Würfels verlässt.

Zeichnen Sie ein aussagekräftiges Schrägbild des Würfelgebäudes.
Fertigen Sie ein passendes Netz (Bastelbogen) für den Würfelkörper und bauen Sie daraus ein maßstabsgerechtes Modell des Gebäudes.

Beantworten Sie die folgenden Fragen:
- Wo ist die Stelle, an der der Mast die Fassade verlässt?
- Unter welchem Winkel verlässt der Mast die Fassade?

KOPFÜBUNGEN

1 Lösen Sie die Gleichung: $2x + 4 = 10 + \frac{1}{2}x$

2 Der höchste Punkt des Graphen einer quadratischen Funktion berührt die x-Achse an der Stelle $x = 1$. Geben Sie zwei verschiedene Funktionsgleichungen an, auf die diese Beschreibung zutrifft.

3 Welchen Durchschnittswert kann man beim Werfen eines „fairen" Würfels bezüglich der Augenzahlen auf lange Sicht erwarten? Kann man diese Frage mithilfe des Erwartungswerts beantworten?

4 Wahr oder falsch? Die Punktmenge $\vec{x} = r\begin{pmatrix}2\\-1\\1\end{pmatrix} + s\begin{pmatrix}-4\\2\\-2\end{pmatrix}$ $(r, s \in \mathbb{R})$ stellt eine Ebene dar.

Aufgaben

Gruppenarbeit

16 *Winkel zwischen Kanten bei platonischen Körpern*
Die Winkel zwischen den Kanten lassen sich aus den regelmäßigen Begrenzungsflächen der Körper elementargeometrisch leicht ermitteln.

Körper	Tetraeder	Würfel	Oktaeder	Dodekaeder	Ikosaeder
Begrenzungsflächen	gleichseitiges Dreieck	Quadrat	■	■	■
Kantenwinkel	60°	■	■	■	■

Füllen Sie die obige Tabelle vollständig aus. Bestätigen Sie den elementargeometrisch ermittelten Kantenwinkel beim Oktaeder auch rechnerisch mithilfe des Skalarproduktes.
Verwenden Sie zum Rechnen das Oktaeder mit den Ecken $(1|0|0)$, $(0|1|0)$, $(0|0|1)$, $(-1|0|0)$, $(0|-1|0)$ und $(0|0|-1)$.

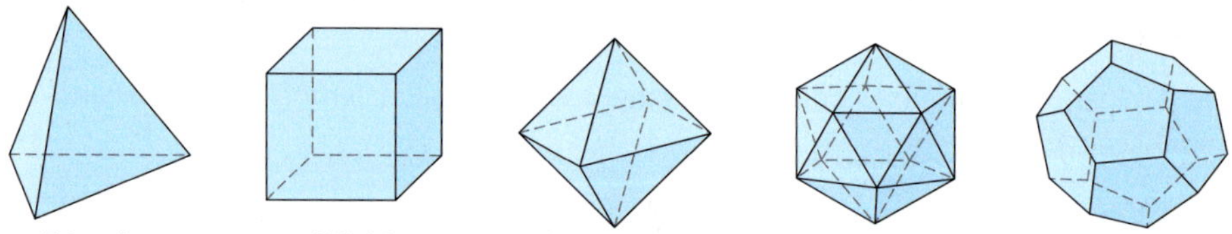

17 *Tetraederwinkel*
Der Winkel zwischen den Geraden durch den Schwerpunkt und je einen der Eckpunkte eines gleichseitigen Tetraeders wird als Tetraederwinkel bezeichnet.
Zeigen Sie, dass der Tetraederwinkel sich mit dem Flächenwinkel des Tetraeders zu 180° ergänzt.

Der Tetraederwinkel ist in der Chemie von Bedeutung. Er spielt bei der Modellierung der Bindungsstruktur des Methan-Moleküls (CH_4) eine Rolle.

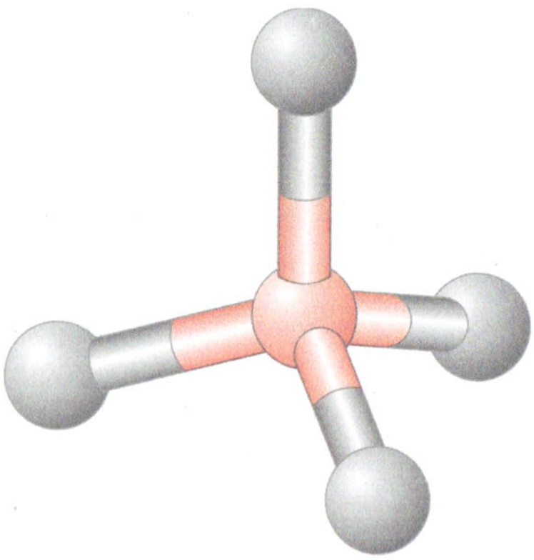

Im Tetraeder mit den Ecken $(0|0|0)$, $(1|1|0)$, $(1|0|1)$ und $(0|1|1)$ hat der Schwerpunkt die Koordinaten $(0{,}5|0{,}5|0{,}5)$.

Strategie: Probieren und Nachdenken!

18 *Nur auf den ersten Blick einfach*
Auf eine Seitenfläche eines regelmäßigen Oktaeders wird ein regelmäßiges Tetraeder mit einer ganzen Seitenfläche aufgesetzt.

Wie viele Ecken, Kanten und Flächen hat der entstehende Körper?

CHECK UP

Skalarprodukt und Messen

Skalarprodukt von Vektoren

$\mathbf{a_1 b_1 + a_2 b_2 + a_3 b_3}$ heißt **Skalarprodukt von $\vec{a}$ und $\vec{b}$.**

Schreibweise: $\vec{a} \cdot \vec{b}$ oder $\vec{a}\,\vec{b}$

$\vec{a} \cdot \vec{b} = |\vec{a}| \cdot |\vec{b}| \cdot \cos(\gamma)$

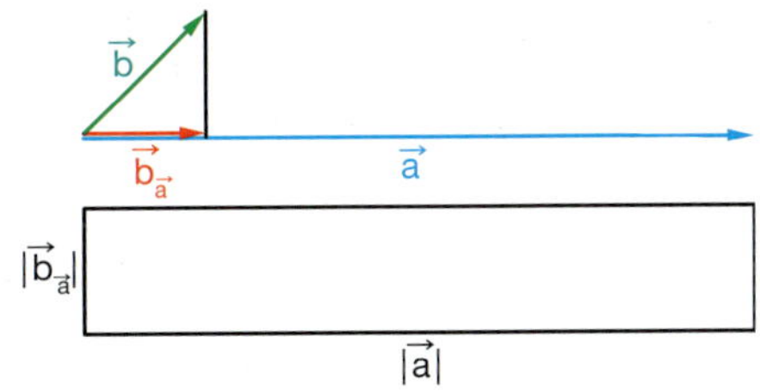

Länge eines Vektors

$|\vec{a}| = \sqrt{\vec{a} \cdot \vec{a}} = \sqrt{a_1{}^2 + a_2{}^2 + a_3{}^2}$

in der Ebene

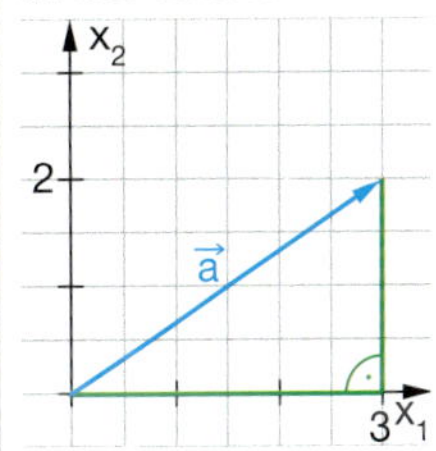

$|\vec{a}| = \sqrt{3^2 + 2^2} = \sqrt{13}$

im Raum

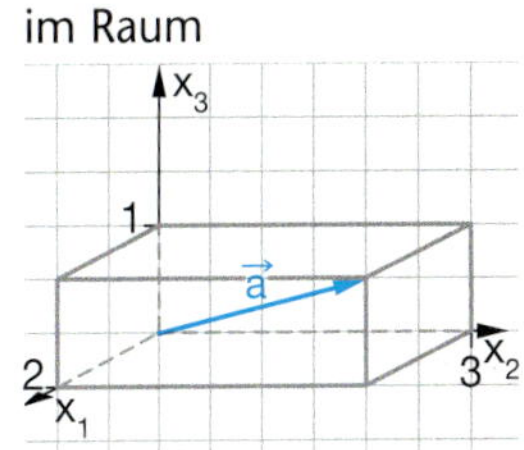

$|\vec{a}| = \sqrt{2^2 + 3^2 + 1^2} = \sqrt{14}$

Orthogonalität von Vektoren

Zwei Vektoren sind genau dann zueinander orthogonal, wenn $\vec{a} \cdot \vec{b} = 0$ erfüllt ist.

Mit Koordinaten:
$\vec{a} \perp \vec{b} \Leftrightarrow a_1 b_1 + a_2 b_2 + a_3 b_3 = 0$

Winkel zwischen zwei Vektoren

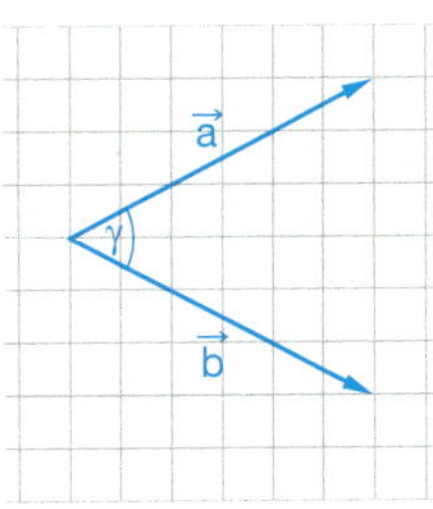

$$\cos(\gamma) = \frac{\vec{a} \cdot \vec{b}}{|\vec{a}| \cdot |\vec{b}|} = \frac{a_1 b_1 + a_2 b_2 + a_3 b_3}{\sqrt{a_1^2 + a_2^2 + a_3^2} \cdot \sqrt{b_1^2 + b_2^2 + b_3^2}}$$

1 *Skalarprodukte berechnen*

Welches Skalarprodukt hat den größten Wert?

$\begin{pmatrix} 2 \\ 3 \\ -4 \end{pmatrix} \cdot \begin{pmatrix} 0{,}5 \\ 1{,}5 \\ 2{,}5 \end{pmatrix}$; $\begin{pmatrix} -1 \\ 1{,}5 \\ 2 \end{pmatrix} \cdot \begin{pmatrix} -1 \\ 2 \\ -3 \end{pmatrix}$; $\begin{pmatrix} 2 \\ -1 \\ -4 \end{pmatrix} \cdot \begin{pmatrix} -4 \\ 2 \\ -3 \end{pmatrix}$; $\begin{pmatrix} -1{,}5 \\ 2 \\ 0{,}5 \end{pmatrix} \cdot \begin{pmatrix} -2 \\ -4 \\ 3 \end{pmatrix}$; $\begin{pmatrix} 3 \\ 4 \\ -1 \end{pmatrix} \cdot \begin{pmatrix} -2{,}5 \\ 3 \\ 4 \end{pmatrix}$

2 *Skalarprodukte ordnen*

Ordnen Sie für $\vec{a} = \begin{pmatrix} 2 \\ -1 \\ 0 \end{pmatrix}$, $\vec{b} = \begin{pmatrix} 3 \\ 1 \\ 4 \end{pmatrix}$ und $\vec{c} = \begin{pmatrix} 5 \\ 0 \\ -2 \end{pmatrix}$ die Skalarprodukte $\vec{a} \cdot \vec{b}$, $\vec{a} \cdot \vec{c}$ und $\vec{b} \cdot \vec{c}$ der Größe nach.

3 *Parallelogramm, aber keine Raute?*

Zeigen Sie, dass das Viereck mit den Eckpunkten $A = (3|1|2)$, $B = (8|1|3)$, $C = (9|4|5)$ und $D = (4|4|4)$ ein Parallelogramm, aber keine Raute ist.

4 *Gleichseitige Dreiecke*

Zeigen Sie rechnerisch, dass für je drei verschiedene Zahlen a, b, c die Punkte $P = (a|b|c)$, $Q = (b|c|a)$ und $R = (c|a|b)$ ein gleichseitiges Dreieck bilden, ebenso die Punkte $S = (a|c|b)$, $T = (b|a|c)$ und $U = (c|b|a)$.
Gilt dies auch für $V = (a|a|b)$, $W = (a|b|a)$ und $X = (b|a|a)$?

5 *Längere Vektoren – größeres Skalarprodukt?*

Für vier Vektoren gilt $|\vec{a}| > |\vec{b}| > |\vec{c}| > |\vec{d}|$. Kann man daraus schließen, dass $\vec{a}\,\vec{b} > \vec{c}\,\vec{d}$ gilt?

6 *Orthogonal zu zwei Vektoren*

Geben Sie einen Vektor $\vec{w}$ an, der orthogonal zu $\vec{u} = \begin{pmatrix} 0 \\ 1 \\ -3 \end{pmatrix}$ und zu $\vec{v} = \begin{pmatrix} 2 \\ 0 \\ -2 \end{pmatrix}$ ist. Ist $\vec{w}$ eindeutig bestimmt?

7 *Winkel in Pyramide*

Ist der Winkel zwischen $\vec{u}$ und $\vec{v}$ ein rechter Winkel oder ist er größer oder kleiner als 90°?
Stellen Sie eine Vermutung auf und überprüfen Sie diese.

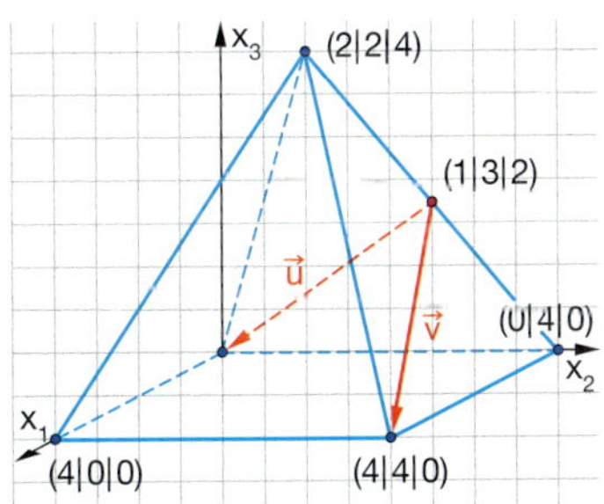

8 *Winkel im Dreieck*

Berechnen Sie die Winkel im roten Dreieck.

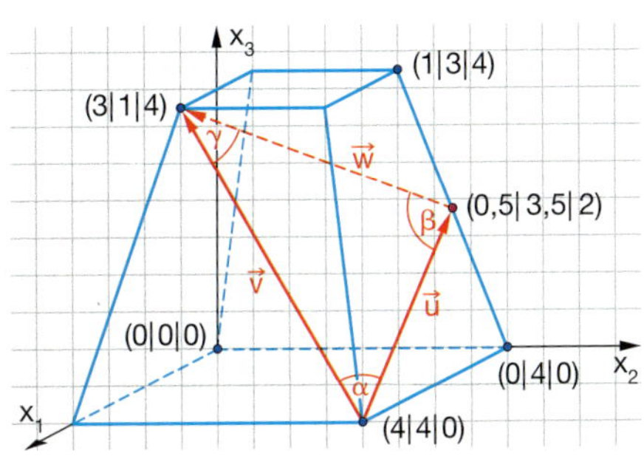

Sichern und Vernetzen – Vermischte Aufgaben

Training

1 *Skalarprodukt berechnen*

Welches Skalarprodukt hat den kleinsten Wert?

$\begin{pmatrix}1\\-3\\-4\end{pmatrix}\cdot\begin{pmatrix}1\\2\\-3\end{pmatrix}$ $\quad$ $\begin{pmatrix}-3\\-2\\5\end{pmatrix}\cdot\begin{pmatrix}1\\3\\0\end{pmatrix}$ $\quad$ $\begin{pmatrix}-2\\0\\3\end{pmatrix}\cdot\begin{pmatrix}2\\-5\\3\end{pmatrix}$ $\quad$ $\begin{pmatrix}-1\\4\\0{,}5\end{pmatrix}\cdot\begin{pmatrix}3\\1\\-6\end{pmatrix}$ $\quad$ $\begin{pmatrix}4\\1\\-3\end{pmatrix}\cdot\begin{pmatrix}1\\-1\\-1\end{pmatrix}$

2 *Senkrechte Vektoren*

a) Zeigen Sie rechnerisch, dass die blauen Kanten im Würfel senkrecht zueinander stehen.

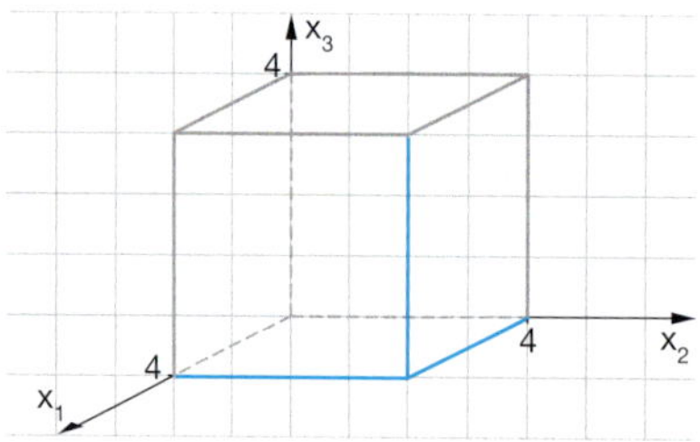

b) Zeigen Sie rechnerisch, dass die Raumdiagonale $\overline{DF}$ die Bodenfläche ABCD nicht senkrecht schneidet.

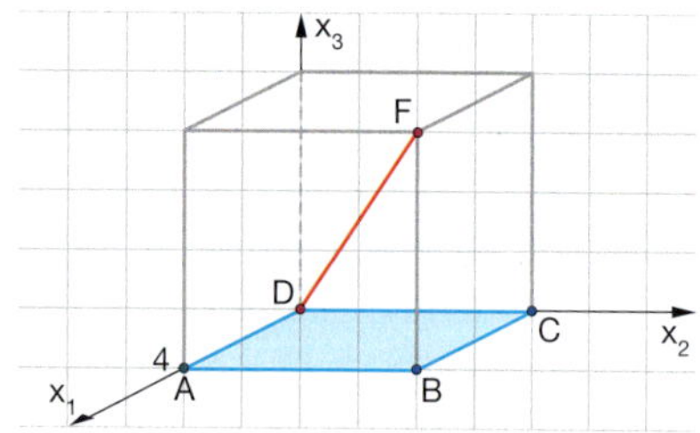

Verstehen von Begriffen und Verfahren

3 *Vektor, Zahl oder sinnlos?*

Jeweils zwei der folgenden Ausdrücke beschreiben einen Vektor, eine Zahl oder sind sinnlos. Entscheiden Sie.

(1) $\vec{a}\cdot\vec{b}+s$ $\quad$ (2) $\vec{a}\cdot\vec{b}+\vec{c}$

(3) $(\vec{a}+\vec{b})\cdot\vec{c}$ $\quad$ (4) $s\cdot(\vec{a}+\vec{b})$

(5) $s\cdot(r\cdot\vec{a})$ $\quad$ (6) $s-r\cdot\vec{a}$

Anwenden und Modellieren

Gruppenarbeit

4 *Rund um das Oktaeder*

1 Geben Sie die Koordinaten des Oktaeders im Würfel mit der Kantenlänge 4 an.	**8** Welche weiteren Winkel sind am Oktaeder zu entdecken? Wie gelingt der Nachweis?	**7** Welcher Winkel γ wird hier bestimmt? $\cos(\gamma)=\frac{(-2)\cdot(-2)+(-2)\cdot 2+0\cdot 0}{\sqrt{8}\cdot\sqrt{8}}$
2 Zeigen Sie, dass die Seitenflächen gleichseitige Dreiecke sind. **3** In welchem Winkel schneidet die Kante BC die Kante AB?	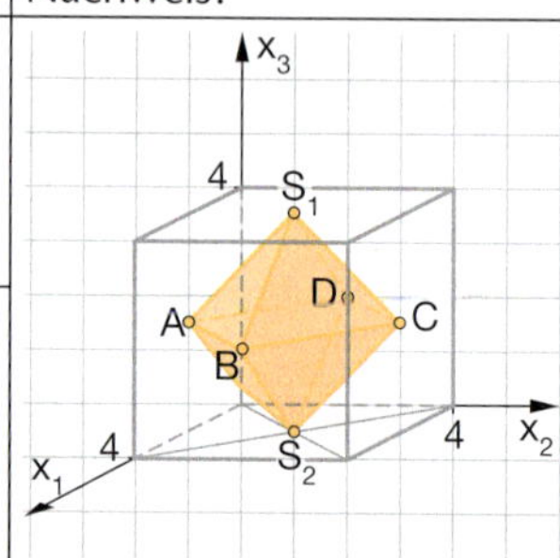	**6** Wie müssen r und s eingeschränkt werden, damit die Ebene $E\colon \vec{x}=\begin{pmatrix}4\\2\\2\end{pmatrix}+r\begin{pmatrix}-2\\2\\0\end{pmatrix}+s\begin{pmatrix}-2\\0\\2\end{pmatrix}$ eine Seitenfläche des Oktaeders beschreibt?
4 Unter welchen Blickwinkeln sieht man von B aus die Kanten CD und DS_2?	**5** $E\colon \vec{x}=\begin{pmatrix}4\\2\\2\end{pmatrix}+r\begin{pmatrix}-2\\2\\0\end{pmatrix}+s\begin{pmatrix}-2\\0\\2\end{pmatrix}$	Deuten Sie die Gleichung geometrisch und stellen Sie den Zusammenhang zum Oktaeder her.

Kommunizieren und Präsentieren

5 *Ebenen darstellen*

Veranschaulichen Sie zum Beispiel mithilfe des abgebildeten Materials die Darstellung einer Ebene in Parameterform.

9 Zufall, Wahrscheinlichkeit und Wahrscheinlichkeitsmodelle (Wiederholung)

Wie in allen Anwendungsgebieten der Mathematik benötigt man auch in der Stochastik Handwerkszeug sowie Anleitung und Verständnis dafür, wie man mit diesem Handwerkszeug sachgemäß umgeht. Das meiste von dem, was Ihnen in diesem Kapitel begegnet, ist Ihnen bekannt, vielleicht sogar vertraut. Sie können Ihre Fertigkeiten mit diesem Kapitel überprüfen und ergänzen.

9.1 Mit Wahrscheinlichkeiten zufällige Prozesse beschreiben

Werfen Sie eine 1-€-Münze 100-mal. Wie groß ist die Wahrscheinlichkeit, dass bei diesem Versuch 50-mal „Kopf" kommt oder wie groß ist die Wahrscheinlichkeit, dass weniger als 40-mal „Zahl" kommt? Obwohl wir uns unsicher darüber sind, was bei dem Münzwurf „herauskommt", können wir die gesuchten Wahrscheinlichkeiten auf verschiedene Arten ermitteln. Man kann sich sowohl experimenteller als auch theoretischer Methoden bedienen.

In diesem Lernabschnitt können Sie die verschiedenen Methoden, die Sie sicher bereits kennen, wiederholen, hinterfragen, die Logik hinter diesen besser verstehen und durch deren Anwendungen in verschiedenen Situationen Ihre Kenntnisse und Fertigkeiten festigen.

9.2 Wahrscheinlichkeitsmodelle

Die Wahrscheinlichkeit ist ein Werkzeug, mit dem man Prozesse beschreiben kann, bei denen der Zufall eine Rolle spielt.
Für ein Wahrscheinlichkeitsmodell benötigt man die folgenden Zutaten:

- eine Ergebnismenge,
- die Wahrscheinlichkeiten, mit denen diese Ergebnisse auftreten,
- wir müssen festlegen, was man unter einem Ereignis versteht und wie man die Wahrscheinlichkeit berechnet, mit der das betreffende Ereignis eintritt,
- dazu benötigen wir noch einige Regeln zum Rechnen mit Wahrscheinlichkeiten.

P(„rot") = $\frac{18}{37}$

P(„erstes Dutzend") = $\frac{12}{37}$

P(„rot und erstes Dutzend") = ?

P(„rot oder erstes Dutzend") = ?

9.1 Mit Wahrscheinlichkeiten zufällige Prozesse beschreiben

Was Sie erwartet

Mit Wahrscheinlichkeiten kann man zufällige Prozesse beschreiben, wie z. B. das Werfen einer Münze, das Würfeln, den Lauf von Kugeln durch ein Galton-Brett, das Wetter von morgen, die Ziehung der Lottozahlen oder auch die Teilnahme an einem Multiple-Choice-Test. Dabei geht es zumeist um die Frage, mit welcher Wahrscheinlichkeit bestimmte Ereignisse eintreten.

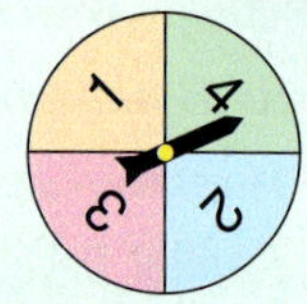

Wie man Wahrscheinlichkeiten mithilfe von relativen Häufigkeiten schätzen oder durch einen theoretischen Ansatz ermitteln kann, wird in diesem Lernabschnitt ebenso wiederholt wie das Rechnen mit Wahrscheinlichkeiten.

Aufgaben

1 *Gibt es ein Gespür für den Zufall?*

a) Was halten Sie von dem Lotto-Ereignis vom 1. 8. 2014? Was halten Sie von der Aussage von T. Schäfer vom Saar-Lotto: „Das Unwahrscheinliche ist wahrscheinlich geworden."

Lotto-Fee findet Fünflinge „krass"

Lotto-Fee Nina Azizi war kurz „geflasht": „Ist das ein Witz, ist das Ernst?" Die gezogenen Glückszahlen waren 9, 10, 11, 12, 13 und 37.

Rhein-Main-Presse, 1. August 2014

b) Ein Experiment: Ein Schüler wird gebeten, sich vorzustellen, dass er eine Münze 20-mal wirft und dabei jeweils aufschreibt, ob „Kopf" (K) oder „Zahl" (Z) fällt. Zum Vergleich hat der Lehrer dieses Zufallsexperiment mit einer realen Münze durchgeführt und die 20 Ergebnisse protokolliert.

- Was meinen Sie, welche der beiden Folgen stellt das wirkliche Zufallsexperiment dar und welches das ausgedachte des Schülers? Begründen Sie Ihre Entscheidung.

K	K	Z	K	Z	K	K	Z	Z	Z	K	Z	K	K	K	Z	K	Z	Z	K
Z	Z	Z	K	K	K	Z	Z	Z	Z	Z	K	K	K	K	Z	Z	K	Z	K

- Simulieren Sie den 20-fachen Münzwurf wiederholt mit dem GTR und schauen Sie nach, ob es Serien gibt mit „Runs" (ununterbrochene Wiederholung von K oder Z) mit der Länge 4 oder gar 5. Vergleichen Sie die Ergebnisse in Ihrem Kurs.

2 *Auch berühmte Mathematiker können sich irren*

Der berühmte französische Mathematiker D'ALEMBERT (1717–1783) schrieb in einem Mathematikbuch, dass die Wahrscheinlichkeit, zweimal „Kopf" mit dem zweifachen Wurf einer „fairen" Münze zu erzielen, $\frac{1}{3}$ beträgt. Im Folgenden sind die Ergebnisse dieses Zufallsexperimentes nach D'ALEMBERT aufgelistet, von denen er annahm, dass sie gleichwahrscheinlich sind:

- Der erste Wurf ist „Zahl".
- Der erste Wurf ist „Kopf", der zweite Wurf ist „Zahl".
- Der erste Wurf ist „Kopf", der zweite Wurf ist „Kopf".

a) Hat D'ALEMBERT alle Ergebnisse des zweifachen Münzwurfes richtig aufgeschrieben?

b) Finden Sie die korrekte Wahrscheinlichkeit mithilfe eines Baumdiagramms.

Aufgaben

3 *„Wiederholung"*
In den vergangenen Schuljahren ist Ihnen im Mathematikunterricht Stochastik in Sachzusammenhängen begegnet, in denen der Zufall eine Rolle spielt. Die unten abgedruckten Karteikarten und der folgende rote Kasten vermitteln einen Überblick über grundlegende Begriffe der Wahrscheinlichkeitsrechnung. Stellen Sie eigene Karteikarten her, mit deren Hilfe Sie Ihre Kenntnisse über Wahrscheinlichkeiten auffrischen und zusammenfassen. Präsentieren Sie die Ergebnisse Ihren Mitschülerinnen und Mitschülern. Die folgenden Fragen und die Überschriften für einige Karteikarten sollen Ihnen dabei helfen.

- Welche Beispiele von (mehrstufigen) Zufallsexperimenten sind Ihnen schon begegnet?
- Wodurch sind sogenannte Laplace-Versuche gekennzeichnet?
- Welche Möglichkeiten kennen Sie, um Wahrscheinlichkeiten zu bestimmen?
- Wodurch unterscheiden sich absolute und relative Häufigkeiten?
- Was versteht man unter einem Ereignis (Gegenereignis)?

Zufallsexperiment

- Ein Zufallsexperiment hat verschiedene Ergebnisse. Welches Ergebnis eintritt, ist nicht vorhersagbar.
- Zufallsexperimente lassen sich durch die Menge aller möglichen Ergebnisse beschreiben.
  Beispiel: Ergebnisse $\{1; 2; 3; 4; 5; 6\}$ beim Würfeln

Holz-Quader

Spielwürfel

- Bei Zufallexperimenten interessiert man sich für die Wahrscheinlichkeiten, mit denen bestimmte Ergebnisse auftreten.

Absolute und relative Häufigkeit

Gesetz der großen Zahlen

Laplace-Versuche

Pfadregeln

Summenregel

....

Zweifacher Münzwurf

	Zahl	Wappen
Zahl	(Z;Z)	(Z;W)
Wappen	(W;Z)	(W;W)

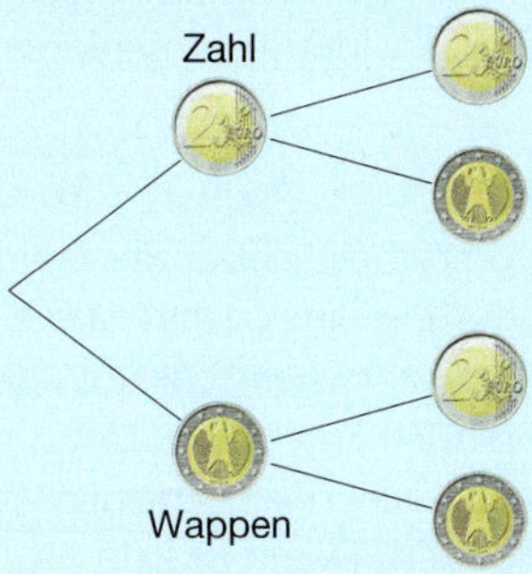

Mehrstufige Zufallsexperimente

- Mehrstufige Zufallsexperimente bestehen aus mehreren einstufigen Zufallsexperimenten, die nacheinander oder gleichzeitig durchgeführt werden.
- Die Ergebnismenge lässt sich häufig mit einem Baumdiagramm oder mit einer Tabelle ermitteln.
- Hat der Versuch n Stufen, dann kann man die Ergebnismenge auch in Form eines n-Tupels angeben.

Basiswissen

Methoden zur Bestimmung von Wahrscheinlichkeiten

Zufallsexperiment: Es wird mit zwei Würfeln gewürfelt. Wie groß ist die Wahrscheinlichkeit, mindestens eine „Sechs" zu erzielen?

Bestimmen von Wahrscheinlichkeiten

Experimentelle Methoden

Experimentelle Methoden stützen sich auf das **empirische Gesetz der großen Zahlen**.

Stabilisieren sich für große Stichproben die relativen Häufigkeiten h, mit denen bestimmte Ergebnisse eintreten, um denselben Zahlenwert p, so ordnet man dem betreffenden Ergebnis diesen Zahlenwert p als Eintretenswahrscheinlichkeit zu.

Realversuch

Die beiden Würfel werden 1000-mal geworfen und die Ergebnisse protokolliert:

Ereignis E: Beim Wurf mit zwei Würfeln erscheint mindestens eine „Sechs".

350-mal „mindestens eine Sechs" bzw. 650-mal „keine Sechs"
Relative Häufigkeit:

$h(E) = \frac{\text{absolute Häufigkeit}}{\text{Versuchsanzahl}}$

$h(E) = \frac{350}{1000} = 35\,\%$

Die relative Häufigkeit liefert einen Schätzwert für die gesuchte Wahrscheinlichkeit, wenn die Anzahl der Versuchswiederholungen groß ist.

Simulation des Zufallsexperimentes

Mithilfe von Zufallszahlen kann man das Werfen von zwei Würfeln nachspielen. Die Zufallszahlen 1 bis 6 kann man mit einem Computer oder durch Ziehen mit Zurücklegen aus einer Urne mit den Kugeln 1 bis 6 erzeugen.

n	1. Wurf	2. Wurf	Eine 6 dabei
1	1	5	Nein
2	6	2	Ja
3	6	6	Ja
…	…	…	…

Bei 1000 Simulationen erhalten wir:

$h(E) = \frac{\text{Anzahl der Simulationen mit „Ja"}}{\text{Gesamtanzahl der Simulationen}} = 0{,}32$

Wir nehmen 32 % als Schätzwert für die unbekannte Wahrscheinlichkeit.

Theoretische Methoden

Zählen

Notieren aller Würfelergebnisse, z. B. in Form einer Tabelle
Annahme: Alle Ergebnisse sind gleichwahrscheinlich.

	1	2	3	4	5	6
1	(1;1)	(1;2)	(1;3)	(1;4)	(1;5)	**(1;6)**
2	(2;1)	(2;2)	(2;3)	(2;4)	(2;5)	**(2;6)**
3	(3;1)	(3;2)	(3;3)	(3;4)	(3;5)	**(3;6)**
4	(4;1)	(4;2)	(4;3)	(4;4)	(4;5)	**(4;6)**
5	(5;1)	(5;2)	(5;3)	(5;4)	(5;5)	**(5;6)**
6	**(6;1)**	**(6;2)**	**(6;3)**	**(6;4)**	**(6;5)**	**(6;6)**

$P(E) = \frac{\text{Anzahl der günstigen Ergebnisse}}{\text{Anzahl der möglichen Ergebnisse}}$

$= \frac{11}{36} \approx 30{,}6\,\%$

Die Wahrscheinlichkeit des Ereignisses E „mindestens eine Sechs" erhält man durch Abzählen der zu E gehörenden Ergebnisse. Damit ist $P(E) = \frac{11}{36}$.

Die Zählmethode funktioniert nur bei einem **Laplace-Versuch**. Ein Laplace-Versuch ist ein Zufallsexperiment, bei dem alle Ergebnisse gleichwahrscheinlich sind.

Rechnen mit den Pfadregeln

Aufstellen eines Baumdiagramms:

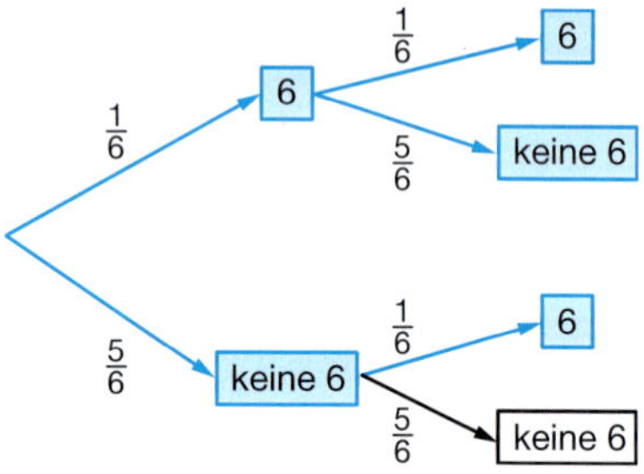

Berechnung der Wahrscheinlichkeit mit der Produkt- und Summenregel:

$P(E) = \frac{1}{6} \cdot \frac{5}{6} + \frac{1}{6} \cdot \frac{1}{6} + \frac{5}{6} \cdot \frac{1}{6} = \frac{11}{36}$

Die Wahrscheinlichkeit des Ereignisses E „mindestens eine Sechs" ist die Summe der Pfadwahrscheinlichkeiten der zu E gehörenden Ergebnisse. Längs eines Pfades werden Wahrscheinlichkeiten multipliziert. Damit ist $P(E) = \frac{11}{36}$.

Beispiele

Stochastik
3

A *Zufallszahlen*

Die Menge der möglichen Ergebnisse beim einmaligen Drehen eines Glücksrades ist {0; 1; 2; 3; 4; 5; 6; 7; 8; 9}. Dieses Glücksrad wurde sehr häufig gedreht. Dabei wurde darauf geachtet, dass das Ergebnis einer Drehung nicht vom Ergebnis der vorherigen Drehung abhängt. Die erzeugten Ziffern wurden zur besseren Übersicht in 5er-Blöcken aufgeschrieben.

72218	01009	43786	63276	48309	73244	89714
51049	85571	00222	77767	32882	21071	41055
28783	32678	41040	37893	57565	96153	21617
61378	40046	72484	26607	80769	42012	89197
13185	75769	59423	58480	39359	87136	62887
60800	36587	26260	83814	95461	83438	15239
45693	04526	70896	36487	12038	98567	32529
90557	63579	07239	84321	90657	16279	42444

Zufallsziffern kann man auch mit einem Zufallszahlengenerator elektronisch erzeugen.

Zufallszahlengenerator: Programm, mit dem man Zufallszahlen mithilfe des Computers erzeugen kann

Wie viele Anzahlen von verschiedenen Ziffern gibt es in einem 5er-Block? Schätzen Sie die Wahrscheinlichkeit für jede dieser Anzahlen.

Lösung:
Es sind 1 bis 5 verschiedene Ziffern pro 5er-Block denkbar. Wertet man die abgebildeten 5er-Blöcke aus, so erhält man die folgende Statistik:

Anzahl der verschiedenen Ziffern	1	2	3	4	5
Häufigkeit	0	3	9	20	24
Relative Häufigkeit	0	$\frac{3}{56}$	$\frac{9}{56}$	$\frac{5}{14}$	$\frac{3}{7}$

Es wurden 56 „5er-Blöcke" ausgewertet. Die relativen Häufigkeiten sind grobe Schätzwerte für die Wahrscheinlichkeiten, mit denen 5er-Blöcke mit 1, 2, ..., 5 verschiedenen Ziffern auftreten.

B *Hundewelpen*

Angenommen, eine Hündin wirft vier Welpen. Die Wahrscheinlichkeiten für einen männlichen oder weiblichen Welpen seien dabei gleich. Wie groß ist die Wahrscheinlichkeit, dass alle Welpen Rüden sind (mindestens ein Welpe weiblich ist)?

Lösung:
Mit einem Baumdiagramm:

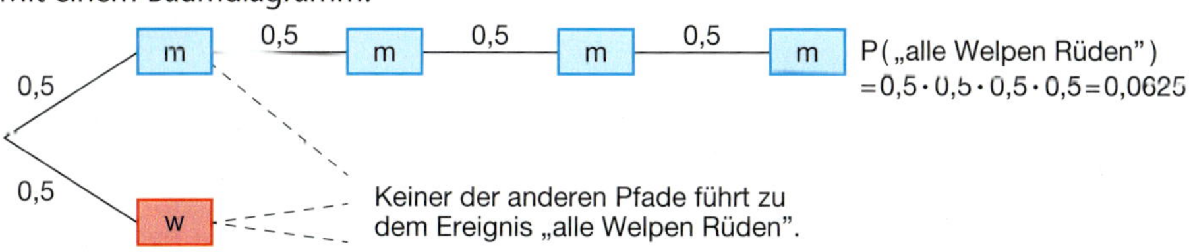

Rechnen mit dem Gegenereignis:
Zu dem Ereignis „mindestens ein weiblicher Welpe" gehört als Gegenereignis „kein weiblicher Welpe" oder auch „alle Welpen Rüden".
P(„alle Welpen Rüden") = 0,0625 (siehe Baumdiagramm)
P(„mindestens ein Welpe weiblich") = 1 − P(„alle Welpen Rüden")
= 1 − 0,0625 = 0,9375

A: Ereignis
$\overline{A}$: Gegenereignis zu A
$P(\overline{A}) = 1 - P(A)$

Übungen

4 *Wahrscheinlichkeit durch Abzählen*

Beim Wurf mit zwei Würfeln können als Unterschiede der Augenzahlen 0, 1, 2, 3, 4 und 5 auftreten. Schreiben Sie zunächst alle 36 möglichen Ergebnisse des Wurfes mit zwei Würfeln auf. Bestimmen Sie dann durch Abzählen die Wahrscheinlichkeiten, mit denen die Unterschiede 0, 1, 2, 3, 4 und 5 auftreten.

Übungen

5 *Gewinnchancen beim zweifachen Würfeln*

Bei Brettspielen, wie z. B. Monopoly, wird in der Regel mit zwei Würfeln gewürfelt. Entscheiden Sie mithilfe einer Methode Ihrer Wahl, welche der folgenden Aussagen stimmen:

a) Die Augensumme 11 und die Augensumme 12 sind gleichwahrscheinlich.
b) Die Augensumme 4 ist genauso wahrscheinlich wie die Augensumme 10.
c) Die Augensumme 8 ist wahrscheinlicher als die Augensumme 7.

6 *Wildenten in Nordamerika – Wie zählt man etwas, was man nicht zählen kann?*

Mit der **capture-recapture-Methode** wurde im Jahr 1930 die Anzahl der Wildenten in Nordamerika geschätzt: Eine große Anzahl von Wildenten wurde markiert, bevor sie von ihren Brutplätzen aufbrachen. In der folgenden Jagdsaison wurden 5 Millionen Enten erlegt. Darunter befanden sich 12 % der markierten Enten.

a) Schätzen Sie mit diesen Angaben die Gesamtanzahl der Wildenten.
b) Welche Annahmen muss man machen, wenn das beschriebene Verfahren einen guten Schätzwert liefern soll? Was halten Sie davon?
c) *Was Sie schon immer einmal wissen wollten*
Mit der capture-recapture-Methode können Sie auch schätzen, wie viele Reiskörner in einem Kilogramm Reis sind. Dazu muss man eine bestimmte Anzahl von schwarzen Reiskörnern unter das Kilogramm mischen und dann … Beschreiben Sie das Verfahren weiter und führen Sie es durch.

Stochastik 3, 6

7 *Schießen mit Zufallszahlen*

Zehn absolut treffsichere Schützen schießen auf fünf Dosen. Sie wählen die Dose, auf die sie schießen, unabhängig voneinander aus. Die Ergebnisse aus Beispiel A kann man verwenden, um zu ermitteln, wie groß die Wahrscheinlichkeit ist, dass genau fünf verschiedene Dosen getroffen werden.
Welche Annahmen müssen Sie machen, damit dieses Problem mit Zufallszahlen modelliert werden kann?

8 *Wahrscheinlichkeiten beim Roulette*

a) Begründen Sie die angegebenen Wahrscheinlichkeiten:
P(rouge) = $\frac{18}{37}$ P(impair) = $\frac{18}{37}$

b) Susanne stellt fest: „Setzt ein Spieler gleichzeitig auf „rouge", „impair" und auf die Zahlen „2", „6", „10", „14", „18", „22", „26" und „30", dann gewinnt er immer.
Für diese Ereignisse gelten die folgenden Wahrscheinlichkeiten:

P(rouge) = $\frac{18}{37}$; P(impair) = $\frac{18}{37}$;

P(2, 6, 10, 14, 18, 22, 26, 30) = $\frac{8}{37}$

Die Summe dieser Wahrscheinlichkeiten ist größer als 1. Dies belegt meine Vermutung."

Was halten Sie von dieser Aussage?

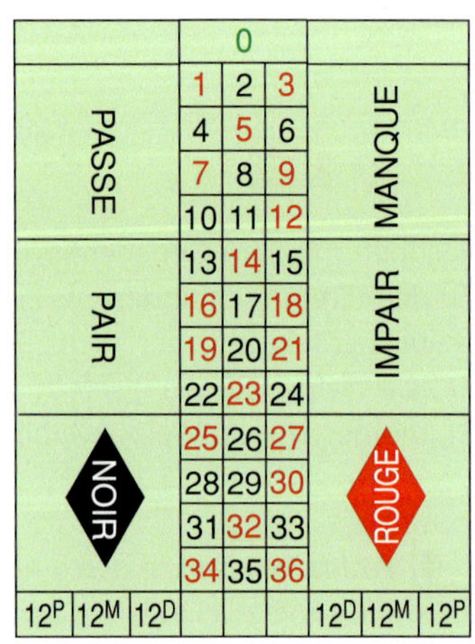

9 *Tennismatch*

John spielt in einem Tennisturnier gegen Max. Er hat schon oft gegen Max gespielt. Laut Statistik gewinnt Max in etwa zwei Drittel aller Sätze gegen John.

a) Mit welcher Wahrscheinlichkeit gewinnt John ein Match mit zwei Gewinnsätzen gegen Max? Max will diese Frage mittels Simulation beantworten. Dazu hat er einen Simulationsplan vorbereitet:

Simulationsplan

1. Was soll modelliert werden?	Ein Tennismatch mit zwei Gewinnsätzen
2. Modellierung	Satzgewinn für John mit $p = \frac{1}{3}$
3. Zufallsgerät	Würfel: Satzgewinn für John, falls Augenzahl 1 oder 2; sonst Satzgewinn für Max
4. Match simulieren	Würfeln wiederholen, bis Max oder John zwei Sätze gewonnen hat
5. Match 20-mal simulieren	Relative Häufigkeit der Matchgewinne von John ermitteln

b) Bestimmen Sie die Wahrscheinlichkeit, dass John ein Match gewinnt.

c) Wie groß ist die Wahrscheinlichkeit, dass John ein Match mit drei Gewinnsätzen gewinnt? Ändern Sie den Simulationsplan entsprechend ab.

10 *Simulation mit Excel*

Kennt man die Wahrscheinlichkeitsverteilung der Differenz der Augenzahlen, kann man die Spielmarken so setzen, dass diese schnell weggeräumt werden. Man setzt z. B. auf die Differenz, die sehr häufig auftritt, viele Spielmarken usw.

a) Das Ergebnis von 200 Simulationen des Wurfes mit zwei Würfeln:

1. Würfel	2. Würfel	Differenz
4	2	2
3	2	1
1	4	3
4	4	0
2	6	4
5	1	4
6	6	0
5	5	0
6	1	5
5	5	0
2	5	3
2	3	1
5	1	4
6	5	1
6	2	4
...	...	...

Differenz	relative Häufigkeit	absolute Häufigkeit
0	0,180	36
1	0,230	46
2	0,205	41
3	0,205	41
4	0,155	31
5	0,025	5
	1	200

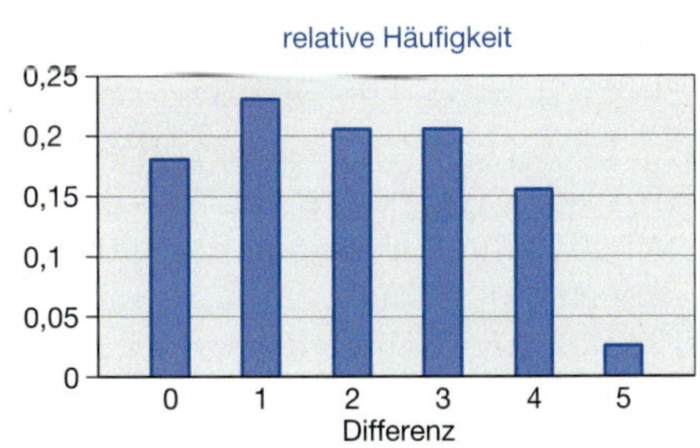

Welche Schlussfolgerung können Sie aus der Simulation für die Verteilung der Chips auf das Spielfeld ziehen?

b) Die Anzahl von 200 Simulationen des Doppelwurfes ist relativ gering. Wenn Sie wiederholt eine Simulation mit zwei Würfeln durchführen, ändert sich die Häufigkeitsverteilung von Simulation zu Simulation noch recht stark. Führen Sie mit Excel wiederholt 1000 Simulationen durch und vergleichen Sie die Häufigkeitsverteilungen. Welche Folgerungen können Sie ziehen?

Aufgaben

„Differenz trifft"
Bei diesem Spiel mit zwei Würfeln werden zunächst von jedem Spieler insgesamt 18 Spielmarken beliebig auf die Spalten seines Spielfeldes verteilt.

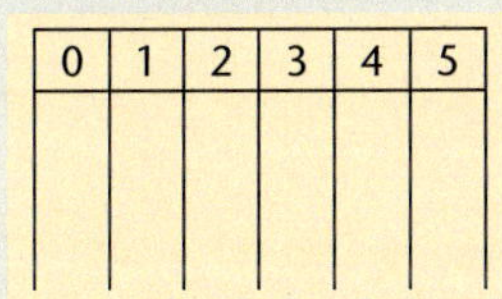

Es wird reihum gewürfelt. Das Ergebnis ist die Differenz der Augenzahlen. Ist sie z. B. 4, dann wird eine Spielmarke in der Spalte „4" weggenommen. Ist keine Spielmarke in dem Feld, so hat man Pech gehabt. Gewonnen hat, wer zuerst alle Spielmarken wegräumen konnte.

9110.ftm
9110.xlsx
9110.ggb

9.2 Wahrscheinlichkeitsmodelle

Was Sie erwartet

Will man den Zufall „in den Griff bekommen", muss man für die jeweilige Situation ein passendes mathematisches Modell entwickeln. In diesem Lernabschnitt werden zunächst die wichtigsten Fachtermini wiederholt bzw. bereitgestellt und ein Blick auf verschiedene Wahrscheinlichkeitsverteilungen geworfen.

Beim Durcharbeiten dieses Lernabschnitts werden Ihnen viele Probleme begegnen, in denen Münzen, Würfel, Kartenspiele oder Glücksräder eine Rolle spielen. An diesen Ihnen vertrauten „Zufallsgeräten" können Sie sich wieder mit den fundamentalen Prinzipien befassen, die man in verschiedenen Situationen, in denen der Zufall eine Rolle spielt, anwenden kann.

Aufgaben

1 *Wahlprognose*

Ein Meinungsforschungsinstitut befragt 2500 Wahlberechtigte zur Landtagswahl:

für Partei	A	B	C	D	E	sonstige
absolute Häufigkeit	875	700	525	225	125	50
relative Häufigkeit	35 %	28 %	21 %	9 %	5 %	2 %

Die Parteien B, C und D beabsichtigen, eine Koalition einzugehen. Auf welchen Stimmenanteil können sie laut der Befragung hoffen?

2 *Widerspruch zwischen Erfahrung und Erklärungsmodell*

Der Fürst der Toskana fragte GALILEI: „Warum erscheint beim Wurf dreier Würfel die Summe 10 öfter als die Summe 9, obwohl beide Summen auf sechs verschiedene Arten eintreten können?"

$$\left.\begin{array}{l}1+2+6\\1+3+5\\1+4+4\\2+2+5\\2+3+4\\3+3+3\end{array}\right\}=9 \qquad \left.\begin{array}{l}1+3+6\\1+4+5\\2+2+6\\2+3+5\\2+4+4\\3+3+4\end{array}\right\}=10$$

Offensichtlich vertraute der Fürst der Toskana seinen Beobachtungen bei langen Spielserien mehr als seinen theoretischen Überlegungen, nach denen beide Augensummen gleich häufig auftreten sollten.

GALILEI löste das Problem. Tatsächlich ist der Unterschied der Wahrscheinlichkeiten sehr gering.

a) Mittels einer Simulation wurden 1000 Würfe mit drei Würfeln nachgespielt und die Ergebnisse protokolliert: 117-mal Augensumme 9 und 128-mal Augensumme 10. Diskutieren Sie, ob der Fürst der Toskana, in die heutige Zeit „versetzt", das Ergebnis der Simulation als einen Beweis seiner Vermutung „Augensumme 10 fällt öfter als Augensumme 9" akzeptieren würde.

9202.ftm
9202.xlsx

Stochastik 2

b) Erstellen Sie einen eigenen Simulationsplan und führen Sie die Simulation wiederholt einmal für 1000 und dann für 10000 Würfe mit drei Würfeln mithilfe einer passenden Software aus. Vergleichen Sie.

c) Was stimmt nicht an den theoretischen Überlegungen des Fürsten der Toskana? Verbessern Sie das Modell. Liefert dies eine Erklärung für die Simulationswerte?

Basiswissen

Ereignis:
Menge von Ergebnissen eines Zufallsexperimentes

Ereignisse und Rechnen mit Ereigniswahrscheinlichkeiten

Wahrscheinlichkeit von Ereignissen
Die Wahrscheinlichkeit P(E) eines Ereignisses E ist die Summe der Wahrscheinlichkeiten, mit denen jedes Element von E auftritt.

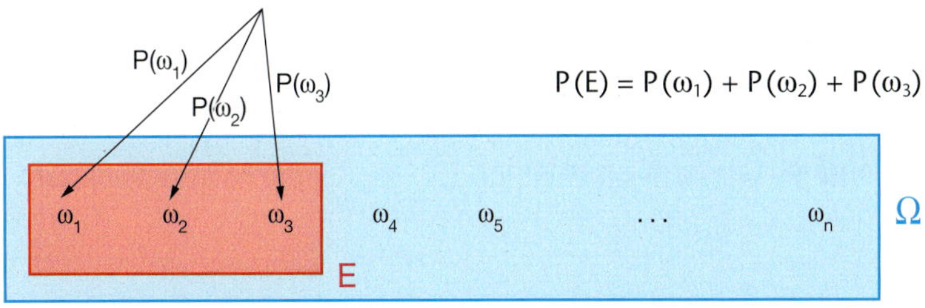

$$P(E) = P(\omega_1) + P(\omega_2) + P(\omega_3)$$

Verknüpfungen von Ereignissen

Und – Verknüpfung
A und B
Sowohl das Ereignis A als auch das Ereignis B tritt ein.

Oder – Verknüpfung
A oder B
Mindestens eines der Ereignisse A, B tritt ein.

Beispiel: Würfel
A: „Die Augenzahl ist eine Primzahl"
B: „Die Augenzahl ist gerade"

$A = \{2; 3; 5\}$ $\quad P(A) = \frac{1}{2}$

$B = \{2; 4; 6\}$ $\quad P(B) = \frac{1}{2}$

„Die Augenzahl ist eine Primzahl **und** eine gerade Zahl"
A **und** B = {2}

„Die Augenzahl ist eine Primzahl **oder** eine gerade Zahl"
A **oder** B = {2; 3; 4; 5; 6}

Mengendiagramme

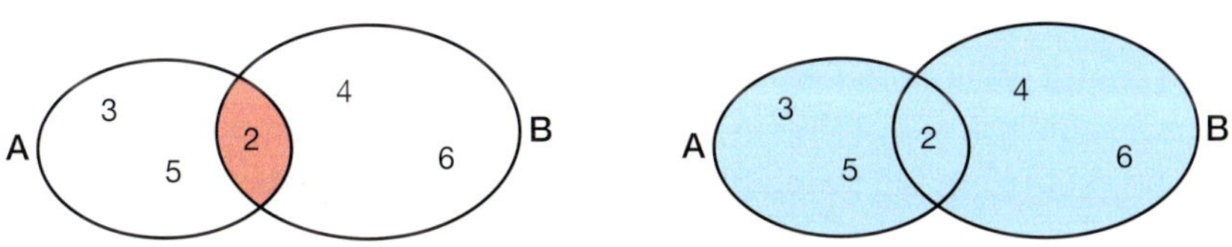

Offensichtlich gilt in dem obigen Beispiel: P(A oder B) ≠ P(A) + P(B).
Richtig ist der **Additionssatz** für zwei Ereignisse A, B:
P(A oder B) = P(A) + P(B) – P(A und B).

Beispiele

A *Karten ziehen*
Aus einem gut durchmischten Kartenspiel mit 52 Karten wird eine Karte gezogen. Wie groß ist die Wahrscheinlichkeit, dass es sich um eine „♥-Karte" oder einen „König" handelt? Berechnen Sie die gesuchte Wahrscheinlichkeit mithilfe der obigen Formel.

Lösung: P(„♥") = $\frac{13}{52}$; P(„König") = $\frac{4}{52}$

P(„♥ und König") = $\frac{1}{52}$, da das Ereignis „♥ und König" nur dann eintritt, wenn die gezogene Karte ein „♥-König" ist. Somit ist P(„♥ oder König") = $\frac{13}{52} + \frac{4}{52} - \frac{1}{52} = \frac{16}{52} = \frac{4}{13}$.

Ereigniswahrscheinlichkeit bei einem Laplace-Versuch mit n Ergebnissen

Für ein Ereignis E, das k gleichwahrscheinliche Ergebnisse enthält, gilt:

$$P(E) = \frac{k}{n} = \frac{\text{Anzahl der für E günstigen Ergebnisse}}{\text{Anzahl aller möglichen Ergebnisse}}$$

Übungen

3 *Ereigniswahrscheinlichkeiten beim „Schweine-Würfeln"*

Bei dem Glücksspiel „Schweine-Würfeln" werden anstelle zweier Spielwürfel zwei Schweinchen geworfen. Jedes Schweinchen kann auf fünf verschiedene Weisen fallen.

Aus einer umfangreichen Wurfserie sind die folgenden absoluten Häufigkeiten ermittelt worden:

Seite	Suhle	Haxe	Schnauze	Backe
5069	1653	778	171	29

Man erhält die höchste Punktzahl, wenn ein Schweinchen beim Würfeln auf der Schnauze oder seinen Backen zum Liegen kommt, aber nur einen Punkt, wenn es auf der Seite liegen bleibt. Wie groß ist die Wahrscheinlichkeit für das Ereignis, die höchste Punktzahl zu erhalten?

4 *Zufallsziffern*

Bei Zufallsziffern treten die Paare 00, 01, 02, ..., 99 mit der gleichen Wahrscheinlichkeit auf. Berechnen Sie die Wahrscheinlichkeit der folgenden Ereignisse:

a) Das Produkt der Ziffern beträgt 4.
b) Beide Ziffern sind kleiner als 5.
c) Die erste Ziffer ist kleiner als die zweite.

Beim Bestimmen von Wahrscheinlichkeiten hilft oft Zählen (z. B. bei einem Laplace-Versuch).

Grundlegendes Zählprinzip

Aus der Reklame eines Autohauses:

Angebotspalette bei unserem neuen Modell

drei *Motorenvarianten:*
Diesel, Benziner, Hybrid

vier *Farben:*
schwarz, grau, weiß, rot

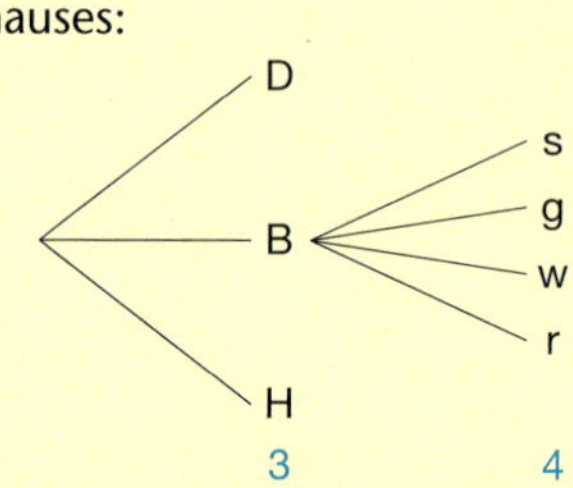

Man kann $3 \cdot 4 = 12$ verschiedene Modelle konfigurieren.

Wie man richtig zählt

Für einen zweistufigen Prozess mit n_1 Ergebnissen auf der ersten Stufe und n_2 Ergebnissen auf der zweiten Stufe, ist die **Gesamtanzahl der Ergebnisse $n_1 \cdot n_2$**.

5 *Genau eine „Sechs"*

Mit welcher Wahrscheinlichkeit erhält man beim Werfen mit sechs Laplace-Würfeln genau einmal eine „Sechs"? Verwenden Sie zur Berechnung der Anzahl der möglichen Ergebnisse das **Grundlegende Zählprinzip**.

6 *Spiel mit dem Tetraeder-Würfel*

Ein Tetraeder-Würfel wird zweimal geworfen.

a) Wie viele verschiedene Ergebnisse gibt es?
b) Stellen Sie alle Ergebnisse in einer Tabelle dar.
c) Wie groß ist die Wahrscheinlichkeit dafür, dass
- die Augensumme 2 beträgt,
- die größere Augenzahl minus der kleineren Augenzahl 2 beträgt?

	Rh(D)+	Rh(D)−
0	35 %	6 %
A	37 %	6 %
B	9 %	2 %
AB	4 %	1 %

7 *Blutgruppenverteilung*

Eine Aufteilung nach Blutgruppen des AB0- und des Rhesus-Systems mit Rh(D)+ bzw. Rh(D)− ergibt für Deutschland die links nebenstehende Häufigkeitsverteilung.
Wie groß ist die Wahrscheinlichkeit, dass eine zufällig ausgewählte Person die Blutgruppe Rh(D)− (Rhesus negativ) oder die Blutgruppe A besitzt?

Tipp: Verwenden Sie die Summenregel für P(A oder B).

Übungen

8 *Sich gegenseitig ausschließende Ereignisse*
Mit einem Würfel wird zweimal gewürfelt.
a) Wie groß ist die Wahrscheinlichkeit für das Ereignis A: „Die Augensumme ist 3"? Wie groß ist die Wahrscheinlichkeit für das Ereignis B: „Pasch"?
b) Berechnen Sie P(A oder B) mithilfe des Additionssatzes. Was fällt Ihnen bei der Berechnung auf?

Sich gegenseitig ausschließende Ereignisse A und B

Unter sich gegenseitig ausschließenden Ereignissen A und B versteht man Ereignisse, die nicht gleichzeitig eintreten können.

Für sich gegenseitig ausschließende Ereignisse A und B gelten:

- P(A und B) = 0
- vereinfachter Additionssatz: P(A oder B) = P(A) + P(B)

9 *Anwendung des Additionssatzes*

a) Wie groß ist die Wahrscheinlichkeit dafür, bei einem Wurf mit zwei Würfeln die Augensumme 8 oder einen Pasch zu erzielen?
b) Sebastian berechnet die Wahrscheinlichkeit des Ereignisses A, beim Wurf mit zwei Würfeln mindestens eine „Sechs" zu erzielen, mit der Formel $P(A) = \frac{1}{6} + \frac{1}{6} - \frac{1}{36}$.
Rabea schlägt als Ergebnis $P(A) = \frac{1}{6} + \frac{1}{6}$ vor, denn die Ereignisse (Sechs, keine Sechs) und (keine Sechs, Sechs) schließen einander aus.
Wer hat recht? Versuchen Sie die gesuchte Wahrscheinlichkeit auf einem anderen Weg zu bestimmen.

Zur Erinnerung:
In der Stochastik bedeutet A oder B: entweder tritt das Ereignis A oder das Ereignis B ein oder beide gleichzeitig.

10 *Wurf mit zwei Münzen*
Marc stellt fest, dass die Wahrscheinlichkeit, beim Wurf mit zwei Münzen mindestens einmal „Kopf" zu erzielen, mit dem Additionssatz berechnet werden kann:

P(„eine Münze zeigt Kopf oder die andere Münze zeigt Kopf")
= P(„eine Münze zeigt Kopf") + P(„die andere Münze zeigt Kopf") $= \frac{1}{2} + \frac{1}{2} = 1$

Was halten Sie von seiner Argumentation und von dem Ergebnis?

11 *Haustiere*
Aus einer Befragung unter 180 Schülerinnen und Schülern der Oberstufe eines Gymnasiums nach den Haustieren Hund und Katze liegt die folgende unvollständige Tabelle vor:
a) Vervollständigen Sie die Tabelle.
b) Wie groß ist die Wahrscheinlichkeit, dass ein zufällig ausgewählter Schüler der Oberstufe einen Hund oder eine Katze besitzt?

		Katze		
		ja	nein	Summe
Hund	ja	■	45	57
	nein	58	■	■
	Summe	■	■	180

12 *Zum Üben und Interpretieren des Additionssatzes*
Angenommen, 80 % der Kinder einer Grundschule können schwimmen. 58 % der Kinder in der Grundschule sind Mädchen. Nehmen Sie weiter an, dass 50 % aller Kinder Mädchen sind und schwimmen können.
Welcher Prozentsatz der Kinder der Grundschule kann schwimmen oder ist ein Mädchen?

Basiswissen

Was versteht man unter der bedingten Wahrscheinlichkeit P (B | A)?

Es seien A und B zwei Ereignisse. Die **bedingte Wahrscheinlichkeit P (B | A)** ist die Wahrscheinlichkeit dafür, dass das Ereignis B eintritt, wenn bekannt ist, dass das Ereignis A eingetreten ist.

Vierfeldertafel:
Tabelle, mit der die Verteilung der Ereignisse A, $\overline{A}$, B und $\overline{B}$ zusammengefasst wird

Beispiel:
Bei einer Verzehrstudie werden 8250 Personen befragt, ob sie sich vegetarisch ernähren oder nicht.

Ergebnis der Befragung:

Absolute Häufigkeiten

	Ja	Nein	Summe
Männlich	53	3497	3550
Weiblich	141	4559	4700
Summe	194	8056	8250

Angenommen, Sie wählen aus diesen 8250 Personen zufällig eine Person aus.
Ereignis A: „Person ist männlich"
Ereignis B: „Person ist Vegetarier"

Dann gelten: P (A) = P („männlich") = $\frac{3550}{8250} \approx 0{,}4303$
P (A und B) = P („männlich und Vegetarier") = $\frac{53}{8250} \approx 0{,}0064$

Die **bedingte Wahrscheinlichkeit P (B | A)** bezieht sich auf die Grundmenge A, die befragten Männer. Sie ist die Wahrscheinlichkeit dafür, dass ein zufällig ausgewählter Mann Vegetarier ist. Es gilt P (B | A) = $\frac{53}{3550} \approx 0{,}0149$.

Multiplikationsregel

Multiplikationsregel
Die Wahrscheinlichkeit dafür, dass das **Ereignis A und** das **Ereignis B** eintreten, wird mit der Formel P (A und B) = P (A) · P (B | A) berechnet.

Bedingte Wahrscheinlichkeit

Regel zur Berechnung der bedingten Wahrscheinlichkeit
$P(B|A) = \frac{P(A \text{ und } B)}{P(A)}$; $P(A) \neq 0$ $\qquad$ $P(B|A) = \frac{0{,}0064}{0{,}4303} \approx 0{,}0149$

Beispiele

B *Wintersport*
Eine Befragung von Schülerinnen und Schülern der Oberstufe eines Gymnasiums, welche Wintersportart sie bevorzugen, brachte die folgenden Ergebnisse (es durfte jeweils nur eine Wintersportart genannt werden):

	Skifahren	Snowboard fahren	Schlittschuh laufen	insgesamt
Klassenstufe 10	41	68	46	155
Klassenstufe 11	76	84	60	220
Klassenstufe 12	74	79	47	200
Summe	191	231	153	575

Angenommen, eine Schülerin oder ein Schüler, die an der Befragung teilgenommen haben, wird zufällig ausgewählt. Wie groß ist die Wahrscheinlichkeit, dass es sich
a) um jemanden aus der 10. Jahrgangsstufe handelt,
b) um jemanden handelt, der bei der Befragung „Skifahren" angekreuzt hat, wenn man weiß, dass er aus der 10. Jahrgangsstufe ist?

Lösung zu a) und b):
A: „betreffende Person ist aus der 10. Jahrgangsstufe" $\qquad$ P (A) = $\frac{155}{575} \approx 0{,}27$
B: „betreffende Person hat als Lieblingssportart Skifahren" $\qquad$ P (B) = $\frac{191}{575} \approx 0{,}332$
Dann sind P (A und B) = $\frac{41}{575} \approx 0{,}071$ und P (B | A) = $\frac{41}{155} \approx 0{,}265$.

Übungen

13 *So sollte man nicht rechnen*

Peter macht folgende Annahmen: „Wenn ich in die Stadt fahre, dann parke ich gelegentlich im Parkverbot oder ohne Parkschein und erhalte dann häufig einen Strafzettel. Dies passiert mir in der Regel an 6 von 100 Tagen. Ich parke allerdings an 20 von 100 Tagen im Parkverbot oder ohne einen Parkschein zu ziehen. Mit welcher Wahrscheinlichkeit bekomme ich einen Strafzettel, wenn ich falsch parke?"

a) Berechnen Sie die gesuchte Wahrscheinlichkeit.

b) Erläutern Sie, warum es sich bei dieser Wahrscheinlichkeit um eine bedingte Wahrscheinlichkeit handelt.

c) Welches Ereignis tritt mit einer Wahrscheinlichkeit von 6 % auf?

14 *Unabhängige Ereignisse*

Zwei Ereignisse A und B nennt man unabhängig, wenn die Tatsache, dass das Ereignis A eingetreten ist, die Eintretenswahrscheinlichkeit des Ereignisses B nicht beeinflusst und umgekehrt.

a) Was bedeutet das für $P(B|A)$ und $P(B)$?

b) Aus der Urne werden zwei Kugeln ohne bzw. mit Zurücklegen gezogen. Zeichnen Sie je ein Baumdiagramm und beschriften Sie dieses. Bei welchem Versuch handelt es sich um unabhängige Ereignisse, bei welchem Versuch um abhängige Ereignisse?

Stochastische Unabhängigkeit von Ereignissen

Definition:

Zwei Ereignisse A und B sind genau dann stochastisch unabhängig, wenn
$P(A|B) = P(A)$.
Entsprechend gilt:
Zwei Ereignisse A und B sind genau dann stochastisch unabhängig, wenn
$P(B|A) = P(B)$.

Multiplikationsregel für stochastisch unabhängige Ereignisse:

Zwei Ereignisse A und B sind genau dann stochastisch unabhängig, wenn
$P(A \text{ und } B) = P(A) \cdot P(B)$.

15 *Unabhängigkeit beim Basketball*

Welche der folgenden Ereignisse A und B sind unabhängig?

a) A: Ein zufällig ausgewählter Sportler ist Basketballspieler.
B: Die letzte Ziffer seiner Telefonnummer ist eine 1.

b) A: Ein zufällig ausgewählter Sportler ist Basketballspieler.
B: Er ist größer als 1,95 m.

16 *Triebwerksstörung*

Ein Flugzeug mit drei Triebwerken startete vom Miami International Airport zu einem Flug nach Südamerika. Direkt nach dem Start fiel ein Triebwerk aus. Das Flugzeug kehrte unmittelbar um und landete sicher in Miami, obwohl auch die anderen beiden Triebwerke versagten.

a) Gehen wir davon aus, dass ein Triebwerk beim Start mit der Wahrscheinlichkeit 0,0001 ausfällt. Die Wahrscheinlichkeit, dass alle drei Triebwerke ausfallen, beträgt dann laut FAA (Federal Aviation Administration) $0{,}0001^3$. Welche Annahmen hat die FAA gemacht, um zu diesem Ergebnis zu kommen?

b) Bei der Untersuchung des Vorfalls stellte die FAA fest, dass der Mechaniker, der in allen drei Triebwerken das Öl ausgetauscht hat, bei allen Triebwerken den Öldichtungsring falsch eingesetzt hatte. Beurteilen Sie jetzt die Annahme der FAA in Teilaufgabe a).

Aufgaben

Eine Fallstudie – „Der Fall Sally Clark"

England, im Dezember 1996. Christopher Clark, elf Wochen alt, liegt tot in seinem Bettchen. Diagnose: plötzlicher Kindstod. Bald darauf, im November 1997, bekommen die Eltern Sally und Steve Clark wieder ein Baby. Doch auch Harry stirbt früh, im Alter von acht Wochen.

Sally Clark wurde 1999 wegen Mordes an zwei ihrer Kinder zu einer lebenslangen Freiheitsstrafe verurteilt. Die erste Diagnose für den Tod der beiden Kinder war „plötzlicher Kindstod" (SIDS – sudden infant death). Damit bezeichnet man das unerwartete und nicht erklärliche Versterben eines Kleinkindes unter einem Jahr. In Deutschland starben im Jahre 2008 ca. 215 Kleinkinder an plötzlichem Kindstod. Obwohl man einige Risikofaktoren identifiziert hat, sind die Gründe für den plötzlichen Kindstod weitgehend unbekannt.

Sally Clark wurde verurteilt aufgrund eines Gutachtens. Ein wichtiges Argument, das die Anklage in den Prozess einbrachte, basiert auf der Grundlage eines Gutachtens von Sir Roy Meadow, einem renommierten Kinderarzt und Experten für Kindesmissbrauch. Dr. Meadow führte an, dass die Wahrscheinlichkeit, dass zufällig zwei Kinder in derselben Familie an SIDS sterben, außerordentlich gering ist und dass daher Mord eine erheblich plausiblere Erklärung für den Tod der beiden Kinder sei. Dr. Meadows argumentierte:
„Aus epidemiologischen Studien kann man herleiten, dass die Wahrscheinlichkeit, dass ein Kind am plötzlichen Kindstod verstirbt, $\frac{1}{8543}$ ist. Die Wahrscheinlichkeit, dass zwei Kinder in der gleichen Familie an SIDS sterben, ist demzufolge $\frac{1}{8543} \cdot \frac{1}{8543}$, d.h. ungefähr 1 zu 73 Millionen; eine verschwindend kleine Wahrscheinlichkeit."

Die Jury folgte der Argumentation des Gutachters und verurteilte Sally Clark wegen Mordes zu lebenslanger Haft im Gefängnis. Die originalen Worte des Richters über die Rolle der Statistik in diesem Fall: "... although we do not convict people in these courts on statistics ... the statistics in this case do seem compelling."

a) Überprüfen Sie die Berechnung von Dr. Meadows. Von welchen Annahmen ging er bei seinen Berechnungen aus? Würdigen Sie die Argumentation von Dr. Meadows kritisch.

Sally Clarks Verfahren wurde wieder aufgenommen, nicht zuletzt wegen festgestellter fehlerhafter Annahmen und Folgerungen von Dr. Meadows. Eine der fehlerhaften Annahmen haben Sie sicher in Teilaufgabe a) entdeckt. Sally Clark wurde in einem Berufungsverfahren freigesprochen und 2003 aus dem Gefängnis entlassen. Sie verstarb aber bereits im März 2007 im Alter von nur 43 Jahren, vermutlich wegen einer Alkoholerkrankung, die ihre Familie auf den Stress wegen der Gerichtsverhandlungen und dem Gefängnisaufenthalt zurückführte.

b) Beurteilen Sie selbst, welche Bedeutung die Wahrscheinlichkeitsrechnung in Gerichtsverfahren haben sollte. Diskutieren Sie die Problematik in Ihrem Mathematikkurs.

c) Sollten Sie mehr über den Fall „Sally Clark" wissen wollen, dann recherchieren Sie im Internet.

1 *Mensaessen*

Bei einer Befragung von 59 Schülerinnen und Schülern zum Essen in der Mensa wurden die folgenden Ergebnisse zusammengefasst:

	Finden das Essen gut	Finden das Essen nicht gut	Summe
Mädchen	16	16	32
Jungen	19	8	27
Summe	35	24	59

a) Unter den Befragten wählt man zufällig eine Person aus. Wie groß ist die Wahrscheinlichkeit, dass es ein Junge (ein Mädchen) ist?

b) Angenommen, man wählt unter den befragten Mädchen (Jungen) eine Person aus. Wie groß ist die Wahrscheinlichkeit, dass die (der) Betreffende das Essen gut findet?

2 *Ausschussanteil*

Ein Fertigungsteil durchläuft vier Maschinen mit einer Ausschussquote von 4 %, 1 %, 2 % und 1 %. Wie hoch ist die gesamte Ausschussquote?

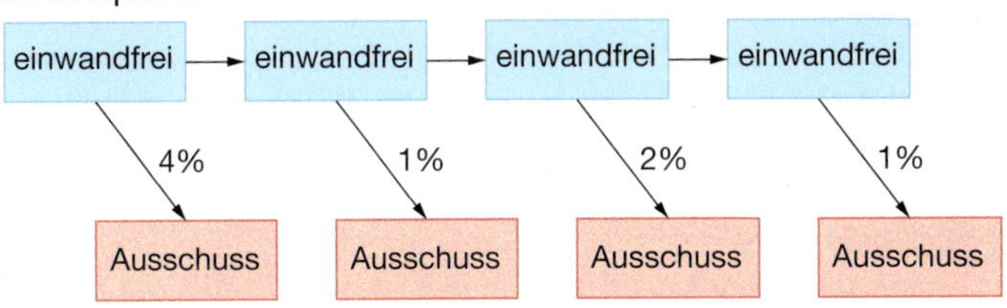

Tipp: Bestimmen Sie zunächst den Anteil der einwandfreien Fertigungsteile.

3 *Wartedauer*

Ermitteln Sie durch Simulation einen Schätzwert für die Anzahl der Würfe mit einer Münze, bis das erste Mal zweimal „Kopf“ (K) hintereinander geworfen wird.

Tipp: Ergebnisse wie KK, ZKK, KZKZZKK usw. erfüllen die Bedingung. Beim ersten Beispiel musste man 2-mal werfen, beim zweiten Beispiel 3-mal, beim dritten Beispiel 7-mal.

a) Erstellen Sie einen Simulationsplan.

b) Führen Sie die Simulation per Hand mithilfe von Zufallszahlen möglichst oft durch und berechnen Sie aus diesen Simulationen die gesuchte Anzahl.

4 *Doppelwurf*

Beim Würfeln mit zwei Würfeln eignet sich als Ergebnismenge besonders gut die folgende Menge:

$\Omega = \{(1,1); (1,2); \ldots; (6,5); (6,6)\}$.

Stellen Sie jedes der folgenden Ereignisse als Teilmenge von Ω dar und geben Sie jeweils die zugehörige Eintrittswahrscheinlichkeit an.

a) Die Augensumme beträgt 10.

b) Mindestens einer der Würfel zeigt eine „6“.

c) Das Produkt der beiden Augenzahlen ist 12.

d) Der Betrag der Differenz der beiden Augenzahlen ist 2.

CHECK UP

Zufall, Wahrscheinlichkeit und Wahrscheinlichkeitsmodelle

Methoden zur Bestimmung von Wahrscheinlichkeiten

1. Realversuch

Ein Zufallsexperiment wird 1000-mal wiederholt. Die relative Häufigkeit h(E) ist ein Schätzwert für die Wahrscheinlichkeit P(E).

Tetraederwürfel

Zufallexperiment: Dreimaliges Würfeln
Ereignis E: Augensumme 10

2. Simulation des Zufallsexperimentes

Die Simulation wird z. B. 1000-mal durchgeführt. Schätzwert für die Wahrscheinlichkeit P(E) ist die entsprechende relative Häufigkeit.
Simulation des dreifachen Wurfes mit einem Tetraederwürfel durch drei Zufallszahlen von 1 bis 4.
E: Summe der drei Zahlen ist 10

3. Abzählen

Annahme: Alle Ergebnisse des Zufallsexperimentes sind gleichwahrscheinlich. Man nennt dies einen „Laplace-Versuch“. Dann ist:

$$P(E) = \frac{\text{Anzahl der günstigen Ergebnisse}}{\text{Anzahl der möglichen Ergebnisse}}$$

- Alle Ergebnisse des dreimaligen Wurfes mit einem Tetraederwürfel aufschreiben: (1,1,1); (1,1,2); (1,1,3); (1,1,4); (1,2,1) usw.
- Anzahl aller Ergebnisse feststellen
- Anzahl aller Ergebnisse mit Augensumme 10 feststellen
- P(E) berechnen

Ereignis und Ereigniswahrscheinlichkeit

Ereignis: Ein Ereignis fasst Ergebnisse eines Zufallsexperimentes zusammen.
Jede Teilmenge E der Ergebnismenge Ω ist ein Ereignis.

Wahrscheinlichkeit eines Ereignisses P(E)

P(E) ist die Summe der Wahrscheinlichkeiten, mit denen jedes Element von E auftritt:

$P(E) = P(\omega_1) + P(\omega_2) + \ldots$

CHECK UP

Rechnen mit Ereigniswahrscheinlichkeiten

Verknüpfung von Ereignissen A und B

Und-Verknüpfung
Ereignis A und Ereignis B treten gleichzeitig ein.

Oder-Verknüpfung
Entweder Ereignis A oder Ereignis B tritt ein oder beide gleichzeitig.

Mengendiagramm

A **und** B

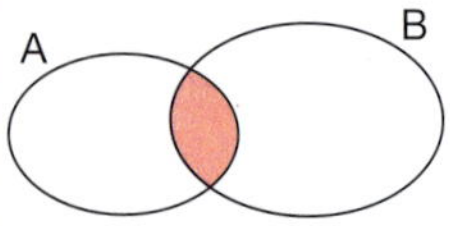

A **oder** B

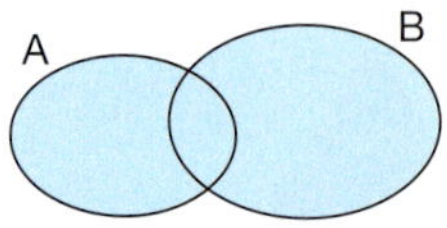

Für sich gegenseitig ausschließende Ereignisse A und B gilt: P(A und B) = 0

Additionssatz:
P(A oder B) = P(A) + P(B) − P(A und B)

Besondere Ereignisse und ihre Wahrscheinlichkeiten

Gegenereignis $\overline{A}$: $\overline{A}$ tritt genau dann ein, wenn A nicht eintritt: $P(\overline{A}) = 1 - P(A)$

Unmögliches Ereignis {}: Die Menge enthält kein Element: P({}) = 0

Sicheres Ereignis Ω: Die Menge enthält alle möglichen Ergebnisse: P(Ω) = 1

Bedingte Wahrscheinlichkeit und Vierfeldertafel mit absoluten Häufigkeiten

	A	$\overline{A}$	Summe
B	52	48	100
$\overline{B}$	65	16	81
Summe	117	64	181

$P(A) = \frac{117}{181} = 0{,}646$ $\quad P(B) = \frac{100}{181} = 0{,}553$

$P(A \text{ und } B) = \frac{52}{181} = 0{,}287$

$P(B|A) = \frac{52}{117} = 0{,}444$ $\quad P(A|B) = \frac{52}{100} = 0{,}52$

Unabhängige Ereignisse

Ereignisse, bei denen die Eintrittswahrscheinlichkeit des einen Ereignisses nicht durch das Eintreten des anderen Ereignisses beeinflusst wird:
In diesem Fall gelten P(A|B) = P(A), P(B|A) = P(B) und P(A und B) = P(A) · P(B).

5 *Versicherungen*
Was halten Sie von der folgenden Aussage eines Versicherungsvertreters: „Sie fahren nun seit 13 Jahren unfallfrei. Wir müssen die Versicherungsprämie erhöhen, denn statistisch gesehen sind Sie bald „dran“.“

6 *Obstliebhaber*
Angenommen, 80 % der Schüler eines Mathematikkurses mögen Apfelsinen, 60 % mögen Äpfel und 52 % mögen Apfelsinen und Äpfel. Berechnen Sie den Anteil der Schüler, die Apfelsinen oder Äpfel oder beides mögen.

7 *Praktikumsplatz*
Marius bewirbt sich um einen Praktikumsplatz bei zwei Firmen A und B. Er schätzt, dass er mit 70 %-iger Wahrscheinlichkeit bei der Firma A und mit 45 %-iger Wahrscheinlichkeit bei der Firma B einen Praktikumsplatz erhalten wird. Er meint, dass er somit sicher sein kann, dass er bei einer der Firmen einen Praktikumsplatz finden wird.
Stimmt das? Begründen Sie Ihre Antwort.

8 *Mindestens ein Treffer*
Ein Spieler setzt beim Roulette stets auf die 2. Berechnen Sie die Wahrscheinlichkeit, dass bei 10 (37, 100, 200) Spielen mindestens einmal die 2 vorkommt. Verwenden Sie das Gegenereignis.

9 *Lieblingsfarbe Rot*
Bei einer Befragung in einem Mathematikkurs wurden die beiden folgenden Fragen gestellt:
„Sind Sie weiblich?“ und „Ist Ihre Lieblingsfarbe Rot?“.
Bei dieser Befragung betrug der Anteil der „Ja-Antworten“ auf die erste Frage 40 % und auf die zweite Frage 27 %.
Kann man mit diesen Ergebnissen die Wahrscheinlichkeit dafür berechnen, dass eine zufällig aus dem Kurs ausgewählte Person weiblich ist oder die Farbe Rot als Lieblingsfarbe hat?
Welche Zusatzinformation benötigen Sie für den Fall, in dem Sie die gefragte Wahrscheinlichkeit nicht berechnen können?

10 *Management*
In einer Firma arbeiten 253 Angestellte. Davon sind 165 weiblich und 88 männlich. 71 der weiblichen und 30 der männlichen Angestellten gehören dem Mittelmanagement an.
a) Stellen Sie die Daten in einer Vierfeldertafel dar.
Eine Personalakte wird nun zufällig ausgewählt.
b) Wie groß ist die Wahrscheinlichkeit, dass die zugehörige Person weiblich ist (dem Mittelmanagement angehört)?
c) Angenommen, die ausgewählte Akte ist die einer Mitarbeiterin. Wie groß ist die Wahrscheinlichkeit, dass die Mitarbeiterin dem Mittelmanagement angehört?
d) Angenommen, die Personalakte gehört zu einem Mitglied des Mittelmanagements. Wie groß ist die Wahrscheinlichkeit, dass die betreffende Person weiblich ist?
e) Sind die Ereignisse „gehört zum Mittelmanagement“ und „ist weiblich“ unabhängig?

10 Wahrscheinlichkeitsverteilungen

Zufällige Ereignisse scheinen irgendwie chaotisch oder unvorhersehbar einzutreten. So ist es z. B. bei einem 10-fachen Münzwurf unmöglich, mit absoluter Sicherheit vorherzusagen, wie häufig „Kopf" kommt. Wenn wir lange Reihen von Zufallsexperimenten beobachten oder gar selbst ein Zufallsexperiment häufig wiederholt durchführen, so können wir entdecken, wie allmählich „Muster" entstehen und z. B. beobachten, ob ein bestimmtes Ereignis häufig eintritt oder selten.

Mit der Wahrscheinlichkeitsverteilung lernen wir in diesem Kapitel ein Werkzeug kennen, das uns dabei unterstützt, Zufallsexperimente genauer zu beschreiben.

Als häufig verwendete Wahrscheinlichkeitsverteilung wird die Binomialverteilung erarbeitet und zur Modellierung zufälliger Vorgänge verwendet.

10.1 Zufallsgrößen und Erwartungswert

Ordnet man jedem Ergebnis eines Zufallsexperimentes eine reelle Zahl zu, dann spricht man von einer Zufallsgröße. Die Wahrscheinlichkeitsverteilung der Zufallsgröße gibt an, mit welcher Wahrscheinlichkeit jeder Wert der Zufallsgröße auftritt.
Will man wissen, mit welchem Wert der Zufallsgröße man im Mittel rechnen kann und wie die Zufallsgröße um diesen Mittelwert streut, dann muss man das Zufallsexperiment sehr häufig wiederholen, die Werte der Zufallsgröße jeweils notieren und dann das arithmetische Mittel und die Standardabweichung berechnen. Man kann allerdings auch, ohne eine Versuchsreihe durchzuführen und auszuwerten, mithilfe der Wahrscheinlichkeitsverteilung den zu erwartenden Mittelwert (Erwartungswert) und die Standardabweichung der Zufallsgröße berechnen.

Spiel A *Einsatz:* 1 €

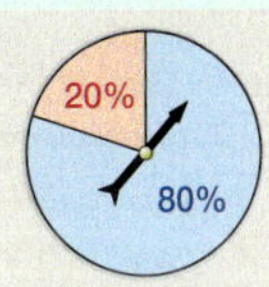

Glücksfeld	Zufallsgröße X
rot	4 €
blau	0 €

$E(X) = 0{,}8\,€$ $\sigma(X) = 1{,}6\,€$

10.2 Binomialverteilung

Die Wahrscheinlichkeitsverteilung der Trefferanzahl X bei einer Bernoulli-Kette heißt Binomialverteilung. Mit ihr können unter bestimmten Voraussetzungen viele typische Zufallsvorgänge modelliert werden, wie z. B. der Lauf einer Kugel durch das Galton-Brett oder die Umfrageergebnisse in einer Zufallsstichprobe.

Für den Erwartungswert und die Standardabweichung gibt es einfache Formeln.
Mit den berechneten Wahrscheinlichkeiten und den Kenngrößen der Binomialverteilung lassen sich Vorhersagen darüber machen, womit bei einem Bernoulli-Versuch zu rechnen ist und ob ein beobachtetes Ereignis „ungewöhnlich" ist.

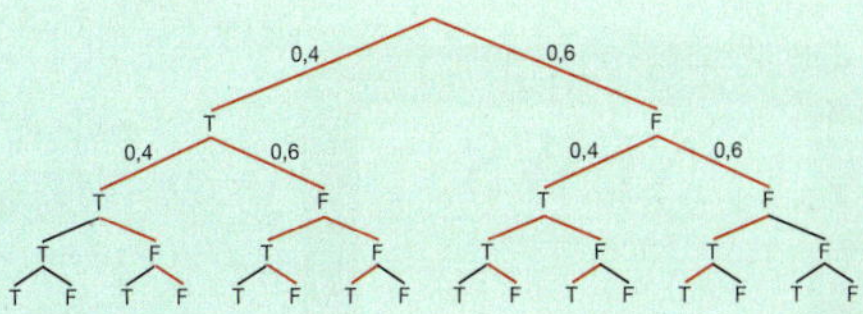

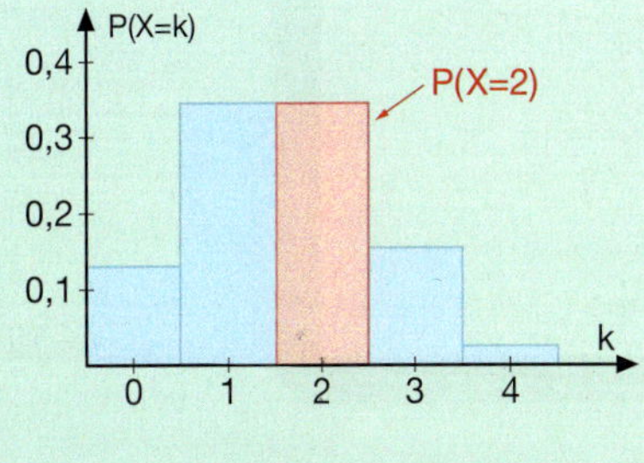

10.1 Zufallsgrößen und Erwartungswert

Was Sie erwartet

Im Zentrum fast aller Aufgaben und Probleme in der Wahrscheinlichkeitsrechnung stehen Zufallsexperimente. Dabei haben wir bereits erfahren, dass der Zufallsmechanismus (z. B. das Werfen von zwei Würfeln) alleine noch nicht das Zufallsexperiment beschreibt. Man muss auch noch angeben, welches „Merkmal" man protokollieren möchte.

Beim Spiel mit zwei Würfeln kann man die Paare der Augenzahlen protokollieren. Die 36 verschiedenen, gleichwahrscheinlichen Ergebnisse lauten:

Augenzahl	1	2	3	4	5	6
1	(1,1)	(1,2)	(1,3)	(1,4)	(1,5)	(1,6)
2	(2,1)	(2,2)	(2,3)	(2,4)	(2,5)	(2,6)
3	(3,1)	(3,2)	(3,3)	(3,4)	(3,5)	(3,6)

Man kann sich für den Betrag der Differenz der beiden Augenzahlen interessieren oder auch nur für die größere der beiden Augenzahlen. Ist die „Größe", für die man sich interessiert, eine reelle Zahl, so nennt man diese ***Zufallsgröße****. Der Wert, den sie annimmt, hängt von dem Ergebnis des jeweiligen Zufallsexperimentes ab. In diesem Lernabschnitt geht es vor allem um den Erwartungswert einer Zufallsgröße und um deren Streuung, d. h. um die Frage, mit welchem Mittelwert einer Zufallsgröße man bei einer langen Versuchsreihe rechnen kann und wie groß die Standardabweichung ist.*

Erwartungswert und Standardabweichung spielen eine große Rolle bei Glücksspielen (erwarteter mittlerer Gewinn pro Spiel), bei Versicherungsgesellschaften (erwartete mittlere Kosten bei einem Versicherungsnehmer), bei Herstellern (erwartete Füllmenge in einer Flasche) und bei vielen anderen Gelegenheiten.

Aufgaben

1 *Gleiches Spielgerät – verschiedene Spiele*

Beim Wurf mit zwei Würfeln wird
a) die Augensumme,
b) die höchste der beiden Augenzahlen,
c) der Betrag der Differenz der Augenzahlen protokolliert.
Was ist jeweils die Ergebnismenge? Geben Sie die zugehörige Wahrscheinlichkeitsverteilung in tabellarischer Form an.

Wahrscheinlichkeitsverteilung zu b):

1	2	3	4	5	6
$\frac{1}{36}$	■	$\frac{5}{36}$	■	■	$\frac{11}{36}$

2 *„E-Reader"*

Die Geschäftsleitung einer Firma, die Unterhaltungselektronik herstellt, will entscheiden, welcher der beiden „E-Reader" A oder B sie herstellen und vertreiben soll. Die Marketingabteilung hat durch eine Marktanalyse die folgenden Daten herausgefunden:

A: Entwicklungskosten 2,5 Mio. €
Projektierte Einnahmen

Wahrscheinlichkeit	Nettoeinnahmen
20 %	5 Mio. €
45 %	3 Mio. €
25 %	2,5 Mio. €
10 %	0,25 Mio. €

B: Entwicklungskosten 1,5 Mio. €
Projektierte Einnahmen

Wahrscheinlichkeit	Nettoeinnahmen
10 %	6 Mio. €
40 %	5 Mio. €
30 %	2 Mio. €
10 %	0,5 Mio. €

Wie würden Sie entscheiden?

Zufallsgröße, Wahrscheinlichkeitsverteilung und Erwartungswert

Basiswissen

Zufallsgröße
Es gibt viele Zufallsexperimente, deren Ergebnisse mit reellen Zahlen dargestellt werden. Unter der **Zufallsgröße X** versteht man eine Variable, die als Wert eine der betreffenden reellen Zahlen annimmt, je nachdem, wie das Experiment ausgeht.

Beispiel: Man wirft vier Münzen gleichzeitig und protokolliert die Anzahl von „Kopf".
X: Anzahl von „Kopf" $X \in \{0; 1; 2; 3; 4\}$

Die Zufallsgröße X in dem Münzwurfbeispiel ist eine **diskrete Zufallsgröße.**
Bei diskreten Zufallsgrößen kann man die möglichen Ergebnisse aufzählen:
$X \in \{x_1; x_2; x_3; \ldots\}$

Wahrscheinlichkeitsverteilung einer Zufallsgröße
Für diskrete Zufallsgrößen X gilt: Ordnet man jedem Wert, den die Zufallsgröße X annimmt, die Wahrscheinlichkeit zu, mit der er auftritt, so nennt man die Zuordnung $x_i \to P(X = x_i)$ **Wahrscheinlichkeitsverteilung der Zufallsgröße X.**

Beispiel: Wurf mit vier Münzen
X: Anzahl von „Kopf"
Wahrscheinlichkeitsverteilung:

k	0	1	2	3	4
P(X = k)	$\frac{1}{16}$	$\frac{4}{16}$	$\frac{6}{16}$	$\frac{4}{16}$	$\frac{1}{16}$

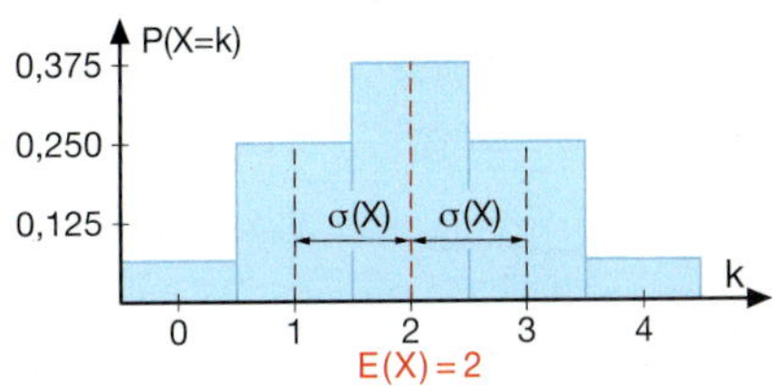

Erwartungswert E(X) und Standardabweichung σ(X) einer Wahrscheinlichkeitsverteilung
Der „Mittelwert" einer Wahrscheinlichkeitsverteilung hat einen besonderen Namen. Man nennt ihn den **Erwartungswert E(X)**. Häufig schreibt man auch μ.

$$E(X) = x_1 \cdot P(X = x_1) + x_2 \cdot P(X = x_2) + \ldots + x_n \cdot P(X = x_n)$$

$P(X = x_i)$ gibt die Wahrscheinlichkeit dafür an, dass die Zufallsgröße X den Wert x_i annimmt.

Die Streuung einer Wahrscheinlichkeitsverteilung wird durch die Standardabweichung σ(X) erfasst.

Standardabweichung: $\sigma(X) = \sqrt{(x_1 - E(X))^2 \cdot P(X = x_1) + \ldots + (x_n - E(X))^2 \cdot P(X = x_n)}$

Beispiele

A *Der Betrag der Differenz von Augenzahlen als Zufallsgröße*
Zwei Tetraederwürfel werden geworfen. Die Zufallsgröße X entspricht dem Betrag der Differenz der beiden Augenzahlen. Geben Sie die Wahrscheinlichkeitsverteilung der Zufallsgröße X an und berechnen Sie den Erwartungswert.

Lösung:
Die Zufallsgröße X kann die Werte 0, 1, 2 und 3 annehmen.

X	0	1	2	3
zugehörige Ergebnisse	(1,1); (2,2); (3,3); (4,4)	(2,1); (1,2); (3,2); (2,3); (4,3); (3,4)	(3,1); (1,3); (4,2); (2,4)	(4,1); (1,4)
Wahrscheinlichkeit	$\frac{4}{16}$	$\frac{6}{16}$	$\frac{4}{16}$	$\frac{2}{16}$

Erwartungswert: $E(X) = 0 \cdot \frac{4}{16} + 1 \cdot \frac{6}{16} + 2 \cdot \frac{4}{16} + 3 \cdot \frac{2}{16} = \frac{20}{16} = 1{,}25$

Der Erwartungswert der Zufallsgröße X beträgt somit 1,25.

Beispiele

B *Erwartungswert und Standardabweichung*

Vergleichen Sie Erwartungswert und Standardabweichung der beiden Glücksspiele A und B. Was stellen Sie fest? Welches Glücksspiel ist für den Spieler interessanter?

Spiel A *Einsatz:* 1 €

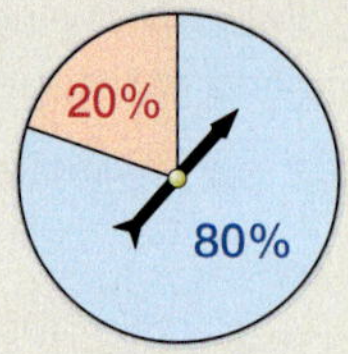

Glücksfeld	Gewinn
rot	4 €
blau	0 €

Spiel B *Einsatz:* 1 €

Mit einem Zufallszahlengenerator werden zweistellige Zufallszahlen von 00 bis 99 erzeugt und auf einem Display ausgegeben.

Glückszahlen	Gewinn
66	50 €
11, 12, 21	5 €
22, 33, 44, 55	3 €
00, 88, 99	1 €
alle anderen Zahlen	0 €

Lösung:

Zufallsgröße X: Gewinn

Spiel A Erwartungswert: $E(X) = 0 \cdot \frac{4}{5} + 4 \cdot \frac{1}{5} = 0{,}8$

Standardabweichung: $\sigma(X) = \sqrt{(0 - 0{,}8)^2 \cdot \frac{4}{5} + (4 - 0{,}8)^2 \cdot \frac{1}{5}} = 1{,}6$

Einsatz: 1 €

Spiel B Erwartungswert: $E(X) = 50 \cdot \frac{1}{100} + 5 \cdot \frac{3}{100} + 3 \cdot \frac{4}{100} + 1 \cdot \frac{3}{100} = 0{,}8$

Standardabweichung:

$$\sigma(X) = \sqrt{(50-0{,}8)^2 \cdot \frac{1}{100} + (5-0{,}8)^2 \cdot \frac{3}{100} + (3-0{,}8)^2 \cdot \frac{4}{100} + (1-0{,}8)^2 \cdot \frac{3}{100} + (0-0{,}8)^2 \cdot \frac{89}{100}} \approx 5{,}05$$

Bei Spiel A und Spiel B verliert man im Mittel 0,20 € pro Spiel.

Die Erwartungswerte stimmen überein. Das Spiel B ist womöglich interessanter, da es verschiedene Gewinnmöglichkeiten gibt, u. a. eine mit einem besonders hohen Gewinn. Mathematisch macht sich dies in einer größeren Standardabweichung bemerkbar.

Übungen

3 *Erwartungswert und Standardabweichung beim vierfachen Münzwurf*

Fünf Münzen werden gleichzeitig geworfen. Die Zufallsgröße X gibt die Anzahl der Münzen, die mit „Kopf" (K) nach oben liegen, an. Berechnen Sie die Wahrscheinlichkeitsverteilung (vgl. Basiswissen auf der vorherigen Seite). Zeichnen Sie zu der Wahrscheinlichkeitsverteilung ein Histogramm. Berechnen Sie den Erwartungswert und die Standardabweichung. Veranschaulichen Sie beide Werte an dem Histogramm.

4 *Ein faires Spiel*

Alberto verabredet mit Ben die folgende Wette: Alberto würfelt mit zwei Würfeln. Ist mindestens eine der beiden Augenzahlen eine „4", so muss Ben an Alberto 2 € zahlen. Andernfalls muss Alberto an Ben 2 € zahlen.

a) Alberto meint, dass dies ein faires Spiel sei, da die Einsätze von beiden Spielern gleich sind. Was meinen Sie? Kann der Erwartungswert des Gewinns bei der Beantwortung dieser Frage helfen?

b) Wie müsste man die Einsätze verändern, damit das Spiel fair ist?

5 *Preisausschreiben*

Etwas zum Nachdenken: Warum nehmen oft viele Leute an einem Preisausschreiben teil, auch wenn der Erwartungswert des Gewinns klein ist?

An einem Preisausschreiben, bei dem ein bestimmtes Lösungswort gefunden werden sollte, nahmen 80 000 Personen teil. 20 000 Einsendungen waren dabei richtig. Unter diesen wurden als Preise ausgelost:

1. Preis	1000 €	(1-mal)
2. Preis	250 €	(20-mal)
3. Preis	50 €	(50-mal)
Trostpreis im Wert von	5 €	(1000-mal)

Berechnen Sie den Erwartungswert des Gewinns.

Übungen

Mithilfe von Übung 10 können Sie herausfinden, welche Bedeutung der Erwartungswert besitzt.

6 *Erwartungswert – nachgefragt*

Im Beispiel A wurde der Erwartungswert für die Differenz der Augenzahlen beim Wurf zweier Tetraeder berechnet. Das Ergebnis hierfür lautete 1,25. Macht der Erwartungswert hier Sinn, da die Zufallsgröße X nur ganzzahlige Werte annehmen kann? Sollte man vielleicht den Erwartungswert runden?

7 *Roulette*

Beim Roulette gibt es verschiedene Möglichkeiten zu setzen. Ihr Spieleinsatz ist ein Jeton im Wert von 10€.

a) Vergleichen Sie den Erwartungswert für den Nettogewinn, wenn Sie auf eine „volle Zahl" setzen, mit dem Erwartungswert für den Gewinn, wenn Sie auf „Rouge" setzen.

Wahrscheinlichkeitsverteilung für X: Nettogewinn beim Setzen auf „volle Zahl":

Nettogewinn	Wahrscheinlichkeit
$35 \cdot 10€$	$\frac{1}{37}$
$-10€$	$\frac{36}{37}$

Ergänzen Sie zunächst noch die Wahrscheinlichkeitsverteilung des Nettogewinns beim Setzen auf „Rouge".

b) Berechnen Sie den Erwartungswert für den Nettogewinn bei zwei anderen Wettmöglichkeiten (Wettmöglichkeiten beim Roulette und Gewinnquoten finden Sie z. B. auf der Seite 266). Was fällt Ihnen auf?

8 *Lotto „6 aus 49"*

Bei der wöchentlichen Lottoziehung „6 aus 49" interessiert man sich für die Verteilung der Zufallsgröße X: Anzahl der richtig getippten Zahlen.

In der Tabelle sind Formeln zur Berechnung der Verteilung von X abgedruckt.

X = k	0	1	2	…	5	6
P(X = k)	$\frac{\binom{6}{0} \cdot \binom{43}{6}}{\binom{49}{6}}$	$\frac{\binom{6}{1} \cdot \binom{43}{5}}{\binom{49}{6}}$	$\frac{\binom{6}{2} \cdot \binom{43}{4}}{\binom{49}{6}}$	…	$\frac{\binom{6}{5} \cdot \binom{43}{1}}{\binom{49}{6}}$	$\frac{\binom{6}{6} \cdot \binom{43}{0}}{\binom{49}{6}}$

a) Erläutern Sie die Rechenansätze.

b) Stellen Sie die Verteilung der Zufallsgröße X als Histogramm dar.

Schätzen Sie den Erwartungswert und berechnen Sie ihn anschließend. Was sagt dieser Wert aus?

9 *PS-Sparen*

Bei Sparkassen gibt es das sogenannte PS-Sparen: Man zahlt 5€ ein. Davon gehen 4€ auf das Sparkonto, von dem verbleibenden Euro kauft man ein Los und nimmt an einer Lotterie teil. Berechnen Sie anhand des Gewinnplans den Erwartungswert für einen Gewinn. Vergleichen Sie den Erwartungswert für den Gewinn mit dem Einsatz von 1€.

PS-Sparen: Ihre Gewinne und Gewinnchancen

Gewinn	Wahrscheinlichkeit
2,50€	0,1
5€	0,01
25€	0,002
500€	0,0001
5000€	0,00001
50000€	0,000001
250000€	0,0000001

Übungen

10 *Was bedeutet der Erwartungswert oder das empirische Gesetz der großen Zahlen für Mittelwerte?*

10110.xlsx

Angenommen, zwei Münzen werden geworfen. Die Zufallsgröße X gibt die Anzahl der Münzen an, die mit „Kopf" nach oben liegen.

a) Zeigen Sie, dass der Erwartungswert E(X) = 1 ist.

b) Werfen Sie wiederholt zwei Münzen und ergänzen Sie die folgende Tabelle. Fassen Sie alle Tabellen in Ihrem Mathematikkurs zusammen. Wie verhält sich der Mittelwert mit wachsender Spielanzahl?

Spiel	1	2	3	4	5	…	10
X: Anzahl „Kopf"	0	2	0	1	1	…	■
Summe	0	2	2	3	4	…	■
Mittelwert	$\frac{0}{1} = 0$	$\frac{2}{2} = 1$	$\frac{2}{3}$	$\frac{3}{4}$	$\frac{4}{5}$	…	■

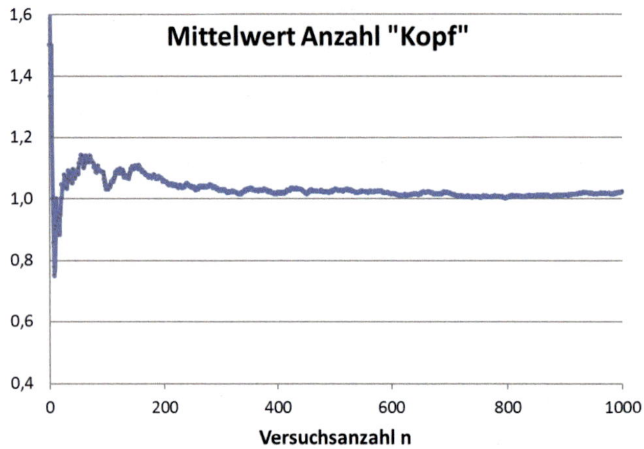

c) In der Grafik ist die Entwicklung des Mittelwertes der Anzahl von „Kopf" in Abhängigkeit von der Versuchswiederholung dargestellt. Interpretieren Sie die Grafik. Erläutern Sie, inwiefern die Grafik das **empirische Gesetz der großen Zahlen für Mittelwerte** veranschaulicht.

Das empirische Gesetz der großen Zahlen für Mittelwerte

Bei einer langen Versuchsreihe pendelt sich der Mittelwert der Zufallsgröße X bei dem Erwartungswert E(X) ein.

11 *„Chuck a luck" – ein faires Spiel?*

„Chuck a luck" (Glückswurf) ist ein einfaches Würfel-Glücksspiel, dass unter verschiedenen Namen weltweit bekannt ist. Die Spielregeln sind einfach. Zunächst setzt der Spieler seinen Einsatz (z. B. 1 €) auf eine Augenzahl seiner Wahl. Anschließend würfelt der Bankhalter mit drei Würfeln:

Je nachdem, ob ein, zwei oder sogar alle drei Würfel die gesetzte Augenzahl zeigen, gewinnt der Spieler seinen Einsatz einfach, doppelt oder dreifach; zeigt kein Würfel die gesetzte Augenzahl, so ist sein Einsatz verloren.

10111.xlsx

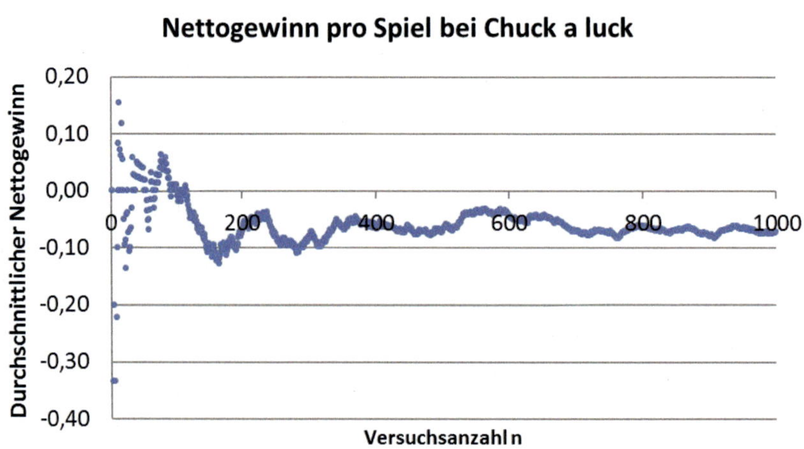

Interpretieren Sie die Grafik. Schätzen Sie den Nettogewinn pro Spiel beim „Chuck a luck" mithilfe der Grafik.

Übungen

12 *Gewinnspiel Städtereisen*

Ein Reisebüro verlost bei einer Werbeaktion zum jährlichen Sommerfest als Hauptgewinn Städtetouren in Form von Hotelübernachtungsgutscheinen. Allerdings wird es dem Zufall überlassen, wie „lang" die gewonnene Städtetour sein wird. Die Gewinner sollen einen handelsüblichen Würfel werfen, um zu ermitteln, welche Städte sie besuchen. Fällt eine Augenzahl zum zweiten Mal, so wird die Städtereise abgebrochen, da jede Stadt höchstens einmal besucht werden soll. Das Reisebüro ist daran interessiert, wie viele Städte die Gewinner dieser Verlosung durchschnittlich besuchen werden.

Würfelfolge: 2, 1, 3, 1 — Reise: Hamburg, Berlin, Köln, Stopp
Länge der Reise: 3

Berlin (1)
Hamburg (2)
Köln (3)
München (4)
Dresden (5)
Frankfurt (6)

Der Reiseveranstalter lässt die zufällige Zusammenstellung der Städtetour mit einem Computerprogramm simulieren und ermittelt jeweils die Länge der Städtereisen. Dabei erhält er die unten abgebildeten Häufigkeitsverteilungen zu drei verschiedenen 1000-fachen Simulationen. Ermitteln Sie die durchschnittlichen Längen der Städtereisen.

Länge der Reise					
1	2	3	4	5	6
148	271	280	200	90	11

Länge der Reise					
1	2	3	4	5	6
167	262	298	196	64	13

Länge der Reise					
1	2	3	4	5	6
151	280	266	202	88	13

Ermitteln Sie die Wahrscheinlichkeitsverteilung der zufälligen Länge der Städtereisen. Wie könnte man damit die zu erwartende durchschnittliche Länge einer Städtereise theoretisch ermitteln?

10112.ftm
10112.xlsx

13 *Nochmals „Chuck a luck"*

Das Spiel „Chuck a luck" wurde bereits in Übung 11 beschrieben.

a) Was meinen Sie, handelt es sich um ein „faires" Spiel? Diskutieren Sie zunächst gemeinsam, was man unter einem „fairen" Spiel verstehen könnte.

b) Führt man eine Reihe von „Probespielen" durch, so erhält man einen ersten Eindruck davon, wie „riskant" das Glücksspiel ist. Spielen Sie dieses Spiel mit Ihrem Tischpartner jeweils zehnmal mit dem gleichen Einsatz (z. B. 1 €) und notieren Sie Ihre Gewinne und Verluste. Diskutieren Sie dann Ihre Ergebnisse.

c) Die Zufallsgröße X ist der Betrag, den man bei dem Spiel gewinnt bzw. verliert. Bei einem Einsatz von 1 € ist $X \in \{-1;\ 1;\ 2;\ 3\}$.
Für die Zufallsgröße X ergibt sich die folgende Wahrscheinlichkeitsverteilung:

k	−1	1	2	3
P(X = k)	$\frac{125}{216}$	$\frac{75}{216}$	$\frac{15}{216}$	$\frac{1}{216}$

Überprüfen Sie die Wahrscheinlichkeiten in der Tabelle und berechnen Sie den Erwartungswert. Vergleichen Sie diesen mit dem Ergebnis der Simulation aus Übung 11.

KOPFÜBUNGEN

1 Geben Sie einen geeigneten Wert für a an: $(1 - a) \cdot (1 + a) = 1 - 64$

2 Geben Sie den Funktionsterm einer Ursprungsgeraden an, die eine Steigung von 50 % (100 %, 200 %) hat. Welchen der zugehörigen Steigungswinkel können Sie sofort angeben?

3 Die Strecke zwischen den Punkten $A = (3|4|1)$ und $B = (5|0|5)$ ist der Durchmesser einer Kugel. Bestimmen Sie den Radius und den Mittelpunkt.

4 Berechnen Sie das arithmetische Mittel und die Standardabweichung für folgende Messreihe bzgl. der Rotationsdauer eines Kreisels: 14 s; 16 s; 14 s; 26 s; 20 s.

Aufgaben

14 *Gruppentests*

Bei Untersuchung von Körperflüssigkeiten und Gewebe auf selten auftretende Erkrankungen oder selten auftretende Inhaltsstoffe (z. B. Dopingmittel) kann man durch Gruppentests die Anzahl der Untersuchungen reduzieren.

a) *Einfaches Gruppentestverfahren für zwei Personen*
Die Blutproben von zwei verschiedenen Personen werden gemischt. Wenn man keine Erreger in der Mischung findet, dann sind beide Personen gesund. Findet man in der Mischung Krankheitserreger, dann werden beide Blutproben einzeln untersucht. Die Anzahl X der notwendigen Untersuchungen ist also 1 oder 3.

Angenommen, die Wahrscheinlichkeit p, mit der eine Person infiziert ist, sei bekannt. Dann kann man die Situation mit einem Baumdiagramm übersichtlich darstellen.

Erläutern Sie das Baumdiagramm und begründen Sie die Wahrscheinlichkeiten für die beiden auftretenden Fälle einer Untersuchung bzw. dreier Untersuchungen.

Nehmen Sie an, dass die Wahrscheinlichkeit p = 0,05 ist (5 % der Bevölkerung tragen den Erreger).

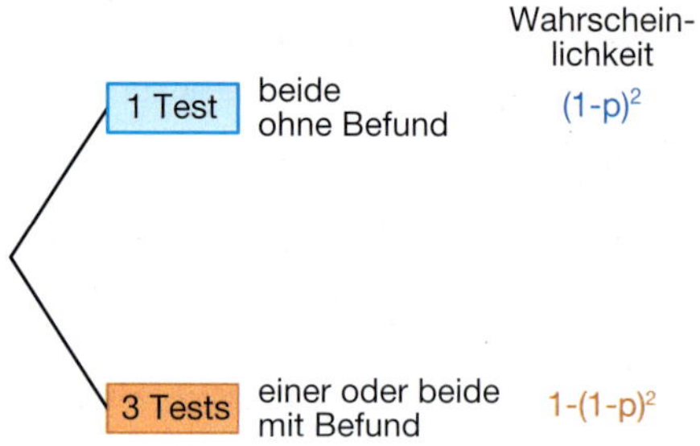

- Berechnen Sie den Erwartungswert der Anzahl der notwendigen Untersuchungen.
- Entwickeln Sie eine Formel für den Erwartungswert E(X) der Anzahl der Untersuchungen beim Paartest in Abhängigkeit von p.

b) *Gruppentest mit n Personen*
Blutproben von n verschiedenen Personen werden gemischt. Findet man keine Erreger in der Mischung, dann sind alle gesund. Wenn man in der Mischung Krankheitserreger findet, dann ist mindestens einer in der Gruppe Träger des Erregers. In diesem Fall werden alle n Blutproben einzeln untersucht. Die Anzahl X der notwendigen Untersuchungen ist also 1 oder n + 1.

- Ändern Sie das Baumdiagramm in Teilaufgabe a) entsprechend ab.
- Zeigen Sie, dass der Erwartungswert E(X) der Anzahl der notwendigen Untersuchungen $E(X) = n + 1 - (1 - p)^n \cdot n$ ist.
- Begründen Sie mithilfe des Erwartungswertes, dass bei der Gruppenprüfung im Vergleich zur Einzelprüfung pro Person $(1 - p)^n - \frac{1}{n}$ Untersuchungen eingespart werden (sofern diese Zahl positiv ist).

c) *Forschungsaufträge*

> *Forschungsauftrag 1*
>
> Ermitteln Sie für p = 0,05 die Gruppengröße, die die größte Ersparnis an Untersuchungen pro Person ergibt.

> *Forschungsauftrag 2*
>
> Ermitteln Sie für verschiedene Wahrscheinlichkeiten, mit denen der Erreger in der Bevölkerung auftritt, jeweils die Gruppengröße für eine maximale Ersparnis pro Person.

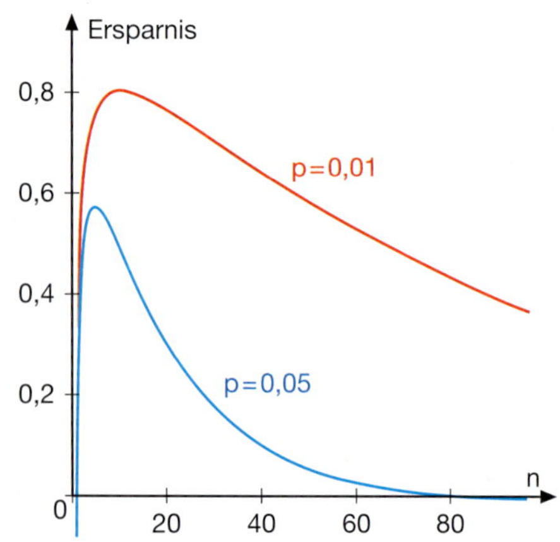

Ersparnis pro Person in Abhängigkeit von der Gruppengröße n

Aufgaben

0-Punkte-Wurf

15 *Spielstrategien bei „Sechs verliert"*

Bei dem Würfelspiel „Sechs verliert" geht es darum, möglichst viele Augen zu sammeln, wobei man beim Auftreten mindestens einer Sechs alles verliert. Dabei darf man sich die Anzahl der Würfel aussuchen, mit denen man spielen möchte.

a) Lesen Sie die nachfolgenden Spielregeln aufmerksam. Wie viele Würfel würden Sie wählen? Begründen Sie Ihre Entscheidung und vergleichen Sie Ihre Strategie mit der Ihrer Mitschülerinnen und Mitschüler.

Würfelspiel „Sechs verliert"

Zwei Spieler spielen gegeneinander. Jeder der beiden wirft eine vorher festgelegte Anzahl an Würfeln.

- Wird mit *mindestens einem* Würfel eine „6" geworfen, so wird der gesamte Wurf mit 0 Punkten gewertet.
- Wird mit *keinem* Würfel eine „6" geworfen, so werden die Augenzahlen der einzelnen Würfel addiert.

Sieger ist, wer mit seinem Wurf die höhere Punktzahl erzielt hat.

b) Spielen Sie in Partnerarbeit das Würfelspiel mehrfach nach. Entscheiden Sie sich dabei für eine feste Anzahl an Würfeln und vergleichen Sie Ihre Punktzahlen. Wer ist nach mehreren Durchgängen der Sieger? Sammeln Sie anschließend alle in Ihrem Kurs erzielten Punktzahlen und stellen Sie diese übersichtlich dar. Welche Informationen liefern diese Daten? Würden Sie jetzt lieber Ihre Strategie ändern und eine andere Anzahl an Würfeln wählen?

c) Wie groß ist die Wahrscheinlichkeit, dass man beim Einsatz von 1, 2, 3, ..., k Würfeln alles verliert und der gesamte Wurf mit 0 Punkten gewertet wird?

d) Für welche Würfelanzahlen ist die durchschnittliche Punktzahl am höchsten? Diese Frage kann man gut mit einer Simulation untersuchen. In der nachfolgenden Tabelle sind einige arithmetische Mittel der Punktzahlen für jeweils 5000 Wiederholungen des Würfelspiels angegeben. Führen Sie die Simulationen mit einem geeigneten Programm weiter und ermitteln Sie die optimale Würfelanzahl.

10115.xlsx

Anzahl der Würfel	1	2	3	...
Mittelwert der Punktzahlen	2,53	4,2	5,28	...

e) Mithilfe theoretischer Berechnungen lässt sich der Erwartungswert der Punktzahlen für die einzelnen Würfelanzahlen ermitteln. Das ist allerdings knifflig. Nachfolgend sind die Erwartungswerte der Zufallsgröße G: „Punktzahl bei Sechs verliert" für einen und für zwei Würfel berechnet worden. Vollziehen Sie diese Berechnungen nach. Wie könnte die Rechnung für drei, vier usw. Würfel aussehen? Vergleichen Sie die theoretisch ermittelten Erwartungswerte mit den durch Simulation ermittelten Durchschnittswerten.

Ein Würfel: Die Zufallsgröße G kann die Werte 1, 2, ..., 5 annehmen.

$E(G) = 0 \cdot \frac{1}{6} + 1 \cdot \frac{1}{6} + 2 \cdot \frac{1}{6} + 3 \cdot \frac{1}{6} + 4 \cdot \frac{1}{6} + 5 \cdot \frac{1}{6} = \frac{15}{6} = 3 \cdot \frac{5}{6} = 2{,}5$

Interpretation: Die Zufallsgröße G nimmt den mittleren Wert $3 = \frac{1+2+3+4+5}{5}$ mit der Wahrscheinlichkeit $\frac{5}{6}$ an.

Zwei Würfel: Die Zufallsgröße G kann den Wert 0 annehmen, wenn mindestens eine „6" auftritt. Fällt keine „6", so nimmt G die Werte 2, 3, ..., 10 an.

$E(G) = 0 \cdot \frac{11}{36} + 2 \cdot \frac{1}{36} + 3 \cdot \frac{2}{36} + \ldots + 10 \cdot \frac{1}{36} = \frac{150}{36} = 2 \cdot 3 \cdot \left(\frac{5}{6}\right)^2 = \frac{25}{6}$

Interpretation: Die Zufallsgröße G nimmt den mittleren Wert $2 \cdot 3 = 6$ mit der Wahrscheinlichkeit $\left(\frac{5}{6}\right)^2$ an.

10.2 Binomialverteilung

Was Sie erwartet

In vielen Situationen wird die Zufallsgröße definiert als die Anzahl der Erfolge bei der n-fachen unabhängigen Wiederholung eines Zufallsexperimentes, wie z.B.

- *die Anzahl der „Pasche" beim sechsfachen Wurf mit zwei Würfeln,*
- *die Anzahl der Personen mit blauen Augen in einer Zufallsstichprobe von zehn Personen,*
- *die Anzahl der Studierenden in einer Zufallsstichprobe von 20 Studierenden des ersten Semesters, die die Mathematikklausur bestanden haben.*

In den beschriebenen Situationen können die beiden Ergebnisse der einzelnen Versuche, die wiederholt werden, als ***Treffer*** *(z.B. „Pasch" oder „hat blaue Augen" usw.) und* ***Fehlschlag*** *(z.B. „kein Pasch" oder „hat keine blauen Augen" usw.) interpretiert werden. Unter bestimmten Voraussetzungen kann man mit der* ***Binomialverteilung*** *die Wahrscheinlichkeit dafür ermitteln, dass eine bestimmte Trefferanzahl eintritt. Die Binomialverteilung kann recht einfach mathematisch dargestellt werden. In diesem Lernabschnitt werden die passende Formel für die Binomialverteilung hergeleitet und deren Eigenschaften beschrieben. In verschiedenen Situationen wird diskutiert, ob man die Binomialverteilung anwenden kann; neben ihren Stärken werden aber auch die Grenzen beim Lösen von Problemen aufgezeigt.*

X: Anzahl von „Zahl"
P(X = 2) = ■

Aufgaben

1 *Wurf mit vier Münzen*

Vier Münzen werden geworfen. Alle möglichen Ergebnisse sollen in der nebenstehenden Tabelle als 4-Tupel dargestellt werden (Z: „Zahl", K: „Kopf").

Ein Tupel ist eine geordnete Liste. So sind z.B. (Z,Z,K,K) und (Z,K,Z,K) zwei verschiedene 4-Tupel.

a) Vervollständigen Sie die nebenstehende Tabelle.

b) Begründen Sie, warum jedes Ergebnis mit der Wahrscheinlichkeit $p = \frac{1}{2} \cdot \frac{1}{2} \cdot \frac{1}{2} \cdot \frac{1}{2}$ eintritt.

Anzahl „Zahl"	Ergebnisse	Anzahl der Ergebnisse
0	KKKK	1
1	KKKZ; KKZK; ■	4
2	KKZZ; ■	■
3	KZZZ; ■	■
4	■	■

c) Die Zufallsgröße X steht für die Anzahl der Münzen, die mit „Zahl" nach oben liegen. Sie kann die Werte 0, 1, 2, 3 und 4 annehmen. Ermitteln Sie P(X = 2) mithilfe der Tabelle aus Aufgabenteil a).
Kann man die Anzahl der 4-Tupel mit genau zweimal „Zahl" berechnen, ohne alle Ergebnisse aufschreiben zu müssen? Wenn Sie die Tabelle richtig ergänzt und richtig gezählt haben, dann stehen in der dritten Spalte der obigen Tabelle die Zahlen 1 4 6 4 1.
Diese Zahlen findet man in der vierten Zeile des Pascalschen Dreiecks wieder. Von links nach rechts gelesen sind dies die Binomialkoeffizienten $\binom{4}{0}$, $\binom{4}{1}$, $\binom{4}{2}$, $\binom{4}{3}$ und $\binom{4}{4}$.
Begründen Sie, wieso $\binom{4}{2}$ die Anzahl der 4-Tupel mit genau zweimal „Zahl" ist und man somit $P(X = 2) = \binom{4}{2} \cdot \left(\frac{1}{2}\right)^4$ erhält.

Zeile	
0	1
1	1 1
2	1 2 1
3	1 3 3 1
4	1 4 6 4 1

Pascalsches Dreieck
Zur Erinnerung:
$\binom{n}{n} = 1, \ldots, \binom{n}{0} = 1$

Aufgaben

2 *Experimentieren mit dem Galton-Brett*

Eine Kugel, die durch das Galton-Brett (siehe Abb.) läuft, wird zehnmal abgelenkt; bei einem idealen Galton-Brett mit der gleichen Wahrscheinlichkeit p = 0,5 entweder nach links oder rechts.

Stochastik 5

10202.ggb

a) *Simulation*
Simulieren Sie den Durchlauf von 1000 Kugeln. Ermitteln Sie einen Schätzwert für die Wahrscheinlichkeit, mit der eine Kugel in das Fach mit der Nummer 0, 1, …, 10 fällt.

b) *Theoretische Berechnung*
Die durch Simulation ermittelten Wahrscheinlichkeiten aus Teilaufgabe a) kann man auch theoretisch berechnen. Jede Kugel wird zehnmal abgelenkt. Die Kugeln werden in den Fächern, die von links nach rechts mit 0 bis 10 durchnummeriert sind, aufgefangen. In das Fach mit der Nummer 0 gelangen nur die Kugeln, die nullmal nach rechts und zehnmal nach links abgelenkt werden, in das Fach mit der Nummer 1 die Kugeln, die einmal nach rechts und neunmal nach links abgelenkt werden, usw.

Mathematisches Modell:
- Mit der Wahrscheinlichkeit p = 0,5 wird die Kugel in jeder Reihe entweder nach rechts oder links abgelenkt.
- Ergebnisse: Den Weg, den eine Kugel durch das Galton-Brett nimmt, kann man als 10-Tupel darstellen. So bedeuten z. B.
  LLLLLLLLLL: 0-mal rechts und 10-mal links,
  LLLLLLLLLR: 1-mal rechts und 9-mal links,
  LRLRLRLRLR: 5-mal rechts und 5-mal links, usw.

- Begründen Sie, dass eine Kugel 1024 verschiedene Wege durch das Galton-Brett nehmen kann (entsprechend viele verschiedene 10-Tupel aus „R“ und „L“ gibt es).
- Mit welcher Wahrscheinlichkeit nimmt eine Kugel einen der Wege?
- Wie viele verschiedene Wege gibt es in das Fach mit der Nummer 0, 1, 2, …, 10?

Tipp: In das Fach mit der Nummer 3 zum Beispiel gelangt eine Kugel, die auf ihrem Weg genau 3-mal nach rechts abgelenkt wurde. Die Anzahl der 10-Tupel mit genau 3-mal „R“ ist $\binom{10}{3}$.

- Stellen Sie eine Formel für $P(X = k)$ auf und berechnen Sie damit die Wahrscheinlichkeitsverteilung. Vergleichen Sie mit den Wahrscheinlichkeiten, die Sie durch Simulation erhalten haben.

X ist die Anzahl der Ablenkungen nach rechts (Anzahl der „R“s).

c) *Schief stehendes Galton-Brett*
Stellt man das Galton-Brett schief, so erhält man eine schiefe Verteilung. Erzeugen Sie mit dem elektronischen Galton-Brett eine „schiefe“ Verteilung, indem Sie für die Ablenkung nach rechts p = 0,3 einstellen.
Man kann die Wahrscheinlichkeitsverteilung auch berechnen. Ändern Sie dazu die Formel aus Aufgabenteil b) entsprechend ab.

Stochastik 5

Tipp: Die Wahrscheinlichkeit für einen bestimmten Weg mit k-mal „R“ ist $0{,}3^k \cdot 0{,}7^{10-k}$.

Basiswissen

Bernoulli-Kette und Binomialverteilung

Viele Zufallsexperimente können als Versuch mit zwei möglichen Ergebnissen beschrieben werden. Einen solchen Versuch nennt man **Bernoulli-Versuch**, die Ergebnisse **Treffer (T)** und **Fehlschlag (F)**. Wiederholt man einen Bernoulli-Versuch n-mal, nennt man diese Folge von Zufallsexperimenten eine **Bernoulli-Kette der Länge n**, wenn sie die folgenden Eigenschaften hat:

- Jeder Versuch ist ein Bernoulli-Versuch.
- Die Versuchswiederholungen sind unabhängig, d. h. die Wahrscheinlichkeit für einen Treffer hängt nicht davon ab, was zuvor geschehen ist.
- Die Anzahl n der Versuchswiederholungen ist festgelegt.
- Die Wahrscheinlichkeit p für einen Treffer ist bei jedem Versuch gleich.

Glücksrad

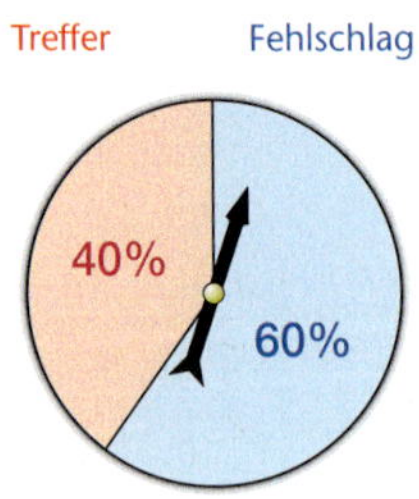

Steckbrief konkret

- 4 Versuche, Treffer: rot
- Trefferwahrscheinlichkeit p = 0,4; Wahrscheinlichkeit für einen Fehlschlag: q = 1 – 0,4 = 0,6
- Anzahl der Treffer: 0 bis 4
- zu berechnen: Wahrscheinlichkeit für 2 Treffer

Steckbrief allgemein

- n Versuche, Treffer: rot
- Trefferwahrscheinlichkeit p; Wahrscheinlichkeit für einen Fehlschlag: q = 1 – p
- Anzahl der Treffer: 0 bis n
- zu berechnen: Wahrscheinlichkeit für k Treffer

⇓ ⇓

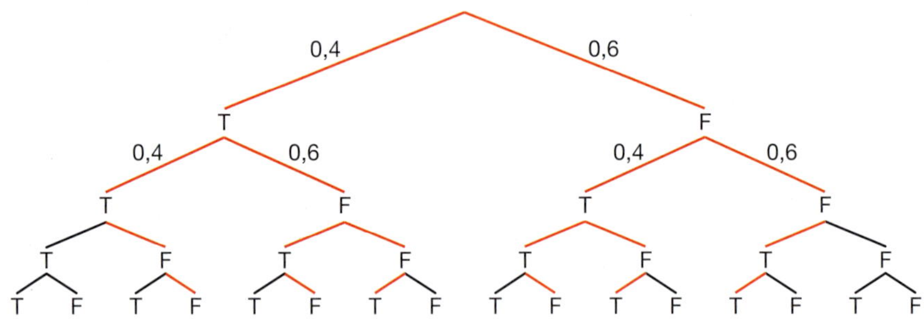

Anzahl der Pfade der Länge 4 mit genau 2 Treffern: $\binom{4}{2}$

Wahrscheinlichkeit für jeden Pfad mit genau zwei Treffern: $0{,}4^2 \cdot 0{,}6^2$

Wahrscheinlichkeit für genau 2 Treffer:
$P(X = 2) = \binom{4}{2} \cdot 0{,}4^2 \cdot 0{,}6^2$

Anzahl der Pfade der Länge n mit genau k Treffern: $\binom{n}{k}$

Wahrscheinlichkeit für jeden Pfad mit genau k Treffern: $p^k \cdot (1 - p)^{n-k}$

Wahrscheinlichkeit für genau k Treffer:
$P(X = k) = \binom{n}{k} \cdot p^k \cdot (1 - p)^{n-k}$

Berechnung des Binomialkoeffizienten:
$\binom{n}{k} = \frac{n \cdot (n-1) \cdot \ldots \cdot (n-k+1)}{k \cdot (k-1) \cdot \ldots \cdot 2 \cdot 1}$

Binomialverteilung

Die Wahrscheinlichkeitsverteilung der Trefferanzahl X bei einer Bernoulli-Kette nennt man **Binomialverteilung**. Für n = 4 und die Trefferwahrscheinlichkeit p = 0,4 erhält man folgende Tabelle und folgendes Histogramm der Binomialverteilung.

Trefferanzahl k	$P(X = k) = \binom{4}{k} \cdot 0{,}4^k \cdot 0{,}6^{4-k}$
0	0,130
1	0,345
2	0,345
3	0,154
4	0,026

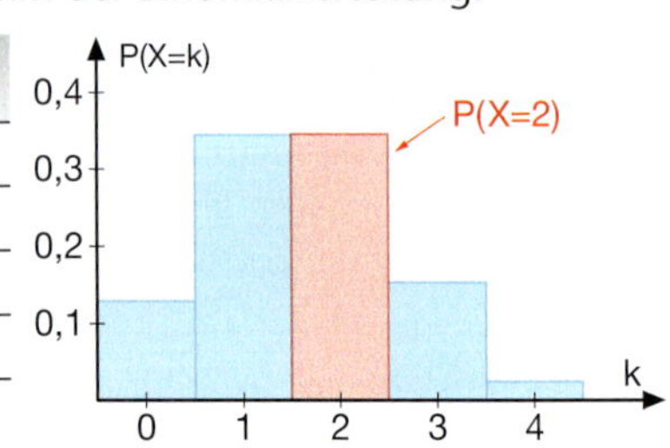

Beispiele

A *Der achtfache Münzwurf*

Eine Münze wird achtmal geworfen. Wie groß ist die Wahrscheinlichkeit

a) genau dreimal „Zahl", b) mindestens sechsmal „Zahl" zu erhalten?

Lösung:

Treffer: Die Münze liegt mit „Zahl" nach oben.

Darf man die Binomialverteilung anwenden? Ja, denn:

- jeder Wurf mit einer Münze kann als Bernoulli-Versuch beschrieben werden,
- die Würfe der Münze erfolgen unabhängig,
- die Trefferwahrscheinlichkeit ist $p = 0{,}5$ für alle Würfe,
- die Anzahl der Versuche beträgt $n = 8$.

Wahrscheinlichkeitsverteilung:

$$P(X = k) = \binom{8}{k} \cdot 0{,}5^k \cdot 0{,}5^{8-k} = \binom{8}{k} \cdot 0{,}5^8$$

Damit gelten:

a) $P(X = 3) = \binom{8}{3} \cdot 0{,}5^8 \approx 0{,}219$

b) $P(X \geq 6) = \binom{8}{6} \cdot 0{,}5^8 + \binom{8}{7} \cdot 0{,}5^8 + \binom{8}{8} \cdot 0{,}5^8 \approx 0{,}145$

Histogramme zur Veranschaulichung von Binomialverteilungen

Bei einem Histogramm für eine Binomialverteilung werden auf der x-Achse die Werte der Zufallsgröße X aufgetragen. Die verwendeten Rechtecke haben die Breite 1, die Maßzahl der jeweiligen Höhe entspricht der betreffenden Wahrscheinlichkeit.

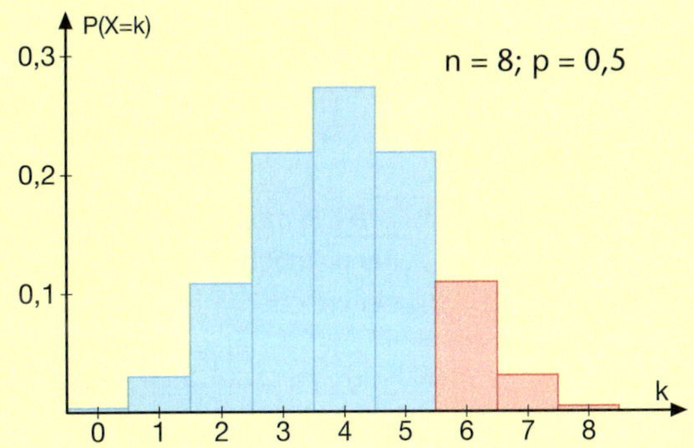

Da die Rechtecksbreite 1 beträgt, entspricht auch die Maßzahl des Flächeninhalts jedes Rechtecks der jeweiligen Wahrscheinlichkeit.
Somit hat die Summe aller Rechtecksflächen die Maßzahl 1.
$P(X \geq 6)$ stellt die rot gefärbte Fläche in dem Histogramm dar.

B *Hochschulabschluss*

In Deutschland beträgt der Anteil der Personen mit einem Hochschulabschluss 25 %. Angenommen, man erhebt eine Zufallsstichprobe von sieben Personen. Wie groß ist die Wahrscheinlichkeit, dass in dieser Stichprobe genau drei Personen einen Hochschulabschluss haben?

Lösung:

- Treffer: Hochschulabschluss
- Kann der Versuch durch eine Bernoulli-Kette modelliert werden?
  Die Stichprobe wird „ohne Zurücklegen" erhoben. Da die Stichprobe sehr klein ist (gegenüber der Gesamtheit 7 aus ungefähr 80 Mio. Bundesbürgern), verändert sich die Trefferwahrscheinlichkeit beim „Ziehen ohne Zurücklegen" fast nicht.
  Deshalb kann man bei der Modellierung die Unabhängigkeit verwenden.
- Trefferwahrscheinlichkeit: $p = 0{,}25$
- Anzahl der Wiederholungen: $n = 7$

  $P(X = 3) = \binom{7}{3} \cdot 0{,}25^3 \cdot 0{,}75^4 \approx 0{,}173$

Die Wahrscheinlichkeit, in einer Zufallsstichprobe von sieben Personen genau drei mit einem Hochschulabschluss anzutreffen, beträgt etwa 17,3 %.

Berechnung mit dem GTR:

```
binompdf(7,0.25,3)
                .173034668
```

WERKZEUG

Binomialverteilung mit dem grafikfähigen Taschenrechner

Taschenrechner besitzen spezielle Funktionen zur Berechnung von Wahrscheinlichkeitsverteilungen.

```
binompdf(10,0.3,4)
                .200120949
```

Für die Binomialverteilung:
P(X = k) = binompdf(n, p, k)
Im Beispiel: n = 10, p = 0,3 und k = 4
P(X = 4) ≈ 0,2001

```
binomcdf(20,0.4,8)
               .5955987232
```

Für die kumulierte Binomialverteilung:
P(X ≤ k) = binomcdf(n, p, k)
Im Beispiel: n = 20, p = 0,4 und k = 8
P(X ≤ 8) ≈ 0,5956

Übungen

Stochastik 8

3 *Tabelle und Histogramm zu einer Wahrscheinlichkeitsverteilung*

Erstellen Sie mit einem geeigneten Hilfsmittel (GTR, Tabellenkalkulation usw.) eine Tabelle zu der Binomialverteilung aus Bsp. A und zeichnen Sie das zugehörige Histogramm.

4 *Einige einfache Übungsaufgaben*

Sammeln Sie Erfahrungen im Umgang mit der Formel für die Binomialverteilung, indem Sie die Wahrscheinlichkeiten „per Hand“ berechnen. Angenommen, Sie würfeln mit zwei Würfeln fünfmal. Berechnen Sie die Wahrscheinlichkeit für die folgenden Ereignisse:
a) genau einmal einen Pasch,
b) genau dreimal die Augensumme 6,
c) mindestens einmal die Augensumme 7,
d) mindestens zweimal eine Augensumme, die größer als 9 ist.

5 *Bernoulli-Kette oder nicht?*

Bei welchem der folgenden Zufallsexperimente handelt es sich um eine Bernoulli-Kette, bei welchem nicht? Begründen Sie Ihre Entscheidung.
a) Ein Würfel wird siebenmal geworfen. *Treffer:* „Augenzahl 3“
b) Vier Karten werden nacheinander aus einem Kartenspiel mit 32 Karten ohne Zurücklegen gezogen. *Treffer:* „Ein Ass wird gezogen.“
c) Aus einer Urne mit roten und schwarzen Kugeln wird fünfmal eine Kugel mit Zurücklegen gezogen. *Treffer:* „Eine schwarze Kugel wird gezogen.“
d) Zehn Patienten in einer Arztpraxis wird Blut entnommen. *Treffer:* „Blutgruppe 0“

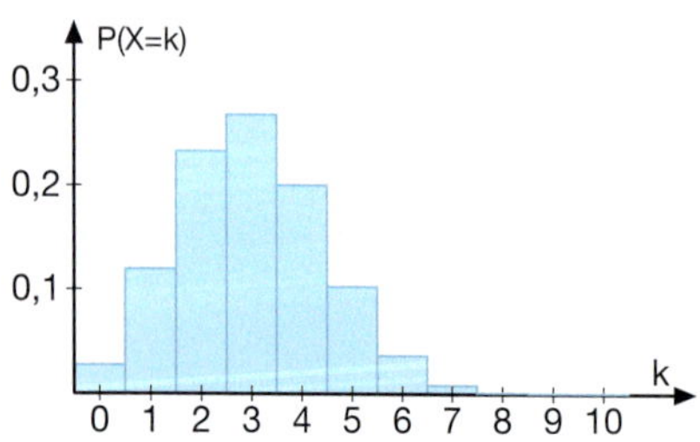

6 *Verkehrssicherheit*

Angenommen, 30 % der Autofahrer benutzen während der Fahrt widerrechtlich das Handy ohne Freisprechanlage und gefährden so sich und andere. Wie groß ist die Wahrscheinlichkeit, dass von zehn zufällig ausgewählten Autofahrern fünf (mehr als fünf) das Handy während der Fahrt benutzen? Schätzen Sie die gesuchte Wahrscheinlichkeit mit dem Diagramm. Rechnen Sie dann nach.

7 *Roulette und Binomialverteilung*

Ein Spieler setzt beim Roulette stets auf „erstes Dutzend“, d. h. auf die Zahlen 1 bis 12. Er gewinnt bei zehn Spielen genau viermal.
a) Wie groß ist die Wahrscheinlichkeit für dieses Ereignis? Schätzen Sie zunächst und rechnen Sie dann nach.
b) Unter welchen Bedingungen ist die Binomialverteilung ein geeignetes mathematisches Modell?

X: Anzahl der Gewinne

c) Erstellen Sie eine Tabelle zu P(X = k) für k = 0, 1, 2, …, 10 bei zehn Spielen. Stellen Sie dann die Wahrscheinlichkeitsverteilung in einem Diagramm dar.

Übungen

8 *Linkshänder in einer Stichprobe*

Etwa 10% aller Menschen sind Linkshänder. Angenommen, Sie wählen zufällig zehn Personen aus. Die Zufallsgröße X entspricht der Anzahl der Linkshänder.

a) Mit wie vielen Linkshändern in der Stichprobe rechnen Sie?

b) Sie wollen die Wahrscheinlichkeit ermitteln, dass sich in der Stichprobe genau ein Linkshänder befindet. Wieso ist die Binomialverteilung ein passendes mathematisches Modell? Lesen Sie die gesuchte Wahrscheinlichkeit aus dem Diagramm in der nebenstehenden Abbildung ab.

c) Begründen Sie, warum der Flächeninhalt der rot gefärbten Rechtecke in dem Diagramm $P(X \geq 3)$ darstellt. Schätzen Sie, wie groß die gesuchte Wahrscheinlichkeit ist, und berechnen Sie dann $P(X \geq 3)$.

d) Herr Lindemann stellt bei einem Familientreffen der Lindemanns fest, dass sechs von den zehn anwesenden Lindemanns Linkshänder sind. Er stellt fest: „Wenn ich $P(X \geq 6)$ abschätzen möchte, so muss ich nur auf das Diagramm schauen, um festzustellen, dass die betreffende Wahrscheinlichkeit sehr klein ist". Die vielen Linkshänder in der Lindemann-Familie können doch kein Zufall sein, oder? Helfen Sie Herrn Lindemann bei der Beantwortung seiner Frage. Die Antwort ist nicht so einfach, wie es zunächst erscheint.

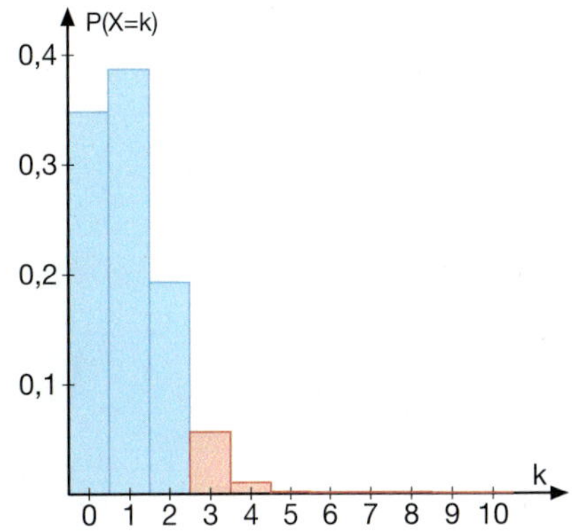

9 *Histogramme richtig lesen*

In den folgenden Diagrammen ist jeweils die Binomialverteilung für $p = 0{,}3$ und $n = 10$ dargestellt. Bestimmte Flächen sind dabei farblich rot hervorgehoben. Welche Darstellung passt zu welcher der folgenden Aufgaben? Ermitteln Sie die gesuchte Wahrscheinlichkeit.

a) $P(X = 2)$ $P(X = 5)$ $P(X \leq 3)$ $P(X > 5)$ $P(2 \leq X \leq 4)$

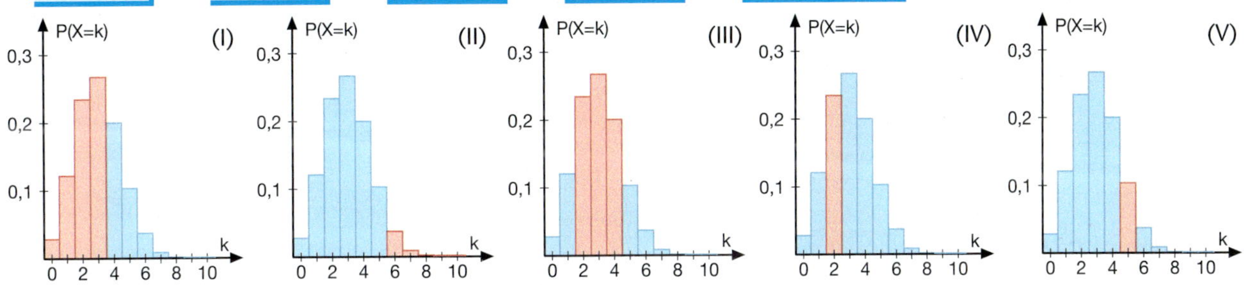

b) Wie groß ist die Summe aller Rechtecksflächen in dem Histogramm zu einer Binomialverteilung?

Hilfreiche Formel:

$P(X \geq k) = 1 - P(X \leq k - 1)$

Kumulierte Wahrscheinlichkeiten

Unter der kumulierten Wahrscheinlichkeit $P(X \leq k)$ versteht man die Wahrscheinlichkeit, dass höchstens k Treffer aufgetreten sind.

$$P(X \leq k) = P(X = 0) + P(X = 1) + \ldots + P(X = k)$$

Die Wahrscheinlichkeiten für 0, 1, …, k Treffer werden summiert.
Kumulierte Wahrscheinlichkeiten für $n = 4$ und $p = 0{,}4$:

k	$P(X \leq k)$
0	0,130
1	0,475
2	0,820
3	0,974
4	1

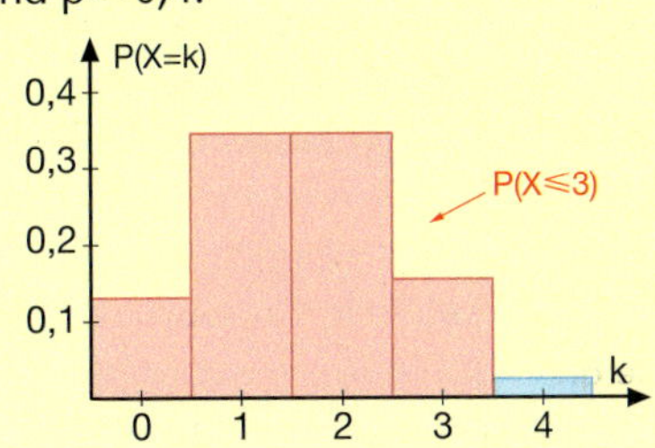

Die Tabelle wird mit den Daten der Binomialverteilung aus dem Basiswissen, Seite 288, berechnet.

Übungen

10 *Nebenwirkungen*

Laut Medikamentenhersteller beträgt die Wahrscheinlichkeit, dass ein Patient bei Einnahme des neuen Medikamentes unter Übelkeit leidet, 20 %. Berechnen Sie mit dem GTR oder einer passenden Software die Wahrscheinlichkeit, dass von 50 Patienten, die das neue Medikament einnehmen,

a) genau 10 b) höchstens 10 c) mehr als 10 über Übelkeit klagen.

Verwenden Sie als Modell die Binomialverteilung. Ist dies zulässig?

Polizeipresse
Polizei Dortmund:

Lkw-Kontrolle auf der A2: Bei 315 kontrollierten Lkw gab es insgesamt 138 Beanstandungen.

11 *Lkw-Kontrolle*

Laut Schätzung der Polizei sind ein Drittel aller Lkw, die sich auf Deutschlands Straßen bewegen, technisch zu beanstanden.

Berechnen Sie $P(X \geq 138)$. Verwenden Sie als mathematisches Modell die Binomialverteilung mit $n = 315$ und $p = \frac{1}{3}$. Welche Schlüsse ziehen Sie aus Ihrem Ergebnis?

12 *Multiple-Choice-Test*

Im Medizinstudium werden für das Physikum Multiple-Choice-Tests eingesetzt. Dabei ist bei jeder Frage genau eine von fünf Auswahlantworten richtig. Angenommen, der Test enthält 50 Fragen. Der Test ist bestanden, wenn man 30 Fragen richtig beantwortet hat.

14. *Welche Aussage zu proteinogenen Aminosäuren ist richtig?* (A) ☐ (B) ☐ (C) ☐ (D) ☐ (E) ☐
(A) Sämtliche proteinogene Aminosäuren müssen mit der Nahrung aufgenommen werden.
(B) Die proteinogenen Aminosäuren sind die wichtigsten Puffersubstanzen im Blut.

a) Welche mathematischen Fragen könnten sich stellen?

b) Welche Annahmen müssten Sie machen, um durch Simulation herauszubekommen, mit welcher Wahrscheinlichkeit ein „total ahnungsloser" Studierender diesen Test zufällig besteht? Führen Sie die Simulation durch. Vergleichen Sie das Simulationsergebnis mit dem einer Berechnung mithilfe der Binomialverteilung.

10214.ggb

c) Lisa kennt sich in Mathematik gut aus. Sie stellt fest: *„Wenn ich gar keine Kenntnisse besitzen würde, dann wäre die Wahrscheinlichkeit, eine Frage richtig zu beantworten, 20 %. Wenn ich jedoch annehme, dass ich mich ein wenig auskenne, dann liegt die Wahrscheinlichkeit, eine Frage richtig zu beantworten, vielleicht bei 0,3 oder gar bei 0,5. Dann steigt doch die Wahrscheinlichkeit, dass ich den Test bestehe, deutlich."*

Stochastik 8

Was meinen Sie? Zeichnen Sie zu den vorgegebenen Wahrscheinlichkeiten, eine Frage richtig zu beantworten, ein Histogramm. Beobachten Sie, wie sich das Histogramm mit größer werdender „Trefferwahrscheinlichkeit" verändert. Berechnen Sie jeweils die Wahrscheinlichkeit, mit der Lisa den Test besteht.

d) *Etwas zum Ausprobieren:* Wie groß muss die Wahrscheinlichkeit sein, eine Frage richtig zu beantworten, wenn die Wahrscheinlichkeit, mindestens 30 Fragen richtig zu beantworten, bei 80 % liegen soll?

13 *Simulation mit Zufallszahlen*

Durch Simulation kann man auch ohne die Formel für die Binomialverteilung die Wahrscheinlichkeit einer bestimmten Trefferanzahl ermitteln.

a) Analysieren Sie den Simulationsplan. Wie lang ist die simulierte Bernoulli-Kette, wie groß ist die Trefferwahrscheinlichkeit? Wie häufig wird die Kette simuliert?

b) Führen Sie die Simulation mit einem geeigneten Hilfsmittel durch.

Simulationsplan

- Zufallsgerät: Zufallszahlen von 0 bis 9
- Versuch: 10 Zufallszahlen
  Treffer: Zufallszahlen 0, 1, 2, 3
- Ereignis: Trefferanzahl 0, 1, 2, ..., 9, 10
- Anzahl der Wiederholungen: 500

Übungen

14 *Einschaltquoten*

Angenommen, der Anteil aller Fernsehhaushalte, die am vergangenen Freitag die Tagesschau um 20 Uhr eingeschaltet haben, beträgt 14,6 %.
Wie groß ist die Wahrscheinlichkeit, dass der Anteil der Fernsehhaushalte in einer Stichprobe von 200 Haushalten, die bei der betreffenden Sendung der Tagesschau eingeschaltet haben, größer als 20 % ist?

Einschaltquoten
Informieren Sie sich darüber, wie in Deutschland zur Ermittlung von Einschaltquoten Daten erhoben und ausgewertet werden.

15 *Mensaessen*

Bei einer Befragung aller Schülerinnen und Schüler, die regelmäßig in der Schulmensa essen, zeigen sich 35 % mit dem Essen zufrieden.
a) Wie groß ist die Wahrscheinlichkeit, dass in einer Zufallsstichprobe von 20 Schülerinnen und Schülern weniger als sechs mit dem Mittagessen zufrieden sind?
b) An einem Treffen mit dem Caterer, der die Schule beliefert, nehmen 20 Schülerinnen und Schüler teil. Warum lässt sich jetzt recht schwer berechnen, mit welcher Wahrscheinlichkeit sich in dieser Gruppe weniger als sechs Schülerinnen und Schüler befinden, die mit dem Mittagessen zufrieden sind?

Aufgrund der kleinen Stichprobe (20 von 420) darf man auch hier die Binomialverteilung verwenden.

16 *„Alte Autos"*

Laut n-tv vom 13.09.2011 beträgt der Anteil der Pkw in Deutschland, die älter als zwölf Jahre sind, 25 %.
a) Wie groß ist die Wahrscheinlichkeit, dass bei einer Verkehrskontrolle von 50 Pkw mehr als 15 (höchstens 8) älter als zwölf Jahre sind?
b) Sie haben in Teilaufgabe a) sicher als mathematisches Modell die Binomialverteilung verwendet. Begründen Sie, warum dies sinnvoll ist. Können Sie sich eine Situation im Zusammenhang mit der Verkehrskontrolle vorstellen, in der die Binomialverteilung nicht passt?

17 *Wie lange muss man warten?*

Beim Würfeln ist es oft wichtig, dass die Augenzahl „6" erscheint.
a) Mit welcher Wahrscheinlichkeit kommt die erste „6" erst beim zehnten Wurf?
b) Mit welcher Wahrscheinlichkeit erzielt man mindestens eine „6" bei zehn Würfen?
c) Finden Sie heraus, wie oft man mindestens würfeln muss, damit das Ereignis „mindestens eine 6" mit 99,9 %-iger Wahrscheinlichkeit eintritt.

Die nebenstehenden Fragen sind sehr ähnlich. Daher gilt: Bitte schauen Sie genau hin.

18 *Binomialverteilung – Stichprobenumfang n ist gesucht*

Beim Roulette gewinnt man beim Setzen auf „Plein" mit einer Wahrscheinlichkeit von $\frac{1}{37}$. Finden Sie durch Ausprobieren heraus, wie häufig ein Spieler auf „Plein" setzen muss, wenn er mit 90 %-iger Wahrscheinlichkeit mindestens einmal gewinnen will. Ist es dabei wichtig, dass er immer auf dieselbe Zahl setzt?

„Plein": Man setzt auf eine der 37 Zahlen.

19 *Alarmanlagen*

In einem Gebäude wird eine Alarmanlage angebracht, die mit n Bewegungsmeldern n verschiedene Zonen überwacht. Die Bewegungsmelder arbeiten unabhängig voneinander. Angenommen, ein Alarm wird mit einer Wahrscheinlichkeit von 70 % ausgelöst, wenn ein Einbrecher sich in einer der überwachten Zonen bewegt. Ein Einbrecher dringt in das Gebäude ein und „schleicht" durch alle Zonen.
a) Mit welcher Wahrscheinlichkeit wird ein Alarm ausgelöst, wenn n = 3 ist?
b) Mit welcher Wahrscheinlichkeit wird ein Alarm ausgelöst, wenn n = 6 gewählt ist? Kann man durch die Verdopplung von n die Wahrscheinlichkeit verdoppeln, dass ein Alarm ausgelöst wird?
c) Finden Sie durch Ausprobieren heraus, wie groß n sein muss, damit mit einer Wahrscheinlichkeit von mindestens 95 % ein Alarm ausgelöst wird.

Stochastik
8

Übungen

20 *Der Erwartungswert bei einer Binomialverteilung – oder mit wie vielen Treffern kann man rechnen?*

Würfelt man mit dem abgebildeten Tetraeder, dann erzielt man mit einer Wahrscheinlichkeit von 0,25 die Augenzahl 1.

a) Angenommen, man würfelt achtmal. Mit wie vielen „Einsen" rechnen Sie im Mittel?

b) Den Erwartungswert E(X) für die Anzahl der Treffer beim achtfachen Wurf mit dem Tetraeder kann man mit der Formel

$$E(X) = 0 \cdot P(X = 0) + \ldots + n \cdot P(X = n)$$

berechnen. Vervollständigen Sie die Tabelle und berechnen Sie den Erwartungswert. Vergleichen Sie den berechneten Erwartungswert mit Ihrer Vermutung aus Teilaufgabe a).

Trefferanzahl k	P(X = k)	k · P(X = k)
0	■	0
1	■	■
2	■	■
3	0,208	■
4	■	■
5	■	■
6	■	0,023
7	■	■
8	■	■
Summe	1	2

c) *Etwas zum intelligenten Raten*
Mit welcher Formel kann man den Erwartungswert bei einer Binomialverteilung aus n und p berechnen?

Basiswissen

Charakteristika der Binomialverteilung: Erwartungswert und Standardabweichung

Allgemein kann man den Erwartungswert E(X) und die Standardabweichung σ(X) mit den folgenden Formeln berechnen:

$$E(X) = \mu = x_1 \cdot p_1 + \ldots + x_n \cdot p_n \quad \text{und} \quad \sigma(X) = \sqrt{(x_1 - \mu)^2 \cdot p_1 + \ldots + (x_n - \mu)^2 \cdot p_n}$$

Für die Binomialverteilung lassen sich hieraus einfachere Formeln herleiten.

E(X) wird auch als μ bezeichnet.

Für den **Erwartungswert:** $E(X) = \mu = n \cdot p$

σ(X) wird auch als σ bezeichnet.

Für die **Standardabweichung:** $\sigma(X) = \sigma = \sqrt{n \cdot p \cdot (1 - p)}$

Beispiele

C *Formeln zum Berechnen des Erwartungswertes und der Standardabweichung*
Berechnen Sie zu den drei Verteilungen B(5, 0.2, k), B(20, 0.2, k) und B(50, 0.2, k) jeweils den Erwartungswert und die Standardabweichung.

Lösung:
$n = 5;\ p = 0{,}2 \Rightarrow \mu = 1;\ \sigma = \sqrt{5 \cdot 0{,}2 \cdot 0{,}8} \approx 0{,}894$
$n = 20;\ p = 0{,}2 \Rightarrow \mu = 4;\ \sigma = \sqrt{20 \cdot 0{,}2 \cdot 0{,}8} \approx 1{,}789$
$n = 50;\ p = 0{,}2 \Rightarrow \mu = 10;\ \sigma = \sqrt{50 \cdot 0{,}2 \cdot 0{,}8} \approx 2{,}828$

D *Richtig oder falsch? Begründen Sie Ihre Entscheidung.*
Für Binomialverteilungen gilt:
a) Der Erwartungswert ist proportional zu der Versuchsanzahl n.
b) Die Standardabweichung ist proportional zu der Versuchsanzahl n.
c) Die Standardabweichung ist bei fester Versuchsanzahl n am größten, wenn p = 0,5.

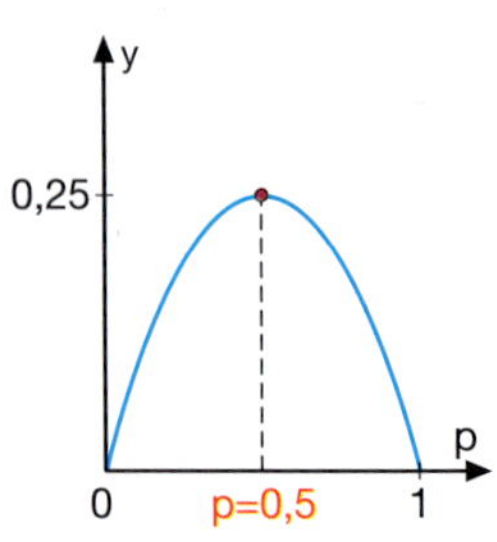

Lösung:
a) Richtig, da $\mu = n \cdot p$ gilt.
b) Falsch, da σ proportional zu $\sqrt{n}$ ist.
c) Richtig, da der quadratische Term $p \cdot (1 - p)$ sein Maximum bei p = 0,5 hat.

Übungen

21 *Histogramme zu Binomialverteilungen*

Im Folgenden sind Histogramme zu verschiedenen Binomialverteilungen dargestellt.

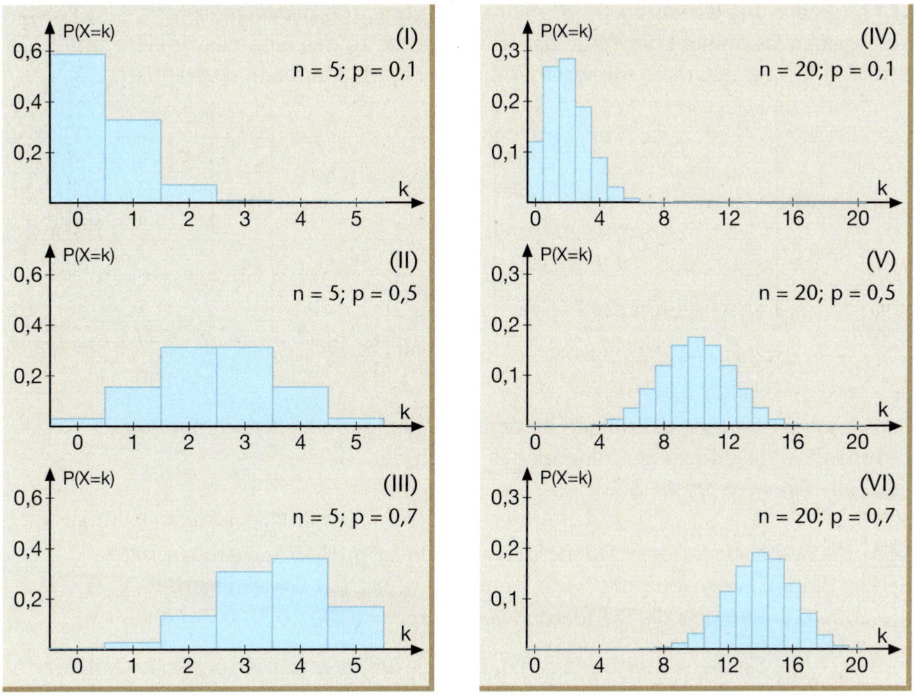

a) Welchen Einfluss hat eine wachsende Trefferwahrscheinlichkeit p bei einer festen Versuchsanzahl n auf die Gestalt, den Erwartungswert und die Streuung einer Binomialverteilung? Überprüfen Sie Ihre Vermutung hinsichtlich der Gestalt mit einer geeigneten Software.

b) Welchen Einfluss hat eine wachsende Versuchsanzahl n bei einer festen Trefferwahrscheinlichkeit p? Beantworten Sie die Frage zunächst, indem Sie die Histogramme in Augenschein nehmen, und dann unter Zuhilfenahme der berechneten Kenngrößen $E(X)$ und $\sigma(X)$.

Stochastik 8

10222.ggb

22 *Überprüfen mit dem Computer oder dem GTR*

a) Berechnen Sie für verschiedene Beispiele jeweils den Erwartungswert und die Standardabweichung mit den allgemeinen Formeln und den speziellen Formeln (alle Formeln finden Sie im Basiswissen auf Seite 294). Stimmen die Ergebnisse überein?

b) Überprüfen Sie anhand von mehreren Beispielen die Behauptung:
„Das Maximum der Binomialverteilung liegt in der Nähe des Erwartungswertes."

Stochastik 8

10223.ggb

23 *Roulette*

Ein Spieler setzt beim Roulette in 20 Spielen nacheinander stets auf „erstes Dutzend". Berechnen Sie den Erwartungswert für die Anzahl der Spiele, die er gewinnt, und die Standardabweichung.

24 *Suche nach Öl (aus dem Amerikanischen)*

Eine Firma bohrt an zehn verschiedenen Standorten nach Öl. Angenommen, die Wahrscheinlichkeit, dass bei einer Bohrung Öl gefunden wird, beträgt 10 %. Die Kosten, eine Bohrung „nieder zu bringen", betragen 50 000 \$. Bei einer erfolgreichen Bohrung wird Öl im Wert von 1 000 000 \$ gefördert.

a) Berechnen Sie den Erwartungswert des Gewinns der Firma bei zehn Bohrungen.

b) Wie wahrscheinlich ist es, dass die Firma mit den zehn Bohrungen Geld verliert?

c) Wie groß ist die Wahrscheinlichkeit, dass die Firma mit den zehn Bohrungen mehr als 1 500 000 \$ Gewinn macht?

Übungen

Eigenschaften der Binomialverteilung für großen Stichprobenumfang n

25 *Veränderung der Histogramme mit wachsendem Stichprobenumfang n*
Beschreiben Sie anhand der Folge der Histogramme zu den Binomialverteilungen B(n, 0.2, k), wie sich diese mit wachsendem Stichprobenumfang n verändern.

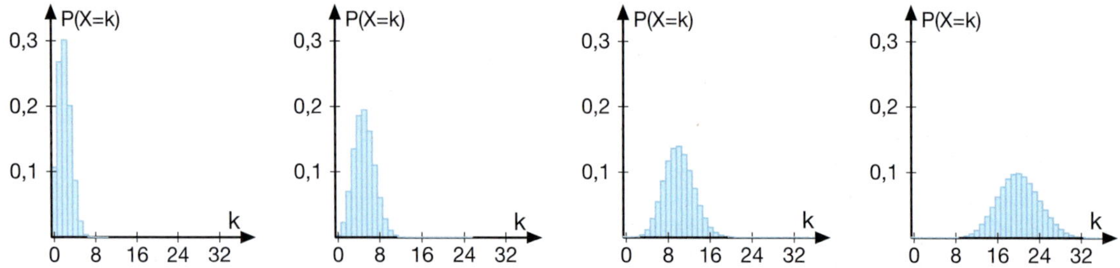

n = 10 | n = 25 | n = 50 | n = 100

Stochastik 8

Berechnen Sie für jede der obigen Binomialverteilungen den Erwartungswert μ.
Nehmen Sie Stellung zu der folgenden Behauptung:
„Bei einer Binomialverteilung ist $P(X < \mu) \approx P(X > \mu)$."

26 *Die besondere Rolle der Standardabweichung bei großem Stichprobenumfang*
Bei der Binomialverteilung mit p = 0,3 und n = 100 ist der Erwartungswert $\mu = 100 \cdot 0,3 = 30$ und die Standardabweichung $\sigma = \sqrt{100 \cdot 0,3 \cdot 0,7} \approx 4,58$.

$P(|X - \mu| \le \sigma)$

a) Berechnen Sie die Wahrscheinlichkeit, dass die Trefferanzahl X vom Erwartungswert μ um höchstens eine Standardabweichung σ abweicht.
Tipp: Die Trefferanzahlen, die um höchstens 4,58 von 30 abweichen, sind 26, 27, …, 34.

Kumulierte Wahrscheinlichkeiten mit dem GTR berechnen: z. B. binomcdf(…)

b) Berechnen Sie die Wahrscheinlichkeit dafür, dass die Trefferanzahl bei gleicher Trefferwahrscheinlichkeit p = 0,3 für größer werdendes n um höchstens σ von μ abweicht. Verwenden Sie eine geeignete Software oder den GTR. Ergänzen Sie die folgende Tabelle.

n	p	μ	σ	Trefferanzahl	Wahrscheinlichkeit $P(\mu - \sigma \le X \le \mu + \sigma)$
100	0,3	30	4,58	26, 27, …, 34	$P(26 \le X \le 34) \approx 0,674$
200	0,3	60	6,48	54, 55, …, 66	■
500	0,3	■	■	■	■
800	0,3	■	■	■	■

Wie verändern sich die berechneten Wahrscheinlichkeiten mit wachsendem n?
Können Sie bestätigen, dass die berechneten Wahrscheinlichkeiten sich kaum mehr ändern, wenn n hinreichend groß ist?

c) Überprüfen Sie in Gruppenarbeit, ob Sie die gemachten Beobachtungen auch für andere Trefferwahrscheinlichkeiten bestätigen können.

27 *Experimentieren mit der Binomialverteilung*
In der Übung 26 haben Sie festgestellt, dass folgende Aussage gilt:
„Die Wahrscheinlichkeit dafür, dass die Trefferanzahl um höchstens die Standardabweichung σ von dem Erwartungswert μ abweicht, beträgt etwa 68 %. Diese Wahrscheinlichkeit ist für großes n nahezu unabhängig von der Trefferwahrscheinlichkeit p und dem Stichprobenumfang n."
Können Sie ähnliche Beobachtungen für die Wahrscheinlichkeit von Abweichungen um höchstens 2σ bzw. 3σ vom Erwartungswert μ machen? Experimentieren Sie in verschiedenen Gruppen. Orientieren Sie sich bei Ihrem Vorgehen an der Übung 26.

Stochastik 8, 10
10228.ggb

Sigma-Regeln

Häufig interessiert man sich für die Wahrscheinlichkeiten, dass die Trefferanzahl bei einer Bernoulli-Kette der Länge n bestimmte Abweichungen a vom Erwartungswert nicht überschreitet.

In mathematischer Kurzschreibweise: Man interessiert sich für $P(|X - \mu| \le a)$.

Die Abweichungen werden als Vielfaches der Standardabweichung σ angegeben. Die Wahrscheinlichkeiten sind fast unabhängig von der Versuchslänge n und der Trefferwahrscheinlichkeit p, wenn n groß ist.

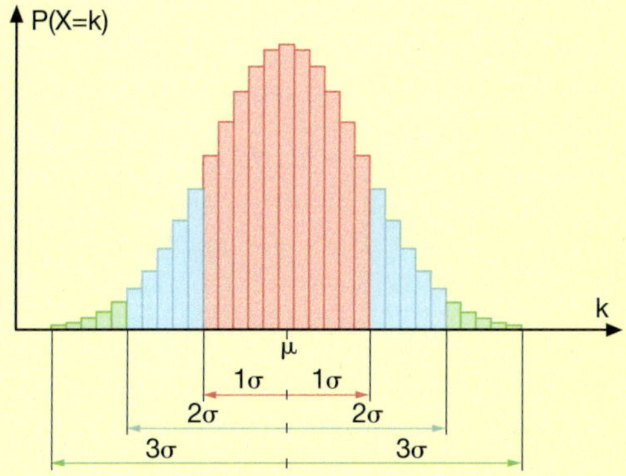

Die **Sigma-Regeln** geben Näherungswerte für die gesuchten Wahrscheinlichkeiten an. Als Faustregel gilt: Die Regeln liefern gute Näherungswerte, falls $\sigma > 3$. Die Näherungswerte sind umso besser, je größer σ ist.

Sigma-Regeln
(σ-Umgebungen von μ)

a	$P(\lvert X - \mu\rvert \le a)$
σ	68,3 %
2σ	95,5 %
3σ	99,7 %

Für zahlreiche Anwendungen ist es von Interesse, in welches zum Erwartungswert μ symmetrische Intervall die Trefferanzahl X mit einer bestimmten Wahrscheinlichkeit fällt.

$P(\lvert X - \mu\rvert \le a)$	a
90 %	$1{,}64\,\sigma$
95 %	$1{,}96\,\sigma$
99 %	$2{,}58\,\sigma$

Übungen

28 *Anwendung der Sigma-Regeln*
Angenommen, Sie würfeln 300-mal und protokollieren die Anzahl der „Sechsen".
Berechnen Sie mithilfe der Sigma-Regeln,
a) in welchen zum Erwartungswert symmetrischen Bereich die Anzahl der „Sechsen" mit 99,7 %-iger Wahrscheinlichkeit fallen,
b) in welchen zum Erwartungswert symmetrischen Bereich die Anzahl der „Sechsen" mit 90 %-iger Wahrscheinlichkeit fallen.

KOPFÜBUNGEN

1 Vereinfachen Sie den Term: $1 - (1 - 2p)^2$

2 Skizzieren Sie die Graphen der Funktionen $f(x) = 3x + 1$ und $g(x) = x^2 - 2x$.

3 Bestimmen Sie ohne Messung den Abstand zwischen den Punkten $P = (3|2)$ und $Q = (4|7)$.

4 Entscheiden Sie, ob es sich um eine Bernoulli-Kette handelt. Wenn ja, geben Sie deren Länge, den Treffer sowie die Trefferwahrscheinlichkeit an.
a) Ein Würfel wird viermal geworfen und die Augensumme notiert.
b) Ein Würfel wird so lange geworfen, bis eine „Sechs" erscheint. Die Anzahl der Würfe wird notiert.
c) Ein Würfel wird viermal geworfen und die Anzahl der „Fünfen" notiert.

Wie man Prognosen für Stichprobenergebnisse erstellt

Eine der typischen Situationen in der beurteilenden Statistik ist: Man kennt aufgrund von empirischen Untersuchungen oder theoretischen Überlegungen (z. B. Laplace-Annahme) die Trefferwahrscheinlichkeit in der Grundgesamtheit. Nun möchte man eine Vorhersage für die Ergebnisse einer Stichprobe machen.

Mit welcher Trefferanzahl ist in der Stichprobe zu rechnen?

Wir erwarten, dass die Trefferanzahl um μ schwankt.
Mit den Sigma-Regeln können wir Intervalle bestimmen, in die die Trefferanzahl z. B. mit einer Wahrscheinlichkeit von 95 % oder 99,7 % fällt. Die betreffenden Wahrscheinlichkeiten werden **Sicherheitswahrscheinlichkeiten** genannt.

Wir erwarten z. B., dass die Trefferanzahl in der Stichprobe mit einer Wahrscheinlichkeit von 95 % in das Intervall $[\mu - 1{,}96\,\sigma; \mu + 1{,}96\,\sigma]$ fällt. Mit einer Wahrscheinlichkeit von höchstens 5 % trifft diese Prognose nicht zu.

Prognoseintervall

Das Intervall $[\mu - 1{,}96\,\sigma; \mu + 1{,}96\,\sigma]$ nennt man auch **95 %-Prognoseintervall**.

Modellannahme
- Binomialverteilung
- Trefferwahrscheinlichkeit p

→

Stichprobe
- geschätzte Trefferanzahl: μ
- **95 %-Prognoseintervall** $[\mu - 1{,}96\,\sigma; \mu + 1{,}96\,\sigma]$

Aufgaben

29 *Mit wie vielen „Sechsen" ist zu rechnen?*
Mit einem Laplace-Würfel wird 300-mal gewürfelt. Die Zufallsgröße X beschreibt die Anzahl der „Sechsen". Berechnen Sie:
- den Erwartungswert der Anzahl X der „Sechsen" und die Standardabweichung.
- das 95 %-Prognoseintervall für die Anzahl der „Sechsen".

30 *Prognoseintervall*
Mit einem Zufallszahlengenerator werden 200 ganzzahlige Zufallszahlen von 0 bis 9 erzeugt. In welches zum Erwartungswert symmetrische Intervall fällt die Anzahl der Nullen mit einer 99,7 %-igen Wahrscheinlichkeit?

31 *Anzahl der „e"s*
In der deutschen Sprache kommt der Buchstabe „e" mit einer Wahrscheinlichkeit von 17,4 % vor. Zählen Sie die Buchstaben in den ersten beiden Zeilen auf dieser Seite. Berechnen Sie das 95 %-Prognoseintervall für die Anzahl der „e"s in diesen beiden Zeilen. Überprüfen Sie, ob die Anzahl der „e"s tatsächlich in dem berechneten Prognoseintervall liegt.

32 *Prognoseintervall bei wachsender Versuchsanzahl*
Wie verändert sich die Breite des Prognoseintervalls mit wachsender Versuchsanzahl? Durchführung der Untersuchung:
- Legen Sie zunächst die Trefferwahrscheinlichkeit p fest.
- Entscheiden Sie sich für eine Sicherheitswahrscheinlichkeit (siehe obigen Exkurs).
- Berechnen Sie nun jeweils das Prognoseintervall mithilfe der Sigma-Regeln für verschiedene Umfänge n der Stichprobe (z. B. n = 50, 100, 200, 400).

Stimmt es, dass die Breite des Prognoseintervalls proportional mit der Versuchsanzahl wächst? Oder haben Sie einen besseren Vorschlag?

Aufgaben

33 *Binomialverteilung – kritisch nachgefragt*

Angenommen, eine Population besteht aus zwölf Personen. Der Anteil der Personen in dieser (kleinen) Population, die regelmäßig eine Tageszeitung lesen, beträgt $\frac{1}{3}$. Wie groß ist die Wahrscheinlichkeit, dass in einer Stichprobe von sieben Personen kein regelmäßiger Leser einer Tageszeitung ist? Die Stichprobe wird „ohne Zurücklegen“ erhoben.

a) Erklären Sie an diesem Beispiel, was man unter einer Stichprobenerhebung ohne Zurücklegen versteht.

b) Begründen Sie, warum man zur Berechnung des exakten Wertes von $P(X = 0)$ die Formel $\frac{\binom{4}{0} \cdot \binom{8}{7}}{\binom{12}{7}}$ verwenden muss. Berechnen Sie $P(X = 0)$ und vergleichen Sie den gefundenen Wert mit der Wahrscheinlichkeit, die Sie erhalten würden, wenn Sie $P(X = 0)$ mit der Binomialverteilung berechnen.

c) Wie unterscheidet sich Ihre Rechnung, wenn Sie von einer Population von 58 Millionen ausgehen können?

Kleine Populationen und Stichproben **ohne Zurücklegen**: Das Problem mit der Binomialverteilung.

34 *Geometrische Verteilung*

In den Übungen dieses Lernabschnittes ging es stets um die Anzahl der Treffer bei einer Bernoulli-Kette und um die Wahrscheinlichkeit, mit der diese Anzahl von Treffern auftritt.

Interessant sind allerdings auch sogenannte **„Warteprobleme“**, bei denen es darum geht, wie lange man warten muss, bis in einer Bernoulli-Kette ein Treffer zum ersten Mal auftritt.

a) Angenommen, Sie würfeln mit einem Würfel. Treffer bedeutet: Eine „Sechs“ wird gewürfelt. Was stellen die Daten in der nebenstehenden Tabelle dar?

Anzahl der Würfe bis zur ersten „Sechs“	Wahrscheinlichkeit
1	$\frac{1}{6}$
2	$\frac{5}{6} \cdot \frac{1}{6}$
3	$\left(\frac{5}{6}\right)^2 \cdot \frac{1}{6}$
4	$\left(\frac{5}{6}\right)^3 \cdot \frac{1}{6}$

b) Verallgemeinern Sie die Tabelle, indem Sie als Trefferwahrscheinlichkeit p und als Wahrscheinlichkeit für einen Fehlschlag q verwenden. Wie groß ist die Wahrscheinlichkeit, beim k-ten Versuch den ersten Treffer zu erzielen?

Warten auf den ersten Treffer: Geometrische Verteilung

X: Nummer des Versuches, bei dem ein bestimmtes Ereignis zum ersten Mal auftritt

$P(X = k) = (1 - p)^{k-1} \cdot p$

c) Die Histogramme stellen je eine geometrische Verteilung dar. Stellen Sie die Verteilungen in Tabellenform dar.

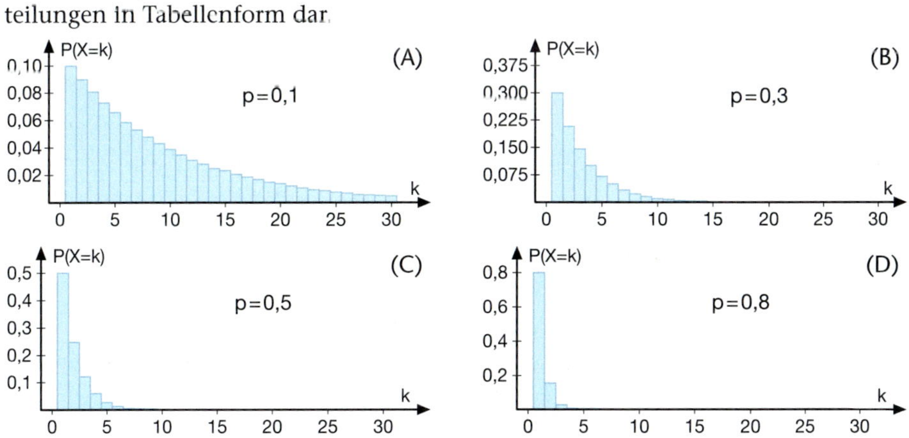

d) FAQs: Was ist die kürzeste, was die längste „Wartezeit“?
Was haben die Histogramme gemeinsam, worin unterscheiden sie sich?

e) Welche der vier im Basiswissen auf Seite 288 aufgeführten charakteristischen Eigenschaften einer Bernoulli-Kette müssen auch von der Versuchsserie bei der geometrischen Verteilung erfüllt werden?

Aufgaben

35 *Eine Fallstudie – „Anwenden und Verantwortung"*

Es gibt zahllose Anwendungsfelder der Binomialverteilung in der Wirtschaft, den Natur- und den Ingenieurwissenschaften sowie vielen anderen Anwendungsgebieten.

Anwenden

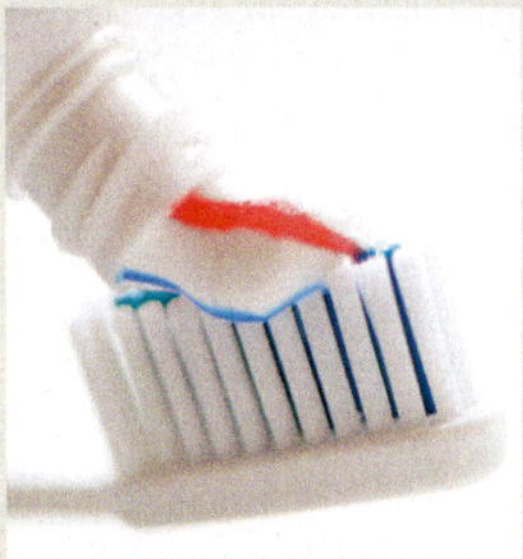

Nehmen Sie einmal an, Sie würden für eine Werbeagentur arbeiten und seien verantwortlich dafür, eine Werbeaktion für eine Zahnpasta der Marke „Zagut" für das Fernsehen zu kreieren und zu schalten. Der Hersteller dieser Zahnpastamarke behauptet, dass bereits 40 % der Käufer von Zahnpasten die Marke „Zagut" bevorzugen. Um festzustellen, ob die Behauptung des Herstellers stimmen könnte, wird ein Marktforschungsinstitut beauftragt, eine Kundenbefragung durchzuführen. Es werden 200 Kunden nach dem Zufallsprinzip ausgewählt und befragt. In dieser Stichprobe bevorzugen nur 74, d. h. 37 %, die Marke „Zagut".
Kann die Behauptung des Herstellers noch zutreffend sein? Was wäre, wenn in der Stichprobe lediglich 56 (28 %) der Befragten „Zagut" kaufen? Rechtfertigt eines der beiden Ergebnisse den Start der Werbeaktion?

Verantwortung

Nehmen Sie weiterhin an, dass der Hersteller der Zahnpasta behauptet, dass vier von fünf Zahnärzten „Zagut" empfehlen. Ihre Werbeagentur möchte diese Tatsache in der TV-Werbung erwähnen. Als Sie untersuchten, wie die Stichprobe der Zahnärzte erhoben wurde, mussten Sie feststellen, dass die betreffenden Ärzte für den Hersteller arbeiten. Halten Sie es für verantwortbar, die Aussage der Zahnärzte zugunsten der Zahnpasta „Zagut" in die TV-Werbung aufzunehmen?

Zagut ist gut zu Ihnen und Ihren Zähnen

Und was sagen Experten? Vier von fünf Zahnärzten empfehlen „Zagut".

Falsche Anwendung

Was versteht man unter dem wahrscheinlichsten Ergebnis? Bleiben wir einmal bei der Kundenbefragung zu der Zahnpasta „Zagut". Angenommen, die Behauptung des Herstellers, dass 40 % der Kunden „Zagut" bevorzugen, ist richtig. Unter dieser Annahme ist das wahrscheinlichste Ergebnis bei der Befragung von 200 Kunden, dass 80 „Zagut" kaufen. Die Wahrscheinlichkeit beträgt allerdings nur 5,8 %, ist also recht gering. Wenn also ein anderes Ergebnis als 80 Käufer von „Zagut" in der Stichprobe auftritt, kann man nicht davon ausgehen, dass die Stichprobe keine Zufallsstichprobe ist. Ebenso wenig kann man auf einen Widerspruch zu der Behauptung des Herstellers schließen.

Nehmen Sie für die folgenden Aufgaben an, dass der Anspruch des Herstellers von „Zagut" zutreffend ist.

1. Wie groß ist die Wahrscheinlichkeit, dass die Anzahl der Käufer von „Zagut" in der Stichprobe vom Umfang 200 zwischen 66 und 94 liegt?

2. Angenommen, in der Stichprobe von 200 Kunden waren nur 74 Käufer von „Zagut". Kann man zu recht annehmen, dass die Behauptung des Herstellers nicht zutreffend ist?

3. Beantworten Sie die Frage aus obigem Aufgabenteil 2 für den Fall, dass in der Stichprobe nur 65 Käufer von „Zagut" anzutreffen waren.

1 *Lotteriegewinn*

Bei einer Lotterie werden für jede Million verkaufter Lose ein Preis zu 50 000 €, neun Preise zu 5000 €, 90 Preise zu 500 € und 900 Preise zu 50 € verlost.

a) Berechnen Sie den Erwartungswert für den Gewinn pro Los.

b) Berechnen Sie die erwarteten Gesamteinnahmen, wenn man 1 000 000 Lose zu je 0,50 € verkauft.
Mit welchem Gewinn ist pro 1 000 000 Lose zu rechnen?

2 *Diebstahlversicherung*

Im Jahre 2009 wurden in der Bundesrepublik laut GDV (Gesellschaft Deutscher Versicherer) pro 1000 Porsche 1,26 vollkaskoversicherte Fahrzeuge gestohlen.
Angenommen, die durchschnittliche Entschädigungssumme beträgt 110 000 €. Welche Prämie muss eine Versicherung gegen Diebstahl ansetzen, um zumindest keine Verluste zu machen?

3 *Würfelspiel*

Bei einem Glücksspiel werden zwei Würfel geworfen. Der Einsatz beträgt 5 €. Bei einem „Sechserpasch" gewinnt man 15 €, ist eine der Augenzahlen eine „Sechs", aber keine „Doppelsechs", dann gewinnt man 8 €. Die Zufallsgröße X beschreibt den Gewinn bzw. den Verlust. Berechnen Sie den Erwartungswert E(X) und die Standardabweichung σ(X). Ist das Spiel fair?

4 *Beliebtes „Kinogehen"*

Die Oberstufenschüler einer Schule wurden befragt, wie häufig sie in den vergangenen zwölf Monaten im Kino waren. Die Tabelle gibt das Ergebnis der Befragung wieder. Die Zufallsgröße X ist die Anzahl der Kinobesuche eines Schülers in den vergangenen zwölf Monaten.
Interpretation der Tabelle: Wenn man z. B. zufällig eine Oberstufenschülerin oder einen Oberstufenschüler der Schule auswählt, dann beträgt die Wahrscheinlichkeit, dass die betreffende Person kein einziges Mal im Kino war, 6 %.

Anzahl der Kinobesuche x_i in den vergangenen zwölf Monaten	Wahrscheinlichkeit p_i
0	0,06
1 bis 5	0,28
6 bis 10	0,40
11 bis 20	0,17
21 bis 40	0,09

Berechnen Sie den Erwartungswert und die Standardabweichung.

5 *Allergischer Schnupfen*

Jeder achte Bundesbürger leidet an allergischem Schnupfen. In einem Mathematikkurs sind 29 Schülerinnen und Schüler.

a) Mit wie vielen an allergischem Schnupfen leidenden Schülerinnen und Schülern in diesem Kurs kann man rechnen?

b) Wie groß ist die Wahrscheinlichkeit, dass mehr als sechs Schülerinnen und Schüler an allergischem Schnupfen leiden?

c) Begründen Sie, ob es berechtigt ist anzunehmen, dass die Anzahl der Allergiker binomialverteilt ist?

CHECK UP

Wahrscheinlichkeitsverteilungen

Zufallsgröße und Erwartungswert

Wahrscheinlichkeitsverteilungen

Zufallsgröße: Unter der Zufallsgröße X versteht man eine Variable, die je nach Ausgang des Zufallsexperimentes eine reelle Zahl annimmt.

Wahrscheinlichkeitsverteilung einer Zufallsgröße (für diskrete Zufallsgrößen X): Ordnet jedem Wert, den die Zufallsgröße annimmt, die Wahrscheinlichkeit zu, mit der dieser auftritt: $x_i \rightarrow P(X = x_i)$

Darstellung (Beispiel: Wurf mit zwei Münzen)
X: Anzahl von „Kopf"

Tabelle

x_i	$P(X = x_i)$
0	$\frac{1}{4}$
1	$\frac{1}{2}$
2	$\frac{1}{4}$

Säulendiagramm

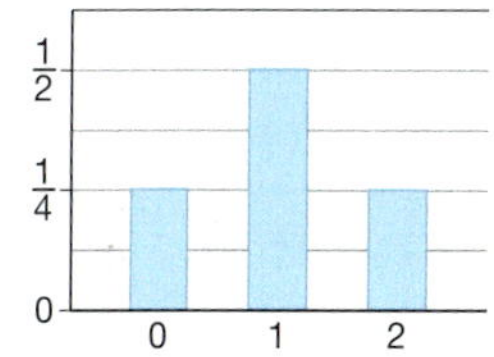

Kenngrößen

- **Erwartungswert** E(X):
  $E(X) = x_1 \cdot P(X = x_1) + \ldots + x_n \cdot P(X = x_n)$
- **Standardabweichung** σ(X):
  $\sigma(X) = \sqrt{(x_1 - E(X))^2 \cdot P(X = x_1) + \ldots + (x_n - E(X))^2 \cdot P(X = x_n)}$

Das **Empirische Gesetz der großen Zahlen für Mittelwerte**: Bei langen Versuchsreihen pendelt sich der Mittelwert der Zufallsgröße X bei dem Erwartungswert E(X) ein.

Binomialverteilung

Bernoulli-Kette und Binomialverteilung

Ein **Bernoulli-Versuch** ist ein Versuch mit zwei möglichen Ergebnissen: Treffer (T) und Fehlschlag (F).
Die n-fache Wiederholung eines Bernoulli-Versuches nennt man **Bernoulli-Kette** der Länge n, wenn gilt:

- Jeder Versuch ist ein Bernoulli-Versuch.
- Die Wahrscheinlichkeit eines Treffers hängt nicht davon ab, was zuvor geschehen ist.
- Die Anzahl n der Wiederholungen steht fest.
- Die Trefferwahrscheinlichkeit p ist bei jedem Versuch gleich.

CHECK UP

Wahrscheinlichkeitsverteilungen

Binomialverteilung

Binomialverteilung – Steckbrief

- n Versuche
- Trefferwahrscheinlichkeit: p
  Wahrscheinlichkeit für einen Fehlschlag: $1 - p$
- Zufallsgröße X: Anzahl der Treffer
- **Wahrscheinlichkeitsverteilung**
  Wahrscheinlichkeit für genau k Treffer:
  $P(X = k) = \binom{n}{k} \cdot p^k \cdot (1-p)^{n-k}$
- **kumulierte Wahrscheinlichkeit**
  Wahrscheinlichkeit für höchstens k Treffer:
  $P(X \le k)$
  $= \binom{n}{0} \cdot p^0 \cdot (1-p)^{n-0} + \ldots + \binom{n}{k} \cdot p^k \cdot (1-p)^{n-k}$

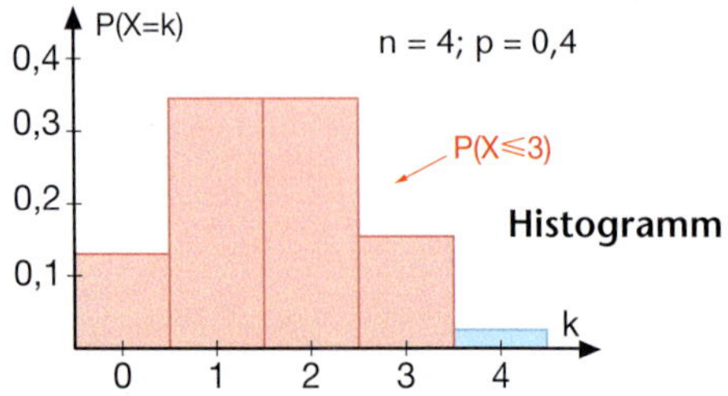

Eigenschaften der Binomialverteilung

- **Erwartungswert** $E(X) = \mu = n \cdot p$
- **Standardabweichung** $\sigma(X) = \sigma = \sqrt{n \cdot p \cdot (1-p)}$
- **Sigma-Regeln**
  Für $\sigma > 3$ kann man mit den Sigma-Regeln die Wahrscheinlichkeit dafür abschätzen, dass die Trefferanzahl X um höchstens $k \cdot \sigma$ von μ abweicht.

a	$P(\lvert X - \mu \rvert \le a)$
σ	68,3 %
2σ	95,5 %
3σ	99,7 %

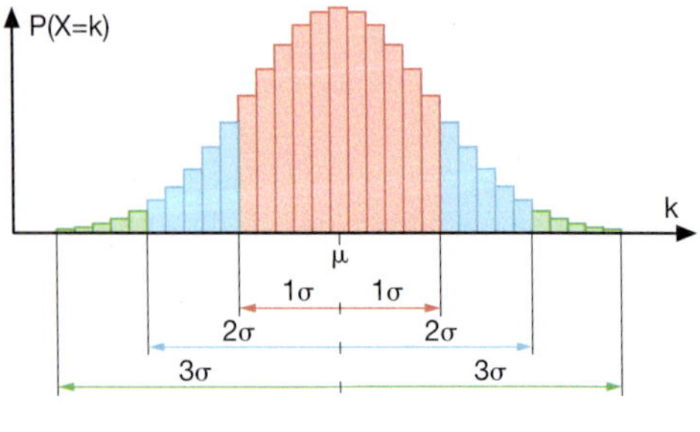

6 *Wahrscheinlichkeiten mit der Binomialverteilung berechnen*
X ist eine binomialverteilte Zufallsgröße. Bestimmen Sie die folgenden Wahrscheinlichkeiten:
a) $n = 10;\ p = 0{,}3;\ P(X > 5)$
b) $n = 15;\ p = 0{,}6;\ P(X \le 4)$
c) $n = 100;\ p = 0{,}82;\ P(77 \le X \le 87)$

7 *Münzwurf*
Eine Münze wird achtmal geworfen. Wie groß ist die Wahrscheinlichkeit, dass man
a) genau, b) mindestens, c) höchstens viermal „Kopf" erhält?

8 *Binomialverteilung ein passendes Modell?*
Warum kann man die folgenden Wahrscheinlichkeitsverteilungen nicht mit der Binomialverteilung modellieren?
a) Ziehen von fünf Kugeln aus einer Urne mit zehn roten und zehn weißen Kugeln ohne Zurücklegen: Die Zufallsgröße X ist die Anzahl der roten Kugeln.
b) Wiederholtes Würfeln: Die Zufallsgröße X ist die Anzahl der Würfe bis zur ersten „Sechs".
c) In einer Firma sind im Mittel 7 % der Belegschaft krank. Die Zufallsgröße X ist die Anzahl der Erkrankten an einem bestimmten Tag.
d) 11 % der Bevölkerung haben die Blutgruppe B. Die Zufallsgröße X ist die Anzahl der Personen mit der Blutgruppe B in der fünfköpfigen Familie Schmidt.

9 *Ein Test in der Schule*
Für einen Test werden $\frac{1}{3}$ aller Schülerinnen und Schüler ausgelost. Anna wundert sich: Aus ihrer Klasse mit 30 Schülerinnen und Schülern wurden nur 6 für den Test ausgelost.
a) Berechnen Sie den Erwartungswert und die Standardabweichung.
b) Wie groß ist die Wahrscheinlichkeit, dass aus Annas Klasse zufällig so wenige Schülerinnen und Schüler ausgelost wurden?
Tipp: Man muss $P(X \le 6)$ berechnen.

10 *Einfluss der Versuchsanzahl auf die Binomialverteilung*
Wie ändern sich die Gestalt, der Erwartungswert und die Standardabweichung einer Binomialverteilung, wenn sich die Versuchsanzahl n für ein festes p verändert?

11 *Telemarketing*
Beim Telemarketing werden die Kunden per Telefon angesprochen und sollen zum Kauf des betreffenden Produktes angeregt werden. Erfahrungsgemäß erreicht ein Verkäufer nur 68 % der angerufenen Kunden. Angenommen, der Verkäufer plant im Laufe der nächsten vier Wochen 1250 Personen anzurufen.
Es sei X die Anzahl der erreichten Personen.
a) Berechnen Sie den Erwartungswert und die Standardabweichung der Zufallsgröße X.
b) Berechnen Sie $P(X \ge 880)$.
c) Ermitteln Sie mithilfe der Sigma-Regeln, in welches zum Erwartungswert symmetrische Intervall die Anzahl der erreichten Personen mit 95,5 %-iger Wahrscheinlichkeit fallen wird.

11 Beurteilende Statistik

In der beurteilenden Statistik geht es um Verfahren, wie man mithilfe von Stichproben auf nicht bekannte und vermutete Parameter in der Grundgesamtheit zurückschließen kann, kurz gesagt: um den ***Schluss von der Stichprobe auf die Grundgesamtheit****.*

Bisher ging es in der Wahrscheinlichkeitstheorie meist um den umgekehrten Schluss von der Grundgesamtheit auf die Stichprobe. So konnte man z. B. mithilfe der Binomialverteilung berechnen, mit welcher Wahrscheinlichkeit in einer Stichprobe von 100 Würfen mit einer Münze die Anzahl von „Kopf" größer (kleiner oder gleich) einer bestimmten Anzahl ist.

In diesem Kapitel werden wir zunächst lernen, wie man mithilfe des sogenannten P-Wertes beurteilt, ob eine vermutete Wahrscheinlichkeit in der Grundgesamtheit mit dem Stichprobenergebnis übereinstimmen kann oder ob wir nicht deutliche Hinweise entdecken, dass die Vermutung vielleicht nicht richtig ist.

Grundlage unserer Berechnungen sind dabei binomialverteilte Zufallsgrößen. Welchen Wert die Ergebnisse von statistischen Untersuchungen bei der Frage nach der Kausalität der untersuchten Zusammenhänge haben, wird in dem zweiten Lernabschnitt an dem Beispiel der Entwicklung eines Medikamentes dargestellt.

11.1 Beurteilen und Testen

Beim Testen liegt in der Regel eine Behauptung (Hypothese), z. B. über eine bestimmte Wahrscheinlichkeit in der Grundgesamtheit, vor. Diese wird überprüft, indem man sie mit dem Ergebnis einer Zufallsstichprobe vergleicht: Kleinere Abweichungen vom erwarteten Wert wird man als zufallsbedingt akzeptieren, auffällig große Abweichungen sprechen gegen die Hypothese. Die daraus resultierenden Entscheidungen sind mit Unsicherheit behaftet, die Wahrscheinlichkeiten für die möglichen Fehler können mithilfe der Wahrscheinlichkseitsrechnung ermittelt werden.

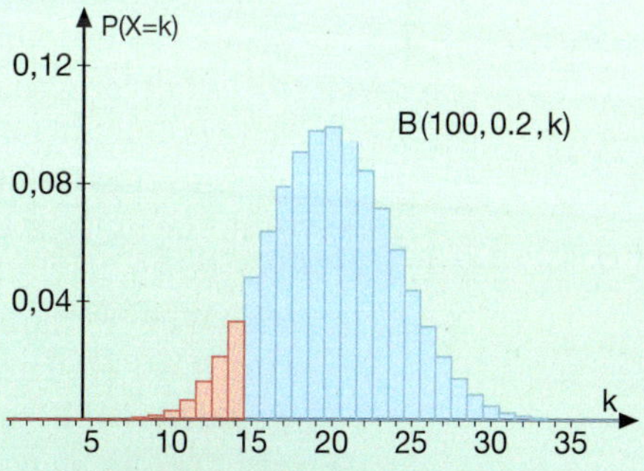

11.2 Nachgefragt – Entscheiden mit Statistik

Bei den bisherigen Verfahren wurden in der Regel binomialverteilte Testgrößen zugrunde gelegt. Aus den Ergebnissen lässt sich nur schwer auf einen kausalen Zusammenhang schließen. Warum dies so ist und wie man z. B. in der Medizin durch das sogenannte „Doppelblind-Verfahren" eher auf einen kausalen Zusammenhang schließen kann, wird in diesem Lernabschnitt an einem Beispiel vorgestellt.

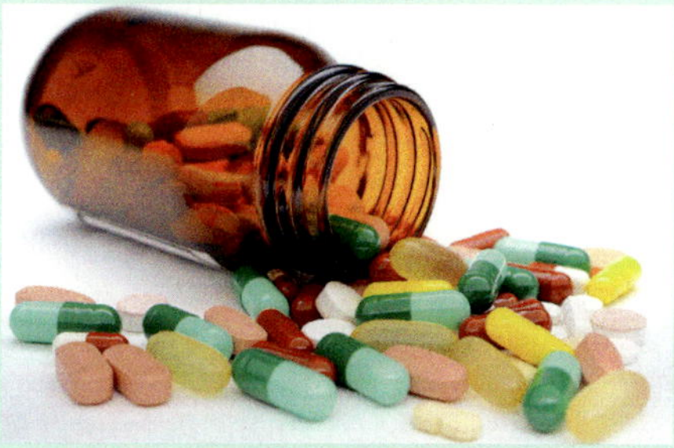

11.1 Beurteilen und Testen

Was Sie erwartet

In den Naturwissenschaften, in der Geschäftswelt, ja sogar im täglichen Leben treffen wir Entscheidungen auf Grundlage von unvollständigen und gelegentlich sogar widersprüchlichen Informationen.

Eine Firma, die Kaugummis herstellt, will z. B. herausfinden, welcher Prozentsatz der Kunden den Kaugummi mit dem „ganz anderen" Geschmack kaufen wird. Die Firma kann natürlich den geschmacklich neuen Kaugummi nicht an allen potenziellen Kunden testen. Sie muss sich auf eine kleine Stichprobe von Kunden stützen.

Eine Wissenschaftlerin eines pädagogischen Instituts untersucht, ob Kinder, die regelmäßig Instrumentalunterricht erhalten, kreativer sind als andere. Ein Kreativitätstest, den sie anwendet, zeigt bei einigen Kindern eine Erhöhung der Kreativität. Kann diese Erhöhung vielleicht zufällig zustande gekommen sein?

In diesem Lernabschnitt werden wir Entscheidungen auf Grundlage von Stichprobenergebnissen treffen. Da wir allerdings nur die Stichprobenergebnisse zur Verfügung haben, werden uns diese Entscheidungen schwerfallen und nicht fehlerfrei sein. Die Wahrscheinlichkeitsrechnung gibt uns jedoch Instrumente an die Hand, mit denen wir einschätzen können, mit welcher Wahrscheinlichkeit wir Fehlentscheidungen treffen.

Aufgaben

1 *Träume in Farbe?*

Viele Menschen können sich nur an Träume in „Schwarz-Weiß" erinnern. Andere glauben, ausschließlich bunt zu träumen. Was die Ursachen dafür sind, weiß man nicht mit Sicherheit. Einige Forscher vermuten, dass farbige Träume mit einem emotionaleren und intensiveren Gefühlsleben zusammenhängen. Bei Untersuchungen vor 40 Jahren haben Forscher festgestellt, dass 30 % der Menschen „in Farbe" träumen. Einige Traumforscher glauben, dass dieser Anteil seit der Einführung des Farbfernsehens gestiegen ist. Es gibt Vermutungen, dass heute mehr als 30 % der Menschen „in Farbe" träumen. Traumforscher haben hierzu 150 Personen nach ihren Träumen befragt. Bei dieser Untersuchung berichteten 54 interviewte Personen von farbigen Träumen.

a) Statistiker sagen, es werden zwei Hypothesen gegeneinander abgewogen: die Nullhypothese H_0: $p = 0{,}3$ und die Alternativhypothese H_1: $p > 0{,}3$. Erläutern Sie, was diese beiden Hypothesen bedeuten. Entscheiden Sie sich auf Grundlage der Untersuchung für eine der beiden Hypothesen und begründen Sie Ihre Entscheidung.

b) Forscher vermuten einen Zusammenhang zwischen dem Farbfernsehen und Träumen „in Farbe". Kann dieser Zusammenhang durch die Untersuchung belegt werden?

Aufgaben

2 *Geschmackstest*

Christine trinkt gern stilles Mineralwasser. Leon ärgert sie und sagt: *„Da kannst du gleich Leitungswasser trinken."*
Christine behauptet, sie könne recht zuverlässig Leitungswasser von stillem Mineralwasser unterscheiden.
Leon schlägt vor: *„Wir können gleich einen Test machen."*
Er füllt fünf Gläser mit Leitungswasser und fünf Gläser mit stillem Mineralwasser. Er stellt die Gläser, ohne dass Christine es sehen kann, in beliebiger Reihenfolge auf. Christine nimmt jeweils eine Geschmacksprobe. Bei acht Gläsern ordnet sie den Inhalt richtig zu.

a) Spricht das Testergebnis nun für Christines Behauptung oder hat sie nur Glück gehabt? Tauschen Sie mit einem Partner Pro- und Contra-Argumente aus. Wie entscheiden Sie?

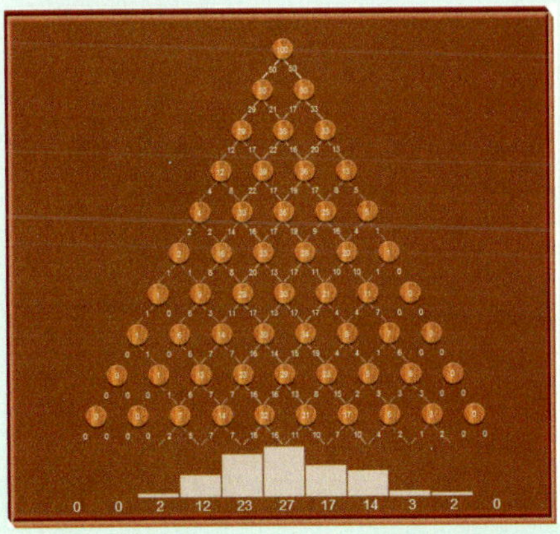

Eine Kugel läuft durch das Galton-Brett mit zehn Stufen.

b) In der Abbildung links sehen Sie das Ergebnis eines Zufallsexperimentes mit einem Galton-Brett (100 Kugeln). Wie passt dieses zu dem Test, den Leon mit Christine durchgeführt hat?

c) Ermitteln Sie mithilfe der Simulation am Galton-Brett oder durch Berechnung mit der Binomialverteilung (p = 0,5) die Wahrscheinlichkeit, dass Christine lediglich durch Raten acht oder mehr „Treffer" erzielt. Beeinflusst diese Wahrscheinlichkeit Ihre obige Argumentation?

Stochastik 5

d) Wenn Christine zehn „Treffer" bei den zehn Gläsern erzielen würde, besitzt sie doch sicher die behauptete Geschmacksfähigkeit, oder?

3 *In jedem siebten Ei ...*

Die Werbung für den Kauf von Überraschungseiern verspricht, dass Figuren einer bestimmten Serie in jedem siebten Ei enthalten sind. Was denken Sie: Stimmt das wirklich?

a) Zur Überprüfung der Behauptung führen Sie einen Test durch. Sie kaufen 50 Überraschungseier und öffnen diese. Sie finden nur drei Figuren. Diskutieren Sie, ob Sie auf Grundlage der gemachten „Ü-Ei-Stichprobe" behaupten können, dass die Aussage des Herstellers nicht stimmt?

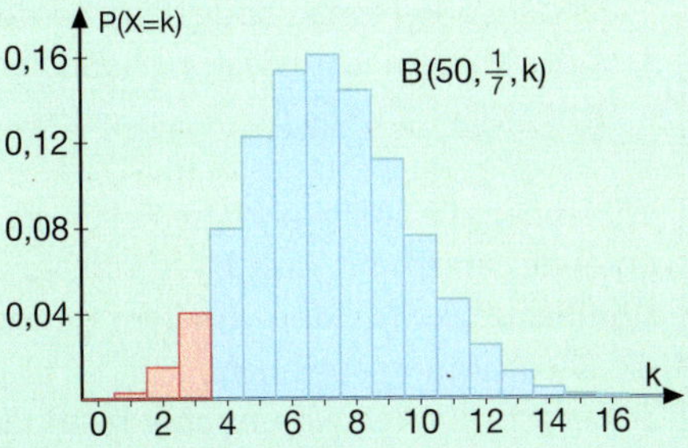

b) Um die Argumentation, die Sie in Teilaufgabe a) führen, auf eine solide Basis zu stellen, können Sie die in der Abbildung rechts dargestellte Wahrscheinlichkeitsverteilung in der Stichprobe benutzen. Sie passt als Modell, wenn die in der Werbung vertretene Hypothese *„In jedem siebten Ei ..."* zutrifft.
Bestimmen Sie aus der Grafik oder durch Berechnung die Wahrscheinlichkeit $P(X \leq 3)$. Welche Bedeutung hat dieser Wert in Bezug auf das obige Stichprobenergebnis? Hilft er bei der Argumentation?

Basiswissen

Bewerten von Stichprobenergebnissen mit dem „P-Wert"

Angenommen, man hat eine Vermutung (Nullhypothese) über die Verteilung einer Zufallsgröße. Eine statistische Untersuchung (Zufallsstichprobe) liefert ein Ergebnis, das deutlich von dem Ergebnis abweicht, was man bei der vermuteten Verteilung erwartet hat.

Der **P-Wert** ist die Wahrscheinlichkeit, dass bei einer Zufallsstichprobe ein beobachtetes Ergebnis oder ein noch extremeres auftritt, unter der Annahme, dass die Nullhypothese wahr ist. Je kleiner der P-Wert ist, desto stärker spricht der experimentelle Befund in der Stichprobe gegen die Nullhypothese.

Situation: Kai beobachtet einen Spieler bei einem Würfelspiel. Er stellt fest, dass bei den ersten 60 Würfen 16-mal die „Sechs" erscheint. Bei einem fairen Würfel hätte er in etwa 10-mal eine „Sechs" erwartet.
Ist der Würfel bezüglich der „Sechs" manipuliert, oder kann das Ergebnis Zufall sein?

Nullhypothese H_0: Der Würfel ist fair, d. h. P(„Sechs") = $\frac{1}{6}$.
Alternativhypothese H_1: „Sechsen" sind bevorzugt, d. h. P(„Sechs") > $\frac{1}{6}$.

Testgröße X: Anzahl der „Sechsen"
Bei wahrer Nullhypothese ist X binomialverteilt mit $p = \frac{1}{6}$ und $n = 60$.

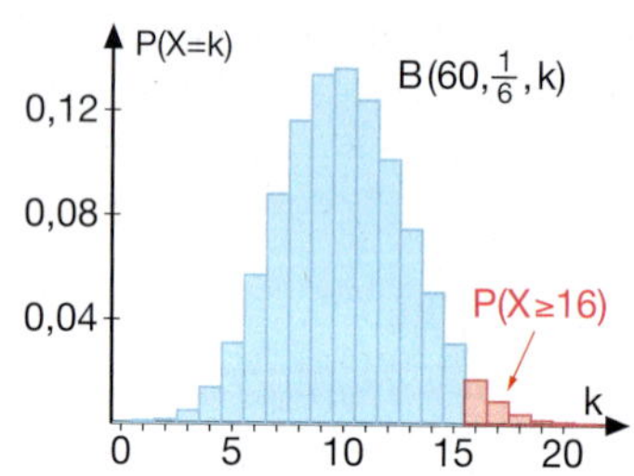

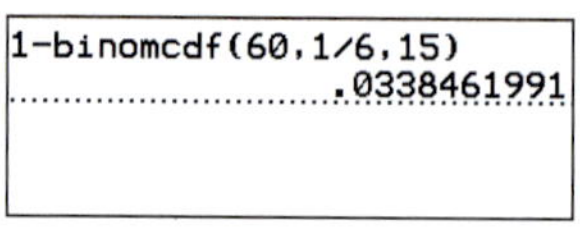

P-Wert: $P(X \geq 16 \mid H_0 \text{ ist wahr})$

$P(X \geq 16) \approx 0{,}034$

Interpretation und Bewertung: Wenn die Nullhypothese wahr ist, dann tritt das beobachtete Ergebnis oder ein noch extremeres mit einer Wahrscheinlichkeit von nur 3,4 % auf. Dies spricht gegen das Vorliegen eines fairen Würfels und damit für den Verdacht, dass es sich um einen manipulierten Würfel handelt.

Entscheidungsregel
Der P-Wert gibt die Wahrscheinlichkeit an, mit der das Testergebnis oder ein extremeres Ergebnis eintritt, wenn die Nullhypothese H_0 wahr ist.

Gängige Entscheidungsregeln:
- Häufig wird H_0 abgelehnt, wenn der P-Wert kleiner als 5 % ist. Die Wahrscheinlichkeit, dass man sich falsch entscheidet, ist dann kleiner als 5 %. Man sagt: H_0 kann auf dem 5 %-Niveau abgelehnt werden.
- In der Medizin lehnt man H_0 häufig erst auf dem 1 %-Niveau ab, d. h. wenn der P-Wert kleiner als 1 % ist.

Wir lehnen die Nullhypothese H_0 ab, da das Eintreten des beobachteten Ergebnisses unter der Annahme, dass H_0 zutrifft, so ungewöhnlich, so unwahrscheinlich, so **signifikant** abweichend von dem ist, was wir erwarten, dass wir H_0 als Erklärung für die Beobachtung ablehnen.
Sicher sein können wir uns aber nicht, da das beobachtete Ergebnis auch eintreten kann, wenn H_0 zutrifft, – allerdings nur mit einer sehr kleinen Wahrscheinlichkeit.
Die Fehlerwahrscheinlichkeit, d. h. die Wahrscheinlichkeit, H_0 fälschlicherweise abzulehnen, ist kleiner als 5 % bzw. 1 %.

Beispiele

A *Wirkung eines Impfstoffes*

Ein neuer Impfstoff A gegen eine Krankheit ist entwickelt worden, der wirksamer sein soll als der bisher verwendete Impfstoff B, bei dem in der Regel etwa 10 % der geimpften Personen erkrankten. In einer Zufallsstichprobe von 100 mit A geimpften Personen erkranken nur vier Personen. Ist das nun ein Beleg für die bessere Wirksamkeit von A?

Lösung:
Wir suchen eine Antwort mithilfe des P-Wertes:

Nullhypothese H_0: Der neue Impfstoff A ist nicht wirksamer als B, d.h. eine mit A geimpfte Person erkrankt mit der Wahrscheinlichkeit $p = 0{,}1$.

Alternativhypothese H_1: Der neue Impfstoff A ist wirksamer als B, d.h. $p < 0{,}1$.

Testgröße X: Anzahl der erkrankten Personen in der Stichprobe
Die Binomialverteilung mit $p = 0{,}1$ und $n = 100$ wird als Modell verwendet.
P-Wert: $P(X \le 4 \mid H_0 \text{ ist wahr}) \approx 0{,}024$
Dies entspricht der Wahrscheinlichkeit, dass in der Stichprobe vier oder noch weniger Personen erkranken, unter der Annahme, dass die Nullhypothese wahr ist.

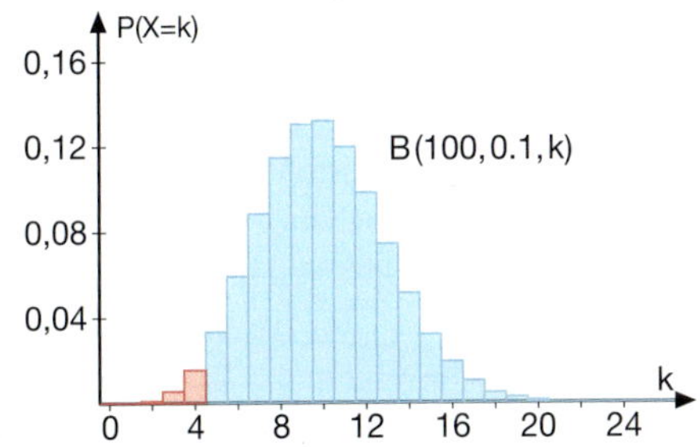


```
binomcdf(100,0.1,4)
                .0237110827
```

Interpretation: Der P-Wert ist deutlich kleiner als 5 %. Das heißt, dass ein solches oder ein noch extremeres Ergebnis, wie das beobachtete, unter der Bedingung, dass die Nullhypothese wahr ist, sehr unwahrscheinlich ist. Dies spricht gegen die Nullhypothese. Der sehr kleine P-Wert liefert ein starkes Argument für die bessere Wirksamkeit des neuen Impfstoffes A. Man kann die Nullhypothese auf dem 5 %-Niveau verwerfen, allerdings nicht auf dem 1 %-Niveau. Und leider kann man mit dem P-Wert auch nicht herausfinden, um wie viel besser der neue Impfstoff wirkt.

Übungen

4 *Der Farbstift als Würfel*

Adugna würfelt mit einem sechseckigen Buntstift, dessen Seitenflächen mit den Zahlen 1 bis 6 beschriftet sind. Sie stellt ihn auf die Spitze, dreht ihn mit den Fingern und lässt ihn dann los. Wie beim Würfel zählt dann die oben liegende Zahl. Bei 120 aufeinanderfolgenden Würfen erzielt Adugna 35 „Sechsen".

Ist dies durch Zufall zu erklären, oder kann Adugna den Buntstift durch geschicktes Drehen manipulieren? Was sagt der P-Wert aus?
Testen Sie Ihre Manipulationsfähigkeit mit dem eigenen Stift und führen Sie mehrere Versuchsreihen mit jeweils 100 aufeinanderfolgenden Würfen durch.

Experimentieren:
Testen Sie Ihre Manipulationsfähigkeit mit dem eigenen Stift.

Stochastik
9

5 *Parteien auf dem Prüfstand*

Die Partei „Die Karierten" ging davon aus, ein Wählerreservoir von etwa 10 % in der Bevölkerung zu haben. Heftige Diskussionen in der Partei und der Öffentlichkeit zum Thema „Persönlichkeitsrechte" nährten die Vermutung, dass sich dieser Anteil vergrößert hat. Bei einer Befragung von 80 zufällig ausgewählten Wahlberechtigten hinsichtlich ihrer Einstellung zu der Partei, sprachen sich 15 positiv für die Partei „Die Karierten" aus. Sollte die Partei ihre 10 %-Einschätzung korrigieren? Argumentieren Sie mit dem P-Wert.

Übungen

6 *Übersinnliche Wahrnehmungsfähigkeiten*

Klaus behauptet, dass er übersinnliche Wahrnehmungsfähigkeiten besitzt. Er schlägt folgenden Versuch vor. Aus einem Kartenspiel mit 52 Karten wird eine Karte gezogen. Klaus will nun die „Farbe" der Karte (Herz, Karo, Kreuz, Pik) richtig vorhersagen. Die Wert p ist der Anteil an richtigen Vorhersagen bei einer größeren Anzahl von Ziehungen mit Zurücklegen und die Nullhypothese H_0 besagt, dass Klaus nur rät.

a) Welche ist die passende Nullhypothese?

(1) $p = \frac{1}{4}$ (2) $p = \frac{1}{3}$ (3) $p > \frac{1}{4}$ (4) $p > \frac{1}{3}$

b) Welche Alternativhypothese passt zu der Aussage von Klaus über seine übersinnlichen Fähigkeiten?

(1) $p = \frac{1}{4}$ (2) $p = \frac{1}{3}$ (3) $p > \frac{1}{4}$ (4) $p > \frac{1}{3}$

c) Bei 20 Versuchen hat Klaus 8-mal richtig vorhergesagt. Kann man die Nullhypothese H_0 auf dem 5 %-Niveau verwerfen?

7 *Multiple-Choice-Test*

Eine Studentin nimmt an einem Multiple-Choice-Test teil, der aus 50 Fragen mit je zwei Alternativantworten besteht. Vermutlich rät die Studentin nur, da sie sich in dem Fachgebiet, das der Test behandelt, nicht auskennt. Aber vielleicht hat sie doch einige Kenntnisse. Die beiden Hypothesen:

Nullhypothese H_0: $p = 0{,}5$ und
Alternativhypothese H_1: $p > 0{,}5$

beschreiben die Situation gut. Die Studentin hat 30 von 50 Fragen, d. h. 60 % der Fragen, richtig beantwortet. Der P-Wert $P(X \geq 30 \mid H_0)$ beträgt 0,101. Erklären Sie die Bedeutung des P-Wertes in diesem Zusammenhang.

8 *Wirkung eines Impfstoffes*

Ein neuer Impfstoff A gegen eine Krankheit ist entwickelt worden, der wirksamer sein soll als der bisher verwendete Impfstoff B, bei dem in der Regel etwa 8 % der geimpften Personen trotz Impfung erkrankten. In einer Zufallsstichprobe von 150 mit A geimpften Personen erkranken nur fünf Personen.

a) Erläutern Sie den Begriff der Zufallsstichprobe.

b) Ist das Ergebnis in der Stichprobe nun ein Beleg für die bessere Wirksamkeit von A?

9 *Genau hingeschaut*

a) Ist bewiesen, dass die Nullhypothese falsch ist, wenn sie nach einem statistischen Test und dessen Auswertung abgelehnt wurde? Begründen Sie Ihre Entscheidung.

b) Nach einem Test und dessen Auswertung wurde die Nullhypothese nicht abgelehnt. Ist damit bewiesen, dass die Nullhypothese richtig ist? Begründen Sie Ihre Entscheidung.

10 *Rettet Händewaschen Leben?*

Der österreichisch-ungarische Arzt Ignaz Philipp Semmelweis entdeckte mangelnde Hygiene bei Ärzten als Ursache für das Kindbettfieber, an dem seinerzeit dramatisch viele Wöchnerinnen starben. Seine unermüdlichen Versuche, die Ärzte zur Desinfektion der Hände zu bewegen, stießen allerdings auf vehementen Widerstand der Kollegen. Semmelweis setzte im Jahr 1847 durch, dass sich Ärzte ihre Hände mit Chlorkalk waschen mussten, um zu testen, ob die Sterberate unter den Frauen, die bei 9,9 % lag, sinkt.

a) Formulieren Sie eine passende Nullhypothese und eine Alternativhypothese.

b) Bestimmen Sie den P-Wert, wenn nach der Einführung der hygienischen Maßnahme die Sterberate in einer Stichprobe von 100 Frauen auf 2 % gesunken war.

11 *Münze testen*

Es soll herausgefunden werden, ob sich der Verdacht bestätigt, dass eine bestimmte Münze nicht „fair" ist. Mia schlägt vor, die Münze 20-mal zu werfen und zu schauen, wie häufig dabei „Kopf" fällt.

Mia führt den Versuch durch. Es erscheint 16-mal „Kopf".

a) Wie lautet die Nullhypothese, wie die Alternativhypothese?

b) Entscheiden Sie sich mithilfe des P-Wertes für eine der beiden Hypothesen. Können Sie sich sicher sein, dass die Münze „fair" bzw. „nicht fair" ist? Begründen Sie Ihre Aussage.

Die „Zutaten" zur Überprüfung einer Vermutung

1. **Man macht eine Beobachtung:**
   z. B.: Bei einer bestimmten Anzahl von Würfen einer Münze kam „Kopf" deutlich häufiger als erwartet.

   Mathematiker nennen die Größe, die man beobachtet, **Testgröße**.
   Bei dem Beispiel mit der Münze ist die Testgröße die Anzahl „Kopf" bei einer bestimmten Anzahl von Würfen.

2. **Vermutung, die untersucht werden soll:**
   Die Münze ist nicht fair.
   Beim Wurf der Münze kommt „Kopf" häufiger vor als „Zahl".

   Aus der Vermutung und dem, was man von einer „fairen" Münze normalerweise annimmt, ergeben sich **zwei Hypothesen**:
   - **die Nullhypothese:** $P(\text{„Kopf"}) = 0{,}5$ und
   - **die Alternativhypothese:** $P(\text{„Kopf"}) > 0{,}5$.

   Die Nullhypothese ist stets die, die man in Zweifel zieht.

3. **Entscheidung und Bewertung der Entscheidung:**
   Ist die Anzahl „Kopf" bei z. B. 50 Würfen deutlich größer als 25, dann wird man der Vermutung zustimmen.

   Statistiker müssen nun das **beobachtete Stichprobenergebnis bewerten**, indem sie berechnen, mit welcher Wahrscheinlichkeit das betreffende Stichprobenergebnis auftreten kann, wenn die Nullhypothese stimmt.

12 *Werbung im Internet*

Eine Einzelhandelsfirma macht Werbung im Internet. In der Werbeabteilung plant man, einer Suchmaschinen-Gesellschaft mehr Geld für eine aufwändiger gestaltete Werbung zu bezahlen. Lohnen wird sich dies nur, wenn sich die CTR (click through rate), d. h. der Anteil der Besucher der Website, die ein Produkt der Einzelhandelsfirma in den Warenkorb legen, von allen Besuchern der betreffenden Website von derzeit 15 % durch diese Zusatzinvestitionen steigern lässt.

Wie könnte ein entsprechender Test zur Überprüfung, ob sich die CTR steigern lässt, durch die Suchmaschinen-Gesellschaft durchgeführt werden?

13 *Handynutzung am Steuer*

Laut einer großen Autozeitschrift nutzen 30 % der Fahrerinnen und Fahrer das Handy, während sie ein Fahrzeug steuern. Eine kritische Leserin vertraut dieser Angabe nicht und vermutet, dass der wirkliche Prozentsatz niedriger ist. Sie beobachtet von einem Straßencafé aus 40 Fahrzeuge und stellt fest, dass tatsächlich nur 6 der 40 Fahrerinnen und Fahrer ihr Handy ungeachtet des Handyverbots benutzen.

a) Welche zwei Hypothesen werden von der Leserin überprüft?

b) Bewerten Sie die von der Leserin gemachte Beobachtung.

Übungen

14 *Verbesserung der Zahnpflege*
Bei Reihenuntersuchungen in einer Schule wurden bei durchschnittlich 20 % der Jugendlichen einer Altersgruppe Zahnschäden festgestellt, die eine weitere Behandlung beim Zahnarzt erforderlich machten. Man begann daraufhin eine aufwändige Aufklärungs- und Werbekampagne für eine intensive Zahnpflege. Nach einigen Jahren soll der Erfolg anhand einer Stichprobe überprüft werden.
a) Welche Entscheidung wird man aufgrund eines Tests jeweils treffen, wenn bei
a_1) 50 der 300 Jugendlichen a_2) 100 der 600 Jugendlichen
behandlungswürdige Zahnschäden festgestellt wurden?
b) Bei jeder der Entscheidungen bei den Stichprobenergebnissen a_1) oder a_2) kann die Entscheidungsregel zu einer Fehlentscheidung führen. Beschreiben Sie diese beiden möglichen Fehler. Welche Bedeutung hätten dann die unterschiedlichen Fehler im gegebenen Sachzusammenhang?

15 *Qualitätskontrolle mit Stichprobe: Klare Entscheidungsregel gefordert*

Stochastik 9

Eine Elektronik-Firma erhält in regelmäßigen Zeitabständen Lieferungen von 10 000 Chips von dem gleichen Lieferanten. Der Lieferant gibt die Zusage, dass höchstens 1 % der gelieferten Chips defekt ist. Der Chef der Firma hat den Verdacht, dass die Zusage nicht eingehalten wird und der Anteil der defekten Chips über 1 % liegt. Dies wird mithilfe eines Tests überprüft:
Man entnimmt der Lieferung eine Zufallsstichprobe von 100 Chips, darunter befinden sich drei defekte Chips.

Der Chef und der Hausstatistiker diskutieren das Testergebnis:

Chef: *„Damit ist ja alles klar. Nach der Zusage des Lieferanten rechnen wir mit einem defekten Chip in der Stichprobe. Es sind aber drei, also schicken wir die Sendung zurück."*
Statistiker: *„Ich erinnere daran, dass wir aus der Sendung mit insgesamt 10 000 Chips eine Zufallsstichprobe entnommen haben. Das schlechte Ergebnis kann ja auch zufällig entstanden sein, obwohl in der Gesamtsendung der Anteil wirklich nur 1 % ist.
Das lässt sich nachrechnen: Die Wahrscheinlichkeit, dass in einer Lieferung der tatsächlich zugesagten Qualität unsere Zufallsstichprobe drei oder mehr defekte Chips enthält, liegt bei immerhin 8 %."*

H_0: $p = 0{,}01$
H_1: $p > 0{,}01$
$P(X \geq 3 \mid H_0) \approx 0{,}08$

Chef: *„Wie müsste denn das Stichprobenergebnis ausfallen, damit die Wahrscheinlichkeit für eine ungerechtfertigte Zurückweisung höchstens 5 % ist? Aber wozu habe ich denn einen Hausstatistiker? Entwerfen Sie ein Testverfahren, das ich bei jeder Lieferung anwenden kann und mit dem ich immer zu einer klaren Entscheidung komme."*

Übernehmen Sie die Aufgabe des Hausstatistikers.

KOPFÜBUNGEN

1 Für welchen Wert von k hat $x^2 + k = -2$ genau eine Lösung?

2 Geben Sie ein Beispiel für eine Funktion f an, die an der Stelle a keinen Extrempunkt besitzt und für die zusätzlich $f'(a) = 0$ gilt.

3 Geben Sie einen Punkt D so an, dass ABCD ein Trapez mit den Grundseiten $\overline{AB}$ und $\overline{CD}$ ist. $A = (1 \mid 4 \mid 0)$, $B = (7 \mid 1 \mid 0)$, $C = (5 \mid 2 \mid 3)$

Überprüfen von Hypothesen – Signifikanztest

Es gibt viele Situationen, in denen man eine Entscheidung von dem Ergebnis eines statistischen Tests abhängig macht: z. B. ob ein bestimmtes neues Medikament wegen verbesserter Wirksamkeit eingesetzt wird, ob man eine Lieferung mit zugesagter Qualität zurückweisen wird, oder ob sich eine aufwändige Wahlkampagne zur Verbesserung des Wähleranteils lohnt. Ist für ein bestimmtes Testergebnis die Wahrscheinlichkeit, dass dieses bei Gültigkeit der Nullhypothese eintritt, gering, so wird die Nullhypothese verworfen. Wie gering diese Wahrscheinlichkeit sein soll, wird vor Durchführung des Tests festgelegt.

Signifikanzniveau

Beim Testen einer Hypothese legt man vor der Durchführung eines Tests das **Signifikanzniveau** $\boldsymbol{\alpha}$ (die Entscheidungsregel) fest. Das Signifikanzniveau für einen Test ist eine Schranke für die Wahrscheinlichkeit, mit der ein Testergebnis unter der Annahme, dass H_0 stimmt, eintreten darf, ohne dass man H_0 ablehnt. Tritt ein Testergebnis mit einer Wahrscheinlichkeit $\leq \alpha$ ein, so spricht dies signifikant gegen die Nullhypothese und man wird H_0 „verwerfen".
Das Signifikanzniveau kennzeichnet das Risiko, das man bei Anwendung des Testverfahrens in Kauf nimmt, H_0 zu verwerfen, obwohl H_0 eigentlich richtig ist. Damit ist eine klare Entscheidungsregel für den Test vorgegeben. Es hängt von der Bedeutung der Entscheidung und den Folgen einer Fehlentscheidung ab, welches Signifikanzniveau man festlegt.

Aufgaben

16 *Planen eines Signifikanztests*

Ein Kandidat behauptet, Kenntnisse über Dinosaurier zu haben. Dies soll mithilfe eines Multiple-Choice-Fragebogens mit 20 Fragen entschieden werden. Zu jeder Frage gibt es vier vorgegebene Antworten, davon ist jeweils genau eine richtig.

Planung eines Signifikanztests vor der Testdurchführung

(1) *Welche Hypothesen sollen getestet werden?*
(2) *Was soll die Testgröße sein?*
(3) *Wie groß soll die Stichprobe sein und wie wird sie erhoben, sodass sie eine Zufallsstichprobe ist?*
(4) *Welche Entscheidungsregel wird angewendet (z. B. P-Wert ≤ 5 %)?*

Aus den Punkten (1) bis (4) wird ermittelt, bei welchem Stichprobenergebnis die Hypothese H_0 abgelehnt wird. Dies findet man durch Rechnung, wenn man die Wahrscheinlichkeitsverteilung der Testgröße kennt, oder mit Simulation.

Ergänzen Sie die fehlenden Planungselemente.

(1) Hypothesen festlegen
H_0: Der Kandidat hat keinerlei Sachkenntnisse, er rät nur.
Bei jeder Frage ist die Wahrscheinlichkeit, die richtige Antwort anzukreuzen, p = ■.
H_1: Der Kandidat hat Sachkenntnisse, p > ■.
(2) Testgröße X: Anzahl der richtigen Antworten
(3) Stichprobenumfang: ■ Fragen
(4) Entscheidungsregel: Grenze für den P-Wert sei 5 % (5 %-Signifikanzniveau)

Angenommen, die Nullhypothese H_0 ist zutreffend. Finden Sie durch einen Signifikanztest heraus, mit welcher Wahrscheinlichkeit der Kandidat mindestens 8 (9, 10, …) Fragen richtig beantwortet. Ab welchem Testergebnis würden Sie auf dem 5 %-Signifikanzniveau die Nullhypothese H_0 zugunsten von H_1 ablehnen?

11.2 Nachgefragt – Entscheiden mit Statistik

Was Sie erwartet

Häufig ist die wichtigste Frage in den Natur- und Wirtschaftswissenschaften, aber auch im täglichen Leben, ob zwischen zwei „Variablen" ein Sachzusammenhang besteht. Diese Fragen sind zumeist „Wenn ..., dann ..."-Fragen: „Wenn ich diese Medizin einnehme, dann geht es mir besser?" Oder: „Wenn ich mein Facebook-Profil ändere, dann erhalte ich eine höhere Klickrate?"

Wie muss man Daten erheben und wie auswerten, wenn man valide Aussagen über die Kausalität erhalten möchte?

Aufgaben

1 *Eine Fallstudie „Tödliche Handys"*

Im September 2002 verklagte Dr. CHRISTOPHER NEUMANN, ein US-Bürger, die Firmen Motorola, Verizon und andere Betreiber von Funknetzen. Er behauptete, dass sie Schuld daran seien, dass sich ein Hirntumor hinter seinem rechten Auge entwickelt habe. Als zusätzlichen Beweis legte der Rechtsanwalt von Herrn Dr. NEUMANN eine Studie von Dr. LENNART HARDELL vor. HARDELL hatte eine größere Anzahl von Personen mit Hirntumoren untersucht und dabei herausgefunden, dass ein größerer Prozentsatz dieser Personen Handys intensiver benutzten, als diejenigen Personen, die keinen Hirntumor entwickelt hatten.

Der Richter musste in diesem Fall entscheiden, ob die von dem Rechtsanwalt vorgelegten Studien und das Schicksal von Dr. NEUMANN zwingend genug waren, um die Klage zuzulassen.

a) Diskutieren Sie diese Frage in Ihrem Kurs.

Was Experten sagen

Die Daten, und wie sie erhoben werden, sind beim Testen von Hypothesen von besonderer Bedeutung. Grundsätzlich kann man unterscheiden zwischen

- **Anekdoten:** Erzählungen von persönlichen Erfahrungen von Freunden, Promis und sogenannten Experten,
- **Beobachtungsstudien:** Man vergleicht z. B. Personen in einer Beobachtungsgruppe mit denen in einer Vergleichsgruppe,
- **randomisierte Studien:** Die Teilnehmer an einer solchen Studie werden nach dem Zufallsprinzip einer Versuchs- und einer in etwa gleich großen Kontrollgruppe zugelost. Die Personen in der Kontrollgruppe erfahren eine bestimmte Behandlung, die in der Kontrollgruppe nicht. Wenn möglich, wird die Studie nach dem Doppelblindprinzip durchgeführt.

Nur randomisierte Studien erlauben es, kausale Zusammenhänge herzustellen.

b) *Doppelblind*

Informieren Sie sich im Internet darüber, was man z. B. bei der Entwicklung von Medikamenten unter dem Doppelblindprinzip versteht.

c) *Datenerhebung in der Fallstudie „Tödliche Handys"*

Ordnen Sie die vorgetragenen Beweise in dem Fall der Handyklage einer der drei Kategorien aus Teil a) zu. Warum ist im Falle der Frage nach der Schädigung durch den Gebrauch von Handys eine randomisierte Studie nicht möglich?

Warum kann man an Mäusen eine randomisierte Studie durchführen und wie könnte man sich diese vorstellen?

Übrigens: Die Versuche an Mäusen ergaben keinen statistischen Beleg für einen Zusammenhang zwischen Hirntumoren und Handystrahlung.

Basiswissen

Datenerhebung und Auswertung

Verfahren	Bewertung
Anekdote Einzelerfahrung	Sie ist statistisch ohne Aussagekraft.
Beobachtungsstudie Vergleich zweier Gruppen (z. B. täglich Sport, nicht täglich Sport; unterscheiden sich die beiden Gruppen hinsichtlich des Fleischkonsums?)	Kausalität ist so nicht nachweisbar, auch wenn sich die beiden signifikant unterscheiden.
Randomisierte Studie Zufällig ausgewählte Versuchs- und Kontrollgruppe, am besten doppelblind und (wenn anwendbar) Verwendung von Placebos	Kausalität kann u. U. nachgewiesen werden.

Beispiele

A *Vitamin C schützt vor Erkältung*

In einem Betrieb wurden von 33 Mitarbeiterinnen und Mitarbeitern 20 zufällig ausgewählt und mit hoch dosiertem Vitamin C behandelt (Versuchsgruppe). Die restliche Belegschaft (Kontrollgruppe) erhielt ein Placebo. Während der anschließenden Grippesaison erkrankten vier Mitarbeiter aus der Versuchsgruppe und acht Mitarbeiter aus der Kontrollgruppe an Grippe.

	Grippe	keine Grippe	Summe
Versuchsgruppe	4	14	18
Kontrollgruppe	8	7	15
Summe	12	21	33

Um welche Art von Datenerhebung handelt es sich?

Lösung:
Es handelt sich um eine randomisierte Studie für diese Firma.

Übungen

2 *Überprüfen von Hypothesen – kritisch hinterfragt*

Will man Hypothesen überprüfen, so gibt es grundsätzlich drei verschiedene Arten der Datenerhebung:
Anekdoten, Beobachtungstudien und randomisierte Studien.

(A) In einer Fernsehshow berichtet ein bekannter Moderator darüber, dass seine Kopfschmerzen schnell verschwinden, wenn er mit einsetzenden Schmerzen ein Glas Wasser trinkt.

(B) Ein Arzneimittelhersteller veröffentlicht, dass die Wirksamkeit seines neuen Medikamentes in einem randomisierten Experiment nach dem „Doppelblindprinzip" überprüft wurde.

(C) Die „New York Times" behauptet, dass laut einer Untersuchung Menschen, die in der Großstadt leben, einen höheren Blutdruck haben als Menschen, die in ländlicher Umgebung leben.

a) Ordnen Sie jede der drei „Datenerhebungen" einer der drei Kategorien zu.
b) Diskutieren Sie in Ihrem Kurs, welcher der drei „Testarten" Sie am ehesten vertrauen.
c) Wie müsste man im Falle der Beobachtungstudie der „New York Times" eine randomisierte Studie durchführen und warum ist dies grundsätzlich nicht möglich?

Randomisierung

Störgrößen

Einige Bemerkungen zu Hypothesentests bei klinischen Studien

Beim Testen von Hypothesen verwendet man oft *randomisierte Verfahren.*
Bei der **Randomisierung**, die häufig in *klinischen Studien* verwendet wird, werden die Versuchspersonen (z. B. teilnehmende Patienten) durch ein Zufallsverfahren (z. B. durch Losen) einer *Versuchsgruppe* oder einer *Kontrollgruppe* zugeteilt.
Die Patienten in der Versuchsgruppe werden mit einem neuen Medikament behandelt, die Patienten in der Kontrollgruppe erhalten Placebos, z. B. eine gleich aussehende Tablette ohne Wirkstoff. Durch die Randomisierung sollen bekannte und unbekannte, personengebundene *Störgrößen* gleichmäßig auf Versuchs- und Kontrollgruppen verteilt werden. Man will so verhindern, dass die Ergebnisse der Untersuchung einer systematischen *Verzerrung* (englisch: *Bias*) unterliegen.
Gängige Störgrößen, die das Ergebnis einer klinischen Untersuchung systematisch verzerren können, sind z. B.

- *von Seiten des Arztes:* zu optimistische Beurteilung der Effekte,
- *von Seiten des Patienten:* Empfinden von Linderung der Symptome, ohne die wirksame Substanz erhalten zu haben.

Eine Studie, bei der alle beteiligten Personen nicht wissen, wer das Medikament erhält, und wer das Placebo, nennt man **Doppelblindstudie**.

Übungen

Beispiel für einen randomisierten Test

3 *Medikamenten-Test*

In einem frühen Stadium der klinischen Prüfung eines neuen Medikamentes wurde dieses an einer kleinen Anzahl von Patienten überprüft. Dazu wurde die Gruppe der Patienten, die an dem Test teilnehmen, per Losentscheid in eine Versuchs- und in eine Kontrollgruppe aufgeteilt. Die Patienten in der Versuchsgruppe erhielten das neue Medikament, die in der Kontrollgruppe ein Placebo. Die Untersuchung wurde als Doppelblindstudie durchgeführt. Die Ergebnisse des Tests wurden in einer Vierfeldertafel festgehalten.

Randverteilung:
Unter der Randverteilung versteht man die Daten in den orange unterlegten Feldern der Vierfeldertafel.

a) Sprechen die Ergebnisse für die Wirkung des Medikamentes? Welche Zahlen wären in der Tabelle bei gleicher „Randverteilung" zu erwarten, wenn das Medikament sich in der Wirkung nicht von der des Placebos unterscheidet?

	Linderung	Keine Linderung	Summe
Versuchsgruppe	7	4	11
Kontrollgruppe	1	11	12
Summe	8	15	23

b) Könnte das Ergebnis, das in der Vierfeldertafel dargestellt ist, auch dann zustande gekommen sein, wenn das Medikament keine Wirkung hat?
Übersetzt auf unsere konkreten Daten bedeutet dies:
Bei 8 der 23 Patienten, die an der klinischen Untersuchung teilgenommen haben, ist so oder so eine Linderung eingetreten.
Beim Auslosen der Versuchsgruppe wurden zufällig 7 der Patienten, die eine Linderung erfahren, in die Versuchsgruppe gelost.
Erläutern Sie, weshalb das dargestellte Urnenmodell zu dieser beschriebenen Situation passt.

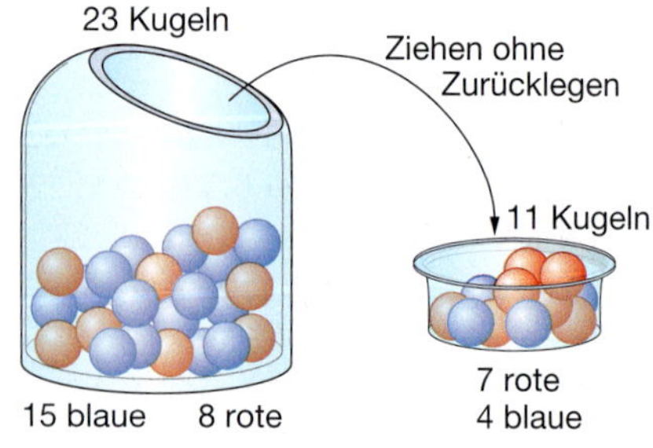

Was meinen Sie, können zufällig so viele rote Kugeln unter den 11 insgesamt gezogenen Kugeln sein? Schätzen Sie die Wahrscheinlichkeit für dieses Ereignis.

4 *Vitamin C schützt vor Erkältung*

Modellieren Sie den Test aus Beispiel A mit einem Urnenmodell analog zu dem Test in Übung 3. Was bedeutet der P-Wert?

Übungen

5 *Vierfelder-Test*

In Übung 3 wird die Nullhypothese H_0: „Das Medikament wirkt nicht" mithilfe einer Versuchs- und einer Kontrollgruppe getestet. Die Testgröße X ist dabei die Anzahl der Patienten in der Versuchsgruppe. Unter der Annahme, dass das Medikament keine Wirkung hat, wird dieser Test mit einem Urnenmodell simuliert. Die Wahrscheinlichkeit, dass man beim Ziehen von 11 Kugeln 7 oder mehr rote Kugeln zieht, beträgt $P(X \geq 7) \approx 0{,}0084$. Dies ist der P-Wert $P(X \geq 7 \mid H_0)$. Würden Sie die Nullhypothese H_0 ablehnen?

Vierfelder-Test (Exakter Test von Fisher)

	Linderung	keine Linderung	Summe
Versuchsgruppe	7	4	11
Kontrollgruppe	1	11	12
Summe	8	15	23

Bei einem Vierfelder-Test werden zwei Merkmale auf Unabhängigkeit getestet. Bei der Vierfeldertafel in Übung 3 beträgt der Anteil der Patienten in der Versuchsgruppe, die Linderung erfahren haben, $\frac{7}{11}$, in der Kontrollgruppe nur $\frac{1}{12}$. Dies legt die Vermutung nahe, dass das Medikament Einfluss auf das Testergebnis hat.
Das Ergebnis hätte aber auch zufällig bei Unabhängigkeit der beiden Merkmale zustande kommen können, d. h. wenn das Medikament keinen Einfluss hätte.

Zur Überprüfung der Vermutung wird ein Hypothesentest durchgeführt mit der Nullhypothese H_0: „Die beiden Merkmale sind unabhängig voneinander". Falls der P-Wert (die Wahrscheinlichkeit $P(X \geq k \mid H_0)$) hinreichend klein ist, wird man die Nullhypothese verwerfen und dem Medikament einen Einfluss zubilligen.

Die Testgröße X ist nicht binomialverteilt, da es sich bei dem Urnenmodell um „Ziehen ohne Zurücklegen" handelt. Die gesuchte Wahrscheinlichkeit kann man mithilfe einer Simulation oder durch Rechnen mit der „hypergeometrischen Verteilung" berechnen. In dem obigen Beispiel ist $P(X \geq 7 \mid H_0) \approx 0{,}0084$.

Sir Ronald Aylmer Fisher (1890 – 1962) war ein englischer Statistiker, Evolutionsbiologe und Genetiker.

Stochastik
7

6 *Antiseptische Chirurgie*

Joseph Lister (1827–1912), Chirurg in Glasgow und Edinburgh, wurde auf die Schriften von Louis Pasteur aufmerksam, der sich mit Keimen – heute würde man wohl Bakterien sagen – als Ursache für Fäulnisprozesse beschäftigte. Lister kam auf die Idee, mit Karbolsäure (Phenol) in der Chirurgie zu experimentieren. Von 40 Patienten, die sich einer Amputation unter Verwendung karbolgetränkter Verbände unterziehen mussten, überlebten 34. Von 35 Patienten, die traditionell ohne Verwendung von Karbolsäure amputiert wurden, überlebten 19.

Quelle: Charles Winslow, The conquest of Epidemic, Princeton, UP 1943

a) Fassen Sie die Ergebnisse in einer Vierfeldertafel zusammen.
b) Stellen Sie den Test mithilfe eines Urnenmodells nach.
Die Nullhypothese H_0 lautet: „Karbolsäure ist wirkungslos."
c) Der P-Wert beträgt $P(X \geq 34 \mid H_0) \approx 0{,}009$. Entscheiden Sie.
d) Informieren Sie sich über die Leistungen von Joseph Lister. Stellen Sie diese in einer kurzen Laudatio für Joseph Lister dar.

7 *Die Impfung wirkt doch sicher?*

Begründen Sie mit einem Urnenmodell, dass diese überzeugende Vierfeldertafel nicht bedeutet, dass das Medikament, das getestet wurde, sicher wirkt.

Medikament	wirkt	wirkt nicht	Summe
Versuchsgruppe	4	0	4
Kontrollgruppe	0	4	4
Summe	4	4	8

CHECK UP

Beurteilende Statistik

Überprüfung einer Vermutung

- **Eine Beobachtung** wird gemacht, die abweicht von dem, was man normalerweise erwartet.
- Formulieren der **Nullhypothese** und einer **Alternativhypothese.**
  Die Nullhypothese ist die Hypothese, die man wegen der gemachten Beobachtung in Zweifel zieht.
- **Stichprobenergebnisse bewerten**, indem man den **P-Wert** berechnet.
  Eine Entscheidung darüber **treffen**, ob man der Nullhypothese noch zustimmt oder sie ablehnt.

Bewerten eines Stichprobenergebnisses mit dem P-Wert

Angenommen, man hat eine Vermutung über die Wahrscheinlichkeit, mit der ein bestimmtes Ereignis eintritt, beruhend auf vergangenen Erfahrungen oder theoretischen Überlegungen.
Der Anteil der Gewinnlose in einer Lotterie beträgt laut Lotterieveranstalter 28 %.

Man macht eine Beobachtung, die mit dieser Behauptung scheinbar nicht im Einklang steht.
Jemand zieht 25 Lose und stellt fest, dass darunter nur 3 Gewinnlose waren.

Nullhypothese H_0: $p = 0{,}28$
Alternativhypothese H_1: $p < 0{,}28$

Berechnung des P-Wertes mithilfe der Binomialverteilung für $n = 25$ und $p = 0{,}28$:
$P(X \leq 3 \mid H_0) \approx 0{,}052$

Entscheidungsregel:

Ist der P-Wert kleiner als 5 %, dann entscheidet man sich gegen die Nullhypothese H_0 auf dem 5 %-Niveau. Man nimmt eine Wahrscheinlichkeit von 5 % für eine Fehlentscheidung in Kauf.

Mit dieser Entscheidungsregel führt die Beobachtung bei der Lotterie nicht zu einer Ablehnung von H_0. Dies besagt jedoch nicht, dass die Nullhypothese H_0 richtig ist.

1 *Kugeln in einer Urne*

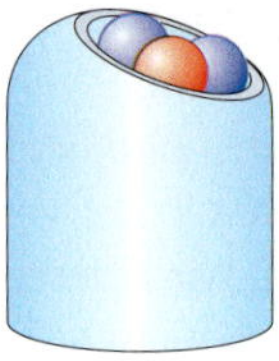

Ein Lehrer legt in eine Urne eine unbekannte Anzahl von blauen und roten Kugeln.
Er behauptet: „Der Anteil der roten Kugeln beträgt 35 %."
a) Wie könnte man überprüfen, ob dies richtig ist, wenn man nicht in die Urne schauen darf und es nur erlaubt ist, wiederholt eine Kugel mit Zurücklegen zu ziehen?
b) Sandra zieht insgesamt 40-mal eine Kugel mit Zurücklegen, davon 20-mal eine rote. Was könnte sie vermuten?
c) Stellen Sie die Null- und die Alternativhypothese auf.
d) Zieht Sandra zu Recht die Behauptung des Lehrers in Zweifel? Begründen Sie Ihre Entscheidung mit dem P-Wert.

2 *Gezinkter Würfel*
Andrea würfelt 60-mal mit einem Würfel. Sie erwartet, dass in etwa 10 „Sechsen" kommen. Zu ihrer Überraschung kommt die „Sechs" häufiger als erwartet, nämlich 17-mal.
Sie vermutet nun, dass der Würfel „gezinkt" ist.
a) Stellen Sie die Null- und die Alternativhypothese auf.
b) Bewerten Sie Andreas Beobachtung mithilfe des P-Wertes. Entscheiden Sie, ob man die Nullhypothese auf dem 1 %-Niveau ablehnen kann?

3 *Mängel bei Neufahrzeugen*

Laut einer Statistik in einer großen Zeitung betrug der Anteil aller Neufahrzeuge, die im ersten Jahr Mängel aufwiesen, 38 %. Drei Jahre später wurden in einer Zufallsstichprobe von 400 Neufahrzeugen bei 140 Fahrzeugen im ersten Jahr Mängel festgestellt.
a) Wieso kann auf Grundlage des Stichprobenergebnisses vermutet werden, dass die „Mängelquote" gesunken ist?
b) Formulieren Sie die Null- und die Alternativhypothese.
c) Kann die Hypothese, dass der Anteil der Neufahrzeuge, die im ersten Jahr Mängel aufwiesen, nicht gesunken ist, auf Grundlage des Stichprobenergebnisses auf dem 5 %-Niveau abgelehnt werden?

4 *Schlussfolgerung mit dem P-Wert kritisch hinterfragt*
a) Warum kann man sich bei keinem Stichprobenergebnis völlig sicher sein, dass die Nullhypothese H_0 nicht stimmt?
b) Was bedeutet ein kleiner P-Wert?

5 *Einschaltquote*
Angenommen, ein Fernsehsender gibt die Einschaltquote für die Sendung vom vergangenen Samstag um 20.15 Uhr mit 60 % an. Sie lesen in einer Fernsehzeitschrift, dass eine Befragung von 600 Fernsehzuschauern, im Rahmen einer Zufallsstichprobe durch ein von der Zeitschrift beauftragtes Institut, nur eine Einschaltquote von 0,542 (325 Zuschauer, die die betreffende Sendung eingeschaltet haben) ergeben hat.
Beurteilen Sie mit dem P-Wert, ob das Stichprobenergebnis die Behauptung des Fernsehsenders infrage stellt?

12 Stochastische Prozesse

Ein wichtiges Instrument zur Beschreibung der Realität sind Vektoren. Mit Vektoren kann man den „Zustand" eines Systems beschreiben. Stellen Sie sich einfach vor, Wissenschaftler würden die Mobilität innerhalb einer Tierpopulation untersuchen. Dazu teilen sie das Gebiet, in dem die betreffende Population lebt, z.B. in drei Teilgebiete auf. Ein Zustandsvektor – in diesem Fall ein Vektor mit drei Komponenten – könnte z.B. angeben, wie viele Individuen auf diese Gebiete verteilt sind. Angenommen, diese Tiere migrieren zum Teil von einem der Gebiete in ein anderes. Typische Fragen der Soziologen wären dann beispielsweise:

- *Wie groß ist die Wahrscheinlichkeit, dass Tiere in einem bestimmten Zeitraum von einem Gebiet in eines der anderen Gebiete migrieren?*
- *Wie viele Tiere befinden sich nach einiger Zeit in jedem der Gebiete?*
- *Oder auch: Was passiert auf lange Sicht?*

Mathematiker bezeichnen ein Zufallsexperiment, bei dem das Ergebnis einzig von dem ***Ausgangszustand*** *und den sogenannten* ***Übergangswahrscheinlichkeiten*** *abhängt, als* ***stochastischen Prozess****. Ein wichtiges Werkzeug bei der Untersuchung stochastischer Prozesse sind* ***Matrizen****. Viele Situationen in den unterschiedlichsten Wissenschaften, wie Soziologie, Biologie, Medizin, Physik u.v.a.m., können als stochastische Prozesse interpretiert und mit entsprechenden mathematischen Werkzeugen untersucht werden.*

12.1 Stochastische Prozesse und Matrizen

Bei stochastischen Prozessen kann mithilfe von Übergangswahrscheinlichkeiten von einem bestimmten Ausgangszustand auf den Folgezustand geschlossen werden. Stochastische Prozesse können mithilfe von Gleichungssystemen, Übergangsgraphen und Übergangsmatrizen, sogenannten stochastischen Matrizen, beschrieben werden.

Bevölkerungswanderungen zwischen den Regionen R_1, R_2 und R_3

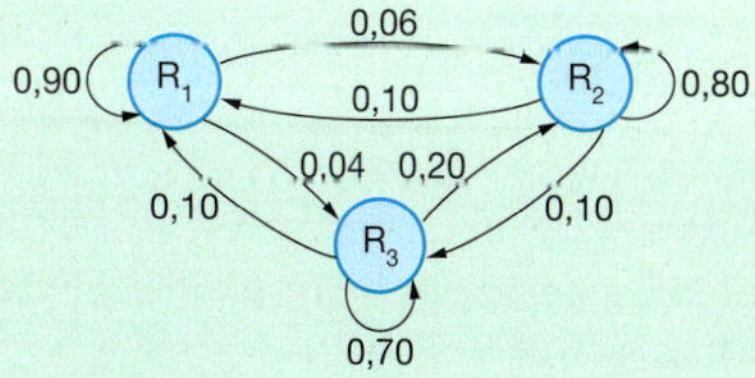

12.2 Langzeitverhalten bei stochastischen Prozessen

Langfristige Entwicklungen, bei denen die Übergänge über längere Zeit nach dem gleichen Muster verlaufen, lassen sich mithilfe von stochastischen Matrizen und der Multiplikation von Matrizen übersichtlich darstellen und untersuchen. Dabei können interessante Beobachtungen hinsichtlich des Langzeitverhaltens bei stochastischen Prozessen gemacht werden.

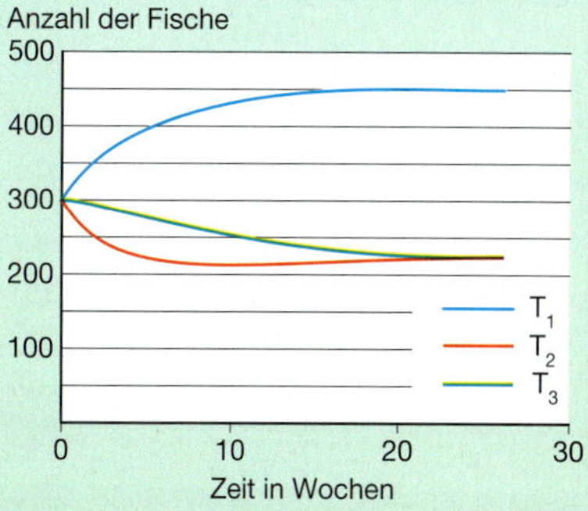

12.1 Stochastische Prozesse und Matrizen

Was Sie erwartet

Wählerwanderungen, Käuferverhalten und Populationsentwicklungen sind Prozesse, die in der Realität sehr komplex sein können. Bei diesen Prozessen handelt es sich um Zufallsprozesse, da man lediglich statistische Aussagen über solche Prozesse machen kann. Um sie zu beschreiben, werden mathematische Modelle entwickelt, die man mithilfe von Baumdiagrammen, Übergangsgraphen, Übergangsgleichungen und stochastischen Matrizen darstellen kann.

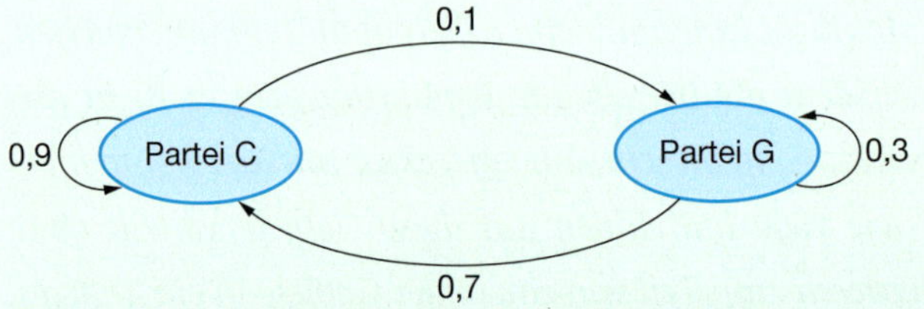

Matrizen, die sich als wirkungsvolles Hilfsmittel erweisen werden, sind nichts anderes als Tabellen, mit denen man rechnen kann. Allerdings muss man zunächst Regeln zum Rechnen mit Matrizen aufstellen. In den folgenden Lernabschnitten ist der Einsatz von digitalen Hilfsmitteln, wie z.B. dem GTR oder einer Tabellenkalkulation, sinnvoll und für die Berechnung langfristiger Entwicklungen unentbehrlich.

Aufgaben

1 *Nahverkehr*

Die Verkehrsbetriebe einer Stadt wollen den Anteil der Pendler, die öffentliche Verkehrsmittel nutzen, von derzeit 25 % deutlich vergrößern. Dazu wird der Fahrplan optimiert und zusätzlich eine aufwändige Werbekampagne gestartet.

Nach einem Monat ist zu beobachten, dass 80 % der Pendler, die öffentliche Verkehrsmittel (Ö) benutzen, diese auch weiterhin benutzen, aber 20 % auf private Verkehrsmittel (P) umgestiegen sind. Von den Pendlern, die bislang noch keine öffentlichen Verkehrsmittel benutzt haben, sind 30 % auf öffentliche Verkehrsmittel gewechselt, 70 % jedoch nicht.

Lieber gut sitzen als im Stau stehen.

a) Stellen Sie die Daten in einem Übergangsgraphen dar, indem Sie den Graphen in Ihr Heft übertragen und die Pfeile mit Übergangswahrscheinlichkeiten beschriften.

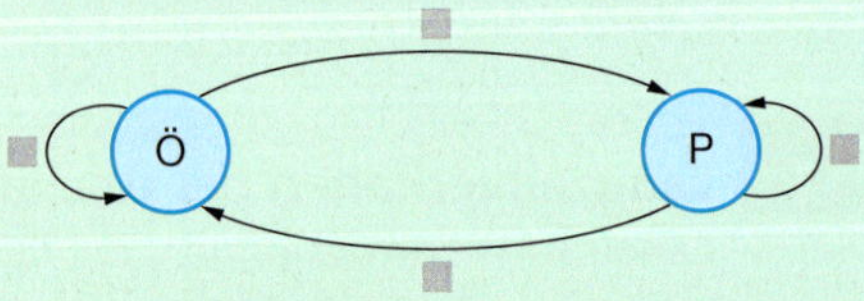

b) Stellen Sie die Daten auch mit zwei Gleichungen dar, mit denen man die Anteile der Pendler, die öffentliche Verkehrsmittel benutzen, und die Anteile der Pendler, die private Verkehrsmittel benutzen, aus den „alten Anteilen" berechnen kann. Berechnen Sie nun die entsprechenden Anteile der Pendler nach einem und nach zwei Monaten.
Tipp: Zur Selbstkontrolle muss man jeweils die beiden berechneten Ergebnisse addieren. Die Summe sollte 1 ergeben, sonst hat man etwas falsch gemacht.

Aufgaben

2 *Marktanalyse*

Der Hersteller der Jugendzeitschrift *Crazy* (C) möchte den Absatz seiner Zeitschrift verbessern. Dazu lässt er eine Marktanalyse durchführen. Zurzeit ist nur ein Konkurrenzprodukt auf dem Markt, nämlich die Zeitschrift *Szene* (S). Eine Analyse hat ergeben, dass ein gewisser Teil der Kunden von Woche zu Woche das Produkt wechselt. Der Übergangsgraph stellt die Übergangsquoten für einen Wechsel von einer Zeitschrift zur anderen dar, die durch die Marktanalyse bestimmt wurden.

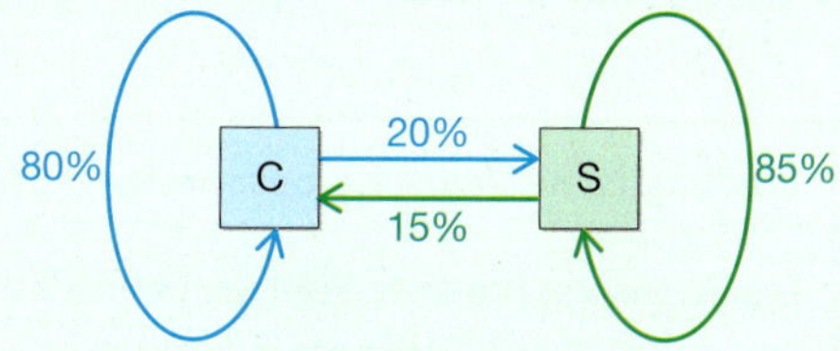

Übergangsgraph

Für die mathematische Modellierung werden die in der 43. Kalenderwoche festgestellten Verkaufsquoten verwendet: Der Anteil von *Crazy* betrug 45 %, der Anteil von *Szene* 55 %.

a) Sei x_n der Marktanteil von *Crazy* und y_n der Marktanteil von *Szene* in einer bestimmten Woche. Mit x_{n+1} und y_{n+1} bezeichnen wir die jeweiligen Marktanteile in der darauffolgenden Woche. Erläutern Sie, welcher Zusammenhang zwischen dem Übergangsgraphen und den beiden folgenden Gleichungen besteht.

(1) $x_{n+1} = 0{,}8 \cdot x_n + 0{,}15 \cdot y_n$
(2) $y_{n+1} = 0{,}2 \cdot x_n + 0{,}85 \cdot y_n$

b) Wie müssten die Verkaufsanteile der beiden Jugendzeitschriften in der 44. Kalenderwoche sein, wenn der Übergangsgraph die Entwicklung des Zeitschriftenmarktes richtig beschreibt? Verwenden Sie zur Berechnung die beiden Gleichungen aus Teilaufgabe a).

c) Wie würden Sie mithilfe der gegebenen Daten die langfristige Prognose für die Zeitschrift *Crazy* ermitteln? Beschreiben Sie ein Verfahren.

3 *Stochastische Prozesse und stochastische Matrizen*

Übergangsgraphen können knapp und übersichtlich mithilfe von Matrizen aufgeschrieben werden. Matrizen sind Tabellen, in denen Daten nach bestimmten Prinzipien aufgelistet sind.
Der folgende Graph stellt die Wahrscheinlichkeiten dar, mit denen Individuen einer Tierpopulation von einem Ort zu einem anderen wechseln.

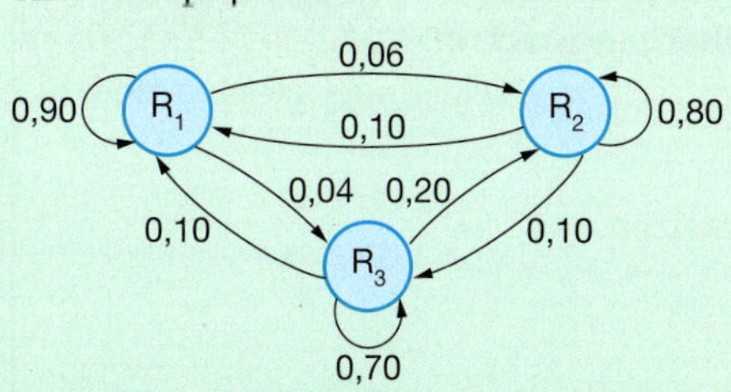

Stochastische Matrix

$$M = \begin{pmatrix} 0{,}90 & 0{,}1 & 0{,}1 \\ 0{,}06 & 0{,}8 & 0{,}2 \\ 0{,}04 & 0{,}1 & 0{,}7 \end{pmatrix}$$

a) Beschreiben Sie den Graphen verbal.

b) Was stellen die Daten in der ersten, zweiten und dritten Spalte der obigen Matrix M dar?

c) Die Anfangsverteilung der Tierpopulation ist in der Form $\vec{v}_0 = \begin{pmatrix} 0{,}3 \\ 0{,}2 \\ 0{,}5 \end{pmatrix}$ angegeben.
Was stellt $\vec{v}_0$ mathematisch dar und was bedeuten die Daten?

d) Berechnen Sie mit der angegebenen Anfangsverteilung den „Folgezustand".

Basiswissen

Übergänge von einem Zustand in einen anderen, bei denen allein der Zufall und der Ausgangszustand eine Rolle spielen, bezeichnet man als stochastische Prozesse. Zumeist werden die Zustände durch Vektoren und die Übergänge durch Übergangsgraphen, Übergangstabellen, Übergangsgleichungen oder Übergangsmatrizen beschrieben.

Stochastische Prozesse beschreiben und berechnen

Stochastische Prozesse können übersichtlich in einem Übergangsgraphen oder einer Übergangsmatrix dargestellt werden.

Beispiel: Wählerwanderung
Bei der Landtagswahl hat es für die Partei A gerade zur absoluten Mehrheit gereicht. Ergebnis der Wahl: Partei A 50 %, Partei B 40 % und Partei C 10 %.
Die nun regierende Partei A möchte wissen, ob es bei der nächsten Wahl wieder reichen wird bzw. mit welchem Ergebnis zu rechnen ist.

Bei einem Übergangsgraphen spricht man von **Knoten** (⬭) und **Kanten** (↷). Der Übergangsgraph rechts hat drei Knoten und neun Kanten.

Übergangsgraph

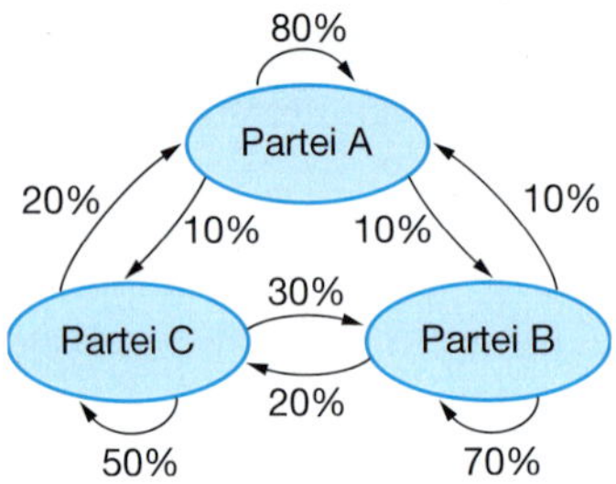

Übergangstabelle

nach \ von	Partei A	Partei B	Partei C
Partei A	0,8	0,1	0,2
Partei B	0,1	0,7	0,3
Partei C	0,1	0,2	0,5

In der Übergangstabelle sind die Wahrscheinlichkeiten zusammengefasst, mit denen eine Person bei der nächsten Wahl eine Partei wählt.

Übergangsmatrix
Die Übergangstabelle wird in eine Übergangsmatrix M übersetzt:

$$\text{Übergangsmatrix } M = \begin{pmatrix} 0{,}8 & 0{,}1 & 0{,}2 \\ 0{,}1 & 0{,}7 & 0{,}3 \\ 0{,}1 & 0{,}2 & 0{,}5 \end{pmatrix} \qquad \text{Anfangsverteilung } \vec{v}_0 = \begin{pmatrix} 0{,}5 \\ 0{,}4 \\ 0{,}1 \end{pmatrix}$$

Zustand: Stimmenanteile für Parteien A, B und C

Verteilung: wird durch den Zustandsvektor erfasst. Auf die Reihenfolge der Parteien ist zu achten.

In der Übergangsmatrix stehen
- in der ersten Zeile alle Wahrscheinlichkeiten für Übergänge nach Partei A,
- in der zweiten Zeile alle Wahrscheinlichkeiten für Übergänge nach Partei B,
- in der dritten Zeile alle Wahrscheinlichkeiten für Übergänge nach Partei C.

Bei stochastischen Prozessen sind in der Übergangsmatrix
- alle Elemente Zahlen, die größer oder gleich 0 und kleiner oder gleich 1 sind,
- alle Spaltensummen gleich 1.

Diese Matrizen nennt man **stochastische Matrizen.**

Berechnung eines Folgezustandes

Anfangsverteilung — **Übergangsmatrix anwenden** — Verteilung nächste Wahl

$$\vec{v}_0 = \begin{pmatrix} 0{,}5 \\ 0{,}4 \\ 0{,}1 \end{pmatrix} \rightarrow \vec{v}_1 = \begin{pmatrix} 0{,}8 & 0{,}1 & 0{,}2 \\ 0{,}1 & 0{,}7 & 0{,}3 \\ 0{,}1 & 0{,}2 & 0{,}5 \end{pmatrix} \cdot \begin{pmatrix} 0{,}5 \\ 0{,}4 \\ 0{,}1 \end{pmatrix} = \begin{pmatrix} 0{,}8 \cdot 0{,}5 + 0{,}1 \cdot 0{,}4 + 0{,}2 \cdot 0{,}1 \\ 0{,}1 \cdot 0{,}5 + 0{,}7 \cdot 0{,}4 + 0{,}3 \cdot 0{,}1 \\ 0{,}1 \cdot 0{,}5 + 0{,}2 \cdot 0{,}4 + 0{,}5 \cdot 0{,}1 \end{pmatrix} = \begin{pmatrix} 0{,}46 \\ 0{,}36 \\ 0{,}18 \end{pmatrix}$$

Die Anwendung der Übergangsmatrix M auf den Zustandsvektor $\vec{v}_0$ nennt man die **Multiplikation** der Matrix M mit dem Vektor $\vec{v}_0$.

Beispiele

A *Wählerwanderung*

Im vorherigen Basiswissen wurde die Auswirkung der Wählerwanderung für die nächste Wahl vorhergesagt. Berechnen Sie den Stimmenanteil der Parteien bei gleichbleibender Wanderung für die darauffolgende Wahl?

Lösung:

$$\vec{v}_1 \rightarrow \vec{v}_2 = \begin{pmatrix} 0{,}8 & 0{,}1 & 0{,}2 \\ 0{,}1 & 0{,}7 & 0{,}3 \\ 0{,}1 & 0{,}2 & 0{,}5 \end{pmatrix} \cdot \begin{pmatrix} 0{,}46 \\ 0{,}36 \\ 0{,}18 \end{pmatrix} = \begin{pmatrix} 0{,}8 \cdot 0{,}46 + 0{,}1 \cdot 0{,}36 + 0{,}2 \cdot 0{,}18 \\ 0{,}1 \cdot 0{,}46 + 0{,}7 \cdot 0{,}36 + 0{,}3 \cdot 0{,}18 \\ 0{,}1 \cdot 0{,}46 + 0{,}2 \cdot 0{,}36 + 0{,}5 \cdot 0{,}18 \end{pmatrix} = \begin{pmatrix} 0{,}440 \\ 0{,}352 \\ 0{,}208 \end{pmatrix}$$

Der Stimmenanteil von Partei A wird bei der übernächsten Wahl 44 % betragen, der von Partei B 35,2 % und der Stimmenanteil von Partei C 20,8 %.

B *Personalentwicklung*

Ein Unternehmen unterhält drei verschiedene Produktionsstätten an den Orten A, B und C. Im Sinne der Aus- und Weiterbildung werden einige Mitarbeiter gelegentlich an einen anderen Standort versetzt. Um langfristig planen zu können, gibt es festgelegte Jahresquoten für den Wechsel der Standorte, die durch Übergangsmatrizen beschrieben werden.

$$\begin{matrix} & \text{von} & \\ A & B & C \end{matrix}$$
$$\begin{pmatrix} 0{,}8 & 0{,}05 & 0{,}25 \\ 0{,}1 & 0{,}9 & 0{,}05 \\ 0{,}1 & 0{,}05 & 0{,}7 \end{pmatrix} \begin{matrix} A \\ B \ \text{nach} \\ C \end{matrix}$$

Interpretieren Sie die Einträge der markierten Spalte. Ermitteln Sie die Anzahl der Mitarbeiterinnen und Mitarbeiter an den einzelnen Standorten nach einem Jahr, wenn zu Beginn des Jahres 800 Mitarbeiterinnen und Mitarbeiter am Standort A, 500 am Standort B und 600 am Standort C arbeiten.

Zustand:
Die Verteilung der Arbeitnehmer auf die drei Standorte wird hier mit absoluten Zahlen angegeben. Bei dieser Berechnung wird davon ausgegangen, dass die Anzahl der Mitarbeiter gleich bleibt.

Lösung:

Die markierten Einträge bedeuten:
Von den Mitarbeiterinnen und Mitarbeitern der Firma C wechseln 25 % nach einem Jahr zum Standort A, 5 % wechseln zum Standort B und 70 % bleiben am Standort C.
Die neuen Mitarbeiteranzahlen erhält man durch Multiplikation der Übergangsmatrix mit dem passenden Startvektor:

$$\begin{pmatrix} 0{,}8 & 0{,}05 & 0{,}25 \\ 0{,}1 & 0{,}9 & 0{,}05 \\ 0{,}1 & 0{,}05 & 0{,}7 \end{pmatrix} \cdot \begin{pmatrix} 800 \\ 500 \\ 600 \end{pmatrix} = \begin{pmatrix} 0{,}8 \cdot 800 + 0{,}05 \cdot 500 + 0{,}25 \cdot 600 \\ 0{,}1 \cdot 800 + 0{,}9 \cdot 500 + 0{,}05 \cdot 600 \\ 0{,}1 \cdot 800 + 0{,}05 \cdot 500 + 0{,}7 \cdot 600 \end{pmatrix} = \begin{pmatrix} 815 \\ 560 \\ 525 \end{pmatrix} \begin{matrix} A \\ B \\ C \end{matrix}$$

Nach einem Jahr gibt es also 815 Mitarbeiterinnen und Mitarbeiter am Standort A, 560 am Standort B und 525 am Standort C.

Übungen

4 *Käuferverhalten*

Die drei Internetanbieter I_1, I_2 und I_3 teilen sich den gesamten Markt für die Bereitstellung eines Internetzugangs. Mit ihren Kunden schließen sie dabei Jahresverträge ab. Ein Marktforschungsinstitut ermittelt die folgenden aktuellen Marktanteile und Kundenströme pro Jahr.

Aktuelle Marktanteile:
I_1: 1 Million Kunden I_2: 1,5 Millionen Kunden I_3: 2 Millionen Kunden

Kundenströme:
- 25 % der Kunden von I_1 wechseln zu I_2 und 35 % wechseln zu I_3.
- 40 % der Kunden von I_2 wechseln zu I_1 und 35 % wechseln zu I_3.
- 40 % der Kunden von I_3 wechseln zu I_1 und 25 % wechseln zu I_2.

a) Zeichnen Sie einen Übergangsgraphen und erstellen Sie die Übergangsmatrix.

b) Berechnen Sie die Verteilung für das nächste Jahr unter der Annahme, dass die Gesamtanzahl der Kunden konstant bleibt.

Matrizen und Vektoren mit dem GTR

WERKZEUG

Matrix-Vektor-Operationen lassen sich übersichtlich per Hand ausführen. Bei umfangreichen Berechnungen ist ein GTR hilfreich, z. B. bei der **Multiplikation einer Matrix mit einem Vektor.**

Eingabe der Matrix A

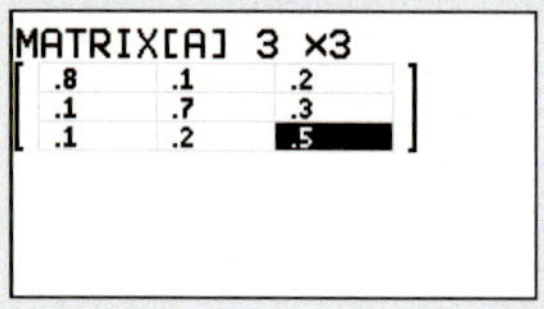

Eingabe des Vektors $\vec{c}$

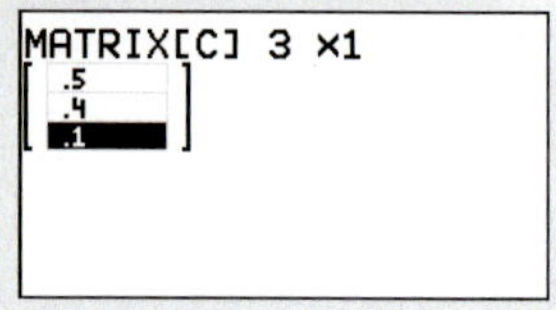

Der Vektor $\vec{c}$ wird als Matrix mit drei Zeilen und einer Spalte dargestellt.

Multiplikation der Matrix A mit dem Vektor $\vec{c}$: $A \cdot \vec{c}$

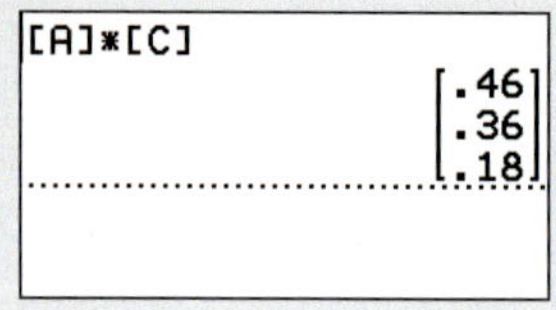

Übungen

5 *Marktentwicklung*

Ein Getränkehersteller, das Unternehmen *„Trinkgut"* (T), deckt in seinem Sektor 20 % des Marktes ab. Um den Marktanteil zu vergrößern, beauftragt das Unternehmen eine Werbeagentur, eine offensive Werbekampagne zu planen und durchzuführen. Da diese Kampagne sehr teuer ist, belegt die Werbeagentur die Wirksamkeit ihrer Kampagne durch eine Marktanalyse.
Das Ergebnis der Marktanalyse ist laut Werbeagentur ein eindeutiger Beleg für die Wirksamkeit der Werbekampagne.

Die Ergebnisse im Einzelnen:
Innerhalb eines Monats seit Beginn der Werbekampagne sind:

- 90 % der Kunden von *„Trinkgut"* bei *„Trinkgut"* geblieben, 10 % haben kein Produkt mehr von *„Trinkgut"* gekauft.
- 70 % der Kunden, die bislang keine *„Trinkgut"*-Kunden waren, sind zu *„Trinkgut"* übergewechselt und 30 % kauften nach wie vor keine *„Trinkgut"*-Produkte.

a) Stellen Sie die Daten mithilfe eines Übergangsgraphen und einer Übergangsmatrix dar.
b) Berechnen Sie den Marktanteil des Unternehmens *„Trinkgut"* in seinem Sektor nach zwei Monaten. Was halten Sie von diesen Ergebnissen?
c) Berechnen Sie den Marktanteil bei gleichbleibenden Übergangswahrscheinlichkeiten nach 4, 6, 8 und 10 Monaten. Sie können sich die Arbeit mithilfe eines GTR sehr vereinfachen. Meinen Sie, dass *„Trinkgut"* irgendwann einmal den Markt zu 100 % beherrschen wird?

6 *Übersetzen in einen Übergangsgraphen*

Gegeben ist die Übergangsmatrix M.
Sie beschreibt den Übergang zwischen A, B und C. Sie können sich diese Übergänge z. B. als Wanderung von Tieren zwischen drei verschiedenen Standorten vorstellen.

von

$$M = \begin{matrix} & \begin{matrix} A & B & C \end{matrix} & \\ & \begin{pmatrix} 0{,}5 & 0{,}2 & 0{,}3 \\ 0{,}2 & 0{,}4 & 0{,}5 \\ 0{,}3 & 0{,}4 & 0{,}2 \end{pmatrix} & \begin{matrix} A \\ B \\ C \end{matrix} \end{matrix} \text{ nach}$$

a) Stellen Sie die Übergangsmatrix mithilfe eines Übergangsgraphen dar.
b) Stellen Sie sich vor, in der Matrix M stünde oben links die Zahl 0,8. Wieso beschreibt diese Matrix keinen stochastischen Prozess?

Übungen

Vereinfachende **Modellannahme**: Das Wechselverhalten von Woche zu Woche verhält sich nach der Matrix W und die Gesamtanzahl der Diskothekenbesucher bleibt gleich.

1201.xls
1202.xls

7 *Relative – absolute Werte*

In einer Kleinstadt gibt es drei Diskotheken, die von Jugendlichen der Stadt und den umliegenden Dörfern am Samstagabend besucht werden. Das Wechselverhalten der Jugendlichen zwischen den drei Diskotheken von Woche zu Woche lässt sich durch die Übergangsmatrix W beschreiben.

$$\begin{matrix} & D_1 & D_2 & D_3 & \\ W = & \begin{pmatrix} 0{,}8 & 0{,}2 & 0{,}2 \\ 0{,}1 & 0{,}7 & 0{,}3 \\ 0{,}1 & 0{,}1 & 0{,}5 \end{pmatrix} & & & \begin{matrix} D_1 \\ D_2 \\ D_3 \end{matrix} \end{matrix}$$

a) Übersetzen Sie die Matrix in einen Übergangsgraphen.

b) An einem Wochenende wurden 440 Besucher in Diskothek 1, 390 Besucher in Diskothek 2 und 370 Besucher in Diskothek 3 gezählt. Untersuchen Sie die Entwicklung der Besucherzahlen für die nächsten sechs Wochen. Was vermuten Sie hinsichtlich der langfristigen Entwicklung? Überprüfen Sie Ihre Vermutung mit dem GTR.

c) An einem anderen Wochenende besuchten 40 % der Jugendlichen Diskothek 1, 35 % Diskothek 2 und 25 % Diskothek 3. Bestimmen Sie die Anteile der Jugendlichen, die an den kommenden sechs Wochenenden die einzelnen Diskotheken besuchen. Welche langfristige Entwicklung erwarten Sie?

d) Vergleichen Sie die Rechnungen aus Teil b) und c) und beschreiben Sie Gemeinsamkeiten und Unterschiede.

Relative – absolute Werte
Die Berechnung von Folgeverteilungen kann sowohl relativ (mit Anteilen) als auch mit absoluten Werten erfolgen. Aus den relativen Anteilen lassen sich bei gegebener Gesamtgröße die absoluten Werte ermitteln und umgekehrt.

8 *Tarifklassen einer Haftpflichtversicherung*

Bei einem Versicherungsunternehmen kann man eine Haftpflichtversicherung mit drei Tarifklassen abschließen. Tarifklasse X ist die teuerste, Z die günstigste Tarifklasse. Bei Vertragsabschluss beginnt man mit Tarifklasse X. Bleibt man während eines Jahres schadenfrei, so steigt man in die nächst günstigere Klasse auf, im Schadenfall steigt man in die nächst ungünstigere Klasse ab.

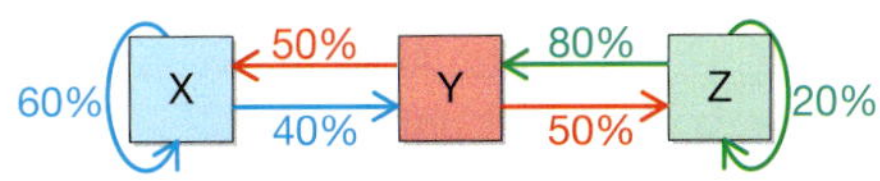

durchschnittliche Wechselquoten im Jahr

$$\vec{p}_{Anfang} = \begin{pmatrix} 31\,400 \\ 15\,700 \\ 11\,000 \end{pmatrix} \begin{matrix} X \\ Y \\ Z \end{matrix}$$

Kundenverteilung zu Jahresbeginn

a) Stellen Sie eine passende Übergangsmatrix auf. Begründen Sie, dass drei Matrixeinträge den Wert 0 haben.

b) Ermitteln Sie die Kundenverteilung am Jahresende.

9 *Münzwanderung*

Die meisten in Deutschland geprägten 1-€-Münzen verbleiben im Land, ein Anteil wandert jedoch auch in die Nachbarländer.
Von dort wandern aber auch Münzen zurück. Der Übergangsgraph zwischen Deutschland (D), Frankreich (F) und sonstigen Ländern (S) stellt die (fiktiven) Wanderungsanteile der 1-€-Münzen in einem Jahr dar.

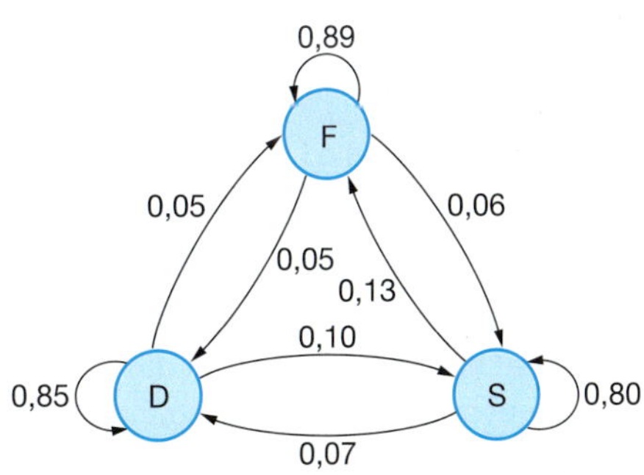

a) Stellen Sie den „Wanderungsgraphen“ als „Wanderungsmatrix“ dar.

b) Angenommen, zu Beginn der Einführung des Euros wären in Deutschland 3 Millionen, in Frankreich 2 Millionen und in den sonstigen Ländern 15 Millionen 1-€-Münzen in Umlauf gebracht worden.
Wie viele der 1-€-Münzen waren ein Jahr später in Deutschland, Frankreich und den sonstigen Ländern im Umlauf?

Übungen

1201.xls
1202.xls

10 *Rent-a-Car*

Ein Autoverleih vermietet Autos der drei Firmen A, B und C. Jedes Jahr werden die Fahrzeuge durch Neuwagen ersetzt.
Im Übergangsgraphen ist die Einkaufspolitik der Firma dargestellt. Beispielsweise bedeutet die Zahl 0,3 am Pfeil von A zu B: „30 % der A-Fahrzeuge werden durch Fahrzeuge der Firma B ersetzt.“

a) Stellen Sie die Situation in einer Übergangsmatrix dar.

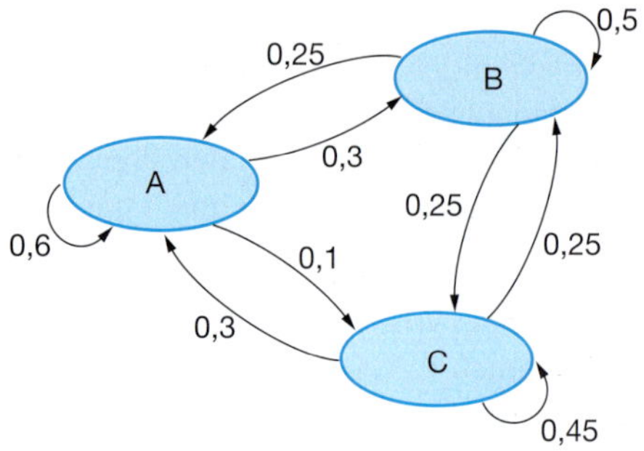

b) In Frankfurt hat der Konzern in diesem Jahr 50 Fahrzeuge von A, 40 von B und 100 von C. Berechnen Sie die Zahlen für die nächsten drei Jahre.

c) In Hamburg verfügt der Konzern über 85 Fahrzeuge von A, 76 von B und 50 von C. Berechnen Sie auch hier die Zahlen für die nächsten drei Jahre. Interpretieren Sie das verblüffende Ergebnis.

11 *Übergangsmatrix – Wo steckt der Fehler?*

Der Übergangsgraph zeigt die Quoten, mit der die Kunden dreier Stromanbieter innerhalb eines Jahres den Anbieter wechseln. Bei der Erstellung der zugehörigen Übergangsmatrix ist ein Fehler unterlaufen.

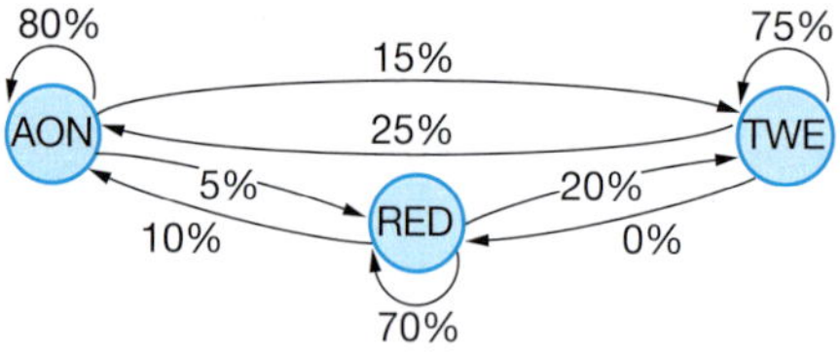

$$M = \begin{array}{c} \\ \\ \end{array}\begin{matrix} \text{AON} & \text{TWE} & \text{RED} \end{matrix}$$
$$M = \begin{pmatrix} 0{,}8 & 0{,}15 & 0{,}05 \\ 0{,}25 & 0{,}75 & 0 \\ 0{,}1 & 0{,}2 & 0{,}7 \end{pmatrix} \begin{matrix} \text{AON} \\ \text{TWE} \\ \text{RED} \end{matrix}$$

KOPFÜBUNGEN

1 Markieren Sie auf der x-Achse alle Stellen mit $|x| < 1{,}5$.

2 Gegeben ist die Funktion $f(x) = -x^2 + 2x + 1$. Begründen Sie ohne Rechnung, dass f genau zwei Nullstellen besitzt.

3 Bei einem Zufallsexperiment werden zwei identisch gebaute Glücksräder, wie in nebenstehender Grafik abgebildet, gleichzeitig gedreht und das Produkt der beiden Zahlen notiert. Geben Sie die Ergebnismenge und den Erwartungswert an.

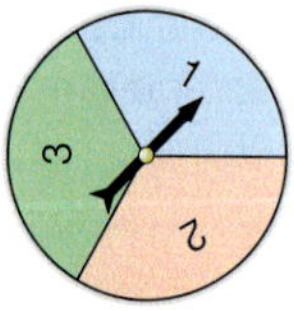

4 Bestimmen Sie ohne technische Mittel den Winkel zwischen den Vektoren

$\vec{u} = \begin{pmatrix} 1 \\ 1 \\ 0 \end{pmatrix}$ und $\vec{v} = \begin{pmatrix} 1 \\ 0 \\ 1 \end{pmatrix}$.

Aufgaben

12 *Rückwärtsrechnen*

In einer Stadt kann man sowohl am Bahnhof (B) als auch am Marktplatz (M) mit einer EC-Karte Fahrräder leihen. Die Fahrräder müssen dann an einer der beiden Verleihstationen zurückgegeben werden.

Der folgende Übergangsgraph zeigt das „Rückgabeverhalten" der Ausleiher für einen Tag:

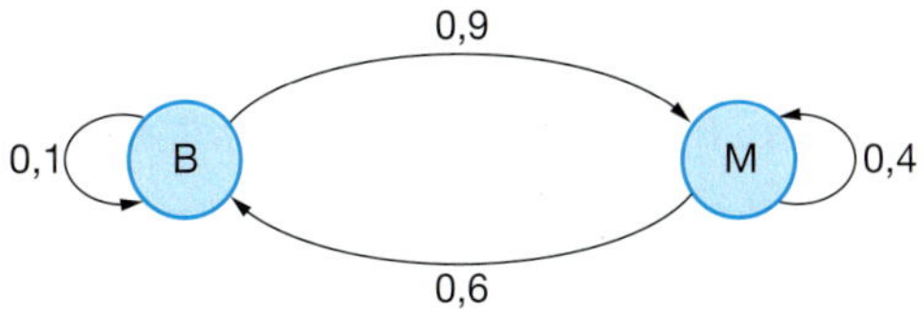

a) Angenommen, zu einem bestimmten Zeitpunkt befinden sich 40 Fahrräder am Bahnhof und 40 Fahrräder am Marktplatz. Berechnen Sie, wie viele Leihräder sich am nächsten Tag und am übernächsten Tag bei gleichem „Rückgabeverhalten" am Bahnhof und am Marktplatz befinden – tun Sie dies auf zwei verschiedene Weisen:

- mit dem GTR, nachdem Sie die Übergangsmatrix zu dem Graphen aufgestellt haben,
- mit zwei Übergangsgleichungen, die man mithilfe des Übergangsgraphen erhält.

Die Übergangsgleichung zur Berechnung der Anzahl der Fahrräder am Bahnhof lautet:

$F_B = 0{,}1 \cdot F_B(\text{vom Vortag}) + 0{,}6 \cdot F_M(\text{vom Vortag})$

Ergänzen Sie die zweite Übergangsgleichung für die Anzahl der Fahrräder am Marktplatz und rechnen Sie.

b) An einem bestimmten Tag befanden sich am Marktplatz 46 Fahrräder und am Bahnhof 34 Fahrräder. Berechnen Sie, wie viele Fahrräder sich am Tag zuvor an den beiden Verleihstationen befunden haben müssen.

Tipp: Verwenden Sie die Übergangsgleichungen aus Teil a) und Ihre Kenntnisse über das Lösen von Gleichungssystemen.

13 *Eine kleine Erkundungsreise in die Welt der stochastischen Matrizen*

Eine oder mehrere Nullen in einer stochastischen Matrix, was dann?

Gegeben sind die drei Matrizen A, B und C:

$A = \begin{pmatrix} 0{,}8 & 1 \\ 0{,}2 & 0 \end{pmatrix} \qquad B = \begin{pmatrix} 0{,}8 & 0 \\ 0{,}2 & 1 \end{pmatrix} \qquad C = \begin{pmatrix} 0 & 1 \\ 1 & 0 \end{pmatrix}$

a) Ordnen Sie den Matrizen A, B und C jeweils den passenden Übergangsgraphen zu.

(1) (2) (3)

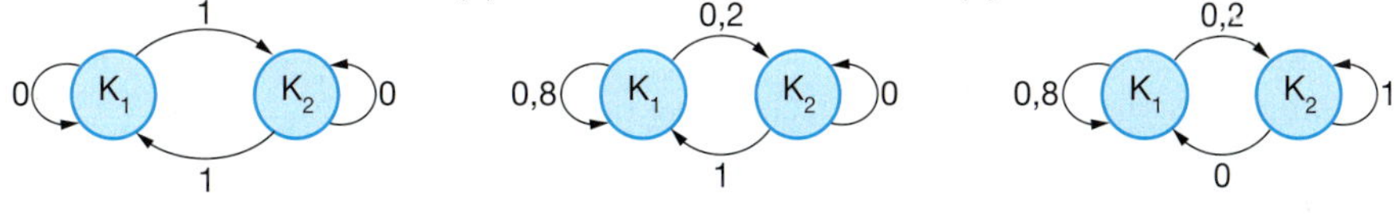

b) Erfinden Sie zu jedem der Graphen eine „Übergangsgeschichte". Was ist das Besondere, wenn in der Übergangsmatrix eine Null steht?

c) Beobachten Sie in allen Fällen, welche Folgezustände sich aus der Anfangsverteilung (Startvektor) $\vec{v}_0 = \begin{pmatrix} 0{,}9 \\ 0{,}1 \end{pmatrix}$ bei sich mehrfach wiederholenden Übergängen, d. h. bei wiederholter Multiplikation mit der betreffenden Matrix, ergeben. Können Sie sich denken, wie dies „weiter geht"?

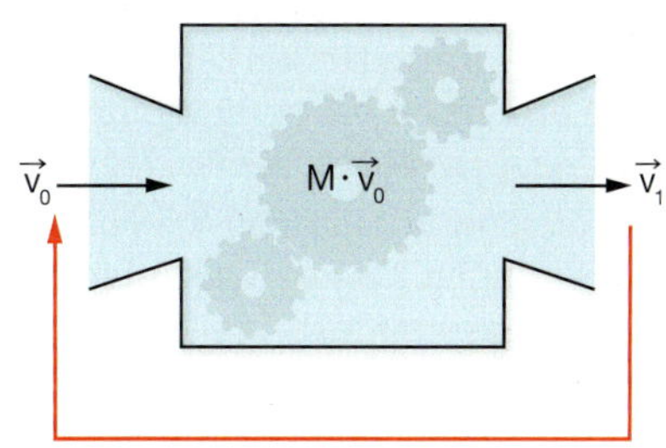

12.2 Langzeitverhalten bei stochastischen Prozessen

Was Sie erwartet

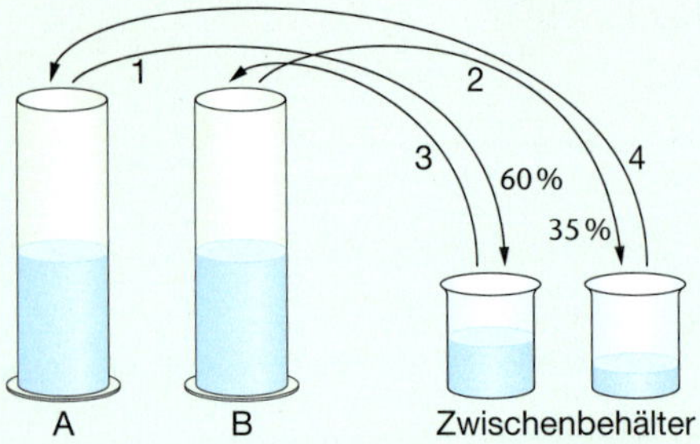

Stochastische Prozesse kann man grafisch, mit Übergangsgleichungen und mit Übergangsmatrizen darstellen. Besonders anschaulich ist ein Umfüllproblem. Beide Gefäße sind zu Beginn mit je 10 Litern Wasser gefüllt. Aus der Abbildung kann man ablesen, dass in einer bestimmten Zeiteinheit über Zwischengefäße aus dem Gefäß A 60 % der Flüssigkeit in das Gefäß B umgepumpt wird und gleichzeitig 35 % aus dem Gefäß B in das Gefäß A. Dieses Umpumpen wird häufig wiederholt.

Was meinen Sie: Wie lange wird es dauern, bis das Gefäß A leer ist; oder wird es gar nicht leer? Diskutieren Sie, welche Flüssigkeitsmengen sich jeweils nach 10- und 20-maligem Umpumpen in den beiden Gefäßen befinden?

Fragen dieser Art führen auf Fragen nach dem Verhalten von Verteilungen, wenn man mehrere „Übergänge“ hintereinander ausführt, und nach dem Langzeitverhalten von Verteilungen bei Prozessen dieser Art. Die Übergangsmatrizen und deren Multiplikation sind bei der Beantwortung dieser und ähnlicher Fragen hilfreich.

Aufgaben

1 *Umpumpen*

Die Übergangsmatrix M für einen „Umpumpvorgang“ von Gefäß A nach Gefäß B und von B nach A ist gegeben durch die Matrix

$M = \begin{pmatrix} 0,4 & 0,35 \\ 0,6 & 0,65 \end{pmatrix}$.

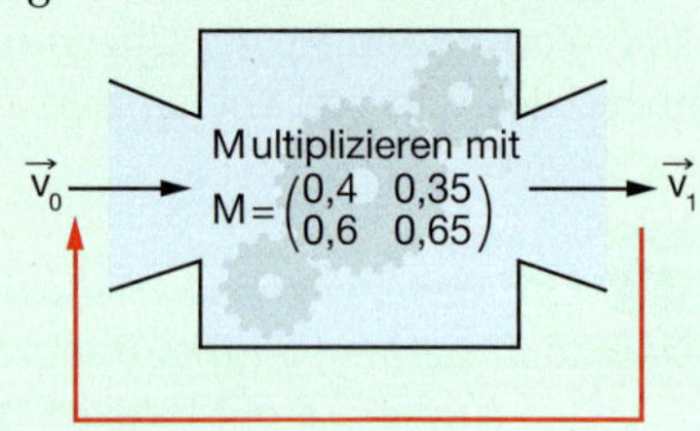

a) Berechnen Sie die Wassermengen mithilfe des GTR nach 1 (2, 3, 4) Pumpvorgängen mit jeweils derselben Matrix.
Gehen Sie von 10 Litern Wasser in beiden Gefäßen zu Beginn aus. Verwenden Sie jeweils die berechneten Wassermengen als neuen Startvektor und multiplizieren Sie diese stets mit der Matrix M.
b) Wird sich eines der Gefäße ganz entleeren? Begründen Sie Ihre Antwort.

2 *Kundenströme*

Ein Marktforschungsinstitut beobachtet ein halbes Jahr lang das Wechselverhalten von Kunden zwischen zwei Kaufhäusern R und V. Die Kundenströme lassen sich für das erste halbe Jahr mit der Matrix A beschreiben. Das Institut erstellt die Übergangsmatrix J für eine Ganzjahresprognose unter der Annahme, dass das Wechselverhalten im zweiten Halbjahr gleich bleibt, mithilfe des GTR oder per Hand, als Produkt von A mit A.
Nehmen Sie an, dass beide Kaufhäuser je 1000 Kunden haben. Berechnen Sie eine Ganzjahresprognose, indem Sie die Matrix A zweimal hintereinander auf die Ausgangsverteilung anwenden und zum Vergleich einmal J.

von R V

$A = \begin{pmatrix} 0,6 & 0,3 \\ 0,4 & 0,7 \end{pmatrix} \begin{matrix} R \\ V \end{matrix}$ nach

$J = A \cdot A = \begin{pmatrix} 0,6 & 0,3 \\ 0,4 & 0,7 \end{pmatrix} \cdot \begin{pmatrix} 0,6 & 0,3 \\ 0,4 & 0,7 \end{pmatrix} = \begin{pmatrix} 0,48 & 0,39 \\ 0,52 & 0,61 \end{pmatrix}$

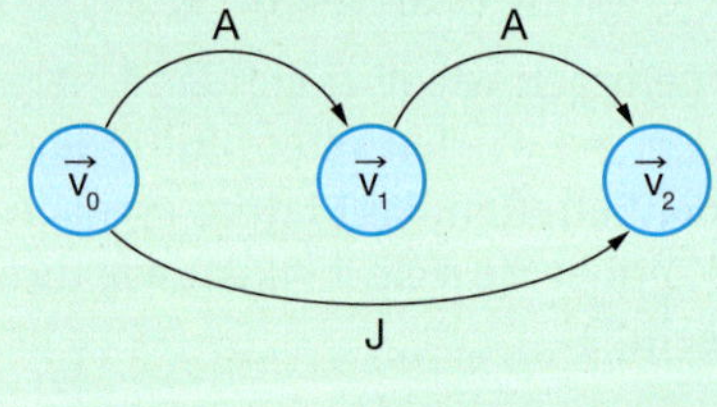

Aufgaben

3 *„Aus 2 mache 1“ – Aus zwei Übergangsmatrizen eine Übergangsmatrix machen*
Ein Marktforschungsinstitut wurde von einem Verlag beauftragt, das Kaufverhalten der Käufer von zwei neu aufgelegten, wöchentlich erscheinenden Magazinen A und B zu untersuchen, um so Hilfen für spätere Produktions- und Vertriebsentscheidungen zu liefern.
Zu Beginn (in Woche 0) kauften 60 000 Kunden Magazin A und 90 000 Kunden Magazin B. Das Institut ermittelt mithilfe statistischer Untersuchungen, wie die monatlichen Wechsel der Käufer stattfinden.
Die Ergebnisse werden in *Übergangsmatrizen* festgehalten.

Monat 0 → Monat 1: (Spalten: von A, B; Zeilen: nach A, B)

$$M = \begin{pmatrix} 0{,}79 & 0{,}05 \\ 0{,}21 & 0{,}95 \end{pmatrix}$$

Monat 1 → Monat 2: (Spalten: von A, B; Zeilen: nach A, B)

$$N = \begin{pmatrix} 0{,}75 & 0{,}06 \\ 0{,}25 & 0{,}94 \end{pmatrix}$$

a) Bestimmen Sie die Verkaufszahlen der Zeitschriften für die ersten zwei Monate.
b) Man kann aus den beiden Übergangsmatrizen M und N die Übergangsmatrix von Monat 0 zu Monat 2 bestimmen. Die möglichen Übergänge sind angegeben und für zwei Fälle auch deren Berechnung. Ergänzen Sie die beiden weiteren Fälle.

(1)	Von A nach A	A → A → A	$0{,}79 \cdot 0{,}75$
		A → B → A	$+\ 0{,}21 \cdot 0{,}06 = 0{,}6051$
(2)	Von A nach B	A → A → B	$0{,}79 \cdot 0{,}25$
		A → B → B	$+\ 0{,}21 \cdot 0{,}94 = 0{,}3949$
(3)	Von B nach A	B → B → A	$0{,}95 \cdot 0{,}06$
		______	+ ______ = ______
(4)	Von B nach B	______	______
		______	+ ______ = ______

Schreiben Sie nun die Übergangsmatrix von Monat 0 nach Monat 2 auf.

Basiswissen

Die Verwendung von Matrizen in Sachzusammenhängen führt oft dazu, dass man Matrizen multiplizieren muss. Dafür benötigt man eine Regel.

Multiplikation von Matrizen
Zwei stochastische Matrizen A und B stellen den Übergang von Zustand $\vec{v}_0$ über Zustand $\vec{v}_1$ zu Zustand $\vec{v}_2$ dar.

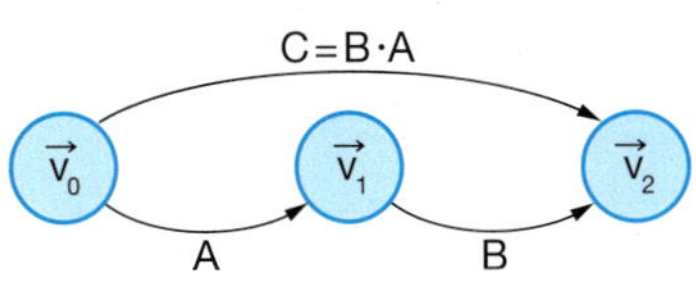

$$\vec{v}_2 = B \cdot (A \cdot \vec{v}_0) = (B \cdot A) \cdot \vec{v}_0 = C \cdot \vec{v}_0$$

$$A = \begin{pmatrix} 0{,}6 & 0{,}2 \\ 0{,}4 & 0{,}8 \end{pmatrix} \qquad B = \begin{pmatrix} 0{,}9 & 0{,}5 \\ 0{,}1 & 0{,}5 \end{pmatrix}$$

Die Matrix C stellt den Übergang von $\vec{v}_0$ direkt nach $\vec{v}_2$ dar.
C ist das **Produkt der Matrizen A und B.**

$$C = B \cdot A = \begin{pmatrix} 0{,}9 & 0{,}5 \\ 0{,}1 & 0{,}5 \end{pmatrix} \cdot \begin{pmatrix} 0{,}6 & 0{,}2 \\ 0{,}4 & 0{,}8 \end{pmatrix} = \begin{pmatrix} 0{,}9 \cdot 0{,}6 + 0{,}5 \cdot 0{,}4 & 0{,}9 \cdot 0{,}2 + 0{,}5 \cdot 0{,}8 \\ 0{,}1 \cdot 0{,}6 + 0{,}5 \cdot 0{,}4 & 0{,}1 \cdot 0{,}2 + 0{,}5 \cdot 0{,}8 \end{pmatrix} = \begin{pmatrix} 0{,}74 & 0{,}58 \\ 0{,}26 & 0{,}42 \end{pmatrix}$$

Bei der Matrizenmultiplikation wird immer das Skalarprodukt einer Zeile der ersten Matrix und einer Spalte der zweiten Matrix berechnet.

Bei der Multiplikation von Matrizen kommt es auf die Reihenfolge der Faktoren an.

Beispiele

A *Produkt von stochastischen Matrizen*

Die beiden stochastischen Matrizen $A = \begin{pmatrix} 0{,}7 & 0{,}05 \\ 0{,}3 & 0{,}95 \end{pmatrix}$ und $B = \begin{pmatrix} 0{,}8 & 0{,}1 \\ 0{,}2 & 0{,}9 \end{pmatrix}$ beschreiben die Übergänge von Zustand $\vec{v}_0$ über $\vec{v}_1 = A \cdot \vec{v}_0$ nach $\vec{v}_2 = B \cdot \vec{v}_1$.

a) Berechnen Sie per Hand $\vec{v}_1$ und $\vec{v}_2$ für den Ausgangszustand $\vec{v}_0 = \begin{pmatrix} 0{,}5 \\ 0{,}5 \end{pmatrix}$.

b) Weisen Sie nach, dass die Matrix $C = B \cdot A$ die Übergangsmatrix von $\vec{v}_0$ nach $\vec{v}_2$ ist.

Lösung:

a) $\vec{v}_1 = \begin{pmatrix} 0{,}7 & 0{,}05 \\ 0{,}3 & 0{,}95 \end{pmatrix} \cdot \begin{pmatrix} 0{,}5 \\ 0{,}5 \end{pmatrix} = \begin{pmatrix} 0{,}375 \\ 0{,}625 \end{pmatrix}$ $\quad \vec{v}_2 = \begin{pmatrix} 0{,}8 & 0{,}1 \\ 0{,}2 & 0{,}9 \end{pmatrix} \cdot \begin{pmatrix} 0{,}375 \\ 0{,}625 \end{pmatrix} = \begin{pmatrix} 0{,}3625 \\ 0{,}6375 \end{pmatrix}$

b) Berechnung des Produktes: $C = \begin{pmatrix} c_{11} & c_{12} \\ c_{21} & c_{22} \end{pmatrix} = B \cdot A = \begin{pmatrix} 0{,}8 & 0{,}1 \\ 0{,}2 & 0{,}9 \end{pmatrix} \cdot \begin{pmatrix} 0{,}7 & 0{,}05 \\ 0{,}3 & 0{,}95 \end{pmatrix}$

$c_{11} = 0{,}8 \cdot 0{,}7 + 0{,}1 \cdot 0{,}3 = 0{,}59$ Skalarprodukt 1. Zeile von A und 1. Spalte von B
$c_{12} = 0{,}8 \cdot 0{,}05 + 0{,}1 \cdot 0{,}95 = 0{,}135$ Skalarprodukt 1. Zeile von A und 2. Spalte von B
$c_{21} = 0{,}2 \cdot 0{,}7 + 0{,}9 \cdot 0{,}3 = 0{,}41$ Skalarprodukt 2. Zeile von A und 1. Spalte von B
$c_{22} = 0{,}2 \cdot 0{,}05 + 0{,}9 \cdot 0{,}95 = 0{,}865$ Skalarprodukt 2. Zeile von A und 2. Spalte von B

$\vec{v}_2 = C \cdot \vec{v}_0 = \begin{pmatrix} 0{,}59 & 0{,}135 \\ 0{,}41 & 0{,}865 \end{pmatrix} \cdot \begin{pmatrix} 0{,}5 \\ 0{,}5 \end{pmatrix} = \begin{pmatrix} 0{,}3625 \\ 0{,}6375 \end{pmatrix}$ Die Ergebnisse von Teil a) und Teil b) stimmen überein.

Übungen

4 *Matrizenprodukte per Hand berechnen*
Berechnen Sie die Matrizenprodukte $A \cdot B$ und $B \cdot A$ per Hand und vergleichen Sie die Ergebnisse. Was stellen Sie fest?

$A = \begin{pmatrix} 0{,}4 & 0{,}1 \\ 0{,}6 & 0{,}9 \end{pmatrix} \quad B = \begin{pmatrix} 0{,}8 & 0{,}25 \\ 0{,}2 & 0{,}75 \end{pmatrix}$

5 *Übergangsmatrizen M und M^2*
a) Ermitteln Sie zu dem Übergangsgraphen die zugehörige Übergangsmatrix M.
b) Berechnen Sie $N = M \cdot M$. Welche Bedeutung hat die Übergangsmatrix N?
c) Berechnen Sie auch die Übergangsmatrix $P = M \cdot N$. Welche Bedeutung hat P?

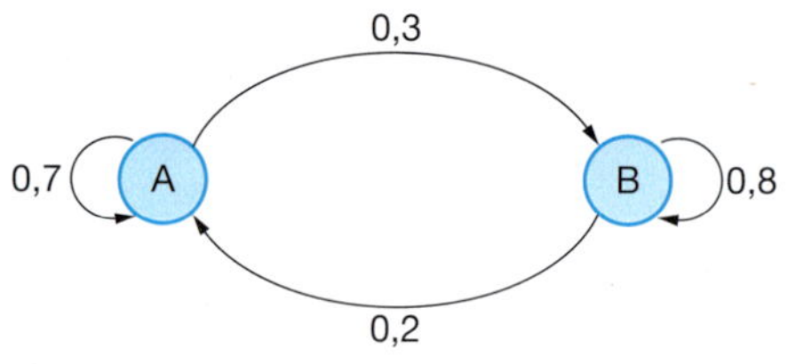

6 *Mittagessen im italienischen Restaurant*
Die beiden italienischen Restaurants *„da Franco"* und *„da Mario"* liegen direkt neben-einander. Beide bieten einen günstigen Mittagstisch, der von den Angestellten der umliegenden Geschäfte und Büros genutzt wird. Beobachtungen haben ergeben, dass die Gäste der beiden Restaurants von Tag zu Tag ein Wechselverhalten zwischen den beiden Restaurants zeigen, das durch den Übergangsgraphen in der nebenstehenden Abbildung beschrieben wird.

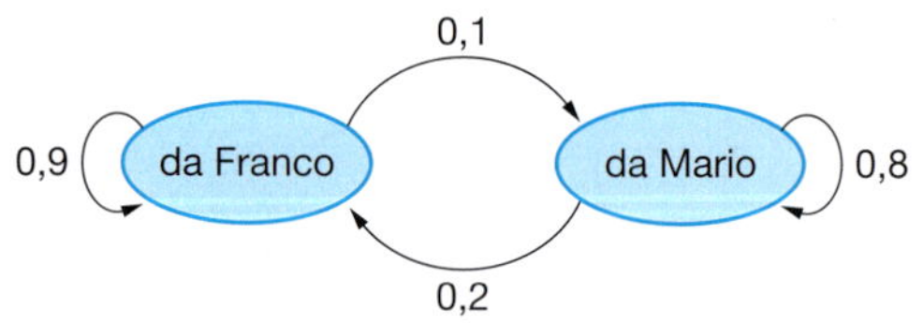

a) Heute sind bei *„da Franco"* 160 Gäste bedient worden und bei *„da Mario"* 140 Gäste. Wie sieht die Entwicklung der Anzahl der Gäste für die nächsten fünf Tage aus? Gehen Sie dabei von der Modellannahme aus, dass sich der Übergangsgraph nicht verändert und die Gesamtanzahl der Gäste, die beide Restaurants besuchen, gleich bleibt. „Übersetzen" Sie zunächst den Übergangsgraphen in eine Übergangsmatrix M und berechnen Sie dann die Gesamtanzahl der Gäste von Tag zu Tag mit dem GTR.
b) Warum ist es aufwändig, die Anzahl der Gäste für den 10. Folgetag auf diese Weise zu berechnen?

Basiswissen

Langfristige Entwicklungen lassen sich unter der vereinfachenden Annahme, dass die Übergangsmatrix während eines Prozesses unverändert bleibt, durch die wiederholte Anwendung der Übergangsmatrix auf die jeweils aktuelle Verteilung untersuchen.

Übergangsprozesse schrittweise (iterativ)

Übergangsgraph

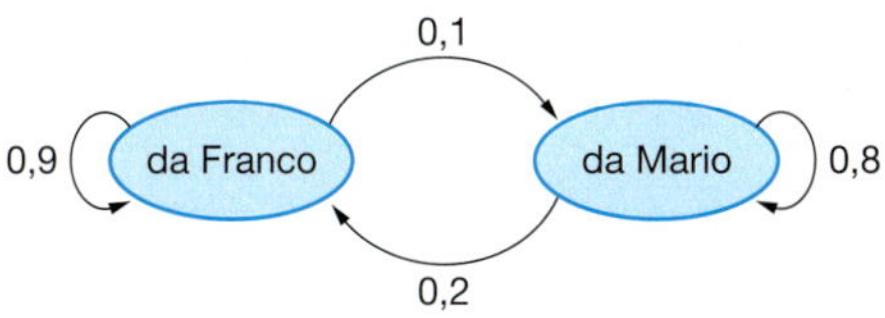

Übergangsmatrix

$M = \begin{pmatrix} 0,9 & 0,2 \\ 0,1 & 0,8 \end{pmatrix}$

Anfangsverteilung

$\vec{v}_0 = \begin{pmatrix} 160 \\ 140 \end{pmatrix}$

Aufeinanderfolgende Verteilungen lassen sich durch wiederholte Anwendung der Übergangsmatrix auf die vorherige Verteilung (Matrix mal Vektor) bestimmen. Man nennt dieses Verfahren **Iteration**.

Iteration

$\vec{v}_0$

$\vec{v}_1 = M \cdot \vec{v}_0$

$\vec{v}_2 = M \cdot \vec{v}_1 = M \cdot (M \cdot \vec{v}_0)$

$\vec{v}_3 = M \cdot \vec{v}_2 = M \cdot (M \cdot (M \cdot \vec{v}_0))$

...

$\vec{v}_{k+1} = M \cdot \vec{v}_k$

Iterationsvorschrift $\vec{v}_{k+1} = M \cdot \vec{v}_k$

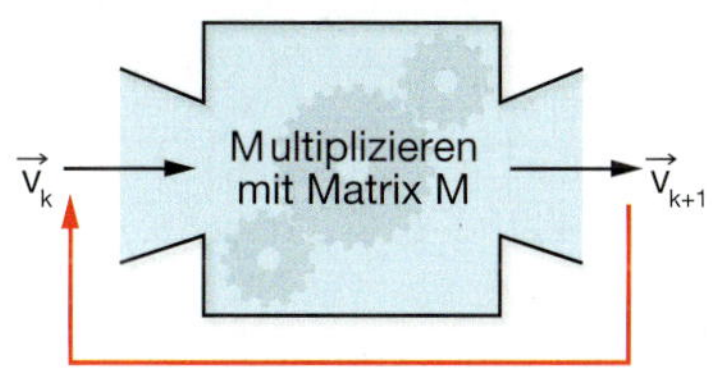

Übergangsprozesse mit Matrixpotenzen

Anstelle der schrittweisen Bestimmung der Anteile kann man z. B. $\vec{v}_2$ direkt aus $\vec{v}_0$ mit Matrixpotenzen berechnen.

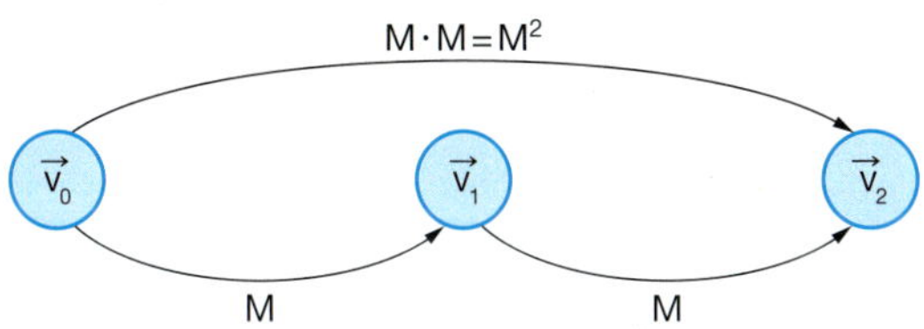

Anstelle von Iteration: $\vec{v}_1 = \begin{pmatrix} 0,9 & 0,2 \\ 0,1 & 0,8 \end{pmatrix} \cdot \begin{pmatrix} 160 \\ 140 \end{pmatrix} = \begin{pmatrix} 172 \\ 128 \end{pmatrix}$ $\quad \vec{v}_2 = \begin{pmatrix} 0,9 & 0,2 \\ 0,1 & 0,8 \end{pmatrix} \cdot \begin{pmatrix} 172 \\ 128 \end{pmatrix} = \begin{pmatrix} 180,4 \\ 119,6 \end{pmatrix}$

Rechnung mit Matrixpotenzen: $\vec{v}_2 = \begin{pmatrix} 0,9 & 0,2 \\ 0,1 & 0,8 \end{pmatrix}^2 \cdot \begin{pmatrix} 160 \\ 140 \end{pmatrix} = \begin{pmatrix} 180,4 \\ 119,6 \end{pmatrix}$

Matrizenmultiplikation mit dem GTR

WERKZEUG

Matrizenmultiplikation B · A

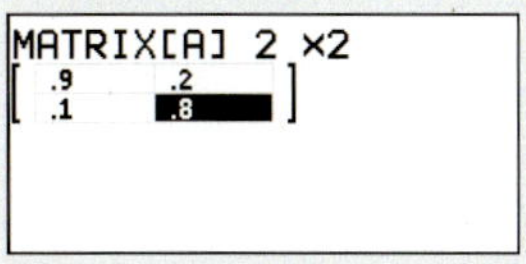

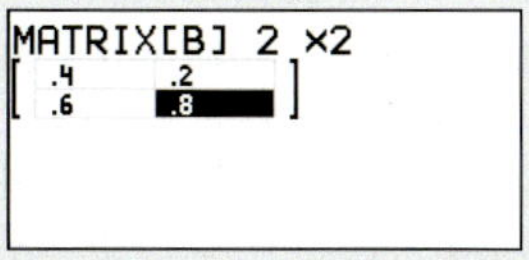

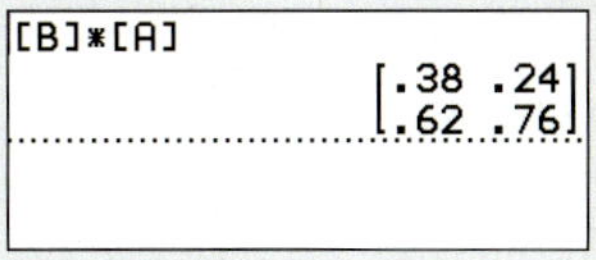

Multiplikation von A mit sich selbst: A · A

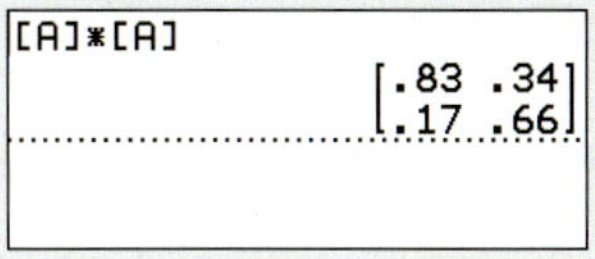

Matrixpotenz A^2

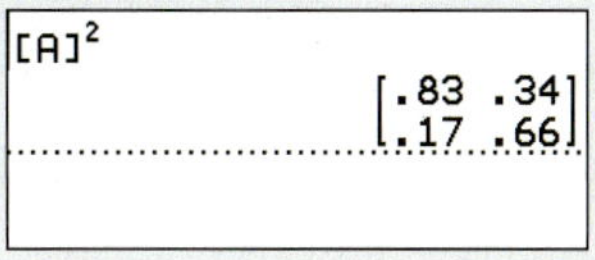

Beispiele

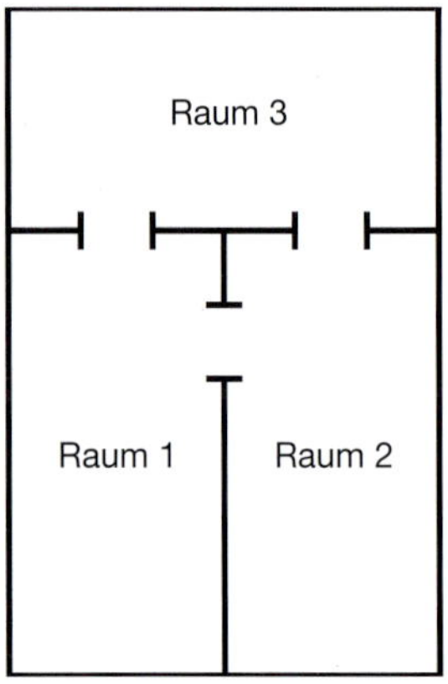

B *Mäuselabyrinth*

Mäuse sind neugierig. In einem großen Labyrinth mit den drei Räumen R_1, R_2 und R_3 stellt die Übergangsmatrix M das Wechselverhalten der Mäuse innerhalb von zwei Minuten dar. Angenommen, in dem Labyrinth werden 30 Mäuse in Raum 1 ausgesetzt. Wie verteilen sich die Mäuse in den Räumen nach zehn Minuten? Zehn Minuten entsprechen fünf 2-Minuten-Intervallen. Berechnen Sie die Verteilung $\vec{v}_5$ zum einen per Iteration und zum anderen mithilfe der Matrixpotenz M^5.

von: R_1, R_2, R_3; nach: R_1, R_2, R_3

$$M = \begin{pmatrix} 0{,}1 & 0{,}7 & 0{,}4 \\ 0{,}6 & 0{,}1 & 0{,}4 \\ 0{,}3 & 0{,}2 & 0{,}2 \end{pmatrix}$$

Bei dieser Sachaufgabe ist es sinnvoll, die Ergebnisse zu runden.

Lösung:

Berechnung per Iteration:

$$\vec{v}_0 = \begin{pmatrix} 30 \\ 0 \\ 0 \end{pmatrix} \qquad \vec{v}_1 = \begin{pmatrix} 0{,}1 & 0{,}7 & 0{,}4 \\ 0{,}6 & 0{,}1 & 0{,}4 \\ 0{,}3 & 0{,}2 & 0{,}2 \end{pmatrix} \cdot \begin{pmatrix} 30 \\ 0 \\ 0 \end{pmatrix} = \begin{pmatrix} 3 \\ 18 \\ 9 \end{pmatrix} \qquad \vec{v}_2 = \begin{pmatrix} 0{,}1 & 0{,}7 & 0{,}4 \\ 0{,}6 & 0{,}1 & 0{,}4 \\ 0{,}3 & 0{,}2 & 0{,}2 \end{pmatrix} \cdot \begin{pmatrix} 3 \\ 18 \\ 9 \end{pmatrix} = \begin{pmatrix} 16{,}5 \\ 7{,}2 \\ 6{,}3 \end{pmatrix}$$

$$\vec{v}_3 = \begin{pmatrix} 0{,}1 & 0{,}7 & 0{,}4 \\ 0{,}6 & 0{,}1 & 0{,}4 \\ 0{,}3 & 0{,}2 & 0{,}2 \end{pmatrix} \cdot \begin{pmatrix} 16{,}5 \\ 7{,}2 \\ 6{,}3 \end{pmatrix} = \begin{pmatrix} 9{,}21 \\ 13{,}14 \\ 7{,}65 \end{pmatrix} \qquad \vec{v}_4 = \ldots = \begin{pmatrix} 13{,}179 \\ 9{,}9 \\ 6{,}921 \end{pmatrix} \qquad \vec{v}_5 = \ldots = \begin{pmatrix} 11{,}0163 \\ 12{,}6658 \\ 7{,}3179 \end{pmatrix}$$

Berechnung per Matrixpotenz:

Die Matrix M^5 ist die Übergangsmatrix für das 10-Minuten-Intervall, wenn man davon ausgeht, dass das Wechselverhalten der Mäuse gleich bleibt. Mit dem GTR erhält man:

$$M^5 = \begin{pmatrix} 0{,}36721 & 0{,}42067 & 0{,}39124 \\ 0{,}38886 & 0{,}34521 & 0{,}36924 \\ 0{,}24393 & 0{,}23412 & 0{,}23952 \end{pmatrix}$$

$$\vec{v}_5 = \begin{pmatrix} 0{,}36721 & 0{,}42067 & 0{,}39124 \\ 0{,}38886 & 0{,}34521 & 0{,}36924 \\ 0{,}24393 & 0{,}23412 & 0{,}23952 \end{pmatrix} \cdot \begin{pmatrix} 30 \\ 0 \\ 0 \end{pmatrix} = \begin{pmatrix} 11{,}0163 \\ 12{,}6658 \\ 7{,}3179 \end{pmatrix}$$

Man erhält das gleiche Ergebnis wie bei der Iteration.

Übungen

7 *Verteilungen berechnen*

Berechnen Sie jeweils $\vec{v}_1$, $\vec{v}_2$ und $\vec{v}_{10}$ mit der vorgegebenen Übergangsmatrix und Anfangsverteilung.

a) $M = \begin{pmatrix} 0{,}8 & 0{,}4 \\ 0{,}2 & 0{,}6 \end{pmatrix}$ und $\vec{v}_0 = \begin{pmatrix} 100 \\ 900 \end{pmatrix}$

b) $M = \begin{pmatrix} 0{,}9 & 0 & 0{,}3 \\ 0 & 0{,}6 & 0 \\ 0{,}1 & 0{,}4 & 0{,}7 \end{pmatrix}$ und $\vec{v}_0 = \begin{pmatrix} 200 \\ 400 \\ 200 \end{pmatrix}$

Berechnen Sie für alle Verteilungen die Summe der Komponenten der Verteilungsvektoren. Was stellen Sie fest?

8 *Aus der medizinischen Forschung*

Ein Forscher untersuchte den Zusammenhang zwischen dem Gewicht eines Vaters und dem seines Sohnes. Dazu teilte er die Männer in drei Gewichtsklassen ein und ermittelte die nebenstehende Übergangsmatrix M.

Gewicht Vater → Sohn

von: unter, normal, über; nach: unter, normal, über

$$M = \begin{pmatrix} 0{,}3 & 0{,}2 & 0{,}1 \\ 0{,}5 & 0{,}6 & 0{,}5 \\ 0{,}2 & 0{,}2 & 0{,}4 \end{pmatrix}$$

a) Berechnen Sie M^3. Was stellt diese Matrix dar?

b) Wie groß ist die Wahrscheinlichkeit, dass ein Urenkel eines übergewichtigen Vaters ebenfalls übergewichtig ist?

Übungen

9 *Längerfristige Entwicklungen*

Ein Hersteller von Haarwaschmitteln hat die Sorten „Goldener Glanz" (GG), „Frische und Kraft" (FK) und „Volumen Traum" (VT) im Angebot.

Das Kaufverhalten der Kunden von Monat zu Monat ist in der Tabelle dargestellt. So greifen z. B. 10 % der Kunden, die vorher „Frische und Kraft" gekauft haben, im nächsten Monat zur Sorte „Goldener Glanz".

	GG	FK	VT
GG	0,90	0,10	0,20
FK	0,05	0,70	0,20
VT	0,05	0,20	0,60

In diesem Monat kaufen 20 % der Kunden GG, 30 % die Sorte FK und 50 % kaufen VT.

a) Berechnen Sie die Anteile für die nächsten 2, 3, 4, 6, 9 und 12 Monate. Was stellen Sie fest?

b) Die Grafik zeigt die Entwicklung des Kundenanteils von GG während eines Jahres.
Erstellen Sie entsprechende Grafiken für die Kundenanteile von FK und VT.

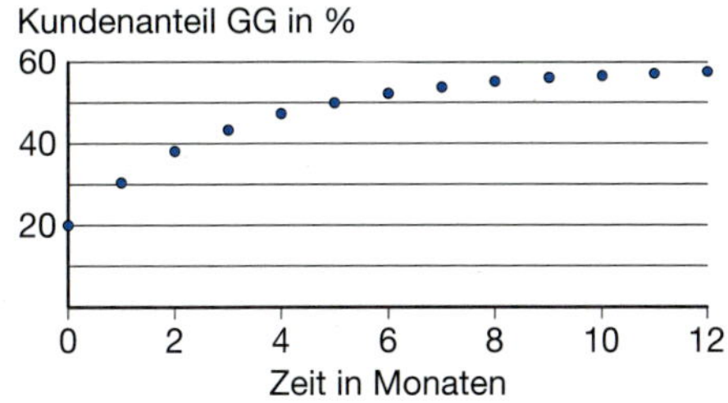

10 *Mäuselabyrinth*

Ein biologisches Forschungslabor will das Verhalten von Mäusen studieren. Dazu wird eine Versuchsanordnung benutzt, die im Grundriss abgebildet ist. Sie besteht aus drei Räumen, die durch vier Türen miteinander verbunden sind.
Die Forscher haben festgestellt, dass jede Maus innerhalb einer Minute den Raum wechselt. Dabei ist die Wahl der Tür völlig zufällig.
Zu Beginn der Untersuchung werden 18 Mäuse in Raum 1 gesetzt.

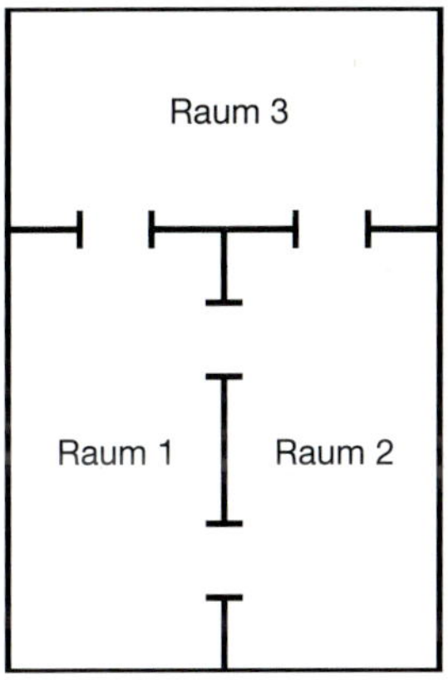

Die Forscher haben das Wechselverhalten der Mäuse in einer Übergangsmatrix M aufgezeichnet.

von R_1, R_2, R_3 – nach R_1, R_2, R_3

$$M = \begin{pmatrix} 0 & \frac{2}{3} & \frac{1}{2} \\ \frac{2}{3} & 0 & \frac{1}{2} \\ \frac{1}{3} & \frac{1}{3} & 0 \end{pmatrix}$$

a) Stellen Sie die Daten aus der Matrix in einem Übergangsgraphen dar.
b) Berechnen Sie, wie die Mäuse nach zehn Minuten auf die drei Räume verteilt sind, falls die Übergangsmatrix gleich bleibt.

11 *Stabile Verteilungen*

Die Übergangsmatrix M beschreibt das Wechselverhalten von Kunden zwischen den Supermärkten A, B und C innerhalb eines Monats.
Anfänglich verteilen sich die Kunden wie folgt auf die Supermärkte: A: 45 %, B: 20 %, C: 35 %.

von A, B, C – nach A, B, C

$$M = \begin{pmatrix} 0{,}8 & 0{,}1 & 0{,}2 \\ 0{,}1 & 0{,}6 & 0{,}1 \\ 0{,}1 & 0{,}3 & 0{,}7 \end{pmatrix}$$

a) Bestimmen Sie die Verteilung $\vec{v}_1$ nach einem Monat. Was fällt Ihnen auf?
b) Angenommen, die anfängliche Verteilung beträgt A: 30 %, B: 50 %, C: 20 %. Berechnen Sie bei einem angenommenen konstanten Wechselverhalten $\vec{v}_1$ und $\vec{v}_2$. Vergleichen Sie Ihre Ergebnisse mit den Daten aus Teil a).

Übungen

1201.xls
1202.xls

12 *Forellenteiche*

Drei Teiche T_1, T_2 und T_3 sind miteinander verbunden. Die Forellen, die darin leben, wechseln ab und zu den Teich. Aufgrund der Strömungsverhältnisse sind Wechsel von T_1 nach T_3 und von T_3 nach T_2 nicht möglich. Die wöchentliche Fischwanderung ist in der Tabelle dargestellt.
Am Ende der Angelsaison Anfang November waren die drei Teiche leergefischt und es werden in jeden Teich 300 einjährige Forellen ausgesetzt.
Wir gehen von einem vereinfachten Modell aus, in dem sich die Gesamtanzahl der Forellen bis zur neuen Angelsaison Anfang Mai nicht ändert.

nach \ von	T_1	T_2	T_3
T_1	0,9	0,1	0,1
T_2	0,1	0,8	0
T_3	0	0,1	0,9

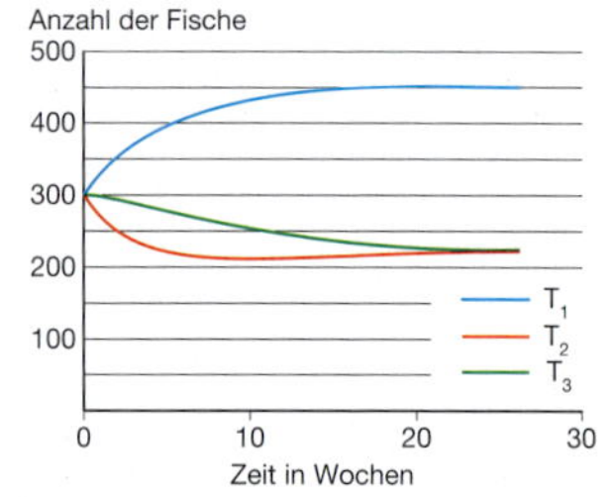

a) Bestimmen Sie die Verteilungen für die ersten drei Wochen.

b) Wie geht es weiter? In der Grafik sind die Verteilungen bis zur 26. Woche dargestellt. Interpretieren Sie die Grafik und bestätigen Sie die Werte für die letzten Wochen.

Basiswissen

Bei vielen stochastischen Prozessen stellt sich nach und nach eine stabile Verteilung ein.

Langfristige Entwicklung und stabile Verteilung

Stabile Verteilung: Beim Anwenden der Matrix M ändert sich der Verteilungsvektor nicht mehr: $M \cdot \vec{v} = \vec{v}$

$$\begin{pmatrix} 0,9 & 0,1 & 0,1 \\ 0,1 & 0,8 & 0 \\ 0 & 0,1 & 0,9 \end{pmatrix} \cdot \begin{pmatrix} 0,5 \\ 0,25 \\ 0,25 \end{pmatrix} = \begin{pmatrix} 0,5 \\ 0,25 \\ 0,25 \end{pmatrix}$$

Wie findet man eine stabile Verteilung, falls sie existiert?

a) Probieren: $\vec{v}_0 = \begin{pmatrix} 0,24 \\ 0,56 \\ 0,2 \end{pmatrix} \Rightarrow \vec{v}_1 = M \cdot \begin{pmatrix} 0,24 \\ 0,56 \\ 0,2 \end{pmatrix} = \begin{pmatrix} 0,292 \\ 0,472 \\ 0,236 \end{pmatrix} \ldots \vec{v}_{20} = M^{20} \cdot \begin{pmatrix} 0,24 \\ 0,56 \\ 0,2 \end{pmatrix} = \begin{pmatrix} 0,497002 \\ 0,246080 \\ 0,256918 \end{pmatrix}$

$$\ldots \vec{v}_{50} = M^{50} \cdot \begin{pmatrix} 0,24 \\ 0,56 \\ 0,2 \end{pmatrix} = \begin{pmatrix} 0,499996 \\ 0,249981 \\ 0,250022 \end{pmatrix} \ldots \vec{v}_{100} = M^{100} \cdot \begin{pmatrix} 0,24 \\ 0,56 \\ 0,2 \end{pmatrix} = \begin{pmatrix} 0,5 \\ 0,25 \\ 0,25 \end{pmatrix}$$

Mit dem Rechnereinsatz kann man vermuten:

Die stabile Verteilung lautet: $\vec{v} = \begin{pmatrix} 0,5 \\ 0,25 \\ 0,25 \end{pmatrix}$.

b) Gleichungssystem lösen:
Die Gleichung $M \cdot \vec{v} = \vec{v}$ lösen.

$$\begin{pmatrix} 0,9 & 0,1 & 0,1 \\ 0,1 & 0,8 & 0 \\ 0 & 0,1 & 0,9 \end{pmatrix} \cdot \begin{pmatrix} x \\ y \\ z \end{pmatrix} = \begin{pmatrix} x \\ y \\ z \end{pmatrix}$$

Dies führt zu dem LGS:

(1) $0,9\,x + 0,1\,y + 0,1\,z = x \Rightarrow -0,1\,x + 0,1\,y + 0,1\,z = 0$
(2) $0,1\,x + 0,8\,y = y \Rightarrow 0,1\,x - 0,2\,y = 0$
(3) $0,1\,y + 0,9\,z = z \Rightarrow 0,1\,y - 0,1\,z = 0$
(4) $x + y + z = 1$

x, y und z ergeben in der Summe 1 (100 %).

Lösung: mit dem GTR
(4 x 4-Matrix: die erweiterte Koeffizientenmatrix eingeben und bearbeiten)
$\Rightarrow$ **x = 0,5   y = 0,25   z = 0,25**

Beispiele

C *Stabile Verteilung von Anteilen (relative Werte) gesucht*

Gegeben ist die nebenstehende Übergangsmatrix M.
Überprüfen Sie, ob es sich um eine stochastische Matrix handelt.
Bestimmen Sie die zugehörige stabile Verteilung mithilfe von Matrixpotenzen.

$$M = \begin{pmatrix} 0{,}4 & 0{,}2 & 0{,}6 \\ 0{,}4 & 0{,}8 & 0 \\ 0{,}2 & 0 & 0{,}4 \end{pmatrix}$$

Lösung:
M ist eine stochastische Matrix, da alle Einträge größer oder gleich 0 sind und die Spaltensummen stets 1 ergeben.

Stabile Verteilung ermitteln:
Strategie: Man „nimmt" eine beliebige Anfangsverteilung $\vec{v}$ und berechnet dann $M \cdot \vec{v}$, $M^{50} \cdot \vec{v}$ und $M^{100} \cdot \vec{v}$.
Sind diese Ergebnisse bei hohen Potenzen in etwa gleich, kann man die stabile Verteilung schätzen. Das Ergebnis mit einer Probe überprüfen.

z. B. $\vec{v} = \begin{pmatrix} 0{,}3 \\ 0{,}3 \\ 0{,}4 \end{pmatrix}$ $M^{50} \cdot \vec{v} = \begin{pmatrix} 0{,}3 \\ 0{,}6 \\ 0{,}1 \end{pmatrix}$ $M^{100} \cdot \vec{v} = \begin{pmatrix} 0{,}3 \\ 0{,}6 \\ 0{,}1 \end{pmatrix}$ $\Rightarrow$ Stabile Verteilung: $\begin{pmatrix} 0{,}3 \\ 0{,}6 \\ 0{,}1 \end{pmatrix}$

Probe: $M \cdot \begin{pmatrix} 0{,}3 \\ 0{,}6 \\ 0{,}1 \end{pmatrix} = \begin{pmatrix} 0{,}3 \\ 0{,}6 \\ 0{,}1 \end{pmatrix}$

Übungen

13 *Stabile Verteilungen*

Untersuchen Sie die folgenden Übergangsmatrizen auf stabile Verteilungen.

a) $\begin{pmatrix} 0{,}8 & 0{,}3 & 0{,}4 \\ 0{,}1 & 0{,}6 & 0{,}1 \\ 0{,}1 & 0{,}1 & 0{,}5 \end{pmatrix}$ b) $\begin{pmatrix} 0{,}8 & 0{,}3 & 0 \\ 0{,}2 & 0{,}7 & 1 \\ 0 & 0 & 0 \end{pmatrix}$ c) $\begin{pmatrix} 0{,}8 & 0{,}3 & 0 \\ 0{,}2 & 0{,}7 & 0 \\ 0 & 0 & 1 \end{pmatrix}$

Berechnen Sie zumindest auch eine stabile Verteilung mithilfe eines LGS.

Wenn Sie eine Anfangsverteilung benutzen, dann rechnen Sie mit relativen Zahlen. Die Summe der Anteile ist stets 1.

14 *Autovermietung*

Für einen Autovermieter mit drei Standorten gilt für den wöchentlichen Wechsel der nebenstehende Übergangsgraph (H: Hannover, B: Braunschweig, G: Göttingen).
An einem Tag stehen 50 % der Fahrzeuge in Hannover und je 25 % an den beiden anderen Standorten. Untersuchen Sie die langfristige Entwicklung. Gibt es eine stabile Verteilung?

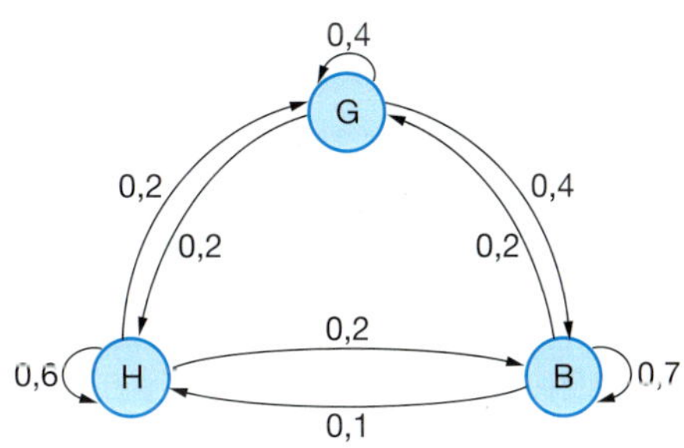

1201.xls
1202.xls

15 *Marktanalyse*

Ein Marktforschungsinstitut hat das Kaufverhalten der Leser von konkurrierenden Zeitschriften („Gala" und „Scala") untersucht, die einmal im Monat erscheinen.
Dabei hat sich herausgestellt, dass 90 % der „Gala"-Leser beim nächsten Mal wieder „Gala" lesen, während 8 % der „Scala"-Leser beim nächsten Mal „Gala" kaufen.

	Gala	Scala
Gala	0,90	0,08
Scala	0,10	0,92

Im letzten Monat haben 12 000 Leser „Gala" und 6 000 Leser „Scala" gekauft.
Wie ist die langfristige Entwicklung, wenn das Kaufverhalten wie in der Tabelle bleibt.
Stellt sich eine stabile Verteilung ein?

Übungen

16 *Experiment Schokolinsen*

Spielregeln:
1. Spieler A schiebt jeweils ein Drittel seiner Schokolinsen von Feld A nach Feld B. Spieler B schiebt jeweils die Hälfte seiner Schokolinsen von Feld B nach Feld A.
2. Schieben Sie gleichzeitig.
3. Eventuell muss gerundet werden.
4. Schieben Sie erneut wie in 1.

Für das „Partnerspiel" legen Sie von 50 Schokolinsen zunächst 10 in Feld A und 40 in Feld B. Danach schieben Sie die Schokolinsen nach den Spielregeln.

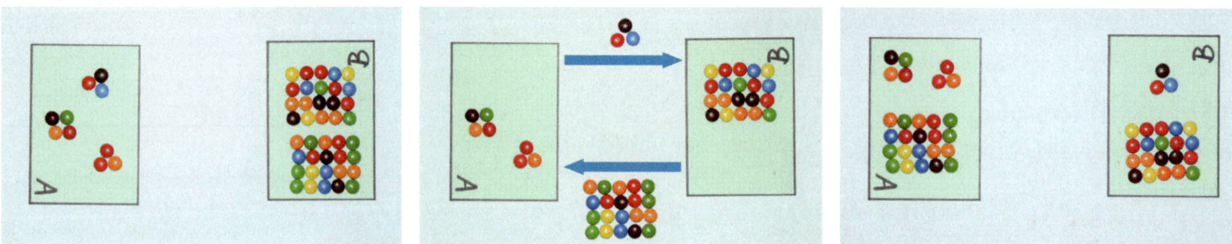

Anfangsverteilung Schieben Folgeverteilung

Spielen Sie einige Runden. Notieren Sie nach jedem Schritt jeweils die Verteilung der Schokolinsen auf die beiden Felder.

Feld A	10	27	□	□
Feld B	40	□	20	□

a) Was beobachten Sie? Vergleichen Sie mit Ihren Nachbarn.
b) Wiederholen Sie das Experiment für eine andere Anfangsverteilung der 50 Schokolinsen auf die beiden Felder. Stellen Sie eine Vermutung auf.
c) Überprüfen Sie Ihre Vermutung mit einem passenden mathematischen Modell. Stellen Sie eine Übergangsmatrix auf und berechnen Sie die Entwicklung der Schokolinsenverteilung – diesmal ohne Runden. Vergleichen Sie die Ergebnisse.

KOPFÜBUNGEN

1 Einige Untersuchungen haben gezeigt, dass unter Rechtshändern 20 % mehr Mädchen als Jungen sind. Was folgt daraus in Bezug auf die stochastische Unabhängigkeit?

2 Bestimmen Sie die Koordinaten des Scheitelpunktes: $f(x) = x \cdot (x - 4)$
Handelt es sich hierbei um einen lokalen Hoch- oder Tiefpunkt?

3 Die Seitenlängen eines Rechtecks betragen 4 cm und 5 cm. Wie lang sind die Seiten eines flächeninhaltsgleichen Quadrats?

4 Wie viele Lösungen $(x\,|\,y)$ hat das folgende Gleichungssystem?
$0{,}6x + 0{,}2y = x$
$0{,}4x + 0{,}8y = y$
Beantworten Sie die Frage, wenn zusätzlich die Bedingung $x + y = 1$ gilt.

Aufgaben

17 *Kundenbindungsprogramme*

Drei große Luftfahrtallianzen „Endless-Horizon" (E), „Open-Sky" (O) und „Small-World" (S) teilen sich den Markt auf. Jede der drei Allianzen versucht, ihren Anteil am Markt zu halten und neue Anteile dazuzugewinnen. Ein Marktforschungsinstitut hat die Wechselgewohnheiten von Vielfliegern innerhalb von sechs Monaten untersucht und die Ergebnisse in einem Graphen dargestellt.

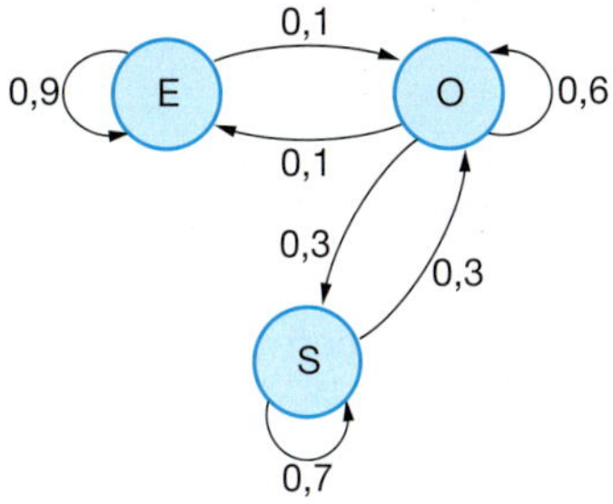

a) Stellen Sie den Übergangsgraphen in einer Matrix dar. Ermitteln Sie, wie sich bei gleichbleibendem Wechselverhalten die Vielflieger auf die drei Luftfahrtallianzen auf lange Sicht verteilen.

b) Eine Werbeagentur stellt der Allianz O durch Verbesserung ihres Meilenprogramms „Miles in the Sky" eine Erhöhung des Anteils der Stammkunden von 60 % auf 70 % in Aussicht bei Senkung der Wechsler nach E auf 5 % und nach S auf 25 %. Lohnen sich für O die erheblichen Kosten für die entsprechende Maßnahme?

18 *Soziologie – soziale Mobilität*

Soziologen haben Personen in drei Einkommensklassen I, II und III eingeteilt und erforscht, mit welcher Wahrscheinlichkeit Kinder von einer der Einkommensklassen ihrer Eltern in eine der anderen wechseln oder in derselben verbleiben.
Die Wechselwahrscheinlichkeiten sind in dem Übergangsgraphen dargestellt.

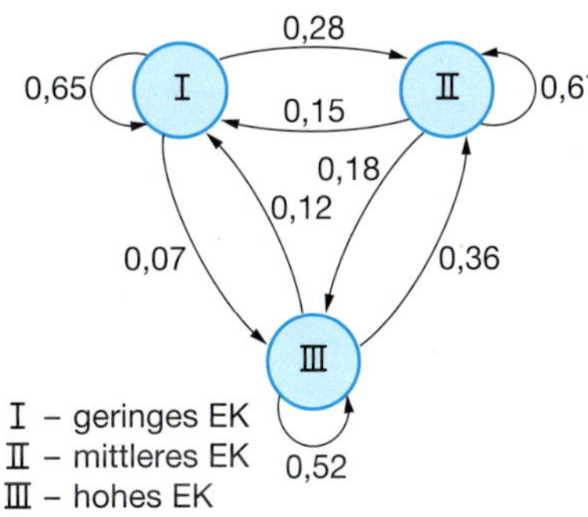

a) Geben Sie die Übergangsmatrix an.

b) Angenommen, anfänglich wären 20 % der Personen in der Einkommensklasse I, 70 % in II und 10 % in III. Wie ist die Verteilung der Einkommensklassen bei gleichbleibenden Wechselwahrscheinlichkeiten nach fünf Generationen? Ist ein langfristiger Trend auszumachen?

19 *Wo wohnen wir morgen?*

Bei einer Befragung über die Wohngegebenheiten vor fünf Jahren wurde Folgendes festgestellt:

- 34 % der Bevölkerung wohnt in eigenen „vier Wänden".
- 66 % der Bevölkerung wohnt in einer Mietwohnung.

Fünf Jahre später wurde festgestellt:

- 90 % derjenigen, die in einer eigenen Wohnung oder einem eigenen Haus wohnten, sind immer noch Eigentümer; 10 % haben sich verändert und wohnen zur Miete.
- 5 % derjenigen, die zur Miete wohnten, wohnen jetzt in eigenem Wohnraum; 95 % wohnen nach wie vor zur Miete.

a) Stellen Sie die obigen Informationen in einem Übergangsgraphen dar. Welcher Vektor stellt die Verteilung vor fünf Jahren dar?

b) Berechnen Sie bei gleichbleibendem Trend die Verteilung der Bevölkerung nach Wohnraum nach 10 Jahren (20 Jahren).

c) Stellt sich auf lange Sicht ein stabiler Zustand ein?

CHECK UP

Stochastische Prozesse und Matrizen

Übergangsprozesse mit Matrizen beschreiben

Strategie:

- Situation erfassen
- Übergangsgraph oder Übergangstabelle erstellen:

Übergangsgraph

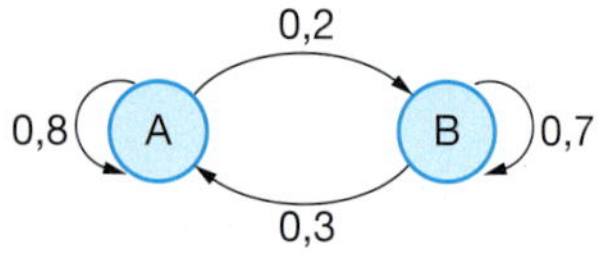

Übergangstabelle

nach / von	A	B
A	0,8	0,3
B	0,2	0,7

- Übergangsmatrix aufstellen:

$M = \begin{pmatrix} 0{,}8 & 0{,}3 \\ 0{,}2 & 0{,}7 \end{pmatrix}$

- Anfangsverteilung der Anteile aufstellen:

$\vec{v}_0 = \begin{pmatrix} 0{,}4 \\ 0{,}6 \end{pmatrix}$

- Aus Anfangsverteilung durch Multiplikation mit der Übergangsmatrix die Folgeverteilung berechnen:

$\vec{v}_1 = \begin{pmatrix} 0{,}8 & 0{,}3 \\ 0{,}2 & 0{,}7 \end{pmatrix} \cdot \begin{pmatrix} 0{,}4 \\ 0{,}6 \end{pmatrix} = \begin{pmatrix} 0{,}5 \\ 0{,}5 \end{pmatrix}$

Multiplikation einer Matrix mit einem Vektor

Stochastische Matrix

In den Übergangsgraphen und Übergangsmatrizen sind jeweils relative Häufigkeiten oder Wahrscheinlichkeiten eingetragen.
Die Einträge in der Matrix sind alle nicht negativ (≥ 0) und die Spaltensumme beträgt jeweils 1.
Eine solche quadratische Matrix M heißt **stochastische Matrix**.

z. B. $M = \begin{pmatrix} 0{,}1 & 0{,}5 & 0{,}4 \\ 0{,}7 & 0{,}5 & 0{,}3 \\ 0{,}2 & 0 & 0{,}3 \end{pmatrix}$

1 *Stochastische Matrizen und Übergangsgraphen*

Welche der Matrizen ist eine stochastische Matrix? Zeichnen Sie zu jeder der stochastischen Matrizen den Übergangsgraphen.

$M_1 = \begin{pmatrix} 0{,}6 & 0 & 0{,}4 \\ 0{,}3 & 0{,}5 & 0 \\ 0{,}1 & 0{,}5 & 0{,}6 \end{pmatrix}$ $M_2 = \begin{pmatrix} 1 & 0{,}3 & 0{,}7 \\ 0 & 0{,}1 & 0{,}3 \\ 0 & 0{,}5 & 0{,}6 \end{pmatrix}$ $M_3 = \begin{pmatrix} 0{,}9 & 0{,}01 & 0{,}09 \\ 0{,}01 & 0{,}9 & 0{,}01 \\ 0{,}09 & 0{,}09 & 0{,}9 \end{pmatrix}$

2 *Vom Graphen zur Matrix*

Stellen Sie jeweils die Übergangsmatrix auf. In welchen Fällen handelt es sich um eine stochastische Matrix?

(I) (II) (III)

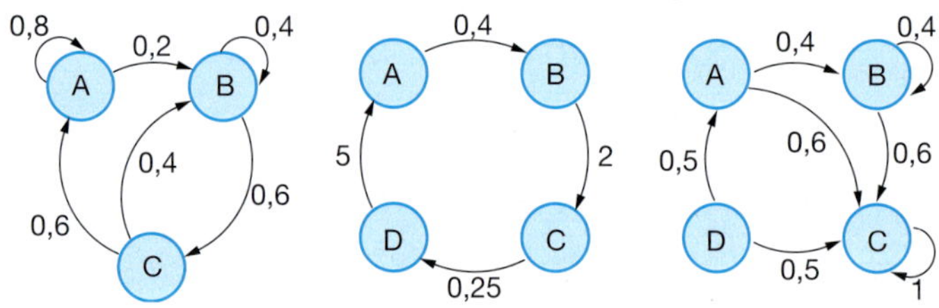

3 *Einen Prozess untersuchen*

Ein Prozess lässt sich durch drei Zustände A, B und C und die Übergangsmatrix $M = \begin{pmatrix} 0{,}2 & 0{,}3 & 0{,}7 \\ 0{,}3 & 0{,}4 & 0{,}1 \\ 0{,}5 & 0{,}3 & 0{,}2 \end{pmatrix}$ beschreiben.

a) Zeichnen Sie den Übergangsgraphen.

b) Berechnen Sie, wie sich die Anfangsverteilung $\vec{v}_0 = \begin{pmatrix} 60 \\ 60 \\ 60 \end{pmatrix}$ über zwei Generationen entwickelt.

c) Berechnen Sie M^2 und interpretieren Sie die Elemente dieser Matrix.

4 *Marktanteile*

Die drei Firmen *AComp*, *BMicro* und *CTech* führen je einen völlig neuartigen Speicherchip auf dem Markt ein.
Zu Beginn besitzt *AComp* 50 %, *BMicro* 10 % und *CTech* 40 % Marktanteil. Während des ersten Jahres verliert *AComp* 5 % seiner Kunden an *BMicro* und 10 % an *CTech*. *BMicro* gibt 15 % seiner Kunden an *AComp* und 10 % an *CTech* ab, *CTech* verliert seinerseits jeweils 5 % seiner Kunden an *AComp* und *BMicro*.
Während der folgenden Jahre verändern sich die Marktanteile stets nach demselben Schema.

a) Übersetzen Sie die Daten in den Startvektor $\vec{v}_0$ und die Übergangsmatrix M.

b) Berechnen Sie die Marktanteile nach einem Jahr (zwei, drei Jahren).

c) Berechnen Sie die Entwicklung der Marktanteile mithilfe der Übergangsmatrix aus Teilaufgabe a). Was geschieht auf lange Sicht?

5 *Langfristige stochastische Prozesse*

Stochastische Prozesse beschreiben zumeist den zeitlichen Verlauf eines Systems mit dem Ziel, Aussagen über das langfristige Verhalten zu machen. Welche Annahmen muss man machen, damit dies mit Übergangsmatrizen gelingt?

6 *Stochastische Prozesse verfolgen*

Die folgenden Matrizen sind stochastische Matrizen und können somit als Übergangsmatrizen interpretiert werden.

$$M_1 = \begin{pmatrix} 0,3 & 0,1 & 0,2 \\ 0 & 0,8 & 0,2 \\ 0,7 & 0,1 & 0,6 \end{pmatrix} \quad M_2 = \begin{pmatrix} 1 & 0,5 & 0 \\ 0 & 0,3 & 0 \\ 0 & 0,2 & 1 \end{pmatrix} \quad M_3 = \begin{pmatrix} 0,4 & 0,2 & 0,3 \\ 0,4 & 0,6 & 0,1 \\ 0,2 & 0,2 & 0,6 \end{pmatrix}$$

a) Zeichnen Sie zu jeder Übergangsmatrix den zugehörigen Übergangsgraphen.

b) Berechnen Sie mithilfe des GTR, ausgehend von einer Anfangsverteilung $\vec{v}_0 = \begin{pmatrix} 0,1 \\ 0,4 \\ 0,5 \end{pmatrix}$ die folgenden Verteilungen $\vec{v}_1$, $\vec{v}_2$, $\vec{v}_{10}$ und $\vec{v}_{20}$.

7 *Stabile Verteilungen bestimmen*

Ermitteln Sie zu den folgenden Übergangsmatrizen die jeweilige stabile Verteilung der Anteile mithilfe eines Gleichungssystems.

$$M_1 = \begin{pmatrix} \frac{2}{3} & \frac{1}{2} \\ \frac{1}{3} & \frac{1}{2} \end{pmatrix} \quad M_2 = \begin{pmatrix} 0,7 & 0,5 \\ 0,3 & 0,5 \end{pmatrix} \quad M_3 = \begin{pmatrix} 0,6 & 0,2 \\ 0,4 & 0,8 \end{pmatrix}$$

Tipp: Denken Sie daran, dass die Anteile, die Sie bestimmen, zusammen 1 ergeben.

8 *Bewegung von Amphibien*

Der Graph gibt das Wechselverhalten von einer bestimmten Amphibienart zwischen Wasser (W) und Land (L) wieder.

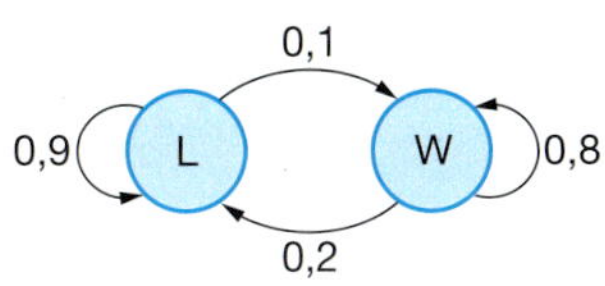

a) Übersetzen Sie den Graphen in eine Übergangsmatrix.

b) Berechnen Sie die Verteilung der Anteile der Tiere an Land und im Wasser auf lange Sicht.

c) Angenommen, die Gesamtanzahl der Tiere bleibt in der betreffenden Region in etwa konstant bei 6000. Geben Sie die stabile Verteilung in absoluten Zahlen an.

9 *Käferwanderung*

In einem Naturschutzgebiet haben Wissenschaftler die Wanderbewegung einer bestimmten Käferart beobachtet. Diese Tierart hält sich in drei Regionen A, B und C des Gebietes auf. Die Käfer wurden markiert, damit man das Wanderverhalten von Monat zu Monat relativ genau bestimmen kann.
80 % der Käfer im Gebiet A bleiben dort, jeweils 10 % wandern in Gebiet B und C ab. Von den Käfern in Gebiet B verbleiben 60 % dort, 10 % wandern nach A und 30 % nach C ab. 20 % der Tiere aus Gebiet C wechseln ins Gebiet A, 30 % ins Gebiet B, während 50 % das Gebiet C nicht verlassen.

a) Eine Zählung ergibt 300 Tiere im Gebiet A, 700 im Gebiet B und 200 im Gebiet C. Berechnen Sie die Verteilung dieser Käferart in den nächsten drei Monaten.

b) Gibt es eine stabile Verteilung?

CHECK UP

Langzeitverhalten bei stochastischen Prozessen und stabile Verteilungen

Matrixpotenzen und Multiplikation von Matrizen

Matrizen werden miteinander multipliziert, indem man das Skalarprodukt von Zeilen der ersten Matrix und Spalten der zweiten Matrix berechnet.

$$M^2 = M \cdot M = \begin{pmatrix} 0,8 & 0,3 \\ 0,2 & 0,7 \end{pmatrix} \cdot \begin{pmatrix} 0,8 & 0,3 \\ 0,2 & 0,7 \end{pmatrix}$$
$$= \begin{pmatrix} 0,8 \cdot 0,8 + 0,3 \cdot 0,2 & 0,45 \\ 0,2 \cdot 0,8 + 0,7 \cdot 0,2 & 0,55 \end{pmatrix} = \begin{pmatrix} 0,7 & 0,45 \\ 0,3 & 0,55 \end{pmatrix}$$

Übergangsprozesse schrittweise – iterativ oder mit Matrixpotenzen

iterativ

$\vec{v}_0 = \begin{pmatrix} 0,4 \\ 0,6 \end{pmatrix}$

mit Matrixpotenzen

$M = \begin{pmatrix} 0,8 & 0,3 \\ 0,2 & 0,7 \end{pmatrix}$

$\vec{v}_1 = M \cdot \vec{v}_0 = \begin{pmatrix} 0,5 \\ 0,5 \end{pmatrix}$

iterativ	mit Matrixpotenzen
$\vec{v}_2 = M \cdot \vec{v}_1 = \begin{pmatrix} 0,55 \\ 0,45 \end{pmatrix}$	$\vec{v}_2 = M^2 \cdot \vec{v}_0 = \begin{pmatrix} 0,55 \\ 0,45 \end{pmatrix}$
…	
$\vec{v}_{50} = M \cdot \vec{v}_{49} = \begin{pmatrix} 0,6 \\ 0,4 \end{pmatrix}$	$\vec{v}_{50} = M^{50} \cdot \vec{v}_0 = \begin{pmatrix} 0,6 \\ 0,4 \end{pmatrix}$

Langfristige Entwicklung und stabile Verteilung

Stabile Verteilung

Unter einer stabilen Verteilung versteht man eine Verteilung $\vec{v}$, für die gilt: $M \cdot \vec{v} = \vec{v}$.

Finden einer stabilen Verteilung

a) Probieren:

$\vec{v}_{50} = M^{50} \cdot \vec{v}_0 = \begin{pmatrix} 0,6 \\ 0,4 \end{pmatrix}$ $\quad \vec{v}_{100} = M^{100} \cdot \vec{v}_0 = \begin{pmatrix} 0,6 \\ 0,4 \end{pmatrix}$

Stabile Verteilung: $\vec{v} = \begin{pmatrix} 0,6 \\ 0,4 \end{pmatrix}$

b) Gleichungssystem lösen:

$\begin{pmatrix} 0,8 & 0,3 \\ 0,2 & 0,7 \end{pmatrix} \cdot \begin{pmatrix} x \\ y \end{pmatrix} = \begin{pmatrix} x \\ y \end{pmatrix}$

LGS:
(1) $0,8x + 0,3y = x$
(2) $0,2x + 0,7y = y$
Die Anteile x und y ergeben zusammen 1.

Lösung: $x = 0,6$; $y = 0,4$

Sichern und Vernetzen – Vermischte Aufgaben zu den Kapiteln 9-12

Wissen und Verstehen

1 *Würfel*

Ein idealer Würfel wird dreimal geworfen. Welche Aussagen sind wahr für das Ereignis E: „Augensumme 4"?

(A) $P(E) = \frac{1}{16}$ (B) $P(E) = \frac{1}{72}$ (C) $P(E) = \frac{1}{108}$ (D) $P(E) = \frac{1}{18}$

2 *Würfelereignisse*

Welches Ereignis ist wahrscheinlicher?

a) Ein Würfel wird geworfen. A: „Es wird eine Primzahl geworfen" oder
B: „Die Augenzahl ist gerade"

b) Zwei Würfel werden geworfen. A: „Pasch" oder
B: „Die Augensumme ist größer als 9"

c) Zwei Würfel werden geworfen. A: „Pasch" oder
B: „Das Produkt der Augenzahlen ist gleich 9"

3 *Münzwurf*

Eine Münze wird zweimal geworfen und als Zufallsgröße X die Anzahl der Wappen gezählt. Wie groß ist $P(X = 2)$? Wie entwickelt sich die Wahrscheinlichkeit $P(X = 2)$, wenn die Anzahl der Münzwürfe erhöht wird?

4 *Sechsfacher Münzwurf*

Eine Münze mit den Seiten „Wappen" (W) oder „Zahl" (Z) wird sechsmal hintereinander geworfen. Welches der folgenden Ergebnisse ist am wahrscheinlichsten?

(A) WWZZWZ (B) WZWZWZ (C) ZZZZZZ (D) ZZZWWW (E) ZWWWWZ

5 *Fair oder nicht fair?*

Kai und Lene werfen eine Münze so lange, bis die aufeinanderfolgende Serie WWW oder ZZW auftritt. Tritt zuerst WWW auf, so hat Kai gewonnen, tritt zuerst ZZW auf, so hat Claudia gewonnen.

6 *Laplace-Modell*

Welche der Zufallsexperimente genügen einem Laplace-Modell?

(1) Quiz (2) Zweifacher Münzwurf (3) Zweifacher Wurf eines Würfels
(4) Roulette (5) Elfmeter (6) Kfz-Zeichen

7 *Wahrscheinlichkeit bei einem Laplace-Versuch*

Erläutern Sie die Laplace-Regel für die Wahrscheinlichkeit eines Ereignisses A.

$$P(A) = \frac{\text{Anzahl der günstigen Ergebnisse}}{\text{Anzahl aller möglichen Ergebnisse}}$$

Geben Sie ein Beispiel an.

8 *Pfadregeln*

Formulieren Sie die beiden „Pfadregeln" und erläutern Sie diese an einem selbstgewählten Beispiel.

9 *Wer soll anfangen?*

In einem Gefäß sind zehn Kugeln, davon neun Kugeln schwarz und eine rot. Sie und Ihr Partner dürfen abwechselnd je eine Kugel herausnehmen. Wer die rote Kugel zieht, hat gewonnen. Möchten Sie als Erster mit dem Ziehen anfangen?

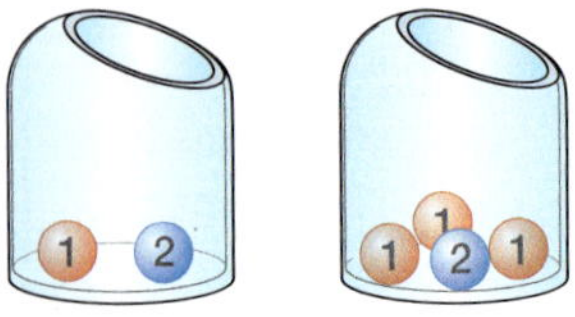

10 *Ziehen von Kugeln*

Aus einer Urne wird hintereinander 100-mal mit Zurücklegen gezogen und jeweils der Wert auf der Kugel ausgezahlt. Welche Urne ist günstiger? Begründen Sie.

11 *Glücksrad*

Bevor ein Mathematiker an einem Glücksrad dreht, schreibt er folgende Rechnung auf:

$x_1 \cdot P(x_1) + x_2 \cdot P(x_2) + x_3 \cdot P(x_3) = 1\,€ \cdot \frac{1}{3} - 3\,€ \cdot \frac{1}{2} + 4\,€ \cdot \frac{1}{6} = -\frac{1}{2}\,€$

Welche Information erhält er durch die Rechnung?

Wie könnte das verwendete Glücksrad und der Gewinnplan aussehen?

12 *Vierfeldertafel – Baumdiagramm*

Welche Baumdiagramme passen zur Vierfeldertafel?

	A	Nicht A	Summe
B	230	80	310
Nicht B	120	70	190
Summe	350	150	500

(I)

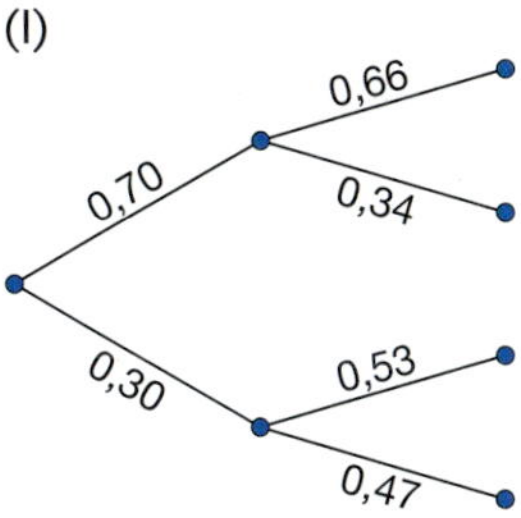

(II)

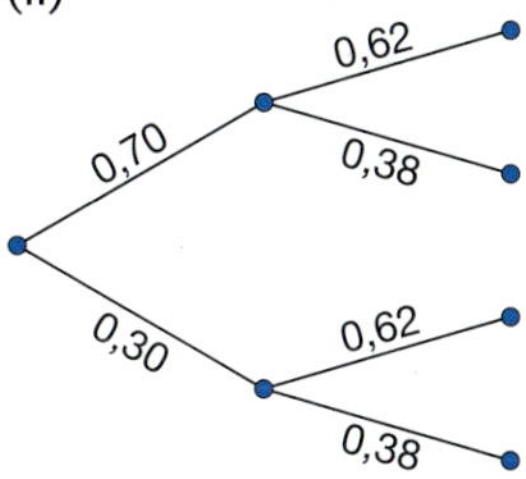

(III)

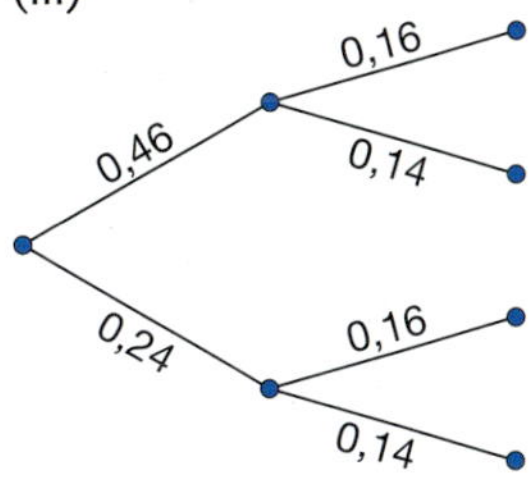

(IV)

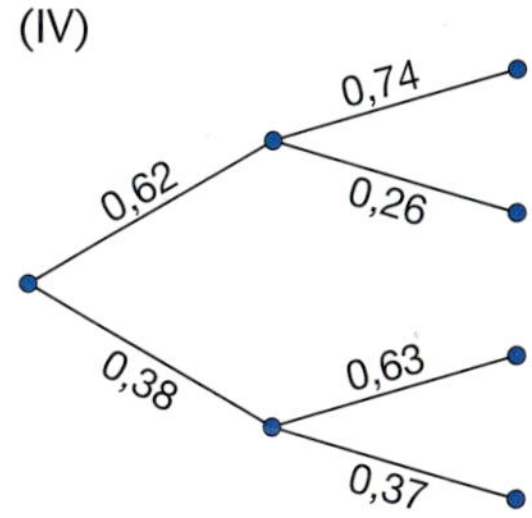

13 *Binomialverteilte Zufallsgrößen*

Welche der Zufallsgrößen können als binomialverteilt betrachtet werden?

(A) Anzahl der richtig angekreuzten Zahlen beim Zahlenlotto

(B) Anzahl der „Wappen" beim fünfmaligen Werfen einer Münze

(C) Anzahl der „Sechsen" beim dreimaligen Werfen eines Würfels

(D) Anzahl der schwarzen Kugeln beim sechsmaligen Ziehen mit Zurücklegen aus einer Urne mit drei schwarzen und drei weißen Kugeln

14 *Wahrscheinlichkeiten*

Welche Aussagen über die binomialverteilte Zufallsgröße X mit den Parametern n = 15 und p = 0,7 sind wahr?

A $P(X = 0) = 0{,}7^0$

B $P(X = 12) = \binom{15}{12} \cdot 0{,}7^{12} \cdot 0{,}3^3$

C $P(X < 2) = 0{,}3^{15} + 0{,}7^1 \cdot 0{,}3^1$

D $P(2 < X < 5) = \binom{15}{3} \cdot 0{,}7^3 \cdot 0{,}3^{12} + \binom{15}{4} \cdot 0{,}7^4 \cdot 0{,}3^{11}$

15 *Wahrscheinlichkeit einer Zufallsgröße*

Was kann durch den Term $P(X = 3) = \binom{5}{3} \cdot 0{,}5^3 \cdot 0{,}5^2$ berechnet werden?

(A) Wahrscheinlichkeit dafür, dass beim fünfmaligen Werfen einer Münze mindestens dreimal „Wappen" auftritt

(B) Wahrscheinlichkeit dafür, dass in einer Familie mit fünf Kindern genau zwei Mädchen sind

(C) Wahrscheinlichkeit dafür, dass in einer Familie mit fünf Kindern genau drei Jungen sind

(D) Wahrscheinlichkeit dafür, dass in einer Familie mit fünf Kindern höchstens drei Mädchen sind

16 *Verschiedene Begriffe*

Erläutern Sie kurz die folgenden Begriffe: Binomialverteilung, Gleichverteilung, Laplace-Versuch, Gesetz der großen Zahlen, Binomialkoeffizient, Produktregel.

17 *Binomialverteilung*

Was gilt für die im Bild dargestellte binomialverteilte Zufallsgröße X?

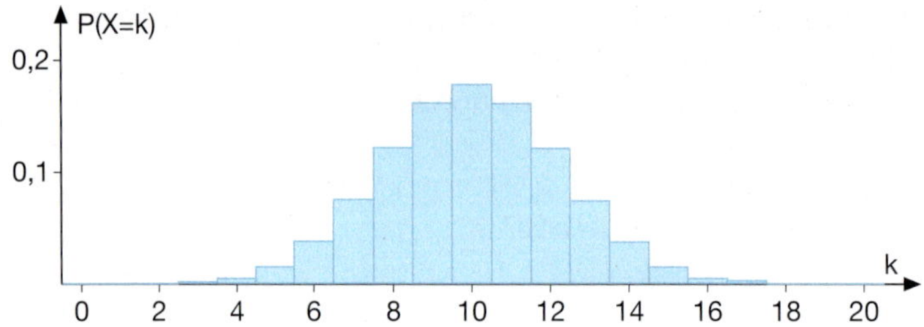

(A) $n = 20$ und $p = 0{,}3$
(B) $E(X) = 10$
(C) $1 - p = 0{,}5$
(D) $P(X \leq 10) = 0{,}5$

18 *Maximumbetrachtung*

Was passiert mit dem Maximum einer Binomialverteilung bei wachsender Anzahl der Versuche?

19 *Wahrscheinlichkeiten bei Binomialverteilungen*

Welche Wahrscheinlichkeit ist jeweils größer?

(A) $B(20, 0.3, 7)$ / $B(20, 0.7, 3)$
(B) $B(20, 0.3, 7)$ / $B(10, 0.3, 7)$
(C) $B(20, 0.3, 7)$ / $B(20, 0.3, 8)$
(D) $B(20, 0.3, 7)$ / $B(10, 0.6, 7)$

20 *Binomialverteilungen B(n, p, k)*

Welcher Parameter wird jeweils in der Bildfolge verändert? Schätzen Sie die Parameter.

a)

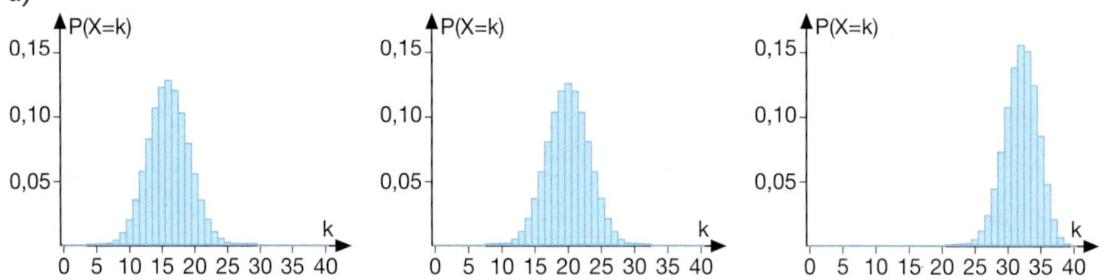

b)

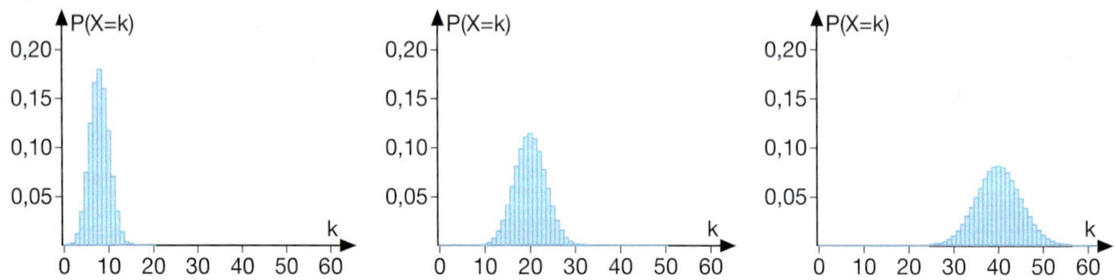

21 *Erwartungswert*

Erstellen Sie das Säulendiagramm $B(30, 0.4, k)$ der binomialverteilten Zufallsgröße X und zeichnen Sie den Erwartungswert und die Standardabweichung ein.

22 *Aussagen zuordnen*

Für welche der Binomialverteilungen $B(100, 0.2, k)$, $B(100, 0.5, k)$, $B(100, 0.7, k)$ gilt:
(A) $P(X = 87) = P(X = 13)$, (B) $P(X = 40) < P(X = 60)$, (C) $P(X = 30) > P(X = 70)$?

23 *Erwartungswert und Standardabweichung*

Ein Tetraederwürfel mit den Augenzahlen 1, 2, 3 und 4 wird 80-mal geworfen. Die Zufallsgröße X ist die Häufigkeit, mit der die Augenzahl 4 auftritt. Berechnen Sie den Erwartungswert $E(X)$ und die Standardabweichung $\sigma(X)$.
Wie verändern sich $E(X)$ und $\sigma(X)$, wenn man statt 80-mal 320-mal würfelt?

24 *Abweichung vom Erwartungswert*

Beim Roulette kommt jede Zahl mit einer Wahrscheinlichkeit von $p = \frac{1}{37}$ vor.

a) Berechnen Sie den Erwartungswert und die Standardabweichung der absoluten Häufigkeit, mit der die Zahl „0" kommt, für 1000 Spiele.

b) Ermitteln Sie mit den Sigma-Regeln das Intervall, in welches die absolute Häufigkeit der Zahl „0" mit einer Wahrscheinlichkeit von 95 % fällt.

c) Erläutern Sie, was man unter dem 99 %-Prognoseintervall versteht. Weshalb muss dieses größer sein als das in Teil b) berechnete Intervall?

25 *Prognose*

Erläutern Sie, welche Rolle der Erwartungswert und die Sigma-Regeln spielen, wenn man eine Vorhersage über die Trefferanzahl bei einer Bernoulli-Kette machen will.

26 *Kaufverhalten*

Anwenden und Modellieren

Angenommen, der abgebildete Übergangsgraph soll das Wechselverhalten von Käufern zwischen den drei verschiedenen Kaffeesorten A, B und C darstellen, die ein Supermarkt anbietet.

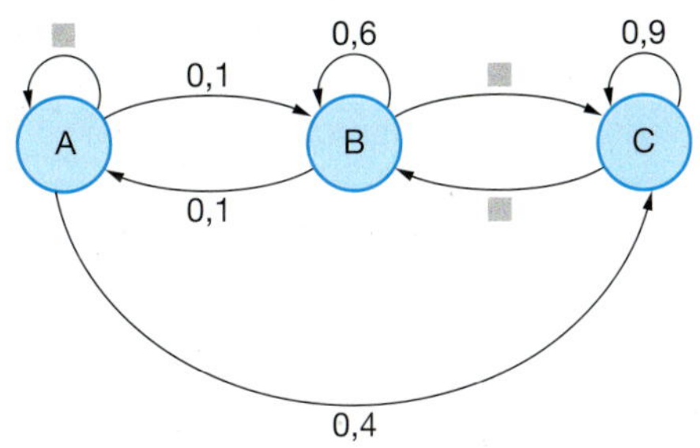

a) Die Daten sind unvollständig. Ergänzen Sie die fehlenden Daten.

b) Stellen Sie die Daten in einer Übergangsmatrix dar.

c) Wie verteilen sich die Käufer auf lange Sicht auf die drei Kaffeesorten. Beginnen Sie dabei mit der Gleichverteilung $\vec{v}_0 = \begin{pmatrix} \frac{1}{3} \\ \frac{1}{3} \\ \frac{1}{3} \end{pmatrix}$.

27 *Stochastische Prozesse*

Das Wechselverhalten von Pkws von einer Spur auf die andere einer zweispurigen Straße kann laut einer statistischen Untersuchung wie folgt beschrieben werden:
Innerhalb eines Zeitintervalls von einer Minute wechselt ein Pkw

- von der 1. auf die 2. Spur mit einer Wahrscheinlichkeit von 58 % – bleibt also mit einer Wahrscheinlichkeit von 42 % auf der 1. Spur,
- von der 2. Spur auf die 1. Spur mit einer Wahrscheinlichkeit von 63 % – bleibt also mit einer Wahrscheinlichkeit von 37 % auf der 2. Spur.

a) Stellen Sie das Wechselverhalten mithilfe eines Übergangsgraphen und einer Übergangsmatrix dar.

b) Welcher Anteil der Pkws befindet sich auf lange Sicht auf der 1. Spur, welcher Anteil auf der 2. Spur?

c) Berechnen Sie die Verteilung der Pkws auf die beiden Spuren auf lange Sicht auch durch Lösen eines LGS.

28 *Übergangsmatrizen und Übergangsgraphen*

a) Stellen Sie den nebenstehenden Übergangsgraphen durch eine Übergangsmatrix dar. Ergänzen Sie zunächst in dem Übergangsgraphen die fehlenden Übergangswahrscheinlichkeiten. Was müssen Sie beim Ergänzen der Wahrscheinlichkeiten beachten?

b) Berechnen Sie zu dem Ausgangszustand $\vec{z}_0 = \begin{pmatrix} 200 \\ 100 \\ 0 \end{pmatrix}$ die Zustände $\vec{z}_1$, $\vec{z}_{10}$ und $\vec{z}_{40}$.

c) Ermitteln Sie, bei welcher Verteilung sich auf lange Sicht eine stabile Verteilung einstellt.

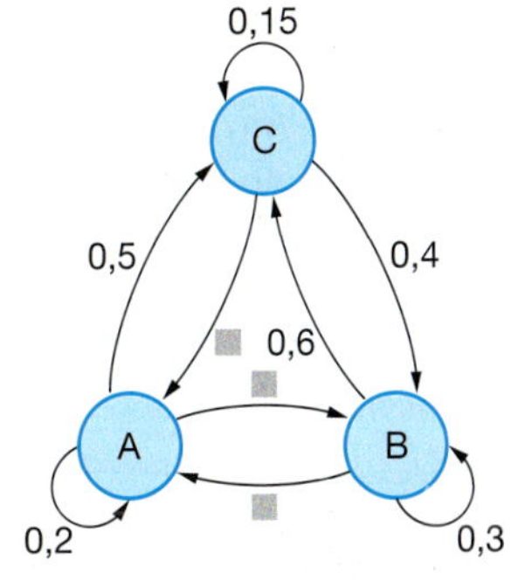

29 *Aufklärungsrate*

Laut Kriminalstatistik (PSK 2013 des BKA) beträgt die Aufklärungsquote bei dem Delikt „Raub" etwa 51,3 %. Eine Polizeidirektion hat ein Kommissariat gegründet, das sich mit neuen kriminaltechnischen Methoden beschäftigt und diese anwendet. Die Polizei hofft so, dass die Aufklärungsquote gesteigert werden kann.

a) Formulieren Sie die Nullhypothese und die Alternativhypothese.

b) In den ersten Monaten seit der Gründung des betreffenden Kommissariats wurden 32 von 45 Fällen aufgeklärt. Ist das ein Beleg dafür, dass das Kommissariat erfolgreich ist? Entscheiden Sie mithilfe des P-Wertes.

30 *Viele Deutsche planen eine Fernreise*

Im Jahr 2012 planten 14,6 % der Familien in Deutschland eine Fernreise. Um zu überprüfen, ob sich das Urlaubsverhalten der Deutschen geändert hat, wurde im Jahr 2013 eine Befragung von 100 zufällig ausgewählten Familien durchgeführt. Dabei äußerten 18 der befragten Familien, dass sie eine Fernreise planen. Die Vermutung liegt also nahe, dass insgesamt mehr Familien eine Fernreise planen. Beurteilen Sie mithilfe des P-Wertes, ob diese Vermutung stimmen könnte.

31 *Ergebnismenge und Wahrscheinlichkeitsverteilung*

Bestimmen Sie bei den folgenden Zufallsexperimenten jeweils die Wahrscheinlichkeitsverteilung auf der Ergebnismenge Ω. Welche Zufallsexperimente sind Laplace-Versuche?

(A) Aus einer Urne mit drei roten und zwei weißen Kugeln werden nacheinander zwei Kugeln mit Zurücklegen gezogen: $\Omega = \{(r,r); (r,w); (w,r); (w,w)\}$.

(B) Ein idealer Würfel wird geworfen: $\Omega = \{$gerade Augenzahl; ungerade Augenzahl$\}$.

(C) Aus einer Urne mit den Kugeln 1, 2, 3 wird zweimal ohne Zurücklegen eine Kugel gezogen: $\Omega = \{(1,2); (1,3); (2,1); (2,3); (3;1), (3;2)\}$.

(D) Aus einer Urne mit den Kugeln 1, 2, 3 wird zweimal mit Zurücklegen eine Kugel gezogen: $\Omega = \{(1,1); (1,2); (1,3); (2,1); (2,2); (2,3); (3,1); (3,2); (3,3)\}$.

32 *Situation und Wahrscheinlichkeitsverteilung*

Welche der folgenden Zufallsgrößen X kann durch die abgebildete Wahrscheinlichkeitsverteilung beschrieben werden?

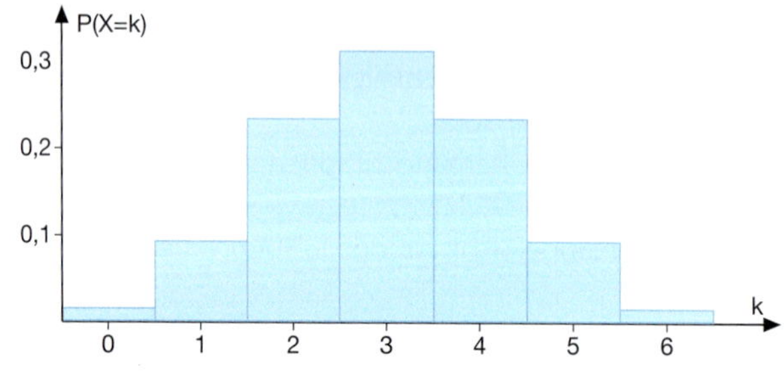

(A) Aus einer Urne mit vier roten und drei schwarzen Kugeln werden sechs Kugeln mit Zurücklegen gezogen. X ist die Anzahl der gezogenen schwarzen Kugeln.

(B) X ist die Anzahl der Rechtsentscheidungen beim Lauf einer Kugel durch ein sechsstufiges Galton-Brett.

(C) X ist die Anzahl der „Wappen" beim sechsmaligen Werfen einer Münze.

(D) X ist die Anzahl der „Dreien" beim sechsmaligen Werfen eines Würfels.

33 *Erwartungen beim idealen Würfel*

Ein idealer Würfel wird 6000-mal geworfen, die Anzahl k der „Einsen" wird gezählt.

Welche der nebenstehenden Aussagen beschreibt die Situation am „besten"?

A k ist exakt 1000.

B k ist mit hoher Wahrscheinlichkeit exakt 1000.

C k liegt mit großer Wahrscheinlichkeit „in der Nähe" von 1000.

34 *Streifzug quer durch die Stochastik*

Kommunizieren und Präsentieren

Bei der Bearbeitung dieser Aufgaben streifen Sie verschiedene Bereiche der Stochastik mit speziellen Begriffen und Verfahren. Halten Sie diese in einer Liste fest und erstellen Sie eine geordnete Übersicht. Ergänzen Sie diese durch Begriffe und Verfahren, die in Ihrem Stochastik-Kurs behandelt, aber in den Aufgaben nicht angesprochen wurden.

(A) Was ist wahrscheinlicher: Mit zwei idealen Würfeln die Augensumme 4 oder die Augensumme 5 zu werfen?

(B) Sie drehen zuerst das Glücksrad A und anschließend B. Wie groß ist die Wahrscheinlichkeit für folgende Ereignisse?
E_1: Genau eine der beiden Zahlen ist eine Primzahl
E_2: Höchstens eine der beiden Zahlen ist ungerade
E_3: Die Summe der beiden Zahlen ist zweistellig

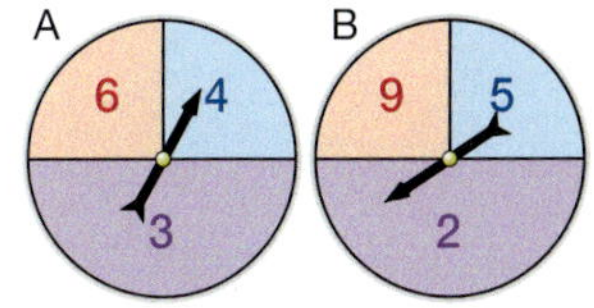

(C) Die Farbe des Sektors auf einem Glücksrad gibt an, wie viel € man gewinnt, wenn der Zeiger auf dem Sektor stehen bleibt.
- Benennen Sie die Zufallsgröße und ermitteln Sie die Verteilung.
- Ist das Spiel fair, wenn man 1,30 € Einsatz pro Spiel bezahlen muss?

(D) 9 % der Bevölkerung leidet an einer bestimmten Allergie. Ein Allergietest zeigt bei 90 % dieser Allergiker ein positives Resultat. Irrtümlicherweise reagiert er auch bei 0,9 % der Nichtallergiker positiv. Eine zufällig ausgewählte Person wird getestet. Mit welcher Wahrscheinlichkeit ...
a) ... erzielt die Versuchsperson ein positives Resultat?
b) ... ist die Versuchsperson, wenn der Test positiv ausfällt, trotzdem gesund?

(E) Statistische Untersuchungen an der Mailbox eines Benutzers haben ergeben, dass durchschnittlich 20 % der ankommenden Mails Spam ist. An einem Tag lädt der Benutzer 20 Mails von seiner Mailbox.
Berechnen Sie jeweils die Wahrscheinlichkeit dafür, dass mindestens fünf und höchstens zehn Mails Spam-Nachrichten sind.

(F) Bei Meinungsumfragen werden erfahrungsgemäß nur etwa $\frac{3}{4}$ der ausgewählten Personen angetroffen. Mit welcher Wahrscheinlichkeit werden …
a) … von 50 ausgewählten Personen mehr als 40 angetroffen?
b) … von 100 ausgewählten Personen höchstens 70 angetroffen?

(G) Wir würfeln mit dem Zufallszahlengenerator eines Computers und zählen das Auftreten der Augenzahl 6. Bei 1485 Würfen trat sie 234-mal auf. Ist der Zufallszahlengenerator brauchbar?

(H) Stochastische Prozesse werden beschrieben durch die Übergangswahrscheinlichkeiten von einem Zustand in den anderen.
An einer großen Kreuzung haben sich die zwei Discounter „Kmarkt" und „Hansis" sowie der Lebensmittelfachmarkt „WerM" niedergelassen. Ein Marktforschungsinstitut hat die folgende Käuferwanderung für einen Zeitraum von 4 Wochen herausgefunden:
- von „Kmarkt" zu „Hansis" 15 %, zu „WerM" 5 %, 80 % bleiben bei „Kmarkt".
- von „Hansis" zu „WerM" 20 %, zu „Kmarkt" 15 %, 65 % bleiben bei „Hansis".
- von „WerM" zu „Kmarkt" 20 %, zu „Hansis" 10 %, 70 % bleiben bei „WerM".

a) Stellen Sie die Käuferwanderung in einem Übergangsgraphen und mithilfe einer Übergangsmatrix dar.
b) Das Marktforschungsinstitut hat festgestellt, dass zur Zeit 25 % der Käufer in der Region bei „Kmarkt", 60 % bei „Hansis" und 15 % bei „WerM" einkaufen.
Berechnen Sie die Verteilung der Käufer nach 12 Wochen. Wie pendeln sich die Käuferzahlen auf lange Sicht ein, wenn die Käuferwanderung stabil bleibt?

Aufgaben zur Vorbereitung auf das Abitur*

1 *Reaktionsstärke und Empfindlichkeit*

In der Medizin wird die *Reaktionsstärke* **R** auf ein Medikament der Dosis x häufig durch eine ganzrationale Funktion vom Grad 3 beschrieben. Die *Empfindlichkeit* eines Körpers auf die Dosis x wird als Ableitung $R'(x)$ definiert.

a) Skizzieren und beschreiben Sie den Verlauf der Reaktionsstärke für $R(x) = x^2 \cdot (6 - 2x)$.
Erläutern Sie, in welcher Weise der grafische Verlauf der Reaktionsstärke sinnvoll ist. Das Modell ist so lange sinnvoll, wie die Reaktionsstärke positiv ist. Bestimmen Sie den Definitionsbereich von $R(x)$.

b) Für welchen Dosiswert ist die Reaktion jeweils am stärksten, für welchen die Empfindlichkeit?
Erläutern Sie mithilfe des Begriffs der Ableitung und ihrer Bedeutung, dass es sinnvoll ist, die Empfindlichkeit durch die Ableitung zu definieren.
Zeigen Sie für $R(x)$:
Die stärkste Empfindlichkeit liegt bei der Hälfte der stärksten Reaktion.

c) In Verallgemeinerung von $R(x)$ beschreibt $R_k(x) = x^2 \cdot (k - 2x)$ die Reaktionsstärke.
- Ordnen Sie den Graphen passende Werte für k zu.
- Für welchen Wert von k wirkt die Dosis 4 maximal?
- Warum muss $k > 0$ gefordert werden?

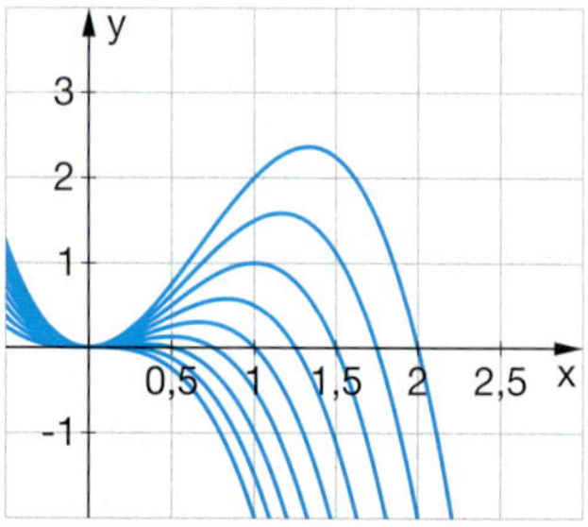

2 *Konzentration eines Medikaments*

Die Konzentration eines Medikaments in der Leber kann näherungsweise durch eine ganzrationale Funktion f vom Grad 3 ($f(t) = at^3 + bt^2 + ct + d$) beschrieben werden (t: Zeit in Stunden, f(t): Menge in mg). Zum Zeitpunkt $t = 0$ erfolgt die Einnahme.

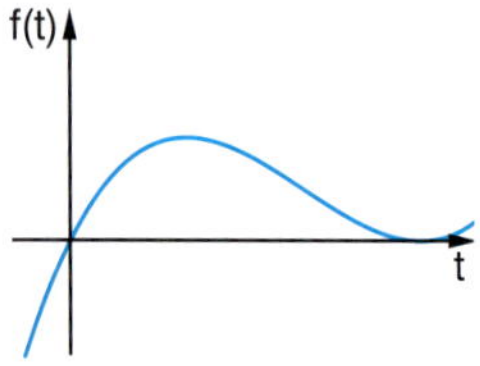

a) Über ein Medikament weiß man bei einer gewissen Dosierung:
(1) Die momentane Änderungsrate der Konzentration bei der Einnahme ist $1\,\frac{\text{mg}}{\text{h}}$.
(2) Die maximale Konzentration ist nach zwei Stunden vorhanden.
(3) Nach vier Stunden ist die Abnahme der Konzentration am größten.
Entwickeln Sie die zu den Informationen passende Funktion 3. Grades mit der Gleichung $f(t) = \frac{1}{36}t^3 - \frac{1}{3}t^2 + t$.
Das Modell ist sinnvoll, solange das Medikament in der Leber nicht vollständig abgebaut ist. Bestimmen Sie den passenden Definitionsbereich.

b) Für die medizinische Wirksamkeit kommt es neben der Menge des Wirkstoffes auch auf die Zeit an, in der der Wirkstoff für den Körper zur Verfügung steht. Das Produkt aus Menge und Zeit wird „Wirksamkeit" genannt.
Berechnen Sie die Wirksamkeit des Medikaments.

c) Die Funktionen $f_a(t) = a \cdot \left(\frac{1}{36}t^3 - \frac{1}{3}t^2 + t\right)$ und $f_b(t) = \frac{1}{36}t^3 - \frac{1}{3}t^2 + t + b$ beschreiben Verallgemeinerungen von f(t). Skizzieren Sie für $0 < a < 3$ und $0 < b < 3$ jeweils einige der Funktionen.
Beschreiben Sie jeweils die geometrische Bedeutung des Graphenverlaufs in Abhängigkeit von a bzw. b und die Bedeutung von a bzw. b im Sachkontext. Warum müssen $a > 0$ und $b > 0$ gelten?

*) Die Lösungen zu den Abituraufgaben finden Sie im Internet unter www.schroedel.de/nw-85813.

3 *Kostenfunktionen*

Die Grafiken zeigen verschiedene Kostenfunktionen
(x: Produktionsmenge in 100/Zeiteinheit; y: Kosten in 1000 €).

(1) Lineare Funktion

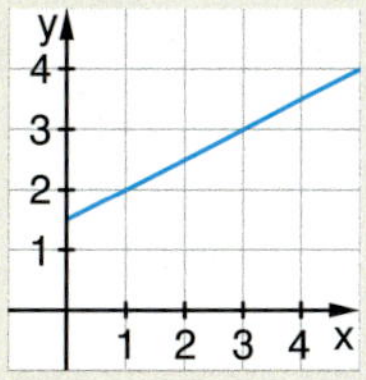

(2) Quadratische Funktion

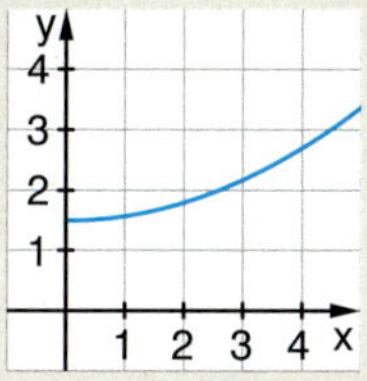

(3) Polynom 3. Grades

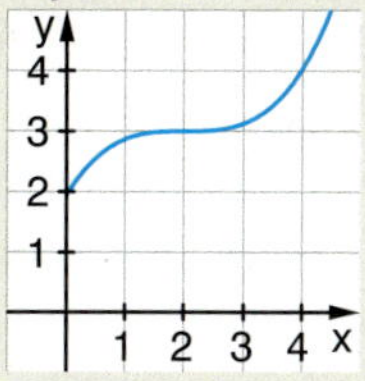

a) Beschreiben Sie jeweils kurz die Entwicklung der Produktionskosten in Abhängigkeit von der produzierten Menge. Benutzen Sie dazu auch die Änderung der Kosten. Ermitteln Sie zu den drei Modellen jeweils eine Funktionsgleichung.

b) Durch $K(x) = \frac{1}{10}x^3 - \frac{3}{5}x^2 + \frac{6}{5}x + \frac{16}{5}$ ist eine Kostenfunktionen im Intervall $I = [0;5]$ gegeben (x und y wie im obigen Kasten). Skizzieren Sie die Funktion.

Bestimmen Sie den Wendepunkt und die Steigung im Wendepunkt. Welche inhaltliche Bedeutung hat das Ergebnis hier?

c) Eine Umsatzfunktion zur Kostenfunktion K(x) ist $U_1(x) = 1{,}5x$. Untersuchen Sie mit der Gewinnfunktion G mit $G(x) = U_1(x) - K(x)$, wann die Firma Gewinn macht, und wie groß dieser maximal sein kann.

Was ändert sich bezüglich des Gewinns, wenn $U_2(x) = x$ oder $U_3(x) = 2x$ die Umsatzfunktionen sind?

Ermitteln Sie grafisch-numerisch einen Wert für p so, dass mit $U_p(x) = p \cdot x$ ein Gewinn gemacht werden kann.

4 *Ein Dachprofil*

Das Dachprofil eines Cafés soll mit einer ganzrationalen Funktion 3. Grades modelliert werden. Die Grundrissfläche des Gebäudes ist ein Quadrat mit der Seitenlänge 16 m.

a) Stellen Sie die Bedingungen und die zugehörigen Gleichungen auf und leiten Sie die näherungsweise Lösungsfunktion $f(x) = 0{,}0025x^3 - 0{,}07x^2 + 0{,}4x + 4$ her.
Nennen Sie die zusätzlich notwendigen Bedingungen, wenn D Tiefpunkt und C Wendepunkt sein sollen. Welcher Funktionstyp muss dann zum Ansatz kommen?

b) Bestimmen Sie den Inhalt der sichtbaren Frontfläche in m^2.
Wie groß ist der Rauminhalt des Cafés?

c) Am Rand (Punkt A und Punkt D) sollen geradlinige Dachüberstände knickfrei angebaut werden. Geben Sie jeweils eine Gleichung für die Geradenstücke an.

d) Ermitteln Sie einen Schätzwert für die Größe der Dachfläche.

5 *Eine Straße*

Eine geradlinige, parallel zur x-Achse verlaufende Straße ist jeweils bis zu den Anschlussstellen A(0 | 2) und C(5 | 2) fertiggestellt. Jetzt soll das fehlende Stück gebaut werden, allerdings so, dass die Straße an dem in B(4 | 1) gelegenen Zoo vorbeiführt (x und y in 100 m).

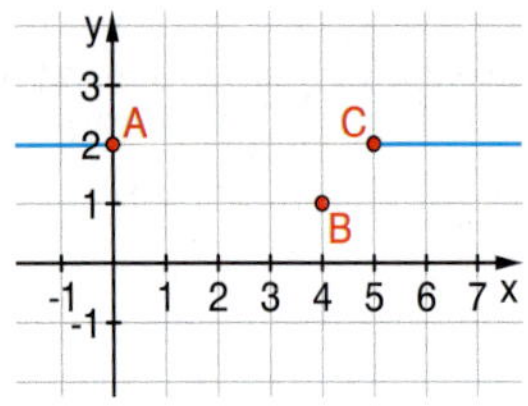

a) Ermitteln Sie eine Polynomfunktion f mit möglichst geringem Grad, die eine knickfreie Verbindung herstellt $\left(\text{zur Kontrolle: } f(x) = -\frac{1}{16}x^4 + \frac{5}{8}x^3 - \frac{25}{16}x^2 + 2\right)$.

b) $g(x) = \frac{1}{64}x^6 - \frac{15}{64}x^5 + \frac{75}{64}x^4 - \frac{125}{64}x^3 + 2$ liefert ebenfalls eine knickfreie Verbindung. Weisen Sie dies nach. Welche Eigenschaft hat aber g darüber hinaus?

Skizzieren Sie f und g und vergleichen Sie beide möglichen Verbindungen. Welche Argumente sprechen jeweils für f bzw. für g?

c) Ein Ingenieurbüro erarbeitet noch einen anderen Vorschlag:

$$h(x) = \begin{cases} \frac{13}{28}x^3 - \frac{15}{32}x^2 + 2 & \text{für } 0 \le x \le 4 \\ -\frac{7}{8}x^3 + \frac{45}{4}x^2 - \frac{375}{8}x + \frac{129}{2} & \text{für } 4 \le x \le 5 \end{cases}$$

Zeigen Sie, dass auch h in A, B und C keine Knicke hat.

Skizzieren Sie h in obiger Skizze und vergleichen Sie diese Lösung mit f und g.

d) Wie groß ist die Fläche, die h mit der geradlinigen Verbindung von A und C umschließt?

6 *Funktionsuntersuchung 1*

Gegeben ist die Funktion f mit $f(x) = -\frac{1}{8}x^3 + \frac{3}{4}x^2$.

a) Skizzieren Sie f.
Weisen Sie nach, dass W(2 | 2) Wendepunkt des Graphen von f ist.
Bestimmen Sie die Steigung des Graphen an den Stellen $x = -2$ und $x = 6$ sowie im Wendepunkt.
Begründen Sie, dass der Graph von f in keinem Punkt eine größere Steigung als in W besitzt.

b) Ermitteln Sie den Inhalt der Fläche, die der Graph von f mit dem Graphen von g mit $g(x) = -\frac{1}{2}x + 3$ umschließt.

Interpretieren Sie die Bedeutung der Gleichung $\int_{-2}^{6} (f(x) - g(x))\,dx = 0$.

Geben Sie eine Bedingung für a an, sodass $\int_{a}^{10} (f(x) - g(x))\,dx = 0$ gilt.

Beschreiben Sie allgemein, wie die Integrationsgrenzen gewählt werden müssen, damit das Integral den Wert 0 hat.

c) Zeigen Sie:

(A) $$\int_{-2}^{4} (4 - f(x))\,dx = \int_{0}^{6} f(x)\,dx$$

Geben Sie für obige Formel eine anschauliche Begründung.

(B) Die Gerade durch den Ursprung und den Wendepunkt verläuft auch durch den Hochpunkt.

7 *Funktionsuntersuchung 2*

Gegeben ist die Funktion f mit $f(x) = -\frac{1}{4}x^4 + 2x^2$.

a) Bestimmen Sie die Koordinaten der Schnittpunkte des Graphen von f mit den Koordinatenachsen. Wie groß ist die Steigung in diesen Punkten? Berechnen Sie die Extrem- und Wendepunkte.

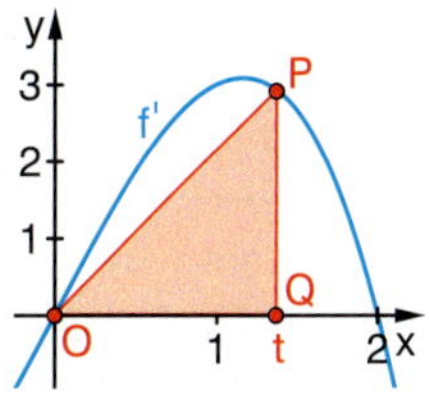

b) $P(t|f'(t))$ ist ein Punkt von f' im 1. Quadranten.
Wie muss t gewählt werden, damit das Dreieck OQP einen maximalen Flächeninhalt hat? Wie groß ist dieser Flächeninhalt dann?

c) Es wird jetzt die Funktionenschar f_a mit $f_a(x) = a \cdot \left(-\frac{1}{4}x^4 + 2x^2\right)$; $a > 0$ betrachtet.

- Welche geometrische Auswirkung hat das a auf die Graphen von f_a? Skizzieren Sie einige Kurven der Schar.
- Begründen Sie ohne Rechnung, dass die Nullstellen von f_a unabhängig von a sind.
- Für den Flächeninhalt F(a), den die Graphen von f_a mit der x-Achse einschließen, gilt: $F(a) = \frac{64\sqrt{8}}{15}a$

  Erläutern Sie den Satz: *Dieser Flächeninhalt ist proportional zu a.*

8 *Eine Digitalkamera*

Die Firma KONIN bringt eine neue Digitalkamera auf den Markt. Aus Erfahrung mit der Verkaufsentwicklung anderer, ähnlicher Produkte weiß die Firma, dass die Funktion f mit $f(x) = 800 \cdot x \cdot e^{-0,1x}$; $x > 0$, die Verkaufsentwicklung gut beschreibt (x: Zeit nach Verkaufsbeginn in Wochen; f(x): Stückzahl pro Woche).

a) Skizzieren Sie den Graphen von f. Beschreiben Sie den Verlauf der Verkaufsentwicklung. Weisen Sie die langfristige Entwicklung auch am Funktionsterm nach. Nennen Sie Gründe, warum der beschriebene Verlauf plausibel ist.

b) In welcher Woche werden am meisten Kameras verkauft werden?
Mit den Großhändlern ist vereinbart, dass die Bestellmengen reduziert werden, wenn die Abnahme der wöchentlichen Verkaufszahlen am größten ist. Wann tritt dies ein?

c) Zeigen Sie, dass $G(x) = 80\,000 - 8000 \cdot (x + 10) \cdot e^{-0,1x}$ die Gesamtanzahl der nach x Wochen verkauften Kameras beschreibt.
Wie viele Kameras werden im ersten halben Jahr verkauft?

d) Die Produktionskapazität der Firma liegt bei 2000 Kameras pro Woche. Begründen Sie anhand der Skizze, dass vor dem Verkaufsstart Kameras produziert sein müssen, damit zu jedem Zeitpunkt genügend Kameras bereitstehen.
Wie viele Kameras müssen vorweg produziert sein?

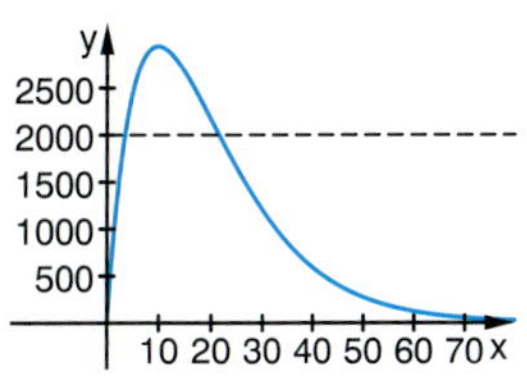

9 *Ein blutdrucksenkendes Mittel*

Es wird das Anwachsen und Abfallen der Wirkung eines bestimmten blutdrucksenkenden Mittels betrachtet. Zahlreiche Tests haben ergeben, dass der zeitliche Verlauf der Wirkung in Abhängigkeit der eingenommenen Dosis d jeweils gut für $x \geq 0$ näherungsweise durch die folgenden Funktionen beschrieben werden kann
(x: Zeit in Stunden; y: Wirkung in Prozent):

d = 2 mg: $f_2(x) = 28 \cdot x^2 \cdot e^{-x}$
d = 5 mg: $f_5(x) = 100 \cdot x^2 \cdot e^{-x}$
d = 8 mg: $f_8(x) = 64 \cdot x^2 \cdot e^{-x}$

a) Skizzieren Sie drei Kurven. Beschreiben Sie jeweils die Wirkung im Verlaufe der Zeit. Nennen Sie Gemeinsamkeiten und Unterschiede.

b) Ermitteln Sie jeweils den Zeitpunkt und die Größe der maximalen Wirkung.
Oft wird behauptet *„Viel hilft sofort"*. Nehmen Sie dazu unter Bezugnahme auf die drei Funktionen Stellung.

c) Neben der größten auftretenden Wirkung für jede verabreichte Menge d spielt die Summe aller Wirkungen innerhalb relevanter Zeitspannen eine wichtige Rolle. Eine relevante Wirkungszeitspanne bildet der Zeitraum zwischen den beiden Zeitpunkten mit der stärksten Wirkungsänderung.
Bestimmen Sie diese beiden Zeitpunkte für die Dosis 5 mg.

Hinweis:
$f_5''(x) = (100x^2 - 400x + 200)e^{-x}$

Bestimmen Sie grafisch-numerisch die Summe der Wirkungen im relevanten Zeitraum. Veranschaulichen Sie die Wirksumme grafisch. Vergleichen Sie anschaulich mit der Wirksumme der anderen beiden Dosen. Häufig wird die Meinung *„viel hilft viel"* vertreten; nehmen Sie Stellung.

10 *Eine Hängebrücke*

Die Skizze zeigt eine Hängebrücke in Seitenansicht. Die Pylone sind 80 m hoch und haben einen Abstand von 1200 m voneinander.

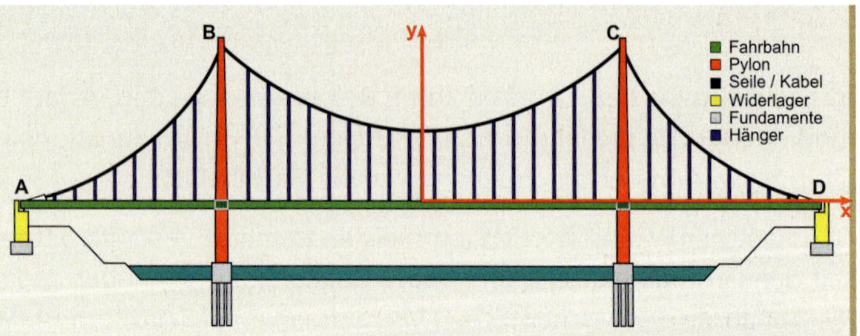

Die Widerlager haben einen Abstand von 400 m von den Pylonen. Die Seile haben im Widerlager eine Steigung von 0,05. Das Seil in der Mitte hängt 40 m über der Fahrbahn.

a) Modellieren Sie mithilfe von ganzrationalen Funktionen möglichst niedrigen Grades den Verlauf der Spanndrahtseile durch Funktionen f_1, f_2, f_3
(1) von A nach B, (2) von B nach C, (3) von C nach D.
Skizzieren Sie die Graphen der Modellierungsfunktionen.

b) Es soll der Seilverlauf von B nach C jetzt mit einer Funktion des Typs $f_{k,c}(x) = e^{kx} + e^{-kx} + c$ modelliert werden. Bestimmen Sie c und stellen Sie eine Gleichung zur Bestimmung von k auf. Weisen Sie nach, dass k = 0,006 23 das Seil gut modelliert.

c) Vergleichen Sie die Modelle f_2 und $f_{k,c}$. Wo ist die Abweichung voneinander am größten?

11 *Fichtenwachstum*

Die Wachstumsgeschwindigkeit einer Fichte kann in Abhängigkeit der Zeit durch $f(x) = 0{,}3 \cdot x \cdot e^{-0{,}1x}$ beschrieben werden (x: Zeit in Jahren; f(x): momentane Wachstumsrate in m/Jahr).
Zum Zeitpunkt t = 0 hat die Fichte eine Höhe von ca. 1 m.

a) Skizzieren Sie den Graphen von f und beschreiben Sie das Wachstum der Fichte im Laufe der Jahre.

Bestimmen Sie f(30) und interpretieren Sie das Ergebnis im Sachzusammenhang.

b) Wann wächst die Fichte am stärksten, wie groß muss dann die Wachstumsgeschwindigkeit sein?

c) Begründen Sie anschaulich anhand des Graphen, dass die Fichte nach 20 Jahren weniger als 20 Meter hoch ist.

Zeigen Sie, dass $F(x) = -3 \cdot (x + 10) \cdot e^{-0{,}1x} + c$ die Menge der Stammfunktionen von f ist. Berechnen Sie die zu erwartende Höhe der Fichte nach 20 Jahren.
Wie groß wird die Fichte werden?

Skizzieren Sie ein *Zeit-Höhen-Diagramm* und vergleichen Sie dies mit Ihrer Beschreibung in Teilaufgabe a).

d) Auf öffentlichen Plätzen werden Fichten mit 8 m Höhe als Weihnachtsbäume aufgestellt. Wann müssen die Fichten gefällt werden?

12 *Algenwachstum*

Auf einem kleinen See von ca. 6000 m^2 Größe kommt es im Sommer zu einer „Algenpest". Zu Beginn der Beobachtung (t = 0) ist die von Algen bedeckte Fläche etwa 200 m^2 groß, am Ende einer Woche (t = 7) sind bereits 350 m^2 Wasserfläche bedeckt.

a) Zwei Gruppen beschreiben das Wachstum durch zwei unterschiedliche Modelle:
(1) $L(t) = a \cdot t + b$; (2) $E(t) = A \cdot e^{kt}$.

Bestimmen Sie zu beiden Modellen die passenden Werte für die Parameter.

Wann wäre nach (1) und (2) der See vollständig mit Algen bedeckt?

Warum sind beide Modelle nicht zur Beschreibung des Algenwachstums über einen langen Zeitraum geeignet?

Aus Erfahrung weiß man, dass die „Algenpest" nach einem Höhepunkt wieder abnimmt und im Herbst verschwindet.

b) Zeigen Sie, dass sowohl $G_1(t) = 200 \cdot e^{0{,}09t - 0{,}001t^2}$ als auch $G_2(t) = 200 \cdot e^{0{,}1t - 0{,}0025t^2}$ zu der Erfahrung und den Messwerten passende Funktionen sind.

Wie groß wird die von Algen bedeckte Fläche nach den beiden Modellen jeweils maximal werden?

Wie könnte man eine Entscheidung finden, welches Modell besser ist?

13 *Viereck*

Ein Quader ABCDEFGH hat die Kantenlängen $\overline{DA} = 6\,cm$, $\overline{DC} = 4\,cm$ und $\overline{DH} = 4\,cm$. M ist der Mittelpunkt der Kante $\overline{CG}$.

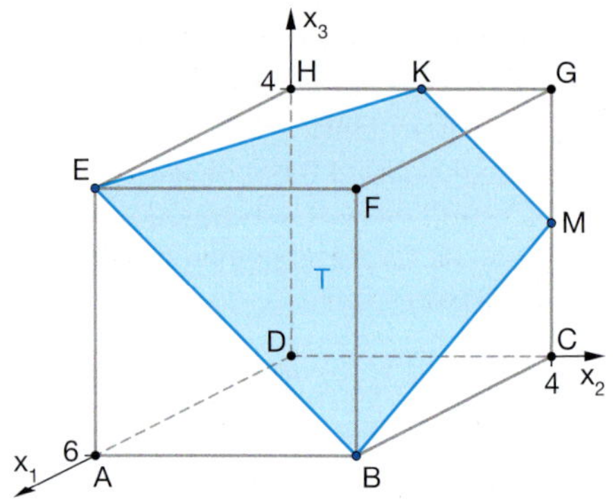

a) Geben Sie eine Gleichung der Ebene T an, die durch die Punkte E, B und M bestimmt ist.

b) Zeigen Sie rechnerisch, dass der Mittelpunkt K der Kante $\overline{GH}$ ein Punkt der Ebene T ist.

c) Bestimmen Sie den Schnittpunkt S der Raumdiagonalen $\overline{DF}$ mit der Ebene T. Ist S gleichzeitig Diagonalenschnittpunkt der Geraden EM und BK?

d) Entscheiden Sie, ob die Raumdiagonale $\overline{DF}$ orthogonal zur Ebene T ist.

e) Zeigen Sie, dass die Länge von $\overline{EB}$ das Doppelte der Länge von $\overline{KM}$ ist und dass die Längen von $\overline{EK}$ und $\overline{BM}$ gleich sind. Was bedeutet dies geometrisch?

f) Bestimmen Sie die Innenwinkel des Vierecks EBMK.

14 *Oktaeder*

Ein Würfel hat die Kantenlänge 4 und liegt im Koordinatenursprung.

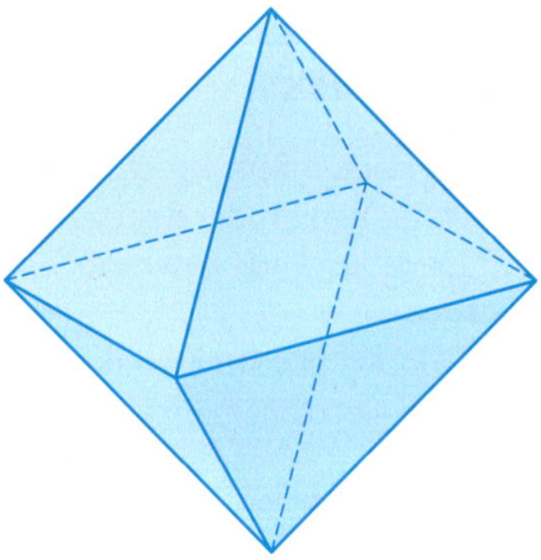

a) Die sechs Mittelpunkte der Seitenflächen des Würfels bilden die Eckpunkte eines Oktaeders. Zeichnen Sie das Oktaeder.

b) Begründen Sie geometrisch an der Zeichnung und rechnerisch, dass die Kantenlänge des Oktaeders halb so lang ist wie die Diagonale einer Würfelseitenfläche.

15 *Quader in einer Pyramide*

In eine quadratische Pyramide ABCDS mit der Kantenlänge 4 und der Höhe 6 sollen Quader mit quadratischer Grundseite a und unterschiedlicher Höhe h einbeschreiben werden.

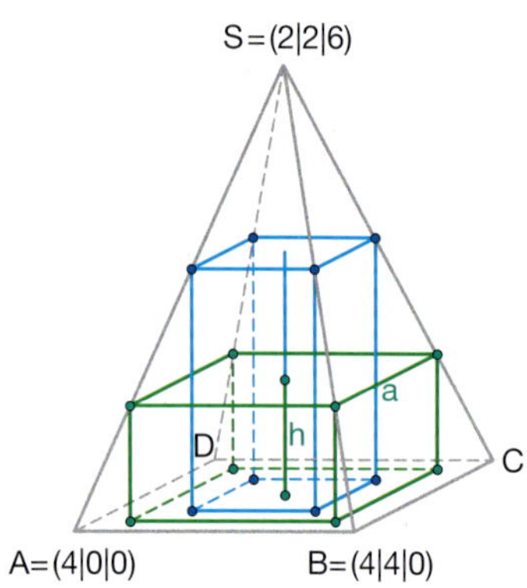

a) Bestimmen Sie die Eckpunkte des Quaders mit h = 3 und berechnen Sie sein Volumen.

b) Für welches h ist der Quader ein Würfel? Bestimmen Sie das Volumen dieses Würfels.

16 *Marktplatz*

Der Marktplatz einer kleinen Stadt – ein $30 \times 40\,m^2$ großes Rechteck – soll mit einer Plane überdacht werden. Diese soll an den Enden von vier – unterschiedlich langen – Pfosten befestigt werden, die in den Ecken des Grundstücks errichtet werden.
Im Koordinatensystem (1 LE $\triangleq$ 10 m) können die Fuß- und Endpunkte der Pfosten dargestellt werden durch:
$P = (0|0|0)$, $Q = (3|0|0)$, $R = (3|4|0)$, $S = (0|4|0)$, $T = (0|0|0{,}5)$, $U = (3|0|1)$, $V = (3|4|1{,}5)$, $W = (0|4|2)$

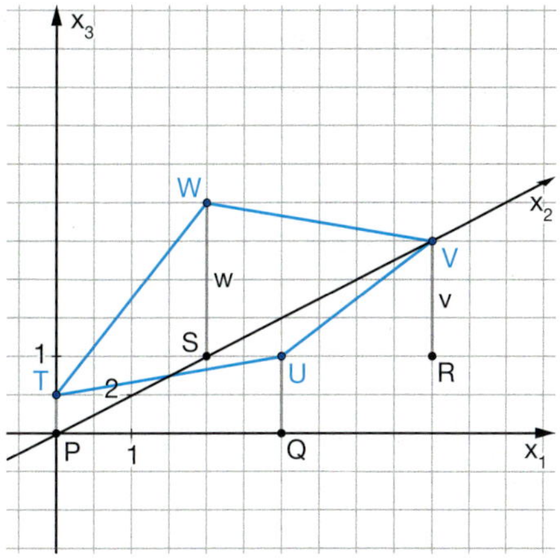

a) Beim Aufstellen der Pfosten kommen den Arbeitern Zweifel, ob die vorgegebenen Höhen der Pfosten zu einer ebenen Plane führen.
Zeigen Sie, dass die Zweifel berechtigt sind und ändern Sie die Höhe von w so ab, dass nun die Punkte T, U, V und W in einer Ebene liegen.
b) Zeigen Sie, dass das in a) aufgetretene Problem auch dadurch gelöst werden kann, dass die Pfosten in R und S getauscht werden.
Bezeichnen Sie die geänderten Eckpunkte mit V′ und W′ und zeichnen Sie die geänderte Plane in eine Skizze ein. Weisen Sie nach, dass jetzt die Pfostenendpunkte auf einer Ebene liegen.
c) Nun soll die Plane für das gemäß b) geänderte Gestell bestellt werden. Es wird vermutet, dass ihre Fläche ca. $1\,000\,m^2$ beträgt. Begründen Sie ohne den Flächeninhalt der Plane zu berechnen, dass dies nicht sein kann. Weisen Sie nach, dass die Plane die Form eines Parallelogramms hat.

17 *Pyramide*

Gegeben ist die quadratische Pyramide mit den Eckpunkten $A = (4|0|0)$, $B = (4|4|0)$, $C = (0|4|0)$, $D = (0|0|0)$ und $S = (2|2|4)$.

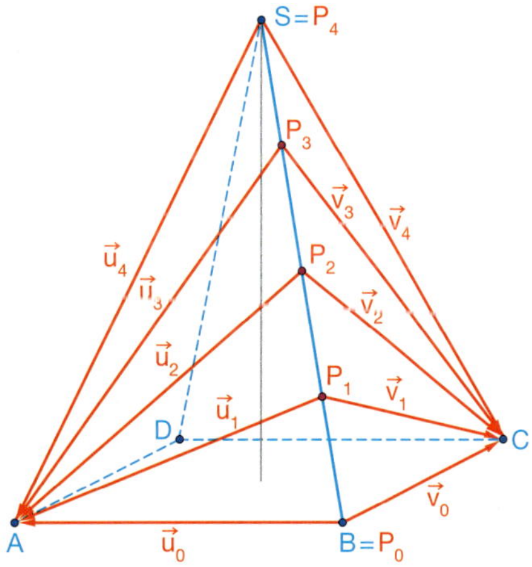

a) Zeichnen Sie ein Schrägbild der Pyramide.
b) Berechnen Sie die Länge von $\overline{BS}$ und den Winkel $\sphericalangle$ BSD.
c) Mit P_h werden die Punkte von $\overline{BS}$ mit der x_3-Koordinate h bezeichnet. Tragen Sie $P_1 = (3{,}5|3{,}5|1)$, $P_2 = (3|3|2)$, und $P_3 = (2{,}5|2{,}5|3)$ in das Schrägbild ein und bezeichnen Sie B mit P_0 und S mit P_4.
Bestätigen Sie, dass P_2 auf $\overline{BS}$ liegt.
Nun werden die Dreiecke AP_hC mit den Seitenvektoren $\overrightarrow{P_hA} = \vec{u}_h$ und $\overrightarrow{P_hC} = \vec{v}_h$ betrachtet. Es soll die Änderung der Winkel α_h in P_h in Abhängigkeit von h untersucht werden. Die Winkel $\alpha_0 = 90°$, $\alpha_3 = 85{,}08°$ und $\alpha_4 = 70{,}53°$ legen die Vermutung nahe, dass α_h mit wachsendem h kleiner wird.
Berechnen Sie α_1 und α_2 und nehmen Sie Stellung zu der obigen Vermutung.
d) Bestimmen Sie die Koordinaten der Punkte P_h sowie der Vektoren $\vec{u}_h$ und $\vec{v}_h$ und bestätigen Sie, dass Folgendes gilt: $\cos(\alpha_h) = \frac{1{,}5h^2 - 4h}{1{,}5h^2 - 4h + 16}$

Laplace-Versuch

18 *Würfelspiele*

Für Würfelspiele werden häufig Spielwürfel genutzt, die deckungsgleiche, regelmäßige Seitenflächen haben.

Tetraeder

Oktaeder

Dodekaeder

a) *Laplace-Versuche*
Kann man das Werfen der Würfel als Laplace-Versuch ansehen? Welche Bedingungen müssen dazu erfüllt sein?

b) *Wahrscheinlichkeiten*
Bestimmen Sie die Wahrscheinlichkeit der folgenden Ereignisse.

A: Beim gleichzeitigen Werfen des Tetraeders und Oktaeders treten zwei Einsen (Pasch) auf.

B: Beim gleichzeitigen Werfen des Tetraeders und Dodekaeders ist die Augensumme kleiner als 3.

C: Beim gleichzeitigen Werfen der drei Würfel treten drei gleiche Augenzahlen (Pasch) auf.

D: Beim vierfachen Werfen eines Oktaeders beträgt die Summe der Augenzahlen mindestens 31.

c) *Tetraederspiel für zwei Personen*
Pro Runde würfelt ein Spieler mit dem Tetraeder, solange er will. Die erzielten Augenzahlen werden addiert. Fällt aber eine „1“, so erhält der Spieler für diese Runde keine Punkte und der nächste Spieler ist an der Reihe. Tina will in einer Runde so lange würfeln, bis sie mindestens fünf Punkte erzielt hat. Wie oft muss sie dazu würfeln? Wie groß ist die Wahrscheinlichkeit, dass ihr das in einer Runde gelingt?

Binomialverteilung

19 *Stornierungen und Überbuchungen*

Eine Fluggesellschaft setzt auf einer bestimmten Flugroute nur Flugzeuge mit 100 Plätzen ein. Im letzten Jahr waren die Flüge stets ausgebucht, durchschnittlich wurden aber 20 % der gebuchten Plätze kurzfristig storniert. Ein Flug kostete 250 Euro, im Fall einer späten Stornierung waren 100 Euro zu zahlen.
Um die Zahl der späten Stornierungen zu senken, verlangt die Fluggesellschaft ab diesem Jahr bei gleichbleibendem Flugpreis für eine Stornierung 125 Euro. Im Juli dieses Jahres wurde ermittelt, dass die Stornierungen auf 10 % zurückgegangen sind.

Nehmen Sie im Folgenden an, dass in beiden Fällen die Anzahl der Passagiere, die fliegen bzw. stornieren, binomialverteilt ist.

a) *Wahrscheinlichkeiten*
Wie groß ist in den beiden Jahren jeweils die Wahrscheinlichkeit, dass bei einem Flug
(1) genau 16 Plätze (2) höchstens 10 Plätze storniert wurden?

b) Welche Einnahmen konnte die Fluggesellschaft im letzten und in diesem Jahr pro Flug erwarten?

c) Welche Bedingungen müssen erfüllt sein, damit das Modell der Binomialverteilung zugrunde gelegt werden kann?

20 *Womit ist zu rechnen? Vorhersagen mit Wahrscheinlichkeitsrechnung*

Prognoseintervall, Sigma-Regeln

In einer Kreisstadt gibt es ein großes und ein kleines Krankenhaus. In der Kreisstadt werden im Schnitt pro Woche 40 Kinder geboren, in der Hauptstadt sind es wöchentlich im Schnitt 80 Kinder. In den beiden vergangenen Jahren wurden in beiden Städten die Wochen gezählt, in denen mindestens 60 % der Kinder männlich waren. Es stellte sich heraus, dass in der Kreisstadt rund dreimal so häufig ein Jungenüberschuss von 60 % festgestellt wurde wie in der Hauptstadt.

a) Ist dies Zufall? Berechnen Sie für beide Städte die Wahrscheinlichkeit, dass pro Woche 60 % oder mehr der Geburten Jungengeburten sind. Gehen Sie davon aus, dass die Wahrscheinlichkeit einer Jungengeburt 50 % beträgt.

b) Berechnen Sie für beide Städte die Wahrscheinlichkeit, dass die Anzahl der Jungengeburten um höchstens 10 % von dem Erwartungswert abweicht.

c) Berechnen Sie, in welches zum Erwartungswert symmetrische Intervall die Anzahl der Jungengeburten in beiden Städten mit einer Wahrscheinlichkeit von mindestens 90 % fällt. Verwenden Sie dazu die Sigma-Regeln.

d) Die in Teil c) berechneten Intervalle nennt man das 90 %-Prognoseintervall. Erläutern Sie den Begriff 90 %-Prognoseintervall.

21 *Zeitkarten im öffentlichen Verkehrsnetz*

Hypothesen, Beurteilen mit P-Wert

Der Betreiber eines öffentlichen Verkehrsnetzes in einer Großstadt geht davon aus, dass 40 % der Fahrgäste sogenannte Zeitkarteninhaber sind. Um den Anteil an Fahrgästen mit Zeitkarten zu überprüfen, werden in regelmäßigen Abständen Stichproben durchgeführt. Mit der binomialverteilten Zufallsgröße X wird die Anzahl der Fahrgäste mit Zeitkarten beschrieben.

a) Erläutern Sie, welche Bedeutung in diesem Zusammenhang der folgende Term sowie dessen einzelne Faktoren haben: $\binom{3}{2} \cdot 0{,}4^2 \cdot 0{,}6^1$.

b) Bestimmen Sie die Wahrscheinlichkeit, dass in einer Stichprobe von 100 Fahrgästen mindestens 35 und höchstens 45 Fahrgäste Zeitkarteninhaber sind.

c) Eine Marketingfirma, die vom Betreiber der Stadt beauftragt wird, soll herausfinden, ob sich der Anteil der Zeitkarteninhaber verändert hat. Dazu erhebt sie eine Stichprobe von 150 Fahrgästen und stellt fest, dass in dieser Stichprobe 73 Zeitkarteninhaber sind. Formulieren Sie die Null- und die Alternativhypothese. Entscheiden Sie mithilfe des P-Wertes, ob die Nullhypothese auf dem 5 %-Niveau abgelehnt werden kann oder nicht.

22 *Glücksrad*

Hypothesen, Beurteilen mit P-Wert

Ein Glücksrad hat die Sektoren mit den Zahlen 1, 2 und 3 mit folgender Wahrscheinlichkeitsverteilung:

Sektor	1	2	3
Wahrscheinlichkeit	0,2	0,3	0,5

a) Wie oft muss man das Glücksrad mindestens drehen, um mit einer Wahrscheinlichkeit von mindestens 95 % wenigstens einmal die Zahl 1 zu erhalten?

b) Es besteht der Verdacht, dass die Wahrscheinlichkeit für die Zahl 1 größer als 0,2 ist. Beschreiben Sie, wie Sie diesen Verdacht überprüfen würden.
Formulieren Sie dazu die Nullhytpthese und die Alternativhypothese. Beschreiben Sie, wie man mit dem P-Wert das Ergebnis einer Stichprobe bewerten kann.

c) Warum liefert ein noch so kleiner P-Wert keine 100 %-ige Sicherheit, wenn man sich gegen H_0 entscheidet?

Stochastische Prozesse, Übergangsmatrizen

23 *Telefongesellschaften*

Zwei Telefongesellschaften *Tecom* und *coTe* konkurrieren um Kunden. Andere Anbieter gibt es nicht. Die Matrix A stellt das Wechselverhalten von Kunden der beiden Firmen innerhalb von drei Monaten dar.

$$A = \begin{pmatrix} 0{,}6 & 0{,}3 \\ 0{,}4 & 0{,}7 \end{pmatrix}$$

a) Übersetzten Sie die Daten der Matrix in einen Übergangsgraphen.

b) Angenommen, anfangs beträgt der Anteil der *Tecom*-Kunden 90 % und der Anteil der *coTe*-Kunden 10 %. Berechnen Sie die Verteilung der Kunden auf die beiden Anbieter nach 3, 6 und 9 Monaten. Setzen Sie voraus, dass das Wechselverhalten gleich bleibt.

c) Bei welcher Verteilung stabilisiert sich die Verteilung der Kunden auf lange Sicht? Lösen Sie diese Aufgabe durch Lösen eines Gleichungssystems oder mit dem GTR durch Iteration.

Verhalten von stochastischen Prozessen auf „lange Sicht"

24 *Taxistandorte (Rechnen mit dem GTR)*

Ein einer größeren Stadt gibt es für die Taxen drei Standorte: W, O und C. Die Taxen führen ihre Fahrten durch und halten dann an dem Standort, der dem Ende der Taxifahrt am nächsten ist. Der folgende Graph gibt an, mit welcher Wahrscheinlichkeit eine Taxe, die von einem Standort aus losfährt, an einem der drei Standorte hält.

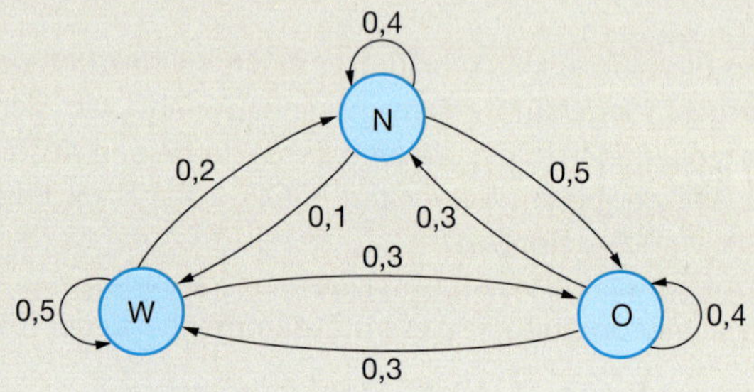

a) Interpretieren Sie verbal den Übergangsgraphen.

b) Wie groß ist die Wahrscheinlichkeit, dass ein Taxi, das am Standort W startet, nach zwei bzw. drei Fahrten wieder in W anhält?

c) Stellen Sie den Übergangsgraphen mit einer Übergangsmatrix dar. Angenommen, der Verteilungsvektor $\vec{v} = \begin{pmatrix} 0{,}2 \\ 0{,}5 \\ 0{,}3 \end{pmatrix}$ stellt die Verteilung der Taxen auf die drei Standorte zu Beginn einer Arbeitsschicht dar. Mit welcher Verteilung kann man auf „lange Sicht" rechnen? Machen Sie auch die Probe.

Interpretation von Matrixpotenzen

25 *Übergangsmatrizen (mit dem GTR)*

Eine Matrix $A = \begin{pmatrix} 0{,}7 & 0{,}1 \\ 0{,}3 & 0{,}9 \end{pmatrix}$ ist gegeben.

a) Begründen Sie, dass es sich bei dieser Matrix um eine stochastische Matrix handelt.

b) Berechnen Sie die Matrix, mit der man direkt vom Ausgangszustand $\vec{v}_0$ den 4. Zustand $\vec{v}_4$ berechnen kann.

c) Was stellt die Matrix A^{10} dar?

d) Berechnen Sie den Zustand, bei dem sich jede Anfangsverteilung auf „lange Sicht" einpendelt.

Lösungen zu den Check-ups

Lösungen zu Seite 39

1 a) F1 → G2 F2 → G3 F3 → G1 F4 → G4

b)

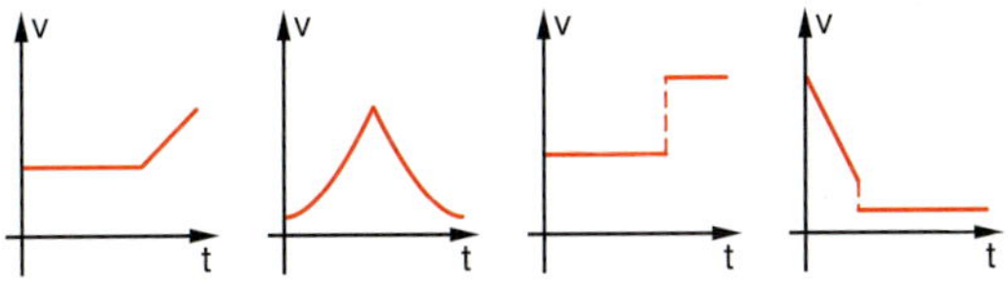

2

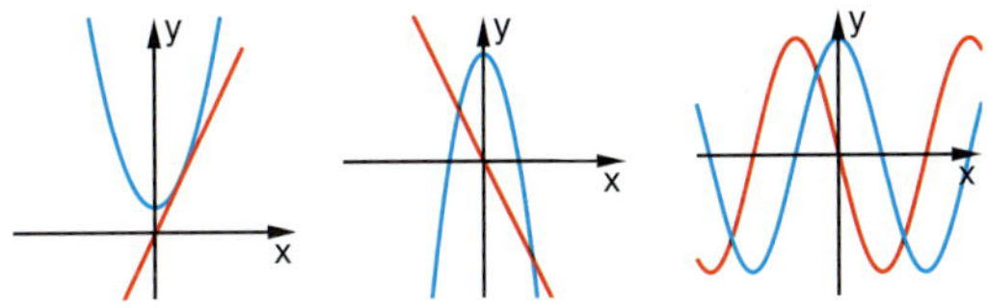

Funktionsgraph: blau; Steigungsgraph: rot

3 Lösung: b

Begründung: Funktionsgraph steigt für $x < 1$, also ist die Steigung dort positiv; Funktionsgraph fällt für $x > 1$, also ist die Steigung dort negativ.

4 a) Skizze des Geschwindigkeitsgraphen: rot (ohne Maßstab)

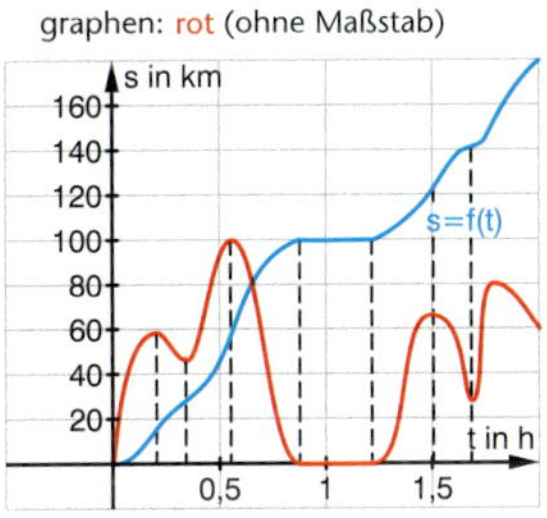

b) (I) Die Durchschnittsgeschwindigkeit während der Fahrzeiten liegt bei über 100 km/h und schwankt nur geringfügig, was typisch für eine Autobahnfahrt ist. Auf einer Bundesstraße wäre die Durchschnittsgeschwindigkeit geringer und die Schwankungen wären wegen der Ortsdurchfahrten größer. Zudem wäre zu erwarten, dass der Wagen etwa an Ampeln des Öfteren anhalten würde.

(II) Der Fahrer hat etwa von $t = 0{,}8\,h$ bis $t = 1{,}25\,h$ pausiert.

(III) Konstant war die Geschwindigkeit nur während der Pause. Der Geschwindigkeitsgraph zeigt, dass die Geschwindigkeit ansonsten nie für längere Zeiten konstant war.

5

Die mittlere Änderungsrate ist …	Die Mitte des Intervalls I liegt etwa bei …
… maximal	7
… minimal	16
… null	12

Lösungen zu Seite 40

6 a)

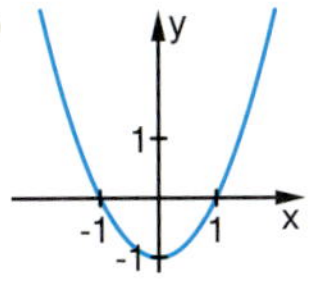

b) Durchschnittssteigung: $m = 3$

c) Sekantensteigung durch $(2|3)$ und $(3|8)$: $m = 5$

d) Bestimmung eines Näherungswertes mithilfe der Sekantensteigungsfunktion.

Sei $h = 0{,}1$: $msek(1) = \frac{f(1 + 0{,}1) - f(1)}{0{,}1} = 2{,}1$

(der Näherungswert wird mit kleinerem h besser).

e) Da der Graph von f nach oben geöffnet ist, wächst die Steigung, je weiter h rechts von 1 liegt, und fällt, je weiter h links von 1 liegt. Also gilt $d_1 > d_2$.

7 a) Der Stein trifft auf, falls gilt: $f(t) = 0$, also: $0 = 80 - 5t^2$.

Lösungen: $t_1 = -4$; $t_2 = 4$. Nur die Lösung $t = 4\,s$ ist sinnvoll.

b) Die Durchschnittsgeschwindigkeit ist die Sekantensteigung im Intervall $[0; 4]$, also die der Sekante durch $(0|80)$ und $(4|0)$: $m = -20\,m/s$.

c) Für die Ableitungsfunktion f′ gilt:

$$f'(t) = \lim_{h \to 0} \frac{(80 - 5(t + h)^2) - (80 - 5t^2)}{h} = \lim_{h \to 0} \frac{-10th - 5h^2}{h} = -10t.$$

Somit ist:

Zeit t in s	1	2	3
Höhe f(t) in m	75	60	35
Geschwindigkeit f′(t) in m/s	−10	−20	−30

d) Aus a) und c) folgt: Aufschlaggeschwindigkeit $f'(4) = -40\,m/s$

8 a)

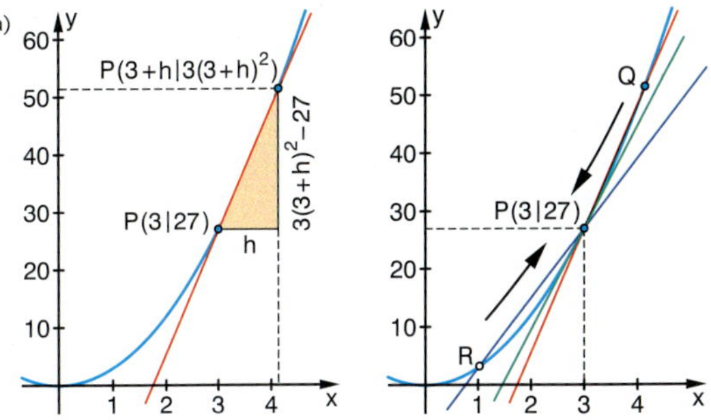

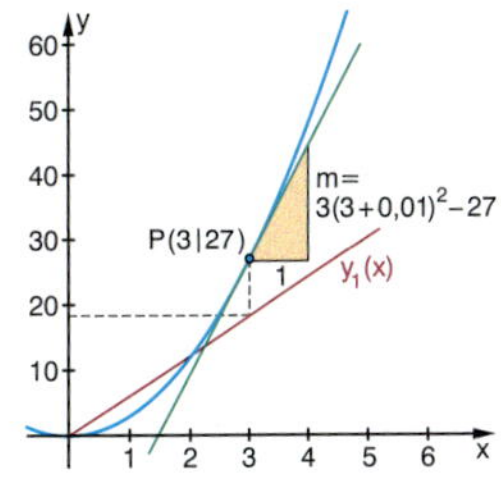

b) Term 1 → Durchschnittssteigung im Intervall [3; 3 + h]

Term 2 → Momentansteigung im Punkt $(3|f(3))$

Term 3 → Sekantensteigungsfunktion für $h = 0{,}01$

9 a) Die Sekantensteigung m_s durch die Punkte $(a|f(a))$ und $(a + h|f(a + h))$ wird (im Beispiel) für kleiner werdendes h geringer und nähert sich, wie an dem Steigungsdreieck gut zu erkennen, der Tangentensteigung m an. m_s kommt m beliebig nahe, allerdings wird m nie erreicht, da für keinen noch so kleinen Wert von h die Sekante zur gesuchten Tangente wird. Die Tangentensteigung m ist somit der Grenzwert der Sekantensteigungen.

b)

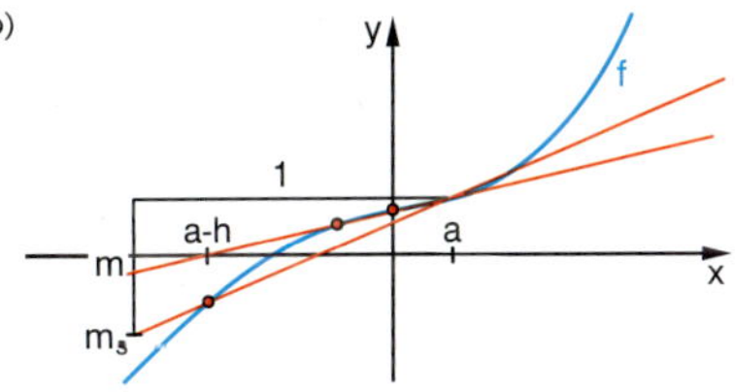

10 a) Wähle ein kleines h, etwa $h = 0{,}01$. Dann ist die Sekantensteigungsfunktion

$$msek(x) = \frac{((x + 0{,}01)^2 + 2) - (x^2 + 2)}{0{,}01} = \frac{0{,}02x + 0{,}0001}{0{,}01} = 2x + 0{,}01$$

eine gute Näherung für die Änderungsrate an der Stelle x.

Die Näherung wird für kleineres h besser.

b) $$f'(x) = \lim_{h \to 0} \underbrace{\frac{((x + h)^2 + 2) - (x^2 + 2)}{h}}_{\text{Differenzenquotient}} = \lim_{h \to 0} \frac{x^2 + 2hx + h^2 + 2 - x^2 - 2}{h} = \lim_{h \to 0} \frac{2hx + h^2}{h}$$

$$= \lim_{h \to 0} (2x + h) = 2x$$

Lösungen zu Seite 41

11 a)

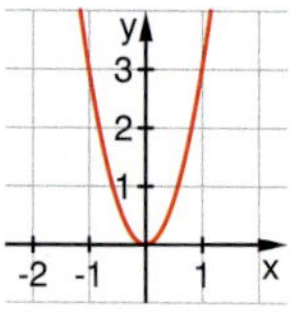

$f(x) = x^3;\quad f'(x) = 3x^2$

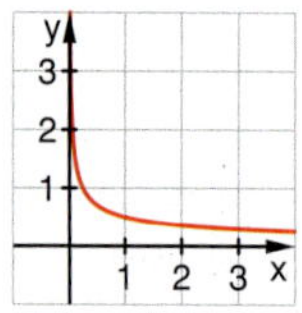

$f(x) = \sqrt{x};\quad f'(x) = \frac{1}{2\sqrt{x}}$

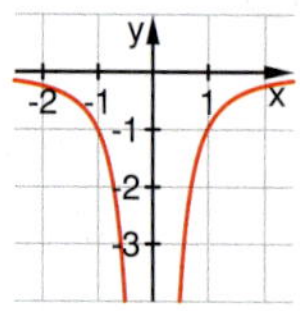

$f(x) = \frac{1}{x};\quad f'(x) = -\frac{1}{x^2}$

b)

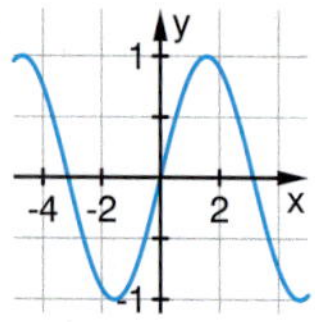

$f'(x) = \cos(x);\quad f(x) = \sin(x)$

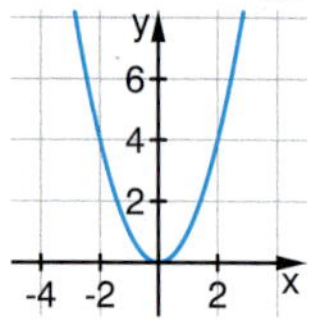

$f'(x) = 2x;\quad f(x) = x^2$

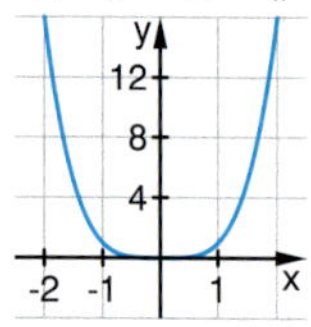

$f'(x) = 4x^3;\quad f(x) = x^4$

12 $f_2'(x) = 2x;\quad f_3'(x) = 3x^2;\quad f_4'(x) = 4x^3;\quad f_5'(x) = 5x^4;\quad f_6'(x) = 6x^5$

Allgemein gilt: $f_n'(x) = nx^{n-1}$

Die Steigungen von $f_2(x)$ betragen: $f_2'\left(\frac{1}{2}\right) = 1;\quad f_2'(1) = 2;\quad f_2'(2) = 4$

Die Steigungen stehen also jeweils im Verhältnis 1 : 2.

Entsprechend erhält man für
$f_3(x)$ jeweils das Verhältnis 1 : 4,
$f_4(x)$ jeweils das Verhältnis 1 : 8,
$f_5(x)$ jeweils das Verhältnis 1 : 16,
$f_6(x)$ jeweils das Verhältnis 1 : 32,
$f_n(x)$ jeweils das Verhältnis $1 : 2^{n-1}$.

13 a) $f'(x) = 3x^2$ b) $f'(x) = 9x^2 - 2x$ c) $f'(x) = 2 + \cos(x)$
d) $f'(x) = 2ax - b$ e) $f'(x) = \frac{1}{3}$ f) $f'(t) = 20t - 1$

14 $f'(x) = 4ax^3 + 3bx^2 + 2cx + d$
$f''(x) = 12ax^2 + 6bx + 2c$
$f'''(x) = 24ax + 6b$

15 a) Nullstellen: $x_1 = 0;\ x_2 = 6;\quad f'(x) = 2x - 6$, also: $f'(0) = -6;\quad f'(6) = 6$
Die Steigungen in den Nullstellen sind −6 und 6.
b) Steigung 4: $f'(x) = 2x - 6 = 4 \Rightarrow x = 5$; an der Stelle 5 ist die Steigung 4.
Steigung −3: $f'(x) = 2x - 6 = -3 \Rightarrow x = 1{,}5$; an der Stelle 1,5 ist die Steigung −3.
Steigung 5: $f'(x) = 2x - 6 = 5 \Rightarrow x = 5{,}5$; an der Stelle 5,5 ist die Steigung 5.
c) Waagerechte Tangente: $f'(x) = 0$: $2x - 6 = 0 \Rightarrow x = 3$
An der Stelle 3 liegt eine waagerechte Tangente vor, (3|−9) ist Scheitelpunkt.

16 a) $f'(x) = x;\quad f'(1) = 1$ b) $f'(x) = -\frac{2}{x^2};\quad f'(1) = -2$ c) $f'(x) = 2\cos(x);\ f'(0) = 2$
[illegible] $y = -2x + 4$ $y = 2x$

17 a) Steigung m der Tangente im Punkt $P(a|a^4)$: $f'(a) = 4a^3 = m$
Einsetzen von m und P (mit $x = a$ und $y = a^4$) in die allgemeine Geradengleichung $y = mx + b$ liefert: $a^4 = 4a^3 \cdot a + b \Leftrightarrow b = -3a^4$
Also folgt mit $m = 4a^3$ und $b = -3a^4$ die Tangentengleichung
$y = 4a^3 \cdot x - 3a^4$.
b) Steigung m_f von $f(x) = x^2$ an der Stelle $x = 2$: $f'(2) = 4$
Steigung m_{AB} der Sekante durch A und B: $\frac{f(3) - f(1)}{3 - 1} = \frac{8}{2} = 4$
Also gilt $m_f = m_{AB}$.
c) Steigung m_f von $f(x) = x^3$ an der Stelle $x = 2$: $f'(2) = 12$
Steigung m_{AB} der Sekante durch A und B: $\frac{f(3) - f(1)}{3 - 1} = \frac{26}{2} = 13$
Also gilt $m_f \neq m_{AB}$.

Lösungen zu Seite 42

18 a) $f'(x) = 1{,}5x^2$: f ist überall monoton wachsend.
b) $f'(x) = 3x^2 - 6x = 3x(x - 2)$
$x < 0$ oder $x > 2$: f monoton wachsend;
$0 < x < 2$: f monoton fallend
c) $f'(x) = 8x^3$:
$x < 0$: f monoton fallend; $x > 0$: f monoton wachsend
d) $f'(x) = 4x^3 - 32x = 4x(x^2 - 8)$
$-\sqrt{8} < x < 0$ oder $x > \sqrt{8}$: f monoton wachsend;
$x < -\sqrt{8}$ oder $0 < x < \sqrt{8}$: f monoton fallend

19 f(x) hat bei x = 0 einen Hochpunkt (f'(0) = 0 und VZW von + nach −) und bei x = 4 (f'(4) = 0 und VZW von − nach +) einen Tiefpunkt.

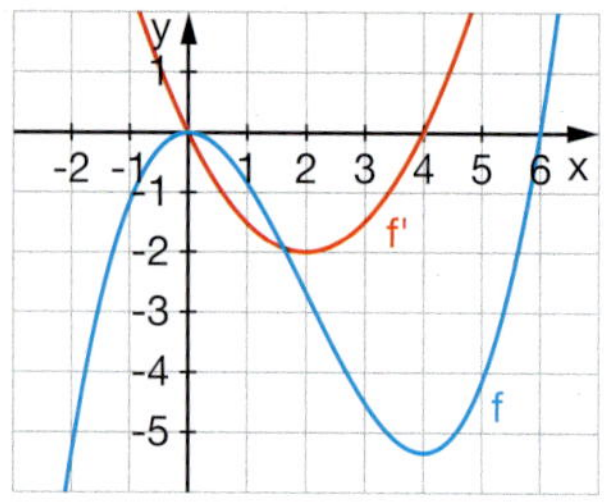

20 (I) Falsch, Gegenbeispiel: $f(x) = x^3$
(II) Wahr, f'(x) ist quadratisch und kann somit höchstens zwei Nullstellen haben.
(III) Falsch, f(x) kann auch zwei Nullstellen (davon eine doppelte Nullstelle) haben. Gegenbeispiel: $f(x) = (x - 1)^2 \cdot x$
(IV) Wahr, an einem Tiefpunkt hat f'(x) einen Vorzeichenwechsel und somit eine Nullstelle.

21 a) Wahr, weil f'(x) keine Nullstellen hat.
b) Wahr, die Steigung beträgt −5.
c) Falsch, f'(x) hat keine Nullstelle bei x = 2.
d) Wahr, weil f'(x) überall negativ ist.

22 a) $f(x) = 2x^3 - 4x$

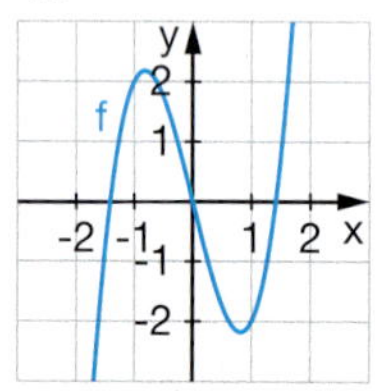

NST: $x_1 = 0;\quad x_{2,3} = \pm\sqrt{2}$
$f'(x) = 6x^2 - 4$
$HP\left(-\sqrt{\frac{2}{3}}\,\middle|\,\frac{8}{3}\sqrt{\frac{2}{3}}\right) \approx (-0{,}82|2{,}18)$;
$TP\left(\sqrt{\frac{2}{3}}\,\middle|\,-\frac{8}{3}\sqrt{\frac{2}{3}}\right) \approx (0{,}82|-2{,}18)$

b) $f(x) = x^3 + 2x^2$

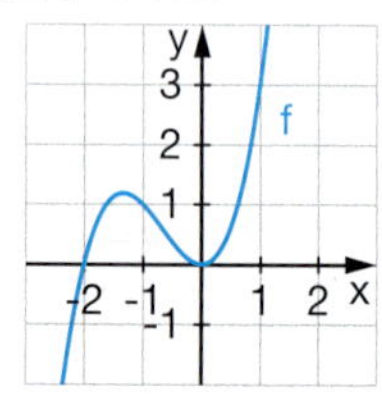

NST: $x_1 = 0;\quad x_2 = -2$
$f'(x) = 3x^2 + 4x$
$HP\left(-\frac{4}{3}\,\middle|\,\frac{32}{27}\right) \approx (-1{,}33|1{,}19)$;
$TP(0|0)$

c) $f(x) = x^4 + 2x^2 + 1$

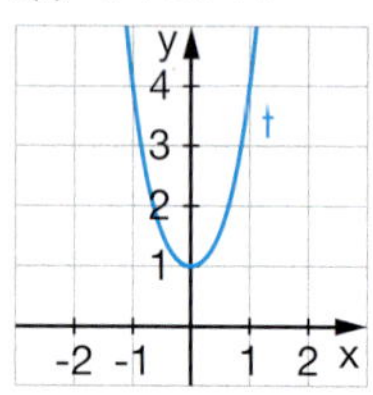

NST: keine
$f'(x) = 4x^3 + 4x$
$TP(0|1)$

d) $f(x) = x^4 - x$

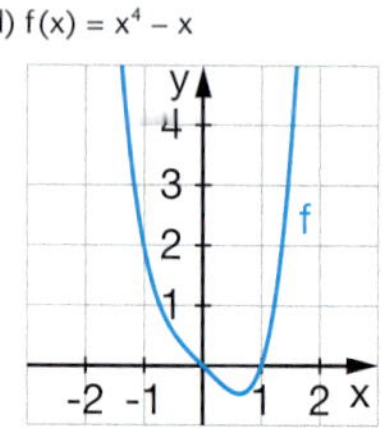

NST: $x_1 = 0;\quad x_2 = 1$
$f'(x) = 4x^3 - 1$
$TP\left(\sqrt[3]{0{,}25}\,\middle|\,\sqrt[3]{0{,}25}^{\,4} - \sqrt[3]{0{,}25}\right)$
$\approx (0{,}63|-0{,}47)$

e) $f(x) = x^4 - 5x^2 + 6$

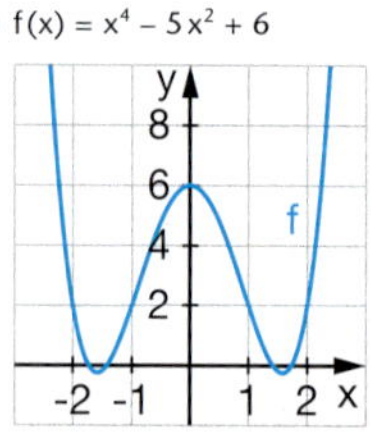

NST: $x_{1,2} = \pm\sqrt{3};\quad x_{3,4} = \pm\sqrt{2}$
$f'(x) = 4x^3 - 10x = x(4x^2 - 10)$
$TP_{1,2}(\pm\sqrt{2{,}5}|-0{,}25) \approx (\pm 1{,}58|-0{,}25)$;
$HP(0|6)$

f) $f(x) = x^5 - 2x^3 + 3$

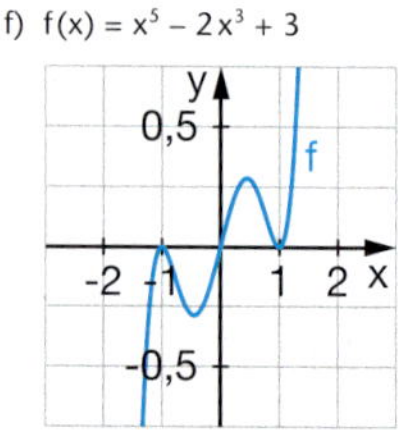

NST: $x_{1,2} = \pm 1;\quad x_3 = 0$
$f'(x) = 5x^4 - 6x^2 + 1$
$HP_1(-1|0)$;
$HP_2\left(\sqrt{0{,}2}\,\middle|\,\frac{16\sqrt{5}}{125}\right) \approx (0{,}45|0{,}29)$;
$TP_1\left(-\sqrt{0{,}2}\,\middle|\,-\frac{16\sqrt{5}}{125}\right) \approx (-0{,}45|-0{,}29)$;
$TP_2(1|0)$

23 a) (1) $x_1 = 0$; $x_2 = -1$; $x_3 = 4$
(2) $x_1 = 0$; $x_2 = 3$ beides doppelte NST
(3) $x_1 = 0$ doppelte NST; $x_2 = \sqrt{3}$; $x_3 = -\sqrt{3}$
(4) $x = 0$ doppelte NST
b) (1) $-1 < x < 0$: Hochpunkt; $0 < x < 4$: Tiefpunkt
(2) Tiefpunkte $(0|0)$ und $(3|0)$
(3) Hochpunkt $(0|0)$;
$-\sqrt{3} < x < 0$: Tiefpunkt; $0 < x < \sqrt{3}$: Tiefpunkt
(4) Tiefpunkt $(0|0)$
Anmerkung: In (1) und (3) gibt es keine weiteren Extrempunkte, weil f ganzrational vom Grad 3 bzw. vom Grad 4 ist. In (2) und (4) kann es noch weitere Extrempunkte geben.

24 a) $f(x) = (x+4)\cdot(x-3)\cdot(x-5)$
b) $f(x) = (x-1)^2\cdot(x-5)^2$
c) $f(x) = x^3$

Lösungen zu Seite 65

1 a) (1) – A, B, C (2) – A, B, F, G (3) – D (4) – D

2

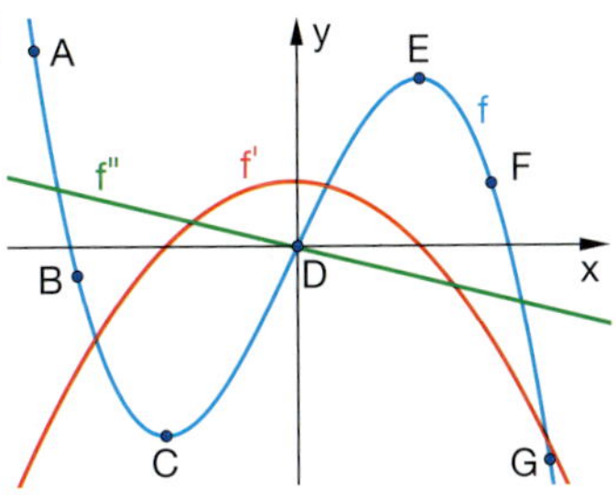

3 a) An lokalen Extremstellen gilt $f'(x) = 0$, also:
$f'(x) = 3x^2 - 6x = 0 \Rightarrow x_1 = 0;\ x_2 = 2$
Außerdem ist: $f''(x_1) = -6 < 0 \Rightarrow$ Hochpunkt $H(0|4)$
$f''(x_2) = 6 > 0 \Rightarrow$ Tiefpunkt $T(2|0)$
An Wendestellen gilt $f''(x) = 0$, also:
$f''(x) = 6x - 6 = 0 \Rightarrow x = 1$
Außerdem ist: $f'''(x) = 6 > 0 \Rightarrow$ Wendepunkt $W(1|2)$

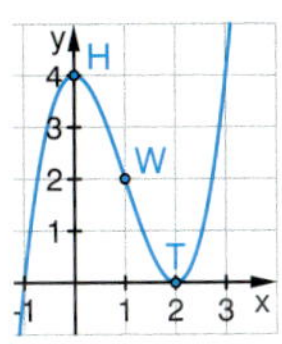

b) streng monoton wachsend: $]-\infty; 0]$; $[2, \infty[$
streng monoton fallend: $[0; 2]$
c) An Hochpunkten ist ein Graph stets rechts-, an Tiefpunkten stets linksgekrümmt. Da der Wendepunkt zwischen Hoch- und Tiefpunkt liegt, muss der Graph dort einen rechts-links-Wendepunkt haben.

4 $f(x)$ hat bei $x = 0$ einen Hochpunkt ($f'(0) = 0$ und $f''(0) < 0$) und bei $x = 4$ ($f'(4) = 0$ und $f''(4) > 0$) einen Tiefpunkt. Außerdem hat $f(x)$ bei $x = 2$ einen Wendepunkt ($f''(x)$ hat bei $x = 2$ einen VZW bzw. $f'(x)$ ein lokales Extremum).

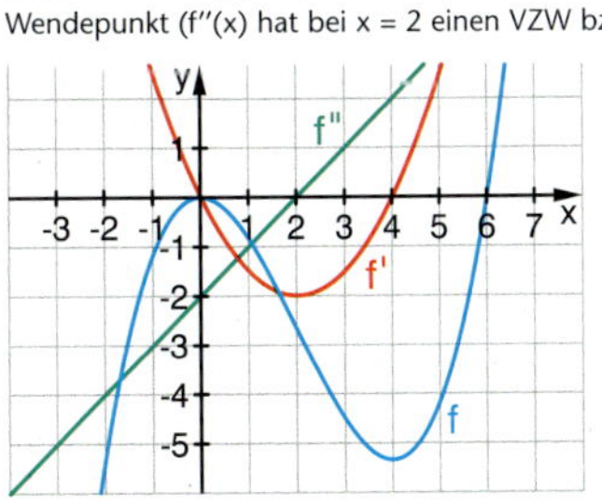

5 (I) Falsch, Gegenbeispiel: $f(x) = x^3$
(II) Wahr, $f'(x)$ ist quadratisch und kann somit höchstens zwei Nullstellen haben.
(III) Wahr, $f'(x)$ ist quadratisch und hat stets genau ein lokales Extremum.
(IV) Wahr, an einem Tiefpunkt hat $f'(x)$ einen Vorzeichenwechsel und somit eine Nullstelle.
(V) Falsch, da $f(x)$ immer einen Wendepunkt besitzt (vergl. (III)), ändert sich das Krümmungsverhalten immer.

6 a) $f'(x)$ ist eine Parabel und hat somit genau ein lokales Extremum.
b) $f'(x)$ ist für alle x negativ. Die Wendetangente hat die Steigung $m = -1$.
c) $f'(x)$ besitzt keine Nullstellen, somit hat $f(x)$ keine lokalen Extrema.
d) $f'(x)$ ist für alle x negativ.

Lösungen zu Seite 66

7 a) a: Seitenlänge der quadratischen Grundfläche des Quaders in cm
b: Höhe des Quaders in cm. Zielfunktion: $V = a^2 \cdot b$
Nebenbedingung: $O = 24$; $24 = 2a^2 + 4ab \Leftrightarrow b = -\frac{1}{2}a + \frac{6}{a}$
Einsetzen von b in die Zielfunktion: $V(a) = -\frac{1}{2}a^3 + 6a$
Extremwertbestimmung: $V'(a) = -\frac{3}{2}a^2 + 6$; $V'(a) = 0 \Rightarrow a_1 = -2;\ a_2 = 2$
Nur a_2 ist sinnvoll im Sinne der Aufgabenstellung. Da $V'(a)$ eine nach unten geöffnete Parabel ist, liegt für a_2 ein Maximum vor.
Einsetzen von $a = 2$ in $b = -\frac{1}{2}a + \frac{6}{a}$ ergibt $b = 2$; die ideale Form ist also ein Würfel mit der Seitenlänge 2 cm.
b) Wiederholt man die Rechenschritte aus a) mit allgemeinem O, so erhält man als ideale Seitenlänge $a = \sqrt{\frac{O}{6}}$. Setzt man diesen Wert ein, so erhält man $b = \sqrt{\frac{O}{6}}$. Die ideale Form ist also immer ein Würfel mit Seitenlänge $\sqrt{\frac{O}{6}}$ cm.

8 a: Höhe des Ganges bis zum Halbkreis in m
b: Radius des Halbkreises in m
Zielfunktion: $A = a \cdot 2r + 0{,}5 \cdot \pi r^2$
Nebenbedingung: $U = 10$; $10 = 2a + 2r + \pi r \Leftrightarrow a = -\frac{\pi r}{2} - r + 5$
Einsetzen von a in die Zielfunktion: $A(r) = -(0{,}5\pi + 2)r^2 + 10r$
Extremwertbestimmung: $A'(r) = -2(0{,}5\pi + 2)r + 10$;
$A'(r) = 0 \Rightarrow r = \frac{10}{\pi + 4} \approx 1{,}4$
Da $A(r)$ eine nach unten geöffnete Parabel ist, liegt für r ein Maximum vor.
Einsetzen von $r = \frac{10}{\pi + 4}$ in $a = -\frac{\pi r}{2} - r + 5$ ergibt $a = \frac{10}{\pi + 4} \approx 1{,}4$; die ideale Form ist also ein Rechteck mit Breite etwa 2,4 m, Höhe etwa 1,4 m und aufgesetztem Halbkreis.

9 a: Seitenlänge der Grundfläche in dm
h: Höhe der Holzkiste in dm
Zielfunktion: $O = a^2 + 4a \cdot h$
Nebenbedingung: $V = 216$; $216 = a^2 \cdot h \Leftrightarrow h = \frac{216}{a^2}$
Einsetzen von h in die Zielfunktion: $O(a) = a^2 + \frac{864}{a}$
Extremwertbestimmung: $O'(a) = 2a - \frac{864}{a^2}$
$O'(a) = 0 \Rightarrow a \approx 7{,}56$
Da $O''(a) = 6 > 0$ gilt, liegt ein lokales Minimum vor.
Somit ist $h = \frac{216}{7{,}56^2} \approx 3{,}78$ und $O = 171{,}46$ (in dm^2).
Die Abmessungen für die Holzkiste betragen in etwa 7,56 dm für die Länge der Grundfläche und 3,78 dm für die Höhe.

10 $G(x) = U(x) - K(x) = 40x - (2{,}5x^3 - 16x^2 + 60x + 10)$
$= -2{,}5x^3 + 16x^2 - 20x - 10$

Bestimmung des Gewinnbereiches:
Nullstellen von $G(x)$: $G(x) = 0 \Rightarrow x_1 \approx -0{,}38;\ x_2 \approx 2{,}43;\ x_1 \approx 4{,}35$
Nur x_2 und x_3 sind sinnvolle Produktionsmengen. Eine Vorzeichenbetrachtung zeigt, dass etwa im Intervall $[2{,}43; 4{,}35]$ ein Gewinn erwirtschaftet wird.

Bestimmung der idealen Stückzahl:
Extremstellen von $G(x)$: $G'(x) = 0 \Rightarrow x_1 \approx 0{,}76;\ x_2 \approx 3{,}51$
Die Bestimmung des Gewinnbereiches (s. o.) zeigt, dass es sich bei x_2 um das gesuchte Maximum handelt.

Bestimmung des Gewinnmaximums:
$G(3{,}51) \approx 8{,}81$
Bei einer Produktion von etwa 351 Radiergummis wird ein Gewinn von etwa 8,81 € erwirtschaftet.

Lösungen zu Seite 96

1 $f_1(x) = -0{,}111x^2 + 1{,}51x + 0{,}085$ $f_2(x) = -0{,}094x^2 + 1{,}264x + 0{,}374$

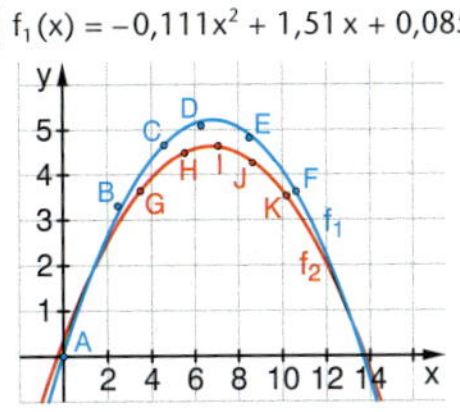

2 Regressionen: (Lineare Funktion nach Augenmaß nicht sinnvoll)

(1) quadratische Funktion

$f_1(x) = 5{,}804x^2 + 8{,}725x + 7{,}821$

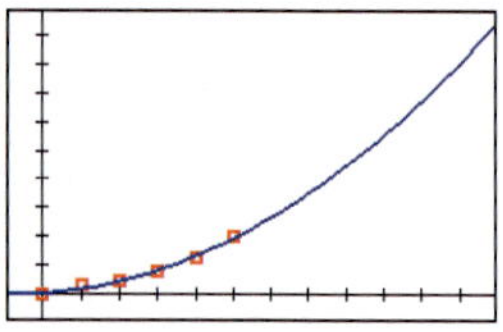

(2) Polynom vom Grad 3

$f_2(x) = 1{,}676x^3 - 6{,}766x^2 + 31{,}685x + 2{,}794$

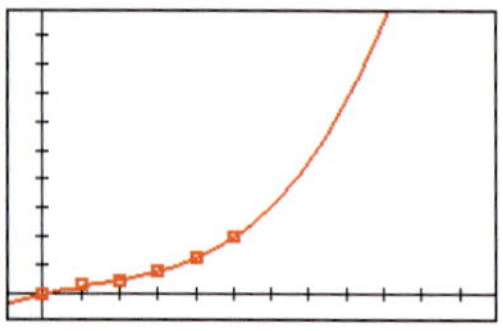

(3) Exponentialfunktion

$f_3(x) = 6{,}005 \cdot 2{,}21^x$

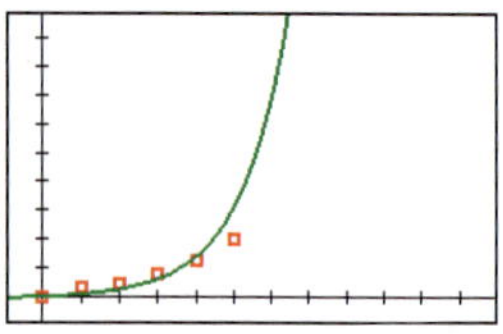

Die quadratische Funktion und das Polynom vom Grad 3 passen sehr gut, die Exponentialfunktion weniger gut.

NORMAL FLOAT AUTO re^(θi) DEGREE MP
PRESS + FOR △Tbl

X	Y1	Y2	Y3
8	449.05	681.33	3413.9
9	556.44	961.67	7543.8
10	675.43	1319	16670
11	806.03	1763.3	36836
12	948.24	2304.7	81400
13	1102.1	2953.3	179873
14	1267.5	3719	397476
15	1444.5	4612	878326
16	1633.1	5642.3	1.94E6
17	1833.4	6819.9	4.29E6
18	2045.2	8155	9.48E6

X=10

Die Anzahl der Fische nach 10 Jahren im exponentiellen Modell erscheint sehr unrealistisch. Nach $f_2(x)$ sind es nach 10 Jahren ungefähr doppelt so viele Fische wie nach dem Modell $f_1(x)$. In der Realität wird das Wachstum wohl spätestens nach 10 Jahren zurückgehen, sodass die Bestände nicht in kurzer Zeit über alle Grenzen wachsen können. Langfristig sind alle drei Modelle sinnlos, weil nach ihnen die Bestände über alle Grenzen wachsen.

3 a) $\left(\begin{array}{ccc|c} 1 & -1 & 2 & 1 \\ 2 & 1 & -1 & 3 \\ 1 & 1 & -1 & 2 \end{array}\right) \xrightarrow[\text{(III)} - \text{(I)}]{-2 \cdot \text{(I)} + \text{(II)}} \left(\begin{array}{ccc|c} 1 & -1 & 2 & 1 \\ 0 & 3 & -5 & 1 \\ 0 & 2 & -3 & 1 \end{array}\right) \xrightarrow{-2 \cdot \text{(II)} + 3 \cdot \text{(III)}} \left(\begin{array}{ccc|c} 1 & -1 & 2 & 1 \\ 0 & 3 & -5 & 1 \\ 0 & 0 & 1 & 1 \end{array}\right)$

(III): $z = 1$

(II): $3y - 5 \cdot 1 = 1 \Rightarrow y = 2$

(I): $x - 2 + 2 \cdot 1 = 1 \Rightarrow x = 1$

b) $\left(\begin{array}{ccc|c} 2 & 1 & -1 & 2 \\ 1 & 2 & 1 & 1 \\ 2 & -1 & 3 & -10 \end{array}\right) \xrightarrow[\text{(III)} - \text{(I)}]{-2 \cdot \text{(II)} + \text{(I)}} \left(\begin{array}{ccc|c} 2 & 1 & -1 & 2 \\ 0 & -3 & -3 & 0 \\ 0 & -2 & 4 & -12 \end{array}\right) \xrightarrow{-2 \cdot \text{(II)} + 3 \cdot \text{(III)}} \left(\begin{array}{ccc|c} 2 & 1 & -1 & 2 \\ 0 & -3 & -3 & 0 \\ 0 & 0 & 18 & -36 \end{array}\right)$

(III): $18z = -36 \Rightarrow z = -2$

(II): $-3y - 3 \cdot (-2) = 0 \Rightarrow y = 2$

(I): $2x + 2 - 1 \cdot (-2) = 2 \Rightarrow x = -1$

4 Ansatz: $f(x) = ax^2 + bx + c$

a) Bedingungen:
$f(1) = 3 \Rightarrow a + b + c = 3$
$f(2) = 5{,}5 \Rightarrow 4a + 2b + c = 5{,}5$
$f(4) = 13{,}5 \Rightarrow 16a + 4b + c = 13{,}5$

Lösung: $a = 0{,}5$; $b = 1$; $c = 1{,}5 \Rightarrow f(x) = 0{,}5x^2 + x + 1{,}5$

b) Bedingungen:
$f(-1) = 3 \Rightarrow a - b + c = 3$
$f(1) = -1 \Rightarrow a + b + c = -1$
$f(2) = -6 \Rightarrow 4a + 2b + c = -6$

Lösung: $a = -1$; $b = -2$; $c = 2 \Rightarrow f(x) = -x^2 - 2x + 2$

c) Bedingungen:
$f(-2) = -5 \Rightarrow 4a - 2b + c = -5$
$f(2) = 3 \Rightarrow 4a + 2b + c = 3$
$f(4) = 1 \Rightarrow 16a + 4b + c = 1$

Lösung: $a = -0{,}5$; $b = 2$; $c = 1 \Rightarrow f(x) = -0{,}5x^2 + 2x + 1$

5 a) Am Graphen erkennbar: Hochpunkt (2|4); Tiefpunkt (5|1) $\Rightarrow$ 4 Bedingungen

Ansatz: $f(x) = ax^3 + bx^2 + cx + d \Rightarrow f'(x) = 3ax^2 + 2bx + c$

Bedingungen:
$f(2) = 4 \Rightarrow 8a + 4b + 2c + d = 4$
$f'(2) = 0 \Rightarrow 12a + 4b + c = 0$
$f(5) = 1 \Rightarrow 125a + 25b + 5c + d = 1$
$f'(5) = 0 \Rightarrow 75a + 10b + c = 0$

Lösung: $a = \frac{2}{9}$; $b = -\frac{7}{3}$; $c = \frac{20}{3}$; $d = -\frac{16}{9} \Rightarrow f(x) = \frac{2}{9}x^3 - \frac{7}{3}x^2 + \frac{20}{3}x - \frac{16}{9}$

b) Am Graphen erkennbar: Tiefpunkt (−2|−1); Sattelpunkt (1|2) $\Rightarrow$ 5 Bedingungen

Ansatz: $f(x) = ax^4 + bx^3 + cx^2 + dx + e$
$\Rightarrow f'(x) = 4ax^3 + 3bx^2 + 2cx + d \Rightarrow f''(x) = 12ax^2 + 6bx + 2c$

Bedingungen:
$f(-2) = -1 \Rightarrow 16a - 8b + 4c - 2d + e = -1$
$f'(-2) = 0 \Rightarrow -32a + 12b - 4c + d = 0$
$f(1) = 2 \Rightarrow a + b + c + d + e = 2$
$f'(1) = 0 \Rightarrow 4a + 3b + 2c + d = 0$
$f''(1) = 0 \Rightarrow 12a + 6b + 2c = 0$

Lösung: $a = \frac{1}{9}$; $b = 0$; $c = -\frac{2}{3}$; $d = \frac{8}{9}$; $e = \frac{5}{3} \Rightarrow f(x) = \frac{1}{9}x^4 - \frac{2}{3}x^2 + \frac{8}{9}x + \frac{5}{3}$

Lösungen zu Seite 97

6 a) Sattelpunkt (1|5); Tiefpunkt (2|2); Hochpunkt (4|?) $\Rightarrow$ 6 Bedingungen

Ansatz: $f(x) = ax^5 + bx^4 + cx^3 + dx^2 + ex + f$
$\Rightarrow f'(x) = 5ax^4 + 4bx^3 + 3cx^2 + 2dx + e$
$\Rightarrow f''(x) = 20ax^3 + 12bx^2 + 6cx + 2d$

Bedingungen:
$f(1) = 5 \Rightarrow a + b + c + d + e + f = 5$
$f'(1) = 0 \Rightarrow 5a + 4b + 3c + 2d + e = 0$
$f''(1) = 0 \Rightarrow 20a + 12b + 6c + 2d = 0$
$f(2) = 2 \Rightarrow 32a + 16b + 8c + 4d + 2e + f = 2$
$f'(2) = 0 \Rightarrow 80a + 32b + 12c + 4d + e = 0$
$f'(4) = 0 \Rightarrow 1280a + 256b + 48c + 8d + e = 0$

Lösung: $a = -3$; $b = 30$; $c = -105$; $d = 165$; $e = -120$; $f = 38$
$\Rightarrow f(x) = -3x^5 + 30x^4 - 105x^3 + 165x^2 - 120x + 38$

b) Hochpunkt (−2|3); Tiefpunkt (1|1); Hochpunkt (2|?) $\Rightarrow$ 5 Bedingungen

Ansatz: $f(x) = ax^4 + bx^3 + cx^2 + dx + e$
$\Rightarrow f'(x) = 4ax^3 + 3bx^2 + 2cx + d$
$\Rightarrow f''(x) = 12ax^2 + 6bx + 2c$

Bedingungen:
$f(-2) = 3 \Rightarrow 16a - 8b + 4c - 2d + e = 3$
$f'(-2) = 0 \Rightarrow -32a + 12b - 4c + d = 0$
$f(1) = 1 \Rightarrow a + b + c + d + e = 1$
$f'(1) = 0 \Rightarrow 4a + 3b + 2c + d = 0$
$f'(2) = 0 \Rightarrow 32a + 12b + 4c + d = 0$

Lösung: $a = -\frac{2}{45}$; $b = \frac{8}{135}$; $c = \frac{16}{45}$; $d = -\frac{32}{45}$; $e = \frac{181}{135}$
$\Rightarrow f(x) = -\frac{2}{45}x^4 + \frac{8}{135}x^3 + \frac{16}{45}x^2 - \frac{32}{45}x + \frac{181}{135}$
y-Koordinate des Hochpunkts: $f(2) = \frac{149}{135}$

7 Es handelt sich um eine ganzrationale Funktion 2. Grades, da in der Matrix drei Variablen berechnet werden.

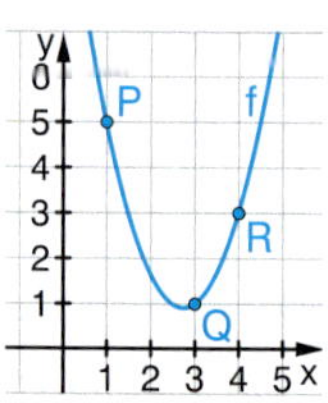

Ansatz: $f(x) = ax^2 + bx + c$

Setzt man die Koordinaten der Punkte P(1|5), Q(3|1) und R(4|3) in diese Funktionsgleichung ein, erhält man die angegebene Matrix.

Die Lösung ist dann $f(x) = \frac{4}{3}x^2 - \frac{22}{3}x + 11$.

8 Ansatz für eine ganzrationale Funktion 4. Grades mit Symmetrie zur y-Achse:

$f(x) = ax^4 + bx^2 + c \Rightarrow f'(x) = 4ax^3 + 2bx$

Bedingungen: Hochpunkt (0|4) $\Rightarrow f(0) = 4 \Rightarrow c = 4$ (Die Bedingung $f'(0) = 0$ liefert keine neue Information, da alle ganzrationalen Funktionen mit Symmetrie zur y-Achse ein Extremum auf der y-Achse haben.)

Tiefpunkt (4|0) $\Rightarrow$ $f(4) = 0 \Rightarrow 256a + 16b + 4 = 0$
$f'(4) = 0 \Rightarrow 256a + 8b = 0$

Subtrahieren der beiden Gleichungen liefert $8b + 4 = 0 \Rightarrow b = -\frac{1}{2}$

Einsetzen in die 2. Gleichung liefert $256a + 8 \cdot (-\frac{1}{2}) = 0$ und somit $a = \frac{1}{64}$

Der Giebel wird durch die Funktion $f(x) = \frac{1}{64}x^4 - \frac{1}{2}x^2 + 4$ modelliert.

Bestimmung der Wendepunkte: $f'(x) = \frac{1}{16}x^3 - x \Rightarrow f''(x) = \frac{3}{16}x^2 - 1$

Bedingung für Wendestelle: $f''(x) = 0 \Rightarrow x^2 = \frac{16}{3} \Rightarrow x = \pm\frac{4}{\sqrt{3}} \approx \pm 2{,}309$

$f(\pm 2{,}309) \approx 1{,}778 \Rightarrow$ Wendepunkte $W_{1,2}(\pm 2{,}309/1{,}778)$

Fensterfläche: Länge · Breite = $2 \cdot 2{,}309\,m \cdot 1{,}778\,m \approx 8{,}21\,m^2$

9 a) Es gibt vier Bedingungen: Der Graph muss durch die Punkte (2|4) und (4|1) gehen, die Steigung muss an der Stelle 2 mit der Steigung der Parabel ($f'(2) = 2 \cdot 2 = 4$) und an der Stelle 4 mit der Steigung der Geraden (2) übereinstimmen.

Ansatz: $h(x) = ax^3 + bx^2 + cx + d \Rightarrow h'(x) = 3ax^2 + 2bx + c$

Bedingungen:
$h(2) = 4 \Rightarrow 8a + 4b + 2c + d = 4$
$h(4) = 1 \Rightarrow 64a + 16b + 4c + d = 1$
$h'(2) = 4 \Rightarrow 12a + 4b + c = 4$
$h'(4) = 2 \Rightarrow 48a + 8b + c = 2$

Lösung: $a = \frac{9}{4}$; $b = -\frac{83}{4}$; $c = 60$; $d = -51 \Rightarrow h(x) = \frac{9}{4}x^3 - \frac{83}{4}x^2 + 60x - 51$

b) $h'(x) = \frac{27}{4}x^2 - \frac{83}{2}x + 60 \Rightarrow h''(x) = \frac{27}{2}x - \frac{83}{2}$

$h''(2) = 27 - \frac{83}{2} = -\frac{29}{2}$ Parabel: $f''(2) = 2 \Rightarrow h''(2) \neq f''(2)$

$\Rightarrow$ kein ruckfreier Übergang

$h''(4) = \frac{25}{2}$ Gerade: $g''(4) = 0 \Rightarrow h''(2) \neq g''(2) \Rightarrow$ kein ruckfreier Übergang

10 Kriterien: knickfrei (1. Ableitung gleich) und ruckfrei (2. Ableitung gleich).

Ansatz: ganzrationale Funktion 4. Grades mit Symmetrie zur y-Achse:

$f(x) = ax^4 + bx^2 + c \Rightarrow f'(x) = 4ax^3 + 2bx \Rightarrow f''(x) = 12ax^2 + 2b$

Bedingungen im Punkt Q: $f(1) = 1 \Rightarrow a + b + c = 1$
$f'(1) = 1$ (Steigung von $y = x$) $\Rightarrow 4a + 2b = 1$
$f''(1) = 0$ (Gerade hat Krümmung 0) $\Rightarrow 12a + 2b = 0$

Lösung: $a = -\frac{1}{8}$; $b = \frac{3}{4}$; $c = \frac{3}{8} \Rightarrow f(x) = -\frac{1}{8}x^4 + \frac{3}{4}x^2 + \frac{3}{8}$

Lösungen zu Seite 136

1

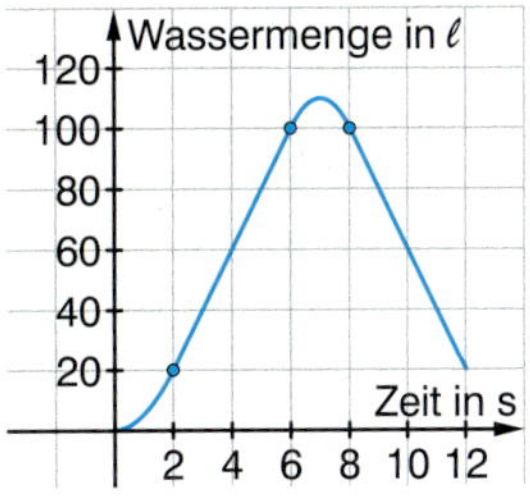

Die Bestandsfunktion gibt die Wassermenge im Becken zu jedem Zeitpunkt an.

2

Beispiel: Zufluss in ein Wasserbecken als Änderungsrate, Wassermenge im Becken als Bestandsfunktion

Dargestellte Situation: der Zufluss steigt gleichmäßig an und wird gestoppt, steigt dann wieder von null an und wird wieder gestoppt

3 a) Wenn das Auto stets langsamer als mit 100 km/h gefahren ist, hat es weniger als 100 km in dieser Stunde zurückgelegt. Eine sehr grobe Schätzung liefert z. B. das arithmetische Mittel der angegebenen Werte der momentanen Geschwindigkeiten: 62 km/h, der zurückgelegte Weg könnte demnach 62 km sein.

b) Wegen $\Delta t = 5\,\text{min} = \frac{1}{12}\,\text{h}$ folgt für den Weg s, der in dieser Stunde zurückgelegt wurde: $s = \frac{1}{12} \cdot \left(\frac{1}{2} \cdot 20 + 65 + \ldots + 75 + \frac{1}{2} \cdot 25\right) = \frac{1}{12} \cdot 777{,}5 \approx 64{,}8$ (in km)

Der Näherungswert entspricht der Erwartung.

c) Die Bestandsfunktion gibt zu jedem Zeitpunkt den zurückgelegten Weg an.

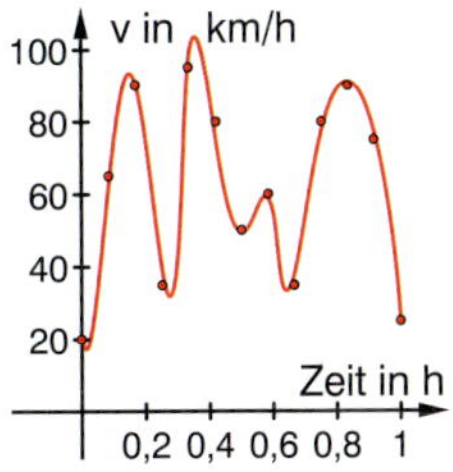

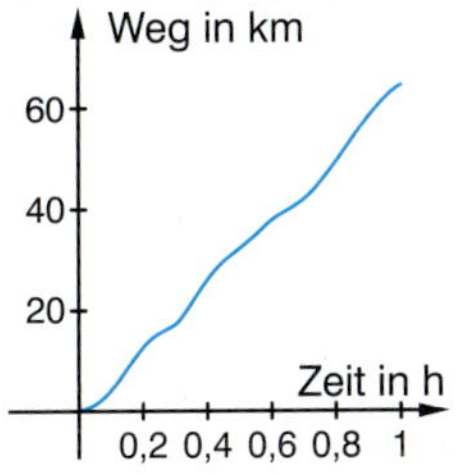

4 a) Zu Beginn wird kein CO_2 produziert. Die Gärungsgeschwindigkeit nimmt bis zum 3. Tag erst immer schneller, danach immer langsamer zu und ist nach 6,5 Tagen am größten. In weiteren 3,5 Tagen nimmt sie immer schneller ab. Nach 10 Tagen ist der Gärungsprozess beendet.

b) Die Bestandsfunktion f(x) beschreibt die im Zeitraum [0; x] produzierte Menge an CO_2.

$f(x) = -\frac{1}{100}x^4 + \frac{17}{150}x^3 + \frac{8}{25}x^2$

c) In den 10 Tagen wurden insgesamt $f(10) = 45\frac{1}{3}$ Liter produziert.

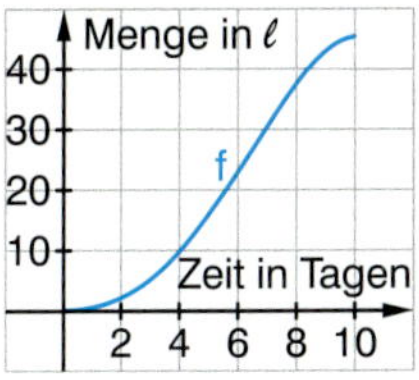

5 Die Bestandsfunktion und die Integralfunktion geben den Wert des orientierten Flächeninhalts unter dem Graphen einer Funktion in einem Intervall an.
Die linke Grenze des Intervalls ist fest (bei der Bestandsfunktion liegt sie meistens bei null) und die rechte Grenze variabel.
Bei der Integralfunktion muss die Berandungsfunktion nicht die Änderungsrate eines Bestandes darstellen, sondern kann eine beliebige (integrierbare) Funktion sein.

6 a) $f(x) = 2x$ und $I_1(x) = x^2 - 1$

Probe: $(I_1(x))' = 2x = f(x)$ und $I_1(1) = 0$

b) $I_0(x) = x^2$ bzw. $I_2(x) = x^2 - 4$

Der Graph von $I_0(x)$ bzw. $I_2(x)$ entsteht aus dem Graphen von $I_1(x)$ durch eine Verschiebung entlang der y-Achse so, dass $I_0(0) = 0$ bzw. $I_2(2) = 0$ erfüllt ist.

Lösungen zu Seite 137

7 Angegeben sind jeweils Stammfunktionen mit c = 0:

$F_1(x) = 3x$; $F_2(x) = 1{,}5x^2 - 2x$; $F_3(x) = \frac{1}{5}x^5 - \frac{4}{3}x^3 + 6x$;
$F_4(x) = \frac{1}{4}x^4 - \frac{2}{3}x^3 + \frac{1}{2}x^2$; $F_5(x) = \sin(x)$; $F_6(x) = \frac{1}{3}x^3 - 25x$

8 Für $c \in \mathbb{R}$ gilt: $(F(x) + c)' = F'(x) + c' = F'(x) = f(x)$

Also ist $F(x) + c$ auch eine Stammfunktion zu f(x).

9 a) Beispiel mit $f(x) = x^2$

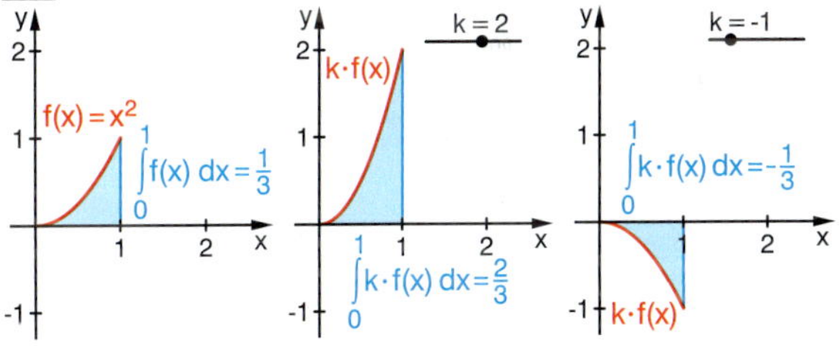

b) Sei F(x) eine Stammfunktion zu f(x), es gilt also: $F'(x) = f(x)$. Dann ist $k \cdot F(x)$ eine Stammfunktion zu $k \cdot f(x)$,
denn es gilt $(k \cdot F(x))' = k \cdot F'(x) = k \cdot f(x)$. Mit dem Hauptsatz folgt:

$$\int_a^b k \cdot f(x) = k \cdot F(b) - k \cdot F(a) = k \cdot (F(b) - F(a)) = k \cdot \int_a^b f(x)$$

10 a) $\int_a^b f(x)\,dx$ ist im Fall I gleich 0, im Fall II kleiner als 0 und im Fall III größer als 0.

b) (1) $\int_2^3 f(x)\,dx = \left[1{,}5x^2 + x\right]_2^3 = 8{,}5$ (2) $\int_{-2}^2 f(x)\,dx = \left[2x - \frac{1}{3}x^3\right]_{-2}^2 = \frac{8}{3}$

11 a) Nullstellen von f: −1; 0; 1

Eine Stammfunktion ist: $F(x) = 0{,}25x^4 - 0{,}5x^2$

$$A = \left|\int_{-1}^{2} f(x)\,dx\right| = \left|\frac{1}{4}\right| + \left|-\frac{1}{4}\right| + \left|\frac{9}{4}\right| = \frac{11}{4}$$

b) Nullstellen von f: −2; 0; 4

Eine Stammfunktion ist: $F(x) = \frac{1}{8}x^4 - \frac{1}{3}x^3 - 2x^2$

$$A = \left|\int_{-2}^{4} f(x)\,dx\right| = \left|\frac{10}{3}\right| + \left|-\frac{64}{3}\right| = \frac{74}{3} = 24\frac{2}{3}$$

12 a) $\int_{-2}^{2} f(x)\,dx = \left[\frac{1}{4}x^2\right]_{-2}^{2} = 0$

Die Nullstelle von f ist $x = 0$.

Es gilt: $A = \left|\int_{-2}^{0} f(x)\,dx\right| + \left|\int_{0}^{2} f(x)\,dx\right| = \left|\left[\frac{1}{4}x^4\right]_{-2}^{0}\right| + \left|\left[\frac{1}{4}x^4\right]_{0}^{2}\right| = 8$

Die Werte sind unterschiedlich: $0 \neq 8$

b) $\int_{-2}^{0} f(x)\,dx = \left[\frac{1}{20}x^5 - \frac{1}{3}x^3\right]_{-2}^{0} = -\frac{16}{15}$

Die Nullstellen von f sind -2; 0 und 2.

Es gilt: $A = \left|\int_{-2}^{0} f(x)\,dx\right| = \frac{16}{15}$

Die Werte sind unterschiedlich: $-\frac{16}{15} \neq \frac{16}{15}$

c) $\int_{0}^{4} f(x)\,dx = \left[x - \frac{2}{3}x^{\frac{3}{2}}\right]_{0}^{4} = -\frac{4}{3}$

Die Nullstelle von f ist $x = 1$.

Es gilt: $A = \left|\int_{0}^{1} f(x)\,dx\right| + \left|\int_{1}^{4} f(x)\,dx\right| = \left|\frac{1}{3}\right| + \left|-\frac{5}{3}\right| = 2$

Die Werte sind unterschiedlich: $-\frac{4}{3} \neq 2$

Die Fälle a), b) und c) zeigen, dass das Integral von f im Intervall [a; b] und der Flächeninhalt unter dem Graphen im Intervall [a; b] unterschiedliche Werte haben können.

13 a) Die Schnittstellen von f und g sind 1 und 4. Im Intervall [1; 4] gilt $f(x) \geq g(x)$. Es folgt:

$A = \int_{1}^{4} (f(x) - g(x))\,dx = \left[-\frac{1}{3}x^3 + \frac{5}{2}x^2 - 4x\right]_{1}^{4} = \frac{9}{2}$

b) Die Schnittstellen von f und g sind -3 und 1. Im Intervall $[-3; 1]$ gilt $f(x) \geq g(x)$. Es folgt:

$A = \int_{-3}^{1} (f(x) - g(x))\,dx = \left[-0{,}5x^3 - 1{,}5x^2 + 4{,}5x\right]_{-3}^{1} = 16$

14

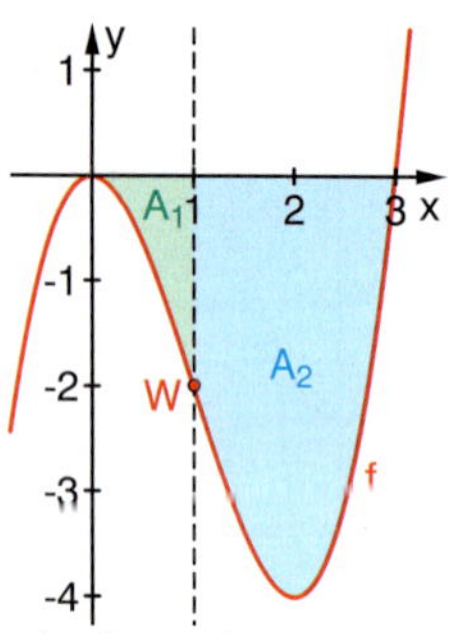

Der Wendepunkt des Graphen liegt an der Stelle $x = 1$.

Begründung: $x = 1$ ist (einzige) Nullstelle von f″ und $f'''(1) = 6 \neq 0$

Die Parallele zur y-Achse ist die Gerade mit der Gleichung $x = 1$. Die Nullstellen von f sind 0 und 3, dazwischen liegt die eingeschlossene Fläche, die durch die Parallele zur y-Achse geteilt wird.

$A_1 = \left|\int_{0}^{1} f(x)\,dx\right| = \left|\left[0{,}25x^4 - x^3\right]_{0}^{1}\right| = \left|-\frac{3}{4}\right| = \frac{3}{4}$

$A_2 = \left|\int_{1}^{3} f(x)\,dx\right| = \left|\left[0{,}25x^4 - x^3\right]_{1}^{3}\right| = |-6| = 6$

Verhältnis von A_2 zu A_1: $\frac{A_2}{A_1} = 8$

Lösungen zu Seite 179

1 a) $f'(x) = 9x^2 - 2x + 3$ (Produktregel bzw. Ausmultiplizieren und Summenregel)

b) $f'(x) = 6x(x^2 + 1)^2 = 6x^5 + 12x^3 + 6x$ (Kettenregel)

c) $f'(x) = -4x^{-5} = \frac{-4}{x^5}$ (Potenzregel)

d) $f'(x) = 2x \cdot \sin(x) + x^2 \cdot \cos(x)$ (Produktregel)

e) $f'(x) = 3 \cdot \cos(3x - 1)$ (Kettenregel)

f) $f(x) = \frac{1}{x} \cdot \sin(x) = x^{-1} \cdot \sin(x)$;

$f'(x) = -1 \cdot x^{-2} \cdot \sin(x) + \frac{1}{x} \cdot \cos(x) = \frac{-1}{x^2} \cdot \sin(x) + \frac{1}{x} \cdot \cos(x)$

(Produktregel, Potenzregel)

2 a) $g'(x) = 2f(x) \cdot f'(x) = 2(f(x))^2 = 2g(x)$

b) $h'(x) = \frac{1}{2\sqrt{f(x)}} \cdot f'(x) = \frac{f(x)}{2\sqrt{f(x)}} = \frac{1}{2}\sqrt{f(x)} = \frac{1}{2}h(x)$

c) $k'(x) = -\frac{1}{(f(x))^2} \cdot f'(x) = -\frac{f(x)}{(f(x))^2} = -\frac{1}{f(x)} = -k(x)$

3 Es ist $f(1) = 0$ und $f'(1) = 0$, $f''(1) \neq 0$ (Extrempunkt).

$g(1) = 1 \cdot f(1) = 1 \cdot 0 = 0 \Rightarrow (1|0)$ liegt auf dem Graphen von g

$g'(x) = 1 \cdot f(x) + x \cdot f'(x) \Rightarrow g'(1) = 1 \cdot f(1) + 1 \cdot f'(1) = 1 \cdot 0 + 1 \cdot 0 = 0$

$g''(x) = f'(x) + 1 \cdot f'(x) + x \cdot f''(x) \Rightarrow g''(1) = 2 \cdot f'(1) + x \cdot f''(1) = 2 \cdot 0 + 1 \cdot f''(1) = f''(1) \neq 0$

Also ist $(1|0)$ auch Extrempunkt von $g(x)$.

4 a) Es gilt nach der Kettenregel: $f'(x) = e^{-x} \cdot (-x)' = -e^{-x}$

b) Die Tangente an den Graphen von $g(x) = e^x$ im Punkt $(0|1)$ hat die Steigung 1. Der Graph von f geht aus dem Graphen von g durch das Spiegeln an der y-Achse hervor, gleiches gilt für seine Tangente im Punkt $(0|1)$. Dort hat der Graph von f somit die Steigung -1, also gilt: $f'(0) = -1$.

Mit $f'(x) = f'(0) \cdot e^{-x}$ folgt die Behauptung.

5 a) $f(x) = e^x + 1$ b) $f(x) = e^{-x} - 1$ c) $f(x) = e^{2x}$ d) $f(x) = 2e^x$

6 a) (1) $g(x) = e^{-x}$ (2) $g(x) = -e^x$

(3) $g(x) = e^{x+3}$ (4) $g(x) = e^x + 2$

b) f: Verschiebung um 2 in positive x-Richtung, Verschiebung um 1 in negative y-Richtung

g: Spiegelung an der y-Achse, Streckung mit Faktor 3 entlang der y-Achse

h: Verschiebung um 2 in die positive x-Richtung, Verschiebung um 1 in die negative y-Richtung

Lösungen zu Seite 180

7

	$f'(x)$	$f''(x)$
a)	$1{,}5e^{0{,}5x}$	$0{,}75e^{0{,}5x}$
b)	$2e^{2x} - 2x$	$4e^{2x} - 2$
c)	$(3 + 2x) \cdot e^x$	$(5 + 2x) \cdot e^x$
d)	$(x^2 + 2x - 1) \cdot e^x$	$(x^2 + 4x + 1) \cdot e^x$
e)	$4(1 - x) \cdot e^{-x}$	$4(x - 2) \cdot e^{-x}$
f)	$(2x + x^2) \cdot e^x$	$(x^2 + 4x + 2) \cdot e^x$

8 a) $e^2 - e^{-1} \approx 7{,}02$

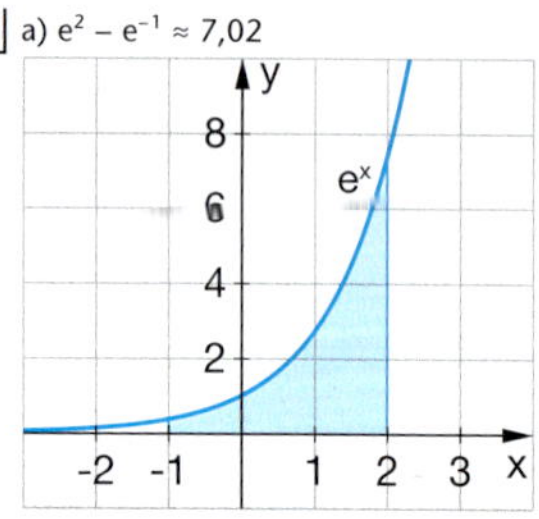

b) $e^3 - 1 \approx 19{,}09$

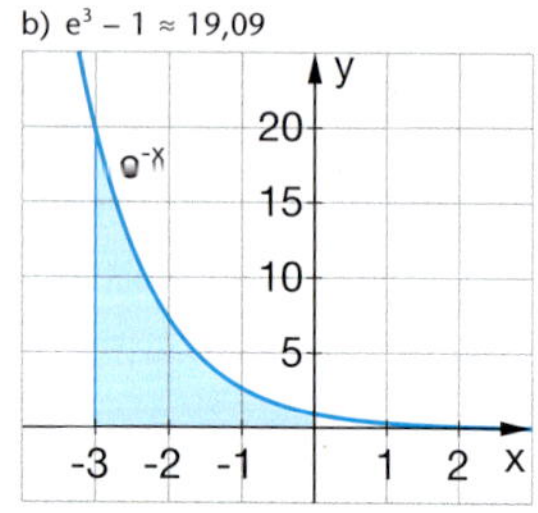

c) $2e^2 + 2e^{-2} - 2 \approx 5{,}52$

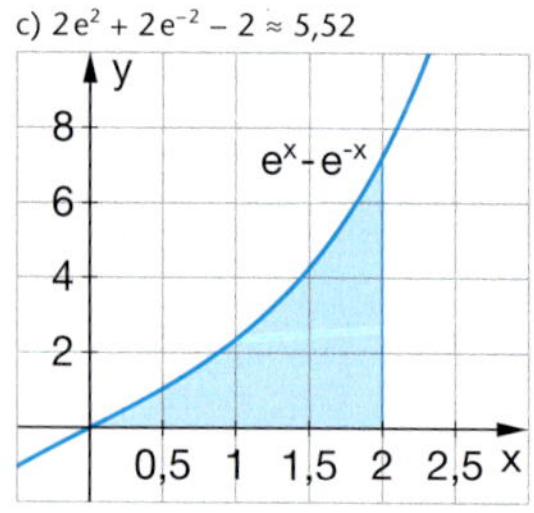

d) $2e^{\frac{3}{2}} - 2e^{-\frac{1}{2}} \approx 7{,}75$

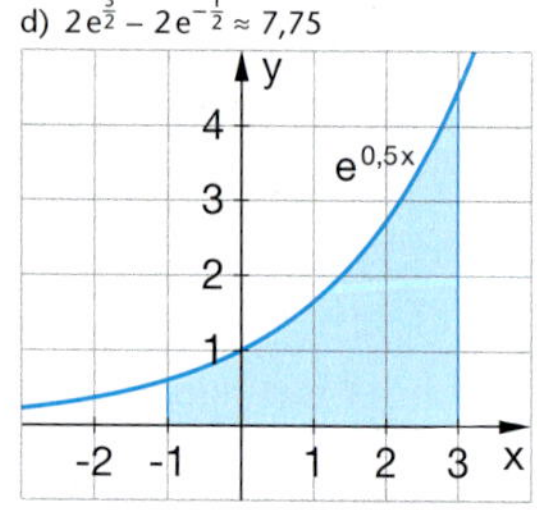

9 a) $x = 0{,}5 \cdot \ln(2000)$

b) $x = \ln(6)$

c) grafisch-numerische Lösung:

$x_1 \approx -3{,}98$; $x_2 \approx 1{,}75$

d) $x = 2 \cdot \ln(11)$

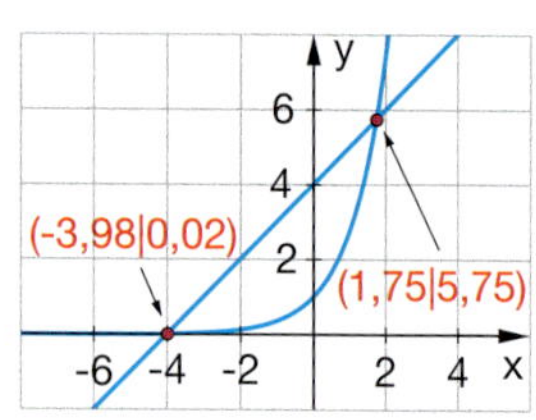

10 a) $t(x) = 2x + 1$ b) $t(x) = 2e^2 \cdot x - e^2$ c) $t(x) = \frac{2}{e}x + \frac{2}{e}$

11 a) $f'(2) = 0{,}5 \cdot e \approx 1{,}36$
b) $x = 2 \cdot \ln(8) \approx 4{,}16$
c) $x = 2 \cdot \ln(30) \approx 6{,}80$
d) $\int_0^1 f(x)\,dx = 2 \cdot (\sqrt{e} - 1)$

12 a) Genau eine Nullstelle: $x = 0{,}5$
Genau ein Tiefpunkt: $T(-0{,}5 \mid -2 \cdot e^{-0{,}5})$
Genau ein Wendepunkt: $W(-1{,}5 \mid -4 \cdot e^{-1{,}5})$
Verhalten für $x \to +\infty$: $f(x) \to +\infty$
Verhalten für $x \to -\infty$: $f(x) \to 0$ (negativer Bereich der x-Achse als Asymptote)
b) keine Nullstellen
keine Extrempunkte, genau ein Wendepunkt, der ein Sattelpunkt ist: $S\left(1 \mid \frac{2}{e}\right)$
Verhalten für $x \to +\infty$: $f(x) \to 0$ (positiver Bereich der x-Achse als Asymptote)
Verhalten für $x \to -\infty$: $f(x) \to +\infty$

13 a) $f(x) = -70x + 20000$
b) $f(x) = 52000 \cdot 0{,}8^x = 52000 \cdot e^{\ln(0{,}8) \cdot x} \approx 52000 \cdot e^{-0{,}2231x}$

14 a) $f(x) = 20 \cdot e^{\ln(1{,}5)x} = 20 \cdot e^{0{,}4057x}$
b) $f'(x) = 20 \cdot 0{,}4057 \cdot e^{0{,}4057x} = 8{,}114 \cdot e^{0{,}4057x}$

Zeit	f'(x)
0	8,114
1	12,174
2	18,265
3	27,404

Durchschnittliche Änderungsraten:
1. Tag: $\frac{f(1) - f(0)}{1 - 0} \approx 10{,}007$;
2. Tag: 15,014;   3. Tag: 22,526
c) $20 \cdot e^{0{,}4057x} = 1000000 \Rightarrow x \approx 26{,}6694$
Nach knapp 27 Tagen ist die Fläche $100\,m^2$ groß.
d) in cm^2: $20 \cdot e^{\ln(1{,}5)x} =$
$1490000000000000000 \Rightarrow$
$x \approx 95{,}81$
Nach ca. 96 Tagen wäre die gesamte Landfläche der Erde bedeckt.
Man schätzt meist einen viel größeren Zeitraum.

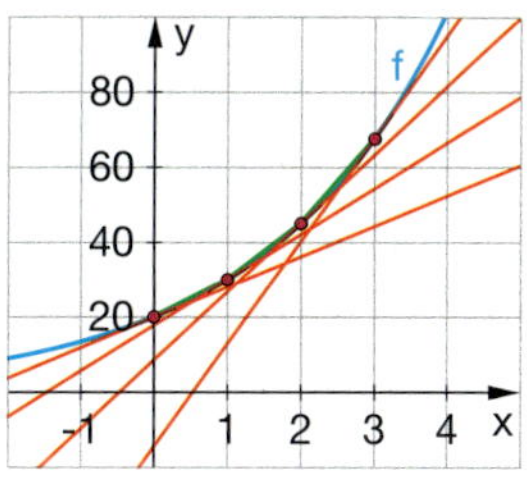

Lösungen zu Seite 181

15 a)

Zeit in Tagen	0	4	8	**16**	256	**24**
Restbestand in %	100	**50**	**25**	6,25	$\mathbf{5{,}4 \cdot 10^{-18}}$	1,5625

b) Die (2) passt exakt, die (4) näherungsweise.
c) Nach ca. 22,6 Tagen: $f(x) - 2 \Leftrightarrow x = 4 \cdot \frac{\ln(0{,}02)}{\ln(0{,}5)} \approx 22{,}6$

16 $f(x) = A \cdot e^{kx}$
$(0 \mid 6{,}6)$: $A = 6{,}6$
Bsp. $(10 \mid 35{,}5)$: $35{,}5 = 6{,}6 \cdot e^{10k}$
$\Rightarrow k = \frac{1}{10}\ln\left(\frac{355}{66}\right) \approx 0{,}1682$
2005: $f(19) = 6{,}6 \cdot e^{0{,}1682 \cdot 19} \approx 161{,}4$
2010: $f(24) = 6{,}6 \cdot e^{0{,}1682 \cdot 24} \approx 374{,}27$

17 a) 85 °C, da $f(0) = 85$ gilt
b) 20 °C, da gilt: $f(x) \to 20$ für $x \to +\infty$
c) ca. 23 °C, da $f(15) \approx 23$ gilt
d) Nach ca. 6 min, da gilt: $f(x) = 40 \Leftrightarrow x = -5 \cdot \ln\left(\frac{20}{65}\right) \approx 5{,}89$

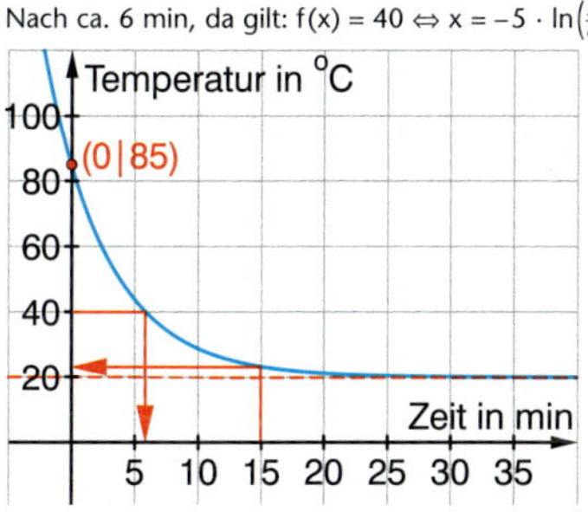

18

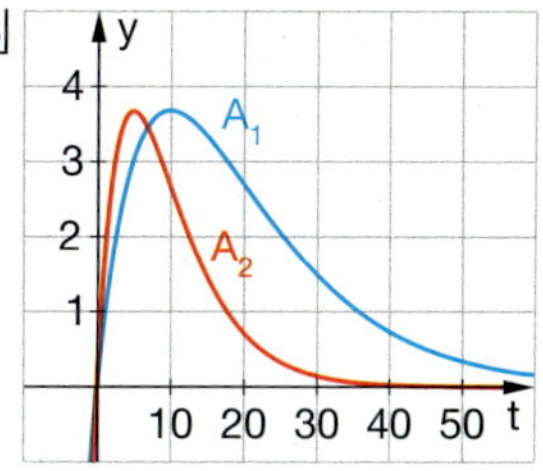

a) A_1 wächst langsamer an als A_2, gleiche maximal bedeckte Fläche (ca. $4000\,m^2$), Maximum wird von A_1 später erreicht. Schnelles Absterben bei A_2, langsameres Absterben bei A_1; langfristig verschwinden beide Arten.
b) $A_1(5) \approx 3{,}03\,km^2$; $A_2(5) \approx 3{,}68\,km^2$
Grafisch-numerische Lösungen sind angemessen.
A_1 ist nach ca. 2,6 und 25,4 Tagen $2000\,m^2$ groß.
A_2 ist nach ca. 1,3 und 12,7 Tagen $2000\,m^2$ groß.
$A_1'(t) = (1 - 0{,}1t) \cdot e^{-0{,}1t} = 0 \quad \Rightarrow \quad t = 10$; $A_1(10) = 3{,}6787\ldots$
$A_2'(t) = (2 - 0{,}4t) \cdot e^{-0{,}2t} = 0 \quad \Rightarrow \quad t = 5$; $A_2(5) = 3{,}6787\ldots$
Die maximal bedeckte Fläche ist bei beiden Modellen ca. $3700\,m^2$ groß.
$A_1''(t) = (0{,}01t - 0{,}2) \cdot e^{-0{,}1t} = 0 \quad \Rightarrow \quad t = 20$
$A_2''(t) = (0{,}08t - 0{,}8) \cdot e^{-0{,}2t} = 0 \quad \Rightarrow \quad t = 10$
Nach 20 Tagen bei A_1 und 10 Tagen bei A_2 ist die Abnahme maximal, die maximale Zunahme ist bei beiden Modellen zu Beginn ($t = 0$).

Lösungen zu Seite 201

1 Im „2-1-Koordinatensystem":

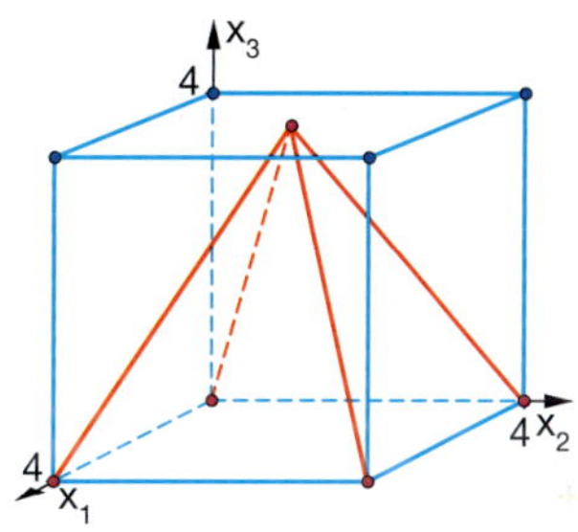

2 Koordinaten der Eckpunkte: $A = (5 \mid 0 \mid 0)$, $M = (5 \mid 5 \mid 2{,}5)$, $G = (0 \mid 5 \mid 5)$, $N = (0 \mid 0 \mid 2{,}5)$
Seiten des Vierecks: $\overrightarrow{AM} = \begin{pmatrix} 0 \\ 5 \\ 2{,}5 \end{pmatrix}$, $\overrightarrow{MG} = \begin{pmatrix} -5 \\ 0 \\ 2{,}5 \end{pmatrix}$, $\overrightarrow{GN} = \begin{pmatrix} 0 \\ -5 \\ -2{,}5 \end{pmatrix}$, $\overrightarrow{NA} = \begin{pmatrix} 5 \\ 0 \\ -2{,}5 \end{pmatrix}$
Die Seitenlängen sind jeweils $\sqrt{31{,}25}$, aber $\overrightarrow{AM} \cdot \overrightarrow{MG} = 6{,}25 \neq 0$. Das Viereck ist eine Raute, aber kein Quadrat.

3 Die Punkte liegen auf einer Geraden, der Verlängerung der Raumdiagonalen im Würfel mit der Kantenlänge 1 durch $(0 \mid 0 \mid 0)$ und $(1 \mid 1 \mid 1)$.

4
a) „1-1-Koordinatensystem"

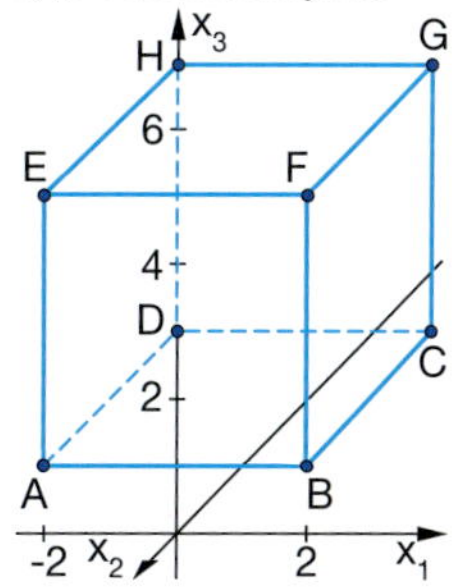

b) „2-1-Koordinatensystem"

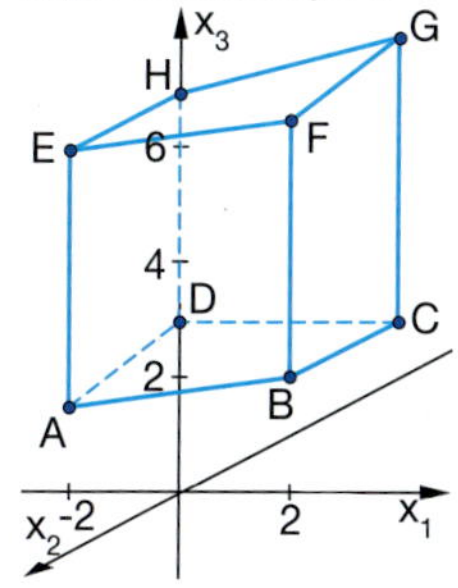

Das Bild in b) zeigt, dass es sich nicht um einen Würfel handelt. Die verschiedenen Ansichten resultieren aus den unterschiedlichen Koordinatensystemen.
c) „Boden": A liegt nicht in der durch B, C und D bestimmten Ebene.
Die x_3-Koordinate müsste 3 sein.
„Deckfläche": E, F und H liegen auf der Ebene E: $-x_2 + 5x_3 = 35$.
G liegt nicht auf E, denn $-6 + 5 \cdot 9 \neq 35$.

5 Es gibt acht verschiedene Vektoren: $\overrightarrow{AB}, \overrightarrow{AD}, \overrightarrow{AE}, \overrightarrow{EI}, \overrightarrow{HI}, \overrightarrow{FK}, \overrightarrow{GK}, \overrightarrow{IK}$
Parallel zueinander sind:
$\overrightarrow{AB} \parallel \overrightarrow{DC} \parallel \overrightarrow{EF} \parallel \overrightarrow{HG} \parallel \overrightarrow{IK}$ und $\overrightarrow{AD} \parallel \overrightarrow{BC} \parallel \overrightarrow{EH} \parallel \overrightarrow{FG}$ sowie $\overrightarrow{AE} \parallel \overrightarrow{DH} \parallel \overrightarrow{BF} \parallel \overrightarrow{CG}$

6 a) Ortsvektoren der Eckpunkte des grünen Würfels:

$\begin{pmatrix}1\\0\\0\end{pmatrix}; \begin{pmatrix}1\\1\\0\end{pmatrix}; \begin{pmatrix}0\\1\\0\end{pmatrix}; \begin{pmatrix}0\\0\\0\end{pmatrix}; \begin{pmatrix}1\\0\\1\end{pmatrix}; \begin{pmatrix}1\\1\\1\end{pmatrix}; \begin{pmatrix}0\\1\\1\end{pmatrix}; \begin{pmatrix}0\\0\\1\end{pmatrix}$

Ortsvektoren der Eckpunkte des roten Würfels:

$\begin{pmatrix}0\\2{,}5\\0\end{pmatrix}; \begin{pmatrix}0\\3{,}5\\0\end{pmatrix}; \begin{pmatrix}-1\\3{,}5\\0\end{pmatrix}; \begin{pmatrix}-1\\2{,}5\\0\end{pmatrix}; \begin{pmatrix}0\\2{,}5\\1\end{pmatrix}; \begin{pmatrix}0\\3{,}5\\1\end{pmatrix}; \begin{pmatrix}-1\\3{,}5\\1\end{pmatrix}; \begin{pmatrix}-1\\2{,}5\\1\end{pmatrix}$

Ortsvektoren der Eckpunkte des blauen Würfels:

$\begin{pmatrix}0\\-1\\3\end{pmatrix}; \begin{pmatrix}0\\0\\3\end{pmatrix}; \begin{pmatrix}-1\\0\\3\end{pmatrix}; \begin{pmatrix}-1\\-1\\3\end{pmatrix}; \begin{pmatrix}0\\-1\\4\end{pmatrix}; \begin{pmatrix}0\\0\\4\end{pmatrix}; \begin{pmatrix}-1\\0\\4\end{pmatrix}; \begin{pmatrix}-1\\-1\\4\end{pmatrix}$

b) Verschiebungsvektoren:

grün → rot: $\begin{pmatrix}-1\\2{,}5\\0\end{pmatrix}$; rot → blau: $\begin{pmatrix}0\\-3{,}5\\3\end{pmatrix}$; blau → grün: $\begin{pmatrix}1\\1\\-3\end{pmatrix}$

Lösungen zu Seite 202

7 a) $|\overrightarrow{AB}| = \left|\begin{pmatrix}2-4\\3-2\\8-7\end{pmatrix}\right| = \left|\begin{pmatrix}-2\\1\\1\end{pmatrix}\right| = \sqrt{(-2)^2+1^2+1^2} = \sqrt{6};$

$|\overrightarrow{BC}| = \left|\begin{pmatrix}3-2\\1-3\\9-8\end{pmatrix}\right| = \left|\begin{pmatrix}1\\-2\\1\end{pmatrix}\right| = \sqrt{1^2+(-2)^2+1^2} = \sqrt{6};$

$|\overrightarrow{AC}| = \left|\begin{pmatrix}3-4\\1-2\\9-7\end{pmatrix}\right| = \left|\begin{pmatrix}-1\\-1\\2\end{pmatrix}\right| = \sqrt{(-1)^2+(-1)^2+2^2} = \sqrt{6};$

Da alle Seiten gleich lang sind, ist das Dreieck ABC gleichseitig.

b) –

c) $|\overrightarrow{AB}| = \left|\begin{pmatrix}6-2\\4-1\\6-4\end{pmatrix}\right| = \left|\begin{pmatrix}4\\3\\2\end{pmatrix}\right| = \sqrt{4^2+3^2+2^2} = \sqrt{29};$

$|\overrightarrow{BC}| = \left|\begin{pmatrix}2-6\\2-4\\3-6\end{pmatrix}\right| = \left|\begin{pmatrix}-4\\-2\\-3\end{pmatrix}\right| = \sqrt{(-4)^2+(-2)^2+(-3)^2} = \sqrt{29};$

$|\overrightarrow{AC}| = \left|\begin{pmatrix}2-2\\2-1\\3-4\end{pmatrix}\right| = \left|\begin{pmatrix}0\\1\\-1\end{pmatrix}\right| = \sqrt{0^2+1^2+(-1)^2} = \sqrt{2};$

Da die Seiten AB und BC gleich lang sind, ist das Dreieck ABC gleichschenklig.

8 a) $\vec{m} = \vec{a} + \frac{1}{2}(\vec{b} - \vec{a}) = \frac{1}{2}\vec{a} + \frac{1}{2}\vec{b} = \frac{1}{2}(\vec{a} + \vec{b})$

$\vec{m} = \frac{1}{2}\left[\begin{pmatrix}1\\-3\\4\end{pmatrix} + \begin{pmatrix}5\\3\\2\end{pmatrix}\right] = \frac{1}{2}\begin{pmatrix}6\\0\\6\end{pmatrix} = \begin{pmatrix}3\\0\\3\end{pmatrix} \Rightarrow M = (3|0|3)$

b) $\vec{m} = \frac{1}{2}(\vec{a} + \vec{b}) \Leftrightarrow 2\vec{m} = \vec{a} + \vec{b} \Leftrightarrow \vec{b} = 2\vec{m} - \vec{a}$

$b = 2\begin{pmatrix}2\\-4\\1\end{pmatrix} - \begin{pmatrix}-1\\2\\3\end{pmatrix} = \begin{pmatrix}5\\-10\\-1\end{pmatrix} \Rightarrow B = (5|-10|-1)$

9 Der zu P gehörende Ortsvektor ist $\vec{p} = \frac{1}{2}(\vec{b} - \vec{a})$. Dieser Vektor ist halb so lang wie der Verbindungsvektor von A nach B. Es wird also nicht der Mittelpunkt der Strecke $\overline{AB}$ beschrieben.

10

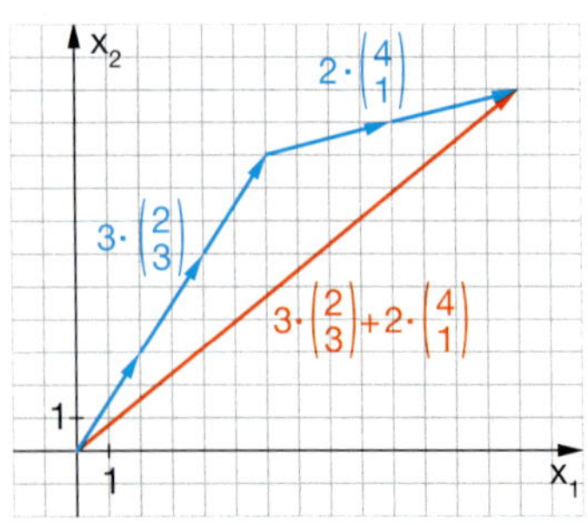

11 a) $\vec{c} = -\vec{b} + \vec{a}$; $\vec{d} = -\frac{1}{2}\vec{b}$

b) $\vec{c} = \vec{a}$; $\vec{d} = \frac{1}{2}(\vec{a} + \vec{b})$

12 a) $|\overrightarrow{AB}| = \left|\begin{pmatrix}2-1\\2-0\\7-4\end{pmatrix}\right| = \left|\begin{pmatrix}1\\2\\3\end{pmatrix}\right| = \sqrt{1^2+2^2+3^2} = \sqrt{14};$

$|\overrightarrow{BC}| = \left|\begin{pmatrix}3-2\\0-2\\10-7\end{pmatrix}\right| = \left|\begin{pmatrix}1\\-2\\3\end{pmatrix}\right| = \sqrt{1^2+(-2)^2+3^2} = \sqrt{14};$

$|\overrightarrow{CD}| = \left|\begin{pmatrix}2-3\\-2-0\\7-10\end{pmatrix}\right| = \left|\begin{pmatrix}-1\\-2\\-3\end{pmatrix}\right| = \sqrt{(-1)^2+(-2)^2+(-3)^2} = \sqrt{14};$

$|\overrightarrow{DA}| = \left|\begin{pmatrix}1-2\\0-(-2)\\4-7\end{pmatrix}\right| = \left|\begin{pmatrix}-1\\2\\-3\end{pmatrix}\right| = \sqrt{(-1)^2+2^2+(-3)^2} = \sqrt{14}$

b) Für den Mittelpunkt der Raute gilt:

$\vec{m} = \vec{a} + \frac{1}{2}\overrightarrow{AC} = \begin{pmatrix}1\\0\\4\end{pmatrix} + \frac{1}{2}\begin{pmatrix}3-1\\0-0\\10-4\end{pmatrix} = \begin{pmatrix}1\\0\\4\end{pmatrix} + \begin{pmatrix}1\\0\\3\end{pmatrix} = \begin{pmatrix}2\\0\\7\end{pmatrix}.$

Somit ist M = (2|0|7).

13 a) S wird an C gespiegelt, indem der Vektor $\overrightarrow{SC} = \begin{pmatrix}-2\\2\\-3\end{pmatrix}$ nach C verschoben wird.
Damit gilt $S'_C = (0|7|0)$.

b) $S'_A = (8|-1|0)$; $S'_B = (8|7|0)$; $S'_D = (0|-1|0)$

c) Doppelpyramide

Lösungen zu Seite 238

1 Es entsteht das Viereck ACGE, das den Würfel halbiert.

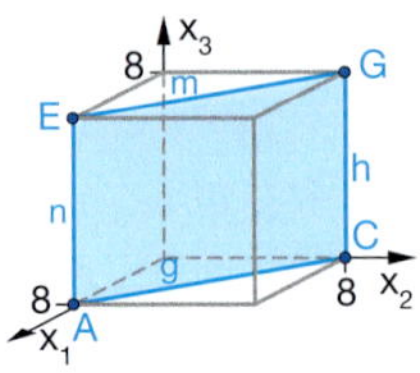

2 a) Parallel zu g sind z. B. h : $\vec{x} = \begin{pmatrix}0\\2\\-1\end{pmatrix} + t\begin{pmatrix}-2\\1\\4\end{pmatrix}$ oder k : $\vec{x} = \begin{pmatrix}1\\2\\3\end{pmatrix} + t\begin{pmatrix}4\\-2\\-8\end{pmatrix}$.

Einen Schnittpunkt mit g haben z. B. h : $\vec{x} = \begin{pmatrix}1\\2\\3\end{pmatrix} + t\begin{pmatrix}3\\0\\1\end{pmatrix}$ oder k : $\vec{x} = \begin{pmatrix}-1\\3\\7\end{pmatrix} + t\begin{pmatrix}2\\-4\\5\end{pmatrix}$.

b) g und k schneiden sich in S = (3|−1|2); h und k sind zueinander parallel; g und h sind windschief.

3 AB : $\vec{x} = \begin{pmatrix}4\\0\\0\end{pmatrix} + t\begin{pmatrix}0\\4\\0\end{pmatrix}$ mit $0 \le t \le 1$; DC : $\vec{x} = t\begin{pmatrix}0\\4\\0\end{pmatrix}$ mit $0 \le t \le 1$;

AS : $\vec{x} = \begin{pmatrix}4\\0\\0\end{pmatrix} + t\begin{pmatrix}-2\\2\\6\end{pmatrix}$ mit $0 \le t \le 1$; CS : $\vec{x} = \begin{pmatrix}0\\4\\0\end{pmatrix} + t\begin{pmatrix}2\\-2\\6\end{pmatrix}$ mit $0 \le t \le 1$

4 Die Punkte im Sechseck sind R = (9|0|4); S = (3|0|0); T = (0|1|0);
U = (0|3|4); V = (3|3|6) und W = (9|1|6).
Parallel sind $\overline{RS}$ und $\overline{UV}$; $\overline{ST}$ und $\overline{VW}$ sowie $\overline{TU}$ und $\overline{WR}$.

5 a) Die Geraden g : $\vec{x} = \begin{pmatrix}0\\7\\0\end{pmatrix} + r\begin{pmatrix}4\\-4\\4\end{pmatrix}$ und h : $\vec{x} = \begin{pmatrix}2\\5\\0\end{pmatrix} + s\begin{pmatrix}0\\0\\1\end{pmatrix}$ schneiden sich für r = 0,5 und s = 2 im Punkt (2|5|2).

b) Die Geraden g : $\vec{x} = \begin{pmatrix}4\\0\\0\end{pmatrix} + t\begin{pmatrix}-3\\3\\2\end{pmatrix}$ und h : $\vec{x} = \begin{pmatrix}3\\1\\2\end{pmatrix} + t\begin{pmatrix}-1\\3\\-2\end{pmatrix}$ sind windschief.

Lösungen zu Seite 239

6 a) vordere Dachfläche: E : $\vec{x} = \begin{pmatrix}2\\0\\1{,}5\end{pmatrix} + r\begin{pmatrix}0\\4\\0\end{pmatrix} + s\begin{pmatrix}-1\\1\\1{,}5\end{pmatrix}$;

rechte Dachfläche: E : $\vec{x} = \begin{pmatrix}2\\4\\1{,}5\end{pmatrix} + r\begin{pmatrix}-2\\0\\0\end{pmatrix} + s\begin{pmatrix}-1\\-1\\1{,}5\end{pmatrix}$;

hintere Dachfläche: E : $\vec{x} = \begin{pmatrix}0\\0\\1{,}5\end{pmatrix} + r\begin{pmatrix}0\\4\\0\end{pmatrix} + s\begin{pmatrix}1\\1\\1{,}5\end{pmatrix}$;

linke Dachfläche: E : $\vec{x} = \begin{pmatrix}0\\0\\1{,}5\end{pmatrix} + r\begin{pmatrix}2\\0\\0\end{pmatrix} + s\begin{pmatrix}1\\1\\1{,}5\end{pmatrix}$.

b) E beschreibt die Ebene, in der die vordere Hausfläche liegt.

7 E beschreibt die Ebene, in der die Bodenfläche liegt.
F beschreibt die Ebene, in der das Dreieck ABD liegt.
Die Ebenen, in denen die weiteren Flächen liegen sind:

„hintere Fläche“: $E: \vec{x} = \begin{pmatrix}0\\0\\0\end{pmatrix} + r\begin{pmatrix}0\\4\\0\end{pmatrix} + s\begin{pmatrix}0\\2\\2\end{pmatrix}$; „linke Fläche“: $E: \vec{x} = \begin{pmatrix}0\\0\\0\end{pmatrix} + r\begin{pmatrix}4\\2\\0\end{pmatrix} + s\begin{pmatrix}0\\2\\2\end{pmatrix}$

8 Die Spurpunkte sind die Schnittpunkte der Ebene mit den Koordinatenachsen.
$S_1 = (4|0|0)$, $S_2 = (0|3|0)$, $S_3 = (0|0|2)$
Der Punkt $P = (2|2|-1)$ liegt nicht auf E. Das zugehörige LGS ist nicht lösbar.

9 Der Schnittpunkt ist jeweils der Mittelpunkt des Würfels $M = \left(\frac{1}{2}\middle|\frac{1}{2}\middle|\frac{1}{2}\right)$.
Weitere Ebenen, die sich mit der Raumdiagonalen in M schneiden, sind Ebenen, die den Würfel halbieren.

10 a) Das Dreieck, das in der Ebene $E: \vec{x} = \begin{pmatrix}4\\0\\0\end{pmatrix} + r\begin{pmatrix}-4\\0\\4\end{pmatrix} + s\begin{pmatrix}0\\4\\4\end{pmatrix}$ liegt, wird von der Raumdiagonalen $g: \vec{x} = \begin{pmatrix}0\\4\\0\end{pmatrix} + t\begin{pmatrix}4\\-4\\4\end{pmatrix}$ im Punkt $S = \left(\frac{8}{3}\middle|\frac{4}{3}\middle|\frac{8}{3}\right)$ geschnitten.
b) Die Gerade g schneidet nicht die Ebene, in der das Dreieck AFH liegt.
Die Gerade ist parallel zur Ebene.

11 Die Gerade und die Ebene schneiden sich in einem Punkt.

Lösungen zu Seite 259

1 $\begin{pmatrix}2\\3\\-4\end{pmatrix} \cdot \begin{pmatrix}0{,}5\\1{,}5\\2{,}5\end{pmatrix} = -4{,}5$ $\quad \begin{pmatrix}-1\\1{,}5\\2\end{pmatrix} \cdot \begin{pmatrix}-1\\2\\-3\end{pmatrix} = -2$ $\quad \begin{pmatrix}2\\-1\\-4\end{pmatrix} \cdot \begin{pmatrix}-4\\2\\-3\end{pmatrix} = 2$

$\begin{pmatrix}-1{,}5\\2\\0{,}5\end{pmatrix} \cdot \begin{pmatrix}-2\\-4\\3\end{pmatrix} = -3{,}5$ $\quad \begin{pmatrix}3\\4\\-1\end{pmatrix} \cdot \begin{pmatrix}-2{,}5\\3\\4\end{pmatrix} = 0{,}5$

2 $\vec{a} \cdot \vec{b} = 5 < \vec{b} \cdot \vec{c} = 7 < \vec{a} \cdot \vec{c} = 10$

3 Das Viereck ABCD hat die Seitenvektoren $\vec{a} = \begin{pmatrix}5\\0\\1\end{pmatrix}$, $\vec{b} = \begin{pmatrix}1\\3\\2\end{pmatrix}$, $\vec{c} = \begin{pmatrix}-5\\0\\-1\end{pmatrix}$ und $\vec{d} = \begin{pmatrix}-1\\-3\\-2\end{pmatrix}$.
Gegenüberliegende Seiten sind also parallel und gleichlang.
Benachbarte Seiten aber haben unterschiedliche Längen $a = c = \sqrt{26}$, $b = d = \sqrt{14}$

4 Für das Dreieck PQR gilt: $\overrightarrow{PQ} = \begin{pmatrix}b-a\\c-b\\a-c\end{pmatrix}$, $\overrightarrow{QR} = \begin{pmatrix}c-b\\a-c\\b-a\end{pmatrix}$, $\overrightarrow{RP} = \begin{pmatrix}a-c\\b-a\\c-b\end{pmatrix}$
Die Seitenlängen sind demnach gleich. Dieselben drei Koordinaten haben auch die Seitenvektoren im Dreieck STU.
Die Seitenvektoren in VWX haben jeweils die Koordinaten a – b, b – a und 0 und damit ebenfalls gleiche Länge.

5 Nein, denn die Länge von Vektoren sagt nichts aus über den Winkel, den sie bilden.
Zum Beispiel gilt für die Vektoren $\vec{a} = \begin{pmatrix}15\\0\\0\end{pmatrix}$, $\vec{b} = \begin{pmatrix}0\\13\\0\end{pmatrix}$, $\vec{c} = \begin{pmatrix}2\\1\\2\end{pmatrix}$ und $\vec{d} = \begin{pmatrix}0\\1\\0\end{pmatrix}$
dann $15 > 13 > 3 > 1$,
aber $\vec{a}\vec{b} = 0$ und $\vec{c}\vec{d} = 1$.

6 Für die Koordinaten von $\vec{w}$ muss $w_2 = 3w_3$ und $w_1 = w_3$ gelten.
Für jedes $\vec{w}$ erfüllt $\vec{w} = \begin{pmatrix}w\\3w\\w\end{pmatrix}$ die Bedingung.

7 Mit $\vec{u} = \begin{pmatrix}-1\\-3\\-2\end{pmatrix}$ und $\vec{v} = \begin{pmatrix}3\\1\\-2\end{pmatrix}$ gilt: $\cos(\alpha) = \frac{-2}{\sqrt{14} \cdot \sqrt{14}} = -0{,}14 \Rightarrow \alpha = 98{,}21°$

8 Mit $\vec{u} = \begin{pmatrix}-3{,}5\\-0{,}5\\2\end{pmatrix}$, $\vec{v} = \begin{pmatrix}-1\\-3\\4\end{pmatrix}$, $\vec{w} = \begin{pmatrix}2{,}5\\-2{,}5\\2\end{pmatrix}$ gilt:

(1) $\cos(\alpha) = \frac{13}{\sqrt{16{,}5} \cdot \sqrt{26}} = 0{,}63 \Rightarrow \alpha = 51{,}12°$

(2) $\cos(\beta) = \frac{3{,}5}{\sqrt{16{,}5} \cdot \sqrt{16{,}5}} = 0{,}21 \Rightarrow \beta = 77{,}75°$

(3) $\cos(\gamma) = \frac{13}{\sqrt{16{,}5} \cdot \sqrt{26}} = 0{,}63 \Rightarrow \gamma = 51{,}12°$

Das Dreieck ist somit gleichschenklig.

Lösungen zu Seite 275

1 a) $P(J) = \frac{27}{59} = 0{,}46$ $\qquad$ b) Unter den Mädchen: $P(\text{Essen gut}) = \frac{16}{32} = 0{,}5$
$P(M) = \frac{32}{59} = 0{,}54$ $\qquad$ Unter den Jungen: $P(\text{Essen gut}) = \frac{19}{27} = 0{,}7$

2 $P(\text{einwandfrei}) = 0{,}96 \cdot 0{,}99 \cdot 0{,}98 \cdot 0{,}99 = 0{,}922 = 92{,}2\,\%$
$P(\text{Ausschuss}) = 1 - 0{,}922 = 0{,}078 = 7{,}8\,\%$

3 a) Problem: Wie lange dauert es, bis zum ersten Mal zweimal „K“ hintereinander kommt?
Modellierung
Zufallsgerät: Zufallsziffern, gerade Ziffern stehen für „Kopf“.
Simulation so oft wiederholen, bis zum ersten Mal „zweimal gerade Zahl hintereinander“ kommt. Ende der Simulation.
Was interessiert? Zählen der Würfe, bis zum ersten Mal „zweimal gerade Zahl hintereinander“ kommt.
Die kleinste Zahl der Würfe ist 2, die größte Zahl kann beliebig groß werden.
b) Durchführung: z. B. 1000 Simulationen. Ermitteln Sie jedes Mal die Zahl der Würfe.
Auswertung: Addieren Sie alle 1000 Simulationsergebnisse und dividieren Sie die Summe durch 1000.

4 a) $E_1 = \{(4{,}6); (6{,}4); (5{,}5)\}$ $\qquad P(E_1) = \frac{3}{36}$
b) $E_2 = \{(1{,}6); (2{,}6); \ldots; (6{,}6); (6{,}1); (6{,}2); \ldots; (6{,}5)\}$ $\qquad P(E_2) = \frac{11}{36}$
c) $E_3 = \{(3{,}4); (4{,}3); (2{,}6); (6{,}2)\}$ $\qquad P(E_3) = \frac{4}{36}$
d) $E_4 = \{(6{,}4); (4{,}6); (5{,}3); (3{,}5); (2{,}4); (4{,}2); (1{,}3); (3{,}1)\}$ $\qquad P(E_4) = \frac{8}{36}$

Lösungen zu Seite 276

5 Aus der Tatsache, dass ein Fahrer lange Zeit keinen Unfall hatte, darf man nicht schließen, dass er jetzt „dran“ ist, d. h. die Wahrscheinlichkeit für einen Unfall gestiegen ist. Eher erscheint es so, dass man von langem, unfallfreiem Fahren darauf schließen kann, dass er ein besonders umsichtiger Fahrer ist.

6 P(Apfel) = 0,6 $\quad$ P(Apfelsine) = 0,8 $\quad$ P(Apfelsine und Apfel) = 0,52
P(Apfel oder Apfelsine oder beides) = 0,6 + 0,8 – 0,52 = 0,88

7 Die Vermutung ist falsch.
Um die Wahrscheinlichkeit zu berechnen, dass man bei der Firma A oder bei der Firma B einen Praktikumsplatz erhält, darf man wegen des Additionssatzes nicht die Einzelwahrscheinlichkeiten addieren. Man kann jedoch $P(A \cup B)$ nicht berechnen, da $P(A \cap B)$ nicht bekannt ist.

8 Das Gegenereignis zu E: mindestens einmal die „2“ lautet wie folgt:
$\overline{E}$: keinmal die „2“
n = 10: $P(E) = 1 - P(\overline{E}) = 1 - \left(\frac{36}{37}\right)^{10} \approx 0{,}2397$
n = 37: $P(E) = 1 - \left(\frac{36}{37}\right)^{37} \approx 0{,}6371$
n = 100: $P(E) = 1 - \left(\frac{36}{37}\right)^{100} \approx 0{,}9354$
n = 200: $P(E) = 1 - \left(\frac{36}{37}\right)^{200} \approx 0{,}9958$

9 Nein. Nach dem Additionssatz benötigt man zur Berechnung von P(„weiblich“ oder „Lieblingsfarbe rot“) noch P(„weiblich“ und „Lieblingsfarbe Rot“); dies wurde aber bei der Befragung nicht festgestellt.

10 a)

	männlich	weiblich	Summe
Mittelmanagement	30	71	101
Nicht Mittelmanagement	58	94	152
Summe	88	165	253

b) $P(\text{weiblich}) = \frac{165}{253} \approx 0{,}6521$; $\quad P(\text{Mittelmanagement}) = \frac{101}{253} \approx 0{,}3992$
c) $P(\text{Mittelmanagement}\,|\,\text{weiblich}) = \frac{71}{165} \approx 0{,}4303$
d) $P(\text{weiblich}\,|\,\text{Mittelmanagement}) = \frac{71}{101} \approx 0{,}7030$
e) Nein, denn P(weiblich | Mittelmanagement) ist ungleich P(weiblich).

Lösungen zu Seite 301

1 a) $\mu = \frac{(50000€ + 9 \cdot 5000€ + 90 \cdot 500€ + 900 \cdot 50€)}{1000000} = 0{,}185€$

b) Gesamteinnahmen: $1000000 \cdot 0{,}50€ = 500000€$
Gewinn: $500000€ - 185000€ = 315000€$

2 $\mu = 110000€ \cdot \frac{1{,}26}{1000} = 138{,}60€$ (Mindestprämie für die Diebstahlversicherung)

3

Gewinn	p	μ	$(x-\mu)^2$	$(x-\mu)^2 \cdot p$
15€	$\frac{1}{36}$	$-\frac{5}{36}$	229,19	6,37
8€	$\frac{10}{36}$	$-\frac{5}{36}$	66,24	18,4
−5€	$\frac{20}{36}$	$-\frac{5}{36}$	23,63	13,13
Summe				37,9
σ				6,156

Das Spiel ist nicht fair, da der Erwartungswert ungleich 0 ist.

4 Klassenmitten verwenden: $\mu = 9{,}42$; $\sigma = 7{,}997$
Man kann erwarten, dass die Schüler im vergangenen Jahr im Mittel neun- bis zehnmal im Kino waren.

5 $n = 29$; $p = \frac{1}{8}$
a) $\mu = 3{,}63$
b) $P(X \geq 7) = 1 - P(X \leq 6) = 1 - 0{,}983 = 0{,}017$
c) Allergien sind nicht ansteckend. Deshalb könnte die Binomialverteilung ein passendes Modell sein.
Problem: Für welche Jahreszeit gilt die „Allergie-Wahrscheinlichkeit" $\frac{1}{8}$?

Lösungen zu Seite 302

6 a) 0,0473 b) 0,00935 c) 0,849

7 a) $P(X = 4) = 0{,}273$ b) $P(X \geq 4) = 0{,}636$ c) $P(X \leq 4) = 0{,}636$

8 a) Die Trefferwahrscheinlichkeit verändert sich.
b) n liegt nicht fest.
c) Ansteckung erhöht die Erkrankungswahrscheinlichkeit.
d) Vererbung wird eine Rolle spielen. Blutgruppen sind in der Familie nicht unabhängig.

9 $n = 30$; $p = \frac{1}{3}$
a) $\mu = 10$; $\sigma = 2{,}58$
b) $P(X \leq 6) = 0{,}083$: Ca. 8% der Klassen sind mit sechs oder weniger Personen vertreten, d.h. bei 50 Klassen muss man etwa in vier Klassen mit so wenigen Ausgelosten rechnen.

10 Die Verteilung wird symmetrischer und flacher.
μ wächst proportional mit n; σ wächst proportional mit $\sqrt{n}$.

11 a) $\mu = 1250 \cdot 0{,}68 = 850$; $\sigma = \sqrt{1250 \cdot 0{,}68 \cdot 0{,}32} = 16{,}49$
b) $P(X \geq 880) = 1 - P(X \leq 879) \approx 0{,}0362$
c) 95,5%-Prognoseintervall mit Breite $\pm 2\sigma$
$\Rightarrow$ Prognoseintervall: $[850 - 32{,}98;\ 850 + 32{,}98] \approx [817;\ 883]$

Lösungen zu Seite 316

1 a) Man zieht wiederholt eine Kugel mit Zurücklegen und zählt, wie häufig eine rote Kugel gezogen wird. Dann stellt man die Nullhypothese und die Alternativhypothese auf. Mit dem P-Wert kann man sich dann gegen die Nullhypothese oder für die Beibehaltung der Nullhypothese entscheiden.
b) Sandra wird vermuten, dass der Anteil der roten Kugeln in der Urne mehr als 35% beträgt.
c) H_0: $p = 0{,}35$; H_1: $p > 0{,}35$
d) P-Wert: $P(X \geq 20 \mid H_0 \text{ wahr}) \Rightarrow n = 40;\ p = 0{,}35$
$P(X \geq 20) = 1 - P(X \leq 19) \approx 0{,}036 = 3{,}6\%$
Auf dem 5%-Niveau kann man H_0 zugunsten von H_1 ablehnen.

2 a) H_0: $p = \frac{1}{6}$; H_1: $p > \frac{1}{6}$
b) P-Wert: $P(X \geq 17 \mid H_0 \text{ wahr}) \Rightarrow n = 60;\ p = \frac{1}{6}$
$P(X \geq 17) = 1 - P(X \leq 16) \approx 0{,}016$
Man darf H_0 auf dem 1%-Niveau nicht ablehnen, da das Stichprobenergebnis oder ein noch extremeres mit einer Wahrscheinlichkeit von ca. 1,6% auftreten kann, wenn der Würfel fair ist.

3 a) Der Anteil der beanstandeten Fahrzeuge in der Stichprobe ist mit 35% geringer als der von der Statistik ausgewiesene Anteil von 38%.
b) H_0: $p = 0{,}38$; H_1: $p < 0{,}38$
c) P-Wert: $P(X \leq 140 \mid H_0 \text{ wahr}) \Rightarrow n = 400;\ p = 0{,}38$
$P(X \leq 140) \approx 0{,}118$
Verwendet man als Entscheidungsregel das 5%-Niveau, so kann man auf Grundlage der Daten die Nullhypothese H_0 nicht verwerfen.

4 a) Bei einer binomialverteilten Zufallsgröße X ist es gleichgültig, wie die Nullhypothese H_0 lautet, selbst „extreme" Stichprobenergebnisse wie z.B. $X = 0$ oder $X = n$ (n Stichprobenumfang) sind nicht unmöglich, auch wenn die zugehörige Wahrscheinlichkeit sehr klein ist. Dies bedeutet, dass selbst solche „extremen" Ergebnisse keine 100%-ige Sicherheit liefern, wenn man sich gegen H_0 entscheidet bzw. H_0 beibehält.
b) Ein kleiner P-Wert besagt, dass das beobachtete Stichprobenergebnis unter der Annahme, dass H_0 wahr ist, mit einer kleinen Wahrscheinlichkeit eintreten kann. Ein kleiner P-Wert weist darauf hin, dass H_0 nicht zutreffend ist und man sich für H_1 entscheiden sollte. Sicher sein kann man sich seiner Entscheidung allerdings nicht.

5 H_0: $p = 0{,}6$; H_1: $p < 0{,}6$
P-Wert: $P(X \leq 325 \mid H_0 \text{ wahr}) \Rightarrow n = 600;\ p = 0{,}6$
$P(X \leq 325) \approx 0{,}0021$
Die Behauptung des Senders kann auf dem 1%-Niveau abgelehnt werden.

Lösungen zu Seite 336

1 M_2 ist keine stochastische Matrix, da die Spaltensumme der zweiten Spalte nicht 1 ergibt.

M_1 Übergangsgraph

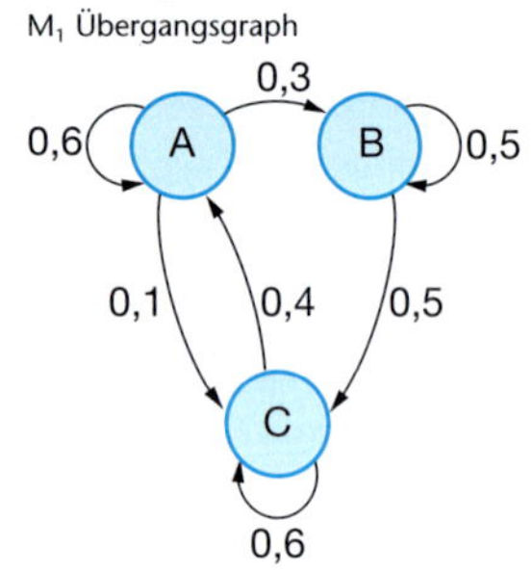

M_3 Übergangsgraph

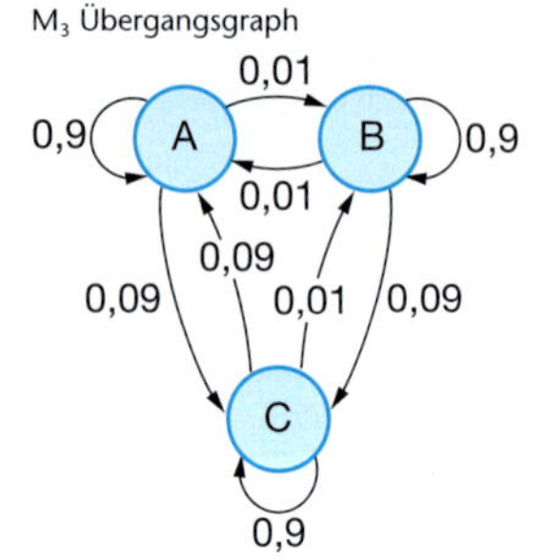

2

$M_I = \begin{pmatrix} 0{,}8 & 0 & 0{,}6 \\ 0{,}2 & 0{,}4 & 0{,}4 \\ 0 & 0{,}6 & 0 \end{pmatrix}$ stochastisch

$M_{II} = \begin{pmatrix} 0 & 0 & 0 & 5 \\ 0{,}4 & 0 & 0 & 0 \\ 0 & 2 & 0 & 0 \\ 0 & 0 & 0{,}25 & 0 \end{pmatrix}$ nicht stochastisch

$M_{III} = \begin{pmatrix} 0 & 0 & 0 & 0{,}5 \\ 0{,}4 & 0{,}4 & 0 & 0 \\ 0{,}6 & 0{,}6 & 0 & 0{,}5 \\ 0 & 0 & 1 & 0 \end{pmatrix}$ stochastisch

3

a)

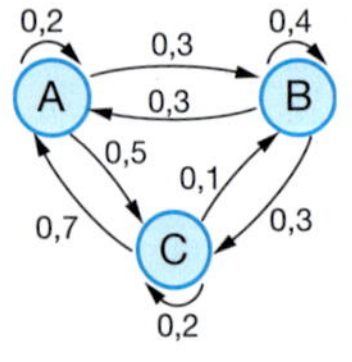

b) $M \cdot \begin{pmatrix} 60 \\ 60 \\ 60 \end{pmatrix} = \begin{pmatrix} 72 \\ 48 \\ 60 \end{pmatrix}$; $M \cdot \begin{pmatrix} 72 \\ 48 \\ 60 \end{pmatrix} = \begin{pmatrix} 70{,}8 \\ 46{,}8 \\ 62{,}4 \end{pmatrix}$

c) $M^2 = \begin{pmatrix} 0{,}48 & 0{,}39 & 0{,}31 \\ 0{,}23 & 0{,}28 & 0{,}27 \\ 0{,}29 & 0{,}33 & 0{,}42 \end{pmatrix}$

M^2 beschreibt die Übergangsraten für einen Zeitraum von zwei Generationen: $m_{32} = 0{,}33$ bedeutet, dass nach zwei Generationen ein Anteil von 33% von B nach C gewechselt ist.

4 a) $\vec{v}_0 = \begin{pmatrix} 0{,}5 \\ 0{,}1 \\ 0{,}4 \end{pmatrix}$ $M = \begin{pmatrix} 0{,}85 & 0{,}15 & 0{,}05 \\ 0{,}05 & 0{,}75 & 0{,}05 \\ 0{,}1 & 0{,}1 & 0{,}9 \end{pmatrix}$

Die Reihenfolge in dem Startvektor und in der Matrix ist: Zuerst *AComp*, dann *BMicro* und schließlich *CTech*.

b) $\vec{v}_1 = \begin{pmatrix} 0{,}46 \\ 0{,}12 \\ 0{,}42 \end{pmatrix}$ $\vec{v}_2 = \begin{pmatrix} 0{,}43 \\ 0{,}134 \\ 0{,}436 \end{pmatrix}$ $\vec{v}_3 = \begin{pmatrix} 0{,}4074 \\ 0{,}1438 \\ 0{,}4488 \end{pmatrix}$

c) z. B.: $\vec{v}_{10} = \begin{pmatrix} 0{,}34595 \\ 0{,}16478 \\ 0{,}48926 \end{pmatrix}$ $\vec{v}_{20} = \begin{pmatrix} 0{,}334539 \\ 0{,}166661 \\ 0{,}498847 \end{pmatrix}$ $\vec{v}_{100} = \begin{pmatrix} 0{,}333333334 \\ 0{,}166666667 \\ 0{,}5 \end{pmatrix}$

Es sieht so aus, als wenn sich die Verteilung bei $\vec{v} = \begin{pmatrix} \frac{1}{3} \\ \frac{1}{6} \\ 0{,}5 \end{pmatrix}$ einpendelt.

Probe: $M \cdot \vec{v} = \begin{pmatrix} 0{,}85 & 0{,}15 & 0{,}05 \\ 0{,}05 & 0{,}75 & 0{,}05 \\ 0{,}1 & 0{,}1 & 0{,}9 \end{pmatrix} \cdot \begin{pmatrix} \frac{1}{3} \\ \frac{1}{6} \\ 0{,}5 \end{pmatrix} = \begin{pmatrix} \frac{1}{3} \\ \frac{1}{6} \\ 0{,}5 \end{pmatrix}$

5 Man muss zur Berechnung des Langzeitverhaltens annehmen, dass die Übergangsmatrix stets gleich bleibt.

Lösungen zu Seite 337

6 a) M_1 Übergangsgraph

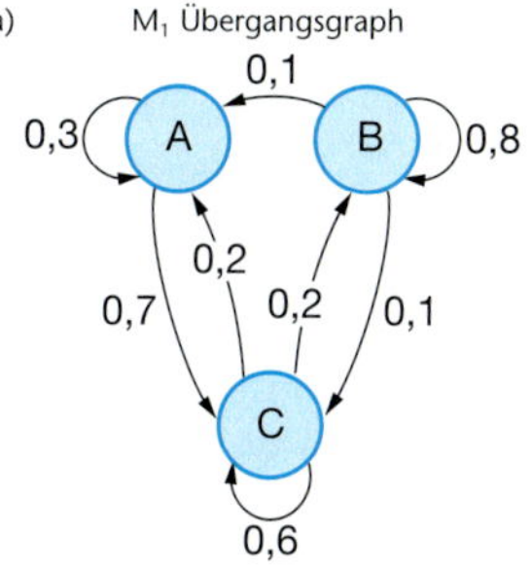

M_2 Übergangsgraph

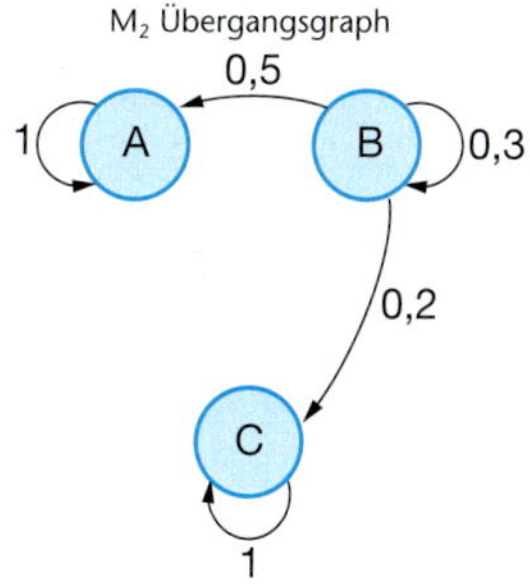

M_3 Übergangsgraph

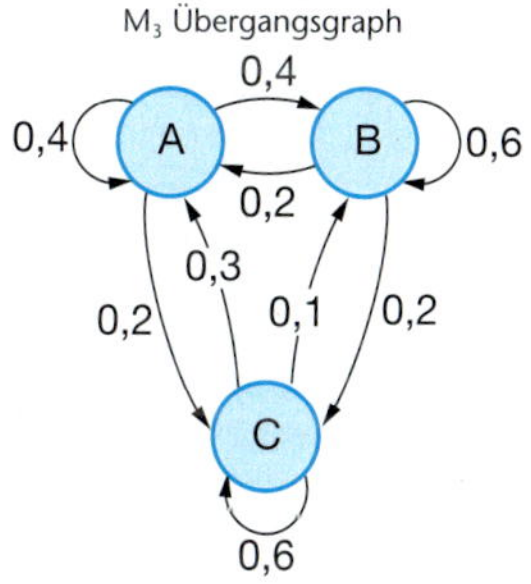

b) Für M_1: $\vec{v}_1 = \begin{pmatrix} 0{,}17 \\ 0{,}42 \\ 0{,}41 \end{pmatrix}$ $\vec{v}_2 = \begin{pmatrix} 0{,}175 \\ 0{,}418 \\ 0{,}407 \end{pmatrix}$ $\vec{v}_{10} = \begin{pmatrix} 0{,}1674 \\ 0{,}4119 \\ 0{,}1116 \end{pmatrix}$ $\vec{v}_{20} = \begin{pmatrix} 0{,}1675 \\ 0{,}4118 \\ 0{,}4118 \end{pmatrix}$

Für M_2: $\vec{v}_1 = \begin{pmatrix} 0{,}3 \\ 0{,}12 \\ 0{,}58 \end{pmatrix}$ $\vec{v}_2 = \begin{pmatrix} 0{,}36 \\ 0{,}036 \\ 0{,}604 \end{pmatrix}$ $\vec{v}_{10} = \begin{pmatrix} 0{,}3857 \\ 0 \\ 0{,}6243 \end{pmatrix}$ $\vec{v}_{20} = \begin{pmatrix} 0{,}3857 \\ 0 \\ 0{,}3857 \end{pmatrix}$

Für M_3: $\vec{v}_1 = \begin{pmatrix} 0{,}27 \\ 0{,}33 \\ 0{,}4 \end{pmatrix}$ $\vec{v}_2 = \begin{pmatrix} 0{,}294 \\ 0{,}346 \\ 0{,}36 \end{pmatrix}$ $\vec{v}_{10} = \begin{pmatrix} 0{,}2917 \\ 0{,}3750 \\ 0{,}4116 \end{pmatrix}$ $\vec{v}_{20} = \begin{pmatrix} 0{,}21917 \\ 0{,}3750 \\ 0{,}33333 \end{pmatrix}$

7 Für M_1: $\frac{2}{3}x + \frac{1}{2}y = x \Rightarrow \frac{1}{2}y = \frac{1}{3}x \Rightarrow x = \frac{3}{2}y$

Zudem gilt $x + y = 1 \Rightarrow$ Einsetzen: $\frac{3}{2}y + y = 1$

$\frac{5}{2}y = 1 \Rightarrow y = \frac{2}{5}$ und $x = \frac{3}{5}$

Stabile Verteilung: $\vec{v} = \begin{pmatrix} \frac{3}{5} \\ \frac{2}{5} \end{pmatrix}$

Für M_2: $0{,}7x + 0{,}5y = x \Rightarrow 0{,}5y = 0{,}3x \Rightarrow y = \frac{3}{5}x$

Zudem gilt $x + y = 1 \Rightarrow$ Einsetzen: $x + \frac{3}{5}x = 1$

$\frac{8}{5}x = 1 \Rightarrow x = \frac{5}{8}$ und $y = \frac{3}{8}$

Stabile Verteilung: $\vec{v} = \begin{pmatrix} \frac{5}{8} \\ \frac{3}{8} \end{pmatrix}$

Für M_3: $0{,}6x + 0{,}2y = x \Rightarrow 0{,}2y = 0{,}4x \Rightarrow y = 2x$

Zudem gilt $x + y = 1 \Rightarrow$ Einsetzen: $x + 2x = 1$

$3x = 1 \Rightarrow x = \frac{1}{3}$ und $y = \frac{2}{3}$

Stabile Verteilung: $\vec{v} = \begin{pmatrix} \frac{1}{3} \\ \frac{2}{3} \end{pmatrix}$

8 a) $M = \begin{pmatrix} 0{,}9 & 0{,}2 \\ 0{,}1 & 0{,}8 \end{pmatrix}$

b) $0{,}9x + 0{,}2y = x \Rightarrow 0{,}2y = 0{,}1x \Rightarrow y = 0{,}5x$

Zudem gilt $x + y = 1 \Rightarrow$ Einsetzen: $x + 0{,}5x = 1$

$\frac{3}{2}x = 1 \Rightarrow x = \frac{2}{3}$ und $y = \frac{1}{3}$

Stabile Verteilung: $\vec{v} = \begin{pmatrix} \frac{2}{3} \\ \frac{1}{3} \end{pmatrix}$

Die Tiere verteilen sich auf lange Sicht so, dass sich $\frac{2}{3}$ der Tiere an Land und $\frac{1}{3}$ der Tiere im Wasser befinden.

c) 4000 der Tiere werden sich an Land und 2000 der Tiere im Wasser befinden.

9 a)

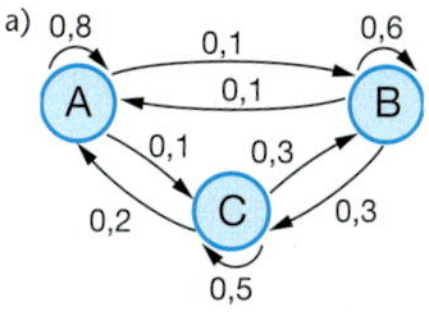

$M = \begin{pmatrix} 0{,}8 & 0{,}1 & 0{,}2 \\ 0{,}1 & 0{,}6 & 0{,}3 \\ 0{,}1 & 0{,}3 & 0{,}5 \end{pmatrix}$

Matrix			Tag			
			0	1	2	3
0,8	0,1	0,2	300	350	399	435,1
0,1	0,6	0,3	700	510	443	413,1
0,1	0,3	0,5	200	340	358	351,8

b) Wählen Sie dazu den folgenden Ansatz:

$M \cdot \begin{pmatrix} a \\ b \\ c \end{pmatrix} = \begin{pmatrix} a \\ b \\ c \end{pmatrix}$ und $a + b + c = 1200$ führt auf das LGS

$\begin{vmatrix} -0{,}2a + 0{,}1b + 0{,}2c = 0 \\ 0{,}1a - 0{,}4b + 0{,}3c = 0 \\ a + b + c = 1200 \end{vmatrix}$ mit der Lösung $a = \frac{6600}{13}$; $b = \frac{4800}{13}$; $c = \frac{4200}{13}$.

Zufallsziffern in 5er-Blöcken

Zeile	Spalte									
	5 ↓	10 ↓	15 ↓	20 ↓	25 ↓	30 ↓	35 ↓	40 ↓	45 ↓	50 ↓
	12159	66144	05091	13446	45653	13684	66024	91410	51351	22772
	30156	90519	95785	47544	66735	35754	11088	67310	19720	08379
	59069	01722	53338	41942	65118	71236	01932	70343	25812	62275
	54107	58081	82470	59407	13475	95872	16268	78436	39251	64247
5 →	99681	81295	06315	28212	45029	57701	96327	85436	33614	29070
	27252	37875	53679	01889	35714	63534	63791	76342	47717	73684
	93259	74585	11863	78985	03881	46567	93696	93521	54970	37607
	84068	43759	75814	32261	12728	09636	22336	76529	01017	45503
	68582	97054	28251	63787	57285	18854	35006	16343	51867	67979
10 →	60646	11298	19680	10087	66391	70853	24423	73007	74958	29020
	97437	52922	80739	59178	50628	61017	51652	40915	94696	67843
	58009	20681	98823	50979	01237	70152	13711	73916	87902	84759
	77211	70110	93803	60135	22881	13423	30999	07104	27400	25414
	54256	84591	65302	99257	92970	28924	36632	54044	91798	78018
15 →	37493	69330	94069	39544	14050	03476	25804	49350	92525	87941
	87569	22661	55970	52623	35419	76660	42394	63210	62626	00581
	22896	62237	39635	63725	10463	87944	92075	90914	30599	35671
	02697	33230	64527	97210	41359	79399	13941	88378	68503	33609
	20080	15652	37216	00679	02088	34138	13953	68939	05630	27653
20 →	20550	95151	60557	57449	77115	87372	02574	07851	22428	39189
	72771	11672	67492	42904	64647	94354	45994	42538	54885	15983
	38472	43379	76295	69406	96510	16529	83500	28590	49787	29822
	24511	56510	72654	13277	45031	42235	96502	25567	23653	36707
	01054	06674	58283	82831	97048	42983	06471	12350	49990	04809
25 →	94437	94907	95274	26487	60496	78222	43032	04276	70800	17378
	97842	69095	25982	03484	25173	05982	14624	31653	17170	92785
	53047	13486	69712	33567	82313	87631	03197	02438	12374	40329
	40770	47013	63306	48154	80970	87976	04939	21233	20572	31013
	52733	66251	69661	58387	72096	21355	51659	19003	75556	33095
30 →	41749	46502	18378	83141	63920	85516	75743	66317	45428	45940
	10271	85184	46468	38860	24039	80949	51211	35411	40470	16070
	98791	48848	68129	51024	53044	55039	71290	26484	70682	56255
	30196	09295	47685	56768	29285	06272	98789	47188	35063	24158
	99373	64343	92433	06388	65713	35386	43370	19254	55014	98621
35 →	27768	27552	42156	23239	46823	91077	06306	17756	84459	92513
	67791	35910	56921	51976	78475	15336	92544	82601	17996	72268
	64018	44004	08136	56129	77024	82650	18163	29158	33935	94262
	79715	33859	10835	94936	02857	87486	70613	41909	80667	52176
	20190	40737	82688	07099	65255	52767	65930	45861	32575	93731
40 →	82421	01208	49762	66360	00231	87540	88302	62686	38456	25872
	00083	81269	35320	72064	10472	92080	80447	15259	62654	70882
	56558	09762	20813	48719	35530	96437	96343	21212	32567	34305
	41183	20460	08608	75283	43401	25888	73405	35639	92114	48006
	39977	10603	35052	53751	64219	36235	84687	42091	42587	16996
45 →	29310	84031	03052	51356	44747	19678	14619	03600	08066	93899
	47360	03571	95657	85065	80919	14890	97623	57375	77855	15735
	48481	98262	50414	41929	05977	78903	47602	52154	47901	84523
	48097	56362	16342	75261	27751	28715	21871	37943	17850	90999
	20648	30751	96515	51581	43877	94494	80164	02115	09738	51938
50 →	60704	10107	59220	64220	23944	34684	83696	82344	19020	84834

Stichwortverzeichnis

Symbole

A

B

C

D

H

I

K

L

S

T

U

V

W

Y

Z

Fotoverzeichnis

Umschlag: Thinkstock, Sandyford/Dublin (iStock/jacek_kadaj); 13.1, 15.1-2: Prof. Günter Schmidt, Stromberg; 18.1: Shutterstock.com, New York; 18.2: Imago, Berlin (PEMAX); 20.1: mauritius images, Mittenwald (ANP Photo); 43.1: Prof. Günter Schmidt, Stromberg; 43.2: Ingo Wandmacher, Bad Schwartau; 43.3-4, 64.1-2: Henning Körner, Oldenburg; 46.1: mauritius images, Mittenwald (age); 54.1: IPN - Stock, Berlin (Jim Powell); 55.1: mauritius images, Mittenwald (Simone Fichtl); 55.2: mauritius images, Mittenwald (imagebroker); 57.1: Juniors, Hamburg; 57.2: Thomas Vogt, Hargesheim/Bad Kreuznach; 57.3: Prof. Günter Schmidt, Stromberg; 57.4: Thomas Vogt, Hargesheim/Bad Kreuznach; 58.1: Michael Rüsing, Essen; 58.2: Shutterstock.com, New York (Fedor Korolevskiy); 60.1: StockFood, München (Uwe Bender); 61.1: Visum, Hamburg (euroluftbild.de); 62.1-2: Prof. Günter Schmidt, Stromberg; 63.1: TV-yesterday, München (W. M. Weber); 64.3: Henning Körner, Oldenburg; 66.1: Shutterstock.com, New York (3d brained); 67.1: bildagentur-online, Burgkunstadt; 71.1, 72.3: supraphoto, Berlin; 71.2, 88.1-2: Dr. Hubert Weller, Lahnau; 72.1: mauritius images, Mittenwald (imagebroker/Christian Reister); 72.2: supraphoto, Berlin; 73.1: F1online, Frankfurt (Pacific Stock); 75.1: Glow Images, München (ImageBROKER RM/Cordelia Ewerth); 75.2: panthermedia.net, München (Zuck); 75.3: Colourbox.com, Odense (Bunyos); 75.4: fotolia.com, New York (Marc Heiligenstein); 75.5: fotolia.com, New York (Marc Cecchetti); 75.6: Shutterstock.com, New York (fritz16); 76.1: Corbis, Berlin (Joe McDonald); 77.1, 79.1: Prof. Günter Schmidt, Stromberg; 80.1, 219.1: akg-images, Berlin; 86.1-4, 97.1: Prof. Günter Schmidt, Stromberg; 92.1: Imago, Berlin (blickwinkel); 92.2: plainpicture, Hamburg (S. Zirwes); 93.2-3: Henning Körner, Oldenburg; 94.1: fotolia.com, New York (Marcel Schauer); 94.2: picture-alliance, Frankfurt (dpa); 94.3: mauritius images, Mittenwald (Alamy); 95.1: Henning Körner, Oldenburg; 95.2: fotolia.com, New York (Alexandr Mitiuc); 95.3: fotolia.com, New York (Alexandr Mitiuc); 95.4: fotolia.com, New York (Alexandr Mitiuc); 95.5: fotolia.com, New York (mihaela19750405); 95.6: fotolia.com, New York (givina); 95.7: Karlheinz Oster, Mettmann; 96.1: LOOK-foto, München (H. & D. Zielske); 99.1, 100.1: Druwe & Polastri, Cremlingen/Weddel; 100.2: Riva Industria Mobili SpA, Cantù (CO); 101.1, 107.2: mauritius images, Mittenwald (imagebroker/Horst Rudel); 103.1: Gudrun Bramsiepe, Dornum; 105.1: Matthias Busl, München; 105.2: alamy images, Abingdon/Oxfordshire (David R. Frazier Photolibrary, Inc.); 106.1, 122.1: Imago, Berlin (imagebroker/boensch); 106.2: Corbis, Berlin (Transtock); 107.1: fotolia.com, New York (reinobjektiv); 113.1: Druwe & Polastri, Cremlingen/Weddel; 113.2: picture-alliance, Frankfurt (akg-images/NASA); 113.3: Fraunhofer-Institut für Fabrikbetrieb und -automatisierung IFF, Magdeburg; 113.4: Fraunhofer-Institut für Fabrikbetrieb und -automatisierung IFF, Magdeburg (Bettina Rohrschneider); 114.1: Shutterstock.com, New York (tristan tan); 121.1: picture-alliance, Frankfurt (MP/Leemage/maxppp); 122.2: mauritius images, Mittenwald (Photo Researchers/Peter Bowater); 122.3: Corbis, Berlin (David Frazier); 122.4: iStockphoto.com, Calgary (Dantesattic); 130.1: Imago, Berlin (imagebroker); 130.2: Corbis, Berlin (Tobias Titz/fstop); 134.1: picture-alliance, Frankfurt (dpa/Peter Kneffel); 134.2: Imago, Berlin (Christine Roth); 135.1: ecopix, Berlin (Froese); 141.1: Lokomotiv, Stadtlohn (Thomas Willemsen); 143.2: Corbis, Berlin (Rick Gomez); 143.1, 169.1: picture-alliance, Frankfurt; 144.1: Prof. Günter Schmidt, Stromberg; 150.2: Süddeutsche Zeitung Photo, München (Scherl); 150.3: akg-images, Berlin; 159.1: picture-alliance, Frankfurt (Leemage); 160.1: fotolia.com, New York (Kanea); 162.1: Shutterstock.com, New York (Torwaiphoto); 162.2: Shutterstock.com, New York (zstock); 163.1: Corbis, Berlin (Gregor Schuster); 163.2: mauritius images, Mittenwald (Oxford Scientific); 163.3: Shutterstock.com, New York (Anderl); 166.1: Corbis, Berlin (Vienna Report Agency/Sygma); 166.2: akg-images, Berlin; 167.1: picture-alliance, Frankfurt; 167.2: Agentur Focus, Hamburg (SPL); 168.1: picture-alliance, Frankfurt; 168.2: fotolia.com, New York (Andrey Burdjukov); 170.1: F1online, Frankfurt (parasola); 171.1: panthermedia.net, München (fouroaks); 172.1: akg-images, Berlin (A. Paul Weber/© VG Bild-Kunst, Bonn, 2015); 172.2: Keystone, Hamburg (Jochen Zick); 172.3: mauritius images, Mittenwald (age); 173.1: Shutterstock.com, New York (science photo); 174.1: Shutterstock.com, New York (Rawpixel); 175.1: Shutterstock.com, New York (Neamov); 175.2: Shutterstock.com, New York (steamroller_blues); 176.1: Flora Press, Hamburg (Otmar Diez); 176.2: American Institute of Physics - AIP Emilio Segrè Visual Archives (AIP), MD Maryland; 177.1: Olga Scheid, Oldenburg; 177.2: Verlag Harri Deutsch, Frankfurt (Ostwalds Klassiker der exakten

Wissenschaften Bd 162 (Reprint 162/164). Über die Analysis des Unendlichen - G. Leibniz. Abhandlung über die Quadratur von Kurven - I. Newton. Verlag Harri Deutsch 2007, 3. Auflage, S. 14); 177.3: F1online, Frankfurt (Prisma); 177.4: IPN - Stock, Berlin (Kevin Taylor); 178.1: mauritius images, Mittenwald (Phototake); 178.2: Ingo Wandmacher, Bad Schwartau; 184.1: Shutterstock.com, New York (Leonid Dushin); 184.2: Helga Lade, Frankfurt (H.R. Bramaz); 185.1: aus: http://www.xkcd.com/605/; 185.2: mauritius images, Mittenwald (Alamy); 187.1-3, 189.1-2, 231.1: Prof. Günter Schmidt, Stromberg; 190.1: Michael Bostelmann, Neuhäusel; 192.1: picture-alliance, Frankfurt (Sefano Bianchetti/Leemage); 192.2: picture-alliance, Frankfurt (Leemage); 193.1: Guido Schiefer, Köln; 193.2: Dr. Hubert Weller, Lahnau; 197.1, 198.1, 199.1-2: Prof. Günter Schmidt, Stromberg; 200.1: wikipedia.org; 205.1, 225.1: Vasfi Bicer; 205.2, 206.1: Günter Steinberg, Oldenburg; 205.3-4: Michael Bostelmann, Neuhäusel; 207.1: Chesapeake Light Craft, LLC., clcboats.com, Annapolis, Maryland; 207.2: Corbis, Berlin (John Madere); 211.1: Dr. Hubert Weller, Lahnau; 215.1: mauritius images, Mittenwald (Photoshot); 215.2: Visum, Hamburg (Marc Steinmetz); 215.3: Prof. Günter Schmidt, Stromberg; 216.1: Getty Images, München (Caspar Benson); 224.1: Ulrich Nusko, Bern; 224.2: F1online, Frankfurt (Horizon); 225.2: Dr. Hubert Weller, Lahnau; 226.1: fotolia.com, New York (Gina Sanders); 226.2-8: Michael Bostelmann, Neuhäusel; 236.1: Dr. Hubert Weller, Lahnau; 236.2: bildagentur-online, Burgkunstadt; 237.1: Dr. Hubert Weller, Lahnau; 237.2: akg-images, Berlin; 237.3: Eberhard Lehmann; 242.1: fotolia.com, New York (Yantra); 243.1, 256.1: Prof. Günter Schmidt, Stromberg; 244.1: iStockphoto.com, Calgary (CandyBoxImages); 245.1: Thomas Vogt, Hargesheim/Bad Kreuznach; 247.1: Michael Bostelmann, Neuhäusel; 248.1: Agentur Focus, Hamburg (SPL/Sinclair Stammers); 250.1, 252.1, 253.1: Prof. Günter Schmidt, Stromberg; 257.1-2: Thomas Vogt, Hargesheim/Bad Kreuznach; 258.1: Prof. Günter Schmidt, Stromberg; 260.1: Martin Zacharias, Molfsee; 261.1: iStockphoto.com, Calgary (panorios); 261.2: iStockphoto.com, Calgary (Irochka_T); 263.1: Prof. Günter Schmidt, Stromberg; 263.2, 264.1: Torsten Warmuth, Berlin; 266.1: fotolia.com, New York (ThinMan); 268.1: Helga Lade, Frankfurt (Werner H. Müller); 270.1: Bartl, Garching; 270.2, 271.1, 294.1: Michael Fabian, Hannover; 274.1: fotolia.com, New York (Fontanis); 278.1: Thinkstock, Sandyford/Dublin (iStock); 275.1, 279.1: Gerda Werth, Bad Lippspringe; 281.1: mauritius images, Mittenwald (imagebroker/Jochen Tack); 283.1: fotolia.com, New York (engel.ac); 285.1: Keystone, Hamburg (Volkmar Schulz); 286.1: Marcus Hofmann, Georgenthal; 292.1: fotolia.com, New York (benjaminnolte); 293.1: panthermedia.net, München (Heinz-Jürgen Landshoeft); 293.2: fotolia.com, New York (Frank Rhode); 300.1: fotolia.com, New York (PHILETDOM); 303.1: fotolia.com, New York (Dan Race); 304.1: fotolia.com, New York (OlegDoroshin); 304.2: fotolia.com, New York (mkinlondon); 305.1: Thomas Vogt, Hargesheim/Bad Kreuznach; 305.2: Dr. Hubert Weller, Lahnau; 307.1-2: Prof. Günter Schmidt, Stromberg; 308.1: fotolia.com, New York (robert6666); 308.2: picture-alliance, Frankfurt (dpa); 309.1: fotolia.com, New York (fotografx324); 311.1: Thomas Vogt, Hargesheim/Bad Kreuznach; 312.1: fotolia.com, New York (Boggy); 315.1: Agentur Focus, Hamburg (SPL/A. Barrington Brown); 315.2: Agentur Focus, Hamburg (SPL); 316.1: fotolia.com, New York (industrieblick); 318.1: fotolia.com, New York (tournee); 323.1: mauritius images, Mittenwald (Greatshots); 324.1: Imago, Berlin (Manfred Segerer); 331.1: STOCK4B, München (Rose/Mueller/unlike); 332.1: Werner Otto, Oberhausen; 333.1: argus, Hamburg (Mike Schroeder); 334.1-4: Michael Bostelmann, Neuhäusel; 337.1: Tierbildarchiv Angermayer, Holzkirchen (Pfletschinger); 338.1: fotolia.com, New York (Prill Mediendesign); 345.1: Olga Scheid, Oldenburg; 348.1: wikipedia.org (Matthias079 CC-Genehmigung 2.5/GFDL & CC-BY-SA-2.5); 352.1: Gerda Werth, Bad Lippspringe; 352.2-3: Michael Fabian, Hannover; 353.1: ecopix, Berlin (Andreas Froese).

Es war nicht in allen Fällen möglich, den Inhaber der Bildrechte ausfindig zu machen und um Abdruckgenehmigung zu bitten. Berechtigte Ansprüche werden selbstverständlich im Rahmen der üblichen Konditionen abgegolten.